DICTIONNAIRE TOPOGRAPHIQUE

DU

DÉPARTEMENT DU CALVADOS

COMPRENANT

LES NOMS DE LIEU ANCIENS ET MODERNES

PUBLIÉ

PAR ORDRE DU MINISTRE DE L'INSTRUCTION PUBLIQUE

ET SOUS LA DIRECTION DU COMITÉ DES TRAVAUX HISTORIQUES

PAR

C. HIPPEAU

PROFESSEUR HONORAIRE DE LA FACULTÉ DES LETTRES DE CAEN
MEMBRE ET ANCIEN PRÉSIDENT DE LA SOCIÉTÉ DES ANTIQUAIRES DE NORMANDIE
ANCIEN SECRÉTAIRE DU COMITÉ DES TRAVAUX HISTORIQUES ET DES SOCIÉTÉS SAVANTES
(SECTION D'HISTOIRE ET DE PHILOLOGIE)

PARIS

IMPRIMERIE NATIONALE

—

M DCCC LXXXIII

DICTIONNAIRE TOPOGRAPHIQUE

DE

LA FRANCE

COMPRENANT

LES NOMS DE LIEU ANCIENS ET MODERNES

PUBLIÉ

PAR ORDRE DU MINISTRE DE L'INSTRUCTION PUBLIQUE

ET SOUS LA DIRECTION

DU COMITÉ DES TRAVAUX HISTORIQUES

DICTIONNAIRE TOPOGRAPHIQUE

DU

DÉPARTEMENT DU CALVADOS

COMPRENANT

LES NOMS DE LIEU ANCIENS ET MODERNES

PUBLIÉ

PAR ORDRE DU MINISTRE DE L'INSTRUCTION PUBLIQUE

ET SOUS LA DIRECTION DU COMITÉ DES TRAVAUX HISTORIQUES

PAR

C. HIPPEAU

PROFESSEUR HONORAIRE DE LA FACULTÉ DES LETTRES DE CAEN
MEMBRE ET ANCIEN PRÉSIDENT DE LA SOCIÉTÉ DES ANTIQUAIRES DE NORMANDIE
ANCIEN SECRÉTAIRE DU COMITÉ DES TRAVAUX HISTORIQUES ET DES SOCIÉTÉS SAVANTES
(SECTION D'HISTOIRE ET DE PHILOLOGIE)

PARIS

IMPRIMERIE NATIONALE

———

M DCCC LXXXIII

INTRODUCTION.

Le département du Calvados est situé entre 48° 45′ 30″ et 49° 25′ 25″ de latitude septentrionale et entre 1° 17′ 35″ et 3° 28′ 30″ de longitude occidentale du méridien de Paris.

Il est borné au nord par le canal de la Manche, à l'est par le département de l'Eure, au sud par celui de l'Orne et une partie du département de la Manche qui le borne aussi à l'ouest.

Il a la forme d'un quadrilatère, dont la plus grande diagonale a en ligne droite 125 kilomètres et la plus petite 123 kilomètres. Sa traversée, du nord au sud, a 55 kilomètres; son littoral s'étend de la Morelle, à l'est, au Petit-Vey, à l'ouest, sur une longueur de 120 kilomètres. Sa plus grande largeur, prise de l'est à l'ouest, de la commune de la Folletière-Abenon, près d'Orbec, à la commune de Saint-Aubin-des-Bois, près de Saint-Sever, est d'environ 128 kilomètres.

Prise du nord au sud, sa plus grande largeur, des roches de Maisy jusqu'à l'extrémité méridionale de la commune du Gast, a environ 7 myriamètres.

Ses principales rivières sont : l'Orne, la Vire, la Touque, la Dive, la Seulle, qui se jettent toutes dans la mer et ont leur embouchure : l'Orne à la pointe de Merville, la Vire à l'ouest de la commune de Maisy, la Touque à Trouville, la Dive sur la côte de Beuzeval, la Seulle à Courseulles. La Morelle, l'Orange et la Claire, qui coulent à l'est, forment chacune un bassin particulier.

On compte dans le Calvados environ 1,538 cours d'eau dont la longueur totale développée serait de 4,440 kilomètres.

L'Orne a pour affluents, dans le Calvados : la Baise, dont elle reçoit les eaux au-dessus du Mesnil-Villement; la Laize, qui s'y joint près de Laize-la-Ville, en face de Bully; le Noireau, qui s'y jette à Pont-d'Ouilly; la Guine, qui s'y perd à Bully; l'Odon, dont le confluent est à Caen et auquel sont réunies dans son cours les eaux de la Douvette et de l'Ajon.

La Vire a pour affluents la Virenne et l'Allière, l'une à gauche, l'autre à droite près de Vire; la Souleuvre, qui s'y joint près de Campeaux; l'Elle, qui s'y réunit au point où elle sert de limite aux départements du Calvados et de la Manche; l'Aure inférieure, qui y verse ses eaux près d'Isigny, après avoir reçu elle-même celles de la Tortonne et ensuite celles de l'Esques, près de Canchy.

L'Aure supérieure et la Drôme, arrêtées dans leur cours par le mont Escures, au fond d'une prairie dépendante de la commune de Maisons, se perdent dans les fosses de Soucy, à 6 kilomètres de Bayeux.

La Touque reçoit l'Orbiquet et la Calonne.

La Dive reçoit le Laison et la Muance.

Enfin la Seulle joint ses eaux à celles de la Seuline, de la Thue et de la Mue.

On peut reconnaître dans le département sept bassins hydrauliques : 1° le bassin de la Manche, qui reçoit 75 ruisseaux côtiers et 5 grandes rivières; 2° le bassin de la Touque et ses affluents, au nombre de 299; 3° le bassin de la Dive et ses 270 affluents; 4° le bassin de l'Orne, qui compte 357 tributaires; 5° le bassin de la Seulle, 75 affluents; 6° le bassin de la Vire, 429 affluents; 7° le bassin de la Sienne, ayant 26 affluents.

La Touque est navigable jusqu'au Quai-au-Coq, à 3 kilomètres en amont de la Touque; la Dive jusqu'au quai de Dive, situé à 1 kilomètre en aval du bourg; l'Orne, depuis Caen jusqu'à la mer, sur une longueur de 16,600 mètres. Le canal qui part de la même ville pour aller à la mer a seulement 14,500 mètres.

La Seulle n'est navigable qu'à son embouchure, où se trouvent le bourg, le chenal et le dock de Courseulles.

La Vire est navigable seulement jusqu'à Saint-Lô. Des études ont été faites pour la rendre navigable jusqu'à Vire.

Sur 22 passages d'eau desservis par des bacs ou de simples barques qui se trouvaient autrefois dans le département, il n'en existe aujourd'hui que 9, dont 7 sont établis sur l'Orne, 1 sur la Touque et 1 sur la Dive; ce sont :

Le bac de Cantepie, sur la commune de Clécy;

Le bac de Boudigny, sur la commune de Saint-Martin-de-Sallen;

Le bac du moulin Viard, sur la commune de Maisy;

Le bac de Percauville, sur la commune de Clinchamps;

Le bac de Montaigu, à Caen;

Le bac de Clopée, à Mondeville;

Le bac de Colombelle, à Colombelle;

Le bac de Dive, reliant la pointe de Cabourg à Houlgate, à l'embouchure de la Dive;

Le bac de Trouville, qui relie Trouville et Deauville à la place de la *Cabote*.

Indépendamment du rocher qui a donné son nom au département, mais qui ne porte le nom de *rocher du Calvados* que dans la partie située à gauche de la Seulle, quoiqu'il se prolonge jusque devant Lion, on trouve en mer, à peu de distance des côtes, les *roches de Maisy* devant la commune de ce nom, les *roches de Ver* que signale un phare, le *rocher Germain* en face du chenal de la Seulle, les *îles de Bernières*, le *raz de Langrune*, les *roches de Lion*, les roches désignées sous le nom de *Vaches-Noires*, non loin de Dive, et plus à l'est les *roches de Hennequeville*.

Dans une étendue de 120 kilomètres de côtes baignées par la Manche, le département possède 11 ports qui sont, dans l'ordre où ils sont situés, de l'est à l'ouest : ceux de Saint-Sauveur, de Honfleur, de Trouville, de Touque, de Dive, d'Ouistreham, de Caen, de Courseulles, de Port-en-Bessin, de Grandcamp et d'Isigny.

Le nombre des feux allumés pour l'éclairage des côtes du département est de 19 : à Honfleur, le fanal de la jetée de l'est et le phare de l'Hôpital ; à Trouville, le fanal d'amont, le fanal d'aval et le feu vert de la jetée de l'est ; à Dive, deux feux rouges destinés à jalonner le chenal de l'embouchure de la Dive, au pied et sur le coteau de Beuzeval ; à Ouistreham, le fanal d'aval et le fanal d'amont, le feu de la jetée de l'ouest, le feu vert de la jetée de l'est et un nouveau feu vert provisoire établi sur le plein de la rive droite du sas d'Ouistreham pour baliser le chenal à travers les bancs en le prenant par le feu vert de l'extrémité de la jetée est ; à Courseulles, le fanal de la jetée de l'ouest devant les rochers du Calvados ; le phare de Ver ; à Port-en-Bessin, le fanal d'amont et celui d'aval ; à Grandcamp, un fanal sur le bord de la place ; enfin, deux feux dans la baie d'Isigny.

CONSTITUTION GÉOLOGIQUE.

Les progrès accomplis dans la science depuis l'époque où a été commencé notre *Dictionnaire topographique* ont dû nécessairement nous faire abandonner notre premier travail sur la géologie du département. Nous le remplaçons par une suite de documents dus aux savants qui ont, depuis cette époque, publié les résultats de leurs études et de leurs découvertes[1].

On en trouvera l'exposé avec tous les développements qu'il comporte dans les beaux

[1] Ne pouvant les citer tous, nous nous bornerons seulement à mentionner ceux de MM. de Caumont, Dufrénoy, Élie de Beaumont, Daubrée, Harlé, Dollfus, Dalimier, Hérault, de Lapparent, Bonnissent, Hébert, Cotteau, de Saporta, E.-F. Vieillard, Morière, Eudes Deslongchamps et l'héritier du nom et du savoir de ce naturaliste éminent, M. Eugène Deslongchamps.

volumes dont se compose le *Bulletin de la Société géologique de Normandie,* fondéc en 1871, et particulièrement dans celui qui a été publié en 1880 par la savante société, à l'occasion de l'exposition géologique et paléontologique du Havre en 1877. Nous avons pu, grâce aux mémoires publiés à cette occasion, compléter et rectifier les documents que nous avions réunis autrefois sur la nature des différents terrains dont se compose le sol du département du Calvados.

Jetons d'abord un coup d'œil général sur une région qui doit la beauté de ses sites, la richesse de ses cultures, l'importance de ses monuments à la constitution géologique de son sol et au relief que lui ont donné les divers soulèvements qui s'y sont produits.

Les roches azoïques, le granit, ne se trouvent en Normandie que dans les départements de la Manche, de l'Orne et du Calvados.

Au-dessus ou plutôt adossés au granit, on rencontre des gneiss et micaschistes, puis les schistes cambriens, les quartzites du silurien; ce sont les plus anciens terrains sédimentaires de la région. On y trouve de nombreux et remarquables fossiles.

Puis viennent, en se dirigeant vers le nord-est, dans la Manche, les calcaires du dévonien, au-dessus desquels on rencontre le terrain houiller, exploité à Littry et au Plessis. Depuis longtemps, la mine du Plessis est envahie par les eaux; celle de Littry, au contraire, fait l'objet d'une bonne exploitation et le charbon qu'elle fournit est, en grande partie, employé pour l'éclairage au gaz de la ville de Paris.

Le terrain carbonifère est recouvert par des assises importantes, appartenant au trias.

Les terrains jurassiques occupent une très vaste étendue dans la Manche, dans l'Orne et dans le Calvados. Ils s'appuient vers le sud et le sud-ouest aux terrains de l'ancien Bocage normand et ils ont une pente assez régulière vers le nord-est.

Ces terrains sont riches en fossiles. On y compte des milliers d'espèces de mollusques, d'échinides, de polypiers; mais ce qui rend surtout ces couches remarquables, c'est le nombre considérable des grands reptiles qui y ont été rencontrés. Ce sont des Plésiosaurus au long cou, des Ichtyosaurus de taille gigantesque, des crocodiles cuirassés de plaques osseuses logées dans la peau et qui devaient les rendre invulnérables.

Au-dessus des terrains jurassiques, les assises crétacées ont pris dans la même région un grand développement. Les falaises qui bordent la Manche depuis l'embouchure de la Dive jusqu'au cap Blanc-Nez, dans le Boulonnais, sont presque exclusivement formées par le terrain crétacé, qui repose sur les couches moyennes et supérieures du terrain jurassique. On a constaté à Dive l'existence de la craie glauconienne en contact avec les couches supérieures de l'oxfordien; à Villers-sur-Mer, de la craie glauco-

.nienne avec le calcaire jaune du corallien supérieur; à Trouville, le gault et le kimmeridge; à Villerville et à Honfleur, les sables ferrugineux; mais les calcaires jaunes portlandiens n'apparaissent que dans le pays de Bray, aux environs de Neufchâtel.

En suivant les affleurements des terrains jurassiques, fait observer M. G. Lennier[1], en marchant du sud-ouest au nord-est, on voit que les limites de ce terrain (les anciens rivages) sont toutes placées les unes en dedans des autres, ce qui indique une longue période du retrait de la mer.

Pendant l'époque suivante, au contraire, les anciens rivages débordent tous les uns sur les autres, ce qui indique une longue période d'envahissement de la mer.

Les dépôts quaternaires ont sur les plateaux du pays une épaisseur très variable; c'est seulement sur ces plateaux que se trouvent les argiles à silex au-dessus desquelles s'étend un dépôt argilo-sableux, limoneux, qui acquiert dans certaines localités une très grande épaisseur. Ce dépôt est souvent désigné sous le nom de *limon*. Il est très employé pour la fabrication de la brique.

Indiquons rapidement la constitution de ces divers terrains d'après l'ordre que nous avons suivi dans ce résumé général.

I

TERRAINS GRANITIQUES.

Lorsque l'on veut donner une idée de l'ensemble des terrains primitifs en Normandie, il est impossible de ne pas les considérer dans leurs rapports avec ceux de la Bretagne. Ces deux provinces, au point de vue géologique, comme l'a dit M. Élie de Beaumont, sont une seule et même formation. On a suivi les diverses directions des roches granitiques appartenant aux deux provinces. Un de ces massifs, le plus considérable de ceux qui se trouvent en Normandie, prend sa naissance dans la commune de Saint-Jean-des-Bois, dans le département de la Manche. Une faible portion pénètre dans le Calvados et occupe le territoire d'une douzaine de communes de l'arrondissement de Vire.

Le granit y est généralement plus élevé que les roches schisteuses qui l'avoisinent et il forme sur les confins de la Manche et du Calvados une suite d'éminences qui déterminent dans deux directions différentes le cours de plusieurs rivières.

On a aussi trouvé dans l'arrondissement de Falaise quelques roches granitiques qui se rencontrent dans la commune du Mesnil-Villement sur les bords de l'Orne.

On exploite les blocs de ce genre épars dans la forêt de Saint-Sever, le bois du Gast,

---

[1] Introduction à l'*Exposition géologique du Havre*, page xxvii.

celui de la Haye à Tallevende, les monts de Vire, les landes de Roullours. Ces masses étant dégagées peuvent, en effet, être taillées immédiatement et sont faciles à enlever. Des carrières existent aussi du côté du Gast et de Saint-Germain-de-Tallevende.

Le granit de ces divers points est de deux sortes : l'un est le granit normal grisâtre, dit *granit de Vire;* l'autre est jaunâtre avec un commencement de décomposition : il sert à l'empierrement des routes et aussi pour la construction de l'intérieur des fours. La route de Vire à Condé est entretenue avec l'eurite et la pegmatite de la Bellière. L'exploitation du granit de Vire s'élevait il y a quelques années, d'après M. Morière, à plus de 72,000 quintaux par an.

Le granit de la région qui nous occupe ici est le granit normal avec ses trois éléments ordinaires : feldspath, quartz et mica. Il est d'une nuance généralement gris-bleuâtre avec quelques plaques noirâtres, qui ne sont autre chose que des fragments de schistes empâtés dans la masse. Le grain en est généralement petit, parfois plus gros, mais assez régulier, différant en cela des granits de la Manche dont la structure porphyroïde à gros cristaux de feldspath présente parfois des éléments de volume extrêmement variable.

M. de Caumont a signalé dans le granit de Vire la présence de cristaux de pinite, du talc, de l'andalousite et de nombreuses tourmalines noires, principalement près des hameaux de la Renaudière et de la Brunière à Clinchamps, dans la forêt de Saint-Sever. Le même savant a remarqué des filons de quartz hyalin à une lieue et demie de Vire et dans la commune de Saint-Manvieu. Le gneiss se rencontre sur le pourtour du massif granitique de l'arrondissement de Vire. La roche gneissique passe à un schiste maclifère et son association au granit n'est pas très nettement déterminée.

Quant à l'âge du granit de Vire, il résulte des observations de M. de Lapparent que l'éruption doit avoir eu lieu après le dépôt des schistes cambriens et avant celui du grès armoricain.

L'épanchement de plusieurs roches d'origine éruptive contribue à modifier le relief du sol et à lui donner la forme observée aujourd'hui.

Dans le département du Calvados, le porphyre se montre à la surface du sol dans la commune de Littry, près du coteau de Montmirel, sur le bord du bassin entre les phyllades et le terrain houiller. On l'a observé dans la forêt de Cérigny. Un relèvement dû à un filon de porphyre dans la mine de Littry a momentanément arrêté les travaux et forcé d'abandonner un puits à 300 mètres de profondeur.

Le porphyre qui accompagne le terrain houiller du Calvados présente une pâte tantôt compacte, à cassure conchoïde et passant au trapp; tantôt grenue, contenant des cristaux de feldspath; la couleur en est grise, tirant sur le brun, jaunâtre, verdâtre

et parfois rougeâtre; on y remarque très fréquemment des veinules de chaux carbo-
natée et des filets de feldspath blanchâtre qui traversent la roche en tous sens.

II

TERRAINS PALÉOZOÏQUES.

Ces roches primaires sont comprises dans les cinq classes qui suivent : les terrains
métamorphiques, le terrain cambrien, le terrain silurien, le terrain dévonien, le terrain carbonifère.

Ces terrains affleurent dans la plus grande partie du département de la Manche,
excepté une sorte de golfe qui pénètre dans le Cotentin et qui a été successivement
rempli par les dépôts du trias, des terrains secondaires ainsi que quelques lambeaux
tertiaires. Ils constituent une partie du Calvados vers l'ouest (Falaise, etc.) et s'avan-
cent au delà de la rivière de l'Orne (May, etc.).

Le terrain laurentien présente des affleurements sur un grand nombre de points où
l'on reconnaît en même temps le terrain cambrien et la partie inférieure de l'étage silurien moyen.

M. Dalimier, dans une communication faite à la Société géologique de France, a fait
connaître les caractères que présente le terrain silurien des environs de Falaise, à
Noron. La roche signalée appartient, selon lui, à l'étage des schistes cambriens rangés
dans la partie azoïque du silurien inférieur. C'est l'équivalent de la plus grande partie
des schistes du Bocage normand; elle représente minéralogiquement la variété de roches que les anciens auteurs appelaient *grauwacke phylladifère* et dont un type existe au
roc du Ham, près de Condé-sur-Vire. On rencontre près de Noron, si l'on s'élève du
point haut du vallon vers les sommités gréseuses au nord, outre la *grauwacke* schisteuse, un grès rougeâtre micacé en lits peu épais, sans couches visibles de poudingues,
et des grès blancs dominant la vallée. Sur ce grès repose un minerai d'hydroxyde de
fer, quelquefois schistoïde à couches compactes ou pisolitiques, surtout au nord, près
du château, où l'on peut voir des bancs de plusieurs décimètres d'épaisseur. Il est
associé à des schistes d'un gris cendré recouverts de larges taches rougeâtres. Ce minerai,
d'après les recherches de M. Dalimier, se trouve placé entre les grès à *Scolithus linearis*
et les schistes à *Calymene Tristani*. C'est un fait reconnu dans tous les terrains anciens
de la presqu'île de Bretagne. M. Morière a constaté à May l'existence de ces grès à *Scolithus linearis*.

Le terrain silurien de la vallée de Laize a été, de la part de M. Eugène Deslongchamps, l'objet d'une intéressante étude.

La Laize coule dans une vallée charmante et vient se jeter dans l'Orne au lieu dit *Moulin-de-Courgon*. Ce petit cours d'eau, depuis Bretteville-sur-Laize jusqu'à son embouchure, est encaissé dans une gorge profonde très favorable aux géologues par ses rochers escarpés, ses coupures nettes où l'on peut observer la série dans toute sa continuité et sans lacunes.

La route de Caen à Harcourt a coupé la roche au lieu dit *la Butte-de-Laize*, et le long de cette pente abrupte on trouve tout d'abord des schistes ardoisiers bleuâtres, très fendillés dans tous les sens et dont la stratification est fort difficile à reconnaître.

On voit cependant qu'ils plongent fortement vers le nord sous un angle de 50° environ; ils sont recouverts par une puissante masse de calcaires rouges ou gris que l'on connaît dans le pays sous le nom de *marbres de Laize* ou *de Vieux* et qu'une exploitation maintenant abandonnée a permis d'étudier en détail. Le haut de la butte est formé par des assises jurassiques, c'est-à-dire ici le lias moyen qui comble les inégalités de la roche et repose en ligne parfaitement horizontale sur des couches inclinées du calcaire silurien. Ces schistes, dans lesquels il y a fort peu de fossiles regardés comme synchroniques des schistes de Falaise à *Calymene Tristani*, appartiennent à peu près au niveau des ardoisières d'Angers. Leurs couches se développent sur une étendue de plusieurs kilomètres.

En suivant la route de Bretteville, on arrive bientôt, dans un point très sauvage, à la hauteur du village de Fresney-le-Puceux et marqué *rochers* sur la carte de l'État-major. On y voit les schistes inférieurs plonger sous une masse de rochers dont les escarpements pittoresques marquent très nettement la limite des schistes inférieurs. Ces rochers sont formés d'un poudingue très dur, de couleur rougeâtre ou verdâtre, renfermant de gros galets roulés de quartz et de diverses roches anciennes, réunis par une pâte calcaire.

Cette roche forme la base de la série moyenne du silurien moyen qui se développe jusqu'à Bretteville-sur-Laize, sous une inclinaison constante nord-est-sud-est, variant entre 40° et 45°.

Immédiatement au-dessus on voit quelques bancs de schistes verdâtres feuilletés et de grauwacke schisteuse d'une puissance de 10 mètres, au-dessus desquels paraissent quelques petits bancs de schistes ampéliteux alternant avec de minces assises de marbre brun ou violacé, de mauvaise qualité et fendillé. A la partie supérieure, ces marbres sont séparés par des lits de psammites pourprés; le tout a environ 3 mètres d'épaisseur; puis 10 mètres de schistes argileux se terminant par 2 mètres d'une sorte de grauwacke violâtre et d'un calcaire très dur, et enfin une mince assise d'argile schisteuse.

Au-dessus se développe une série de bancs minces d'un calcaire bleu, d'une puissance de 10 mètres environ; ce calcaire est très impur, caverneux et comme concrétionné, formé de parties noduleuses. Puis on voit paraître de nouveaux schistes noirs, ensuite des calcaires et des schistes noirs en alternance dont l'ensemble peut avoir environ 20 mètres de puissance. Avec eux se termine ce qu'on peut appeler la partie moyenne du silurien moyen, formée, comme on le voit, d'une alternance de schistes et de calcaires où ces derniers dominent.

Les dernières assises de cette série se chargent peu à peu de silice, et en arrivant à Bretteville-sur-Laize, on voit apparaître de véritables grès, d'abord gris, puis rouges, et qui sont identiques à ceux de May, renfermant les *Homanolotus* et.les *Conulaires*, et qu'on sait être les représentants du *Coradoc sandstone* des Anglais. Ces étages de grès sont recouverts dans le Calvados par les schistes et calcaires du silurien supérieur, caractérisé par les *Graptolites* et les *Cardiola interrupta*.

La butte de Laize peut donc être considérée comme le centre de l'axe d'un petit soulèvement qui a disposé en stratification arquée les diverses roches du silurien moyen. Elles sont ensuite renversées à droite et à gauche, d'où est résultée une espèce de stratification en éventail, comprenant très régulièrement la succession suivante : 1° calcaires à graptolites du silurien supérieur; 2° grès de May; 3° schistes et calcaires noirs; 4° calcaires purs; 5° schistes inférieurs; 6° calcaires purs; 7° schistes et calcaires noirs; 8° grès de May. L'équivalence est complète, et à partir de la butte de Laize, qu'on s'avance à droite ou à gauche, on suit une succession identique.

Le tableau suivant, rédigé par M. G. de Tromelin, résume fort clairement la stratigraphie si irrégulière de ces terrains.

TERRAIN LAURENTIEN.. Micaschistes et gneiss.

TERRAIN CAMBRIEN.... { Phyllades de Passais, de Condé-sur-Noireau, de Caumont, etc. Phyllades azoïques de la vallée de Vire.

TERRAIN SILURIEN. . .

Faune seconde..
1. Poudingue pourpré de Fresney-le-Puceux, Clécy, Pont-Écrepin, Livaye, etc. Conglomérat de Saint-Martin-de-Vrigny, sans fossiles.
2. Schistes rouges avec épais bancs calcaires (Laize, Vieux-Clécy, Ronay, Saint-Philbert-sur-Orne).
3. Grès armoricain (grès à tigillites de Falaise, Bagnols).
4. Schistes ardoisiers de Falaise, grès à *Calymene Tristani.*

Faune troisième.
1. Grès de May, Feuguerolles, Jurques.
2. Grès culminant, sans fossiles.
1. Schistes et psammites à fucoïdes, schistes ampéliteux.
2. Calcaire ampéliteux.

Calvados.   n

Le terrain dévonien, inférieur et supérieur, n'est représenté que dans la Manche. La mer dévonienne n'occupe qu'une faible surface dans le Cotentin où elle semble s'être frayé un passage au fond des vallées basses. C'est dans le même département que l'on a pu étudier le terrain carbonifère et le terrain houiller dont on sépare d'une manière absolue les deux formations.

Le terrain houiller de Littry, dans le Calvados, est adossé, dans toute l'étendue de la concession, aux terrains de transition inférieurs, dessinant de l'est à l'ouest une ligne sinueuse d'après laquelle a été tracée, pour éviter de concéder des terrains stériles, la limite sud du périmètre de la concession en 1853.

Les schistes et grauwackes des couches cambriennes atteignent ordinairement des altitudes variant entre 120 et 130 mètres, mais dans l'étendue de la concession de Littry, ils ne dépassent que bien rarement 60 mètres et se maintiennent ordinairement entre 35 et 55 mètres d'altitude.

C'est le hasard qui a fait découvrir, en 1741, le seul gisement de houille encore exploité en Normandie, en creusant un puits sur une couche de minerai de fer.

Le marquis de Balleroy, ayant eu connaissance de cette découverte, fit faire des recherches qui l'amenèrent à trouver une importante couche de charbon; il demanda, pour exploiter ce gisement, une concession qui lui fut accordée pour une période illimitée, le 15 avril 1744.

Le terrain houiller, à Littry et dans les environs, ne se montre que sur un très petit nombre de points; il est presque partout recouvert par les assises de trias. Il ne contient que peu de représentants de la flore de l'époque houillère; on y a rencontré quelques échantillons de végétaux fossiles et des restes d'animaux qui vivaient à cette époque.

Depuis la découverte de la mine de Littry, 47 puits ont été forés, sur lesquels plus de 30 ont servi à l'extraction du charbon; les autres ont dû être abandonnés par suite des difficultés que présentait l'épuisement des eaux dont ils étaient constamment remplis.

L'extraction du charbon, qui emploie environ 168 ouvriers, se fait maintenant par les deux fosses de Fumichon, ouvertes, l'une en 1844, l'autre en 1857. Dans le creusement de ces deux puits, on a rencontré le terrain houiller à une profondeur de 170 à 180 mètres. Les veines de charbon sont assez nombreuses, mais offrent fort peu d'épaisseur. Elles sont séparées par de minces couches de roches schistoïdes. L'étendue de l'exploitation est de 10,006 hectares; les trois puits d'extraction ont produit, en 1876, 122,022 quintaux métriques. La houille actuellement extraite du bassin de Fumichon appartient au type des houilles grasses à longue flamme. La quantité de cendres assez considérable que donnait le charbon de Littry le rendait impropre à certains emplois industriels. Le directeur a eu l'idée de laver les menus, opération qui a rendu les produits fort bons pour les travaux de forge et pour la fabrication du gaz d'éclairage. Aussi, maintenant, la matière extraite est-elle en grande partie envoyée à Paris pour servir à ce dernier usage. Dans le pays, on l'emploie dans les forges pour la cuisson du calcaire liasique et aussi pour la fabrication du gaz, notamment à Saint-Lô et à Bayeux[1].

Plusieurs recherches, soit pour la découverte, soit pour l'exploitation du charbon, ont été faites infructueusement à Aubigny, près de Falaise, à Saint-Laurent (arrondissement de Pont-l'Évêque), à Saint-Samson, à May et à Feuguerolles. On trouve de la houille à Baynes, Bernesq, le Breuil, Bricqueville, Campigny, Cartigny-l'Épinay, Castilly, Colombières, Lison, Mestry, le Molay, Saint-Marcouf, Saint-Martin, Saonnet, Tournières, Trévières, le Tronquay.

Le Calvados contient un grand nombre de marais tourbeux parmi lesquels est celui *des Terriers*, qui offre le dépôt le plus important du département.

Cette tourbe, dans les marais des Terriers, de Troarn, de Plainville, de Percy, près de Mézidon, de Chicheboville, de Bellengreville, de Villers-Canivet, de Rots, de Ver et de Meuvaines, présente un tissu spongieux, formé de mousse, de roseaux, de joncs, de racines, de feuilles et de tiges végétales.

Aucun dépôt de lignites n'a encore été découvert dans le département du Calvados.

Le terrain permien, dont les couches supérieures appartiennent au trias, n'offre guère d'affleurements et ce n'est la plupart du temps que par les roches retirées des sondages que l'on a pu réunir un certain nombre de données sur ce sujet.

Quant aux assises rapportées au trias, elles sont assez variées dans la Manche et le Calvados, depuis les environs de Valognes jusqu'à ceux de Bayeux; peu élevées au-dessus du niveau de la mer, elles ont une épaisseur peu considérable et occupent le fond d'une espèce de golfe ouvert au nord-est. Dans cette direction, elles disparaissent sous le lias, et sur le reste de leur parcours elles s'appuient sur les terrains de transition. Outre les lambeaux de lias qui les recouvrent sur beaucoup de points, des sédiments plus récents et plus développés diminuent encore l'étendue de leurs affleurements naturels. L'étude et les sondages de Littry ont permis à M. Vieillard, ingénieur des mines, de donner la coupe suivante du terrain triasique :

1° Des assises importantes d'argiles et de sables jaunes et rouges plus ou moins ar-

---

[1] Voir l'important travail de M. F. Vieillard: *Le terrain houiller en Normandie, ses ressources, son avenir*, publié dans le *Bulletin de la Société linnéenne de Normandie* (années 1872-1873).

gileux, des galets parfois agglomérés de façon à former des grès et des poudingues de grès blanchâtres et de marnes rouges;

2° Un conglomérat calcaire et parfois magnésien;

3° Des alternances de grès argileux rouges et de marnes de même couleur;

4° Des calcaires magnésiens compacts et fétides alternant avec des schistes gris et rouges et quelques bancs gréseux;

5° Des grès rouges amarante micacés, associés à des schistes argileux de même couleur et à des poudingues formés de galets siluriens dans une gangue de grès rouge.

Les sables, graviers et argiles de la partie supérieure forment des masses parfois puissantes sans stratification, répandues avec plus ou moins d'épaisseur sur les autres couches et ayant même débordé de façon à recouvrir en certains points les terrains de transition. Ils ont tous les caractères d'un dépôt de transport violent, ce qui leur avait fait donner par M. Harlé le nom d'*alluvions triasiques.*

III

TERRAINS SECONDAIRES.

TERRAINS JURASSIQUES.

Les terrains jurassiques de la Normandie se rattachent à la formation des terrains secondaires du bassin anglo-parisien. Les affleurements s'étendent du Boulonnais vers la Lorraine, dans une direction sud-est; ils tournent ensuite vers le sud et le sud-ouest à travers la Bourgogne, le Nivernais et le Poitou, pour se relever à travers la Sarthe, l'Orne, le Calvados et la Manche. On les retrouve de l'autre côté de la mer anglo-française, s'étendant en Angleterre, suivant une direction générale sud-ouest à nord-est.

Les rivages de la mer jurassique dans la partie occidentale du bassin de Paris, au moins pendant la formation des dépôts inférieurs, étaient constitués en presque totalité par le terrain de trias, par les terrains de transition et même, en quelques points, par les roches granitiques. Ces rivages pénétraient beaucoup plus avant qu'aujourd'hui dans la région normande, formant un golfe dont le fond est représenté maintenant par les assises calcaires des terrains de Valognes, de Baupte, de Carentan et d'Isigny, avec un cap formé par l'arête silurienne de Montebourg et qui s'avançait jusqu'aux îles Saint-Marcouf. Ils constituaient encore toute la région qui s'étend de Bayeux à Caen, dans cette partie désignée sous le nom de *plaine de Caen,* s'étendaient vers le sud jusqu'aux environs de Villers-Bocage, de May, et par un golfe sinueux jusqu'à Briouze. Cette partie était sillonnée de récifs (récifs de Mouen, de May, de Montabard); ce dernier se reliait sans doute à la terre ferme. A l'est de Montabard, autant que l'on peut juger, la côte courait à peu près ouest-est. Mais les affleurements, bientôt recouverts par les dépôts de la période crétacée, ne permettent pas d'étudier, vers l'est au delà de la vallée de la Dive, la configuration des dépôts jurassiques.

Le contact immédiat des calcaires jurassiques avec les terrains de transition du Cotentin et de la Bretagne, dont le sol montueux est sillonné de petits ruisseaux, apporte une opposition qui rend les caractères que nous venons de signaler encore plus frappants. Aussi, de tout temps, a-t-on distingué ce pays en deux régions naturelles : *le Bocage* et *la Plaine.*

Si les terrains jurassiques moyen et supérieur ne présentent plus de traces de leurs dépôts dans toute la partie du pays *de Plaine,* c'est qu'ils en ont été enlevés par dénudation.

La région où affleurent les terrains jurassiques supérieurs est beaucoup plus fertile que la plaine. Ils faut toutefois remarquer que, excepté dans certaines vallées, les assises de ces terrains occupent le sous-sol ou n'affleurent que dans les talus; leur action sur la végétation n'est donc pas immédiate. Partout où ils sont découverts, ils forment principalement le pays des pâturages, si verdoyant et d'aspect si pittoresque, bien connu sous le nom de *pays d'Auge.*

Dans ses études sur les *Étages jurassiques inférieurs de la Normandie,* M. Eugène Deslongchamps a posé les limites du lias et de ces terrains dans le Calvados et dans l'Orne. Ces deux systèmes, dit-il, forment une large zone nord-ouest-sud-est qui constitue la deuxième région naturelle indiquée par M. de Caumont dans sa *Topographie géognostique du Calvados.*

Cette zone présente, en général, de vastes plaines dont l'uniformité n'est interrompue que par quelques vallées et contraste sous ce rapport avec deux autres régions constituées, d'un côté par la craie et les systèmes jurassiques moyen et supérieur, c'est-à-dire l'ancien Vexin; de l'autre, par des terrains anciens, c'est-à-dire le Bocage normand.

Les limites géologiques en sont aussi bien établies que les limites topographiques, partout où l'on a pu observer le contact du système jurassique inférieur avec les jurassiques moyens. Ces limites sont surtout très tranchées en Normandie. Partout, en effet, où l'on peut constater le contact immédiat de la grande oolithe et des assises oxfordiennes et calloviennes, on voit la surface supérieure de la première usée en table ou étagée par des corrosions successives. Le fait est surtout facile à observer dans la petite

falaise de Lion-sur-Mer. Cette circonstance prouve qu'il a dû s'écouler un long espace
de temps avant le dépôt, sur la grande oolithe, des premières assises calloviennes.

Mais cette discordance devient bien plus manifeste encore si nous suivons quelque
temps le contact des deux roches. En effet, nous voyons à Lion-sur-Mer qu'une couche
de la grande oolithe a disparu. Cette couche est le cornbrash, dont les fossiles rema-
niés sont sur la place même ou près de l'endroit d'où ils ont été arrachés par les eaux
de la mer oxfordienne. Non seulement la surface de la grande oolithe est usée et cor-
rodée, mais encore l'inclinaison des couches n'est plus la même; enfin, la grande
oolithe subit un affaissement entre Lion-sur-Mer et Colleville et se relève ensuite si
fortement que, vers Périers, à moins de 1 kilomètre, sa hauteur dépasse de 65 mètres le niveau du rivage callovien.

Si nous suivons le contact des deux systèmes depuis la côte jusque dans l'Orne, nous
verrons d'autres faits se produire. Ainsi, dans un grand nombre de points, nous trouve-
rons les assises calloviennes en contact immédiat avec l'oolithe miliaire; par conséquent,
les couches de Langrune ont dû être enlevées dans ces points par des dénudations.

Le système liasique est constitué en Normandie par une puissante série de couches,
les unes calcaires, les autres argileuses ou argilo-calcaires, reposant, tantôt sur les terrains anciens, tantôt sur le trias. On les suit dans le Calvados sur une longue bande
qui coupe obliquement du nord-ouest au sud-est les arrondissements de Bayeux, de
Caen et de Falaise, et s'enfonce sous les divers sédiments du système oolithique inférieur.

On peut diviser le système liasique en trois étages :

1° Le calcaire de Valognes ou infralias ;

2° Le calcaire à gryphées ou lias inférieur ;

3° Le calcaire à bélemnites ou à gryphées cymbiennes.

Le dernier occupe une assez grande étendue dans le département du Calvados; il
repose en stratification concordante sur les dépôts du lias inférieur auquel il succède
normalement et sans trace de discordance; mais il ne se borne pas au bassin très res-
treint du *lias à gryphées arquées,* et il empiète vers l'est un espace considérable. Il y a
donc entre ces deux étages une discordance réelle par transgression. Il est recouvert
habituellement par les marnes infra-oolithiques qui lui succèdent chronologiquement.
Mais ce ne sont pas les mêmes couches qui sont partout en rapport. Lorsqu'il est au
grand complet, c'est-à-dire lorsqu'il est terminé par la petite couche à *Leptœna* (environs de Caen et d'Évrecy), il est recouvert par les épaisses argiles de Curcy, correspondant aux schistes à possidonomyes; il ne paraît alors exister aucune espèce de lacune
dans la série; mais il n'en est pas toujours ainsi.

M. Eugène Déslongchamps a, dans son savant ouvrage, donné plusieurs coupes de lias, parmi lesquelles nous citerons celles du Bessin (Vieux-Pont), des environs de Caen (Évrecy), de Falaise (Fresné-la-Mère). Dans celle d'Évrecy, qui peut servir de type, prise derrière l'église du bourg, en montant une route qui conduit à Sainte-Honorine-du-Fay, l'auteur signale du bas en haut sept couches différentes.

SYSTÈME OOLITHIQUE INFÉRIEUR.

Le système oolithique inférieur est formé en Normandie d'une série très puissante de couches d'abord argileuses et argilo-calcaires, puis de dépôts calcaires renfermant souvent des oolithes ferrugineuses, surtout à la base; enfin de calcaires blancs ou d'argiles très puissantes surmontées d'une masse énorme de calcaires blancs. Ces derniers forment le sous-sol de cette grande et riche région, étendue depuis la mer jusqu'aux environs de Séez et à laquelle on donne le nom de *plaine de Caen*. Cette série repose généralement sur le lias.

Le système oolithique inférieur offre un petit lambeau dans le Cotentin, auprès de Sainte-Marie-du-Mont; puis, à partir du nord-ouest du Calvados, ses limites inférieures tracent une ligne oblique en retrait sur les divers dépôts de lias et il occupe ainsi une grande partie de l'arrondissement de Bayeux et presque tout l'arrondissement de Caen; il se resserre dans l'arrondissement de Falaise pour s'étaler de nouveau dans celui d'Argentan, en contournant le grand récif de Montabard, qui, du cap avancé de la terre ferme, devient une île. La grande oolithe, formant la partie supérieure de ces assises, plonge régulièrement sous les épais dépôts du système oolithique moyen, formé par les petites buttes du pays d'Auge, la limite des deux régions étant à peu près tracée par le cours de la Dive, suivant une ligne nord-sud.

Le système oolithique inférieur est divisé en quatre parties :

1° Les marnes infra-oolithiques;
2° L'oolithe inférieure;
3° Le *fuller's earth*;
4° La grande oolithe.

MARNES INFRA-OOLITHIQUES.

Dans l'étage des marnes infra-oolithiques, on distingue les argiles à poissons, les marnes moyennes et les calcaires supérieurs à *Ammonites Murchisonæ*.

Les argiles à poissons occupent peu d'étendue; elles ont été déposées dans une sorte de petit golfe qui comprend les communes de la Lande-sur-Drôme, Vacognes, Préaux,

Trois-Monts, la Caine, où existe une carrière devenue classique et où ont été trouvés, dans des niches ou nodules calcaires isolés dans les argiles, des débris de poissons et de grands vertébrés : Curcy, Évrecy, Maisy, Amayé-sur-Orne, la Morinière, Vieux, Feuguerolles.

Cette assise repose sur les couches supérieures du lias à bélemnites, surmontées dans tous ces points par la petite couche à *Leptæna*, et est constamment recouverte par les marnes moyennes sans aucune trace de discordance.

Les marnes moyennes se distinguent de l'assise précédente par l'énorme quantité de fossiles et principalement d'ammonites dont elles sont criblées. Elles sont formées de calcaires très marneux, séparés par des argiles marneuses, généralement grises ou bleuâtres, rarement jaunâtres. Leur épaisseur est faible, mais leur surface est assez grande ; elle dépasse de beaucoup les argiles à poissons. Dans le Calvados, elles dépassent les récifs de Fontaine-Étoupefour et de May, et viennent se terminer en biseau très aminci vers Bretteville-sur-Laize.

Les calcaires supérieurs à *Ammonites Murchisonæ* se divisent en deux niveaux, en raison des fossiles qui leur sont particuliers : 1° niveau des *Ammonites primordialis* (environs de Clinchamps, de Vieux, de Fontaine-Étoupefour, à Feuguerolles sur le prolongement du récif de May et de Fontaine-Étoupefour, et sous un *facies* tout particulier); 2° niveau des *Lima heteromorpha* et *Terebratula perovalis* (mâlière des géologues normands). Les localités où on peut les observer sont : les falaises des environs d'Étreham, falaises de Sainte-Honorine-des-Pertes, Curcy; on a pu vérifier aussi leur existence à Verson, à Évrecy, à Clinchamps, à Amayé-sur-Orne, etc.

OOLITHE INFÉRIEURE.

L'oolithe inférieure (oolithe ferrugineuse et oolithe blanche des géologues normands) existe dans l'Orne et le Calvados. Un petit lambeau insignifiant se voit dans les environs de Sainte-Marie-du-Mont (Manche). Elle y occupe une bande étroite qui se dirige, dans l'arrondissement de Bayeux, ouest-nord-est ou est-sud-est, depuis l'embouchure des Veys jusqu'à Bayeux, resserrée d'une part entre le lias et les marnes infra-oolithiques, de l'autre entre les puissants dépôts du *fuller's earth* (calcaire de Caen) et de la grande oolithe. On la voit au jour, de place en place, vers le milieu des collines du Bessin, principalement entre la route de Paris et la mer; mais elle ne paraît qu'en un seul point, aux Hachettes, dans la magnifique série de falaises qui bordent la partie littorale de cet arrondissement. Au delà de Bayeux, elle s'étend sur une ligne ouest-nord-ouest, qui suit à peu près la vallée de la Seulle; c'est ainsi qu'on la retrouve sur un grand nombre de points de l'arrondissement de Caen, où elle acquiert une assez grande épaisseur et où elle est partout bien caractérisée. La vallée de l'Orne lui sert à peu près de limite orientale et on la voit ensuite plonger sous le calcaire de Caen (*fuller's earth*) et les épaisses couches de la grande oolithe. Dans l'arrondissement de Falaise, elle est très réduite et change considérablement d'aspect.

Elle se divise en *oolithe ferrugineuse* et *oolithe blanche*.

La première, toujours fort peu épaisse, forme la base de l'oolithe inférieure dans la plus grande partie du Calvados. Elle est formée d'un calcaire jaunâtre ou grisâtre, quelquefois plus ou moins siliceux, et renferme une multitude d'oolithes ferrugineuses qui lui donnent un aspect tout particulier. Elle est, en outre, remarquable par l'immense quantité de fossiles céphalopodes, gastéropodes et acéphales qu'elle contient. On peut y distinguer trois couches.

L'oolithe blanche est formée d'un calcaire blanc grisâtre, dont les joints de stratification sont peu marqués et qui renferme, surtout dans les environs de Bayeux, des parties plus ou moins marneuses et même des oolithes d'argile grise, mal délimitées. On peut dire que c'est le dépôt normal de l'oolithe inférieure. L'oolithe ferrugineuse est, en effet, plutôt un accident ayant marqué le commencement de la période, et qui ne s'est pas produit dans les départements de l'Orne et de la Sarthe, où la couche correspondant au banc ferrugineux du Calvados est représentée par des calcaires assez semblables d'aspect à l'oolithe blanche. Les fossiles sont moins nombreux dans cette dernière assise que dans l'oolithe ferrugineuse. Les lieux d'observation sont principalement les falaises classiques des Hachettes, entre Port-en-Bessin et Sainte-Honorine-des-Pertes.

FULLER'S EARTH.

Le dépôt de *fuller's earth* (calcaire de Caen et calcaire marneux des géologues normands) contraste avec les précédents en ce qu'il paraît s'être fait, autant qu'on peut en juger par les caractères paléontologiques et géologiques, dans des eaux profondes et dans une mer largement ouverte qu'habitaient des céphalopodes de grande taille et des sauriens gigantesques.

Ce dépôt offre une grande puissance dans l'Orne et le Calvados, mais ne se voit plus dans la Manche. Il suit partout en Normandie l'*oolithe inférieure,* sur laquelle il repose constamment et dont il ne dépasse les limites que dans les environs d'Argentan. Il est alors tantôt en relation avec le *lias à bélemnites,* tantôt directement adossé aux *terrains anciens.* On peut l'observer tout le long de la falaise étendue depuis Grandcamp jusqu'à Arromanches, et sur le flanc des vallées du Bessin, où il donne lieu à de nombreuses nappes d'eau. Dans les environs de Caen, on le voit au jour dans un grand nombre de points et on peut facilement l'étudier dans les exploitations ouvertes auprès de Caen, à Allemagne, à la Maladrerie, à Quilly, aux Ocrets, etc.

Le composition de cette assise varie assez notablement d'un point à un autre. Ainsi, à Sainte-Honorine-des-Pertes et dans les falaises jusqu'à Arromanches, c'est une puissante masse argilo-marneuse bleuâtre, avec des couches subordonnées de calcaire marneux jaunâtre, bleuâtre ou presque noir et qui se détache facilement des couches de l'oolithe blanche. Dans les environs de Caen, de Falaise ou d'Argentan, ce sont des calcaires blancs, difficiles à distinguer de l'oolithe inférieure, plus particulièrement marneux dans les localités voisines de la première de ces villes et constituant la *pierre de Caen*, et assez sableux dans les environs des deux autres points, principalement dans la carrière de la gare de Fresné-la-Mère. On distingue le calcaire marneux de Caen et le calcaire marneux de Port-en-Bessin. Le premier a la propriété de durcir à l'air et entre comme pierre de construction dans la plupart des monuments et même des maisons du pays. On sait qu'il a été employé pour la construction d'édifices étrangers, tels que l'abbaye de la Bataille, la tour de Londres, la cathédrale de Cantorbéry, en Angleterre.

GRANDE OOLITHE.

La grande oolithe est subdivisée en deux assises :
1° L'oolithe miliaire;
2° Le calcaire à polypiers ou couches de Ranville.

La grande oolithe miliaire se trouve dans les falaises de Bayeux, dans une partie de l'arrondissement de Caen, dans les petites vallées de la Muance et du Laizon, à la Brèche-au-Diable, à Rouvres, à Olendon. L'oolithe miliaire se voit autour des arêtes quartzeuses siluriennes sous la forme d'un calcaire très dur qui s'enchevêtre dans les anfractuosités de la roche silurienne; elle y renferme un grand nombre de fossiles, mais très difficiles à extraire de la roche.

Le calcaire à polypiers forme la partie supérieure de la grande oolithe. Il est peu épais dans l'arrondissement de Bayeux; on le voit dans un grand nombre de points, à la partie supérieure des falaises de Grandcamp à Arromanches. Dans l'arrondissement de Caen, il occupe toute l'étendue des petites falaises qui bordent le littoral, de l'embouchure de la Seulle jusqu'à celle de l'Orne, à Langrune, Luc, Lion-sur-Mer. On le perd en arrivant à Caen, où le *fuller's earth*, représenté par le calcaire de Caen, succède lui-même à l'oolithe miliaire.

De l'autre côté de l'Orne, le calcaire à polypiers est mieux caractérisé, surtout aux carrières de Ranville. Cette assise forme, en outre, le sous-sol de la plaine d'Amfréville, Hérouville, Escóville, et on la voit se plonger sous les premières collines oxfordiennes du pays d'Auge.

Au sud de Caen, on la reconnaît à ses nombreux bryozoaires, dans la plaine d'Ifs et, par lambeaux, dans la grande plaine de Bourguébus, Tilly-la-Campagne, Soliers, où elle offre une station de *Penta crinites* fort remarquables. Elle augmente d'épaisseur en se rapprochant du pays d'Auge, vers Moult, Bellengreville, Chicheboville, Mézidon, etc., et plonge également sous les collines oxfordiennes, limitées à peu près par le cours de la Dive.

Le point où cette assise est la mieux développée est la plaine nord de Caen, où une grande quantité de carrières, grandes et petites, permettent d'en faire une étude des plus faciles et des plus fructueuses.

Notons-y deux modifications dont l'une constitue les couches de Ranville ou *caillasse* et l'autre la pierre blanche de Langrune.

TERRAINS JURASSIQUES MOYENS ET SUPÉRIEURS.

Ces terrains ont leurs affleurements le long des côtes du Calvados, depuis la rivière d'Orne jusqu'à Honfleur, et dans l'intérieur du pays, dans les vallées de la Dive, de la Touque et de la plupart de leurs affluents.

Ils forment cinq étages : *callovien, oxfordien, corallien, kimméridien* et *portlandien*.

1° ÉTAGE CALLOVIEN.

Il existe dans le Calvados et dans l'Orne. Ses dépôts, presqu'à l'état rudimentaire dans le Calvados, par suite des dénudations qui ont formé la vallée de la Dive, acquièrent vers le sud une importance considérable. Partout où l'on peut en constater la présence, ils reposent, *en discordance*, sur les terrains antérieurs qu'ils dépassent parfois, montrant que la mer callovienne a atteint jusqu'aux rivages formés par les terrains anciens. On y distingue plusieurs niveaux. Le niveau le plus inférieur du callovien est représenté à Lion-sur-Mer et à Colleville-sur-Mer par la couche argileuse où se trouvent mélangés divers fossiles particuliers à la grande oolithe et à l'oxfordien inférieur.

2° ÉTAGE OXFORDIEN.

Cet étage comprend d'importants dépôts d'argiles alternant avec quelques bancs calcaires ; on peut le suivre dans les falaises de l'embouchure de la Seine, depuis un point

situé à peu de distance de Trouville (Hennequeville) jusqu'à Villers, Auberville, Beuzeval et Dive. Vers ce point, les dépôts de ce terrain ont acquis une puissance considérable; ils s'élèvent d'environ 70 mètres dans la falaise de Beuzeval et la partie inférieure se perd dans les sables du rivage. A partir de Dive, les argiles de l'oxfordien se
voient dans la ligne des collines du pays d'Auge, suivant à peu près la direction de la
vallée de la Dive et projetant quelques lambeaux jusqu'à l'embouchure de l'Orne. Elles
ont pour limites, à l'ouest, les villages d'Hérouvillette, Sannerville, Argences, Moult,
Airan, Ouézy, Canon, Plainville, Saint-Pierre-sur-Dive, Berville, Courcy, Louvagny,
Baron, Norrey; et à l'est, Beuzeval, Grangues, Brucourt, Dozulé, Clermont, Pontfol,
Estrées, Livaye, Grandchamp, Saint-Julien-le-Faucon, Mittois, Montpinçon, etc. Elles
se voient aussi par dénudation dans la vallée de la Vie, entre Saint-Julien-le-Faucon
et Vimoutiers; dans celle de la Touque, entre la mer et Lisieux; dans celle de la
Calonne et dans un grand nombre de vallées moins importantes du département. Les
géologues distinguent l'oxfordien moyen et l'oxfordien supérieur.

3° ÉTAGE CORALLIEN.

Ce terrain recouvre presque partout en retrait les collines oxfordiennes, mais la
plupart du temps, vers la limite ouest, il est dépassé par les assises crétacées. Ses principaux affleurements vers l'ouest sont Vimoutiers, Gacé, Échauffour, Mortagne, Bellême. On voit apparaître ses premières assises dans le Calvados, dans la petite falaise
de Hennequeville, située un peu à l'ouest de Villerville. Elles sont constituées sur ce
point par des assises de calcaires séparées par quelques lits marneux très minces. Un
de ses niveaux, désigné par M. de Caumont sous le nom de *calcaire de Blangy*, est constitué aussi par des assises calcaires. Vers Trouville, le terrain est couronné par une
petite ligne de sables contenant des coquilles de Trigonies assez semblables à celles de
Glos.

Il est un point qui offre un intérêt spécial : c'est la butte de Canisy ou de Bénerville.
Le sommet de cette butte est entièrement constitué par le corallien à polypiers de la
carrière d'Aguesseau à Trouville et sans aucun dépôt diluvien ou autre superposé.
C'est là un fait tout particulier, car on sait que tous les sommets des collines environnantes sont constitués par des argiles à silex, recouvrant la craie cénomanienne. La butte
de Bénerville se trouve donc le seul point dont le sommet est formé du calcaire corallien affleurant.

Le corallien s'observe encore sur le penchant de la plupart des coteaux des vallées
de la Touque et de ses affluents, principalement aux environs de Pont-l'Évêque, de

Blangy et de Lisieux. M. de Caumont en a donné plusieurs coupes prises dans la colline de Saint-Julien-sur-Calonne, du Mesnil-sur-Blangy et de Glos, près de Lisieux.

4° ÉTAGE KIMMÉRIDIEN.

L'étage kimméridien n'offre pas un développement aussi considérable que les autres étages jurassiques; il ne se présente que sur d'étroites surfaces et n'a pu être étudié que dans les déclinaisons des coteaux et dans les coupes des falaises, au milieu ou à la base desquelles il s'étend.

Dans le Calvados, les assises de l'étage kimméridien apparaissent dans les coteaux des vallées situées aux environs de Lisieux, de Pont-l'Évêque (vallées de la Touque, de la Calonne, de l'Orbec et autres) et dans le petit bassin de Blangy, au confluent de l'Orbec et de la Touque.

Le kimmeridge apparaît à Trouville, dans la falaise, au-dessus des calcaires coralliens, à environ 20 mètres au-dessus du niveau des hautes mers. Par suite de l'absence de l'étage portlandien, les argiles kimméridiennes forment la partie supérieure de la série jurassique et se trouvent en contact avec le terrain crétacé. Le plongement des couches vers l'est fait disparaître les assises coralliennes au-dessous du niveau de la mer en face de Villerville. De Villerville à la vallée de Cricquebœuf, le kimmeridge argileux, très fossilifère (zone des Prérocères), occupe la base de la falaise, et c'est seulement en face de cette vallée qu'il disparaît, recouvert par des couches tourbeuses de formation récente. Plus à l'est et jusqu'à Honfleur, le kimmeridge occupe encore la base de la falaise, mais il est masqué par un immense talus d'éboulement. L'ensemble des couches kimméridiennes sur la côte du Calvados présente un développement d'environ 34 mètres.

5° ÉTAGE PORTLANDIEN.

N'existe en Normandie que dans le pays de Bray. Il a été étudié par M. A. de Lapparent qui, dans l'ouvrage consacré à ce sujet, a établi trois divisions : 1° portlandien inférieur; 2° portlandien moyen (marnes bleues à grandes Ammonites); 3° portlandien supérieur (grès ferrugineux et sables à *Trigonia gibbosa*).

N'occupant jamais qu'une bande de peu de largeur, le portlandien supérieur n'imprime aux cultures aucune physionomie particulière.

On a résumé en ces quelques mots les phénomènes géologiques de la période jurassique :

1° *Période d'affaissement.* L'infralias ne s'étend que dans les golfes de Valognes et de Carentan; la mer liasique abandonne ensuite Valognes; le lias à gryphées s'étend de

Montebourg jusqu'aux environs de Bayeux; le lias à bélemnites occupe un espace triple du lias à gryphées et correspond au maximum d'extension du bassin jurassique. Les arêtes siluriennes de May, de Curcy, de Falaise, de Montabard, donnent aux plages liasiennes une physionomie et une faune particulières;

2° *Période d'arrêt,* qui affecte diversement les étages bajocien et bathonien;

3° *Période d'exhaussement.* Les assises bathoniennes émergent, ainsi que le constatent les érosions de Lion-sur-Mer. Les dépôts oxfordiens, coralliens, kimméridiens, perdent progressivement de l'importance jusqu'à ce que l'étage portlandien finisse par n'être plus représenté que dans le pays de Bray.

L'époque crétacée nous montrera la même succession de mouvements.

TERRAINS CRÉTACÉS.

Le terrain crétacé de la Normandie constitue une partie de ce qu'on a appelé *le terrain crétacé du bassin anglo-parisien,* dont l'extension a été donnée par M. Alc. d'Orbigny. Il a été divisé en sept étages, que l'on trouve plus ou moins développés dans la Normandie; ce sont, en prenant pour base la classification de d'Orbigny et dans l'ordre ascendant : le néocomien, l'aptien ou néocomien supérieur, l'albien, le cénomanien, le turonien, le sénonien, le danien.

Le terrain crétacé de la Normandie se rencontre dans la Seine-Inférieure et l'Eure, dans la partie est du Calvados, et une petite zone dans la partie orientale de l'Orne. Partout où l'on peut en observer les sédiments dans la région occidentale du bassin de Paris, les couches reposent en stratification discordante sur les terrains antérieurs. Chaque étage est lui-même recouvert, également en stratification discordante, par l'étage crétacé supérieur. Il forme le sous-sol géologique de tous les plateaux de la Seine-Inférieure, de l'Eure et de la partie du Calvados située à l'est de la Dive, et d'une partie de l'Orne aux environs de Bellême. Les assises en sont généralement recouvertes par un manteau plus ou moins épais d'argiles rouges à silex, provenant de la craie sous-jacente et dont la formation a été rapportée assez généralement à l'époque tertiaire. Dans le beau travail consacré aux terrains crétacés de la Normandie, dans leurs sept subdivisions, la part du département du Calvados est nécessairement fort petite : la plus considérable est consacrée au pays de Bray. On ne peut constater dans le Calvados que quelques affleurements de l'étage cénomanien dans les flancs des coteaux des vallées de la partie orientale du département, c'est-à-dire dans les vallées de la Touque, de la Calonne, de Honfleur à Pont-l'Évêque; à la pointe de la Roque, à l'embouchure de la Risle.

IV

TERRAINS TERTIAIRES ET QUATERNAIRES.

Les terrains tertiaires sont très inégalement distribués sur l'étendue des cinq départements; on peut même dire qu'ils n'apparaissent que dans trois, formant deux groupes situés à l'ouest et l'est, les deux départements intermédiaires, l'Orne et le Calvados, en étant presque totalement dépourvus.

On a depuis fort longtemps signalé dans le département du Calvados, vers Orbec, quelques grès, argiles plastiques et poudingues qui sont le prolongement des terrains tertiaires répandus dans l'Eure, appartenant, ainsi que ceux de la Seine-Inférieure, au bassin de Paris. Les terrains tertiaires de la Manche forment dans le Cotentin un petit golfe entièrement distinct du bassin de Paris et se relient probablement aux terrains tertiaires de la Bretagne.

Quant à l'époque *quaternaire*, il règne encore à ce sujet une grande obscurité. On a pu cependant constater sur quelques points la présence d'assez nombreux ossements d'*Elephas primigenius*, de *Rhinoceros tichorinus*, de bœufs, cerfs, etc., et même quelques débris de l'hyène des cavernes et du grand tigre *Felis spœla*. M. Eudes Deslonchamps a publié un important mémoire sur ce sujet. Généralement ce dépôt quaternaire à *Rhinoceros* et *Elephas primigenius* occupe le fond des vallées. Le diluvium des plateaux paraît devoir être rapporté au dépôt de Löss. Mais, malgré le nombre des documents recueillis, la science ne possède pas encore les éléments d'une classification définitive.

En résumé, la richesse minérale qui résulte de la constitution géologique du Calvados est bien loin d'égaler son incomparable richesse agricole. Indépendamment des mines de charbon de Littry, il existe du fer sur quelques parties de son territoire, à Balleroy, Danvou, Saint-Remy, Urville et Gouvix. Mais la mine de Saint-Remy est la seule qui soit exploitée : elle a produit 20,000 tonnes de minerai en 1877.

Les *sources minérales* y sont rares et presque toutes ferrugineuses; les principales sont celles de Brucourt, Roques et Touffréville. Les premières sont les plus fréquentées. Les produits minéraux qu'il est utile de mentionner sont la *chaux* à Caen, à la Maladrerie, Ranville, Clécy, Saint-Martin-de-Mieux, Martigny, Hottot, etc.; les *ardoises* et les *schistes ardoisiers* à la Bazoque, Castillon, Caumont, Litteau, Planquery; le *granit* à Clécy, Jurques, le Gast, Maisoncelles; le *grès quartzile* à May et à Feuguerolles-sur-Orne; le *marbre* à Baron, Bretteville, Clinchamps, Fourneaux, Laize-la-Ville, Pierrefitte-en-Cinglais, Vieux. On trouve des *carrières de pierre* à Clécy, Montigny, Fontenay-le-Pesnel, Thury-Harcourt; de la *tourbe* dans les marais de Chicheboville et des Terriers;

de la *terre à foulon* à Hotot-en-Auge; des *sables* et *argiles* dans la vallée d'Auge et les environs de Bayeux.

MONTAGNES.

La chaîne la plus saillante des montagnes du Calvados, en général peu élevées, arrive du département de l'Orne et se dirige, par l'arrondissement de Vire, vers le sommet de la presqu'île de la Manche. Son point culminant est le Montpinçon, situé dans l'arrondissement de Vire, commune du Plessis-Grimoult, et dont l'élévation est portée à 363^{m}49 au-dessus du niveau de la mer et 233^{m}12 au-dessus du sol d'Aunay. On signale ensuite comme les plus grandes hauteurs du Calvados : la butte de Caumont (Bayeux) (244 mètres); les buttes de Hamars et les monts d'Ancre (331 mètres), à Valcongrain; le Montbrocq, sur la route de Villers (219 mètres); la Croix-des-Filandriers, sur Esquay et Bougy (112 mètres); le Mont-Aigu, à Saint-Martin-de-Sallen (184 mètres); la Hoguette-de-Moult (89 mètres); l'abbaye d'Ardennes (Caen), la chapelle Saint-Clair-de-la-Pommeraye (306 mètres); le mont de la Chaize, à Combray (245 mètres); le mont du Père, à Saint-Omer (272 mètres); la Bruyère et l'éminence de Clécy (262 mètres); les monts d'Éraine (Falaise) (116 mètres); la butte Saint-Laurent (Lisieux), la côte de Grâce, à Honfleur (Pont-l'Évêque) (90 mètres); les buttes des Houlles, sur Roullours (312 mètres); de Jurques (225 mètres); de Brémoy (237 mètres); de Montbosq (315 mètres); la Bruyère-de-Montchauvet (287 mètres); les roches de Campeaux (260 mètres); les buttes de Saint-Martin-Don (Vire) (203 mètres).

HISTOIRE ET ANCIENNES DIVISIONS.

Parmi les sept cités qui ont servi de point de départ à la formation des sept diocèses compris dans la province de Normandie, celles qui occupaient le territoire dont est formé le département du Calvados sont : la cité des *Bajocasses*, celle des *Viducasses* et celle des *Lexoviens*. César a fait mention des Lexoviens (*Lexovii*), qui répondent au diocèse de Lisieux, et des *Unelli*, répondant au diocèse de Coutances. Pline, dans sa description de la Gaule lyonnaise, cite aussi les *Lexoviens* et les *Unelli*, auxquels il joint les *Viducasses*, les *Badiocasses*. Ptolémée, qui écrivait sous le règne d'Antonin le Pieux, mentionne aussi les *Viducasses* auxquels il donne pour capitale *Arigenus* ou *Aregenus* (Ἀριγένους Βιδουκασίων).

L'emplacement occupé par les Lexoviens a donné lieu à peu de contestations. Il en est autrement pour ce qui concerne les *Badiocasses* ou *Baiocasses* (*Saxones Baiocassini*,

578, Grég. de Tours, V, 27) et les *Viducasses*. La découverte faite dans le xvi° siècle, au village de *Vieux*, situé à 4 kilomètres de Caen, de la fameuse inscription transportée au château de Thorigny par Goyon de Matignon et conservée aujourd'hui à l'hôtel de ville de Saint-Lô, a levé à ce sujet toutes les incertitudes. Elle a appris que c'était précisément dans ce village de Vieux qu'il fallait placer la capitale de la cité des Viducasses, laquelle érigea en 238 une statue à Titus Sennius Solennis. La position respective des Unelli, des Badiocasses et des Viducasses s'est ainsi parfaitement établie. On a supposé que la capitale des Viducasses a dû son premier nom d'*Arigenus* et d'*Aregenus* à la rivière de *Guine* qui sert de limite au territoire de Vieux. Le nom de *Vieux* fut tiré précisément de celui de la cité dont elle était la capitale : Viducasses, *Viduca* et par abréviation *Veoca*, *Veex* (noms qui lui sont donnés dans deux chartes en faveur de l'abbaye de Fontenay, la première de 1070, la seconde de 1239) et enfin *Vieux*. Elle fut détruite à la fin du iv° siècle ou dans les premières années du siècle suivant. Citée comme une ville importante dans la carte de Peutinger, dressée, croit-on, sous le règne de Théodose le Grand, elle ne paraît plus dans la *Notice des provinces et des cités de Gaule*, rédigée sous le règne d'Honorius. Elle fut ruinée, selon toute apparence, par les Saxons qui, pendant deux siècles, désolèrent les frontières de la Gaule et se fixèrent dans toute la longueur du pays qui s'étend entre la Morinie et la Bretagne, pays qui fut désigné sous le nom de *littus Saxonicum*.

Le pays des Viducasses fut alors réuni au territoire des Badiocasses, qui constitua le *pagus Bajocassinus* ou le Bessin. L'ancien nom de la capitale des Bajocasses était *Augustodurum*; plus tard, comme cela se fit dans les autres cités, le nom du peuple devint celui de la ville, *Bajoca*, *Baoca*, *Baex*, *Baeus*, *Bayeux*.

Quelle était l'étendue des deux *pagus* réunis sous le nom commun de *pagus Bajocensis*? Elle différait peu sans doute de celle du diocèse qui eut Bayeux pour métropole, les circonscriptions ecclésiastiques ayant été le plus souvent modelées sur les circonscriptions administratives des Romains. L'ancien *pagus Bajocensis* ou *Bagisinus* était en 853 divisé en trois contrées, désignées, dans le capitulaire de Servais, sous les noms de *Bagisinus*, *Otlingua Saxonia* et *Harduini*[1]. Étaient-ce des divisions nouvelles ou ces divisions correspondaient-elles à des *pagi* ou *pagelli*, formant déjà des démembrements du Bessin? Il est assez difficile de se prononcer sur ce point. On a supposé que le *Corilisium*, mentionné dans le même document, répondait à la portion bayeusaine de la contrée naturelle connue aujourd'hui sous le nom de *Bocage normand* et qui occupe non seulement le midi du diocèse de Bayeux et de Coutances, mais encore la plus grande portion

[1] Capitulaire de 802 dans la collection de Pertz.
Calvados.

D

de celui d'Avranches. Quant à l'*Otlingua Saxonia*, Lebeuf et Béziers l'ont placée à l'ouest de Bayeux, à cause des deux villages de *Saon* et *Saonnet* dont le nom leur semblait rappeler le souvenir de l'antique dénomination. Huet et après lui Auguste Le Prévost, trouvant du rapport entre le nom d'*Heidram*, mentionné au capitulaire de 853 comme appartenant à ce *pagellus*, et celui d'*Airan*, commune située au midi d'Argences, près de Moult, seraient disposés à voir l'*Otlingua Saxonia* dans la contrée située entre la mer et les rivières d'Orne et de Dive, c'est-à-dire le pays connu sous le nom de *plaine de Caen*. L'*Otlingua Harduini* serait, d'après ce dernier savant, le terrain compris entre l'*Otlingua Saxonia* et l'Hiémois, le long de la rive droite de l'Orne, et ayant formé plus tard le doyenné de *Cinglais*. Du reste, ces subdivisions paraissent avoir cessé d'exister dès 860. Une charte de Charles le Chauve les omet dans l'indication d'un des lieux appartenant à ce canton du Bessin. *In pago Bajocensi*, y est-il dit, *villa Sancti-Silvini*. Or Saint-Silvain est situé, comme Airan, sur la Muance, près de Tassilly, et appartient à l'Hiémois.

La cité des Lexoviens, *civitas Lexoviensium*, composant le territoire occupé plus tard par le diocèse de Lisieux, compris aujourd'hui en grande partie dans le département du Calvados, avait les mêmes limites : à l'est et au nord, la Charentonne, la Risle et la mer; au midi, ce qui est devenu plus tard le diocèse de Séez; à l'ouest, la ligne de la Dive.

Le *pagus Lexoviensis*; *pagus Lisvinus* ou *Lieuvin* (*Lisvinum*, 1014, charte de Richard II; 1030, charte de Robert Ier pour Sainte-Trinité-du-Mont; 1095, charte de Richard Cœur-de-Lion pour Saint-Taurin d'Évreux); *pagus Lisiocensis*, comprit seulement par la suite le territoire qui s'étend entre la Charentonne, la Risle, la mer, la Touque et la rivière d'Orbec.

La région située de l'autre côté de la Touque reçut le nom de *pays d'Auge*. Il paraît que cette partie du territoire était occupée par une forêt existant encore au xe siècle : *Quoddam monasterium Sagiensi urbi vicinum quod est in saltu Algie situm* (ixe siècle), dit l'évêque Adelelme, dans la *Vie de sainte Opportune*. En 1082, Roger de Montgommery donnait à l'abbaye de Saint-Étienne de Caen le bourg de Trun, *cum silva de Alge*.

Bessin, Bocage, campagne de Caen, pays d'Augé, Cinglais, Lieuvin, autant de divisions, devenues populaires, du territoire dont se compose principalement le Calvados.

Nous en avons marqué, dans chacun des articles du Dictionnaire qui leur sont consacrés, l'étendue et les limites.

M. Le Prévost cite une charte de 690 donnée par Wandemir et sa femme Ercamberte en faveur de Saint-Germain-des-Prés, dans laquelle le Lieuvin est désigné sous le nom de *pagus Lexuinus* (*Cambrimaro, in pago Lexūino,* anciennes divisions de la Normandie).

Le *pagus Oximensis*, Hiémois, Exmois, désigné aussi sous les noms de *pagus Oxmensis, Oxminsis, Oxomensis, Oximus, Osismensis, Oismacensis, comitatus Oximensis, Oismacencis, Oximium,* contenait vraisemblablement toute la portion du diocèse de Bayeux située sur la rive droite de l'Orne et composée des doyennés de Troarn, de Vaucelles et de Cinglais. Cette portion du diocèse portait autrefois le nom d'archidiaconé d'Exmes. La rue Saint-Jean, à Caen, s'appelait au moyen âge *rue Exmosine.* Wace (1155), dans le récit de la bataille de Val-des-Dunes, place ce lieu dans l'Hiémois :

> Valesdunes est en Oismeiz
> Entre Argences e Cingueleiz.

On trouve dans le Calvados les traces des voies exécutées par les Romains à travers la contrée. L'une de ces voies, construite sous le règne de Claude (41 à 54 après J.-C.), partait de Bayeux, passait par Vienne, le Manoir, Colombières, longeait la côte et allait toucher à la station romaine établie, soit alors, soit plus tard, à Bénouville. Elle franchissait probablement l'Orne au Bac-du-Port pour se prolonger d'un côté le long de la côte, peut-être vers la côte des Morins (Boulogne), en passant par le pays des Lexoviens et des Calètes ; de l'autre, vers la cité même des Lexoviens, en allant reprendre une autre voie stratégique par laquelle Trajan (98 à 117 après J.-C.) avait relié la cité des Lexoviens à celles des Bajocasses et des Viducasses. On trouve des traces de cette voie à Estrées, à Croissanville, à Moult et à Vimoult. Une troisième voie, la plus considérable, reliait le pays des Unelles, des Bajocasses, des Viducasses, des *Essui* et des *Carnutes* ; elle touchait ainsi d'une part au Cotentin et à l'Orléanais. Elle traversait le territoire des communes de Bayeux, Bretteville-l'Orgueilleuse, Norrey, Verson, Monts, Baron, Esquay, Vieux, Bully, franchissait l'Orne pour continuer jusqu'à Jort, Exmes, Séez, Alençon et le Mans.

DIVISIONS ECCLÉSIASTIQUES.

Les diocèses de Bayeux et de Lisieux se sont formés, comme nous l'avons dit, de tout ou partie des territoires qu'embrassaient à l'époque gallo-romaine la *civitas Bajocassium* et la *civitas Lexoviorum.* Si les circonscriptions ecclésiastiques représentaient d'une manière exacte, comme l'a pensé Adrien de Valois, les *civitates,* nous aurions, par la connaissance que nous avons des limites des deux diocèses, l'étendue et les bornes de ces antiques divisions. S'il était vrai encore que les *pagi majores* sont devenus les ar-

D.

chidiaconés et les *pagelli* les doyennés ruraux; ces subdivisions nous offriraient encore le moyen de déterminer l'étendue des diverses parties du territoire désignées sous les noms de *pagi* et de *pagelli*.

Ces circonscriptions ecclésiastiques nous permettraient encore de déterminer les limites des divisions introduites par la féodalité, si chaque diocèse présentait l'étendue du gouvernement assigné à chaque comté et si les subdivisions diocésaines répondaient aux subdivisions des comtés. Il n'en est malheureusement pas ainsi et les exceptions les plus nombreuses compromettent l'heureuse symétrie de ces systèmes plus ingénieux que vrais. Les divisions naturelles n'ont pas toujours servi de base aux circonscriptions politiques, et les divisions administratives d'une époque ne se retrouvent que rarement aux époques suivantes.

Contentons-nous d'indiquer ici les limites et les divisions des deux diocèses compris dans le département du Calvados, en y joignant celles de ses parties qui appartenaient aux diocèses de Séez et de Coutances.

DIOCÈSE DE BAYEUX.

L'ancien diocèse de Bayeux était, au levant, séparé du diocèse de Lisieux par la Dive; au couchant, du diocèse de Coutances par la Vire; au nord, il était borné par la mer; et il touchait au sud aux diocèses d'Avranches, du Mans et de Séez. Il possédait dans le diocèse de Lisieux une enclave composée de huit paroisses, appelée l'*exemption de Cambremer*, située entre Lisieux et la Dive. Une autre exemption, dite *de Sainte-Mère-Église*, lui appartenait dans le diocèse de Coutances, et se composait de cinq paroisses rattachées au doyenné de Trévières (Neuville-le-Plain, Sainte-Mère-Église, Chef-du-Pont, Vierville et Lieusaint).

L'évêque de Bayeux était le premier suffragant de la province de Rouen. Le temporel de l'évêché comprenait en 1460, époque à laquelle le dénombrement en fut fait par l'évêque Louis de Harcourt, sept baronnies : *Saint-Vigor-le-Grand, Neuilly et Isigny, le Bois-d'Elle, la Ferrière-Harang, Douvre, le Plessis-Grimoult et Cambremer*. Les deux baronnies de la Ferrière-Harang et du Plessis-Grimoult furent acquises au xvie siècle par les comtes de Thorigny, et au xviiie le bourg d'Isigny fut l'objet d'un échange entre Mgr de Rochechouart et le marquis de Bricqueville.

L'évêque de Bayeux était en outre seigneur tréfoncier de Port-en-Bessin, Commes, Surrain, Saint-Laurent-sur-Mer, Sommervieu, Carcagny, Juaye, Ellon, etc.

Les terres et seigneuries de l'évêché avaient été érigées en haute justice par Louis XI en considération de Louis de Harcourt, patriarche de Jérusalem et évêque de Bayeux.

Le revenu de l'évêché de Bayeux s'élevait à 100,000 livres.

La justice ecclésiastique était rendue dans le diocèse par deux officialités, celle de Bayeux et celle de Caen.

La première comprenait les doyennés de la chrétienté de Bayeux, de Campigny, de Couvains, de Creully, de Fontenay-le-Pesnel, de Thorigny, de Trévières, de Villers et de Vire.

La deuxième avait dans son ressort les doyennés de la chrétienté de Caen, de Cinglais, de Condé, de Douvre, d'Évrecy, de Maltot, de Troarn, de Vaucelles, et l'exemption de Cambremer.

Les abbayes et prieurés fondés dans le diocèse de Bayeux étaient les suivants :

1° Dans l'officialité de Bayeux : l'abbaye de Cerisy, fondée en 1030 par le duc de Normandie Robert Ier; l'abbaye de Longues (ordre de Saint-Benoît), fondée en 1168 par Hugues Wac; l'abbaye du Cordillon (ordre de Saint-Benoît), dont la fondation est attribuée à Richard Cœur-de-Lion, mais qui, selon une opinion plus probable, doit sa naissance à Guillaume de Soliers, seigneur de Lingèvres au xiiie siècle; le prieuré du Plessis-Grimoult (chanoines réguliers de Saint-Augustin), établi en 1131 par Richard de Douvre.

2° Dans l'officialité de Caen : l'abbaye de Saint-Étienne ou abbaye aux Hommes (Bénédictins) et l'abbaye de Sainte-Trinité ou abbaye aux Dames (Bénédictines), fondées par Guillaume le Conquérant en 1066; l'abbaye de Barbery (ordre de Cîteaux) fondée vers l'an 1040 par Robert Marmion, seigneur de Fontenay; l'abbaye du Val (chanoines réguliers de Saint-Augustin), fondée par Gosselin de la Pommeraye; l'abbaye de Notre-Dame-de-Belle-Étoile (ordre de Prémontré), fondée en 1215 par Henry de Beaufou et Édice son épouse; l'abbaye d'Évrecy, réunie par saint Gerbold à celle de Deux-Jumeaux; l'abbaye d'Aunay (ordre de Cîteaux), fondée en 1152 par Richard du Hommet; l'abbaye d'Ardennes (ordre de Prémontré), fondée en 1121 par un riche habitant de Caen, Aiulphe du Marché; l'abbaye de Troarn (ordre de Saint-Benoît), fondée en 1022 par Roger de Montgommery; l'abbaye de Saint-Étienne de Fontenay (Bénédictins), fondée vers 1050 par Raoul Tesson; l'abbaye du Val-Richer (Cisterciens), fondée en 1150 par Philippe de Harcourt, évêque de Bayeux; l'abbaye de Mondaye (ordre de Prémontré), fondée vers 1215 par Jourdain du Hommet, évêque de Lisieux.

Les Templiers possédaient plusieurs commanderies dans le ressort du bailliage de Caen : la commanderie de Baugy, paroisse de Planquery, fondée en 1148 par Roger Bacon; celle de Voismer, dans la paroisse de Fontaine-le-Pin, fondée à la même époque par Roger de Gouvix et Guillaume son fils; celle de Bretteville-le-Rabet, qu'on ne connaît point avant 1250; celle de Courval, dans la paroisse de Vassy. Après la suppression de l'ordre des Templiers, ces quatre commanderies passèrent à l'ordre de Malte et furent réduites à deux : Courval fut annexé à Baugy, et Bretteville-le-Rabet à Voismer.

Les prébendes appartenant à l'évêché étaient au nombre de 48; c'étaient : Saint-Jean-le-Blanc (*Sanctus Joannes Albus*), Cussy (*Cusseium*), Barbières (*Barberiæ*), Esquay (*Escaium*), Guéron (*Guerona*), Vaucelles (*Vaucellæ*), Cartigny (*Cartigneium*), Cambremer, Gavrus, Arrey (*Arreyum*), Bernesq (*Bernescum*), Gavray (*Gavreyum*), Aubray (*Allebrayum*), Colombières (*Colomberiæ*), la Vieille (*Vetula*), Saint-Germain-de-la-Lieue (*Sanctus Germanus de Leuca*), Poligny (*Poligneium*), Goupillières (*Goupilleriæ*), les Essartiers (*Essarteriæ*), le Locheur (*Lochier*), Notre-Dame-de-Froide-Rue à Caen (*Sancta Maria de Frigido Vico*), Cussy (*Cusseium*), Castilly (*Castilleyum*), May (*Mayeum*), Castillon (*Castellion*), Subles, Port, Thaon, la Haye (*Haya*), Saint-Martin-des-Entrées (*Sanctus Martinus de Introitibus*), la Mare (*Mara*), Brécy (*Brecheyum*), Missy (*Misseyum*), Monts, Danvou (*Damnum Votum*), Vendes, Landes, Audrieu (*Audreyum*), Sainte-Honorine, Bretteville, Mouen (*Moon*), Saint-Jean de Caen, Saint-Pierre de Caen, Merville (*Merrevilla*), Saint-Patrice, Feuguerolles, Mathieu et Saint-Laurent.

Les abbayes de Saint-Étienne (abbaye aux Hommes) et de Sainte-Trinité (abbaye aux Dames) avaient leur officialité où se traitaient les affaires de leur exemption.

L'abbaye de Fécamp exerçait la double juridiction ecclésiastique et civile sur quelques paroisses du diocèse. La juridiction spirituelle était exercée par un officier, et la juridiction temporelle par un sénéchal ou vicomte. Cette juridiction s'appelait la haute justice d'Argences et de Saint-Gabriel. Le siège en fut d'abord établi à Argences, et transféré ensuite à Sainte-Paix de Caen. Il existe encore dans le faubourg de Vaucelles.

Le diocèse de Bayeux était divisé en quatre archidiaconés :

L'archidiaconé de Bayeux, comprenant les doyennés de Condé, d'Évrecy, de Fontenay, de Villers et de Vire;

L'archidiaconé de Caen, comprenant le doyenné de la chrétienté de Bayeux, le doyenné de la chrétienté de Caen, les doyennés de Creully, de Douvre et de Malfot;

L'archidiaconé d'Hiesmes, comprenant les doyennés de Cinglais, de Troarn et de Vaucelles;

L'archidiaconé des Veys, comprenant les doyennés de Campigny, de Couvains, de Thorigny et de Trévières.

Les doyennés se divisaient en paroisses; plusieurs de ces circonscriptions comprenaient en outre des chapelles, des abbayes, des prieurés et d'autres établissements religieux.

Bayeux à compté jusqu'à 17 paroisses., 6 chapelles, 1 collégiale de chapelains, les prieurés de Saint-Vigor et de Saint-Nicolas-de-la-Chesnaye, des communautés d'Augustins, de Cordeliers et de Capucins, 1 prieuré de Saint-Jean-l'Évangéliste, 1 séminaire et des sœurs de la Miséricorde à l'Hôtel-Dieu et des sœurs de Saint-Vincent à l'hôpital général, des couvents d'Ursulines, de Bénédictines, de religieuses de la Charité, des sœurs de la Providence, et enfin des frères de la Doctrine chrétienne.

Le doyenné de Campigny comptait 37 cures ou prieurés-cures, 5 chapelles et 2 prieurés simples.

Le doyenné de Couvains : 32 cures ou prieurés-cures, 9 chapelles et 1 abbaye de l'ordre des Bénédictins, celle de Cerisy.

Le doyenné de Creully : 38 cures ou prieurés-cures, 7 chapelles, 1 abbaye de Bénédictins, celle de Notre-Dame de Longues, le prieuré de Saint-Gabriel et le prieuré de Pierre-Solain, ordre de Saint-Benoît.

Le doyenné de Fontenay-le-Pesnel : 36 cures ou prieurés-cures, 8 chapelles, l'abbaye de Cordillon, ordre de Saint-Benoît, les prieurés de Notre-Dame-de-Bérulles à Longraye, d'Audrieu et de Fontenay.

Le doyenné de Thorigny : 51 cures ou prieurés-cures, 4 chapelles, l'abbaye de Thorigny, le prieuré des Bernardines de l'ordre de Cîteaux et 1 Hôtel-Dieu avec le titre de prieuré.

Le doyenné de Trévières : 35 cures ou prieurés-cures, 4 chapelles, le prieuré de Deux-Jumeaux, d'abord conventuel et plus tard prieuré simple.

Le doyenné de Villers : 31 cures, 5 chapelles, le prieuré hospitalier de Sainte-Élisabeth de Villers, donné plus tard aux religieuses de Vignats, pour y fonder un monastère de Bénédictines, et 3 prieurés simples.

Le doyenné de Vire : 54 cures ou prieurés-cures, 6 cures ou chapelles à Vire, des communautés de Cordeliers, de Capucins, d'Ursulines, de Bénédictines établies dans la ville de Vire, 1 Hôtel-Dieu, 1 hôpital général desservis par des religieux et des religieuses, des sœurs de la Providence au Plessis-Grimoult, 1 communauté de chanoines réguliers de Saint-Augustin, la léproserie de Saint-Nicolas sur le territoire de Neuville et 3 prieurés simples.

Le doyenné de la chrétienté de Caen avait 13 paroisses dont 4 étaient attribuées à saint Régnobert (Saint-Pierre, Notre-Dame-de-Froide-Rue, Saint-Sauveur-du-Marché et Saint-Jean), 8 chapelles, l'abbaye de Saint-Étienne, fondée en 1066 par Guillaume le Conquérant, les Carmes, les Dominicains, les Cordeliers, les Capucins, les Croisiers, les Jésuites, les Oratoriens, les Eudistes, les Sachets, les Templiers, l'abbaye de Sainte-Trinité, les Béguines, les Carmélites, les Ursulines, les sœurs de la Visitation, les Bénédictines, les sœurs de la Charité, les Nouvelles-Catholiques, le Bon-Sauveur, les frères de la Doctrine chrétienne, des sœurs de Saint-Vincent-de-Paul, 3 communautés hospitalières, 11 hôpitaux.

Le doyenné de Cinglais avait 48 cures ou prieurés-cures, 6 chapelles, les abbayes de Barbery et du Val, le prieuré hospitalier du Bois-Halbout, 3 prieurés simples.

Le doyenné de Condé : 44 cures ou prieurés-cures, 3 chapelles; la ville de Condé avait 2 églises et 1 hôpital. Dans le doyenné se trouvaient l'abbaye de Cerisy-Belle-Étoile, le prieuré d'Yvrande, 2 prieurés simples.

Le doyenné de Douvre : 30 cures, 4 chapelles, le séminaire et chapelle de Notre-Dame d'Yvrande, plus connue sous le nom de *la Délivrande*, 3 prieurés simples, l'abbaye d'Ardennes.

Le doyenné d'Évrecy : 32 cures ou prieurés-cures, 5 chapelles, l'abbaye d'Évrecy, l'abbaye d'Aunay et le prieuré de Notre-Dame de la Caine.

Le doyenné de Maltot : 36 cures ou prieurés-cures, 7 chapelles, l'abbaye des Prémontrés d'Ardennes, 1 prieuré simple.

Le doyenné de Troarn : 45 cures ou prieurés-cures, 7 chapelles, l'abbaye de Bénédictins de Troarn, 1 léproserie et 1 hospice à Troarn, 2 prieurés à Bavent, le prieuré de Notre-Dame de Cagny.

Le doyenné de Vaucelles : 43 cures ou prieurés-cures, 4 chapelles, l'abbaye de Fontenay, 1 prieuré simple.

L'exemption de Cambremer au diocèse de Lisieux : 9 cures, 2 chapelles, l'abbaye du Val-Richer, 1 prieuré simple.

DIOCÈSE DE LISIEUX.

L'existence du diocèse de Lisieux, dit M. Le Prévost dans sa préface du pouillé de ce diocèse, le sixième de la Seconde Lyonnaise dans la hiérarchie ecclésiastique comme dans la *Notice des cités*, n'est révélée qu'accidentellement par des faits postérieurs au v⁰ siècle. Le siège épiscopal de Bayeux, bien plus ancien, et foyer principal du christianisme en basse Normandie aux v⁰ et vi⁰ siècles, avait pris possession, par suite d'antériorité de prédication, de l'exemption de Cambremer, composée des huit paroisses de Cambremer, Grand-Douet, Saint-Laurent-du-Mont, Manerbe, Saint-Ouen-le-Paing, Saint-Pair-du-Mont, le Pré-d'Auge, Saint-Vigor-de-Crèvecœur, et qui, des bords de la Dive, s'étendait jusqu'aux portes de Lisieux. Celui-ci fut amplement dédommagé au xi⁰ siècle par un autre empiétement bien plus considérable encore qu'à son tour il s'appropria du côté de l'Hiémois; nous pensons que non seulement les doyennés de Gacé et de Montreuil, mais encore la portion méridionale de celui de Vimoutiers, sont dus à cet agrandissement dont Ordéric Vital nous a transmis les circonstances[1]. Ce qu'il y a de certain, c'est que, peu d'années auparavant, la paroisse des Autieux, qui, en 1063, s'appela les Authieux-en-Auge (*Altaria que sunt in Alge*), était encore signalée par Richard II comme appartenant à l'Hiémois (*Ad domus et Masnil qui dicitur Altaria in pago Oximensi*). Une exemption qui soumettait à l'évêché de Lisieux plusieurs paroisses de la ville et de la banlieue du Bessin paraît remonter à l'évêque Gislebert Maminot, chapelain de Guillaume le Conquérant, et s'être composée pour la plus grande partie des églises comprises dans la circonscription du château et du parc de ce prince. Une seconde exemption dans le Bessin, composée des paroisses de Nonant-sur-Seulle, Ellon, Verson, Juaye, passe pour être le don de l'un de ses successeurs, Jourdain de Hommet, mais elle remonte, au moins en partie, jusqu'au xi{sup} siècle.

Le diocèse de Lisieux comprenait tout le Lieuvin avec une partie du pays d'Ouche et du pays d'Auge.

Il était séparé du diocèse de Rouen par la Risle, de celui d'Évreux par la Carentonne, de celui de Bayeux par la Dive. Vers le midi, il confinait avec le diocèse de Séez et s'étendait jusqu'à la distance de 5 à 6 kilomètres de la ville de Séez.

Il comprenait 4 archidiaconés et 9 doyennés. A l'évêché appartenaient les prébendes des Chênes, de Verson (1re partie), de la Chapelle-Harang, de Lieurrey, de Crèvecœur (1re partie), de Courtonne, de Saint-Hymer, de Formentin, d'Assemont, de Saint-Germain et de Saint-Jacques de Lisieux, de Pesnel (paroisse Saint-Jacques), de Fains (*ibid.*), de Bourguignolles, de Villers, de Croisilles, de Surville, du Val-au-Vigneur, de Deauville, des Vaux, de la Pluyère, de Saint-Pierre-Azif, du Val-Rohais, du Pré, des Fresnes, d'Écajeul, du Faulq, de Roques, de Touque, d'Étrepagny (exemption de Saint-Cande de Rouen), de Nonant-sur-Seulle, de Verson, d'Ellon, de Juaye et Mondaye (exemption de Nonant), de Lasson et de Plumetot.

De l'archidiaconé de Lieuvin dépendaient les abbayes de Bernay, de Cormeilles, du Bec, de Sainte-Catherine-du-Mont, de Lire, de Saint-Georges-de-Boscherville, de Saint-Taurin, de Saint-Sauveur, et les prieurés d'Ouillic à Saint-Léger-du-Houlley, de Saint-Philbert-sur-Risle, de Beaumont-le-Roger, de Saint-Lambert-de-Malassis, de Saint-Lô à Rouen, de Friardel, de Saint-Amand-de-Rouen à Meulles.

De l'archidiaconé d'Auge dépendaient les abbayes de Saint-Pierre-sur-Dive, de Troarn, de Saint-Ouen de Rouen, de Sainte-Catherine-du-Mont, de Saint-Étienne de Caen, de Sainte-Trinité de Caen, et les prieurés de Beaumont-en-Auge, de Sainte-

---

[1] Orderic Vital, éd. Le Prévost, t. II.

Calvados.

E

Barbe-en-Auge, de la Motte, de l'Écaude, de Fribois, de Dozulé, de Mont-Argis, de Rouville, de Basbourg (territoire d'Angoville), de Dive, de Biocottes et des Groiselliers.

L'archidiaconé de Pont-Audemer était composé des doyennés de Touque, d'Honfleur et de Pont-Audemer.

L'archidiaconé du Lieuvin : doyennés de Moyaux, de Cormeilles, de Bernay et d'Orbec.

L'archidiaconé d'Auge : doyennés du Mesnil-Mauger, de Beuvron et de Beaumont-en-Auge.

L'archidiaconé de Gacé : doyennés de Livarot, de Montreuil, de Vimoutiers et de Gacé.

L'évêché de Lisieux possédait en outre, dans le diocèse de Bayeux, quatre paroisses : Nonant, Ellon, Juaye et Verson, constituant ce que l'on nommait l'*exemption de Nonant*. C'est dans la paroisse de Juaye qu'avait été fondée l'abbaye de Mondaye.

Le doyenné de Moyaux, archidiaconé du Lieuvin, comprenait 38 cures ou prieurés-cures, 3 chapelles, 3 prieurés simples.

Le doyenné de Touque comprenait 33 paroisses, 1 chapelle, 1 léproserie et 1 prieuré.

Le doyenné d'Honfleur comptait 36 cures ou prieurés-cures.

Le doyenné du Mesnil-Mauger : 51 cures, 3 prieurés (Fribois, l'Écaude et Sainte-Barbe-en-Auge).

Le doyenné de Beuvron : 28 cures ou prieurés-cures; à ce doyenné appartenait le prieuré de Croisilles.

Le doyenné de Beaumont-en-Auge : 35 cures, les prieurés de Beaumont-en-Auge et de Royal-Pré.

Le doyenné de Livarot : 30 cures, 2 chapelles, le prieuré de Saint-Mathieu-de-Montgommery.

Les doyennés de Montreuil, de Vimoutiers et de Gacé appartiennent au département de l'Orne.

Les doyennés de Cormeilles et de Bernay et la plupart des paroisses qui étaient comprises dans le doyenné d'Orbec appartiennent au département de l'Eure.

DIOCÈSE DE SÉEZ.

Une partie de l'arrondissement de Falaise appartenait au diocèse de Séez; les paroisses qui la composaient faisaient partie des doyennés de Falaise, d'Aubigny, de Saint-Pierre-sur-Dive.

Le doyenné de Falaise comptait 39 cures ou prieurés-cures, 1 prieuré simple, les abbayes de Saint-Jean-de-Falaise à Guibray, de Vignats et de Saint-André-en-Gouffern, hameau de la Hoguette, 1 commanderie à Louvagny, 1 léproserie à Jort.

Le doyenné d'Aubigny : 25 cures, 1 abbaye à Villers-Canivet, la chapelle de Saint-Nicolas-sur-Orne aux Isles-Bardel.

Le doyenné de Saint-Pierre-sur-Dive : 28 cures, 1 prieuré, 1 léproserie, 2 chapelles.

DIOCÈSE DE COUTANCES.

Les communes suivantes : le Gast, le Mesnil-Caussois, Pont-Bellanger, Pont-Farcy, Saint-Aubin-des-Bois et Sainte-Marie-outre-l'Eau, Fontenermont, Sept-Frères, comprises dans le département du Calvados, appartenaient au diocèse de Coutances, doyenné de Montbray.

Celles d'Asnebec, Beaumesnil, Campagnolles, Champ-du-Boult, Clinchamps, Coulonces, Coupigny, Étouvy, Landelles, le Mesnil-Benoît, le Mesnil-Robert, Sainte-Marie-Laumont, Saint-Germain-de-Tallevende, Saint-Manvieu, Saint-Martin-Don et Saint-Sever, avec une abbaye de ce nom, étaient comprises dans le doyenné de Tallevende, archidiaconé du Val-de-Vire.

ADMINISTRATION JUDICIAIRE.

Les juridictions désignées sous les noms de bailliages et de vicomtés ressortissaient, sous le gouvernement des ducs de Normandie, à l'*Échiquier*, tribunal qui, composé de prélats, de comtes, de barons et des officiers de justice de la province, s'assemblait deux fois par an, à Caen, à Rouen, à Falaise et dans quelques autres villes. Rendu sédentaire par Louis XII qui le fixa à Rouen, il prit en 1515 le nom de Parlement.

Sept grands bailliages dépendaient du parlement de Rouen. La haute Normandie en comprenait quatre : ceux de Rouen, de Caux, d'Évreux et de Gisors. Il y en avait trois dans la basse Normandie : ceux de Caen, de Cotentin et d'Alençon.

Le bailliage de Caen comprenait le Bessin, le Bocage, une partie du diocèse de Séez. Il était divisé en cinq vicomtés : celles de Caen, de Bayeux, de Falaise, de Vire et Condé et de Thorigny.

Les vicomtés d'Auge et de Pont-l'Évêque étaient comprises dans le bailliage de Rouen.

L'autorité des baillis alla toujours en s'affaiblissant. Ils n'avaient conservé, à la fin du xviii° siècle, que le droit de convoquer l'arrière-ban et de commander la noblesse de leurs bailliages.

GOUVERNEMENT ET GÉNÉRALITÉS.

Le gouverneur général de la province de Normandie avait sous ses ordres deux lieutenants généraux, l'un pour la haute et l'autre pour la basse Normandie. Plus tard, un lieutenant du roi fut placé dans le chef-lieu de chaque bailliage.

Le gouvernement était divisé en trois généralités : celles de Rouen, de Caen et d'Alençon.

Chaque généralité était subdivisée en élections.

La création des intendants en 1636 donna à cette organisation plus de force et de régularité.

Chaque élection devint le siège d'une subdélégation.

La généralité de Caen comprenait les élections de Caen, de Bayeux, de Carentan, de Valognes, de Coutances, d'Avranches, de Mortain, de Saint-Lô et de Vire. Ces élections étaient subdivisées en 100 sergenteries. Il y en avait 248 pour toute la Normandie.

La plupart des communes du Calvados étaient comprises dans la généralité de Caen. Quelques-unes cependant appartenaient à celles d'Alençon et de Rouen.

Le pays d'Auge (élection de Pont-l'Évêque) appartenait à la généralité de Rouen; l'élection de Falaise, à la généralité d'Alençon.

ADMINISTRATIONS DIVERSES.

Il y avait une *cour des aides* à Lisieux, Pont-l'Évêque, Bayeux, Falaise et Vire.

Les cours des aides et des comptes, réunies en 1707 sous le nom de cour des comptes, aides et finances, ayant Rouen pour siège, étendaient leur juridiction sur les trois généralités divisées en 32 élections. Rouen, Caen et Alençon avaient chacune un bureau des trésoriers des finances. Des lieutenants d'amirauté représentaient l'amiral de France à Caen et à Honfleur.

Il y avait à Caen et à Bayeux une maîtrise des eaux et forêts; une cour des monnaies, autrefois établie à Saint-Lô, avait été transférée à Caen. Cette dernière ville avait de plus, ainsi que Vire, une juridiction consulaire.

L'amirauté avait des sièges à Honfleur, Touque, Dive, Caen, Ouistreham, Bernières, Port-en-Bessin.

Il y avait à Caen un *bureau des finances*.

CAPITAINERIES.

Le service des gardes-côtes, établi dès le xviie siècle, fut en 1755 l'objet d'une réorganisation que rendaient nécessaires les attaques de l'Angleterre. Ce service fut divisé pour la Normandie en trois départements : la haute, la moyenne et la basse Normandie.

Pendant la guerre, chaque capitainerie avait été composée de 5 compagnies détachées de 80 hommes, à l'exception de celles de Grandcamp et de Pontorson, dont l'une était de 9 compagnies et l'autre de 7.

La haute Normandie avait 12 capitaineries formant 60 compagnies : Hoques, Barnevel, Dieppe, Guiberville, Saint-Valery, Paluel, Auberville, Saint-Pierre-en-Port, Fécamp, Étretat, le Havre et Leine.

La basse Normandie avait 15 capitaineries formant 75 compagnies : Cotentin, Queneville, la Hougue, Barfleur, Val-de-Saire, Cherbourg, Vauville, la Hogue, Portbail, Créances, Coutances, Régneville, Grainville, Avranches et Pontorson.

La moyenne Normandie avait 11 capitaineries formant 53 compagnies : Honfleur, Roque-de-Rilli, Touque, Dive, Cabourg, Ouistreham, Bernières, Asnelles, Port-en-Bessin, Grandcamp et Beuseville.

Les 53 compagnies de la moyenne Normandie étaient réparties de la manière suivante :

Capitainerie de Lille : 2 compagnies, à Trouville et Bouquelon.

Honfleur : 5 compagnies, à Folleville, Conteville, Fatouville, Manneville et Genneville.

Touque : 4 compagnies, à Barneville, Saint-Gatien, Touque et Beaumont.

Dive : 5 compagnies, à Branville, Villers, Gonneville, Dozulé et Dive.

Cabourg : 5 compagnies, à Merville, Bavent, Touffréville, Amfréville et Hérouvillette.

Ouistreham : 5 compagnies, à Ouistreham, Colleville, Banville, Lion-sur-Mer et Mathieu.

Bernières : 5 compagnies, à Douvre, Langrune, Cairon, Bény et le Fresne.

Asnelles : 5 compagnies, à Creully, Gray, Ver, Asnelles et Arromanches.

Port-en-Bessin : 5 compagnies, à Saint-Manvieu, Commes, Cussy, Russy et Blay.

Grandcamp : 6 compagnies, à Surrain, Mandeville, Englesqueville, la Cambe, Deux-Jumeaux et Létanville.

NOUVELLES DIVISIONS.

L'Assemblée constituante divisa la Normandie en cinq départements; celui du Calvados, nommé d'abord l'*Orne-Inférieure*, placé au centre de la province, prit à la haute Normandie le *Lieuvin*, à la basse le *pays d'Auge*, la campagne de Caen, le Bessin et le Bocage.

Le nom de *Calvados* est emprunté à des roches situées dans la mer de la Manche, à peu de distance de la côte, entre les embouchures de la Seulle et de la Vire.

Le département du Calvados fut divisé en 6 districts, subdivisés en 86 cantons, ainsi qu'il suit :

District de Caen, 20 cantons : Caen, Bény et Luc, Creully, Martragny, Bretteville-l'Orgueilleuse, Tilly-d'Orceau, Cheux, le Locheur, Villers-Bocage, Mondeville, Évrecy, Maltot, Saint-Martin-de-Fontenay, Mathieu, Saint-Aubin-d'Arquenay, Ranville, Troarn, Argences, Tilly-la-Campagne et Cagny.

District de Bayeux, 14 cantons : Bayeux, Magny, Crépon, Trévières, Formigny, la Cambe, Isigny, Baynes, Balleroy, Juaye, Tour, Hottot, Caumont et Cormolain.

District de Lisieux, 12 cantons : Lisieux, Orbec, Moyaux, Notre-Dame-de-Courson, Courtonne-la-Ville, Fresné, Saint-Julien-le-Faucon, Saint-Pierre-sur-Dive, Sainte-Marguerite-de-Viette, Fervaques, Mézidon et Livarot.

District de Falaise, 12 cantons : Falaise, Hamars, Clécy, Culey, Bretteville-sur-Laize, Harcourt, Ouilly-le-Basset, Saint-Silvin, Potigny, Pont, Crocy et Coulibœuf.

District de Vire, 17 cantons : Vire, la Graverie, Vassy, Bernières-le-Patry, Condé-sur-Noireau, Pontécoulant, Pont-Farcy, Asnebec, Saint-Sever, le Gast, Clinchamps, le Tourneur, la Ferrière-au-Doyen, Saint-Martin-de-la-Besace, Danvou, Montchauvet et Aunay.

District de Pont-l'Évêque, 11 cantons : Pont-l'Évêque, Honfleur, Blangy, Bonnebosq, Cambremer, Beuvron, Dive, Crèvecœur, Touque, Beaumont et Annebaut.

La loi du 28 pluviôse an VIII divisa le département en 6 arrondissements et 72 cantons.

L'arrêté des consuls du 6 brumaire an X maintint les 6 arrondissements, mais il réduisit le nombre des cantons à 37.

Les 37 cantons sont répartis entre les arrondissements de la manière suivante :

Caen, 9 cantons : Bourguébus, Caen-Est, Caen-Ouest, Creully, Douvre, Évrecy, Tilly-sur-Seulle, Troarn et Villers-Bocage.

Bayeux, 6 cantons : Balleroy, Bayeux, Caumont, Isigny, Ryes et Trévières.

Falaise, 5 cantons : Bretteville-sur-Laize, Falaise-Nord, Falaise-Sud, Morteaux-Coulibœuf et Thury-Harcourt.

Lisieux, 6 cantons : Lisieux (1re section), Lisieux (2e section), Livarot, Mézidon, Orbec et Saint-Pierre-sur-Dive.

Pont-l'Évêque, 5 cantons : Blangy, Cambremer, Dozulé, Honfleur et Pont-l'Évêque.

Vire, 6 cantons : Aunay, le Bény-Bocage, Condé-sur-Noireau, Saint-Sever, Vassy et Vire.

Le nombre des communes, qui était en 1790 de 897, a été successivement réduit par suite de réunions de plusieurs communes en une seule. Il est aujourd'hui de 754, par suite des réunions ordonnées par l'administration.

ARRONDISSEMENTS, CANTONS ET COMMUNES DU DÉPARTEMENT.

ARRONDISSEMENT DE CAEN.

(9 cantons, 188 communes, 123,659 habitants, 108,210 hectares.)

1° CANTON DE BOURGUÉBUS.

(24 communes, 8,151 habitants, 14,168 hectares.)

Airan, Bellengreville, Billy, Bourguébus, Cesny-aux-Vignes, Chicheboville, Clinchamps, Conteville, Fontenay-le-Marmion, Frénouville, Garcelles-Secqueville, Grentheville, Hubert-Folie, Laize-la-Ville, May, Moult, Ouézy, Poussy, Rocquancourt, Saint-Aignan-de-Cramesnil, Saint-André-de-Fontenay, Saint-Martin-de-Fontenay, Soliers, Tilly-la-Campagne.

2° CANTON DE CAEN-EST.

(8 communes, 25,260 habitants, 5,916 hectares.)

Allemagne, Caen-Est, Cormelles, Épron, Hérouville, Ifs, Mondeville, Saint-Contest.

3° CANTON DE CAEN-OUEST.

(5 communes, 22,184 habitants, 2,901 hectares.)

Bretteville-sur-Odon, Caen-Ouest, Louvigny, Saint-Germain-la-Blanche-Herbe, Venoix.

4° CANTON DE CREULLY.

(26 communes, 11,007 habitants, 13,104 hectares.)

Amblie, Anguerny, Anisy, Basly, Bény-sur-Mer, Brécy, Cairon, Cambes, Colomby-sur-Than, Coulombs, Courseulles, Creully, Cully, Fontaine-Henry, Fresne-Camilly (le), Lantheuil, Lasson, Martragny, Reviers, Rosel, Rucqueville, Saint-Gabriel, Secqueville-en-Bessin, Thaon, Vaux-sur-Seulle, Villons-les-Buissons.

5° CANTON DE DOUVRE.

(19 communes, 13,763 habitants, 10,417 hectares.)

Bénouville, Bernières-sur-Mer, Beuville, Biéville, Blainville, Colleville-sur-Orne, Cresserons, Douvre, Hermanville, Langrune, Lion-sur-Mer, Luc, Mathieu, Ouistreham, Périers, Plumetot, Saint-Aubin-d'Arquenay, Saint-Aubin-sur-Mer, Tailleville.

INTRODUCTION.

6° CANTON D'ÉVRECY.

(28 communes, 10,829 habitants, 16,034 hectares.)

Amayé-sur-Orne, Avenay, Baron, Bougy, Bully, Caine (la), Curcy, Esquay, Éterville, Évrecy, Feuguerolles-sur-Orne, Fontaine-Étoupefour, Gavrus, Goupillières, Hamars, Maizet, Maltot, Montigny, Neuilly-le-Malherbe, Ouffières, Préaux, Sainte-Honorine-du-Fay, Saint-Martin-de-Sallen, Tourville, Trois-Monts, Vacognes, Verson, Vieux.

7° CANTON DE TILLY-SUR-SEULLE.

(25 communes, 11,865 habitants, 13,959 hectares.)

Audrieu, Authie, Bretteville-l'Orgueilleuse, Brouay, Carcagny, Carpiquet, Cheux, Cristot, Ducy-Sainte-Marguerite, Fontenay-le-Pesnel, Grainville-sur-Odon, Juvigny, Loucelles, Mesnil-Patry (le), Mondrainville, Mouen, Norrey, Putot-en-Bessin, Rots, Sainte-Croix-Grand'Tonne, Saint-Manvieu, Saint-Vaast, Tessel-Bretteville, Tilly-sur-Seulle, Vendes.

8° CANTON DE TROARN.

(32 communes, 11,184 habitants, 19,702 hectares.)

Amfréville, Argences, Banneville-la-Campagne, Bavent, Bréville, Bures, Cabourg, Cagny, Canteloup, Cléville, Colombelles, Cuverville, Demouville, Émiéville, Escoville, Giberville, Gonneville-sur-Merville, Hérouvillette, Janville, Merville, Petiville, Ranville, Robehomme, Sallenelles, Sannerville, Saint-Ouen-du-Mesnil-Oger, Saint-Pair, Saint-Pierre-du-Jonquet, Touffréville, Troarn, Varaville, Vimont.

9° CANTON DE VILLERS-BOCAGE.

(22 communes, 9,416 habitants, 14,181 hectares.)

Amayé-sur-Seulle, Banneville-sur-Ajon, Bonnemaison, Campandré-Valcongrain, Courvaudon, Épinay-sur-Odon, Landes, Locheur (le), Longvillers, Maisoncelles-Pelvey, Maisoncelles-sur-Ajon, Mesnil-au-Grain (le), Missy, Monts, Noyers, Parfouru-sur-Odon, Saint-Agnan-le-Malherbe, Saint-Louet-sur-Seulle, Tournay, Tracy-Bocage, Villers-Bocage, Villy-Bocage.

ARRONDISSEMENT DE BAYEUX.

(6 cantons, 136 communes, 73,133 habitants, 94,912 hectares.)

1° CANTON DE BALLEROY.

(24 communes, 14,359 habitants, 22,131 hectares.)

Balleroy, Baynes, Bazoque (la), Cahagnolles, Campigny, Castillon, Chouain, Condé-sur-Seulle, Ellon, Juaye-Mondaye, Lingèvres, Litteau, Littry, Molay (le), Mont-Fiquet, Noron, Planquery, Saint-Martin-de-Blagny, Saint-Paul-du-Vernay, Tournières, Tronquay (le), Trungy, Vaubadon.

2° CANTON DE BAYEUX.

(16 communes, 13,077 habitants, 8,050 hectares.)

Agy, Arganchy, Barbeville, Bayeux, Cottun, Cussy, Guéron, Monceaux, Nonant, Ranchy, Saint-Loup-Hors, Saint-Martin-des-Entrées, Saint-Vigor-le-Grand, Subles, Sully, Vaucelles.

3° CANTON DE CAUMONT.

(19 communes, 9,901 habitants, 14,204 hectares.)

Anctoville, Caumont, Cormolain, Feuguerolles-sur-Seulle, Foulognes, Hottot, Lande-sur-Drôme (la), Livry, Longraye, Orbois, Parfouru-l'Éclin, Quesnay-Guesnon, Saint-Germain-d'Ectot, Sainte-Honorine-de-Ducy, Sallen, Sept-Vents, Sermentot, Torteval, Vacquerie (la).

4° CANTON D'ISIGNY.

(26 communes, 14,803 habitants, 20,920 hectares.)

Asnières, Cambe (la), Canchy, Cardonville, Cartigny-l'Épinay, Castilly, Cricqueville, Deux-Jumeaux, Englesqueville, Folie (la), Fontenay, Géfosse, Grandcamp, Isigny, Lison, Longueville, Maisy, Mestry, Monfréville, Neuilly, Osmanville, Oubeaux (les), Saint-Germain-du-Pert, Saint-Marcouf, Sainte-Marguerite-d'Elle, Saint-Pierre-du-Mont, Vouilly.

5° CANTON DE RYES.

(25 communes, 10,248 habitants, 12,142 hectares.)

Arromanches, Asnelles, Banville, Bazenville, Colombiers-sur-Seulle, Commes, Crépon, Esquay-sur-Seulle, Graye, Longues, Magny, Manoir (le), Manvieux, Meuvaines, Port-en-Bessin, Ryes, Saint-Côme-de-Fresné, Sainte-Croix-sur-Mer, Sommervieu, Tierceville, Tracy-sur-Mer, Vaux-sur-Aure, Ver, Vienne, Villiers-le-Sec.

6° CANTON DE TRÉVIÈRES.

(26 communes, 10,745 habitants, 17,442 hectares.)

Aignerville, Bernesq, Blay, Breuil (le), Bricqueville, Colleville-sur-Mer, Colombières, Crouay, Écrammeville, Étreham, Formigny, Huppain, Louvières, Maisons, Mandeville, Mosles, Rubercy, Russy, Sainte-Honorine-des-Pertes, Saint-Laurent-sur-Mer, Saon, Saonnet, Surrain, Tour, Trévières, Vierville.

ARRONDISSEMENT DE FALAISE.

(5 cantons, 115 communes, 52,390 habitants, 87,048 hectares.)

———

1° CANTON DE BRETTEVILLE-SUR-LAIZE.

(30 communes, 12,229 habitants, 23,666 hectares.)

Barbery, Boulon, Bray-la-Campagne, Bretteville-le-Rabet, Bretteville-sur-Laize, Bû-sur-Rouvres

Calvados.

(le), Cauvicourt, Cintheaux, Condé-sur-Ifs, Estrées-la-Campagne, Fierville-la-Campagne, Fontaine-le-Pin, Fresney-le-Puceux, Fresney-le-Vieux, Gouvix, Grainville-Langannerie, Grimbosq, Magny-la-Campagne, Maizières, Moulines, Moutiers-en-Cinglais (les), Mutrécy, Ouilly-le-Tesson, Rouvres, Saint-Germain-le-Vasson, Saint-Laurent-de-Condel, Saint-Sylvain, Soignolles, Urville, Vieux-Fumé.

2° CANTON DE FALAISE-NORD.

(28 communes, 11,825 habitants, 16,260 hectares.)

Aubigny, Bonnœil, Bons-Tassilly, Cordey, Détroit (le), Falaise, Fourneaux, Isles-Bardel (les), Leffard, Loges-Saulces (les), Martigny, Mesnil-Villement (le), Noron, Ouilly-le-Basset, Pierrefitte, Pierre-pont, Potigny, Rapilly, Saint-Germain-Langot, Saint-Martin-de-Mieux, Saint-Pierre-Canivet, Saint-Pierre-du-Bû, Saint-Vigor-de-Mieux, Soulangy, Soûmont-Saint-Quentin, Tréprel, Ussy, Villers-Canivet.

3° CANTON DE FALAISE-SUD.

(8 communes, 8,572 habitants, 9,120 hectares.)

Damblainville, Éraines, Fresné-la-Mère, Hoguette (la), Pertheville-Ners, Versainville, Villy.

4° CANTON DE MORTEAUX-COULIBOEUF.

(23 communes, 7,319 habitants, 17,998 hectares.)

Barou, Beaumais, Bernières-d'Ailly, Courcy, Crocy, Épaney, Ernes, Escures-sur-Favières, Fourches, Grisy, Jort, Louvagny, Marais-la-Chapelle (le), Morières, Morteaux-Coulibœuf, Moutiers-en-Auge (les), Norrey, Olendon, Perrières, Sassy, Vendeuvre, Vicques, Vignats.

5° CANTON DE THURY-HARCOURT.

(27 communes, 12,445 habitants, 19,503 hectares.)

Acqueville, Angoville, Bô (le), Caumont, Cauville, Cesny-Bois-Halbout, Clécy, Combray, Cosses-seville, Croisilles, Culey-le-Patry, Donnay, Espins, Esson, Martinville, Meslay, Placy, Pommeraye (la), Saint-Denis-de-Méré, Saint-Lambert, Saint-Marc-d'Ouilly, Saint-Omer, Saint-Rémy, Thury-Harcourt, Tournebu, Vey (le), Villette (la).

ARRONDISSEMENT DE LISIEUX.

(6 cantons, 123 communes, 66,701 habitants, 88,993 hectares.)

1° CANTON DE LISIEUX. (1re Section.)

(16 communes, 13,052 habitants, 13,681 hectares.)

Beuvillers, Courtonne-la-Meurdrac, Fauguernon, Firfol, Fumichon, Glos, Hermival-les-Vaux, Hôtellerie (l'), Lisieux, Marolles, Mesnil-Guillaume (le), Moyaux, Ouilly-du-Houlley, Ouilly-le-Vicomte, Pin (le), Rocques.

2° CANTON DE LISIEUX. (2ᵉ Section.)

(15 communes, 19,685 habitants, 13,329 hectares.)

Boissière (la), Houblonnière (la), Lessard-et-le-Chêne, Lisieux (2ᵉ sect.), Mesnil-Eudes (le), Mesnil-Simon (le), Monceaux (les), Pré-d'Auge (le), Prêtreville, Saint-Désir, Saint-Germain-de-Livet, Saint-Jacques, Saint-Jean-de-Livet, Saint-Martin-de-la-Lieue, Saint-Pierre-des-Ifs.

3° CANTON DE LIVAROT..

(23 communes, 8,214 habitants, 17,173 hectares.)

Auquainville, Autels-Saint-Bazile (les), Bellou, Brevière (la), Chapelle (la), Cheffreville, Fervaques, Heurtevent, Grue (la), Lisores, Livarot, Mesnil-Bacley (le), Mesnil-Durand (le), Mesnil-Germain (le), Moutiers-Hubert (les), Notre-Dame-de-Courson, Sainte-Foy-de-Montgommery, Saint-Germain-de-Montgommery, Sainte-Marguerite-des-Loges, Saint-Martin-du-Mesnil-Oury, Saint-Michel-de-Livet, Saint-Ouen-le-Houx, Tonnencourt, Tortisambert.

4° CANTON DE MÉZIDON.

(26 communes, 7,417 habitants, 14,430 hectares.)

Authieux-Papion (les), Biéville, Bissières, Canon, Castillon, Coupesarte, Crèvecœur, Croissanville, Écajeul, Grandchamp, Lécaude, Magny-le-Freule, Méry-Corbon, Mesnil-Mauger (le), Mézidon, Mouteille, Notre-Dame-de-Livaye, Percy, Quétiéville, Saint-Aubin-sur-Algot, Saint-Crespin, Saint-Julien-le-Faucon, Saint-Laurent-du-Mont, Saint-Loup-de-Fribois, Sainte-Marie-aux-Anglais, Saint-Pair-du-Mont.

5°. CANTON D'ORBEC.

(22 communes, 10,722 habitants, 15,874 hectares.)

Cernay, Cerqueux, Chapelle-Yvon (la), Cordebugle, Courtonne-la-Ville, Cressonnière (la), Croupte (la), Familly, Folletière-Abenon (la), Friardel, Meulles, Orbec (ville), Préaux, Saint-Cyr-du-Ronceray, Saint-Denis-de-Mailloc, Saint-Julien-de-Mailloc, Saint-Martin-de-Bienfaite, Saint-Martin-de-Mailloc, Saint-Paul-de-Courtonne, Saint-Pierre-de-Mailloc, Tordouet, Vespière (la).

6° CANTON DE SAINT-PIERRE-SUR-DIVE.

(22 communes, 7,611 habitants, 14,481 hectares.)

Ammeville, Berville, Boissey, Bretteville-sur-Dive, Écots, Garnetot, Grand-Mesnil, Hiéville, Lieury, Mittois, Montpinçon, Montviette, Notre-Dame-de-Fresnay, Ouville-la-Bien-Tournée, Saint-Georges-en-Auge, Sainte-Marguerite-de-Viette, Saint-Martin-de-Fresnay, Saint-Pierre-sur-Dive, Thiéville, Tôtes, Vaudeloges, Vieux-Pont.

F.

ARRONDISSEMENT DE PONT-L'ÉVÊQUE.

(6 cantons, 107 communes, 57,682 habitants, 74,980 hectares.)

1° CANTON DE BLANGY-LE-CHÂTEAU.

(15 communes, 6,999 habitants, 14,251 hectares.)

Authieux-sur-Calonne (les), Blangy, Bonneville-la-Louvet, Breuil (le), Brèvedent (le), Coquainvilliers, Faulq (le), Fierville-les-Parcs, Manerbe, Manneville-la-Pipard, Mesnil-sur-Blangy (le), Norolles, Saint-André-d'Hébertot, Saint-Philbert-des-Champs, Torquesne (le).

2° CANTON DE CAMBREMER.

(24 communes, 6,523 habitants, 14,878 hectares.)

Auvillars, Beaufour, Beuvron, Bonnebosq, Brocottes, Cambremer, Corbon, Druval, Formentin, Fournet (le), Gerrots, Grandouet, Ham (le), Hotot, Léaupartie, Montreuil, Notre-Dame-d'Estrées, Repentigny, Roque-Baignard (la), Rumesnil, Saint-Aubin-Lébizay, Saint-Ouen-le-Pin, Valsemé, Victot-Ponfol.

3° CANTON DE DOZULÉ.

(26 communes, 8,847 habitants, 15,874 hectares.)

Angerville, Annebault, Auberville, Basseneville, Beuzeval, Bourgeauville, Branville, Brucourt, Cresseveuille, Cricqueville, Danestal, Dive, Douville, Dozulé, Gonneville-sur-Dive, Goustranville, Grangues, Heuland, Périers, Putot, Saint-Jouin, Saint-Léger-du-Bosq, Saint-Pierre-Azif, Saint-Samson, Saint-Vaast, Villers-sur-Mer.

4° CANTON D'HONFLEUR.

(14 communes, 15,862 habitants, 12,642 hectares.)

Ablon, Barneville, Cricquebœuf, Équemauville, Fourneville, Genneville, Gonneville-sur-Honfleur, Honfleur, Pennedepie, Quetteville, Rivière-Saint-Sauveur (la), Saint-Gatien, Theil (le), Vasouy.

5° CANTON DE PONT-L'ÉVÊQUE.

(23 communes, 9,841 habitants, 14,727 hectares.)

Beaumont, Bénerville, Blonville, Bonneville-sur-Touque, Canapville, Clarbec, Coudray-Rabut, Drubec, Englesqueville, Glanville, Pierrefitte, Pont-l'Évêque, Reux, Saint-Benoît-d'Hébertot, Saint-Étienne-la-Thillaye, Saint-Hymer, Saint-Julien-sur-Calonne, Saint-Martin-aux-Chartrains, Surville, Tourgéville, Tourville, Vauville, Vieux-Bourg (le).

6° CANTON DE TROUVILLE.

(5 communes, 9,610 habitants, 2,608 hectares.)

Deauville, Saint-Arnoult, Touque, Trouville, Villerville.

ARRONDISSEMENT DE VIRE.

(6 cantons, 96 communes, 76,655 habitants, 95,306 hectares.)

1° CANTON D'AUNAY.

(19 communes, 10,717 habitants, 18,176 hectares.)

Aunay, Bauquay, Bigne (la), Brémoy, Cahagnes, Coulvain, Dampierre, Danvou, Ferrière-au-Doyen (la), Ferrière-Duval (la), Jurques, Loges (les), Mesnil-Auzouf (le), Ondefontaine, Plessis-Grimoult (le), Roucamps, Saint-Georges-d'Aunay, Saint-Jean-des-Essartiers, Saint-Pierre-du-Fresne.

2° CANTON DU BÉNY-BOCAGE.

(21 communes, 11,758 habitants, 18,348 hectares.)

Arclais, Beaulieu, Bény-Bocage (le), Bures, Campeaux, Carville, Étouvy, Ferrière-Harang (la), Graverie (la), Malloué, Montamy, Mont-Bertrand, Montchauvet, Reculey (le), Saint-Denis-Maisoncelles, Sainte-Marie-Laumont, Saint-Martin-des-Besaces, Saint-Martin-Don, Saint-Ouen-des-Besaces, Saint-Pierre-Tarentaine, Tourneur (le).

3° CANTON DE CONDÉ.

(11 communes, 13,346 habitants, 10,482 hectares.)

Chapelle-Engerbold (la), Condé-sur-Noireau, Lassy, Lénault, Périgny, Pontécoulant, Proussy, Saint-Germain-du-Crioult, Saint-Jean-le-Blanc, Saint-Pierre-la-Vieille, Saint-Vigor-des-Mézerets.

4° CANTON DE SAINT-SEVER.

(20 communes, 13,520 habitants, 19,179 hectares.)

Annebecq, Beaumesnil, Campagnolles, Champ-du-Boult, Clinchamps, Courson, Fontenermont, Gast (le), Landelles-et-Coupigny, Mesnil-Benoist (le), Mesnil-Caussois (le), Mesnil-Robert (le), Pleines-OEuvres, Pont-Bellenger, Pont-Farcy, Saint-Aubin-des-Bois, Saint-Manvieu, Sainte-Marie-Outre-l'Eau, Saint-Sever, Sept-Frères.

5° CANTON DE VASSY.

(14 communes, 10,924 habitants, 15,682 hectares.)

Bernières-le-Patry, Burcy, Chênedollé, Désert (le), Estry, Montchamp, Pierres, Presles, Rocque (la), Rully, Saint-Charles-de-Percy, Theil (le), Vassy, Viessoix.

6° CANTON DE VIRE.

(11 communes, 16,390 habitants, 13,839 hectares.)

Coulonces, Lande-Vaumont (la), Maisoncelles-la-Jourdan, Neuville, Roullours, Saint-Germain-de-Tallevende, Saint-Martin-de-Tallevende, Truttemer-le-Grand, Truttemer-le-Petit, Vaudry, Vire.

CHEMINS DE FER.

Le développement total des onze chemins de fer qui traversent aujourd'hui le département est de 389 kilomètres. Ces chemins sont :

1° Le chemin de fer *de Paris à Cherbourg*, qui entre dans le Calvados à 2 kilomètres au delà de la station de Saint-Mards-Orbec. Sur son parcours (131 kilomètres dans le département), il dessert les stations de Lisieux, le Mesnil-Mauger, Mézidon, Moult-Argences, Frénouville-Cagny, Caen, Bretteville-Norrey, Audrieu, Bayeux, le Molay-Littry, Lison, Isigny.

2° Le chemin de fer *de Mézidon au Mans*, se détachant de la ligne précédente à Mézidon, passe aux gares de Saint-Pierre-sur-Dive, Vendeuvre, Coulibœuf, Fresné-la-Mère, et à 6 kilomètres en deçà de cette station pénètre dans l'Orne après un parcours de 24 kilomètres dans le Calvados.

3° Le chemin de fer *de Lisieux à Honfleur*, se détachant à Lisieux de la ligne de Paris à Cherbourg, dessert les stations du Breuil, de Pont-l'Évêque, Quetteville et Honfleur; sa longueur est de 45 kilomètres.

4° Le chemin de fer *de Pont-l'Évêque à Trouville*, se détachant du précédent à Pont-l'Évêque, dessert les stations de Touque et de Trouville. Longueur, 12 kilomètres.

5° Le chemin de fer *de Caen à Laval*, se détachant de la ligne de Paris à Cherbourg au-dessous de Caen, dessert les stations de Feuguerolles, Mutrécy-Clinchamps, Grimbosc, Croisilles-Harcourt, Saint-Remy, Clécy, puis croisant sept fois la rivière du Noireau et passant alternativement du Calvados dans l'Orne et réciproquement, il quitte définitivement le Calvados à Pont-Érambourg après un parcours de 45 kilomètres dans le département.

6° Le chemin de fer *de Caen à Courseulles*, se détachant à Caen de la ligne de Paris à Cherbourg, passe à Cambes, Mathieu, Douvre-la-Délivrande, la Chapelle-de-la-Délivrande, Luc-sur-Mer, Langrune, Saint-Aubin, Bernières et Courseulles. Longueur, 23 kilomètres.

7° Le chemin de fer *de Falaise à Berjou-Pont-d'Ouilly*, se détachant de la ligne de Mézidon au Mans au-dessous de la station de Coulibœuf, dessert Falaise, Saint-Martin-de-Mieux, Martigny, le Mesnil-Vingt (Orne), le Mesnil-Vilment et, traversant l'Orne, va rejoindre la ligne de Caen à Flers à la station de Berjou. 32 kilomètres depuis Coulibœuf.

8° Le chemin de fer *d'Argentan à Granville* croise la ligne de Caen à Flers et entre dans le Calvados à 2,600 mètres au-dessous de la station de Monsecret (Orne), dessert

Viessoix, Vire, le Mesnil-Clinchamps, Saint-Sever, Saint-Aubin-des-Bois, et 2,500 mètres plus bas entre dans le département de la Manche, après un parcours de 36 kilomètres dans le Calvados.

9° Le chemin de fer *de Lisieux à Orbec,* se détachant à Lisieux de la ligne de Paris à Cherbourg, dessert les stations de Glos, le Mesnil-Guillaume, Saint-Martin-de-Mailloc, Saint-Pierre-de-Mailloc, la Chapelle-Yvon, Saint-Martin-de-Bienfaite, Orbiquet et Orbec. 19 kilomètres.

10° Le chemin de fer *de Lison à Lamballe,* se détachant à 1 kilomètre de Lison de la ligne de Paris à Cherbourg, passe immédiatement dans le département de la Manche.

11° Le chemin de fer *de Mézidon à Dive,* se détachant à la station de Mézidon de la ligne de Paris-à Cherbourg, dessert les stations de Magny-le-Freule, Bissières, Croissanville, Méry-Corbon, Hotot, Beuvron, Dozulé, Brucourt, Cabourg et Dive. 28 kilomètres.

Aux 389 kilomètres de chemins de fer il faut ajouter, pour toutes les autres voies de communication, routes, canaux, rivières navigables, etc., 6,250 kilomètres; en tout 6,639 kilomètres.

LISTE ALPHABÉTIQUE

DES SOURCES

OÙ L'ON A PUISÉ LES RENSEIGNEMENTS CONTENUS DANS CE VOLUME.

MANUSCRITS.

Abenon. Prieuré de Saint-Barthélemy de Lisieux. — Cart. du XVI° siècle. Bibl. nat. Cart. n° 85.

Abrégé chronologique du monastère de Saint-Vigor près Bayeux, ordre de Saint-Benoît, uni à la congrégation de Saint-Maur en 1658. — Ms. in-fol. n° 33, appartenant à M. Bernard Mancel. — Bibl. de la ville de Caen (?).

Amfreville. Tombeaux de l'église. — Suppl. franç. n° 4900. Bibl. nat.

Anciennes limites du Bourg-l'Abbé, vers 1630. — Arch. du Calvados, fonds Saint-Étienne.

Assiette des feux de la ville et vicomté de Caen en 1371, par Guillaume le Grand, vicomte de Caen. — Ms. de Gaignières, t. II, n° 671, à la Bibliothèque nationale. Document imprimé par M. de Caumont dans les *Mémoires de la Société des antiquaires de Normandie*, t. I, 2° série.

Aveu de la Chambre des comptes. Bailliage de Caen. — Arch. nat. P. 271, 272 et suiv.

Aveu et dénombrement rendu au roi en 1460, par M° Louis de Harcourt, patriarche de Jérusalem et évêque de Bayeux. — Bibl. du chap. de la cathédrale de Bayeux, contenant 47 feuillets in-4°. Copie par M. C. Hippeau.

Aveu et dénombrement de l'abbaye du Plessis-Grimoult, par Bertin, prieur du monastère, 1476; 3 vol. in-fol. — Arch. du Calvados.

Aveu fait au roi de la baronnie de Dive, par Jean Le Sénéchal, abbé de Saint-Étienne, 1392.

Aveu fait au roi par Charles-Maurice Le Tellier, archevêque du diocèse de Reims, premier pair de France, abbé commendataire de l'abbaye de Saint-Étienne de Caen, 1678. — Arch. du Calvados, fonds Saint-Étienne.

Aveux de la vicomté de Bayeux dans les extraits des mémoriaux de la Chambre des comptes de Rouen. — Bibl. nat.

Aveux de la vicomté de Caen, extraits des Mémoires de la Chambre des comptes de Rouen. — Bibl. nat.

Aveux de la vicomté de Vire et Condé, extraits des Mémoriaux de la Chambre des comptes de Rouen. — Bibl. nat.

Aveux et hommages de l'abbaye de Longues. — Arch. du Calvados.

Biens et revenus de l'Hôtel-Dieu et maison de santé de la ville de Caen. — Bibl. de la ville de Caen, n° 65.

Carte manuscrite du XVII° siècle, n° 77. — Bibl. nat.

Cartulaire de Barbery. — Bibl. nat. fonds français, n° 4900, fol. 68; n° 492, fol. 69.

Cartulaire de Calix. — Fonds de l'abbaye de Sainte-Trinité de Caen. — Arch. du Calvados.

Cartulaire de Fontenay de Bayeux. — Bibl. nat. fonds franç. n° 4902, fol. 1-67.

Cartulaire de l'abbaye d'Ardennes, 3 volumes écrits au XVII° siècle, donnés à la bibliothèque de la ville de Caen par l'abbé de la Rue.

Cartulaire de l'abbaye de Longues. — Bibl. du chap. de Bayeux.

Cartulaire de l'abbaye de Mondaye. — Bibl. du chap. de Bayeux.

Cartulaire de l'abbaye de Montebourg. — Bibl. nat.

Cartulaire de l'abbaye de Saint-André-en-Gouffern, XII° et XIII° siècles. — Arch. du Calvados.

Cartulaire de l'abbaye de Sainte-Trinité de Caen. — Arch. du Calvados.

Cartulaire de Saint-André de Gouffern. — Bibl. nat. Gaignières, n° 180, p. 69.

Cartulaire de Saint-Pierre de Caen. — Bibl. nat. fonds lat. n° 17136.

Cartulaire du prieuré de Friardel. — Ms. du XIII° siècle, fonds lat. nouv. acq. n° 164. Ce manuscrit contient 52 feuillets; les fol. 1, 27, 47, 49 sont mutilés.

Cartulaire du prieuré de Saint-Nicolas de la Chesnaye, 1150-1447. — Bibl. de la ville de Bayeux, in-fol. 844 pages.

Cartulaire ou escripture du moulin de Héville es mettes de la baronnie de Ninout. — Bibl. du chap. de Bayeux, fol. 492 v°.

Cartularium Normannicum. Ms. de l'abbé de la Rue. — Bibl. de la ville de Caen.

Cartularium Sancte Trinitatis Cadomensis. — Bibl. nat. fonds latin, Gaignières, n° 206.

Cartularium Sancti Stephani Cadomensis. — Bibl. nat. fonds lat. Gaignières, n° 206.

Catalogue des Anoblis. Mémoire sur les nobles de Caen, par Ch. de Quens. — Ms. de la bibl. de la ville de Caen.

Censier de Saint-Vigor de Bayeux. — Bibl. nat. Cartulaires, n° 177.

Chapitre de Bayeux. Recueil de chartes du XIIe au XVIIe siècle. — Bibl. publique de Bayeux.

Chartes de l'abbaye d'Ardennes. — Arch. du Calvados et bibl. de la ville de Caen.

Chartes de l'abbaye d'Aunay. — Arch. du Calvados.

Chartes de l'abbaye de Barbery, 1 vol. in-fol. — Arch. du Calvados.

Chartes de l'abbaye de Belle-Étoile. — Arch. du Calvados.

Chartes de l'abbaye de Fontaine-Daniel. — Arch. du Calvados.

Chartes de l'abbaye de Grestain. — Arch. du Calvados.

Chartes de l'abbaye de Jumièges. — Arch. du Calvados.

Chartes de l'abbaye de Longues. — Arch. du Calvados.

Chartes de l'abbaye de Mondaye, 1279-1665. — Arch. du Calvados.

Chartes de l'abbaye de Saint-André-en-Gouffern. — Arch. du Calvados.

Chartes de l'abbaye de Saint-Désir de Lisieux. — Arch. du Calvados.

Chartes de l'abbaye de Saint-Étienne de Caen. — Arch. du Calvados.

Chartes de l'abbaye de Saint-Laurent de Cordillon. — Arch. du Calvados.

Chartes de l'abbaye de Saint-Pierre-sur-Dive. — Arch. du Calvados.

Chartes de l'abbaye de Saint-Sever. — Arch. du Calvados.

Chartes de l'abbaye de Sainte-Trinité de Caen (abbaye aux Dames). — Arch. du Calvados.

Chartes de l'évêché et chapitre de Bayeux. — Arch. du Calvados.

Chartes de l'hôpital de Saint-Jean de Falaise. — Arch. du Calvados.

Chartes diverses sur les paroisses de Lisieux. — Arch. du Calvados.

Chartes du prieuré de Friardel. — Arch. du Calvados.

Chartes du prieuré de Sainte-Barbe-en-Auge. — Arch. du Calvados.

Chartes et pièces relatives au prieuré de Beaumont-en-Auge. — Arch. du Calvados.

Chartes et titres divers de la Maison-Dieu de Lisieux. — Arch. du Calvados.

Chartes relatives à l'occupation anglaise au XVe siècle, recueillies par M. Danquin. — Arch. du Calvados.

Chartrier blanc de Troarn. — Arch. du Calvados.

Comptes de la baronnie de Douvres en 1455. — Arch. du Calvados. Chap. de Bayeux.

Coutumes de l'abbaye de Sainte-Trinité de Caen. — Ms. du XVe siècle, à la Bibl. harléienne, n° 3651 (British Museum).

Déclaration du temporel de l'abbaye d'Ardennes, en 1420, 1452, 1477, 1424, 1499. — Arch. nat. PP 24.

Déclaration du temporel de l'abbaye de Saint-Étienne de Caen, en 1454, par l'abbé de Juvigny.

Déclaration du temporel de l'évêché de Bayeux, de 1454 à 1558. — Ms. de Brussel. Arch. nat.

Déclaration du temporel des paroisses de l'évêché de Lisieux, en 1730. — Arch. du Calvados.

Déclarations du temporel du prieuré de Sainte-Barbe-en-Auge, en 1450, 1490, 1454, 1484, 1488, 1494 et 1538. — Ms. de Brussel. Arch. nat.

Déclaration faite au clergé de France des biens et revenus de l'abbaye de Saint-Étienne, 1750. — Arch. du Calvados, fonds Saint-Étienne.

Déclarations du temporel de l'abbaye d'Aunay, de 1481 à 1521. — Ms. de Brussel. Arch. nat.

Dénombrement des fiefs de la généralité de Caen, vicomtés de Caen, de Vire et de Bayeux, en 1503. — Ms. appartenant à M. Olive de Bayeux, communiqué par l'auteur.

Dénombrement des fiefs de la vicomté de Bayeux, d'autant qu'il en a été baillé. Fait le 14e jour de février 1503. — Bibl. de la ville de Bayeux.

Documents pour servir à l'histoire de l'abbaye, recueillis par M. Borette, curé de Condé-sur-Seulle. — Ms. donné par son auteur au chapitre de Bayeux.

Domaines de l'abbaye de Troarn en 1455. — Arch. du Calvados, carton 83.

Droit de franc-fief de 1771 à 1784. — Ms. de la bibl. de la ville de Caen, n° 75.

Essai historique sur le prieuré de Saint-Vigor-le-Grand, par M. Faucon, curé de cette paroisse, 1664. (Communiqué par l'auteur.)

Estimation des biens de la baronnie de Creully en 1764. — Arch. du Calvados.

État général et ecclésiastique de l'évêché de Coutances en 1665, après la mort de Mgr Eustache de l'Esseville. — Copie communiquée par M. du Bosc, archiviste de la Manche.

Extraits des chartes de l'abbaye d'Aunay, 2 vol. in-fol. 1651. — Arch. du Calvados.

Extraits des mémoriaux de la Chambre des comptes de Rouen. — Bibl. nat.

Extraits du livre noir de Bayeux, par M. Lechaudé d'Anisy. — Bibl. nat. fonds latin, n° 10085.

Fouages français (Normandie). — Bibl. nat. n°° 25902-26943.

Histoire de l'abbaye d'Aunay. — Bibl. nat. suppl. fonds franç. n° 5595.

Histoire manuscrite de l'abbaye d'Aunay. — Arch. du Calvados.

Histoire manuscrite de l'abbaye de Saint-Étienne de Caen (abb. aux Hommes), par D. Jean de Baillehache, prieur de l'abbaye. — Bibl. de la ville de Caen.

Histoire manuscrite de l'abbaye de Saint-Étienne de Caen, par D. Blanchard. — Bibl. de la ville de Caen.

Histoire manuscrite de la maison d'Harcourt, par D. Lenoir, religieux bénédictin de la congrégation de Saint-Maur. — Arch. du chât. d'Harcourt.

Inventaire général de la baronnie de Creully. — Arch. du Calvados.

Inventaire des routes de Torteval et de Foulognes. — Arch. du Calvados.

Journal des rentes dues à la baronnie de Torteval, 1778. — Arch. du Calvados.

Jus, patronatus ecclesiarum pertinentium abbatiæ seu monasterio Sancti Stephani Cadomensis, 1589. — Arch. du Calvados, fonds Saint-Étienne.

Liber niger capituli Baiocensis. — Bibl. du chap. de Bayeux.

Liber rubeus. De censibus et redditibus Troarnensis abbatiæ, 1234. — Arch. du Calvados.

Limitation des paroisses de Saint-Nicolas de Caen et de Saint-Ouen de Villers, appelé le Terrour à l'abbé de Caen, 1474. — Arch. du Calvados.

Livre blanc de Troarn. — Arch. du Calvados.

Livre blanc de Troarn. — Bibl. nat. mss.

Livre des fiefs de Normandie, par Brussel. — Ms. des arch. nat.

Livre noir de l'évêché de Coutances. — Ms. de 1278. Copié par M. du Bosc, archiviste de la Manche, sur une copie de M. de Gerville. — Arch. de la Manche.

Mandement du bailly de Contentin, ayant pour but de placer l'abbaye de Saint-Étienne de Caen sous la protection de la force publique, 1290. — Arch. du Calvados.

Marchement du terrier de Bretteville-l'Orgueilleuse en 1489. — Arch. du Calvados, fonds Saint-Étienne.

Marchement et déclaration du terrour de Roos, 1479. — Arch. du Calvados, fonds Saint-Étienne.

Marchement et renouvellement des mesnages, jardins et terres labourables du Bourg-l'Abbé, 1491. — Arch. du Calvados, fonds Saint-Étienne.

Matrologe de la ville de Caen. — Arch. de la ville.

Mémoire sur la généralité de Caen, par M. de Vastan, intendant de la généralité. — Bibl. de la ville de Caen.

Mémoire sur une partie des familles de Caen, donné par les Traitants à feu M. de Chamillart pendant la recherche de 1666. — Bibl. de la ville de Caen, n° 159.

Mémoires manuscrits de l'intendant Foucault. — Bibl. de la ville de Caen.

Mémorial ou Journal de l'abbaye de Saint-Étienne de Caen, XVII° et XVIII° siècles. — Bibl. nat. n° 11940 (5326).

Nobles des sept élections de la généralité de Caen en 1598-1599. — Bibl. de la ville de Caen, n° 64.

Notes manuscrites tirées du t. V de la Collection de dom Lenoir, par l'abbé de la Rue. — Appartenant à la famille de Mathan.

Notes sur les abbayes de Troarn, Sainte-Marie-du-Val. — Bibl. nat. n° 5290.

Notice manuscrite sur l'abbaye du Val, par M. l'abbé Lefournier, curé de Clinchamps.

Notices sur les abbayes de Troarn, Sainte-Marie-du-Val, prieuré de Sainte-Barbe-en-Auge, Notre-Dame-d'Aunay, Thorigny, Ardenne. — Bibl. nat. n° 14543 (5290).

Pagi et pagelli. — Ms. de Lancelot. Bibl. nat. suppl. fonds franç. n° 839.

Papier journal concernant le total revenu de l'office de chantre, 1589. — Arch. du Calvados, fonds Saint-Étienne.

Papier terrier de la baronnie de Creully. Arch. du Calvados.

Papier terrier de la vicomté de Bayeux. — Bibl. de la ville.

Papier terrier de la vicomté de Falaise, rédigé en 1586. — Ms. de 191 pages. Bibl. nat.

Papier terrier de Rots, Norrey et Bretteville-l'Orgueilleuse, 1666. — Arch. du Calvados.

Papier terrier des terres et seigneurie, justice-basse et moyenne des d'Hérouville. — Arch. du Calvados.

Papier terrier du domaine fieffé et non fieffé de la mense pricurale de Saint-Gabriel. — Arch. du Calvados.

Papier terrier du domaine fieffé et non fieffé, droits, dignités et revenus de la mense pricurale de Saint-Gabriel, Fresné-le-Crotteur, Coully, Brecy, Luc, Langrune et hameau de Saint-Aubin, Rucqueville, Secqueville, Rye, le Manoir, Vaussieux, Hérouville, Pierrepont et Brouay. — Arch. du Calvados.

Parvus liber rubeus Troarni. — Arch. du Calvados.

Petit cartulaire de l'Hôtel-Dieu de Bayeux. — Bibl. du chap.

Petite chronique de l'église de Carpiquet en 1795. — Ms. du curé Beard. Bibl. de la ville de Caen.

Pièces relatives à la basse Normandie, copiées ou recueillies par M. Lechaudé d'Anisy. — Bibl. nat. fonds latin, n° 10063-10084.

Pièces relatives à l'église collégiale du Saint-Sépulcre de Caen. — Bibl. de la ville.

Pièces relatives à Saint-Sauveur de Caen. Bibl. de la ville, n° 130.

Pouillé du diocèse de Bayeux, rédigé en 1786 par M. de la Mare. — Ms. de la bibl. de la ville de Caen.

Pouillé ou catalogue historique de tous les bénéfices, églises et chapelles du diocèse de Bayeux en 1786, par M. Delamare. — Bibl. de Caen, n° 43.

Précis historique sur les abbesses de Caen. — Ms. de la bibl. de la ville.

Prieuré de Saint-Étienne de Caen. — Bibl. nat. ms. du fonds français, n° 4917, fol. 83.

Recensement quinquennal des communes du département du Calvados, 1860, 1865, 1870, 1875. — Arch. du Calvados.

Recherches des nobles de l'élection de Bayeux faites par les élus en 1523. — Bibl. de Caen, ms. n° 159.

Recueil de chartes relatives à l'abbaye de Fontenay. — Bibl. de la ville de Caen, ms. n° 137.

Recueil de pièces sur la baronnie de Thury-Harcourt. — Bibl. nationale, n° 11974 (5280).

Recueil des actes de l'abbaye de Cerisy, par M. Sevestre, moine de l'abbaye. — Bibl. de la ville de Bayeux. Copie du ms. original appartenant à M. le curé de Tournières.

Registre des abjurations des Calvinistes faites dans le couvent des Capucins de Caen depuis 1629 jusqu'en 1785. — Bibl. nat. n° 14560 (5293).

Registre pour les rentes seigneuriales de Saint-Ouen-le-Puint (le Pin). — Arch. du Calvados.

Registre des rectories de l'université de Caen. — Arch. du Calvados.

Registres des Grands-Jours tenus à Bayeux en l'an mil cinq cent quarante. — Arch. du Calvados.

Règlement pour l'élection des abbesses de Sainte-Trinité de Caen. — Copie faite au British Museum par M. Meritte-Longchamps.* — Bibl. de la ville de Caen.

Remarques sur ce qu'il y a de plus considérable dans les bourgs et paroisses de l'élection de Vire. — Bibl. nat. (C. de Caumont).

Rôle des revenus du chapitre de Bayeux en 1377. — Archives du Calvados.

Rotulus de denariis qui debentur domui Sancti Stephani Cadomensis ad Troncnses. — XIII° siècle. Arch. du Calvados.

Statistique postale. Lieux habités de la France, département du Calvados, année 1847. — Bibl. nat. n° 9829-9834.

Taxatio decimarum beneficiorumque civitatis et diocesis Baiocensis. — Ms. du XVII° siècle. Copie du liber velutus du XIV° siècle, imprimée dans l'Histoire de Bayeux, par l'abbé Beziers.

Temporel de l'abbaye d'Aunay, 1481-1521. — Arch. nat.

Titres de l'abbaye de Silly-en-Gouffern. — Arch. du Calvados.

Titres de la seigneurie de Beuvron. — Arch. du chât. d'Harcourt.

IMPRIMÉS.

Acta sanctorum quotquot in toto orbe coluntur. — Joannes Bollandus.

Actes de la paroisse d'Auguerny. — Mém. de la Soc. des antiq. de Normandie, t. XI.

Actes divers de la paroisse d'Airan. — Mém. de la Soc. des antiq. de Normandie, t. VIII.

Actes normands de la Chambre des comptes sous Philippe de Valois, publiés pour la première fois par M. L. Delisle. — Rouen, 1871.

Actes relatifs à la paroisse d'Éclot. — Mém. de la Soc. des antiq. de Normandie, t. VIII.

Ancien pays et forêt du Cinglais, par M. Fréd. Vaultier. — Mém. de la Soc. des antiq. de Normandie, t. X.

Anciennes constructions découvertes à Lebisey, par M. de Magneville. — Mém. de la Soc. des antiq. de Normandie, t. I.

Anciennes divisions territoriales de Normandie, par M. Le Prévost. — Mém. de la Soc. des antiq. de Normandie, XIᵉ vol. de la collection.

Antiquus cartularius ecclesiæ Baiocensis. — Ms. de la fin du xiiiᵉ siècle, imprimé dans le IIᵉ vol. de l'Analyse des chartes du Calvados, par M. Lechaudé d'Anisy.

Appointement de la ville de Rugles, le 18 octobre 1417. — Mém. de la Soc. des antiq. de Normandie, t. XV.

Appointement de Touque, le 3 août 1417. — Mém. de la Soc. des antiq. de Normandie, t. XV.

Appointement du chastel de Caen, le 11 septembre 1417. — Mém. de la Soc. des antiq. de Normandie, t. XV.

Appointement du chastel de Falaize, le 1ᵉʳ février 1417. — Mém. de la Soc. des antiq. de Normandie, t. XV.

Atlas de la généralité de Rouen, par de la Motte, un des eschevins de la ville d'Harfleur, 1683. — Bibl. nat.

Capitaineries de la haute, moyenne et basse Normandie. — Arch. d'Harcourt.

Carte de la Normandie, par du Puy, en 1692.

Carte de la province de Normandie, divisée en tous ses pays, par J.-B. Nolin, 1694. — Paris, Bibl. nat.

Carte de Normandie, par Juillat, en 1669.

Carte de Normandie, par Guillaume de l'Isle, 1716. — Paris, Bibl. nat.

Carte des duché et gouvernement de Normandie, par Sanson d'Abbeville, géographe du roi, 1667. — Paris, Bibl. nat.

Carte du département du Calvados, par M. Coutrechef. — 1876.

Carte du diocèse de Bayeux, dressée en 1859 par MM. Mancel et Gaston Lavalley. — Duperroux.

Essai historique sur la ville de Caen, par l'abbé de la Rue.

Essai sur Saint-Étienne-le-Vieux, par M. Mancel. — Mém. de la Soc. des antiq. de Normandie, t. XIV.

Essai sur la ville et le château de Vire, par M. d'Isigny.

Essai sur l'église de Saint-Georges-du-Château de Caen. — Mém. de la Soc. des antiq. de Normandie, t. XXIV.

Etat des chemins et sentiers de l'abbaye de Troarn, en 1301, dans les Études sur la condition de la classe agricole en Normandie, par M. Léopold Delisle. — Évreux, 1851.

Etat du clergé régulier en Normandie, d'après les Visites d'Eudes Rigaud, par M. du Mesnil. — Mém. de la Soc. des antiq. de Normandie, t. XVII.

Études sur la condition de la classe agricole en Normandie, par M. Léopold Delisle. — Évreux, 1851.

Extraits des chartes et autres actes normands et anglo-normands qui se trouvent dans les archives du Calvados, par M. Lechaudé d'Anisy, 2 vol. in-8°. — Caen, 1835.

Extraits du livre noir du diocèse de Bayeux, imprimés dans le II° vol. de l'Analyse des chartes des archives du Calvados, par M. Lechaudé d'Anisy.

Feux de la sergenterie d'Orbec, t. I° de l'Histoire de l'évêché-comté de Lisieux, par M. de Formeville, p. 397.

Fiefs de haubert, tenus de l'évêque de Bayeux, t. II des Analyses des chartes du Calvados, 1637.

Fiefs tenus du roi en la vicomté d'Orbec, dans l'Histoire de Lisieux, par M. de Formeville, t. I°, p. 403.

Fosse du Soucy (La), étude philologique, par M. A. Joly, membre de la Société des antiquaires de Normandie. — Caen, 1876.

Fouilles exécutées au Catillon. — Mém. de la Soc. des antiq. de Normandie, t. XIX.

Fouilles à Fontenay-le-Marmion. — Mém. de la Soc. des antiq. de Normandie, t. VI.

Géographie de Grégoire de Tours. Le pagus et l'administration communale en Gaule, par Alfred Jacobs. — Paris, 1858.

Glossaire du normand, de l'anglais et de la langue française, 3 vol. in-8°. — Paris, Aubry, 1862.

Guillaume de Saint-Pair. Le poème du Mont-Saint-Michel, publié par M. Francisque Michel dans le t. XI des Mémoires de la Soc. des antiq. de Normandie.

Herouvillette, notice par M. C. Gervais. — Bulletin de la Société des antiq. de Normandie, t. VIII, 1° fascicule, p. 79 et suiv.

Histoire de Balleroy, par l'abbé Barette.

Histoire de Balleroy et des environs, par M. l'abbé J. Bidot. — Saint-Lô, 1860.

Histoire de l'abbaye de Saint-Étienne de Caen, par M. C. Hippeau, 1 vol. in-4°. — Mém. de la Soc. des antiq. de Normandie.

Histoire de l'ancien évêché-comté de Lisieux, par M. de Formeville, 2 vol. in-8°.

Histoire de l'arrondissement de Pont-l'Évêque, par La Butte.

Histoire des prieurés de l'ordre de Malte, par Mannier.

Histoire du diocèse de Bayeux, par Hermant, 3 vol. in-fol. — Ms. de la bibl. de la ville de Caen.

Histoire généalogique de la maison d'Harcourt, par La Roque, 4 vol. in-4°. — 1667.

Hôtel-Dieu de Bayeux (L'), par l'abbé Laffetay, t. XXIV des Mém. de la Soc. des antiq. de Normandie.

Inventaire du mobilier des Templiers du bailliage de Caen, le 13 octobre 1307, dans les Études sur la classe agricole en Normandie, par M. L. Delisle.

Journal de l'expédition de Henri V en 1417-1418. — Mém. de la Soc. des antiq. de Normandie, t. XII.

Journal des visites pastorales, d'Eudes Regaud, archevêque de Rouen.

Lettre de l'abbé Haimon sur la construction de l'église de Saint-Pierre-sur-Dive en 1145, publiée par M. L. Delisle en 1860.

Lettres sur Vieux, par Huet, évêque d'Avranches, et Galeron. — Mém. de la Soc. des antiq. de Norm., t. III.

Liber velutus ou Livre pelut. Taxatio decimæ beneficiorum civitatis et diocesis Bajocensis. — Ms. de 1356 (épiscopat de Pierre de Velaines), imprimé à la suite de l'Histoire de la ville de Bayeux, par l'abbé Beziers, chanoine du Saint-Sépulcre de Caen, 1 vol. in-12. — Caen, 1773.

Livre des jurés de Saint-Ouen, publié dans les Études sur la condition de la classe agricole en Normandie, par M. Delisle, p. 695.

Magni rotuli scaccarii Normanniæ sub regibus Angliæ. — Mém. de la Soc. des antiq. de Normandie, 2° série, t. VI.

Magni rotuli Normanniæ, publiés par Thomas Stapleton, 1840-1844; réimprimés dans les Mém. de la Soc. des antiq. de Normandie, les premiers dans le t. XVI, par M. Lechaudé d'Anisy, et les deuxièmes dans le t. XVI, par M. Charma.

Marbre dit de Thorigny, découvert à Vieux en 1582. — Mercure de France, d'avril 1732. Mém. de l'Acad. des inscript. et belles-lettres, t. XXI, p. 495. Mém. de la Soc. des antiq. de Normandie, t. VI.

Martologe de la Charité de Tourgeville, par M. Ch. Vasseur. — Mém. de la Soc. des ant. de Normandie, 3° série, t. IX, 1875.

Mémoires pour servir à l'histoire des évêques de Lisieux, 1754, par Noël Deshayes, curé de Campigny, dans le I° vol. de l'Histoire de l'ancien évêché-comté de Lisieux, par M. de Formeville.

Mémoire sur l'église du prieuré de Saint-Gabriel, par M. Deshayes. — Mém. de la Soc. des antiq. de Normandie, t. I°.

Mémorial virois ou Histoire sommaire de Vire jusqu'en 1789 sous forme d'annales, par C. Séguin. — Caen, Mardel, 1872.

Mosaïque romaine trouvée à Vieux. Note, par M. Deshayes. — Mém. de la Soc. des antiq. de Normandie, t. III.

Normandiæ ducatus, par Blaeu; fin du XVI° siècle. — Bibl. nat.

Note sur des monnaies découvertes à Troarn. — Mém. de la Soc. des antiq. de Normandie, t. XII.

Note sur l'église de Saint-Nicolas de Caen, par M. Gervais. — Mém. de la Soc. des antiq. de Normandie, t. XIV.

Note sur le château fort et l'église de Courcy. — Mém. de la Soc. des antiq. de Normandie, t. III.

Notes manuscrites de l'abbé Beziers, imprimées par M. de Caumont, dans la Statistique monumentale du Calvados.

— *Mém. de la Soc. des antiq. de Normandie*, t. X.

Recherches sur la paroisse de Quatre-Puits. — *Mém. de la Soc. des antiq. de Normandie*, t. XII.

Recherches sur la paroisse de Saint-Aignan-de-Crasménil. — *Mém. de la Soc. des antiq. de Normandie*, t. XII.

Recherches sur la paroisse de Secque-ville-la-Campagne. — *Mém. de la Soc. des antiq. de Normandie*, t. XII.

Recherches sur la paroisse de Soliers. — *Mém. de la Soc. des antiq. de Normandie*, t. XII.

Recherches sur la paroisse de Valmeray. — *Mém. de la Soc. des antiq. de Normandie*, t. XII.

Recherches sur la paroisse de Vé-sur-Orne. — *Mém. de la Soc. des antiq. de Normandie*, t. XII.

Recherches sur la seigneurie du Thuit. — *Mém. de la Soc. des antiq. de Normandie*, t. X.

Recherches sur l'université de Caen, par M. Charma. — *Mém. de la Soc. des antiq. de Normandie*, t. XIII.

Recueil des jugements de l'échiquier de Normandie entre 1207 et 1270, par M. L. Delisle, Paris. — 1854.

Regestrum dignitatum, prebendarum, capellarum, abbatiarum, prioratuum, conventualium et parochialium ecclesiarum ecclesiæ et diocesis Lexoviensis. — Arch. du Calvados.

Regestrum visitationum archiepiscopi Rotomagensis, 1248-1269, publié par M. Bonnin, 1852. — Analyse de cet ouvrage par M. de Caumont, dans les *Mém. de la Soc. des antiq. de Normandie*, t. XI.

Registres-mémoriaux de la Chambre des comptes de Normandie de 1581 à 1787. — *Mém. de la Soc. des antiq. de Normandie*, t. XXIII.

Règlement du temporel de l'évêque de Bayeux, 1460. — Chapitre de Bayeux.

Rôles des fiefs de la vicomté d'Auge, 1620-1640. — Imprimés dans le Ier volume de l'*Histoire de l'ancien évéché-comté de Lisieux*, par M. H. de Formeville. — Lisieux, 1873.

Rôle des fiefs de la vicomté d'Orbec en l'année 1320. — IIe volume de l'*Histoire de l'évéché-comté de Lisieux*, par M. de Formeville.

Rôles normands et français et autres pièces tirées des archives de Londres par Bréquigny, en 1764, 1765 et 1766. — *Mém. de la Soc. des antiq. de Normandie*, 3e série, IIIe volume, XXIIIe de la collection.

Rotulus de denariis qui dobentur domni Sancti Stephani Cadomensis ad Turones, XIIIe siècle. — Arch. du Calvados.

Rouleaux du XIVe au XVIIe siècle, relatifs à des seigneurs et à des abbayes de basse Normandie, par M. Lechaudé

d'Anisy. — Bibl. nat. fonds latin, n° 10083.

Sentence contre les paroissiens de Sainte-Croix de Troarn sur la reconstruction de leur église, 1311. — *Études sur la condition de la classe agricole en Normandie*, par M. Léopold Delisle, p. 151.

Sentences rendues par les commissaires enquesteurs vers l'an 1300, publiées par M. A. de Formeville. — *Mém. de la Soc. des antiq. de Normandie*, t. XIX.

Statistique monumentale du Calvados, par M. de Caumont, 5 vol. in-8°.

Statistiques routières de la basse Normandie, par M. de Caumont. — Caen, 1855.

Tabula Normanniæ sub regibus Angliæ, anno circiter MCC°, par Thomas Stapleton. — *Mém. de la Soc. des antiq. de Normandie*, t. XVI, 1852.

Vie de sainte Opportune, par Adelelme, évêque de Séez, contemporain de Rollon, dans Mabillon, *Acta sanctorum ordinis Sancti Benedicti*, t. III, part. II, p. 222-238.

Visite des forteresses du bailliage de Caen en 1371, par Regnier Le Coustellier, bailli de Caen. — Bibl nat. Imprimé dans le t. XI des *Mémoires de la Société des antiquaires de Normandie*, ms. de Gaignières, t. II, n° 671.

Wace, *Roman de Rou*, édition de Hugo Andresen. — Heilbronn, 1877.

DICTIONNAIRE TOPOGRAPHIQUE

DE

LA FRANCE.

DÉPARTEMENT

DU CALVADOS.

A

Abbaye (L'), h. c^ne d'Arganchy.

Abbaye (L'), h. c^ne d'Aunay-sur-Odon.

Abbaye (L'), f. c^ne de Barbery.

Abbaye (L'), h. c^ne de Condé-sur-Noireau.

Abbaye (L'), f. c^ne du Désert.

Abbaye (L'), f. c^ne de Deux-Jumeaux.

Abbaye (L'), h. c^ne de Fontenay-le-Pesnel.

Abbaye (L'), h. c^ne de Friardel.

Abbaye (L'), h. c^ne de Livry.

Abbaye (L'), f. c^ne de Longues.

Abbaye (L'), h. c^ne de Neuilly-le-Malherbe.

Abbaye (L'), f. c^ne de Noron, c^on de Falaise.

Abbaye (L'), f. c^ne des Oubeaux.

Abbaye (L'), h. c^ne du Plessis-Grimoult.

Abbaye (L'), h. c^ne de Saint-André-de-Fontenay.

Abbaye (L'), h. c^ne de Vassy.

Abbaye (L'), h. c^ne de Vignats.

Abbaye (L'), h. c^ne de Villers-Canivet.

Abbaye d'Ardennes, éminence de terrain, c^ne de Saint-Contest.

Abbaye-du-Bourg (L'), f. c^ne du Désert.

Abbaye-du-Val (L'), h. c^ne de Saint-Omer. — Voy. Saint-Omer et Val.

Abbeville, h. c^ne de Vaudeloges. — *Abbatis Villa*, 1277 (cartul. norm. n° 905, p. 219).

Chef-lieu d'une commune supprimée en 1838 et réunie partie à Vaudeloges, partie à Ammeville. La par., sous l'invocation de Notre-Dame, avait

Calvados.

pour patron le seigneur du lieu. Elle dépendait du dioc. de Séez, doyenné de Falaise, et de la génér. d'Alençon, élect. d'Argentan, sergent. des Bruns. Vavassorie mouvante de la baronnie de Tournebu, vicomté de Falaise.

Abenon, c^ne supprimée en 1835 et réunie à la Folletière, qui prend le nom de la Folletière-Abenon. — *Parochia Sancti Bartholomei de Abenon*, 1287 (ch. de Friardel). — *Abnon*, 1330 (fiefs de la seign. d'Orbec, p. 390). — *Abelon, Aberno*, xive s^e (pouillé de Lisieux, p. 75). — *Arbernon*, 1579, *Abesnon*, 1690 (*ibid.* note 5). — *Aubenon*, 1730 (temporel de l'évêché de Lisieux).

Par. de Saint-Barthélemy, patr. l'abbé de l'Isle-Dieu. Dioc. de Lisieux, doy. d'Orbec. Génér. d'Alençon, élect. de Lisieux, sergent. d'Orbec. — Le fief d'Abenon mouvait de la vicomté d'Orbec, 1534 (Brussel).

Ableville, c^ne supprimée en 1809 et réunie à Ablon. — *Hablovilla*, 1277 (cartul. norm. n° 905, p. 219). — *Alba Villa*, xive s^e (pouillé de Lisieux, p. 38). — *Abbeville*, 1589 (*ibid.* note 12). — *Abbevilla*, xvie s^e (*ibid.*).

Par. de Saint-Martin, patr. le seigneur du lieu. Dioc. de Lisieux, doy. d'Honfleur. Génér. de Rouen, élect. de Pont-Audemer, sergent. du Mesnil. — Fief relevant de la baronnie de Blangy. — Chapelle de Saint-Sauveur des Vases.

1

ABLEVILLE (VALLÉE D'), c^{ne} d'Ablon.

ABLON, c^{on} d'Honfleur. — *Abelon*, 1198 (magni rotuli, p. 33, 2).

Par. de Saint-Pierre, patr. le seigneur du lieu. Dioc. de Lisieux, doy. d'Honfleur. Génér. de Rouen, élect. de Pont-Audemer, sergent. du Mesnil. C'était le siège d'une seigneurie qui relevait de la baronnie de Blangy et s'étendait sur les paroisses d'Ablon, Abbeville, Crémanville, Notre-Dame et Saint-Léonard d'Honfleur.

ABLON, quart. c^{ne} de la Rivière-Saint-Sauveur.

ACCARD, h. c^{ne} de Campandré-Valcongrain. — *Acart*, XVIIIe s^e (Cassini).

ACLOS (L'), h. c^{ne} du Reculey.

ACQUEVILLE, c^{on} de Thury-Harcourt. — *Achevilla*, 1190 (ch. de Saint-Étienne de Fontenay, n° 18). — *Akevilla*, 1204 (magni rotuli, p. 92, 2). — *Aquavilla*, 1235 (ch. de Barbery, n° 83). — *Aqueville*, 1267 (ch. de Saint-Étienne de Fontenay). — *Aquavilla*, XIVe s^e (livre pelut de Bayeux, n° 196). — *Acqueville*, 1451 (arch. nat. P. 271, n° 220).

Pár. de Saint-Aubin, aujourd'hui de Saint-Martin; patr. l'abbé de Fontenay. Dioc. de Lisieux, doy. de Cinglais. Génér. d'Alençon, élect. de Falaise, sergent. de Tournebu. — Le fief d'Acqueville relevait du duché de Thury-Harcourt par demi-fief de chevalier. — Le fief de *Puant*, en la paroisse d'Acqueville, relevait de la baronnie de Tournebu et ressortissait à la vicomté de Falaise.

ACQUEVILLE, f. c^{ne} de Deux-Jumeaux. — *Asqueville*, quart de fief relevant de la baronnie de Saint-Vigor-le-Grand, 1460 (temp. de l'évêché de Bayeux).

ACRE (L'), h. c^{ne} de Grimbosq.

ACRE (L'), h. c^{ne} de Landelles-et-Coupigny.

ACRES (LES), h. c^{ne} de Bernières-le-Patry.

ACRES (LES), h. c^{ne} de Courson.

ACRES (LES), f. c^{ne} de Montpinçon.

ACRES (LES), h. c^{ne} de Saint-Germain-de-Tallevende.

ACRES (LES), h. c^{ne} de Viessoix.

ADAM, h. c^{ne} de Maisy.

ADAMS (LES), h. c^{ne} de Blangy.

ADAMS (LES), h. c^{ne} d'Ouilly-du-Houlley.

APPILERESSE (L'), h. c^{ne} de Saint-Germain-Langot.

AGON, h. c^{ne} de Préaux. — *Agun*, 1230 (ch. de Troarn). — *Molendinum de Agum*, 1234 (parv. lib. rub. Troarn. p. 15).

AGUILLON ou AIGUILLON, demi-fief de chevalier, dont le chef était assis en la paroisse de Bougy; il mouvait du bailliage de Caen, 1396 (Brussel). — *Feodum de Aguilon*, 1250 (ch. de Fontenay, n° 164).

AGY, c^{on} de Bayeux. — *Ageyum*, XIe s^e (enquête, p. 428). — *Aagy, Agie*, 1229 (ch. de l'abb. de Mondaye). — *Ageium*, 1242 (chap. de Bayeux, ch. 27).

AIGNAN, h. c^{ne} de Saint-Aignan-de-Cramesnil.

AIGNAUX, h. c^{ne} de Saint-Charles-de-Percy. — *Aignax*, 1184 (magni rotuli, p. 70). — *Les Agniaux*, 1234 (lib. rub. Troarn. p. 97). — *Aigniaus*, 1272 (cart. normand, n° 1222, p. 340). — *Feodum d'Aneaux apud Guibervillam*, 1314 (lib. rub. Troarn. p. 165). — *Agneaux*, 1453 (papier terrier de Falaise).

Le fief d'Aigneaux ou de Percy mouvait de la vicomté de Vire, 1453 (papier terrier de Falaise, aveu de Guillaume de Percy).

AIGNEAUX, fief de Cussy. — *Aigneaulx*, 1611 (aveux de la vicomté de Bayeux).

AIGNEAUX, vill. c^{ne} du Désert.

AIGNEAUX, fief, c^{ne} de Fontenay-le-Marmion.

AIGNEAUX, fief, c^{ne} de Presles.

AIGNERVILLE, c^{on} de Trévières. — *Agnierville*, 1195 (magni rotuli, p. 40, 2). — *Agnervilla, Aignervilla*, 1238 (ch. de l'abb. de Mondaye). — *Agnerville*, 1371 (visite des forteresses).

Par. de Saint-Pierre, patr. le chanoine de semaine. Dioc. de Bayeux, doy. de Trévières. Génér. de Caen, élect. de Bayeux, sergent. des Veys. — Aignerville, fief de la baronnie de Mondeville, accru du petit fief dit *de Vierville*, s'étendait à Écrammeville Engranville, Formigny et la Cambe.

AIGNERVILLE, h. c^{ne} de Biéville-sur-Orne. — Le fief d'Aignerville, ou *grand fief de Neuville*, mouvait de la châtellenie de Caen, 1456 (Brussel).

AIGREMONT, h. c^{ne} de Brémoy.

AIGUES-AUX-GENDRES (LES), carrefour, c^{ne} de Cartigny-l'Épinay.

AIGUILLON, fief de l'abbaye de Fontenay. — *Aguilon*, 1250 (ch. de l'abbaye de Fontenay, n° 164).

AIGUILLON, fief dont le chef était assis à Juaye, 1663 (ch. de l'abb. de Mondaye, n° 15).

AILLERIE (L'), h. c^{ne} de Courtonne-la-Meurdrac.

AILLY, c^{ne} réunie en 1858 à Bernières, qui prend le nom de Bernières-d'Ailly. — *Alliacum*, 1249 (cartul. norm. n° 482, p. 81). — *Alleium, Alleum*, 1286 (ch. pour l'abbaye de Marmoutier; arch. du Calvados).

Par. de Saint-Gerbold, patron le seigneur du lieu. Dioc. de Séez, doy. de Falaise. Génér. d'Alençon, élect. et sergent. de Falaise.

AILLY, mⁱⁿ bâti sur la Dive, 1253 (ch. de Villers-Canivet).

AINGY. Voy. INGY.

AIRAN, c⁰ⁿ de Bourguébus. — *Heidram*, 843 (Histor. de France, t. VIII, p. 446). — *Airam*, 1026 (ch. de Richard II, en faveur de Fécamp). — *Erem*, 1105 (livre blanc de Troarn). — *Sanctus Germanus de Areno*, 1130 (*ibid.*). — *Haram*, 1210; *Aram*, *Arram*, 1230 (lib. rub. Troarn.). — *Airain*, 1269; *Heran*, 1277 (cartul. norm. n° 915, p. 174 et 219). — *Arannium*, 1283 (*ibid.*). — *Eren*, *Eram*, 1278 (livre blanc de Troarn). — *Haram*, v. 1356 (liv. pelut de Bayeux, p. 45). — *Erain*, *Eran*, 1371 (visite des forteresses). — *Erem*, 1371 (assiette des feux de la vicomté de Caen). — *Euran*, 1653 (carte de Tassin).

Par. de Saint-Germain, patr. l'abbé de Troarn. Dioc. de Bayeux, doy. de Vaucelles. Génér. d'Alençon, élect. de Falaise, sergent. de Jumel.

AIRES (LES), h. c⁰ᵉ de Montpinçon.

AIRRERIES (LES), quart. c⁰ᵉ des Authieux-sur-Calonne.

AIRRIE (L'), h. c⁰ᵉ de Neuville, canton de Vire.

AISENIE (L'), h. c⁰ᵉ de Saint-Germain-de-Tallevende.

AISIER, h. c⁰ᵉ des Loges-Saulces.

AISY ou AIZY, h. c⁰ᵉ de Soûmont-Saint-Quentin.

Fief dit *au Larron*, dépendant du marquisat de Soûmont, 1721 (chambre des comptes de Rouen, t. II, p. 98).

AITRE (L'), h. c⁰ᵉ de Putot-en-Auge. — *Atrium*, 1198 (magni rotuli, p. 59).

AITRE (L'), h. c⁰ᵉ de Saint-Pierre-la-Vieille.

AITRE-CHER (L'), h. c⁰ᵉ de Meslay.

AITRE-SAVARY (L'), h. c⁰ᵉ de Meslay.

AITRE-VALLÉE (L'), h. c⁰ᵉ de Meslay.

AJON (L'), affl. de l'Odon. — *Adjon*, 1401 (arch. nat. P. 272, n° 167.)

Cette rivière, qui prend naissance à Hamars, traverse Montigny, Maisoncelles-sur-Ajon, Banneville-sur-Ajon, Landes, Tournay et Neuilly-le-Malherbe.

AJON, f. c⁰ᵉ de Banneville-sur-Ajon.

AJON (L'), h. c⁰ᵉ de Landes.

AJON, mⁱⁿ, c⁰ᵉ de Maisoncelles-sur-Ajon.

AJON, h. c⁰ᵉ de Préaux.

ALBRAY, h. c⁰ᵉ d'Évrecy. — *Alebrai*, 1198 (magni rotuli, p. 20). — *Allebraium*, xiv° s°. (liv. pelut de Bayeux, p. 18).

La prébende d'Albray ou d'Évrecy avait été fondée par l'évêque Odon Iᵉʳ; elle appartenait au chapitre de Bayeux.

ALENÇON (BOIS D'), partie de la forêt de Cinglais, dans la c⁰ᵉ de Boulon.

ALGOT (L'), rivière, affl. de droite de la Vire. — *Alegot*,

1108 et 1269 (titres de l'abb. de Saint-Pierre-sur-Dive). — *Algo*, xvi° siècle (pouillé de Lisieux, p. 47).

Cette rivière prend sa source à la Boissière, traverse la Houblonnière, Saint-Aubin-sur-Algot, Notre-Dame-de-Livaye, Monteille et Saint-Loup-de-Fribois.

ALIGNON, fief mouvant de la vicomté de Falaise, 1422 (Brussel).

ALIGNY, h. c⁰ᵉ de Vassy. — *Alligni*, xviii° s° (Cassini).

ALINCOURT, h. c⁰ᵉ d'Annebault.

ALLAIN, vill. c⁰ᵉ de Carville.

ALLAIRES (LES), h. c⁰ᵉ d'Auquainville.

ALLEAUMES (LES), h. c⁰ᵉ de Beaumont.

ALLEMAGNE, c⁰ⁿ de Caen. — Cette commune est divisée en Haute et Basse-Allemagne. — *Alemannia*, 1077 (ch. de Saint-Étienne de Caen). — *Alemaigne*, 1155 (Wace). — *Allemania*, 1190 (ch. de Saint-Étienne). — *Alemangnia*, 1198 (magni rotuli, p. 49). — *Almania*, 1198 (*ibid.* p. 53). — *Almangnia*, 1198 (*ibid.*). — *Alemaignia*, 1288 (Saint-Étienne de Fontenay, ch. 83). — *Allemaygne*, 1371 (visite des forteresses). — *Alemagne*, 1405 (assiette de la ville et vicomté de Caen). — *Almaigne*, 1620 (cart. de Templier).

La par. de la Haute-Allemagne était sous l'invocation de saint Martin, celle de la Basse-Allemagne était dédiée à Notre-Dame; toutes deux avaient pour patron l'abbé de Saint-Étienne de Caen. Notre-Dame est maintenant la seule église paroissiale. Dioc. de Bayeux, doy. de Vaucelles. Génér. et élect. de Caen, sergent. d'Argences. — Léproserie.

La baronnie d'Allemagne avait été donnée à l'abbaye de Saint-Étienne de Caen par Guillaume le Conquérant.

ALLIÈRE (L'), rivière, affluent de droite de la Vire, grossie du Viessoix, parcourt les c⁰ᵉˢ d'Estry, du Theil, Pierres, Presles, Burcy, Vaudry et Neuville, lieu de son confluent.

ALLIEUX (LES), h. c⁰ᵉ de Bures, c⁰ⁿ de Vire.

AMAY, h. c⁰ᵉ de Fontenailles.

AMAYÉ-SUR-ORNE, c⁰ⁿ d'Évrecy. — *Almaicum super Olnam*, xiv° s° (livre pelut de Bayeux). — *Amaié*, 1460 (aveu de l'évêché de Bayeux). — *Mayé-sur-Orne*, xviii° s° (archives d'Harcourt, l. 307).

Par. de Notre-Dame, patr. le chapitre de Bayeux. Dioc. de Bayeux, doy. d'Évrecy. Génér. de Caen, sergent. de Préaux.

Les fiefs, terre et baronnie de Gouys relevaient de l'évêque de Bayeux à cause de sa baronnie de Douvres, par quatre fiefs de chevalier, dont le chef était assis à Amayé-sur-Orne : «ce que l'on soulait

appeler *l'honneur d'Amayé*», 1453 (aveu de l'é-
vêque Zénon de Castillon).

AMAYÉ-SUR-SEULLE, cⁿ de Villers-Bocage. — *Amay-
sur-Seulle*, 1371 (assiette des feux). — *Amaicum
Sancti Vigoris*, xivᵉ sᵉ (livre pelut de Bayeux). —
Mayé-sur-Seulle, xviiiᵉ sᵉ (archives d'Harcourt,
l. 307).

Par. de Saint-Vigor, patr. l'abbé de Cerisy. Dioc.
de Bayeux, doy. de Villers-Bocage. Génér. et élect.
de Caen, sergent. de Villers.

Demi-fief de chevalier, relevant de la vicomté de
Caen. Les fiefs de *Pelvé* au Hamel de Quercy, dans
la par. de Jurques, relevaient du fief d'Amayé,
1657 (aveux de la vicomté de Caen).

AMBLIE, cⁿ de Creully. — *Amblida*, 1080 (ch. de
l'abb. de la Trinité). — *Amblia*, 1177 (ch. de
Saint-Étienne). — *Amblye*, 1675 (ch. des comptes
de Rouen, t. III, p. 4).

Par. de Saint-Pierre, puis de Saint-Jean; patron le
seigneur. Dioc. de Bayeux, doy. de Creully. Génér.
de Caen, sergent. de Creully.

Fief d'*Amblie*, *Amblye*, mouvant du bailliage de
Caen par demi-quart de fief de haubert, 1571
(Brussel); 1675 (aveux de la vicomté de Caen).

AMBOINE, h. cⁿᵉ de la Roque.
AMBOINE, h. cⁿᵉ de Saint-Vigor-des-Mézerets.
AMELINERIE (L'), h. cⁿˢ de Sainte-Honorine-de-Ducy.
AMELINES (LES), h. cⁿᵉ de Clarbec.
AMETTES (LES), h. cⁿᵉ du Molay.
AMFRÉVILLE, cⁿ de Troarn. — *Amfreivilla*, 1198
(magni rotuli, p. 106). — *Onfierevilla*, 1277
(cart. norm. n° 904, p. 218). — *Unfarvilla*, 1277
(ibid. p. 215). — *Onfreville*, 1371 (assiette des
feux). — *Anfreville*, xviiiᵉ sᵉ.

Par. de Saint-Martin, patr. le seigneur. Dioc.
de Bayeux, doy. de Troarn. Génér. de Caen, sergent. de Varaville.

Fief mouvant de la vicomté d'Auge. Le huitième
de fief d'*Ecajeul*, s'étendant à Biéville et Gonneville, était assis à Amfréville.

AMIGNY. Voy. DAMIGNY.
AMIOTS (LES), h. cⁿᵉ d'Hermival-les-Vaux.
AMIOTS (LES), h. cⁿᵉ du Mesnil-Guillaume.
AMIOTS (LES), h. cⁿᵉ d'Ouilly-du-Houlley.
AMMEVILLE, cⁿ de Saint-Pierre-sur-Dive. — *Almovilla*,
1106-1135 (pouillé de Lisieux, p. 46, note 15). —
Aumovilla, xivᵉ siècle (pouillé de Lisieux, p. 46). —
Ammevilla, xviᵉ siècle (ibid.). — *Ammeville*, 1579;
Aumanville, 1653 (carte de Tassin). — *Aubeville*,
1683; *Dambville*, 1690; *Damipville*, 1729 (pouillé
de Lisieux, p. 47, note 11). — *Ameville*, xviiiᵉ siècle
(Cassini).

Par. de Sainte-Honorine, patr. le seigneur. Dioc.
de Lisieux, doy. du Mesnil-Mauger. Génér. d'Alençon, élect. de Falaise, sergent. de Saint-Pierre-sur-
Dive.

AMPÉRIÈRE (L') ou LAMPÉRIÈRE, h. cⁿᵉ de Cordebugle.
ANCELINIÈRE (L'), h. cⁿᵉ du Tourneur.
ANCIEN-MOULIN-À-VOISDE, mⁱⁿ, cⁿᵉ de Troarn.
ANCIEN-MOULIN-DE-MANQUE-SOURIS, cⁿᵉ de Saint-Pierre-
Canivet.
ANCIEN-MOULIN-DE-RAIMBERT, mⁱⁿ, cⁿᵉ de Martigny.
ANCIENNE-ABBAYE (L'), h. cⁿᵉ de Saint-Gabriel.
ANCIENNE-FORGE-DU-VANNIER (L'), cⁿᵉ de Cresse-
veuille.
ANCIENNE-POSTE (L'), vill. cⁿᵉ de Saint-Aubin-sur-
Algot.
ANCIEN-PRESBYTÈRE (L'), h. cⁿᵉ d'Englesqueville.
ANCIEN-PRESBYTÈRE (L'), h. cⁿᵉ d'Engranville.
ANCIEN-PRESBYTÈRE (L'), h. cⁿᵉ de Longueville.
ANCIEN-PRESBYTÈRE (L'), h. cⁿᵉ de Roullours.
ANCIEN-PRESBYTÈRE (L'), h. cⁿᵉ de Saint-Gatien.
ANCIEN-PRESBYTÈRE (L'), écart, cⁿᵉ de Saint-Laurent-
sur-Mer.
ANCIEN-PRESBYTÈRE (L'), écart, cⁿᵉ de Saint-Yvon.
ANCIEN-PRESBYTÈRE (L'), écart, cⁿᵉ de Tilly-sur-Seulle.
ANCIEN-PRESSOIR (L'), h. cⁿᵉ de Leffard.
ANCRE (L'), rivière, affl. de droite de la Dive. Elle part
d'Annebault, arrose Danestal, Cresseveuille, Heuland, Angerville, Dozulé, Cricqueville, et se perd
dans la Dive à Brucourt.
ANCRE (LES MONTS D'), cⁿᵉ de Campandré-Valcongrain. — *Mons de l'Enke* et *de Lenche*, 1190 (ch.
d'Aunay). — *Mont de Lancre*, 1418 (rôles de Bréquigny, n° 110, p. 16). — *Monts de l'Encq*, 1481
(ch. d'Aunay).
ANCTOVILLE, cⁿ de Caumont. — *Anquetoville*, 1418
(rôles de Bréquigny, n° 20, p. 135). — La paroisse
d'Anctoville a porté jusqu'en 1616 le nom de *Coisnières* ou *Cornières*. V. CORNIÈRES.

Par. de Saint-Nicolas; patr. l'abbé de Lessay,
puis le seigneur. Dioc. de Bayeux, doy. de Villers-
Bocage. Génér. de Caen, élect. de Bayeux, sergent.
de Briquessart.

Plein fief de haubert, formé des fiefs de Cornières, Plomb et Leroy, réunis en 1654 et formant
chacun un demi-fief, d'une fiefferme et d'un quart
de fief de chevalier avec extension à Amayé-sur-
Seulle, relevant du roi et ressortissant à la sergenterie de Briquessart (ch. des comptes de Rouen,
t. III, p. 157). Au xviiᵉ siècle, les fiefs de Saint-
Germain-d'Ectot et de Saint-Louis faisaient partie
du plein fief d'Anctoville, d'où relevaient aussi le fief
d'Athys, situé dans la paroisse de ce nom, et le fief

de Loucelles, à Anctoville (aveux de la vicomté de Caen, 1665).

ANDOT, carrefour, c^ne de Longraye.

ANDRÉ, f. c^ne de Juaye-Mondaye.

ANDRÈRE (L'), h. c^ne de Clinchamps.

ANDRIENS (LES), h. c^ne de Grand-Mesnil.

ANEAUX (LES), ancien fief sis dans la paroisse de Guiberville.

ANELLES, c^ne de Juaye-Mondaye. — *Anellæ*, 1198 (magni rotuli, p. 37).

ANFERNET, f..c^ne de Truttemer-le-Grand. — *Aunfernet*, 1419 (rôles de Bréquigny, p. 73). — *Ampfernet*, 1669 (ch. des comptes de Rouen, t. II, p. 256). — *Amfernet*, xviiie s^e (Cassini).

Fief mouvant de la vicomté de Vire, 1414 (Brussel).

Le fief d'*Avaugour*, mouvant de la vicomté de Vire, avait son chef assis à Anfernet, 1532 (aveu de Jean d'Anfernet).

ANFERVILLE, f. c^ne de Crouay.

ANFERVILLE, chât. c^ne de Longueville.

ANFRIÈRE (L'), h. c^ne de Saint-Pierre-la-Vieille.

ANGENAY, h. c^ne de Cricqueville.

ANGENERIE (L'), h. c^ne de Pont-Farcy.

ANGERIE (L'), h. c^ne de Manerbe.

ANGERIE (L'), h. c^ne de Saint-Germain-de-Tallevende.

ANGERS (LES), h. c^ne de Grimbosq.

ANGERS (LES), h. c^ne de Russy.

ANGERVILLE OU ANGERVILLE-EN-AUGE, c^ne de Dozulé. — *Ansgerii Villa*, 1079 (Orderic Vital, t. II, p. 312). — *Angervilla*, 1230 (parv. lib. rub. Troarn. n° 12). — *Angiervilla*, 1234 (ibid. n° 18). — *Ansgervilla*, 1269 (cart. norm. n° 767, p. 173). — *Angerville-l'Auricher*, 1320 (rôles de la vicomté d'Auge). — *Angovilla*, xvie siècle (pouillé de Lisieux, p. 52).

Par. de Saint-Léger, auj. de Saint-Martin; patr. le duc de Normandie, puis le chap. de Notre-Dame de Cléry. Dioc. de Lisieux, doy. de Beaumont. Génér. de Rouen, élect. de Pont-l'Évêque, sergent. de Dive.

Plein fief de chevalier, mouvant de la vicomté d'Auge et ressortissant à la sergenterie de Dive. — *Auricher*, autre fief tenu du roi, acquis d'Henri des Ylles par Philippe d'Harcourt; vavassorie mouvante de la vicomté d'Auge, ainsi que le fief dit *le fief Colin*, 1455 (Brussel). — Fief *Blesmare* et moulin de *Troussey* relevant du fief de Pré-d'Auge.

ANGERVILLE, fief de la paroisse d'Écrammeville.

ANGERVILLE, h. c^ne de Saint-Georges-d'Aunay. — *Ansgeri Villa*, 1201 (cart. d'Aunay).

ANGERVILLE, f. et forges, c^ne de Saint-Philbert-des-Champs.

ANGES (LES), vill. c^ne de Balleroy.

ANGLAICHERIE (L'), h. c^ne de Champ-du-Boult.

ANGLAICHERIE (L'), h. c^ne de Longvillers.

ANGLAICHERIE (L'), h. c^ne de Saint-Germain-de-Tallevende.

ANGLAIS (LES), h. c^ne de Barbeville.

ANGLAIS (LES), vill. c^ne de Parfouru-l'Éclin.

ANGLAIS (LES), h. c^ne de Quetteville.

ANGLETERRE (L'), vill. c^ne de Bretteville-l'Orgueilleuse.

ANGLETERRE (L'), vill. c^ne de Livarot.

ANGLOISCHEVILLE, c^ne réunie en 1827 à Fresné-la-Mère. — *Angliscavilla*, 1050 (Orderic Vital, t. II, p. 31). — *Englischeville*, v. 1160 (arch. nat. S. 505, suppl. n° 7). — *Angloicheville*, 1578 (dénombrement d'Alençon). — *Angleicheville*, *Englecheville*, 1693 (papier terrier de Falaise).

Par. de Saint-Pierre, patr. l'abbé de Saint-Évroult. Dioc. de Séez, doy. de Falaise. Génér. d'Alençon, élect. et sergent. de Falaise.

ANGOTIÈRE (L'), h. c^ne de Cahagnes.

ANGOTIÈRE (L'), h. c^ne de Rully.

ANGOTIÈRE (L'), h. c^ne de Vassy.

ANGOTS (LES), h. c^ne de Garnetot.

ANGOVILLE, c^ne de Thury-Harcourt; pour le culte, cette commune est réunie à Martainville. — *Angotivilla*, v. 1100 (ch. de Saint-Étienne). — *Angovilla*, xive s^e (pouillé de Lisieux, p. 52).

Par. de Sainte-Anne, patr. l'abbé du Val. Dioc. de Bayeux, doy. du Cinglais. Génér. d'Alençon, élect. de Falaise, sergent. de Thury-Harcourt. Un fief, deux demi-fiefs et une vavassorie, dite du *Corps de Cerf*, ayant leur chef assis à Angoville et s'étendant sur Bonnœil, Ouilly et Placy, mouvaient de la baronnie de Tournebu et ressortissaient à la vicomté de Falaise. — La seigneurie d'Angoville fut incorporée en 1768, avec ses extensions, au fief et seigneurie de Donnay, relevant du duché d'Harcourt.

ANGOVILLE, f. c^ne de Bretteville-sur-Dive.

ANGOVILLE, h. c^ne de Cricqueville.

ANGOVILLE, h. c^ne de Saint-Georges-d'Aunay.

ANGOVILLE, f. c^ne de Saint-Germain-le-Vasson.

ANGOVILLE-LA-SÉNAN, c^ne réunie à Cricqueville en 1827. — *Angoville-la-Seranz*, 1255 (ch. de l'abb. de Fontenay, n° 76).

ANGREVILLE, h. c^ne de Bernesq.

ANGREVILLE, h. c^ne de Bricqueville.

ANGRIE (L'), h. c^ne de Maisoncelles-la-Jourdan.

ANGUERNY, c^ne de Creully. — *Aguerné*, *Aguerneium*, *Aguernaium*, 1180 (magni rotuli, p. 68). — *Agerni*, 1190 (ch. de Saint-Étienne). — *Ager-*

neium, *Agernaium*, 1230 (livre blanc de Troarn, p. 15). — *Angerneium*, 1230 (parv. lib. rub. Troarn.). — *Aguerny*, 1371 (assiette des feux de la vicomté de Caen). —.*Auguerny*, 1874 (carte de l'état-major).

Par. de Saint-Martin, patr. le chap. de Bayeux. Dioc. de Bayeux, doy. de Douvres. Génér. de Caen, sergent. de Bernières.

ANGUERNY, h. c°° de Douvres. — *Enguerny*, 1776 (fermages de l'abbaye d'Ardennes).

ANISY, c°° de Creully. — *Anisie*, 1155 (Wace, Roman de Rou). — *Aniseium*, 1198 (magni rotuli, p. 69, 2). — *Anisé*, 1228 (ch. de l'abb. d'Ardennes, n° 137). — *Anisy*, 1309 (cart. de la Trinité, p. 103). — *Anizeium*, xiv° s° (taxat. decim. dioc. Baioc.). — *Anyseium*, 1368 (ch▾ de Saint-Étienne de Caen). — *Enneseium*, 1417 (magni rotuli, p. 276, 2). — *Anysy*, 1422 (rôles de Bréquigny, n° 902, p. 153). — *Anisi*, 1453 (arch. nat. P. 271, n° 169).

Par. de Saint-Pierre, patr. le seigneur. Dioc. de Bayeux, doy. de Douvres. Génér. de Caen, sergent. de Bernières.

Fief mouvant de la baronnie de Saint-Vigor-le-Grand et ressortissant au bailliage de Caen, 1467 (aveu fait à Bertrand de Goyon de Matignon), s'étendant sur les paroisses de Grainville, Saint-Laurent-sur-Mer et Crouay. — Le demi-fief d'Anisy et de Basly, autrefois le *fief à Cosnard*, 1397 (aveu de Guillaume de Jurques), *fief Conart*, 1453 (arch. nat. P. 271, n° 169), s'étendait sur les hameaux de Barbières et de Villons, paroisse de Mathieu, 1669 (aveux de la vicomté de Caen, p. 6).

ANNEAU·DE LA MARGUERITE (L'), rocher près de l'embouchure de la Seulle.

ANNEBAULT, c°° de Dozulé. — *Sanctus Remigius de Ounebaus, Olnebac, Olnebanc, Olnebanch, Olnebauch,' Ognabac, Ognebac*, 1195 (livre blanc de Troarn). — *Honnebaucum, Onnebaucum*, 1234, 1250 (lib. rub. Troarn. p. 6 et 15). — *Sanctus Remigius de Onnebaut*, 1250 (magni rotuli, p. 200). — *Annebault, Annebaut*, 1250 (liv. bl. de Troarn). — *Honnebault*, 1311 (parv. lib. rub. Troarn. n° 52). — *Onnebancum*, xiv° s° (pouillé de Lisieux, p. 50). — *Onnebault*, 1579 (ibid. note 9, p. 51). — *Annebaut-en-Auge*, xviii° s° (Cassini).

Par. de Saint-Remy, patr. l'abbé de Troarn. Dioc. de Lisieux, doy. de Beaumont. Génér. de Rouen, élect. de Pont-l'Évêque, sergent. de Dive.

Baronnie ressortissant au bailliage de Caen, 1484 (Brussel). Ce fut Claude d'Annebault, amiral et maréchal de France, qui fit ériger sa seigneurie en

baronnie; elle fut érigée plus tard en marquisat. La haute justice dépendait d'Appeville.

ANNEBECQ, c°° de Saint-Sever. — *Asnebec*, 1198 (magni rotuli, p. 107, 2). — *Aldebek, Adnebec*, 1204 (magni rotuli, p. 107,2). — *Asnebech*, 1279 (ch. de Saint-André-en-Gouffern, n° 56). — *Ennebec*, 1484 (arch. nat. P. 272, n° 175). — *Anebet*, 1684 (aveux de la vicomté de Vire).

Par. de Saint-Martin, patr. le seigneur. Dioc. de Coutances, doy. du Val-de-Vire. Génér. de Caen, élect. de Vire, sergent. de Pont-Farcy.

Baronnie du domaine royal dont relevaient les fiefs de Montreuil et de Faverolles. — Le fief d'Annebecq relevait de la bar. de Coutances. Les fiefs d'Annebecq et de Rannes furent érigés en marquisat en 1672 (ch. des comptes de Rouen, t. I, p. 283). Outre les fiefs de Faverolles et de Montreuil, ce marquisat comprenait les fiefs des Moulineaux, de Brumanière (demi-fief), de Brulevain (demi-fief), de la Touche, dont les chefs étaient assis dans les paroisses de ce nom.

ANNEBEY, vill. c°° de Colombières.

ANNEBEY, m°°, c°° de Vouilly. —*Annebé*, xviii° s°(Cassini).

ANNERAY, h. c°° de Méry-Corbon.

ANNERAY (BAC D'), c°° de Méry-Corbon.

ANNES (LES), h. c°° de Préaux.

ANNETTES (LES), h. c°° du Molay.

ANNEVILLE, h. c°° de Fierville-la-Campagne. — *Hanolvilla*, 1082 (cart. de la Trinité). — *Aneville*, 1234 (lib. rub. Troarn. n° 16).

ANNIÈRE (L'), h. c°° de Saint-Aubin-des-Bois.

ANSELIERS (LES), h. c°° de Sainte-Foy-de-Montgommery.

ANSERAY, f. c°° de Saint-Agnan-le-Malherbe.

ANTE (L'), riv. affl. de gauche de la Dive. — *Antea*, 1300 (cart. de Saint-Jean de Falaise).

L'Ante prend sa source à Marigny, traverse Saint-Vigor-de-Mieux, Norrey, Saint-Pierre-du-Bû, Falaise, Versainville, Éraines, Damblainville, Villy et Morteaux-Coulibœuf.

ANTIGNAC, h. c°° de Cernay.

AON, fief dont le chef était assis à Putot-en-Auge, s'étendant à Goustranville et à Salenelles, 1455 (Preuves de la maison d'Harcourt, t. III, p. 771).

APREMONT, f. c°° d'Audrieu.

APRIGNY, h. c°° d'Agy.

ARBOIS, h. c°° de Notre-Dame-de-Fresnay.

ARBRE (L'), m°°, c°° de Bretteville-sur-Odon.

ARBRE-DE-VILLIERS (L'), h. c°° du Manoir.

ARBRE-MARTIN (L'), h. c°° de Bavent. — Léproserie. *Capella leprosariæ Arboris Martini*, xiv° siècle (livre pelut de Bayeux, p. 44).

ARCHER (L'), bois, c⁰ᵉ de Lassy.

ARCHETTE (L'), h. c⁰ᵉ de Sainte-Marie-Outre-l'Eau.

ARCLAIS, c⁰ⁿ du Bény-Bocage. — *Arcleis, Arclès*, 1180 (cart. du Plessis-Grimoult). — *Arcleies*, 1184 (magni rotuli, p. 94, 2). — *Arclees*, 1277 (cartul. norm. n° 904, p. 118). — *Arcloys*, 1460 (temp. de l'évêché de Bayeux). — *Arquelais*, xviiiᵉ sᵉ (Cassini).

Par. de Saint-Samson, patr. le prieur du Plessis-Grimoult. Dioc. de Bayeux, doy. de Vire. Génér. de Caen, élect. de Vire, sergent. de Saint-Jean-le-Blanc. — Fief de la baronnie de Thury.

ARCLAIS, h. c⁰ᵉ de Saint-Marc-d'Ouilly.

ARDENNES, vill. c⁰ᵉ de Saint-Germain-la-Blanche-Herbe. — *Ardena*, v. 1140 (ch. de fondation de l'abb.). — *Ardene*, 1261 (ch. de l'abb. n° 245). — *Ardeine*, 1474 (limites des par. de Caen). — *Ardaine*, 1610 (cart. d'Ardennes). — *Ardaines*, 1647 (chambre des comptes de Rouen, t. III, p. 113). — *Ardeines*, 1675 (cart. de Petite).

Ardennes doit son existence à une abbaye de chanoines réguliers de l'ordre de Prémontré, fondée par Aioulf du Four et Asceline, qui firent construire l'église abbatiale de Sainte-Marie, consacrée en 1138 par Philippe, évêque de Bayeux.

Cette abbaye possédait le patronage des églises de Saint-Germain-la-Blanche-Herbe, d'Authie, de Saint-Contest, de Saint-Quentin, de Sainte-Marie-de-Baron, du Breuil et de Blay. Elle avait des possessions à Anisy, Audrieu, Basly, Brouay, Caen, Cahagnolles, Canon, Colombières, Colomby, Couvrechef, Ducy, Demouville, Éterville, Gavrus, Grouchy, le Ham, Livry, Loucelles, Louvigny, Maslon, Mathieu, May-sur-Orne, Missy, Noyers, Perriers, Saint-Germain-la-Blanche-Herbe, Secqueville, Tesnières, Tierceville, Tilly, Vaussieux, Venoix, Villons, Vire.

Le fief *Thiou*, assis dans la paroisse, relevait des religieux d'Ardennes, 1647 (ch. des comptes de Rouen, t. III, p. 113).

ARDENNES (LES), f. c⁰ᵉ de Saint-Pierre-du-Mont.

ARDRILLE, h. c⁰ᵉ de Saint-Marc-d'Ouilly.

ARGANCHY, c⁰ⁿ de Bayeux. — *Archenceium*, 1198 (magni rotuli, p. 111). — *Arganchey*, 1206 (ch. d'Ardennes, n° 33 *bis*). — *Argenceium*, 1217 (cart. de Mondaye). — *Arguenceium*, 1262 (ch. de Mondaye). — *Arguenchy, Arguencheium*, 1277 (chap. de Bayeux, n° 745). — *Arguenchie*, 1421 (rôles de Bréquigny, n° 945). — *Arguencheur*, 1435 (domaine de Troarn, n° 56). — *Arguency*, 1454 (déclarations de la Maison-Dieu de Bayeux). — *Arguensy*, 1463 (recherche de Monfaut).

Par. de Sainte-Radegonde, patr. l'abbé de Lessay.

Dioc. de Bayeux, doy. des Veys. Génér. de Caen, élect. de Bayeux, sergent. de Briquessart.

Le prieuré de Sainte-Marie-Madeleine d'Arganchy dépendait de l'abbaye de Lessay.

ARGENCE, mⁱⁿ, c⁰ᵉ de Curcy, ancien fief relevant de la baronnie de Curcy.

ARGENCES, c⁰ⁿ de Troarn. — *Argentiœ*, 1037 (ch. de Richard II pour l'abb. de Fécamp). — *Argenciœ*, 1190 (magni rotuli, p. 46, 2).

Une des plus anciennes baronnies normandes. Elle appartenait en 996 à Richard Iᵉʳ, duc de Normandie, et fut donnée en 1027 à l'abbaye de Fécamp par Richard II (*Neustria pia*).

Par. de Saint-Jean-Baptiste et de Saint-Patrice, patr. l'abbé de Fécamp. Diocèse de Bayeux, exemption de Fécamp. Génér. de Caen, siège d'une sergent. de la vicomté de Caen.

La sergenterie d'Argences, «fief noble et hérédital», divisée en deux traits dits de la *Champagne* et de la *Montagne*, s'étendait sur Argences, Franqueville, Bellangreville, Moult, Billy, Lassy, Soliers, Gonneville, Conteville, Bénouville, Canteloup, Cléville, Méry-Corbon, Mondeville, Sainte-Paix, Annebault, Vaumeray, Allemagne, Foubert-Folie, Bourguébus, la Hogue, la Thillaye et Colombelles.

Il y avait à Argences une léproserie. Le château ou *mesnil* d'Argences avait une chapelle sous l'invocation de saint Gilles du Vivier. Les moines de Fécamp avaient au bourg d'Argences haute justice, dont relevaient Sainte-Paix de Caen, Mondeville et Mesnil-Frémentel; cette juridiction avait le nom de vicomté ou de sénéchaussée.

ARGENCES, fief de la Cambe.

ARGENCES, f. c⁰ᵉ de Vimont.

ARGENTEL, chât. et h. c⁰ᵉ de Manerbe. — *Argentellœ*, 1265 (ch. de Friardel). — *Argentelle*, huitième de fief de la bar. de Cambremer, 1620 (rôle des fiefs de la vicomté d'Auge, p. 351).

ARGENIE (L'), h. c⁰ᵉ de Cully.

ARGOUGES, quart de fief assis à Brouay, 1632 (aveux de la vicomté de Caen).

ARGOUGES-SUR-AURE, c⁰ᵉ réunie en 1829 à Vaux-sur-Aure. — *Arguges*, 1204 (magni rotuli, p. 103, 2). — *Argogiœ*, 1224 (ch. de Longues, n° 31). — *Argogœ*, 1250 (magni rotuli, p. 177). — *Argoges*, 1277 (chap. de Bayeux, n° 745). — *Argougiœ*, xivᵉ sᵉ (taxat. decim. dioc. Baioc.).

Par. de Saint-Pierre, patr. le seigneur. Dioc. de Bayeux, doy. de Creully. Génér. de Caen, élect. de Bayeux, sergent. de Tour.

Plein fief de haubert, dit fief *d'Argouges*, situé à Vaux-sur-Aure, Marigny, Saint-Malo, Saint-Ouen, Saint-Éloi, Sainte-Marie-Laumont, et relevant de la seigneurie de Landelles, 1743 (ch. des comptes de Rouen, t. III, p. 310).

ARGOUGES-SUR-MOSLES, c^{ne} réunie en 1824 à Russy. — *Argogiæ*, 1243 (cart. de l'abb. de Cordillon, n° 3).

Par. de Saint-Jean-Baptiste, patr. l'abbé de Cerisy. Dioc. de Bayeux, doy. des Veys. Génér. de Caen, élect. de Bayeux, sergent. de Tour.

Fief relevant de la vicomté de Falaise, 1375 (Brussel). Le membre de fief du *Saussay*, assis à Argouges, relevait de la baronnie de Neuville.

ARGUILLY, h. c^{ne} de Brémoy.

ARMENDIÈRE (L'), h. c^{ne} de Montchauvet.

ARPENTS (LES), f. c^{ne} du Gast.

ARPENTS (LES), f. c^{ne} de Neuilly.

ARQUENAY. Voy. SAINT-AUBIN-D'ARQUENAY.

ARROMANCHES, c^{on} de Ryes, petit port de mer. — *Aremance*, 1229 (ch. de l'abb. de Mondaye). — *Aremancia, Arremanchia*, XIV° siècle (taxat. decim. dioc. Baioc.). — *Armance*, 1600 (cart. de Blaeu). — *Armanche*, 1710 (carte de Fer).

Par. de Saint-Pierre, patr. l'abbé de Longues. Dioc. de Bayeux, doy. de Creully. Génér. de Caen, élect. de Bayeux, sergent. de Graye. — Fief réuni au manoir de Magny.

ARRY, c^{ne} réunie au Locheur en 1832. — *Arreium*, 1683 (cart. de la Trinité). — *Arri*, 1162 (ch. de Philippe, évêque de Bayeux). — *Harreium*, 1177 (ch. de Saint-Étienne). — *Arrye*, 1283 (ch. du Plessis-Grimoult, n° 1161). — *Arreyum, Arrey*, XIV° s° (taxat. decim. dioc. Baioc.).

Par. de Notre-Dame, patr. le chanoine d'Arry. Dioc. de Bayeux, doy. de Fontenay-le-Pesnel. Génér. de Caen, sergent. de Villers.

Le fief *Patry*, dans la même paroisse, relevait de la baronnie de Douvres, 1460 (av. du temp. de l'évêché de Bayeux).

ARTHENAY, vill. c^{ne} de Cardonville.

ARTUR, h. c^{ne} de Bazenville.

ASES (LES), h. c^{ne} d'Arclais.

ASNELLES, c^{on} de Ryes. — *Asnelæ*, XIV° siècle (taxat. decim. dioc. Baioc.). — *Aasneesles*, 1417 (magni rotuli, p. 217). — *Aneelles*, 1456 (aveux de l'abb. de Longues, p. 3). — *Anelles*, 1640 (cart. d'Ardennes).

Par. de Saint-Martin; patr. l'abbé de Saint-Julien de Tours, puis l'évêque de Bayeux. Dioc. de Bayeux, doy. de Creully. Génér. de Caen, élect. de Bayeux, sergent. de Graye. — Plein fief de haubert, mouvant de la baronnie de Creully.

ASNIÈRES, c^{on} d'Isigny. — *Aneriæ*, 1082 (cart. de la Trinité, f° 6). — *Asneriæ*, 1198 (magni rotuli, p. 75). — *Asnières*, 1230 (cart. de l'abb. de Mondaye).

Par. de Saint-Vigor, patr. le seigneur. Dioc. de Bayeux, doy. de Trévières. Génér. de Caen, élect. de Bayeux, sergent. des Veys.

Le fief du *Fournet*, assis à Asnières, relevait de la seigneurie de Vérigny par un tiers de fief. — Le prieuré d'Asnières avait pour patron l'abbé de Belle-Étoile.

Le fief d'Asnières, dont dépendaient les fiefs du *Pontife*, de *Gaugey* et du *Bosc*, mouvait de la vicomté d'Auge et ressortissait à la sergenterie de Pont-l'Évêque, 1484 (Brussel); 1682 (chambre des comptes de Rouen, t. I, p. 226).

ASNIÈRES, fief assis à Pierrefitte, relevant de Vassy, 1620 (rôle des fiefs de la vicomté d'Auge, p. 357).

ASNIÈRES, chât. c^{ne} du Pin.

ASNIÈRES, quart de fief assis à Saint-Clair, relevant du fief de Corbon, 1620 (rôles de la vicomté d'Auge, p. 361).

ASSELIN, h. et mⁱⁿ, c^{ne} de Pontécoulant.

ASSELIN, h. c^{ne} de Saint-Martin-Don.

ASSELINIÈRE (L'), h. c^{ne} de Champ-du-Boult.

ASSEMONT, quart. c^{ne} du Mesnil-Eudes.

ASSEMONT, quart. c^{ne} de Saint-Désir-de-Lisieux. — *Acemont*, 1228 (donation à l'Hôtel-Dieu de Lisieux citée dans le pouillé de Lisieux, p. 19).

ASSEVILLE, huitième de fief, assis à Goustranville, relevant d'Asnières, 1620 (rôles de la vicomté d'Auge).

ASSEVILLE, huitième de fief, assis à Saint-Jouin, relevant d'Asnières, 1620 (rôles de la vicomté d'Auge).

ASSY, h. c^{ne} d'Ouilly-le-Tesson. — *Aceium*, 1235 (ch. de Saint-Jean de Falaise). — *Acy*, 1250 (magni rotuli, p. 174). — *Acye*, XIII° s° (mém. de la Soc. des antiq. de Normandie, t. XXVI).

En 1764, la terre d'Assy fut érigée en marquisat, ayant son chef sis à Ouilly-le-Tesson, et comprit les fiefs d'*Ouilly-le-Terrour*, de *Montbonin*, du *Coudray* et de *Saint-Denis*, situés en la paroisse de Thiéville, le quart de fief de *Fontaine* et le moulin d'Assy (chambre des comptes de Rouen, t. III, p. 319).

ATELIER (L'), h. c^{ne} du Mesnil-Caussois.

ATHIS ou ATUYS, h. c^{ne} de Louvigny. — *Bacq d'Athy, sur la rivière d'Olne*, 1275 (ch. de Saint-Étienne). — *Aatie*, 1371 (visite des forteresses). — *Bac d'Athie*, 1454 (aveu du temporel de Saint-Étienne). — *Atye*, 1460 (aveu du temporel de l'évêché de Bayeux).

Aubainnerie (L'), f. c^re d'Étreham.

Aubedière (L'), h. c^ne de Champ-du-Boult.

Aubedière (La Basse-), h. c^ne de Champ-du-Boult.

Aubel, h. c^ne de Maisy.

Aubenière (L'), h. c^ne de Maisoncelles-la-Jourdan.

Auberge (L'), h. c^ne de Cagny.

Auberge (L'), h. c^ne de Nonant.

Aubernière (L'), h. c^ne de Truttemer-le-Grand.

Aubert, h. c^ne de Neuilly.

Aubertière (L'), h. c^ne de Clinchamps.

Auberville, c^on de Dozulé. — Osbertivilla, 1082, 1086 (cart. de la Trinité, f° 74). — Osbernivilla supra mare, 1183 (ibid.). — Osbervilla, xiv° siècle; Aubervilla, xvi° siècle (pouillé de Lisieux, p. 52). — Amberville, 1579 (ibid. p. 53, note 3).

Fief mouvant de la vicomté d'Auge, 1522 (Brussel); autre fief relevant du roi, plein fief de chevalier.

Aubets (Les), h. c^ne de Hennequeville.

Aubey, f. c^ne de Saint-Hymer.

Aubier (L'), h. c^ne de Fresné-la-Mère. — L'Aubier, l'Aubyer, 1234 (lib. rub. Troarn. p. 94). — Les Aubyers, 1234 (ibid. p. 94).

Aubigny, c^on de Falaise. — Albineium, 1108 (ch. de Saint-Étienne). — Aubeni, 1160 (Benoît de Sainte-More, v. 40498). — Aubingneium, 1198 (magni rotuli, p. 30). — Albigneium, xii° siècle (ch. du chap. de Bayeux, n° 6). — Albigny, 1204 (magni rotuli, p. 120). — Albigneyium, 1465 (études sur la condition agricole, p. 548).

Par. de Notre-Dame, patr. le seigneur. Dioc. de Séez, doy. d'Aubigny. Génér. d'Alençon, élect. de Falaise, sergent. de Thury-Harcourt.

Le fief d'Aubigny mouvait de la vicomté de Falaise, 1420 (Brussel). — Le fief Cornet et le fief de Canivet, assis à Aubigny, relevaient de la même vicomté (chambre des comptes de Rouen, t. 1, p. 3).

Aubigny était le siège d'un des doyennés du diocèse de Séez. Les communes du département du Calvados appartenant à ce doyenné étaient : Cordey, le Détroit, Fourneaux, les Isles-Bardel, Lessard, les Loges-Saulces, le Mesnil-Villement, Noron, Ouilly-le-Basset, Pierrepont, Potigny, Rapilly, Saint-Pierre-Canivet, Saint-Pierre-du-Bû, Saint-Quentin-de-la-Roche, Saint-Vigor-de-Mieux, Soulangy, Soûmont, Tassilly, Torp, Sassy et Villers-Canivet.

Aubigny, h. et m^in, c^ne de Cahagnes, fief assis à Cahagnes, 1450 (arch. nat. P. 271, n° 152).

Aubigny, quart de fief sis aux paroisses de Vierville et de Saint-Laurent-sur-Mer, 1607 (aveux de la vicomté de Bayeux).

Calvados.

Aublets (Les), h. c^ne de Castillon, c^on de Bayeux.

Aublin, h. c^ne de Maisoncelles-Pelvey.

Aubouilly, h. c^ne d'Osmanville.

Aubray (L'), f. et h. c^ne de Couvert.

Aubrière (L'), h. c^ne de Saint-Germain-de-Tallevende.

Audrieu, c^on de Tilly-sur-Seulle. — Aldreium, 1108 (ch. de Saint-Étienne). — Audreium, 1184 (magni rotuli, p. 192). — Audrie, 1215 (ch. de l'abb. de Mondaye, n° 1220). — Audreyum, 1267 (cart. norm. n° 1179). — Audriée, 1371 (assiette des feux de la vicomté de Caen). — Andrieu, 1710 (carte de de Fer).

Deux par. de Notre-Dame : patr. de la première, le prieur de Saint-Nicolas de la Chesnaie, puis le baron d'Audrieu; patr. de la seconde, l'abbé de Vendôme. Le prieuré dépendait de l'abbaye de la Trinité. Dioc. de Bayeux, doy. de Fontenay-le-Pesnel. Génér. et élect. de Caen, sergent. de Cheux.

Le plein fief d'Audrieu ou fief de la Motte-d'Audrieu, érigé en baronnie par lettres patentes du mois d'avril 1615 en faveur de Guillaume de Séran, relevait de la baronnie de Doûvres, par un quart de fief de chevalier. Cette baronnie consistait en trois fiefs : la châtellenie de la Motte, les fiefs Pesnel et Bacon. Elle s'étendait sur Loucelles, Brouay, Cristot, Chouain, Fontenay-le-Pesnel, Branville, Tessel et Mondrainville, 1607 (aveux de la vicomté de Caen).

Auge (Pays d'), contrée comprise dans le département du Calvados. — Algia, 1082 (ch. de Saint-Étienne). — Alge, 1155 (Wace, t. I, p. 174). — Vallis Augiæ, 1213 (cart. norm. n° 1109, p. 300).

L'archidiaconé d'Auge, archidiaconatus de Algia, comprenait les doyennés du Mesnil-Mauger, de Beuvron et de Beaumont, xiv° siècle (pouillé de Lisieux, p. 44).

Le pays d'Auge formait une vicomté ayant un siège royal à Honfleur; elle s'accrut, en 1726, de la baronnie de Roncheville, et ressortissait pour la justice seigneuriale à la seigneurie de Beaumont. Cette vicomté, vendue en 1678 à Mlle de Montpensier, était formée des sergenteries de Pont-l'Évêque, Beuvron, Dive, Beaumont, Cambremer, Saint-Julien-le-Faucon, Saint-Julien-sur-Calonne, Honfleur, Touque, Bonneville et Canapville.

Vavassorie d'Auge, fief mouvant de la vicomté d'Orbec, 1518 (Brussel).

Augen (L'), h. c^ne de Bonneville-sur-Ajon.

Augers (Les), h. c^ne de Sainte-Honorine-des-Pertes.

Aulais, h. c^ne de Saint-Marc-d'Ouilly.

Aulnaux (Les), h. c^ne de Saon.

AULNAYES (LES), h. c^ne de Vassy. — La vavassorie des *Aulnez* relevait de la demi-baronnie de Vassy, 1680 (aveux de la vicomté de Viré).

AULNERIE (L'), h. et f. c^ne de Coulonces.

AULNEZ (LES), h. c^ne de Jurques.

AUMONDERIE (L'), h. c^ne de Courson.

AUMONDERIE (L'), h. c^ne de Sept-Frères.

AUMONDIÈRE (L'), h. c^ne de Condé-sur-Noireau.

AUMONDIÈRE (L'), h. c^ne de Sainte-Foy-de-Montgommery.

AUMÔNE (L'), h. c^ne de Neuville. — *Elemosina*, 1198 (magni rotuli, p. 56). — *Fief de l'Omosne*, 1476 (aveux du Plessis-Grimoult, t. I, p. 1).

AUMÔNE (L'), h. c^ne de Pleines-Œuvres.

AUMÔNERIE (L'), h. c^ne de Beaulieu.

AUMÔNERIE (L'), h. c^ne de Pleines-Œuvres.

AUMÔNES (LES), h. c^ne du Gast.

AUMÔNES (LES), h. c^ne de Saint-Ouen-des-Besaces.

AUMÔNIÈRE (L'), h. c^ne de Saint-Manvieu.

AUMONT, h. c^ne du Bény-Bocage.

AUMONT (L'), h. c^ne de Saint-Georges-d'Aunay.

AUNAIES (LES), h. c^ne de Boissey.

AUNAIES (LES), h. c^ne de Fervaques.

AUNAIES (LES), h. c^ne de Montchauvet.

AUNAIES (LES), h. c^ne de Saint-Ouen-des-Besaces.

AUNAIS (LES), h. c^ne de Littry.

AUNAIS (LES), f. c^ne de Mittois.

AUNAIS (LES), h. c^ne de Notre-Dame-de-Courson.

AUNAIS (LES), h. c^ne de Saint-Pierre-Tarentaine.

AUNAY ou AUNAY-SUR-ODON, c^on de Vire. — *Castellum Alnei*, 1142 (chron. de Robert de Thorigny). — *Villa quam vocant Alnetum*, 1161 (ch. de Saint-Étienne de Caen). — *Halnetum*, 1183 (ibid.). — *Sancta Maria de Alneto*, 1199, 1210 (ch. de l'abbaye d'Aunay). — *Alney*, 1289 (ibid.). — *Auney*, 1290 (mandement du bailli de Cotentin en faveur de Saint-Étienne de Caen). — *Saint-Georges-d'Aulney*, 1471 (cart. du Plessis-Grimoult; dénombrement).

Par. de Saint-Samson, patr. l'abbé de Saint-Étienne de Caen. Dioc. de Bayeux, doy. d'Évreux. Génér. de Caen, élect. de Vire, sergent. de Condé.

Le *Sauquez*, fief d'Aunay, dépendait du Plessis-Grimoult, 1476 (dénombrement du temporel). — Un autre fief d'Anay avait nom le *fief aux Bauces*, xiiie s^e (inventaire d'Aunay).

L'abbaye d'Aunay, fondée vers 1131 par Jourdain de Say et Luce, son épouse, était une des filles de l'abbaye de Savigny, agrégée en 1147 à l'ordre de Cîteaux. Elle valait à la fin du xviiie s^e environ 35,000 livres, et possédait le patronage de 18 bénéfices; elle a compté parmi ses membres Huet, évêque d'Avranches, et Bossuet. L'abbaye d'Aunay avait le patronage de plusieurs églises, entre autres celles de Maisoncelles-Pelvey, Vienne, le Manoir et plusieurs églises en Angleterre. Ses possessions s'étendaient à Banville, Beuvron, Bougy, Bretteville-sur-Laize, Carcagny, Cottun, Cully, Curcy, le Désert, Évrecy, la Ferrière-Duval, Fontenay, Formigny, la Fresnaye, Gavrus, Jurques, Langrune, Longvillers, Maizet, Mesnil-au-Grain, Parfouru, Saint-Samson, Sainte-Honorine-du-Fay, Vassy, Vendes, Villers. Elle a donné naissance à l'abbaye de Thorigny. — Les bâtiments de ce monastère sont aujourd'hui occupés par une filature.

AUNAY (L'), h. c^ne de Campagnolles.

AUNAY (L'), h. c^ne de Lisores.

AUNAY, vill. c^ne de Longues.

AUNAY (L'), h. c^ne de Rully.

AUNAY, vill. c^ne de Saint-Charles-de-Percy.

AUNAY, m^on isolée, c^ne de Saint-Côme-de-Fresné.

AUNAY (L'), h. c^ne de Saint-Pierre-du-Fresne.

AUNAY (L'), h. c^ne de Saint-Remy.

AUNAY (L'), h. c^ne de Saint-Sever.

AUNAY (L'), h. c^ne de Vassy.

AUNAY, h. c^ne de Vaux-sur-Aure.

AUNAY (LE GRAND et LE PETIT), h. c^ne d'Ouffières.

AUNAY-DU-HART (L'), h. c^ne de Courvaudon.

AUNAY-MARTIN (L'), h. c^ne de Saint-Germain-de-Tallevende.

AUNAY-PIHAN (L'), c^ne de Saint-Germain-de-Tallevende.

AUQUAINVILLE, c^on de Livarot. — *Escanevilla, Esquanevilla, Eschenevilla*, v. 1080 (cart. de la Trinité). — *Esquainvilla, Eskeinvilla, Achenvilla, Alchenivilla*, v. 1125 (pouillé de Lisieux, p. 56). — *Auquenvilla*, 1167 (cart. de Friardel). — *Eskenevilla*, 1172 (ibid.). — *Aukenvilla*, 1180 (magni rotuli, p. 27). — *Aucainvilla*, 1195 (pouillé de Lisieux, p. 56). — *Aukainvilla*, 1225 (comptes de l'hospice de Lisieux, n° 27). — *Acanvilla*, 1257 (magni rotuli, p. 169). — *Auquainvilla*, xive s^e (pouillé de Lisieux, p. 57). — *Auquevilla*, xvie s^e (ibid.). — *Equainville*, 1716 (carte de de Fer).

Par. de Notre-Dame, patr. le chapitre de Lisieux. Dioc. de Lisieux, doy. de Livarot. Génér. d'Alençon, élect. de Lisieux, sergent. d'Orbec.

Auquainville, érigé très anciennement en baronnie, fut réuni au marquisat de Ferrières, dont le siège était assis à Orbec. La baronnie s'étendait à Auquainville, le Mesnil-Germain, Fervaques, Courson, Bretteville et Tonnencourt (ch. des comptes de Rouen, t. II, p. 51).

Aube (L'), riv. — *Andura*, 1077 (ch. de Saint-Étienne). — *Ora*, 1158 (abbaye de Saint-Sever). — *Aurea*, 1236 (chapitre de Bayeux, ch. 23). — *La Daure*, 1710 (carte de Fer).

L'Aure prend sa source près d'Ancteville, court du sud au nord, passe à Longraye, à Bayeux; tourne à l'ouest, auprès d'Argouges, à Vaux-sur-Aure; reçoit la Drôme auprès de Maisons et va se jeter près d'Isigny dans le banc des Veys. Elle est formée de l'*Aure Supérieure* et l'*Aure Inférieure*.

L'*Aure Inférieure* prend sa source à Étreham, non loin de la Fosse de Soucy, où se perd l'*Aure Supérieure*. Une différence de niveau entre la Fosse de Soucy et la source de l'Aure Inférieure détruit la supposition que cette rivière serait la continuation de l'autre. Elle traverse Russy, Surrain, Trévières, Aignerville, Écrammeville, Colombières, Longueville, Canchy, la Cambe, Monfréville et Osmanville. Les affluents de l'Aure Inférieure sont la *Tortonne*, qui se grossit de la *Siette* et se réunit à l'*Esques*.

L'*Aure Supérieure* prend sa source au Val d'Aure, arrose ou traverse Livry, Torteval, Parfouru-l'Éclin, Quesnay-Guesnon, Mondaye, Ellon, Guéron, Monceaux, Saint-Vigor et Vaux-sur-Aure, arrive à Maisons où elle se perd dans les Fosses de Soucy. — Voy. Fosses de Soucy.

Aurette (L'), riv. affl. de l'Aure Supérieure. — *Orette*, xiii⁰ s⁰ (ch. de l'abb. d'Aunay).

Aurienne (L'), h. cⁿᵉ de Neuville.

Autels (Les) ou les Authieux-en-Auge, cⁿᵉ réunie le 25 décembre 1831 à Saint-Bazile ou Saint-Bazile-sur-Monne, qui prend le nom de les Autels-Saint-Bazile, réunie pour le culte à Montpinçon. — *Altaria quæ sunt in Alfe, super aquam Lemone*, 1063 (pouillé de Lisieux, p. 56). — *Sanctus Georgius de Altaribus*, xvi⁰ s⁰ (*ibid.*).

Par. de Saint-Georges, patr. l'abbé de Saint-Ouen de Rouen. Dioc. de Lisieux, doy. de Livarot. Génér. d'Alençon, élect. d'Argentan, sergent. de Mortagne.

Autels-Saint-Bazile (Les), cⁿᵉ de Livarot. Cette commune a été formée en 1831 par l'union de Saint-Bazile avec les Autels-en-Auge.

La par. de Saint-Bazile avait pour patron le seigneur. Dioc. de Lisieux, doy. de Livarot. Génér. d'Alençon, élect. d'Argentan, sergent. de Montpinçon.

Authie, cⁿ de Tilly-sur-Seulle. — *Alteium*, *Altoyum*, 1227 et 1234 (lib. rub. Troarn. p. 14 et 84). — *Auteya*, 1264 (ch. d'Ardennes, n⁰ 33). — *Autea*, *Auteia*, 1290 (*ibid.* n⁰ˢ 316, 336). — *Autie*, 1305 (*ibid.* n⁰ 392).

Par. de Saint-Vigor; patr. la collégiale d'Écouis.

Dioc. de Bayeux, doy. de Maltot. Génér. et élect. de Caen, sergent. de la banlieue de Caen.

Authieux-Papion (Les), cⁿ de Mézidon. — *Ecclesia de Altaribus Papionis*, v. 1350 (pouillé de Lisieux, p. 46). — *Les Ostieux-Papion*, 1585 (papier terrier de Falaise). — *Les Ostieux-Papion*, 1778 (dénombrement d'Alençon).

Par. de Saint-Philibert, patr. le seigneur. Dioc. de Lisieux, doy. du Mesnil-Mauger. Génér. d'Alençon, élect. de Falaise, sergent. de Saint-Pierre-sur-Dive. — Fief mouvant de la vicomté de Falaise.

Authieux-sur-Calonne (Les), cⁿ de Blangy. — *Sanctus Nicolaus*, *Sanctus Petrus de Altaribus*, xiv⁰ siècle, (pouillé de Lisieux, p. 38). — *Les Aoustieux-du-Puits*, *les Aoustieux*, 1579 (*ibid.* p. 39, note 1). — *Saint-Meuf-les-Authieux*, xviii⁰ siècle (Cassini).

Deux paroisses: Saint-Pierre, patr. le prévôt de l'église de Chartres; Saint-Nicolas, supprimée. Dioc. de Lisieux, doy. de Touque. Génér. de Rouen, élect. de Pont-l'Évêque, sergent. de Saint-Julien-sur-Calonne. Plein fief relevant de la vicomté d'Auge.

Authieux-sur-Corbon (Les), cⁿᵉ réunie, ainsi que Pontfol, en 1858, à Victot, qui prend le nom de Victot-Pontfol. — *Altaria super Corbonem*, v. 1350 (pouillé de Lisieux, p. 49). — *Autieux-sur-Corbon*, xviii⁰ s⁰ (Cassini).

Par. de Notre-Dame, patr. le seigneur. Dioc. de Lisieux, doy. de Beuvron. Génér. de Rouen, élect. de Pont-l'Évêque, sergent. de Cambremer.

Fief mouvant de la vicomté d'Auge, 1392 (Brussel). Sixième de fief relevant de la Houblonnière.

Auvagère (L'), h. cⁿᵉ d'Ouilly-du-Houlley.

Auverre (L'), h. cⁿᵉ de Roullours. — *L'Auver*, xviii⁰ s⁰ (Cassini).

Auvienne (L'), h. cⁿᵉ de Clinchamps.

Auvillars, cⁿ de Cambremer. — *Auvillaria*, v. 1350 (pouillé de Lisieux, p. 49). — *Auvillers*, xviii⁰ siècle (Cassini).

Par. de Saint-Germain, patr. le seigneur. Dioc. de Lisieux, doy. de Beuvron. Génér. de Rouen, élect. et sergent. de Pont-l'Évêque.

Fief de haubert mouvant de la vicomté d'Auge, ressortissant à la sergenterie de Pont-l'Évêque, 1389 (Brussel); 1620 (rôles de la vicomté d'Auge, p. 353).

De la châtellenie d'Auvillars relevaient les fiefs de *Lannoy*, de *Mailloc*, de *la Pierre*, commune de Repentigny, de *Saint-Jouen*, de *Cricqueville* (8⁰ de fief), le petit fief d'*Auvillers*, à Hottot-en-Auge; les

2.

vavassories de *Lesnaudière*, d'*Héry*, de *Martinville*, sises à Auvillers, de *Bonnebosq*, plein fief de haubert, 1620 (rôles des fiefs de la vicomté d'Auge, p. 353).

AUVILLERS, h. cⁿᵉ de Hottot-en-Auge.

AUVRAIES (LES), h. cⁿᵉ de Saint-Pair-du-Mont.

AUVRAY, h. cⁿᵉ de Saint-Paul-du-Vernay.

AUVRAY, vill. cⁿᵉ de Truttemer-le-Petit.

AUVRAY, h. cⁿᵉ de la Vacquerie.

AUVRECHER, plein fief noble appelé aussi le fief *Vérolles* ou *Bérolles*, assis en la paroisse de Tilly, s'étendait sur les paroisses de Fontenay-le-Pesnel, Juvigny, Hottot, Longraye et Bernières, 1625 (aveu de Pierre d'Harcourt). Ce fief, tenu du roi et mouvant de la châtellenie d'Évrecy, ressortissait à la sergenterie de Cheux; il fut, en 1768, uni et incorporé au marquisat de Tilly. Voyez TILLY.

AUVRECHER et ANGERVILLE, fiefs de la vicomté d'Auge, incorporés aux terres et baronnie de Beaufou, Beuvron, Druval et Saint-Aubin-de-Lebizay, furent érigés en marquisat sous le nom de marquisat de Beuvron, en faveur de Pierre d'Harcourt, 1593 (chambre des comptes de Rouen, t. III, p. 123).

AUVRECY, b. et f. cⁿᵉ de Cahagnes.

AUVRECY, f. cⁿᵉ de Tilly-sur-Seulle.

AUVRECY, h. cⁿᵉ de la Vacquerie.

AUVRES (LES), h. cⁿᵉ de Saint-Pierre-du-Mont.

AVAUGOUR, fief mouvant de la vicomté de Vire, ayant son chef à Anfernet, cⁿᵉ de Truttemer-le-Grand. —

Avaugor, 1233 ; *Avalgor*, 1256 (cartul. norm. n° 565, p. 104).

AVENAY, cⁿ d'Évrecy. — *Avenai*, 1198 (magni rotuli, p. 192). — *Avenaium*, 1203 (ch. d'Aunay). — *Aveneium*, 1250 (ch. de Fontenay, n° 9). — *Aveneyum*, 1356 (livre pelut de Bayeux, p. 69).

Par. de Notre-Dame de Saint-Loup, patr. le seigneur. Dioc. de Bayeux, doy. d'Évrecy. Génér. et élect. de Caen, sergent. de Préaux.

Le fief d'Avenay, demi-fief de chevalier, était mouvant de la vicomté de Caen, 1395 (Brussel). La seigneurie relevait de l'évêque de Bayeux, à cause de la baronnie de Douvres, par demi-fief de chevalier, 1637 (fiefs de la vicomté de Bayeux, p. 433).

AVENAY, h. cⁿᵉ de Pont-Bellanger.

AVENUE (L'), h. cⁿᵉ de Canon.

AVENUE (L'), h. cⁿᵉ de Cesny-aux-Vignes.

AVENUE (L'), quart. cⁿᵉ de Chicheboville.

AVENUE (L'), quart. cⁿᵉ d'Escoville.

AVENUE (L'), h. cⁿᵉ de Juaye-Mondaye.

AVENUE-DE-BENEAUVILLE (L'), h. cⁿᵉ de Chicheboville.

AVENUE-DE-COURTEILLE (L'), h. cⁿᵉ de Balleroy.

AVENUE-DE-SOLIERS (L'), h. cⁿᵉ de Cagny.

AVENUE-DES-PEUPLIERS (L'), h. cⁿᵉ de Balleroy.

AVILLY, h. cⁿᵉ de Pierres. Ancien fief assis dans la même commune, 1646 (aveu de la vicomté de Vire).

AVRE (BOIS D'), cⁿᵉ d'Olendon.

AVRE (BOIS D'), cⁿᵉ de Vignats.

AZES (LES), h. cⁿᵉ de Dampierre.

B

BAASLE (LA), h. cⁿᵉ de Meulles.

BÁBILLET (LE), h. cⁿᵉ des Loges-Saulces.

BABOIS, h. cⁿᵉ de la Graverie.

BABYLONE, h. cⁿᵉ de Saint-Germain-de-Montgommery.

BAC (LE), h. cⁿᵉ de Colombelles.

BAC (LE), h. cⁿᵉ d'Hérouville.

BAC-DU-COUDRAY (LE), h. cⁿᵉ d'Amayé-sur-Orne.

BAC-DU-HAM (LE), mⁱⁿ, cⁿᵉ du Ham.

BAC-DU-PAS (LE), h. cⁿᵉ de Neuilly.

BACHELLERIE (LA), h. cⁿᵉ du Gast.

BACHELLERIE (LA), h. cⁿᵉ de Sainte-Marie-Laumont.

BACON, mⁱⁿ et mᵒⁿ isolée, cⁿᵉ de Planquery.

BACONIÈRE (LA), h. cⁿᵉ de Landelles-et-Coupigny.

BACQUELIÈRE (LA), h. cⁿᵉ de Pont-Bellanger.

BACS-DU-PARC (LES), f. cⁿᵉ de Neuilly.

BACTOT, f. cⁿᵉ d'Acqueville. — *Backetot*, 1198 (magni rotuli, p. 92, 2).

BAFFINET (LE), h. cⁿᵉ de la Lande-Vaumont.

BAFFOUR, h. cⁿᵉ de Martigny.

BAGNY, h. cⁿᵉ de Tournay.

BAGOT, mⁱⁿ, cⁿᵉ de Verson.

BAGOTIÈRE (LA), h. cⁿᵉ de Culey-le-Patry.

BAGOTIÈRE (LA), h. cⁿᵉ de Grimbosq.

BAGOTIÈRE (LA), h. cⁿᵉ des Moutiers-en-Cinglais. — *La Bagolière*, XVIIIᵉ sᵉ (Cassini).

BAIE (LA), h. cⁿᵉ de Lingèvres. — *Hamellus de Baya in parochia de Linguebra*, 1288, fief de l'abbaye de Longues (aveux, p. 59).

BAIGNEUX (LE), h. cⁿᵉ de Juaye-Mondaye. — *Le Bagneur*, 1262 (ch. de Mondaye).

BAIL (LE), h. cⁿᵉ de Pierres.

BAILLE (LA), h. cⁿᵉ de Vassy.

BAILLEUL, f. cⁿᵉ de Cerqueux.

BAILLEUL, mⁱⁿ, cⁿᵉ de Coquainvilliers.

BAILLEUL, h. cⁿᵉ de la Ferrière-au-Doyen. — *Baillol*, 1198 (magni rotuli, p. 29, 2). — *Bailluel*, 1198 (*ibid.* p. 110). — *Balleolus*, 1228 (ch. de Friardel, n° 25).

BAILLEUL, h. cⁿᵉ de Pierrefitte-en-Auge. — *Baillolium*, XIVᵉ s.ᵉ (pouillé de Lisieux, p. 27).

Le fief de *Port* ou de *Bailleul* relevait de la vicomté d'Orbec, 1407 (Brussel). Il fut érigé en plein fief de haubert par l'union de plusieurs fiefs en 1669 (ch. des comptes de Rouen, t. II, p. 51).

BAILLEUL, h. cⁿᵉ de Saint-Jean-des-Essartiers. — *Baillolum*, XIIIᵉ sᵉ (ch. de Saint-Jean de Falaise, n° 20).

BAINIE (LA), mᵒⁿ isolée, cⁿᵉ de Montbertrand.

BAINS (LES), h. cⁿᵉ de Saint-Remy.

BAIS (LE), h. cⁿᵉ de Cambremer.

BAIS-D'USSY (LE), h. cⁿᵉ de Bons-Tassilly.

BAIZE (LA), riv. affl. de l'Orne (rive droite), s'y réunit entre les Isles-Bardel et Rapilly, après avoir séparé, sur les communes des Loges-Saulces et des Fourneaux, le Calvados du département de l'Orne, où elle prend sa source au hameau de Baize.

BAIZE (LA), h. cⁿᵉ de Cordey.

BAJONNIÈRE (LA), h. cⁿᵉ de Clinchamps. — *La Bajonière*, 1848 (Simon).

BALAIS (LES), h. cⁿᵉ de Fontenermont.

BALANDERIE (LA), h. cⁿᵉ de Pertheville-Ners.

BALANDERIE (LA), h. cⁿᵉ de Vignats.

BALENÇON, h. cⁿᵉ de Cartigny-Tesson.

BALENÇON, f. cⁿᵉ de Lison. — *Balançon*, XVIIIᵉ siècle (Cassini).

BALENÇON, h. cⁿᵉ de Sainte-Marguerite-d'Elle.

BALIGANNIÈRE (LA), h. cⁿᵉ de la Rocque. — *Les Baliganières*, XVIIIᵉ sᵉ (Cassini).

BALLANDIÈRE (LA), chât. et f. cⁿᵉ de Lénault. — *La Balloudière*, XVIIIᵉ sᵉ (Cassini).

BALLE (LA), mᵒⁿ isolée, cⁿᵉ de Sainte-Marie-Laumont.

BALLE (LA), h. cⁿᵉ de Saint-Martin-Don.

BALLEROY, chef-lieu de cᵒⁿ, arrond. de Bayeux. — *Balaré*, 1148 (arch. nat. S. 4969, v° 2). — *Balerré*, 1180 (magni rotuli, p. 1). — *Balleré*, 1198 (*ibid.* p. 34). — *Ballercium, Balereyum, Balerei*, 1202 (ch. d'Aunay, n° 12). — *Barlarreyum*, XIVᵉ sᵉ (livre pelut de Bayeux, p. 82). — *Baleroi*, 1716 (carte de de l'Isle).

Par. de Saint-Martin, patr. l'abbé d'Aunay. Dioc. de Bayeux, doy. de Thorigny. Génér. de Caen, élect. de Bayeux, sergent. de Briquessart.

Balleroy fut érigé en marquisat en 1704.

BALLETIÈRE (LA), h. cⁿᵉ de Saint-Martin-de-Bienfaite.

BALLIÈRE (LA), vill. cⁿᵉ de Moulines.

BALLIÈRE (LA), h. cⁿᵉ de Victot-Pontfol.

BALNES (LES), f. cⁿᵉ de Touque.

BANCERIES (LES), h. cⁿᵉ du Fournet.

BANCIERS (LES), vill. cⁿᵉ de Marolles.

BANNERIE-LOYSEL (LA), h. cⁿᵉ de Clinchamps.

BANNEVILLE, fᵉ, cⁿᵉ d'Écajeul.

BANNEVILLE, h. cⁿᵉ de Sannerville.

BANNEVILLE-LA-CAMPAGNE, cᵒⁿ de Troarn, cⁿᵉ accrue en 1828 de Guillerville et de Manneville. — *Barneville-la-Campagne*, 1371 (assiette des feux de la vicomté de Caen).

Par. de Notre-Dame, patr. le seigneur du lieu. Dioc. de Bayeux, doy. de Troarn. Génér. et élect. de Caen, sergent. de Troarn. — Chapelle de Saint-Samson appartenant à l'abbaye de Saint-Étienne de Caen.

Le fief de Banneville, réuni au huitième de fief nommé le *Becquet*, relevant de la vicomté de Caen, fut érigé en fief de haubert en 1731 (chamb. des comptes de Rouen, t. II, p. 65).

BANNEVILLE-SUR-AJON, cᵒⁿ de Villers-Bocage. — *Barnevilla, Barneville-sur-Ajon*, 1371 (assiette des feux de la vicomté de Caen). — *Barnevilla super Ajon*, XIVᵉ sᵉ (livre pelut de Bayeux, p. 25). — *Banneville-sur-Adjon*, 1484 (arch. nat. P. 272, n° 167). — *Bonne-Fille-sur-Adjon*, 1674 (aveux de la vicomté de Caen). — *Benneville-sur-Ajon*, XVIIIᵉ sᵉ (Cassini).

Par. de Saint-Melaine, patr. l'abbé d'Aunay. Dioc. de Bayeux, doy. d'Évrecy. Génér. et élect. de Caen, sergent. d'Évrecy. — Chapelle de Saint-Clair.

Banneville, fief relevant de la Motte-Cesny, ressortissant à la vicomté de Caen, ayant pour arrière-fief le petit fief de Banneville. Il s'étendait à Maisoncelles, Vacognes, Fresney, Soûmont, Saint-Sever et Malherbe, 1620 (rôles de la vicomté d'Auge).

BANON (LE), h. cⁿᵉ de Notre-Dame-d'Estrées.

BANQUELIN (LE), h. cⁿᵉ de Saint-Léger-du-Bosq.

BANQUERIE (LA), h. cⁿᵉ de Commes.

BANQUET (LE), h. cⁿᵉ de Notre-Dame-de-Courson.

BANVILLE, cᵒⁿ de Ryes. — *Baainvilla*, 1215 (ch. de l'abb. de Longues). — *Banvilla, Baanvilla*, 1228 (ch. de l'abb. d'Aunay). — *Baconvilla*, 1231 (*ibid.*). — *Banville*, fief noble de la vicomté de Bayeux, relevait du roi, 1417-1478 (Brussel).

BANVILLE, f. cⁿᵉ du Molay.

Par. de Saint-Lô, patr. le seigneur. Dioc. de Bayeux, doy. de Creully. Génér. de Caen, élect. de Bayeux, sergent. de Graye.

Le plein fief et seigneurie de Banville s'étendait à Cully, Villiers-le-Sec, Pierrepont, Bénouville, Reviers, Sainte-Croix-sur-la-Mer, 1619 (aveux de la vicomté de Bayeux).

BANVILLE, quart de fief sis à Saint-Louet.

BANVILLET, h. c^{ne} de Brémoy.

BANVOLE (LA), h. c^{ne} de Familly.

BAPIÈRE (LA), h. c^{ne} d'Hermival-les-Vaux.

BAQUET (LE), h. c^{ne} de Notre-Dame-de-Courson.

BAR (LE), m^{on} isolée, c^{ne} de Carville.

BARBASSIÈRE (LA), h. c^{ne} de Sainte-Foy-de-Montgommery.

BARBELIÈRE (LA), h. c^{ne} de Courson.

BARBEREY, h. et f. c^{ne} de Saint-Agnan-le-Malherbe.

BARBERIE (LA), h. c^{ne} de Bernières-le-Patry.

BARBERIE (LA), h. c^{ne} de Clinchamps. — *Barberia*, 1082 (cart. de la Trinité).

BARBERIE (LA), h. c^{ne} de Fumichon.

BARBERIE (LA), h. c^{ne} d'Hermival-les-Vaux. — *Barbeirie*, XVIIIe s^e (Cassini).

BARBERIE (LA), h. c^{ne} de Lessard-et-le-Chêne.

BARBERIE (LA), h. c^{ne} de Moyaux.

BARBERIE (LA), f^e, c^{ne} de Saint-Étienne-la-Thillaye.

BARBERIE (LA), h. c^{ne} de Truttemer-le-Grand.

BARBERIE (LA), h. c^{ne} de Vassy.

BARBERY, c^{on} de Bretteville-sur-Laize, accrue de la c^{ne} du Mesnil-Touffray en 1846. — *Barberia, Barberium, Barbereium*, 1050 (ch. de l'abb. de Fontenay). — *Barbereium in parochia de Brettevilla*, 1181 (cart. de Barbery). — *Conventus beate Marie de Barbereio*, 1250 (ch. de Barbery). — *Couvenz de Barberie*, 1300 (*ibid.* n° 176). — *Barberium*, XIVe s^e (pouillé de Lisieux, p. 45). — *Barbericum*, XIVe s^e (taxat. decim. dioc. Baioc.).

Prieuré-cure de Saint-Pierre, patr. les abbés de Barbery et de Fontenay. Dioc. de Bayeux, doy. de Cinglais. Génér. et élect. de Caen, sergent. de Tournebu.

Ancien fief ayant appartenu à la famille Tesson et donné à l'abbaye de Barbery.

L'abbaye de Barbery, de l'ordre de Cîteaux, fut fondée vers le milieu du XIIe siècle, par Robert Marmion, et confirmée en 1181 par son fils, de même nom que lui. Elle fut établie d'abord dans la paroisse de Drôme, en 1176, puis transportée dans celle de Bretteville-sur-Laize, voisine de la première. Ses possessions s'étendaient sur les territoires d'Acqueville, Airan, Bougy, Bretteville-l'Orgueilleuse, Cingal, la Folie, Fontaine-Halbout, Fontenay-le-Marmion, Fontenay-le-Tesson, Fresnay-le-Puceux, la Haye, May, Moulines, Ouilly-le-Tesson, Plumetot, Saint-Contest, Sannerville, Secqueville et Thiemesnil.

BARBETS (LES), vill. c^{ne} de Saint-Philbert-des-Champs.

BARBEVILLE, c^{on} de Bayeux. — *Barbevilla, Barbainvilla*, 1230 (ch. de l'abb. de Mondaye). — *Barbenvilla*, 1278 (cart. de la Trinité, p. 92).

Par. de Saint-Martin, patr. le seigneur. Dioc. de Bayeux, doy. des Veys. Génér. de Caen, élect. de Bayeux, sergent. de la banlieue de Bayeux. — Vicomté avec haute justice ayant subsisté jusqu'à la Révolution.

BARBIÈRE (LA), h. c^{ne} du Désert. — Fief mouvant de la baronnie de Creully.

BARBIÈRES (LES), h. c^{ne} de Mathieu, fief d'Anisy, 1620 (aveux de la vicomté de Caen).

BARBIÈRES (LES), h. c^{ne} de Thaon. — Fief mouvant de la vicomté de Caen, 1467 (Brussel).

BARBOIS (LE), h. c^{ne} de Sallen.

BARBOT (LE), h. c^{ne} de Saint-Manvieu (Vire).

BARBOTIÈRE (LA), h. c^{ne} de Champ-du-Boult.

BARBOTIÈRE (LA), h. c^{ne} de Coupesarte.

BARBOTIÈRE (LA), h. c^{ne} de Saint-Germain-de-Tallevende.

BARBOTIÈRE (LA HAUTE-), h. c^{ne} de Saint-Germain-de-Tallevende.

BARDEAUX (LES), h. c^{ne} de Saint-Denis-de-Méré.

BARDEL, fief de la baronnie de Torteval, 1778 (Journal des rentes de la baronnie).

BARDELIÈRE (LA), h. c^{ne} de Neuville.

BARDELIÈRE (LA), h. c^{ne} de Saint-Germain-de-Tallevende.

BARDELIÈRE (LA), h. c^{ne} de Vassy.

BARDELIÈRES (LES), h. c^{ne} de Courvaudon.

BARDELLERIE (LA), h. c^{ne} de Saint-Martin-de-Mailloc.

BARDELLIÈRE (LA), vill. c^{ne} des Isles-Bardel.

BARDETS (LES), h. c^{ne} de Saint-Denis-de-Mailloc.

BARDOURIE (LA), f. c^{ne} de Saint-Germain-Langot.

BARDS (LES), h. c^{ne} de Merville.

BARE (LA), h. et f. c^{ne} de Saint-Georges-d'Aunay.

BARELLIÈRE (LA), f. c^{ne} de Saint-Désir.

BARET (LE), h. c^{ne} d'Englesqueville.

BARIGANT, h. c^{ne} de Friardel.

BARLE (LA), h. c^{ne} de Meulles.

BARNEVILLE ou BARNEVILLE-LA-BERTRAN, c^{on} d'Honfleur. *Barnevilla-la-Bertran*, XIVe siècle (pouillé de Lisieux, p. 40). — *Bennavilla*, XVIe siècle (*ibid.* p. 76).

Par. de Saint-Jean-Baptiste; patr. le roi, puis le seigneur. Dioc. de Lisieux, doy. d'Honfleur. Génér. de Rouen, élect. de Pont-l'Évêque, sergent. d'Honfleur.

Plein fief de la vicomté d'Auge, 1397 (Brussel), releva plus tard de la baronnie de la Mothe-Cesny et de Grimbosq. C'est à Barneville qu'étaient assis le fief de *Clermont*, relevant de la vicomté d'Orbec (papier terrier de Falaise), et le fief *des Blanchards* (*ibid.*).

Baron, c^on d'Évrecy. — *Baro*, xive siècle (livre pelut de Bayeux, p. 23)..

Par. de Notre-Dame, patr. le prieur de Sainte-Barbe. Dioc. de Bayeux, doy. d'Évrecy. Génér. de Caen, sergent. de Préaux. Quart de fief de la baronnie de Douvres, 1460 (temp. de l'évêché de Bayeux).

Baronnerie (La), chât. c^ne d'Audrieu..

Baronnerie (La), h. c^ne d'Esson.

Baronnie (La), h. c^ne d'Allemagne..

Barou, h. c^ne de Morteaux-Coulibœuf. — *Barou*, 1417 (magni rotuli, p. 277).

Barquet (Le), h. c^ne de Saint-Benoît-d'Hébertot..

Barretedie (La), h. c^ne du Mesnil-Germain. — *Molendinum de Bareteria*, 1191 (cart. de Friardel).

Barrière-Rouge (La), h. c^ne de Berville.

Bartière (La), h. c^ne de la Ferrière-au-Doyen..

Bas (Le), h. c^ne de Baynes.

Bas (Le), h. c^ne de Cartigny-Tesson.

Bas (Le), vill. c^ne de la Graverie.

Bas (Le), h. c^ne de Tréprel.

Bas-Aunay (Le), h. c^ne de Lassy.

Bas-Bénard (Le), h. c^ne de Clinchamps.

Bas-Bois (Le), h. c^ne de la Graverie.

Bas-Bosc (Le), h. c^ne de Saint-Pierre-la-Vieille.

Bas-Boulon (Le), h. c^ne de Boulon.

Basbourg ou Bastebourg, prieuré situé sur le territoire d'Angoville et dépendant de l'archidiaconé d'Auge. — *Prioratus sancti Michaelis Bastebor*, 1255 (cart. norm. p. 93-94).

Bas-Bourg (Butte de), près de Cabourg.

Bas-Bourg (Le), c^ne de Saint-Germain-de-Tallevende.

Bas-Brieux (Le), h. c^ne des Moutiers-en-Cinglais.

Bas-Chemin (Le), h. c^ne du Reculey.

Bas-Chênes (Les), h. c^ne de Brucourt (pouillé de Lisieux).

Bas-County (Le), h. et f. c^ne d'Osmanville..

Bas-Crouen (Le), h. c^ne de Vassy. — *Villa que dicitur Croen*, 1032 (ch. de Cerisy)..

Bas-d'Arry (Le), h. c^ne du Locheur.

Bas-de-Banneville (Le), h. c^ne de Banneville-sur-Ajon..

Bas-de-Bernières (Le), h. c^ne de Juaye-Mondaye.

Bas-de-Bonneuil (Le), h. c^ne de Martainville.

Bas-de-Boulon (Le), h. c^ne de Boulon.

Bas-de-Caumont (Le), h. c^ne de Caumont.

Bas-de-Cottun (Le), h. c^ne de Cottun.

Bas-de-la-Blanchinière (Le), h. c^ne de Sainte-Marguerite-d'Elle.

Bas-de-la-Chasse, h. c^ne de Neuville..

Bas-de-la-Couyère (Le), h. c^ne d'Hennequeville.

Bas-des-Forges (Le), h. c^ne de Missy.

Bas-des-Monts (Le), h. c^ne de Cormolain.

Bas-d'Esquay, h. c^ne d'Esquay.

Bas-du-Bocage (Le), h. c^ne de Tracy-Bocage.

Bas-du-Bois (Le), h. c^ne de Reux.

Bas-du-Bonis (Le), h. c^ne de Thury-Harcourt.

Bas-du-Bourg (Le), h. c^ne de Thury-Harcourt.

Bas-du-Port (Le), h. c^ne de Bénouville.

Bas-du-Pôt (Le), h. c^ne d'Ussy.

Bas-Gautier (Le), h. c^ne de Baynes.

Bas-Hameau (Le), h. c^ne de Rubercy.

Bas-Hamel (Le), h. c^ne de Donnay.

Bas-Hamel (Le), h. c^ne du Tronquay.

Basle, nom d'un fief à Burcy, relevant de la vicomté de Caen. Voy. Burcy.

Basle (La), h. c^ne de Meulles.

Baslin, h. c^ne de Cartigny-l'Épinay.

Basly, c^on de Creully. — *Basleium*, 1198 (magni rotuli, p. 21). — *Balleium*, 1204 (ibid. p. 107). *Basleum*, 1238 (ch. d'Ardennes, n° 116). — *Baslie*, 1250 (ibid. n° 201). — *Balli*, 1371 (visite des forteresses). — *Baali, Baaly*, 1452 (aveu de Simon Anquetil, prieur de la Maison-Dieu de Caen). — *Bally*, 1677 (aveu de la vicomté de Caen, p. 7).

Basly et Anisy formaient un demi-fief de chevalier, mouvant du bailliage de Caen, 1397, aveu de Guillaume de Jurques (Brussel). — Un autre fief, nommé *fief de Préaux*, était sis en la paroisse de Basly, 1677 (aveux de la vicomté de Caen)..

Par. de Saint-Georges, patr. l'Hôtel-Dieu de Caen; chapelle Saint-Ange, patr. le seigneur. Dioc. de Bayeux, doy. de Douvres. Génér. et élect. de Caen, sergent. de Bernières.

Bas-Mesnil, h. c^ne de Condé-sur-Noireau.

Bas-Mesnil (Le), h. c^ne de Mesnil-sur-Blangy.

Bas-Montmort (Le), h. c^ne de Saint-Agnan-le-Malherbe.

Bas-Mougard (Le), h. c^ne de Saint-Paul-du-Vernay.

Basnière (La), h. c^ne de Curcy.

Bas-Poirier (Le), h. c^ne de Presles.

Bas-Rachin (Le), h. c^ne de Castilly.

Bassaquière (La), c^ne de Clinchamps, c^on de Saint-Sever.

Basse-Bruyère (La), m^on isolée, c^ne de Proussy.

Basse-Cour (La), h. c^ne du Molay.

Basse-Cour (La), h. c^ne de Donnay.

Basse-Cour (La), h. c^ne de Fontenay-le-Pesnel.

Basse-Crotte (La), h. c^ne de Saint-Martin-des-Entrées.

Basse-Écarde (La), h. c^ne d'Amfréville.

Basse-Fosse (La), h. c^ne de Saint-Sever.

Basse-Mouche (La), h. c^ne du Tourneur.

Basseneville ou Banneville-en-Auge, c^on de Dozulé.

— *Basevilla*, 1245 (ch. de Longues, n° 40). — *Barnevilla*, 1269 (cart. norm. n° 767, p. 173). — *Basanvilla*, 1262 (chap. de Bayeux, ch. 8e). — *Bannevilla*, xive siècle (pouillé de Lisieux, p. 48). — *Barnevilla*, *Basnevilla*, xive siècle (taxat. decim.). — *Basneville*, xviiie s° (Cassini).

Par. de Notre-Dame, patr. le seigneur ; chap. Saint-Richer. Dioc. de Bayeux, doy. de Beuvron. Génér. de Rouen, élect. de Pont-l'Évêque, sergent. de Dive.

BASSE-NOUNIÈRE (LA), h. cne de Saint-Manvieu (arr. de Vire).

BASSE-OREILLE (LA), h. cne d'Estry.

BASSES-COURS (LES), h. cne du Mesnil-Durand.

BASSET, h. cne de Hamars.

BASSET, h. cne de Saint-Remy.

BASSETIÈRE (LA), h. cne de Campagnolles.

BASSETIÈRE (LA), h. cne de Neuville.

BASSE-VILLE (LA), h. cne d'Écajeul.

BASSIÈRE (LA), h. cne d'Hermival-les-Vaux.

BASSIÈRES (LES), h. cne de Marolles.

BASSIN-DE-L'EST (LE), quart. cne de Genneville.

BASSONNIÈRE (LA), f. cne d'Isigny.

BAS-SUJET (LE), h. cne de Sainte-Marie-Laumont.

BAS-TERTRE (LE), h. cne de Saint-Martin-du-Bû, maintenant Saint-Martin-de-Mieux.

BASTIÈRE (LA), h. cne de Vaudry.

BASTILLE (LA), h. cne de Campeaux.

BASTONNIÈRE (LA), h. cne d'Auquainville.

BASTONNIÈRE (LA), h. cne de Fervaques.

BAS-VAL (LE), h. cne de Combray.

BAS-VAL (LE), h. cne de Donnay.

BAS-VENTS (LES), h. cne de Pontfol.

BAS-VERGER (LE), h. cne des Authieux-sur-Calonne.

BAS-VILLAGE (LE), h. cne de Saint-Pierre-Tarentaine.

BAS-VILLAIS (LE), h. cne de la Vacquerie.

BATAILLE (LA), min, cne du Bô.

BATAILLE (LA), bac. et h. cne de Clécy.

BATAILLÈRE (LA), h. cne de Familly.

BATAILLES (LES), vill. cne de Blangy.

BATAILLES (LES), h. cne du Brévedent.

BATAILLES (LES), vill. cne de Trungy.

BATEAU (LE), h. cne du Mesnil-Villement.

BATEAU-DU-VEY (LE), h. cne de Clécy.

BATERIE (LA), h. cne d'Ablon. — *Bateria*, 1243 (ch. de Fontenay, n° 11).

BATONNIÈRE (LA), h. cne de Tonnencourt.

BATONS (LES), h. cne de Saint-Aubin-sur-Mer.

BATTE (LA), h. cne de Mestry.

BAUCAIN, h. cne de Condé-sur-Seulle.

BAUCHERIE, h. et f. cne de Lingèvres.

BAUCHERIES (LES), h. cne de Notre-Dame-de-Courson.

BAUDELLERIE (LA), h. cne de Courtonne-la-Meurdrac. — *La Bauderie*, xviiie se (Cassini).

BAUDETS (LES), h. cne de Blangy.

BAUDIÈRE (LA), h. cne de Bernières-le-Patry.

BAUDIÈNES (LES), h. cne du Mesnil-Caussois.

BAUDIN, fief de la baronnie de Torteval, 1778 (rentes de la baronnie).

BAUDOIRE, fief de Touffréville, 1234 (lib. rub. Troarn. n° 106). — *La Badoere*, 1250 (ch. de l'abb. de Fontenay, p. 170).

BAUDONNIÈRES (LES), h. cne de Champ-du-Boult. — *Les Boudinières*, xviiie se (Cassini).

BAUDOUIN, fief de l'abbaye de Longues, 1456 (aveux de l'abb. de Longues).

BAUDRIÈRE (LA), h. cne de Moyaux.

BAUDRIÈRE (LA), h. cne du Pin.

BAUDRIÈRE (LA), h. cne de Sainte-Marguerite-des-Loges.

BAUGINET, h. cne de la Brévière.

BAUGY, h. cne d'Hiéville.

BAUGY, h. cne de Planquery. — *Balgé*, 1148 (arch. nat. S. 4969, n° 2). — *Baugeium*, 1198 (magni rotuli, p. 34). — *Baugi*, 1253 (arch. nat. S. 4969, n° 4). — *Baugie*, 1307 (Templiers du bailliage de Caen). — *Baugé*, 1370 (arch. nat. S. 4970, n° 1).

Baugy était le siège d'une commanderie de Templiers fondée en 1148, par Roger Bacon, qui lui donna sa terre de Planquery. Lors de la suppression de l'ordre du Temple, cette commanderie passa aux chevaliers de Saint-Jean de Jérusalem. Ses possessions s'étendaient sur Coumont, Cahagnolles, Saint-Martin-de-Sallen, Lingèvres, Hottot, Castillon, Balleroy, Saint-Martin-le-Vieux, Livry, la Bazoque, Arganchy, Vaubadon, Lion-sur-Mer, la Barre-de-Semilly, Cahagnes et Jurques. Elle percevait les dîmes de Saon, de Sallen, de Hottot et de Castillon.

BAUJARDIÈRE (LA), h. cne du Mesnil-Benoit.

BAUQUAY, cne d'Aunay. — *Balcheium*, 1082 (ch. de l'abb. de Saint-Étienne). — *Bauché*, 1161 (ch. de Henri II pour Saint-Étienne de Caen). — *Baukeium*, 1210 (ch. de l'abb. d'Aunay). — *Baucheium*, 1226 (ibid.). — *Baukeium*, 1290 (ibid. n° 38). — *Bauqueum*, xive siècle (livre pelut de Bayeux). — *Bauquée*, 1471 (aveu rendu au roi). — *Bauguay*, xviiie se (Cassini).

Par. de Notre-Dame, patr. l'abbé d'Aunay. Dioc. de Bayeux, doy. d'Évrecy. Génér. de Caen, élect. de Vire, sergent. de Condé.

BAUQUET (LE), h. cne de Falaise.

BAUQUET (LE), h. cne de Notre-Dame-de-Courson.

BAUQUET (LE), h. c^{ne} de Saint-Manvieu.

BAUQUET-MARAIS, h. c^{ne} de Neuilly.

BAUSAN, fief, c^{ne} de Milly.

BAUSSONNERIE (LA), h. c^{ne} de Clinchamps.

BAUSSY, f. c^{ne} de Longvillers.

BAUSSY, h. c^{ne} de Saint-Loup-Hors.

BAUX (LES), h. c^{ne} de Cordey. — *Vallée des Baulx*, 1474 (aveux du Plessis-Grimoult, t. I, p. 11).

BAUX (LES), h. c^{ne} de la Ferrière-Duval.

BAVE (LA), h. c^{ne} de la Ferrière-Duval.

BAVENT, c^{on} de Troarn. — *Badventum*, 1077 (ch. de Saint-Étienne de Caen). — *Badvent*, *Batvent*, 1082 (cart. de la Trinité). — *Batventum*, 1134 (ch. d'Éudes, abbé de Saint-Étienne de Caen). — *Baventum*, 1234 (parvus liber rubeus Troarn.). — *Bavan*, xviiie s^e (Cassini).

Par. de Saint-Hilaire, patr. le seigneur et le prieur de Bavent. Dioc. de Bayeux, doy. de Troarn. Génér. de Caen, sergent. de Varaville.

Deux prieurés: l'un, nommé le prieuré de *Roncheville*, dépendait de l'abbaye de Saint-Étienne de Caen; l'autre, le prieuré de *Saint-Julien de Bavent*, dépendait de l'abbaye de Saint-Julien de Tours.

Léproserie de l'*Arbre Martin*, sous l'invocation de sainte Madeleine. *Leproseria de Arbore Martini*, xive s^e (liv. pelut de Bayeux).

Bavant, seigneurie, 1455 (arch. nat. P. 271, n° 65); fief et seigneurie du *boys et buisson de Bavent*, 1482 (arch. nat. P. 272, n° 37). — Le fief de Bavent relevait du bailliage de Caen, 1455, et s'étendait sur Varaville, Petiville, Gonneville et Merville; de ce fief dépendaient le fief *au Curé* et le fief *Louvet*. Le fief *Saint-Clément*, plein fief de haubert, avait son chef assis à Bavent. Le fief de *Beneauville*, paroisse de Bavent, relevait de la baronnie de Beaufou, 1414 (aveu de C. de Touchet).

BAVENT, h. c^{ne} de Maisoncelles-Pelvey.

BAYEUX, ville, ch.-l. de c^{on} et d'arrond. — *Augustodorum*, ive siècle (carte de Peutinger). — *Baiocas*, 400 environ (notitia dignitatum). — *Civitas Baiocassium*, fin du ive siècle (notitia provinciarum). — *Urbs Baiocacensium*, 859 (Historiens de France, t. VII, p. 637). — *Baiocensis civitas* (ibid. t. VII, p. 639). — *Baiocæ*, 924 (chron. Flodoardi). — *Baex*, *Baiex*, *Baieus*, 1155 (Wace, Roman de Rou, v. 567). — *Baieues*, *Baiues*, 1160 (Benoît de Sainte-More). — *Baeues*, 1278 (cart. norm, n° 927, p. 227). — *Baieux*, 1371 (visite des forteresses). — *Bayeulx*, 1450 (arch. nat. P. 271, n° 151).

Augustodurum prit au ive siècle le nom des *Baiocasses*, peuple dont il était le chef-lieu et qui faisait partie de la 3e Lyonnaise. Construite sur la

Calvados.

rivière d'Aure, la ville de Bayeux était divisée en deux parties bien distinctes. La première, la basse ville, se composait de la cité et des faubourgs de Saint-Loup, Saint-Patrice et Saint-Laurent; la seconde, la haute ville, comprenait les faubourgs de Saint-Jean et les quartiers de Saint-Georges et de Saint-Floxel. La cité avait quatre entrées : au levant, la *Porte de Saint-Martin*, anciennement de Notre-Dame; au midi, la *Porte Aubraye*, *Porta Arborea* en 1264 (chap. de Bayeux, n° 100), et au nord, la *Porte Saint-André*. A peu de distance de cette porte, un château avait été construit vers 960, par Richard, premier du nom, duc de Normandie; la chapelle de ce château, dédiée à saint Ouen, subsiste encore.

Le diocèse de Bayeux était divisé en 4 archidiaconés et 17 doyennés : deux de ces doyennés, ceux de Bayeux et de Caen, étaient dits «doyennés de la Chrétienté». Il comprenait 618 paroisses et 13 annexes ou succursales.

Le diocèse de Bayeux était borné par la rivière de Vire, qui le séparait du diocèse de Coutances, et par la Dive, qui le bornait en partie du côté du diocèse de Lisieux. Il confinait, en outre, aux diocèses de Séez, du Mans et d'Avranches. Le chapitre de la cathédrale était composé de 11 dignités, d'un grand pénitencier et de 49 canonicats et prébendes.

Le doyenné de la Chrétienté de Bayeux comprenait les 18 paroisses qui suivent :

1° Saint-André, supprimée à la Révolution;

2° Saint-Exupère. — *Ecclesia Sancti Exuperi apud Baiocas*, 1200 (chap. de Bayeux);

3° Saint-Floxel, supprimée et réunie à Saint-Jean par Mgr de Nesmond. — *Sanctus Floscellus Bayocensis*, 1257 (chap. de Bayeux); *Saint-Floissel*, 1290 (cens. de Saint-Vigor, n° 97);

4° Saint-Georges, réunie à Saint-Exupère en 1754. — *Sanctus Georgius de Baiocis*, 1278 (chap. de Bayeux);

5° Saint-Laurent, prébende;

6° Saint-Loup-Sur, supprimée et réunie pour le culte à Saint-Loup-Hors, *Sanctus Lupus*, 1278 (chap. de Bayeux);

7° Saint-Malo, supprimée à l'époque de la Révolution. — *Sanctus Machutus*, 1278 (chap. de Bayeux, 713);

8° Saint-Martin, prébende. — *Saint-Martin de la Porte de Baiex*, 1250 (cens. de Saint-Vigor);

9° Saint-Ouen-des-Faubourgs, prébende;

10° Saint-Ouen-du-Château, prébende; *Saint-*

Ouen du Châtel de Baieux, capella de Castro, 1385 (ch. citée par Béziers, p. 113);

11° Saint-Patrice, prébende. — Sanctus Patricius, 1278 (chap. de Bayeux);

12° Saint-Sauveur, autrefois Saint-Nicolas-des-Courtils, supprimée à la Révolution;

13° Saint-Symphorien ou Saint-Jean en 1661, supprimée à la Révolution. — Sanctus Symphorianus, 1278 (chap. de Bayeux); Saint-Symphorien de Baiex, 1290 (cens. de Saint-Vigor, n° 102);

14° Saint-Vigor du Pont-Notre-Dame ou du Pont-Sainte-Marie (ibid.). — Sanctus Vigor de Ponte Sancte Marie, 1267; Sanctus Vigor juxta Baiocas, 1277 (cartul. norm. n° 902, p. 216);

15° Notre-Dame, érigée en 1802 en église cathédrale;

16° Notre-Dame-de-la-Poterie, 1290 (censier de Saint-Vigor, n° 94);

17° Notre-Dame-des-Fossés ou de la Capellette, 1773 (Béziers). — Sancta Maria de Fosseto, 1256; de Fossetis, 1271 (chap. de Bayeux, n° 116);

18° Sainte-Marie-Madeleine. — Sancta Maria Madalene Baiocensis, 1290 (censier de Saint-Vigor, n° 101); paroisse de la Madalaigne de Baiex (ibid. n° 6); paroisse de Madeleine de Baïex (ibid. n° 98).

Le revenu de l'évêché de Bayeux, composé de 7 baronnies et de 80 fiefs, était, au XVIII° siècle, de 100,000 livres environ. Il venait principalement des baronnies de Saint-Vigor, de Neuilly-l'Évêque, d'Airel et de Crépon, des bois d'Elle, de la vicomté de Bayeux, de la baronnie de Douvres en la vicomté de Caen, et de celle de Cambremer en la vicomté de Pont-l'Évêque. Le fief de la Couronne, ayant son siège dans la ville et banlieue de Bayeux, relevait de la baronnie de Saint-Vigor par 18 fiefs de chevalier.

L'évêque de Bayeux était en outre seigneur tréfoncier de Port-en-Bessin, Commes, Surrain, Saint-Laurent-sur-la-Mer, Sommervieu, Carcagny, Juaye, Ellon. Il possédait autrefois les baronnies de la Ferrière-Harang et du Plessis-Grimoult, cédées depuis aux comtes de Thorigny. La seigneurie du bourg d'Isigny appartint également à l'évêque de Bayeux : Mgr de Rochechouart la céda en 1770 au marquis de Bricqueville.

Les principaux établissements religieux de Bayeux étaient :

Le prieuré conventuel de chanoines réguliers de Saint-Nicolas-de-la-Chesnaye (ordre de Saint-Augustin), construit à l'entrée de Bayeux, vis-à-vis de l'église de Saint-Exupère. Il est, paraît-il, antérieur à Guillaume le Conquérant, qui en augmenta les revenus :

Les Cordeliers ou Frères Mineurs, établis vers 1220 par l'évêque Robert des Ablèges. Leurs bâtiments furent achevés en 1248 par Guy, le second des successeurs de Robert;

La collégiale de Saint-Nicolas-des-Courtils, fondée par une confrérie de marchands et mariniers du Bessin, vers le XIII° siècle;

Les Augustins, établis dès l'année 1272;

Les Capucins de Bayeux, établis en 1615 par Antoine d'Escrametot, grand chantre de la cathédrale;

Les Ursulines, établies par Françoise d'Harcourt, fille de Guy, baron de Beuvron, en 1624;

Les Hospitalières ou Filles de la Miséricorde, établies en 1640 par Jacques d'Angennes, évêque de Bayeux;

Les Bénédictines, établies en 1646 par Robert le Valois, seigneur d'Écoville, et Madeleine de Boivin, sa femme, dans la paroisse de la Poterie extra muros;

Les religieuses de la Charité (ordre de Saint-Augustin), transférées à Bayeux en 1652 par Mgr Édouard Molé, au faubourg de Saint-Patrice, après un séjour de cinq années à Caen;

Le séminaire de Bayeux, établi par Gilles Buchot, docteur de Sorbonne, mort en 1674;

L'hôpital général, bâti par Mgr de Nesmond en 1667. Il ne subsista que d'aumônes jusqu'en 1683, époque à laquelle Louis XIV confisqua au profit des hôpitaux les revenus destinés aux prêches, aux ministres et aux pauvres.

La vicomté de Bayeux faisait partie du grand bailliage de Caen et comprenait les sergenteries de Bayeux (31 paroisses), de Tour (21), de Cerisy (22), d'Isigny (14), de Briquessart (34).

Il y avait dans l'élection de Bayeux, l'une des 9 élections créées dans la généralité de Caen par Henri IV, en 1597, trois sièges d'amirauté, établis à Bayeux, à Grandcamp et à Port-en-Bessin.

L'élection de Bayeux contenait 189 paroisses divisées en 8 sergenteries outre la sergenterie de la ville, faubourgs et banlieue, qui se composait de Beaulieu, Briquessart, Cerisy, Gray, Isigny, Thorigny, Tour et les Veys. Cette élection comprenait, à la fin du XVIII° siècle, 17,921 feux.

Les Grands Jours de Bayeux, juridiction de douze conseillers, furent installés par François I°r au mois d'août 1540, après l'interdiction du parlement de Rouen, sur l'avis du chancelier Poyet. Le rétablissement du parlement les fit supprimer en 1541.

Le conseil supérieur établi à Bayeux par édit du mois de septembre 1771, après la suppression du parlement et de la chambre des comptes de Normandie, eut dans son ressort les bailliages de Caen, Bayeux, Falaise, Vire, Condé-sur-Noireau et Thorigny. Il fut supprimé en 1778.

La maîtrise des eaux et forêts fut établie à Bayeux en 1554 par Henri II; deux autres sièges furent créés plus tard, l'un dans le bailliage de Caen et l'autre à Vire.

Bayeux avait, depuis l'édit de 1699, un lieutenant général de la police et une brigade de la maréchaussée. A l'époque franque, on frappa des monnaies avec le nom de Bayeux. Leblanc cite des monnaies d'or mérovingiennes avec l'inscription H-BAIOCAS, et des deniers d'argent de Charles le Chauve avec l'inscription H. BAIOCAS CIVITAS.

La sergenterie noble, nommée la sergenterie de l'Épée de la ville et banlieue de Bayeux, embrassait la ville et le faubourg de Bayeux, Saint-Sauveur, Saint-André, Saint-Martin, la Madeleine, Saint-Symphorien, Saint-Vigor-le-Petit, Saint-Floxel, Saint-Malo, Saint-Patrice, Saint-Laurent, la Poterie, Saint-Ouen-du-Château et Saint-Loup. Dans la banlieue : Saint-Loup-Hors, Saint-Vigor-le-Grand, Saint-Sulpice, Monceaux, Guéron, Cussy, Sully, Saint-Germain-de-la-Lieue, Englesqueville, Vaux-sur-Aure.

Bayeux devint en 1790 le chef-lieu d'un des six districts dont se composa le département du Calvados. Ce district comprenait les cantons de la Cambe, Trévières, Bayeux, Crépon et Juaye.

BAYEUX, fief de la baronnie de Douvres, sis à Cully, 1460 (temporel de l'évêché de Bayeux).

BAYEUX, h. cⁿᵉ de Saint-Germain-du-Crioult.

BAYNES, cᵒⁿ de Balleroy, accru de la Haye-Piquenot, de Notre-Dame-de-Blagny et de Saint-Laurent-du-Rieu en 1821. — *Beignes*, 1653 (Tassin).

Par. de Saint-Pierre, patr. le seigneur. Dioc. de Bayeux, doy. de Couvains. Génér. de Caen, élect. de Bayeux, sergent. de Cerisy.

Baynes a été chef-lieu de cᵒⁿ de 1790 à 1802.

BAYS (LES), fief relevant de Manerbe (aveux de la vicomté d'Auge, p. 352).

BAZENVILLE, cᵒⁿ de Ryes. — *Bajovilla*, 1277 (cart. norm. n° 894, p. 24). — *Basenville*, 1278 (*ibid.* n° 932, p. 232). — *Basainvilla, Basenvilla*, 1297 (ch. de l'abb. de Mondaye). — *Bazanville*, XVIIIᵉ sᵉ (Cassini).

Par. de Saint-Martin, patr. le seigneur. Dioc. de Bayeux, doy. de Creully. Génér. de Caen, élect. de Bayeux, sergent. de Graye. Ancien prieuré dépendant de Cluny. Ancienne léproserie dite de Pierre-Solain (*de Petra Solemni*).

Le fief de Bazenville mouvait de la vicomté de Bayeux par demi-fief de haubert, 1456 (Brussel).

BAZENVILLE, quart de fief, sis en la paroisse de Saint-Louet, relevait du roi à cause de la baronnie de Giberville, 1674 (aveux de la vicomté de Bayeux).

BAZIN, h. cⁿᵉ de Manerbe.

BAZINERIE (LA), h. cⁿᵉ du Bény-Bocage.

BAZINIÈRE (LA), h. cⁿᵉ de Carville.

BAZINIÈRE (LA), h. cⁿᵉ de Champ-du-Boult.

BAZINIÈRE (LA), f. cⁿᵉ de Maisoncelles-la-Jourdan.

BAZINIÈRE (LA), h. cⁿᵉ de Saint-Aubin-des-Bois.

BAZINIÈRE (LA), h. cⁿᵉ de Saint-Martin-de-Tallevende.

BAZOCHE (LA), h. cⁿᵉ de Mouen.

Demi-fief mouvant du domaine royal, tenu en 1586 par Barthélemy Faulcon (Brussel).

BAZONNIÈRE (LA), h. cⁿᵉ d'Isigny.

BAZOQUE (LA), cᵒⁿ de Balleroy. — *Basocha, Basoche, Basochia*, 1198 (magni rotuli, p. 99). — *Baseuque, Basoque*, 1290 (censier de Saint-Vigor, bibl. nat. 4659, n° 135). — *Basoqua*, XIVᵉ sᵉ (livre pelut de Bayeux, p. 52).

Par. de Saint-Martin, patr. l'abbé de Fécamp. Dioc. de Bayeux, doy. de Thorigny. Génér. de Caen, élect. de Bayeux, sergent. de Briquessart.

Le fief de la Bazoque mouvait de la vicomté de Caen, 1467 (Brussel). Fief *Quartier*, en la paroisse de la Bazoque, 1451. Voy. COISEL (Fief).

BAZOQUE (LA), h. cⁿᵉ de Mouen.

BAZOURDIÈRE (LA), h. cⁿᵉ de Bernières-le-Patry.

BEATIÈRE (LA), h. cⁿᵉ de Sainte-Marguerite-des-Loges.

BEAU-BIS (LE), h. et f. cⁿᵉ du Mesnil-Caussois.

BEAU-BITOT (LE), h. cⁿᵉ de Sept-Vents.

BEAU-BLANCHARD (LE), h. cⁿᵉ de Saint-Remy. — *Bos-Blancart*, 1008 (dotal. Judith).

BEAU-BOUT, h. cⁿᵉ de Fourches.

BEAUBRIÈRE (LA), h. cⁿᵉ de Cahagnes.

BEAUCHAMP, f. cⁿᵉ de Moyaux.

BEAUCHAMP (LE), h. cⁿᵉ de Vouilly.

BEAU-COSTIL (LE), h. cⁿᵉ de Pleines-Œuvres.

BEAUCOUDRAY, h. cⁿᵉ de Saint-Germain-de-Tallevende.

BEAUCY, f. cⁿᵉ de Longueville.

BEAU-DE-LA-VIGNE (LE), h. cⁿᵉ de Tordouet.

BEAUDRIÈRE (LA), h. cⁿᵉ du Pin.

BEAUDRIEU (LE), h. cⁿᵉ de Sainte-Marguerite-des-Loges.

BEAU-DU-DOUIT (LE), h. cⁿᵉ du Détroit.

BEAU-DU-DOUIT (LE), h. cⁿᵉ du Mesnil-Durand.

BEAUFIL (LE), h. cⁿᵉ de Moyaux.

BEAUPILS (LE), h. cⁿᵉ d'Hermival-les-Vaux.

BEAU-FIQUET (LE), h. cⁿᵉ de Saint-André-d'Hébertot.

BEAU-FOUQUET (LE), h. cⁿᵉ de Meulles.

BEAUFOUR, c°ⁿ de Cambremer. — *Belfou, Belfo, Beau-fou*, 1100 (liv. blanc de Troarn). — *Bellefaie*, v. 1160 (Benoît de Sainte-More). — *Bella Fagus*, 1195 (magni rotuli, p. 48).

Par. de Notre-Dame, patr. le seigneur. Dioc. de Lisieux, doy. de Beuvron. Génér. de Rouen, élect. de Pont-l'Évêque, sergent. de Beuvron.

Beaufou, ancien fief de la maison de Tilly, passa dans la maison d'Harcourt ; il mouvait de la vicomté d'Auge, 1382 (Brussel). La baronnie de Beaufou avait des annexes dans les châtellenies de Falaise, de Caen et de Bayeux.

BEAUGREY, h. cⁿᵉ de la Vespière.

BEAU-HAMEL, h. cⁿᵉ de Landelles-et-Coupigny.

BEAU-HUE (LE), h. cⁿᵉ de Saint-Pierre-de-Mailloc.

BEAU-HUET (LE), h. cⁿᵉ de Beaumont.

BEAU-HUET (LE), h. cⁿᵉ de Saint-Étienne-la-Thillaye.

BEAU-HUET (LE), h. cⁿᵉ de Saint-Pierre-de-Mailloc.

BEAUJARDIÈRE (LA), h. cⁿᵉ du Mesnil-Benoît.

BEAU-JARDIN, h. quart. cⁿᵉ de Versainville.

BEAU-L'ABBÉ, h. cⁿᵉ de Courtonne-la-Ville. — *Le Beau-labé*, 1848 (Simon).

BEAULIEU (PRISON DE), cⁿᵉ de Caen. — *Bellus locus*, 1160 (ch. de Henri II).

La prison a été construite sur l'emplacement occupé autrefois par la maladrerie fondée en 1160 par Henri II et occupée encore en 1593 par des lépreux.

BEAUMAIS, c°ⁿ de Morteaux-Coulibœuf. — *Bellum Mansum, Bella Mansio*, 1165 (ch. de Troarn). — *Beaumés*, 1195 (ch. de Saint-André-en-Gouffern, n° 23). — *Sancta Maria de Belmeis*, 1199 (*ibid.*). — *Sancta Maria de Belmeso*, xiiᵉ sᵉ (*ibid.*). — *Belmesium*, 1199 (ch. de Saint-Jean de Falaise, n° 29). — *Beiaumés, Biaumés*, v. 1200. — *Bellum Messum*, 1277 (cartul. norm. n° 905, p. 219). — *Belluz Mesus*, 1303 (ch. de Villers-Canivet, n° 281). — *Belmés*, 1307 (ch. de Saint-André-en-Gouffern, n° 356). — *Beaumoys*, 1417 (magni rotuli, p. 278). — *Beaumey*, xviiᵉ sᵉ (fiefs de la vicomté d'Orbec).

Par. de Notre-Dame, patr. l'abbé de Saint-Jean de Falaise. Dioc. de Séez, doyenné de Falaise. Génér. d'Alençon, élect. d'Argentan, sergent. d'Hablomville.

BEAUMANOIR, quart de fief de la par. de Chênedollé.

BEAUMANOIR, nom d'une filature sur le Noireau, près de Condé.

BEAUMANOIR, fief de la par. de Sainte-Marie-Laumont, s'étendant à Landelles, Montbray et Beaumesnil, vicomté de Vire, 1460 (arch. nat. P. 272, n° 237). — *Beaumaner*, 1460 (arch. nat. P. 272, n° 76).

BEAUME (LA), h. cⁿᵉ de Coulonces.

BEAUMESNIL, c°ⁿ de Saint-Sever. — *Bellum Maisnillum*, 1198 (magni rotuli, p. 392). — *Bellum Maisnillum, Beaumesnillum*, fin du xiiiᵉ siècle (Historiens de France, t. XXIII, p. 503 et 534). — *Beauménil*, xviiiᵉ siècle (Cassini).

Par. de Saint-Étienne, patr. l'Hôtel-Dieu de Coutances. Diocèse de Coutances, doyenné du Val de Vire. Génér. de Caen, élect. de Vire, sergent. de Pont-Farcy.

Fief de la vicomté de Vire, 1461 (arch. nat. P. 272, n° 237).

BEAUMESNIL (LE), h. cⁿᵉ de Quétiéville.

BEAUMESNIL, h. cⁿᵉ de Truttemer-le-Grand.

BEAUMONCEL, h. cⁿᵉ de Quetteville.

BEAUMONCHET, huitième de fief assis à Tourgéville (fiefs de la vicomté d'Auge).

BEAUMONT, c°ⁿ de Pont-l'Évêque. — *Bellus Mons*, xivᵉ sᵉ (pouillé de Lisieux, p. 50). — *Baumont*, v. 1310 (parv. lib. rub. Troarn. p. 15). — *Bieaumont*, 1310 (état des chemins et sentiers de Troarn). — *Bellus Mons*, xivᵉ siècle (pouillé de Lisieux, p. 50). — *Beaumont-en-Auge*, xviiiᵉ sᵉ (Cassini).

Le prieuré de Beaumont (*prioratus Belli Montis in Algia*), dépendant de l'abbaye de Saint-Ouen de Rouen, avait été fondé vers 1060 par Robert Bertrand, dit le Tors, et sa femme Suzanne.

Par. de Saint-Sauveur, patr. le prieur de Beaumont. Dioc. de Lisieux, doy. de Caumont. Génér. de Rouen, élect. de Pont-l'Évêque, chef-lieu de sergenterie.

Le doyenné de Beaumont, en l'archidiaconé d'Auge, comprenait Coquainvilliers, le Torquesne, Pierrefitte, Reux, Saint-Hymer, Drubec, Clarbec, Beaumont-en-Auge, Val-Semé, Pont-l'Évêque, la Chapelle-Hinfrei, Annebault-en-Auge, Saint-Étienne-la-Thillaye, Saint-Arnoult-sur-Touque, Benerville, Tourgéville, Vauville, la Haule, Saint-Pierre-Azif, Bourgeauville, Branville, Glanville, Danestal, Heuland, Saint-Wast-en-Auge, Villers-sur-Mer, Auberville-sur-Mer, Beuzeval, Gonneville, Saint-Martin-de-Criqueville-en-Auge, Angerville-en-Auge, Blonville, Saint-Cloud-sur-Touque, Roncheville, Deauville. Les prieurés de Beaumont-en-Auge, de Royal-Pré, d'Angoville, de Saint-Hymer, de Dive, de Rouville et de Saint-Arnould faisaient aussi partie de cette circonscription.

Le fief *Notre-Dame*, assis dans la paroisse de Beaumont, mouvait de la même vicomté.

BEAUMONT, chât. f. et vill. cⁿᵉ de Blay.

BEAUMONT, h. cⁿᵉ de Boissey.

BEAUMONT, h. cⁿᵉ de Brémoy.

BEAUMONT, h. c^ne de Cahagnes.
BEAUMONT, f^s, c^ne de Cottun.
BEAUMONT, h. c^ne de Coulvain.
BEAUMONT, colline près de la Landelle.
BEAUMONT, h. c^ne de Russy.
BEAUMONT, h. c^ne de Saint-Jean-le-Blanc.
BEAUMONT, m^on isolée, c^ne de Saint-Pierre-Tarentaine.
BEAUMONTIÈRE (LA), h. c^ne de Montchamp.
BEAUMONT-LE-RICHARD, c^ne d'Englesqueville. — *Beaumont-le-Richard*, 1280 (censier de Saint-Vigor, n° 128).
    Par. de Saint-Vigor, patr. le seigneur. Dioc. de Bayeux, doy. de Trévières. Génér. de Caen, élect. de Bayeux, sergent. des Veys.
    Les fiefs, terre et seigneurie de Beaumont-le-Richard, appartenant à Saint-Vigor-le-Grand, s'étendaient à Saint-Pierre-du-Mont, Englesqueville, Létanville et Longueville, 1460 (temporel de l'évêché de Bayeux).
    Fief de la *Chapelle-du-Jest*, assis en la paroisse, relevant de la baronnie de Thorigny; un autre fief relevant de Saint-Vigor-le-Grand.
BEAU-MORIN (LE), h. c^ne d'Hermival-les-Vaux.
BEAU-MOULIN (LE), m^in, c^ne de Trévières. — Ce moulin, construit en 1684, offre l'aspect d'un élégant manoir.
BEAUMOUSSEL, h. c^ne de Quetteville.
BEAUPIGNY, f. c^ne du Manoir.
BEAUPORET (LE), h. c^ne de Saint-Ouen-des-Besaces.
BEAUPOULAIN, h. c^ne de la Chapelle-Yvon.
BEAUPRÉ, h. c^ne de la Vespière.
BEAUQUEMARE, f^s, c^ne de Putot.
BEAUQUERIE (LA), h. c^ne de Commes.
BEAUQUERIE (LA), h. c^ne de Manerbe.
BEAUQUET, h. c^ne de Cahagnes.
BEAUQUET, h. c^ne de Lassy.
BEAUREGARD, h. c^ne d'Hérouville.
BEAUREGARD, h. c^ne de Pont-Farcy.
BEAUREGARD, h. c^ne de Saint-Sever.
BEAUREGARD, f. c^ne de Touque.
BEAU-RENARD (LE), h. c^ne de Livry.
BEAU-RENARD (LE), h. c^ne de la Vespière.
BEAU-SAINT-JACQUES (LE), h. c^ne de Castillon.
BEAU-SÉJOUR (LE), h. c^ne d'Angoville.
BEAU-SOLEIL, h. c^ne de Roullours.
BEAU-SOLEIL, h. c^ne de la Vespière.
BEAUSSIEUX, h. et f. c^ne de Saint-Georges-d'Aunay.
BEAUSSIEUX (LE PETIT-), h. c^ne de Saint-Georges-d'Aunay.
BEAUSSY, chât. c^ne de Saint-Loup-Hors. — *Beaussi*, XVIIIe s^e (Cassini).
BEAUVAIS, h. et f. c^ne d'Aunay.

BEAUVAIS, f. c^ne de Beuville.
BEAUVAIS, h. c^ne de la Cambe.
BEAUVAIS, h. c^ne de Gonneville-sur-Merville.
BEAUVAIS, h. c^ne de Hiéville.
BEAUVAIS, m^on isolée, c^ne de la Lande-sur-Drôme.
BEAUVAIS, h. c^ne de Longvillers.
BEAUVAIS, h. c^ne de Ryes.
BEAUVAIS, f. c^ne de Saint-Agnan-le-Malherbe.
BEAUVAIS, f. c^ne de Saint-Martin-de-Fontenay.
BEAUVAIS, h. c^ne de Sept-Vents.
BEAUVAIS, h. c^ne de Tortisambert.
BEAUVAIS, h. c^ne de Vaux-sur-Aure.
BEAUVAIS, h. c^ne de Vienne.
BEAUVAL, h. c^ne de Cully.
BEAUVAL, h. c^ne de Saint-Georges-en-Auge.
BEAUVAL, h. c^ne de Sept-Vents.
    Fief mouvant de la vicomté de Caen, 1454 (arch. nat. P. 271, n° 157).
BEAUVALLE (LA), h. c^ne de Familly.
BEAU-VAQUELIN (LE), h. c^ne de la Folletière-Abenon.
BEAUVERIE (LA), vill. c^ne du Mesnil-sur-Blangy.
BEAU-VICOMTE (LE), h. c^ne de la Vespière.
BEAUVILLET, h. c^ne de Brémoy.
BEAUVOIR, h. c^ne d'Esson. — *Bellum Videre*, 1169 (cart. de la Trinité, f° 73). — *Belvoir*, 1190 (*ibid.*). — *Belveer*, 1197 (charte de l'abbaye d'Aunay, n° 23). — *Belveeir, Belveier*, 1198 (magni rotuli, p. 42, 2). — *Belver*, 1220 (ch. de l'abb. d'Aunay). — *Beleveer*, 1228 (charte de Saint-Étienne). — *Belleveier*, 1228 (*ibid.*).
    Le fief de Beauvoir relevait autrefois de la Motte-Harcourt. Il fut réuni en 1768 au fief de Donnay, pour être tenu du duché d'Harcourt.
BEAUVOIR, f. et h. c^ne d'Orbec. — *Belveer*, 1256 (cart. de Friardel).
BEAUVOIR, f^s, c^ne de Saint-Martin-de-Fontenay. — *Belveier*, 1205 (ch. de l'abb. de Fontenay, n° 33).
BEAUVOISIN, f. c^ne d'Escoville.
BEAUX (LES), h. c^ne de Sainte-Marie-Laumont.
BEAUX-CHAMPS (LES), f. c^ne de Genneville.
BEAUX-CHÊNES (LES), h. c^ne de Montpinçon.
BEAUX-MONTS (LES), h. c^ne de Curcy.
BÉCASSE (LA), h. c^ne de Sainte-Croix-sur-Mer.
BÉCASSERIE (LA), h. c^ne de Maisy.
BECHERELLE, h. c^ne de Manneville-la-Pipard.
BÉCOTIÈRE (LA), h. c^ne de Saint-Germain-du-Crioult.
BECQUEMONT, h. c^ne de Saint-Jouin.
BECQUET (LE), huitième de fief sis à Banneville-la-Campagne, 1581 (fiefs de la vicomté de Caen).
BECQUET (LE), h. c^ne de Saint-Jean-des-Essartiers.
BECQUETERIE (LA), h. c^ne de Hamars.
BECQUETIÈRE (LA), h. c^ne de Cheffreville.

Becquetière (La), h. c^ne de Saint-Germain-de-Talle-vende.

Bécret (Le), h. c^ne de Périgny.

Bectière (La), h. c^ne de Roullours.

Bectière (La), h. c^ne de Tortisambert.

Bédandières (Les), h. c^ne de la Villette.

Bédinière (La), h. c^ne du Mesnil-Caussois.

Bédouins (Les), vill. c^ne de Saint-Philbert-des-Champs.

Beffeux (Le), h. c^ne de Bretteville-sur-Laize.

Bégie (La), h. c^ne de Vignats.

Bégnauville, h. c^ne de Moult.

Beissinière (La), vavassorie tenue de l'évêque de Bayeux à Sainte-Croix-Grand-Tonne, 1637 (fiefs de l'évêché, p. 434). — *Beisinesse*, 1627 (fiefs de la vicomté de Bayeux).

Bel (Le), h. c^ne des Authieux-sur-Calonne.

Bel (Le), lieu, c^ne de Ranchy.

Bel-Air, h. c^ne de Chênedollé.

Bel-Air, h. c^ne d'Engranville, réuni partie à Formigny et partie à Trévières.

Bel-Air, h. c^ne de Landelles-et-Coupigny.

Bel-Air, h. c^ne de Longvillers.

Bel-Air, h. c^ne de Monbertrand.

Bel-Air, h. c^ne de Presles.

Bel-Air, h. c^ne de Saint-Martin-de-la-Lieue, qui a pris le nom de Saint-Martin-de-Mieux.

Belanger (Le), h. c^ne d'Englesqueville.

Bel-Angerville (Le), f. c^ne de Saint-André-d'Hébertot.

Bel-Être, h. c^ne de Landelles-et-Coupigny.

Belhaut, h. c^ne de Maisoncelles-la-Jourdan.

Belhonnière (La), h. c^ne de Landelles-et-Coupigny.

Béliers (Les), h. c^ne de Grainville-Langannerie.

Bellaie (La), h. c^ne de Clinchamps.

Bellaie (La), f. c^ne d'Isigny.

Bellaie (La), h. c^ne de Monfréville.

Bellais, h. c^ne de Presles.

Bellandier, h. c^ne de Noyers.

Bellanger, quart. c^ne de Saint-Aubin-sur-Mer.

Bellangerie (La), h. c^ne du Gast.

Bellangerie (La), h. c^ne de Roques. — *La Bellangère*, 1848 (carte de Simon).

Belleau, chât. c^ne de Bellou.

Belleau, nom d'une anc. chapelle de Lisieux. — *Capella de Bella Aqua*, xive s^e (pouillé de Lisieux).

Belleau, h. c^ne de Montpinçon. — *Bella Aqua*, 1198 (magni rotuli, p. 16, 2).

Belleau, h. et m^in, c^ne de Notre-Dame-de-Courson. — Uni au fief de Courson, 1763 (ch. des comptes de Rouen, t. III, p. 316).

Belle-Cour (La), f. c^ne de Bretteville-sur-Dive.

Belle-Croix (La), c^ne de la Graverie.

Belle-Croix (La), vill. c^ne de Neuilly.

Belle-Croix (La), h. c^ne du Plessis-Grimoult.

Belle-Croix (La), f. c^ne de Tracy-Bocage.

Bellée, h. c^ne de Dampierre.

Belle-Épine (La), h. c^ne de Bourgeauville.

Belle-Épine (La), h. c^ne de Branville.

Belle-Épine, vill. c^ne de Saint-Marcouf.

Belle-Épine, vill. c^ne de Trungy.

Belle-Étoile, h. c^ne de Sully.

Belle-Fontaine, h. c^ne de Bernesq.

Belle-Fontaine, h. c^ne de Bernières-le-Patry.

Belle-Fontaine, h. c^ne de Coulonces.

Belle-Fontaine, h. c^ne de Russy.

Belle-Fontaine, h. c^ne du Theil.

Belle-Fontaine, h. c^ne de Vouilly.

Bellejambe, h. c^ne de Noyers.

Bellemaist, h. c^ne de Mondeville.

Bellemare, h. c^ne d'Ouilly-du-Houlley.

Bellemare, marquisat, avec haute justice, formé des fiefs de Secqueville, Courseulles et Bernières, 1728 (chambre des comptes de Rouen, t. II, p. 33. — Voy. Bernières-sur-Mer.

Bellemare, h. et f. c^ne de Vaubadon.

Bellengerie (La), h. c^ne du Gast.

Bellengreville, c^ne de Bourguébus. — *Berengervilla*, 1265 (ch. de Friardel). — *Berengerivilla*, xive s^e (livre pelut de Bayeux). — *Berengreville*, 1418 (rôles de Bréquigny, p. 25). — *Bellangreville*, 1454 (arch. nat. P. 271, n° 181).

Orderic Vital (t. V, p. 82) donne à un gué voisin de Bellengreville le nom de *Berengarii Vadum*.

Par. de Notre-Dame, patr. le seigneur. Dioc. de Bayeux, doy. de Vaucelles. Génér. et élect. de Caen, sergent. d'Argences.

Quart de fief s'étendant à Saint-Laurent, 1382 (aveu de Robert de Bérengierville).

Bellengreville, f^e, c^ne de Campigny.

Belle-Place (La), h. c^ne de Cheffreville.

Belle-Place (Bois de la), à Saint-Martin-du-Mesnil-Oury.

Belle-Place (La), h. c^ne de Saint-Michel-de-Livet.

Belle-Rue (La), h. c^ne de Tortisambert.

Bellery, vill. c^ne de Saint-Martin-des-Besaces.

Belles-Coutures (Les), h. c^ne de Lisores.

Belles-Croix (Les), h. c^ne de Saint-Désir.

Belles-Portes (Les), à Calix, c^ne d'Hérouville.

Belles-Voies (Les), h. c^ne de Roullours.

Belletot, h. c^ne de Sermentot.

Bellevue, h. c^ne de Clécy.

Bellevue, h. c^ne de la Hoguette.

Bellevue, h. c^ne d'Orbec.

Bellevue, h. c^ne de Saint-Benoît-d'Hébertot.

Bellevue, h. c^ne de Saint-Jean-le-Blanc.

Bellevue, h. c^{ne} de Vassy.

Belley (Le), h. c^{ne} de Clinchamps.

Bellière (La), h. c^{ne} d'Annebecq.

Bellière (La Basse et la Haute-), h. c^{ne} de Cordey.

Bellière (La Grande et la Petite-), h. c^{ne} de Notre-Dame-de-Courson.

Bellière (La), h. c^{ne} de Saint-Martin-de-Tallevende.

Bellières (Les), h. c^{ne} de Saint-Julien-de-Mailloc.

Bellot, h. c^{ne} de Sermentot.

Bellotière (La), h. c^{ne} de Coulonces.

Bellou, c^{on} de Livarot, accru de la c^{ne} de Bellouet en 1833. — *Berlou*, 1186 (pouillé de Lisieux, p. 54, note 2). — *Bello*, 1453 (fiefs de la vicomté de Falaise).

Par. de Notre-Dame, patr. le chap. de Lisieux. Dioc. de Lisieux, doy. de Livarot. Génér. d'Alençon, élect. de Lisieux, sergent. d'Orbec.

Fief-ferme de la vicomté d'Orbec.

Bellouet, réuni à la c^{ne} de Bellou. — *Berloet*, v. 1250 (magni rotuli, p. 174). — *Berlouet*, 1287 (ch. citée dans le pouillé de Lisieux, p. 56, note 1). — *Bellouetum*, xvie siècle (pouillé de Lisieux, p. 56).

Par. de Saint-Pierre, patr. l'évêque de Lisieux. Dioc. de Lisieux, doy. de Livarot. Génér. d'Alençon, élect. de Lisieux, sergent. d'Orbec.

Belloyère (La), h. c^{ne} de Condé-sur-Noireau.

Belousière (La), h. c^{ne} de Clinchamps.

Beltière (La), h. c^{ne} de Saint-Martin-de-Tallevende.

Belval, f. et chât. c^{ne} de Chouain.

Belval, chât. c^{ne} de Grainville-sur-Odon. — *Belleval*, 1848 (Simon).

Belzeise, h. c^{ne} de Manneville-la-Pipard.

Belzeize, h. c^{ne} de Sully. — *Belzèse*, 1848 (Simon).

Belzeize, h. et f. c^{ne} de Tour. — *Belzaize*, 1848 (Simon).

Bénard, h. c^{ne} des Autels-Saint-Bazile.

Bénardière (La), h. c^{ne} d'Annebecq.

Bénardière (La), h. et f. c^{ne} de Campagnolles.

Fief de la *Besnardière*, relevant du fief de la Tour, sis à Campagnolles, 1611 (aveux de Vire).

Bénardière (La), h. c^{ne} de Campeaux.

Bénardière (La Haute-), h. c^{ne} de Campeaux.

Bénardière (La), h. c^{ne} de Meulles.

Bénardière (La), h. c^{ne} de Préaux.

Bénardière (La), h. c^{ne} de Truttemer-le-Grand.

Bénards (Les), h. c^{ne} de Bernesq.

Bénâtre, h. et m^{in}, c^{ne} du Mesnil-Caussois. — *Benestre*, 1419 (Brussel).

Fief mouvant de la vicomté de Falaise.

Bence, h. c^{ne} de Manerbe.

Béneauville, h. c^{ne} de Bavent. — *Abeneauville*, 1316

(parv. lib. rub. Troarn. p. 36). — *Abeneauville*, 1389 (preuves de la maison d'Harcourt, t. III, p. 748).

Béneauville, c^{ne} réunie en 1835 à Chicheboville. — *Benivilla*, 1234 (lib. rub. Troarn. p. 240). — *Béneauville-la-Campagne*, xviiie s^e (Cassini).

Par. de Notre-Dame, patr. le seigneur. Dioc. de Bayeux, doy. de Vaucelles. Génér. et élect. de Caen, sergent. de Leverrier.

Le fief de Béneauville relevait de Beaufour et Beuvron.

Béneauville, h. c^{ne} de Moult.

Benellière (La), h. c^{ne} de Garnetot.

Bénerville, c^{on} de Pont-l'Évêque. — *Bernevilla*, xive s^e (pouillé de Lisieux, p. 51). — *Benervilla*, xvie s^e (*ibid.*).

Par. de Notre-Dame, auj. Saint-Christophe, patr. le seigneur. Dioc. de Lisieux, doy. de Beaumont. Génér. de Rouen, élect. de Pont-l'Évêque, sergent. de Beaumont.

Fief mouvant de la vicomté d'Auge.

Bénété (La), h. c^{ne} de Russy.

Benetière (La), h. c^{ne} de Montchauvet.

Benguigny, h. c^{ne} de Planquery.

Bennerey (Le), c^{ne} réunie en 1825 à la Chapelle-Yvon. — *Bernereyum*, xive siècle (pouillé de Lisieux, p. 34). — *Bernerly*, 1320 (fiefs de la vicomté d'Orbec). — *Benneré*, xviiie s^e (Cassini).

Par. de Saint-Étienne, patr. le seigneur. Dioc. de Bayeux, doy. d'Évrecy. Génér. d'Alençon, élect. de Lisieux, sergent. d'Orbec.

Tiers de fief relevant de la vicomté d'Orbec.

Benneville, h. c^{ne} de Cahagnes. — *Beneville*, fief de la vicomté de Bayeux, 1420 (cart. d'Ardennes).

Benneville, h. c^{ne} de Jurques.

Benouvière (La), h. c^{ne} de Pont-Farcy.

Bénouville, c^{on} de Douvres. — *Burnolfivilla*, 1060 (ch. de Saint-Étienne). — *Burnoldivilla*, 1086 (cart. de la Trinité, n° 65). — *Burnovilla*, 1277 (*ibid.* n° 251). — *Burnoville*, 1277 (*ibid.*). — *Burnouville*, 1371 (assiette des feux de la vicomté de Caen). — *Benuvilla*, xive siècle (taxat. decim. dioc. Baioc.). — *Burnonvilla*, xive s^e (*ibid.*).

Par. de Notre-Dame, patr. l'abbesse de la Trinité de Caen. Dioc. de Bayeux, doyenné de Douvres. Généralité et élect. de Caen, sergent. d'Ouistreham.

Le fief de Bénouville ou du *Mont-Canisy*, sis à Tourgéville, plein fief de chevalier, mouvant de la vicomté d'Auge, ressortissant à la sergenterie de Beaumont, 1530 (aveu de Guillaume de Récuchon). — Un autre fief ou vavassorie, relevant de la baronnie de Rots, appartenait à l'abbaye de Saint-Étienne de Caen. — Quart de fief relevant de la seigneurie de Beaufour et Beuvron.

Bénouville, f. c⁰ᵉ de Douville.

Bénouville, vill. cⁿᵉ de Mandeville.

Bénusse (La), h. cⁿᵉ de Saint-Denis-de-Méré.

Bény-Bocage (Le), c⁰ⁿ de Vire. — *Beneium*, 1202 (rotuli scacc. t. II, p. 532). — *Beneyum in Bosca-gio*, 1383 (liv. blanc de Troarn). — *Benie (ibid.).* — *Beigni*, 1694 (carte de Tolin).

Par. de Sainte-Honorine, patr. l'abbé de Troarn. Dioc. de Bayeux, doy. de Vire. Génér. de Caen, élect. de Vire, sergent. du Tourneur.

Baronnie avec haute justice sur Bény, Beaulieu, Carville (en partie), le Reculey, la Graverie (en partie), Sainte-Marie-Laumont, Montchamp et le Désert.

Bény-sur-Mer, c⁰ⁿ de Creully. — *Le Bény, Beneium*, xivᵉ sᵉ (livre pelut de Bayeux).

Par. de Notre-Dame; deux cures; patr. l'abbé.de Montmorel et l'abbé de Cerisy. Dioc. de Bayeux, doy. de Douvres. Génér. et élect. de Caen, sergent. de Bernières.

Léproserie et chapelle de Saint-Louis à la présentation du seigneur.

Quart de fief de Bény, dit *Montbray*, assis à Bény, mouvant de la vicomté de Caen.

Béquet (Le), h. cⁿᵉ d'Étreham.

Béquet.(Le), h. cⁿᵉ de Saint-Jean-des-Essartiers.

Béquet (Le), h. cⁿᵉ de Saint-Pierre-du-Fresne.

Béquet (Le), h. cⁿᵉ de Tournebu.

Béquetière (La), h. cⁿᵉ de Tortisambert.

Bérault (Le), h. cⁿᵉ de Sainte-Honorine-de-Ducy.

Berbion, h. cⁿᵉ du Mesnil-Robert.

Bercendière (La), h. cⁿᵉ de Saint-Germain-de-Talle-vende.

Bergerie (La), h. cⁿᵉ de Notre-Dame-de-Courson.

Bercy, h. cⁿᵉ de Baynes.

Fief de *Basle*, à Bercy, relevant de la vicomté de Caen, 1453 (arch. nat. P. 271, p. 165).

Bérendac, ancien pont, sur le grand Odon, dans la prairie de Caen. — *Pratum de Brendac*, 1273 (ch. de Saint-Étienne de Caen). — Ce pont fut démoli en 1417, lors de la descente des Anglais (limites du Bourg-l'Abbé, fonds de Saint-Étienne de Caen).

Bergerie (La), h. cⁿᵉ d'Annebecq.

Bergerie (La), h. et f. cⁿᵉ de Bretteville-l'Orgueilleuse. — *La delle de Bretteville-l'Orgueilleuse*, 1666 (terrier de Bretteville).

Bergerie (La), f. cⁿᵉ de Campigny.

Bergerie (La), h. cⁿᵉ de Canchy.

Bergerie (La), fᵉ, cⁿᵉ de Castillon.

Bergerie (La), m⁰ⁿ isolée, cⁿᵉ d'Englesqueville.

Bergerie (La), h. cⁿᵉ de la Lande-sur-Drôme.

Bergerie (La), h. cⁿᵉ de Landelles-et-Coupigny.

Bergerie (La), h. cⁿᵉ de Magny.

Bergerie (La), h. cⁿᵉ de Maisy.

Bergerie (La), h. cⁿᵉ du Mesnil-Durand.

Bergerie (La), h. cⁿᵉ de Nonant.

Bergerie (La), h. cⁿᵉ de Parfouru-l'Éclin.

Bergerie (La), h. cⁿᵉ de Planquery.

Bergerie (La), h. cⁿᵉ de Pleines-Œuvres.

Bergerie (La), f. cⁿᵉ de Saint-Martin-des-Besaces.

Bergerie (La), h. cⁿᵉ de Saint-Ouen-le-Houx.

Bergerie (La), f. cⁿᵉ de Villerville.

Bergerie (La), h. cⁿᵉ de Villy.

Bergeries (Les), f. cⁿᵉ d'Englesqueville (Bayeux).

Bergeries (Les), h. cⁿᵉ de Neuilly.

Bergers (Les), quart. cⁿᵉ de Basly.

Bergogne, h. cⁿᵉ de Périgny.

Berguenotte, h. cⁿᵉ de Dampierre.

Bernardière (La), h. cⁿᵉ de Donnay.

Bernardière (La), h. cⁿᵉ de Roullours.

Bernay, f. cⁿᵉ de Cricqueville.

Bernay, h. cⁿᵉ de Sallen.

Bernay, h. cⁿᵉ de Varaville.

Bernesq, c⁰ⁿ de Trévières. — *Bénecq*, 1371 (visite des forteresses). — *Bernescum*, xivᵉ siècle (taxat. decim.). — *Berneyum*, xivᵉ siècle (livre pelut de Bayeux).

Par. de Saint-Vigor; deux cures; patr. le seigneur et le chantre de Bayeux. Dioc. de Bayeux, doy. de Couvains. Génér. de Caen, élect. de Bayeux, sergent. de Cerisy.

Demi-fief de haubert relevant de la seigneurie de Saint-Vaast, ressortissant à la sergenterie de Cerisy.

Bernesq, chât., cⁿᵉ de Saonnet.

Quart de fief de la baronnie de Saint-Vigor-le-Grand, appartenant à l'évêché de Bayeux.

Bernier, h. cⁿᵉ de Sainte-Marie-Laumont.

Bernière, f. cⁿᵉ de Saint-Martin-de-la-Lieue.

Bernières, chât. et m⁰ⁿ, cⁿᵉ de Juaye-Mondaye.

Bernières, h. cⁿᵉ de Sainte-Marie-Laumont.

Quart de fief relevant du plein fief de Sainte-Marie-Laumont, 1610 (aveux de la vicomté de Vire, p. 46).

Bernières-Bocage, c⁰ⁿ réunie en 1857 à Couvert et à Juaye. — *Berneræ*, 1198 (magni rotuli, p. 17). — *Berneria in Boscagio, Berneriæ*, 1252 (ch. de l'abb. de Mondaye). — *Berneriæ in Bosco*, xivᵉ siècle (taxat. decim. dioc. Baioc.). — *Bernières-en-Bos-cage*, 1460 (dénombr. de l'évêché de Bayeux).

Par. de Saint-Aubin, patr. le seigneur et l'abbé de Mondaye. Dioc. de Bayeux, doy. de Fontenay-le-Pesnel. Génér. de Caen, élect. de Bayeux, sergent. de Briquessart.

Fief des *Moulineaux*, mouvant du bailliage de Caen, ressortissant à la sergent. de Briquessart et appartenant à la bar. de Saint-Vigor-le-Grand.

BERNIÈRES-D'AILLY, anciennement Bernières-sur-Dive, c⁰ⁿ de Morteaux-Coulibœuf. — *Berneriæ*, 1234 (lib. rub. Troarn. p. 14). — *Bernière*, XVIII⁰ s⁰ (Cassini).

Par. de Saint-Pierre, patr. le prieur de Marmoutier. Dioc. de Séez, doy. de Falaise. Génér. d'Alençon, élect. et sergent. de Falaise.

BERNIÈRES-LE-PATRY, c⁰ⁿ de Vassy. — *Ecclesia sancti Gerboldi de Berneriis la Patry*, XIII⁰ s⁰ (cart. du Plessis-Grimoult, t. I, p. 2). — *Bernière*, XVIII⁰ siècle (Cassini).

Par. de Saint-Gerbold; deux cures réunies en 1741; patr. le prieur du Plessis-Grimoult et le seigneur. Dioc. de Bayeux, doy. de Vire. Génér. de Caen, élect. de Vire, bailliage de Condé-sur-Noireau.

Les fiefs de Bernières, de la *Haute et de la Basse-Rochelle* avaient leur chef assis en cette paroisse.

BERNIÈRES-SUR-LA-MER, c⁰ⁿ de Douvres, anciennement Bernières-le-Havre. — *Berneriæ*, 1269 (cart. norm. n° 767, p. 174). — *Bernereiæ*, 1277 (cart. norm. n° 902, p. 216). — *Bernière-sur-la-Mer*, 1407 (arch. nat. P. 272, n° 144).

Par. de Notre-Dame, patr. le trésorier de la cathédrale de Bayeux. Dioc. de Bayeux, doy. de Douvres. Génér. et élect. de Caen. Siège d'une sergenterie.

La franche sergenterie «noble et héréditale du pled de l'Épée» de Bernières, avec l'office de priseur-vendeur de biens et meubles en ladite sergenterie, s'étendait à Bernières, Thaon, Lasson, Cairon, les Buissons, Langrune, Tailleville, Colomby, Roche, Rosel, Norrey, Villons, Moulineaux, Anisy, Anguerny, Bény, Basly, Saint-Louet, Cambes, Courseulles, Fontaine-le-Henri et Gruchy, 1617 (aveux de la vicomté de Caen).

Le fief de Bernières relevait par quart de fief de haubert de la baronnie de Douvres, appartenant à l'évêché de Bayeux.

Le quart de fief de *Beaux-Amis* s'étendait à Hérouville. Franche vavassorie s'étendant à Bernières et à Courseulles, ressortissant à la vicomté de Caen. Le fief d'*Hermanville*, sis à Bernières, relevait de la baronnie de Douvres, 1460 (temporel de l'évêché de Bayeux).

Le fief ou baronnie de Bernières, avec les fiefs de

Secqueville et de Courseulles, fut érigé en marquisat, sous le nom de *Bellemare*, en 1728, en faveur de Joseph de Bellemare-Valhébert. Le marquisat s'étendait sur Secqueville, Courseulles, Cainet, Basly, Cuverville, Douvres, Trousseauville, Canon, Biéville, Maltot, Corbon, Graye, Bully, Victot, Langrune et Épinay-sur-Odon.

BERNOUIS (LES), h. c⁰ⁿ de Vaudeloges.

BÉRON (LE GRAND et LE PETIT-), h. c⁰ⁿ de Clécy.

BERQUERIE (LA), quart. c⁰ⁿ de Saint-Hymer.

BERROLLES, f. c⁰ⁿ de Lingèvres.

BERROLLES, h. c⁰ⁿ de Longraye, sur le ruisseau de Viessoix. — *Berroles in parrochia de Longarcia*, 1230 (ch. d'Ardennes, n° 152). — *Berrolæ*, 1288 (ch. de l'abb. de Longues, n° 59).

Fief avec une chapelle de Notre-Dame, à la nomination de l'abbaye de Longues, relevant de la baronnie de Saint-Vigor, 1453 (temporel de l'évêché de Bayeux).

BERSAIRIE (LA), h. c⁰ⁿ de Saint-Sever.

BERSENDIÈRE-BONNEL (LA), h. c⁰ⁿ de Saint-Germain-de-Tallevende.

BERTAUDIÈRE (LA), h. c⁰ⁿ de Presles.

BERTAUX, h. c⁰ⁿ de Montbertrand.

BERTELOGE, h. c⁰ⁿ de Proussy.

BERTELS (LES), h. c⁰ⁿ de Moyaux.

BERTERIE (LA), h. c⁰ⁿ de Courson.

BERTERIE (LA), f. c⁰ⁿ d'Ouilly-le-Basset.

BERTERIE (LA), h. c⁰ⁿ de Saint-Paul-de-Courtonne.

BERTERIE (LA), h. c⁰ⁿ de Saint-Pierre-la-Vieille.

BERTHEAUME (LE), h. c⁰ⁿ de Montbertrand.

BERTHEAUME (LE), h. c⁰ⁿ d'Ondefontaine.

BERTHEAUMES (LES), h. c⁰ⁿ de Clécy.

BERTHELONNIÈRE (LA), h. c⁰ⁿ de Landelles-et-Coupigny.

BERTHERIE (LA), h. c⁰ⁿ de Coulonces.

BERTHERIE (LA), h. c⁰ⁿ de Dampierre.

BERTHERIES (LES), h. c⁰ⁿ de Presles.

BERTIÈRE (LA), h. c⁰ⁿ de Roullours.

BERTINIÈRE (LA), f. c⁰ⁿ de Lingèvres.

BERTINIÈRE, h. c⁰ⁿ de Saint-Vaast.

BERTINIÈRE (LA), h. c⁰ⁿ de Vassy.

BERTRANS (LES), h. c⁰ⁿ de Campeaux.

BERTRANDS (LES), h. c⁰ⁿ de Boissey.

BERTRANDS (LES), h. c⁰ⁿ de Saint-Ouen-des-Besaces.

BERVILLE, c⁰ⁿ de Saint-Pierre-sur-Dive. — *Bervilla*, XVI⁰ siècle (pouillé de Lisieux, p. 42). — *Berville-sur-Mer*, 1844 (ibid.).

Par. de Saint-Jacques, patr. le seigneur. Dioc. de Séez. Génér. d'Alençon, élect. de Falaise, sergent. de Saint-Pierre-sur-Dive.

BESACES. Voy. SAINT-OUEN ou SAINT-MARTIN-DES-BESACÈS.

Calvados.

BESNARD, h. c⁰ᵉ de Sainte-Marie-Laumont.

BESNARD, h. cⁿᵉ de Saint-Martin-des-Besaces.

BESNARDIÈRE (LA), h. c⁰ᵉ de Culey-le-Patry.

BESNARDIÈRE (LA), h. cⁿᵉ de Pont-Farcy.

BESNARDIÈRE (LA), h. cⁿᵉ de Saint-Germain-de-Talle-vende.

BESNARDIÈRE (LA), h. cᵗᵉ de Saint-Vigor-des-Mézerets.

BESNARDIÈRE (LA), h. cⁿᵉ de Sept-Frères.

BESNE, h. cⁿᵉ de Landelles-et-Coupigny.

BESNEHARDIÈRE (LA), h. c⁰ᵉ de Landelles-et-Coupigny. — Besnechaudière, xviiiᵉ sᵉ (Cassini).

BESNERIE (LA), h. c⁰ᵉ de Landelles-et-Coupigny.

BESNES (LES), h. cⁿᵉ de Saint-Martin-des-Besaces.

BESRAUDIÈRE (LA), h. cⁿᵉ de Truttemer-le-Petit.

BESSARDIÈRE (LA), h. cⁿᵉ de Campeaux.

BESSARDIÈRE (LA), h. cⁿᵉ de la Ferrière-Harang.

BESSIN (LE), territoire compris entre l'Orne et la Vire.

Les habitants de ce territoire sont désignés sous le nom de *Bodiocasses*, 70 apr. J.-C. (Pline, Hist. nat. lib. IV, c. xviii, 2). — *Saxones Bajocassini*, 578 (Greg. Turon. Hist. eccl. franc. t. V, p. 250). — *Saxones Bagasini, Bagassini*, 590 (Frédégaire, Epitome hist. franc. c. 80). — *Bajocagenes, Bajocacigenæ*, xiᵉ siècle (Dudon de Saint-Quentin).

Pagus Bajocassinus, v. 840 (Gesta Aldrici, c. iii, apud Baluze, Miscell.). — *Comitatus Bajocasinsis, comitatus Bajocasinus*, 843 (Histor. de France, t. VIII, p. 446). — *Bagisinum*, 853 (ibid. t. V, t. VII, p. 616). — *Pagus Bajocensis*, 860 (ibid. p. 564). — *Bajocacensis pagus*, xiᵉ sᵉ (Dudon). — *Bessinum*, 1077 (ch. de fondation de l'abb. de Saint-Étienne de Caen). — *Baicassinorum feodum*, xiᵉ sᵉ (enquête, arch. de Bayeux). — *Beessin, Beessineis*, v. 1155 (Wace, Roman de Rou, v. 580 et 1415). — *Becsin, Beiesin, Beissin*, v. 1160 (Benoît, chron. de Normandie). — *Beessinum*, 1161 (ch. de Henri II pour Saint-Étienne de Caen). — *Bajocassinum*, 1198 (magni rotuli, p. 110).

BESTRIE (LA), h. cⁿᵉ de Hamars.

BETHLÉEM, h. cⁿᵉ de Bounemaison.

BÉTHUNE, f. cⁿᵉ de Fontenay.

BÉTOYÈRE (LA), h. cⁿᵉ de Condé-sur-Noireau.

BÉTRIE (LA), h. cⁿᵉ de Dampierre.

BETTEVILLE, chât. cⁿᵉ de Pont-l'Évêque. Fief de la vicomté d'Auge, 1620 (aveux de la vicomté).

BEUFRIE (LA), f. cⁿᵉ de Baron.

BEUFRIE (LA), h. cⁿᵉ de Tessy, anc. cⁿᵉ réunie à Mandeville.

BEURRIER (LE), h. cⁿᵉ de Hennequeville.

BEUTIÈRE (LA), h. c⁰ᵉ de Lisores.

BEUVILLE, c⁰ⁿ de Douvres. — *Bodvilla*, 1134 (ch. de Henri Iᵉʳ pour Saint-Pierre-sur-Dive). — *Boevilla*, 1148 (ch. de Sainte-Barbe). — *Buevilla*, 1172 (ch. de Saint-Étienne de Caen). — *Bosvilla*, 1172 (ibid.). — *Boievilla*, 1190 (ibid.). — *Bosevilla, Buivilla*, 1198 (magni rotuli scacc. p. 56). — *Buievilla*, v. 1200 (ch. de l'abb. de Sainte-Barbe, n° 57). — *Buefvilla*, 1243 (ch. de Villers-Canivet, n° 151). — *Boauvilla*, 1278 (ch. de Saint-Étienne de Caen). — *Buivilla*, 1297 (enquête). — *Buyvilla*, xivᵉ sᵉ (taxat. decim. dioc. Baioc.). — *Beufvilla*, 1415 (comptes de la bar. de Douvres). — *Beuvilla*, 1417 (magni rotuli, p. 278, 2). — *Beusville*, 1460 (temporel de l'évêché de Bayeux).

Par. de Saint-Pierre, patr. le seigneur. Dioc. de Bayeux, doy. de Douvres. Génér. de Caen, sergent. de Briquessart.

Fief de chevalier relevant de la baronnie de Douvres, appartenant à l'évêque de Bayeux, 1460 (temporel de l'évêché de Bayeux).

BEUVILLE, h. cⁿᵉ de Notre-Dame-de-Courson. — *Bosvilla*, xiᵉ siècle (enquête, p. 427). — *Buevilla*, 1221 (cart. de la Trinité de Caen, p. 70). — *Boevilla*, 1261 (cart. de Friardel).

Fief relevant de l'évêché de Bayeux.

BEUVILLERS, c⁰ⁿ de Lisieux. — *Sancta Cecilia de Buovilers*, 1224 (ch. de l'abb. d'Aunay, n° 3). — *Beviler, Bueviler*, 1269 (ch. de Friardel). — *Boviler*, 1287 (pouillé de Lisieux, p. 22). — *Beuvillare*, xivᵉ siècle (ibid.). — *Boefvillers*, 1589 (statist. monum. p. 181). — *Beuvillare*, xviᵉ siècle (pouillé de Lisieux, p. 22). — *Beufvillier*, 1600 (carte de Blaeu).

Par. de Sainte-Cécile, auj. Saint-André; patr. le chapitre de Lisieux. Dioc. de Lisieux, doy. de Lisieux. Génér. d'Alençon, élect. et sergent. de Lisieux.

BEUVRON, c⁰ⁿ de Cambremer. — *Bevron, Beveron*, xiᵉ sᵉ (pouillé de Lisieux, p. 48, note 11). — *Bevron in Algia*, 1319 (parv. lib. rub. Troarn. p. 36). — *Beuveron*, 1386 (preuves de la maison d'Harcourt, t. III, p. 746). — *Brevon*, 1571, 1579 (pouillé de Lisieux, p. 48, note 11).

Par. de Saint-Martin, patr. l'abbé du Bec. Dioc. de Lisieux, chef-lieu d'un doyenné. Génér. de Rouen, élect. de Pont-l'Évêque, sergent. de Beuvron.

La baronnie de Beuvron-en-Auge, d'abord fief de la vicomté d'Auge et relevant de la châtellenie de Touque, passa dans la maison d'Harcourt en 1374 par le mariage de Philippe d'Harcourt avec Jeanne de Tilly, qui lui apporta les fiefs de Héricourt, Tilly, Beuvron, Beaufou, Druval et Saint-Aubin-de-Léhizay. Après la mort de Mlle de Montpensier, 1693, cette baronnie releva directement du roi, moyennant 10,000 livres (chambre des comptes de Rouen, t. III, p. 122).

Le marquisat de Beuvron fut formé en 1593 de la réunion des fiefs d'Auricher et d'Angerville en la vicomté d'Auge, ainsi que des baronnies de Méry et de Cléville, aux baronnies de Beaufou, Beuvron, Druval et Saint-Aubin-de-Lébizay.

Le doyenné de Beuvron, dépendant de l'archidiaconé d'Auge, comprenait Saint-Samson-en-Auge, Putot-en-Auge, les Authieux-sur-Corbon, Victot, le Ham-sur-Dive, Cresseveuille, Barneville-en-Auge, Saint-Léger-du-Bosc, Gerrots, Pontfol, Caudemuche, Saint-Aubin-de-Lébizay, le Mesnil, le Fournet, Bonnebosc, Léaupartie, Saint-Clair-de-Basseneville, Beuvron, Saint-Michel-de-Clermont, Auvillars, Estrées-en-Auge, Repentigny, Saint-Eugène, Beaufou, Hottot-en-Auge, Saint-Nicolas-sur-Corbon, la Roque-Baynard, Goustranville, Saint-Gilles-de-Livet, Saint-Jouen-en-Auge, Druval, Dozulé, Formentin, Brocottes, les Groseillers. A ce doyenné appartenait aussi le prieuré de Croisilles.

Le fief Malvoisin, à Beuvron, relevait par demi-fief de la baronnie de Beuvron.

BEUVRONNET, quart de fief assis à Brocottes et à Bray, 1620 (rôles de la vicomté d'Auge, p. 351).

BEUZEVAL, c^on de Dozulé. — Boseval, 1077 (ch. de Saint-Étienne de Caen). — Bosa Vallis, 1180 (magni rotuli, p. 30, 2). — Bosseval, Bueseval, 1283 (ch. de Saint-Étienne). — Beuzval, 1320 (rôle des fiefs de la vicomté d'Auge). — Beuseval, xive s^e; Beusevallis, xvie siècle (pouillé de Lisieux, p. 53). — Beuzeval, 1585 (papier terrier de Falaise).

Par. de Saint-Aubin, auj. Notre-Dame; patr. le duc de Normandie, puis le chapitre de Cléry. Dioc. de Lisieux, doy. de Beaumont. Génér. de Rouen, élect. de Pont-l'Évêque, sergent. de Dive.

Quart de fief relevant de la seigneurie de Brucourt.

Fief d'Hénicourt, assis à Beuzeval et relevant de Dozulé, 1620 (aveux de la vicomté d'Auge).

Fief de Beuzeval ou de Morsan, 1620 (aveux de la vicomté).

BÉVIGNÈRE (LA), h. c^ne de Coquainvilliers.

BEVIGNÈRE (LA), h. c^ne de Maisoncelles-la-Jourdan.

BEVÈRE (LA), h. c^ne de la Lande-Vaumont.

BÉZIERS, m^in, c^ne de la Vacquerie.

BIARDIÈRE (LA), h. c^ne de Saint-Martin-Don.

BIARDS (FORÊT DES). — Les Byards, fief de la bar. de Torteval, 1694 (aveux de la vicomté de Bayeux).

Le fief et seigneurie noble et héréditaire à garde dans cette forêt avait son chef sis en la paroisse de Littry, 1694 (aveux de la vicomté de Bayeux).

BICÈTRE, h. c^ne d'Amblie.

BICÊTRE, f. c^ne de Sainte-Honorine-des-Pertes.

BICHERELLE, h. c^ne de Manneville-la-Pipard.

BICHES (LES), h. c^ne de Sully.

BICHET (LE), f. c^ne de Saint-Philbert-des-Champs.

BICHETIÈRE (LA), h. c^ne de Coulonces.

BICHETIÈRE (LA), h. c^ne de la Graverie.

BICHETIÈRE (LA), h. c^ne de Vaudry.

BIDARDIÈRE (LA), h. c^ne de la Villette.

BIDELLERIE (LA), h. c^ne de Notre-Dame-de-Fresnay.

BIDOISIÈRE (LA), h. c^ne de Saint-Manvieu.

BIDOTS (LES), vill. c^ne de Saon.

BIE (LA), h. c^ne de Sainte-Marguerite-des-Loges.

BIENFAITE, h. et chât. c^ne de Saint-Martin-de-Bienfaite. — Benefacta, 1132 (ch. de Sainte-Barbe, n° 5). — Benefatta, 1300 (ch. en faveur du prieuré de Sainte-Barbe). — Bienfête, fief mouvant de la baronnie d'Orbec, 1550 (aveu de Jean le Velu). Voy. SAINT-MARTIN-DE-BIENFAITE.

BIESVILLE (LE), h. c^ne d'Anctoville.

BIÉTRISIÈRE (LA), h. c^ne des Authieux-sur-Calonne.

BIETTRIE (LA), h. c^ne de Champ-du-Boult.

BIEU (LE), h. c^ne de Bernières-le-Patry.

BIEUX (LES), h. c^ne de Truttemer-le-Petit.

BIÉVILLE, c^on de Douvres. — Boiavilla, Boevilla, 1082 (ch. de Saint-Étienne de Caen). — Buivilla, xie s^e (enquête, p. 430). — Bievville, 1371 (visite des forteresses). — Biesville, 1405 (ibid.). — Biesville, 1725 (aveu du temporel de Saint-Étienne de Caen).

Par. de Notre-Dame, patr. l'abbé de Saint-Étienne de Caen. Dioc. de Bayeux, doy. de Douvres. Généralité et élection de Caen, sergenterie d'Ouistreham.

Le fief de la Londe, relevant de la fiefferme de Biéville, fut érigé en 1764 en faveur de Jacques André de la Pommeraye, trésorier des finances à Caen (ch. des comptes de Rouen).

BIÉVILLE ou BIÉVILLE-EN-AUGE, c^on de Mézidon. — Buevilla, 1272; Boiervilla, 1277 (ch. de Sainte-Barbe). — Buievilla, 1315 (pouillé de Lisieux, p. 44). — Buyvilla, xive siècle (livre pelut de Bayeux). — Bieuville, 1579 (pouillé de Lisieux, p. 45). — Bieuvilla, xvie s^e (ibid. p. 44).

Par. de Saint-Germain; patr. le roi, puis le seigneur. Dioc. de Lisieux, doy. du Mesnil-Mauger. Génér. de Caen, élect. de Falaise, sergent. de Saint-Pierre-sur-Dive.

La terre de Biéville fut érigée en plein fief de

haubert sous le nom de terre et seigneurie de Rupierre en 1655 (chambre des comptes de Rouen,
t. III, p. 166).

Biéville, f. c^ne de Lisores.

Bigar (Le), h. c^ne de Pierrefitte.

Bigne (La), c^on d'Aunay. — *Buignes*, 1208 (ch. de
Saint-André-en-Gouffern). — *Bingna*, xive siècle
(livre pelut de Bayeux). — *La Buigne*, 1371 (assiette de la vicomté de Caen).

Par. de Saint-Éloi, auj. Notre-Dame; patr. le sous-
doyen de la cathédrale de Bayeux. Dioc. de Bayeux,
doy. de Villers-Bocage. Génér. et élect. de Caen,
sergent. d'Évrecy.

Fief de la Bigne, dépendant de la seigneurie
d'Évrecy.

Quart de fief de chevalier relevant de la baronnie
de Saint-Vaas, appartenant à l'évêque de Bayeux.

Bigne (La), h. et chât. c^ne de Cahagnolles.

Bigne (La Haute et la Basse-), h. c^ne de Clécy.

Bigne (La), h. c^ne de Grand-Mesnil.

Bigne (La), h. c^ne de Livry.

Bigne (La), c^ne du Theil. — Fief de *la Bigne*, paroisse
du Theil, 1453 (arch. nat. P. 271, n° 109).

Bignetière (La Basse et la Haute-), c^ne de Saint-Pierre-
la-Vieille.

Bignette (La), h. c^ne de Saint-Martin-de-Tallevende.

Bigot (Le), h. c^ne de Courson.

Bigot (Le), m^in, c^ne de Falaise.

Bigotière (La), h. c^ne de Courson.

Bigotière (La), h. c^ne de la Folletière-Abenon.

Bigotière (La), h. c^ne de Saint-Aubin-des-Bois.

Bigotière (La), h. c^ne du Tronquay.

Bigourdière (La), h. c^ne de Notre-Dame-de-Fresnay.

Bihaie (La), h. c^ne de Montchauvet.

Bihet (Le), h. c^ne du Bény-Bocage.

Bihorrée (La), h. c^ne de Saint-Jean-de-Livet.

Bihorrée (La), h. c^ne de Saint-Jean-le-Blanc.

Bijude, petite riv. qui se jette dans l'Orne entre Grimbosq et Goupillières.

Bijude (La), h. c^ne de Bretteville-sur-Laize.

Bijude (La), h. c^ne de Cambes.

Bijude (La), h. c^ne de Meslay.

Bijude (La), h. c^ne de Montigny.

Bijude (La), h. c^ue de Pierrefitte (Falaise).

Bijude (La), h. c^ne de Pierres.

Bijude (La), h. c^ne du Plessis-Grimoult. — *Bihude*,
1875 (carte de l'état-major).

Bijude (La), h. c^ne de Préaux.

Bijude (La), h. c^ne de Troismonts.

Bijude (La), h. c^ne de Venoix.

Bijude (La), f. c^ne de Verson.

Bijude (La), h. c^ne de Viessoix.

Bilaine (La), riv. affl. de la Baize, coule dans le département de l'Orne et limite le Calvados sur Fourneaux
et Cordey.

Bilheudière (La), h. c^ne de Fontenermont.

Billard (Le), h. c^ne de Vaudry.

Billardière (La), f. c^ne de la Hoguette.

Billardière (La), h. c^ne de Saint-Martin-Don.

Billetière, h. c^ne de Bellou.

Billetière (La), h. c^ne de Cheffreville.

Billette (La), f. c^ne de Grand-Mesnil.

Billon (Le), f. c^ne de Saint-Côme-de-Fresné.

Billonnerie (La), h. c^ne de Vignats.

Billot (Le), h. c^ne de Montpinçon.

Billot (Le), bourg, c^ne de Notre-Dame-de-Fresnay.

Billot (Le), h. c^ne de Saint-Martin-de-Fresnay.

Billots (Les), h. c^ne de Clécy.

Billy, c^on de Bourguébus. — *Bilietum*, 1077 (ch.
de Saint-Étienne). — *Billeium, Billie*, 1086 (cart.
de la Trinité). — *Billei*, 1172 (ch. de Henri II
pour la Trinité). — *Billi*, 1198 (magni rotuli,
p. 46, 2). — *Byllé*, 1234 (lib. rub. Troarn. p. 159).
— *Billé*, 1238 (ch. d'Ardennes, n° 166).

Par. de Saint-Symphorien, patr. l'abbé de Préaux.
Dioc. de Bayeux, doy. de Vaucelles. Génér. et élect.
de Caen, sergent. d'Argences. L'abbaye de Troarn
y possédait une seigneurie.

Binetière (La), h. c^ne de Burcy.

Binetterie (La), h. c^ne de Roullours.

Binettes (Les), h. c^ne de la Villette.

Binneville, h. c^ne de Cahagnes.

Binou, h. c^ne de Saint-Jean-le-Blanc.

Bion, m^in, c^ne de Pont-Bellenger.

Bion, h. c^ne de Sainte-Marie-Outre-l'Eau.

Bionnerie (La), h. c^ne de Landelles-et-Coupigny.

Bionnet, m^in, c^ne de Saint-Germain-de-Tallevende.

Bionnet, h. c^ne de Thury-Harcourt.

Biot (Le), h. c^ne d'Ouilly-le-Tesson.

Biot (Le), f. c^ne de Placy.

Biot (Le), h. c^ne de Saint-Denis-de-Méré.

Biotière (La), h. c^ne de Vassy.

Biquerie (La), h. c^ue de Cussy.

Biquetière (La), h. c^ne de Saint-Pierre-la-Vieille.

Birage (Le), h. c^ne d'Auquainville.

Bisague (La), h. c^ne de Magny-le-Freule.

Bisault, h. c^ne de Sainte-Honorine-de-Ducy.

Biscannière (La), h. c^ne du Molay.

Biscuetière (La), h. c^ne de Vaudry.

Bisey (Le), h. c^ne d'Hérouville.

Bishaie (La), h. c^ne d'Amblie.

Bisnou (Le Grand-), m^in, c^ne de Saint-Jean-le-Blanc.
— *Binou, Buisnou*, 1154 (bulle pour le Plessis-
Grimoult, cartulaire de 1471).

BISNOU (LE PETIT-), h. c^ne de Saint-Jean-le-Blanc.

BISSELIÈRE (LA), h. c^ne de Saint-Germain du-Crioult.

BISSIÈRE (LA), h. c^ne de la Graverie.

BISSIÈRES, c^on de Mézidon, réuni pour le culte à Croissanville. — *Bisseriæ*, xive siècle. (livre pelut de Bayeux).

Fief mouvant de la baronnie de Méry et Cléville, s'étendant à Croissanville, 1571 (Brussel).

BISSON (LE), h. c^ne d'Acqueville.

BISSON (LE), chât. c^ne d'Angoville.

BISSON (LE), h. c^ne de Bernières-le-Patry.

BISSON (LE), cour, c^ne de Cernay.

BISSON (LE), h. c^ne de Clécy.

BISSON (LE), h. c^ne de Graye.

BISSON (LE), h. c^ne de Martigny.

BISSON (LE), h. c^ne de Meslay.

BISSON (LE), h. c^ne du Mesnil-Villement.

BISSON (LE), h. c^ne d'Ondefontaine.

BISSON (LE), h. c^ne de Proussy.

BISSON (LE), h. c^ne de Saint-Germain-dé-Tallevende.

BISSON (LE), h. c^ne de Saint-Germain-du-Crioult.

BISSON (LE), h. c^ne de Saint-Germain-Langot.

BISSON (LE), h. c^ne de Saint-Lambert.

BISSON (LE), h. c^ne de Saint-Martin-de-Sallen.

BISSON (LE), h. c^ne de Saint-Martin-des-Besaces.

BISSON (LE), quart. c^ne de Saint-Ouen-des-Besaces.

BISSON (LE), h. c^ne de Saint-Philbert-des-Champs.

BISSON (LE), h. c^ne de Saint-Pierre-du-Fresne.

BISSON (LE), h. c^ne du Tourneur.

BISSON (LE), h. c^ne de la Vacquerie.

BISSON (LE), h. c^ne de Ver.

BISSON-FOUQUES (LE), h. c^ne de Courson.

BISSONNERIE (LA), h. c^ne du Mesnil-Villement.

BISSONNERIE (LA), h. c^ne de Vaubadon.

BISSONNET (LE), h. c^ne de Carville.

BISSONNET (LE), h. c^ne de la Croupte.

BISSONNET (LE), h. c^ne du Mesnil-Germain.

BISSONNETS (LES), h. c^ne de Formigny.

BISSONNETS (LES), h. c^ne de Saint-Jacques-de-Lisieux.

BISSONNETS (LES), vill. c^ne de Vaubadon.

BISSONNIÈRE (LA), h. c^ne de Notre-Dame-de-Courson.

BISSONNIÈRE (LA), h. c^ne de Prétreville.

BISSONNIÈRE (LA), h. c^ne de Saint-Julien-de-Mailloc.

BISSONNIÈRE (LA), h. c^ne de Saint-Pierre-la-Vieille.

BISSONS (LES), h. c^ne de Champ-du-Boult.

BISSONS (LES), h. c^on de Clarbec.

BISSONS (LES), h. c^ne de Landelles-et-Coupigny.

BISSONS (LES), h. c^ne de Pierres.

BISSONS (LES), h. c^ne du Pin.

BISSONS (LES), h. c^ne de Versainville.

BISTIÈRE (LA), h. c^ne de Saint-Germain-du-Crioult.

BISTON (LE), h. c^ne du Tourneur.

BITEUX (LE), f. c^ne de Tourville.

BITOT, h. c^ne de Saint-Contest. — *Bitot*, 1179 (ch. de l'abb. d'Ardennes, n° 19).

BITTOTS (LES), h. c^ne de Clécy.

BIZIÈRE (LA), f. c^ne de Géfosse, c^on de Fontenay.

BLAGNY, h. c^ne de Baynes. — *Blaigney*, xie siècle (enquête, archives de Bayeux). — *Blaigneium*, 1277 (cart. norm. n° 294, p. 212). — *Blaigneyum*, xive s^e (livre pelut de Bayeux). — *Blasgny*, 1710 (fiefs de la vicomté de Caen, p. 20).

Le fief de Blagny ou de *la Quèze* (livre pelut de Bayeux, p. 56) mouvait de la vicomté de Caen (aveu de Raoul de Meullant).

BLAINVILLE, c^on de Douvres. — *Bledvilla, Blevilla*, 1066 (cart. de la Trinité). — *Bleville*, 1371 (assiette des feux). — *Blanville*, 1381 (arch. nat. P. 271, n° 39). — *Blainville-sur-Orne, Blainville-sur-Houlne*, 1476 (arch. nat. P. 272, n° 27).

Par. de Notre-Dame, patr. le seigneur. Dioc. de Bayeux, doy. de Douvres. Génér. de Caen, sergent. d'Ouistreham.

Quart de fief nommé *le fief d'Angerville*, d'où relevait le fief d'*Outre-Val*, également situé paroisse de Blainville, mouvant de la vicomté de Caen, 1475 (Brussel).

BLAMONT, h. c^ne d'Argences.

BLANC (LE), h. c^ne de Bonneville-sur-Touque.

BLANCAINES (LES), h. c^ne de la Graverie.

BLANC-BUISSON (LE), h. c^ne de Familly.

BLANC-CAILLOU (LE), h. c^ne de la Graverie.

BLANC-CAILLOU (LE), h. c^ne de Mittois.

BLANC-CAILLOU (LE), h. c^ne de Saint-Sever.

BLANCHARDIÈRE (LA), h. c^ne de Campagnolles.

BLANCHARDIÈRE (LA), h. c^ne de Champ-du-Boult.

BLANCHARDIÈRE (LA), h. c^ne de Saint-Aubin-des-Bois.

BLANCHARDS (LES), fief assis à Barneville. — *Feodum de Blanchard*, 1321 (parv. lib. rub. Troarn.).

BLANCHARDS (LES), h. c^ne de Lisores.

BLANCHARDS (LES), h. c^ne de Missy.

BLANCHE-LANDE (LA), m^on isolée, c^ne d'Ondefontaine.

BLANCHE-MAISON (LA), h. c^ne de Coulvain.

BLANCHE-ROCHE (LA), h. c^ne de Sainte-Marie-Laumont.

BLANCHES (LES), h. c^ne de Vaudry.

BLANCHES-CRIÈRES (LES), h. c^ne de Pierres.

BLANCHINIÈRE (LA), h. c^ne de Cartigny-Tesson.

BLANCHISSERIE (LA), h. c^ne de la Hoguette.

BLANCHISSERIE (LA), f. c^ne de Noron.

BLANCHISSERIE (LA), h. c^ne de Vaudry.

BLANCHISSERIES (LES), h. c^ne de Vaucelles.

BLANCS (LES), h. c^ne de Fresnay-le-Puceux.

BLANCS-AUX-PAYSANS (LES), h. c^ne de Cahagnolles.

BLANDELIÈRE (LA), h. c^ne d'Auquainville.

BLANDELIÈRE (LA), h. cᵉ de Clinchamps (Vire).

BLANDERIE (LA), h. cᵉ d'Annebecq.

BLANDINIÈRE (LA), h. cᵉ de Courson.

BLANGARDON (LE), h. cᵉ de Landelles-et-Coupigny.

BLANGY-LE-CHÂTEAU, ch.-l. de cᵒⁿ, arrond. de Pont-l'Évêque. — *Sancta Maria de Blangeyo*, 1155 (ch. de Gosselin-Crespin). — *Blengeium*, 1180 (magni rotuli, p. 3o). — *Beata Maria de Blangeio*; xivᵉ sᵉ; *Blangie*, 1313 (pouillé de Lisieux, p. 36, note 8). — *Blangy-en-Auge*, 1489 (Brussel). — Le nom de *Blangy-le-Château* a été donné à cette commune par décret du 25 novembre 1875.

Par. de Notre-Dame, patr. l'abbé du Bec. Dioc. de Lisieux, doy. de Touque. Génér. d'Alençon, élect. de Lisieux, sergent. de Moyaux.

Baronnie dépendant de la vicomté d'Auge, possédant 22 fiefs nobles et 2 vavassories. Elle relevait du parlement de Rouen, et, pour les cas royaux, ressortissait au bailliage d'Orbec.

Dans la paroisse de Blangy on trouvait le grand fief ou chefmois de Blangy; les fiefs *la Coste, la Pipardière, la Goherie, Chevredouet, Noirval, les Jouveneaux, Saint-Hymer* et *la Pelleterie.*

BLANNOTIÈRE (LA), h. cᵉ de Campeaux.

BLANQUEPIERRE (LA), h. cᵉ de Saint-Martin-des-Besaces.

BLANQUIÈRE (LA), h. cᵉ de Carville.

BLANQUIÈRE (LA GRANDE et LA PETITE-), h. cᵉ de la Graverie.

BLANQUIÈRE (LA), h. cᵉ de Neuville. — *La Blanquaire*, 1848 (Simon).

BLANQUIÈRE (LA), h. cᵉ de Vaudry.

BLANVATEL, h. cᵉ de Sainte-Marguerite-de-Viette.

BLARE (LA), h. cᵉ de Proussy.

BLARY, h. cᵉ de Monceaux. — *Blasreium*, 1277 (cartul. norm. nᵒ 902, p. 216).

BLATTERIE (LA), h. cᵉ de Beaumont.

BLATTERIE (LA), h. cᵉ de Carville.

BLAY, cᵒⁿ de Trévières. — *Bleis*, 1077 (ch. de Saint-Étienne). — *Bleer, Bler*, 1082 (cart. de la Trinité, fᵒ 5 et fᵒ 30 vᵒ). — *Blet*, 1086 (*ibid.* fᵒ 19). — *Blé*, 1200 (ch. d'Ardennes, nᵒ 99). — *Bley, Bladum*, xivᵉ siècle (livre pelut de Bayeux, nᵒ 485). — *Saint-Pierre-de-Bled*, 1610 (*ibid.*).

Par. de Saint-Pierre, patr. l'abbé d'Ardennes. Dioc. de Bayeux. Génér. de Caen, élect. de Bayeux, sergent. de Cerisy.

BLÉMONT, h. et f. cᵉ de Blay.

BLÊTRE (LA), h. cᵉ de Saint-Vigor-le-Grand.

BLEUTIÈRE (LA), h. cᵉ de Saint-Aubin-des-Bois.

BLIN (LE), h. cᵉ de Maisoncelles-Pelvey.

BLOC (LE), h. cᵉ de Branville.

BLOCQUEVILLE, h. cᵉ de Morteaux-Coulibœuf. — *Blo-*

quevilla, v. 1195 (ch. de Saint-André-en-Gouffern). — *Blouxevilla*, 1198 (magni rotuli, p. 69).

BLOMAQUIÈRE (LA), h. cᵉ de Campeaux.

BLON, h. cᵉ de Vaudry.

BLOND (LE), h. cᵉ de Dampierre.

BLONDELLIÈRE (LA), h. cᵉ d'Auquainville.

BLONNIÈRE (LA), h. cᵉ de Condé-sur-Noireau.

BLONVILLE, cᵐ de Dozulé. — *Blunvilla*, 1108 (cart. de la Trinité). — *Blondivilla*, 1190 (ch. de Saint-Étienne de Caen). — *Blanvilla*, 1320 (parv. lib. rub. Troarn. p. 166).

Par. de Notre-Dame; patr. le roi, puis le chapitre de Clécy. Dioc. de Lisieux, doy. de Beaumont. Génér. de Rouen, élect. de Pont-l'Évêque, sergent. de Beaumont.

Fief mouvant de la vicomté d'Auge et ressortissant à la sergenterie de Beaumont, 1382 (aveu de Guillaume Grente, écuyer). Le fief d'*Aiguillon*, même paroisse, mouvait aussi de la vicomté d'Auge, 1620 (aveux de la vicomté).

BLONVILLE, fiefferme en la paroisse de Crèvecœur, mouvant de la vicomté d'Auge.

BLOQUET (LE), f. cᵉ de Juaye-Mondaye.

BLOQUIÈRE (LA), h. cᵉ de Carville. — *Bloquère*, 1848 (Simon).

BLOSSEVILLE, nom d'un fief de chevalier, sis à Pennedepie (rôles de la vicomté d'Auge).

BLOT, h. cᵉ de Branville.

BÔ (LE), cᵒⁿ d'Harcourt. — *Bos, Boos*, 1225 (ch. de l'abb. du Val). — *Carrière de Mont-Hambuef au Bô*, 1328 (ch. de Saint-Étienne de Fontenay, 264). — *Le Bou*, 1319 (Mém. de la Soc. des antiq. de Normandie, t. XXVI, p. 457).

Par. de Saint-Pierre, patr. l'abbé du Val. Dioc. de Bayeux, doy. de Cinglais. Génér. d'Alençon, élect. de Falaise, sergent. de Thury.

Fief ressortissant à la sergenterie de Saint-Sylvain, 1584 (aveu de Germaine Le Champion); incorporé à la baronnie de Tournebu en 1612 (chambre des comptes de Rouen).

BOBIER (LE), h. cᵉ de Planquery.

BOC (LE), h. cᵉ de Saint-Jean-des-Essartiers.

BOCAGE (LE), territ. dont une partie est comprise dans le Calvados et qui devait son nom aux immenses forêts dont il était couvert. Il est aujourd'hui partagé entre les départements du Calvados, de l'Orne et de la Manche. Borné au nord par le Cotentin, la plaine de Caen et le Bessin; au levant par l'Orne, la forêt d'Andenne et le Maine, il confinait au midi à la Bretagne et au Maine; à l'ouest, il avait pour limite l'Océan et mesurait ainsi 80 kilomètres de longueur environ et autant de largeur. Il renfermait les villes de Vire, Saint-Lô, Granville, Coutances, Avranches, Mortain, Domfront, Thorigny, Condé-sur-Noireau, Tinchebray, Villedieu,, Pontorson; les bourgs de Villers, Aunay, Vassy, Saint-Hilaire, Sourdeval, Saint-Séver, Canisy, Gavray, Bény-Bocage, Tessy, etc.

Bocage (Le), h. c^{ne} d'Auquainville.

Bocage (Le), h. c^{ne} de Courtonne-la-Ville.

Bocage (Le), h. c^{ne} de Danestal.

Bocage (Le), h. c^{ne} de Fervaques.

Bocage (Le), h. c^{ne} de Tonnencourt.

Bocagnerie (La), h. c^{ne} de Clinchamps.

Bochand, quart. c^{ne} de Touque.

Bochard (Le), h. c^{ne} de Barneville-la-Bertrand.

Bocq (Le Grand et le Petit-), h. c^{ue} du Mesnil-Robert.

Bocquetterie (La), h. c^{ne} de Hamars.

Bodinières (Les), h. c^{ne} du Mesnil-Germain.

Boële (La), h. c^{ne} de Champ-du-Boult. — Boelia, 1229 (ch. de l'abb. d'Aunay). — La Boesle, 1848 (Simon).

Boële (La Basse-), h. c^{ne} de Champ-du-Boult.

Boële (La), h. c^{ne} de Viessoix.

Boëles (Les), h. c^{ne} de Roullours.

Boëles (Les), h. c^{ne} du Tourneur.

Bœuf (Le), h. c^{ne} de Périgny.

Bœuf (Le), h. c^{ue} de Saint-Vigor-des-Mézerets.

Boinneries (Les), h. c^{ne} du Gast.

Bois (Le), m^{on} isolée, c^{ne} de Carville.

Bois (Le), h. c^{ne} de Castillon.

Bois (Le), h. c^{ne} de Condé-sur-Seulle.

Bois (Les), f. et h. c^{ne} de Coulonces.

Bois (Les), h. c^{ne} de Danestal.

Bois (Le), h. c^{ne} de Dozulé.

Bois (Les), h. c^{ne} de Feuguerolles-sur-Orne.

Bois (Les), h. c^{ne} de la Folie.

Bois (Le), h. c^{ne} de Friardel.

Bois (Le), h. c^{ne} du Gast.

Bois (Le), h. c^{ne} de Glos.

Bois (Les), h. c^{ne} de Gonneville-sur-Merville.

Bois (Le), h. c^{ne} de la Graverie.

Bois (Les), h. c^{ue} de la Houblonnière.

Bois, f. h. c^{ne} de Lison.

Bois (Les), h. c^{ue} de Maisoncelles-la-Jourdan.

Bois, f. c^{ue} de Martigny.

Bois (Le), h. c^{ne} du Mesnil-Durand.

Bois (Le), h. c^{ne} du Mesnil-Robert.

Bois (Le), h. c^{ne} de Monfréville.

Bois (Les), écart, c^{ne} de Montbertrand.

Bois (Le), h. c^{ne} de Montchamp.

Bois (Le), f. c^{ne} de Montigny.

Bois (Les), f. et h. c^{ne} de Noron.

Bois (Le), h. c^{ne} d'Orbec.

Bois (Le), h. c^{ne} du Pin.

Bois (Le), h. c^{ne} de Putot.

Bois (Le), h. c^{ne} du Reculey.

Bois (Le), h. c^{ne} de Saint-Vigor-des-Mézerets.

Bois (Le), h. c^{ne} de Sommervieu.

Bois (Le), h. c^{ne} du Tourneur.

Bois (Le), h. c^{ne} de Trungy.

Bois (Le), h. c^{ne} de Viessoix.

Bois-Arnault (Le), c^{ne} de Rugles. — Boscus Ernaudi, 1270 (cartul. norm. n° 790, p. 181).

Bois-Aunay (Le), h. c^{ne} de Lassy.

Bois-d'Avre (Le), h. c^{ne} de Vignats.

Bois-de-Bavent, h. c^{ne} de Bavent.

Bois-de-Canon, h. c^{ne} de Mézidon.

Bois-de-Cotigny, h. c^{ne} de Saint-Sever.

Bois-de-Coulonces, h. c^{ne} de Saint-Manvieu.

Bois-de-Ducy (Le), h. c^{ne} d'Audrieu.

Bois-de-la-Haye (Le), c^{ne} du Plessis-Grimoult.

Bois-de-la-Haye (Le), h. c^{ne} de Saint-Germain-de-Tallevende.

Bois-de-la-Hure (Le), m^{on} isolée, c^{ne} de Montbertrand.

Bois-de-la-Motte-et-de-Turnel (Le), h. c^{ne} de Saint-Pierre-des-Ifs.

Bois-de-la-Vallée (Le), h. c^{ue} de Coulonces.

Bois de la Verrerie (Le), faisant partie du bois de Hamars.

Bois-de-Lisieux (Le), h. c^{ne} de Courtonne-la-Meurdrac.

Bois d'Elle (Les), c^{nes} de Litteau, de Saint-Germain-d'Elle, etc. — Silva quam Elam vocant, 1159 (ch. de Saint-Étienne de Caen). — Bois de Ale, v. 1200 (cart. eccles. Baioc. p. 446). — Aella, 1215 (ch. du Plessis-Grimoult, n° 1348). — Boyd'Elle, 1460 (aveu du temporel du diocèse de Bayeux).

Les bois d'Elle formaient une des baronnies appartenant à l'évêché de Bayeux. On y distinguait les fiefs de Bérigny et de la Motte.

Bois-de-Pivier (Le), h. c^{ne} de Viessoix.

Bois-de-Reux (Le), h. c^{ne} de Beaumont.

Bois-de-Rouvel (Le), h. c^{ne} de Vassy. — Rouvet, 1847 (statistique postale).

Bois-de-Seney, c^{ue} d'Ouilly-du-Houlley.

Bois-des-Fresnes (Le), c^{ne} de Campigny.

Bois-des-Monts (Le), c^{ne} de Lassy.

Bois-d'Esquay (Le), h. c^{ne} d'Esquay.

Bois-des-Terres (Le), h. c^{ne} de Basseneville.

Bois-des-Trois-Maries (Le), h. c^{ue} de Saint-Martin-de-Sallen.

Bois-de-Tesnières (Le), dans la paroisse de Noyers 1282 (ch. d'Ardennes, n° 307).

Bois-de-Tilly (Le), f. c^{ne} de Vandeuvre.

Bois-de-Troarn (Le), h. c^{ne} de Touffréville.

Bois-d'Haulne (Le), h. c^ne de Foulognes.

Bois-d'Heaume, c^ne de Sallen.

Bois-du-Désert (Le), h. c^ne du Bény-Bocage.

Bois-du-Mont (Le), h. c^ne d'Ouilly-du-Houlley.

Bois-du-Parc (Le), h. c^ne de Neuilly..

Bois-du-Parc (Le), h. c^ne de Roullours.

Bois-du-Petit-Bosq (Le), h. c^ne de Littry.

Bois-du-Riaume, h. c^ne de la Folletière-Abenon.

Bois-du-Roi (Le), h. c^he de Saint-Martin-du-Mesnil-Oury.

Bois du Tronquay et du Vernay (Les), érigés en fief en faveur de Jean de Choisy, seigneur de Balleroy, en 1657. Voy. Tronquay et Vernay.

Bois-Écouchet (Le), f. c^ne de Basseneville.

Boiserie (La), h. c^ne de Castillon (Lisieux).

Boises (Les), h. c^ne de Saint-Vigor-de-Mieux.

Bois-Feroult (Le), huitième de fief à Saint-Clair, 1620 (aveux de la vicomté d'Auge).

Bois-Fradel (Le), h. c^ne de Tournebu.

Bois-Fromagerie (Le), h. c^ne du Mesnil-Durand.

Bois-Gaillard (Le), h. c^ne de Neuville.

Bois-Gapard (Le), h. c^ne de Saint-Arnould.

Boisgentil (Le), h. c^ne de Crouay.

Bois-Goult (Le), h. c^ne de Fourneaux.

Bois-Grisard (Les), m^on isolée, c^ne de Saint-Gabriel.

Bois-Halbout (Le), h. c^ne de Cesny. — Halboderia, Boscus Albot, 1165 (ch. pour l'abb. du Val, n°s 2 et 3). — Leproseria de Bosco Halbod, leprosi de Halebodia, 1170 (ch. de Robert fitz Erneis). — Albodeer, 1165-1205 (chartrier du duc d'Harcourt). — Boscus Halbot, 1225 (ch. de Gosselin de la Pommeraye). — Boschus Halebout, 1230 (charte de Barbery, n° 100). — Boscus Halebout, 1273 (bulle de Grégoire X pour l'abb. du Val). — Bois Hallebot, 1422 (rôles de Bréquigny, n° 1505, p. 273).

L'hôpital, originairement maladrerie, de Saint-Jacques-du-Bois-Halebout, avait été fondé en 1165 par la famille Tesson. Il était administré par un religieux de Notre-Dame-du-Val, présenté par l'abbaye et choisi par le baron de la Motte-Cesny. Donné pendant quelque temps aux religieux de Saint-Lazare, il fut, en 1693, restitué à l'abbaye du Val.

Bois-Halley (Le), h. c^he des Authieux-sur-Calonne.

Bois-Harang (Le), h. c^ne de Hennequeville.

Bois-Haume (Le), h. c^ne de Foulognes.

Bois-Hébert (Le), h. c^ne de Cormolain.

Bois-Henry (Le), h. c^ne de Montchamp.

Bois-Héron (Le), f. c^ne de Russy.

Bois-Jean (Le), h. c^ne de Vaudry.

Bois-l'Abbé (Le), h. c^ne de Littry.

Bois-l'Abbesse (Le), vill. c^ne de Sallen.

Bois-Larcher (Le), h. c^ne de Lassy.

Bois-Laurent (Le), h. c^ne de Coquainvilliers.

Bois-le-Roi (Le), h. c^ne de Saint-Martin-de-Sallen.

Bois-Logis (Le), h. c^ne de Mittois.

Bois-Londe, chât. et f. c^ne de Fontenay-le-Pesnel.

Bois-Londe, h. c^ne de Longvillers.

Bois-Londe (Le), h. c^ne de Saint-Georges-d'Aunay.

Bois-Magny (Le), h. c^ne de Notre-Dame-de-Fresnay.

Bois-Matière (Le), h. c^ne du Mesnil-Germain.

Bois-Ménard, h. c^ne de Beuvillers.

Bois-Nantier (Le), h. c^ne de Landelles-et-Coupigny.

Boisne (La), h. c^ne de Saint-Germain-du-Crioult.

Boisnières (Les), h. c^ne du Gast. — Les Boisneries (Simon).

Bois-Normand (Le), h. c^ne de Bonnemaison.

Bois-Normand (Le), h. c^ne de Champ-du-Boult.

Bois-Olivier (Le), h. c^ne de Sept-Frères.

Bois-Pantou (Le), h. c^ne de Saint-Pierre-du-But.

Bois-Pepin-de-Bas (Le), h. c^ne du Tourneur.

Bois-Pinet (Le), h. c^ne de Rots.

Bois-Porte (Le), h. c^ne de Marolles.

Bois-Ricard (Le), h. c^ne d'Ouilly-du-Houlley.

Bois-Robert (Le), h. c^ne de Cormolain. — Boscus Roberti, xiie s° (ch. de Friardel, 167).

Bois-Roger (Le), h. c^ne de Cléville.

Bois-Roger, fief de la paroisse d'Éterville. Voy. Éterville.

Bois-Roger (Le), h. c^ne de Mittois.

Bois-Rogier ou Bois-Roger (Le), h. c^ne de Cléville, fief s'étendant à Méry, Argences et Saint-Martin-de-Villers, 1607 (aveux de la vicomté de Caen).

Bois-Rouland (Les), c^ne des Isles-Bardel.

Boissard (Le), h. et f. c^ne de Meulles.

Boissée (La), h. c^ne de Pierrefitte (Falaise). — La Boesseye, 1675 (carte de Petito). — Boissaye, 1848 (Simon).

Boissée (La), h. c^ne de Vierville-la-Campagne.

Boissel, vill. c^ne de Saint-Pierre-du-Mont. — Boisel, 1250 (magni rotuli, p. 177).

Boissel, m^in, c^ne de Sept-Vents.

Boisselière (La), h. c^ne de Champ-du-Boult.

Boisselière (La), h. c^ne de Presles.

Boisselière (La), h. c^ne de Sept-Vents.

Boissellerie (La), h. c^ne de Littry.

Boissettes (Les), h. c^ne de Saint-Aubin-des-Bois.

Boissettes (Les Petites-), h. c^ne de Saint-Aubin-des-Bois.

Boissey, c^on de Saint-Pierre-sur-Dive. — Buxeium, 1133 (ch. de Henri Ier pour Saint-Pierre-sur-Dive). — Boisseium, Bosseium, Bossei, 1198 (magni rotuli, p. 28). — Buisseium, 1198 (ibid. p. 36). — Bouxeium, 1311 (sentence contre les paroissiens de Sainte-Croix de Troarn). — Boisay,

1329; *Boissay*, 1484 (arch. nat. P. 272, n° 116).
— *Boissey*, 1585 (papier terrier de Falaise). —
Boesseium, XVI° siècle (pouillé de Lisieux, p. 46).
— *Boëssey*, 1709 (dénomb. du royaume). —
Boessé, Boissé, 1730 (temporel de l'év. de Lisieux).

Par. de Saint-Julien, patr. l'abbé de Saint-Pierre-sur-Dive. Dioc. de Lisieux, doy. du Mesnil-Mauger. Génér. d'Alençon, élect. de Falaise, sergent. de Saint-Pierre-sur-Dive.

Boissière (La), c°° de Lisieux (1re section). — *Buxeriam*, 1132 (ch. de Henri I° pour Saint-Pierre-sur-Dive). — *Boisseria*, 1180 (magni rotuli, p. 18). — *Buxeria*, 1250 (*ibid.* p. 174). — *Bussères*, 1277 (cart. norm. n° 900, p. 214). — *La Boussière*, 1710 (carte de de Fer). — *La Bouessière*, 1730 (temporel de l'évêché de Lisieux).

Par. de Notre-Dame, patr. le prieuré de Sainte-Barbe-en-Auge. Dioc. de Lisieux, doy. du Mesnil-Mauger. Génér. de Rouen, élect. de Pont-l'Évêque, sergent. de Cambremer.

Fief mouvant de la vicomté d'Auge, en partie relevant du roi.

Bois-Simon (Le), h. c°° d'Auvillars.
Bois-Simon (Le), h. et fief, c°° de Moyaux.
Boissy, h. c°° de Sully.
Bois-Thouroude (Le), h. c°° de Sainte-Marie-Laumont.

Le Bois-Thouroude relevait par quart du plein fief de Sainte-Marie-Laumont, dit *Châteaubriant*, 1610 (aveux de la vicomté de Vire, p. 46).

Bois-Tostain (Le), h. c°° de Sainte-Marie-Outre-l'Eau.
Bois-Vallerand (Le), h. c°° de Glos.
Bois-Villard (Le), h. c°° de Meulles.
Bois-Yvon (Le), fief tenu du roi en la vicomté d'Orbec.
— *Boscus Yvonis*, 1203 (magni rotuli, p. 94). —
Boz Yvo, v. 1250 (*ibid.* p. 197, 2).

Boîte, m°°, c°° de Jurques.
Boivinière (La), h. c°° de Maisoncelles-la-Jourdan.
Bombanville, h. c°° de Thaon. — *Bonbauville*, 1496 (hist. de la maison d'Harcourt).

Quart de fief relevant de la baronnie de Creully, 1660 (aveux de la vicomté de Caen).

Bonardière (La), h. c°° de Courson.
Bonardière (La), h. c°° de Saint-Paul-de-Courtonne.
Bon-Brenet (Le), h. c°° de Saint-Pierre-la-Vieille.
Bonde (La), h. c°° de Cléville.
Bonde (La), h. c°° de Mittois.
Bonde-Hannière (La), h. c°° de Jurques.
Bondinière (La), h. c°° de Saint-Lambert.
Bonfaits (Le Grand et le Petit-), c°° de Montchamp.
Bonière (La), h. et f. c°° de Vassy. — *Bosnière*, 1848 (Simon).
Bonière (La), f. c°° de Vassy.

Bon-Lieu, h. c°° du Bény-Bocage.
Bon-Lieu, h. c°° de Saint-Jean-le-Blanc.
Bon-Maçon, h. c°° d'Amblic.
Bon-Maçon, h. c°° d'Anguerny.
Bonne (La), quart. c°° de Saint-Paul-du-Vernay.
Bonneau (La), h. c°° de la Hoguette.
Bonnebosq, c°° de Cambremer. — *Bonneboz*, 1155 (Wace, Roman de Rou). — *Bonesboz*, 1190 (ch. de Saint-Étienne). — *Buenebosc*, 1238; *Bonesbos*, 1256 (ch. citées dans le pouillé de Lisieux, p. 48, note 9). — *Bonebos*, XIV° s°; *Bonnebors*, XVI° siècle (pouillé de Lisieux, p. 48). — *Bonnebost*, 1758 (carte de Vaugondy).

Par. de Saint-Martin, patr. le seigneur du lieu. Dioc. de Lisieux, doy. de Beuvron. Génér. de Rouen, élect. de Pont-l'Évêque, sergent. de Pont-l'Évêque.

Plein fief de haubert, dit fief de *Saint-Martin-de-Bonnebosq*, et baronnie érigée en 1669, mouvante du domaine d'Auge avec haute justice, ressortissant à la sergenterie de Pont-l'Évêque. — Fief de la *Cour-du-Bosq*, anciennement *fief Chaperon*, 1620 (aveux de la vicomté d'Auge); fief de *Vaudoré*, sis à Bonnebosc (chambre des comptes de Rouen).

Bonnefontaine, h. c°° de Tonnencourt.
Bonnelière (La), h. c°° de Roullours.
Bonnelière (La), h. c°° de Saint-Germain-de-Tallevende.
Bonnemaison, c°° de Villers-Bocage. — *Bona Domus*, 1082 (cart. de la Trinité).

Par. de Saint-Martin, patr. le prieur du Plessis-Grimoult. Dioc. de Bayeux, doy. d'Évrecy. Génér. et élect. de Caen, sergent. d'Évrecy.

Fief relevant de la baronnie de Courcy et ressortissant à la vicomté de Caen, 1397 (aveu de Jean de Beaupré, écuyer). Deux quarts de fiefs assis à Bonnemaison relevaient du duché de Thury-Harcourt, sous les noms de *Barbeville* et de *Bacquetot*. Le fief de *Montigny*, assis à Bonnemaison, tiers de fief de chevalier, relevait du roi.

Bonnements (Les), f. c°° de Janville.
Bonnements (Les), h. c°° de Putot.
Bonneminerie (La), h. c°° de Clinchamps (Vire).
Bonnepart (La), h. c°° de la Ferrière-Harang.
Bonneuil, c°° de Falaise (2° division). — *Boniellum*, 1272 (bulle de Grégoire X pour l'abb. du Val). — *Bonneuil*, 1371 (assiette des feux de la vicomté de Caen). — *Bonnœuil*, 1586 (papier terrier de Falaise). — *Bosneuil*, 1640; *Bonnyeul*, 1668 (aveux d'Harcourt). — *Boneuil*, XVIII° s° (Cassini).

Par. de Notre-Dame, patr. l'abbé du Val. Dioc. de Bayeux, doy. de Cinglais. Génér. d'Alençon, élect. de Falaise, sergent. de Thury.

Le fief de Bonneuil relevait de la sergenterie de

Thury, en la vicomté de Falaise. Il en fut détaché en 1768 et incorporé au fief et seign. de Combray.

BONNEVAL, h. c^ne de Saonnet. — *Boneval*, 1198 (magni rotuli, p. 16, 2). — *Sanctus Albinus de Bonavalle*, 1265 (cart. de Friardel, n° 171).

BONNE-VIERGE (LA), h. c^ne de Saint-Gatien.

BONNEVILLE, h. c^ne de Jurques.

BONNEVILLE-LA-LOUVET ou BONNEVILLETTE, c^on de Blangy.
— *Sancta Maria de Bona Vileta, de Bonevilete*, 1160 (ch. de Sainte-Barbe, n° 33). — *Bonavilleta*, 1200 (*ibid.* n° 116). — *Bonnevillula Louvette*, 1253 (*ibid.* n° 174). — *Bonavilla Louveti, Bonavillula, Bonaviletta la Lovet*, xive et xvie s^e (pouillé de Lisieux, notes, p. 37 et 41).

Par. de Notre-Dame, patr. le prieur de Sainte-Barbe. Dioc. de Lisieux, doy. de Honfleur. Génér. de Rouen, élect. de Pont-Audemer, sergent. de Petit-Moyard.

Anc. bar. Chapelles Saint-Nicolas, Saint-Julien, Saint-Martin-du-Mont-Fouqueran, Saint-Louis, Notre-Dame-des-Tôtes, Saint-Jean-des-Gastines. En 1598, on trouve mention du fief de la *Morsanglière* ou *Morsandière*, sis à Bonneville-la-Louvet.

BONNEVILLE-SUR-TOUQUE, c^on de Pont-l'Évêque. — *Bonavilla*, 1014 (ch. de Richard II en faveur de la cathédrale de Chartres). — *Bonavilla in Lisvino*, 1026 (dotal. Judith). — *Bonavilla supra Touquam*, 1077 (ch. de l'abb. de Saint-Étienne). — *Abonavilla, Bonavilla super Tocham*, 1172 (titres de Saint-Désir de Lisieux). — *Bonevilla super Tosquam*, 1204 (cart. norm. n° 111, p. 19).

Par. de Saint-Germain, auj. de Saint-Pierre; patr. le roi, puis le chapitre de Cléry. Dioc. de Lisieux, doy. de Touque. Génér. de Rouen, élect. de Pont-l'Évêque, sergent. de la vicomté d'Auge.

Anc. château fort; il en reste une tour dominant la vallée de la Touque. Vicomté dépendant du comté de Lieuvin. Fief de *Préaux* tenu de l'abbaye de ce nom, vicomté de Pont-Audemer, et relevant du fief de Corbon, 1620 (fiefs de la vicomté d'Auge); fief *Cavelot* (*ibid.*).

BONPIERRE, quart, c^ne de Saint-Aubin-sur-Mer.

BONPOISSON (LE), h. c^ne de Saint-Pierre-Tarentaine.

BON-REPOS (LE), f. c^ne de Baron.

BON-REPOS (LE), h. c^ne de Boulon.

BON-REPOS (LE), h. c^ne d'Esquay.

BONS, h. c^ne de Saint-Jean-le-Blanc.

BONS-TASSILLY, c^on de Falaise (2e division). — Cette commune a porté le nom de *Bons* jusqu'en 1854. Tassilly fut alors détaché de la commune de Saint-Quentin-de-Tassilly pour être uni à Bons. — *Bons-Thasilly*, 1585 (papier terrier de Falaise).

Par. de Saint-Pierre, patr. le seigneur. Dioc. de Séez, doy. d'Aubigny. Génér. d'Alençon, élect. de Falaise, sergent. de Tournebu.

Le fief de Bons, composé du fief de la Bonneville, relevant d'Ussy par huitième de fief et de Soliers, avait été en 1735 réuni au marquisat de Soûmont, 1721 (chamb. des comptes de Rouen, t. II, p. 98).

BONUSSE (LA), h. c^ne de Saint-Denis-de-Méré.

BOON, fief de la baronnie du Plessis-Grimoult, sis à Lassy, 1460 (temporel de l'abbaye).

BOQUARD (LE), h. c^ne de Sainte-Marie-Laumont.

BÔQUERIE (LA), h. c^ne de Bonneville-la-Louvet.

BORAIRE (LA), h. c^ne de Saint-Germain-de-Tallevende.

BORD-DES-LANDES-(LE), h. c^ne de Torteval.

BORDEAUX (LES), h. et f. c^ne de Coulonces. — *Bordelli*, 1296 (ch. de Villers-Canivet, n° 270).

Quart de fief relevant de la baronnie de Coulonces, 1684 (aveux de la vicomté de Vire).

BORDEAUX (LES), f. c^ne d'Étreham.

BORDEAUX (LES), f. et h. c^ne de Grainville.

BORDEAUX (LES), h. et f. c^ne de Leffard.

BORDEAUX (LES), h. c^ne de Saint-Denis-de-Méré.

BORDEAUX (LES), h. c^ne de Troarn. — *Bordelli, les Bordeaus*, 1230 (lib. rub. Troarn. p. 24).

BORDEL (LE), h. c^ne de Noyers.

BORDEL (LE), riv. qui se jette dans la Seulle, au-dessus de Tilly.

BONELLERIE (LA), h. c^ne de Fauguernon.

BOS (LE), h. c^ne de Burcy.

BOS (LE), h. c^ne de la Folletière-Abenon.

BOS (LE), h. c^ne de Marolles.

BOSC (LE), h. c^ne de Neuville.

BOSCAGE (LE), quart. c^ne d'Annebault.

BOSCAGE (LE), h. c^ne de Courtonne-la-Ville.

BOSC-BÂTON (LE), h. c^ne de Saint-Pierre-la-Vieille.

BOSC-BÉNARD (LE), h. c^ne de Clinchamps.

BOSC-BRUNET (LE), h. c^ne de Saint-Pierre-la-Vieille. — *Bosq-Brennet*, 1875 (état-major).

BOS-CAUTRU ou CÔTRU (LE), h. c^ne de Meulles. — *Bos-cautru*, 1198 (magni rotuli, p. 16, 2).

BOSC-D'AUNE (LE), h. c^ne de Neuilly-le-Malherbe.

BOSC-D'AUNE (LE), h. c^ne d'Ouffières.

BOSC-DE-FRESNE (LE), h. c^ne de Courtonne-la-Ville.

BOSC-HAMON (LE), h. c^ne de Saint-Pierre-la-Vieille. — *Boscus dictus Hamon*, 1284 (lib. rub. Troarn.).

BOSCHERIE (LA), h. c^ne de Landelles-et-Coupigny.

BOSCHERIE (LA), h. c^ne de Notre-Dame-de-Courson.

BOSC-HUE (LE), h. c^ne de Saint-Denis-de-Méré.

BOSC-L'ABBÉ (LE), h. c^ne de Courtonne-la-Ville.

BOSC-LE-VICOMTE (LE), h. c^ne de la Vespière.

Bosc-Robert (Le), vill. c^{ne} de la Vespière. — *Boscus Roberti*, 1259 (cart. de Friardel).

Bosc-Tesson (Le), h. c^{ne} de Lessard-et-le-Chêne.

Bosq (Le), chât. et f. c^{ne} d'Amayé-sur-Seulle.

Bosq (Le Grand et le Petit-), h. c^{ne} d'Anctoville.

Bosq (Le), f. c^{ne} d'Aunay.

Bosq (Le), h. c^{ne} de Burcy.

Bosq (Le), h. c^{ne} de Cheux.

Bosq (Le), h. c^{ne} de Commes.

Bosq (Le), h. c^{ne} de Condé-sur-Noireau.

Bosq (Le), h. c^{ne} de Croissanville.

Bosq (Le), h. c^{ne} de la Ferrière-Harang.

Bosq (Le), quart. c^{ne} de Heuland.

Bosq (Le), b. c^{ne} de la Hoguette.

Bosq (Le), h. c^{ne} de Littry.

Bosq (Le Petit-), h. c^{ne} de Littry.

Bosq (Le Grand et le Petit-), h. c^{ne} du Mesnil-Robert.

Bosq (Le), mⁱⁿ, c^{ne} de Neuilly-le-Malherbe.

Bosq (Le), mⁱⁿ, c^{ne} d'Ouffières.

Bosq (Le), h. c^{ne} de Saint-Vigor-des-Mézerets.

Bosq (Le), h. c^{ne} du Theil.

Bosq (Le), f. c^{ne} de Torteval.

Bosq (Le), f. c^{ne} de Truttemer-le-Grand.

Bosq-Bitot (Le), h. c^{ne} de Sept-Vents.

Bosq-Couet (Le), fief sis à Tourgéville, 1620 (fiefs de la vicomté d'Auge, p. 354).

Bosq-de-Fay (Le), h. c^{ne} d'Évrecy.

Bosq-Etard (Le), h. c^{ne} de Vasouy.

Bosq-Roger, fief, c^{ne} de Cléville. — *Boscus Rogerii*, 1266 (parv. lib. rub. Troarn. n° 81). — *Bosq-Rogier*, 1450 (arch. nat. P. 272, n° 344). — *Beau-Roger*, 1710 (fiefs de la vicomté de Caen, p. 2).

Bosqs (Les), h. c^{ne} d'Anctoville.

Bosquais (Le), h. c^{ne} de Cahagnes.

Bosquée (La), h. c^{ne} des Moutiers-en-Auge.

Bosquerie (La), h. c^{ne} de Saint-Georges-d'Aunay. — *Bocquerium*, 1155 (ch. de fondation d'Aunay, Neustria pia, p. 758).

Bosquet (Le), fief sis à Bonneville, 1620 (fiefs de la vicomté de Caen).

Bosquet (Le), h. c^{ne} du Breuil.

Bosquet (Le), h. c^{ne} de Campagnolles.

Bosquet (Le Petit-), c^{ne} de Campagnolles.

Bosquet (Le), écart, c^{ne} de Lassy.

Bosquet (Le), h. c^{ne} de Mutrécy.

Bosquet (Le), h. c^{ne} de Pont-Farcy.

Bosquet (Le), h. c^{ne} de la Roque.

Bosquet (Le), h. c^{ne} de Saint-Manvieu.

Bosquet (Le), écart, c^{ne} de Sainte-Marie-Laumont.

Bosquet (Le), h. c^{ne} de Sainte-Marie-Outre-l'Eau.

Bosquet (Le), h. c^{ne} de Vieuxpont. — *Bóquet*, 1848 (Simon).

Bosquets (Les), h. c^{ne} de Manneville-la-Pipard.

Bosquets (Les), h. c^{ne} de Saint-Jacques (Lisieux).

Bosquets (Les), f. c^{ne} de Villers-sur-Mer.

Bosquetterie (La), h. et f. c^{ne} du Pré-d'Auge. — *Bóquetterie*, 1848 (Simon).

Bosquiers (Les), h. c^{ne} de Bonneville-la-Louvet.

Bossenerie (La), h. c^{ne} de Clinchamps (Vire).

Bossy, chât. c^{ne} de Cesny-Bois-Halbout.

Botarel, h. c^{ne} du Theil.

Boteret, mⁱⁿ, c^{ne} du Mesnil-Mauger.

Boterie (La), h. c^{ne} de Burcy.

Botte (La), riv. affl. de la Dive.

Botté (Le), h. c^{ne} de la Roque (Vire). — *Botley*, 1848 (Simon).

Bottentuit, h. c^{ne} de Saint-Benoît-d'Hébertot.

Botteys (Les), h. c^{ne} d'Auvillars.

Bouchardière (La), h. c^{ne} de Bonneville-la-Louvet.

Bouchardière (La), h. c^{ne} de Champ-du-Boult.

Boucher (Le), h. c^{ne} de Dampierre.

Boucherie (La), h. c^{ne} de Clinchamps (arr. de Vire).

Boucherie (La), h. c^{ne} de Lassy.

Boucherie (Place de la), quart. c^{ne} de Livarot.

Boucherie (La), h. c^{ne} de Notre-Dame-de-Courson.

Boucherie (La), h. c^{ne} de Saint-Philbert-des-Champs.

Boudards (Les), h. c^{ne} du Brévedent.

Boudards (Les), vill. c^{ne} de Saint-Philbert-des-Champs.

Boudelaie (La), h. c^{ne} de Saint-Lambert.

Boudellières (Les), h. c^{ne} du Mesnil-Germain.

Bouderie (La), h. c^{ne} d'Aunay.

Bouderie (La), h. c^{ne} de Lingèvres.

Boudets (Les), h. c^{ne} de Boissey.

Boudevinière (La), h. c^{ne} de Beaumesnil.

Boudie (La), h. c^{ne} de Courvaudon.

Boudière (La), h. c^{ne} du Bény-Bocage.

Boudigny (Bac de), c^{ne} de Saint-Martin-de-Sallen.

Boudinière (La), h. c^{ne} des Authieux-sur-Calonne.

Boudinière (La), h. c^{ne} de Saint-Hymer.

Boudinière (La), h. c^{ne} de Saint-Lambert.

Boudinière (La), h. c^{ne} de Tortisambert.

Boudiniers (Les), h. c^{ne} d'Esson.

Boudiniers (Les), h. et mⁱⁿ, c^{ne} de Saint-Martin-de-Sallen.

Bouet (Le), h. c^{ne} de Cristot.

Bouffardière (La), h. c^{ne} de Beaumais.

Bouffardière (La), h. c^{ne} de Guéron.

Bouffay (Le), h. c^{ne} de Commes.

Bouganière (La), h. c^{ne} des Isles-Bardel.

Bougis, h. c^{ne} de Mittois.

Bougonnerie (La), h. c^{ne} d'Ondefontaine.

Bougrie (La), h. c^{ne} de Clinchamps (Vire).

Bougrie (La), h. c^{ne} de Saint-Manvieu (Vire).

Bougy, c^on d'Évrecy. — *Bolgi, Bolgeium,* 1086 (cart. de la Trinité). — *Bougei,* xie s^e (enquête sur l'évê- ché de Bayeux). — *Bogeium,* 1195 (magni rotuli, p. 80). — *Bougeium,* 1198 (*ibid.*). — *Bougey,* 1272 (ch. de Saint-Étienne de Fontenay, p. 124). — *Bougé,* 1277 (cart. norm. n° 904, p. 218). — *Bougie, Bougye,* 1475 (tempor. de l'évêché de Bayeux).

Par. de Saint-Pierre; patr. le roi, puis le sei- gneur. Dioc. de Bayeux, doy. d'Évrecy. Génér. de Caen, sergent. d'Évrecy.

Le fief *Patry,* sis à Bougy et relevant de la ba- ronnie de Douvres, 1460 (temporel de l'évêché de Bayeux), fut érigé en marquisat en 1661.

Bougy, f. c^ne de Biéville.

Bougy, h. c^ne de Mittois.

Bouillante (La), h. c^ne de Viessoix.

Bouillaye (La), h. et f. c^ne de Landelles-et-Coupigny.

Bouille (La), h. c^ne de Saint-Germain-de-Tallevende.

Bouille (La), h. c^ne de la Vacquerie.

Bouillerie (La), h. c^ne d'Estry.

Bouillerie (La), h. c^ne de Planquery.

Bouillets (Les), h. c^ne de Landelles-et-Coupigny.

Bouillette (La), h. c^ne de Pennedepie.

Bouillette (La), h. c^ne de Vasouy.

Bouillière (La), h. c^ne de Lénault.

Bouillières (Les), h. c^ne de Montchamp.

Bouillon (Le), f. c^ne de la Cambe.

Bouillon (Le), h. c^ne de Colombières.

Bouillon (Le), h. c^ne de Courson.

Bouillon (Le), h. et m^in, c^ne de Courvaudon.

Bouillon (Le), h. c^ne de Lassy.

Bouillon (Le), h. c^ne de Saint-Germain-de-Tallevende.

Bouillon (Le), h. c^ne de Saint-Loup-Hors.

Bouillon (Le), h. c^ne de Saint-Martin-des-Besaces.

Bouillon (Le), h. c^ne de Vassy.

Bouillons (Les), h. c^ne d'Aunay.

Bouillons (Les), h. c^ne de Jurques.

Bouillons (Les), h. c^ne de Martainville.

Bouillons (Les), h. c^ne de Saint-Martin-des-Besaces.

Bouilly, h. c^ne de Condé-sur-Noireau.

Bouilly, h. c^ne de Saint-Denis-de-Méré.

Bouisselière (La), h. c^ne de Champ-du-Boult.

Boulais (Les), h. c^ne de Culey-le-Patry.

Boulais (Les), h. c^ne de la Hoguette.

Boulardière (La), h. c^ne de Montbertrand.

Boulaye (La), h. c^ne d'Auquainville.

Boulaye (La), h. c^ne de Bonneuil.

Boulaye (La), h. c^ne du Breuil.

Boulaye (La), h. c^ne de Cerqueux.

Boulaye (La), h. c^ne de Courtonne-la-Meurdrac.

Boulaye (La), h. c^ne de Courtonne-la-Ville.

Boulaye (La), h. c^ne du Détroit.

Boulaye (La), h. c^ne de Fauguernon.

Boulaye (La), h. c^ne du Gast.

Boulaye (La), h. c^ne de Montchauvet.

Boulaye (La), h. c^ne du Tourneur.

Boulements (Les), h. c^ne de Janville.

Boulet ou Bouley-aux-Chats (Le), h. c^ne de Chêne- dollé.

Boulets (Les), h. c^ne d'Auquainville.

Boulets (Les), h. c^ne de Longraye.

Boulevard (Le), h. c^ne de Croissanville.

Boulèvre, h. c^ne de Saint-Martin-de-Tallevende.

Bouley (Le), f. c^ne de Cerqueux.

Bouley (Le), h. c^ne de Genneville. — Fief mouvant de la baronnie de Roncheville, ayant son chef assis à Genneville.

Bouley-Hubert (Le), h. c^ne de Chênedollé.

Boulier, h. c^ne de Roullours.

Bouliesse, h. c^ne de Norrey.

Bouliesse, h. c^ne de Saint-Manvieu.

Boulinière (La), h. c^ne de Saint-Arnoult.

Boulle, fief assis à Montchauvet. — Voy. Mont- chauvet.

Boulletière (La), h. c^ne de Saint-Martin-de-Sallen.

Boulley, fief sis à Saint-Germain-de-Livet, 1620 (fiefs de la vicomté d'Auge).

Boulogne, f. c^ne d'Englesqueville.

Boulon, c^on de Bretteville-sur-Laize. — *Bolun,* 1070 (ch. de l'abb. de Fontenay). — *Bolon,* 1219 (ch. de Barbery, n° 249). — *Boullon,* 1475 (dénombr. de l'évêché de Bayeux).

Par. de Saint-Pierre, patr. l'abbé de Fontenay. Dioc. de Bayeux, doy. de Cinglais. Génér. et élect. de Caen, sergent. de Bretteville-sur-Laize. Cha- pelle *Saint-Louis de Maupas* dans la même pa- roisse.

Les hameaux de Céléry et de Gableblanc, qui dépendaient de Fresney-le-Puceux, ont été réunis à Boulon en 1860. — Quart de fief relevant de la seigneurie de Saint-Vaast, appartenant à la baron- nie de Saint-Vigor-le-Grand.

Boulon, h. c^ne du Fournet.

Boulot (Le), h. c^ne des Loges.

Boulouse, h. c^ne de Soignolles.

Bouque-d'Elle (La), h. c^ne de Lison.

Bouquet (Le), h. c^ne de Rapilly.

Bouquet-de-Mathan (Le), m^on isolée, c^ne de Maison- celles-Pelvey.

Bouquetot, h. c^ne de Clarbec. — *Bouketot,* 1198 (magni rotuli, p. 78, 2).

Vavassorie ou huitième de fief de la baronnie de Roncheville.

BOUQUETS (LES), f. c^{ne} du Pré-d'Auge.

BOUQUETS (LES), h. c^{ne} d'Ouville-la-Bien-Tournée.

BOURANNERIE (LA), h. c^{ne} de Neuilly.

BOURBES (LES), h. c^{ne} de la Chapelle-Engerbold.

BOURBES (LES), h. c^{ne} de Courtonne-la-Meurdrac.

BOURBILLON, h. et mⁱⁿ, c^{ne} d'Allemagne. — *Li molins de Borbillon*, 1155 (Wace). — *Borbeillon*, 1190 (ch. de Saint-Étienne de Caen).

BOURBILLON, h. c^{ne} du Mesnil-Auzouf.

BOURBILLONS (LES), h. c^{ne} d'Estry.

BOURDAINES (LES), h. c^{ne} de Champ-du-Boult.

BOURDELLERIE (LA), h. c^{ne} de Courtonne-la-Meurdrac.

BOURDELLIÈRE (LA), h. c^{ne} de Bernesq.

BOURDELLIÈRE (LA), h. c^{ne} de Presles. — *Bourdelière*, 1848 (Simon).

BOURDELLIÈRE (LA), h. c^{ne} de Saint-Martin-de-la-Lieue.

BOURDERIE (LA), h. c^{ne} de Saint-Pierre-du-Fresne.

BOURDOINS (LES), h. c^{ne} de Quetteville.

BOURDON, h. c^{ne} de Saint-Martin-de-Mailloc.

BOURDON, h. c^{ne} de Saint-Pierre-de-Mailloc.

BOURDONNIÈRE (LA), h. c^{ne} de Crocy.

BOURDONNIÈRE (LA), h. c^{ne} d'Espins.

BOURDONNIÈRE (LA), f. c^{ne} d'Orbec.

BOURDONNIÈRE (LA), h. c^{ne} du Tourneur. — *Burdoneria*, 1158 (bulle d'Adrien IV pour Saint-Sever; arch. du Calvados).

BOUREYS (LES), h. c^{ne} de Clécy.

BOURG (LE), h. c^{ne} de Danestal.

BOURG (LE), f. c^{ne} de Montchamp.

BOURG (LE), f. c^{ne} de Pierres.

BOURG (LE), h. c^{ne} du Reculey.

BOURG (LE), f. c^{ne} de Rully.

BOURG (LE), f. c^{ne} de Saint-Georges-d'Aunay.

BOURG (LE), h. c^{ne} de Saint-Germain-de-Bienfaite.

BOURG (LE), h. c^{ne} de Saint-Omer.

BOURG (LE), h. c^{ne} de Sept-Vents.

BOURGADE (LA), h. c^{ne} de Sainte-Marguerite-de-Viette.

BOURGANIÈRE (LA), h. c^{ne} des Isles-Bardel.

BOURG-CHANTREUIL (LE), h. c^{ne} d'Annebecq.

BOURGEAIS (LE), h. c^{ne} de Cahagnolles. — *Borgees*, 1261 (cart. de Friardel).

BOURGEAIS (LE), h. c^{ne} de Saint-Paul-du-Vernay.

BOURGEAUVILLE, c^{on} de Dozulé. — *Borguealvilla*, *Borguenvilla*, *Borgelvilla*, 1198 (magni rotuli, p. 86, 2). — *Burgeelvilla*, 1269 (cart. norm. n° 767, p. 175). — *Burgevilla*, 1270 (livre blanc de Troarn, 5ᵉ ch. de fondation). — *Bolgevilla*, *Bourgeauvilla*, *Bourgueauvilla*, xivᵉ siècle (pouillé de Lisieux, p. 53).

Par. de Saint-Martin, patr. le seigneur. Dioc. de Lisieux, doy. de Beaumont. Génér. de Rouen, élect. de Pont-l'Évêque, sergent. de Beaumont.

Quart de fief relevant de la vicomté d'Orbec. Autre quart de fief relevant de la Chapelle-Bayvel, 1620 (fiefs de la vicomté d'Auge).

BOURGEOISE (LA), h. c^{ne} de Montchauvet.

BOURGEOISIE (LA), h. c^{ne} de Ranchy.

BOURGEOISIE (LA), h. c^{ne} de Saint-Germain-du-Crioult.

BOURGEOTERIE (LA), h. c^{ne} de Saint-Aubin-sur-Algot.

BOURGERIE (LA), vill. c^{ne} de Blangy.

BOURGERIE (LA), h. c^{ne} de Saint-Aubin-des-Bois.

BOURG-JEAUNE (LE), h. c^{ne} de Vaudry.

BOURG-JOLI (LE), h. c^{ne} de Bonnemaison.

BOURG-L'ABBÉ (LE), faubourg de Caen. — *Burgus Cadomi*, 1086 (cart. de la Trinité). — *Burgus Sancti Stephani*, 1190 (ch. de Richard Cœur-de-Lion pour Saint-Étienne).

Ce bourg avait été donné en 1066 par Guillaume le Conquérant à l'abbaye de Saint-Étienne : « *Totum burgum in quo monasterium Sancti Stephani construitur.* » Le fief *Pend-Larron*, dont le chef était assis à Saint-Ouen-de-Villers, paroisse du Bourg-l'Abbé, était assujetti à fournir un bourreau. L'abbaye s'en racheta au moyen d'une rente annuelle de 16 livres (Hist. de l'abb. de Saint-Étienne de Caen, p. 114).

BOURG-L'ABBÉ (LE), h. c^{ne} de Villers-Canivet.

BOURG-L'ABBESSE, à Caen. — *Burgus dominæ Abbatissæ* 1280 (cart. de la Trinité, p. 120). Voy. VAUCELUX.

BOURG-LOPIN (LE), h. c^{ne} de Neuville.

BOURG-LOPIN (LE), h. c^{ne} de Vaudry.

BOURGNEUF (LE), h. c^{ne} de Bavent.

BOURGNEUF (LE), h. c^{ne} de Bonnemaison.

BOURGNEUF (LE), h. c^{ne} de Chicheboville.

BOURGNEUF (LE), h. c^{ne} de Morteaux-Coulibœuf.

BOURGNEUF (LE), h. c^{ne} de Ranville.

BOURGNEUF (LE), h. c^{ne} de Saint-Aubin-des-Bois.

BOURGNEUF (LE), h. c^{ne} de Vaudeloges.

BOURGNEUF (LE), f. c^{ne} de Vendeuvre.

BOURGNEUF (LE), h. c^{ne} de Versainville.

BOURGONNERIE (LA), h. c^{ne} de Saint-Martin-des-Besaces.

BOURGS (LES), h. c^{ne} de Saint-André-d'Hébertot.

BOURGS-NEUFS (LES), h. c^{ne} de Morteaux-Coulibœuf.

BOURGUAIS (LE), h. c^{ne} de Courson.

BOURGUÉBUS, ch.-l. de c^{on}, arrond. de Caen. — *Borgesbu*, v. 1078 (ch. d'Odon, évêque de Bayeux, pour Saint-Étienne de Caen). — *Burgesbu*, 1172 (ch. de Saint-Étienne de Caen). — *Borguesbu*, 1198 (magni rotuli, p. 74). — *Bourgesbu*, 1210 (ch. d'Innocent III pour l'Hôtel-Dieu de Caen, appartenant à l'abb. de Saint-Étienne de Caen). — *Borguebutum*, 1297 (ch. de Saint-Étienne de Fontenay, n° 316). — *Bourguebu*, *Burguesbu*, xivᵉ s^e (livre pelut de Bayeux). — *Bourguebus*, 1453 (arch. nat. P. 271, n° 189).

Par. de Saint-Vigor, patr. le prieur de Saint-Nicolas de la Chesnaye. Dioc. de Bayeux, doy. de Vaucelles. Génér. et élect. de Caen, sergent. d'Argences.

Le prieuré de Saint-Germain de Criquetot, dans cette paroisse, a dépendu d'abord du prieuré des Deux-Amants, puis des jésuites de Rouen, puis enfin de l'évêque de Bayeux. — La chapelle de Saint-Jean de la Hogue, même paroisse, dépendait du prieuré de Saint-Nicolas de la Chesnaye.

Fief de Bourguébus ou de *Biville*, dans la vicomté de Falaise et la sergenterie de Breteuil, s'étendant à Bourguébus. Quart de fief de *la Hogue*, 1310 (ch. de l'abb. de Fontenay). Huitième de fief de *la Marre*. Huitième de fief d'*Escoville* et *Guillerville*, tenu par Cardon-Guérin en 1586 (fiefs de la vicomté de Caen).

BOURGUEVILLE, h. cⁿᵉ de Carpiquet. — *Burguevilla*, 1172 (ch. de Rotrou en faveur de Saint-Étienne).

BOURGUIGNOLES, h. et chât. cᵈᵉ de Saint-Désir. — *Bourguanoliœ*, *Bourgaignoles*, xivᵉ siècle (pouillé de Lisieux, p. 18).

BOURGUILLONNIÈRE (LA), h. cⁿᵉ de Truttemer-le-Grand. — *Bourguignonnière*, 1848 (Simon).

BOURLAGEUIL (LE), cⁿᵉ de Pleines-OEuvres. — *Bourlajeul*, 1848 (Simon).

BOURLOTIN (LE), h. cⁿᵉ de Carville.

BOURLOTIN (LE), h. cⁿᵉ de Montchamp.

BOURLOTIN (LE), h. cⁿᵉ de Saint-Sever.

BOURON, huitième de fief assis à Saint-Clair et Saint-Samson, 1620 (fiefs de la vicomté d'Auge).

BOURQUERIE (LA), h. cⁿᵉ du Pré-d'Auge.

BOURREAUX (LES), vill. cⁿᵉ de Blangy.

BOURRELIÈRE (LA), h. cⁿᵉ de Saint-Marcouf.

BOURRIENNIÈRE (LA), vill. cⁿᵉ de Saint-Remy.

BOURSANNERIE (LA), f. cⁿᵉ de Neuilly.

BOURSERIE (LA), h. cⁿᵉ de Danvou.

BOURSIERS (LES), h. cⁿᵉ de Varaville.

BOURSIGNY (LE GRAND et LE PETIT-), h. cⁿᵉ de Truttemer-le-Grand. — *Boussigny*, 1848 (Simon).

BOURTOT, h. cⁿᵉ de Clarbec.

BOURY, h. cⁿᵉ de Noron (Bayeux).

BOUSSE (LA), h. cⁿᵉ de Saint-Sever.

BOUSSIÈRES (LES), h. cⁿᵉ du Détroit. — *Bousseria*, 1267 (ch. de Friardel).

BOUSSIGNY, cours d'eau affluent de la Drôme.

BOUSSIGNY (LE GRAND et LE PETIT-), h. cⁿᵉ de Cahagnes.

BOUSSIGNY, f. cⁿᵉ de Littry. — Fief incorporé en 1768 au marquisat de Tilly-d'Orceau.

BOUSSIGNY, vill. et mⁱⁿ, cⁿᵉ de Saint-Martin-de-Sallen. — Fief s'étendant à Fontenay-le-Pesnel et aux environs, 1603 (aveux de la vicomté de Bayeux).

BOUT (LE), h. cⁿᵉ de Soignolles.

BOUT-À-CAPRON (LE), h. cⁿᵉ de Maizières.

BOUT-ADELINE (LE), h. cⁿᵉ du Fresne-Camilly.

BOUT-AU-MESNIL (LE), éc. cⁿᵉ de Louvigny.

BOUT-AU-ROI (LE), h. cⁿᵉ de Maizières.

BOUT-AUX-HUES (LE), h. cⁿᵉ de Plumetot.

BOUT-AUX-MERCIERS (LE) ou LA ROCHELLE, h. cⁿᵉ de Fourches.

BOUT-BASSET (LE), h. cⁿᵉ de Plumetot.

BOUT-BAYEUX (LE), h. cⁿᵉ du Fresne-Camilly.

BOUT-BAYEUX (LE), h. cⁿᵉ de Thaon.

BOUT-BAZIRE (LE), h. cⁿᵉ de Saint-Côme-de-Fresné.

BOUT-BESNARD (LE), h. cⁿᵉ de Neuilly.

BOUT-BESNARD (LE), h. cⁿᵉ de Saint-Manvieu.

BOUT-BOULOUSE (LE), h. cⁿᵉ de Soignolles.

BOUT-CACHARD (LE), h. cⁿᵉ de Lantheuil.

BOUT-CACHARD (LE), h. cⁿᵉ de Saint-Gabriel.

BOUT-CACHARD (LE), h. cⁿᵉ de Secqueville-en-Bessin.

BOUT-CACHARD (LE), h. cⁿᵉ de Vaux-sur-Seulle.

BOUT-CAGNÉ (LE), quart. cⁿᵉ de Lion-sur-Mer.

BOUT-DE-BAS (LE), h. cⁿᵉ de Villy.

BOUT-DE-BLED (LE), quart. cⁿᵉ de Lion-sur-Mer.

BOUT-DE-BURON (LE), h. cⁿᵉ de Buron.

BOUT-DE-COUET (LE), h. cⁿᵉ de Basly.

BOUT-DE-DESSOUS (LE), h. cⁿᵉ de Cossesseville.

BOUT-DE-DESSOUS-LES-FRÈNES (LE), quart. cⁿᵉ de Giberville.

BOUT-DE-GOUVIX (LE), h. cⁿᵉ de Cintheaux.

BOUT-DE-HAUT (LE), h. cⁿᵉ de Blainville.

BOUT-DE-HAUT (LE), h. cⁿᵉ de Fontenay-le-Marmion.

BOUT-DE-HAUT (LE), h. cⁿᵉ de Versainville.

BOUT-DE-LA-FOSSE-À-TERRE (LE), h. cⁿᵉ de Giberville.

BOUT-DE-LA-HAUTE-ROUTE (LE), quart. cⁿᵉ d'Angoville.

BOUT-DE-LA-HAUTE-ROUTE (LE), h. cⁿᵉ de Giberville.

BOUT-DE-LA-VILLE (LE), h. cⁿᵉ de Cormelles.

BOUT-DE-LA-VILLE (LE), h. cⁿᵉ de Martragny.

BOUT-DE-L'ÉGLISE (LE), h. cⁿᵉ d'Amblie.

BOUT-D'ERNE (LE), h. cⁿᵉ d'Erne.

BOUT-DE-ROSEL (LE), h. cⁿᵉ de Cairon.

BOUT-DES-CERFS (LE), h. cⁿᵉ de Saint-Pierre-Canivet.

BOUT-DES-CHAMPS (LE), h. cⁿᵉ de Saint-Jean-le-Blanc.

BOUT-DES-PORÉES (LE), h. cⁿᵉ d'Amblie.

BOUT-DES-TINARDS (LE), h. cⁿᵉ de Saint-Germain-le-Vasson.

BOUT-DU-BAS (LE), h. cⁿᵉ de Bénouville.

BOUT-DU-MILIEU (LE), h. cⁿᵉ de Giberville.

BOUT-DU-MUR (LE), h. cⁿᵉ de Giberville.

BOUT-DU-RÉCARD (LE), h. cⁿᵉ de Cagny.

BOUT-DU-VILLAGE (LE), h. cⁿᵉ de Garnetot.

BOUTEILLERIE (LA), f. cⁿᵉ de Saint-Étienne-la-Thillaye.

BOUTEILLERIE (LA), h. cⁿᵉ de Saint-Denis-de-Mailloc.

BOUT-ÈS-BOUETS (LE), h. cⁿᵉ de Cristot.

Bout-ès-Viel (Le), h. c^ne de Villers-Canivet.

Bout-Ferrières (Le), h. c^ne de Douvres.

Bout-Flambart (Le), h. c^ne d'Hermanville.

Bout-Fleury (Le), h. c^ne d'Angoville.

Bout-Fleury (Le), h. c^ne d'Auvillars.

Bout-Fourné (Le), f. c^ne de Clécy.

Bout-Grain (Le), h. c^ne de Ver.

Bout-Grivet (Le), h. c^ne de Luc.

Bout-Hébert (Le), h. c^ne du Manoir.

Boutière (La), h. c^ne de Campagnolles.

Boutillerie (La), h. c^ne de Courson.

Boutillis (Les), h. c^ne de Saint-Denis-de-Mailloc. — *Boteillis*, 1198 (magni rotuli, p. 55, 2).

Boutinière (La), h. c^ne de Saint-Pierre-Tarentaine.

Bout-l'Abbé (Le), h. c^ne du Mesnil-Patry.

Bout-Mauny (Le), h. c^ne de Luc.

Boutonnerie (La), h. c^ne de Roques (Lisieux).

Bout-Pelcoq (Le), h. c^ne de Juaye-Mondaye.

Bout-Perdu (Le), h. c^ne de Périers (Caen).

Boutran, h. c^ne de Livarot.

Bout-Renard (Le), h. c^ne du Fresne-Camilly.

Bout-Roussin (Le), h. c^ne de Saint-Germain-le-Vasson.

Boutry, f. c^ne de Bernières-le-Patry.

Bout-Souverain (Le), h. c^ne de Reviers.

Bouttemont, c^ne réunie à Ouilly-le-Vicomte en 1824. — *Botemont*, 1198 (magni rotuli p. 51). — *Boutemont*, xviiie s^e (Cassini).

Par. de Saint-Lubin, patr. le seigneur. Dioc. de Lisieux, doy. de Touque. Génér. de Caen, élect. de Lisieux, sergent. de May. Fief mouvant de la baronnie de Roncheville.

Bout-Terrier (Le), h. c^ne de Lion-sur-Mer.

Bout-Vasnier (Le), h. c^ne de Lion-sur-Mer.

Bouverie (La), h. c^ne de Brucourt.

Bouverie (La), h. c^ne de Notre-Dame-de-Courson.

Bouverie (La), h. c^ne de Villers-Canivet. — *Molendinum de Boeveria*, 1247 (ch. de Saint-André-en-Gouffern, p. 707).

Bouvet (Le), h. c^ne de Dampierre.

Bouvet (Le), h. c^ne de Saint-Jean-des-Essartiers.

Bouvets (Les), h. c^ne de Boissey.

Bouvray, h. c^ne de Coulonces.

Bouvrette (La), h. c^ne de Hottot (Bayeux).

Bovatelle (La), h. c^ne du Theil (Vire).

Bove (La), h. c^ne de la Brévière.

Bove (La), h. c^ne de Lisores.

Bove (La), h. c^ne de Livarot.

Boves (Les), quart. h. c^ne du Mesnil-Simon.

Boves (Les), h. c^ne de Saint-Georges-en-Auge.

Bracqueville, h. c^ne de Bény-sur-Mer. — *Brachevilla*, 1190 (ch. de Saint-Étienne de Caen). — *Braquevilla*, 1267 (*ibid.*).

Brafil, f. c^ne de Saint-Ouen-le-Pin.

Braguette (La), h. c^ne de Saint-Pair-du-Mont.

Brahot, h. c^ne de Saint-Germain-du-Pert.

Braie, h. c^ne de Coulonces.

Brairie (La), f. c^ne de Glos.

Braiserie (La), h. c^ne de Saint-Sever. — *Bracherie*, 1848 (Simon).

Branche (La), f. c^ne de Cricqueville.

Brandel, h. f. et m^in, c^ne de Maisons.

Brandonière (La), h. c^ne de Courson. — *Brandonnière*, 1848 (Simon).

Branle, h. c^ne de Cossesseville.

Branville, c^on de Dozulé. — *Branda Villa*, 1030 (pouillé de Lisieux, p. 44, note 2). — *Branvilla*, *Brandevilla*, xive siècle (*ibid.*).

Par. de Saint-Germain, aujourd'hui Saint-Martin; patr. l'abbé de Sainte-Catherine-du-Mont, puis les Chartreux de Gaillon. Dioc. de Lisieux, doy. de Beaumont. Génér. de Rouen, élect. de Pont-l'Evêque, sergent. de Beaumont. Manoir dit de la *Montagne*, 1620 (fiefs de la vicomté d'Auge).

Fief de la vicomté d'Auge, ressortissant à la sergenterie de Dive.

Branville, h. c^ne de Subles.

Braquetière (La), h. c^ne de Cauville.

Bras, h. c^ne d'Ifs-lès-Allemagne, anciennement réunie à Ifs. — *Bracium*, 1077 (ch. de fondation de Saint-Étienne). — *Brachium*, 1177 (bulle d'Alexandre III pour Saint-Étienne de Caen). — *Braz*, 1180 (magni rotuli, p. 55). — *Brachts*, 1228 (ch. de l'abb. de Fontenay). — *Brachia*, 1315 (*ibid.* n° 180).

Par. de Saint-Léonard, patr. l'abbé de Saint-Étienne de Caen. Dioc. de Bayeux, doy. de Vaucelles. Génér. et élect. de Caen, sergent. d'Argences.

Bras-d'Or (Le), h. c^ne de Biéville (Lisieux).

Brassardière (La), h. c^ne de Caumont-l'Éventé.

Brasserie (La), h. c^ne de Bonneville-la-Louvet.

Brasserie (La), f. c^ne de Caumont.

Brasserie (La), h. c^ne de Saint-Martin-de-Tallevende.

Brauchardière (La), h. c^ne de Saint-Aubin-des-Bois.

Braudière (La), h. c^ne de Lessard-et-le-Chêne.

Braux (Les), h. c^ne de Gonneville-sur-Merville.

Bray, h. c^ne de Colleville-sur-Mer.

Bray, chât. c^ne de la Ferrière-au-Doyen.

Bray, h. c^ne de Fontaine-le-Pin.

Bray, h. c^ne de Lasson.

Bray, h. c^ne de Secqueville-en-Bessin.

Braye, h. c^ne de Campagnolles.

Braye, f. c^ne de Coulonces.

Bray-en-Cinglais, c^ne réunie à Fontaine-le-Pin en 1835. — *Braium*, 1177 (ch. de Sainte-Barbe, n° 221). — *Brai-en-Cinguelays*, v. 1250 (magni rotuli, p. 174). — *Bray in Chinguelaiz*, 1371 (assiette de la vicomté de Caen). — *Bray in Cingalis*, xiv° siècle (taxat. decim. dioc. Baioc.).

Par. de Saint-Aubin, patr. le prieur de Sainte-Barbe. Dioc. de Bayeux, doy. de Vaucelles. Génér. d'Alençon, élect. de Falaise, sergent. des Bruns.'

Brayerie (La), h. c°° de Saint-Sever.

Bray-la-Campagne, c°° de Bretteville-sur-Laize. — *Braeium*, 1077 (ch. de Saint-Étienne). — *Bray-en-la-Campagne*, 1371 (visite des forteresses). — *Bray-la-Campaigne*, 1405 (assiette de la vicomté de Caen).

Par. de Saint-Jean-Baptiste, prieuré-cure; patr. le prieur de Sainte-Barbe-en-Auge. Dioc. de Bayeux, doy. de Vaucelles. Génér. d'Alençon, élect. de Falaise, sergent. de Breteuil.

Brays (Les), h. c°° d'Écrammeville. — *Braiie*, xiii° s° (ch. de Saint-André-en-Gouffern, n° 116).

Bréardière (La Grande et la Petite-), h. c°° de Truttemer-le-Grand.

Brébeuf, quart de fief assis à Condé-sur-Vire, 1595 (aveux de la vicomté de Bayeux).

Brébeuf, f. c°° de Vacognes. — *Braibou*, 1198 (magni rotuli, p. 25). — *Brébeuf*, 1490 (cart. d'Ardennes).

Fief dont le chef était assis à Coulon, Rucqueville, Brécy, Sommervieu et Quesnay, 1686 (fiefs de la vicomté de Caen).

Brébion, h. c°° du Mesnil-Robert.

Brèche-au-Diable (La) ou Mont Joly, rocher et éminence à Saint-Quentin-Tassilly, sur lequel a été construit le mausolée de Marie Joly.

Brèche-aux-Bois (La), f. c°° de Criquebœuf.

Brèche-aux-Oies (La), h. c°° de Monts.

Brèche-de-Beuzeville (La), h. c°° de Saint-Gatien.

Brèche-des-Bois (La), h. c°° de Pennedepie.

Brèche-des-Ribets (La), h. c°° de Saint-Jean-le-Blanc.

Brèche-du-Buisson (La), h. c°° de Notre-Dame-de-Courson.

Brécourt, m°°, c°° de Notre-Dame-d'Estrées.

Brécourt, f. c°° d'Ouville-la-Bien-Tournée.

Brecqueville, h. c°° de Robehomme.

Brecsabdière (La), h. c°° de Monthertrand.

Brécy, c°° de Creully. — *Breceium*, 1082 (cart. de la Trinité). — *Brecye*, 1138 (cart. d'Ardennes). — *Brecie*, 1195 (magni rotuli, p. 60). — *Brecheium*, xiv° s° (taxat. decim. dioc. Baioc.). — *Brechie*, 1377, quart de fief (arch. nat. P. 271, n° 31). — *Brechy*, 1377 (chap. de Bayeux, rôle 202). — *Bressy*, 1686 (aveux de la vicomté de Caen).

Réuni pour le culte à Saint-Gabriel.

Prieuré-cure de Notre-Dame, patr. le chanoine de Brécy. Dioc. de Bayeux, doy. de Creully. Génér. et élect. de Caen, sergent. d'Évrecy. Léproserie de Saint-Aubin-des-Champs à Brécy.

Brécy, h. c°° de Saint-Jean-des-Essartiers.

Brefdents (Les), h. c°° du Pin.

Breffet, h. c°° de Saint-Gatien. — *Brefet*, 1848 (Simon).

Bréhat, h. c°° de Saint-Germain-du-Pert.

Bréhaudière (La), h. c°° de Blangy.

Brémesnil, h. c°° de Vassy.

Brémonnière (La), h. c°° de la Villette.

Brémont, m°° isolée, c°° de Sainte-Marie-Laumont.

Brémoy, c°° d'Aunay. — *Bremoest*, xiv° siècle (livre pelut de Bayeux). — *Bremoost*, xiv° siècle (taxat. decim. dioc. Baioc.).

Par. de Saint-Jean-Baptiste, auj. Notre-Dame; patr. le seigneur. Dioc. de Bayeux, doy. de Vire. Génér. de Caen, élect. de Vire, sergent. du Tourneur.

Le fief de Brémoy ressortissait à la haute justice de Vassy. La seigneurie était possédée autrefois par la famille Néel de Tierceville. — *Butte de Brémoy*, éminence fort élevée à l'extrémité de cette commune. Près de Brémoy se trouve la terre de *la Fosse*, qui rappelle le souvenir de Le Pelletier, seigneur de la Fosse, qui prit part aux États de Blois avec Vauquelin de la Fresnaye.

Brémoy, fief de la paroisse de Cléville, au hameau de Haut-Perreur, 1614 (aveux de la vicomté de Caen).

Brénons, f. c°° de Sainte-Marie-Laumont.

Bréoles (Les), h. c°° de Banville. — *Braioles*, xvi° s° (ch. de l'abb. de Fontenay, n° 9).

Bressis, h. c°° d'Esquay.

Bressis (Le), h. c°° du Tourneur.

Bret (Le), h. c°° de Magny.

Bretel, h. c°° de Fresné-la-Mère. — *Bretheil*, 1082 (cart. de la Trinité). — *Bretet*, 1848 (Simon).

Breteuil (auj. dép' de l'Eure), sergenterie de la vicomté de Falaise, fief et franc-alleu, comprenait les territoires de Guibray, Ernes, Airan, Bray-la-Campagne, Saint-Martin-du-Bois, la Hogue, Fierville-la-Campagne, Mesnil-Oger, le Ham, Saint-Sauveur-de-Dive, Auberville, Cesny-aux-Vignes, la Chapelle-Onfray, Croissanville, la Boissière, Douville, Quatre-Puits, Beuzeval.

Bretocqs (Les), h. c°° de Glanville.

Bretonnerie (La), h. c°° d'Agy.

Bretonnerie (La), h. c°° du Bény-Bocage.

Bretonnerie (La), h. c°° de Littry.

Bretonnerie (La), h. c°° de Saint-Pierre-des-Ifs.

Bretonnière (La), chât. c°° d'Aignerville.

Bretonnière (La), h. c°° de Campagnolles.

Bretonnière (La), h. c^ne de Monts.

Bretonnière (La), h. c^ne de Neuville.

Bretonnière (La), h. c^ne de Notre-Dame-de-Courson.

Bretonnière (La), h. c^ne de Saint-Pierre-des-Ifs.

Bretonnière (La), h. c^ne du Theil (Vire).

Bretonnière (La), h. c^ne de Truttemer-le-Grand.

Bretonnière (La), h. c^ne de Vassy.

Bretonnières (Les), b. c^ne de la Folie.

Brette (La), h. c^ne de Magny-le-Freule.

Bretteville, h. c^né de Blay.

Bretteville, f. c^be de Crouay.

Bretteville, h. c^ne de Sainte-Honorine-du-Fay.

Bretteville-le-Rabet, c^on de Bretteville-sur-Laize. — *Breteville-Larabel,* 1250 (Mannier, p. 472). — *Bretevilla dicta Larabella,* 1260 (*ibid.* p. 473). — *Bretainvilla-la-Rabel,* 1266 (*ibid.* p. 468). — *Bretevilla-la-Rabel,* xiiie siècle (ch. de Saint-André-en-Gouffern, n° 65). — *Breteville-la-Rabel,* 1307 (inventaire du mobilier des Templiers de Caen). — *Brestaville-la-Rabelle,* 1373 (Mannier, p. 466). — *Britavilla-la-Rabet,* xive siècle (livre pelut de Bayeux). — *Bretteville, Bretheville-l'Arrabel,* 1453 (arch. nat. P. 271, n° 186). — *Berteville-Rabet,* xviiie s^e (Cassini).

Par. de Saint-Lô, patr. le prieur du Plessis-Grimoult. Dioc. de Bayeux, doy. de Vaucelles. Génér. de Caen, élect. de Falaise, sergent. de Tournebu. Commanderie de l'ordre du Temple existant dès 1250; après la suppression des Templiers, elle passa à l'ordre de Saint-Jean de Jérusalem (Mannier, p. 465-475).

Fief mouvant de la vicomté de Falaise, 1455 (aveu de Raoul de Bateste); autre fief mouvant de la baronnie de Gouvix. Ancien château sur la rive gauche de la rivière de Soquence, ayant appartenu à la famille de Roncherolles.

Bretteville-l'Orgueilleuse, c^on de Tilly-sur-Seulle. — *Brittivilla,* 1077 (ch. de Saint-Étienne de Caen). — *Bretevilla Orguillosa,* 1078 (*ibid.*). — *Britivilla Orgullosa,* 1082 (*ibid.*). — *Bretevilla Orgoillosa,* 1158 (*ibid.*). — *Brithivilla Orgoilloza, Orguilloza,* 1161 (*ibid.*). — *Bretevilla Orgoillose,* 1170 (*ibid.*). — *Britavilla Orgoillosa,* 1172 (*ibid.*). — *Breteville-l'Orguliuse,* 1177 (bulle pour Saint-Étienne de Caen). — *Bretevilla Superba,* 1249 (ch. de l'abb. d'Ardennes, 197). — *Breteville-l'Orguelose,* 1296 (ch. de Saint-Étienne de Caen, 191). — *Breteville-l'Ourgueilouse,* 1297 (*ibid.*). — *Brithavilla Superba,* 1456 (rôle des revenus de Saint-Étienne de Caen). — *Bretheville-l'Orguillouse,* 1482 (marchement du territ. de cette par.; arch. du Calvados). — *Breteville-l'Argileuse,* xviiie s^e (arch. d'Harcourt, l. 305).

Par. de Saint-Germain, patr. l'abbé de Saint-Étienne de Caen. Dioc. de Bayeux, doy. de Maltot. Génér. et élect. de Caen, sergent. de Cheux.

Putot était anciennement une simple annexe de Bretteville. Voy. Putot.

Fief *Maresq* assis en cette paroisse, 1362 (mandement de Symon de Beauval pour Saint-Étienne de Caen).

Bretteville-sur-Bordel, c^ne réunie à Tessel en 1834. — *Bretheville-sur-Bourdel,* 1371 (assiette de la vicomté de Caen). — *Bretevilla super Bordel,* xive s^e (livre pelut de Bayeux). — *Berthevilla super Bortellum,* xive s^e (taxat. decim. dioc. Baioc.).

Par. de Saint-Julien, patr. le seigneur. Dioc. de Bayeux, doy. de Maltot. Génér. et élect. de Caen, sergent. de Villers.

Deux demi-fiefs de chevalier relevant de la baronnie de Creully. Château de la Londe, c^ne de Bretteville-sur-Bordel.

Bretteville-sur-Dive, c^on de Saint-Pierre-sur-Dive.

Par. de Notre-Dame, réunie aujourd'hui pour le culte à Thiéville; patr. l'abbé de Saint-Pierre-sur-Dive. Dioc. de Séez, doy. de Saint-Pierre-sur-Dive. Génér. de Caen, élect. de Falaise, sergent. de Saint-Pierre-sur-Dive.

Plein fief de haubert, mouvant de la vicomté d'Auge, 1450 (Brussel).

Bretteville-sur-Laize, arr. de Falaise. — *Brettevilla super Leisam,* 1077 (ch. de Saint-Étienne). — *Bretthevilla super Leisam,* 1172 (*ibid.*) — *Britivilla super Leisam,* 1190 (*ibid.*). — *Britavilla super Lesyam,* 1234 (ch. de Barbery, n° 102). — *Bretheville-sur-Laize,* 1453 (arch. nat. P. 271, n° 62). — *Breteville super Leziam,* xive siècle (taxat. decim. dioc. Baioc.). — *Bréseville-sur-Laise,* 1735 (nouv. dén. du roy. t. II, p. 83). — *Breteville-sur-Laise,* 1765 (carte de du Moulin).

Par. de Saint-Vigor, patr. l'abbé de Barbery. Dioc. de Bayeux, doy. de Cinglais. Génér. d'Alençon, élect. de Falaise, sergent. de Breteuil.

La sergenterie de Bretteville, vicomté de Falaise, s'étendait sur les paroisses de Bretteville-sur-Laize, Fresné-le-Puceux, May, Fontenay-le-Marmion, Étavaux, Grimbosq, ainsi que sur les paroisses mixtes de Moutiers, Boulon, Clinchamps, Mutrécy, Saint-Laurent-sur-Laize, Saint-André et Saint-Martin-de-Fontenay, Rocquancourt, Saint-Agnan, Cinteaux, Cauvicourt, Gouvix et Cully, soumises en partie à la sergenterie de la vicomté de Falaise, et en partie à celle de Saint-Sylvain et le Thuit, relevant du duché d'Alençon, 1586 (papier terrier de la vicomté de Falaise).

Le fief d'*Urville* ou d'*Orville*, assis à Bretteville, relevait du roi. Il fut, avec les fiefs de *Cailly* et de *Cintheaux*, rattaché, en 1647, au marquisat d'Harcourt (chambre des comptes de Rouen, t. III, p. 3).

Le fief *Loquart*, en la paroisse de Bretteville-sur-Laize, relevait de l'abb. de Saint-Étienne de Caen, 1678 (aveu de l'abbé de Saint-Étienne de Caen).

Bretteville-sur-Odon, c^on de Caen (Ouest), ou Bretteville-la-Pavée.— *Bretevilla Sancti Michaelis*, 1161 (ch. de Saint-Étienne de Caen). — *Bretevilla desuper Oudon*, 1201 (ch. d'Ardennes, n° 105). — *Britavilla super Oudonem*, 1228 (ch. d'Aunay). — *Bretevilla super Oudon*, v. 1250 (magni rotuli, p. 176). — *Breteville-sur-Oudon*, 1365 (biblioth. nat. fouages, 25,902). — *Bretheville-sur-Ouldon*, 1397 (ch. de l'abb. d'Ardennes, n° 482). — *Britavilla super Odonem*, xiv° siècle (taxat. decim. dioc. Baioc.). — *Bretteville-sur-Ouldon*, 1474 (limitation des par. de Caen).

Par. de Notre-Dame, patr. l'abbé du Mont-Saint-Michel. Dioc. de Bayeux, doy. de Maltot. Génér. et élect. de Caen, sergent. de la banlieue de Caen. Église succursale de Saint-Pierre, appartenant à l'abbaye du Mont-Saint-Michel.

La baronnie de Bretteville-sur-Odon appartenait à la même abbaye.

Brettevillette, h. c^ne de Noyers. — *Brettevillette*, fief de chevalier dépendant de la baronnie de Douvres, 1475 (temporel de l'évêché de Bayeux).

Breuil(Le), c^on de Blangy. — *Broil super Tolcam fluvium*, xi° s° (pouillé de Lisieux, p. 38, note). — *Brueil-sur-Touques*, 1172 (ch. de Henri II pour Saint-Étienne). — *Bruil, Bruilleium*, 1198 (magni rotuli, p. 26 et 41). — *Bruillum*, 1269 (ch. de Saint-Pierre-sur-Dive). — *Le Bruiel-sur-Touique*, 1309 (pouillé de Lisieux, p. 38, note 2). — *Broil, Brolium*, 1350 (*ibid.*).

Par. de Saint-Germain, patr. le seigneur. Dioc. de Lisieux, doy. de Touque. Génér. d'Alençon, élect. de Lisieux, sergent. de Moyaux.

Plein fief de chevalier relevant de l'abbaye de Saint-Wandrille.

Breuil (Le), c^on de Trévières. — *Brolium*, 1148 (Mannier, p. 477). — *Le Breuil, Broilleium*, 1240 (ch. d'Aunay). — *Bruillium*, 1260 (ch. d'Ardennes, n° 238). — *Broillie*, 1338 (chap. de Bayeux).

Par. de Notre-Dame, prieuré-cure; patr. l'abbé d'Ardennes. Dioc. de Bayeux, doy. des Veys. Génér. de Caen, élect. de Bayeux, sergent. de Cerisy.

Breuil (Le), h. c^ne des Authieux-sur-Calonne.

Breuil (Le), h. c^ne de Barneville-la-Bertrand.

Breuil (Le), h. et m^in, c^ue de Croisilles.

Breuil (Le Bas-), h. c^ne de Croisilles.

Breuil (Le Bas et le Haut-), h. c^ne d'Esson.

Breuil (Le), c^ne réunie à Mézidon en 1848. — *Le Bruil*, 1234 (lib. rub. Troarn. p. 97). — *Le Bruel*, 1236 (ch. de Sainte-Barbe, n° 435). — *Broglie*, 1240 (*ibid.* n° 143). — *Broul*, 1320 (feux de la vic. d'Orbec).

Par. de Saint-Pierre, patr. le prieuré de Sainte-Barbe-en-Auge. Dioc. de Séez, doy. de Saint-Pierre-sur-Dive. Génér. de Caen, élect. de Falaise, sergent. de Jumel.

Ce fief de la vicomté d'Auge, séparé en deux parties par la Touque, appartenait pour moitié au roi, pour l'autre moitié au duc d'Orléans. Il s'étendait sur les paroisses de Quatre-Puits, Croissanville, Cesny-aux-Vignes, 1585 (papier terrier de Falaise).

Breuil (Le), h. c^ne de Nonant.

Breuil (Le), vill. c^ue de Perrières. — *Brolium juxta Petrarias*, 1209 (ch. de l'abb. de Noirmoutiers).

Breuil (Le), h. c^ne de Saint-Denis-de-Méré.

Breuil (Le), h. c^ne de Saint-Georges-d'Aunay.

Breuil (Le), m^in, c^ne de Saon.

Breuil (Le), h. c^ne de Trungy.

Breuil (Le), h. et f. c^ne de la Vacquerie.

Breuilly, huitième de fief sis en la paroisse de Saint-Louet, s'étendant à Quétiéville, 1674 (aveux de la vic. de Bayeux).

Brévalerie (La), h. c^ne des Authieux-sur-Calonne. — *Brevallerie*, 1848 (Simon).

Brévant, h. c^ne de Condé-sur-Noireau.

Brévedent (Le), c^on de Blangy. — *Bevredent*, 1180 (magni rotuli, p. 37). — *Bevredan*, 1184; *Bievredan*, 1195; *Bivredan*, 1198 (magni rotuli, p. 30, 2). — *Breveden*, 1309 (pouillé de Lisieux, p. 37, note 5). — *Brevis Dens*, 1313 (livre blanc de Troarn). — *Brevident*, 1471 (cart. du Plessis-Grimoult, t. l, p. 11). — *Brevedens*, xvi° s° (pouillé de Lisieux, p. 37). — *Brefdent*, 1789 (inventaire général de la bar. de Creully).

Par. de Saint-Michel, patr. le seigneur. Dioc. de Lisieux, doy. de Touque. Génér. d'Alençon, élect. de Lisieux, sergent. de Moyaux.

Brèvedent, fief sis à Manneville, 1620 (fiefs de la vicomté d'Auge, p. 357).

Brévière (La), c^on de Livarot. — *Briveria*, 1216 (cart. de Mondaye). — *Breveria*, 1245 (ch. de Saint-André-en-Gouffern, n° 780). — *Bevreria*, 1265 (*ibid.* n° 308). — *Berreria*, 1259 (pouillé de Lisieux, p. 54, note 3). — *La Bréviaire*, xviii° s° (Cassini).

Par. de Saint-Pardoul, réunie auj. pour le culte à Saint-Ouen-le-Houx; patr. l'abbé de Saint-Martin de Séez. Dioc. de Lisieux, doy. de Livarot. Génér. d'Alençon, élect. d'Argentan, sergent. d'Auge.

Fiefs de la *Chaquelière* et de la *Fanantière*, s'étendant sur la Chapelle-Hautegrue et sur Montgommery.

BRÉVILLE, h. c^ne de Troarn. — *Brevilla*, 1198 (magni rotuli, p. 47, 2).

Par. de Saint-Pierre, patr. le seigneur. Dioc. de Bayeux, doy. de Troarn. Génér. et élect. de Caen, sergent. de Varaville.

Château avec une chapelle sous l'invocation de saint Cosme.

BRÉVILLE, fief de haubert dont le chef était assis en la paroisse de Fontaines-le-Henry, 1474 (arch. nation. P. 272, n° 21).

BRÉVILLE, fief de la paroisse de Saint-Pair. — *Brevilla (Feodum de Brevilla apud Sanctum Paternum)*, 1325 (parv. lib. rub. Troarn. n° 92).

BRÉVILLE (LE BAS-), h. c^ne de Bréville.

BRÉVOGNE (LA), riv. affl. de la Vire à gauche, naît à Clinchamps et se jette presque immédiatement dans la Vire à Coulonces.

BRIARD, h. c^ne de Périgny.

BRIARD, h. c^ne de Saint-Martin-des-Besaces.

BRIARD, h. c^ne de Saint-Ouen-le-Pin.

BRIÇONNIÈRE (LA), h. c^ne de Fourneaux.

BRIÇONS (LES), h. c^ne de Fresney-le-Puceux.

BRICQUEVILLE, c^on de Trévières. — *Bricavilla*, 1147 (ch. de Saint-Étienne de Caen). — *Brikevilla*, 1198 (magni rotuli, p. 4, 2). — *Bréqueville*, quart de fief, 1503 (fiefs de la vicomté de Bayeux). — *Briqueville*, 1641 (aveux de la vicomté de Caen).

Par. de Saint-Pierre, patr. le seigneur. Dioc. de Bayeux, doy. de Couvains. Génér. de Caen, élect. de Bayeux, sergent. d'Isigny. — Léproserie.

C'est dans cette paroisse qu'était assis le fief de Colombières. Voy. COLOMBIÈRES.

BRIÈRE (LA), f. c^ne de Champ-du-Boult.

BRIÈRE (LA), h. c^ne de Courson.

BRIÈRE (LA) ou fief de *Houllebrocy*, sis à Saint-Arnoult, 1620 (fiefs de la vicomté d'Auge, p. 354).

BRIÈRE (LA), f. c^ne de Tailleville.

BRIÈRE-AU-FLEURY (LA), c^ne de Saint-Manvieu (Vire).

BRIÈRE-GUÉRARD (LA), h. c^ne de Champ-du-Boult.

BRIÈRE-RABOT (LA), h. c^ne de Saint-Denis-de-Mailloc.

BRIÈRES (LES), f. c^ne de Maisoncelles-la-Jourdan.

BRIÉTERIE (LA), h. c^ne de Launay.

BRIETTE (LA), huitième de fief relevant du fief de Beaumanoir assis à Chênedollé, 1610 (aveux de la vicomté de Vire).

BRIEU (LE), h. c^ne de la Graverie.

BRIEUX, f. et m^in, c^ne d'Amayé-sur-Orne. — *Briosa*, 1089 (cart. de la Trinité). — *Briosa*, 1234 (lib. rub. Troarn. p. 46).

BRIEUX, h. c^ne de Burcy. — *Briosa*, XIIIe s^e (ch. de Saint-André-en-Gouffern, n° 101).

BRIEUX, h. c^ne de Grimbosq.

BRIEUX, h. et m^in, c^ne des Moutiers-en-Cinglais.

BRIEUX, h. c^ne de Sept-Frères.

BRIFOU (LE), h. c^ne de Roucamps.

BRIMBOIS (LES), f. et m^in, c^ne de Saint-Martin-des-Besaces. — Fief de la baronnie de la Ferrière-Harang, 1460 (temp. de l'évêché de Bayeux).

BRINDELLIÈRE (LA), c^ne de Bonneville-sur-Touque.

BRINDELLIÈRE (LA), h. c^ne de Saint-Germain-de-Tallevende.

BRINVILLE, quart. c^ne de Bricqueville.

BRION, h. c^ne de Fresney-le-Puceux.

BRION, h. c^ne du Tourneur.

BRIOTERIE (LA), h. c^ne de Saint-Pierre-du-Fresne.

BRIQUE (LA), f. c^ne de Boissey.

BRIQUE (LA), h. c^ne de Mittois.

BRIQUESSART, vill. et m^in, c^ne de Livry. — *Brichersart*, 1148 (Mannier, p. 477). — *Brixard*, 1166 (ch. de Cordillon, n° 3). — *Brikessart*, 1180 (magni rotuli, p. 52). — *Brichessart* (ibid. p. 22). — *Brigsart*, 1198 (ibid. p. 19). — *Briquessart*, 1245 (ch. de Mondaye). — *Bricquesard*, 1710 (fiefs de la vicomté de Caen, n° 20).

Ancienne châtellenie. Franche sergenterie de l'élection de Bayeux, s'étendant à Livry, Amayé-sur-Seulle, Hottot, Anctoville, Balleroy, Bernières-Bocage, Castillon, Chouain, Ellon, Juaye, Longraye, la Bazoque, Saint-Germain-d'Hectot, Quesnay-Guénon, Cahagnolles, Parfouru, Orbois, Montfiquet, Lingèvres, Sermentot, Vaubadon, Nonant, Arganchy, Saint-Amator, Subles, Trungy, Saint-Martin-le-Vieux, Bucéels, Torteval, Planquery, Couvert, 1420 (fiefs de la vicomté de Caen).

BRIQUETERIE (LA), h. c^ne de Criquebœuf.

BRIQUETERIE (LA), h. c^ne d'Hermival-les-Vaux.

BRIQUETERIE (LA), h. c^b de Neuilly.

BRIQUETERIE (LA), h. c^ne de Saint-Benoît-d'Hébertot.

BRISOLLIÈRE (LA), h. c^ne de la Chapelle-Engerbold.

BRISOLLIÈRE (LA), h. c^ne de Saint-Germain-du-Crioult.

BRIXARDIÈRE (LA), h. c^ne de la Bazoque.

BRIXARDIÈRE (LA), h. c^ne de Montbertrand.

BROCHERIE (LA), h. c^ne de Coulonces.

BROCHES (LES), h. c^ne de Saint-Cyr-du-Ronceray.

BROCHES (LES), h. c^ne de Saint-Pierre-de-Mailloc.

BROCOTTES, c^on de Cambremer. — *Brocotes*, 1297 (enquête). — *Brocotes*, 1308 (parv. lib. rub.

6.

Troarn. n° 51). — *Brocottez*, 1350 (pouillé de Lisieux, p. 44). — *Brecottes*, 1389 (preuves de la maison d'Harcourt, t. III, p. 748). — *Bricotes*, xvi° siècle (pouillé de Lisieux, p. 50). — *Bercottes*, 1730 (temp. de l'évêché de Lisieux). — *Briscote*, 1770 (Desnos). — *Brocotte*, xviii° s° (Cassini).

Le prieuré de Brocottes, dépendant de l'abbaye de Belle-Étoile, était sous l'invocation de saint Ouen. Dioc. de Lisieux, doy. de Beuvron. Génér. de Rouen, élect. de Pont-l'Évêque, sergent. de Beuvron.

Quart de fief relevant de Brucourt. Fief *Beuvronnet*, relevant de Beaufour et de Beuvron, 1620 (aveux de la vicomté d'Auge, p. 355).

Brocqueville, h. c^ne de Bény-sur-Mer.

Broderies (Les), h. c^ne de Saint-Sever.

Broquetière (La), h. c^ne de Cauville. — *La Brocquetière*, 1848 (Simon).

Broquette (La), h. c^ne de Saint-Germain-le-Vasson.

Brosse (La), h. c^ne de Meulles.

Brosses (Les), h. c^ne de Meslay.

Brots (Les), h. c^ne de Gonneville-sur-Merville.

Brouaises (Les), h. c^ne d'Isigny.

Brouay, c^ne de Tilly-sur-Seulle. — *Broé*, 1177 (bulle pour Saint-Étienne de Caen). — *Brouais*, 1233 (ch. de l'abbaye d'Ardennes). — *Broeium*, 1251 (cart. de l'abb. de Cordillon, n° 1). — *Broie in Magno Campo*, 1253 (ch. d'Ardennes, n° 530). — *Broei*, 1258 (*ibid.* n° 533). — *Broeyum*, 1278 (ch. de Philippe III en faveur de Saint-Étienne de Caen). — *Broe*, 1284 (acte de vente au profit de l'obitier de Saint-Étienne). — *Broay*, 1371 (assiette des feux). — *Broey*, 1640 (cart. d'Ardennes). — *Broué*, 1675 (carte de Petite).

Par. de Saint-Laurent, patr. le chapitre du Saint-Sépulcre de Caen. Dioc. de Bayeux, doy. de Fontenay-le-Pesnel. Génér. et élect. de Caen, sergent. de Cheux.

La seigneurie de Brouay relevait de la baronnie d'Audrieu. Le quart de fief, dit le fief d'*Argouges*, et le fief de *Granville* avaient leur siège à Brouay, 1642 (aveux de la vicomté de Caen).

Broudière (La), h. c^ne de la Folletière-Abenon.

Brouillerie (La), h. c^ne de Bernières-le-Patry.

Brouillerie (La), h. c^ne de Rully.

Brouillet (Parc du), c^ne de Martainville.

Brousse (La), h. c^ne du Gast.

Brousse (La), h. c^ne de Lisores.

Brousserie (La), h. c^ne d'Écrammeville.

Brousses (Les), h. et m^in, c^ne de Truttemer-le-Grand.

Broutant (Le), h. c^ne de Barbeville.

Brucourt, c^on de Dozulé. — *Bruecort, Bruiecort*, 1180 (magni rotuli, p. 36); 1208 (ch. de Sainte-Barbe-

en-Auge, n° 100). — *Brucort*, v. 1250 (magni rotuli, p. 185); 1253 (ch. de l'abb. de Mondaye). — *Bruuncourt, Bruncort*, 1280 (*ibid.*) — *Bruticuria*, 1312 (parv. lib. rub. Troarn. p. 90). — *Brucourte*, 1418 (rôles de Bréquigny; mém. de la Soc. des antiq. de Normandie, t. XXIII, p. 19). — *Brucuria, Bruecuria*, xiv° siècle (pouillé de Lisieux, p. 52).

Par. de Saint-Vigor; patr. l'abbé de Préaux, puis le seigneur du lieu. Dioc. de Lisieux, doy. de Beaumont. Génér. de Rouen, élect. de Pont-l'Évêque, sergent. d'Ivry.

Le fief de Brucourt, réuni à celui de Périers, formait un plein fief de haubert nommé le Chefmois de Brucourt et mouvant de la châtellenie de Touque. Il fut, en 1735, réuni au marquisat de Soûmont, dont relevait le fief de *Daumesil*, 1664 (chambre des comptes de Rouen, t. I, p. 244).

Brucourt, nom d'un fief situé dans le territ. de Caen. —*Terra quæ vulgariter nuncupatur terra de Brucurto*, 1082 (ch. pour Saint-Étienne de Caen). — *Brucuria*, 1082 (ch. de l'abb. de la Trinité). — *Bruecort, Bruiecort*, 1134, 1135 (ch. de Saint-Étienne). — *Bruticuria*, 1368 (*ibid.*).

Le fief de Brucourt, appartenant aux religieux de l'abbaye de Saint-Étienne, avait pour siège la paroisse de Saint-Ouen-de-Villers à Caen.

Brucourt, fief assis à Estrées (rôles de la vicomté d'Auge), possédé en 1620 par messire Antoine de Longaunay, seigneur de Franqueville.

Brucourt, chât. et f. c^ne de Maizet.

Brucourt, f. c^ne d'Ouville-la-Bien-Tournée.

Brucourt-Perducas, fief dépendant de l'abbaye de Saint-Étienne de Caen; il s'étendait sur les paroisses de Hubert-Folie, de Bras et de Grentheville, 1575 (temporel de Saint-Étienne de Caen), 1640 (aveu de Ch. de Bourgueville; fiefs de la vicomté de Caen).

Brulains (Les), h. c^ne de Bellou.

Brulains (Les), h. c^ne de Saint-Paul-du-Vernay.

Brumonnière (La), fief de la baronnie d'Annebecq.

Brun (Le), h. c^ne de Sainte-Marie-Laumont.

Brundon, h. c^ne de Saint-Sever.

Brunerie (La), h. c^ne de Clinchamps.

Brunerie (La), h. c^ne d'Ouilly-du-Houlley.

Brunet, h. c^ne de Coulonces.

Brunet, h. c^ne de Saint-Martin-des-Besaces.

Brunet, h. c^ne de Saint-Ouen-des-Besaces.

Brunetière (La), h. c^ne de Grand-Mesnil.

Brunetière (La), h. c^ne de la Graverie.

Brunets (Les), h. c^ne de Pennedepie.

Bruns (Les), sergent. de la vicomté de Falaise, comprenant le Quesnay, Soulangy, Ollendon, Ouilly-le-Tesson, Assy, Saint-Vigor-de-Mieux, Sassy, Vandœuvre, Grisy, Fourneaux, Rouvres, Saint-Martin-du-Bû, Saint-Germain-le-Vasson, Bray-en-Cinglais et Mézières.

Brunville, h. cⁿᵉ de Subles.

Brunville, fief de la baronnie de Saint-Vigor, sis à Tour, 1475 (temp. de l'évêché de Bayeux).

Brus (Le), h. cⁿᵉ d'Aunay-sur-Odon. — *Bruis*, 1177 (ch. de Saint-Étienne de Caen). — *Bruix*, 1234 (lib. rub. Troarn. p. 9).

Brus (Le), fief dont le chef était assis à Sannerville.

Brusard, fief de la paroisse de Bures, 1320 (lib. rub. Troarn. p. 167).

Brutilly, h. cⁿᵉ de Baynes.

Bruyère (La), h. cⁿᵉ d'Ablon.

Bruyère (La), h. cⁿᵉ d'Amayé-sur-Seulle.

Bruyère (La Basse-), h. cⁿᵉ d'Amayé-sur-Seulle.

Bruyère (La Petite-), h. cⁿᵉ d'Amayé-sur-Seulle.

Bruyère (La), h. cⁿᵉ d'Aubigny.

Bruyère (La), cⁿᵉ des Authieux-sur-Calonne.

Bruyère (La), h. cⁿᵉ de Balleroy. — *Brueria*, 1227 (cart. de Mondaye). — *Brueria*, xivᵉ siècle (livre pelut de Bayeux, p. 49).

Bruyère (La), h. cⁿᵉ de Baron.

Bruyère (La), h. cⁿᵉ de Bavent.

Bruyère (La), h. cⁿᵉ du Bény-Bocage.

Bruyère (La), h. cⁿᵉ de la Bigne.

Bruyère (La), h. cⁿᵉ de Bougy.

Bruyère (La), h. cⁿᵉ de Brucourt.

Bruyère (La), h. cⁿᵉ de Bully.

Bruyère (La), h. cⁿᵉ de Campigny.

Bruyère (La), h. cⁿᵉ de Canchy.

Bruyère (La), h. cⁿᵉ de Castillon.

Bruyère (La), h. cⁿᵉ de Cheffreville.

Bruyère (La), colline, cⁿᵉ de Clécy.

Bruyère (La), h. cⁿᵉ de Cléville.

Bruyère (Basse et Haute-), h. cⁿᵉ de Cordey.

Bruyère (La), h. et f. cⁿᵉ du Détroit.

Bruyère (La), h. cⁿᵉ d'Escures-sur-Favières.

Bruyère (La), h. cⁿᵉ d'Esquay-sur-Seulle.

Bruyère (La), h. cⁿᵉ de Falaise.

Bruyère (La), h. cⁿᵉ de la Ferrière-Harang.

Bruyère, h. cⁿᵉ de Feuguerolles-sur-Orne.

Bruyère (La Petite-), h. cⁿᵉ de Feuguerolles-sur-Orne.

Bruyère (La), h. cⁿᵉ de Fontaine-Étoupefour.

Bruyère (La), h. cⁿᵉ de Fontaine-le-Pin.

Bruyère (La), h. cⁿᵉ de Glanville.

Bruyère (La), h. cⁿᵉ de Gouvix.

Bruyère (La), h. cⁿᵉ de la Hoguette. — *Brueria*, 1198 (magni rotuli, p. 34). — *Brueria*, 1224 (ch. de Saint-André-en-Gouffern, n° 644).

Bruyère (La), mᵒⁿ isolée, cⁿᵉ de Jurques.

Bruyère (La), h. et f. cⁿᵉ de Landes.

Bruyère (La), lieu, cⁿᵉ de Leffard.

Bruyère (La), f. cⁿᵉ de Lingèvres.

Bruyère (La), h. cⁿᵉ de Lion-sur-Mer. — *Magna Brueria de Leone supra Mare*, 1215 (lib. rub. Troarn. n° 6).

Bruyère (La), h. cⁿᵉ de Livarot.

Bruyère (La), h. cⁿᵉ de Livry.

Bruyère (La), h. cⁿᵉ de Magny-le-Freule.

Bruyère (La), h. cⁿᵉ de Martainville.

Bruyère (La), h. cⁿᵉ de Martigny.

Bruyère (La), h. cⁿᵉ du Mesnil-Auzouf.

Bruyère (La), h. cⁿᵉ du Mesnil-Germain.

Bruyère (La), h. cⁿᵉ de Montbertrand.

Bruyère (La), vill. cⁿᵉ de Montchauvet.

Bruyère (La), h. cⁿᵉ de Mouen.

Bruyère (La), quart. cⁿᵉ de Noron.

Bruyère (La), h. cⁿᵉ de Pont-Bellanger.

Bruyère (La Basse et la Haute-), h. cⁿᵉ de Proussy.

Bruyère (La), h. cⁿᵉ de Saint-Aignan-de-Cramesnil.

Bruyère (La), h. cⁿᵉ de Saint-Germain-le-Vasson.

Bruyère (La), mᵒⁿ isolée, cⁿᵉ de Saint-Jean-le-Blanc. — *Brueria Guerot, Brueria Guerout*, 1234 (lib. rub. Troarn.).

Bruyère (La), h. cⁿᵉ de Saint-Julien-le-Faucon.

Bruyère (La), h. cⁿᵉ de Saint-Martin-aux-Chartrains.

Bruyère (La), h. cⁿᵉ de Saint-Martin-de-Mieux.

Bruyère (La), f. cⁿᵉ de Saint-Martin-de-Sallen.

Bruyère (La), h. cⁿᵉ de Saint-Ouen-le-Pin.

Bruyère (La), h. cⁿᵉ de Saint-Pair.

Bruyère (La), h. cⁿᵉ de Saint-Pierre-Azif.

Bruyère (La), h. cⁿᵉ de Saint-Pierre-Canivet.

Bruyère (La), h. cⁿᵉ de Saint-Pierre-du-Bû.

Bruyère (La Grande et la Petite-), h. cⁿᵉ du Torquesne.

Bruyère (La), h. cⁿᵉ de Tôtes.

Bruyère (La), vill. cⁿᵉ de Tournay-sur-Odon.

Bruyère (La), h. cⁿᵉ du Tourneur.

Bruyère (La), h. cⁿᵉ d'Ussy.

Bruyère (La), h. cⁿᵉ de Vacognes.

Bruyère (La), h. cⁿᵉ de Vignats.

Bruyère (La), h. cⁿᵉ de Villers-Canivet.

Bruyère (La), h. cⁿᵉ de Villers-sur-Mer.

Bruyère-au-Corps-Nu (La), h. cⁿᵉ de Lassy.

Bruyère-aux-Français (La), quart. cⁿᵉ de Saint-Hymer.

Bruyère-Bardel (La), h. cⁿᵉ du Mesnil-Mauger.

Bruyère-Boulard (La), h. cⁿᵉ d'Hennequeville.

Bruyère-Calville (La), h. cⁿᵉ de Janville.

Bruyère-Campion (La), h. cⁿᵉ de Saint-Pierre-des-Ifs.

Bruyère-Caurée (La), h. cⁿᵉ de Moyaux.

BRUYÈRE-CAUDEMONE (LA), h. c^{ne} d'Auquainville.

BRUYÈRE-DE-CASTILLON (LA), h. c^{ne} de Sainte-Marguerite-de-Viette.

BRUYÈRE-DE-LE-CHÊNE (LA), h. c^{ne} de Lessard-et-le-Chêne.

BRUYÈRE-DE-LESSARD (LA), h. c^{ne} de Lessard-et-le-Chêne.

BRUYÈRE-DE-L'HERMITAGE (LA), h. c^{ne} de Saint-Martin-des-Besaces.

BRUYÈRE-DE-SAINT-CLAIR (LA) OU LA BRUYÈRE-DES-ROQUETTES, c^{ne} de Guibray.

BRUYÈRE-DE-SAINT-PAIR (LA), h. c^{ne} de Troarn.

BRUYÈRE-DES-ASSEMBLÉES (LA), h. c^{ne} du Torquesne.

BRUYÈRE-DES-FIEFFES (LA), h. c^{ne} de Fourneaux.

BRUYÈRE-DES-MONTS (LA), fief de la vicomté de Vire.

BRUYÈRE-DU-BOIS-DUMONT (LA), h. c^{ne} d'Ouilly-du-Houlley.

BRUYÈRE-DU-FAULQS, vill. c^{ne} de Blangy.

BRUYÈRE-FLEURIE (LA), h. c^{ne} de Saint-Manvieu.

BRUYÈRE-HAMEL (LA), h. c^{ne} de Manerbe.

BRUYÈRE-HAUTFORT (LA), h. c^{ne} de Moyaux.

BRUYÈRE-MARTIN (LA), h. c^{ne} de Saint-Paul-du-Vernay.

BRUYÈRE-SAINT-LÉONARD (LA), h. c^{ne} de Troarn.

BRUYÈRES (LES), h. c^{ne} de la Bazoque.

BRUYÈRES (LES), h. c^{ne} de Cahagnes.

BRUYÈRES (LES), h. c^{ne} de Cambremer.

BRUYÈRES (LES), h. c^{ne} de Danestal.

BRUYÈRES (LES), vill. c^{ne} de Glos.

BRUYÈRES (LES), h. c^{ne} de Grand-Mesnil.

BRUYÈRES (LES), h. c^{ne} de Grandouet.

BRUYÈRES (LES), h. c^{ne} de Maisoncelles-la-Jourdan.

BRUYÈRES (LES), h. c^{ne} de Manneville-la-Pipard.

BRUYÈRES (LES), h. c^{ne} du Mesnil-Caussois.

BRUYÈRES (LES), h. c^{ne} du Mesnil-Germain.

BRUYÈRES (LES), h. c^{ne} du Mesnil-Guillaume.

BRUYÈRES (LES), h. c^{ne} de Meulles.

BRUYÈRES (LES), h. c^{ne} de Montpinçon.

BRUYÈRES (LES), h. c^{ne} des Moutiers-en-Auge. — *Brueriæ*, 1234 (lib. rub. Troarn. p. 49). — *Brūeariæ Sancti Leonardi*, 1237 (lib. rub. Troarn. p. 60 v°).

BRUYÈRES (LES), h. c^{ne} de Noron.

BRUYÈRES (LES), h. c^{ne} de Pierres.

BRUYÈRES (LES), h. c^{ne} de la Roque-Baignard.

BRUYÈRES (LES), h. c^{ne} de Saint-Germain-de-Tallevende.

BRUYÈRES (LES), h. c^{ne} de Saint-Hymer.

BRUYÈRES (LES), h. c^{ne} de Saint-Martin-de-Mailloc.

BRUYÈRES (LES), h. c^{ne} de Vaudry.

BRUYÈRES (LES), h. c^{ne} de Vignats.

BRUYÈRES-DES-LONGS-CHAMPS (LES), h. c^{ne} de Montviette.

BRUZÈRE (LA), h. c^{ne} de Saint-Martin-de-Tallevende.

BRUZETS (LES), h. c^{ne} de Notre-Dame-de-Courson.

BÛ (LE), h. c^{ne} d'Orbois.

BÛ (LE), h. c^{ne} du Tourneur.

BÛ-SUR-ROUVRES (LE), c^{on} de Bretteville-sur-Laize. — *Le Busc*, 1373 (Mannier, p. 466). — *Le Bust-sur-Rouvres*, 1585 (papier terrier de Falaise). — *But-sur-Rouvres*, XVIIIe s^e (Cassini).

Par. de Saint-Marcouf, patr. le seigneur. Dioc. de Séez. Génér. d'Alençon, élect. de Falaise, sergent. de Jumel.

BUAIN (LE), h. c^{ne} de Neuville.

BUAIN (LE), h. c^{ue} de Vaudry.

BUANDERIE (LA), h. c^{ne} de Beuvillers.

BUCAILLE (LA), h. c^{ne} d'Amayé-sur-Seulle.

BUCAILLE (LA), h. c^{ne} de Cahagnes.

BUCAILLE (LA), h. c^{ne} de Campagnolles.

BUCAILLE (LA), h. c^{ne} de Cormolain.

BUCAILLE (LA), h. c^{ne} de Planquery.

BUCAILLE (LA), h. c^{ne} de Sainte-Marie-Laumont.

BUCÉELS, c^{on} de Balleroy. — *Buxedellum, Buschedellum*, 1082, 1161 (ch. de Saint-Étienne de Caen). — *Buissellum*, 1108 (ibid.). — *Buiseel*, 1172 (ibid.). — *Buissel*, 1177 (bulle pour Saint-Étienne de Caen). — *Buisseellum, Buxel, Buxedella*, 1190 (ch. pour Saint-Étienne de Caen). — *Buseel, Busseel*, 1258 (cart. de Mondaye). — *Bucellum*, XIVe siècle (taxat. decim. dioc. Baioc.). — *Bucel*, 1589 (patronages de Saint-Étienne de Caen). — *Buceex*, 1653 (Tassin). — *Buceez*, 1770 (Desnos). — *Bucels*, XVIIIe s^e (Cassini).

Par. de Saint-Germain, patr. l'abbé de Saint-Étienne de Caen. Dioc. de Bayeux, doy. de Fontenay-le-Pesnel. Génér. de Caen, élect. de Bayeux, sergent. de Briquessart.

La fiefferme de *Saint-Maheust-de-Soliers* avait son fief assis à Bucéels.

Bucéels, quart de fief de haubert, et les trois vavassories d'*Avaugour*, de *Saint-Manvieu* et de *Fontaine*, assis en cette paroisse, relevaient de la vicomté de Bayeux et ressortissaient à la sergenterie de Briquessart. Ce fief fut réuni en 1768 au marquisat de Tilly (chambre des comptes de Rouen, t. II, p. 197).

BUCHARD, h. c^{ne} de Villers-sur-Mer.

BUCHER (LE), h. c^{ne} de Lessard-et-le-Chêne.

BUCQ (LE), h. c^{ne} des Loges.

BUCQUET (LE), fief de la paroisse de Saint-Pair, 1440 (domaine de Troarn, n° 139).

BUCQUIGNY, h. c^{ne} de Planquery.

BUFFARDIÈRE (LA), f. c^{ne} de Coulonces.

BUFFARDIÈRE (LA), h. c^{ne} de Saint-Manvieu.

BUHANNERIE (LA), vill. c^{ne} de Longues. — *Buchannerie*, 1848 (Simon).

BUHANNERIE (LA), h. c^{ne} de Marigny.

BUHARET (LE), h. c^{ne} de Préaux.

BUHAULT ou BUHOT (LE), h. c^{ne} de Saint-Côme-de-Fresné.

BUHOT (LE), h. c^{ne} de Littry. — *Torrens de Buhot*, 1232 (ch. de l'abb. d'Aunay).

BUHOT (LE), f. c^{ne} de Maisons.

BUHOT (LE), h. c^{ne} d'Ouville-la-Bien-Tournée.

BUHOTS (LES), h. c^{ne} de Marolles. — *Buhauts*, 1848 (Simon).

BUILLY, h. c^{te} de Rully.

BUIS (LE), h. c^{ne} d'Anctoville.

BUISSON (LE), h. c^{ne} d'Acqueville.

BUISSON (LE), h. c^{ne} de Bernières-le-Patry.

BUISSON (LE), h. c^{ne} de Cernay.

BUISSON (LE), f. c^{ne} de Colombières.

BUISSON (LE), h. et f. c^{ne} de Coulonces.

BUISSON (LE), h. c^{ne} de la Cressonnière.

BUISSON (LE), h. c^{ne} de Familly.

BUISSON (LE), h. c^{ne} de Fauguernon.

BUISSON (LE), fief de la paroisse de Fresney-le-Puceux.

BUISSON (LE), h. c^{ne} de Graye.

BUISSON (LE), h. c^{ne} de Maisoncelles-la-Jourdan.

BUISSON (LE), h. c^{ne} de Manerbe. — *Dumus in parrochia de Manerbia*, xive s^e (livre pelut de Bayeux, p. 64).

BUISSON (LE), h. c^{ne} de Martigny.

BUISSON (LE), c^{ne} réunie à Merville en 1826. — *Buissun*, 1172 (ch. de Saint-Étienne de Caen). — *Capella de Dumo*, xive s^e (taxat. decim. dioc. Baioc.). — *Bysson*, 1317 (parv. lib. rub. Troarn. 82). — *Buysson*, 1589 (patronages de Saint-Étienne de Caen). Par. de Notre-Dame (supprimée), patr. l'abbé de Saint-Étienne de Caen. Dioc. de Bayeux, doy. de Troarn. Génér. et élect. de Caen, sergent. de Varaville. Fief de la baronnie de Roncheville.

BUISSON (LE), h. c^{ne} de Meslay.

BUISSON (LE), h. c^{ne} du Mesnil-Villement.

BUISSON (LE), h. c^{ne} d'Ondefontaine.

BUISSON (LE), h. c^{ne} de Saint-Étienne-la-Thillaye.

BUISSON (LE), h. c^{ne} de Saint-Martin-de-Sallen.

BUISSON (LE), h. c^{ne} de Saint-Philbert-des-Champs.

BUISSON (LE), f. c^{ne} de Saint-Pierre-du-Fresne.

BUISSON (LE), h. c^{ne} de Vassy.

BUISSON-DU-TRONQUAY (FORÊT DU), fief relevant de la vicomté de Caen, 1387 (arch. nat. P. 271, n° 24).

BUISSONNERIE (LA), h. c^{ne} du Mesnil-Villement.

BUISSONNET (LE), f. c^{ne} de Carville.

BUISSONNETS (LES), h. c^{ne} de Formigny.

BUISSONNETS (LES), f. c^{ne} de Saint-Hippolyte-de-Canteloup.

BUISSONNETS (LES), h. c^{ne} de Saint-Ouen-le-Pin.

BUISSONNIÈRE (LA), h. c^{ne} de Saint-Julien-de-Mailloc.

BUISSON-PAINEL (FORÊT DU), séparée des Moutiers-Hubert par la Touque.

BUISSONS (LES), h. c^{ne} de Landelles-et-Coupigny.

BUISSONS (LES), h. c^{ne} des Moutiers-en-Auge.

BUISSONS (LES), h. c^{ne} de Pierres.

BUISSONS (LES), h. c^{ne} de Saint-Germain-de-Tallevende.

BUISSONS (LES), h. c^{ne} de Saint-Ouen-des-Besaces.

BUISSONS (LES), h. c^{ne} de Saint-Philbert-des-Champs.

BUISSONS (LES), vill. réuni à Villons, sous le nom de *Villons-les-Buissons*. Par. de Saint-Pierre, patr. le roi. Dioc. de Bayeux, doy. de Maltot. Génér. et élect. de Caen, sergent. de Bernières.

BUISSON-VERT (LE), h. c^{ne} du Tronquay.

BULLY, c^{ne} d'Évrecy, réunie pour le culte à la paroisse de Vieux. — *Burleium*, 1162 (bulle pour le Plessis-Grimoult). — *Bullie*, 1260 (ch. de l'abb. de Fontenay, n° 139). — *Burly*, 1301 (ch. du Plessis-Grimoult, n° 1111). — *Bulleyum*, xive siècle (taxat. decim. dioc. Baioc.). Par. de Saint-Martin, patr. le prieur du Plessis-Grimoult. Dioc. de Bayeux, doy. de Maltot. Génér. et élect. de Caen, sergent. de Préaux.

BULLY, vill. c^{ne} de Bougy.

BULORDIÈRE (LA), m^{on} isolée, c^{ne} de Livry.

BUNDIÈRE (LA), h. c^{ne} du Mesnil-Robert.

BUNELS (LES), h. c^{ne} de Touque.

BUNETIÈRE (LA), h. c^{ne} de Truttemer-le-Grand.

BUNODIÈRE (LA), h. c^{ne} du Mesnil-Caussois. — *Bunaudière*, 1848 (Simon).

BUNODIÈRE (LA), h. c^{ne} du Mesnil-Robert. — *Bunaudière*, 1848 (Simon).

BUNODIÈRE (LA), h. c^{ne} de Presles.

BUNOSERIE (LA), h. c^{ne} de Courtonne-la-Ville.

BUNOTS (LES), h. c^{ne} de Marolles. — *Bunets*, 1848 (Simon).

BUNOUDIÈRE (LA), h. c^{ne} de Saint-Sever.

BUOTIÈRE (LA), h. c^{ne} de Montchamp.

BUOTIÈRE (LA), h. c^{ne} de Montchauvet.

BUOTIÈRE (LA), h. c^{ne} de Saint-Pierre-la-Vieille.

BUQUET (LE), h. c^{ne} de Gonneville-sur-Honfleur.

BUQUET (LE), h. c^{ne} de Livry.

BUQUET (LE), h. c^{ne} des Loges.

BUQUET (LE), h. c^{ne} de Villy-Bocage.

BURCY, c^{ne} de Vassy. — *Burceium*, 1162 (bulle pour le Plessis-Grimoult). — *Borceium*, v. 1215 (ch. de l'abb. de Longues, n° 6). — *Bourceium*, 1234 (lib. rub. Troarn.). — *Burcé*, 1277 (cart. norm. n° 904, p. 218). — *Burceyum*, 1471 (cart. du Plessis-Grimoult, t. I, p. 2). Par. de Notre-Dame, auj. Saint-Christophe. Deux cures, dont la première prieuré-cure; patr. le prieur du Plessis-Grimoult et le seigneur. Dioc. de Bayeux, doy. de Vire. Génér. de Caen, élect. de Vire, sergent. du Tourneur.

Fief *du roi* à Burcy, 1710 (fiefs de la vicomté de Caen). — Fief d'*Avaugour* sis aux paroisses de Burcy, de Presles et de Viessoix, 1613 (aveux de la vicomté de Vire).

BURCY, h. c^{ne} de Baynes.

BUREAU (LE), h. c^{ne} de Saint-Philbert-des-Champs.

BUREL (LE), usine et m^{in}, c^{ne} de Périgny.

BURELIÈRE (LA), h. c^{ne} de la Bigne.

BURES, c^{on} du Bény-Bocage. — *Burum*, 1269 (cart. de Mondaye, n° 233). — *Bure*, xviiie s^e (Cassini).

Par. de Notre-Dame, patr. le seigneur et l'abbé de Fontenay. Dioc. de Bayeux, doy. de Thorigny. Génér. de Caen, élect. de Saint-Lô, sergent. de Thorigny.

BURES, c^{on} de Troarn. — *Bures*, 1082 (cart. de la Trinité). — *Buræ*, xiie siècle (Orderic Vital, t. II, p. 411). — *Bur super Divam*, xive siècle (pouillé de Bayeux).

Par. de Saint-Ouen, patr. l'abbé de Troarn. Dioc. de Bayeux, doy. de Troarn. Génér. et élect. de Caen, sergent. de Varaville. — Léproserie.

BURET, f. c^{ne} de Courvaudon.

BURET, f. c^{ne} de Saint-Georges-d'Aunay.

BURET, fief de Tournières, 1475 (fiefs de la vic. de Caen).

BURETIÈRE (LA), h. c^{ne} de Vaudry.

BURETS (LES), h. c^{ne} de Touque.

BURETTE (LA), h. c^{ne} de Saint-Germain-du-Crioult.

BUR-LE-ROI, c^{ne} de Noron. — *Ædeficia regis de Bur*, 1180 (magni rotuli, p. 10). — *Burum*, 1178 (ch. de Henri II pour Saint-Étienne de Caen). — *Bourgle-Roi*, 1626 (aveux de la vicomté de Bayeux).

Ancienne franche vavassorie tenue du roi par huitième de fief. Ancienne résidence des ducs de Normandie, rois d'Angleterre. Quart de fief héréditai en la forêt de la Verderie de Bur-le-Roi. Voy. NONON.

Sergenterie noble et héréditale du Buisson et Sept-Dois, en la forêt de la Verderie de Bur-le-Roi, 1471 (arch. nat. P. 272, n° 25).

BUROLE (LA), h. c^{ne} du Tourneur.

BURON, h. c^{ne} de Fresney-le-Vieux. — Le baron de Beuvron nommait un religieux de Hambie au prieuré de Buron (ch. d'Harcourt).

Le fief de Buron relevait par quart de fief de la vicomté de Caen. Le fief *Chiffrevast*, assis à Buron (ch. d'Harcourt), ressortissait à la châtell. d'Évrecy.

Le marquisat de Mosges-de-Buron, assis en cette commune, comprenait : 1° le fief *Saint-Georges*, plein fief d'où relevait le fief de la Haye (demi-fief);

2° le fief et marquisat de Mosges, plein fief auquel étaient unis les fiefs de *Saulques* et du *Breuil;* 3° le quart de fief de *Buron;* 4° le franc fief de *Jurques;* 5° le fief *Saint-Pierre* à Jurques.

BURON, h. c^{ne} de Longueville.

BURON, h. c^{ne} de Saint-Contest.

BURON, h. c^{ne} de Saint-Georges-d'Aunay. — Fief de Buron en la paroisse de «Saint-Georges-jouxte-Aunoy», 1484 (arch. nat. P. 272, n° 165).

BURON (LE), h. c^{ne} de Vaudry.

BURONNIÈRE (LA), h. c^{ne} de la Ferrière-Harang.

BURONS (LES), fief de l'abbaye de Saint-André-en-Gouffern. — *Feodum as Buruns*, xiiie siècle (ch. de l'abb. n° 185).

BUS (LE), chât. c^{ne} de Hottot.

BUS (LE), h. c^{ne} d'Orbois.

BUS (LE), h. c^{ne} de Tracy-Bocage.

BUSNEFFIÈRE (LA), h. c^{ne} de Viessoix.

BUSQ (LE), h. c^{ne} d'Estry.

BUSQ (LE), h. c^{ne} de Saint-Denis-de-Méré.

BUSQUET (LE), huitième de fief, sis à Gonneville-sur-Honfleur, 1620 (fiefs de la vicomté d'Auge).

BUSQUET (LE), h. c^{ne} de Livry.

BUSQUET (LE), h. c^{ne} des Loges.

BUSQUETS (LES), h. c^{ne} du Pin.

BUSSARDS (LES), h. c^{ne} de Notre-Dame-de-Fresnay.

BUSSY, h. c^{ne} de Saint-Martin-des-Entrées.

Fiefs de *Bussy*, de *Lomer*, du *Bos-Julien*, relevant de la baronnie de Tournebu et ressortissant à la vicomté de Falaise.

BUT (LE), h. c^{ne} de Clécy.

BUT (LE), h. c^{ne} de Pierrefitte.

BUT (LE), fief nommé aussi *fief des Fontaines*, assis dans la paroisse du Tourneur, s'étendant sur les paroisses de Brémoy et de Saint-Pierre-Tarentaine, 1675 (aveu de la vicomté de Vire).

BUTAIE (LA), quart. c^{ne} de Bricqueville.

BUTENVAL, h. c^{ne} de Tortisambert.

BUTERIE (LA), h. c^{ne} de Saint-Georges-d'Aunay. — *Butterie*, 1848 (Simon).

BUT-HAREL (LE), h. c^{ne} de Préaux (Caen).

BUTIN (LE HAUT et LE BAS), h. c^{ne} de Vasouy.

BUTOBERIE (LA), h. c^{ne} de Saint-Aubin-des-Bois.

BUTTE (LA), h. c^{ne} d'Amayé-sur-Orne.

BUTTE (LA HAUTE et LA BASSE), h. c^{ne} d'Aunay.

BUTTE (LA), h. c^{ne} de Carcagny.

BUTTE (LA), h. c^{ne} de Coulonces.

BUTTE (LA), h. c^{ne} de Courson.

BUTTE (LA), h. c^{ne} de Grandchamp.

BUTTE (LA), h. c^{ne} d'Hermival-les-Vaux.

BUTTE (LA), m^{on} isolée, c^{ne} de Jurques.

BUTTE (LA), f. c^{ne} de Littry.

Butte (La), h. c^ne dé Livry.

Butte (La), h. c^ne de Longraye.

Butte (La), h. c^ne de Maisoncelles-la-Jourdan.

Butte (La), h. c^ne de Maizières.

Butte (La), h. c^ne du Mesnil-Robert. — *Bute*, 1848 (Simon).

Butte (La), h. c^ne de Montchamp.

Butte (La), h. c^ne de Mutrécy.

Butte (La), h. c^ne de Neuville.

Butte (La), h. c^ne d'Ouilly-du-Houlley.

Butte (La), h. c^ne de Prêtreville.

Butte (La), h. c^ne de Saint-Germain-de-Tallevende.

Butte (La), vill. c^ne de Saint-Paul-du-Vernay.

Butte (La), h. c^ne de Saint-Pierre-du-Vernay.

Butte (La), h. c^ne de Sept-Frères.

Butte (La), f. c^ne de Sept-Vents.

Butte (La), quart. c^ne de Tilly-sur-Seulle.

Butte (La), h. c^ne de Vaubadon.

Butte (La), h. c^ne de Vaudry.

Butte-à-Gréard (La), h. c^ne de Jurques.

Butte-à-la-Guy (La), h. c^ne de Saint-Martin-des-Besaces.

Butte-à-Lamy (La), h. c^ne de Roques.

Butte-à-Lancry (La), h. c^ne de la Roque.

Butte-au-Cerf (La), h. c^ne de Saint-Germain-de-Tallevende.

Butte-au-Court (La), h. c^ne de Montchauvet.

Butte-aux-Essarts (La), vill. c^ne de Torteval.

Butte-aux-Perdrix (La), h. c^ne de Beuvron.

Butte-aux-Proux (La), c^ne du Mesnil-sur-Blangy.

Butte-Bigot (La), h. c^ne de Courson.

Butte-Calard (La), h. c^ne de Valsemé.

Butte-Cardine (La), h. c^ne de Touffréville.

Butte-Cogent (La), h. c^ne de la Brévière.

Butte-Cottard (La), h. c^ne de Barbeville.

Butte-de-Caen (La), h. c^ne de Saint-Désir.

Butte-de-Couvrigny (La), h. c^ne de Livry.

Butte de Hamars (La), coll. c^ne de Valcongrain.

Butte-de-l'Âtre (La), h. c^ne de Condé-sur-Noireau.

Butte-des-Bois (La), h. c^ne de la Chapelle-Yvon.

Butte d'Escures ou du Cavalier (La), à une demi-lieue de Port-en-Bessin. Cette butte est considérée comme le retranchement d'un camp romain.

Butte-des-Essarts (La), h. c^ne de Torteval.

Butte-de-Villers (La), h. c^ne d'Épinay-sur-Odon.

Butte-du-Chêne (La), h. c^ne de Monts.

Butte-du-Mesnil (La), h. c^ne de Bavent.

Butte-du-Pont (La), h. c^ne d'Amayé-sur-Orne.

Butte-Gobu (La), h. c^ne de Juvigny.

Butte-Rossignol (La), h. c^ne de Blangy.

Buttes (Les), h. c^ne de Champ-du-Boult.

Buttes (Les), h. c^ne d'Englesqueville.

Buttes (Les), c^ne de Longraye.

Buttes (Les), h. c^ne de Saint-Georges-en-Auge.

Buttes (Les), h. c^ne de Sept-Frères.

Butte Saint-Laurent (La), coll. c^ne de Lisieux.

Buttes de Brémoy (Les), coll. c^ne de Brémoy.

Buttes-de-Dozulé (Les), c^ne de Dozulé.

Buttes de Jurques (Les), montagne, c^ne de Jurques.

Buttes de Montbosq (Les), montagne, c^ne de Saint-Martin-des-Besaces.

Buttes de Saint-Martin-Don (Les), montagne, c^ne de Saint-Martin-Don.

Buttes des Houlles (Les), montagne, c^ne de Roullours.

Butte-sur-la-Guigne (La), f. et m^in, c^ne d'Amayé-sur-Orne.

Butte-Thomine (La), h. c^ne de Touffréville.

Buttière (La), h. c^ne de Castilly.

C

Cabaret (Le), h. c^ne du Mesnil-au-Grain.

Cabaret (Le), h. c^ne de Saint-Germain-Langot.

Cabaret (Le), f. c^ne de Tour.

Cabaret-au-Sesne (Le), h. c^ne de Montviette.

Cabautière (La), h. c^ne de Bellou.

Cabert, h. c^ne de Littry.

Cablanc. Voy. Mesnil-Cablanc.

Cable (Le), h. c^ne de Glos. — *Caable*, 1203 (magni rotuli, p. 101). — *Chaablum juxta Glos*, 1270 (cart. norm. n° 1220, p. 338). — *Boscus de Chaable*, 1270 (ibid.).

Cables (Les), h. c^ne de Cartigny-Tesson.

Cables (Les), h. c^ne de Sainte-Marguerite-d'Elle.

Caboche (La), h. c^ne de Basseneville.

Caboche (La), h. c^ne de Coulonces.

Caboches (Les), h. c^ne de Saint-Vigor-le-Grand.

Caboraterie (La), h. c^ne du Tourneur.

Cabosse (La), h. c^ne de Brémoy.

Cabot (Le), h. c^ne de Vassy.

Cabot (Le Bas-), h. c^ne de Vassy.

Cabotière (La), h. c^ne du Mesnil-Auzouf.

Cabotière (La), h. c^ne de Montbertrand.

Cabotière (La), h. c^ne de Saint-Pierre-Tarentaine.

Cabotte (La), h. c^ne de Falaise.

Cabourg, c^ne de Troarn. — *Cadburgus, Cathburgus*, 1077 (ch. de Saint-Étienne de Caen). — *Cadburg*,

1082 (ch. de la Trinité). — *Caborc*, 1155 (Wace, Roman de Rou). — *Cadborc*, 1169 (ch. de la Trinité). — *Caburgus*, 1172 (ch. de Henri, évêque de Bayeux). — *Cadburgus*, 1190 (ch. de Saint-Étienne). — *Cabourc*, enquête de 1297 (arch. du Calvados). — *Cabourt*, xiv° siècle (livre pelut de Bayeux, p. 43). — *Cabbourg*, 1554 (aveux du temporel de Saint-Étienne de Caen).

Par. de Saint-Michel, patr. le seigneur. Dioc. de Bayeux, doy. de Troarn. Génér. et élect. de Caen, sergent. de Varaville.

Fief et seigneurie appartenant à l'abbaye de Saint-Étienne de Caen.

CABOURG, h. c°° de la Bigne.

CABOURG (LE PETIT-), f. c°° de Cabourg.

CABOURG, vill. c°° de Colleville-sur-Mer.

CABOURG, h. c°° de Hamars.

CABOURG, h. c°° de Saint-Georges-d'Aunay.

CABOURG, h. c°° de Sainte-Honorine-des-Pertes.

CABOURG, h. c°° de Saint-Martin-de-Sallen.

CACHARAT, h. c°° de Secqueville-en-Bessin.

CACHEKEINVILLE, h. c°° de Lécaude. — *Cachechinvilla*, 1137 (ch. de l'abb. de Sainte-Barbe). — *Cachecheinvilla*, 1148 (*ibid.*). — *Cacekenvilla*, 1148 (ch. de l'abb. de Sainte-Barbe). — *Cachekienvilla*, 1172 (*ibid.*). — *Cachekeinvilla*, vers 1200 (cartul. norm. n° 810, p. 188, note). — *Cachekienville*, v. 1300 (ch. de Sainte-Barbe).

CACHÈRE (LA), h. c°° de Vaudry.

CACHERIE (LA), h. c°° de Livry.

CACHETTE (LA), h. c°° de Putot (Caen).

CACHY, h. c°° d'Ellon. — *Caceium, Chacheium*, 1216 (ch. de l'abb. de Mondaye). — *Quaceium*, 1218 (*ibid.*).

CACHY, h. c°° de Noyers.

CADEHOLLES, h. c°° de Saint-Pierre-Tarentaine.

CADET (LE), h. c°° de Putot.

CADOTEBIE (LA), h. c°° de Hottot (Bayeux).

CADRAN (LE), h. c°° de Cambremer.

CADUBOIS, h. c°° de la Houblonnière.

CAEN, ville ch.-l. du départ. du Calvados. — *Villam quæ dicitur Cathim supra fluvium Olnæ*, 1026 (d'Achery, Spicileg. III, 391). — *Cadum*, 1040 (ch. de Hugues, évêque de Bayeux (Stapleton, rotul. scacc.). — *Cadomum*, 1080 (cart. de la Trinité, f° 35, ch. 38). — *Caem, Chaem*, 1155 (Wace, chron. asc. v. 3). — *Cahem*, 1095 (ch. de Robert de Thorigny, apud d'Achery). — *Caam, Chaam, Quaam*, 1160 (chron. de Normandie, t. III, vers 38514). — *Canz*, xii° siècle (Guillaume de Saint-Pair, Roman du Mont-Saint-Michel). — *Catomum*, xii° siècle (ms. de la bibl. d'Avranches, n° 14). — *Kadu-*

num, 1245 (*ibid.* p. 205). — *Cadumum*, 1262 (ch. de Barbery, n° 502). — *Can*, 1333 (actes norm. de la ch. des comptes, n° 38, p. 59). — *Caon*, 1377 (chap. de Bayeux, rôle 102). — *Cham*, 1634 (chap. de Sainte-Barbe, n° 335).

Caen est qualifié *burgus* dans une charte de Guillaume le Conquérant de 1077, et dans le cartulaire de la Trinité (ch. 38). — Il est appelé *Magnus Burgus*, 1120 (cart. de Saint-Étienne), par opposition avec le *Burgus Sancti Stephani*, c'est-à-dire le Bourg-l'Abbé.

Caen donnait son nom à l'un des quatre archidiaconés du diocèse de Bayeux, composé des doyennés de Caen, de Douvres, de Maltot et de Creully. Le doyenné de Caen, appelé le doyenné de la chrétienté, contenait 13 paroisses :

1° Notre-Dame-de-Froide-Rue, prébende du diocèse de Bayeux. — *Ecclesia Beatæ Mariæ de Frigido Vico*, 1234 (lib. rub. Troarn.). — Patron l'évêque de Bayeux;

2° Saint-Étienne-le-Vieux. — *Vetus Beati Stephani monasterium, Saint-Estienne-le-Vieil-en-Reculet*, 1310 (ch. d'Ardennes, n° 400). — Patronne l'abbesse de la Trinité de Caen;

3° Saint-Georges-du-Château. — *Ecclesia Sancti Georgii de castro Cadomi*, 1066 (cart. de la Trinité). — *Capella Georgii martyris apud Cadomum*, 1184 (ch. de l'abb. de Troarn). — Patronne l'abbesse de la Trinité;

4° Saint-Gilles, patronne l'abbesse de la Trinité;

5° Saint-Jean-Baptiste, patr. le chanoine du lieu;

6° Saint-Julien-le-Martyr, patron le commandeur de Bretteville-le-Rabel;

7° Saint-Martin, patronne l'abbesse de la Trinité de Caen;

8° Saint-Nicolas-des-Champs, patron l'abbé de Saint-Étienne de Caen;

9° Saint-Ouen-de-Villers, autrefois Saint-Ouen-de-l'Odon, patron l'abbé de Saint-Étienne;

10° Saint-Pierre, la principale paroisse de Caen, patron l'évêque de Bayeux;

11° Saint-Sauveur-du-Marché. — *Saint-Sauveur devant les halles de la Mercherie*, 1339 (parv. lib. rub. Troarn. 96). — Patron le chapelain de Bayeux;

12° Sainte-Paix-de-Toussaint ayant deux chapelles : Notre-Dame-de-Sainte-Paix-la-Fontaine et la chapelle Saint-Marc, fondée, dit-on, par Guillaume le Conquérant en 1061 pour perpétuer la mémoire d'un concile tenu à Caen. — Patron l'abbé de Fécamp;

13° Saint-Michel-de-Vaucelles, patron l'abbé de Saint-Étienne de Caen.

La ville compte aujourd'hui 7 paroisses : Saint-Étienne, Saint-Pierre, Saint-Sauveur, Notre-Dame ou la Gloriette, Saint-Jean, Saint-Gilles et Saint-Michel. Elle a de plus 2 succursales, Saint-Jean et Saint-Ouen.

L'évêque de Bayeux possédait dans la ville un fief appelé le fief de l'Évêque, lequel s'étendait aux rues Catehoule (Geôle), de la Poticherie, du Monsteur (Montoir) du Château, du Ham, de Saint-Étienne, Écuyère et de l'Île-Regnault.

Les établissements religieux de Caen étaient :

1° L'Abbaye-aux-Dames ou Sainte-Trinité de Caen (*monasterium Sanctissimæ Trinitatis Cadomi*). Cette abbaye, comme celle de Saint-Étienne, fut fondée par Guillaume le Conquérant et Mathilde en expiation de leur mariage contracté à un degré prohibé par l'Église. La dédicace de l'église de Sainte-Trinité fut faite le 17 juin 1066. La reine Mathilde fut inhumée dans le chœur de l'église en 1083. Les chapelles de l'église de l'abbaye étaient au nombre de douze : Sainte-Catherine, les Saints-Innocents, Saint-Clément, Sainte-Croix, Saint-Edmond, Saint-Thomas, Saint-Martin, Sainte-Madeleine, Saint-Pierre, Saint-Michel, Sainte-Trinité et Sainte-Cécile;

2° L'Abbaye-aux-Hommes ou abbaye de Saint-Étienne, fondée aussi, et pour les mêmes motifs, par Guillaume le Conquérant. Commencée en 1066, elle fut dédiée en 1082. Guillaume le Conquérant fut enterré dans le chœur de l'église en 1087;

3° Hôtel-Dieu de Caen (*Domus Dei Cadomensis*). Ce fut Guillaume de Manneville qui donna, en 1210, le terrain où fut fondé le prieuré conventuel hospitalier désigné sous ce nom. Il était occupé par deux communautés, une d'hommes et l'autre de femmes. Cet établissement, situé dans la partie inférieure de la rue Saint-Jean, entre la rue Frémentel et la place des Casernes, a été, en 1823, transféré dans les magnifiques bâtiments qu'occupait l'Abbaye-aux-Dames;

4° Le Saint-Sépulcre de Caen (*insignis ecclesia collegiata Sancti Sepulcri Cadomensis*) a eu pour fondateur Guillaume Acarin, qui, de retour de la terre sainte, le construisit sur le modèle du Saint-Sépulcre de Jérusalem, vers 1220;

5° Le couvent des Cordeliers, fondé en 1236. La maison fut brûlée par les Calvinistes en 1562, reconstruite en 1603 et dans les années suivantes;

6° Les Jacobins ou Dominicains, établis, dit-on, à Caen par le roi saint Louis en 1245. Les titres de cette communauté furent brûlés en 1562;

7° Les Croisiers, établis avant 1290 par Raoul de Sannerville, bourgeois de Caen, d'abord dans le Bourg-l'Abbé, paroisse de Saint-Martin, puis dans le couvent de Béguines et la paroisse de Saint-Sauveur, par lettres patentes données en 1346 par Charles, duc de Normandie;

8° Les Capucins, établis à Caen en 1575 sur la demande de M. de la Vérune, gouverneur. Le couvent fut bâti en 1576. L'église, construite en 1635, a été dédiée en 1636;

9° Les Jésuites, qui, en 1609, prirent possession de l'ancien collège du Mont; la mense principale de Sainte-Barbe-en-Auge leur fut donnée en 1607 et le prieuré de la Cochère, au diocèse de Séez, en 1625. Leur couvent a été supprimé en 1762. L'église des Jésuites, commencée en 1684 et bénie par Mgr de Nesmond le 31 juillet 1689, est devenue l'église paroissiale de Notre-Dame-de-la-Gloriette;

10° L'hôpital général, fondé en 1655 par Henri d'Orléans, duc de Longueville, gouverneur et bailli de Caen. L'église fut achevée et bénie par Mgr de Nesmond en 1690. L'hôpital était desservi par des sœurs hospitalières non cloîtrées;

11° Les Eudistes, fondés par Jean Eudes, frère de l'historien Mézeray. L'église du séminaire des Eudistes de Caen fut bâtie en 1664 et consacrée en 1685. C'est aujourd'hui l'hôtel de ville;

12° La Charité de Caen, communauté établie par le P. Eudes, fondateur des Eudistes, pour les femmes qui, selon l'expression de Huet, s'étaient « engagées dans des commerces dangereux ». Le P. Eudes les mit d'abord sous la conduite des sœurs de la Visitation, mais une maison spéciale leur fut donnée successivement dans la rue Saint-Jean, dans la rue des Jacobins, dans la rue de la Poste et enfin sur le quai. La fondation fut approuvée en 1651 et en 1666 par les évêques de Bayeux et le pape Alexandre VII;

13° Le couvent des Nouvelles-Catholiques ou Nouvelles-Converties de Caen, établi par Mgr Servien, évêque de Bayeux, en 1688, à l'exemple de ceux de Paris et de Sedan, il fut ouvert aux filles de familles protestantes, soustraites à l'autorité de leurs parents;

14° Le Bon-Sauveur ou Petit-Couvent, établi en 1731 dans la rue des Carrières, sur la paroisse de Saint-Michel-de-Vaucelles, par Mgr de Luynes, évêque de Bayeux, et à la sollicitation de Mgr de Creully, supérieur du petit séminaire de Caen. A la fin du xviiie siècle, il y avait dans cette maison un quartier séparé pour les femmes détenues par lettres de cachet;

15° L'Oratoire de Caen. Les prêtres de cet ordre furent admis à Caen en 1615 par Mgr d'Angennes, évêque de Bayeux;

16° Le couvent des Ursulines. La principale fondatrice fut Jacqueline de Bernières, qui les établit d'abord dans la rue Guilbert, puis en 1636 dans le monastère qu'elle fit bâtir dans la rue Neuve-Saint-Jean;

17° Les Carmélites. En 1616, huit religieuses carmélites de Rouen vinrent s'établir à Caen, d'abord dans la rue Guilbert et plus tard dans la rue Neuve-Saint-Jean. L'église fut bénie le 5 janvier 1622;

18° Les Petites-Bénédictines, établies par Madeleine de Mosges à Pont-l'Évêque en 1638, puis transférées à Caen, dans l'ancien collège de Lorailles, rue de Geôle, le 20 janvier 1643;

19° Le couvent de la Visitation, fondé par cinq religieuses du grand couvent de Paris, le 16 juillet 1631. Elles s'établirent d'abord rue Saint-Jean, près le pont Saint-Pierre, et ensuite dans la belle maison qu'elles firent bâtir au Bourg-l'Abbé.

Le grand bailliage de Caen, *bailliva Cadomensis*, 1277 (cart. norm. n° 902, p. 215), comprenait les quatre vicomtés de Caen, de Bayeux, de Falaise, de Vire et Condé. Le bailli de Caen était bailli d'épée. La vicomté de Caen se composait de 17 sergenteries : la sergenterie de la ville et faubourg de Caen, plein fief de haubert nommé le *fief du plaid de l'épée*, ayant les 12 paroisses de la ville : Saint-Étienne (le Vieux), Saint-Georges-du-Château, Saint-Pierre, Saint-Jean, Notre-Dame-de-Froide-Rue, Saint-Sauveur, Saint-Martin, Saint-Nicolas, Saint-Ouen, Saint-Julien, Saint-Gilles, Saint-Michel-de-Vaucelles, et les 8 de la banlieue : Authie, Saint-Contest et Bitot, Épron, Venoix, Saint-Germain-de-la-Blanche-Herbe, Bretteville-sur-Odon, Louvigny, Hérouville et Cormelles. En 1629, cette sergenterie appartenait à Élisabeth de Vienne, veuve de François de Montmorency; Ouistreham 15 paroisses, Bernières 21, Creully 18, Villers-Bocage 26, Cheux 34, Préaux 19, Argences 22, Troarn 17, Vauville 14, Saint-Silvain 3, Bretteville-sur-Laize 18, Tournebu 3, Breteuil 3, Croisilles 2, le Verrier 12.

Il y avait pour toute la Normandie un prévôt général de la maréchaussée sous lequel étaient deux lieutenants généraux, l'un à Caen et l'autre à Coutances; 3 exempts, 5 brigadiers, 4 sous-brigadiers, 48 cavaliers et un trompette.

Sous le lieutenant de Caen étaient les cinq résidences de Caen, Bayeux, Aunay, Mortain et Vire. Le corps de ville de Caen était composé d'un maire, de 6 échevins, d'un receveur et d'un greffier.

La milice bourgeoise, créée au mois de mars 1694, avait un colonel, un major, 9 capitaines, 9 lieutenants pourvus par le roi moyennant finances.

La compagnie du guet formait un corps particulier, composé de 50 fusiliers, tous artisans.

La compagnie de l'*Oiseau* ou *Papegai* s'exerçait au fusil, à l'arc et à l'arbalète.

Le siège présidial, fondé en 1552 par Henri II, jugeait en dernier ressort les causes dont l'intérêt n'excédait pas 250 livres. Il avait dans son ressort la ville de Caen, les bailliages et vicomtés de Bayeux, de Thorigny, de Vire, de Falaise et le bailliage d'Évrecy. — La cour des Élus, ou tribunal d'élection, déjà existant en 1380, connaissait en première instance du fait des aides et ressortissait en appel à la cour des aides de Rouen. — La généralité de Caen comprenait le Cotentin, l'Avranchin, le Bessin, le Bocage et la campagne de Caen. Elle avait 27 lieues de longueur et 20 de largeur. Elle se divisait en 9 élections : Avranches, Bayeux, Caen, Carentan, Coutances, Mortain, Saint-Lô, Valognes et Vire.

On comptait, en 1760, dans la généralité : 1,236 paroisses, 156,705 feux, 791,705 habitants, 3,131 familles nobles. Le montant des tailles était de 1,289,193 livres. — L'élection de Caen avait une étendue de 9 lieues de l'orient à l'occident, et à peu près autant du midi au nord. Elle était séparée du pays d'Auge par la Dive. Elle se divisait en 18 sergenteries : Caen, Argences, banlieue de Caen, Bernières, Breteuil, Bretteville-sur-Laize, Cheux, Creully, Croisilles, Évrecy, Ouistreham, Préaux, Saint-Silvain, Tournebu, Troarn, Varaville, le Verrier et Villers. Ces 18 sergenteries embrassaient 236 paroisses ayant, en 1760, 20,361 feux. — Le bureau des finances était l'un des 17 établis par Henri II en 1557. — La vicomté de Caen avait 3 sièges d'amirauté : à Caen, à Ouistreham et à Bernières. — La maîtrise des eaux et forêts, établie en 1557, avait son siège à Bayeux. — La chambre des monnaies, établie d'abord à Saint-Lô, fut transférée à Caen en 1550.

Les juges consuls furent établis à Caen en 1710 : leur juridiction était composée d'un prieur et de 4 consuls.

Les armoiries de Caen sont *de gueules, au château donjonné d'or*. Charles VII avait, par reconnaissance pour la fidélité des habitants, changé l'écu de la ville, qu'il lui fit porter : coupé d'azur et de gueules, aux trois fleurs de lis d'or. Depuis 1830, la ville a repris ses armoiries primitives surmontées d'une couronne murale. — Après la suppression des intendants en 1789 et la distribution de la France en départements, des corps administratifs furent préposés au gouvernement de ces divisions territoriales. En 1793, le département du Calvados eut un directoire composé de 7 membres, et plus tard une administration centrale réduite au nombre de 5 membres. Chaque département fut divisé en districts.

Par décret du 5 février 1790, Caen devint le chef-lieu d'un district comprenant les cantons de Martragny, Creully, Bény, Saint-Aubin-d'Arquenay, Ranville, Troarn, Argences, Tilly-la-Campagne, Saint-Martin-de-Fontenay, Maltot, Évrecy, le Locheur, Villers-Bocage, Tilly, Vérolles, Bretteville-l'Orgueilleuse, Mathieu, Mondeville, Mesnil-Frémentel, Caen et Cheux.

Caen est aujourd'hui le siège d'une cour d'appel, d'un tribunal de commerce, d'un conseil de prud'-hommes, de deux justices de paix et d'une chambre de commerce. Elle fait partie de la 2ᵉ division militaire, dont le siège est à Rouen.

L'université de Caen, fondée par Henri VI, roi d'Angleterre, et constituée par le duc de Bedford en 1436, avait des facultés de droit canon et de droit civil. Charles VII, par lettres patentes données à Écouché en 1450 et renouvelées en 1452, institua les facultés de théologie, de médecine et des arts. Caen est devenu le chef-lieu d'une académie comprenant les six départements du Calvados, de la Seine-Inférieure, de l'Eure, de l'Orne, de la Sarthe et de la Manche.

Caen possède une faculté de droit, une faculté des sciences, une faculté des lettres et une école préparatoire de médecine.

Il est le chef-lieu d'une église consistoriale, qui s'étend sur les trois départements du Calvados, de l'Orne et de la Manche, et qui se compose de 7 églises paroissiales presbytérales, dont quatre pour le Calvados, les paroisses de Caen, de Cresserons et de Condé-sur-Noireau.

Caen (Château de). — L'enceinte fortifiée qui entourait la ville de Caen avait été d'abord formée autour de la vieille ville (près du château), et ensuite autour de l'île Saint-Jean sous le duc Robert-Courte-Heuse. On y entrait par neuf portes : celles du Pont-de-Darnetal, de la Boucherie, d'Arthur ou porte au Duc, du Marché, Calibourg, au Berger, du Bac. La porte Milet servait d'entrée particulière au quartier Saint-Jean. La plupart de ces portes étaient accompagnées de tours, entre lesquelles on distinguait : la tour Guillaume-le-Roi, la tour Machart, la tour Malguéant et la tour Châtimoine. Le château de Caen, *castrum Cadomi, castellum Cadomi,* 1082 (ch. de la Trinité), fut construit par Guillaume le Conqué-

rant. Henri Iᵉʳ le surmonta, en 1123, d'un donjon détruit en 1793 par ordre de la Convention. C'est dans le château que se tenaient les assises de la cour chargée, sous le nom d'*Échiquier,* de rendre la justice au nom des ducs de Normandie et d'administrer leurs revenus. La salle où se tenaient les séances existe encore aujourd'hui.

Le fief *Saint-Julien,* assis en la châtellenie de Caen, tenu par quart de fief de haubert, s'étendait à Solliers, Grentheville, hameau de Fours et environs (aveu de 1604).

Caffetière (La), h. cⁿᵉ de Champ-du-Boult.

Caffetière (La Basse-), h. cⁿᵉ de Champ-du-Boult.

Cages (Les), h. cⁿᵉ de Clécy.

Cagny, cᵒⁿ de Troarn. — *Kaigneyum,* xiᵉ siècle (enquête, p. 147). — *Caignie,* 1155 (Wace, Roman de Rou). — *Caigneum, Caigneium, Caigneyum,* 1178 (livre blanc de Troarn). — *Kani,* 1198 (magni rotuli, p. 60, 2). — *Cagneium,* 1234 (parv. lib. rub. Troarn.). — *Caignye,* 1307 (*ibid.*).

La paroisse de Saint-Germain avait pour patron l'abbé de Troarn. Génér. et élect. de Caen, sergent. de Troarn.

Cagny avait, au xiᵉ siècle, 4 églises : Saint-Germain, Saint-Martin, Saint-Vigor et Notre-Dame.

Le prieuré de Notre-Dame-des-Moulins appartenait à l'abbaye de Troarn. Ses revenus furent, en 1696, donnés par Louis XIV à l'Hôtel-Dieu de Caen. — Chapelle de Sainte-Radegonde. — Léproserie de Saint-Jacques, réunie à l'Hôtel-Dieu de Caen en 1696.

Quart de fief appartenant à la baronnie de Saint-Vigor-le-Grand. Demi-fief de chevalier assis à Cagny, relevant de la seigneurie de Saint-Vaast. Un autre demi-fief portait le nom de fief de Cagny, en régale, 1707 (aveux de la vicomté de Caen).

Cagny (Le Bas et le Haut-), h. cⁿᵉ de Vassy.

Cagny (Le Petit-), h. cⁿᵉ de Vassy.

Cahagnes, cᵒⁿ d'Aunay. — *Chaaines,* 1155 (Wace, Roman de Rou). — *Kahaignœ,* 1203 (magni rotuli, p. 98, 2). — *Chaengnes,* v. 1250 (*ibid.* p. 181). — *Kahaines,* 1270 (ch. de l'abb. du Val). — *Quahaines,* 1273 (bulle pour l'abb. du Val). — *Cahaignes,* 1460 (dénombr. de l'évêché de Bayeux). — *Cahangniœ,* 1471 (cart. du Plessis-Grimoult, t. I, p. 2). — *Caheingnes,* 1637 (arch. du chât: de Dampierre). — *Cahengnes,* 1640 (aveux d'Harcourt).

Le prieuré de Cahagnes (*prioratus de Cahaignis*) appartenait au doyenné de Villers-Bocage.

Par. de Notre-Dame, patr. l'abbé du Val; léproserie appartenant aux chanoines de Merton, dans le comté de Lincoln, et au moyen d'échange en 1200 à l'abbaye de Saint-Fromont. Dioc. de Bayeux, doy. de Villers-Bocage. Génér. de Caen, élect. de Vire, sergent. de Condé.

Les fiefs *la Motte*, *Lesguillon*, *Suhard* et le *Petit-Aubigny* relevaient par quart de fief de la baronnie d'Aubigny, dont le chef était assis à Cabagnes et s'étendait aux Loges et à Saint-Jean-des-Essartiers, 1677 (aveux de la vicomté de Bayeux).

CAHAGNOLLES, c^on de Balleroy. — *Cahanole*, 1154 (ch. du Plessis-Grimoult). — *Cahaindole*, 1203 (magni rotuli, p. 92). — *Kahaignoles*, 1245 (cart. de l'abb. de Mondaye). — *Kahaignoliæ*, 1269 (chap. de Bayeux). — *Cahaignole*, 1269 (ch. de l'abb. d'Ardennes, n° 269). — *Kahagnoles*, *Kahaignoles*, 1277 et 1278 (cart. norm. n°s 902 et 932, p. 217 et 232). — *Cavegnolæ*, *Cavenolæ*, xiii^e s^e (livre blanc de Troarn). — *Kaalnoles*, *Kaanoles*, 1290 (censier de Saint-Vigor-le-Grand, n°. 48; bibl. nat. cart. n° 177). — *Cahengnolez*, 1417 (magni rotuli, p. 277). — *Cahengnolles*, 1461 (arch. nat. P. 272, n° 237).

Par. de Saint-Pierre, patr. le chapitre de Bayeux. Dioc. de Bayeux, doy. de Thorigny. Génér. de Caen, élect. de Bayeux, sergent. de Briquessart. — Léproserie.

Fief du *Tail*, relevant de la baronnie de Saint-Vigor-le-Grand, 1460. — Fief de *Juais*, relevant de la vicomté de Bayeux, 1460 (temporel de l'évêché). — Fief de *Verguerol*, 1225 (ch. d'Ardennes, n° 88). — Quart de fief relevant de Ducy. — Vavassories *Motet*, relevant du roi; *La Vaucellerie*, relevant de Thorigny. Sixième de fief relevant de la dame de Châteaubriand, 1503 (fiefs de la vicomté de Bayeux).

CAHERIE (LA), h. c^ne de Livry.

CAHIER (LE), h. c^ne de Grainville-sur-Odon.

CAHIER (LE), f. c^ne de Missy.

CAHON (LE), vill. c^ne de Maisons.

CAHOS (LE), h. c^ue de Noron.

CAHOTTES, h. c^ne de Saint-Pierre-de-Mailloc.

CAILLARDIÈRES (LES), h. c^ne de Courson.

CAILLAUX (LES), h. c^ne de Fresné-la-Mère.

CAILLÉ (LA), h. c^ue de Bonneville-sur-Touque.

CAILLERIE (LA), h. c^ne de Cahagnes.

CAILLERIE (LA), f. c^ne de Maisoncelles-la-Jourdan.

CAILLERIE (LA), f. c^ne de Saint-Martin-des-Entrées.

CAILLES (LES), h. c^ne de Cahagnes.

CAILLORIÈRE (LA), h. c^ne de Maisoncelles-la-Jourdan.

CAILLOTERIE, h. c^ne de Longvillers.

CAILLOTERIE (LA), h. c^ne de Pont-l'Évêque.

CAILLOUET, h. c^ne de Fresney-le-Puceux.

CAILLOURIE (LA), h. c^ne des Oubeaux.

CAILLOUTERIE (LA), h. c^ne de Cartigny-Tesson.

CAILLY, h. c^ne de Saint-Denis-de-Méré.

CAINE (LA), c^on d'Évrecy. — *Cathena*, xive siècle (livre pelut de Bayeux, p. 21). — *La Quaine*, 1612 (aveux de la vicomté de Caen).

Prieuré de Notre-Dame fondé par Roger Malfilastre et confirmé en 1135 par Henri Ier, dépendant de l'abbaye de Beaumont-les-Tours. La seigneurie appartenait à la prieure.

Par. de Saint-Martin, patr. l'abbé de Beaumont. Dioc. de Bayeux, doy. d'Évrecy. Génér. et élect. de Caen, sergent. de Préaux.

CAINET, c^ne réunie en 1825 au Fresne-Camilly. — *Caisnetum*, 1172 (ch. de Saint-Étienne). — *Kaisnetum*, 1198 (magni rotuli, p. 77, 2). — *Quernet*, 1277 (cart. norm. n° 904, p. 218). — *Quesnet*, 1371 (assiette des feux de la vicomté de Caen).

Par. de Saint-Martin, patr. le chapitre de Bayeux. Dioc. de Bayeux, doy. de Maltot. Génér. et élect. de Caen, sergent. de Creully.

Cainet formait quart de fief relevant de la vicomté de Caen.

CAIRON, c^on de Creully. — *Karon*, 1077 (cart. de la Trinité). — *Charon*, 1083 (*ibid.*). — *Carum*, 1083 (*ibid.*). — *Karo*, 1128 (magni rotuli, p. 21). — *Karum*, 1172 (ch. de la Trinité). — *Cayron*, 1231 (cart. de l'abb. de Mondaye).

Par. de Saint-Hilaire, patr. le roi et le seigneur du lieu. Dioc. de Bayeux, doy. de Maltot. Génér. et élect. de Caen, sergent. de Bernières. — Léproserie.

Le fief de Cairon dépendait de l'abbaye de Saint-Étienne de Caen. Le fief *Chastel*, dans la même paroisse, relevait de la vicomté de Caen, 1454 (arch. nat. P. 271, n° 164).

CAIRON-LE-JEUNE, h. c^ne de Cairon.

CAISSE (LA), m^in, c^ne de Baynes.

CAISSE-ROGERIE (LA), h. c^ne de Saint-Martin-de-Blagny.

CALAIS, h. c^ne de Castillon (Lisieux).

CALAIS, m^in, c^ne de Cordebugle.

CALAIS, h. c^ne d'Englesqueville (Pont-l'Évêque).

CALAISIÈRE (LA), h. c^ne de Condé-sur-Noireau.

CALANGE (LA), h. c^ne du Tourneur.

CALBÈNE (LA), h. c^ne de Vaudry.

CALBRASSERIE (LA), h. c^ne de Vassy.

CALEMBIÈRE (LA), h. c^ne de Pont-Farcy. — *Calambière*, 1848 (Simon).

CALEVILLE, h. c^ue de Janville.

CALICHON, h. c^ne de Cahagnes.

CALICHON, ruiss. affl. de la Seulle.

CALIGNY, h. c^ne de Saint-Jean-des-Essartiers. — *Caligneium*, 1198 (magni rotuli, p. 113).

CALIX, quart. c^ne d'Hérouville. — *Caluiz*, 1080 (cart.

de la Trinité, p. 19). — *Calucium*, 1083 (ch. de Guillaume le Conquérant pour Saint-Étienne de Caen). — *Calux*, 1152 (ch. de la Trinité, n° 47). — *Caluz*, 1198 (magni rotuli, p. 19). — *Caliz*, v. 1150 (*ibid.* p. 198). — *Callix*, 1418 (rôles de Bréquigny, n° 128, p. 18).

CALLEVERIE (LA), h. c⁰ᵉ de Crouay.

CALLEVILLE, h. c⁰ᵉ de Trouville.

CALLOIS (LES), h. c⁰ᵉ de Brouay.

CALLOUÉ, h. c⁰ᵉ de Bretteville-sur-Laize, jadis de Quilly. — *Callouey*, 1190 (ch. de la Trinité). — *Callœi*, 1237 (ch. de l'hospice de Lisieux). — *Quallœ*, 1250 (Mannier, p. 473). — *Caillouay*, 1373 (*ibid.* p. 465). — *Caillouey*, 1668 (archives d'Harcourt).

CALLOUET, h. c⁰ᵉ de Montbertrand.

CALLOUETS (LES), quart. c⁰ᵉ de Brouay.

CALLOUIÈRE (LA), h. c⁰ᵉ de Vaudry.

CALLOUX (LES), h. c⁰ᵉ de la Hoguette.

CALONNE, rivière affl. de la Touque, à droite. — *Calumpna, Calonna, Calumnia*, xivᵉ siècle (pouillé de Lisieux, p. 41). — *Calorne*, 1260 (*ibid.* p. 41, note). — Un de ses ruisseaux portait en latin le nom de *Doytum de Merderel* (*ibid.*).

Cette rivière prend sa source près de Thiberville (Eure); au sortir de Cormeilles, elle entre dans le Calvados; elle quitte ensuite ce dernier département pour y rentrer par l'arrondissement de Pont-l'Évêque, où elle traverse les communes de Bonneville-la-Louvet, les Authieux, Saint-André-d'Hebertot, Saint-Julien-sur-Calonne, Launay-sur-Calonne, Surville, Saint-Melaine et Pont-l'Évêque; elle se perd dans la Touque, à Pont-l'Évêque, où elle cause souvent des inondations.

CALONNIÈRE (LA), h. c⁰ᵉ de Fumichon.

CALOTTERIE (LA), h. c⁰ᵉ de Castilly.

CALVADOS, nom du département dont Caen est le chef-lieu. Il reçut d'abord celui d'Orne-Inférieure.

CALVADOS, vaste écueil auquel le département doit son nom. Cet écueil prend, suivant les localités, les noms de Roches de Lion, Essarts de Langrune, Îles Bernières, Rocher Germain, Roches de Ver et Roches du Calvados.

L'opinion qui fait dériver ce nom de celui d'un des vaisseaux de l'*Invincible Armada*, échoué sur nos côtes, n'est pas suffisamment justifiée.

Au dire de M. de Caumont, le nom de Calvados aurait été donné au département par M. de Launay, député à l'Assemblée constituante.

CALVAIRE (LE), vill. c⁰ᵉ d'Audrieu.

CALVAIRE (LE), h. c⁰ᵉ de Bourgeauville.

CALVAIRE (LE), h. c⁰ᵉ de Canapville.

CALVAIRE (LE), h. c⁰ᵉ de Castillon (Lisieux).

CALVAIRE (LE), h. c⁰ᵉ d'Isigny.

CALVAIRE (LE), h. c⁰ᵉ de Launay-sur-Calonne.

CALVAIRE (LE), h. c⁰ᵉ du Mesnil-Robert.

CALVAIRE (LE), h. c⁰ᵉ de Placy.

CALVAIRE (LE), h. c⁰ᵉ de Planquery.

CALVAIRE (LE), h. c⁰ᵉ de Quetteville.

CALVAIRE (LE), h. c⁰ᵉ de Sainte-Marie-Laumont.

CALVAIRE (LE), h. c⁰ᵉ de Sept-Vents.

CALVAIRE (LE), vill. c⁰ᵉ de Tour.

CALVAIRE (LE), h. c⁰ᵉ de Trévières.

CALVERIE (LA), h. c⁰ᵉ de Crouay.

CALVERIE (LA), h. c⁰ᵉ de Livry.

CAMAILLERIE (LA), h. c⁰ᵉ de Brémoy.

CAMAILLERIE (LA), h. c⁰ᵉ de Saint-Ouen-des-Besaces.

CAMBE (LA), c⁰ⁿ d'Isigny. — *Camba versus Vada Viriæ*, v. 1250 (Historiens de France, t. XXIII, p. 608). — *Camba*, 1277 (cart. norm. n° 904, p. 218).

Prieuré-cure de Notre-Dame, patr. le prieur du Plessis-Grimoult. Dioc. de Bayeux, doy. de Trévières. Génér. de Caen, élect. de Bayeux, sergent. des Veys.

Tiers de fief relevant de la baronnie de Monfréville. Huitième de fief relevant de la seigneurie de Colombières, assis à la Cambe. Huitième de fief de *Maillot*, 1614 (aveu de la vicomté de Bayeux). — Fief de *Thère*, relevant de la vicomté de Bayeux, 1503 (fiefs de la vicomté de Bayeux). — Fief de *Lison*, relevant de la baronnie de Courcy. — Marquisat de *la Cambe, Faoucq et Jucoville*, érigé en 1736 avec haute justice.

CAMBES, c⁰ⁿ de Creully. — *Cambe*, 1082 (cart. de la Trinité). — *Cambæ*, 1190 (ch. pour Saint-Étienne). — *Cambie*, 1191-1283 (ch. de l'abb. d'Ardennes, n° 139, 319). — *Cambi*, xiiiᵉ sᵉ (taxat. decim. dioc. Baioc. 21). — *Camby*, 1298 (ch. de Geoffroy, abbé de Saint-Étienne). — *Sancta Maria de la Quambe*, 1417 (magni rotuli, p. 277).

Par. de Notre-Dame, patr. le prieur du Plessis-Grimoult. Dioc. de Bayeux, doy. de Trévières. Génér. de Caen, élect. de Bayeux, sergent. des Veys.

CAMBRAI, h. c⁰ᵉ de Barbeville.

CAMBRAI, chât. c⁰ᵉ de Fauguernon.

CAMBRAI, quart. c⁰ᵉ de Ranchy.

CAMBRE, h. c⁰ᵉ de Saint-Loup-Hors.

CAMBREMER, ch.-l. de c⁰ⁿ, arrond. de Pont-l'Évêque. — *Cambrimarum in pago Lexovino*, 699 (Pardessus, Diplomata, t. II, p. 210). — *Cambremerium*, 1175 (ant. cart. eccles. Baioc. p. 443).

Par. de Saint-Denis, patr. le chapitre de Bayeux. Dioc. de Bayeux, chef-lieu d'exemption. Génér. de Rouen, élect. de Pont-l'Évêque, chef-lieu de sergenterie.

L'exemption de Cambremer comprenait 9 paroisses dépendantes du diocèse de Bayeux, enclavées dans le diocèse de Lisieux, et à peu de distance de cette ville. Ces 9 paroisses étaient : Cambremer, Crèvecœur, Grandouet, Manerbe, Montreuil, le Pré-d'Auge, Saint-Laurent-du-Mont, Saint-Ouen-le-Paing et Saint-Pair-du-Mont. Elles avaient été, dit-on, cédées par l'évêché de Bayeux en échange de la baronnie de Nonant.

La baronnie de Cambremer, ayant droit de haute justice, appartenait à l'évêché de Bayeux. Elle possédait les fiefs, terre et seigneurie de *Crèvecœur-en-Auge;* d'où relevaient le fief de *Vendeuvre,* par un fief entier; le fief entier de *Canchy;* le sixième de fief de *Fumichon,* assis à Saint-Pair-du-Mont; le fief *Lorice,* dit de *Castillon,* assis à Cambremer; le fief de *Saint-Laurent-du-Mont,* au même lieu; un quart de fief, dit le fief de *Pontfol;* un sixième de fief, nommé le fief de *Victot;* le fief de *Manerbe,* dit l'*Honneur de Manerbe,* d'où dépendaient le fief à l'*Épée* et le fief de *Mont-Rosti,* au Pré-d'Auge; le fief de *la Planque,* assis en la paroisse d'Estrées; le fief du *Bers,* assis à Cambremer; le fief à *la Brette,* assis en la paroisse de Maisy; un quart de fief à *Grandouet;* le fief entier de chevalier de Montreuil, paroisse de Montreuil, 1460 (aveu de l'évêque de Bayeux).

CAMBRO, forge, cⁿᵉ de Croisilles.

CAMILLY, h. cⁿᵉ de Bénouville. — *Camilleium, Chemilleium,* 1083 (cart. de la Trinité). — *Kamilleium,* 1198 (magni rotuli, p. 20).

Plein fief de haubert, autrefois fief de *Than-le-Jeune,* s'étendant au Fresne, Cainet, Secqueville, Than et Cully. Voir FRESNE-CAMILLY.

CAMP (LE), h. cⁿᵉ d'Angloischeville.

CAMPAGNE (LA), f. cⁿᵉ d'Amayé-sur-Seulle.

CAMPAGNE (LA), f. cⁿᵉ de la Bazoque.

CAMPAGNE (LA), h. cⁿᵉ de Cuverville.

CAMPAGNE (LA), h. cⁿᵉ de Demouville.

CAMPAGNE (LA), h. cⁿᵉ de Fontenay.

CAMPAGNE (LA), vill. cⁿᵉ de Formigny.

CAMPAGNE (LA), mⁿ isolée, cⁿᵉ de Juaye-Mondaye.

CAMPAGNE (LA), cⁿᵉ de Launay-sur-Calonne.

CAMPAGNE (LA), h. cⁿᵉ du Locheur.

CAMPAGNE (LA), h. cⁿᵉ de Longvillers.

CAMPAGNE (LA), h. cⁿᵉ de Maisoncelles-Pelvey.

CAMPAGNE (LA), h. cⁿᵉ de Monceaux.

CAMPAGNE (LA), f. cⁿᵉ d'Ouilly-le-Basset.

CAMPAGNE (LA), f. cⁿᵉ de Planquery.

CAMPAGNE (LA), f. cⁿᵉ de Saint-Louet-sur-Seulle.

CAMPAGNE (LA), h. cⁿᵉ de Saint-Pierre-de-Mailloc.

CAMPAGNE (LA), f. cⁿᵉ de Sully.

CAMPAGNE (LA), f. cⁿᵉ du Theil.

CAMPAGNE (LA), f. cⁿᵉ de Tonnencourt.

CAMPAGNE (LA), f. cⁿᵉ de Tour.

CAMPAGNE (LA), h. cⁿᵉ de Tracy-Bocage.

CAMPAGNE (LA), h. cⁿᵉ du Tronquay.

CAMPAGNE DE CAEN, partie du département du Calvados comprise entre l'Orne et la Dive.

CAMPAGNE-MALVAUDRINE (LA), h. cⁿᵉ de Cernay.

CAMPAGNE-VAILLANDE (LA), f. cⁿᵉ de Maizet.

CAMPAGNOLLES, cⁿ de Saint-Sever. — *Campeingnolles,* 1198 (magni rotuli, p. 11). — *Campeingnoles,* 1201 (*ibid.* p. 352). — *Campagnolæ,* 1210 (livre blanc de Troarn). — *Campiniolæ, Campignoliæ,* 1234 (lib. rub. Troarn. p. 15). — *Campagnole,* xviiiᵉ sᵉ (Cassini).

Par. de Saint-Martin, patr. le seigneur. Dioc. de Coutances, doy. du Val de Vire. Génér. de Caen, élect. de Vire, sergent. de Pont-Farcy.

Pontecler ou *Pontelière,* vavassorie de la paroisse de Campagnolles, 1499 (arch. nat. aveux, P. 271, nº 298). De cette vavassorie relevaient les fiefs du *Mesnil-Robert,* par tiers de fief; le huitième de fief des *Cinq-Masures,* qui s'étendait aux paroisses de Landelles et Coupigny, 1617 (aveux de la vicomté de Vire). Le fief de *la Tour,* en la paroisse de Campagnolles, s'étendait à Saint-Sever, Clinchamps et le Mesnil-Caussois, 1611 (*ibid.*).

CAMPANDRÉ-VALCONGRAIN, cⁿ de Villers-Bocage. — *Campus Andreyus,* xivᵉ siècle (taxat. decim. dioc. Baïoc.). — *Campus Andrœ* (ch. de Philippe, évêque de Bayeux, pour le Plessis-Grimoult). — *Campus Andree,* xivᵉ siècle (livre pelut de Bayeux, p. 29). — *Camp-Andrieu,* 1471 (cart. du Plessis-Grimoult, t. I, p. 2). — *Champandrieu,* 1476 (*ibid.*).

Le nom que porte aujourd'hui cette commune est dû à l'union de Campandré et de Valcongrain, qui, originairement, formaient deux communes distinctes.

Par. de Saint-Pierre, patr. le roi. Dioc. de Bayeux, doy. de Vire. Génér. de Caen, élect. de Vire, sergent. de Saint-Jean-le-Blanc.

CAMPANIER (LE), h. cⁿᵉ de Saint-Georges-en-Auge.

CAMP-AU-RUISSEAU (LE), h. cⁿᵉ de Brémoy.

CAMP-BÉNARD (LE), h. cⁿᵉ de Bonnebosq.

CAMP-D'AMONT (LE), h. cⁿᵉ du Mesnil-Benoît.

CAMP-DES-CHEMINS (LE), h. cⁿᵉ de Clinchamps (Vire).

CAMPEAUX, cⁿ du Bény-Bocage. — *Campelli,* 1275 (ch. du Plessis-Grimoult, nº 688). — *Campaulx,* xivᵉ siècle (livre pelut de Bayeux, p. 27).

Par. de Saint-Martin, patr. le prieur du Plessis-Grimoult. Dioc. de Bayeux, doy. de Villers-Bocage.

Génér. de Caen, élect. de Saint-Lô, sergent. de Thorigny.

CAMP-FRANC, h. c^ne de Saint-Désir.

CAMPIÈRE (LA), h. c^ne de la Vespière.

CAMPIGNY, c^on de Balleroy. — *Campigneium*, 1198 (magni rotuli, p. 13). — *Campingneium*, 1277 (chap. de Bayeux, n° 745). — *Campignieium*, 1278 (cart. norm. n° 932, p. 432). — *Champeigny*, fief relevant de la vicomté de Bayeux, 1450 (arch. nat. P. 271, n° 151). — *Campigné*, 1484 (*ibid.* P. 272, n° 56).

Par. de Notre-Dame; trois cures; patr. le seigneur du lieu, le seigneur des Fresnes et l'abbé de Longues. Dioc. de Bayeux, chef-lieu d'un doyenné. Génér. de Caen, élect. de Bayeux, sergent. de Cerisy.

Le doyenné de Campigny comprenait les 37 paroisses suivantes : Agy, Arganchy, Argouges-sous-Mosles, Barbeville, Blay, le Breuil, Campigny, Commes, Cottun, Auvray, Lassy, Étreham, Guéron, Hérils, Huppain-sur-la-Mer, Littry, Maisons, le Molay, Moïles ou Mosles, Monceaux, Neuville-sur-Port, Noron, Port-en-Bessin, Ranchy, Rubercy, Russy, Saint-Amador, Sainte-Honorine-des-Pertes, Saon, Saonnet, Subles, Sully, Tessy, Tour, le Tronquay, Vaucelles-près-Bayeux, Villers-sur-Port.

Le fief de *Bussy*, le quart de fief de *la Falaise*, relevaient de la vicomté de Bayeux. — Le plein fief de *Campigny*, nommé le fief *Hamon*, avait pour arrière-fiefs le fief des *Frênes*, le fief de *la Londe*, à Trungy; le fief de *Bussy*; le fief de *Houdan*, à Livry; le quart de fief de *Montcoq*, près Saint-Lô; le quart de fief de *Saint-Maurice*, 1607 (aveux de la vicomté de Bayeux). Tous ces fiefs et plusieurs autres formaient le marquisat de Campigny, érigé en 1770, en faveur de Louis Bauquet de Surville, chevalier, maréchal hérédital de la ville de Bayeux. Le fief et seigneurie de *la Falaise*, qui appartenait à Robert Hamon, dut, en 1524, par suite d'un arrêt du parlement rendu contre lui, relever directement du roi, 1586 (aveux de la vicomté de Bayeux).

CAMPIGNY, h. c^ne du Tronquay.

CAMPINOTS (LES), h. c^ne de Chênedollé.

CAMP-NOTRE-DAME (LE), h. c^ne d'Audrieu.

CAMPOGÉ, h. c^ne de la Vespière.

CAMP-PÉPIN (LE), localité voisine de Brucourt, c^ne de Caen, appelée aussi le *Camp de Bataille*, 1474 (limites des paroisses de Caen).

CAMUSERIE (LA), h. c^ne de Saint-Martin-de-Mailloc.

CANAL (LE), h. c^ne de Blainville.

CANAL ROBERT, dérivation de l'Orne à Caen.

CANAPVILLE, c^on de Pont-l'Évêque. — *Kenapevilla*, 1180 (magni rotuli, p. 69). — *Kanapvilla*, 1198 (*ibid.* p. 32). — *Canapevilla*, 1208 (ch. de Sainte-Barbe, n° 100). — *Canappevilla*, xvie siècle (pouillé de Lisieux, p. 36). — *Canapvilla*, 1571 (*ibid.* p. 37, note 2).

Par. de Saint-Sulpice; patr. le roi, puis le chapitre de Cléry. Dioc. de Lisieux, doy. de Touque. Génér. de Rouen, élect. de Pont-l'Évêque; siège d'une des deux sergenteries de l'élection de Pont-l'Évêque.

Fief et franche vavassorie de la vicomté d'Auge. Le moulin de *Vaseul*, à Canapville, dépendait aussi de la vicomté d'Auge. Canapville, quart de fief, 1450 (arch. nat. P. 272, n° 254).

CANARD (LE), h. c^ne de Vassy.

CANCHÈRE (LA), h. c^ne d'Épinay-sur-Odon.

CANCHÈRE (LA), h. c^ne de Villers-Bocage.

CANCHY, c^on d'Isigny. — *Caencheyum*, xive siècle (taxat. decim. dioc. Baioc.; livre pelut de Bayeux, p. 59). — *Caenchy*, 1317 (inventaire du mobilier du bailliage de Caen).

Par. de Notre-Dame, patr. le seigneur. Dioc. de Bayeux, doy. de Trévières. Génér. de Caen, élect. de Bayeux, sergent. des Veys.

Fief de chevalier mouvant de la baronnie de Cambremer.

CANCHY, h. c^ne de Castillon.

CANDE (LA), h. c^ne du Mesnil-au-Grain.

CANDERIE (LA), h. c^ne de la Croupte.

CANDON (LE), h. c^ne de Livry.

CANDON (LE), h. c^ne de Pierrefitte-en-Cinglais. — *Ecclesia de Canhadun*, 1230 (cart. de Fontenay). — *Candon*, 1260 (cart. de l'abb. de Mondaye).

CANDON, h. c^ne de Saint-Germain-d'Ectot.

CANET, h. c^ne de Bonnemaison.

CANET, h. c^ne de Gonneville-sur-Honfleur.

CANET, h. c^ne de Pierrefitte-en-Cinglais.

CANFLAIS, h. c^ne de Cahagnes.

CANFLAIS (LE PETIT-), h. c^ne de Cahagnes.

CANFORT, c^ne de Saint-Vigor-des-Mézerets.

CANFRIE (LA), h. c^ne de Vassy.

CANGY, f. c^ne de Sommervieu.

CANIVET, h. c^ne de Gonneville-sur-Honfleur.

CANIVET, h. c^ne de Saint-Denis-Maisoncelles.

CANIVET, c^ne réunie à Villers. — *Quenivetum*, 1150 (ch. de l'abb. de Villers-Canivet). — *Kenivet*, 1195 (magni rotuli, p. 40). Voy. VILLERS-CANIVET.

CANIVET (LES BOIS DE). — Ces bois, avec les pâturages de Saint-Pierre et Saint-Loup-de-Canivet, furent adjugés, en 1597, à Pierre d'Harcourt, sieur de Beuvron, pour 2,810 écus (papier terrier de la vicomté de Falaise).

Calvados.

8

Le fief de *Chaumont-Canivet* dépendait de Thury, 1585 (papier terrier de Falaise). Voy. SAINT-LOUP-CANIVET.

CANNE-À-RAULT, h. c^ne de la Folletière-Abenon.

CANNEBERT, h. c^on de Littry.

CANNÉE (LA), h. c^ne de Curcy.

CANNELETTE (LA), h. c^ne de Clécy.

CANNERIE (LA), h. c^ne de Courtonne-la-Meurdrac. — *Canerie*, 1848 (Simon).

CANNEVIÈRES (LES), h. c^ne de Vassy. — *Les Quanevières*, 1269 (ch. de Saint-Étienne de Fontenay, n° 118).

CANNEVRY (LE), h. c^ne de Littry.

CANNIÈRE (LA), h. c^ne de Sainte-Marie-Laumont. — *Canière*, 1848 (Simon).

CANNIÈRE (LA GRANDE et LA PETITE-), h. c^ne de Campagnolles.

CANON ou CANON-AUX-VIGNES, c^on de Mézidon. — *Chanon*, 1155 (Wace, Roman de Rou). — *Kanon*, 1198 (magni rotuli, p. 432). — *Canum*, 1225 (ch. de l'abb. d'Ardennes, n° 14).

Par. de Saint-Gildas; patr. l'abbé de Bernay, première portion; le seigneur de Secqueville-en-Bessin, pour la deuxième portion. Dioc. de Séez, doy. de Saint-Pierre-sur-Dive. Génér. d'Alençon, élect. de Falaise, sergent. de Jumel.

CANON, h. c^ne de Caen. — *Canon les Bonnes-Gens*, 1770 (nom donné à ce hameau par l'avocat Élie de Beaumont).

CANSERIE (LA), h. c^ne de Vassy. — *Causerie*, 1875 (état-major).

CANTEIL (BAS et HAUT-), h. c^ne de Saint-Vigor-des-Mézerets.

CANTELEU, f. c^ne de Clécy.

CANTELEU, m^in, c^ne de Gonneville.

CANTELOUP. Voy. SAINT-HIPPOLYTE-DE-CANTELOUP.

CANTELOUP, c^on de Troarn. — *Cantelupus*, 1180 (magni rotuli, p. 13, 2). — *Canteleu*, 1184 (*ibid.* p. 51, 2). — *Cantelo*, v. 1250 (*ibid.* p. 194, 2). — *Chantelou*, 1260 (ch. de l'abb. de Saint-André-en-Gouffern, p. 60).

Par. de Saint-Jean-Baptiste, patr. le seigneur. Dioc. de Bayeux, doy. de Troarn. Génér. et élect. de Caen, sergent. d'Argences.

Plein fief de haubert relevant des seigneurs de Beaufour et Beuvron.

Canteloup était le siège d'une des dix-sept maladreries du diocèse de Bayeux.

CANTELOUP (LE BAS et LE HAUT-), h. c^ne de Cahagnes.

CANTELOUP, h. c^ne de Courvaudon.

CANTELOUP, h. c^ne de la Roque.

CANTELOUP, h. c^ne de Saint-Jean-des-Essartiers.

CANTELOUP, h. c^ne de Saint-Pierre-du-Fresne.

CANTELOUP, h. c^ne de la Vespière.

CANTEPIE, h. c^ne de Beaumais. — *Cantapia*, 1177 (cart. de Saint-Étienne). — *Cantapia*, 1210 (livre blanc de Troarn). — *Cantepia*, 1234 (lib. rub. Troarn. p. 50).

CANTEPIE, h. c^ne de Cambremer.

CANTEPIE, h. c^ne de Clécy.

CANTEPIE, f. c^ne de Cordebugle.

CANTEPIE, vill. c^ne de Littry.

CANTEPIE, h. c^ne de Morteaux-Coulibœuf.

CANTEPIE, h. c^ne de Saint-Aubin-de-Lébizay.

CANTERAINE, h. c^ne de la Graverie.

CANTERAINE, h. c^ne de Neuilly.

CANTERAINE, h. c^ne du Reculey.

CANTINIÈRE (LA), h. c^ne de Saint-Jean-de-Mailloc.

CANTON (LE), h. c^ne de Bernières-d'Ailly.

CANU (LE), h. c^ne de Tournières.

CANVY, h. et m^in, c^ne de Saint-Germain-de-Tallevende.

CAPARD, h. c^ne d'Osmanville, distrait en 1862 d'Osmanville et réuni à Isigny.

CAPEAUVILLE, h. c^ne d'Aunay-sur-Odon. — *Capelvilla*, 1250 (ch. de l'abb. d'Aunay).

CAPEAUVILLE, h. c^ne de Villers-Bocage.

CAPELLE (LA), h. c^ne de Fontaine-Étoupefour.

CAPELLE (LA), h. c^ne de Longvillers.

CAPELLE (LA), h. c^ne du Mesnil-au-Grain.

CAPELLES (LES), vill. c^ne de Vienne.

CAPITAINE, f. c^ne d'Étreham.

CAPLETTE (LA), h. c^ne de Saint-Julien-de-Mailloc.

CAPLINIÈRE (LA), h. c^ne de Courson.

CAPOMESNIL, h. c^ne du Mesnil-Mauger. — *Capon Maisnil*, 1198 (magni rotuli, p. 46).

CAPONNIÈRE (LA), h. c^ne de Carpiquet.

CAPONNIÈRE (LA), h. c^ne de Sept-Vents.

CAPUCIÈRE (LA), h. c^ne de Saint-Sever.

CAPUCINES (LES), h. c^ne d'Orbec.

CAPUCINES (LES), h. c^ne de Saint-Étienne-la-Thillaye.

CAQUERIE (LA), localité, c^ne de Fierville. — *Quaqueria in territorio de Ferevilla*, 1234 (ch. de Saint-Étienne de Fontenay, n° 58).

CAQUERIE (LA), h. c^ne de Leffard.

CAQUERIE (LA), h. c^ne de la Vacquerie.

CARABILLON, ancien château, aujourd'hui ferme, c^ne de Cordey.

CARADERIE (LA), h. c^ne du Mesnil-Robert.

CARBONNERIE (LA), h. c^ne de Cartigny-l'Épinay.

CARBONNIÈRE (LA), rochers le long desquels passe l'Orne, près de la Pommeraye.

CARBONNIÈRE (LA), h. c^ne de Baynes.

CARBONNIÈRE (LA PETITE-), h. c^ne de Baynes.

CARBONNIÈRE (LA), h. c^ne de Foulognes.

CARCAGNY, c⁰ⁿ de Tilly-sur-Seulle. — *Quarquengneyum*, xı˚ s˚ (enquête, p. 428). — *Carchenneium*, 1172 (àntiq. cart. eccles. Baioc. p. 439). — *Karquinnie*, 1198 (*magni rotuli*, p. 22). — *Carkaingneium*, 1204 (ch. de l'abb. d'Aunay). — *Karqueignie*, 1217 (cart. de l'abb. de Mondaye). — *Quarqueneium*, 1277 (cart. norm. n° 912, p. 216). — *Carquengneium*, 1277 (chap. de Bayeux, n° 745). — *Carquegneyum*, xıv˚ siècle (livre pelut de Bayeux). — *Carquagny*, 1371 (visite des forteresses). — *Carquigny*, 1460 (aveu de l'évêque de Bayeux).

Par. de Saint-Pierre, patr. l'évêque de Bayeux. Dioc. de Bayeux, doy. de Fontenay-le-Pesnel. Génér. et élect. de Caen, sergent. de Cheux.

La seigneurie, appartenant à l'évêque de Bayeux, avait été acquise en 1276 par Pierre de Bénais. Haute justice érigée en 1477, en faveur de Louis d'Harcourt, évêque de Bayeux. Quart de fief relevant du fief de Castillon.

CARCANEY, h. c⁰ˢ de Culey-le-Patry. — *Carcanet*, 1848 (Simon).

CARCEL, h. c⁰ˢ de Bernières-le-Patry.

CARDONNAY (DELLE DE), à Touffréville, 1234 (lib. rub. Troarn. p. 103).

CARDONVILLE, c⁰ⁿ d'Isigny. — *Cardonvilla*, 1198 (magni rotuli, p. 68). — *Cardonville*, 1232 (cart. de l'abb. de Mondaye). — *Cardunvilla*, 1250 (ch. de l'abb. d'Aunay).

Par. de Saint-Jean, patr. le chapitre de Bayeux. Dioc. de Bayeux, doy. de Trévières. Génér. de Caen, élect. de Bayeux, sergent. des Veys.

Fiefs de *Courcy*, huitième de fief; de *Presles*, de *Cardonville*, quart de fief relevant de la seigneurie de Neuville.

CARDONVILLE, h. c⁰ˢ de Bretteville-l'Orgueilleuse.

CARDONVILLE, demi-fief, dit fief de *Coulomp*, c⁰ˢ de Coulombs.

CARDONVILLE, h. c⁰ˢ d'Osmanville.

CARDONNIÈRE (LA), h. c⁰ˢ de la Graverie.

CAREL, h. c⁰ˢ de Douville.

CAREL, f˚ et h. c⁰ˢ de Maisons.

CAREL (LE), h. c⁰ˢ de Mathieu. — *Carelle*, 1848 (Simon).

CAREL, c⁰ⁿ réunie à Saint-Pierre-sur-Dive en 1845.

Par. de Saint-Sulpice, patr. les religieuses de Saint-Pierre-sur-Dive. Dioc. de Séez, doy. de Saint-Pierre-sur-Dive. Génér. d'Alençon, élect. de Falaise, sergent. de Saint-Pierre-sur-Dive.

CARELLE (LA), h. c⁰ˢ d'Ondefontaine.

CARLET, h. c⁰ˢ de Morteaux-Coulibœuf.

CARNAY (LE), h. c⁰ˢ du Breuil.

CARPENTIER (LE), h. c⁰ˢ de Beaumont.

CARPIQUET, c⁰ⁿ de Tilly-sur-Seulle. — *Carpichet*,

1066 (cart. de la Trinité). — *Carpiceth, Carpichetum*, 1086 (*ibid.*). — *Karpiket*, 1198 (magni rotuli, p. 13, 2). — *Carpiketum, Karpiquet*, 1259 (cart. de la Trinité, p. 97 *bis*). — *Carpiquetum*, 1271 (cart. de la Trinité).

Par. de Saint-Martin, patr. l'abbesse de la Trinité de Caen. Dioc. de Bayeux, doy. de Maltot. Génér. et élect. de Caen, sergent. de Cheux. — Léproserie.

Le territoire de Carpiquet avait, au xıı˚ siècle, de nombreux vignobles.

CARPIQUET, h. c⁰ˢ de Bernières-le-Patry.

CARNÉ (LE), f. c⁰ˢ de Moyaux.

CARNÉ (LE), h. c⁰ˢ de Truttemer-le-Grand.

CARREAUX (LES), h. c⁰ˢ de Clinchamps.

CARREAUX (LES), h. c⁰ˢ de Donnay.

CARREAUX (LES), fief sis en la paroisse de Tilly-la-Campagne, et s'étendant sur Ifs, Bras, Cormelles, Grentheville et Soliers, 1683 (aveux de la vicomté de Caen).

CARREFOUR (LE), h. c⁰ˢ de Bully.

CARREFOUR (LE), h. c⁰ˢ de Demouville.

CARREFOUR (LE), quart. c⁰ˢ de Douvre.

CARREFOUR (LE), h. c⁰ˢ d'Espins.

CARREFOUR (LE), h. c⁰ˢ de Fierville-les-Parcs.

CARREFOUR (LE), h. c⁰ˢ de Fontaine-Étoupefour.

CARREFOUR (LE), h. c⁰ˢ de Lion-sur-Mer.

CARREFOUR (LE), h. c⁰ˢ de Maisy.

CARREFOUR (LE), h. c⁰ˢ d'Ouilly-le-Basset.

CARREFOUR (LE), h. c⁰ˢ de Putot-en-Bessin.

CARREFOUR (LE), h. c⁰ˢ du Tronquay.

CARREFOUR-À-LA-BAGUETTE (LE), h. c⁰ˢ de Saint-Pierre-du-Mont.

CARREFOUR-AUX-BRETONS (LE), h. c⁰ˢ de Saint-Pierre-Azif.

CARREFOUR-AUX-MORINS (LE), h. c⁰ˢ du Mesnil-Germain.

CARREFOUR-BABLUCHE (LE), h. c⁰ˢ du Tronquay.

CARREFOUR-DAVID (LE), h. c⁰ˢ de Saint-Gatien.

CARREFOUR-DE-FIERVILLE (LE), quart. c⁰ˢ de Fierville-les-Parcs.

CARREFOUR-DE-LA-CROIX (LE), h. c⁰ˢ d'Ouilly-le-Tesson.

CARREFOUR-DE-LA-PERROTTE (LE), h. c⁰ˢ de Vauville.

CARREFOUR-DES-CHAMPS-SAINT-MARTIN (LE), c⁰ˢ de Crouay.

CARREFOUR-DES-MINES (LE), h. c⁰ˢ de Littry.

CARREFOUR-DESTIN (LE), h. c⁰ˢ de Fourneville.

CARREFOUR-DES-VIGNES-AUX-GENDRES (LE), h. c⁰ˢ de Cartigny-l'Épinay.

CARREFOUR-DE-TAC (LE), h. c⁰ˢ de Fourneville.

CARREFOUR-DIEU (LE), h. c⁰ˢ de Reux.

CARREFOUR-ERNOULT (LE), h. c⁰ˢ de Saint-André-d'Hébertot.

Carrefour-Got (Le), h. c^ne de la Cambe.

Carrefour-Louvet (Le), h. c^ne de Saint-Gatien.

Carrefour-Nicolle (Le), h. c^ne du Vieux-Bourg.

Carrefour-Perrée (Le), h. c^ne de Pierrefitte (Falaise).

Carrefour-Regnault (Le), h. c^ne de la Bazoque.

Carrefour-Rouge (Le), h. c^ne des Authieux-sur-Calonne.

Carrefour-Rouge (Le), h. c^ne du Mesnil-sur-Blangy.

Carrefour-Saint-Philbert (Le), h. c^ne de Saint-Gatien.

Carrefour-Sorin (Le), h. c^ne de Saint-Aubin-de-Lébizay.

Carrel (Le), f. c^ne de Colleville-sur-Mer.

Carrel, h. c^ne de Cormolain.

Carrelet (Le), h. c^ne d'Audrieu.

Carrelet (Le), h. c^ne de Mouen.

Carrelet (Le), h. c^ne de Noyers.

Carrelet (Le), h. c^ne de Touque.

Carrias (Les), h. c^ne de Cully.

Carrias (Les), quart. h. c^ne de Fontaine-Henry.

Carrière (La), h. c^ne de Bonnéville-sur-Touque.

Carrière (La Haute et la Basse-), h. c^ne de Campagnolles.

Carrière (La), h. c^ne de Clinchamps.

Carrière (La), h. c^ne de Conteville. — *Quarreria;* 1234 (lib. rub. Troarn. p. 161). — *La Carere,* 1234 (*ibid.* p. 92).

Carrière (La), h. c^ne d'Ellon.

Carrière (La), h. c^ne d'Hamars.

Carrière (La), h. c^ne de Nonant.

Carrière (La), h. c^nes de Pleines-OEuvres.

Carrière (La), h. c^ne de Tréprel.

Carrière (La), h. c^ne de Vassy.

Carrière-de-Lion-sur-Mer. — *Carriera de Lion,* 1234 (lib. rub. Troarn. p. 141). — *La Carére,* 1234 (*ibid.*).

Carrière-Promenaut (La), f. c^ne de la Bazoque.

Carrières (Les), h. c^ne de Cahagnes.

Carrières (Les), h. c^ne de la Cambe.

Carrières (Les), h. c^ne de Chênedollé.

Carrières (Les), h. c^ne de Crouay.

Carrières (Les), h. c^ne de Cussy.

Carrières (Les), h. c^ne de Cuverville.

Carrières (Les), h. c^ne de la Graverie.

Carrières (Les), h. c^ne du Mesnil-Germain.

Carrières (Les), f. c^ne de Neuilly.

Carrières (Les), h. c^ne de Ranville.

Carrières (Les), h. c^ne de Roques.

Carrières (Les), h. c^ne de Roullours.

Carrières (Les), h. c^ne de Saint-Hymer.

Carrières (Les), h. c^ne de Sainte-Marie-Outre-l'Eau. — *Carreriæ Sancte Mariæ ultra aquam,* 1155 (ch. de l'abb. d'Aunay).

Carrières (Les), h. c^ne de Sannerville. — *Quarreriæ,* 1234 (lib. rub. Troarn. p. 158).

Carrières (Les), h. c^ne de Vaudry.

Carrières (Les), h. c^ne de Villy-Bocage.

Carrières-Boisne (Les), h. c^ne de Glanville.

Carrières-Mouhantes (Les), localité, c^ne de Fresney-le-Vieux.

Carrosserie (La), h. c^ne de Livry.

Carrouge, h. c^ne de Clarbec.

Carrouge (Le), f. c^ne de Grainville-sur-Odon.

Carrouge, chât. c^ne du Mesnil-Mauger.

Carrouge (Le), h. c^ne de Saint-Léger-du-Bosq.

Carrouge (Le), h. c^ne de Saint-Pierre-Azif.

Cartigny, c^on d'Isigny, c^ne réunie à l'Épinay-Tesson pour former avec celle-ci deux communes sous les noms de Cartigny-l'Épinay et de Cartigny-Tesson, 1826. — *Carthigneium,* xive siècle (taxat. decim. dioc. Baioc.).

Par. de Saint-Pierre, patr. le chanoine du lieu. Dioc. de Bayeux, doy. de Couvains. Génér. de Caen, élect. de Bayeux, sergent. d'Isigny. Léproserie; chapelle de Sainte-Marguerite.

Cartigny-l'Épinay, h. c^ne d'Isigny.

Cartigny-Tesson, c^ne qui prend le nom de Sainte-Marguerite-d'Elle en 1846. Voy. Sainte-Marguerite-d'Elle.

Cartrée (La), h. c^ne de Saint-Pierre-la-Vieille. — *Quartrée,* 1875 (état-major).

Canville, c^on du Bény-Bocage. — *Caravilla, Carvilla,* 1107 (livre blanc de Troarn, 5e ch. de fondation). — *Quarvilla,* v. 1170 (cartul. norm. n° 16, p. 5). — *Karvilla,* 1198 (magni rotuli, p. 54, 2). — *Carevilla,* 1202 (*ibid.* p. 532). — *Karevilla* (cart. du Plessis-Grimoult).

Par. de Notre-Dame et Sainte-Anne, patr. le prieur du Plessis-Grimoult et l'abbé de Troarn. Dioc. de Bayeux, doy. de Vire. Génér. et élect. de Vire, sergent. du Tourneur.

Les *Fondreaux,* fief de chevalier dans la paroisse de Carville, 1476 (cart. du Plessis-Grimoult); il relevait de la baronnie de la Ferrière-Harang, 1494 (aveu de Zénon de Gastillon). Autre fief de Carville sis à la Graverie et relevant de la même baronnie, 1460 (aveu de Louis d'Harcourt; temporel de l'évêché de Bayeux).

Carvillière (La), h. c^ne de la Graverie.

Caslouet (Le), h. c^ne de Montbertrand.

Casseloise, h. c^ne de Montamy.

Casseloise, h. c^ne de Montchauvet.

Cassin (Le), h. c^ne de Graye.

Castel (Le), h. c^ne d'Ellon.

Castel (Le), h. c^ne de Goustranville.

CASTEL (LE HAUT et LE BAS-), h. c^ne de Roullours.

CASTEL-BOULIER (LE), h. c^ne de Roullours.

CASTELET (LE), h. c^ne de Barbeville.

CASTELET (LE), h. c^ne d'Osmanville.

CASTELET (LE), h. c^ne des Oubeaux.

CASTELETS (LES), vill. et f. c^ne de la Cambe.

CASTELETS (LES), h. c^ne de Cernay.

CASTELETS (LES), h. c^ne de Cottun. — *Castelluli*, 1230 (ch. de l'abb. de Longues, ch. 34).

CASTELETS (LES), h. c^ne de Fervaques.

CASTELLERIE (LA), h. c^ne du Mesnil-Robert.

CASTELLIER (LE), h. c^ne de la Ferrière-Harang. — *Castelier*, 1315 (chap. de Bayeux, n° 312).

CASTELLIER (LE), chât. c^ne de Saint-Désir. — *Kastelier*, 1198 (magni rotuli, p. 12). — *Castellarium*, 1234 (lib. rub. Troarn. p. 44).

CASTELLIÈRE (LA), h. c^ne de Saint-Pierre-Tarentaine.

CASTELOUZIÈRE (LA), h. c^ne de Cahagnes.

CASTILLON, c^on de Balleroy. — *Castellio*, 1114 (ch. de Saint-Pierre-sur-Dive).

Ferme royale, vicomté de Falaise, sergent. de Saint-Pierre-sur-Dive. Par. de Saint-Gatien ; deux cures réunies; patr. l'abbé de Longues et le chanoine du lieu ; prébende ; léproserie. Dioc. de Bayeux, doy. de Thorigny. Génér. de Caen, élect. de Bayeux, sergent. de Briquessart.

Les fiefs *Hamon* (quart de fief) et du *Vivier* (quart de fief), assis à Castillon, relevaient de la vicomté de Bayeux. Le fief de *Cauchy* relevait de la seigneurie de Montfiquet par huitième de fief.

CASTILLON, h. c^ne de Clécy.

CASTILLON-EN-AUGE, c^on de Mézidon. — *Casteillun*, 1180 (ch. de l'hospice de Lisieux, n° 2). — *Casteillon*, 1222 (cart. norm. n° 1005, p. 260). — *Castellon*, XIVe siècle ; *Castellio*, XVIe siècle (pouillé de Lisieux, p. 46). — *Castillon*, XIVe siècle (taxat. decim. dioc. Baioc.). — *Castilo*, 1571 (pouillé de Lisieux, p. 46, note). — *Câtillon-en-Auge*, 1844 (ibid. p. 47).

Par. de Notre-Dame, patr. l'évêque de Lisieux. Dioc. de Lisieux, doy. du Mesnil-Mauger. Génér. d'Alençon, élect. de Falaise, sergent. de Saint-Pierre-sur-Dive.

Le fief de Castillon, les fiefs de *Montchamps* et *Cartel* ressortissaient à la vicomté de Falaise et à la sergenterie de Saint-Pierre-sur-Dive.

CASTILLONS (LES), h. c^ne de la Roque.

CASTILLY, c^on d'Isigny. — *Casteilli*, 1108 (magni rotuli, p. 34). — *Castilly, Castilleium*, XIVe siècle (taxat. decim. dioc. Baioc.). — *Castillye*, 1377 (rôle du chap. de Bayeux, n° 102).

Par. de Saint-Gourgon, puis de Notre-Dame ; patr. le doyen de Bayeux. Dioc. de Bayeux, doy. de Couvains. Génér. de Caen, élect. de Bayeux, sergent. d'Isigny.

Tiers de fief s'étendant aux parcs de Neuilly et de Vouilly, 1640 (aveux de la vicomté de Bayeux). Fief du *By* en la paroisse de Castillon, dépendant de la vicomté de Caen, 1461 (arch. nat. P. 272, n° 39).

CATAUX (LES), h. c^ne de Beuvron.

CATAUX (LES), h. c^ne de Saint-Michel-de-Livet.

CATEAUBRAIE, h. c^ne de Littry.

CATHÉOLE, h. c^ne de Saint-Pierre-Tarentaine.

CATHERIE (LA), h. c^ne de Neuville.

CATHERIE (LA), f. c^ne de Vaucelles.

CATHERINIÈRE (LA), h. c^ne du Tronquay.

CATILLON (LE), h. c^ne de Cambremer.

CATILLON (LE), h. c^ne de Montreuil.

CATILLON (LE), h. c^ne de Saint-Martin-Don.

CATILLON (LE), h. c^ne de Tourville.

CATILLONS (LES), h. c^ne de la Rocque.

CATONNIÈRE (LA), h. c^ne de Cahagnes.

CAUCHE (LA), forge, c^ne du Pré-d'Auge.

CAUCHÈRE (LA), f^e et h. c^ne de Villers-Bocage.

CAUCHETERIE (LA), h. c^ne de Saint-Cyr-du-Ronceray.

CAUCHETIÈRE (LA), h. c^ne de Livarot.

CAUDAMONT (LE), h. c^ne du Mesnil-Benoît.

CAUDECOTTE, h. c^ne de la Bazoque. — *Chaudecotte*, 1198 (magni rotuli, p. 13). — *Calida Tunica*, XIVe siècle (pouillé de Lisieux, p. 24). — *Calida Cotta*, XIVe s° (ch. de Saint-Pierre-sur-Dive). — *Cottecote*, XVIIe s° (fiefs de la vicomté d'Orbec).

CAUDECOTTE, h. c^ne de Morteaux-Coulibœuf.

CAUDEMONE, chât. f^e et h. c^ne d'Auquainville.

CAUDEMUCHE, c^ne réunie à Cresseveuille en 1837. — *Calida Mucia*, 1653 (pouillé de Lisieux, p. 48).

Par. de Saint-Martin, patr. le seigneur du lieu. Dioc. de Lisieux, doy. de Beuvron. Génér. de Rouen, élect. de Pont-l'Évêque, sergent. de Beuvron.

Fief de Robehomme, 1234 (lib. rub. Troarn. p. 117), fief de la vicomté d'Auge ressortissant à la sergenterie de Beuvron. Huitième de fief relevant de la seigneurie de Dozulé, 1620 (fiefs de la vicomté d'Auge).

CAUDERIE (LA), h. c^ne de la Croupte.

CAUDERUE, h. c^ne de Thiéville. — *Calidus Vicus*, 1261 (ch. de Fontenay-le-Pesnel). — *Cauderue*, 1252 (ibid. n° 40).

CAUDET (LE), h. c^ne de Falaise.

CAUGY, h. c^ne de Sommervieu. — *Caugie*, 1229 (ch. de Mondaye).

CAUGY, h. c^ne de Saint-Vigor-le-Grand. — *Caugie*, 1290 (censier de Saint-Vigor-le-Grand).

CAULEY, h. c^ne du Mesnil-Robert.

CAUMETTES (LES), h. c^ne de Culey-le-Patry.

CAUMICHON (LE), h. c^ne de Caumont.

CAUMONT OU CAUMONT-L'ÉVENTÉ, c^on de Bayeux.

Par. de Saint-Martin, auj. de Saint-Clair; patr. l'abbé de Saint-Wandrille. Dioc. de Bayeux, doy. de Thorigny. Génér. de Caen, élect. de Saint-Lô, sergent. de Thorigny.

Fief de la *Ferrière*, à Caumont, relevant de la baronnie de la Quèze.

CAUMONT, c^on de Thury-Harcourt. — *Calvus Mons super Divam* (ch. de Saint-Pierre-sur-Dive). — *Calvus Mons*, 1269 (cartul. norm. n° 767, p. 174).

Par. de Saint-Sulpice, réunie auj. pour le culte à Esson; patr. le seigneur. Dioc. de Bayeux, doy. de Cinglais. Génér. d'Alençon, élect. et sergent. de Falaise.

CAUMONT, h. c^ne de Beuzeval. — *Calvus Mons*, 1234 (lib. rub. Troarn. p. 14).

CAUMONT, h. c^ne de Roques.

CAUMONT, h. c^ne de Tordouet.

CAUNEUVRES (LES), h. c^ne de Saint-Philbert-des-Champs.

CACQUEFOURQUE (LA), h. c^ne de Sainte-Marie-Outre-l'Eau.

CAURESSORT, h. c^ne de Vassy.

CAUSILLES (LES), h. c^ne de Norrey (Falaise).

CAUSSERIE (LA), h. c^ne de Landelles-et-Coupigny.

CAUSSERIE (LA), h. c^ne de Lénault. — *Cancesserie*, 1875 (état-major).

CAUSSESSIÈRE (LA), h. c^ne de Maisoncelles-la-Jourdan.

CAUSSONNERIE (LA), h. c^ne du Theil.

CAUSSY (LA), h. c^ne de Norrey.

CAUTRU, h. c^ne de Maizet.

CAUTRU, h. et ch. c^ne de Sainte-Honorine-du-Fay.

CAUVENNERIE (LA), h. c^ne de Sainte-Honorine-de-Ducy.

CAUVERIE (LA), h. c^ne de Champ-du-Boult.

CAUVICOURT, c^on de Bretteville-sur-Laize. — *Cauvaincort*, 1213 (ch. de Barbery, n° 247). — *Cauvicort, Chauvaincourt*, 1289 (cart. de Saint-André-en-Gouffern). — *Calvincort*, 1310 (livre blanc de Troarn). — *Cauvricourt*, 1371 (assiette des feux de la vicomté de Caen). — *Calvicuria*, xive s^e (livre pelut de Bayeux).

Par. de Saint-Germain; patr. le prieur de Saint-Bertin, puis les jésuites et enfin l'évêque de Bayeux. Dioc. de Bayeux, doy. de Vaucelles. Génér. et élect. de Caen, sergent. de Bretteville-sur-Laize.

CAUVIGNY, h. c^ne d'Escures.

CAUVIGNY, h. c^ne de Livry.

CAUVIGNY, h. c^ne de Magny-la-Campagne. — *Cavingneium*, 1198 (magni rotuli, p. 25, 2). — *Cauvingneium*, 1207 (Delisle, extraits de l'Échiquier).

CAUVIGNY, h. c^ne de Vieux-Fumé. — *Cavignie*, 1198 (magni rotuli, p. 46).

CAUVILLE, h. c^ne de Pierrefitte.

CAUVILLE (GRAND et PETIT-), h. c^ne de Saint-Martin-des-Besaces.

CAUVILLE, h. c^ne de Saint-Martin-de-Tallevende. — *Cavavilla*, 1198 (magni rotuli, p. 70). — *Calvavilla*, 1230 (cart. de l'abb. de Fontenay). — *Cauvilla*, 1471 (cart. du Plessis-Grimoult).

Par. de Notre-Dame, patr. le prieur du Plessis-Grimoult. Dioc. de Bayeux, doy. de Vire. Génér. de Caen, élect. de Vire, sergent. de Saint-Jean-le-Blanc.

CAUVILLE, h. c^ne de Thury-Harcourt. — *Calvavilla*, 1082 (cart. de la Trinité de Caen, f° 3 v°).

CAUVIN, h. c^ne de Guéron.

CAUVIN, h. c^ne de Saint-Jean-des-Essartiers.

CAUVINIÈRE (LA), h. c^ne d'Hermival-les-Vaux.

CAUVINIÈRE (LA), h. c^ne de Notre-Dame-de-Courson.

CAUVINS (LES), h. c^ne de Saint-Martin-du-Mesnil-Oury.

CAVALERIE (LA), h. c^ne de Culey-le-Patry.

CAVALIER (LE), nom donné au retranchement d'un camp romain, dont les restes se voient près du Port-en-Bessin.

CAVANDIE (LA), h. c^ne de Clécy.

CAVAUDON, h. c^ne de Saint-Jacques.

CAVÉE (LA), h. c^ne d'Asnelles.

CAVÉE (LA), h. c^ne de Canon.

CAVÉE (LA), vill. c^ne de Chouain.

CAVÉE (LA), h. c^ne de Deux-Jumeaux.

CAVÉE (LA), f. c^ne d'Englesqueville.

CAVÉE (LA GRANDE-), h. c^ne de Falaise.

CAVÉE (LA), h. c^ne de Fierville-la-Campagne.

CAVÉE (LA), h. c^ne de Fontaine-le-Pin.

CAVÉE (LA), h. c^ne de Fontenay-le-Pesnel. — *Quavée*, 1279 (ch. de Fontenay-le-Pesnel, n° 32).

CAVÉE (LA GRANDE et LA PETITE-), h. c^ne de Fresné-la-Mère.

CAVÉE (LA), h. c^ne de Montfiquet.

CAVÉE (LA), h. c^ne de Neuville.

CAVÉE (LA), h. c^ne de Roullours.

CAVÉE (LA), h. c^ne de Ryes.

CAVÉE (LA), h. c^ne de Sainte-Croix-Grand-Tonne.

CAVÉE (LA), h. c^ne de Saint-Martin-de-Blagny.

CAVÉE (LA), h. c^ne de Saint-Pierre-du-Bû.

CAVÉE (LA), h. c^ne de Vaudry.

CAVÉE (LA), h. c^ne de Vaux-sur-Aure.

CAVÉE (LA), ruisseau affluent de la Drôme, à Vaubadon.

CAVELLERIE (LA), h. c⁹ᵉ de Bonneville-la-Louvet.

CAVELOT (LE), h. cⁿᵉ de Genneville.

Fief de la vicomté d'Auge, sergenterie de Bonneville et Canapville.

CAVELOTERIE (LA), h. cⁿᵉ de Cartigny-l'Épinay.

CAVERIE (LA), h. cⁿᵉ de Champ-du-Boult.

CAVERIE (LA), h. cⁿᵉ d'Estry.

CAVERIE (LA), h. cⁿᵉ de Montchamp.

CAVERIE (LA), h. cⁿᵉ de Saint-Sever. — Cavrie, 1848 (Simon).

CAVES (LES), h. cⁿᵉ de Montreuil.

CAVIGNAUX, h. cⁿᵉ de Presles.

CAVILLET (LE), vill. cⁿᵉ de Formigny.

CAVILLIÈRE (LA), h. cⁿᵉ de la Graverie.

CAYENNE (LA), f. cⁿᵉ de Saint-Georges-en-Auge.

CAYER, f. cⁿᵉ de Vassy.

CÉLERY (LE), h. cⁿᵉ de Fresney-le-Puceux, réuni à Boulon.

CELLERIE (LA), h. cⁿᵉ de Notre-Dame-de-Courson.

CELLERIE, h. cⁿᵉ de Saint-Georges-d'Aunay.

CENDRIÈRE (LA), h. cⁿᵉ de Sainte-Foy-de-Montgommery.

CENTRE (LE), h. cⁿᵉ de Bernières-sur-Mer.

CENTRE (LE), h. cⁿᵉ de Castillon (Lisieux).

CENTRE (LE), h. cⁿᵉ de Cléville.

CENTRE (LE), h. cⁿᵉ de Tourville.

CÉRANDERIE (LA), h. cⁿᵉ du Mesnil-Auzouf. Chapelle consacrée à la sainte Vierge.

CERCLAIS (LES), h. cⁿᵉ d'Écots.

CERCLASIÈRE (LA), h. cⁿᵉ d'Ouilly-du-Houlley.

CERENSERIE (LA), h. cⁿᵉ de Saint-Manvieu.

CERFERIE (LA), h. cⁿᵉ de Sept-Vents.

CERFS (LES), vill. cⁿᵉ de Chouain.

CERFS (LES), cⁿᵉ d'Ondefontaine.

CERISAYE (LA), h. cⁿᵉ de Saon.

CERISIER (LE), h. cⁿᵉ de Beaumont.

CERISIER (LE), h. cⁿᵉ de Prêtreville.

CERISIER (LE), h. cⁿᵉ de Saint-Martin-de-Tallevende.

CERISY (FORÊT DE) ou forêt des BIARDS, cⁿᵉ de Montfiquet.

Cette forêt, appartenant à l'État, n'occupe pas moins de 2,000 hectares dans le Calvados. Le buisson de la Grande-Forêt formait une franche vavassorie relevant du roi. Elle portait au moyen âge le nom de forêt de Balleroy et était divisée en quatorze buissons parmi lesquels figuraient les bois du Tronquay et du Vernay.

CERNAY, cⁿᵉ d'Orbec. — Cyrneium, 1234 (lib. rub. Troarn. p. 96). — Sernayum, xiv° siècle (pouillé de Lisieux, p. 84). — Cerneium, 1310 (ch. de l'abb. de Fontenay, n° 199). — Serneyum, 1571 (chambre des comptes de Rouen). — Cernai, 1589 (pouillé de Lisieux, p. 84).

Par. de Saint-Aubin, patr. l'abbé du Bec. Dioc. de Lisieux, doy. d'Orbec. Génér. d'Alençon, élect. de Lisieux, sergent. d'Orbec.

CERNAY (BOIS DE), cⁿᵉ d'Ouville-la-Bien-Tournée.

CERQUEUX, cⁿᵉ d'Orbec. — Sarqueillum, 1234 (lib. rub. Troarn. 39). — Sarcofagi, 1272 (ch. de Friardel, n° 186). — Sarqueuz, 1274 (ibid.). — Sarcophagi, xiv° siècle (pouillé de Lisieux, p. 84). — Sarqueix, 1320 (fiefs de la vicomté d'Orbec). — Serqueux, 1320 (rôles de la vicomté d'Auge). — Sarqueilum, 1320 (parv. lib. rub. Troarn. n° 87).

Par. de Saint-Pierre, patr. le prieur de Friardel. Dioc. de Lisieux, doy. d'Orbec. Génér. d'Alençon, élect. de Lisieux, sergent. d'Orbec.

Fief Pellevillain, quart de fief dépendant du fief d'Asnières; fief de Froncheux ou Fronchoix, 1620 (rôles de la vicomté d'Orbec).

CERQUEUX ou CERQUEUX-LA-CAMPAGNE, cⁿᵉ réunie à Saint-Crespin en 1826. — Cerqueux-sur-Vie, Sarqueux, 1274 (cart. de Friardel). — Sarcophagi, xiv° s° (pouillé de Lisieux, p. 84).

Par. de Saint-Pierre, patr. le seigneur. Dioc. de Lisieux, doy. du Mesnil-Mauger. Génér. de Rouen, élect. de Pont-l'Évêque, sergent. de Saint-Julien-le-Faucon.

CERVELLE, h. cⁿᵉ du Tourneur.

CESNE (LE), cⁿᵉ de Glos. — Les Cesnes, 1848 (Simon).

CESNES (LES), vill. cⁿᵉ du Mesnil-Guillaume.

CESNES (LES), h. cⁿᵉ de Prêtreville.

CESNES (LES), h. cⁿᵉ de Saint-Pierre-Canivet.

CESNY-AUX-VIGNES, cⁿᵉ de Bourguébus. — Cirreni, Cierneium, 1082 (cart. de la Trinité). — Cierneium, xiv° siècle (livre pelut de Bayeux). — Chesny ez Vuignez, 1371 (assiette de la vicomté de Caen). — Cesni aux Vignes, xviii° s° (Cassini).

Par. de Saint-Pierre, patr. le seigneur. Dioc. de Bayeux, doy. de Vaucelles. Génér. d'Alençon, élect. de Falaise, sergent. de Jumel.

CESNY-BOIS-HALBOUT, autrefois CESNY-EN-CINGLAIS, cⁿᵉ de Thury-Harcourt. — Ciderneium, 1106 (cart. de la Trinité). — Cesneyum, 1165 (ch. de fondation de l'abb. du Val). — Cyerneium (ibid.). — Ciernéium, Cierney, v. 1200 (ch. pour l'abb. de Fontenay). — Cidernaium, 1217 (ch. de l'abb. de Fontenay). — Mota de Cerncio, 1244 (ch. de Saint-Étienne de Fontenay, n° 125). — Cirneium, 1356 (livre pelut de Bayeux). — Cesny en Cingueleis, 1362 (ch. de Saint-Étienne de Fontenay, n° 209). — *Chesni en Chinguelaiz*, 1371 (assiette de la vicomté de Caen). — Cette commune a pris le nom de *Cesny-Bois-Halbout* en 1828.

Par. de Notre-Dame, patr. l'abbé de Fontenay. Dioc. de Bayeux, doy. de Cinglais. Génér. d'Alençon; élect. de Falaise, sergent. de Tournebu.

Baronnie sous le nom de la *Motte-Cesny*, appartenant en 1280 aux Tournebu et entrée vers 1375 dans la maison d'Harcourt, par le mariage de Jeanne de Tilly avec Philippe d'Harcourt. — *La Mote de Cesny*, 1450 (fief de la bar. d'Harcourt, ap. La Roque, p. 974, n° 2).

La terre et seigneurie de la Motte-Cesny et Grimbosq, dont le «châtel» était situé à Cesny-en-Cinglais, s'étendait sur les paroisses de Saint-Martin-des-Bois, Fontenay-l'Abbaye, Clécy, Saint-Benin, Thury, Esson et à plusieurs maisons de la ville de Caen.

Un quart de fief, nommé le fief des *Marteaux*, en la vicomté de Falaise, et ressortissant à la sergenterie de Jumel, relevait de la même baronnie. Il en était de même d'un autre fief, nommé le fief d'*Ivetot*, dont le chef était assis à Cesny.

La baronnie de la Motte-Cesny ou la Motte-Harcourt, avec les bois de la Motte et de Grimbosq, situés dans les francs buissons du Cinglais, relevait du roi et ressortissait au parlement de Rouen. — Elle comprenait quinze fiefs ou membres de fiefs.

CHAINÉE (LA), h. c^{ne} d'Ondefontaine.

CHAISE (LA), h. c^{ne} de Clécy.

CHAISE (LA), h. c^{ne} de Vassy.

CHALIÈNE (LA), h. c^{ne} de Sainte-Marie-Outre-l'Eau.

CHALLERIE (LA), h. c^{ne} de la Villette.

CHALMAINIÈRES (LES), h. c^{ne} de Livarot.

CHALONNIÈRE (LA), h. c^{ne} de Rully.

CHALTIÉRÉ (LA), h. c^{ne} de Saint-Germain-de-Tallevende.

CHAMBELLAN, fief sis à Tour. — *Fief au Chamberleng*, 1460 (aveu de l'évêque Louis d'Harcourt).

CHAMBRE (LA), h. c^{ne} de Saint-Germain-de-Tallevende.

CHAMBUTTES (LES), h. c^{ne} de Presles.

CHAMP, h. c^{ne} de Campeaux.

CHAMP, h. c^{ne} de Fresné-la-Mère.

CHAMP-AUX-FERMES (LE), h. c^{ne} de Rully.

CHAMP-AUX-SEPT-FRÈRES (LE), h. c^{ne} de Blangy.

CHAMP-BALAIN, h. c^{ne} de Notre-Dame-de-Fresnay. — *Campus Ballini*, 1233 (lib. rub. Troarn. p. 46).

CHAMP-BEAUMÉ (LE), h. c^{ne} de Missy.

CHAMP-BÉNOT (LE), f. c^{ne} de Fresney-le-Puceux.

CHAMP-BERRY (LE), h. c^{ne} de Montbertrand.

CHAMP-BESLOU (LE), h. c^{ne} du Gast.

CHAMP-BOSQUET (LE), h. c^{ne} de Bures (Vire).

CHAMP-CORNU (LE), h. c^{ne} de Leffard.

CHAMP-DE-BATAILLE (LE), h. c^{ne} du Mesnil-Germain. — *Campus Batalie*, 1219 (ch. de Sainte-Barbe, n° 183).

CHAMP-DE-FOIRE (LE), h. c^{ne} de l'Hôtellerie.

CHAMP-DE-FOIRE (LE), h. c^{ne} de Saint-Hippolyte-de-Canteloup.

CHAMP-DE-LA-COUR (LE), h. c^{ne} de Cahagnolles.

CHAMP-DE-LA-CROIX (LE), h. c^{ne} de Saint-Martin-de-Fresnay.

CHAMP-DE-MARS (LE), h. c^{ne} de Montchamp.

CHAMP-DES-BOIS (LE), h. c^{ne} de Montchauvet.

CHAMP-DES-PRÉS (LE), h. c^{ne} de Saint-Vigor-des-Mézerets.

CHAMP-DIMÉ (LE), h. c^{ne} de Montbertrand.

CHAMP-DU-BOCAGE (LE), h. c^{ne} de Pierrefitte.

CHAMP-DU-BOULT, c^{on} de Saint-Sever. — *Champ du Bout, Campus Beloy*, 1278 (livre noir de Coutances). — *Campus Belli*, 1373 (livre blanc, *idem*). — *Champ du Boul*, 1498 (arch. nat. P. 271, n° 256). — *Champ du Boust*, 1665 (état du dioc. de Coutances). — *Champ du Bouc*, 1705 (Du Moulin).

Par. de Notre-Dame, aujourd'hui de Sainte-Anne; patr. l'abbé de Saint-Sever. Dioc. de Coutances, doy. du Val de Vire. Génér. de Caen, élect. de Vire.

CHAMP-DU-MOULIN, h. c^{ne} de Vaudry.

CHAMP-DU-POMMIER (LE), h. c^{ne} de Saint-Ouen-le-Pin.

CHAMPEAUX (LES), f. et h. c^{ne} de Saint-Germain-de-Montgommery. — *Campols*, 1026 (dotalitium Judith).

CHAMP-FLEURI, h. c^{ne} de Montchamp.

CHAMP-FLEURI (LE), h. c^{ne} de Sainte-Marie-Laumont. — *Campus Flori*, 1261 (ch. de Fontenay, n° 78). — *Campus Floridus*, v. 1264 (ch. de Saint-Vigor de Bayeux).

CHAMP-FRANÇAIS (LE), h. c^{ne} des Moutiers-en-Auge.

CHAMP-GIRARD, h. c^{ne} de la Hoguette.

CHAMP-GOUBERT, chât. et f. c^{ne} d'Évrecy.

Fief de la baronnie de Douvres, dont le chef était à Évrecy, avec extension sur Mondrainville, 1460 (aveu de l'évêque Louis d'Harcourt).

CHAMP-HARDOUIN (LE), h. c^{ne} de Sainte-Marie-Laumont.

CHAMP-HOUDOUF (LE), c^{ne} de Fontenay-le-Pesnel. — *Campus Houdouf*, 1273 (ch. de Fontenay-le-Pesnel, n° 27). — *Campus Houdouf desuper queminum Baiocensem*, 1279 (*ibid.*).

CHAMPINIÈRE (LA), h. c^{ne} de Martigny.

CHAMPIONNIÈRE (LA), h. c^{ne} de Pont-Farcy.

CHAMP-JACQUIN (LE), h. c^ne de Sainte-Marie-Laumont.

CHAMP-LEUNIÈRE (LE), h. c^ne de Pont-Farcy.

CHAMP-MALHERBE (LE), h. c^ne de Campeaux.

CHAMP-MARTIN (LE), h. c^ne de Courson.

CHAMP-MICHAUX (LE), h. c^ne de Sainte-Marie-Laumont.

CHAMP-MICHAUX (LE), h. c^ne de Saint-Martin-Don.

CHAMP-MIREY (LE), h. c^ne de Fresney-le-Puceux.

CHAMP-MONNET (LE), vill. c^ne de Livarot.

CHAMP-MOREL (LE), h. c^ne d'Esquay. — *Campus Morel in territorio de Escaio*, XIIIe siècle (ch. de Fontenay, n° 29).

CHAMP-MORIN (LE), h. c^ne de Montchamp.

CHAMP-MOTET (LE), h. c^ne de Presles.

CHAMP-MOUTIER (LE), h. c^ne de Roullours.

CHAMP-MOY (LE), h. c^ne de Nonant.

CHAMP-PARC (LE), h. c^ne de Saint-Ouen-des-Besaces.

CHAMP-POINTU (LE), h. c^ne d'Ondefontaine.

CHAMP-ROBIN (LE), h. c^ne de Saint-Georges-d'Aunay.

CHAMP-ROCHER (LE), h. c^ne de Saint-Ouen-des-Besaces.

CHAMP-ROGER (LE), h. c^ne de Canteloup.

CHAMP-RUFFIER (LE), f. c^ne de Sainte-Honorine-du-Fay.

CHAMPS (LES), h. c^ne de Bavent.

CHAMPS (LES), h. c^ne de Bernières-le-Patry.

CHAMPS (LES), f. c^ne de Berville.

CHAMPS (LES), h. c^ne de Campandré.

CHAMPS (LES), h. c^ne de Cheffreville.

CHAMPS (LES), h. c^ne de Coupesarte.

CHAMPS (LES), h. c^ne de Familly.

CHAMPS (LES), h. c^ne de Genneville.

CHAMPS (LES), h. c^ne de Lassy.

CHAMPS (LES), h. c^ne de Manneville.

CHAMPS (LES), h. c^ne de Saint-Martin-des-Besaces.

CHAMPS (LES), h. c^ne de Viessoix.

CHAMPS-AUGER (LES), h. c^ne du Détroit.

CHAMPS-AUGER (LES), h. c^ne de Montviette.

CHAMPS-BARDINS (LES), h. c^ne de Cresserons.

CHAMPS-BESSINS (LES), h. c^ne du Mesnil-Germain.

CHAMPS-BINET (LES), h. c^ne de Saint-Pierre-du-Fresne.

CHAMPS-COIFFIER (LES), h. c^ne de Culey-le-Patry.

CHAMPS-DE-CALONNE (LES), h. c^ne des Authieux-sur-Calonne.

CHAMPS-DE-LA-CROIX (LES), h. c^ne de Surville.

CHAMPS-DES-PRÉS (LES), h. c^ne de Saint-Vigor-des-Mézerets.

CHAMPS-GUÉRIN (LES), h. c^ne de Cordey.

CHAMPS-GUILLAS, h. c^ne de Saint-Vigor-des-Mézerets.

CHAMPS-JOIE (LES), h. c^ne d'Annebecq.

CHAMPS-LINGOT (LES), m^on isolée, c^ne de Cordey.

CHAMPS-MOREAU (LES), h. c^ne de Beaumont.

CHAMPS-NOYERS (LES), h. c^ne de Leffard.

CHAMPS-PINÇON (LES), h. c^ne de Campandré.

CHAMPS-PINÇON (LES), h. c^ne du Plessis-Grimoult.

CHAMPS-RABAS (LES), h. c^ne de Villers-sur-Mer. — *Champs-Rabats*, 1848 (état-major).

CHAMPS-ROBIN (LES), m^on, c^ne de Saint-Georges-d'Aunay.

CHAMPS-SAINT-MARTIN (LES), h. c^ne de Condé-sur-Noireau.

CHAMPS-SAINT-MARTIN (LES), f. c^ne de Crouay.

CHAMP-VALET (LE), h. c^ne de Grand-Mesnil.

CHAMP-VALLÉE (LE), h. c^ne du Mesnil-Germain. — *Campus de Valle*, 1172 (ch. de Saint-André-en-Gouffern, n° 157).

CHAMP-VAUTIER (LE), h. c^ne de la Graverie.

CHAMP-VIGNON (LE), h. c^ne de Chênedollé.

CHANNEVOTTE (LA), h. c^ne de Cerqueux.

CHANOINERIE (LA), h. c^ne de la Houblonnière.

CHANOINERIE (LA), h. c^ne de Sept-Vents.

CHANTELOUP, h. c^ne de Cahagnolles. — *Chatelou*, 1847 (stat. post.).

CHANTELOUP, h. c^ne de Cormolain.

CHANTELOUP, f. c^ne de Sallen.

CHANTEPIE, h. c^ne de Danvou. — *Champ-de-Pie*, 1847 (stat. post.).

CHANTEUR (LE), h. c^ne de Saint-Pierre-Azif.

CHANTONOLET (LE), h. c^ne de Pleinés-OEuvres.

CHANTRERIE (LA), h. c^ne de Saint-Pierre-des-Ifs.

CHANTRES (LES), h. c^ne de Beuvillers.

CHANTRET, h. c^ne de Deux-Jumeaux. — *Chanterel*, 1848 (état-major).

CHANU, h. c^ne de Montchamp.

CHAPEAU-ROUGE (LE), h. c^ne de Bures.

CHAPEAU-ROUGE (LE), m^on isolée, c^ne d'Ifs.

CHAPELINIÈRE (LA), h. c^ne de Heurtevent.

CHAPELINIÈRE (LA), h. c^ne de Tortisambert.

CHAPELLE (LA), h. c^ne de Boulon.

CHAPELLE (LA), h. c^ne de Brocottes.

CHAPELLE (LA), h. c^ne de Champ-du-Boult.

CHAPELLE (LA), h. c^ne de Courvaudon.

CHAPELLE (LA), h. c^ne du Désert.

CHAPELLE (LA), h. c^ne de Foulognes.

CHAPELLE (LA), h. c^ne du Gast.

CHAPELLE (LA), h. c^ne de Gonneville-sur-Dive.

CHAPELLE (LA), h. c^ne de la Graverie.

CHAPELLE (LA), h. c^ne de Hennequeville.

CHAPELLE (LA), h. c^ne de Juaye-Mondaye.

CHAPELLE (LA), h. c^ne de Manerbe.

CHAPELLE (LA), h. c^ne du Marais-la-Chapelle.

CHAPELLE (LA), h. c^ne de Mathieu.

CHAPELLE (LA), h. c^ne de Montamy.

CHAPELLE (LA), f. c^ne de Notre-Dame-de-Courson.

CHAPELLE (LA), h. c^ne de Saint-Germain-d'Ectot.

CHAPELLE (LA), h. c^ne de Saint-Germain-de-Livet.

CHAPELLE (LA), h. c^ne de Sainte-Honorine-de-Ducy.

CHAPELLE (LA), f°, c^be de Saint-Jean-de-Livet.

CHAPELLE (LA), h. c^ne de Vaudry.

CHAPELLE (LA), h. c^ne de Versainville.

CHAPELLE-AU-HUON (LA), h. c^ne de la Graverie.

CHAPELLE-BLANCHE (LA), h. c^ne de Saint-Vigor-des-Mézerets.

CHAPELLE-ENGERBOLD (LA), c^on de Condé-sur-Noireau. — *Capella Gerboldi*, xiv° siècle (taxat. decim. dioc. Baioc.). — *Capella Enguerbot*, xiv° siècle (livre pelut de Bayeux). — *Chapelle Engerbaut*, 1668 (aveux de la vicomté de Vire). — *Chapelle Engerbold*, xviii° siècle (Cassini).

Par. de Saint-Gerbold, patr. le seigneur. Dioc. de Bayeux, doy. de Vire. Génér. de Caen, élect. de Vire, sergent. de Saint-Jean-le-Blanc.

CHAPELLE-FAUQUET (LA), h. c^ne de Saint-Philbert-des-Champs.

CHAPELLE-HAINFRAY (LA), h. c^ne de Valsemé. — *Capella Hainfroy*, 1320 (lib. rub. Troarn. p. 165 v°). — *Capella Herfredi, Chapelle-Infrei*, xiv° siècle (pouillé de Lisieux, p. 50). — *Capella Haynfridi*, 1571 (*ibid.* note, p. 50).

Par. de Notre-Dame, unie aujourd'hui pour le culte à Valsemé; patr. le seigneur. Dioc. de Lisieux, doy. de Beaumont. Génér. de Rouen, élect. de Pont-l'Évêque, sergent. de Dive.

CHAPELLE-HAUTE-GRUE (LA), h. c^ne de Tortisambert. — *Capella Hastegru*, xvi° siècle (pouillé de Lisieux, p. 56). — *Chapelle-Hautegru*, 1579 (*ibid.* p. 57, note).

Par. de Saint-Pierre, unie aujourd'hui pour le culte à Tortisambert; patr. le seigneur. Dioc. de Lisieux, doy. de Livarot. Génér. d'Alençon, élect. d'Argentan, sergent. de Trun.

CHAPELLE-MADELEINE (LA), h. c^ne de la Graverie.

CHAPELLE-NOIRE-MARE (LA), h. c^ne du Mesnil-Germain.

CHAPELLERIE (LA), h. c^ne de Coulonces.

CHAPELLERIE (LA), h. c^ne d'Épinay-sur-Odon.

CHAPELLE-SAINT-BLAISE (LA), q. c^ne de Saint-Sever.

CHAPELLE-SAINT-JEAN (LA), h. c^ne d'Auvillars.

CHAPELLE-SAINT-JEAN (LA), h. c^ne de Mathieu.

CHAPELLE-SAINT-ROCH (LA), h. c^ne de Vaudry.

CHAPELLE SAINT-THOMAS (LA), chapelle détruite, c^ne de Langrune, chemin d'Ouistreham.

CHAPELLE SOUQUET (LA), c^ne réunie en 1823 à celle du Marais, qui prend le nom de *Marais-la-Chapelle*.

Par. de Sainte-Madeleine, patr. le commandeur de Villedieu-lès-Bailleul. Dioc. de Séez, doy. de Troarn. Génér. d'Alençon, élect. et sergent. de Falaise.

Maison de l'ordre de Malte, dépendant de la commanderie de Villedieu-lès-Bailleul (Orne).

CHAPELLE-YVON (LA), c^on d'Orbec, c^ne accrue de Benneray en 1825. — *Capella Yvonis*, 1233 (ch. de Friardel).

Par. de Notre-Dame, patr. le seigneur. Dioc. de Lisieux, doy. de Bernay. Génér. d'Alençon, élect. de Lisieux, sergent. d'Orbec.

CHAPETIÈRE (LA), h. c^ne de Saint-Germain-du-Crioult.

CHAPRONIÈRE (LA), h. c^ne de Bonneville-la-Louvet.

CHAQUELIÈRE (LA), fief assis sur la Brevière; il s'étendait sur la Chapelle-Haute-Grue et Montgommery.

CHARBONNIÈRE (LA), h. c^ne de Cernay.

CHARBONNIÈRE (LA), h. c^ne de Saint-Germain-de-Tallevende.

CHARDERIE (LA), h. c^ne de Norolles.

CHARLEVAL, h. c^ne de Saint-Georges-d'Aunay.

CHARPENTERIE (LA), h. c^ne de Campagnolles.

CHARPENTERIE (LA), h. c^ne de Landelles.

CHARRIÈRE (LA), f. c^ne de Neuilly.

CHARRIÈRE (LA), h. c^ne de la Rivière-Saint-Sauveur.

CHARRIÈNES (LES), éc. c^ne d'Argences.

CHARRIÈRE-VALBRÉQUÉ (LA), h. c^ne de Beuville.

CHARTERIE (LA), h. c^ne de Champ-du-Boult.

CHARTERIE (LA), h. c^ne du Désert.

CHARTERIE (LA), h. c^ne de Saint-Germain-de-Tallevende.

CHARTERIE-AU-GRAND (LA), h. c^ne du Tourneur.

CHARTIERS (LES), h. c^ne de Beuvron.

CHARTIERS (LES), vill. c^ne de Campagnolles.

CHARTREUX (LES), h. c^ne de Branville.

CHASSE (LA), h. c^ne de Fontenermont.

CHASSE (LA), h. c^ne d'Orbois.

CHASSE (LA), h. c^ne de Périers (Caen).

CHASSELOTS (LES), h. c^ne de Versainville.

CHASSEURS (LES), h. c^ne de Clécy.

CHASTEL (LE), f. c^ne de Surville.

CHASTELETS (LES), h. c^ne de Brécy.

CHÂTAIGNIERS (LES), vill. c^ne de Saint-Philbert-des-Champs.

CHÂTEAU-D'EAU (LE), origine des fontaines de Falaise, c^ne de Falaise.

CHÂTEAU-DE-LA-TOUR (LE), f. c^ne de Saint-Pierre-Canivet.

CHÂTEAU-DE-SAINT-SEVER (LE), f. c^ne de Vierville.

CHÂTEAU-DE-VERDUN (LE), q. c^ne d'Évrecy.

CHÂTEAU-GAILLARD (LE), m^on, c^ne de Saint-Eugène.

CHÂTEAU-GOUBIAN (LE), retranchement de l'époque romaine, c^ne de Crouay.

CHÂTEAU-NEUF (LE), h. c^ne de Saint-André-d'Hébertot.

CHÂTEAU-ROUGE (LE), h. c^ne de Colleville-sur-Mer.

CHÂTEL (LE), h. c^ne de Coulonces.

CHÂTEL (LE), h. c^ne de la Ferrière-du-Val.

CHÂTEL (LES), h. c^ne de la Folletière-Abenon.

CHÂTEL (LE), h. c^ne de Vassy.

CHÂTELET (LE), h. c^ne de Meslay.

CHÂTELET (LE), h. c^ne de Sassy.

CHÂTELEIS (LES), h. c^ne de Clécy.

CHÂTELLERIE (LA), h. c^ne de Saint-Manvieu (Vire).

CHÂTELLERIE (LA HAUTE-), h. c^ne de Saint-Manvieu (Vire).

CHÂTIÉ (LE), h. c^ne de Cricqueville.

CHÂTIÉ (LE), h. c^ne de Saint-Pierre-du-Mont.

CHATOU, h. c^ne de Fourneaux.

CHAT-QUI-GRIFFE (LE), h. c^ne d'Ouilly-le-Vicomte.

CHAT-QUI-VEILLE (LE), q. c^ne de Saint-Aubin-d'Arquenay.

CHAUDIÈRES (LES), f. c^ne d'Audrieu.

CHAUDRONNIÈRE (LA), h. c^ne de Saint-Germain-de-Tallevende.

CHAUGUETS (LES), h. c^ne de Neuville.

CHAULE (LE), f. c^ne du Mesnil-Simon.

CHAULERIE (LA), h. c^ne de Goustranville.

CHAULIEU, h. c^ne de Basseneville. — Calidus Locus, 1198 (magni rotuli, p. 94, 2). — Chauleu, 1292 (ibid.).

CHAUMIÈRE (LA), h. c^ne de Sainte-Honorine-de-Ducy.

CHAUMONDIÈRE (LA), h. c^ne de Notre-Dame-de-Courson.

CHAUMONDIÈRE (LA), h. c^ne de Tonnencourt.

CHAUMONT, f. c^ne de Boissey.

CHAUSSÉE (LA), h. c^ne de Bricqueville.

CHAUSSÉE (LA), vill. c^ne d'Écrammeville.

CHAUSSÉE (LA), h. c^ne de Launay-sur-Calonne.

CHAUSSÉE (LA), m^in, c^ne de Marigny.

CHAUSSÉE (LA), h. c^ne de Neuilly.

CHAUSSÉE (LA), h. c^ne de Sainte-Marie-Laumont.

CHAUSSÉE (LA), f. c^ne de Saint-Ouen-le-Pin.

CHAUSSÉE (LA), m^in, c^ne de Vaux-sur-Aure.

CHAUSSÉE-DE-BEUVILLERS (LA), h. c^ne de Saint-Jacques.

CHAUSSERIE (LA), h. c^ne du Bois-Bénâtre.

CHAUVINERIE (LA), h. c^ne de Lénault.

CHAUVINERIE (LA), h. c^ne de Sainte-Honorine-de-Ducy.

CHAUVINIÈRE (LA), h. c^ne d'Annebecq.

CHAUVINIÈRE (LA), f. c^ne de Croisilles.

CHAUVINIÈRE, h. c^ne de Lénault.

CHAUVINIÈRE, h. c^ne de Saint-Martin-du-Bû.

CHAUVINIÈRE (LA), f. c^ne de Saint-Martin-de-Fresnay.

CHAUVINIÈRE (LA), h. c^ne de la Vacquerie.

CHÉDEVILLE, q. c^ne de Montfiquet.

CHEF-DE-RUE, h. c^ne de Bavent. — Caput Vici, 1283 (ch. de Saint-Étienne de Fontenay, n° 168).

CHEF-DE-VILLE, h. c^ne d'Osmanville. — Chiefdevilla, xı^e siècle (enquête, p. 431). — Caput Villæ, 1198 (magni rotuli, p. 472).

CHEF-DE-VILLE, h. c^ne de Saint-Clément.

CHEF-DE-VILLE, h. c^ne de Sommervieu. — Kep-de-ville, xııı^e siècle (ch. de l'abb. d'Ardennes, n° 82).

CHEF-DE-VILLE, h. c^ne de Subles.

CHEF-DU-MONT, h. c^ne de Saint-Martin-de-Sallen.

CHEFFETERIE (LA), f. c^ne de la Croupte.

CHEFFREVILLE, c^on de Livarot. — Chiffreevilla, Siffredivilla, Sigefredivilla in Osmeis, 1135 (ch. de St-Étienne de Caen). — Sifreivilla, Sifrevilla, 1184 (magni rotuli, p. 109). — Sefrevilla, 1215 (cart. norm. n° 243, p. 38). — Caprevilla, 1277 (ch. de Sainte-Barbe, n° 220). — Siefreville, 1328 (fiefs de la vic. d'Orbec). — Esprevilla, xıv^e siècle (pouillé de Lisieux, p. 56). — Chieffrevilla, xvı^e s^e (ibid.).

Par. de Notre-Dame, aujourd'hui Saint-Germain; patr. l'abbé du Bec. Dioc. de Lisieux, doy. de Livarot. Génér. d'Alençon, élect. de Lisieux, sergent. d'Orbec.

Le fief de Cheffreville relevait de la seigneurie de Livarot. Fief de la Fosse, à Cheffreville, 1426 (rech. de Montfaut).

CHEF-LIEU (LE), h. c^ne de Fontaine-le-Pin.

CHEMIN (LE), h. c^ne de Saint-Ouen-des-Besaces.

CHEMIN (LE), h. c^ne de Viessoix.

CHEMIN-BAUDET (LE), h. c^ne d'Anisy.

CHEMIN-BELLANGER (LE), h. c^ne de Troarn. — Chemin-Bellenger, 1437 (domaines de Troarn).

CHEMIN-D'ASSEMONT (LE), q. c^ne du Mesnil-Eudes.

CHEMIN-DE-CAEN (LE), h. c^ne de Colomby-sur-Than.

CHEMIN-DE-CESNY (LE), f. c^ne de Fresney-le-Vieux.

CHEMIN-DE-CHAMBRAIS (LE), h. c^ne du Mesnil-Guillaume.

CHEMIN-DE-CLAQUET (LE), h. c^ne de Mondeville.

CHEMIN-DE-COLOMBY (LE), h. c^ne d'Anisy.

CHEMIN-DE-COQUAINVILLIERS (LE), h. c^ne d'Ouilly-le-Vicomte.

CHEMIN-DE-COURSEULLES (LE), h. c^ne de Reviers.

CHEMIN-DE-CRÉPON, q. c^ne de Graye.

CHEMIN-DE-DOZULÉ (LE), vill. c^ne de Saint-Ouen-le-Pin.

CHEMIN-DE-GRANDE-COMMUNICATION (LE), h. c^ne de Saint-Laurent-sur-Mer.

CHEMIN-DE-LA-BONDE (LE), h. c^ne de Saint-Jacques-de-Lisieux.

CHEMIN-DE-LA-FONTAINE (LE), h. c^ne de Loucelles.

CHEMIN-DE-LA-FORGE (LE), q. c^ne de Cintheaux.

CHEMIN-DE-LA-PLAINE (LE), h. c^ne de Loucelles.

CHEMIN-DE-L'ÉGLISE (LE), vill. c^ne de Loucelles.

CHEMIN-D'ENFER (LE), h. c^ne de Putot-en-Bessin.

CHEMIN-DE-RONDE (LE), h. c^ne de Port-en-Bessin.

CHEMIN-DE-SAINT-LÔ (LE), vill. c^ne de Cormolain.

Chemin-de-Sallen (Le), h. cⁿᵉ de Noyers.

Chemin-d'Orgueil (Le), q. cⁿᵉ de Tourgéville.

Chemin-d'Ouville (Le), h. cⁿᵉ de Percy.

Chemin-du-Bois (Le), h. cⁿᵉ de Putot.

Chemin-du-Bois-de-Dozulé (Le), h. cⁿᵉ de Dozulé.

Chemin-du-Calvaire (Le), q. cⁿᵉ de Cintheaux.

Chemin-du-Lieu-Moinville (Le), q. cⁿᵉ de Dozulé.

Chemin-du-Marais (Le), h. cⁿᵉ de Mondeville.

Chemin-du-Roi (Le), q. cⁿᵉ de Troarn. — *Queminum domini regis*, 1250 (parv. lib. rub. Troarn.).

Chemin-du-Roi, q. cⁿᵉ de Villers-Canivet. — *Chemin-le-Roi*, 1377 (ch. de l'abb. n° 341).

Cheminées (Les), h. cⁿᵉ de Saint-Ouen-le-Pin.

Chemin Haussé, nom donné, dans le département du Calvados, aux vestiges de diverses voies romaines :

A la section de la voie romaine de Séez à Bayeux, comprise entre Morteaux-Coulibœuf et la jonction de cette voie avec la route actuelle de Cherbourg à Paris, sur le finage de Bretteville-l'Orgueilleuse. Cette voie traverse Vieux, le chef-lieu de l'ancienne cité des Viducasses;

A l'ancienne voie qui reliait Vendeuvre à Percy;

Au vieux chemin qui sépare le finage de Ryes de celui de Vienne; ce chemin, qui part de Bayeux dans la direction est-nord-est, passe par Sommervieu et Crépon.

Chemin-Haut (Le), h. cⁿᵉ d'Englesqueville.

Chemin-Haut (Le), h. cⁿᵉ du Reculey.

Chemin-Neuf (Le), h. cⁿᵉ de Putot-en-Bessin.

Chemin-Saunier (Le), h. cⁿᵉ de Touffréville.

Chénard (Le), h. cⁿᵉ de Gonneville.

Chénard (Le), h. cⁿᵉ de Lison.

Chénards (Les), h. cⁿᵉ de Saint-Gatien.

Chénay (Le), h. cⁿᵉ du Bô.

Chenay (Le), f., cⁿᵉ de Cernay.

Chénay (Le), h. cⁿᵉ de Vassy.

Chénaye (La), h. cⁿᵉ du Détroit. — *Quesnetum*, 1236 (cart. de Friardel).

Chénaye (La), h. cⁿᵉ de Landelles.

Chénaye (La), h. cⁿᵉ de Lison.

Chénaye (La), h. cⁿᵉ des Oubeaux.

Chénaye (La), h. cⁿᵉ de Saint-Georges-en-Auge. — *Chesneia*, 1277 (ch. de Friardel).

Chêne (Le), h. cⁿᵉ de la Chapelle-Yvon.

Chêne (Le) ou le Chêne-en-Auge, commune réunie à Lessard, qui prend le nom de *Lessard-et-le-Chêne.* — *Quercus*, xivᵉ siècle (pouillé de Lisieux, p. 47).

Par. de Saint-Pierre, patr. le chapelain de Cléry. Dioc. de Lisieux, doy. du Mesnil-Mauger. Génér. de Rouen, élect. de Pont-l'Évêque, sergent. de Cambremer.

Chêne (Le), q. cⁿᵉ de Maizières.

Chêne (Le), h. cⁿᵉ de Saint-Germain-du-Crioult.

Chêne (Le), h. cⁿᵉ de Saint-Marc-d'Ouilly.

Chêne (Le), h. cⁿᵉ de Saint-Martin-de-Tallevende.

Chêne (Le), f. cⁿᵉ d'Urville.

Chêne (Le), h. cⁿᵉ de Viessoix.

Chêne-à-Rault (Le), h. cⁿᵉ des Loges.

Chêne-au-Loup (Le), h. cⁿᵉ de Montpinçon.

Chêne-au-Loup (Le), mᵐ isolée, cⁿᵉ de Neuilly.

Chêne-aux-Dames (Le), h. cⁿᵉ de Glanville.

Chêne-Broquet (Le), h. cⁿᵉ de Vassy.

Chêne-Creux (Le), h. cⁿᵉ de Vassy.

Chêne-de-Beauvoir (Le), h. cⁿᵉ de Cambremer.

Chêne-de-la-Plaine (Le), h. cⁿᵉ de Sept-Frères.

Chêne-de-l'Image (Le), h. cⁿᵉ de Barneville.

Chênedollé, cⁿ de Vassy. — *Chesnedolé, Quercus Dolata*, xivᵉ siècle (taxat. decim. dioc. Baioc.). — *Chesnedoley, Quesnedoley*, 1310 (cart. du Plessis-Grimoult, n° 736). — *Quercus Dolata*, 1476 (*ibid.* t. I, p. 2).

Par. de Saint-Georges, patr. le prieur du Plessis-Grimoult. Dioc. de Bayeux, doy. de Vire. Génér. de Caen, élect. de Vire, sergent. du Tourneur.

Le fief *Beaumanoir*, assis en cette paroisse, anciennement tenu du fief de la *Roche-Tesson*, était en la main du roi, ainsi que celui de *Perton-Lafosse*, dont relevait le fief de *Briette*, 1610 (aveux de la vic. de Vire).

Chênée (La), h. cⁿᵉ de Clinchamps.

Chênée (La), h. cⁿᵉ de Cristot.

Chênée (La), h. cⁿᵉ de Deux-Jumeaux.

Chênée (La), h. cⁿᵉ d'Englesqueville.

Chênée (La), h. cⁿᵉ du Molay.

Chênée (La), h. cⁿᵉ d'Ondefontaine. — *La Chesnaye*, 1847 (stat. post.).

Chênée (La), h. cⁿᵉ de Presles.

Chênée (La), h. cⁿᵉ de Saint-Manvieu (Vire).

Chênée (La), h. cⁿᵉ de Tournières.

Chênée (La), h. cⁿᵉ d'Ussy.

Chenel (Le Grand et le Petit-), h. cⁿᵉ de la Lande-Vaumont.

Chêne-Lamotte (Le), h. cⁿᵉ de Montchauvet.

Chenelière (La), h. cⁿᵉ de Coulonces.

Chenelière (La), h. cⁿᵉ de Saint-Germain-de-Tallevende.

Chêne-Pannier (Le), q. cⁿᵉ de Tourgéville.

Chêne-Rault (Le), h. cⁿᵉ de la Folletière-Abenon.

Chênes (Les), h. cⁿᵉ de Meulles.

Chênes (Les), prébende située sur la paroisse Saint-Jacques, faubourg d'Orbec. — *Ecclesia de Quercubus Tyoudi*, xivᵉ sᵉ (pouillé de Lisieux, p. 18). — *Ecclesia de Quercubus Therouldi*, xviᵉ sᵉ (*ibid.*).

Chêne-Sec (Le), h. cⁿᵉ de Roullours. — *Chesne Sec in*

parrochia de Rollors, 1229 (ch. de Saint-André-en-Gouffern, n° 641).

CHENET (LE), h. c^ne du Bû-sur-Rouvres.

CHENET (LE), f. c^ne de Cernay.

CHENEVOTTE (LA), h. c^ne de Cerqueux.

CHENEVOTTE (LA), h. c^ne d'Orbec.

CHENNEVIÈRE (LA BASSE et LA HAUTE-), h. c^ne de Marolles.

CHENNEVIÈRES (LES), h. c^ne de Cheffreville.

CHENNEVIÈRES (LES), fief de la paroisse de Noyers, 1253 (ch. de l'abb. d'Ardennes, n° 218). Voy. NOYERS.

CHENNEVIÈRES (LES), h. c^ne de Saint-Martin-Don.

CHÊNOTÉE (LA), h. c^ne de Lassy.

CHÉTIF-BOIS (LE), h. c^ne de la Hoguette.

CHETTEVILLE, h. c^ne de Saint-Clément.

CHEUTEL, m^in, c^ne de Fresney-le-Puceux. — Molendinum de Cheutel, in parrochia de Fresnci le Pucheux, 1258 (ch. de Barbery).

CHEUX, c^on de Tilly-sur-Seulle. — Cheus, 1024 (ch. de Saint-Wandrille). — Ceusium, 1066 (ch. de Saint-Étienne de Caen). — Ceus, 1082 (ibid.). — Sceus, 1120 (ibid.). — Ceux, 1174 (ibid.). — Chaeus, 1198 (magni rotuli, p. 79). — Cheuseyum, ch. de Saint-Étienne de Caen, 1368 (ibid.). — Cheulx, 1540 (ibid.).

Par. de Saint-Vigor, patr. l'abb. de Saint-Wandrille. Chap. de Saint-Martin; léproserie. Dioc. de Bayeux, doy. de Maltot. Génér. et élect. de Caen.

Chef-lieu d'une sergenterie comprenant Cheux, Cristot, Brouay, Putot, Fontenay-le-Pesnel, Audrieu, le Mesnil-Patry, Saint-Manvieu, Juvigny, Ducy, Carcagny, Loucelles, Bretteville-l'Orgueilleuse et Carpiquet.

La baronnie de Cheux, dépendant de l'abbaye de Saint-Étienne de Caen, s'étendait sur les paroisses de Mouen, Grainville, Tourville et Mondrainville.

Les fiefs de Marchanville, Siméon et Saint-Wandrille (huitième de fief), dont le chef était à Cheux, étaient soumis à la juridiction de l'abbaye, 1725 (aveu du temporel). Il en était de même d'une vavassorie mouvante de la baronnie de Rots et nommée la vavassorie de Cheux.

CHEVAL-BLANC (LE), h. c^ne de Méry-Corbon.

CHEVALIER (LE), h. c^ne de Surville.

CHEVALLERIE (LA), h. c^ne de Campagnolles.

CHEVALLERIE (LA), h. c^ne des Loges.

CHEVALLERIE (LA), h. c^ne du Mesnil-Benoît.

CHEVALLERIE (LA), h. c^ne de Montbertrand.

CHEVALLERIE (LA), q. c^ne des Oubeaux.

CHEVALLERIE (LA), h. c^ne de Saint-Jean-le-Blanc.

CHEVALLERIE (LA), q. c^ne de Saon.

CHEVREUIL (LE), m^in, c^ne de Bretteville-sur-Laize. — Molendinum de Kevrol, apud Brettevillam super Leisam, XIIIe siècle (ch. de Sainte-Barbe, n° 84).

CHEVRY (LE), q. c^ne de Colleville-sur-Mer.

CHIBOTTERIE (LA), h. c^ne de Saint-Désir.

CHICHEBOVILLE, c^on de Bourguébus, accrue de la commune de Béneauville en 1835. — Cinceboldivilla, 1120 (livre blanc de Troarn). — Chinchebovilla, 1201 (parv. lib. rub. Troarn.). — Cinceboville, 1232 (ch. de l'abb. de Vignats, n° 50). — Chinchibovilla, XIVe siècle (taxat. decim. dioc. Baioc.). — Chymceboville, 1424 (arch. nat. JJ. 173, n° 44).

Par. de Saint-Martin, patr. le seigneur. Dioc. de Bayeux, doy. de Vaucelles. Génér. et élect. de Caen, sergent. de Verrières.

CHICHOUERIE (LA), h. c^ne du Mesnil-Germain.

CHIEN (LE), h. c^ne du Breuil.

CHIEN (LE), h. c^ne du Mesnil-Mauger.

CHIEN (LE), q. c^ne de la Roque-Baignard.

CHIEN (LE), h. c^ne de Saint-Jacques.

CHIENBOURG, h. c^ne de Tracy-Bocage.

CHIENNETERRE (LA), h. c^ne de Grandchamp.

CHIFFETRIE (LA), h. c^ne de la Croupte.

CHIFFREVAST, quart de fief sis à Baron, 1680 (aveu de la vic. de Caen).

CHILLARD, h. c^ne de Fauguernon.

CHIQUET (LE), h. c^ne de Cressevcuille.

CHIROMME (LA), ruiss. affl. de la Mue, arrose le territoire de Villons-les-Buissons.

CHISTEL, h. c^ne de Neuilly. — Chitel, 1847 (stat. post.).

CHOINERIE (LA), h. c^ne de Saint-Sever.

CHOISEL, h. et m^in, c^ne de Coulonces.

CHOLERIE (LA), h. c^ne de Basseneville. — Chollerie, XVIIIe siècle (Cassini).

CHOLERIE (LA), h. c^ne de Goustranville.

CHOLEUSE (LA), f. c^ne de Subles.

CHONNAUX, h. c^ne de Coulonces. — Chonnault, XVIIIe s^e (Cassini).

CHOPARDERIE (LA), h. c^ne de Saint-Vigor-des-Mézerets.

CHOPPE (LA), h. c^ne de Blangy.

CHOUAIN, c^on de Balleroy. — Ciconium, 1158 (bulle pour Saint-Sever). — Chouing, 1217 (cart. de l'abb. de Mondaye). — Chooing, 1277 (rôles du chap. de Bayeux, n° 745). — Chiconium, XIVe s^e (livre pelut de Bayeux, p. 22). — Chouig, 1418 (ch. de l'abb. de Saint-Étienne). — Chouain, 1725 (aveu du temporel de l'abb. de Saint-Étienne). — Choin, 1765 (Dumoulin). — Chouin, XVIIIe siècle (Cassini).

Par. de Saint-Martin, patr. le seigneur de Creully.

Dioc. de Bayeux, doy. de Fontenay-le-Pesnel. Génér. de Caen, élect. de Bayeux, sergent. de Briquessart.

Les fiefs d'*O* (huitième de fief), du *Quesney* et de la *Champagne* avaient leurs chefs assis en cette paroisse; ce dernier relevait de Couvert, 1677 (aveux de la vic. de Bayeux).

CHOUQUERIE (LA), f°, c°° de Saint-Martin-de-Fresnay.

CHOUQUET, h. c°° de Saint-Julien-sur-Calonne.

CHOUQUIER, nom d'un bois du Cinglais. — *Nemus de Choquerio*, 1260 (ch. de Barbery, n° 224).

CHULTIÈRE (LA), h. c°° de Saint-Martin-de-Tallevende.

CIBOTIÈRE (LA), h. c°° de la Ferrière-Harang.

CIBOTIÈRE (LA), h. c°° de Viessoix. — *Cibottière*, 1848 (Simon).

CIMETIÈRE (LE), h. c°° de Bures.

CIMETIÈRE (LE), h. c°° de Pont-Bellenger.

CIMETIÈRE (LE), h. c°° de Villy.

CIMONNIÈRE (LA), h. c°° de la Chapelle-Haute-Grue.

CINGAL, c°° réunie à Moulines en 1833. — *Cingal*, 1008 (dotalitium Judith). — *Chingual*, 1371 (assiette des feux de la vic. de Caen). — *Cingallum*, xiv° siècle (livre pelut de Bayeux, p. 70).

Par. de Notre-Dame, patr. l'abbé de Barbery. Dioc. de Bayeux, doy. de Cinglais. Génér. d'Alençon, élect. de Falaise, sergent. de Tournebu.

CINGAL, h. c°° de Vaux-sur-Aure. — *Cingalt*, 1356 (livre pelut de Bayeux).

CINGLAIS, circonscription territoriale dont Cingal était le chef-lieu. — *Vicaria Cingalensis*, 1008 (dotalit. Judith). — *Cingueleiz*, *Chingueleiz*, 1155 (Wace, Roman de Rou, v. 2886). — *Cingleis*, 1160 (Benoît, Chron. de Norm. p. 601, v. 15697). — *Cingueleis*, 1234 (ch. de Barbery, n° 268). — *Cinguelais*, 1450 (recueil de Thury-Harcourt, p. 31 v°). — *Cingueloys*, 1502 (*ibid.*).

La forêt de Cinglais, — *silva Cingalensis*, 1230 (cart. de Saint-Étienne de Fontenay); *foresta de Cingeleis*, 1211 (ch. de Barbery, n° 225); *nemus de Cingeleis*, 1230 (*ibid.* n° 223), — peut se diviser en trois grandes sections : les *bois de la Motte-Cesny* et de *Grimbosq*, ayant d'abord appartenu aux seigneurs de Tournebu puis aux d'Harcourt; 2° le *bois de Thury*, aux Ferrières puis aux Montmorency; 3° les *bois d'Alençon*, aux comtes d'Alençon et en dernier lieu aux Guerchy.

Le Cinglais donnait, avant la Révolution, son nom à l'un des trois doyennés dont se composait l'archidiaconé d'Exmes, au diocèse de Bayeux. Ce doyenné comprenait les paroisses d'Acqueville, Barbery, le Bô, Bonneuil, Boulon, Bray-en-Cinglais, Bretteville-sur-Laize, Caumont-sur-Orne, Cauvicourt Cesny-en-Cinglais, Cingal, Clinchamps, Com-

bray, Cossesseville, Croisilles, Donnay, Espins ou les Pins, Esson, Fontaine-le-Pin, Fontaines-Halbout, Fresney-le-Puceux, Fresney-le-Vieux, Gouvix, Grimbosq, Harcourt (autrefois Thury), Laize-la-Ville, Martainville, Meslay, le Mesnil-Touffray, Moulines, la Mousse, les Moutiers, Mutrécy, Pierrefitté, Placy-en-Cinglais, la Pommeraye, Saint-Christophe, Saint-Germain-Langot, Saint-Germain-le-Vasson, Saint-Laurent-de-Condel, Saint-Omer, Saint-Remy-sur-Orne, Soignolles, Tournebu, Tréprel, Urville, le Vey.

CINQ-AUTELS, c°° réunie à Fierville-la-Campagne en 1859. — *Quinque Altaria*, xiv° siècle (taxat. decim. dioc. Baioc.).

Par. de Notre-Dame, patr. le seigneur et l'abbesse d'Almenesches. Dioc. de Bayeux, doy. de Vaucelles. Génér. et élect. de Caen, sergent. du Verrier.

CINQ-CHEMINS (LES), q. c°° de Loucelles.

CINQ-CHEMINS (LES), vill. c°° de Nonant.

CINQ-CHEMINS (LES), h. c°° de Saint-Pierre-de-Mailloc.

CINQ-FRÊNES (LES), f°, c°° de Berville.

CINQ-MAZURES (LES), huitième de fief, c°° de Campagnolles, 1617 (aveux de la vic. de Vire).

CINQ-SILLONS (LES), q. c°° d'Agy.

CINQ-VIERGES (LES), f°, c°° de Truttemer-le-Grand.

CINTHEAUX, c°° de Bretteville-sur-Laize. — *Sainteals*, 1150 (ch. de Villers-Canivet). — *Sanctelli*, 1181 (ch. de l'abb. de Barbery). — *Saintelli*, *Sainteaus*, 1246 (*ibid.* n° 290). — *Santelli*, 1240 (*ibid.* n° 216). — *Sainteaux*, *Saintiaux*, 1371 (visite des forteresses). — *Sinteaux*, 1532 (aveu de Charles de Bourgueville). — *Saint-Eaux*, 1585 (papier terrier de Falaise). — *Scintheaux*, 1662 (comptes de Rouen).

Par. de Saint-Germain, patr. l'abbé de Barbery. Dioc. de Bayeux, doy. de Vaucelles. Génér. et élect. de Caen, sergent. de Bretteville-sur-Laize.

La seigneurie de Cintheaux s'étendait sur Bretteville-sur-Laize, Cailly et Urville, 1647 (ch. des comptes de Rouen).

Fief de la *Fresnaye*, relevant du roi par quart de fief de haubert, devenu fief de *Robert-Mesnil* en 1662.

CIRFONTAINES, c°° réunie à Marolles en 1825. — *Sirefontane*, 1195 (pouillé de Lisieux, p. 25, note 10). — *Cirofons*, 1198 (magni rotuli, p. 16). — *Sirofons*, *Sirefontaine*, xiv° s° (pouillé de Lisieux, p. 24). — *Syrefontene*, xiv° s° (ch. de Friardel, n° 237). — *Cirfontaine*, xviii° siècle (Cassini).

Par. de Notre-Dame, patr. l'évêque de Lisieux et le seigneur du lieu. Dioc. de Lisieux, doy. de Moyaux. Génér. d'Alençon, élect. de Lisieux, sergent. de Moyaux.

CLAIRE (LA), rivière coulant parallèlement à la Morelle et à l'Orange. Elle prend sa source à Saint-Gatien qu'elle sépare de Fourneville et Gonneville, et traverse Honfleur dont ses eaux alimentent le bassin.

CLAIRÉE (LA), h. c⁰ᵉ de Brémoy.

CLAIRE-FONTAINE, f., c⁰ᵉ de Longvillers.

CLAIRMONT, h.ᶜⁿᵉ des Autels-Saint-Bazile.

CLAIRONDE, f. c⁰ᵉ de Couvert.

CLAIR-TISON, h. et mⁱⁿ, c⁰ᵉ de Tournebu. — Clertison, 1373 (Mannier, p. 466).

Fief de la baronnie de Tournebu.

CLAQUE (LA), h. c⁰ᵉ de Saint-Denis-de-Méré.

CLARBEC, c⁰ⁿ de Pont-l'Évêque. — Clerbec, Clarus Beccus, xivᵉ siècle (pouillé de Lisieux, p. 50). — Clairbec, 1620-1640 (rôles des fiefs de la vic. d'Auge).

Par. de Saint-André, patr. le seigneur. Dioc. de Lisieux, doy. de Beaumont. Génér. de Rouen, élect. et sergent. de Pont-l'Évêque.

Plein fief de la vicomté d'Auge ressortissant à la seigneurie de Pont-l'Évêque. On distinguait, comme étant assis à Clarbec : le fief du Mesnil-aux-Crottes, plein fief de haubert; celui du Mesnil-Tison, quart de fief, et le fief d'Argences, quart de fief, 1620 (rôles de la vic. d'Auge).

CLAREL, anc. mⁱⁿ sur la riv. de Laize. — Molendinum Clarel, super ripariam de Leysa, 1260 (ch. de Barbery, n° 42).

CLATIÈRE (LA), h. c⁰ᵉ de Saint-Pierre-Tarentaine.

CLAVELLIÈRE (LA BASSE et LA HAUTE-), h. c⁰ᵉ de Maisoncelles-la-Jourdan.

CLAVELLIÈRE-BOIVIN (LA), f. c⁰ᵉ de Maisoncelles-la-Jourdan.

CLÉCY, h. et chât. c⁰ᵉ de Saint-Jean-le-Blanc.

CLÉCY-SUR-ORNE, c⁰ⁿ de Thury-Harcourt. — Cliciacum, 860 (Tardif, cartons des rois, n° 176). — Cleceium, 1070 (ch. de fondation de l'abb. de Fontenay). — Clecium, 1256; Clecé, 1277 (ch. du Plessis-Grimoult). — Clesseyum, 1294 (ibid.). — Clesseyum, xivᵉ s⁰ (taxat. decim. dioc. Baioc.). — Clessy, 1586 (aveu de Jacques d'Harcourt).

Par. de Saint-Pierre, auj. Notre-Dame; patr. l'abbé de Fontenay. Dioc. de Bayeux, doy. de Vire. Génér. de Caen; élect. de Vire, sergent. de Saint-Jean-le-Blanc.

Manoir de Placy relevant, par quart de fief, de la baronnie de Cesny. Ce quart de fief, composé de trois fiefs ou verges, — Clécy, Saint-Lambert et les Illes, — s'étendait à Clécy, Saint-Marc-d'Ouilly, Saint-Lambert-sur-Orne et Saint-Germain-du-Crioult, 1606 (aveux de la vic. de Vire).

CLÉMENDIÈRE (LA), h. c⁰ᵉ de Pont-Farcy.

CLÉMENDIÈRE (LA), h. c⁰ᵉ de Saint-Germain-du-Crioult.

CLÉSY, vill. c⁰ᵉ de Saint-Jean-le-Blanc. — Clégny, 1848 (état-major).

CLERBOSQ, h. c⁰ᵉ de Neuilly.

CLERCS (LES), h. c⁰ᵉ du Mesnil-Guillaume.

CLÉNÉE, h. c⁰ᵉ de Brémoy.

CLEREY, h. c⁰ᵉ de Moyaux.

CLERGERIE (LA), h. et mⁱⁿ, c⁰ᵉ de Saint-Sever.

CLÉRISSIÈRE (LA), h. c⁰ᵉ de Bonneuil.

CLERLÈRE (LA), h. c⁰ᵉ de Saint-Manvieu (Vire).

CLERMONT, c⁰ᵉ réunie à Beuvron en 1856. — Clarus Mons, 1198 (magni rotuli, p. 80). — Clairmont, Saint-Michel de Clairmont, 1320 (rôles de la vic. d'Auge).

Par. de Saint-Michel, patr. le seigneur. Dioc. de Lisieux, doy. de Beuvron. Génér. de Rouen, élect. de Pont-l'Évêque, sergent. de Beuvron.

CLERMONT, f. c⁰ᵉ de la Hoguette.

CLERMONT, h. c⁰ᵉ de Saint-Martin-de-Tallevende.

CLÉRONDE, f. c⁰ᵉ de Blay.

CLÉVILLE, c⁰ⁿ de Troarn. — Clivilla, Clevilla, 1077 (ch. de Saint-Étienne de Caen). — Cliville, 1210 (ch. de Troarn).

Par. de Notre-Dame, patr. l'abbé de Troarn. Dioc. de Bayeux, doy. de Troarn. Gén. et élect. de Caen, sergent. d'Argences. Chapelle Sainte-Madeleine au hameau du Perreux; chapelle Saint-Sauveur au château de Bois-Roger; léproserie.

Plein fief formé en 1538 de la réunion du tiers de fief de Cléville, d'un membre de fief nommé le fief du Pont et d'une vavassorie nommée la vavassorie Bertrand. Au hameau du Haut-Perreux était assis le fief de Brémoy par huitième de fief. Le fief du Perreux, sis à Cléville, prit le nom de Breteuil en 1760 (ch. des comptes de Rouen, p. 205). Le fief du Bosc-Roger ou Bois-Roger, également sis à Cléville, s'étendait à Méry et Argences, 1450 (aveux de la vic. de Caen; arch. nat. P. 272, n° 254).

CLINCHAMPS, c⁰ⁿ de Bourguébus. — Clinchamp, 1082 (cart. de la Trinité). — Clincampus, 1356 (livre pelut de Bayeux). — Clinchaen, 1419 (rôles de Bréquigny, n° 455, p. 80).

Prieuré-cure de Notre-Dame, patr. le seigneur. Dioc. de Bayeux, doy. de Cinglais. Génér. et élect. de Caen, sergent. de Bretteville-sur-Laize.

CLINCHAMPS, c⁰ⁿ de Saint-Sever. — Clincampus, 1180 (magni rotuli, p. 13, 2). — Clincamp, 1278 (livre noir de Coutances).

Par. de Saint-Martin, patr. le seigneur. Dioc. de Coutances, doy. du Val-de-Vire. Génér. de Caen, élect. de Vire, sergent. de Saint-Sever.

CLINCHAMPS, f. c^{ne} d'Acqueville.
CLINCHAMPS, h. c^{ne} du Brévedent.
CLINCHAMPS, h. c^{ne} de Livry.
CLIPIN, h. et mⁱⁿ, c^{ne} d'Ouilly-du-Houlley.
CLIPIN, h. et f. c^{ne} d'Hermival-les-Vaux.
CLIQUETIÈRES (LES), h. c^{ne} de Beuvron.
CLOBERDE (LA), h. c^{ne} de Sainte-Croix-Grand-Tonne.
CLOCHER (LE), vill. c^{ne} des Monceaux.
CLOPÉE, vill. réuni à la c^{ne} de Mondeville.
CLOQUEUX (LE), h. c^{ne} de Sannerville.
CLOS (LE), f. c^{ne} d'Ellon.
CLOS (LE), h. c^{ne} de la Ferrière-Harang.
CLOS (LE), h. c^{ne} du Gast.
CLOS (LE), h. c^{ne} du Reculey.
CLOS (LE), h. c^{ne} de Saint-Manvieu (Vire).
CLOS (LE), h. c^{ne} de Saint-Sever.
CLOS (LE), h. c^{ne} de Vieux-Fumé.
CLOS (LES), h. c^{ne} d'Estry.
CLOS (LES), h. c^{ne} du Mesnil-Auzouf.
CLOS (LES), h. c^{ne} de Montchamp.
CLOS (LES), h. c^{ne} de Saint-Jean-des-Essartiers.
CLOS (LES), h. c^{ne} de Viessoix.
CLOSAGES (LES), h. c^{ne} de Burcy.
CLOSAGES (LES), h. c^{ne} d'Ondefontaine.
CLOS-AILLY (LE), h. c^{ne} de Clécy.
CLOS-ALLAIS (LE), h. c^{ne} des Loges-Saulces.
CLOS-ARTUS (LE), f^e, c^{ne} de Basseneville.
CLOS-AUX-MOINES (LE), h. c^{ne} de Lison.
CLOS-BAUCHE (LE), h. c^{ne} de Saint-Pierre-de-Mailloc.
CLOS-BOUILLON (LE), h. c^{ne} de Saint-Loup-Hors.
CLOS-CARRÉ (LE), h. c^{ne} de Croissanville.
CLOS-CAVELOT (LE), f^e, c^{ne} de Fourneville.
CLOS-COLAS (LE), h. c^{ne} de Lion-sur-Mer.
CLOS-CORNU (LE), h. c^{ne} de Cauville.
CLOS-D'ACQUET, f. c^{ne} de Livry.
CLOS-D'AUVRECY (LE), h. c^{ne} de Tilly-sur-Seulle.
CLOS-DE-FOUGÈRE (LE), h. c^{ne} de la Villette.
CLOS-DE-LA-HAYE (LE), h. c^{ne} de Pierres.
CLOS-DES-MALADES (LE), à Beaulieu, 1474 (limites des paroisses de Caen).
CLOS-DES-MOTTES (LE), h. c^{ne} de Lingèvres.
CLOS-DU-POT (LE), h. c^{ne} de Saint-Sever.
CLOS-DURAND (LE), h. c^{ne} de Grainville-sur-Odon.
CLOS-DURAND (LE), h. c^{ne} de Villers-Canivet.
CLOS-DU-VEY, h. c^{ne} de Saint-Vigor-le-Grand.
CLOSÉE (LA), f. c^{ne} de Rubercy.
CLOSET (LE), h. c^{ne} de Cheux.
CLOSET (LE), h. c^{ne} de Sannerville. — *Clausolum*, 1234 (lib. rub. Troarn. p. 22).
CLOSETS (LES), h. c^{ne} de Branville.

CLOSETS (LES), h. c^{ne} de Courtonne-la-Meurdrac. — *Closais*, 1847 (stat. post.).
CLOSETS (LES), h. c^{ne} de Presles.
CLOSETS (LES), h. c^{ne} de Saint-Sever.
CLOSETTERIE (LA), h. c^{ne} de Manerbe.
CLOS-FÉRET (LE), vill. c^{ne} de Saint-Charles-de-Percy.
CLOS-FORTIN (LE), chât. et f^e, c^{ne} de Saint-Germain-de-Tallevende.
CLOS-GODET (LE), h. c^{ne} du Tourneur.
CLOS-HOTTOT (LE), h. c^{ne} de Rumesnil.
CLOS-HOTTOT (LE), f^e, c^{ne} de Victot-Pontfol.
CLOS-HUE (LE), f^e, c^{ne} de Dozulé.
CLOS-L'ÉVESQUE (LE), h. c^{ne} de Villers-Canivet.
CLOS-LIGARD (LE), h. c^{ne} de Saint-Denis-de-Méré.
CLOS-MATHIAS (LE), h. c^{ne} de Montpinçon.
CLOS-MESNIL (LE), h. c^{ne} de Coulvain. — *Clamesnil*, 1848 (état-major).
CLOS-MESNIL (LE), h. c^{ne} de la Lande-sur-Drôme.
CLOS-MESNIL (LE), h. c^{ne} d'Ondefontaine.
CLOS-MONEUDAN (LE), h. c^{ne} de Montbertrand.
CLOS-NEUF (LE), h. et f^e, c^{ne} d'Ellon.
CLOS-NEUF (LE), h. c^{ne} de Longueville.
CLOS-NEUF (LE), h. c^{ne} de Ryes.
CLOS-OCQUET (LE), h. c^{ne} de Livry.
CLOS-PAIN (LE), h. c^{ne} de Trungy.
CLOS-PARIS (LE), h. c^{ne} de Cussy.
CLOS-PARIS (LE), h. c^{ne} de Trungy.
CLOS-PERRIN (LE), h. c^{ne} de Torteval.
CLOS-PHILIPPE (LE), h. c^{ne} de Chênedollé.
CLOS-PIERRE (LE), h. c^{ne} de Sommervieu.
CLOS-POULIN (LE), h. c^{ne} de Hiéville.
CLOS-RAULT (LE), h. c^{ne} d'Estry.
CLOS-RIBOT (LE), h. c^{ne} d'Étreham.
CLOS-RICHARD (LE), h. c^{ne} d'Ondefontaine.
CLOS-ROCHAIS (LE), f. c^{ne} de Grand-Camp.
CLOS-ROCHER (LE), h. c^{ne} de Cresserons.
CLOS-RUEL (LE), h. c^{ne} de Magny-la-Campagne.
CLOS-SAINT-NICOLAS, h. c^{ne} de Bayeux.
CLOS-SAINT-SEVER, h. c^{ne} de Saint-Sever.
CLOSTIÈRE (LA), h. c^{ne} d'Hermival-les-Vaux.
CLOS-VENOIS (LE), m^{on} isolée, c^{ne} de Demouville.
CLOS-VIEUX (LE), h. c^{ne} de Landelles-et-Coupigny. — *Clos-Viel*, 1471 (cart. du Plessis-Grimoult).
CLÔTURE-MAINGOT (LA), f. c^{ne} de Dozulé.
CLOUAY, f. c^{ne} de Littry. — *Cloay*, 1514 (aveux d'Harcourt, n° 21).
    Fief relevant de la baronnie de Creully.
CLOUETTE (LA), h. c^{ne} de la Graverie.
CLOUTIÈRE (LA), h. c^{ne} de la Villette.
CLOUYÈRE (LA), h. c^{ne} de Landelles-et-Coupigny.
CLOZIÈRES (LES), h. c^{ne} de Billy.
CLUTAINE (LA), h. c^{ne} de Cahagnes.

Cocardebie (La), h. c^ne de Mestry.

Cocardière (La), h. c^ne des Mouliers-Hubert.

Cocardière (La), h. c^ne de Notre-Dame-de-Courson.

Cochonnière (La), h. c^ne de Heurtevent. — *Cocunneria,* 1234 (lib. rub. Troarn. p. 162). — *Quoquonniera,* 1234 (parv. lib. Troarn. p. 161).

Coconville, h. c^ne de Percy. — *Cocunvilla,* xiie siècle (ch. de Saint-Pierre-sur-Dive).

Cocquerie (La), h. c^ne de Courtonne-la-Ville.

Cocquerie (La), f. c^ne de Cricqueville.

Cocquerie, h. c^ne d'Ellon.

Cocquerie (La), h. c^ne de Leffard.

Cocquerie (La), h. c^ne de Neuilly.

Coeffin, h. c^ne de Cully. — *Hamellum de Cofinia in parochia de Cueleio,* 1219 (ch. de Saint-André-en-Gouffern, n° 110).

Coeur (Le), f. c^ne d'Audrieu.

Coeurville, vill. c^ne de Tilly-sur-Seulle.

Cogentière (La), h. c^ne de Sainte-Marguerite-des-Loges. — *Cogendière,* 1847 (stat. post.).

Cognets (Les), h. c^ne de Campagnolles.

Cognets (Les), h. c^ne de Courtonne-la-Meurdrac.

Cognets (Les), h. c^ne de Sainte-Marie-Laumont.

Cognetterie (La), h. c^ne de Courtonne-la-Meurdrac.

Cogny, m^on isolée, c^ne de Saint-Georges-d'Aunay.

Coiffinerie (La), h. c^ne de Baynes.

Coignet (Le), h. c^ne de Missy.

Coignet (Le), h. c^ne de Saint-Martin-des-Besaces.

Coignet (Le), h. c^ne de Soulangy.

Coin (Le), m^in, c^ne de Maisoncelles-la-Jourdan.

Coin (Le), f. c^ne du Mesnil-Mauger. — *Le Coing,* 1461 (arch. nat. P. 272, n° 231).

Coin (Le), h. c^ne de Roullours.

Coin-au-Faune (Le), h. c^ne de Saint-Manvieu (Caen).

Coin-Filleul (Le), h. c^ne de Villers-Bocage.

Coin-Normand (Le), h. c^ne de Saint-Désir.

Coins (Les), f^s, c^ne du Mesnil-Mauger.

Cointerie (La), h. c^ne de Bures.

Cointerie (La), h. c^ne de la Graverie.

Cointerie (La), h. c^ne du Mesnil-Auzouf.

Cointerie (La), h. c^ne de Presles.

Cointerie (La), h. c^ne de Saint-André-d'Hébertot.

Cointerie (La), h. c^ne de Saint-Lambert.

Cointerie-Halin (La), h. c^ne de Carville. — *Allain,* 1848 (Simon).

Coisel (Le), h. c^ne de la Bazoque. — *Coisellum,* 1236 (ch. de Fontenay, n° 155). — *Coaisel,* 1514 (aveu de Jean d'Harcourt). — *Couézelle,* 1847 (stat. post.).

Coesel, Couaissel, huitième de fief, paroisse de la Bazoque, s'étendait à Litteau, Montfiquet, Planquery, Balleroy et Danvou, 1687 (aveux de la vic. de Bayeux).

Coisel (Le), h. c^ne de Burcy.

Coisel (Le), h. c^ne de Burés (Vire).

Coisel (Le), h. c^ne de Crocy.

Coisel (Le), h. c^ne de Maizet.

Coisel (Le), h. c^ne de Monts.

Coisel (Le), vill. c^ne de Nonant.

Coisel (Le), h. c^ne de Saint-Vaast (Caen). — *Molendinum de Choisel,* 1240 (abb. de Mondaye).

Coisel (Le), h. c^ne de Viessoix.

Coisière (La), h. c^ne de Sainte-Marie-Laumont.

Coisnières, h. c^ne de Courvaudon. — *Coisneriæ,* 1172 (ch. de la Trinité de Caen). — *Coesneriæ,* 1198 (magni rotuli, p. 21, 2). — *Coignières,* 1230 (lib. rub. Troarn. p. 97). — *Cosnières,* 1365 (fouages, p. 14, bibl. nat. 25902).

Coispellière (La), h. c^ne de Litteau.

Coispellière (La), h. c^ne de Rully.

Colandon, h. c^ne de Glos. — *Corlandon,* 1234 (lib. rub. Troarn. p. 117). — *Courlandon,* 1321 (*ibid.* p. 18).

Colas (Les), h. c^ne de Lion-sur-Mer.

Coliberderie (La), h. c^ne du Breuil (Bayeux). — *La Coliberdière,* 1848 (état-major).

Colinière (La), h. c^ne de Coulonces.

Collets (Les), h. c^ne de Bernières-le-Patry.

Collets (Les), h. c^ne du Pin.

Colleville, h. c^ne de Mondrainville.

Colleville, vill. c^ne de Mouen.

Colleville, h. c^ne de Sainte-Marguerite-des-Loges.

Colleville-sur-Mer, c^on de Trévières. — *Colevilla,* 1082 (cart. de la Trinité, f° 3 v°). — *Colivilla* (*ibid.*). — *Collevilla,* 1269 (cart. norm. p. 186, n° 784). — *Coleville sus la Mer,* xiiie siècle (ch. de l'abb. d'Ardennes, n° 572).

Par. de Notre-Dame; patr. le roi, puis le seigneur du lieu. Dioc. de Bayeux, doy. de Trévières. Génér. de Caen, élect. de Bayeux, sergent. de Tour.

Fiefferme du domaine royal; plein fief de haubert érigé en 1678 en faveur de Pierre Le Sueur, conseiller au parlement de Rouen (chambre des comptes de Rouen, f° 225).

Le fief *Rabel* jouxte la chapelle Saint-Simon, xiiie s^e (ch. de l'abb. d'Aunay, n° 374). — Quart de fief de *Hastain,* 1620 (aveux de la vicomté de Bayeux).

Colleville-sur-Orne, c^on de Douvre. — *Colevilla, Colavilla,* 1082 (cart. de la Trinité). — *Colleville-sur-Oulne,* 1678 (ch. des comptes de Rouen, t. II, p. 25).

Par. de Saint-Vigor; deux portions; patr. pour la première, l'abbesse de Sainte-Trinité de Caen; pour la deuxième, le chapitre de Bayeux. Dioc. de

Calvados.

10

Bayeux, doy. de Douvre. Génér. et élect. de Caen, sergent. d'Ouistreham.

Colline (La), h. c^ne de Crépon.

Colombelles, c^on de Troarn. — *Columbellæ*, 1082 (cart. de la Trinité, f° 6 v°). — *Columbelles*, 1201 (parv. lib. rub. Troarn. n° 35). — *Coulombelles*, 1371 (visite des forteresses).

Par. de Saint-Martin, patr. le prieur du Plessis-Grimoult. Dioc. de Bayeux, doy. de Troarn. Génér. et élect. de Caen, sergent. d'Argences.

Le tiers de fief dit le *franc fief du Roi*, ou *Chambellan*, était assis en cette paroisse, 1627 (aveu de la vic. de Caen). — Fief du *Fay*, 1476 (cart. du Plessis-Grimoult).

Colomberie (La), h. c^ne de Viessoix.

Colombier (Le), h. c^ne de Campeaux.

Colombier (Le), h. c^ne de Caumont.

Colombier (Le), f. c^ne de Crépon.

Colombier (Le), h. c^ne de Crocy.

Colombier, f. c^ne de Croisilles.

Colombier (Le), h. c^ne de Douville.

Colombier (Le), h. c^ne d'Estry.

Colombier (Le), h. et f°,c^ne de Maisoncelles-sur-Ajon.

Colombier (Le), h. c^ne du Molay.

Colombier (Le), h. c^ne de Montbertrand.

Colombier (Le), h. c^ne de Notre-Dame-de-Fresnay.

Colombier (Le), f° isolée, c^ne de Soulangy.

Colombières, c^on de Trévières. — *Columbariæ*, xiii° s° (livre blanc de Troarn, n° 5). — *Coulombières*, 1371 (visite des forteresses).

Par. de Saint-Pierre (prébende), patr. le chanoine du lieu. Dioc. de Bayeux, doy. de Couvains. Génér. de Caen, élect. de Bayeux, sergent. d'Isigny.

Plein fief ou baronnie de Colombières mouvant de la vicomté de Bayeux. Les fiefs de *Canchy*, à Saint-Pierre-du-Mont, de *Rampan*, à la Meauffe, de *Saint-Clair* et de *Hérouard*, à Hottot, relevaient de la baronnie de Colombières.

Demi-fief de *Fresnay*, relevant de la vicomté de Caen, 1534 (aveu de Jean de Bricqueville).

Colombières, nom d'un fief assis à Langrune.

Colombières-sur-Seulle, c^on de Ryes. — *Columbariæ*, 1082 (cart. de la Trinité). — *Columberia, Columbariæ super Seullam*, 1170, 1258 (ch. de Saint-Étienne). — *Coulombiers sur Seulle*, 1290 (chap. de Bayeux, n° 136). — *Collomberrie*, xiv° s° (taxat. decim. dioc. Baioc.). — *Colunbers*, 1418 (rôles de Bréquigny, p. 88). — *Coulombières*, 1483 (arch. nat. P. 272, n° 130).

Par. de Saint-Vigor, patr. le seigneur de Creully. Dioc. de Bayeux, doy. de Creully. Génér. de Caen, élect. de Bayeux, sergent. de Graye.

La *Motte du Hu*, en cette paroisse, était un plein fief de haubert tenu du roi à cause de sa châtellenie de Bayeux, dont relevait le fief de Colombières; il s'étendait sur Saint-Marcouf, Mestry et Écrammeville.

Colomby-sur-Than, c^ne de Creully. — *Columbeium*, 1082 (ch. de la Trinité). — *Collombeium*, 1161 (ch. de Saint-Étienne de Caen). — *Columbie*, 1198 (magni rotuli, p. 19, 2). — *Colunbeium*, 1260 (ch. de Saint-Étienne, n° 131). — *Colombeyum*, xii° siècle (taxat. decim. dioc. Baioc.). — *Coulomby*, 1426 (ch. de Cordillon).

Par. de Saint-Vigor, patr. le seigneur. Dioc. de Bayeux, doy. de Douvre. Génér. et élect. de Caen, sergent. de Bernières.

Vavassorie de l'abbaye de Saint-Étienne de Caen. Le fief de *Colomby-sur-Than* relevait du plein fief *du Fay*, sis en la paroisse de Tallevende, 1662 (aveux de la vic. de Vire).

Coltière (La), h. c^ne de Presles.

Colvey, h. c^ne de Tourville (Pont-l'Évêque).

Combray, c^on de Thury-Harcourt. — *Combrai*, 1008 (dotal. Judith). — *Combraium*, 1108 (ch. de l'abb. de Troarn). — *Combray*, 1180 (magni rotuli, p. 9, 2). — *Combreyum*, xiv° s° (taxat. dec. dioc. Baioc.). — *Combreium*, 1356 (livre pelut de Bayeux). — *Combrey*, 1608 (aveux d'Harcourt). — *Combré*, 1720 (*ibid.*).

Par. de Saint-Martin, patr. l'abb. de Fontenay. Dioc. de Bayeux, doy. de Cinglais. Génér. d'Alençon, élect. et sergent. de Falaise.

Fief entier, mouvant de la baronnie de Thury et s'étendant sur Combray, Donnay et Espins; il s'accrut en 1768 du fief noble de Bonneuil, et des extensions des fiefs de *Beauvoir* et du *Chastelier* en la paroisse de Donnay, pour ne former qu'un seul fief relevant du duché d'Harcourt.

Combray, h. c^ne de Barbeville.

Combray, m^in, c^ne de Carville.

Combray, m^in, c^ne de Sainte-Marie-Laumont.

Commanderie (La), h. c^ne de Bonnebosq.

Commanderie (La), h. c^ne de Fauguernon.

Commanderie (La), f. c^ne de Fierville-la-Campagne.

Commanderie (La), f. c^ne de Fontaine-le-Pin.

Commanderie (La), h. c^ne de Planquery.

Commerie (La), h. c^ne de Saint-Georges-en-Auge.

Commes, c^on de Ryes.

Par. de Notre-Dame, patr. le chanoine de Bernesq. Dioc. de Bayeux, doy. des Veys. Génér. de Caen, élect. de Bayeux, sergent. de Tour.

Le *Bosq de Moon*, plein fief de haubert, relevait par quart de fief de la baronnie de Commes.

Commun (Le), h. c⁰ᵉ de Moyaux.

Commun (Le), h. c⁰ᵉ de Saint-Manvieu-(Vire).

Commune (La), h. c⁰ᵉ d'Acqueville.

Commune (La), h. c⁰ᵉ d'Agy.

Commune (La), h. c⁰ᵉ d'Amayé-sur-Seulle.

Commune (La), h. c⁰ᵉ d'Anctoville.

Commune (La), h. c⁰ᵉ de Clécy.

Commune (La), h. c⁰ᵉ de Cormolain.

Commune (La), h. c⁰ᵉ de Courvaudon.

Commune (La), h. c⁰ᵉ de Culey-le-Patry.

Commune (La), h. c⁰ᵉ de Dozulé.

Commune (La), q. c⁰ᵒ de Noron.

Commune (La), h. c⁰ᵉ de Périgny.

Commune (La), h. c⁰ᵉ du Tronquay.

Commune-Boissée (La), h. c⁰ᵉ de Fierville-la-Campagne.

Communette (La), h. c⁰ᵉ d'Aignerville.

Communette (La), h. c⁰ᵉ de Cartigny-Tesson.

Communette (La), f⁰, c⁰ᵉ de Monfréville.

Communette (La), h. c⁰ᵉ de Sainte-Marguerite-d'Elle.

Comte (Le), h. c⁰ᵉ de Condé-sur-Noireau.

Comté (La), h. c⁰ᵒ de Bernières-le-Patry.

Comté (La), f. c⁰ᵉ de Littry.

Comté (La), h. c⁰ᵉ de Saint-Germain-de-Montgommery.

Comtes (Les), h. c⁰ᵉ de Blangy.

Conard, fief dans la paroisse d'Anisy. Voy. Anisy.

Conarde (La), h. c⁰ᵉ de Livry.

Conarderie (La), vill. c⁰ᵉ de Formigny.

Conarderie (La), h. c⁰ᵉ du Locheur.

Conarderie (La), f. c⁰ᵉ de Montchamp.

Conarderie (La), h. c⁰ᵉ du Pré-d'Auge.

Conarderie (La), h. c⁰ᵉ de Saint-Désir.

Conardière (La), h. c⁰ᵉ du Plessis-Grimoult. — *La Connartière*, 1847 (stat. post.).

Conards (Les), h. c⁰ᵉ du Ham.

Condé-sur-Laizon, c⁰ⁿ de Bretteville-sur-Laize, a pris le nom de *Condé-sur-Ifs*, en 1846, par suite de l'union des communes de Condé et d'Ifs-sur-Laizon. — *Condeium supra Leison*, 1200 (ch. de Sainte-Barbe, p. 88 et 1237; lib. rub. Troarn. p. 62). — *Condé-sur-Laizon*, 1420 (ch. d'Ardennes). — *Condey*, 1746 (ch. d'Aunay).

Par. de Saint-Martin, patr. le seigneur. Dioc. de Séez, doy. de Saint-Pierre-sur-Dive. Génér. d'Alençon, élect. de Falaise, sergent. de Jumel.

Condé-sur-Noireau, arrond. de Vire. — *Condatensis vicus*, 1025 (Neustria pia). — *Condet*, 1080 (cart. de la Trinité). — *Condeium*, 1198 (magni rotuli, p. 70). — *Condey*, 1342 (ch. de l'abb. d'Aunay). — *Condetum super Nigram Aquam*, xiv⁰ s⁰ (taxat. decim. dioc. Baioc.). — *Cundy Sunnerio*, prononciation anglaise, 1418 (magni rotuli,

p. 243). — *Condey-sur-Noireau*, 1418 (rôles de Bréquigny, 2⁰ p. p. 8). — *Candey*, 1476 (cart. du Plessis-Grimoult, t. I, p. 14).

Par. de Saint-Martin, patr. l'abbé de Lonlay; par. de Saint-Sauveur, succursale de Saint-Martin. Chapelles de l'*Aumondière*, de la *Servanière* et de la *Blanchère*; prieuré de l'Hôtel-Dieu, dédié à saint Jacques, fondé au xiii⁰ siècle; léproserie de Saint-Lazare. — Dioc. de Bayeux, chef-lieu de doyenné. Génér. de Caen, élect. de Vire, chef-lieu de sergenterie.

Le doyenné de Condé-sur-Noireau, l'un des six doyennés formant l'archidiaconé de Bayeux, comprenait les paroisses suivantes: Amfernet, Athis, Aubusson, la Bazoque, Beauchesne, Berjou, Cahagnes, Caligny, Cerisy-Belle-Étoile, Chanu, la Chapelle-au-Moine, la Chapelle-Biche, Chaulieu, Claire-Fougère, Condé-sur-Noireau, Entremonts, Flers, Formaheult, Fresnes, Groscilliers, la Lande-Patry, la Lande-Saint-Siméon, Landigou, Larchamps, Méray, le Mesnil-Ciboust, le Mesnil-Hubert, Montilly, Montsecret, Notre-Dame-de-Tinchebray, Proussy, Ronfeugeray, Rouverou, Saint-Clair-de-Halouze, Saint-Cornier, Sainte-Honorine-la-Chardonne, Saint-Marc-d'Ouilly, Saint-Pierre-de-Tinchebray, Saint-Pierre-du-Regard, Saint-Quentin-des-Chardonnettes, Segrie-Fontaine, la Selle, Yvrande. — Cahagnes, Condé, la Bazoque, Proussy, Saint-Aubin, Saint-Marc-d'Ouilly, sont les seules d'entre elles qui appartiennent au département du Calvados.

La sergenterie de Condé-sur-Noireau comprenait Condé-sur-Noireau, Néel, Proussy, Aunay, le Bosquet, Athis, Berjou, Sainte-Honorine, Méré, Saint-Pierre-du-Regard, Coulvain, Bernières, Rully, Ondefontaine, Maisoncelles.

La baronnie de Condé-sur-Noireau faisait primitivement partie du comté de Mortain; elle s'étendait sur les paroisses de Condé, Saint-Pierre-du-Regard, Athis, Sainte-Honorine-la-Chardonne, Berjou, Méray, Proussy, le Détroit, Cahagnes, Aunay, Balleroy, Baygnes, Landes, Croisilles, Espins et les Moutiers.

Condé-sur-Seulle, c⁰ⁿ de Balleroy. — *Condetum*, 1134 (ch. de Saint-Étienne de Caen). — *Condeium super Seullam*, 1205 (ibid.). — *Condé*, 1230 (cart. de Mondaye). — *Condey-sur-Seulle*, 1383 (ibid.).

Par. de Notre-Dame, patr. l'abbé de Saint-Étienne de Caen; maladrerie. Dioc. de Bayeux, doy. de Fontenay-le-Pesnel. Génér. de Caen, élect. de Bayeux, sergent. de Briquessart.

Un quart de fief de chevalier, assis à Condé, relevait de la baronnie de Saint-Vigor, appartenant à l'évêché de Bayeux.

Condel, c^on de Bretteville. — *Condeel-sur-Laize, Condeellum*, 1213 (ch. de Saint-Étienne de Fontenay). — Voy. Saint-Laurent-de-Condel.

Condon, h. c^ne de Livry.

Cône, m^in, c^ne d'Ouilly-le-Tesson.

Conerète (La), h. c^ne de la Caine.

Conjon, vill. c^ne de Crouay.

Conquière (La), h. c^ne de Meulles.

Conseillière (La), h. c^ne de Neuilly. — *La Conseillère*, 1456 (arch. nat. P. 271, n° 297).

Conserie (La), h. c^ne de Vassy. — *Conerie*, 1848 (Simon).

Contentinière (La), h. c^ne de Livry.

Conterie (La), h. c^ne du Breuil (Bayeux). — *Contrie*, 1848 (Simon).

Conterie (La), h. c^ne de Bures (Vire).

Conterie (La), h. c^ne du Gast.

Conterie (La), h. c^ne de Lessard-et-le-Chêne.

Conterie (La), h. c^ne de Montpinçon.

Conterie (La), h. c^ne de Notre-Dame-de-Livayes.

Conteville, c^on de Bourguébus. — *Contevilla*, 1040 (ch. de l'abb. de Grestain). — *Comitisvilla*, 1198 (magni rotuli, p. 102, 2).

Par. des Saints-Innocents, patr. l'abbé du Bec. Dioc. de Bayeux, doy. de Vaucelles. Génér. et élect. de Caen, sergent. d'Argences.

Contrôleur (Le), m^on isolée, c^ne de Géfosse.

Conus (Les), h. c^ne de Vignats.

Copin, h. c^te de Grand-Camp.

Coq (Le), vill. c^ne de Tournières.

Coqs (Les), h. c^ne de Pierres.

Coquainvilliers, c^on de Blangy. — *Cauquainvilla*, 1172 (pouillé de Lisieux, p. 51, note 6). — *Cauquenviler*, 1197 (cart. de Beaumont-le-Roger, f° 13, n° vi b.). — *Cauquainvilliers, Chaukainviller*, 1198 (magni rotuli, p. 31). — *Kaukevilere*, 1200 (cart. norm. n° 810, note). — *Cachekeinviller*, v. 1200 (rotul. norm. p. 12). — *Kauqueinviller*, comm^t du xiiie siècle (cart. norm. n° 810, note). — *Quauquiénviller*, 1271 (*ibid.* n° 810). — *Couquainviller*, 1319 (pouillé de Lisieux, p. 50). — *Cocquainvilliers*, 1320 (rôles de la vic. d'Auge). — *Cauquainvillars*, xive siècle (pouillé de Lisieux, p. 50). — *Quauquinvillars*, xvie siècle (*ibid.*). — *Coquainvillé*, 1662 (chambre des comptes de Rouen).

Par. de Saint-Martin, patr. le chapitre de Lisieux. Dioc. de Lisieux, doy. de Beaumont. Génér. de Rouen, élect. et sergent. de Pont-l'Évêque.

Plein fief mouvant de la vicomté d'Auge. La-*Lysambardière*, huitième de fief relevant de la sei-

gneurie de Bonnebosq (1620, fiefs de la vic. d'Auge). Manoir du *Pontife*, dépendant de la seigneurie d'Asnières (*ibid.*).

Coquard, h. c^ne de Truttemer-le-Grand.

Coquardière (La), h. c^ne de Truttemer-le-Grand.

Coque (La), h. c^ne de Saint-Germain-du-Pert.

Coquerel (Le), h. c^ne de la Houblonnière.

Coquerel (Le), h. c^ne de Victot. — *Cokerel*, 1198 (magni rotuli, p. 67, 2). — *Masure à la Quoquerelle*, 1848 (Simon).

Coquerie (La), h. c^ne d'Amayé-sur-Orne.

Coquerie (La), h. c^ne d'Aunay-sur-Odon.

Coquerie (La Petite-), h. c^ne d'Aunay-sur-Odon.

Coquerie (La), vill. et f. c^ne d'Avenay.

Coquerie (La), h. c^ne de Clinchamps (Vire).

Coquerie (La), h. c^ne de Courson.

Coquerie (La), h. c^ne de Leffard.

Coquerie (La), f. c^ne du Mesnil-au-Grain.

Coquerie (La), f. c^ne de Neuilly.

Coquerie (La), h. c^ne de Nonant.

Coquerie (La), h. c^ne de Saint-Pierre-de-Mailloc.

Coquerie (La), h. c^ne de la Vacquerie.

Coquerie (La), h. c^ne de Viessoix.

Coquet (Le), h. c^ne de Cahagnes.

Coquetière (La), f. c^ne de Touque.

Corardière (La), f. c^ne de Moyaux.

Corbelière (La), h. c^ne de Campagnolles.

Corbelière (La), h. c^ne de Martigny.

Corbière (La), h. c^ne de Coulonces.

Corbière (La), h. c^ne de Saint-Vigor-des-Mézerets.

Corbinière (La), h. c^ne de la Bigne.

Corbinière (La), h. c^ne de Courson.

Corblais, f^e, c^ne de Brémoy. — *Corblaie*, 1848 (Simon).

Corblins (Les), h. c^ne de Saint-Pair-du-Mont.

Corbon, c^on de Cambremer. — *Corbun*, xie siècle (enquête, p. 128). — *Salina Corbonis*, xie siècle (Dudon de Saint-Quentin, p. 239). — *Salins Corbuns*, 1160 (Benoît de Sainte-Maure, t. II, p. 15). *Corbon*, xive siècle (pouillé de Lisieux, p. 50). — *Sanctus Martinus de Corbone*, xvie siècle (*ibid.*).

Par. de Saint-Martin, patr. le seigneur du lieu; ancienne église (supprimée) de Saint-Nicolas. Dioc. de Lisieux, doy. de Beuvron. Génér. de Rouen, élect. de Pont-l'Évêque, sergent. de Cambremer.

Le fief de Corbon relevait de Secqueville, vicomté de Vire, 1620 (aveux de la vicomté).

Corbrion, h. c^ne d'Annebecq.

Corchevets (Les), h. c^ne d'Ouézy.

Cordebugle, autrefois Saint-Pierre-des-Bois, c^on d'Orbec, accrue de la commune de *Courtonnel*. — *Cüerde-Bugle*, 1198 (magni rotuli, p. 132). — *Cornu*

Bubali, 1283 (cart. norm. p. 263, n° 1018). — *Cors-du-Bugle*, 1320 (fiefs de la vicomté d'Orbec). — *Corps-du-Bugle*, 1320 (rôles de la vicomté d'Auge).

Par. de Saint-Pierre, patr. le seigneur. Dioc. de Lisieux, doy. de Moyaux. Génér. d'Alençon, élect. de Lisieux, sergent. de Moyaux.

Plein fief relevant de la vicomté d'Orbec. Le fief du *Gaugey*, à Cordebugle, dépendait de la seigneurie d'Asnières, 1662 (chambre des comptes de Rouen, 1, p. 226).

CORDELLERIE (LA), h. c^ne de Notre-Dame-de-Courson.

CORDELLIERS (LES), h. c^ne de Quetteville.

CORDERIE (LA), h. c^ne d'Amblic.

CORDERIE (LA), h. c^ne de Cahagnolles.

CORDERIE (LA), h. c^ne de Cussy.

CORDERIE (LA), q. c^ne de Lion-sur-Mer.

CORDERIE (LA), h. c^ne de Saint-Germain-de-Tallevende.

CORDERIE (LA), h. c^ne de Saint-Germain-le-Vasson.

CORDERIE (LA), h. c^ne de Sept-Vents.

CORDEY, c^on de Falaise (2e divis.). — *Cordei*, 1198 (magni rotuli, p. 46, 2). — *Cordaium*, 1277 (cart. norm. p. 219, n° 965). — *Corday*, demi-fief noble, 1585 (papier terrier de Falaise).

Par. de Saint-André, patr. l'abbé de Saint-Jean de Falaise. Dioc. de Séez, doy. d'Aubigny. Génér. d'Alençon, élect. et sergent. de Falaise.

Demi-fief de chevalier mouvant du domaine royal, vicomté de Falaise; château de *Carabillon*, à Corday, démoli il y a quelques années.

CORDIER (LE), h. c^ne de Coquainvilliers.

CORDIER (LE), h. c^ne de Crocy.

CORDIER (LE), f. c^ne de Manneville-la-Pipard.

CORDIERS (LES), h. c^ne du Breuil.

CORDIERS (LES), h. c^ne de Saint-Ymer.

CORDILLON (LE), h. c^ne de Lingèvres. — *Cordeillum*, 1213 (cart. de Saint-Étienne de Fontenay). — *Beatus Laurentius de Cordeillun*, 1243 (ibid.). — *Cordellon*, xive s^e (livre pelut de Bayeux, p. 71). — *Saint-Laurent-de-Cordillon*, 1458 (ibid.).

Abbaye de Bénédictines fondée au commencement du xiiie siècle, par Guillaume de Solliers, chevalier, seigneur de Lingèvres. Elle nommait aux cures de Lingèvres, Orbois, Manvieux et Sainte-Croix-Grand-Tonne.

CORDILLON (PETIT-), c^ne de Cordillon.

CORDONNIÈRE (LA), h. et f. c^ne de Maisoncelles-la-Jourdan.

CORIGNY, h. c^ne de Cabagnes.

CORMELLES, c^on de Caen. — *Cormellæ juxta Cadomum*, 1195 (magni rotuli, p. 52). — *Cromele*, 1190 (ch. de Saint-Étienne de Caen). — *Cormelæ, Cor-*

meliæ apud Cadomum, 1277 (ch. de Saint-Jean de Falaise). — *Cormeiles*, 1281 (ch. de Saint-Étienne de Fontenay, n°s 108 et 159).

Ce village portait autrefois le nom de *Cormelles-le-Royal*, à cause des privilèges concédés aux habitants.

Par. de Saint-Martin, patr. les seigneurs de Grentheville et de Rupierre. Dioc. de Bayeux, doy. de Vaucelles. Génér., élect. et sergent. de Caen.

Le quart de fief de *Saint-Julien*, assis à Cormelles, s'étendait sur Solliers, Grentheville et le hameau des Fours.

CORMOLAIN, c^on de Caumont. — *Cormelanus*, 1155 (ch. de fondation d'Aunay). — *Cormollein, Cormolein*, 1198 (magni rotuli, p. 36 et 37). — *Courmolain*, xive siècle (taxat. decim. dioc. Baioc.).

Par. de Saint-André, patr. le roi. Dioc. de Bayeux, doy. de Thorigny. Génér. de Caen, élect. de Saint-Lô, sergent. de Thorigny.

Fief du *Haut-Dingry*, tenu du roi par quart de fief de chevalier, dont relevait par huitième de fief le *Bas-Dingry*; il s'étendait sur Cormolain, Cahagnolles, Sallen et Fontenay-le-Pesnel, 1604 (aveux de la vic. de Bayeux).

CORNANDIÈRE (LA), h. c^ne de Saint-Remy.

CORNE (LA), h. c^ne des Monceaux (Lisieux).

CORNE (LA), h. c^ne de Saint-Pierre-des-Ifs.

CORNE-DU-BÉLIER (LA), h. c^ne de Firfol.

CORNERIE (LA), h. c^ne de Vassy.

CORNERIES (LES), h. c^ne de Cambremer. — *Cornières*, 1848 (état-major).

CORNET-AUX-BREBIS (LE), q. de la paroisse de Saint-Étienne-le-Vieux, à Caen.

CORNICAL, h. c^ne de Saint-Hymer. — *Cornica*, 1683. — *Les Cornies*, 1729 (pouillé de Lisieux, p. 53, note 6).

CORNICHET (LE), h. c^ne de Family.

CORNIÈRE (LA), h. c^ne de Landelles. — *La Cornière*, 1277 (ch. de Saint-Jean de Falaise). — *Cornières*, 1395, Béziers (notes manuscrites). — *La Haute-Cornière*, 1435 (domaine de Troarn, n° 56). — *Cornières*, 1460 (temporel de l'év. de Bayeux).

CORNOUAILLE (LA), h. c^ne de Saint-Honorine-du-Fay.

CORNOUAILLE-BRÉBEUF (LA), h. c^ne de Vacognes, xive s^e (livre pelut de Bayeux).

CORNU (LE), vill. c^ne de Lassy.

CORNUS (LES), h. c^ne de Vignats.

CORPERIE (LA), h. c^ne d'Auvillars.

CORPS-DE-BALEINE (LE), h. c^ne de Neuville.

CORPS-DU-SEL (LE), vill. c^ne du Bô.

CORRESPONDANCE (LA), h. c^ne de Saint-Gatien.

CORVÉES (LES), h. c^ne de Coulonces.

Cosmerie (La), h. c^{ne} de Saint-Georges-en-Auge.

Cosmes (Les), h. c^{ne} de Saint-Georges-en-Auge.

Cosnardière (La), m^{on} isolée, c^{ne} de Saint-Pierre-la-Vieille.

Cosne, h. c^{ne} de Feuguerolles-sur-Seulle.

Cosnerie (La), h. c^{ne} de Lassy.

Cosnerie (La), h. c^{ne} de Litteau.

Cosnerie (La), h. c^{ne} de Vassy.

Cossesseville, c^{on} de Thury-Harcourt. — Cosseseville, 1167 (ch. de l'abb. du Val, n° 8). — Cauchoiseville, 1219 (ch. d'Ardennes). — Causeisevilla, 1277 (cart. norm. n° 905, p. 219). — Causeiseville, 1277 (ch. de Saint-Jean de Falaise). — Caussesseville, 1310 (titres de la bar. de Tournebu). — Caùceseville, 1320 (ch. d'Ardennes, n° 428). — Cauchesevilla, 1356 (livre pelut de Bayeux). — Causceville; 1420 (cart. d'Ardennes). — Causseville, Cossesville, Cosseville, Cosserville, Cosselville, 1585 (papier terrier de Falaise). — Coussesseville, 1778 (dénomb. d'Alençon).

Par. de Saint-Barthélemy, patr. l'abbé du Val. Dioc. de Bayeux, doy. de Cinglais. Génér. de Caen, élect. et sergent. de Falaise.

Fief mouvant de la baronnie de Thury, vicomté de Falaise. Fief de la Brilerie, à Cossesséville, 1585 (papier terrier de Falaise).

Cossesseville, h. c^{ne} de Clécy.

Cossonnière (La), h. c^{ne} de Viessoix.

Costarderie (La), h. c^{ne} de Vassy.

Costardière (La), h. c^{ne} de Moyaux.

Costardière (La), h. c^{ne} de Roques.

Costardière (La), h. c^{ne} de Saint-Germain-de-Talle-vende.

Costil (Le), h. c^{ne} de Basly.

Costil (Le), h. c^{ne} de Brémoy.

Costil (Le), h. c^{ne} de Campeaux.

Costil (Le), h. c^{ne} de Livarot.

Costil (Le), h. et m^{in}, c^{ne} de Malloué.

Costil (Le), h. c^{ne} du Mesnil-Durand.

Costil (Le), h. c^{ne} de Saint-Germain-du-Crioult.

Costil (Le), h. c^{ne} de Sainte-Marie-Laumont.

Costil (Le), h. c^{ne} de Sainte-Marie-Outre-l'Eau.

Costil (Le), h. c^{ne} de Truttemer-le-Grand.

Costil-Blot (Le), h. c^{ne} de Saint-Martin-de-Sallen.

Costil-Briard (Le), h. c^{ne} de Saint-Ouen-le-Pin.

Costil-Chaulieu (Le), h. c^{ne} de Carville.

Costil-Chollière (Le), h. c^{ne} de Dozulé.

Costil-des-Demanes (Le), h. c^{ne} de Croisilles.

Costil-Hue (Le), h. c^{ne} de Saint-Ouen-le-Pin.

Costil-Meulot (Le), h. c^{ne} de Montbertrand.

Costil-Picot (Le), h. c^{ne} de Pleines-OEuvres.

Costil-Roset (Le), h. c^{ne} de Saint-Marc-d'Ouilly.

Costil-Roulleau (Le), h. c^{ne} de Sainte-Marguerite-d'Elle.

Costils (Les), h. c^{ne} d'Amayé-sur-Orne.

Costils (Les), h. c^{ne} de Cordey.

Costils (Les), h. c^{ne} de Falaise.

Costils (Les), h. c^{ne} des Moutiers-en-Auge.

Costils (Les), h. c^{ne} de Noyers.

Costils (Les), h. c^{ne} de Saint-Germain-de-Talle-vende.

Costils (Les), h. c^{ne} de Tournay.

Costil-sur-la-Vire (Le), h. c^{ne} de Sainte-Marie-Laumont.

Côte (La), h. c^{ne} de Barneville.

Côte (La), h. c^{ne} de Blangy.

Côte (La), h. c^{ne} de Courvaudon.

Côte (La), h. c^{ne} de Genneville.

Côte (La), h. c^{ne} de Mittois.

Côte-à-Réaume (La), h. c^{ne} d'Orbec.

Côte-aux-Bourcs (La), h. c^{ne} de Saint-André-d'Hébertot.

Côte de Grâce (La), montagne et promontoire, entre la forêt de Touque et les falaises qui s'abaissent à Pennedepie et à Vasouy.

Côte-de-Neurry (La), m^{on} isolée, c^{ne} de la Hoguette.

Côte-Hieuville (La), q. c^{ne} de Bourgeauville.

Côte-Hinault (La), h. c^{ne} de Bonneville-la-Louvet.

Côte-Vassale (La), h. c^{ne} de Genneville.

Cotentin, h. c^{ne} de Chênedollé.

Cotérie (La), h. c^{ne} de Vaucelles. — Caterie, 1847 (stat. post.).

Cotigny, h. c^{ne} de Saint-Sever.

Cotinière (La), h. c^{ne} de Coulonces.

Cottines (Les), h. c^{ne} de Saint-Germain-de-Livet.

Cottins (Les), h. c^{ne} de Saint-Germain-de-Tallevende.

Cottun, c^{on} de Bayeux. — Sanctus Andreas de Coutim, v. 1160 (ch. de Sainte-Barbe, n° 23). — Coutun, 1215 (ch. de l'abb. de Mondaye). — Couthum, 1258 (ibid.). — Cothunum, xive s^e (livre pelut de Bayeux, p. 50).

Prieuré-cure de Saint-André, patr. le prieur de Sainte-Barbe. Dioc. de Bayeux, doy. des Veys. Génér. de Caen, élect. de Bayeux, sergent. de Cerisy.

Cottun, h. c^{ne} de Barbeville.

Cottun, vill. c^{ne} de Tournières.

Couaille (La), h. c^{ne} de Saint-Martin-des-Besaces.

Couarde (La), h. c^{ne} de Livry. — La Coarde, 1258 (ch. de Mondaye).

Couarde (La), h. c^{ne} de Saint-Germain-d'Ectot.

Couarde (La), h. c^{ne} de Torteval. — La Couade, 1778 (rentes de la bar. de Torteval).

Couarde (La), h.-c^{ne} de Vassy.

Couchetière (La), h. c^{ne} de Saint-Cyr-du-Ronceray.

Couconville, h. c^ne de Percy.

Coudanerie (La), h. c^ne de Saint-Manvieu (Vire).

Couderie (La), h. c^ne de Saint-Germain-de-Tallevende.

Coudraille (La), h. c^ne de Saint-Georges-d'Aunay.

Coudrainie (La), h. c^ne d'Ouilly-le-Vicomte.

Coudray (Le), h. c^ne d'Amayé-sur-Orne.

Coudray (Le), h. c^ne de Branville.

Coudray (Le), m^in, c^ne de Brémoy.

Coudray (Le), h. c^ne de Clinchamps (Caen). — Le Pont du Coudrey, 1377 (chap. de Bayeux; rôle 102).

Coudray (Le), h. c^ne de Croissanville. — Coudrai, 1848 (Simon).

Coudray (Le), h. c^ne d'Écots.

Coudray (Le), h. c^ne d'Estry.

Coudray (Le), h. c^ne de la Folletière-Abenon. — Couldreium, 1236 (ch. de Friardel). — Coudraium, 1257 (magni rotuli, p. 175).

Coudray (Le), m^in, c^ne de Heurtevent.

Coudray (Le), f. c^ne de Hottot.

Coudray (Le), h. c^ne de Maisoncelles-la-Jourdan.

Coudray (Le), h. c^ne de Mittois.

Coudray (Le), h. c^ne de Prétreville.

Coudray (Le), h. c^ne de Proussy.

Coudray (Le), h. c^ne de Roucamps.

Coudray (Le), h. c^ne de Saint-Germain-de-Tallevende.

Coudray (Le), h. c^ne de Saint-Germain-du-Crioult.

Coudray (Le), h. c^ne de Saint-Martin-de-Bienfaite.

Coudray (Le), h. c^ne de Truttemer-le-Petit.

Coudray (Le), h. et f. c^ne de Tour. — Caudray, 1847 (stat. post.).

Coudraye (La), h. c^ne de Cabagnolles.

Coudraye (La), h. c^ne d'Ouilly-le-Vicomte.

Coudraye (La), h. c^ne de Saint-Georges-d'Aunay.

Coudraye (La), h. c^ne de Sept-Vents.

Coudraye (La), h. c^ne de la Vacquerie.

Coudray-Rabut, c^n de Pont-l'Évêque. Cette commune a été formée en 1827 de la réunion de la commune de Rabut à celle de Coudray. — Le Coudrey, 1234 (lib. rub. Troarn. p. 44). — Coudraium, 1237 (parvus lib. rub. Troarn. p. 62). — Coudreyum de Rabuto, xive s^e (pouillé de Lisieux, p. 36). — Couldreyum, xvie siècle (ibid.). — Coudrei-sur-Touque (ibid. p. 37).

Par. de Saint-Pierre, patr. le seigneur du lieu. Dioc. de Lisieux, doy. de Touque. Génér. de Rouen, élect. de Pont-l'Évêque, sergent. d'Argences.

Fief de la vicomté d'Auge.

Coudrays (Les), h. c^ne de Montchauvet. — Les Coudraies, 1848 (Simon).

Coudrays (Les), f. c^ne de Tortisambert.

Coudre (La), h. c^ne d'Hermival-les-Vaux.

Coudrettes (Les), h. c^ne du Mesnil-Mauger.

Couesneville, h. c^ne de Maisoncelles-Pelvey. — Coisneville, 1847 (stat. post.).

Couillarderie (La), h. c^ne de Tournières.

Coulanges, f. c^ne de Fontenermont.

Coulibœuf (Grand et Petit-), c^ne réunie en 1857 à Morteaux, qui prend le nom de Morteaux-Coulibœuf. — Corlibœf, Corlibœ, 1196 (cart. de Troarn). — Corlibof, 1207 (magni rotuli, p. 177). — Coillibœuf, 1238 (titre de Saint-Pierre-sur-Dive). — Collibof, 1273 (ch. de Saint-André-en-Gouffern, 45). — Corleboe, 1296 (ch. de Troarn, 50). — Collibuef, 1312 (ch. de Villers-Canivet). — Couillebœuf, 1417 (magni rotuli, p. 279). — Collebeuf, 1469 (arch. nat. P. 272, n° 22). — Couliboef, 1508 (ibid. n° 9). — Couillibœuf, 1585 (papier terrier de Falaise).

Par. de Saint-Martin, patr. le seigneur. Dioc. de Séez, doy. de Falaise. Génér. d'Alençon, élect. et sergent. de Falaise.

Fief Roque, mouvant de la vicomté de Falaise, s'étendant aux paroisses de Vaudeloges et Tortisambert. Les fiefs de Vaudeloges, de Morteaux et de Jarots relevaient de la baronnie de Coulibœuf.

Coulomberie (La), h. c^ne de Viessoix.

Coulombs, c^on de Creully. — Coulon, 1138 (ch. d'Ardennes). — Coulump, 1237; Columb, 1245; Colombum, 1239; Colomp, 1249 (ibid.). — Colump, 1254 (magni rotuli, p. 177). — Coulomp, 1371 (visite des forteresses). — Coullons, 1405 (ibid.). — Coulons, 1640 (cart. d'Ardennes).

Prieuré-cure de Saint-Vigor, patr. l'abbé d'Ardennes. Dioc. de Bayeux, doy. de Maltot. Génér. et élect. de Caen, sergent. de Creully.

Les fiefs de Rovancestre ou Rohancestre (demi-fief) et de Brébeuf (quart de fief), assis à Coulombs et relevant de la seigneurie de Cardonville, s'étendaient sur Brécy, Fresné-le-Crotteur, Rucqueville, Sainte-Croix-Grand-Tonne, Quesnet, Martragny, Cully et Sommervieu, 1680 (aveux de la vic. de Caen).

Coulonces, c^on de Vire. — Colunces, 1168 (cart. de Troarn). — Coluncæ, xiie siècle (Orderic Vital, t. VI, p. 17). — Coluncia, 1225 (ch. de l'abb. d'Aunay). — Les Coulonges, 1274 (ch. de l'abb. d'Ardennes, n° 33). — Coulunces, 1373 (livre blanc de Coutances).

Par. de Saint-Gilles, patr. le seigneur. Dioc. de Coutances, doy. du Val-de-Vire. Génér. de Caen, élect. et sergent. de Vire.

Baronnie érigée en 1336 en faveur de Jean de Villiers. De cette baronnie relevaient les fiefs de

Vaudry, Viessoix, Étouvy, Annebecq; de *Margneray* et de *Calipel*, à Saint-Aubin-des-Bois; le fief de la *Pinsonnière*, à Saint-Martin-de-Tallevende; le fief *Montaigu*; à Colleville-sur-Mer; la baronnie des *Gouvets*, etc., 1684 (aveux de la vic. de Vire, p. 12). Sa circonscription s'étendait aux paroisses de Saint-Gilles-de-Coulonces, Saint-Germain et Saint-Martin-de-Tallevende, Montbray, Saint-Manvieu, Saint-Pierre-Tarentaine, Sept-Vents, Annebecq, Saint-Aubin-des-Bois, Saint-Vigor-des-Monts, Landelles, Colombelles, Pont-Farcy, Vaudry, Viessoix, Saint-André-de-Cottun, Étouvy, Mesnil-Caussois et autres lieux.

COULVAIN, c^on d'Aunay. — *Corlevain*, 1198 (magni rotuli, p. 24). — *Coulevain*, 1371 (visite des forteresses). — *Collevain*, 1460 (aveux de l'évêché de Bayeux).

Par. de Saint-Vigor, patr: le seigneur du lieu. Dioc. de Bayeux, doy. de Villers-Bocage. Génér. de Caen, élect. de Vire, sergent. de Condé.

Fief de chevalier, relevant nûment de la baronnie de Douvre, appartenant à l'évêché de Bayeux, 1460 (temporel de l'évêché).

COUPARD, h. c^ne de Monfréville.

COUP-DE-SEL (LE), h. c^ne du Bô.

COUPE (LA), f. c^ne de Noyers.

COUPE-GORGE, h. c^ne de Saint-Ouen-le-Pin.

COUPERIE (LA), h. c^ne de Saint-Manvieu (Vire). — *Couperie apud Baiocas*, 1198 (magni rotuli, p. 36, 2).

COUPESARTE, c^on de Mézidon. — *Courbe-Essart*, 1198 (magni rotuli, p. 43). — *Sanctus Cyricus de Corbe-Sarte*, (pouillé de Lisieux, p. 48, note 5). — *Curva Sarta*, 1262 (ch. de l'hospice de Lisieux). — *Curva Serta*, 1571 (pouillé de Lisieux, p. 48, note 5). — *Courbe Sartre*, 1579 (ibid. p. 49, n° 2). — *Couppesard, Coupessard*, 1585 (papier terrier de Falaise). — *Coupe-Sarte*, 1690; *Coupsartre*, 1729 (pouillé de Lisieux, p. 49, note 2). — *Couppesertre*, 1778 (dénomb. d'Alençon).

Par. de Saint-Cyr, patr. les Mathurins de Lisieux. Dioc. de Lisieux, doy. du Mesnil-Mauger. Génér. d'Alençon, élect. de Falaise, sergent. de Saint-Pierre-sur-Dive.

Les fiefs de *Bocquencey*, de la *Varende*, de *Catillon* et de *Beaumanoir* avaient leur chef assis à Coupesarte.

COUPIGNY, h. et chât. c^ne d'Airan. Chapelle castrale sous l'invocation de Notre-Dame et de saint André.

COUPIGNY, h. c^ne de Landelles.

COPPIGNY, h. c^ne de Saint-Martin-de-Mieux.

COUPIGNY, anc. c^ne réunie à Landelles, qui a pris depuis lors le nom de *Landelles-et-Coupigny*. — *Coupi-* *gneium*, 1228 (cart. de Mondaye). — *Cupigneium*, 1247 (ibid.). — *Coupignie*, 1278 (livre noir de Coutances). — *Copigneium*, 1373 (livre blanc de Coutances). — *Goupigny*, 1848 (état-major).

Par. de Saint-Jean-Baptiste, patr. l'abbé de Saint-Sever, Dioc. de Coutances, doy. du Val-de-Vire. Génér. de Caen, élect. de Vire, sergent. de Pont-Farcy.

COUR (LA), h. c^ne d'Arclais.

COUR (LA), h. c^ne de Beaulieu.

COUR (LA), h. c^ne de la Bigne.

COUR (LA), h. c^ne de Blangy.

COUR (LA), f. et h. c^ne de Brémoy.

COUR (LA), h. c^ne de la Brévière.

COUR (LA), h. c^ne de Brocottes.

COUR (LA), h. c^ne de Campagnolles.

COUR (LA), h. c^ne de Canteloup.

COUR (LA), h. et f. c^ne de Champ-du-Boult.

COUR (LA), h. c^ne de Clarbec.

COUR (LA), h. c^ne de Clinchamps (Vire).

COUR (LA), f. c^ne de Cossesseville.

COUR (LA), h. c^ne de Coulonces.

COUR (LA), h. c^ne de Culey-le-Patry.

COUR (LA), h. c^ne d'Écots.

COUR (LA), h. c^ne de Fontenermont.

COUR (LA), f. c^ne d'Hamars.

COUR (LA), h. c^ne de Landelles.

COUR (LA), h. c^ne de Lassy.

COUR (LA), h. c^ne de Launay-sur-Calonne.

COUR (LA), h. c^ne de Malloué.

COUR (LA), h. c^ne du Mesnil-Benoît.

COUR (LA), h. c^ne du Mesnil-Robert.

COUR (LA), h. c^ne du Mesnil-Simon.

COUR (LA), h. c^ne de Montamy.

COUR (LA), h. c^ne des Moutiers-Hubert.

COUR (LA), h. c^ne d'Ouilly-le-Vicomte.

COUR (LA), h. c^ne de Pierrefitte (Falaise).

COUR (LA), h. c^ne de Pierres.

COUR (LA), h. c^ne de Pleines-OEuvres.

COUR (LA), f. c^ne du Plessis-Grimoult.

COUR (LA), h. c^ne de Pont-l'Évêque.

COUR (LA), h. c^ne de Presles.

COUR (LA), h. et f. c^ne du Reculey.

COUR (LA), h. c^ne de Repentigny.

COUR (LA), h. c^ne de Roullours.

COUR (LA), f. et h. c^ne de Saint-Charles-de-Percy.

COUR (LA), h. c^ne de Saint-Loup-Hors.

COUR (LA), h. c^ne de Sainte-Marie-Outre-l'Eau.

COUR (LA), h. c^ne du Theil.

COUR (LA), f. c^ne de Tréprel.

COUR (LA), h. c^ne du Tronquay.

COUR (LA), h. c^ne du Vey.

Courais (Le), h. c⁰ᵉ de Bourgeauville.

Cour-à-Lasne (La), h. cⁿᵉ de Saint-Martin-de-Fresnay.

Cour-à-le-Lièvre (La), h. cⁿᵉ de Douville.

Cour-Allaire (La), h. cⁿᵉ de Saint-Michel-de-Livet.

Cour-à-Manbré (La), h. cⁿᵉ du Vey.

Cour-Amand (La), f. cⁿᵉ du Mesnil-Mauger.

Cour-à-Philippe (La), f. cⁿᵉ de Grangues.

Cour-à-Richard (La), f. cⁿᵉ de Grangues.

Cour-à-Roussel (La), h. cⁿᵉ de Douville.

Cour-à-Tesson (La), h. cⁿᵉ de Douville.

Cour-au-Bénard (La), f. cⁿᵉ de Sainte-Marguerite-des-Loges.

Cour-Aubin (La), h. cⁿᵉ de Beuvron.

Cour-au-Berger (La), fᵉ, cⁿᵉ de Cambremer.

Cour-au-Bourreau (La), f. cⁿᵉ de Boissey.

Cour-au-Cerf (La), h. cⁿᵉ de Fourneville.

Cour-au-Chapelain (La), h. cⁿᵉ de Robehomme. — *Cort Capellani*, 1234 (lib. rub. Troarn. p. 119).

Cour-au-Chien (La), h. cⁿᵉ de Sainte-Croix-Grand-Tonne.

Cour-au-Comte (La), h. cⁿᵉ de Vacognes.

Cour-au-Fault (La), cⁿᵉ de Lisores. — Fief mouvant de la baronnie de Blangy.— *Le Fau*, 1703 (d'Anville, diocèse de Lisieux).

Cour-au-Fèvre (La), f. cⁿᵉ de Coudray-Rabut.

Cour-au-Fèvre (La), h. cⁿᵉ de Saint-Aubin-de-Lébizay.

Cour-au-Fauquet (La), f. cⁿᵉ de Saint-Philbert-des-Champs.

Cour-au-Guérin (La), h. cⁿᵉ de Cambremer.

Cour-au-Hamel (La), fᵉ, cⁿᵉ de Saint-Dénis-Maison-celles.

Cour-au-Normand (La), h. cⁿᵉ de Villers-Canivet.

Cour-au-Sable (La), h. cⁿᵉ de Fauguernon.

Cour-au-Seigneur (La), h. cⁿᵉ des Authieux-sur-Calonne.

Cour-au-Seigneur (La), mᵒⁿ isolée, cⁿᵉ de Quétiéville.

Cour-au-Seigneur (La), h. cⁿᵉ de Saint-Aubin-sur-Algot.

Cour-au-Tarre (La), fᵉ, cⁿᵉ de Grand-Mesnil.

Cour-au-Vilain (La), h. cⁿᵉ de Coquainvilliers.

Cour-au-Vilain (La), h. cⁿᵉ du Mesnil-Germain.

Cour-aux-Aumont (La), h. cⁿᵉ de Vaudeloges.

Cour-aux-Azes (La), h. cⁿᵉ de Villers-Canivet.

Cour-aux-Blots (La), h. cⁿᵉ de Villers-Canivet.

Cour-aux-Bois (La), h. cⁿᵉ de Montviette.

Cour-aux-Bouchers (La), h. cⁿᵉ d'Esquay (Caen).

Cour-aux-Cormes (La), f. cⁿᵉ de Cristot.

Cour-aux-Demoiselles (La), fᵉ, cⁿᵉ de Quétiéville.

Cour-aux-Érards (La), h. cⁿᵉ de Torteval.

Cour-aux-Fèvres (La), fᵉ, cⁿᵉ de Montpinçon.

Cour-aux-Flicots (La), h. cⁿᵉ de Mondeville.

Cour-aux-Heudiers (La), vill. cⁿᵉ de Tournay-sur-Odon.

Calvados.

Cour-aux-Louvets (La), h. cⁿᵉ de Tortisambert.

Cour-aux-Mauger (La), h. cⁿᵉ d'Esquay.

Cour-aux-Namps (La), f. cⁿᵉ de Coquainvilliers.

Cour-aux-Noyers (La), h. cⁿᵉ de Basseneville.

Cour-aux-Noyers (La), h. cⁿᵉ de Maizet.

Cour-aux-Planches (La), h. cⁿᵉ d'Ancteville.

Cour-aux-Rebourg (La), f. cⁿᵉ de Magny-le-Freule.

Couraye (La), h. cⁿᵉ de Clarbec.

Cour-Ballot (La), f. cⁿᵉ de Magny-le-Freule.

Cour-Baptiste (La), mᵒⁿ, cⁿᵉ de Saint-Hymer.

Cour-Barbery (La), h. cⁿᵉ de Bonneville-sur-Touque.

Cour-Baron (La), f. cⁿᵉ de Maizet.

Cour-Bâton (La), h. cⁿᵉ de Saint-Martin-aux-Chartrains.

Cour-Baudie (La), h. cⁿᵉ de Courvaudon. — *Cour-Boudie (La)*, 1847 (stat. post.).

Cour-Bavent (La), h. cⁿᵉ de Bonneville-sur-Touque.

Cour-Bayeul (La), h. cⁿᵉ de Pierrefitte.

Courbe (La), vill. cⁿᵉ des Isles-Bardel.

Courbe (La), h. cⁿᵉ de Saint-Marc-d'Ouilly. — *Curba super rivulum Salicis*, 1225 (ch. de Saint-Étienne-de-Fontenay, n° 44). — *Corba ultra Olnam*, 1249 (ch. de Villers-Canivet). — *Corba, Curba*, 1269 (ch. de Saint-André-en-Gouffern).

Fief du domaine royal, vicomté de Falaise, assujetti à la garde d'une des portes du château de Falaise, 1540 (papier terrier de Falaise).

Cour-Beauginet (La), mᵒⁿ, cⁿᵉ de la Brévière.

Cour-Beaulieu (La), f. cⁿᵉ du Bény-Bocage.

Cour-Bedoon (La), h. cⁿᵉ de Saint-Philbert-des-Champs.

Courbefosse, h. cⁿᵉ de Campeaux.

Cour-Belay (La), h. cⁿᵉ de Heuland.

Cour-Belleau (La), h. cⁿᵉ du Mesnil-Durand.

Cour-Belleau (La), h. cⁿᵉ de Sainte-Marguerite-des-Loges.

Cour-Belleau (La), h. cⁿᵉ de Saint-Michel-de-Livet.

Cour-Bellemare (La), f. cⁿᵉ de Cheffreville.

Cour-Bellemare (La), f. cⁿᵉ de Douville.

Cour-Bellevue (La), h. cⁿᵉ de Saint-André-d'Hébertot.

Cour-Belley (La), mᵒⁿ, cⁿᵉ de Montviette.

Cour-Beloeil (La), éc. cⁿᵉ du Mesnil-Durand.

Cour-Bénard (La), h. cⁿᵉ de Saint-Martin-de-Fresnay.

Cour-Bénouville (La), h. cⁿᵉ de Tourgéville.

Cour-Bernier (La), h. cⁿᵉ de Vaudeloges.

Cour-Bertaut (La), f. cⁿᵉ de Cheffreville.

Cour-Biette (La), h. cⁿᵉ de Bonneville-sur-Touque.

Cour-Bivel (La), h. cⁿᵉ de Coudray-Rabut.

Cour-Bloche (La), mᵒⁿ, cⁿᵉ de Pierrefitte.

Cour-Bocage (La), h. cⁿᵉ de Danestal.

Cour-Bocage (La), h. c^{ne} de Saint-Martin-de-la-Lieue.

Cour-Bocey (La), f. c^{ne} de Saint-Michel-de-Livet.

Cour-Bocq (La), h. c^{ne} de Prêtreville.

Cour-Bois-l'Évêque (La), h. c^{ne} de Saint-Désir.

Cour-Bonnet (La), h. c^{ne} de Falaise, 1585 (fief de la vicomté de Falaise).

Cour-Bonneville (La), h. c^{ne} de Saint-Crespin.

Cour-Bordeaux (La), h. c^{ne} de Fontenay-le-Pesnel.

Cour-Bordeaux (La), f. c^{ne} du Mesnil-Germain.

Cour-Bordeaux (La), h. de Saint-Georges-en-Auge.

Cour-Borelle (La), h. c^{ne} de Notre-Dame-d'Estrées.

Cour-Bosquier (La), h. c^{ne} de Bonneville-la-Louvet, 1540 (papier terrier de Falaise).

Cour-Boudin (La), h. c^{ne} de Courvaudon.

Cour-Bouillier (La), h. c^{ne} de Tôtes.

Cour-Bouillon (La), h. c^{ne} d'Avenay.

Cour-Boursin (La), h. c^{ne} de Grandchamp.

Cour-Boutrou (La), h. c^{ne} de Saint-Ouen-le-Houx.

Cour-Bréard (La), h. c^{ne} de Pierrefitte.

Cour-Brévedent (La), h. c^{ne} du Brévedent.

Cour-Briard (La), h. c^{ne} de Saint-Aubin-de-Lébizay.

Cour-Brieux (La), h. c^{ne} des Moutiers-en-Cinglais.

Cour-Brochard (La), h. c^{ne} de Saint-Hymer.

Cour-Broquard (La), h. c^{ne} de Montpinçon.

Cour-Broquet (La), f, c^{ne} de Montpinçon.

Cour-Brunet (La), h. c^{ne} de Saint-Martin-aux-Chartrains.

Cour-Buhot (La), h. c^{ne} du Mesnil-Germain.

Cour-Cairon (La), m^{on} isolée, c^{ne} de Quétiéville.

Cour-Callée (La), h. c^{ne} de Bonneville-la-Louvet.

Cour-Carrière (La), h. c^{ne} de Tréprel.

Courcelles, h. c^{ne} de Fresné-la-Mère. — Corcella, xie s^e (enquête, p. 475). — Curcella (ibid.). — Curcellie, 1212 (ch. de Saint-André-en-Gouffern, n° 58). — Corselles, Courselles, 1848 (Simon). Prieuré de Franche-Aumône, appartenant au couvent de Notre-Dame-des-Corneilles.

Courcelles, h. c^{ne} de Saint-Georges-d'Aunay. — Corceleia, 1215 (parv. lib. rub. Troarn.). — Corcella, 1250 (ch. de l'abb. d'Aunay). Chapelle dédiée à Notre-Dame, fondée en 1312.

Cour-Chilliard (La), h. c^{ne} de Saint-Philbert-des-Champs.

Cour-Chouquet (La), h. c^{ne} de Manneville-la-Pipard.

Cour-Chuchard (La), h. c^{ne} de Saint-Hymer.

Courcière (La), h. c^{ne} de Saint-Denis-de-Méré. — Corseria, xiie s^e (ch. de Saint-André-en-Gouffern). — Champs Corcières, 1231 (ch. de Barbery, 58). — Coursière, 1848 (Simon).

Cour-Cirieux (La), q. c^{ne} de Saint-Désir.

Cour-Clairval (La), h. c^{ne} de Coquainvilliers.

Cour-Cœuret (La), h. c^{ne} de Saint-Agnan-le-Malherbe.

— Cour Cocuret, 1847 (stat. post.). — Cour Quéret, 1848 (état-major).

Cour-Colas (La), h. c^{ne} du Mesnil-Germain.

Cour-Colet (La), f, c^{ne} du Mesnil-Mauger.

Cour-Collet (La), h. c^{ne} de Magny-le-Freule.

Cour-Collette (La), h. c^{ne} de Courtonne-la-Ville.

Cour-Collin (La), h. c^{ne} de Ranchy.

Cour-Convère (La), h. c^{ne} de Coudray-Rabut.

Cour-Cordeur (La), h. c^{ne} de Bonneville-sur-Touque.

Cour-Cordier (La), h. c^{ne} du Mesnil-Durand.

Cour-Cotrel (La), f, c^{ne} de Montpinçon.

Cour-Cretey (La), h. c^{ne} de Bretteville-sur-Dive.

Cour-Crevin (La), h. c^{ne} de Clarbec.

Cour-Criquet (La), h. c^{ne} de la Chapelle-Haute-Grue.

Courcy, c^{on} de Morteaux-Coulibœuf. — Curceium, 1035; Curcéyium, 1145 (cartul. de l'abb. de Mondaye). — Corcie, Corcy, 1155 (Roman du Rou). — Courceium, 1186 (ch. en faveur de l'abb. de Noirmoutiers). — Corceium, 1198 (magni rotuli, p. 34). — Corcye, xiiie s^e (antiq. de Normandie, t. XXVI). — Courssi, 1371 (visite des forteresses).

Par. de Saint-Gervais et Saint-Protais, patr. le seigneur. Dioc. de Séez, doy. de Falaise. Génér. d'Alençon, élect. de Falaise, sergent. de Saint-Pierre-sur-Dive. Chapelle castrale de Saint-Ferréol, ecclesia S. Feleoli, 1109 (ch. de l'abbaye de Noirmoutiers).

Haut-Bost, fief de la paroisse de Coucy; 1710 (fiefs de la vicomté de Caen).

Le baronnie de Courcy mouvait de la châtellenie de Falaise.

Courdairie (La), f. c^{ne} d'Ouilly-le-Vicomte.

Cour-Dais (La), h. c^{ne} du Mesnil-Germain.

Cour-d'Anfernelle (La), h. c^{ne} de Courtonne-la-Meurdrac.

Cour-d'Arclais (La), h. c^{ne} d'Arclais. Manoir seigneurial.

Cour-d'Argental (La), h. c^{ne} de Coquainvilliers.

Cour-David (La), h. c^{ne} de Coquainvilliers.

Cour-David (La), h. c^{ne} de Notre-Dame-d'Estrées.

Cour-de-Baltazar (La), h. c^{ne} du Mesnil-Durand.

Cour-de-Bas (La), h. c^{ne} de Bonneville-sur-Touque.

Cour-de-Bas (La), h. c^{ne} de Bures (Vire).

Cour-de-Bas (La), h. c^{ne} de Clarbec.

Cour-de-Bas (La), m^{on} isolée, c^{ne} de Quétiéville.

Cour-de-Calleville (La), h. c^{ne} de Trouville.

Cour-de-Cambremer (La), h. c^{ne} de Coquainvilliers.

Cour-de-Courtonne (La), h. c^{ne} de Courtonne-la-Meurdrac.

Cour-de-Cresseveuille (La), h. c^{ne} de Danestal.

Cour-de-Crieux (La), h. c^{ne} des Moutiers-en-Cinglais.

Cour-de-Douville (La), h. c^{ne} de la Chapelle-Yvon.

Cour-de-France (La), h. c^ne de Pierrefitte.

Cour-de-la-Barberie (La), h. c^ne de Clarbec.

Cour-de-la-Barterie (La), h. c^ne du Mesnil-Durand.

Cour-de-la-Bataille (La), h. c^ne de Lingèvres.

Cour-de-l'Abbaye (La), q. c^ne de Saint-Désir.

Cour-de-la-Bergerie (La), h. c^ne d'Hermival-les-Vaux.

Cour-de-la-Bindelière (La), h. c^ne de Bonneville-sur-Touque.

Cour-de-la-Bruyère (La), h. c^ne de Bonneville-sur-Ajon.

Cour-de-la-Bruyère (La), h. c^ne de Heuland.

Cour-de-la-Bruyère (La), h. c^ne de Montviette.

Cour-de-la-Chantrée (La), h. c^ne d'Avenay.

Cour-de-la-Chantrée (La), h. c^ne de Saint-Martin-de-la-Lieue.

Cour-de-la-Commune (La), h. c^ne de Bonneville-sur-Touque.

Cour-de-la-Couture (La), h. c^ne du Brévedent.

Cour-de-la-Couture (La), h. c^ne de Coquainvilliers.

Cour-de-la-Couture (La), f. c^ne de Magny-le-Freule.

Cour-de-la-Couture (La), h. c^ne du Mesnil-Durand.

Cour-de-la-Croix (La), m^on, c^ne de Biéville.

Cour-de-la-Croix (La), h. c^ne de Douville.

Cour-de-la-Croix-Blanche (La), h. c^ne du Mesnil-Simon.

Cour-de-la-Croix-de-Fer (La), h. c^ne de Bonneville-sur-Touque.

Cour-de-la-Croix-de-Pierre (La), h. c^ne de Livarot.

Cour-de-la-Danfrerie (La), h. c^ne de Sainte-Marguerite-des-Loges.

Cour-de-la-Dîme (La), h. c^ne de Mondeville.

Cour-de-la-Ferme (La), h. c^ne de Douville.

Cour-de-la-Fontaine (La), h. c^ne d'Acqueville.

Cour-de-la-Fontaine (La), h. c^ne de Cheux.

Cour-de-la-Fontaine (La), h. c^ne de Coulonces.

Cour-de-la-Fontaine (La), h. c^ne de Léaupartie.

Cour-de-la-Forge-Gohier (La), h. c^ne de Douville.

Cour-de-la-Fosse (La), h. c^ne de Maisy.

Cour-de-la-Frémondière (La), h. c^ne d'Ammeville.

Cour-de-la-Gourdelle (La), h. c^ne de Bonnœil. — Gourdel, 1848 (Simon).

Cour-de-la-Grange (La), h. c^ne de Bénerville.

Cour-de-la-Lande (La), f. c^ne de la Lande-Vaumont.

Cour-de-la-Louvetière (La), h. c^ne de Cerqueux.

Cour-de-la-Mare (La), h. c^ne de Campagnolles.

Cour-de-l'Ancien-Presbytère (La), h. c^ne de Villerville.

Cour-de-l'Angle (La), h. c^ne du Ham.

Cour-de-la-Pipe (La), h. c^ne de Firfol.

Cour-de-la-Planquette (La), h. c^ne de Cambremer. — Planqueta, 1230 (parv. lib. rub. Troarn.).

Cour-de-la-Poste (La), f. c^ne de Notre-Dame-d'Estrées.

Cour-de-l'Arbre (La), h. c^ne de Grangues.

Cour-de-la-Reboulière (La), h. c^ne d'Aunay.

Cour-de-la-Reine (La), h. c^ne de Saint-Désir.

Cour-de-la-Roquette (La), h. c^ne du Mesnil-Durand.

Cour-de-la-Roquette (La), h. c^ne de Saint-Laurent-de-Condel.

Cour-de-la-Rue (La), h. c^ne de Clarbec.

Cour-de-la-Sablonnière (La), h. c^ne de Courtonne-la-Ville.

Cour-de-la-Sevrais (La), h. c^ne de la Vespière.

Cour-de-la-Tour (La), h. c^ne de Coquainvilliers.

Cour-de-la-Trie (La), h. c^ne de Surville.

Cour-de-la-Tuilerie (La), h. c^ne du Mesnil-Durand.

Cour-de-l'Aubrée (La), b. c^ne de Villers-Canivet.

Cour-de-Launay (La), h. c^ne de Courson.

Cour-de-Launay (La), h. c^ne de Saint-Désir.

Cour-de-la-Vallée (La), h. c^ne d'Écajeul.

Cour-de-la-Vallée (La), h. c^ne de Vaudeloges.

Cour-de-la-Vauquelinière (La), f., c^ne de Moyaux.

Cour-de-la-Vellette (La), h. c^ne du Mesnil-Germain.

Cour-de-la-Verrerie (La), h. c^ne de Heurtevent.

Cour-de-la-Vigannerie (La), h. c^ne de Brocottes.

Cour-de-la-Vigne (La), h. c^ne du Mesnil-Germain.

Cour-de-la-Ville (La), m^on isolée, c^ne de Courtonne-la-Ville.

Cour-de-la-Ville (La), h. c^ne du Mesnil-sur-Blangy.

Cour-de-l'Église (La), h. c^ne de Bretteville-l'Orgueilleuse.

Cour-de-l'Éguillon (La), h. c^ne du Mesnil-Germain.

Cour-de-l'Enclos (La), h. c^ne de Coquainvilliers.

Cour-de-l'Enfer (La), q. c^ne de Troarn.

Cour-de-l'Étang (La), f., c^ne de Fauguernon.

Cour-de-l'Hermitage (La), h. c^ne de Livarot.

Cour-de-l'Hôpital (La), f. c^ne du Ham.

Cour-de-l'Île (La), f., c^ne de Coupesarte.

Cour-de-l'Office-de-la-Prévôté (La), h. c^ne d'Englesqueville.

Cour-de-l'Oraille (La), h. c^ne de Douville.

Cour-de-Maizières (La), h. c^ne de Maizières.

Courdemonne (La), h. c^ne d'Auquainville.

Cour-de-Montaigne (La), h. c^ne de Saint-Germain-de-Tallevende.

Cour-de-Montaigu (La), h. c^ne de Saint-Germain-de-Tallevende.

Cour-de-Montaval (La), f., c^ne de Cambremer.

Cour-de-Moyaux (La), h. c^ne de Moyaux.

Cour-d'en-Bas (La), h. c^ne des Authieux-sur-Calonne.

Cour-d'en-Bas (La), h. c^ne de Surville.

Cour-de-Neuville (La), f., c^ne de Neuville.

Cour-d'Enfer (La), h. c^ne d'Audrieu.

Cour-d'Entrant (La), h. c^ne de Saint-Hymer.

11.

Cour-Deraine (La); f°, c^{ne} de Douville.
Cour-de-Rassy (La), éc. c^{ne} de Préaux.
Cour-de-Roullours (La), h. c^{ne} de Roullours.
Cour-de-Saint-Manvieu (La), h. c^{ne} de Saint-Manvieu (Vire).
Cour-de-Saint-Pierre (La), h. c^{ne} de Norolles.
Cour-des-Bois (La), h. c^{ne} de Coupesarte.
Cour-des-Bois (La), h. c^{ne} de Saint-Philbert-des-Champs.
Cour-des-Buttes (La), h. c^{ne} de Saint-Martin-de-la-Lieue.
Cour-des-Capelles (La), m^{on}, c^{ne} de Coupesarte.
Cour-des-Champs (La), h. c^{ne} du Mesnil-Germain.
Cour-des-Champs-de-la-Croix (La), h. c^{ne} de Surville.
Cour-des-Drieux (La), h. c^{ne} de Saint-Aubin-de-Lébizay.
Cour-des-Écluses (La), h. c^{ne} des Authieux-Papion.
Cour-des-Écluses (La), h. c^{ne} de Sainte-Marie-aux-Anglais.
Cour-des-Étourgues (La), h. c^{ne} de Sainte-Marie-aux-Anglais.
Cour-des-Fonds-d'en-Haut (La), h. c^{ne} de Saint-Michel-de-Livet.
Cour-des-Fontaines (La), h. c^{ne} de Montviette.
Cour-des-Fontaines (La), h. c^{ne} de Tonnencourt.
Cour-des-Frènes (La), h. c^{ne} de Maisoncelles-sur-Ajon.
Cour-des-Fresnes (La), f°, c^{ne} de Coudray-Rabut.
Cour-des-Hauts-Vents (La), h. c^{ne} de la Ferrière-Duval.
Cour-des-Hayes-Tondues (La), h. c^{ne} du Breuil.
Cour-des-Hommes (La), h. c^{ne} de Saint-Martin-de-Fresnay.
Cour-des-Ifs ou Cour-Vaillande (La), h. c^{ne} de Maizet.
Cour-des-Îles (La), h. c^{ne} de Pierrefitte.
Cour-des-Jardins (La), h. c^{ne} de Saint-Georges-en-Auge.
Cour-des-Lachées (La), h. c^{ne} de Saint-Philbert-des-Champs!
Cour-des-Loges (La), f. c^{ne} des Loges-Saulces.
Cour-des-Manis (La), h. c^{ne} du Mesnil-Durand.
Cour-des-Monts-Flambards (La), h. c^{ne} de Saint-Martin-de-la-Lieue.
Cour-des-Noyers (La), h. c^{ne} de Coquainvilliers.
Cour-des-Noyers (La), h. c^{ne} de Ranville.
Cour-des-Pièges (La), h. c^{ne} du Mesnil-Germain.
Cour-des-Ponts (La), h. c^{ne} du Breuil.
Cour-des-Quatre-Nations (La), h. c^{ne} d'Agy.
Cour-des-Quatre-Nations (La), h. c^{ne} de Saint-Martin-de-Fontenay.
Cour-des-Religieuses (La), h. c^{ne} de Tourgéville.
Cour-des-Rosières (La), h. c^{ne} de Livarot.
Cour-des-Rouges-Fontaines (La), h. c^{ne} de Saint-Jacques.

Cour-des-Saules (La), h. c^{ne} de Valsemé.
Cour-des-Thillées (La), h. c^{ne} de Hottot.
Cour-des-Tragins (La), h. c^{ne} de Saint-Philbert-des-Champs.
Cour-des-Traversaines (La), h. c^{ne} de Launay.
Cour-des-Vignes (La), h. c^{ne} de Saint-Julien-sur-Calonne.
Cour-de-Touloille (La), h. c^{ne} de Saint-Germain-de-Livet.
Cour-de-Trèfle (La), h. c^{ne} de Saint-Martin-de-la-Lieue.
Cour-d'Étrévigne (La), h. c^{ne} de Cambremer.
Cour-de-Troarn (La), h. c^{ne} de Troarn.
Cour-d'Honneur (La), h. c^{ne} de Beuvron.
Cour-Dinu (La), h. c^{ne} de Saint-Hymer.
Cour-d'O (La), f°, c^{ne} de Noyers.
Cour-Domain (La), h. c^{ne} de Coudray-Rabut.
Cour-Don (La), f°, c^{ne} de Saint-Martin-Don.
Cour-Don (La), h. c^{ne} du Theil.
Cour-d'Orange (La), h. c^{ne} du Breuil.
Cour-Doucet (La), h. c^{ne} de Bretteville-sur-Odon.
Cour-Douilly (La), h. c^{ne} du Mesnil-Germain.
Cour-Droulin (La), h. c^{ne} de Coquainvilliers.
Cour-du-Beau-Poulain (La), h. c^{ne} de la Chapelle-Yvon.
Cour-du-Bois (La), h. c^{ne} de Berville.
Cour-du-Bois (La), h. c^{ne} de Reux.
Cour-du-Bois (La), h. c^{ne} de Saint-Ouen-le-Houx.
Cour-du-Boscq (La), h. c^{ne} de la Houblonnière.
Cour-du-Boscq (La), h. c^{ne} d'Ouézy.
Cour-du-Boscq (La), h. c^{ne} de Pierrefitte (Pont-l'Évêque).
Cour-du-Boscq (La), h. c^{ne} de Trouville.
Cour-du-Bosq (La), h. c^{ne} de Bonneville-sur-Touque.
Cour-du-Bosq (La), h. c^{ne} de Bully.
Cour-du-Bourg (La), h. c^{ne} de Bonneville-la-Louvet.
Cour-du-Bourg (La), q. c^{ne} du Mesnil-Germain.
Cour-du-Carrefour (La), f. c^{ne} du Mesnil-Germain.
Cour-du-Centre (La), h. c^{ne} de Port-en-Bessin.
Cour-du-Champ-de-Croix (La), h. c^{ne} du Mesnil-Germain.
Cour-du-Château (La), h. c^{ne} du Breuil (Pont-l'Évêque).
Cour-du-Château (La), h. c^{ne} de Morteaux-Coulibœuf.
Cour-du-Châtel (La), h. c^{ne} de Danestal.
Cour-du-Clos (La), h. c^{ne} du Mesnil-Germain.
Cour-du-Clos (La), h. c^{ne} de Norolles.
Cour-du-Clos (La), f. c^{ne} de Saint-Jean-de-Livet.
Cour-du-Coq (La), f. c^{ne} de Touque.
Cour-du-Désert (La), h. c^{ne} de Danestal.
Cour-du-Désert (La), h. c^{ne} de Douville.
Cour-du-Domaine (La), h. c^{ne} de Basseneville.

Cour-du-Drouet (La), h. c^ne de Brocottes.

Cour-du-Four (La), h. c^ns de Groisilliers.

Cour-du-Four (La), h. c^ne du Mesnil-Eudes.

Cour-du-Four (La), h. c^ne du Mesnil-Germain.

Cour-du-Four (La), h. c^ne de Norolles.

Cour-du-Four (La), h. c^ne de Saint-Martin-de-la-Lieue.

Cour-du-Fresne (La), h. c^ne de Douville.

Cour-du-Fresne (La), h. c^ne de Fontenay-le-Marmion.

Cour-du-Friche-Potel (La), h. c^ne de Berville.

Cour-du-Fumé (La), h. c^ne de Clarbec.

Cour-du-Hameau (La), f^e, c^ne de Hamars.

Cour-du-Lambert (La), h. c^ne de la Chapelle-Hinfray.

Cour-du-Lami-Fort (La), h. c^ne de Quétiéville.

Cour-du-Lieu-de-la-Croix (La), h. c^ue de Douville.

Cour-du-Marais (La), h. c^ne de Bonneville-la-Louvet.

Cour-du-Marais (La), h. c^ne de Noron (Falaise).

Cour-du-Mesnil-Du (La), h. c^ne de Grangues.

Cour-du-Mézeray (La), h. c^ne de Grangues.

Cour-de-Milieu (La), h. c^ne de Beuvron.

Cour-du-Mineur (La), h. c^ne des Authieux-sur-Calonne.

Cour-du-Mont-Picard (La), h. c^ne de Clarbec.

Cour-du-Pan (La), h. c^ne de Saint-Philbert-des-Champs.

Cour-du-Parc (La), h. c^ne de Montpinçon.

Cour-du-Parc (La), m^on, c^ne de Saint-Mélaine.

Cour-du-Petit-Aubigny (La), h. c^ne de Cahagnes.

Cour-du-Petit-Villaunay (La), h. c^ne du Mesnil-Germain.

Cour-du-Platis (La), h. c^ne du Mesnil-Durand.

Cour-du-Poirier (La), h. c^ne de Vaudeloges.

Cour-du-Pont (La), h. c^ne de Villerville.

Cour-du-Pont-Esnault (La), h. c^ne de Surville.

Cour-du-Presbytère (La), f. c^ne du Mesnil-Durand.

Cour-du-Presbytère (La), f. c^ne du Mesnil-Eudes.

Cour-du-Presbytère (La), f. c^ne du Mesnil-Germain.

Cour-du-Presbytère (La), f. c^ne de Troarn.

Cour-du-Pressoir (La), h. c^ne des Authieux-sur-Calonne.

Cour-du-Pressoir (La), h. c^ne de Coquainvilliers.

Cour-du-Pressoir (La), h. c^ne de Grangues.

Cour-du-Pressoir (La), h. c^ne de Livry.

Cour-du-Pressoir (La), h. c^ne de Longueville.

Cour-du-Puits (La), h. c^ne de Vaudeloges.

Cour-Durand (La), h. c^ne de Bonneville-sur-Touque.

Cour-du-Rat (La), h. c^ne de Pont-l'Évêque.

Cour-Duret (La), f. c^ne de Coupesarte.

Cour-du-Rouet-Margot (La), h. c^ne du Mesnil-sur-Blangy.

Cour-du-Routeu (La), h. c^ne de Bonneville-sur-Touque.

Cour-du-Saussay (La), h. c^ne de Heurtevent.

Cour-d'Ussy (La), h. c^ne de Fierville.

Cour-du-Tilleul (La), h. c^ne de Coquainvilliers.

Cour-du-Val (La), h. c^ne de Méry-Corbon.

Cour-du-Val-Petitot (La), h. c^ne de Saint-Ouen-le-Houx.

Cour-du-Vieux (La), h. c^ne de Bonneville-sur-Touque.

Cour-du-Village (La), h. c^ne de Pierres.

Cour-du-Vivier (La), h. c^ne de Saint-Julien-sur-Calonne.

Cour-ès-Godarts (La), h. c^ne de Vaudeloges.

Cour-Esnot (La), h. c^ne du Mesnil-Germain.

Cour-Fauvel (La), h. c^ne du Mesnil-Durand.

Cour-Fayel (La), h. c^ne de Saint-Martin-de-Fresnay.

Cour-Feral (La), h. c^ne de Pierrefitte.

Cour-Feray (La), h. c^ne de Coquainvilliers.

Cour-Feuillée (La), h. c^ne des Autels-Saint-Bazile.

Cour-Fleury (La), h. c^ne de Basseneville.

Cour-Folleville (La), h. c^ne de Bonneville-sur-Touque.

Cour-Fontaine (La), f^e, c^ne d'Acqueville.

Cour-Fontaine (La), h. c^ne de Montreuil.

Cour-Fortin (La), h. c^ne de la Brévière.

Cour-Fougy (La), h. c^ne du Mesnil-Germain.

Cour-Frémont (La), h. c^ne de Sainte-Marguerite-des-Loges.

Cour-Frénel (La), h. c^ne de Saint-Martin-aux-Chartrains.

Cour-Fricoriot (La), h. c^ne de Cheffreville.

Cour-Funèbre (La), f. c^ne de Saint-Désir, section de la Pommeraye.

Cour-Gain (La), m^in, c^ne de May.

Cour-Gagni (La), h. c^ne de Saint-Martin-aux-Chartrains.

Cour-Gallière (La), h. c^ne du Mesnil-Durand.

Cour-Gamand (La), h. c^ne de Coudray-Rabut.

Cour-Gamard (La), h. c^ne de Surville.

Cour-Ganart (La), h. c^ne de Préaux.

Cour-Gattier (La), f. c^ne de Quétiéville.

Cour-Genay (La), éc. c^ne de Placy.

Cour-Genièvre (La), h. c^ne de Roques.

Cour-Germain (La), h. c^ne de Saint-Martin-de-Fontenay.

Cour-Gérôme (La), h. c^ne de Grandchamp.

Cour-Gervais (La), h. c^ne de Brocottes.

Cour-Gibon (La), h. c^ne de Fierville.

Cour-Gillet (La), f^e, c^ne de Bénerville.

Cour-Godefroy (La), h. c^ne de Tourville.

Cour-Gondonnier (La), h. c^ne de Saint-Aubin-de-Lébizay.

Cour-Gosset (La), h. c^ne de Saint-Désir.

Cour-Gourdelle (La), f^e, c^ne de Bonnœil.

Cour-Guétier (La), h. c^ne de Coquainvilliers.

Cour-Hallet (La), h. c^ne de Bonnebosq.

Cour-Hamelin (La), h. c^ne de Saint-Martin-aux-Chartrains.

Cour-Hamon (La), h. c^ne du Mesnil-Germain.

Cour-Hardy (La), m^on, c^ne de Saint-Hymer.

Cour-Hauvel (La), h. c^ne de Formentin.

Cour-Hébert (La), m^on, c^ne de Biéville.

Cour-Hélie (La), h. c^ne de Saint-Aubin-de-Lébizay.

Cour-Henry (La), h. c^ne de Sainte-Marguerite-des-Loges.

Cour-Hervieu (La), h. c^ne de Bonneville-la-Louvet.

Cour-Heudois (La), h. c^ne de Tournay.

Cour-Houel (La), h. c^ue de Clinchamps (Vire).

Cour-Houlette (La), f^e, c^ne de Fauguernon.

Cour-Houssaye (La), h. c^ne du Mesnil-sur-Blangy.

Cour-Hurel (La), h. c^ne de Bonneville-sur-Touque.

Cour-Hussault (La), h. c^ne de Bonneville-sur-Touque.

Cour-Jamin (La), m^on, c^ne de Surville.

Cour-Jaquette (La), h. c^ne de Magny-le-Freule.

Cour-Jaquette (La), h. c^ne de Saint-Martin-de-la-Lieue.

Cour-Josson (La), h. c^ne de Banneville-sur-Ajon.

Cour-Jourier (La), h. c^ne de Bonneville-sur-Touque.

Cour-Jullienne (La), h. c^ne de Beuvron.

Cour-Lair (La), c^ne de Biéville.

Cour-l'Allemand (La), h. c^ne de Coquainvilliers.

Cour-l'Ami-Fort (La), h. c^ne de Quétiéville.

Cour-la-Reine (La), h. c^ne de Saint-Désir.

Cour-la-Rue (La), h. c^ne de Hottot (Pont-l'Évêque).

Cour-Launay (La), h. c^ne du Mesnil-Durand.

Cour-Laurent (La), h. c^ne de Coquainvilliers.

Cour-Lauzet (La), h. c^ne du Mesnil-Germain.

Cour-Lavigne (La), h. c^ne du Mesnil-Germain.

Cour-le-Cesne (La), h. c^ne de Saint-Ouen-le-Houx.

Cour-le-Cointe (La), h. c^ne de Saint-Martin-de-Fresnay.

Cour-le-Harang (La), h. c^ne de la Ferrière.

Cour-Lemière ou Lenière (La), h. c^ne de Livarot.

Cour-Lenoir (La), h. c^ne de Saint-Ouen-le-Houx.

Cour-le-Roy (La), h. c^ne de Saint-Ouen-le-Houx.

Cour-les-Fouques (La), h. c^ne de Montviette.

Cour-Litour (La), h. c^ne de la Hoguette.

Cour-Livet (La), h. c^ne de Brocottes.

Cour-Livet (La), h. c^ne d'Englesqueville.

Cour-Livet (La), h. c^ne de Saint-Germain-de-Livet.

Cour-Loinel (La), h. c^ne de Saint-Hymer.

Cour-Lobtier (La), h. c^ne du Mesnil-Durand.

Cour-Loutrel (La), h. c^ne de Fierville.

Cour-Loutrel (La), h. c^ne de Pierrefitte.

Cour-Louvet (La), h. c^ne de Cheffreville.

Cour-Lozet (La), h. c^ne de Sainte-Marguerite-des-Loges.

Cour-Malard (La), h. c^ne de Saint-Martin-de-Fontenay.

Cour-Malfillâtre (La), h. c^ne du Mesnil-Baclay.

Cour-Malfillâtre (La), h. c^ne de Saint-Martin-de-Livet.

Cour-Malou (La), h. c^ne de Moyaux.

Cour-Malou (La), h. c^ne de Norolles. — *Maloup,* 1723 (carte de d'Anville).

Cour-Malou (La), h. c^ne de Saint-Philbert-des-Champs.

Cour-Manable (La), h. c^ne d'Ammeville.

Cour-Manable (La), h. c^ne d'Annebault.

Cour-Manable (La), f. c^ne de Boissey.

Cour-Manable (La), h. c^ne de la Ferrière-Duval.

Cour-Manable (La), h. c^ne de Fierville.

Cour-Manable (La), h. c^ne du Mesnil-Durand.

Cour-Manable (La), h. c^ne du Mesnil-Germain.

Cour-Manable (La), h. c^ne de Saint-Arnoult.

Cour-Manable (La), h. c^ne de Saint-Julien-sur-Calonne.

Cour-Manable (La), h. c^ne de Saint-Michel-de-Livet.

Cour-Manneville (La), h. c^ne de Norolles.

Cour-Maquerel (La), h. c^ne du Mesnil-Germain.

Cour-Maquet (La), h. c^ne de Moyaux.

Cour-Marcel (La), f^e, c^ne de Quétiéville.

Cour-Marempart (La), h. c^ne de Beuvron.

Cour-Marette (La), h. c^ne du Mesnil-Durand.

Cour-Marette (La), h. c^ne de Sainte-Marguerite-des-Loges.

Cour-Margeot (La), c^ne de Saint-Ouen-le-Houx.

Cour-Marguerie (La), h. c^ne de Montpinçon.

Cour-Marguerite (La), h. c^ne de Coquainvilliers.

Cour-Marie (La), h. c^ne de Port-en-Bessin.

Cour-Marion (La), h. c^ne de Saint-Eugène.

Cour-Marion (La), h. c^ne de Valsemé.

Cour-Marle (La), h. c^ne de Port-en-Bessin.

Cour-Marmion (La), h. c^ne de Pierrefitte.

Cour-Marqueron (La), h. c^ne de Cardonville.

Cour-Marqueron (La), h. c^ne de Littry. — *Cour Marcron,* 1848 (état-major).

Cour-Marqueron (La), f. c^ne de Saint-Germain-du-Pert.

Cour-Marquet (La), h. c^ne de Moyaux.

Cour-Marquet (La), f. c^ne de Vignats.

Cour-Martin (La), h. c^ne de Fontenay-le-Pesnel.

Cour-Massurot (La), h. c^ne de Touque.

Cour-Mathieu (La), h. c^ne du Mesnil-Durand.

Cour-Mathieu (La), h. c^ne de Saint-Philbert-des-Champs.

Cour-Maudelonde (La), h. c^ne de Bonneville-la-Louvet.

Cour-Maudelonde (La), h. c^ne de Coudray-Rabut.

Cour-Maudelonde (La), h. c^ne du Faulq.

Cour-Maudelonde (La), h. c^ne de Saint-Martin-aux-Chartrains.

Cour-Mellion (La), h. c^ne d'Ectot.

Cour-Mémain (La), h. c^ne de Coquainvilliers.

Cour-Ménard (La), h. c^ne de Saint-Michel-de-Livet.

Courmeron, h. c^ne de Croisilles.

Cour-Messire-Jean (La), h. cne de Saint-Hymer.
Cour-Milleroie (La), h. cne de Berville.
Cour-Mollien (La), h. cne de Saint-Martin-de-Blagny.
Cour-Mollinière (La), h. cne de Saint-Michel-de-Livet.
Courmont, f. cne des Autels-Saint-Bazile.
Cour-Morand (La), h. cne de Brocottes.
Cour-Morand (La), f. cne d'Écots.
Cour-Morand (La), h. cne de Sainte-Marie-aux-Anglais.
Cour-Morel (La), h. cne du Mesnil-Durand.
Cour-Morin (La), h. cne de Bonneville-sur-Touque.
Cour-Morin (La), h. cne d'Éterville.
Cour-Morin (La), h. cne du Mesnil-Germain.
Cour-Morinier (La), h. cne d'Ouville-la-Bien-Tournée.
Cour-Mouchelet (La), h. cne de Heuland.
Cour-Mutrel (La), q. cne de Saint-Désir.
Cour-Neuve (La), h. cne de Bénerville.
Cour-Neuve (La), h. cne de Lessard-et-le-Chêne.
Cour-Neuve (La), h. cne de Meulles.
Cour-Neuve (La), h. cne de Moyaux.
Cour-Neuve (La), h. cne de Saint-Hymer.
Cour-Neuville (La), h. cne de Bonneville-la-Louvet.
Cour-Neuville (La), h. cne de Cernay.
Cour-Olivier (La), h. cne de Saint-Michel-de-Livet.
Cour-Oriot (La), h. cne de Drubec.
Couronne (La), min. cne d'Argences.
Couronne (La), fief de la baronnie de Bernières-sur-Mer, 1377 (rôles du chapitre de Bayeux, n° 102).
Couronné (La), h. cne de Cartigny-l'Épinay.
Couronne (La), carref. cne de Gerrots.
Couronne (La), h. cne de Lison.
Couronne (La), h. cne de Saint-Aubin-de-Lébizay.
Cour-Paris (La), h. cne de Saint-Pierre-des-Ifs.
Cour-Péquet (La), f. cne de Moyaux.
Cour-Perrine (La), h. cne de Banville.
Cour-Peyron (La), h. cne de Tilly-sur-Seulle. — Courperon, 1847 (stat. post.).
Cour-Pierre (La), h. cne de Beaulieu.
Cour-Pierre (La), h. cne du Mesnil-Germain.
Cour-Pierre (La), h. cne de Norolles.
Cour-Pierre-Levée (La), h. cne du Mesnil-Germain.
Cour-Piquenot (La), h. cne de Saint-Martin-aux-Chartrains.
Cour-Piquet (La), f. cne de Brocottes.
Cour-Piquet (La), f. cne de Pontfol.
Cour-Pibat (La), h. cne d'Ellon.
Cour-Piron (La), h. cne de Notre-Dame-de-Courson.
Cour-Plessier (La), h. cne des Authieux-sur-Calonne.
Cour-Plichon (La), h. cne de Saint-Hymer.
Cour-Pouchain (La), h. cne de Saint-Martin-aux-Chartrains.
Cour-Prévost (La), h. cne de Saint-Ouen-le-Houx.

Cour-Querrier (La), h. cne de Brucourt.
Cour-Rauval (La), h. cne de Saint-Aubin-de-Lébizay.
Cour-Réville (La), h. cne de Grandouet.
Cour-Ridel (La), h. cne des Autels-Saint-Bazile.
Courrière (La), h. cne de Burcy.
Courrière (La), h. et mon. cne de Combray.
Cour-Rieu (La), h. cne de Bonneville-sur-Touque.
Cour-Roger (La), h. cne de Vignats.
Cour-Roque (La), h. cne de Heuland.
Cour-Rouelle (La), h. cne de Bonneville-la-Louvet.
Cour-Roussel (La), h. cne de Coudray-Rabut.
Cour-Roy (La), h. cne de Saint-Ymer.
Cours (Les), h. cne du Mesnil-Baclay.
Cours (Les), h. cne du Mesnil-Durand.
Cours (Les), h. cne de Pierrefitte.
Cours (Les), q. cne de Thiéville.
Cour-Saint-Jean (La), f. cne de Saint-Martin-de-Fresnay.
Cour-Saint-Julien (La), h. cne de Vaucelles.
Cour-Saint-Laurent (La), h. cne d'Ammeville.
Cour-Saint-Laurent (La), h. cne de Coquainvilliers.
Cour-Saint-Martin (La), h. cne de Saint-Martin-aux-Chartrains.
Cour-Saint-Nicolas (La), h. cne de Bonneville-la-Louvet.
Cour-Saint-Nicolas (La), h. cne du Mesnil-Germain.
Cour-Saint-Nicolas (La), h. cne du Mesnil-Simon.
Cour-Saint-Pierre (La), vill. cne de Beaulieu.
Cour-Salerne (La), h. cne de Pierrefitte.
Coursanne, q. cne d'Amblie.
Cour-Satis (La), h. cne de Coquainvilliers.
Cour-Satis (La), h. cne de Saint-Aubin-de-Lébizay.
Cour-Sauvage (La), h. cne de Saint-Aubin-de-Lébizay.
Cours-David (Les), h. cne de Sainte-Marguerite-d'Elle.
Cours-d'Orne (Les), chât. et f. cne de Feuguerolles.
Cour-Selles (La), h. cne de Lessard-et-le-Chêne.
Cour-Serni (La), h. cne de Clarbec.
Courseulles, con de Creully. — Cursella, 1176 (livre blanc de Troarn). — Corceulle, 1266 (ibid.). — Courseulla, XIVe siècle (livre pelut de Bayeux). — Courseulle, 1418 (rôles de Bréquigny, p. 69).

Par. de Saint-Germain, patr. l'abbé de Montmorel; chap. et maladr. de Sainte-Marguerite, à la nomination du seigneur du lieu. Dioc. de Bayeux, doy. de Douvre. Génér. et élect. de Caen, sergent. de Bernières.

Plein fief de haubert s'étendant à Bernières, Bénouville, Cainet et Reviers, 1668 (aveux de la vic. de Caen), érigé en baronnie, puis en marquisat de Bellemare, en 1728, en faveur de Jacques de Bellemare de Valhébert (ch. des comptes de Rouen, II, p. 33).

Du fief de Courseulles relevaient le quart de fief d'Hermanville et le plein fief de *Perthuis Beaux-Amis*, sis à Bernières. La haute justice de Courseulles, dont le siège était à Graye, s'étendait sur le Manoir, Longues, Douvre, Bernières, Langrune, Meuvaines, Magny, Manvieux, Ryes, Sommervieu, Sainte-Croix-sur-Mer, Tracy, Tierceville, Vienne et Villiers.

Courseulles, h. c^ne d'Éraines.

Coursière (La), h. c^ne de Proussy.

Coursières (Les), h. c^ne d'Ouilly-le-Basset.

Cours-Moreau (Le), h. c^ne de Beaumont.

Counson, c^on de Saint-Sever. — *Corcho*, 1240 (cartul. de Friardel). — *Corçon*, xiiie siècle (pouillé de Lisieux, p. 56). — *Courchon*, xiiie siècle (*ibid.*). — *Cursonne*, xvie siècle (*ibid.*).

Par. de Notre-Dame, patr. l'abbé de Saint-Sever. Dioc. de Coutances, doy. de Montbray. Génér. de Caen, élect. de Vire, sergent. de Saint-Sever.

Le fief de Courson appartenait à l'abbaye de Saint-Sever. C'est à Courson qu'était le siège des fiefs d'*Isigny*, de la *Plenne* et de *Launay*. Les autres fiefs étaient ceux de la *Cauvenière*, des *Hayes* et de *Pohyer*, xive siècle (fiefs de la vic. d'Orbec).

Cour-Sonnet (La), h. c^ne du Mesnil-Germain.

Cour-Sorin (La), h. c^ne de Saint-Julien-sur-Calonne.

Cour-Souveraine (La), h. c^ne de Mosles.

Cour-Soyen (La), h. c^ne de Saint-Ouen-le-Houx.

Cour-Suzanne (La), h. c^ne de Saint-Michel-de-Livet.

Cours-Vauquelin (Les), h. c^ne de Saint-André-d'Hébertot.

Cour-Tacon (La), h. c^ne de Saint-Charles-de-Percy.

Cour-Taillefer (La), h. c^ne du Mesnil-Germain.

Courtandin, h. c^ne de Cormolain.

Cour-Tavernier (La), h. c^ne de Saint-Aubin-de-Lébizay.

Court-Chemin, h. c^ne d'Épinay-sur-Odon.

Courte (La), h. c^ne de Vaudry.

Courteil (Le), h. c^ne de Curcy. — *Courteille*, 1848 (Simon).

Courteil (Le), h. c^ne de Saint-Charles-de-Percy.

Courteille, vill. c^ne de Balleroy.

Courteille, f. c^ne de Castillon.

Courteille, h. c^ne de Saint-Omer. — *Corteillia*, xiiie s^e (ch. de Saint-André-en-Gouffern).

Courtel (Le), h. c^ne de Balleroy.

Courtelais, h. c^ne de Mosles. — *Courtelait*, 1847 (stat. post.). — *Courteley*, 1848 (Simon).

Courtelay, h. c^ne de Crouay.

Cour-Tellier (La), h. c^ne de Berville.

Courtellière-de-Bas (La), h. c^ne de Courson.

Courtémot (Le Grand et le Petit-), h. c^ne de Croisilles.

Courterie (La), h. c^ne du Mesnil-Caussois.

Courtes-Terres (Les), à Lion-sur-Mer. — *Curtæ Terræ*, 1234 (lib. rub. Troarn. p. 140).

Cour-Teurgis (La), h. c^ne de Bonnebosq.

Courteville, f^e, h. c^ne de Quetteville.

Cour-Thixon (La), h. c^ne de Bonneville-la-Louvet.

Cour-Thinard (La), h. c^ne de Saint-Aubin-de-Lébizay.

Courtière (La), h. c^ne du Mesnil-Auzouf. — *Corteria*, xiiie s^e (ch. de Friardel, n° 67).

Cour-Titis (La), h. c^ne de Coquainvilliers.

Cour-Titout (La), chât. c^ne de Fresné-la-Mère.

Cour-Titout (La), h. c^ne de la Hoguette.

Courtil-Bert (Le), h. c^ne d'Aunay.

Courtillages (Les), h. c^ne de Livry.

Courtillages (Les), h. c^ne de Meslay.

Courtillon, h. c^ne de Fresné-la-Mère.

Courtillon, h. c^ne de la Hoguette. — *Cortiloi*, vers 1180 (ch. de Saint-André-en-Gouffern, n° 235).

Courtils (Les), h. c^ne de Mittois.

Courtinière (La), h. c^ne du Mesnil-Caussois.

Cour-Tolnar (La), h. c^ne de Touque.

Courton, h. c^ne du Theil.

Courtonnel, c^ne réunie à Cordebugle en 1825. — *Cortonerel*, 1283 (cart. norm. p. 263, n° 1018). *Courthonel*, 1320 (fiefs de la vicomté d'Orbec). — *Curtonellum, Courthonellum*, xive siècle (pouillé de Lisieux, p. 24).

Par. de Notre-Dame, patr. le chanoine du lieu. Dioc. de Lisieux, doy. de Moyaux. Génér. d'Alençon, élect. de Lisieux, sergent. de Moyaux.

Courtonne-la-Meurdrac, c^on de Lisieux (1re section). — *Parochia Sancti Audoeni de Cortona*, 1264 (cart. de Friardel, ch. 238). — *Cortonne*, 1248 (cartul. norm. n° 470, p. 78). — *Corthonne-la-Murdrac*, 1320 (fiefs de la vicomté d'Orbec). — *Courthonna la Murdac*, 1350 (pouillé de Lisieux, p. 24). — *Cortonna la Meurdrac*, xvie s^e (*ibid.*).

Par. de Saint-Ouen, patr. le seigneur. Dioc. de Lisieux, doy. de Moyaux. Génér. d'Alençon, élect. de Lisieux, sergent. de Moyaux.

Ancienne baronnie.

Courtonne-la-Ville, c^on d'Orbec. — *Curtona*, 1027 (pouillé de Lisieux, p. 24, note). — *Cortena*, 1264 (cartul. de Friardel). — *Cortona in Ascemont*, 1228 (ch. de l'hospice de Lisieux, n° 36). — *Cortonna Abbatis*, 1273 (cartul. norm. p. 195, n° 836). — *Courthona Abbatis*, xive s^e (pouillé de Lisieux, p. 24). — *Cortonna Villa*, xvie s^e (*ibid.*).

Par. de Saint-Martin, aujourd'hui Notre-Dame; patr. l'abbé de Bernay. Dioc. de Lisieux, doy. de

Moyaux. Génér. d'Alençon, élect. de Lisieux, sergent. de Moyaux.

Cour-Toquet (La), h. c^{ne} de Putot-en-Bessin.

Cour-Touraille (La), h. c^{ne} de Norolles.

Courtout, h. c^{ne} du Theil.

Court-Pièce (La), h. c^{ne} de Vaudeloges.

Courts-Champs (Les), h. c^{ne} de Montchamp.

Courval, h. c^{ne} de Vassy. Commanderie de l'ordre du Temple, transformée depuis en commanderie de l'Hôpital; elle fut unie plus tard à la commanderie de Baugy (Mannier, p. 483-484). — *Corval*, xiie siècle (ch. de l'abb. d'Aunay). — *Courtval*, 1307 (inventaire du mobilier des Templiers).

Courval, q. c^{ne} de Saint-Gilles-de-Livet.

Cour-Valentin (La), h. c^{ne} de Pierrefitte.

Cour-Valet (La), h. c^{ne} d'Aunay.

Cour-Vannier (La), h. c^{ne} de Beaumont.

Courvaudon, c^{on} de Villers-Bocage. — *Corvaudon*, 1195 (magni rotuli, p. 81). — *Courvaudon*, 1195 (*ibid.* p. 57). — *Corvaldon*, 1198 (*ibid.* p. 20). — *Corbaudon*, 1198 (*ibid.* p. 87, 2).

Prieuré-cure de Saint-Martin, patr. le prieur du Plessis-Grimoult. Dioc. de Bayeux, doy. d'Évrecy. Génér. et élect. de Caen, sergent. d'Évrecy.

Marquisat érigé en 1690 en faveur de M. Anseray de Courvaudon, président au parlement de Rouen. La châtellenie de Courvaudon s'étendait sur Juvigny, Bonnemaison, Hamars, Saint-Agnan-le-Malherbe, Maisoncelles-sur-Ajon, Curcy, Montigny, Troismonts, la Caine, Ouffières, Saint-Benin, Saint-Martin-de-Sallen, 1623 (aveux de la vic. de Caen).

Cour-Verdelet (La), h. c^{ne} de Grandouet.

Cour-Vérelle (La), h. c^{ne} de Saint-Pierre-du-Jonquet.

Cour-Vergée (La), h. c^{ne} de Lassy.

Cour-Vesque (La), h. c^{ne} de la Roque-Baignard.

Courville, h. c^{ne} de Saint-Martin-de-Fresnay.

Courville, vill. c^{ne} de Tilly-sur-Seulle.

Cour-Vincent (La), h. c^{ne} de Saint-Michel-de-Livet.

Cour-Viquesnel (La), h. c^{ne} de Livarot.

Cousin, h. c^{ne} de Saint-Pierre-des-Ifs.

Cousinière (La), h. c^{ne} de Montbertrand. — *Lieu de Lacousinière*, xiie siècle (ch. de Friardel, n° 46).

Cousinière (La), h. c^{ne} de Saint-Ouen-le-Houx.

Coutaux, q. c^{ne} de Bricqueville.

Couture (La), h. c^{ne} de Cahagnes.

Couture (La), h. c^{ne} d'Esquay (Caen). — *Coltura*, *Cultura*, 1198 (magni rotuli, p. 31, 2 et 48).

Couture (La), h. et f. c^{ne} d'Esson.

Couture (La), h. c^{ne} de Fresné-la-Mère.

Calvados.

Couture (La), h. c^{ne} de Grangues.

Couture (La), h. c^{ne} de Leffard.

Couture (La), vill. et f. c^{ne} de Littry.

Couture (La), h. c^{ne} de Meulles.

Couture (La), h. c^{ne} de Norrey (Falaise).

Couture (La), h. c^{ne} de Saint-Michel-de-Livet.

Couture (La), h. c^{ne} de Saint-Philbert-des-Champs.

Couture (La), h. c^{ne} de Saint-Pierre-sur-Dive.

Couture (La), h. c^{ne} de Sept-Vents.

Couture (La), h. c^{ne} du Tourneur.

Couture (La), h. c^{ne} de Vaubadon.

Couture-à-l'Abbesse (La), h. c^{ne} de Saint-Désir.

Couture-au-Chapelain (La), h. c^{ne} de Robehomme. — *Cultura Capellani*, 1234 (lib. rub. Troarn.).

Couture-Bloche (La), h. c^{ne} de Danestal.

Couture-Bourdon (La), h. c^{ne} de Pierrefitte (Pont-l'Évêque).

Coutures (Les), f. et h. c^{ne} d'Audrieu.

Coutures (Les), h. c^{ne} du Breuil.

Coutures (Les), h. c^{ne} de Cahagnes.

Coutures (Les), h. c^{ne} du Désert.

Couvains (Doyenné de), l'une des quatre circonscriptions ecclésiastiques dont se composait l'archidiaconé des Veys, au diocèse de Bayeux. Il comprenait les paroisses d'Airel, la Barre-Semilly, Baynes, Bernesq (deux portions), Saint-Martin-de-Blagny, Notre-Dame-de-Blagny, Bricqueville, Cartigny, Castilly, Cerisy, Colombières, Couvains, l'Épinay-Tesson, la Folie, la Haye-Picquenot, Isigny, Lison, la Luzerne, Mestry, la Meauffe, Monfréville, Moon (trois portions), Neuilly-l'Évêque, les Oubeaux, Rampan, Rieu, Saint-Clair, Saint-Marcouf, Tournières, Villiers-Fossard, Vouilly; mais son chef-lieu fait aujourd'hui partie du département de la Manche.

Couverie (La), h. c^{ne} de Saint-Marc-d'Ouilly.

Couvert, c^{ne} réunie en 1857 à la commune de Juaye-Mondaye. — *Couvertum, Covert*, 1247 (ch. de Mondaye). — *Coopertum*, 1277 (cartul. norm. n° 902, p. 215).

Par. de Saint-Basile, patr. l'Hôtel-Dieu de Bayeux. Dioc. de Bayeux, doy. de Fontenay-le-Pesnel. Génér. de Caen, élect. de Bayeux, sergent. de Briquessart.

De la baronnie de *Couvert*, mouvant du roi, relevaient les fiefs de la *Haye*, à Écrammeville; du *Bavet*, à Tournières et à Baynes; de *Vaubadon* et de la *Champagne*, à Chouain. Un quart de fief et une fieferme ayant leur chef assis à Couvert relevaient de la seigneurie de Lénault. Fief de *la Lande*, à Couvert, 1454 (arch. nat. P. 271, n° 160).

Couvigny, vill. c^{ne} de Livry.

12

COUVRECHEF, nom d'un fief sis à Amayé-sur-Orne. — *Queuvrechié*, 1475 (pouillé de Bayeux).

COUVRECHEF, h. c^{ne} de Caen. — *Kevrechié*, 1193 (ch. d'Ardennes, n° 348). — *Chievrechié*, 1207 (*ibid.*).

COUVRECHEF, h. c^{ne} de Saint-Contest. — *Queuvrechié*, *Cuvrechief*, 1516 (aveux de Charles d'Harcourt).

Fief relevant du roi à cause de la vicomté de Caen.

COUVRIGNY, h. c^{ne} de Saint-Pierre-du-Bû. — *Covrigneium*, 1270 (ch. de Saint-André-en-Gouffern). — *Cuverinnihum*, 1299 (ch. de Saint-Jean de Falaise, n° 6). — *Cuvrigny*, 1418 (rôles de Bréquigny, n° 183, p. 28).

Plein fief du domaine royal d'où dépendaient les fiefs du *Pré* et de *Corday*, 1586 (papier terrier de Falaise).

COUVRIGNY, ruiss. qui s'accroît d'une source nommée *la Forrir*, au nord de la rivière de Gasse.

COUYÈRE (LA), h. c^{ne} du Mesnil-sur-Blangy.

COUYÈRE (LA), h. c^{ne} de Saint-Manvieu (Vire).

CRABALET, h. c^{ne} de Burcy.

CRABALET, mⁱⁿ, c^{ne} de Campagnolles.

CRAHAN, h. c^{ne} de Cahagnes. — *Craham*, 1851 (dict. des postes).

CRAHAN, h. c^{ne} de Saint-Georges-d'Aunay.

CRAMESNIL, h. c^{ne} de Saint-Aignan-de-Cramesnil. — *Crassum Mesnillum*, 1070 (ch. de l'abb. de Fontenay). — *Crassum Maisnillum*, 1198 (magni rotuli, p. 46). — *Crasmaisnillum*, 1223 (ch. de l'abb. de Fontenay, 13). — *Crasmesnil*, 1251 (*ibid.*). — *Grasmenil*, 1288 (*ibid.* n° 150). — *Cresmesnil*, 1586 (papier terrier de Falaise, p. 173).

Fief de *la Motte*, à Cramesnil, 1450 (aveux de l'évêché de Bayeux). — Fief de haubert de l'évêché de Bayeux. Quart de fief dépendant de la baronnie de Douvre.

CRAPADET (LE), h. c^{ne} de Touque.

CRAPAUDIÈRE (LA), h. c^{ne} d'Aubigny.

CRAPAUDIÈRE (LA), vill. et f. c^{ne} de la Caine.

CRAPAUDIÈRE (LA), h. c^{ne} de Carpiquet. — *Crapauderia*, 1272 (ch. de la Trinité, n° 46).

CRAPAUDIÈRE (LA), mⁱⁿ à Caen, démolis en 1430, pour fortifier la ville. — *Crapoldaria*, *Crapoudaria*, 1190 (ch. de Saint-Étienne de Caen).

CRAPON (LE), m^{on} isolée, c^{ne} de Presles.

CRAPONNIÈRE (LA), h. c^{ne} de Presles.

CRAPOUVILLE, h. c^{ne} de Saint-Pierre-la-Vieille.

CRAUVILLE, h. c^{ne} de Deux-Jumeaux.

CRAUVILLE, h. c^{ne} d'Englesqueville (Bayeux). — *Creauvilla*, 1220 (ch. de l'abb. de Mondaye).

CRAUVILLE, h. c^{ne} de Torteval.

CRAVE, h. et mⁱⁿ, c^{ne} d'Englesqueville.

CRÉMANVILLE, commune réunie à Ablon en 1807.

Par. de Notre-Dame, patr. le seigneur. Dioc. de Lisieux, doy. d'Honfleur. Génér. de Rouen, élect. de Pont-Audemer, sergent. du Mesnil.

Fief de la baronnie de Blangy.

CRÉMARE, f. c^{ne} de Saint-Julien-sur-Calonne.

CRÈME (LA), affl. de la Durance, arrose les territoires du Plessis-Grimoult et de Saint-Pierre-la-Vieille.

CRÉMEL, h. c^{ne} de Bayeux.

CRÉMEL, h. c^{ne} de Monceaux.

CRÈMES, h. c^{ne} de Saint-Pierre-Tarentaine.

CRÉMY, h. c^{ne} de Littry. — *Cremi prope Balleré*, 1198 (magni rotuli, p. 34).

CRENEVEUILLE, h. c^{ne} de Gonneville-sur-Merville.

CRENNE, h. c^{ne} de Saint-Pierre-sur-Dive.

CRENNES, ch. et chap. c^{ne} de Saint-Pierre-Tarentaine. — *Crennes*, 1257 (ch. de Saint-André-en-Gouffern, 47. — *Crasnes*, 1720 (fiefs de la vicomté de Caen).

Baronnie érigée en faveur de Jacques de Crennes, chevalier, seigneur dudit lieu, par lettres en date d'octobre 1628, vérifiées au parlement et à la chambre des comptes de Normandie, les 5 et 19 juillet 1629, avec union des fiefs de Crennes, Mesnil-Auzouf, Montgardon, Cathehoule et Gueslon. La baronnie s'étendait sur les paroisses du Tourneur, du Mesnil-Auzouf et de Brémoy (ch. des comptes de Rouen, t. III, p. 23).

CRÉNOIS, h. c^{ne} de Chênedollé.

CRÉPIGNY, h. c^{ne} de Saint-Jean-le-Blanc. — *Crespigny*, XIIIe siècle (ch. de Saint-Étienne de Caen). — *Crespignie*, XIVe siècle (cart. du Plessis-Grimoult, p. 7). — *Crespignée*, 1402 (*ibid.*).

CRÉPON, c^{ne} de Ryes. — *Crespon*, 1227 (cart. de Mondaye).

Par. de Saint-Médard, patr. le prieur du lieu et l'abbé des Cormelles. Dioc. de Bayeux, doy. d'Honfleur. Génér. de Caen, élect. de Bayeux, sergent. de Graye.

La baronnie de Crépon, relevant de l'évêché de Bayeux, s'étendait sur Crépon, Meuvaines, Colombiers-sur-Seulle et les environs. De cette baronnie dépendaient le plein fief de *Gray*; le quart de fief de *Pierrefitte*; le fief *Pouchin*, quart de fief de la paroisse de Graye; le quart de fief du *Quesnay*, même paroisse; le quart de fief de la *Luzerne*, à Langrune; le fief de *Sermentot*, pour quart de fief; le fief de *Feuguerolles*, pour trois quarts; le fief de *Saint-Louet-sur-Seulle*, pour un quart; le fief de *Tracy-en-Bocage*, pour un quart; le fief de *Cambres*, 1684 (aveux de la vic. de Bayeux), ainsi que les fiefs

Hue de Mathan et *Hue de l'Hérondel*, assis en la paroisse et relevant de la baronnie de Crépon.

CRÉPON, h. c^ne de Presles. — *Crepum*, 1260 (ch. de Fontenay, n° 139).

CREPS (LE), h. c^ne du Tourneur.

CRESPIÈRE (LA), f. c^ne de Parfouru-l'Éclin.

CRESSERONS, c^on de Douvre. — *Crisselon*, 1234 (lib. rub. Troarn.). — *Crisseron*, 1258 (ch. de l'abb. d'Ardennes, p. 231). — *Cresselon*, 1292 (livre blanc de Troarn).

Par. de Saint-Jacques, annexe de Lion-sur-Mer; patr. l'abbé de Troarn. Dioc. de Bayeux. Doy. de Douvre. Génér. et élect. de Caen, sergent. d'Ouistreham.

Membre de fief de *Maizerets*, relevant de la baronnie de Lion-sur-Mer.

CRESSEVEUILLE, c^ne de Dozulé, réunie en 1827 à Caudemuche. — *Cresseveula*, *Cressevculla*, 1350 (pouillé de Lisieux, p. 48). — *Cresseveulle*, 1730 (temporel de Lisieux). — *Cresseveule*, xviiie siècle (Cassini).

Par. de Notre-Dame, aujourd'hui Saint-Martin; patr. l'abbé du Val-Richer. Dioc. de Lisieux, doy. de Beuvron. Génér. de Rouen, élect. de Pont-l'Évêque, sergent. de Beuvron.

CRESSONNIÈRE (LA), c^on d'Orbec. — *Cressoneria*, 1184, 1195 (magni rotuli, p. 78, 2). — *Cresonaria*, 1198 (*ibid.* p. 16). — *Cressonaria*, 1236 (ch. de Friardel). — *Cresonere*, 1238 (pouillé de Lisieux, p. 35, note). — *Cressonerya*, xive s^e (*ibid.* p. 84).

Demi-fief relevant de la vicomté d'Orbec.

CRESSONNIÈRE (LA), h. c^ne d'Ussy.

CRÊTE (LA), h. c^ne d'Esquay.

CRÊTE (LA), h. c^ne de Vassy.

CRÊTE-DE-BASQUEBOURG (LA), h. c^ne de Cricqueville.

CRÊTETS (LES), h. c^ne d'Isigny. — *Crétis*, 1848 (étatmajor).

CRÉTILS (LES), h. c^ne de Neuilly.

CRÉTONNIÈRE (LA), h. c^ne de Montchamp.

CRETTE (LA), h. c^ne de Montbertrand.

CRETTE (LA), h. c^ne de Rully.

CREULLET, h. c^ne de Creully. — *Croilet*, 1231 (ch. d'Aunay). — *Croiletum*, 1264 (ch. de Bayeux, p. 89).

Fief mouvant de la baronnie de Creully. Le fief de *la Haulle*, à Creullet, relevait de la baronnie de Creully.

CREULLET (LE), vill. c^ne de Crouay.

CREULLET (LE), h. c^ne de Viessoix. — *Creullay*, 1875 (dict. des postes).

CREULLY, c^ne ch.-l. de c^on (arr. de Caen). — *Croillie*, 1155 (Roman de Rou). — *Croelli*, 1160 (Benoit de Sainte-Maure, vers 33640). — *Croillium*, 1198 (magni rotuli, p. 21, 2). — *Crolly*, 1204 (*ibid.* p. 103). — *Croilerium*, 1231 (ch. d'Aunay). — *Croleium*, 1242 (don de Richard de Creully à l'abbaye de Caen). — *Croilleium*, 1277 (chap. de Bayeux, p. 745). — *Creulli*, 1371 (visite des forteresses). — *Crolleyum*, xive siècle (taxat. decim. dioc. Baioc.). — *Creulé*, *Crulé*, 1419 (rôles de Bréquigny, n° 580, p. 25). — *Creuilly*, 1453 (arch. nat. P. 271, v. 118).

Par. de Saint-Martin, patr. le chapitre de Bayeux. Dioc. de Bayeux, chef-lieu de doyenné. Génér. et élect. de Caen, chef-lieu de sergenterie.

La baronnie de Creully avait dans sa dépendance les fiefs de Lantheuil, Perriers, Hamars, Bourbanville, Vierville, Cricquebœuf, Colleville (franche vavassorie), Cambes, Malley, Thiant; les fiefs Cossard, Flamand, Caligny, Champ de Creully, en la paroisse de Langrune; la Luzerne, Cornières, en la paroisse de Meuvaines: Ducy, Hermanville, Brévedent, Creullet, Lénault, Longueville (paroisse de Saint-Germain-la-Blanche-Herbe); Mathieu, Desjardins, la Chaussée (autrefois à l'évêché de Bayeux), Mesnil-Rigaud et Vauville (paroisse de Mathieu); Saint-Célerin (paroisse du Manoir), Orbois; Asnelles, Viques, à Saint-Pierre-sur-Dive; Conjon, Hainville (paroisse de Vaux-sur-Aure); Anfréville (ancienne ferme); Cauville (paroisse de Crouay); Bretteville-sur-Bordel, à Condé; la Varengerie (paroisse d'Anguerny); Cully (franche vavassorie), Pierrefitte, Colombelles; enfin les seigneuries de Vienne et du Manoir. Les terres et seigneuries de Vienne et du Manoir de Creully furent incorporées à la baronnie de Creully en 1643 (ch. des comptes de Rouen).

La sergenterie à l'épée, noble et héréditale de Creully, s'étendait à Creully, Fresnay-le-Crotteur, Saint-Gabriel, Brécy, Bricqueville, Esquay-sur-Seulle, Vaux-sur-Seulle, Martragny, Sainte-Croix-Grand-Tonne, Secqueville-en-Bessin, Cully, Lantheuil, Amblie, le Quesnay, Réviers, le Fresne, Coulombs, Pierrepont.

Le doyenné de Creully, l'une des quatre circonscriptions ecclésiastiques qui formaient l'archidiaconé de Caen, comprenait quarante paroisses : Amblie, Argouges-sur-Aure, Arromanches, Asnelles, Banville, Bazaville, Brécy, Colombiers-sur-Seulle, Crépon, Creully, Esquay-sur-Seulle, Fontenailles, Fresnay-le-Crotteur, Fresné-sur-Mer, Graye, Lantheuil, Longues, Magny, le Manoir, Manvieux, Marigny, Maronnes, Meuvaines, Pierrepont, Ryes (deux portions), Sainte-Croix-sur-Mer, Saint-Exupère(à l'entrée de Bayeux), Saint-Gabriel, Saint-Germain-de-la-Lieue, Saint-Martin-des-Entrées, Saint-Ouen-des-Faubourgs, Saint-Sulpice, Saint-Vigor-le-Grand, Sommervieu, Tierceville, Tracy-sur-Mer, Vaux-sur-Aure, Vaux-sur-Seulle, Ver, Vienne, Villiers-le-Sec.

CRÈVECŒUR, c^on de Mézidon. — *Crevecuire*, XIe siècle (enquête citée par Léchaudé d'Anisy, p. 426). — *Robertus de Crepito Corde*, 1109 (ch. de Saint-Étienne de Caen). — *Crevecoer*, 1155 (Wace, vers 1377, 2). — *Crievecor*, 1198 (magni rotuli scacc. p. 17). — *Crievecuer*, 1234 (parv. lib. rub. Troarn. p. 149 v°). — *Crepicor*, 1269 (cartul. norm. p. 173, n° 767). — *Crevequeur*, 1324 (hist. de l'abb. de Saint-Étienne de Caen, p. 97). — *Crevecueur-en-Auge*, 1460 (dénomb. de l'évêché de Bayeux).

Par. de Saint-Vigor, patr. le seign. du lieu. Chapelles de deux prébendes de la cathédrale de Bayeux. Dioc. de Lisieux, exemption de Cambremer. Génér. de Rouen, élect. de Pont-l'Évêque, sergent. de Cambremer.

La seigneurie de Crèvecœur relevait de la baronnie de Cambremer, appartenant à l'évêché de Bayeux, 1460 (temporel de l'évêché). Demi-fief de la vicomté d'Auge, ressortissant à la sergenterie de Beaumont.

CRÈVECŒUR, nom d'un des moulins de Montaigu, à Caen. — *Crevequeur*, « moulin assis en fleuve d'Olnex, 1324 (cart. de Saint-Étienne).

CRÈVECŒUR, h. c^ne de Saint-Marcouf.

CREVELS (LES), h. c^ne du Tronquay.

CREVEUIL, h. et m^in, c^ne de Littry.

CREVINS (LES), h. c^ne de Clarbec.

CREVONNIÈRE (LA), h. c^ne de Manerbe.

CRICQUEBŒUF, c^on de Honfleur. Cette commune est, pour le culte, réunie à Villerville. — *Crikeboe*, 1198 (magni rotuli, p. 75). — *Criquebuef*, 1200 (ibid. p. 157). — *Crequebœuf*, 1320 (rôles de la vicomté d'Auge). — *Criquebœuf*, XIVe siècle; *Corquebutum*, XVIe siècle (pouillé de Lisieux, p. 40).

Par. de Saint-Martin; patr. le seigneur, puis le chapitre de Cléry. Dioc. de Lisieux, doy. de Honfleur. Génér. de Rouen, élect. de Pont-l'Évêque, sergent. de Touque.

Plein fief mouvant de la vicomté d'Auge; sergenterie de Honfleur et de Bayeux.

CRICQUEVILLE ou CRICQUEVILLE-EN-AUGE, c^on de Dozulé, accru d'Angoville en 1827. — *Kuerkevilla, Kerkevilla*, XIIIe s^e (pouillé de Lisieux, p. 52). — *Criqueville*, 1371 (visite des forteresses).

Par. de Saint-Germain, auj. Notre-Dame. Dioc.

de Lisieux, doy. de Dozulé. Génér. de Rouen, élect. de Pont-l'Évêque, sergent. de Dive.

CRICQUEVILLE, c^on d'Isigny. — *Crycavilla*, 1096 (Faucon, hist. de Saint-Vigor). — *Crekevilla*, 1198 (magni rotuli, p. 36).

Par. de Notre-Dame, patr. le prieur de Saint-Vigor-le-Grand. L'une des quatre paroisses camerières de l'évêché de Bayeux. Dioc. de Bayeux, doy. de Trévières. Génér. de Caen, élect. de Bayeux, sergent. des Veys.

Les fiefs de *Saint-Sauveur* et du *Hable*, assis à Cricqueville, relevaient, le premier, de la baronnie de Saint-Sauveur-le-Vicomte; le second, de la baronnie de Saint-Vigor-le-Grand, 1460 (dénomb. du temporel).

CRIÈRE (LA), h. c^ne de Campagnolles.

CRIÈRE (LA), f. c^ne d'Écots.

CRIÈRE (LA), h. c^ne de la Hoguette.

CRIÈRE (LA), h. c^ne de Montchauvet.

CRIÈRE (LA), h. c^ne de Pierres.

CRIÈRE (LA), h. c^ne de Pont-Farcy.

CRIÈRE (LA), h. c^ne de Saint-Charles-de-Percy.

CRIÈRE (LA), h. c^ne de Saint-Jean-des-Essartiers.

CRIÈRE (LA), h. c^ne de Sainte-Marguerite-des-Loges.

CRIÈRE (LA), h. c^ne de Sainte-Marie-Outre-l'Eau.

CRIÈRE (LA), h. c^ne de Saint-Martin-des-Besaces.

CRIÈRE (LA), h. c^ne de Saint-Martin-de-Tallevende.

CRIÈRE (LA), f^e, c^ne de Tortisambert.

CRIÈRE-BAUCE (LA), vill. c^ne du Désert.

CRIÈRES (LES), h. c^ne de Champ-du-Boult.

CRIÈRES (LES), h. c^ne de Chênedollé.

CRIÈRES (LES), h. c^ne du Gast.

CRIÈRES (LES), h. c^ne de Montchamp.

CRIÈRES (LES), h. c^ne de Pertheville.

CRIÈRES (LES), h. c^ne de Presles.

CRIEUX (LA), h. c^ne de Bernières-sur-Mer.

CRIEUX (LA), h. c^ne de Sainte-Croix-Grand-Tonne.

CRINCELLES (LES), h. c^ne de Carville.

CRINOIS, h. c^ne de Chênedollé.

CRIOULT. Voy. SAINT-GERMAIN-DU-CRIOULT.

CRIPERIE (LA), h. c^ne d'Auvillars.

CRIQUEBŒUF, h. c^ne de Bonnebosq.

CRIQUERIE (LA), nom d'un ruisseau de la commune de Leffard.

CRIQUET (LE), h. c^ne d'Ouilly-du-Houlley.

CRIQUETIÈRE (LA), h. c^ne de Burcy.

CRIQUETIÈRE (LA), h. c^ne du Désert.

CRIQUETIÈRE, h. c^ne de Saint-Germain-de-Tallevende.

CRIQUETIÈRE (LA BASSE et LA HAUTE-), h. c^ne de Bretteville-sur-Laize.

CRIQUETOT, h. c^ne de Bourguébus, formait une paroisse très anciennement réunie à Soliers. — *Criketot*,

Criquetot-le-Vennessal, 1198 (magni rotuli, p. 56 et 58).

Le fief *Pélevilain,* au territoire de Criquetot, est cité en 1234 (lib. rub. Troarn. p. 100).

CRIQUETS (LES), b. c^{ne} d'Avenay.

CRISTOT, c^{on} de Tilly-sur-Seulle. — *Cressetot,* 1082 (ch. de la Trinité). — *Crissetot,* 1277 (cart. norm. p. 211, n° 894). — *Crisetot,* 1278 (ch. de Saint-Étienne de Caen). — *Crisetotum,* 1286 (ch. de l'abb. de Fontenay, n° 178). — *Crisitot,* 1288 (*ibid.*). — *Crestot,* 1371 (visite des forteresses). — *Cristotum,* 1417 (magni rotuli, p. 276, 2).

Ancienne paroisse mentionnée au livre pelut comme ayant appartenu d'abord au prieuré des *Deux-Amants,* et plus tard à l'évêché de Bayeux. La terre et seigneurie de Cristot relevait du Mesnil-Patry.

CROCARDIÈRE (LA), h. c^{ne} de Pont-Farcy.

CROCY, c^{on} de Morteaux-Coulibœuf. — *Croceium, Croceyum,* 1165 (cart. de Troarn). — *Crocy,* 1168 (*ibid.*). — *Crocé,* 1190 (ch. de Saint-André-en-Gouffern, n° 143). — *Crocheium,* 1234 (lib. rub. Troarn.).

Par. de Saint-Hilaire, patr. l'abbé de Troarn. Chapelle au manoir de Crocy. Dioc. de Séez, doy. de Falaise. Génér. d'Alençon, élect. d'Argentan, sergent. d'Abloville. Prieuré dit de *Crocy-la-Moinerie.*

CRODALLE, h. c^{ne} de Fontenailles. — *Masse de Crodalle,* 1848 (état-major).

CROISEL (LE), h. c^{ne} de Viessoix.

CROISET (LE), m^{on} isolée, c^{ne} de Friardel.

CROISETTE (LA), h. c^{ne} de Cottun.

CROISIÈRE (LA), h. c^{ne} de Sainte-Marie-Laumont.

CROISILLES, c^{on} de Thury-Harcourt. — *Crosilles,* 1208 (ch. de Barbery, n° 239). — *Crusilæ,* 1234 (lib. rub. Troarn. p. 13). — *Croisilliæ,* 1237 (*ibid.*). — *Cruselia,* 1269 (arch. nat. P. 173, n° 767). — *Crussellæ,* 1270 (livre blanc de Troarn). — *Crousilles,* 1428 (ch. de Barbery, n° 230).

Par. de Saint-Martin, patr. le seigneur. Dioc. de Bayeux, doy. de Cinglais. Génér. et élect. de Caen, sergent. de Croisilles.

La fiefferme de Croisilles relevait du duché d'Harcourt.

CROISILLES (LES), h. c^{ne} de Clécy.

CROISSANT (LE), h. c^{ne} d'Aunay.

CROISSANVILLE, c^{on} de Mézidon. — *Crescentivilla, Craiscentivilla,* 1082 (cart. de la Trinité). — *Cressanvilla,* 1250 (magni rotuli, p. 174). — *Cressanville,* xive siècle (taxat. decim. dioc. Baioc.). —

Cressenville, 1680 (chambre des comptes de Rouen, t. I, p. 337).

Par. de Notre-Dame, aujourd'hui Saint-Lubin; pâtr. le seigneur. Dioc. de Bayeux, doy. de Vaucelles. Génér. et élect. de Caen, sergent. d'Argences.

Un collège de six chanoines fut établi, en 1352, dans l'église de Croissanville.

Fiefs de *Bissières,* de *la Verge* et de *la Butte,* arrière-fiefs de Croissanville, 1685 (aveux de la vic. de Caen, p. 19).

Le fief de Croissanville fut érigé en marquisat en 1691, avec réunion du *Quesnay, Marigny,* le *Perreux* ou *Breteuil,* au plein fief de *Méry,* de la seigneurie du fief de *Bissières,* de la seigneurie d'Argences et des six prébendes de la collégiale, en faveur de Jacques de Bailleul, en considération de ce qu'il descendait de Jean et d'Édouard de Bailleul, rois d'Écosse (chambre des comptes de Rouen, t. I, p. 337).

CROISSANVILLE, chât. et m^{in}, c^{ne} de Cléville.

CROIX (LA), q. c^{ne} d'Anguerny.

CROIX (LA), f^e, c^{ne} d'Audrieu.

CROIX (LA), h. c^{ne} de Banneville.

CROIX (LA), h. c^{ne} de Barbery.

CROIX (LA), m^{in}, c^{ne} de Barbeville.

CROIX (LA), h. c^{ne} de Bavent.

CROIX (LA), f^e, c^{ne} de Beaumesnil.

CROIX (LA), vill. c^{ne} de Bretteville-sur-Odon.

CROIX (LA), h. c^{ne} de Bucéels.

CROIX (LA), h. c^{ne} de Bures (Vire).

CROIX (LA), h. c^{ne} de Cahagnes.

CROIX (LA), h. c^{ne} de Canteloup. — *Les Croix,* 1848 (état-major).

CROIX (LA), h. c^{ne} de Carcagny.

CROIX (LA), h. c^{ne} de Castillon.

CROIX (LA), h. c^{ne} d'Ernes.

CROIX (LA), h. c^{ne} d'Escoville.

CROIX (LA), h. c^{ne} d'Estrées-la-Campagne.

CROIX (LA), h. c^{ne} du Fournet.

CROIX (LA), h. c^{ne} de Grainville-sur-Odon.

CROIX (LA), h. c^{ne} de Luc-sur-Mer.

CROIX (LA), h. c^{ne} du Manoir.

CROIX (LA), h. c^{ne} de Martigny.

CROIX (LA), h. c^{ne} du Mesnil-Eudes.

CROIX (LA), h. c^{ne} de Mosles.

CROIX (LA), h. c^{ne} de Neuilly.

CROIX (LA), h. c^{ne} de Norrey (Falaise).

CROIX (LA), h. c^{ne} de Noyers.

CROIX (LA), h. c^{ne} des Oubeaux.

CROIX (LA), h. c^{ne} d'Ouilly-le-Basset.

CROIX (LA), h. c^{ne} d'Ouville-la-Bien-Tournée.

CROIX (LA), h. c^ne de Proussy. — *Crux*, quart de fief, c^ne de Proussy, 1652 (aveux de la vic. de Caen, p. 40).

CROIX (LA), h. c^ne de Saint-Léger-du-Bosq.

CROIX (LA), h. c^ne de Saint-Martin-Don.

CROIX (LA), h. c^ne de Saint-Martin-de-Fresnay.

CROIX (LA), h. c^ne de Saint-Omer.

CROIX (LA), f. c^ne de Saint-Pierre-Tarentaine.

CROIX (LA), q. c^ne de Soignolles.

CROIX (LA), f° et q. c^ne du Tourneur.

CROIX (LA), h. c^ne de Versainville.

CROIX (LA), h. c^ne de Villy.

CROIX (LES), h. c^ne de Branville.

CROIX-À-LA-DAME (LA), h. c^ne d'Auvillars.

CROIX-ALEXANDRE (LA), h. c^ne de Venoix, XIIIᵉ siècle (ch. de l'abb. d'Ardennes, n° 55).

CROIX-AUBERT (LA), h. c^ne de Clarbec.

CROIX-AU-COMTE (LA), h. c^ne d'Ellon.

CROIX-AU-HOUX (LA), h. c^ne du Tourneur.

CROIX-AU-MASSON (LA), h. c^ne de Courson.

CROIX-AU-PÈLERIN (LA), h. c^ne de Rots. — *Delle de la Croix au Pèlerin*, 1666 (papier terrier de la bar. de Rots).

CROIX-AU-SOLEIL (LA), h. c^ne de Bons-Tassilly.

CROIX-AU-VESQUE (LA), h. et maladrerie, c^ne de Hamars.

CROIX-AUX-LADRES (LA), h. c^ne de Boissey.

CROIX-BARNABÉ (LA), h. c^ne de Roullours.

CROIX-BELLEHEUT (LA), XIIIᵉ siècle (ch. de Saint-André-en-Gouffern, n° 123).

CROIX-BIDOIS (LA), f. c^ne de Saint-Martin-de-Tallevende.

CROIX-BILLET (LA), h. c^ne de Maisoncelles-Pelvey.

CROIX-BLANCHE (LA), h. c^ne de Clarbec.

CROIX-BLANCHE (LA), h. c^ne de Grand-Mesnil.

CROIX-BLANCHE (LA), h. c^ne du Mesnil-Simon.

CROIX-BOTEREL (LA), h. c^ne de Landelles.

CROIX-BUÉE (LA), h. c^ne de Saint-André-d'Hébertot.

CROIX-CALINE (LA), h. c^ne de Manerbe.

CROIX-CALORNE (LA), h. c^ne de Saint-Germain-de-Livet.

CROIX-CAREL (LA), h. c^ne d'Ussy.

CROIX-CHOPARD (LA), h. c^ne de Lassy.

CROIX-DAUPHIN (LA), h. c^ne de Sainte-Marie-Laumont.

CROIX-DE-BOIS (LA), h. c^ne de Saint-Denis-Maisoncelles.

CROIX-DE-BUCÉELS (LA), vill. c^ne de Bucéels.

CROIX-DE-FER (LA), h. c^ne de Saint-Désir.

CROIX-DE-FER (LA), h. c^ne de Saint-Germain-de-Livet.

CROIX-DE-LA-BÂTE (LA), h. c^ne de Castillon.

CROIX-DE-LA-BÂTE (LA), h. c^ne de Castilly.

CROIX-DE-LA-BÂTE (LA), h. c^ne de Saint-Marcouf.

CROIX-DE-MEULLES (LA), h. c^ne de Meulles.

CROIX-DENIS (LA), h. c^ne de Champ-du-Boult.

CROIX-DE-PIERRE (LA), h. c^ne du Pré-d'Auge. — *Crux Lapidea*, 1231 (lib. rub. Troarn. p. 41).

CROIX-DE-PIERRE (LA), h. c^ne du Torquesne.

CROIX-DE-SAVIGNY (LA), h. c^ne de Baynes.

CROIX-DES-BÂTES (LA), h. c^ne de Mestry.

CROIX-DES-CHAMPS-GUILLETS (LA), h. c^ne d'Auvillars.

CROIX-DES-CHAMPS-OUILLE (LA), h. c^ne de Léaupartie.

CROIX-DES-FILANDRIERS (LA), colline sur les communes d'Esquay et de Bougy.

CROIX-DES-LANDES (LA), h. c^ne de Torteval.

CROIX-DES-MONTS (LA), h. c^ne de Roullours.

CROIX-DE-VASOUY (LA), h. c^ne de Vasouy.

CROIX-DORÉE (LA), chât. et f., c^ne de Saint-Martin-de-Tallevende.

CROIX-DU-BOSQ (LA), h. c^ne de Bures (Vire).

CROIX-DU-MESNIL (LA), h. c^ne du Locheur.

CROIX-DU-MESNIL-EUDES (LA), h. c^ne de Saint-Pierre-des-Ifs.

CROIX-DU-MIDI (LA), h. c^ne de Soignolles.

CROIX-DU-PUITS (LA), h. c^ne de Préaux.

CROIX-DU-QUESNET (LA), h. c^ne de Pierrefitte.

CROIX-FÉRET (LA), h. c^ne de Falaise.

CROIX-FÉRON (LA), h. c^ne de Maisoncelles-Pelvey.

CROIX-FORGET (LA), h. c^ne de Saint-Germain-de-Montgommery.

CROIX-GAILLON (LA), h. c^ne de Vaudry.

CROIX-GÉRARD (LA), h. c^ne de Saint-Désir.

CROIX-GUILLARD (LA), q. c^ne de Bretteville-l'Orgueilleuse. — *Delle de la Croix-Guillard*, 1666 (papier terrier de Bretteville).

CROIX-HAMEL (LA), h. c^ne de Saint-Jean-des-Essartiers.

CROIX-HAURON (LA), h. c^ne de Gonneville-sur-Honfleur.

CROIX-HAUVILLE (LA), h. c^ne de Bonneville-la-Louvet.

CROIX-HUBAULT (LA), h. c^ne de Baynes.

CROIX-JAMOT (LA), h. c^ne de Sainte-Marguerite-de-Viette.

CROIX-L'ABBÉ (LA), h. c^ne de Manerbe.

CROIX-L'ABBÉ (LA), h. c^ne du Pré-d'Auge.

CROIX-L'ABBÉ (LA), h. c^ne de Tourville.

CROIX-LOYSEL (LA), h. c^ne de Clinchamps (Vire).

CROIX-MAILLARD (LA), h. c^ne de Moyaux.

CROIX-MONTREUIL (LA), h. c^ne de la Cambe.

CROIX-ONFROY (LA), h. c^ne de Trois-Monts.

CROIX-PAQUET (LA), h. c^ne de Moyaux.

CROIX-PATARD (LA), h. c^ne de Saint-Agnan-le-Malherbe.

CROIX-PITARD (LA), h. c^ne de Meulles.

CROIX-POTAGE (LA), h. c^ne du Breuil (Pont-l'Évêque).

CROIX-POTIER (LA), h. c^ne de Crocy.

CROIX-POULAIN (LA), h. cne de Saint-Hymer.
CROIX-ROCHER (LA), h. cne de Saint-Denis-de-Mailloc.
CROIX-ROUGE (LA), h. cne de Bayeux.
CROIX-ROUGE (LA), h. cne du Bény-Bocage.
CROIX-ROUGE (LA), h. cne de Cerqueux.
CROIX-ROUGE (LA), h. cne de Heúrtevent.
CROIX-ROUGE (LA), h. cne de Moyaux.
CROIX-ROUGE (LA), h. cne de Saint-Aubin-des-Bois.
CROIX-ROUGE (LA), h. cne de Saint-Charles-de-Percy.
CROIX-ROUGE (LA), h. cbe de Saint-Germain-de-Mont-gommery.
CROIX-ROUGE (LA), h. cne de Saint-Vigor-des-Mézerets.
CROIX-ROUGE (LA), h. cne de Saint-Vigor-le-Grand.
CROIX-SAINT-GILLES (LA), h. cne de Saint-Gatien.
CROIX-SAINT-JULIEN (LA), h. cne de Bayeux.
CROIX-TOUTIN (LA), h. cne d'Aignerville.
CROIX-VERTE (LA), h. cne de Meulles.
CROIX-VERTE (LA), h. cne de Trois-Monts.
CROIX-VERTE (LA), h. cne de Vassy.
CROPÉ, h. cne de Saint-Martin-de-Blagny. — *Cropey*, 1848 (Simon).
CROPTON, f. cne de Curcy.
CROQUEMIN, h. cne de Saint-Martin-de-Fresnay.
CROQUET (LE), h. cne d'Orbois.
CROQUET (LE), h. cne de Saint-Martin-de-Blagny.
CROSVILLE, h. cne de Deux-Jumeaux.
CROSVILLE, h. cne de Torteval.
CROTTE (LA), h. cne de Couvray.
CROTTE (LA), h. cne de Sainte-Honorine-de-Ducy.
CROTTES (LES), h. cne de Carcagny. — *Crotæ*, 1198 (magni rotuli, p. 43).
CROUAY, con de Trévières. — *Croey*, xie siècle (ch. de Cerisy). — *Croeium*, 1184 (magni rotuli, p. 112). — *Croo*, 1278 (cart. norm. p. 232, n° 932). — *Croeyum*, xive siècle (livre pelut de Bayeux, p. 51). — *Clouay*, 1460 (temp. de l'év. de Bayeux).
Par. de Saint-Martin, patr. l'abbé de Cerisy. Dioc. de Bayeux, doy. des Veys. Génér. de Caen, élect. de Bayeux, sergent. de Cerisy.
Le fief *Cauville*, à Crouay, le fief d'*Anfreville*, le quart de fief de *Longraie* relevaient de la baronnie de Creully. Un quart de fief, dont le chef était assis dans la même paroisse, relevait de la baronnie de Colombières.
CROUET (LE), h. cne de Sainte-Marie-Laumont.
CROUPTE (LA), con d'Orbec, enclavée dans le canton de Livarot. — *Crote*, 1234 (lib. rub. Troarn. p. 122). — *Croute*, *Cruta*, *Crupta*, 1350 (pouillé de Lisieux, p. 56).
Par. de Saint-Martin, patr. le seigneur. Dioc. de Lisieux, doy. de Livarot. Génér. d'Alençon, élect. de Lisieux, sergent. d'Orbec.

CROUTE (LA), h. cne de Campagnolles.
CROUTE (LA), h. cne de Cartigny.
CROUTE (LA), h. cne de Landelles.
CROUTE (LA), h. cne du Mesnil-Patry. — *Croute-Veintras*, 1271 (ch. de Saint-Étienne de Fontenay). — *Crote-Vintras*, 1278 (*ibid.* n° 153).
CROUTE (LA), h. cne de Sainte-Marie-Laumont.
CROUTES (LES), f. cne de Coulonces.
CROUTES (LES), h. cne du Gast.
CRUCHEVEULLE, h. cne de Gonneville-sur-Merville.
CRUES (LES), h. cne de Maisy.
CRUSSONNIÈRE (LA), h. cne du Mesnil-Benoît. — *Cressonnière*, 1848 (Simon).
CRUSSONNIÈRE (LA), h. cne du Mesnil-Caussois.
CUCULIÈRE (LA), h. cne de Roullours.
CUIRET (LE), h. cne du Plessis-Grimoult.
CUIRET (LE), h. cne de Saint-Martin-des-Besacés.
CUL-DU-BOSC (LE), h. cne de la Houblonnière.
CULEY-LE-PATRY, con de Thury-Harcourt. — *Culeyum*, xie siècle (enquête, arch. de Bayeux). — *Curlei*, 1219 (ch. de l'abb. d'Aunay). — *Guilleium*, 1277 (cart. norm. n° 904, p. 318). — *Cueleium juxta Bordonneram*, xiiie siècle (ch. de Saint-André-en-Gouffern, n° 107). — *Cueleium in landis*, xiiie se (*ibid.* n° 185). — *Culay-sur-Orne*, 1387 (arch. nat. P. 271, n° 20). — *Culeium Patricii*, xive siècle (livre pelut de Bayeux, p. 29). — *Cullay*, 1471 (cart. du Plessis-Grimoult, t. I, p. 21). — *Culley*, 1585 (papier terrier de Falaise).
Par. de Notre-Dame, patr. l'abbé de Fontenay. Dioc. de Bayeux, doy. de Vire. Génér. de Caen, élect. de Vire, sergent. de Saint-Jean-le-Blanc.
Prieuré de Saint-Georges, à la nomination du baron de la Motte-Cesny.
Fief entier relevant de la baronnie de la Motte-Cesny, vicomté de Falaise. — *Fief Culley*, « que souloit tenir Jacob Patry, exécuté et fait mourir par arrêt de Cour, pour cause de calvinisme », 1579 (ch. des comptes de Rouen). Autre membre de fief de la baronnie de la Motte-Cesny, tenu par le prieur de Culey.
CULLERAIE (LA), h. cne de Fervaques.
CULLIÈRE (LA), h. cne de Maizet.
CUILLIÈRES (LES), f. et min, cne de Maizet.
CULLY, con de Creully. — *Curleium*, 1077 (ch. de St-Étienne de Caen). — *Guilli*; *Cuilly*, 1082 (cart. de la Trinité, f° 6). — *Culeyum*, xie siècle (enquête, p. 427). — *Cuillye*, 1138 (cart. d'Ardennes). — *Cuillie*, 1198 (magni rotuli, p. 44). — *Culleium*, 1242 (ch. de Fontenay). — *Culleyum*, 1278 (ch. de Saint-Étienne de Caen). — *Quilly*, 1371 (assiette des feux de la vic. de Caen). — *Quilleyum*,

xive siècle (livre pelut de Bayeux). — *Cullay*, 1421 (rôle de Bréquigny, n° 99). — *Cueilly*, 1453, demi-fief de haubert (arch. nat. P. 271, n° 107). — *Cuelly*, 1585 (papier terrier de Falaise). — *Cullé*, 1765 (Du Moulin).

Le moulin de *Flaël*, à Cully, et le-fief l'*Abbé* dépendaient de l'abbaye de Saint-Étienne de Caen, 1725 (aveu du temporel). *Fontenailles*, quart de fief de Cully, relevant de Saint-Waast. Une franche vavassorie relevant de la baronnie de Creully. Le fief d'*Ouilly* relevant de la baronnie de Vendes. Un autre fief, dit fief de *Bayeux*, relevant de la baronnie de Douvre, et s'étendant à *Audrieu*, *Vaussieux* et *Lantheuil*.

CULLY, huitième de fief, paroisse de Vendes, s'étendant sur Juvigny, 1604 (aveu de la vic. de Caen, p. 41).

CUNES, riv. affl. de la Drôme, parcourt Saint-Sever, Sept-Frères, Mesnil-Caussois, Mesnil-Benoît, Mesnil-Robert, Beaumesnil et Landelles.

CURCY ou CURCY-LA-MALFILLASTRE, c°n d'Évrecy. — *Curseyum*, 1145 (lettre de Haymon). — *Curseium*, 1228 (ch. de l'abb. d'Aunay). — *Curceyum*, 1262 (ch. de l'abb. de Fontenay, n° 110). — *Cursie-Malfilastre*, 1290 (censier de Saint-Vigor, 141). — *Crussie-la-Malfilastre*, 1290 (*ibid.* 143). — *Curssi-la-Malfilastre*, 1371 (assiette de la vicomté de Caen). — *Cursy-de-Malfilastre*, 1397 (arch. nat. P. 271, n° 18). — *Cursye-la-Maufillastre*, 1485 (*ibid.* P. 272, n° 166).— *Cursy-Maufilastre*, 1453 (*ibid.* P. 271, n° 11). — *Cursay-le-Maufilastre*, 1483 (*ibid.* P. 272, n° 166).

Par. de Saint-Jean-Baptiste, patr. le prieur de Saint-Vigor de Bayeux. Léproserie. Dioc. de Bayeux, doy. d'Évrecy. Génér. et élect. de Caen, sergent. de Préaux.

Ancienne baronnie dont relevaient les fiefs de *Curcy*, de *Martinbosc*, de *la Motte*, de *Fresnay*,

d'*Argences*, de *Valcongrain*, de *Hautbosc* (huitième de fief), du *Mesnil-au-Grain*, de la *Suhardière* (huitième de fief). — Le fief *Méhédiot*, à Curcy, s'étendant à Hamars, Savenay, Bonne-Maison (huitième de fief) et Mesnil-au-Grain, relevait par quart de fief de la vicomté de Caen.

De la terre et seigneurie de *Beauval-d'Ouffières*, sise pareillement à Curcy, par quart de fief, relevaient le fief *Launay* (huitième de fief) et le *Fief-aux-Affètes*, huitième de fief, 1676 (aveux de la vic. de Caen).

CURES (LES), vill. c°ne de Commes.

CURSIN, h. c°ne de Hamars.

CUSSY, c°n de Bayeux. — *Cusseium*, 1231 (chap. de Bayeux). — *Cuchie*, 1305 (ch. de l'abb. d'Ardennes). — *Cuisseyum*, xive siècle (taxat. decim. dioc. Baioc.). — *Cusi*, 1371 (visite des forteresses). — *Cuissy*, 1460 (aveux de l'évêché de Bayeux).

Par. de Saint-Symphorien, patr. le chanoine du lieu. Prébende; léproserie de la Madeleine. Dioc. de Bayeux, doy. de Campigny. Génér. de Caen, élect. et sergent. de Bayeux.

Le fief de *Tour*, sis à Cussy, appartenait à l'évêque de Bayeux et relevait de la baronnie de Monfréville. Le fief d'*Aigneaulx*, appartenant, au xviie s°, aux Grimouville, était sis en la paroisse de Cussy, 1611 (aveux de la vic. de Bayeux).

CUSSY, vill. c°ne d'Authie.

CUSSY, h. c°ne de Saint-Germain-la-Blanche-Herbe.

CUSSY, h. c°ne de la Vacquerie.

CUVERVILLE ou CUVERVILLE-LA-GROSSE-TOUR, c°n de Troarn. — *Culvertivilla*, 1066 (cart. de la Trinité). — *Cuvervilla*, 1128 (cart. de Troarn); 1234 (lib. rub. p. 101). — *Culvervilla*, 1198 (magni rotuli, p. 20). Pour le culte, cette commune est réunie à Demouville.

Par. de Notre-Dame, patr. la Charité de Caen. Dioc. de Bayeux, doy. de Troarn. Génér. et élect. de Caen, sergent. de Troarn.

D

DABOIS, h. c°ne de la Graverie.

DACQUEVILLE, f°, c°ne de Trois-Monts.

DADIGNY, h. c°ne de Noron.

DAIM (LE), m°n, c°ne de Saint-Vigor-le-Grand.

DAIRE (LA), h. c°ne de Campagnolles.

DAIS, f. c°ne de Saint-Marcouf.

DAJON, h. c°ne de Dampierre.

DAJON, h. c°ne de Préaux.

DALIBON, usine, c°ne de Falaise.

DALINIÈRE (LA), h. c°ne de Clécy.

D'ALINIÈRE (LA), h. c°ne de Coupesarte.

DAMBLAINVILLE, c°n de Falaise (Sud). — *Dambleinvilla*, 1088 (Orderic-Vital, t. III, l. viii, p. 281). — *Amblanivilla*, *Amblainvilla*, *Demblenvilla*, 1128 (ch. de Saint-Évroult). — *Danblainvilla*, 1277 (cart. norm. n° 905, p. 220). — *Damblevilla*, XIII° siècle (statist. mon. du Calvados, II, p. 380). — *Amblainville*, 1453 (arch. nat. P. 271, n° 167). — *Doublainville*, 1770 (carte de Desnos).

Par. de Saint-Pierre et Saint-Paul, patr. l'abbé de Saint-Évroult. Dioc. de Séez, doy. de Falaise. Génér. d'Alençon, élection et sergenterie de Falaise.

DAMET, m^in, c^ne de Rapilly.

DAMIGNY, h. c^ne de Saint-Martin-des-Entrées, anciennement unie à Nonant. — *Damigneium*, 1129 (ch. de l'abb. de Mondaye). — *Damingneium*, 1198 (magni rotuli, p. 34, 2). — *Dameigneium*, 1269 (cart. norm. n° 932, p. 232). — *Amigny*, 1371 (visite des forteresses). — *Domigny*, 1710 (carte de de Fer).

Le manoir ou fief de Damigny fut réuni en 1736 au marquisat de Maisons. Le quart de fief de *Damigny* relevait de Nonant-sur-Seulle.

DAMPIERRE, c^ne d'Aunay-sur-Odon. — *Danpetra*, 1198 (magni rotuli, p. 55). — *Domnapetra*, 1250 (*ibid.* n° 310). — *Damnopetra*, 1255 (ch. de Saint-Pierre-sur-Dive).

Par. de Saint-Pierre, patr. le seigneur. Dioc. de Bayeux, doy. de Villers-Bocage. Génér. de Caen, élect. de Saint-Lô, sergent. de Thorigny.

Dampierre fut érigé en baronnie en 1663 en faveur d'Antoine de Longaunay.

DAMPIERRE (FIEF DE), ancienne enceinte fortifiée sur le territoire de Verson, faisait partie de l'exemption de Nonant, appartenait à l'évêque de Lisieux.

DAN (LE GRAND et LE PETIT), riv. affl. de l'Orne, dans les c^nes d'Hérouville et Blainville.

DANESTAL, c^ne de Dozulé. — *Darnestallum*, 1198 (magni rotuli, p. 18, 2). — *Denestallum*, XIV° s^e; *Danestallum*, XVI° siècle (pouillé de Lisieux, p. 52). — *Darnetal*, 1759 (*ibid.* p. 53, note).

Par. de Saint-Germain, patr. le duc de Normandie, puis le chapitre de Cléry. Dioc. de Lisieux, doy. de Beaumont. Génér. de Rouen, élect. de Pont-l'Évêque, sergent. de Saint-Pierre-sur-Dive. — Fief de la baronnie de Roncheville.

DANILLIÈRE (LA), h. c^ne du Gast.

DANITIÈRE (LA), h. c^ne de la Bigne.

DANJONNERIE (LA), h. c^ne de Saint-Georges-d'Aunay. — *La Dangonnerie*, 1847 (stat. post.).

DANJOU, q. c^ne du Mesnil-Mauger.

DANNE, h. c^ne de Périgny.

DANNERIE (LA), h. c^ne de Fumichon.

DANNET, h. et m^in, c^ne de Rapilly.

DANNEVILLE, h. c^ne de Fierville-la-Campagne.

DANNEVILLES (LES), h. c^ne des Autels-Saint-Bazile.

DANS-LE-BOIS, h. c^ne de Roques.

DANU (LE), h. f. et m^in, c^ne de Mosles.

DANU (LE), h. c^ne de Russy.

DANVOU, c^on d'Aunay. — *Dampvou*, XI° s^e (enquête, p. 427). — *Donnum Votum*, 1294 (ch. du Plessis-Grimoult). — *Prebenda de Damnovoto*, XIV° siècle (taxat. decim. dioc. Baioc.). — *Dampvou*, 1608 (aveux de la vicomté de Vire).

Par. de Saint-Vigor, patr. le chanoine du lieu. Dioc. de Bayeux, doy. de Vire. Génér. de Caen, élection de Vire, sergenterie de Saint-Jean-le-Blanc.

DARNETAL ou DARNESTAL, m^in à Caen, sur l'Odon, au pont Saint-Pierre. — *Darnestal*, 1077 (ch. de Saint-Étienne de Caen). — *Molendinum de Danestal juxta monasterium Sancti Petri*, 1082 et 1090 (*ibid.*). — *Dernetal*, 1682 (carte de Jolliot).

Ce nom était donné à une partie de la paroisse de Saint-Pierre de Caen.

DARSAUVAL, f°, c^ne des Autels-Saint-Bazile.

DARSERIE (LA), h. c^ne d'Anctoville.

DARY, h. c^ne de Notre-Dame-de-Fresnay.

DATHÉE (LA), m^in, c^ne de Saint-Germain-de-Tallevende.

DATHÉE (LA), h. c^ne de Saint-Manvieu.

DAUBERTS (LES), h. c^ne de Saint-Vaast.

DAUBICHONS (LES), h. c^ne de Saint-Philbert-des-Champs.

DAUBINERIE (LA), h. c^ne de Saint-Ouen-le-Pin.

DAUBŒUF-SUR-TOUQUE, c^ne réunie à Touque en 1827. — *Dauboe*, 1198 (magni rotuli, p. 9). — *Dambolium*, XVI° siècle (pouillé de Lisieux, p. 38). — *Daubostum*, 1571 (*ibid.* p. 39, note). — *Aubœuf*, 1579, 1683, 1729 (*ibid.* p. 39, note). — *Dobeuf*, 1716 (carte de de Lisle).

Par. de Saint-Just, patr. l'abbé de Fécamp. Dioc. de Lisieux, doy. de Touque. Génér. de Rouen, élect. de Pont-l'Évêque, sergent. de Touque.

Daubeuf, fief de la baronnie de Blangy, s'étendant aux paroisses de Saint-Léonard et de Notre-Dame de Honfleur, Ablon et Crémanville. 1620 (fiefs de la vicomté d'Auge).

DAUGERIE (LA), h. c^ne de la Croupte.

DAUMESNIL, h. c^ne de Cintheaux. — *Domesnil*, 1387 (arch. nat. P. 271, n° 82). — *Hamel de Daumesnil*, 1585 (papier terrier de Falaise).

Union et incorporation des fiefs de Daumesnil et de la Londe, tiers de fief, pour former un corps de fief en faveur de Charles de Longaunay, 1664 (mémor. de la chamb. des comptes de Rouen).

DAUVAL, h. c^ne de Mandeville.

DAVID, h. c^ne d'Hermival-les-Vaux.

DAVIÈRE (LA), h. c^ne de Champ-du-Boult.

DAVIÈRE (LA), h. c^ne de Moyaux.

DAVIÈRE (LA), h. c^ne de Saint-Aubin-des-Bois.

DAVIÈRE (LA), f^e, c^ne de Saint-Martin-de-Tallevende.

DAVIÈRE (LA), h. c^ne de Saint-Sever.

DAVIÈRE (LA), h. c^ne de Tréprel.

DAVOINE, h. c^ne de Gonneville-sur-Merville.

DAVOISERIE (LA), f. chât. c^ne de Vignats. — Le château fut habité au xviie s^e par l'actrice Raisin, maîtresse du grand Dauphin.

DAVRIE (LA), h. c^ne de Proussy.

DAZEVELLE, h. c^ne de Goustranville.

DEAUVILLE, c^on de Pont-l'Évêque. — Avevilla, 1060 (livre blanc de Troarn). — Auvilla, xiie s^e (ibid.). — Deauvilla, xvie s^e (pouillé de Lisieux, p. 18). — Dyauvilla (cart. de Saint-Hymer), xive s^e (ibid. note).
Par. de Saint-Laurent, deux prébendes. Dioc. de Lisieux, doy. de Beaumont. Génér. de Rouen, élect. de Pont-Audemer, sergent. de Beaumont.

DÉCOTISSE (LA), h. c^ne d'Épinay-sur-Odon.

DÉFEND (LA), f. c^ne de Saint-Germain-le-Vasson.

DÉGOUTREUIL (LA), h. c^ne d'Esson.

DELAIRIE (LA), h. c^ne de Saint-Germain-de-Tallevende.

DELARUE, q. c^ne des Authieux-sur-Calonne.

DELEURIES (LES), h. c^ne de Saint-Martin-de-Tallevende.

DELINEAUX, m^in, c^ne de Saint-Denis-Maisoncelles.

DELINIÈRE (LA), h. c^ne du Gast.

DELITIÈRE (LA), h. c^ne de Meulles.

DÉLIVRANDE (LA), h. c^ne de Douvre. — Yvranda, 1180 (cart. du Plessis-Grimoult). — Ecclesia de Ivranda, 1204 (magni rotuli, p. 95, 2). — Prioratus de Yvrandia, xive siècle (taxat. decim. et livre pelut de Bayeux). — Notre-Dame-de-Dellyvrande, 1675 (carte de Petite).
La chapelle de Notre-Dame de la Délivrande, fondée, dit-on, par saint Régnobert, au viie siècle, détruite au ixe siècle par les Normands, puis reconstruite en 1050 par Baudouin, seigneur de Reviers, est devenue un lieu célèbre de pèlerinage.

DELOTIÈRE (LA), h. c^ne de Saint-Germain-de-Tallevende.

DÉMAINES (LES), m^on isolée, c^ne de Lécaude. — Les Domaines, 1847 (stat. post.).

DEMAISEL, h. c^ne de Saint-Jean-des-Essartiers.

DEMOIRIE (LA), f. c^ne de Saint-Manvieu.

DEMOISELLES-DE-FONTENAILLES (LES), nom donné à une masse de rochers, anciens éboulements de falaises, c^nes de Port-en-Bessin et de Longues.

DÉMOSLERIE (LA), éc. c^ne de Littry.

DEMOUVILLE, c^on de Troarn. — Demouvilla, 1126;

Dumovilla, 1195 (ch. de l'abb. d'Ardennes, p. 8). — Dumouvilla, 1198 (magni rotuli, p. 48). — Demovilla, 1234 (lib. rub. Troarn. p. 13). — Domovilla, 1263 (cart. de la Trinité, p. 88). — Dimouvilla, 1266 (bulle pour Troarn). — Dumoldivilla, 1269 (cart. norm. n° 767, p. 173). — Desmouville, 1420 (rôles de Bréquigny, n° 759, p. 126).
Fief de chevalier s'étendant à Manneville, Giberville, Cuverville-la-Grosse-Tour, Mesnil-Frémentel, Troarn, Touffréville, Sallenelles, Escoville et Varaville.

DENAISERIE (LA), h. c^ne de Burcy.

DENAY, h. c^ne de Saint-Paul-du-Vernay.

DÉPIQUE (LA), h. c^ne du Bény-Bocage.

DERAINES (LES), h. c^ne de Montviette.

DERNAVÈNE (LA), h. c^ne de Fourches.

DERRIÈRE-LE-BOIS, h. c^ne de Cambes.

DERRIÈRE-LES-JARDINS, h. c^ne de Luc.

DÉSERT (LE), c^on de Vassy. — Ecclesia beatæ Mariæ de Deserto, alias sancte Marie Celle, alias de Noa ut dicitur, alias de Mansiolo Breheri, 1108 (ch. de Troarn). — Prioratus Deserti, 1239 (lib. rub. Troarn.).
Le prieuré du Désert appartenait à l'abbaye de Troarn et dépendait de la haute justice de Vassy.
Par. de Notre-Dame, patr. l'abbé de Troarn. Dioc. de Bayeux, doy. de Vire. Génér. de Caen, élect. de Vire, sergent. du Tourneur.

DÉSERT (LE), h. et m^in, c^ne du Bény-Bocage.

DÉSERT (LE), h. c^ne de Clécy.

DÉSERT (LE), h. c^ne de Norrey (Falaise).

DÉSERT (LE), h. et f^e, c^ne de Saint-Denis-de-Méré.

DÉSERT (LE), h. c^ne de Vieux.

DÉSERTS (LES), h. c^ne de Bonneville-la-Louvet.

DÉSERTS (LES), f. c^ne de la Cressonnière.

DÉSERTS (LES), h. c^ne de Marolles.

DÉSERTS (LES), h. c^ne de Saint-Cyr-du-Ronceray.

DÉSERTS (LES), h. c^ne de Saint-Gatien.

DÉSERTS (LES), h. c^ne de Saint-Sever.

DÉSERTS (LES), h. c^ne du Tourneur.

DESHAYES (LES), h. c^ne de Blangy.

DESHOULES (LES), h. c^ne de Clarbec.

DESNANGUES (LES), h. c^ne de Croisilles.

DESNOYENS, h. c^ne de Littry.

DESOBEAUX (LES), village, c^ne de Feuguerolles-sur-Seulle.

DESPORTES, f^e, c^ne de Mouen.

DESPRÉAUX (LES), bourg, c^ne de Meulles.

DESPRÉAUX (LES), h. c^ne de Missy. — Dépréaux, 1848 (Simon).

Dessous-le-Bois, h. c^ne de Saint-Marc-d'Ouilly.

Dessous-le-Mont, h. c^ne de Maisoncelles.

Dessous-le-Mur, nom d'une rue de Bayeux au XIIIe s^o.
— *Dessoz le Mur, vicus apud Baiocas*, 1234 (ch. du chap. de Bayeux, n° 19).

Destigny, h. c^ne de la Graverie.

Détroit (Le), c^on de Falaise (sud).

Par. de Saint-Laurent, auj. Notre-Dame; patr. l'évêque de Séez, deux parts; le seigneur du lieu, une part. Dioc. de Séez, doy. d'Aubigny. Génér. de Caen, élect. de Falaise, sergent. de Thury.

Deux-Hayes (Les), h. c^ne de Vignats.

Deux-Jumeaux, c^on d'Isigny. — *Duo Gemelli*, 832 (ms. de la bibl. nat. n° 4413, cité par les Bénédictins dans le nouveau traité de diplomatique). — *Duo Gemilli*, XIIe siècle (Orderic Vital, liv. VI, p. 53). — *Duo Gimelli*, 1211 (ch. de l'abb. de Longues). — *Duo Jumelli*, 1277 (chap. de Bayeux, 745). — *Deux-Gémeaux*, 1716 (carte de l'Isle).

Monastère fondé au VIe siècle; plus tard prieuré dédié à saint Martin, sous la dépendance de l'abbaye de Cerisy et ensuite de la congrégation de Saint-Maur. Dioc. de Bayeux, doy. de Trévières. Génér. de Caen, élect. de Bayeux; sergent. des Veys.

Cette commune est actuellement réunie pour le culte à Longueville.

Les fiefs d'*Aigneaux* et d'*Acqueville*, assis à Deux-Jumeaux, relevaient de la baronnie de Saint-Vigor-le-Grand.

Devise (La), h. c^ne de Caumont.

Devise (La), h. c^ne de Tournières.

Devises (Les), h. c^ne de Méry-Corbon.

Diablère (La), h. c^ne de la Graverie. — *Diablière*, 1848 (Simon).

Dialan, nom d'une pierre antique énorme que l'on trouve dans un des bois de la c^ne de Jurques.

Diane (La), riv. affl. de la Jouvine.

Dienne (La), h. c^ne de Truttemer-le-Grand.

Dières (Les), h. c^ne de Clarbec.

Dieu, f. c^ne de Reux.

Digard (Le), h. c^ne de la Villette.

Digny (Le Bas-), c^ne de Cormolain. — Huitième de fief, 1611 (aveu de la vic. de Bayeux).

Digny (Le Haut-), c^ne de Cormolain. — *Digreyum*, 1263 (cart. norm. n° 690, p. 146). — *Firma de Digri in vicecomitatu Baiocensi*, 1318 (ibid. note). — Quart de fief relevant de la vicomté de Bayeux, aveu de 1453 (arch. nat. P. 271, n° 120).

Digue (La), h. c^ne de la Cressonnière.

Diguet (Le), h. c^ne de Bures.

Diguet (Le), h. c^ne du Mesnil-Benoît.

Diguet (Le), vill. c^ne de Saint-Aubin-des-Bois.

Dillière (La), h. c^ne de Friardel.

Dillières (Les), h. c^ne de Meulles.

Diloire (La), h. c^ne de Clinchamps (Vire).

Dime (La), f. c^ne d'Avenay.

Dime (La), f. c^ne de Fontenay-le-Pesnel.

Dime (La), q. c^ne de Fresney-le-Vieux.

Dime (La), h. c^ne de Mézidon.

Dime (La), village, c^ne de Sainte-Honorine-des-Pertes.

Dime (La), h. c^ne de Secqueville-en-Bessin.

Diry, h. c^ne de Cottun.

Dive, c^on de Dozulé. — *Portus Divæ*, 1077 (ch. de Saint-Étienne). — *Leuga Pontis Dive*, 1080 (ibid.). — *Diva*, XIe s^e (Dudon de Saint-Quentin, p. 239). — *Sanctus Salvator de Diva*, 1268 (bulle de Clément IV). — *Dyve*, 1421 (rôles de Bréquigny, n° 1288).

Par. de Notre-Dame, patr. l'abbé de Troarn. Dioc. de Lisieux, doy. de Beaumont. Génér. de Rouen, élect. de Pont-l'Évêque, sergenterie de Dive.

La seigneurie de Dive (baronnie de Saint-Sauveur de Dive), dans laquelle l'abbaye de Saint-Étienne avait basse et moyenne justice, s'étendait aux paroisses de Caumont, Périers, Beuzeval et Villers-sur-Mer, 1554 (aveu du temporel de Saint-Étienne de Caen).

On écrit aujourd'hui *Dives*, mais à tort.

Dive (La), riv. qui se jette dans la mer. — *Diva, Dyva*, 1082 (cart. de la Trinité). — *Dyve*, 1297 (enquête sur les chaussées de Troarn).

Cette rivière prend naissance à Malnoyer, canton d'Exmes (Orne). Elle passe par Trun, Fourches, Crocy, Beaumais, Morteaux-Coulibœuf, Jort, Vendeuvre, Carel, Saint-Pierre-sur-Dive, Hiéville, Bretteville, Ouville-la-Bien-Tournée, Écajeul, Soquence, Mirebel, Quétiéville, Biéville où elle reçoit la Vie, Douville, Thiéville, Percy, Blainville-sur-Dive, le Breuil, Mézidon, Corbon, Hottot-en-Auge, le Ham, Saint-Samson-en-Auge, Barneville-sur-Dive, Basseneville, Brucourt, Périers, le bourg de Dive et Beuzeval. Elle a pour affluents de gauche la Filaine se jetant dans le département de l'Orne, la Gué-Pierreux, l'Ante, le Laizon, la Muance, la Divette; pour affluents de droite, la Beuvronnette, l'Ancre, l'Odon, la Vie, la Vielle, l'Algot et la Dorette. Elle est navigable depuis le pont de Corbon jusqu'à la mer, sur une longueur de 33,000 mètres environ.

Divette (La), riv. affl. de la Dive. — *Diveta*, 1086 (cart. de la Trinité). — *Divula*, 1106 (ibid.).

— *Divete*, 1234 (lib. rub. Troarn.). — *Dyvete*, 1297 (enquête).

DOBERTS (LES), h. c^ne de Saint-Vaast (Caen). — *Dauberts*, 1847 (stat. post.).

DODIGNY, h. c^ne de Noron.

DOINET (LE), h. c^ne de Vaudry.

DOINIÈRE (LA), h. c^ne de Sept-Vents.

DOINTEL (LE), h. c^ne de Bures.. — *Dointier*, 1847 (stat. post.).

DOLÈRE (LA), h. c^ne de Saint-Manvieu (Vire).

DOMAINE (LE), h. c^ne de Beaulieu.

DOMAINE (LE), h. c^ne. du Bény-Bocage.

DOMAINE (LE), f^e, c^ne de Coulonces.

DOMAINE (LE), h. c^ne de Landelles. — *Les Domaines*, 1848 (Simon).

DOMAINE (LE), f^e, c^ne de Pontécoulant. — *Demaine*, 1847 (stat. post.).

DOMAINE (LE), h. c^ne de Proussy.

DOMAINE (LE GRAND et LE PETIT-), h. c^ne de Sept-Frères.

DOMAINE (LE), h. c^ne de Truttemer-le-Grand.

DOMAINE-LE-ROUSSEL, h. c^ne de Coulonces.

DOMAINES (LES), h. c^ne de Champ-du-Boult.

DOMAINES (LES), c^ne. de Pleines-Œuvres.

DOMAINES (LES), h. c^ne de Saint-Germain-de-Tallevende. — *Demaines*, 1847 (stat. post.).

DOMETIÈRE (LA), h. c^ne de Saint-Manvieu (Vire).

DOMOIRIE (LA), h. c^ne de Saint-Manvieu (Vire).

DONNAY, c^ne de Thury-Harcourt. — *Donai*, 1008 (dotalitium Judith). — *Dunaium*, 1162 (bulle pour le Plessis-Grimoult). — *Donaium*, 1252 (ch. de Barbery, n° 107). — *Donney*, 1311 (ch. du Plessis-Grimoult, n° 947). — *Donnaium*, xive siècle (taxat. decim. dioc. Baioc.). — *Donné*, 1433 (ch. de l'abb. du Val).

Par. de Saint-Vigor, patr. le seigneur. Dioc. de Bayeux, doy. du Cinglais. Génér. d'Alençon, élect. de Falaise, sergent. de Thury.

Demi-fief de chevalier mouvant de la baronnie de la Motte-Cesny, tenu par François de Clinchamps, en 1579. En 1768, les fiefs de *Beauvoir* et du *Chastelier*, de *Meslay*, de *la Pommeraye* furent unis et incorporés au fief de Donnay, pour ne former qu'un seul fief de chevalier relevant du duché d'Harcourt.

DONNAY (LE PETIT-), c^ne de Donnay. — *Donaiolum*, 1008 (dotalitium Judith).

DONNAY, f^e, c^ne du Faulq.

DONVILLE, c^ne réunie en 1858, partie à Saint-Pierre-sur-Dive, partie à Escures-sur-Favières. — *Donvilla*, 1133 (ch. de Saint-Pierre-sur-Dive).

Par. de Saint-Martin, patr. l'abbé de Saint-Pierre-sur-Dive. Dioc. de Séez, doy. de Saint-Pierre-sur-Dive. Génér. d'Alençon, élect. de Falaise, sergent. de Jumel.

DONVILLE, f. c^ne de Friardel.

DORERIE (LA), h. c^ne de Beuvillers.

DORETTE (LA), riv. affl. de l'Aure supérieure, prend sa source à Cahagnolles, traverse Saint-Paul-du-Vernay, Torteval, et arrive à Trungy.

DORETTE (LA), riv. affl. de droite de la Dive, prend sa source à Bonnebosq et se réunit à la Dive près de Hottot-en-Auge, après avoir arrosé Auvillars, Repentigny, Léaupartie, Rumesnil, Cambremer, Victot-Pontfol. — *Orete*, 1297 (enquête sur les chaussées de Troarn).

DOS (LES), h. c^ne de Montchamp.

DOUAINIER (LE), h. c^ne de Vaudry.

DOUAIRE (LE), h. et f. c^ne de Cristot.

DOUAIRE (LE), h. c^ne de Fontenermont.

DOUAIRE (LE), h. c^ne de Trévières.

DOUAIRES (LES), h. c^ne du Mesnil-Simon.

DOUAIRIES (LES), f. c^ne de Hottot.

DOUAITERIE (LA), h. c^ne de Placy.

DOUBLERIE (LA), h. c^ne de Caumont (Bayeux).

DOUBLET (LE), h. c^ne de Reux.

DOUCERON (LE), h. c^ne du Bény-Bocage.

DOUCETIÈRE (LA), h. c^ne de Saint-Manvieu.

DOUESNAUX (LES), h. c^ne de Hottot (Bayeux). — *Douesnots*, 1848 (Simon).

DOUET (LE), f^e, c^ne de Canteloup.

DOUET (LE), vill. c^ne de Chouain. — *Doitum Norjot*, 1277 (ch. de l'abb. de Mondaye). — *Doitum Norjoth*, 1277 (cart. norm. n° 902, p. 215).

DOUET (LE), h. c^ne de Condé-sur-Seulle.

DOUET (LE), f^e, c^ne de Géfosse.

DOUET (LE), h. c^ne de Maisy.

DOUET (LE), h. c^ne de Monfréville.

DOUET (LE), h. c^ne de Villerville.

DOUET-BECQ (LE), h. c^ne de Boissey.

DOUET-BÉROT (LE), vill. c^ne de Blay.

DOUET-BÉROT (LE), q. c^ne de Saon.

DOUET-CHAMPION (LE), h. c^ne de Branville.

DOUET-COQUET (LE), h. c^ne de Saint-Denis-de-Mailloc.

DOUET-DE-CHOUIN (LE), vill. c^ne d'Ondefontaine.

DOUET-DE-LA-TAILLE (LE), h. c^ne de Saint-Martin-aux-Chartrains.

DOUET-DES-PIERRES (LE), h. c^ne de Glanville.

DOUET-D'ESQUEMEDOUIT (LE), fief de Blangy, cité dans le pouillé de Lisieux (p. 36).

DOUET-DOQUET (LE), vill. c^ne de Trévières.

DOUETERIE (LA), vill. c^ne de Placy.

DOUÉTIL (LE), h. c^ne d'Anctoville.

Douétil (Le), h. c⁰ᵉ de Castillon (Bayeux). — *Doytil*, 1847 (stat. post.). — *Douétis*, 1848 (Simon).

Douétil (Le), h. c⁰ᵉ de Saint-Louet-sur-Seulle.

Douet-Perdrix (Le), h. c⁰ᵉ d'Hermival-les-Vaux.

Douet-Ridel (Le), h. c⁰ᵉ de Saint-André-d'Hébertot.

Douets (Les), h. c⁰ᵉ de Barbeville.

Douets (Les), h. c⁰ᵉ de Boissey.

Douets-Bouleaux (Les), h. c⁰ᵉ de Feuguerolles-sur-Orne.

Douettée (La), h. c⁰ᵉ de Tordouet.

Douillet (Le), h. c⁰ᵉ de Saint-Martin-de-Sallen.

Douilly (Les), h. c⁰ᵉ du Mesnil-Germain.

Douit (Le), h. c⁰ᵉ de Burcy.

Douit (Le), h. c⁰ᵉ des Loges-Saulces. — *Doitum Salicis*, 1287 (ch. de l'abb. de Fontenay, 173 *bis*).

Douit-Bailleux (Le), h. c⁰ᵉ de Croisilles.

Douit-de-Laize (Le), h. c⁰ᵉ de Saint-Germain-Langot.

Douitée (La), h. c⁰ᵉ d'Anctoville. — *Douitie*, 1847 (stat. post.).

Douitée (La), h. c⁰ᵉ de Falaise.

Douitée (La), h. c⁰ᵉ de Neuville.

Douitel (Le), h. c⁰ᵉ de Cossesseville.

Douitel (Le), h. c⁰ᵉ de Culey-le-Patry.

Douitel-le-Buisson (Le), h. c⁰ᵉ de Saint-Martin-de-Sallen.

Douiterie (La), h. c⁰ᵉ de Placy.

Douiterie (La), h. c⁰ᵉ de Sainte-Marie-Laumont.

Douiterie (La), f⁰, c⁰ᵉ de Trois-Monts.

Douit-Guerpin (Le), chât. c⁰ᵉ de la Hoguette.

Douit-Guerpin (Le), h. c⁰ᵉ de Saint-Pierre-du-Bû.

Douitier (Le), h. c⁰ᵉ de Bures.

Douitière (La), h. c⁰ᵉ de la Bigne.

Douitière (La), vill. c⁰ᵉ de Saint-Manvieu (Vire).

Douitiers (Les), h. c⁰ᵉ d'Urville.

Doumesnil, h. c⁰ᵉ de Cintheaux.

Douvette (La), riv. affl. de l'Odon. — *Ouvete*, 1198 (ch. d'Aunay, n° 28 *bis*).

Elle prend sa source à Bonnemaison, arrose Courvaudon, Aunay, Saint-Agnan-le-Malherbe, Beauquay, Mesnil-au-Grain, et se réunit à l'Odon à Longvillers.

Douville, c⁰ⁿ de Dozulé. — *Douvilla*, 1198 (magni rotuli, p. 30).

Par. de Notre-Dame, patr. le seigneur. Dioc. de Lisieux, doy. de Beaumont. Génér. de Rouen, élect. de Pont-l'Évêque, sergent. de Dive.

Plein fief mouvant de la vicomté d'Auge, ressortissant à la sergenterie de Beaumont, 1620 (fiefs de la vicomté d'Auge).

Douville, f. c⁰ᵉ de la Chapelle-Yvon.

Douville, h. et f. c⁰ᵉ de Deux-Jumeaux.

Douville, h. c⁰ᵉ de Friardel.

Douville, f. et chât. c⁰ᵉ de Tessy.

Douvre, c⁰ⁿ de Caen. — *Dopra* (xıᵉ siècle, enq. t. Iᵉʳ, p. 426). — *Dovera*, v. 1160 (ch. de Saint-Étienne de Caen). — *Doutra*, 1198 (magni rotuli, p. 23). — *Dobra*, 1228 (ch. de l'abb. d'Aunay). — *Doubra*, 1246 (ch. de l'abb. d'Ardennes, n° 183). — *Dubra*, v. 1257 (magni rotuli, p. 177). — *Dovre*, 1258 (ch. d'Aunay). — Actuellement le nom de cette commune s'écrit *Douvres*, mais à tort.

Par. de Saint-Remy, patr. le chapitre de Bayeux. Dioc. de Bayeux, doy. de Douvre. Génér. et élect. de Caen, sergent. d'Ouistreham.

Le doyenné de Douvre comprenait vingt-neuf paroisses : Anguerny, Anisy, Basly, Bénouville, Bény, Bernières-sur-la-Mer, Beuville, Biéville, Blainville, Cambes, Colleville-sur-Orne, Colomby-sur-Thaon, Courseulles, Douvre, Épron, Fontaine-Henri, Hermanville, Langrune, Lion-sur-Mer, Luc, Mathieu, Moulineaux, Ouistreham, Périers, Plumetot, Reviers, Saint-Aubin-d'Arquenay, Saint-Clair-d'Hérouville, Saint-Pierre-d'Hérouville. — Abbaye d'Ardennes. — Chapelle de Notre-Dame de la Délivrande; prieurés de Lébizay et de Tailleville.

La baronnie de Douvre appartenait à l'évêque de Bayeux et comprenait Bernières-sur-Mer, avec les fiefs de *Hue-de-Luc*, des *Moulineaux*, d'*Hermanville*, de *Beaumanoir*, sis à Bernières; de *Beuseville*, fief de chevalier; des fiefs de *Saint-Ouen*, de *Balleroy*, sis à Mathan. D'autres fiefs à Saint-Contest, Avenay, Évrecy, Préaux, Maizet, Bougy, Amayé-sur-Orne, May, Cramesnil, Mondrainville, Baron, Couvains, Maisoncelles-sur-Ajon.

Doux (Les), h. c⁰ᵉ de Glos.

Doux (Les), f. c⁰ᵉ d'Ouilly-le-Vicomte.

Doux-Marais. — La commune de Saint-Maclou est réunie en 1836 à cette commune, qui prend le nom de Sainte-Marie-aux-Anglais. — *Doumarais*, *Odonis Mariscus*, 1150 (ch. de l'abb. de Sainte-Barbe, n° 81). — *Odomariscus*, 1160 (pouillé de Lisieux, p. 48, note). — *Dommaresc*, 1232 (ch. de Sainte-Barbe, n° 138). — *Dulcis Marescus*, xvıᵉ siècle (pouillé de Lisieux, p. 48).

Douzelière (La), h. c⁰ᵉ de Heurtevent.

Dozulé, ch.-l. de c⁰ⁿ, arrond. de Pont-l'Évêque. — *Villa de Cul-Uslé*, 1198 (magni rotuli scaccarii, p. 31). — *Dorsum Ustum, Dorsum Uslatum (ibid.)*. — *Osuley*, 1451; *Dozulay*, 1619; *Dosulley*, 1620 (fiefs d'Auge).

Par. de Sainte-Barbe en Auge. Dioc. de Lisieux, doy. de Beuvron. Génér. de Rouen, élect. de Pont-l'Évêque, sergent. de Beuvron.

Plein fief de la vicomté d'Auge, ressortissant à la sergenterie de Beuvron. — *Silly*, fief de Dozulé, a été érigé en marquisat (martologe de Tourgéville). Autre fief, dit *Tréhan*, 1620 (fiefs de la vicomté d'Auge). Autre plein fief relevant du fief de Putot (*ibid.*).

DRAMARD, h. et chât. c⁰ᵉ de Gonneville-sur-Dive.

DRAULINIÈRE (LA), h. c⁰ᵉ de Saint-Pierre-de-Mailloc.

DRESSERIE (LA), h. c⁰ᵉ d'Anctoville.

DRIEUX (LES), h. c⁰ᵉ de Manerbe.

DRINGOTS (LES), h. c⁰ᵉ de Saint-Paul-du-Vernay.

DRÔLERIE (LA), h. c⁰ᵉ de la Bazoque.

DRÔME, h. c⁰ᵉ de Landelles.

DRÔME (LA), riv. qui se perd dans les fosses de Soucy. — *Dromus*, 1032 (cart. de Cerisy). — *Droma*, 1215 (ch. de l'abb. de Longues, n° 12). — *Drom*, 1710 (carte de de Fer).

Cette rivière prend sa source à Saint-Martin-des-Besaces, parcourt Saint-Ouen-des-Besaces, Dampierre, Saint-Jean-des-Essartiers, Sept-Vents, la Lande-sur-Drôme, la Vacquerie, Sallen, Cormolain, la Bazoque, Planquery, Balleroy, Vaubadon, Castillon, Noron, Subles, Agy, Ranchy, Saint-Loup-Hors, Barbeville, Vaucelles, Sully, arrive à Maisons, et se perd avec l'Aure supérieure dans les fosses de Soucy. Elle a pour affluents: le Mont-Pie, la Solence grossie du Vesbire, l'Oigne, la Perquelevée, la Froide, la Cava, le Boussigny, la Rosière, le Cussy et la Perrine.

DRÔME (LA), riv. affl. de la Vire, à gauche, a sa source dans le département de la Manche, entre dans le Calvados par Landelles, et se réunit à la Vire sur la commune de Sainte-Marie-outre-l'Eau.

DROUARD, h. c⁰ᵉ du Tourneur.

DROUARDIÈRE (LA), h. c⁰ᵉ de la Folletière-Abenon.

DROUET (LE), h. c⁰ᵉ de Fontenermont.

DROUET (LE), h. c⁰ᵉ de Saint-Pierre-Tarentaine.

DROUETTERIE (LA), h. c⁰ᵉ de Marolles. — *Drouestière*, 1848 (Simon).

DROULINIÈRE (LA), h. c⁰ᵉ de Meulles.

DROULINIÈRE (LA), h. c⁰ᵉ de Saint-Pierre-de-Mailloc.

DROUNEL, fief de la bar. de Vassy, 1679 (aveux de la vic. de Vire).

DROUTIÈRE (LA), h. c⁰ᵉ de la Ferrière-Harang.

DRUANCE (LA), riv. affl. du Noireau, à gauche. Elle prend sa source dans les bois d'Ondefontaine, arrose Danvou, Saint-Jean-le-Blanc, Lassy, Lénault, Périgny, Saint-Vigor-des-Mézerets, Saint-Pierre-la-Vieille, Pontécoulant, la Chapelle-Engerbold, Saint-Germain-du-Crioult, Proussy et Condé, où elle se jette dans le Noireau. Son parcours est d'environ 25 kilomètres.

DRUBEC, c⁰ⁿ de Pont-l'Évêque. — *Drubeccum*, v. 1350 (pouillé de Lisieux, p. 50).

Par. de Saint-Germain, patr. le chapitre de Cléry. Dioc. de Lisieux, doy. de Beaumont. Génér. de Rouen, élect. et sergent. de Pont-l'Évêque.

Fief de la baronnie de Roncheville.

DRUMARE, h. et chât. c⁰ᵉ de Beaumont. — *Drumara*, 1198 (magni rotuli, p. 53, 2).

Le fief de *Drumare*, dont le chef était assis à Beaumont, mouvait de la baronnie de Roncheville.

DRUMARE, h. c⁰ᵉ de Clarbec.

DRUMARE, h. et chât. c⁰ᵉ de Surville.

DRURIE (LA), h. c⁰ᵉ de Montchamp. — *Druerie*, 1848 (Simon).

DRUVAL, c⁰ⁿ de Cambremer. — *Druvallis*, xvıᵉ siècle (pouillé de Lisieux, p. 50).

Par. de Notre-Dame, patr. l'abbé du Bec. Dioc. de Lisieux, doy. de Beuvron. Génér. de Rouen, élect. de Pont-l'Évêque, sergent. de Beuvron.

DUBOIS, q. c⁰ᵉ de Marolles.

DUCQUERIE (LA), q. c⁰ᵉ des Loges.

DUCQUERIE (LA), q. c⁰ᵉ de Saint-Jouin.

DUCY-SAINTE-MARGUERITE ou SAINTE-MARGUERITE-DE-DUCY, c⁰ⁿ de Tilly-sur-Seulle. — *Duxeium*, 1082 (cart. de la Trinité). — *Duxehium*, 1279 (*ibid.*). — *Duxi*, 1325 (ch. de Saint-Étienne). — *Dussy*, 1371 (visite des forteresses). — *Duxis*, 1637 (fiefs de l'évêché de Bayeux).

Par. de Sainte-Marguerite; 2 cures: patr. de l'une, l'abbé de Blanche-Lande; de l'autre, le seigneur du lieu. Dioc. de Bayeux, doy. de Fontenay-le-Pesnel. Génér. et élect. de Caen, sergent. de Cheux.

La seigneurie de Ducy appartenait, au xıᵉ siècle, à la famille du Hommet. Les fiefs de *Ducy*, d'*Hermanville* et de *Louvières* avaient leur chef assis en cette paroisse. Le fief de Ducy s'étendait à Chouain, Loucelles, Audrieu, Condé et Carcagny.

DUDONNETS (LES), h. c⁰ᵉ de Montviette.

DUETTE (LA), h. c⁰ᵉ de Thaon.

DUHAMEL, h. c⁰ᵉ de la Lande-Vaumont.

DUHANNERIE (LA), h. c⁰ᵉ de Manerbe.

DUIDERIES (LES), h. c⁰ᵉ de Bougy.

DUMONDERIE (LA), h. c⁰ᵉˢ de Saint-Julien-de-Mailloc et de Saint-Pierre-de-Mailloc.

DUMONT, h. c⁰ᵉ d'Amfréville.

Fief de *Rose* ou d'*Anne Dumont*, ou de *dame Anne Dumont*, mouvant de la baronnie de Roncheville.

DUNE (LA), h. c⁰ᵉ de Géfosse.

DUNE (LA), m⁰ⁿ isolée, c⁰ᵉ de Maisy.

DUNES (LES), q. c⁰ᵉ de Cabourg.

DUNES (RUE et VENELLE DES), c^{ne} de Saint-Aubin-sur-Mer.

DUNGY, vill. et mⁱⁿ, c^{ne} de Trévières. — *Dungie*, 1198 (magni rotuli, p. 37).

DUONES (LES), nom donné à des jets d'eau formés par l'Aure et la Drôme, qui, absorbées dans les fosses Tourneresse, Grepsule et de Soucy, ressortent sur le rivage de Port-en-Bessin.

DUQUESNAY (LE), h. c^{ne} de Goustranville.

DUQUESNAY (LE), h. c^{ne} de Putot.

DUQUETIÈRES (LES), f°, c^{ne} de Saint-Germain-de-Talle-vende.

DURANDERIE (LA), f. c^{ne} de Planquery.

DURANDERIE (LA), h. c^{ne} de Roques.

DURANDIÈRE (LA), h. c^{ne} de Campagnolles.

DURANDIÈRE (LA), h. c^{ne} de la Ferrière-Harang.

DURANDIÈRE (LA), h. c^{ne} du Theil.

DURANDIÈRE (LA), h. c^{ne} de Vassy.

DURANDS (LES), vill. c^{ne} de Saint-Julien-sur-Calonne.

DURE-DENT (LA), h. c^{ne} de la Bazoque.

DUVALLERIE (LA), h. c^{ne} de Vieux-Pont.

DUVELLEROY, h. c^{ne} d'Oufflières.

DUVERIE (LA), h. c^{ne} de Tréprel.

DUVERIE (LA), h. c^{ne} de Viessoix.

DUVIÈRE (LA), h. c^{ne} de Champ-du-Boult.

DUVIEU, q. c^{ne} de Saint-Ouen-le-Pin.

E

ÉCAJEUL, c^{on} de Mézidon. — *Eschaljoleth*, 1128 (titres de l'abb. de Sainte-Barbe). — *Vicus cui nomen est Scajoliolum*, 1128 (*ibid.*). — *Scagiola, Escageol*, 1132 (*ibid.* n° 3). — *Escajeul, Escageolet*, 1137 (*ibid.*). — *Eschajolium*, 1145 (lettre de l'abbé Haymon). — *Eschajol*, 1196 (magni rotuli, p. 200). — *Escayeul*, 1419 (rôles de Bréquigny, n° 569, p. 44). — *Escaguel*, 1476 (arch. nat. P. 272, n° 10). — *Écayeul*, 1758 (carte de Vaugondy).

Par. de Saint-Pierre; 2 cures; patr. le seigneur et le chanoine du lieu. Dioc. de Lisieux, doy. du Mesnil-Mauger. Génér. d'Alençon, élect. de Falaise, sergent. de Saint-Pierre-sur-Dive.

Terre et seigneurie tenue par René Fresnel, propriétaire de Falaise en 1586.

C'est à la paroisse d'Écajeul qu'appartenait le prieuré de Sainte-Barbe-en-Auge ou de Saint-Martin-d'Écajeul. La baronnie d'Écajeul appartenait à la famille de Vauquelin de la Fresnaye. Le fief *Mithois* relevait de la seigneurie d'Écajeul.

ÉCAJEUL, h. c^{ne} de Saint-Léger-du-Bosq.

ÉCAJEULS (LES), h. et f. c^{ne} d'Englesqueville. — *Escageux*, 1637 (fiefs de l'évêché de Bayeux).

ÉCANGES (LES), h. c^{ne} de Manerbe.

ÉCANGES (LES), h. c^{ne} de Rully.

ÉCARDE (BASSE-), h. c^{ne} de Banville.

ÉCARDE (HAUTE et BASSE-), h. c^{ne} d'Amfréville.

ÉCARTS (LES), h. c^{ne} de Périers-en-Auge.

ÉCASSERIES (LES), h. c^{ne} de Montbertrand.

ÉCLUSE (L'), h. c^{ne} de Beuville (Caen).

ÉCLUSE (L'), h. c^{ne} de Fourneville.

ÉCLUSE (L'), h. c^{ne} de Saint-Germain-de-Talle-vende.

ÉCLUSE-CHAMPAGNE (L'), h. c^{ne} de Truttemer-le-Petit.

ÉCLUSES (LES), h. c^{ne} de Blay.

ÉCOLES (LES), h. c^{ne} de Campigny.

ÉCOLES (LES), h. c^{ne} de Littry.

ÉCORCHEBOEUF, h. c^{ne} de Lassy. — *Escorchebœuf*, fief de Lassy, 1610 (fiefs de la vic. de Caen).

ÉCORCHEVILLE, c^{ne} réunie au Breuil en 1827. — *Scorceville*, XIe siècle (enquête, p. 429). — *Escorcevilla, Escorchevilla*, 1083 (ch. de la Trinité). — *Escorceville*, 1184 (rotuli scacc. p. 21, 2). — *Escorchevielle*, 1198 (magni rotuli, p. 68, 2).

Par. de Saint-Martin, patr. le seigneur. Dioc. de Lisieux, doy. de Touque. Génér. d'Alençon, élect. de Lisieux, sergent. de Moyaux.

ÉCORCHEVILLE, h. c^{ne} de Tordouet.

ÉCORNETS (LES), h. c^{ne} de Norrey (Falaise).

ÉCOSSERIE (L'), h. c^{ne} de Montbertrand.

ÉCORS, c^{on} de Saint-Pierre-sur-Dive. — *Escotum*, XIe siècle (enquête, p. 418). — *Écots en Auge, Escoz*, XIIIe siècle (ch. de Saint-André-en-Gouffern). — *Échots*, 1703 (d'Anville).

Par. de Saint-Remy, auj. Saint-Aubin; patr. l'abbesse de Vignats. Dioc. de Lisieux, doy. de Saint-Pierre-sur-Dive. Génér. d'Alençon, élect. d'Argentan, sergent. d'Auge.

ÉCOUBLETS (LES), h. c^{ne} de Montchamp.

ÉCRAMMEVILLE, c^{on} de Trévières. — *Escremelvilla*, 1195 (magni rotuli, p. 54). — *Escremeuvilla*, 1198 (*ibid.* p. 22, 2). — *Escremenvilla*, 1217 (ch. de l'abb. de Vignals). — *Esquernivilla*, 1218 (cart. de Mondaye). — *Ecremeville*, 1277 (chap. de Bayeux, 741). — *Escremevilla*, XIVe siècle (livre pelut de Bayeux, p. 66). — *Escremneville*, 1653 (carte de Tassin). — *Écranville*, 1758 (carte de Vaugondy).

Par. de Notre-Dame, patr. le seigneur. Dioc. de Bayeux, doy. de Trévières. Génér. de Caen, élect. de Bayeux, sergent. des Veys.

Le fief d'*Écrammeville* s'étendait à Aignerville, Longueville, Formigny, Véret et Asnières, 1611 et 1697 (aveux de la vic. de Bayeux). — Le fief dit *Chambose* dépendait de la baronnie de Trévières.

ECTOT, chât. et f. c^ne d'Épinay-sur-Odon. — *Esketot*, 1198 (magni rotuli, p. 61). — *Esquetot*, 1225 (cart. norm. n° 342, p. 51). — *Eschetot*, 1250 (ch. de l'abb. d'Ardennes, 94).

Châtellenie dont le chef était assis à Saint-André-d'Hébertot, relevant de la baronnie de Blangy. Voir SAINT-GERMAIN-D'ECTOT.

ÉGALITÉ (L'), h. c^ne de Crépon.

ÉGLISE-DE-CANTELOUP (L'), h. c^ne de Fumichon.

ÉGUILLON (L'), h. c^ne de Clécy.

ÉGUILLON (L'), petite riv. qui prend sa source près d'Escoville, sur une pièce de terre dite les *Perelles de l'Église*. — *Aiguillon*, 1423 (aveux d'Aunay). — *Esguillon*, 1480 (*ibid.*)

Cette rivière reçoit les eaux de deux ruisseaux, l'un venant de la butte du Mesnil, à l'est-nord-est, alimenté seulement par les eaux pluviales descendant des hauteurs; l'autre, qui vient d'Escoville, apportant le trop-plein de l'étang du parc. Elle coule du sud-ouest vers le nord, traverse Hérouvillette, le hameau du Maréquet, la commune de Ranville, et se jette dans l'Orne, au hameau de l'Écarde.

ÉHIDON, m^in, c^ne de Saint-Pierre-la-Vieille.

ÉLIE, m^in, c^ne de Falaise.

ÉLIS, h. c^ne d'Ouville-la-Bien-Tournée.

ELLE. — Voir BOIS-D'ELLE et SAINTE-MARGUERITE-D'ELLE.

ELLE, riv. affl. de la Vire, à droite, née dans le département de la Manche, baigne Sainte-Marguerite-d'Elle, Lison, et joint la Vire à Neuilly. — *Ala*, 1240 (cart. d'Ardennes). — *Delle*, 1716 (carte de de l'Isle).

ELLE-SUR-LAIZON, 1585 (papier terrier de Falaise). — Voir SAINTE-MARGUERITE-D'ELLE.

ELLON, c^ne de Balleroy. → *Ecclesia sancti Petri de Elone*, 1212 (ch. de Mondaye). — *Elo*, 1277 (cart. norm. n° 902, p. 216). — *Yellon*, 1653 (carte de Tassin).

Par. de Saint-Pierre, prieuré-cure; patr. l'abbé de Mondaye. Dioc. de Lisieux, exempt. de Cambremer. Génér. de Caen, élect. de Bayeux, sergent. de Briquessart.

Ellon faisait partie de la baronnie de Nonant. Le quart de fief nommé le fief *du Clos* relevait de la baronnie de Saint-Vigor de Bayeux.

EMBRANCHEMENT (L'), h. c^ne de Coulvain.

EMBRÈCHE (L'), h. c^ne de Courson.

ÉMERY, h. c^ne de Marolles.

ÉMIÉVILLE, c^a de Troarn. — *Esmevilla*, 1234 (lib. rub. Troarn, 134). — *Esmeville*, 1371 (assiette de la vic. de Caen). — *Esmieville*, 1455 (aveu de Robert de Troarn).

Par. de Notre-Dame, patr. l'abbé de Saint-Évroult. Dioc. de Bayeux, doy. de Troarn. Génér. et élect. de Caen, sergent. de Troarn.

EMMERY, f. c^ne de Mestry.

EMPÉRIÈRE (L'), h. c^ne de Fumichon.

EMPÉRIÈRE (L'), h. c^ne du Mesnil-sur-Blangy.

ÉNAUDIÈRE (L'), h. c^ne de Saint-Germain-de-Tallevende.

ÉNAULT (LES), h. c^ne de Saint-Germain-d'Ectot. — *Les Énaultes*, 1847 (stat. post.).

ENCLAVE (L'), h. c^ne d'Angerville.

ENCLOS (L'), f. c^ne de Corbon.

ENCLOS (LES), h. c^ne de Bénerville.

ENFER (L'), h. c^ne de Saint-Benin.

ENFERNET, m^in, c^ne de Saint-Lambert.

ENFERNET, h. et chât. c^ne de Truttemer-le-Grand. — *Infernet*, 1154 (cart. du Plessis-Grimoult). — *Ecclesia sancti Christophori de Inferneto*, 1165 (*ibid.* p. 2).

EN-FORÊT, q. c^ne de Montfiquet.

ENGANNERIE (L'), h. c^ne d'Urville.

ENGANNERIE (L'), h. c^ne de Villy-Bocage.

ENGERVILLE, h. c^ne de Cambremer.

ENGERVILLE, h. c^ne de Saint-Georges-d'Aunay.

ENGLAICHERIE (L'), h. c^ne de Pont-Bellanger.

ENGLAICHERIE (L'), h. c^ne de Sainte-Marie-Laumont.

ENGLESQUEVILLE, c^on d'Isigny. — *Englescavilla*, 1082 (cart. de la Trinité). — *Engleschevilla*, 1172 (*ibid.*). — *Engleskevilla*, 1198 (magni rotuli, p. 55, 2). — *Englesquevilla*, XIII° s° (*ibid.*). — *Anglica Villa*, XIV° siècle (taxat. decim. dioc. Baioc.).

Par. de Saint-Vigor; deux cures : patr. : 1° l'évêque de Bayeux; 2° le seigneur. Dioc. de Bayeux, doy. de Trévières. Génér. de Caen, élect. de Bayeux, sergent. des Veys.

Fief de chevalier dépendant de la baronnie de Saint-Vigor-le-Grand. Englesqueville dépendait de la baronnie de Beaumont-le-Richard, dont le chef-lieu fait partie de la commune actuelle. Huitième de fief anciennement désigné sous le nom de *Percy*, sis à Englesqueville, 1641 (aveux de la vic. de Bayeux).

ENGLESQUEVILLE, h. c^ne de Bernesq.

ENGLESQUEVILLE, h. c^{ne} de Cambremer.

ENGLESQUEVILLE, h. c^{ne} de Ranchy.

ENGLESQUEVILLE-SUR-TOUQUE, c^{on} de Pont-l'Évêque.
— *Angliscavilla*, xie s^e (ch. de Richard II pour la
cathédrale de Chartres). — *Anglicavilla*, xive s^e
(pouillé de Lisieux, p. 36). — *Anglequeville*, 1716
(carte de de l'Isle). — *Angleville*, 1723 (d'Anville, dioc. de Lisieux).

Par. de Saint-Taurin, patr. le prévôt de l'église de
Chartres. Dioc. de Lisieux, doy. de Touque. Génér.
de Rouen, élect. de Pont-l'Évêque, sergent. d'A-
ragon.

Fief de la vicomté d'Auge, 1498 (arch. nat.
P. 271, n° 248). — Autre fief appartenant à l'ab-
baye de Saint-Martin-de-Mondaye, en la forêt de
Touque, 1415 (aveu de Guyon-Prend-Tout).

ENGRAISSERIE (L'), h. c^{ne} de Sept-Vents.

ENGRANVILLE, commune réunie, en 1858, partie à Trévières, partie à Formigny. — *Enguermonville*, 1277
(chap. de Bayeux, n° 745). — *Engrainville*, 1460
(temp. de l'évêché de Bayeux). — *Agranville*,
1758 (carte de Vaugondy).

Par. de Saint-Pierre, patr. l'abbé de Cerisy. Dioc.
de Bayeux, doy. de Trévières. Génér. de Caen,
élect. de Bayeux, sergent. de Tour.

Le fief de *la Haye*, en cette commune, s'étendait
sur Engranville, Aignerville, Surrain et Formigny.
Il relevait de la vicomté de Bayeux.

ENGRANVILLE, h. c^{ne} de Bernesq.

ENGUEHARDIÈRE (L'), h. c^{ne} de Landelles.

ÉNOUVIÈRES (LES), h. c^{ne} de Montbertrand.

ENTRE-DEUX-CHEMINS (L'), h. c^{ne} de Bonneville-la-
Louvet.

ENTRETENANT (L'), h. c^{ne} de Baynes.

ENTRETENANT (L'), h. c^{ne} de Cahagnes.

ENTRETENANT (L'), h. c^{ne} de Magny.

ENTRETENANT (L'), h. c^{ne} de Saint-Paul-du-Vernay.

ENTRETENANT (L'), h. c^{ne} de Sully.

ENTRETENANT (L'), h. c^{ne} de Trévières.

ENTRETENANT (L'), h. c^{ne} du Tronquay.

ENTRETENANT-DU-COLOMBIER (L'), h. c^{ne} du Molay.

ÉPANEY, c^{on} de Morteaux. — *Spaneium*, xiie s^e (Orderic Vital, t. II, p. 435). — *Espanai*, 1230
(ch. de l'abb. de Vignats, p. 46). — *Espaneium*,
xiiie siècle (ch. de Saint-André-en-Gouffern, 43).
— *Espaneum*, 1286 (ch. pour l'abb. de Marmoutier). — *Espaney*, 1778 (dénombr. d'Alençon).

Par. de Saint-Martin, patr. l'abbé de Marmoutier
ou le prieur de Lérins. Dioc. de Séez, doy. de
Falaise. Génér. d'Alençon, élect. et sergent. de
Falaise.

Fief de la vicomté d'Auge ressortissant à la ser-
Calvados.

genterie de Cambremer, appartenant au prieuré de
Beaumont. Quart de fief nommé le fief de *Gar-
salle*, au domaine royal de la vicomté de Falaise,
tenu par Mlle Isabeau Le Porcher, en 1586 (papier
terrier de Falaise).

ÉPÉE (L'), fief de la baronnie de Cambremer, sis au
Pré-d'Auge, 1460 (temp. de l'évêché de Bayeux).

ÉPÈNE, f^e, c^{ne} d'Épinay-sur-Odon.

ÉPINAY (L'), h. et chât. c^{ne} de Cartigny-l'Épinay.

ÉPINAY (L'), h. c^{ne} de Fourneville.

ÉPINAY (L'), q. c^{ne} de Notre-Dame-d'Estrées.

ÉPINAY (L'), h. c^{ne} de Notre-Dame-de-Fresnay.

ÉPINAY (L'), f. c^{ne} de Préaux.

ÉPINAY (L'), f. et chât. c^{ne} de Touque.

ÉPINAY (L'), h. c^{ne} de Trungy.

ÉPINAY-SUR-ODON, c^{on} de Villers-Bocage. — *Spinetum*,
1032 (ch. de l'abb. de Cerisy). — *Espinai*, 1155
(ch. de l'abb. d'Aunay). — *Espiné*, 1155 (Wace).
— *Spinetum super Odon*, 1279 (chap. de Bayeux,
143). — *Espinay sur Oudom*, 1371 (assiette de
la vicomté de Caen). — *Spyné super Oudon*, 1418
(rôles de Bréquigny, n° 243, p. 40). — *Espiney
sur Oudon*, 1465 (arch. nat. P. 14, n° 25902).

Par. de Saint-Martin, patr. l'abbé de Cerisy et
l'évêque de Bayeux. Dioc. de Bayeux. Génér. et
élect. de Caen, sergent. de Villers.

La paroisse relevait de *la* haute justice de Saint-
Georges-d'Aunay. Le fief de *Longaunay* était assis
sur son territoire.

ÉPINAY-TESSON (L'), réuni dès 1826 à la commune de
Cartigny; il forme avec celle-ci deux communes,
sous les noms de Cartigny-l'Épinay et de Cartigny-
Tesson. — *Spinetum Taxonis, Espinetum Tessonis*,
xive siècle (livre pelut de Bayeux). — *Espinay*, 1460
(dénombr. de l'évêché de Bayeux).

Par. de Saint-Martin, patr. le seigneur du lieu.
Dioc. de Bayeux. Génér. et élect. de Caen, sergent.
d'Isigny.

Fief entier, nommé fief du *Pré*, relevant de la
baronnie de Saint-Vigor-le-Grand.

ÉPINE (L'), h. c^{ne} d'Auquainville.

ÉPINE (L'), h. c^{ne} de Lisores.

ÉPINE (L'), q. c^{ne} de Livry. — *Spina*, 1264 (ch. de
l'abb. d'Ardennes, 33).

ÉPINE (L'), h. c^{ne} de Ryes.

ÉPINE (L'), h. c^{ne} de Surrain.

ÉPINE (L'), h. c^{ne} de Tourneville.

ÉPINE (L'), h. c^{ne} de Vassy.

ÉPINE-DES-MONTS (L'), h. c^{ne} de Bretteville-l'Orgueilleuse. — *Delle des Trois Monts*, 1666 (papier
terrier de Bretteville).

ÉPINES-NOIRES (LES), f^e, c^{ne} de Cricqueville.

14

ÉPINETTE (L'), h. c^ne de Tessy, réunie aujourd'hui à Mandeville. — *Spineta*, 1234 (lib. rub. Troarn. p. 21). — *Lespinette*, 1310 (chemins et sentiers de Troarn). — *Espiñeta*, 1340 (parv. lib. rub. Troarn. p. 16).

ÉPINETTE (L'), q. c^ne de Langrune.

ÉPISETTES (LES), h. c^ne d'Agy.

ÉPINETTES (LES), h. c^ne de Montamy.

ÉPINEY (L'), f. c^ne de Campigny, accrue de Couvrechef, h. de Caen.

ÉPRON, c^on de Caen (est). — *Esperon*, 1207 (cart. d'Ardennes). — *Sanctus Ursinus de Hesperone*, xive siècle (taxat. decim. dioc. Baioc.).

Par. de Saint-Ursin, patr. le chantre du Saint-Sépulcre de Caen. Évêché de Bayeux, doy. de Douvre. Génér. et élect. de Caen, sergent. de la banlieue de Caen.

ÉPRONNIÈRE (L'), h. c^ne de Montchamp.

ÉPUREUX (L'), h. c^ne de Barbeville.

ÉQUEMAUVILLE, c^on d'Honfleur. — *Scamelvilla*, 1180; *Escamelvilla*, 1198 (magni rotuli, p. 32). — *Esquemelvilla*, 1284 (cart. norm. n° 1028, p. 266). — *Esquemeauvilla*, xive siècle (pouillé de Lisieux, p. 40). — *Heugmanville*, 1579; *Hecquemanville*, 1683; *Hequemauville*, 1761 (état de la génér. de Rouen). — *Esquemeauville*, fiefferme de la sergent. d'Honfleur, 1620 (fiefs de la vic. d'Auge). — *Hecquemeauville*, 1683 (carte La Motte). — *Eqmauville*, 1723 (d'Anville, dioc. de Lisieux).

Par. de Saint-Pierre, auj. Notre-Dame. Chapelle de Notre-Dame-de-Grâce, à la nomination de l'abb. du Bec. Dioc. de Lisieux, doy. de Honfleur. Génér. de Rouen, élect. de Pont-l'Évêque, sergent. de Honfleur.

Plein fief mouvant de la vicomté d'Auge; baronnie de Roncherolles, ressortissant à la sergenterie de Honfleur et de Touque.

ÉQUEMAUVILLE, h. c^ne de Roques.

ÉQUERRES (LES), chât. et f. c^ne de Monceaux (Bayeux).

ÉRAINES, c^on de Falaise (sud). — *Arenes*, 1239 (ch. de l'abb. de Vignats, 44). — *Arene, Harenæ*, 1277 (cart. norm. n° 905, p. 219). — *Airenes*, 1279 (ch. de Saint-André-en-Gouffern, n° 100). — *Eresnes*, xive siècle (livre pelut de Bayeux).

Par. de Saint-Rieul, dont le patronage fut donné en 1205 à la cathédrale de Séez par Guillaume de Ponthieu. Dioc. de Séez, doy. de Falaise. Génér. d'Alençon, élect. et sergent. de Falaise.

ÉRAINES (MONTS D'), arr. de Falaise. — Ces collines nues et arides fournissaient autrefois un grand nombre d'oiseaux de proie aux fauconneries royales. Elles appartiennent aux communes de Damblain-

ville, Versainville, Épaney et Sainte-Anne-d'Entremont.

ÉRAINES, h. c^ne de Pierrepont.

ÉRAINES, h. et m^in, c^ne de Tréprel.

ÉRAINES, m^in, c^ne de Versainville.

ERMITAGE (L'), h. c^ne de Saint-Sever.

ERNES, c^on de Morteaux-Coulibœuf. — *Ecclesia Sancti Paterni de Esneis*, 1158 (ch. de Sainte-Barbe, 141). — *Esne*, 1225 (*ibid.* 128). — *Hernes*, 1270 (ch. de Saint-Jean de Falaise). — *Esnes*, 1275 (ch. de Sainte-Barbe, 141). — *Sanctus Petrus de Ethnes*, xiiie s° (*ibid.* 79).

Par. de Saint-Paterne, patr. le prieur de Sainte-Barbe-en-Auge. Dioc. de Séez, doy. de Saint-Pierre-sur-Dive. Élect. de Falaise, sergent. de Jumel.

Quart de fief nommé le fief du *Chastel*, sergent. de Breteuil, vicomté de Falaise (aveu de Le Forestier, 1586). Autre vavassorie nommée *le Fouquein*, sergenterie de Tournebu, vicomté de Falaise (aveu de Christophe Turgot, 1586).

ERNES (LES), h. c^ne de Maisy.

ERNOUDERIE (L'), h. c^ne de Saint-André-d'Hébertot.

ERRARDS (LES), h. c^ne de Torteval.

ESCANNEVILLE, chât. et h. c^ne de Merville. — *Eschenelvilla*, 1082 (cartul. de la Trinité, f° 10 v°). — *Eschenevilla, Eskenevilla*, 1086 (*ibid.* f°s 35 et 23). — *Descanneville*, 1848 (état-major).

ESCOVILLE, c^on de Troarn. — *Escoldivilla*, 1109 (cartul. de Troarn). — *Ecovilla*, 1128 (ch. de Sainte-Barbe). — *Escovilla*, 1208 (ch. de l'abb. d'Aunay). — *Saint Sansson d'Escouville*, 1371 (visite des forteresses).

Par. de Saint-Laurent, patr. les Feuillants d'Ouville. Dioc. de Bayeux, doy. de Troarn. Génér. et élect. de Caen, sergent. de Troarn.

Fief *Pellevillain*, en la paroisse d'Escoville, 1234 (lib. rub. Troarn. n° 63).

ESCURES, c^ne de Morteaux-Coulibœuf. Cette commune est désignée sous le nom d'ESCURES-SUR-FAVIÈRES depuis qu'on y a joint Favières en 1846. — *Escurium, Escuriæ*, 1154 (bulle pour le Plessis-Grimoult). — *Escures Mainil*, 1198 (magni rotuli, p. 54, 2).

Par. de Saint-Pierre, patr. le chapitre du Saint-Sépulcre de Caen. Dioc. de Séez, doy. de Saint-Pierre-sur-Dive. Génér. d'Alençon, élection de Falaise, sergent. de Saint-Pierre-sur-Dive.

ESCURES (LES), h. c^ne de Commes.

ESCURES, m^in, c^ne de Lassy.

ESCURES, h. c^ne de Maisy. — Les *monts Escures* se trouvent dans la même commune entre Commes et Maisons.

Escunes, h. et f°, c^ne de Saint-Jean-le-Blanc. — *Écures*, 1848 (état-major).

Vavassorie relevant de la baronnie du Plessis-Grimoult, 1460 (temporel de Bayeux).

Ès-James, h. c^ne de Castillon (Bayeux).

Ès-Mares, h. c^ne de Cauchy.

Espagne (L'), h. c^ne de Trungy.

Espay, h. c^ne de Trungy.

Espérance (L'), h. c^ne de Saint-Jacques-de-Lisieux.

Espins, c^on de Thury-Harcourt, aussi appelé *les Pins*. — *Les Pins*, 1155 (Wace). — *Rogerius de Pinis*, 1146 (ch. du Val-Richer). — *Spins*, 1215 (ch. de Barbery). — *Johannes de Pinibus*, 1246 (*ibid.* n°. 126). — *Les Pins*, 1400 (*ibid.* n° 192). — *Espins*, xiv° s° (taxat. decim. dioc. Baioc.).

Par. de Saint-Pierre, prieuré dépendant du Val-Richer. Dioc. de Bayeux, doy. du Cinglais. Génér. et élect. de Caen, sergent. de Tournebu.

Esquay, c^on d'Évrecy. — *Esquais*, 1155 (Wace, v. 9200). — *Escaeium*, 1195 (magni rotuli, p. 84). — *Escai*, 1201 (ch. d'Aunay). — *Esquayeum*, xiv° s° (livre pelut de Bayeux, p. 24). — *Esquié*, 1650 (aveux de la vicomté de Caen). — *Esquays*, 1720 (fiefs de la vicomté de Caen).

Par. de Saint-Pantaléon, prébende; patr. le chanoine du lieu. Dioc. de Bayeux, doy. de Creully. Génér. de Caen, élect. de Bayeux, sergent. de Graye.

Plein fief érigé en vicomté s'étendant à Avenay, Vieux, Baron, Saint-Nicolas et Notre-Dame-de-Froide-Rue à Caen.

Esquay, m^in, c^ne d'Avenay.

Esquay-sur-Seulle, c^on de Ryes. — *Escaeium*, 1218 (ch. de Mondaye). — *Escaium*, 1240 (cartul. de Fontenay). — *L'Esquée*, 1234 (lib. rub. Troarn. n° 13). — *Esquaeium*, 1277 (ch. du chap. de Bayeux, 745). — *Escai, Escay*, 1278 (cartul. norm. n° 932, p. 232). — *Esquai*, 1650.

Par. de Notre-Dame, patr. l'abbé du Mont-Saint-Michel. Dioc. de Bayeux, doy. d'Évrecy. Génér. et élect. de Caen, sergent. d'Évrecy.

Outre l'église d'Esquay, l'abbaye du Mont-Saint-Michel possédait encore au diocèse de Bayeux le patronage des églises de Bretteville-la-Pavée, Évrecy et Domjean, près de Thorigny.

Le fief noble d'*Esquay* ou du *Châtelet* relevait du roi; un quart de fief appartenait au grand doyen de l'église de Bayeux et ressortissait à la sergenterie de Graye.

Esques (L'), riv. affl. de l'Aure inférieure, a sa source à Bayeux, arrose Saint-Martin-de-Blagny, Bernay, Bricqueville, Trévières, Colombières et Cauchy, et se réunit à la Tortonne.

Essarteaux. — *Boscus qui vocatur Essarteaux*, 1200 (ch. de l'hospice de Lisieux). — *Sartheaux*, 1321 (lib. rub. Troarn. p. 29).

Essartiers (Les). — *Esserteriæ*, xiv° s° (taxat. decim. dioc. Baioc.).

Ancien fief, 1450 (arch. nat. P. 271, n° 82); il s'étendait à Lamberville et aux environs, 1687 (aveu de la vicomté de] Bayeux). Voir Saint-Jean-des-Essartiers.

Essarts (Les), h. c^ne d'Agy.

Essarts (Les), m^in et f. c^ne de la Bazoque.

Essarts (Les), h. c^ne de Campagnolles.

Essarts (Les), f°, c^ne de Grandcamp.

Essarts (Les), h. c^ne d'Hermival-les-Vaux.

Essarts (Les), h. c^ne de la Lande-Vaumont.

Essarts (Les), h. c^ne de Longraye.

Essarts (Les), h. c^ne du Molay. — *L'Essert*, 1848 (état-major).

Essarts (Les), h. c^ne de Montchamp.

Essarts (Les), h. c^ne de Moyaux.

Essarts (Les), h. c^ne de Roullours.

Essarts (Les), h. c^ne de Saint-Martin-de-Blagny.

Essarts (Les), h. c^ne de Saint-Paul-du-Vernay.

Essarts (Les), h. c^ne de Torteval.

Essarts (Les), h. c^ne de Trévières. Vavassorie de *la Bourdonnière*, tenue en 1637 de l'évêque de Bayeux (fiefs de haubert de l'évêché); ancien fief, 1450 (arch. nat. P. 271, n° 82).

Essarts-de-Langrune (Les), nom donné au plateau du Calvados, devant Langrune, c^ne de Saint-Aubin-sur-Mer.

Essarts-Saint-Gratien (Les), en la forêt de Touque, 1310 (ch. de l'évêché de Lisieux; 1).

Esseau-de-l'Épinette (L'), q. c^ne de Troarn.

Esserts (Les), h. c^ne de Courvaudon.

Esson, c^on de Thury-Harcourt. — *Essun*, 1070 (ch. de l'abb. de Fontenay). — *Aisson, Axon*, 1138 (Orderic Vital, liv. xii, p. 107). — *Essum*, 1190 (ch. de Saint-André-de-Fontenay, n° 3). — *Auxonivilla*, 1253 (*ibid.* n° 82).

Par. de Notre-Dame, patr. le seigneur de Thury. Dioc. de Bayeux, doy. du Cinglais. Génér. d'Alençon, élect. de Falaise, sergent. de Thury. — Chapelle de *Notre-Dame-de-Bonne-Nouvelle*, lieu de pèlerinage fort renommé dans le pays.

Fief d'*Esson*, mouvant de Thury, s'étendant au Thuit, à Clinchamps et à Saint-Martin; autre fief dit du *Chastellier*, mouvant de la baronnie de la Motte-Cesny.

Esson, fief dans la paroisse de Montchamp, 1680 (fiefs de la vicomté de Caen).

Essouvières (Les), vill. c^ne de Montbertrand.

14.

Ès-sur-Touque (Les), vill. c^{ne} de Saint-Cyr-du-Ronceray.

Estimeauville, f. c^{ne} de Monts.

Estimeauville, h. et chât. c^{ne} de Saint-Arnoult. —
Stimauville, 1703 (d'Anville, dioc. de Lisieux).

Estrées-en-Auge, c^{on} de Cambremer. — *Les Strez,*
xive s^e; — *Stratæ in Algia, Trabes,* xvie s^e; — *les
Traics,* 1579 (pouillé de Lisieux, p. 50 et 51). —
Étrée, 1703 (d'Anville, dioc. de Lisieux).

Par. de Notre-Dame, patr. le seigneur et l'abbé
de Saint-Pierre-sur-Dive; chap. et lépr. de Saint-
Jean-Baptiste, chap. de *la Planche.* Dioc. de Bayeux,
doy. de Beuvron. Génér. de Rouen, élect. de Pont-
l'Évêque, sergent. de Cambremer.

Fief de *la Planque,* relevant de la baronnie de
Cambremer, exemption de l'évêché de Bayeux,
1460 (temporel de Bayeux), et duquel relevait le
fief *Brucourt,* 1620 (fief de la vicomté d'Auge).

Estrées-la-Campagne, c^{on} de Bretteville-sur-Laize, accru de la c^{ne} du Quesnay en 1831. — *Stratæ, Estreæ in Oximino, Estreis,* 1198 (magni rotuli,
p. 90). — *Estrées,* 1250 (ch. de Fontenay, 165).
— *Estrais, Estrés,* 1586 (papier terrier de Falaise,
173, 174). — *Estraits,* 1750 (chartrier d'Harcourt). — *Estreez la Campagne,* xviiie siècle (Cassini).

Par. de Notre-Dame et Saint-Jean, patr. le cha-
noine de Semaine. Dioc. de Séez, doy. de Saint-
Pierre-sur-Dive, chap. et lépr. de Saint-Jean-
Baptiste-sur-Estrées. Génér. d'Alençon, élect. de
Falaise, sergent. de Tournebu.

Les fiefs de *la Planche,* sis en la commune, relevaient du prieuré de Sainte-Barbe-en-Auge; les
fiefs d'Herbert-Mesnil et de Lépinay relevaient de
la vicomté de Cambremer.

Estreham. Voir Étreham.

Estry, c^{on} de Vassy. — *Stauriacum,* v. 832-850
(vita sancti Aldrici, ch. III). — *Atreium,* 1180
(bulle pour le Plessis-Grimoult). — *Etreium,* 1277
(cart. norm. n° 904, p. 218). — *Notre Dame
d'Estrye,* 1336 (ch. du Plessis-Grimoult, n° 175).
— *Estreium,* xive s^e (livre pelut de Bayeux). —
Estrie au hamel de Cautelon, 1476 (cart. du Plessis-
Grimoult, 21, p. 1). — *Estré,* 1476 (*ibid.*).

Par. de Notre-Dame, patr. le prieuré du Plessis-
Grimoult. Dioc. de Bayeux, doy. de Vire. Génér. de
Caen, élect. de Vire, sergent. du Tourneur.

On comptait à Estry cinq fiefs nobles, parmi
lesquels le *fief Fouquet.*

Ès-Vastines (Les), h. c^{ne} de Saint-Cyr-du-Ronceray.

Étang (L'), f. c^{ne} de Feuguerolles-sur-Orne.

Étang (L'), h. c^{ne} de Fourneville.

Étang (L'), f. c^{ne} de Villers-sur-Mer.

Étangs (Les), q. c^{ne} de Balleroy.

Étard (L'), h. c^{ne} de Trévières.

Étardière (L'), h. c^{ne} de Sainte-Marie-des-Loges.

État-sous-la-Roche (L'), h. c^{ne} de Potigny.

Étavaux, c^{ne} réunie à Saint-André-de-Fontenay en
1827. — *Stavelli,* 1077 (ch. de Saint-Étienne de
Caen). — *Estavelli,* 1190 (*ibid.*). — *Estaveaux,*
1240 (cart. de Saint-Étienne de Fontenay, n° 153).
— *Estivaux,* 1653 (carte de Tassin). — *Estavaux,*
1716 (carte de de l'Isle). — *Estaviaux,* 1765 (Du
Moulin).

Par. de Notre-Dame, chapelle de Saint-Ortaire.
Dioc. de Bayeux, doy. de Vaucelles. Génér. et élect.
de Caen, sergent. de Bretteville-sur-Laize. Étavaux
dépendait de la baronnie d'Allemagne appartenant
à l'abbaye de Fontenay.

Étergy, h. c^{ne} de Saint-Vaast. — *Étregy,* 1848 (état-
major).

Étergy, h. c^{ne} de Vendes. — *Étregy,* 1848 (état-
major).

Éterville, c^{on} d'Évrecy. — *Starvilla,* 1082 (ch. de
Saint-Étienne). — *Estarvilla,* 1086 (cart. de la
Trinité). — *Estarville,* 1371 (assiette des feux de
Caen). — *Estarvilla,* xve s^e (tax. dec. dioc. Baioc.).
— *Estreville,* 1484 (arch. nat. P. 272, n° 169).

Par. de Saint-Jean-Baptiste, patr. le seigneur.
Dioc. de Bayeux, doy. de Maltot. Génér. et élect. de
Caen, sergent. d'Évrecy.

L'abbaye de Saint-Étienne y avait un fief de mariage, qui s'étendait sur Saint-Louet, Rots et Cresserons, 1484 (ch. de Saint-Étienne). Plein fief de
haubert relevant de la vicomté de Caen érigé en
1601; fief de *Bois-Roger,* en la paroisse d'Éterville, 1453 (arch. nat. P. 271, n° 121).

Éteux (Les), h. c^{ne} de Meulles. — *Étaux,* 1848
(Simon).

Étorderie (L'), h. c^{ne} de Lison.

Étoublettes (Les), h. c^{ne} du Bény-Bocage.

Étoupefour. Voir Fontaine-Étoupefour.

Étoupes (Les), m^{on} isolée, c^{ne} de Sainte-Marie-aux-
Anglais.

Étournière (L'), h. c^{ne} de Montchauvet.

Étouvy, c^{on} du Bény-Bocage. — *Stovicum,* 1123 (ch.
de l'abb. de Fontenay). — *Estolveium,* xiie s^e (Orderic Vital, t. III, p. 17). — *Estóuvi,* 1180 (magni
rotuli, p. 27). — *Estovi,* 1198 (*ibid.* p. 93, 2). —
Stouvii, 1269 (cart. norm. p. 175). — *Estouveium,*
1278 (livre noir de Coutances). — *Stoviacum,* 1373
(livre blanc de Troarn). — *Estovy,* 1395 (arch. nat.
P. 271, n° 34).

Par. de Saint-Martin, patr. l'abbé de Saint-

Évroult; anc. par. de Saint-Georges. Dioc. de Coutances, doy. du Val-de-Vire. Génér. de Caen, élect. de Vire, sergent. de Pont-Farcy.

ÊTRE (L'), f. c^{ne} de Saint-Germain-Langot.

ÊTRE-DURAND (L'), h. c^{ne} d'Espins.

ÊTRE-GILLES (L'), h. c^{ne} de Rubercy.

ÉTREHAM, c^{on} de Trévières. — *Estreham le Perreux* ou *le Perroux*, 1371 (visite des forteresses). — *Oystreham le Proux*, 1396 (ch. de l'abb. du Cordillon). — *Estrehennum*, 1417 (magni rotuli, p. 276, 2). — *Oistreham le Proult*, 1511 (inscription tombale en l'église de Fierville).

Par. de Saint-Romain, patr. le seigneur du lieu. Léproserie. Dioc. de Bayeux, doy. des Veys. Génér. de Caen, élect. de Bayeux, sergent. de Tour.

Le huitième de fief de *Maisons* et deux vavassories nobles assis à Étreham relevaient de la vicomté de Bayeux. Le fief de *Huppain* relevait du fief de Maisons, ainsi que les fiefs de Mosles et de Feugères.

ÉTREVIGNE, f. c^{ne} de Cambremer.

ÉTUMIÈRE (L'), h. c^{ne} de Proussy.

EUDELINIÈRE (L'), h. c^{ne} de Saint-Martin-Don.

ÉVÊCHÉ (L'), h. c^{ne} de Fontenay-le-Pesnel.

ÉVÊCHÉ (L'), h. c^{ne} de Longraye.

ÉVÊQUES (LES), h. c^{ne} de Liugèvres.

ÉVÊQUEVILLE, h. c^{ne} de la Hoguette.

ÉVÊQUEVILLE, h. c^{ne} de Villy.

ÉVRECY, ch.-l. de c^{on}, arrond. de Caen. — *Everceium*, 1198 (magni rotuli, p. 22, 2). — *Evreceium*, 1210 (ch. de l'abb. d'Aunay). — *Evrecium*, 1218 (ch. de Saint-Étienne). — *Evrecei*, XIIIe s^e (manuscrit de Boze, de la Bibl. nat. n° 9597). — *Evrechiacum*, 1318; *Evrecheyum*, 1320 (lib. rub. Troarn. 97 v°).

— *Vrécy, Vrechy*, 1371 (visite des forteresses).— *Evrechie*, 1397 (aveux, arch. nat. P. 27, n° 18). — *Evrecheium*, XIVe s^e (taxat. decim. dioc. Baioc.). — *Evrehy*, 1420 (cart. d'Ardennes).

Par. de Notre-Dame, patr. l'abb. du Mont-Saint-Michel; préb. d'Albray, chap. de Sainte-Catherine-de-Rougemont, lépr. de Saint-Aubin. Dioc. de Bayeux; chef-lieu d'un doyenné. Génér. et élect. de Caen.

La sergenterie d'Évrecy, en la vicomté de Caen, s'étendait sur la ville d'Évrecy, Fontaine-Étoupefour, Éterville, Baron, Gavrus, Esquay, Neuilly-le-Malherbe, Vacognes, Maisoncelles-sur-Ajon, Banneville-sur-Ajon, Avenay, Bonnemaison, Montigny, le Mesnil-au-Grain, la Bigne, Ondefontaine, Valcongrain, Bougy, Saint-Aguan-le-Malherbe.

Le doyenné d'Évrecy comprenait : Amayé-sur-Orne, Aunay, Avenay, Banneville-sur-Ajon, Baron, Bauquay, Bonnemaison, Bougy, la Caine, Courvaudon ou Avenay, Cursy, Esquay, Évrecy, Fierville-en-Bessin, Gavrus, Goupillières, Hamars, Landes, Maiset, Maisoncelles, Mesnil-au-Grain, Montigny, Neuilly-le-Malherbe, Ouffières, Préaux, Saint-Agnan-le-Malherbe, Saint-Bénin, Sainte-Honorine-du-Fay, Saint-Martin-de-Sallen, Trois-Monts, Vacognes, Valcongrain.

Le fief des *Champs-Gouberts*, à Douvre, dépendait de la baronnie d'Évrecy et s'étendait à Mondrainville, 1460 (temporel de l'évêché de Bayeux). Le fief de *Mandeville*, près d'Évrecy, relevait de la vicomté d'Évrecy.

EXMOIS. Voir HIESMOIS.

EXTREBARD (L'), f. c^{ne} de Sept-Vents.

EXTRÉMITÉ (L'), h. c^{ne} de Castillon.

F

FABOURIE (LA), h. c^{ne} de Courson.

FABRIQUE (LA), h. c^{ne} de Falaise.

FABRIQUE (LA), h. c^{ne} de Maisoncelles-la-Jourdan.

FABRIQUE (LA), h. c^{ne} de Roullours.

FACTORERIE (LA), h. c^{ne} d'Aubigny.

FAINIÈRE (LA), h. c^{ne} de Montchamp.

FAINS, h. c^{ne} de Monts.

FAINS, h. c^{ne} de Villers-Bocage.

FAINS, prébende de Saint-Jacques-de-Lisieux, avec haute justice. — *Feins*, XIVe s^e; *Feni*, XVIe siècle (pouillé de Lisieux, p. 18). Cette prébende occupait l'emplacement actuel de l'auberge du *Chien*.

FAIS (LE), h. c^{ne} de Crouay.

FAIS (LE), h. c^{ne} de Tortisambert.

FAISANDERIE (LA), h. c^{ne} de Grandcamp.

FAITERIE (LA), h. c^{ne} de Banneville-sur-Ajon. — *Failerie*, 1848 (état-major).

FAITIÈRE (LA HAUTE et LA BASSE-), h. c^{ne} de Saint-Julien-de-Mailloc.

FAITIÈRE (LA), h. c^{ne} de Tordouet.

FAIX (LES), h. c^{ne} de la Ferrière-Harang.

FALAISE, ville ch.-l. de deux cant. et d'arrond. sur la rivière d'Ante. — *Falesia, Phalesia*, 1066 (cart. de la Trinité, f° 3). — *Fallizia*, 1125 (ch. de l'abb. du Val). — *Faleise*, 1155 (Wace, Rou, v. 7421). — *Faleyse*, 1234 (lib. rub. Troarn. n° 161). —

Faleisia, 1236 (ch. de Fontenay, n° 12). — *Fallesia*, 1239 (lib. rub. Troarn. n° 29). — *Falaize*, 1387 (arch. nat. P. 271, n° 10). — *Falloyse*, 1420 (rôles de Brétigny, n° 485, p. 83). — *Falloize*, 1443 (lib. rub. Troarn. n° 102). — *Faloyse*, 1483 (arch. nat. P. 272, n° 177). — *Fallaise*, 1590 (papier terrier).

Par suite de l'organisation du 5 février 1790, Falaise devint le chef-lieu de district comprenant les cantons de Hamars, Bretteville, Saint-Sylvain, Pont, Jort, Crocy, Falaise, Ouilly, Clécy, Harcourt et Potigny.

Paroisses : 1° Sainte-Trinité, patr. l'abbesse de la Trinité de Caen; 2° Saint-Gervais, même patron; 3° Saint-Laurent-de-Vaton, patr. l'évêque de Séez. — Hôpital Saint-Louis, commencé en 1687, achevé en 1754. Hôtel-Dieu, fondé en 1127. Couvent des Cordeliers et des Capucins, construit au XIII° siècle sur un terrain désigné sous le nom de *Manoir de Guillaume*.

Falaise était le siège d'un des doyennés de l'archidiaconé d'Hiesmois au diocèse de Séez, d'un bailliage et d'une élection comprise dans la généralité d'Alençon.

La ville était entourée d'une enceinte murale dont les portes principales étaient la *Porte le Comte*, qui donnait accès au faubourg Saint-Laurent; la *Porte Ogise* (*porta Ogisii*), vers le sud, datant du XIII° siècle.

La vicomté de Falaise, au bailliage de Caen, comprenait 11 sergenteries à l'épée. C'étaient celles: de Falaise, renfermant 40 paroisses divisées entre le trait de la Champagne et le trait de Bazoches; de Thury, 36 paroisses; de Breteuil, 5; d'Aubry, 8; du Homme, 16; de Tournebu, 19; de Saint-Pierre-sur-Dive, 36; de Jumel, 26; de la Forêt, 28; de Briouze, 9, et de la Ferté-Macé, 11 (1586, papier terrier de la vicomté de Falaise).

L'élection de Falaise était divisée en 9 sergenteries : Breteuil, les Bruns, Falaise, la Ferté, la Forêt, Jumel, Saint-Pierre-sur-Dive, Thury et Tournebu. Elle comptait, en 1760, 233 paroisses et 19,634 feux.

La sergenterie de Falaise comprenait, au XVI° s°, les paroisses suivantes: Ailly, 11 feux; Bazoches, 69; Bernières, 13; Champerrée, 6; Chapelle-Mauvoisin, 4; Coulibœuf, 26; Courelles, 6; Courteilles, 6; Cullay, 10; Damblainville, 17; Épanay, 17; Éraines, 18; Fourches, 10; Fresné-le-Buffart; Guibray, 33; Mesnil-Hermay, 12; Nepey, 12; Ners, 9; Ollendon, 13; Neuvi, 23; Perrières, 28; Pont-Écrépin, 9; Pertheville, 10; Ronnay, 9; les

Rotours, 3; Sassy (Sacy), 29; Sainte-Anne-d'Entremont, 13; Saint-Gervais, 9; Saint-Laurent, 11; Saint-Payin, 8; Saint-Pierre-du-Bû, 3; la Trinité, 18; Versainville, 12; Vesqueville, 12; Vignats, 12; Villy, 22.

Le doyenné de Falaise renfermait : Abbeville, Ailly, Azy, Anglaischeville, Baron, Beaumais, Bernières-sur-Dive, Bû-sur-Rouvre, Coulibœuf, Courcy, Crocy, Damblainville, Épanay, Éraines, Fourches, Fresné-la-Mère, Guibray, la Hoguette, Jort, Louvagny, le Marais, Martigny, Morteaux, les Moutiers-en-Auge, Ners, Norrey, Perrières, Pertheville, Pont, Réveillon, Sainte-Anne-d'Entremont, Saint-Martin-de-Mieux, Saint-Nicole-de-Vignats, Tôtes, Vaudeloges, Versainville, Vesqueville, Vignats et Villy.

FALAISE (LA), fief sis à Campigny et relevant d'abord de cette seigneurie, puis plus tard du roi, 1596 (aveux de la vicomté de Bayeux).

FALAISE (LA), f. c°° de Saint-André-d'Hébertot. Fief mouvant de la baronnie de Blangy, appartenant aux religieux de Cormeilles.

FALAISE (LA), h. c°° du Tourneur.

FALAISES (LES), q. c°° de Douville.

FALAISES (LES), f. c°° de Villers.

FALTIÈRE (LA), h. c°° de Vassy.

FAMILLEUX (LE), h. c°° de Saint-Bénin, réuni à Thury-Harcourt. — *Famellœ*, 1234 (lib. rub. Troarn. p. 14).

FAMILLY, c°° d'Orbec, accru de la Halboudière en 1825. — *Famillie*, 1281 (cartul. de Friardel). — *Famillèum* (*ibid.* n° 9). — *Famillye*, 1320 (rôles de la vicomté d'Auge).

Plein fief de haubert, formé en 1666 par sa réunion au fief de *la Pelardière*, relevant de la vicomté d'Orbec.

FAMILLY, q. c°° de Bernesq.

FANGUAIS (LES), h. c°° de Coulvain.

FARAUDIÈRE (LA), h. c°° de Maisoncelles-la-Jourdan.

FARCIÈRE (LA), h. c°° du Tourneur.

FARCY, h. et f. c°° de Saint-Martin-des-Besaces.

FARDY, nom d'un fief sis à Longueville, 1503 (fiefs de la vicomté de Bayeux).

FARIBAUDIÈRE (LA), h. c°° de Clécy.

FARIBOULIÈRE (LA), m°°, c°° de Saint-Martin-de-la-Lieue.

FARIN, h. c°° de Malloué.

FARINIÈRES (LES), h. c°° de Saint-Désir.

FATOUVILLE, h. c°° de Saint-Benoît-d'Hébertot.

FATOUVILLE, h. c°° de Saint-Martin-de-Blagny. — *Fastoville*, 1248 (ch. de l'abb. d'Aunay). Fief de la baronnie de Roncheville.

FAUCHERIE (LA), h. c°° de Fontenermont.

FAUCHETTERIE (LA), h. c^ne d'Aunay. — *Faucterie*, 1847 (stat. post.).

FAUCONNIER (LE), f. c^ne d'Englesqueville.

FAUDAY (LE), h. c^ne de Maisoncelles-sur-Ajon. — *La Faudaye*, 1848 (état-major).

FAUDES (LES), f. c^ne de Fourneville.

FAUDIS (LES), h. c^ne de Glanville.

FAUDIS (LES), h. c^ne de Vauville.

FAUGUERNON, c^on de Lisieux (1re section). — *Faguernon*, 1198 (magni rotuli, p. 14, 2). — *Fagernon*, 1282 (cart. norm. n° 998, p. 257, note). — *Faguellon*, xive s^e; — *Fauguernon*, xvie s^e (pouillé de Lisieux, p. 38). — *Faulxguernon*, 1620 (rôles des fiefs de la vicomté d'Auge). — *Fauquernon*, 1667 (carte de Sanson). — *Fau Guernon*, 1703 (d'Anville).

Par. de Saint-Régnobert, patr. le seigneur du lieu. Dioc. de Lisieux, doy. de Touque. Génér. d'Alençon, élect. de Lisieux, sergent. de Moyaux.

Fauguernon fut érigé en baronnie, vicomté et châtellenie par la réunion des terres et seigneuries d'Angerville, Forges, Sourdeval, Caresis, Bois-Raverot, la Cœurie; cette baronnie mouvait de l'ancienne baronnie de Roncheville. Le fief *Quesnai* ou *Kesnoi*, à Fauguernon, s'étendait sur Saint-Étienne-de-la-Thillaye.

De la baronnie et vicomté de Fauguernon, un des plus grands fiefs du duché de Normandie, relevaient les fiefs de haubert : de *Saint-Nicol*, huitième de fief assis à Sainte-Catherine-de-Honfleur; la châtellenie de *Fontenay-le-Marmion* ; le quart de fief de *Fontenay-le-Pesnel*; le fief de *Tilly* (plein fief de chevalier) ; la *Poterie*, fief sis à Tourgéville; la vavassorie de *la Barberie*, sise à Glanville; le quart de fief de *Glatigny*, 1620 (fiefs de la vicomté d'Auge).

FAULQ (LE), c^on de Blangy. — *Falcum*, 1155 (pouillé de Lisieux, p. 38, note). — *Faucum*, xive s^e (ibid.). — *Saint Martin du Fauq*, 1395 (fouages français, n° 182).

Par. de Saint-Martin, prébende; patr. le seigneur du lieu. Dioc. de Lisieux, doy. de Touque. Génér. d'Alençon, élect. de Lisieux, sergent. de Moyaux.

FAULQ (LE), h. c^ne du Pin.

FAUQUERIE (LA), h. c^ne de Sainte-Marie-outre-l'Eau.

FAUQUET (LE), h. c^ne du Breuil (Pont-l'Évêque).

FAUQUET (LE), h. c^ne de Saint-Philbert-des-Champs.

FAUSSE-ALLEMAGNE (LA), h. c^ne de Juaye-Mondaye.

FAUSSILLIÈRE (LA), h. c^ne du Mesnil-Auzouf.

FAUVEL, h. c^ne de Crouay.

FAUVEL, h. c^ne de Saint-Germain-de-Tallevende.

FAUVEL, m^in, c^ne de Sainte-Marguerite-d'Elle.

FAUVELLE, m^in, c^ne de Cartigny-Tesson.

FAUVELLIÈRE (LA), h. c^ne de Brémoy.

FAUVELLIÈRE (LA), h. c^ne de Burcy.

FAUVELLIÈRE (LA), h. c^ne de Saint-Germain-de-Tallevende.

FAUVELLIÈRE-RONDEL (LA), h. c^ne de Saint-Germain-de-Tallevende.

FAUVETIÈRE (LA), h. c^ne de Roullours.

FAUVETTE (LA), h. c^ne de Saint-Pierre-Canivet.

FAVERIE (LA), h. c^ne de Clécy.

FAVERIE (LA), h. c^ne de Landelles.

FAVERIE (LA), h. c^ne de Saint-Aubin-des-Bois.

FAVERIE (LA GRANDE et LA PETITE-), h. c^ne de Saint-Martin-Don.

FAVERIE (LA), h. c^ne de Saint-Sever.

FAVERIE (LA), h. c^ne de Vassy.

FAVERIE-ROUSSIN (LA), h. c^ne de Saint-Germain-de-Tallevende.

FAVEROLLES, h. c^ne de Barbery. — *Parochia de Faveroles*, 1261 (cartul. de Friardel). — *Favrol*, 1848 (Simon).

FAVIÈRES, c^ne réunie en 1846 à Escures, qui prend le nom d'*Escures-sur-Favières*.

Par. de Notre-Dame, patr. l'évêque de Séez et le seigneur du lieu. Dioc. de Séez, doy. de Saint-Pierre-sur-Dive. Génér. d'Alençon, élect. de Falaise, serg. de Jumel.

FAVROL, h. c^ne de Villers-sur-Mer.

FAY (LE), h. c^ne de Cauville.

FAY (LE), m^on isolée, c^ne du Détroit.

FAY (LE), h. c^ne d'Évrecy. — *Fagus*, 1172 (ch. de la Trinité de Caen).

FAY (LE), h. c^ne de Montamy.

FAY (LE), h. c^ne de Pierres. — *Fagus*, 1255 (ch. de Saint-André-en-Gouffern, n° 837).

FAY (LE), h. c^ne de Roullours.

FAY (LE), h. et m^in, c^ne de Saint-Germain-de-Tallevende; plein fief s'étendant à la paroisse de Presles, vicomté de Vire, et à la paroisse de Colomby, 1649 (fiefs de la vicomté de Caen).

FAY (LE), m^on isolée, c^ne de Saint-Lambert.

FAY (LE), h. c^ne de Truttemer-le-Grand.

FAY (LE), f. c^ne de Truttemer-le-Petit.

FAY (LE), h. c^ne de Vaudry.

FAY (LE), h. c^ne de Villy-Bocage.

FAYEL (LE), f. c^ne de la Folie.

FAYEL (LE), h. c^ne de Foulognes.

FAYEL (LE), h. c^ne de Saint-Martin-de-Fresnay.

FAYÈRE (LA), h. c^ne de Burcy.

FECQ (LE BAS ou HAUT-), h. c^ne de Monts.

FELLATIÈRE (LA), h. c^ne de la Brévière.

FELLIÈRE (LA), h. c^ne du Locheur.

FELLIÈRE (LA), h. c^ne de Missy.

Fels (Les), h. c^ne de la Ferrière-Harang.

Femelle (La), h. c^ne d'Isigny.

Férage (Le), h. c^ne d'Isigny.

Féral, f. c^ne de Villers-sur-Mer.

Féret (Le), h. et f. c^ne de Saint-Martin-de-Fresnay.

Férey, vill. c^ne de Clécy.

Ferme-à-Gouge (La), f. c^ne de Maisy.

Ferme-Carrée (La), f. c^ne de Colleville.

Ferme-d'Amont-la-Ville (La), h. c^ne de Castilly.

Ferme-d'Ansauval (La), h. c^ne des Autels-Saint-Bazile.

Ferme-de-la-Cour-Péron (La), h. c^ne de Tilly-sur-Seulle.

Ferme-de-la-Fosse (La), vill. c^ne de Rubercy.

Ferme-de-la-Potière (La), h. c^ne de Préaux.

Ferme-de-l'Église (La), h. c^ne de Blay.

Ferme-d'Émiéville (La), h. c^ne de Saint-Jouin.

Ferme-d'Enfer (La), h. c^ne de Ranchy.

Ferme-des-Dames-Bénédictines (La), f. c^ne de Grand-camp.

Ferme-de-Sennevière (La), f. c^ne de Noyers.

Ferme-des-Moulins (La), m^on isolée, c^ne de Saint-André-de-Fontenay.

Ferme-des-Quais (La), q. c^ne des Authieux-sur-Calonne.

Ferme-des-Religieuses (La), f. c^ne de Surville.

Ferme-des-Rouges-Terres (La), h. c^ne de Grandcamp.

Ferme-du-Bois-Hamel (La), f. c^ne de Saint-Jean-le-Blanc.

Ferme-du-Bosq (La), h. c^ne de Torteval.

Ferme-du-Château (La), f. c^ne de Balleroy.

Ferme-du-Château (La), f. c^ne de Colleville-sur-Mer.

Ferme-du-Hamel (La), f. c^ne de Brémoy.

Ferme-du-Haut-Hamel (La), h. c^ne de Saint-Martin-des-Besaces.

Ferme-du-Lieu-Aubert (La), h. c^ne de Grandcamp.

Ferme-du-Noyer (La), h. c^ne de Vaubadon.

Ferme-du-Parc (La), h. c^ne de Balleroy.

Ferme-du-Petit-Cabourg (La), h. c^ne de Cabourg.

Ferme-Ervée (La), m^on, c^ne d'Isigny.

Ferme-Gerville (La), h. c^ne d'Osmanville.

Ferme-Judith (La), f. c^ne de Cartigny-Tesson.

Ferme-l'Abbé (La), h. c^ne d'Anctoville.

Ferme-l'Abbé (La), h. c^ne de Saint-Hymer.

Ferme-la-Galété (La), h. c^ne de Lingèvres.

Ferme-Neuve (La), h. c^ne de Sept-Vents.

Ferme-Plantée (La), h. c^ne de Janville.

Fermes-de-Canteloup (Les), h. c^ne de Marolles.

Farmière (La), h. c^ne de Campeaux. — *La Farmière,* 1425 (ch. de Saint-Désir-de-Lisieux).

Fermière (La), h. c^ne de Maisoncelles-la-Jourdan.

Féronnière (La), h. c^ne de Beaulieu.

Féronnière (La), h. c^ne du Bény-Bocage.

Féronnière (La), h. c^ne de Campagnolles.

Féronnière (La), h. c^ne de Moyaux.

Féronnière (La), h. c^ne de Neuville.

Ferrand, h. c^ne de la Cambe. — *Ferrant,* 1847 (stat. post.).

Ferrerie (La), h. c^ne du Mesnil-Caussois.

Ferrerie (La), h. c^ne de Pleines-OEuvres.

Ferrière (La), h. c^ne de Caumont (Bayeux). — Quart de fief relevant du plein fief de Blagny-la-Quèze, 1637 (aveux de la vicomté de Bayeux).

Ferrière (La), m^in, c^ne de la Ferrière-du-Val.

Ferrière (La), h. c^ne de Landelles.

Ferrière (La), h. c^ne des Moutiers-Hubert.

Ferrière (La), h. et f. c^ne de Pierres.

Ferrière (La), h. c^ne de Saint-Germain-de-Tallevende.

Ferrière (La), h. c^ne de Saint-Manvieu (Vire).

Ferrière (La), m^in, c^ne de Sallen.

Ferrière (La), chât. c^ne de Vaux-sur-Aure.

Ferrière-au-Doyen (La), c^on d'Aunay, appelée aussi la Petite-Ferrière. — *Ferraria Vetus,* xive siècle (taxat. decim. dioc. Baioc.).

Par. de Notre-Dame, patr. le doyen de Bayeux. Dioc. de Bayeux, doy. de Villers-Bocage. Génér. de Caen, élect. de Saint-Lô, sergent. de Thorigny. Baronnie appartenant au doyen de la cathédrale de Bayeux.

Ferrière-du-Val (La), c^on d'Aunay. — *Ferreria Vallis,* xie s^e (enquête, p. 430). — *Ferraria de Valle,* 1190 (ch. d'Aunay, 26). — *Ferraria,* 1213 (*ibid.* 27). — *Ferrière du Val,* 1476 (cart. du Plessis-Grimoult).

Par. de Saint-Sauveur, prébende annexée au doy. de Bayeux. Gén. de Caen, élect. de Vire, sergent. de Saint-Jean-de-Blanc.

Fief du *Tronquart,* franche vavassorie dépendant de la Ferrière-du-Val, 1476 (cartul. du Plessis-Grimoult).

Ferrière-Harang (La), c^on du Bény-Bocage, appelée aussi *la Grande-Ferrière.* — *Ferrière Hareng,* 1277 (ch. de Saint-Julien de Falaise). — *Ferraria Harrenc,* xive s^e (taxat. decim. dioc. Baioc.). — *Laferrière Harene,* 1460 (aveu du temporel de l'évêché de Bayeux).

Par. de Saint-Pierre, patr. le doyen de Bayeux; chapelles de Souleuvre, de la Vierge, de Saint-Symphorien (anc. léproserie), de la Petite-Couture. Dioc. de Bayeux, doy. du Villers-Bocage. Génér. de Caen, élect. de Saint-Lô, sergent. de Thorigny.

La baronnie de la Ferrière-Harang, une des seigneuries érigées en haute justice par Louis XI, en 1477, en faveur du patriarche d'Harcourt, évêque de Bayeux, fut incorporée en 1605 à la baronnie de Thorigny, élevée alors au rang de comté en faveur de Jacques de Matignon.

De la baronnie relevaient les fiefs de *l'Oraille* et d'*Estivy*, assis à la Ferrière, ainsi que les fiefs des *Loges* et de *la Gondouinière*, dont le chef était assis à Jurques; la franche vavassorie *aux Chartiers*; la franche vavassorie de *Saint-Martin-des-Besaces*; le fief de *Carville*, à la Graverie; la vavassorie de *Tayme*, à Saint-Jean-des-Essartiers; la vavassorie de *Brimbois*, à Saint-Martin-des-Besaces; le fief des *Fondreaux*, à Carville; *la Connétablie*, à Saint-Martin-des-Besaces.

FERTÉ (LA), f. c^{ne} de Vaucelles.

FERTRAIS (LES), h. c^{ne} de Jurques. — *Fertrès*, 1848 (Simon).

FERTRÉ (LE), h. c^{ne} de Pierres.

FERVAQUES, c^{on} de Livarot. — *Fervaches*, 1320 (fiefs d'Orbec). — *Favanchiæ, Favarchiæ*, XIVe s°; *Farvachiæ*, XVIe s° (pouillé de Lisieux, p. 56). — *Fervidæ aquæ*, XVIIIe s° (d'Anville). — *Farvaque*, 1667 (Levasseur).

Par. de Saint-Germain, patr. le seigneur du lieu. Dioc. de Lisieux, doy. de Livarot. Génér. d'Alençon, élect. de Lisieux, sergent. d'Orbec.

Fiefs du *Verger*, des *Casselets* et de *la Maignerie*, donnés en 1155 à l'abbaye du Val-Richer.

FESSARDIÈRE (LA), h. c^{ne} de Saint-Germain-du-Crioult.

FESSONNIÈRE (LA), h. c^{ne} du Plessis-Grimoult.

FEUGÈRES, h. c^{ne} de Barbeville.

FEUGÈRES, h. c^{ne} d'Isigny. — *Filgeriæ juxta Nulleyum*, XIe siècle (enquête, p. 427). — *Felgeriæ*, 1234 (lib. rub. Troarn. p. 16). — *Feugeria*, 1250 (ch. de Fontenay, n° 172).

FEUGÈRES (LES), f. c^{ne} de Barbeville.

FEUGOURES (LES), h. c^{ne} d'Arganchy.

FEUGRAY (LE), h. c^{ne} de Brémoy. — *Fungré*, 1847 (stat. post.).

FEUGRAY (LE), h. c^{ne} d'Orbois.

FEUGRAY (LE), h. c^{ne} du Tourneur. — *Feuguerai*, 1242 (ch. de Fontenay, 62). — *Feugret*, 1848 (Simon).

FEUGUÈRES, h. c^{ne} d'Orbois.

FEUGUEROLLES-SUR-ORNE, c^{on} d'Évrecy. — *Felgerolæ, Filcherolæ, Filkerolæ*, 1082 (ch. de la Trinité). — *Feguerolles*, 1084 (*ibid.*). — *Felgerolles*, 1144 (livre noir de Bayeux, p. 457). — *Felgerollæ*, 1195 (magni rotuli, p. 78). — *Feuguerolles*, 1198 (*ibid.*). — *Feugrolles*, 1371 (visite des forteresses). — *Feugerolles*, 1476 (cart. du Plessis-Grimoult, t. I, p. 3). — *Feuquerole*, 1675 (carte de Petite). — *Foucquerolles*, 1694 (carte de Tolin). — *Fuguerolles*, 1765 (Du Moulin).

Par. de Notre-Dame, patr. le prieur du Plessis-Grimoult. Dioc. de Bayeux, doy. de Maltot. Génér. et élect. de Caen, sergent. de Préaux.

Le quart de fief assis à Feuguerolles s'étendait à Vieux et à Bully. Franche vavassorie relevant de la baronnie de Monfréville.

FEUGUEROLLES-SUR-SEULLE, c^{on} de Caumont (Bayeux). — *Filcherollæ*, 1080 (cartul. de la Trinité). — *Foucheroliæ*, 1204 (cart. norm. n° 109, p. 18). — *Feugueroles*, 1230 (cartul. de Fontenay). — *Fuguerolles* (preuves de la maison d'Harcourt, t. III, p. 781). — *Fugerolle*, 1675 (carte de Petite). — *Fouguerolle*, 1723 (d'Anville). — Pour le spirituel, Feuguerolles est uni à Sermentot.

Par. de Saint-Pierre, patr. le seigneur du lieu. Dioc. de Bayeux, doy. de Villers-Bocage. Génér. de Caen, élect. de Bayeux, sergent. de Briquessart.

Fief de chevalier dont le roi retenait le quart par suite de forfaiture, relevant de la baronnie de Crépon. *Fuguerolles*, fief de Tracy, 1720 (fiefs de la vic. de Caen).

FEUILLÉE (LA), h. c^{ne} de Landelles-et-Coupigny.

FEUILLET, h. et mⁱⁿ, c^{ne} du Tourneur.

FEUILLETERIES (LES), h. c^{ne} de Saint-Hymer.

FEUILLETIÈRE (LA), h. c^{ne} de Notre-Dame-de-Courson.

FEUILLETS (LES), h. c^{ne} de Lingèvres.

FEUILLIÈRE (LA), h. c^{ne} de Notre-Dame-de-Courson.

FEURNICHON, h. c^{ne} de Saint-Martin-de-Blagny.

FÈVRE (LE), h. c^{ne} de Grandcamp.

FÈVRE (LE), h. c^{ne} de Saint-Pierre-du-Mont.

FÈVRES (LES), h. c^{ne} d'Ondefontaine.

FÈVRES (LES), h. c^{ne} de Torteval.

FIEF-AU-COMTE (LE), domaine de Bretteville-l'Orgueilleuse, 1297 (ch. de Saint-Étienne de Caen).

FIEF-AU-MARÉCHAL (LE), h. c^{ne} de Venoix.

FIEF-DE-BRAY (LE), h. c^{ne} de Glos.

FIEF-DE-LA-BRUYÈRE (LE), h. c^{ne} de Montchauvet.

FIEF-DU-MOULIN (LE), h. c^{ne} de Campeaux.

FIEF-ENGUERRAND (LE), h. c^{ne} de Bernières-sur-Mer.

FIEFFE (LA), h. c^{ne} d'Annebecq.

FIEFFE (LA), h. c^{ne} de Cahagnolles.

FIEFFE (LA), h. c^{ne} de la Ferrière-Harang.

FIEFFE (LA), h. c^{ne} de Fontenermont.

FIEFFE (LA), h. c^{ne} de Lassy.

FIEFFE (LA), h. c^{ne} de Maisoncelles-la-Jourdan.

FIEFFE (LA), h. c^{ne} du Mesnil-Eudes.

FIEFFE (LA), h. c^{ne} de Montchauvet.

FIEFFE (LA), h. et f. c^{ne} de Noron (Bayeux). — *Les Fieffes*, 1848 (état-major).

FIEFFE (LA), h. c^{ne} du Reculey.

FIEFFE (LA), h. c^{ne} de Roullours.

FIEFFE (LA), h. c^{ne} de Saint-Aubin-des-Bois.

FIEFFE (LA), h. c^{ne} de Saint-Martin-des-Besaces.

FIEFFE (LA), h. c^{ne} de Saint-Martin-des-Bois.

FIEFFE (LA), h. c^{ne} de Saint-Martin-de-Tallevende.

Fieffe (La), f. c^{ne} de Saint-Sever.

Fieffe (La), f. c^{ne} de Vaux-sur-Aure.

Fieffe-aux-Laurents (La), h. c^{ne} du Gast.

Fieffe-Béziers (La), h. c^{ne} de Saint-Martin-des-Besacés.

Fieffe-Bichevel (La), h. c^{ne} de Gonneville-sur-Honfleur.

Fieffe-Bichevel (La), h. c^{ne} de Saint-Gatien.

Fieffes (Les), h. c^{ne} d'Auquainville.

Fieffes (Les), h. c^{ne} des Authieux-sur-Calonne.

Fieffes (Les), h. c^{ne} du Bény-Bocage.

Fieffes (Les), h. c^{ne} de Blay.

Fieffes (Les), h. c^{ne} de Bonneville-sur-Touque.

Fieffes (Les), h. c^{ne} de Fourneville.

Fieffes (Les), h. c^{ne} du Gast.

Fieffes (Les), h. c^{ne} de Juaye-Mondaye.

Fieffes (Les), h. c^{ne} du Mesnil-Germain. — *Les Fiefs*, 1848 (Simon).

Fieffes (Les), h. c^{ne} de Montchamp.

Fieffes (Les), h. c^{ne} de Norolles.

Fieffes (Les), h. c^{ne} des Oubeaux.

Fieffes (Les), h. c^{ne} de Saint-Ouen-des-Besaces.

Fieffes (Les), h. c^{ne} de Saint-Pierre-Tarentaine.

Fieffes (Les), h. c^{ne} de Sallen.

Fieffes-Carel (Les), h. c^{ne} de Saint-Martin-des-Besaces.

Fief-Hamars (Le), h. c^{ne} du Mesnil-Germain.

Fiefs (Les), h. c^{ne} de Campigny.

Fiefs (Les), h. c^{ne} de Noron (Falaise).

Fiefs-Laco (Les), h. c^{ne} de Juaye-Mondaye.

Fierville, f. c^{ne} d'Avenay, ancien fief appartenant avant la Révolution aux religieuses de la Visitation de Caen et relevant du roi par trois quarts de fief de haubert.

Fierville, h. c^{ne} de Sept-Vents. — Chapelle Sainte-Anne, fondée par Hervey de Longaunay, seigneur de Sept-Vents.

Fierville-en-Bessin, réuni à Avenay en 1827. — *Fierevilla*, 1198 (magni rotuli, p. 24). — *Molendinum de Fervilla*, 1246 (ch. de Fontenay, 9). — *Ferevilla*, 1253 (*ibid.*).

Par. de Saint-Éloi, patr. l'abbé de Fontenay. Dioc. de Bayeux, doy. d'Évrecy. Génér. et élect. de Caen, sergent. de Préaux.

Fierville-la-Campagne, c^{ne} de Bretteville-sur-Laize. La commune de Cinq-Autels lui a été réunie en 1859. — *Molendinum de Fiervilla*, 1242 (cart. de Fontenay). — *Feurevilla*, 1273 (bulle pour l'abb. du Val). — *Fierreville*, 1371 (assiette de la vicomté de Caen). — *Ferevilla in Oximensi pago*, xive s^e (livre pelut de Bayeux).

Par. de Saint-Pierre et Saint-Jean-Baptiste;

patr. : 1° le seigneur du lieu; 2° l'abbé de Saint-Ouen. Dioc. de Bayeux, doy. de Vaucelles. Génér. et élect. de Caen, sergent. de Saint-Sylvain.

Fief de chevalier tenu par l'évêque de Bayeux, 1637 (fiefs de l'évêché, p. 434).

Fierville-les-Parcs, c^{ne} de Blangy. — *Ferevilla*, *Firvilla*, *Fiervilla*, xvie siècle (pouillé de Lisieux, p. 38). — *Fereville*, 1683 (*ibid.* note).

Fierville-sous-Blangy, réuni en 1853 à la commune de Parcs-Fontaines, ayant pris le nom de *Fierville-les-Parcs*.

Par. de Saint-Gervais et Saint-Protais, patr. l'abbé de Cormeilles. Dioc. de Lisieux, doy. de Touque. Génér. d'Alençon, élect. de Lisieux, sergent. de Moyaux.

Figuerie (La), f. c^{ne} du Mesnil-Villement.

Filaine (La), riv. affl. de la Dive à gauche, prend sa source dans le département de l'Orne, traverse, dans celui du Calvados, Vignats, Fourches, Beaumont, et se jette dans la Dive à Crocy.

Filature (La), m^{on}, c^{ne} de Falaise.

Filature (La), m^{on}, c^{ne} de Mézidon.

Filature (La), f. c^{ne} de Préaux.

Filature (La), m^{on}, c^{ne} de Saint-Loup-de-Fribois.

Filature (La), m^{on}, c^{ne} de Saint-Pierre-du-Bû.

Filature-à-Coton (La), m^{on}, c^{ne} d'Ouilly-du-Houlley.

Fillastre, m^{on} isolée, c^{ne} de Bricqueville.

Fillatrière (La), h. et f. c^{ne} de Préaux.

Finautière (La), h. c^{ne} de la Brévière.

Fiques, h. c^{ne} de Manerbe.

Fiquet (Le), h. c^{ne} d'Englesqueville.

Fiquetterie (La), h. c^{ne} de Fumichon.

Firfol, c^{ne} de Lisieux (1re section). — *Fierfol*, xive s^e (pouillé de Lisieux, p. 24). — *Firfolium*, *Frafolium*, xvie s^e (*ibid.*).

Prieuré de Firfol sous l'invocation de Notre-Dame; patr. l'abbé de Cormeilles. Dioc. de Lisieux, doy. de Moyaux. Génér. d'Alençon, élect. de Lisieux, sergent. de Moyaux.

Fiselière (La), h. c^{ne} de Coulonces.

Fisellières (Les), h. c^{ne} de Baynes.

Fistière (La), h. c^{ne} de Montpinçon.

Fizellerie (La), h. c^{ne} du Gast.

Flabels (Les), h. c^{ne} de Biéville.

Flael, nom d'un ancien moulin situé à Loucelles, appartenant à Saint-Étienne de Caen. — *Molendinum de Flael apud Loucellas*, 1130 (ch. de Saint-Étienne, n° 87).

Flaguais (La), h. c^{ne} d'Isigny.

Flaguais (Les), q. c^{ne} de Littry.

Flaguais (Les), h. c^{ne} de Missy.

Flague (La), h. c^{ne} d'Arganchy.

FLAGUE (LA), h. c^ne de Danvou.

FLAGUE (LA), h. c^ne de Grimbosq.

FLAGUE (LA), h. c^ne des Moutiers-en-Cinglais.

FLAGUÈRE (LA), h. c^ne de la Ferrière-Harang. — *Flageria*, 1218 (cartul. de Mondaye). — *Flagère*, 1847 (stat. post.).

FLAGUÈRE (LA), h. et f. c^ne du Tourneur.

FLAGUES (LES), h. c^ne d'Anctoville.

FLAGUES (LES), h. c^ne de Guéron.

FLAGY, h. et f. c^ne de Sainte-Honorine-du-Fay. — *Flageum*, 1198 (magni rotuli, p. 17). — *Flagie*, 1422 (*ibid.*).

Fief de chevalier tenu de l'évêque de Bayeux, 1637 (fiefs de l'évêché de Bayeux, p. 434).

FLAIS (LE), m^in, c^ne de Soûmont-Saint-Quentin.

FLAMBARDIÈRE (LA), h. c^ne de Sainte-Honorine-de-Ducy.

FLAMBARDIÈRE (LA), h. c^ne de Sainte-Honorine-du-Fay.

FLAQUES (LES), h. c^ne de Lingèvres.

FLAUX, h. c^ne de Saint-Ouen-des-Besaces.

FLAVIGNY, h. c^ne d'Évrecy. — *Flagny*, 1848 (Simon).

FLAVIGNY, paroisse de Langrune, 1254 (ch. de Villers-Canivet).

FLAYE, vill. et m^in, c^ne de Condé-sur-Seulle.

FLEUR (LA), h. c^ne de Ranchy.

FLEURETTES (LES), h. c^ne d'Étouvy.

FLEURIÈRE, h. c^ne de Coulonces. — *Fluiereium*, 1198 (magni rotuli, p. 3).

FLEURIGNY, h. c^ne de Touque.

FLEURIOT, q. c^ne de Lisieux.

FLEURY, h. c^ne de Cordebugle.

FLICOTS (LES), q. c^ne de Mondeville.

FLORIE (LA GRANDE et LA PETITE-), h. c^ne de Saint-Martin-de-Tallevende.

FLOTTELAIE (LA), h. c^ne de Sainte-Marguerite-d'Elle. — *Fottelaie*, 1848 (état-major).

FLOTTEMANVILLE, h. c^ne de Bernesq.

FOIRAGE, h. c^ne de Deux-Jumeaux.

FOISON, q. c^ne de Nonant.

FOLIE (LA), h. c^ne de Caen.

FOLIE (LA), h. c^ne de Glos.

FOLIE (LA), h. c^ne de Grandcamp.

FOLIE (LA), c^ne d'Isigny. — *Folia*, 1231 (ch. de Barbery, 962).

Par. de Saint-Pierre, patr. le sous-doyen de Bayeux. Dioc. de Bayeux, doy. de Couvains. Génér. de Caen, élect. de Bayeux, sergent. d'Isigny.

FOLIE (LA), h. c^ne de Janville.

FOLIE (LA), h. c^ne de Moulines.

FOLIE (LA), q. c^ne de Ranchy.

FOLIE (LA), h. c^ne de Roullours.

FOLIE (LA), h. c^ne de Saint-Contest.

FOLIES (LES), h. c^ne de Condé-sur-Noireau.

FOLLEBARBES (LES), h. c^ne d'Auvillars. — *Folbarbes*, 1848 (Simon).

FOLLERIE (LA), h. c^ne du Tourneur.

FOLLETAIRE (LA), h. c^ne de Cartigny-Tesson.

FOLLETIÈRE (LA), c^ne d'Orbec. La commune d'Abenon lui a été réunie en 1825 et elle a pris le nom de *Folletière-Abenon*. — *Foletaria*, 1180 (bulle pour le Plessis-Grimoult). — *Foeleteria*, 1198 (magni rotuli scacc. p. 432). — *Folleteria*, XIVe siècle; *Folteria*, XVIe s^e (pouillé de Lisieux, p. 56). — *Foleter*, 1419 (cart. norm. n° 440).[1]

Par. de Notre-Dame, patr. le seigneur du lieu. Dioc. de Lisieux, doy. de Montreuil. Génér. d'Alençon, élect. de Bernay, sergent. de Chambrais.

FOLLETIÈRE (LA), h. c^ne de Glos.

FOLLETIÈRE (LA), h. c^ne de Jurques.

FOLLETOT, h. c^ne de Sannerville. — *Foletot*, 1115 et 1230 (lib. rub. Troarn. p. 11). — *Follet*, 1848 (état-major). — Chapelle et prieuré de Saint-Remi.

FOLLEVILLE, q. c^ne de Bonneville-sur-Touque.

FOLLEVILLE, h. c^ne de Sainte-Marguerite-des-Loges. — *Folevilla*, 1194 (ch. de l'abb. d'Aunay).

FOLLIERS (LES), h. c^ne de Heurtevent.

FOLLIETTE (LA), h. c^ne de Lingèvres.

FOLLINIÈRE (LA), h. c^ne de Saint-Georges-en-Auge.

FOLLIOTS (LES), h. c^ne de Couvert.

FOLLIOTS (LES), h. c^ne de Juaye-Mondaye.

FONDATION (LA), h. c^ne de Lécaude.

FONDATION (LA), h. c^ne de Monceaux.

FONDREAUX (LES), h. c^ne de Carville.

FONDREAUX (LES), vill. c^ne de Louvières. — *Fondreel*, XIIe s^e (ch. de Saint-André-en-Gouffern, n° 103).

FONDS-CORBETS (LES), h. c^ne de Parfouru-l'Éclin.

FONELLES (LES), h. c^ne de Beuvron.

FONERIE (LA), h. c^ne de Manerbe.

FONERIE (LA), h. c^ne de Saint-André-d'Hébertot.

FONTAINE (LA), m^in, c^ne d'Argences.

FONTAINE (LA), h. c^ne d'Arromanches.

FONTAINE (LA), h. c^ne d'Asnières.

FONTAINE (LA), h. c^ne de Basly.

FONTAINE (LA), h. c^ne de Boissey.

FONTAINE (LA), h. c^ne de Brouay.

FONTAINE (LA), q. c^ne de Cagny.

FONTAINE (LA), h. c^ne de Clécy.

FONTAINE (LA), h. et m^in, c^ne de Colleville-sur-Mer.

FONTAINE (LA), h. c^ne d'Épaney.

FONTAINE (LA), h. c^ne d'Estry.

FONTAINE (LA), h. c^ne d'Isigny.

FONTAINE (LA), h. c^ne de Longues.

FONTAINE (LA), q. c^ne de Luc.

FONTAINE (LA), q. c^ne de Martigny.

15.

FONTAINE (LA), h. c⁰ᵉ de Monceaux.

FONTAINE (LA), h. c⁰ᵉ de Moulines.

FONTAINE (LA), f. c⁰ᵉ d'Ouville-la-Bien-Tournée.

FONTAINE (LA), h. c⁰ᵉ de Rots.

FONTAINE (LA), h. c⁰ᵉ de Ryes.

FONTAINE (LA), h. c⁰ᵉ de Sainte-Croix-Grand-Tonne.

FONTAINE (LA), h. c⁰ᵉ de Saint-Germain-de-Tallevende.

FONTAINE (LA), h. c⁰ᵉ de Saint-Germain-le-Vasson.

FONTAINE (LA), h. c⁰ᵉ de Saint-Loup-Hors.

FONTAINE (LA), h. c⁰ᵉ de Saint-Martin-de-Fresnay.

FONTAINE (LA), h. c⁰ᵉ de Saint-Sylvain.

FONTAINE (LA), h. c⁰ᵉ de Surrain.

FONTAINE (LA), h. c⁰ᵉ de Troarn.

FONTAINE (LA), q. c⁰ᵉ d'Urville.

FONTAINE,(LA), h. c⁰ᵉ de Vaucelles.

FONTAINE (LA), h. c⁰ᵉ de Versainville.

FONTAINE (LA), f. c⁰ᵉ de Villers-sur-Mer.

FONTAINE-ANDRÉ (LA), mᵐ isol. c⁰ᵉ de Bons-Tassilly.

FONTAINE-AU-BEY (LA), h. c⁰ᵉ de la Graverie.

FONTAINE-AUX-GUILLOTS (LA), h. c⁰ᵉ de Beaumont.

FONTAINE-AUX-MARGOTS (LA), h. c⁰ᵉ de Tonnancourt.

FONTAINE-BALAN (LA), h. c⁰ᵉ de Saint-Gatien.

FONTAINE-BOISSARD (LA), éc. c⁰ᵉ de Parfouru-sur-Odon.

FONTAINE-BOUILLANTE (LA), h. c⁰ᵉ de Saint-Martin-de-Sallen.

FONTAINE-CLAIRE (LA), h. c⁰ᵉ d'Épinay-sur-Odon.

FONTAINE-CLAIRE (LA), h. c⁰ᵉ de Longvillers.

FONTAINE-CLÉBISSE (LA), h. c⁰ᵉ de Villerville.

FONTAINE-DE-HAUT (LA), q. c⁰ᵉ de la Houblonnière.

FONTAINE DES ROMAINS (LA), c⁰ᵉ de Cheux, source de la Mue, 1848 (état-major).

FONTAINE-DU-COIN (LA), h. c⁰ᵉ de Saint-Ouen-des-Besaces.

FONTAINE-DU-NOYER (LA), h. c⁰ᵉ de Tordouet.

FONTAINE-DU-PIN (LA), h. c⁰ᵉ de Fierville-la-Campagne.

FONTAINE-DU-PISSOT (LA), q. c⁰ᵉ de Grangues.

FONTAINE-DU-VILLAGE (LA), f. c⁰ᵉ de Saint-Ouen-le-Pin.

FONTAINE-ESMANGARD (LA), h. c⁰ᵉ de Saint-Hymer.

FONTAINE - ÉTOUPEFOUR, c⁰ⁿ d'Évrecy. — *Estupefor*, 1190 (cartul. de Saint-Étienne). — *Fontana Estoupefour*, 1154 (bulle pour le Plessis-Grimoult). — *Estopefort*, 1218 (cartul. de Mondaye). — *Estopefor*, 1264 (ch. de Fontenay, 41). — *Ecclesia de Stupofurno*, 1275 (*ibid.* n° 14). — *Estoupefoer*, 1277 (cartul. norm. n° 804, p. 218). — *Stoupefour*, xiv° siècle (livre pelut de Bayeux). — *Fontaine - Étoupefour*, xviii° siècle (Cassini).

Par. de Saint-Martin, patr. le prieur du Plessis-Grimoult. Dioc. de Bayeux, doy. de Maltot. Génér. et élect. de Caen, sergent. d'Évrecy.

Demi-fief noble dit le *fief des Anguilles*, s'étendant à Maltot, Éterville, Baron et Verson, dont

relevaient les fiefs de *Trois-Monts* et de *Culey-le-Patry*.

FONTAINE-GUÉREST (LA), h. c⁰ᵉ de Saint-Laurent-de-Condel.

FONTAINE-HALBOUT (LA), c⁰ᵉ réunie à Moulines en 1833.
— *Halebost de Fontibus*, v. 1170 (ch. de Barbery). — *Fontes le Halibout*, 1231 (*ibid.* n° 208). — *Fontes Halebout*, xiv° s° (tax. decim. dioc. Baioc.). — *Fontes Hallebouc*, xiv° s° (livre pelut de Bayeux). — *Fontaine Hallebout*, 1371 (visite des forteresses). — *Fontaine Halebout*, 1778 (dénombr. d'Alençon).

Par. de Saint-Laurent, patr. le seigneur. Dioc. de Bayeux, doy. du Cinglais. Génér. d'Alençon, élect. de Falaise, sergent. de Tournebu.

Fief de la baronnie de Tournebu, 1585 (papier terrier de Falaise), 1612 (comptes de Rouen). Le fief de Fontaine avait en 1235 la seigneurie de Saint-Clair de la Pommeraye.

FONTAINE-HELLOUIN (LA), h. c⁰ᵉ de Saint-Pierre-des-Ifs.

FONTAINE - HENRY, c⁰ⁿ de Creully, accru de la commune de Moulineaux en 1847. — *Fontes super Thaon*, 1209 (ch. de l'abb. d'Ardennes). — *Fontes Henrici*, 1297 (*ibid.*). — *Fontaines le Henry*, 1474 (arch. nat. P. 272, n° 21). — *Fontaine Harcourt dite le Henry*, 1608 (aveux de la vic. de Caen), 1730 (chambre des comptes de Rouen).

Par. de Notre-Dame, patr. le seigneur du lieu; léproserie du Val-Briant. Dioc. de Bayeux, doy. de Douvre. Génér. et élect. de Caen, sergent. de Bernières. — Chapelle de Notre-Dame du *Val-Busnel*, à la nomination du seigneur.

Bréville, quart de fief de haubert en la paroisse de Fontaine-Henry, relevait du roi et ressortissait à la vicomté de Caen, 1474 (arch. nat. P. 272, n° 21), 1621 (aveux de la vicomté, p. 128).

FONTAINE-HUE (LA), h. c⁰ᵉ de Blonville.

FONTAINE-HUE (LA), h. c⁰ᵉ de Bourgeauville.

FONTAINE - LE - PIN, c⁰ⁿ de Bretteville-sur-Laize, accru de la commune de Bray-en-Cinglais en 1825. — *Fontes le Pin*, 1280 (ch. de Villers-Canivet). — *Fontes Lespin*, xiv° s° (*ibid.*). — *Fonteine le Pin*, 1585 (papier terrier de Falaise).

Par. de Saint-Pierre, patr. le commandeur de Voismer. Dioc. de Bayeux, doy. du Cinglais. Génér. d'Alençon, élect. de Falaise, sergent. de Tournebu. — Commanderie de l'ordre du Temple, fondée en 1148, dans le vallon de Voismer; ensuite de la suppression des Templiers, elle passa aux Hospitaliers.

Fief de *Fraperel*, en la paroisse de Fontaine-le-Pin, 1450 (arch. nat. P. 271, n° 50).

FONTAINE-LE-PIN, h. c⁰ᵉ de Fierville-la-Campagne. — *Fontes le Pin*, xiv° s° (livre pelut de Bayeux).

Fontaine-Magard (La), q. c⁰ᵉ de Saint-Hymer.

Fontaine-Navarre (La), h. c⁰ᵉ de Manneville-la-Pipard.

Fontaine-Nicole (La), q. c⁰ᵉ de Saint-Martin-de-Fontenay.

Fontaines (Les), h. c⁰ᵉ de Barbery. — *Fontanœ*, 1230 (ch. de Barbery, 101). — *Fontes*, 1231 (*ibid.*).

Fontaines (Les), h. c⁰ᵉ de Bernières-le-Patry.

Fontaines (Les), h. c⁰ᵉ de Brouay.

Fontaines (Les), h. c⁰ᵉ de Cambremer.

Fontaines (Les), h. c⁰ᵉ de la Chapelle-Yvon.

Fontaines (Les), h. c⁰ᵉ de Crépon. — *Fontaines-du-Bouillon*, 1848 (état-major).

Fontaines (Les), h. c⁰ᵉ de Fervaques.

Fontaines (Les); h. c⁰ᵉ de Fontenay-le-Pesnel. — *Fontes Abbatis*, xiiiᵉ sⁱ. (ch. de Saint-Étienne de Fontenay, n° 85).

Fontaines (Les), h. c⁰ᵉ de Géfosse. — *Fontes*, 1250 (ch. de l'abb. d'Ardennes). — *Les Fonteines*, 1258 (*ibid.*). — *Les Fontaines-de-la-Champagne*, 1847 (stat. post.).

Fontaines (Les), h. c⁰ᵉ de Livry.

Fontaines (Les), h. c⁰ᵉ de Mondeville.

Fontaines (Les), fief de la baronnie de Neuilly-l'Évêque, à Isigny, 1460 (temp. de l'évêché de Bayeux).

Fontaines (Les), h. c⁰ᵉ de Neuville.

Fontaines (Les), h. c⁰ᵉ d'Olendon.

Fontaines (Les); q. c⁰ᵉ de Saint-Julien-sur-Calonne.

Fontaines (Les), h. c⁰ᵉ de Saint-Martin-de-Tallevende.

Fontaines (Les), f. c⁰ᵉ de Sept-Frères.

Fontaines (Les), h. c⁰ᵉ de Sept-Vents.

Fontaines (Les), h. c⁰ᵉ de Vendes.

Fontaines (Les), h. c⁰ᵉ de Villers-Canivet.

Fontaine-Saint-Julien (La), h. c⁰ᵉ de Boissey. Ce lieu doit son nom à la belle source qui s'y trouve.

Fontaines-des-Courtonnel (Les), h. c⁰ᵉ de Cordebugle.

Fontaines-Gosse (Les), h. c⁰ᵉ d'Orbec.

Fontaines-Hannoy (Les), h. c⁰ᵉ de Bonneville-la-Louvet.

Fontaines-les-Rouges (Les), c⁰ᵉ du Tourneur. — *Fontanœ Rubeœ super Lesiam*, 1285 (ch. de Barbery, n° 147). — *Fontaine le Rouge*, 1608 (aveux d'Harcourt).

Fontaines-Paquin (Les), f. c⁰ᵉ de Fumichon.

Fontaine-Varin (La), c⁰ᵉ de Cordebugle.

Fontaine-Varin (La), h. c⁰ᵉ d'Orbec.

Fontaine-Verteveule (La), h. c⁰ᵉ de Reux.

Fontaine-Vigor (La), q. c⁰ᵉ d'Asnelles.

Fontenailles, c⁰ᵉ de Ryes, réuni à Longues en 1861. — *Fontenellœ*, 1277 (cart. norm. n° 901, p. 215).

— *Fonteneilles*, 1282 (ch. de l'abb. de Cordillon, 26). — *Fonteñailles*, 1412 (ch. de l'abb. de Longues, p. 171).

Par. de Saint-Pierre, patr. l'abbé de Longues. Dioc. de Bayeux, doy. de Creully. Génér. de Caen, élect. de Bayeux, sergent. de Graye.

Fief noble relevant du roi; un tiers de fief relevant de la vicomté de Bayeux. Fief d'*Aunay*, relevant du fief de Fontenailles.

Fontenay, f. c⁰ᵉ de Campigny.

Fontenay, h. c⁰ᵉ d'Éraines.

Fontenay, c⁰ᵉ d'Isigny, réuni par décret du 16 janvier 1861 à Géfosse, qui depuis porte le nom de *Géfosse-Fontenay*. — *Fontanetum, Fontenetum*, 1222 (ch. de l'abb. d'Aunay). — *Fontenay sur le Vé*, 1371 (visite des forteresses). — *Fontenay sur le Vey*, xviiiᵉ siècle (Cassini).

Par. de Saint-Pierre, patr. les abbés de Montebourg et de Saint-Sauveur-le-Vicomte. Génér. de Caen, élect. de Bayeux, sergent. des Veys.

Fief de haubert relevant de la baronnie de Creully. Un membre de fief assis en cette paroisse relevait de la baronnie de Colombières par un quart de fief de haubert.

Fontenay, f. c⁰ᵉ de Saint-Germain-de-Montgommery.

Fontenay-l'Abbaye ou Fontenay-le-Tesson, formait autrefois une seule paroisse représenté aujourd'hui par les deux communes de Saint-André et de Saint-Martin-de-Fontenay. (Voir ces deux noms et Saint-Étienne-de-Fontenay.)

Fontenay-le-Marmion, c⁰ᵉ de Bourguébus. — *Fontenetum le Marmion*, 1243 (ch. de Fontenay, n° 115). — *Fontenay super Ourne*, 1417 (magni rotuli, p. 278). — *Fontene le Marmion*, 1585 (papier terrier de Falaise).

Par. de Saint-Hermès, patr. l'abbé de Barbery. Église de Saint-Germain-du-Chemin; chapelle de Notre-Dame-du-Vivier. Dioc. de Bayeux, doy. de Fontenay-le-Pesnel. Génér. et élect. de Caen, sergent. de Bretteville-sur-Laize. — Fontenay doit son nom à la famille Marmion, dont un représentant assista en 1066 à la bataille d'Hastings.

La châtellenie de Fontenay-le-Marmion dépendait de la baronnie de Fauguernon, 1620 (fiefs de la vicomté d'Auge).

Fief d'*Aigneaulx*, en la paroisse de Fontenay-le-Marmion, 1531 (arch. nat. P. 271, n° 220); huitième de fief tenu par Guillaume Aubert, 1586 (fiefs de la vicomté de Falaise).

Fontenay-le-Pesnel, c⁰ᵉ de Tilly-sur-Seulle. — *Fontenetum Paganelli*, 1077 (ch. de Saint-Étienne de Caen). — *Fonteneium Paganelli*, 1207 (ch. du

prieuré, n° 5). — *Fontenetum le Paienel*, 1232
(ch. de Saint-Étienne de Caen, n° 93). — *Fontanetum le Paenel*, 1244 (ch. de Saint-Étienne de
Fontenay). — *Fontenai Paenel*, v. 1250 (magni rotuli, p. 186). — *Fontenetum Paganelli*, 1260 (ch.
de Fontenay-le-Pesnel, 20). — *Fontes le Paenel*,
1277 (ch. de Sainte-Barbe, n° 201). — *Fontenay
le Paienel*, 1313 (ch. du prieuré, 41). — *Fonteney
le Paennel*, 1342 (ch. du prieuré de Pesnel, 48).
— *Fonteney le Paynel*, 1371 (visite des forteresses).
— *Fontenay le Peinel*, 1450 (arch. nat. P. 175,
n° 144).

Par. de Saint-Aubin et Saint-Martin (la dernière
supprimée), patr. le seigneur du lieu. Prieuré ou
personnat fondé par Juhel de Mayenne en 1207 et
donné à l'abbaye de Fontaine-Daniel, au diocèse du
Mans; chapelle de Boislonde. — Dioc. de Bayeux,
chef-lieu de doyenné. Génér. et élect. de Caen, sergent. de Cheux.

Fiefs assis à Fontenay-le-Pesnel : Petiville, Bois-
londe et Fontaine-Daniel. Un autre fief s'étendait
au Mesnil-Patry, à Juvigny, Brouay, Cristot, Tilly,
Bretteville-l'Orgueilleuse.

Le doyenné de Fontenay-le-Pesnel comprenait
Arry, Audrieu (deux portions), Bernières-Bocage,
Bretteville-sur-Bordel, Brouay, Bucéels, Carcagny,
Chouain, Condé-sur-Seulle, Couvert, Cristot, Ducy
(deux portions), Épinay-sur-Odon, Fontenay, Grainville, Hottot (deux portions), Juvigny, Lingèvres,
le Locheur, Longraye, Loucelles, le Mesnil-Patry, Missy, Mondrainville, Monts, Mouen, Noyers
(prieuré-cure), Orbois, Parfouru-sur-Odon, Tessel,
Tilly, Tournay, Tourville, Saint-Vaast et Vendes.
L'abbaye de Cordillon, ainsi que les prieurés de
Notre-Dame de Bérolles, d'Audrieu et de Fontenay, appartenaient à ce doyenné.

FONTENELLE (LA), f. c^ne d'Englesqueville.

FONTENELLE (LA), h. c^be de Hamars. — *Fontenella*,
1086 (ch. de la Trinité).

FONTENELLE (LA), m^in, c^ne de Livry. — *Fontenella*, 1196
(ch. de l'abb. d'Aunay).

FONTENELLE (LA), h. c^ne de Placy.

FONTENELLES (LES), h. c^be d'Asnières.

FONTENELLES (LES), h. c^ne de Campagnolles.

FONTENELLES (LES), h. c^ne de la Hoguette. — *Fonti-
nelle in halmello de Alneto*, 1242 (cartul. de l'abb.
de Cordillon).

FONTENELLES (LES), h. c^ne de Lassy.

FONTENELLES (LES), h. c^ne de Mittois. — *Fontinellæ*,
1234 (ch. de l'abb. de Longues, p. 38).

FONTENELLES (LES), h. c^ne de Roques.

FONTENERMONT, c^on de Saint-Sever. — *Fontaines Er-*

noult, 1453 (arch. nat. aveux, P. 271, n° 166). —
Fonteurnemont, 1498 (*ibid.* n° 253).

FONTENY, h. c^ne d'Éraines.

FONTIGNY, h. c^ne de Saint-Germain-de-Montgommery.

FORDELLE (LA), h. c^be de Bretteville-le-Rabet.

FORESTELLE (LA), h. c^ne de Pierrefitte.

FORESTERIE (LA), h. c^ne de Landelles.

FORESTIERS (LES), h. c^ne de Caumont.

FORÊT (LA), h. c^ne de Bonneville-sur-Touque.

FORÊT (LA), h. c^ne de Castilly.

FORÊT (LA), h. c^ne de Lison.

FORÊT (LA), c^ne de Montvielle.

FORÊT (LA), h. c^ne de Saint-Martin-de-Fresnay.

FORÊT (LA), h. c^ne de Saint-Sever. Un ermitage y avait
été fondé au vi^e siècle. L'enclos du monastère se
nommait *la Fontaine-des-Trois-Ermites.*

FORÊTS (LES), h. c^ne du Pin.

FORGE (LA), h. c^ne d'Amfréville.

FORGE (LA), h. c^ne d'Avenay.

FORGE (LA), h. c^ne de Beaufour.

FORGE (LA), h. c^ne de Beaumesnil.

FORGE (LA), q. et chât. c^ne de Blonville.

FORGE (LA), h. c^ne de Bonneville-sur-Touque.

FORGE (LA), h. c^ne de Bons-Tassilly.

FORGE (LA), h. c^ne de Burcy.

FORGE (LA), h. c^ne de Campagnolles.

FORGE (LA), h. c^ne de Campeaux.

FORGE (LA), h. c^ne de Champ-du-Boult.

FORGE (LA), h. c^ne de Clermont.

FORGE (LA), h. c^ne de Cordey.

FORGE (LA), f. c^ne de Cuverville.

FORGE (LA), h. c^ne de Danvou.

FORGE (LA), h. c^ne du Faulq.

FORGE (LA), h. c^ne de la Ferrière-au-Doyen.

FORGE (LA), h. c^ne de Fierville.

FORGE (LA), h. c^ne du Gast.

FORGE (LA), h. c^ne de Gonneville-sur-Dive.

FORGE (LA), h. c^ne de la Graverie.

FORGE (LA), h. c^ne de Landelles.

FORGE (LA), h. c^ne du Mesnil-sur-Blangy.

FORGE (LA), h. c^ne de Mittois.

FORGE (LA), h. c^ne du Pin.

FORGE (LA), h. c^ne de Pont-Bellanger.

FORGE (LA), h. c^ne de Prétreville.

FORGE (LA), h. c^ne du Reculey.

FORGE (LA), h. c^ne de Saint-André-d'Héberlot.

FORGE (LA), h. c^ne de Saint-Germain-le-Vasson.

FORGE (LA), h. c^ne de Saint-Jean-le-Blanc.

FORGE (LA), f. c^ne de Saint-Philbert-des-Champs.

FORGE (LA), h. c^ne de Sept-Frères.

FORGE (LA), h. c^ne de Sept-Vents.

FORGE-À-CAMBROT (LA), h. c^ne de Croisilles.

Forge-à-Denis (La), h. c^ce de Beaufour.

Forgeant (Le), h. c^ne de Sainte-Marie-aux-Anglais.

Forge-Anty (La), h. c^ne de Fumichon.

Forge-à-Plichon (La), h. c^ne de Clarbec.

Forge-au-Petit-Jean (La), h. c^ne de Putot.

Forge-Bordeaux (La), h. c^ne de Tortisambert.

Forge-Boutron (La), h. c^ne de Clarbec.

Forge-Boutron (La), h. c^ne de Saint-Eugène.

Forge-des-Nauderies (La), q. c^ne d'Auvillars.

Forge-du-Breuil (La), h. c^ne de Tourgéville.

Forge-Gohier (La), f. c^ne de Glanville.

Forge-Laugain (La), h. c^ne de Saint-Gatien.

Forge-Letorey (La), h. c^ne de Clarbec.

Forge-Michaux (La), h. c^ne de Genneville.

Forge-Michaux (La), h. c^ne de Saint-Benoît-d'Hébertot.

Forge-Michaux (La), h. c^ne du Theil.

Forge-Moisy (La), q. c^ne d'Angerville.

Forge-Moisy (La), h. c^ne de Cresseveuille.

Forge-Mousquain (La), h. c^ne d'Annebault.

Forge-Mousquain (La), h. c^ne de la Chapelle-Hainfray.

Forge-Mousquain (La), q. c^ne de Valsemé.

Forge-Patin (La), h. c^ne de Saint-André-d'Hébertot.

Forge-Pinson (La), h. c^ne de la Chapelle-Hainfray.

Forge-Pinson (La), q. c^ne de Valsemé.

Forge-Plichon (La), h. c^ne de Formentin.

Forge-Plichon (La), h. c^ne du Torquesne.

Forgerie (La), h. c^ne d'Espins.

Forgerie (La), vill. c^ne de Montbertrand.

Forges (Les), h. c^ne d'Épinay-sur-Odon. — La Forge, 1848 (Simon).

Forges (Les), h. c^ne de Hottot.

Forges (Les), h. c^ne de la Lande-Vaumont.

Forges (Les), h. c^ne de Lisores.

Forges (Les), m^on, c^ne du Mesnil-Mauger.

Forges (Les), h. de Montchauvet.

Forges (Les), h. c^ne de Mosles.

Forges (Les), h. c^ne de Saint-Germain-du-Crioult.

Forges (Les), h. c^ne de Saint-Pierre-la-Vieille.

Forges (Les), h. c^ne de Valcongrain.

Forges (Les), h. c^ne de Vaudeloges.

Forges (Les), h. c^ne de la Villette.

Forge-Sandebreuil (La), q. c^ne du Mesnil-Eudes.

Forges-Mézières (Les), h. c^nes du Mesnil-Durand et du Mesnil-Germain.

Forges-Virey (Les), h. c^ne de la Villette.

Forgetière (La), h. c^ne de Burcy. — Forguetière, 1848 (Simon).

Forgette (La), h. c^ne de Carville.

Forgettes (Les), h. c^ne de Montchauvet.

Forge-Valée (La), h. et forge, c^ne de Monceaux.

Forge-Valois (La), h. c^ne de Manerbe.

Forgues (Les), h. de Burcy.

Formage, h. c^ne de Sainte-Marie-aux-Anglais.

Formentin, c^ne de Cambremer. — Fourmentinum, Formentinum, xvie siècle (pouillé de Lisieux, p. 50). — Formantin, 1763 (d'Anville, dioc. de Lisieux).

Par. de Saint-Martin, prébende; patr. le chanoine du lieu. Dioc. de Lisieux, doy. de Beuvron. Génér. de Rouen, élect. de Pont-l'Évêque, sergent. de Cambremer.

La seigneurie de Formentin appartenait au chanoine.

Formerie (La), h. c^ne d'Auquainville.

Formigny, c^ne de Trévières, accru de la c^ne de Vérets en 1833. — Formigneium, 1194 (ch. de l'abb. d'Aunay, n° 15). — Formingneium, 1198 (magni rotuli scacc. p. 38). — Formengneium, 1277 (chap. de Bayeux, 745). — Fourmaignie, 1340 (ch. de Saint-Étienne de Caen, 238). — Fourmigny, 1371 (visite des forteresses).

Une borne monumentale a été élevée en 1835 par M. de Caumont sur le champ de bataille de 1450, désigné par les habitants sous les noms de Champ aux Anglais et de Tombeau des Anglais.

Par. de Saint-Martin, patr. l'abbé de Cerisy. Dioc. de Bayeux, doy. de Trévières. Génér. de Caen, élect. de Bayeux, sergent. de Tour.

Cantepie, huitième de fief, relevait de la seigneurie de Neuville. Le fief d'Aigneaux, assis à Formigny, s'étendait à Aignerville, Engranville, Colleville et Saint-Laurent. Un autre fief, dit de Saint-Vaast, relevait de la baronnie de Saint-Vigor-le-Grand.

Formigny, h. c^ne d'Aignerville.

Forrière (La), h. c^ne d'Ouilly-le-Tesson.

Fort (Le), éc. c^ne de Colleville-sur-Orne.

Fort (Le) ou Fort-Samson, c^ne de Maisy, petite batterie destinée à protéger la côte en cas de guerre.

Fort-Bosseville (Le), m^on, c^ne d'Écajeul.

Fort-Cour (La), h. c^ne de Longraye.

Fort-du-Douet (Le), h. c^ne de Littry.

Forte-Écuelle (La), h. c^ne de Montchauvet.

Forterie (La), h. c^ne de Landelles.

Forterie (La), h. c^ne des Loges.

Forterie (La), h. c^ne de Saint-Jean-des-Essartiers.

Forte-Rue (La), h. c^ne d'Aignerville.

Fortiers (Les), h. c^ne de Prétreville.

Fortinerie (La), h. c^ne de Saint-Martin-de-Mailloc.

Fortinière (La), h. c^ne de Fauguernon.

Fortinière (La), h. c^ne de Lisores.

Fortinière (La), h. et f. c^ne de Montchamp.

Fortinière (La), h. c^ne de Saint-Aubin-des-Bois.

Fortinière (La), h. c^ne de Saint-Omer.

Fortins (Les), h. c⁰ᵉ de Saint-Martin-du-Mesnil-Oury.

Fortins (Les), h. cⁿᵉ de Saint-Pair-du-Mont.

Fort-Manel (Le), h. c⁰ᵉ de Saint-Georges-en-Auge.

Fossard, h. cⁿᵉ d'Anctoville.

Fossard, h. c⁰ᵉ de Maizières.

Fossard (Le), h. cⁿᵉ de Saint-Martin-de-Bienfaite.

Fosse (La), h. c⁰ᵉ d'Arganchy.

Fosse (La), mⁱⁿ et f. cⁿᵉ de Barbeville.

Fosse (La), h. c⁰ᵉ de Brémoy.

Fosse (La), h. c⁰ᵉ de Campeaux.

Fosse (La), h. c⁰ᵉ de Cheffreville, fief, 1426 (recherche de Montfaut), 1540 (recherche des élus de Lisieux).

Fosse (La), b. et f. cⁿᵉ de Coulonces.

Fosse (La), h. c⁰ᵉ de Deux-Jumeaux.

Fosse (La), h. c⁰ᵉ de Friardel.

Fosse (La), h. c⁰ᵉ de Juaye-Mondaye.

Fosse (La), h. c⁰ᵉ de Lénault.

Fosse (La), h. c⁰ᵉ de Marolles.

Fosse (La), h. c⁰ᵉ du Mesnil-Baclay.

Fosse (La), h. c⁰ᵉ de Montchauvet.

Fosse (La), h. c⁰ᵉ de Nonant.

Fosse (La), h. c⁰ᵉ d'Ondefontaine.

Fosse (La), h. c⁰ᵉ de Pleines-Œuvres.

Fosse (La), h. c⁰ᵉ de Presles.

Fosse (La), h. c⁰ᵉ de Rapilly.

Fosse (La), h. c⁰ᵉ de Rubercy.

Fosse (La), h. c⁰ᵉ de Saint-Aubin-des-Bois.

Fosse (La), h. c⁰ᵉ de Sainte-Croix-Grand-Tonne.

Fosse (La), h. c⁰ᵉ de Saint-Germain-du-Pert.

Fosse (La Grande et la Petite-), h. c⁰ᵉ de Saint-Germain-de-Tallevende.

Fosse (La), h. c⁰ᵉ de Saint-Lambert.

Fosse (La), h. c⁰ᵉ de Saint-Marc-d'Ouilly.

Fosse (La), h. c⁰ᵉ de Sainte-Marie-outre-l'Eau.

Fosse (La), h. c⁰ᵉ de Saint-Martin-de-Sallen.

Fosse (La), h. c⁰ᵉ de Saint-Pierre-la-Vieille.

Fosse (La Grande et la Petite-), h. c⁰ᵉ de Saint-Sever.

Fosse (La), h. c⁰ᵉ de Saint-Sylvain.

Fosse (La), h. c⁰ᵉ de Vassy.

Fossé (Le), mⁱⁿ, c⁰ᵉ d'Engranville.

Fosse-à-Brennière (La), f. c⁰ᵉ de Truttemer-le-Grand.

Fosse-à-la-Vieille (La), éc. c⁰ᵉ d'Auberville.

Fosse-à-Terre (La), h. c⁰ᵉ de Giberville.

Fosse-au-Bédière (La), h. c⁰ᵉ de Champ-du-Boult.

Fosse-au-Bœuf (La), h. c⁰ᵉ de Roullours.

Fosse-au-Loup (La), h. c⁰ᵉ de Cartigny-l'Épinay.

Fosse-aux-Anglais (La), éc. c⁰ᵉ de Saint-Jean-le-Blanc.

Fosse-aux-Anglais (La), f. c⁰ᵉ de Danestal.

Fosse-Beaudet (La), h. cⁿᵉ de Maizières.

Fosse-Bénard (La), h. c⁰ᵉ de Littry.

Fosse-Beurey (La), h. c⁰ᵉ de Saint-Vigor-le-Grand.

Fosse-Buhot (La), h. cⁿᵉ de Maisons.

Fosse-Connuet (La), f. c⁰ᵉ de Truttemer-le-Grand.

Fosse-d'Allemagne (La), h. cⁿᵉ de Juaye-Mondaye.

Fosse de Caen (La), cⁿᵉ de Sannerville, 1437 (domaine de Troarn, n° 87).

Fosse de Colleville (La), près de l'embouchure de l'Orne.

Fosse de Courseulles (La), passage maritime, sur la côte du Calvados.

Fosse-Delouey (La), h. cⁿᵉ de Saint-Charles-de-Percy.

Fosse d'Espagne (La), passage maritime, à Arromanches.

Fosse-Fraudemiche (La), h. cⁿᵉ de Littry.

Fosse Grippesulle (La), nom d'une des fosses de Soucy.

Fosse-le-Sueur (La), q. c⁰ᵉ de Touffréville. — *Fossa Sutoris*, 1234 (lib. rub. Troarn. p. 104).

Fosse-Michel (La), h. c⁰ᵉ de Saint-Pierre-Azif.

Fossé-Pichon (Le), h. c⁰ᵉ de Juaye.

Fosse-Radoult (La), h. cⁿᵉ de Saint-Germain-de-Tallevende. — *Fossa Radulfi*, xiiiᵉ sᵉ (ch. de Saint-André-en-Gouffern, n° 66).

Fosserie (La), h. c⁰ᵉ de Baynes.

Fosserie (La), h. c⁰ᵉ de Gonneville-sur-Honfleur.

Fosserie (La), h. cⁿᵉ de Manerbe.

Fosse-Rouge (La), h. c⁰ᵉ de Surrain.

Fosses (Les), h. cⁿᵉ d'Ammeville.

Fosses (Les), h. c⁰ᵉ de Brémoy.

Fosses (Les), b. c⁰ᵉ de Combray.

Fosses (Les), b. et f. c⁰ᵉ de Caumont.

Fosses (Les), h. c⁰ᵉ d'Écots.

Fosses (Les), h. c⁰ᵉ de Fontaine-Étoupefour.

Fosses (Les), h. cⁿᵉ de la Graverie.

Fosses (Les), h. c⁰ᵉ du Mesnil-Guillaume.

Fosses (Les), h. cⁿᵉ du Mesnil-Robert.

Fosses (Les), h. cⁿᵉ de Presles.

Fosses (Les), h. c⁰ᵉ de Saint-Aubin-des-Bois.

Fosses (Les), h. cⁿᵉ de Saint-Charles-de-Percy.

Fosses (Les), h. c⁰ᵉ de Saint-Pierre-la-Vieille.

Fosses (Les), h. cⁿᵉ de Villers-sur-Mer.

Fossés (Les), h. c⁰ᵉ d'Annebecq.

Fosse-Sainte-Barbe (La), h. cⁿᵉ de Littry.

Fosses-aux-Anglais (Les), h. cⁿᵉ des Oubeaux.

Fosses d'Enfer (Les), c⁰ᵉ de la Mousse. On en a longtemps extrait des minerais de fer que l'on transportait à Danvou, où se trouvait un haut fourneau. Le minerai y est encore abondant.

Fosses de Soucy (Les), cavités à Maisons, dans lesquelles se perdent l'Aure supérieure et la Drôme. Les eaux de ces rivières ne s'y précipitent pas comme dans un abîme; elles y arrivent sur un terrain pierreux, éponge solide, pour ainsi dire, qui les absorbe par mille fissures, parcourent plusieurs kilomètres dans des voies souterraines et atteignent enfin la mer, sur le rivage de Port-en-Bessin. On y voit jaillir des sources et des ruisseaux que l'on suppose alimentés par les eaux de ces rivières. Les principales fosses de Soucy sont au nombre de quatre : la grande fosse, la petite fosse, la fosse Grippesulle et la fosse Tourneresse.

On attribue aux évêques de Bayeux, qui possédaient le havre de Port-en-Bessin, le projet de creuser un canal pour conduire ces rivières à la mer et alimenter les bassins qu'ils auraient construits dans ce port. — *Solsis*, xii⁰ s⁰ (roman de Thèbes). — *Molendinum de Sorsiz*, xii⁰ siècle; *Sozy, Soursiz, Soussiz*, 1405; *moulin de Soussys*, 1446; *Sousox*, 1504; *Soucys*, 1535; *Soulcy*, 1572 (Joly, Bull. de la Soc. des antiq. de Normandie, 1876).

Fosses-Gosses (Les), q. c⁰⁰ du Breuil.

Fosse-Taillis (La), h. c⁰⁰ de Vierville.

Fossette (La), h. c⁰⁰ de Touffréville. — *Fossata*, 1234 (lib. rub. Troarn. p. 159).

Fossettes (Les), h. c⁰⁰ de Billy.

Fossettes (Les), h. c⁰⁰ de Saint-Martin-Don.

Fosse-Vallet (La), h. c⁰⁰ de Saint-Martin-Don.

Fossey, q. c⁰⁰ de Reux.

Fossu (Le), q. c⁰⁰ de Sainte-Marguerite-d'Elle.

Fou (Le), h. c⁰⁰ de Saint-Germain-du-Crioult. — *Fagus*, 1082 (cart. de la Trinité, f⁰ 6).

Fouasses (Les), h. c⁰⁰ de Falaise.

Foubœuf, h. c⁰⁰ de Fourneaux.

Foubœuf, h. c⁰⁰ des Loges-Saulces.

Fouc (Le), h. c⁰⁰ de Cossesseville.

Fouc (Le), h. et chât. c⁰⁰ de la Ferrière-Harang.

Foucardière (La), c⁰⁰ du Bény-Bocage.

Fou-Chêne, h. c⁰⁰ de Saint-Charles-de-Percy.

Foucherie (La), h. c⁰⁰ de Fontenermont.

Fou-Coupé (Le), h. c⁰⁰ de Roucamps.

Foucq (Le), h. c⁰⁰ de Carville.

Foucquetière (La), h. c⁰⁰ de Notre-Dame-de-Courson.

Fou-Frileux (Le), h. c⁰⁰ de Sainte-Marie-Laumont.

Fougères (Les), h. c⁰⁰ de Saint-Germain-de-Livet.

Fougerie (La), h. c⁰⁰ du Mesnil-Eudes.

Fougrie (La), h. c⁰⁰ de Coulvain.

Fouillerie (La), h. et m¹ⁿ, c⁰⁰ du Mesnil-Villement.

Fouinière (La), f. c⁰⁰ de Castillon (Bayeux).

Fouissardière (La), h. c⁰⁰ de Maisoncelles-la-Jourdan.

Foulerie (La), h. c⁰⁰ de Bures.

Foulerie (La), h. c⁰⁰ de Cahagnes.

Foulognes, c⁰⁰ de Caumont (Bayeux). — *Folonia*, 1077 (ch. de Saint-Étienne de Caen). — *Folone*, xiii⁰ s⁰ (cart. du Plessis-Grimoult, t. V). — *Fouloigne*, 1418 (aveu du temporel de l'abb. de Saint-Étienne de Caen). — *Foullongne*, 1554 (*ibid.*). — *Sancta Maria de Follonia*, 1589 (patr. de Saint-Étienne de Caen).

Par. de Saint-Pierre, puis de Sainte-Marie; patr. l'abbé de Saint-Étienne de Caen; chapelle de Saint-Jean. Dioc. de Bayeux, doy. de Thorigny. Génér. de Caen, élect. de Bayeux.

La seigneurie de Foulogne, appartenant à l'abbaye de Saint-Étienne de Caen, se composait des fiefs *Nicolas, Anquetil, le Bracouin* ou *le Braconnier, la Chouquaye, le Coudray, Fayel, le Hamel-Mabire, Néel, les Poissonnières, le Souëf* et *Virey* (inventaire des routes de Torteval et de Foulognes). — On devrait écrire Foulogne.

Foulon (Le), h. c⁰⁰ de la Chapelle-Engerbold.

Foulon (Le), f. c⁰⁰ d'Isigny.

Foulon (Le), h. c⁰⁰ de Verson.

Foulons (Les), h. c⁰⁰ de Villers-sur-Mer.

Foupendant, dans la forêt de Souleuvre, près de Vire, lieu où fut établie d'abord l'abbaye du Val-Richer. — *Fagus Pendens*, 1146 (ch. du Val-Richer). — *Folpendant*, 1155 (Wace). — *Foupendant*, v. 1160 (Benoît de Sainte-More). — *Faupendu*, 1765 (Du Moulin).

Foupendant (Le), h. c⁰⁰ d'Espins.

Foupendant, riv. près de Falaise.

Fouquelaie (La), h. c⁰⁰ de Clarbec. — *Fouquelaye*, 1703 (d'Anville, dioc. de Lisieux).

Fouquerie (La), h. c⁰⁰ de Dampierre.

Fouquerie (La), h. c⁰⁰ de Fontenermont.

Fouquerie (La), h. c⁰⁰ de Manerbe.

Fouquerie (La), h. c⁰⁰ de Sept-Vents.

Fouquerie (La), h. c⁰⁰ de Truttemer-le-Grand.

Fouquerie (La), h. c⁰⁰ de Vassy.

Fouqueries (Les), h. c⁰⁰ de Livry.

Fouquet, h. c⁰⁰ des Loges.

Fouquet, h. c⁰⁰ de Maizet.

Fouquetière (La), h. c⁰⁰ de Saint-Manvieu (Vire).

Fouquette (La), h. c⁰⁰ de Neuilly.

Fouquière (La), h. c⁰⁰ de Saint-Charles-de-Percy.

Four (Le), h. c⁰⁰ de Cossesseville.

Four (Le), vill. c⁰⁰ d'Épron. — *Tour*, 1848 (état-major).

Four (Le), vill. c⁰⁰ d'Hérouville.

Four (Le), q. c⁰⁰ de Martragny.

Four (Le), h. c⁰⁰ de Rocquancourt.

Four (Le), h. c⁰⁰ de Saint-Hymer.

Four (Le), h. c⁰⁰ de Saint-Lambert.

Calvados.

16

Four (Le), h. c^ne de Soliers.

Four-à-Ban (Le), q. c^ne de Mondeville.

Four-à-Chaux (Le), q. c^ne de Friardel.

Four-à-Chaux (Le), q. c^ne d'Hérouvillette.

Fourcherie (La), h. c^ne de Champ-du-Boult.

Fourches (Les), f^s, c^ne de Saint-Julien-de-Mailloc.

Fourches, c^ne de Morteaux-Coulibœuf.— *Furcæ, castellum de Furcis*, 1101 (cart. de Troarn). — *Forcha*, 1184 (magni rotuli, p. 46). — *Forqua*, 1230; *Forquæ*, 1234 (lib. rub. Troarn. p. 44). — *Forches*, 1245 (ch. de Saint-André-en-Gouffern, 135). — *Fulchæ*, 1360 (*ibid.* 137).

Par. de Saint-Germain, patr. le seigneur. Dioc. de Séez, doy. de Falaise. Génér. d'Alençon, élect. et sergent de Falaise.

Quart de fief de la vicomté de Falaise; domaine royal, demi-fief de chevalier en la paroisse de Fourches, 1462 (arch. nat. P. 272, n° 221).

Four-de-Montaigu (Le), f. c^ne de Saint-Germain-de-Tallevende.

Fourneaux, c^ne de Falaise (nord). — *Furnelli*, 1125 (ch. pour l'abbaye du Val). — *Fornelli*, 1134 (magni rotuli, p. 109). — *Forna* (cart. de la Trinité). — *Forneaux*, 1277 (cart. norm. n° 905, p. 219). — *Forneau*, 1277 (ch. de Saint-Jean de Falaise). — *Les Forniaux*, 1278 (ch. de l'abbaye de Fontenay, n° 148). — *Fourlneaulx*, 1484 (arch. nat. P. 272, n° 121).

Par. de Saint-Pierre, patr. l'abbé de Saint-Jean de Falaise. Dioc. de Bayeux, doy. de Thorigny. Génér. de Caen, élect. de Saint-Lô, sergent. de Thorigny.

Fief *Breton*, à Fourneaux, 1240 (ch. de St-Jean de Falaise, n° 110); quart de fief de *Saint-Jean-des-Fourneaux*, s'étendant à Domjean, Beuvrigny, Saint-Louet, Pleines-OEuvres, Condé-sur-Vire, 1651 (aveux de la vic. de Bayeux).

Fourneaux (Les), h. c^ne de Blangy.

Fourneaux (Les), h. c^ne d'Englesqueville.

Fourneaux (Les), h. c^ne de Saint-Marc-d'Ouilly.

Fourneaux (Les), h. c^ne de Trévières. — *Fournelli*, xive s^e (livre pelut de Bayeux).

Fourneaux-à-Chaux (Les), vill. c^ne d'Osmanville.

Fournerie (La), h. c^ne de Landelles.

Fournet (Le), c^ne de Cambremer, réuni pour le culte à Bonnebosq. — *Fornet*, 1198 (magni rotuli, p. 482). — *Furnet*, 1228 (ch. de l'abb. d'Aunoy). — *Fournetum*, xive s^e (pouillé de Lisieux, p. 48).

Par. de Saint-Pierre, patr. le seigneur du lieu et le chapitre de Lisieux. Dioc. de Lisieux, doy. de Beuvron. Génér. de Rouen, élect. et sergent. de Pont-l'Évêque. — Quart de fief relevant de Bonne-

bosq (vicomté d'Auge), 1620 (fiefs de la vicomté d'Auge).

Fourneville, c^on de Honfleur. — *Furnivilla*, 1070 (ch. de Saint-Étienne de Fontenay). — *Furnovilla*, 1234 (lib. rub. Troarn. p. 135). — *Fornovilla*, 1250 (ch. de l'abb. de Fontenay, p. 80). — *Fournouvilla*, xive s^e (livre pelut de Bayeux). — *Fournonville*, 1418 (rôles de Bréquigny, n° 218, p. 23). — *Fournevilla*, xvie s^e (pouillé de Lisieux, p. 41).

Par. de Saint-Pierre, patr. le chapitre de Cléry; chapelle de Notre-Dame. Dioc. de Lisieux, doy. de Honfleur. Génér. de Rouen, élect. de Pont-l'Évêque. —Huitième de fief relevant de l'abbaye du Bec-Hellouin, fief du *Val* ou *Grandcamp* relevant de la vicomté d'Auge, 1620 (fiefs de la vicomté).

Fourrey, h. c^ne de Saint-Pierre-du-Mont. — *Fourey*, 1848 (Simon).

Fours (Les), h. c^ne de Bourguébus. — *Fors*, 1233 (cart. norm. n° 400, p. 660).

Chapelle de *Notre-Dame-des-Fours*, fondée en 1431, et dont la présentation appartenait au Saint-Sépulcre de Caen.

Fours (Les), h. c^ne de Soliers.

Fours-à-Chaux (Les), h. c^ne de Croisilles.

Fours-à-Chaux (Les), h. c^ne des Moutiers-en-Cinglais.

Fourtellière (La), h. c^ne de Courson.

Fousilière (La), b. c^ne du Mesnil-Auzouf. — *Foussillière*, 1847 (stat. post.).

Fouteaux (Les), h. c^ne de la Ferrière-Harang.

Fouteaux (Les), h. c^ne de Vaudry.

Foutelée (La), h. c^ne de Saint-Sever. — *Fouetelcia*, 1180 (magni rotuli, p. 2).

Foyer (Le), h. c^ne de Fourneville.

Foyer (Le), chât. c^ne de Vauville.

Fradelle (La), h. c^ne de Bretteville-le-Rabet.

Fraiserie (La), f. c^ne du Mesnil-Mauger.

Français (Le), h. c^ne de Roques.

Françaiserie (La), h. c^ne de Presles.

Françaiserie (La), h. c^ne de Sainte-Marie-Laumont.

France (La), h. c^ne d'Esquay-sur-Seulle.

France (La), h. c^ne de Longueville.

France (La), f. c^ne de Maltot.

Franche-Aumône (La), fief de la baronnie de Beaufour et Beuvron, 1620 (fiefs de la vicomté d'Auge).

Francheraie (La), h. c^ne de Saint-Pair, 1437 (domaine de Troarn, n° 100).

Francherie (La), h. c^ne de Fontenermont.

Franche-Rue (La), nom d'une rue de Bayeux, 1246 (ch. de Bayeux, 29).

Francs (Les), h. c^ne de Courtonne-la-Meurdrac.

Francs (Les), h. c^ne de Saint-Germain-de-Tallevende.

Franlière (La), h. c^{ne} de Sept-Vents.

Franquerie (La), vill. c^{ne} de Saint-Denis-de-Mailloc. — *Francrie*, 1848 (Simon).

Franquerie (La), h. c^{ne} de Saint-Germain-de-Talle-vende.

Franqueville, vill. c^{ne} de Bellengreville. — *Franke-villa*, 1198 (magni rotuli, p. 232). — *Franca-villa*, 1230 (ch. de Mondaye).

Franqueville, h. c^{ne} de Saint-Germain-la-Blanche-Herbe. Quart de fief relevant de la vicomté de Caen.

Fraude-Miche (La), h. c^{ne} de Littry.

Frédet, h. c^{ne} de Marolles.

Frédet, h. c^{ne} de Saint-Hippolyte-de-Canteloup.

Frédouit (Le), h. c^{ne} de Roullours. — *Frédouy*, 1848 (Simon).

Frelâtre, f. c^{ne} de Branville.

Frémangers (Les), h. c^{ne} de Saint-Paul-du-Vernay.

Frémellerie (La), h. c^{ne} de Courtonne-la-Meur-drac.

Frémentel, h. c^{ne} de Courtonne-la-Meurdrac.

Frémichon, h. c^{ne} de Neuilly.

Fréminière (La), h. c^{ne} de Montchamp.

Frémonderie (La), h. c^{ne} de Littry.

Frémonderie (La), h. c^{ne} du Theil.

Frênée (La), q. c^{ne} de Saint-Georges-d'Aunay.— *Rivus de Fresneia*, xii° s° (inventaire de l'abb. d'Aunay, n° 54).

Frênée (La), h. c^{ne} de Saint-Germain-du-Crioult.

Frênée (La), h. c^{ne} de la Villette.

Frênes (Les), vill. c^{ne} de la Ferrière-Harang. — *Fra-xini*, xiv° s° (pouillé de Lisieux, p. 28).

Frênes (Les), h. c^{ne} de Vaudry.

Fresnouville, c^{ne} de Bourguébus, accru de la commune du Poirier en 1827.— *Fraxinivilla*, 1172 (ch. de la Trinité de Caen). — *Fernouville*, 1253 (ch. de Fontenay).

Par. de Saint-Martin, deux cures; patr. le seigneur du lieu et l'évêque de Bayeux. Dioc. de Bayeux, doy. de Vaucelles. Génér. et élect. de Caen, sergent. de Troarn.

Frênies (Les), h. c^{ne} de la Graverie.

Fresnay (Le), q. c^{ne} d'Arromanches.

Fresnay (Le), f. c^{ne} de Cambremer.

Fresnay (Le), h. c^{ne} de Colombières. Quart de fief de la vicomté de Caen, 1534 (aveux de Jean de Bricqueville).

Fresnay (Le), h. c^{ne} de Curcy. — *Fresnaye*, 1483 (arch. nat. P. 272, n° 161).

Fresnay, h. c^{ne} de Falaise.— *Fresneium le Bufart*, 1208 (ch. de Saint-André-en-Gouffern). — *Fresnay le Bufort*, 1417 (magni rotuli, p. 278, 2). — *Fresné le Buffart*, 1586 (papier terrier de Falaise).

Fresnay (Le), h. c^{ne} de Pierres.

Fresnaye (La), h. c^{ne} de Bernières-le-Patry.

Fresnaye (La), h. c^{ne} de Cauville.

Fresnaye (La), h. c^{ne} de Clécy.

Fresnaye (La), h. c^{ne} de Cricqueville.

Fresnaye (La), chât. c^{ne} de Falaise.

Fresnay (Le), f. c^{ne} de Saint-Hymer.

Fresnaye (La), h. c^{ne} de la Folletière-Abenon. — *Fresneium*, 1277 (cart. de Friardel).

Fresnaye (La), h. c^{ne} des Loges-Saulces. — *Fresnée*, 1848 (Simon).

Fresnaye (La), h. c^{ne} du Pin.

Fresnaye (La), f. c^{ne} de Proussy. — *Fresnée*, 1848 (état-major).

Fresnaye (La), h. c^{ne} de Saint-Georges-d'Aunay.

Fresnaye (La), h. c^{ne} de la Villette.

Fresne (Le), f. c^{ne} d'Argences.

Fresne (Le), h. c^{ne} de Clécy.

Fresne (Le), h. c^{ne} d'Étouvy.

Fresne (Le), h. c^{ue} de Lingèvres. — *Lieu Dufresne*, 1848 (état-major).

Fresne (Le), h. c^{ne} de Maisoncelles-la-Jourdan.

Fresne (Le), vill. c^{ne} de Russy. — *Fraxinus*, 1183 (cart. de la Trinité).

Quart de fief de Russy, 1720 (fiefs de la vicomté de Caen), s'étendant à Mosles, Argouges-sous-Mosles, Houtteville, et dont relevait le fief *Grandval*, huitième de fief sis à Sainte-Honorine-des-Pertes, 1608 (aveux de la vic. de Bayeux).

Fresne (Le), vill. c^{ne} de Saint-Côme-de-Fresné. — *Masse-de-Fresné*, 1848 (état-major).

Fresne (Le), mⁱⁿ, c^{ne} de Saint-Pierre-du-Fresne.

Fresne-Camilly (Le), c^{ne} de Creully, accru de la commune du Cainet en 1835. — *Fraxini villa*, 1082 (cart. de la Trinité). — *Fraxinus*, xiv° s° (taxat. decim. dioc. Baioc.).

Par. de Notre-Dame, patr. le doyen de Bayeux. Dioc. de Bayeux, doy. de Maltot. Génér. et élect. de Caen, sergent. de Creully.

Fief du *Fresne*, relevant de la baronnie de Saint-Vaast. Camilly était un plein fief de haubert, nommé anciennement *Than-le-Jeune*; il s'étendait aux paroisses de Cainet, Secqueville; Thaon, Cully et Pierrepont.

Fresnées (Les), h. c^{ne} de Cartigny-Tesson. — *Fraxi-neta*, 1250 (ch. de Saint-Étienne de Fontenay, p. 168).

Fresnées (Les), h. c^{ne} de la Graverie.

Fresnées (Les), q. c^{ne} de Sainte-Marguerite-d'Elle.

Fresné-le-Crotteur, c^{ne} réunie à Saint-Gabriel en 1827. — *Fresnay le Croteux*, 1352 (ch. de l'abb. d'Ardennes, p. 463) et 1371 (visite des forteresses).

— *Fresnetum le Crotous*, xiv° s° (livre pelut de Bayeux). — *Fresnay le Crotoux*, 1453 (arch. nat. P. 271, n° 119).—*Fresney le Croteux*, xviii° siècle (Cassini).

Par. de Saint-Remy, patr. le prieur de Saint-Gabriel. Dioc. de Bayeux, doy. de Creully. Génér. et élect. de Caen, sergent. de Creully.

Le fief et la terre de Fresné-le-Crotteur et Saint-Gabriel étaient tenus du roi en 1575, par Jacques de Harcourt. Le fief de *la Carbonnière*, membre du fief précédent, s'étendait à Creully, Saint-Gabriel et Fresné-le-Crotteur.

Fresnel, h. c"° d'Ondefontaine.

Fresné-la-Mère, c"° de Falaise (nord), accru de la commune d'Angloischeville en 1827. — *Fraxinetum*, 1168 (ch. de Saint-André-en-Gouffern, n° 6). — *Fresneium Matris, Fresneium la Mere*, xii° s° (*ibid.* n° 72). — *Beata Maria de Fresneio*, xiii° s° (*ibid.* n° 105). — *Fraxineium*, 1265 (*ibid.* n° 43).

Fresnelière (La), h. c"° de Courtonne-la-Meurdrac.

Fresnes (Les), h. c"° de Campigny. — *Parochia Sancti Medardi de Fraxinis*, 1257 (cart. de Friardel).

Fresnes (Les), h. c"° de la Ferrière-Harang.

Fresnes (Les), q. c"° de Giberville.

Fresnes (Les), h. c"° du Mesnil-Eudes.

Fresnes (Les), h. c"° de Montigny.

Fresnes (Les), h. c"° de Vaudry.

Fresné-sur-Mer, c"° de Creully. — *Fresnetum supra mare*, xiv° s° (taxat. decim. dioc. Baioc.). Voir Saint-Côme-de-Fresné.

Fresney-le-Puceux, c"° de Bretteville-sur-Laize. — *Fresnetum supra Leisam*, 1190 (cart. de Saint-Étienne). — *Fraxini*, 1223 (ch. de Saint-André-en-Gouffern). — *Fresnetum trans Cingalensem silvam*, 1230 (cart. de l'abb. de Fontenay). — *Fresnei le Pucheux*, 1258 (*ibid.* n° 75). — *Fresneium le Puceus*, 1269 (ch. de Barbery, n° 143). — *Fresneium le Pucheux*, 1282 (parv. lib. rub. n° 40). — *Fresnetum le Puceuls*, 1294 (ch. de Barbery, 103). — *Fresnetum super Lesiam*, xiv° s° (taxat. decim. dioc. Baioc.). — *Fresné le Pucheaux*, 1417 (magni rotuli, p. 278). — *Fresné le Pusseux*, 1585 (papier terrier de Falaise).

Par. de Saint-Martin, patr. le seigneur du lieu. Prieuré de Saint-Anastase, fondé par la famille du Touchet, dépendant de l'abbaye de Troarn ; léproserie. Dioc. de Bayeux, doy. du Cinglais. Génér. et élect. de Caen, sergent. de Bretteville-sur-Laize.

Fresney-le-Puceux, demi-fief noble (aveux de Michel de Saint-Germain, 1586). Autre fief noble appelé le *fief de la Planque* (aveux de Pierre de Ferrières, 1586). *Touschet*, quart de fief en la paroisse de Fresnay-le-Puceux, 1453 (arch. nat. P. 271, n° 93).

Fresney-le-Vieux, c"° de Bretteville-sur-Laize. — *Frasnetum*, 1008 (ch. de Richard II). — *Fresneium Vetus*, 1250 (ch. de Barbery, 129). — *Fresneium*, 1277 (ch. de Sainte-Barbe, n° 221). — *Fresnay le Viel*, 1371 (assiette de la vicomté de Caen. — *Fresnay le Vieul*, 1400 (ch. de Barbery, 192).

Par. de Saint-Jean-Baptiste, patr. l'abbé de Barbery. Prieuré de Saint-Nicolas-de-Baron, dépendant de l'abbaye de Hambie. Dioc. de Bayeux, doy. du Cinglais. Génér. et élect. de Caen, sergent. de Tournebu.

Fresnot (Le), q. c"° de Sainte-Marguerite-de-Viette.

Fresnot (Le), h. c"° de Saint-Georges-d'Aunay.

Fresnoterie (La), h. c"° de Sept-Vents.

Frestel (Le), h. c"° de Sept-Vents.

Frestelle (La), h. c"° de Bretteville-le-Rabet.

Frestel-les-Landes (Le), h. c"° de Sept-Vents.

Frétillard (Le), h. c"° de Notre-Dame-de-Courson.

Fréval, m"°, c"° de Bernières-le-Patry.

Fréval, h. c"° de Jurques.

Fréval, m"°, c"° de Rully.

Fréville, f. c"° d'Hennequeville. — *Freivilla*, 1198 (magni rotuli, p. 65). — *Frevilla*, xiv° s° (pouillé de Bayeux).

Friardel, c"° d'Orbec. — *Friardellum*, 1057 (Orderic Vital, t. II, l. III, p. 45).

Par. de Saint-Martin, patr. le prieur de Friardel. Dioc. de Lisieux, doy. d'Orbec. Génér. d'Alençon, élect. de Lisieux, sergent. d'Orbec.

Plein fief de haubert relevant de la vicomté d'Orbec. Voir Saint-Cyr-de-Friardel.

Friarderie (La), h. c"° de Courtonne-la-Meurdrac.

Fribois, anc. prieuré, auj. chât. c"° de Saint-Loup-de-Fribois. — *Friebois*, xi° siècle (enquête, p. 128). — *Friboys*, 1655 (aveux de la vic. de Caen). Voir Saint-Loup-de-Fribois.

Fribois, chapelle dépendant du prieuré de Sainte-Barbe-en-Auge. — *Sancta Maria de Friebois*, 1219 (cart. norm. n° 273, p. 41).

Friche (Le), h. c"° d'Ammeville.

Friche (Le), h. c"° de Berville.

Friche (Le), h. c"° de Branville.

Friche (Le), h. c"° d'Étouvy.

Friche (Le), h. c"° de Firfol.

Friche (Le), h. c"° de Hiéville.

Friche (Le), h. c"° de Livarot.

Friche (Le), h. c"° de Martigny.

Friche (Le), h. c"° de Saint-Étienne-la-Thillaye.

Friche (Le), h. c"° de Saint-Germain-de-Livet.

Friche (Le), h. c^ne de Saint-Germain-Langot.

Friche (Le), h. c^ne de Saint-Hymer.

Friche (Le), h. c^ne de Saint-Julien-de-Mailloc.

Friche (Le), h. c^ne de Saint-Martin-de-Mieux, autrefois Saint-Martin-du-Bû.

Friche (Le), h. c^ne de Saint-Ouen-le-Houx.

Friche (Le), h. c^ne de Saint-Vigor-de-Mieux.

Friche-Allais (Le), q. c^ne de Beaumont.

Friche-au-Coq (Le), h. c^ne de Berville.

Friche-au-Coq (Le), h. c^ne de Hiéville.

Friche-aux-Héroult (Le), h. c^ne de Saint-Eugène.

Friche-aux-Houx (Le), h. c^ne de Saint-Germain-de-Montgommery.

Friche-aux-Postel (Le), h. c^ne de Berville.

Friche-aux-Vasseurs (Le), h. c^ne de Saint-Hymer.

Friche-Colleville (Le), h. c^ne de Manerbe.

Friche-de-la-Mare (Le), h. c^ne de Saint-Hymer.

Friche-de-la-Mortellerie (Le), h. c^ne de Hiéville.

Friche-Galleraud (Le), h. c^ne de Saint-Germain-de-Livet.

Friche-Hommais (Le), h. c^ne de Reux.

Friche-Menuet (Le), h. c^ne de Saint-Germain-de-Livet.

Friche-Moisy (Le), h. c^ne de Saint-Benoît-d'Hébertot.

Friches (Les), f. c^ne d'Écajeul.

Friche-Saint-James (Le), h. c^ne de Saint-Cyr-du-Ronceray.

Friches-de-la-Belle-Place (Les), h. c^ne de Sainte-Marguerite-de-Viette.

Friches-de-la-Rigaudière (Les), h. c^ne de Saint-Julien-de-Mailloc.

Fricoriot (Le), h. c^ne de Cheffreville.

Fricots (Les), h. c^ne de Formentin.

Frièche (La), h. c^ne de la Chapelle-Yvon.

Frilonière (La), h. c^ne de Montchauvet.

Friouse, h. et f. c^ne de Montchamp.

Frivaines (Les), h. c^ne d'Englesqueville (Bayeux).

Froide (Là), ruiss. affl. de la Drôme.

Froide (La), h. c^ne de Littry.

Froide-de-Haut-et-de-Bas (La), h. c^ne de Montchauvet.

Froide-Rue (La), h. c^ne d'Acqueville.

Froide-Rue (La), h. c^ne de Coupesarte.

Froide-Rue (La), h. c^ne de Douvre.

Froide-Rue (La), f. c^ne de Juaye-Mondaye.

Froide-Rue (La), h. c^ne du Locheur.

Froide-Rue (La), h. c^ne de Maizières.

Froide-Rue (La), h. c^ne de Pierrefitte.

Froide-Rue (La), h. c^ne de Robehomme. — *Frederue*, 1234 (lib. rub. Troarn. 118).

Fromagerie (La), h. c^ne du Mesnil-Durand.

Frontée (Le), h. c^ne de la Croupte.

Frontière (La), h. c^ne de Saint-Manvieu.

Frossard, h. c^ne d'Ernes.

Frot (Le), h. c^ne de Léffard.

Frouctière (La), vill. c^ne de Cernay. — *Fronctière*, 1847 (stat. post.). — *Froctière*, 1848 (Simon).

Frouctière (La), h. c^ne de Notre-Dame-de-Courson. — *Fronctière*, 1847 (stat. post.).

Frouctière (La), m^on isolée, c^ne de Préaux.

Fugrol, h. c^ne du Mesnil-Auzouf. — *Fuguerole*, 1847 (stat. post.).

Folonnière (La), h. c^ne de Beaulieu.

Fumichon, c^on de Lisieux (1re section), accru d'une partie du territoire de Sainte-Hippolyte-de-Canteloup en 1841. — *Folmuceon*, 1180; *Folmuçon*, *Fomuchon*, 1195 (pouillé de Lisieux, p. 24, note). — *Foumuzon*, 1198 (rotul. scacc. p. 111, n° 2). — *Foumiçon*, 1238 (ch. de Saint-André-en-Gouffern, 778). — *Folmuchon*, 1250 (magni rotuli, p. 82). — *Foumichon*, 1290 (censier de Saint-Vigor, n° 151). — *Fourmichon*, 1320 (fiefs de la sergent. d'Orbec). — *Fourmuchon*, 1398 (fouages français, n° 344). — *Ecclesia de Formichone*, XVIe s^e (pouillé de Lisieux, p. 24).

Par. de Saint-Germain, patr. le seigneur. Dioc. de Lisieux, doy. de Moyaux. Génér. d'Alençon, élect. de Lisieux, sergent. de Moyaux.

Tènement de *Saint-Pair-du-Mont*, relevant pour un sixième du fief de la baronnie de Cambremer.

Fumichon (Le Grand et le Petit-), h. c^ne des Loges.

Fumichon, h. c^ne de Longues.

Fumichon, h. c^ne de Mosles.

Fumichon, h. c^ne de Neuilly.

Fumichon, m^in, c^ne d'Ouilly-du-Houlley.

Fumichon, fief assis à Saint-Aubin-sur-Algot, relevant du fief de la Planche en la baronnie de Cambremer, 1620 (fiefs de la vicomté d'Auge).

Fumichon, h. c^ne de Tour.

Fumichon, h. et f. c^ne de Vaux-sur-Aure.

Fungray, h. c^ne de Brémoy.

Furet (Le), h. c^ne de Saint-Georges-d'Aunay.

Furonnière (La), h. c^ne de Beaulieu.

Futaie (La), h. c^ne de Saint-Vigor-des-Mézerets.

Futrel (Le), h. c^ne de Courson.

G

GABELLERIE (LA), h. c^ne d'Ouilly-du-Houlley.

GABLE-BLANC (LE), h. c^ne de Boulon, détaché en 1860 de la commune de Fresney-le-Puceux.

GABLERIE (LA), h. c^ne de Saint-Sever.

GAGÉ, vill. c^ne de Laize-la-Ville. — *Wacée, Waci,* 1086 (cart. de la Trinité, f. 19). — *Gaceium,* 1266 (cart. norm. n° 1214, p. 336).

GACÉ, nom que porte la Touque depuis sa source jusqu'à son confluent avec l'Orbec, à Lisieux.

GADEBLED, f. c^ne de Feuguerolles-sur-Seulle. — *Gâte-Blé,* 1847 (stat. post.).

GAFFONT, h. c^ne de Préaux (Lisieux).

GAGE (LE), h. c^ne de Roullours.

GAGE (LE), h. c^ne de Vaudry.

GAGNERIE (LA), h. c^ne de Familly.

GAGNERIE (LA), h. c^ne de Saint-Martin-de-Tallevende.

GAGNONNERIE (LA), h. c^ne de Surrain.

GAICHETIÈRE (LA), h. c^ne de Champ-du-Boult.

GAILLARD-BOIS (LE), f. c^ne de Neuville.

GAILLARDERIE (LA), h. c^ne de Crocy.

GAILLARDS (LES), h. c^ne du Pin.

GAILLAUT, m^in, c^ne de Saint-Germain-d'Ectot.

GAILLON, h. c^ne d'Auvillars.

GAILLON, h. c^ne de Vaudry.

GAINGUET (LA), h. c^ne de Hubert-Folie.

GAIRIE (LA), h. c^ne de Lassy.

GAITIÈRE (LA), h. c^ne de Saint-Germain-du-Crioult.

GALANTS (LES), vill. c^ne du Mesnil-Germain.

GALESTE (LA), h. c^ne de Blay. — *Galestée,* 1848 (état-major).

GALET (LE), h. c^ne de Saint-Ouen-des-Besaces.

GALET (LE), h. c^ne de Sainte-Marguerite-des-Loges.

GALETAY (LE), h. c^ne de Longueville. — *Galesté,* 1848 (état-major).

GALÉTÉ (LE), h. c^ne d'Écrammeville.

GALÉTÉ (LE), h. c^ne de Touque.

GALETET (LE), h. c^ne de Juaye-Mondaye. — *La Galette* 1848 (état-major).

GALETEY (LE), h. c^ne de Maisoncelles-la-Jourdan.

GALÊTRE (LA), h. c^ne de Crouay. — *Galestre,* 1848 (état-major).

GALIOTE (LA), h. c^ne de la Graverie.

GALLERIE (LA), h. c^ne de Fresné-la-Mère. — *Gualeria,* xiii° siècle (ch. de Saint-André-en-Gouffern, 123).

GALLERIE (LA), m^on isolée, c^ne de Saint-Marc-d'Ouilly.

GALLET, h. c^ne de Saint-Ouen-des-Besaces.

GALLETAY (LES), vill. c^ne de Maisoncelles-sur-Ajon. — *Galletées,* 1847 (stat. post.).

GALLEY, vill. c^ne de Saint-Martin-des-Besaces. — *Galet,* 1848 (Simon).

GALLIS (LES), q. c^ne de Planquery.

GALLIS (LES), q. c^ne de Saint-Paul-du-Vernay. — *Galay,* 1848 (état-major).

GALMANCHE, h. c^ne de Saint-Contest. — *Galemancia,* 1077 (cart. de Saint-Étienne de Caen). — *Galemance,* 1290 (magni rotuli, p. 199).

GALOCHE (LA), h. c^ne de Clarbec.

GALONNIÈRE (LA), h. c^ne de Neuville. Franche vavassorie de *la Gallonnière,* paroisse de Neuville, relevant du plein fief de Tracy, même paroisse, 1613 (aveux de la vic. de Vire).

GALOPINS (LES), h. c^ne de Saint-Martin-de-Mailloc.

GALOT, f. c^ne de la Bazoque.

GALOTERIE (LA), h. c^ne de Saint-Jacques.

GALTERIE (LA), h. c^ne de Cahagnes.

GALTERIE (LA), h. c^ne de Truttemer-le-Grand.

GALUETS (LES), h. c^ne de Magny-le-Freule.

GAMBADE (LA), q. c^ne de Pierrefitte.

GANCEL, h. c^ne de Sainte-Marie-Laumont.

GANCELLIÈRE (LA), h. c^ne de Courson.

GANDONNIÈRE (LA), h. c^ne de Jurques.

GANERIE (LA), h. c^ne de Courson.

GANIÈRE (LA), h. c^ne de Bellou.

GANNETIÈRE (LA), h. c^ne de Vassy.

GARANTERIE (LA), h. c^ne de Bernières-le-Patry.

GARANTERIE (LA), h. c^ne de Vassy.

GARCELLE, h. c^ne de Bernières-le-Patry.

GARCELLES, c^on de Bourguébus, c^ne réunie en 1818 à Secqueville-la-Campagne, qui prend le nom de *Garcelles-Secqueville.* — *Garsala,* 1070 (ch. de Saint-Étienne de Caen). — *Ecclesia Sancti Martini de Garsalla,* 1177 (ibid.). — *Garsale, Garsallæ,* 1198 (magni rotuli, p. 55, 2). — *Garsallia,* 1366 (ch. de Saint-Étienne de Caen).

L'église de Saint-Martin était sous le patronage de l'abbaye de Saint-Étienne dès la fin du xii° siècle. Dioc. de Bayeux. Génér. et élect. de Caen, sergent. du Vivier.

GARÇONNIÈRE (LA), h. c^ne de Firfol. — *Garçonnerie,* 1848 (Simon).

GARDE (LA), h. c^ne de Bonnebosq.

GARDINOTES (LES), f. c^ne d'Arganchy.

GARENNE (LA), f. c^ne d'Aunay.

GARENNE (LA), h. c^ne d'Olendon.

GARENNE (LA), h. c^ne de Saint-André-d'Hébertot.

GARENNE (LA), f. c^ne de Saint-Hymer.

GARENNES (LES), h. c^ne de Bonneville-la-Louvet.

GARENNES (LES), m^in, c^ne de Sainte-Foy-de-Montgommery.

GARENNES (LES), h. c^ne de Tourgéville.

GARNETOT, c^on de Saint-Pierre-sur-Dive, réuni pour le culte à. Grand-Mesnil. — *Gernetot*, 1145 (lettre de l'abbé Haymon). — *Guerartot*, 1228 (pouillé de Lisieux, p. 46). — *Guernetot*, v. 1250 (magni rotuli, p. 174). — *Guenetot*, 1419 (rôles de Bréquigny, n° 214).

    Par. de Saint-Denis, patr. le seigneur. Dioc. de Lisieux, doy. du Mesnil-Mauger. Génér. d'Alençon, élect. d'Argentan, sergent. de Mortagne.

GASCOIGNIÈRE (LA), h. c^ne de Lisores. — *Gasconnière*, 1848 (Simon).

GASNERIE (LA), h. c^ne de Familly.

GASSART, f. c^ne d'Englesqueville.

GASSART, m^on isolée, c^ne de Saint-Samson.

GASSART, h. et m^in, c^ne de Saint-Ymer. — *Gassarp*, 1848 (Simon).

    Huitième de fief mouvant du domaine d'Auge et ressortissant à la sergenterie de Pont-l'Évêque.

GASSAY, h. c^ne de Laize-le-Ville.

GAST (LE), c^on de Saint-Sever. — *Guastum, Guastum Machabe*, 1175 (ch. de Saint-André-en-Gouffern).

    Par. de Saint-Jean-Baptiste, patr. le seigneur. Dioc. de Coutances, doy. de Montbray. Génér. de Caen, élect. de Vire, sergent. de Saint-Sever.

GAST (LE), h. c^ne de Neuville.

GATINET (LE), h. c^ne de la Folletière-Abenon. — *Gastiney*, 1848 (Simon).

GATOISES (LES), f. c^ne de la Caine.

GAUDARDIÈRE (LA), h. c^ne du Pin.

GAUDIN, h. c^ne de Campandré.

GAUDINE (LA), h. c^ne d'Ondefontaine.

GAUDONNIÈRE (LA), h. c^ne de Jurques.

GAUGAINS (LES), h. c^ne de Fresney-le-Puceux.

GAUGY, h. c^ne du Pré-d'Auge.

GAULE (LA), h. c^ne de Cheux.

GAULE (LA), h. c^ne d'Englesqueville (Bayeux). — *Les Gaules*, 1847 (stat. post.).

GAULLE (LA), h. c^ne de Préaux.

GAUMESNIL, h. c^ne de Cintheaux.

GAUNAY, h. c^ne de Courson. — *Gosné*, 1847 (stat. post.).

GAUNONS (LES), h. c^ne de Trévières.

GAUTERIE (LA), h. c^ne de Champ-de-Boult.

GAUTERIE (LA), h. c^ne de Saint-Martin-des-Besaces.

GAUTIER (LE), h. c^ne de Clinchamps (Vire).

GAUTIER (LE), h. c^ne de Saint-Denis-Maisoncelles.

GAUTIÈRE (LA), h. c^ne de Courson.

GAVRAY, lieu, c^ne de Sainte-Marie-aux-Anglais. — *Gabaregium in Bagasino*, 832 (Rec. des histor. de France, t. VI, p. 580). — *Wavrei*, 1190 (ch. de Saint-Étienne de Caen).

GAVRUS, c^on d'Évrecy. — *Gavriz*, 1222 (ch. de l'abb. d'Aunay). — *Gavruz*, 1227 (ch. de l'abb. d'Ardennes, 134). — *Gavri*, xive s^e (livre pelut de Bayeux). — *Gavreyum*, xive s^e (taxat. decim. dioc. Baioc.). — *Guavrus*, 1455 (ch. de la bar. de Douvre).

    Par. de Saint-Aubin, prébende; patr. le chanoine. Dioc. de Bayeux, doy. d'Évrecy. Génér. de Caen, élect. et sergent. d'Évrecy.

GAZE (LA), h. c^ne de Vaudry.

GEFFARD, h. c^ne d'Épinay-sur-Odon. — *Geffart*, 1847 (stat. post.).

GEFFOSSE, f. c^ne de Pont-l'Évêque.

GÉFOSSE, c^on d'Isigny. — *Guiolfosse, Guioldfosse*, 1160 (Benoît de Sainte-More, t. II, p. 268). — *Guiofosse*, 1184 (magni rotuli, p. 112). — *Guivoufosse*, 1198 (ibid. p. 34). — *Guivofossa*, xive s^e (livre pelut de Bayeux). — *Gieufosse, Guiefosse*, 1460 (aveu de Louis d'Harcourt). — *Géfosse*, 1616 (aveux de la vic. de Caen). — *Guéfosse*, 1620 (carte de Templier).

    Par. de Saint-Pierre, patr. le seigneur. Dioc. de Bayeux, doy. de Trévières. — Cette paroisse, enclavée dans l'élection de Bayeux, dépendit successivement de l'élection de Carentan, puis de celle de Saint-Lô.

    Plein fief, ou fiefferme de Géfosse, relevant du roi. Fief de *Courcy*, tenu du roi, ressortissant à la sergenterie des Veys. Le fief *Lisons*, sis à Fontenay et la Cambe, relevait du fief de Géfosse.

GÉMARE, m^in à Caen. — *Molendinum de Waimara*, 1077 (ch. de Guillaume le Conquérant pour Saint-Étienne). — *Molendinum de Gemara*, 1180 (magni rotuli, p. 57). — *Molendinum de Gaimera*, 1198 (ibid. p. 25). — *Guemara super Oudon*, 1261 (cart. de la Trinité, 191). — *Gemmare*, 1304 (ibid. n° 346). — *Guymare*, v. 1370 (ch. d'Ardennes, n° 470). — *Gesmarre*, 1640 (ibid.).

GÉMARE, h. c^ne de Cresseveuille.

GENDELLERIE (LA), h. c^ne de Clinchamps (Vire).

GENDELLERIE (LA), h. c^ne de Sept-Frères.

GENDRERIE (LA), h. d'Aunay-sur-Odon.

GENDRERIE (LA), h. c^ne de Castillon. — *Gendernie*, 1847 (stat. post.).

GENDRERIE (LA), m^on isolée, c^ne de Saint-Germain-de-Livet.

GENDRERIE (LA), h. c^ne de Sept-Frères.

GENDRIE (LA), h. c⁰ᵉ de Champ-du-Boult.

GENDRIE (LA), h. c⁰ᵉ de Clinchamps.

GENESTAIS (LE), h. c⁰ᵉ de Saint-Manvieu. — *Genesteium*, 1260 (ch. de Saint-Étienne de Caen, 146 *bis*). — *Le Genestay*, 1285 (ch. de l'abb. de Cordillon).

GENÊT (LE), h. et f. c⁰ᵉ de Vaux-sur-Aure.

GENÊTS (LES), h. c⁰ᵉ de Sully.

GENIÈRE (LA), h. c⁰ᵉ de Roullours.

GENIÈRE (LA), h. c⁰ᵉ de Saint-Manvieu (Vire).

GENNEVILLE, c⁰ⁿ de Honfleur; cette commune s'est accrue de Saint-Martin-près-Honfleur en 1813. — *Guinequevilla*, 1215 (ch. de Jourdain du Hommet). — *Gesnerville, Gennevilla*, 1257 (magni rotuli, p. 191). — *Guyneuvilla, Sanctus Audoenus de Guigneuilla*, xiv° s°; *Gynevilla*, xvi° s° (pouillé de Lisieux, p. 38, et note).

Par. de Saint-Martin, patr. le prieur du Plessis-Grimoult. Dioc. de Lisieux, doy. d'Honfleur. Génér. de Rouen, élect. de Pont-Audemer, sergent. du Mesnil.

Vavassorie relevant de la baronnie de Blangy, demi-fief de la vicomté d'Auge, ressortissant à la sergenterie de Beaumont.

GENNEVILLE, mⁱⁿ, c⁰ᵉ de Saint-Arnoult.

GENNIÈRE (LA), b. c⁰ᵉ de Maisoncelles-la-Jourdan.

GENNIÈRE (LA), h. c⁰ᵉ de Saint-Remy.

GÉNOTIÈRE (LA), h. c⁰ᵉ de Campagnolles.

GÉNOTIÈRE (LA), h. c⁰ᵉ de Leffard.

GÉNOTIÈRE (LA), h. c⁰ᵉ de Sainte-Marie-Laumont.

GENS (LES), h. c⁰ᵉ de Sainte-Marguerite-de-Viette.

GENTIL-LIEU (LE), h. c⁰ᵉ du Breuil (Pont-l'Évêque).

GERBERIE (LA), h. c⁰ᵉ du Gast.

GERBERIE (LA), b. c⁰ᵉ de Truttemer-le-Grand.

GERMAINERIE (LA), h. c⁰ᵉ de Fervaques.

GERMAINS (LES), h. c⁰ᵉ de Crocy.

GERMAINS (LES), h. c⁰ᵉ de Lénault.

GERMINIÈRE (LA), f. c⁰ᵉ de Culey-le-Patry.

GERNESEY, h. c⁰ᵉ de Sainte-Croix-Grand-Tonne.

GERRIÈRE (LA), h. c⁰ᵉ de Truttemer-le-Grand.

GERROS, h. c⁰ᵉ de Saint-Jacques.

GERROTS, c⁰ⁿ de Cambremer, réuni pour le culte à Saint-Aubin-de-Lébizay. — *Guerost*, 1320 (rôles de la vicomté d'Auge). — *Guyros*, xiv° s°; *Gurros*, xvi° s° (pouillé de Lisieux, p. 48). — *Géros*, 1703 (d'Anville, dioc. de Lisieux). — *Gerros*, xviii° s° (Cassini).

Par. de Saint-Martin, patr. le seigneur. Dioc. de Lisieux, doy. de Beuvron. Génér. de Rouen, élect. de Pont-l'Évêque, sergent. de Beuvron.

Plein fief de haubert, relevant de la baronnie de Beaufour et Beuvron.

GERVIE (LE), h. c⁰ᵉ d'Osmanville.

GESTERIE (LA), h. c⁰ᵉ de Condé-sur-Noireau. — *La Getterie*, 1847 (stat. post.). — *Géterie*, 1848 (Simon).

GETMARD, f. c⁰ᵉ de Heuland.

GIBERVIÈRE (LA), h. c⁰ᵉ du Mesnil-Germain.

GIBERVILLE, c⁰ⁿ de Troarn. — *Guesbervilla*, 1078; *Goisbertivilla*, 1082 (cart. de la Trinité, p. 12). — *Goisbertvilla*, 1198 (magni rotuli, p. 71). — *Gubervilla*, 1234 (lib. rub. Troarn.). — *Guibervilla*, xiv° s° (liv. pelut de Bayeux). — *Guiberville*, 1371 (assiette des feux de la vicomté de Caen). — *Guyberville*, 1418 (rôles de Bréquigny, n° 391, p. 72). — *Gesbervilla*, 1450 (cart. du Plessis-Grimoult, n° 973). — *Gilleberville*, 1471 (arch. nat. P. 271, n° 230).

Par. de Saint-Martin, patr. les religieux de la Charité de Caen et l'abb. de Villers-Canivet. Dioc. de Bayeux, doy. de Troarn. Génér. et élect. de Caen, sergent. de Troarn.

GIBET (LE), éc. c⁰ᵉ de Sully.

GIBET (LE), éc. c⁰ᵉ de Vaux-sur-Aure.

GIBLONNIÈRE (LA), h. c⁰ᵉ de Barbery.

GIBON, q. c⁰ᵉ de Fierville.

GIGNAUDIÈRE (LA), f. c⁰ᵉ de Meulles.

GIGOTERIE (LA), b. c⁰ᵉ de Saint-Germain-du-Crioult.

GILLES (LES), h. c⁰ᵉ de Balleroy.

GILLES (LES), h. c⁰ᵉ du Brévedent.

GILLES (LES), h. c⁰ᵉ de Moyaux.

GILLES (LES), h. c⁰ᵉ de Saint-Louet-sur-Seulle.

GILLETIÈRE (LA), h. c⁰ᵉ de Champ-du-Boult.

GILLETIÈRE (LA), h. c⁰ᵉ de Saint-Germain-de-Talle-vende.

GILLONIÈRE (LA), h. c⁰ᵉ du Gast.

GINGANT, q. c⁰ᵉ d'Orbec.

GIOTIÈRE (LA), h. c⁰ᵉ de Fervaques.

GIRARD, h. c⁰ᵉ de Petiville.

GIRAUD, h. c⁰ᵉ de Saint-Pierre-du-Jonquet.

GIRARDIÈRE (LA), h. c⁰ᵉ de Bonneuil.

GIRARDIÈRE (LA), h. c⁰ᵉ de Champ-du-Boult.

GIRARDIÈRE (LA), h. c⁰ᵉ de Courson.

GIRARDIÈRE (LA), h. c⁰ᵉ de Cristot.

GIRARDIÈRE (LA), h. c⁰ᵉ de la Folie.

GIRARDIÈRE (LA), h. c⁰ᵉ de Livry.

GIRAUDERIE (LA), h. c⁰ᵉ de Dampierre.

GIRAUDIÈRE (LA), h. c⁰ᵉ de Saint-Martin-de-Talle-vende.

GIROTERIE (LA), h. c⁰ᵉ de Cormolain.

GIROTERIE (LA), h. c⁰ᵉ de Saint-Germain-du-Pert.

GISTOTS (LES), h. c⁰ᵉ de Sainte-Marguerite-d'Elle.

GLANVILLE, c⁰ⁿ de Dozulé. — *Glandevilla*, 1079 (Orderic Vital, t. II, p. 33). — *Glanivilla*, 1086 (cart. de la Trinité, 612). — *Glainville*, 1160 (Benoît de Sainte-More, t. III, p. 593). — *Glavilla*, 1213 (pouillé de Lisieux, note, p. 52). — *Glantevilla*, 1234 (lib. rub. Troarn. p. 11). — *Glanvilla*, xiv° s°; *Glainvilla*, xvi° s° (pouillé de Lisieux, p. 52).

Par. de Notre-Dame, patr. le seigneur. Dioc. de Lisieux, doy. de Beaumont. Génér. de Rouen, élect. de Pont-l'Évêque, sergent. de Beaumont.

Fief de *Glanville*, huitième de fief tenu du fief de Grangues; vavassorie de la *Barberie*, relevant de la baronnie de Fauguernon, 1620 (aveux de la vic. d'Auge).

GLASIÈRES (LES), h. et f. c^ne du Pin.

GLATIGNY, f. c^ne d'Angoville.

GLATIGNY, h. c^ne de Bretteville-sur-Dive.

GLATIGNY, f. c^ne de Cléville.

GLATIGNY, h. c^ne de Condé-sur-Ifs.

GLATIGNY, h. c^ne d'Hermival-les-Vaux,

GLATIGNY, h. c^ne de Lassy.

GLATIGNY, h. c^ne du Mesnil-Auzouf.

GLATIGNY, h. c^ne d'Ouilly-le-Basset.

GLATIGNY, h. c^ne de Saint-Jacques-de-Lisieux. — *Glategny*, 1320 (fiefs de la vic. d'Orbec).

GLATIGNY, m^on isolée, c^ne de Saint-Vigor-des-Mézerets.

GLATIGNY, h. c^ne de Soulangy.

GLATIGNY, chât. c^ne de Tourgéville, formait un quart de fief de haubert, xiv° s° (martologe de Tourgéville).

GLATIGNY, h. c^ne de Vassy. — *Glatignie*, 1184 (magni rotuli, p. 112, 2). — *Glatigneium*, 1201 (ch. de l'abb. d'Aunay).

GLATIGNY, h. c^ne de Vaux-sur-Aure.

GLAY (LE), h. c^ne de Vendes.

GLESCHÈRE (LA), h. c^ne de Pont-Bellanger.

GLESNON (LE), riv. traversant une partie du Calvados; elle naît à Champ-du-Boult, arrose Saint-Sever et coule ensuite dans le département de la Manche.

GLOPINIÈRE (LA), h. c^ne de Truttemer-le-Grand. — *Glaupinière*, 1848 (Simon).

GLORIETTE (LA), h. c^ne de Trévières.

GLOS, c^on de Lisieux (1re section), augmenté de Villers-sur-Glos en 1825. — *Gloz*, 1198 (magni rotuli, p. 10, 2). — *Glocium, Glos, Glotium*, 1283 (cart, norm. n° 1018, p. 263). — *Glocium* ou *Haudreville en Lieuvin*, xvi° siècle (pouillé de Lisieux, p. 25). — *Glocyum* (*ibid.*). — *Glos sur Lisieux*, xviii° s° (Cassini).

Par. de Saint-Sylvain, patr. l'évêque de Lisieux; deux cures; léproserie. Dioc. de Lisieux, doy. de Moyaux. Génér. d'Alençon, élect. de Lisieux, sergent. de Touque.

Demi-fief relevant de la vicomté d'Orbec.

GLU (LA), h. c^ne de Meulles.

GOBIN, éc. c^ne de Trouville.

GOBLIN, h. c^ne de Villers-sur-Mer.

GODARD, h. c^ne de la Villette.

GODARDIÈRE (LA), h. c^ne du Mesnil-Durand.

GODARDIÈRE (LA), f. c^ne de Moyaux.

GODARDIÈRE (LA), h. c^ne de Truttemer-le-Petit.

GODEFARD, chât. en ruine, c^ne de Saint-Martin-de-Bienfaite.

GODEFRAIRIE (LA), h. c^ne de Pont-Farcy.

GODEFROY (LE), h. c^ne de Saint-Ouen-des-Besaces. — *Godfray*, 1847 (stat. post.).

GODEFROY (LE), h. c^ne de Sept-Vents.

GODERIE (LA), h. c^ne de Courson.

GODERIE (LA), h. c^ne du Tourneur.

GODET (LE), h. et f. c^ne du Pré-d'Auge.

GODET (LE), h. c^ne de Vieux-Pont.

GODETS (LES), h. c^ne d'Amayé-sur-Orne.

GODETTERIE (LA), h. c^ne de Cormolain.

GODINET (LE), h. c^ne de Lassy.

GOGUETIÈRE (LA), h. c^ne de Touque,

GOHAIGNE (LA), h. c^ne de Quetteville,

GOHAIGNE (LA), h. c^ne de Saint-Benoît-d'Héberlot.

GOHERRERIE (LA), vill. c^ne de Blay. — *Goherrie*, 1847 (stat. post.).

GOHIER (LE), h. c^ne de Beaumesnil.

GOHIER (LE), h. c^ne de Campigny.

GOHIERS (LES), m^in, c^ne d'Ouilly-du-Houlley.

GOHIERS (LES), h. c^ne d'Ouilly-le-Vicomte,

GOIS (LES), h. c^ne de Vaux-sur-Aure.

GOITIÈRE (LA), h. c^ne de Donnay.

GOMESNIL, h. c^ne de Cinthaux. — *Avergomesnil*, 1277 (cart. norm. p. 214).

GONDONNIÈRE (LA), h. c^ne de Magny-le-Freule.

GONDONNIÈRE (LA), h. c^ne de Tortisambert.

GONETIÈRE (LA), h. c^ne de Saint-Germain-du-Crioult.

GONNEVILLE-SUR-DIVE, c^on de Dozulé. — *Gonnolvilla*, 1082 (cart. de la Trinité). — *Gunnolvilla*, 1135 (ch. de Saint-Étienne), — *Gonnouvilla*, 1198 (magni rotuli, p. 472). — *Gonnevilla*, xiv° s° (pouillé de Lisieux, p. 53).

Par. de Notre-Dame, patr. le seigneur du lieu; deux cures; chapelle. Dioc. de Lisieux, doy. de Beaumont. Génér. de Rouen, élect. de Pont-l'Évêque, sergent. de Dive.

Quart de fief de la vicomté d'Auge, ressortissant à la sergenterie de Dive. Fiefs *Rucqueville* et *Dachey*, appartenant au collège de Lisieux à Paris, 1620 (fiefs de la vic. d'Auge).

GONNEVILLE-SUR-HONFLEUR, c^on de Honfleur. — *Gonevilla*, xiv° s°; *Gonnevilla*, xvi° s° (pouillé de Lisieux, p. 41).

Huitième de fief du *Bousquet*, tenu de la baronnie de Blangy, autrefois fief dit de *Mannetot*, de la vicomté d'Auge; fief de *Prestreville*; fiefs de *Launay*, de *Brucourt* et du *Heautre*, 1620 (fiefs de la vic. d'Auge).

GONNEVILLE-SUR-MERVILLE, cᵒⁿ de Troarn. — *Gonnevilla*, 1234 (lib. rub. Troarn. p. 126). — *Gonneville de la Leau*, xviiᵉ sᵉ (carte manuscrite, à la Bibliothèque nationale).

Par. de Saint-Germain, succursale de Merville. Dioc. de Bayeux, doy. de Troarn. Génér. et élect. de Caen, sergent. de Varaville.

Fief de Gonneville ou de Marmion, mouvant de la vicomté d'Auge et ressortissant à la sergenterie de Beaumont.

GORETTES (LES), h. cⁿᵉ de Saint-Marc-d'Ouilly.

GORGER, h. cⁿᵉ de Formigny. — *Gorget*, 1847 (stat. post.).

GOSSELINAYE (LA), h. cⁿᵉ de Lisores.

GOSSELINIÈRE (LA), h. cⁿᵉ de Burcy.

GOSSELINIÈRE (LA), h. cⁿᵉ de Landelles.

GOSSELINIÈRE (LA), h. cⁿᵉ de Saint-Germain-de-Talle-vende.

GOSSELINS (LES), h. cⁿᵉ d'Argences.

GOSSELINS (LES), h. cⁿᵉ de Combray.

GOSSERIE (LA), h. cⁿᵉ de Landelles.

GOSSERIE (LA), h. cⁿᵉ des Loges-Saulces.

GOSSET, h. cⁿᵉ de Coquainvilliers.

GOSSET, q. cⁿᵉ de Saint-Désir.

GOSSETS (LES), h. cⁿᵉ du Breuil (Pont-l'Évêque).

GOSSETS (LES), h. cⁿᵉ de Saint-Philbert-des-Champs.

GOSSINIÈRE (LA), h. cⁿᵉ de Lisores.

GOTTERIE (LA), h. cⁿᵉ de Rully.

GOUBAUD, h. cⁿᵉ de Genneville.

GOUBINE (LA), h. cⁿᵉ de Saint-Ouen-le-Houx.

GOUBINIÈRE (LA), h. cⁿᵉ d'Ouilly-le-Basset.

GOUBINIÈRE (LA), h. cⁿᵉ de Saint-Germain-Langot.

GOUBINS (LES), h. cⁿᵉ des Autels-Saint-Bazile.

GOUDE (LA), h. cⁿᵉ de Donnay.

GOUDE (LA), ferme et bois, cⁿᵉ de Saint-Pierre-du-Bû.

GOUDONNIÈRE (LA), h. cⁿᵉ de Tortisambert.

GOUDRIS (LES), vill. cⁿᵉ de Placy.

GOUET, mᵒⁿ isolée, cⁿᵉ de Longueville.

GOUÉTIÈRE (LA), h. cⁿᵉ de Donnay. — *Gouitière*, 1848 (Simon).

GOUÉTIÈRE (LA), h. cⁿᵉ de Saint-Germain-du-Crioult.

GOUFFERN (FORÊT DE). — *Foresta de Goufer*, 1198 (magni rotuli, p. 45). — *Nemus Guferni*, 1199 (ch. de Saint-Jean de Falaise). — *Foresta de Goffer*, xiiᵉ sᵉ (ch. de Saint-André, n° 105). — *Foresta de Gulfer*, 1234 (Troarn, ch. 13). — *Foresta Gufferni*, 1280 (parv. lib. rub. Troarn.). — *Goffers en Forêt*, 1613

(Neustria pia, p. 2). — Voir SAINT-ANDRÉ-EN-GOUFFERN.

GOUGEON, h. cⁿᵉ de Saint-Laurent-de-Condel.

GOUISSERIE (LA), h. cⁿᵉ de Champ-du-Boult.

GOUITRAY, h. cⁿᵉ de Saint-Vaast.

GOUJARD, h. cⁿᵉ de Rubercy.

GOUJARDIÈRE (LA), h. et f. cⁿᵉ de Pierrefitte (Falaise).

GOUJONNERIE (LA), h. cⁿᵉ de Saint-Julien-le-Faucon.

GOUJONNIÈRE (LA), h. cⁿᵉ de Beaumesnil.

GOULAFRIÈRE (LA), h. cⁿᵉ de Saint-Pierre-des-Ifs. — *Ecclesia de Golafleria*, 1214 (ch. de l'évêché de Lisieux, 14). — *Parochia sancti Suplicii de Golafriere*, 1244 (cart. de Friardel). — *Goulafreria*, 1259 (ibid.). — *Goullaffreria*, xivᵉ sᵉ (pouillé de Lisieux, p. 56).

GOULANDES (LES), h. cⁿᵉ de Condé-sur-Noireau.

GOULASSE (LA), q. cⁿᵉ de Coquainvilliers.

GOULET (LE), h. cⁿᵉ de Douvre.

GOULET (LE), h. cⁿᵉ d'Isigny.

GOULET (LE), h. cⁿᵉ de Saint-Aubin-d'Arquenay. — *Golet*, 1219 (ch. de Saint-André-en-Gouffern, 567). — *Goulet, Guletum*, 1235 (livre blanc de Troarn). — *Goletum*, 1257 (magni rotuli, p. 190, 2).

GOULET (LE), h. cⁿᵉ de Tracy-sur-Mer.

GOULETTE DE VASSY (LA), près Port-en-Bessin.

GOULETTE-DU-VARY (LA), h. cⁿᵉ de Commes.

GOULHOTIÈRE (LA), h. cⁿᵉ de Roullours.

GOUPIGNY, f. cᵒⁿ de Trungy.

GOUPIL (LE), h. cⁿᵉ de Campagnolles.

GOUPILLERIE (LA), h. cⁿᵉ de Saint-Germain-de-Livet.

GOUPILLET (LE), h. cⁿᵉ de Bernières-le-Patry.

GOUPILLETTES (LES), h. cⁿᵉ de Tilly-sur-Seulle.

GOUPILLIÈRE (LA), h. cⁿᵉ de Saint-Paul-de-Courtonne.

GOUPILLIÈRES, cⁿ d'Évrecy. — *Gopilleriæ*, 1198 (magni rotuli, p. 70). — *Gopillieres*, 1250 (ibid. p. 164). — *Goupilleriæ*, xivᵉ sᵉ (tax. decim. dioc. Baioc.). — *Goupillieres*, 1371 (visite des forteresses).

Par. de Saint-Eustache, prébende; patr. le chanoine du lieu. Dioc. de Bayeux, doy. d'Évrecy. Génér. et élect. de Caen, sergent. de Préaux.

GOURDELLIÈRE (LA), h. cⁿᵉ de Saint-Germain-de-Talle-vende.

GOURGUESSON, h. cⁿᵉ de Vassy. — Fief relevant du fief de *Palluet* (bar. de Vassy), 1622, 1680 (aveux de la vicomté de Vire) et 1720 (fiefs de la vicomté de Caen).

GOURGUICHON (LE), q. cⁿᵉ d'Arganchy.

GOURGUICHON (LE), ruiss. affl. de la Seulle, arrose le hameau de Saint-Amator.

GOURNAY, h. cⁿᵉ de Banneville-sur-Ajon.

GOURNAY, h. cⁿᵉ de Cahagnes.

GOURNAY, h. c^ne de Campeaux.

GOURNAY, h. c^ne de Fontaine-Étoupefour.

GOURNAY, h. c^ne de Longueville.

GOURNAY, h. c^ne de Maisoncelles-sur-Ajon.

GOURNAY (LE), h. c^ne de Placy.

GOURNAY (LE), h. c^ne du Reculey.

GOURNAY, h. c^ne de Saint-Aignan-de-Cramesnil. — *Gor-naium*, 1083 (cart. de la Trinité).

GOURNAY, h. et f. c^ne de Saint-Jean-le-Blanc.

GOURNAY (LE), h. c^ne de Villy-Bocage. — *Gourné*, 1848 (Simon).

GOUSTRANVILLE, c^on de Dozulé, accru de Saint-Clair-de-Basseneville en 1827. — *Gotrainvilla*, 1198 (magni rotuli, p. 29). — *Goutranvilla, Gostranvilla,* XIVe s^e (pouillé de Lisieux, p. 80). — *Gotranville,* 1403 (aveux d'Harcourt). — *Goutranville*, 1761 (état de la génér. de Rouen). — *Coutranville*, 1783 (d'Anville, dioc. de Lisieux).

Par. de Notre-Dame, aujourd'hui Saint-Martin; patr. le baron de Roncheville. Dioc. de Lisieux, doy. de Beuvron. Génér. de Rouen, élect. de Pont-l'Évêque, sergent. de Dive.

Le fief d'*Asseville*, assis en cette paroisse, s'étendait sur Basseneville et Saint-Clair-en-Auge, 1620 (fiefs de la vic. d'Auge).

GOUTELLE (LA), h. c^ne de Saint-Honorine-du-Fay.

GOUTIL (LE), h. c^ne de Clécy.

GOUTRAY, h. c^ne de Saint-Vaast (Caen).

GOUTTES (LES), h. c^ne de Saint-Marc-d'Ouilly.

GOUVIX, c^on de Bretteville-sur-Laize. — *Goiz*, 1082 (ch. de Saint-Étienne de Caen). — *Goviz*, 1155 (Wace). — *Govis*, 1181 (ch. de l'abb. de Barbery). — *Gois*, 1190 (ch. de Saint-Étienne). — *Gouviz, Gouvi*, 1198 (magni rotuli, p. 30, 2). — *Guviz*, 1204 (ibid. p. 112, 2). — *Govix*, XIIIe s^e (ch. de Sainte-Barbe). — *Govès*, 1356 (livre pelut de Bayeux, p. 47). — *Gouvis*, 1371 (visite des forteresses). — *Gouvys*, 1484 (arch. nat. P. 272, n° 128). — *Gouvy*, 1585 (papier terrier de Falaise).

Fief de chevalier s'étendant à Urville, Cauvicourt (par quart de fief), Proussy, Fontaine-le-Pin (huitième de fief), Bretteville-sur-Laison, Cintheaux, Saint-Germain-du-Crioult (quart de fief), mouvant de la baronnie de Tournebu et plus tard de la baronnie de Cesny, ressortissant à la vicomté de Falaise.

Le patronage de l'église de Gouvix, donné en 1196 au prieuré de Sainte-Barbe, par Raoul de Gouvix, fut cédé plus tard à l'abbé de Barbery en échange du patronage de Quetteville.

GOUVIX, chât. et m^in, c^ne de Courtonne-la-Meurdrac.

GOUVIX, f. c^ne de Saint-Germain-du-Crioult.

GOUVIX (BOIS DE), c^ne de Saint-Germain-le-Vasson.

GOUX (LE), q. c^ne de Saint-Pierre-du-Mont. — *Goths*, 1848 (état-major).

GOUYE (LA), m^on isolée, c^ne de Longueville.

GOUYE (LA), h. c^ne de Maisy.

GOVILLE, h. c^ne du Breuil (Bayeux). — *Gosvilla*, 1147 (Neustria pia, p. 825).

GOVIN, h. c^ne de Cartigny-l'Épinay.

GOYERS (LES), vill. c^ne d'Ouilly-le-Vicomte.

GRÂCE (LA), h. c^ne d'Équemauville.

GRÂCE-DE-DIEU (LA), h. c^ne d'Allemagne.

GRÂCE-DE-DIEU (LA), h. c^ne de Hiéville.

GRÂCE-DE-DIEU (LA), h. c^ne de Sommervieu.

GRACERIE (LA), h. c^ne de Cordebugle.

GRAFFARDIÈRE (LA), h. c^ne de Saint-Germain-de-Tallevende.

GRAGNON (LE), h. c^ne de la Caine.

GRAINE-BOSQUÈRE (LA), h. c^ne de Lassy. — *Beaucaire*, 1848 (état-major).

GRAINETIÈRE (LA), h. c^ne de Campeaux.

GRAINONNIÈRE (LA), h. c^ne de Viessoix.

GRAINVILLE-LA-CAMPAGNE, c^on de Bretteville-sur-Laize.

Cette commune prend le nom de Grainville-Langannerie depuis que Langannerie, hameau dépendant jadis d'Urville, lui a été uni. — *Garenvilla, Guarinvilla in Oximensi pago*, 1196 (ch. de Troarn).

Par. de Saint-Étienne, patr. l'abbé d'Aunay. Dioc. de Bayeux, doy. de Vaucelles. Génér. d'Alençon, élect. de Falaise, sergent. de Tournebu.

Le fief d'*Urville*, assis à Grainville, relevait par quart de fief du marquisat de Thury.

GRAINVILLE-SUR-ODON, c^on de Tilly-sur-Seulle. — *Grainvilla*, 1077 (ch. de Saint-Étienne de Caen). — *Guarinvilla*, 1086 (cart. de la Trinité, 1082, f° 4, p. 22). — *Granevilla*, 1262 (ch. de la Trinité, 218). — *Greinvilla*, 1273 (cart. norm. n° 626, p. 193).

Par. de Saint-Pierre, patr. l'abbesse de la Trinité de Caen. Dioc. de Bayeux, doy. de Fontenay-Pesnel, Génér. et élect. de Caen, sergent. de Villers.

Fief ou franche vavassorie relevant de la baronnie de Rots appartenant à l'abbaye de Saint-Étienne de Caen. Les fiefs suivants avaient leurs chefs assis en cette paroisse : les fiefs l'*Évêque* et du *Maresq*, appartenant au seigneur de Missy; ceux de *Thorigny* et *Grainville* à la famille Delacour; un autre fief au Saint-Sépulcre de Caen. Grainville était la patrie de Guillaume Acarin, fondateur et premier doyen du Saint-Sépulcre de Caen.

GRAINVILLIERS (LES), h. c^ne de Bourgeauville.

GRAIRIE (LA), h. c^{ne} de Lassy.

GRAIS (LES), h. c^{ne} de Beuvillers.

GRAIS (LES), m^{on} isolée, c^{ne} de Saint-Jacques.

GRAND-BEC (LE), h. c^{ne} de Villerville.

GRAND-BOSC (LE), q. c^{ne} du Mesnil-Robert.

GRAND-BOSC (LE), h. c^{ne} de Neuilly.

GRAND-BRIAN (LE), h. c^{ne} de Saint-Denis-de-Méré.

GRANDCAMP, c^{on} d'Isigny, commune accrue de Létanville en 1824. — *Grandis Campus*, 1082 (cart. de la Trinité). — *Magnus Campus*, 1252 (ch. d'Ardennes, n° 530). — *Saint Nicolas de Grandcamp*, 1290 (censier de Saint-Vigor, n° 127). — *Grandcam*, 1675 (carte de Petite).

   Par. de Saint-Nicolas. Dioc. de Bayeux, doy. de Trévières. Génér. de Caen, élect. de Bayeux, serg. des Veys.

GRAND-CAMP (LE), h. c^{ne} d'Audrieu.

GRAND-CAMP (LE), h. c^{ne} de Clécy.

GRAND-CAMP (LE), h. c^{ne} de Clinchamps.

GRAND-CAMP (LE), h. c^{ne} de Fourneville.

GRAND-CAMP (LE), f. c^{ne} de Moyaux. — *Grand Champ*, 1703 (d'Anville, dioc. de Lisieux).

GRAND-CAMP (LE), h. c^{ne} de Saint-Martin-de-la-Lieue.

GRAND-CHAMP (LE), f. c^{ne} de Brémoy.

GRANDCHAMP, c^{on} de Mézidon, commune réunie pour le culte à Saint-Julien-le-Faucon. — *Grandis Campus*, 1082 (cart. de la Trinité, f° 5); — 1172 (*ibid.*).

   Par. de Saint-André, patr. le seigneur. Dioc. de Lisieux, doy. du Mesnil-Mauger. Génér. de Rouen, élect. de Pont-l'Évêque, sergent. de Saint-Julien-le-Faucon.

GRAND-CHAMP (LE), h. c^{ne} de Fresné-la-Mère.

GRAND-CHAMP (LE), h. c^{ne} de la Lande-Vaumont.

GRAND-CHAMP (LE), h. c^{ne} de Sainte-Marie-Laumont.

GRAND-CHAMP (LE), h. c^{ne} de Saint-Martin-des-Besaces.

GRAND-CHEMIN (LE), h. c^{ne} de Martigny.

GRAND-CHEMIN (LE), h. c^{ne} d'Ondefontaine.

GRAND-CHEMIN (LE), m^{on} isolée, c^{ne} de Vassy.

GRAND-CHÉNAY (LE), f. c^{ne} de Saint-Germain-de-Tallevende.

GRAND-CHÊNE (LE), f. c^{ne} de Saint-Germain-de-Tallevende.

GRAND-CLOS (LE), h. c^{ne} du Gast.

GRAND-CLOS (LE), h. c^{ne} de Saint-Marc-d'Ouilly.

GRAND-COLLEVILLE (LE), h. c^{ne} de Saint-Vaast.

GRAND-DÉSERT (LE), f. c^{ne} de Saint-Jean-le-Blanc.

GRANDE-ABBAYE (LA), h. c^{ne} de Barbery.

GRANDE-BRUYÈRE (LA), h. c^{ne} de Notre-Dame-de-Courson.

GRANDE-BRUYÈRE (LA), h. c^{ne} du Torquesne.

GRANDE-CAVÉE (LA), h. c^{ne} de Falaise.

GRANDE-COUR (LA), h. c^{ne} de Bonnebosq.

GRANDE-COUR (LA), h. c^{ne} de Bretteville-sur-Dive.

GRANDE-COUR (LA), h. c^{ne} de la Brévière.

GRANDE-COUR (LA), m^{on} isolée, c^{ne} de Bréville.

GRANDE-COUR (LA), h. c^{ne} de Coquainvilliers.

GRANDE-COUR (LA), h. c^{ne} de Grandouet.

GRANDE-COUR (LA), q. c^{ne} de Graye.

GRANDE-COUR (LA), h. c^{ne} de Hottot.

GRANDE-COUR (LA), h. c^{ne} du Mesnil-Mauger.

GRANDE-COUR (LA), h. c^{ne} de Norrey.

GRANDE-COUR (LA), h. c^{ne} de Pontfol.

GRANDE-COUR (LA), h. c^{ne} de Vignats.

GRANDE-COUR-DE-GANNAY, f. c^{ne} de Fontaine-Étoupefour.

GRANDE-COUR-DE-PERCY, h. c^{ne} de Saint-Gilles-de-Livet.

GRANDE-COUR-DES-BRIÈRES, h. c^{ne} de Sainte-Marguerite-des-Loges.

GRANDE-CRIÈRE (LA), h. c^{ne} de Montbertrand.

GRANDE-FERME (LA), q. c^{ne} de Beaufour.

GRANDE-FERME (LA), h. c^{ne} du Bény-Bocage.

GRANDE-FERME (LA), h. c^{ne} de Fontenay-le-Pesnel.

GRANDE-FERME (LA), f. c^{ne} de Saint-Pair-du-Mont.

GRANDE-HALBOUDIÈRE (LA), h. c^{ne} de Cordebugle.

GRANDE-MAISON (LA), f. c^{ne} de Coulonces.

GRANDE-MAISON (LA), q. c^{ne} de Marolles.

GRANDE-MAISON (LA), h. c^{ne} de Morières.

GRANDE-MARE (LA), f. c^{ne} de Barneville. Huitième de fief de la vicomté d'Auge, ressortissant à la sergenterie de Pont-l'Évêque (inv. du domaine d'Auge).

GRANDE-MASURE (LA), h. c^{ne} de Saint-Germain-de-Tallevende.

GRANDE-MERCANNE (LA), f. c^{ne} du Tronquay.

GRANDE-MEUTE (LA), h. c^{ne} de la Ferrière-au-Doyen.

GRANDE-MONTAGNE (LA), h. c^{ne} du Tourneur.

GRANDE-NOE (LA), h. c^{ne} de Familly.

GRANDE-PIGNOLE (LA), h. c^{ne} de Sainte-Marguerite-d'Elle.

GRANDE-PLANQUETTE (LA), h. c^{ne} de Vaubadon.

GRANDERIE (LA), h. c^{ne} de Saint-Pierre-Tarentaine.

GRANDE-ROLERIE (LA), f. c^{ne} du Tronquay.

GRANDE-RUE (LA), h. c^{ne} de Barbery.

GRANDE-RUE (LA), h. c^{ne} de Brouay.

GRANDE-RUE (LA), vill. c^{ne} de Crépon.

GRANDE-RUE (LA), h. c^{ne} de Grainville.

GRANDE-RUE (LA), vill. c^{ne} du Mesnil-Durand.

GRANDE-RUE (LA), h. c^{ne} de Vaux-sur-Seulle.

GRANDES-BRUYÈRES (LES), h. c^{ne} de la Hoguette.

GRANDES-CARRIÈRES (LES), h. c^{ne} d'Osmanville.

GRANDES-CARRIÈRES (LES), h. c^{ne} de Saint-Pierre-Canivet.

GRANDES-COURS (LES), h. c^{ne} de Danestal.

GRANDES-HAYES (LES), h. c^{ne} du Bény-Bocage.

GRANDES-LANDES (LES), h. c^{ne} de Cerqueux.

GRANDES-LANDES (LES), h. c^{ne} de Torteval.

GRANDES-MAISONS (LES), f. c^{ne} de Vacognes.

GRANDES-VALLÉES (LES), h. c^{ne} de Saint-Manvieu (Vire).

GRANDE-VILLAYE (LA), h. c^{ne} de Friardel.

GRAND-HAMEAU (LE), h. c^{ne} de Saint-Honorine-des-Pertes.

GRAND-HAMEL (LE), h. c^{ne} de la Villette.

GRAND-HERBAGE (LE), m^{on} isolée, c^{ne} de Tôtes.

GRAND-HOM (LE), h. c^{ne} de Merville. — *Grandhomme*, 1848 (état-major).

GRAND-HONOREY (LE), h. c^{ne} de Saint-Ouen-des-Besaces.

GRANDIÈRE (LA), h. c^{ne} de Meulles.

GRAND-JARDIN (LE), h. c^{ne} d'Estry.

GRAND-JARDIN (LE), h. c^{ne} de Noron.

GRAND-JARDIN (LE), h. c^{ne} de Saint-Jacques.

GRAND-LIEU (LE), h. c^{ne} de Roques.

GRAND-LIEU (LE), h. c^{ne} de Saint-Julien-sur-Calonne.

GRAND-MARAIS (LE), h. c^{ne} d'Écrammeville.

GRAND-MESNIL, c^{on} de Saint-Pierre-sur-Dive. — *Grentonis Mansio*, 1095 (Orderic Vital, t. III, l. VIII). — *Grentemaisnilium*, 1179 (*ibid.* l. XII, p. 340). — *Grentemesnil*, 1160 (Benoît de Sainte-More, t. III, p. 10). — *Grantemesnil*, 1124 (ch. de Troarn). — *Grentemaisnil*, 1198 (magni rotuli, p. 48, 2).

Par. de Saint-Martin, aujourd'hui Saint-Pierre; patr. l'abbé de Saint-Évroult. Dioc. de Séez, doy. de Troarn. Génér. d'Alençon, élect. d'Argentan, sergent. des Bruns.

GRAND-MESNIL, fief de Beaumais. — *Feodum in valle des Belmés*, 1130 (ch. de Saint-André-en-Gouffern).

GRAND-MESNIL (BOIS DE), c^{ne} de Norrey (Falaise).

GRAND-MESNIL (LE), h. c^{ne} de Sainte-Honorine-de-Ducy.

GRAND-MOULIN (LE), h. c^{ne} de Bonneville-la-Louvet.

GRAND-MOULIN (LE), h. c^{ne} de Fresnay-le-Puceux.

GRANDOUET, c^{on} de Cambremer. — *Granddoits*, 1125 (ch. de l'abb. du Val). — *Magnum Doytum*, 1234 (lib. rub. Troarn. 148). — *Grandoit*, v. 1250 (magni rotuli, p. 200). — *Grand Douit, Grand Douyt*, 1460 (aveux de l'év. de Bayeux). — *Grandis Ductor*, XIVe s^e (livre pelut de Bayeux). — *Grand Douet*, 1703 (d'Anville, dioc. de Lisieux). — *Grand Ouet*, 1715 (cart. de l'Isle).

Par. de Saint-Martin, patr. l'abbé du Val-Richer. Dioc. de Bayeux, exempt. de Cambremer. Génér. de Rouen, élect. de Pont-l'Évêque, sergent. de Cambremer.

Quart de fief mouvant de la vicomté d'Auge, ressortissant à la sergenterie de Cambremer. Huitième de fief relevant de la Houblonnière (1620, fiefs de la vicomté d'Auge).

GRANDOUET (LE), h. c^{ne} d'Angoville.

GRAND-PARC (LE), h. c^{ne} de Cahagnes.

GRAND-PLAIN (LE), h. c^{ne} de Robehomme.

GRAND-PLAIN (LE), h. c^{ne} de Saint-Pierre-du-Jonquet.

GRAND-PONT (LE), h. c^{ne} de Cormolain.

GRAND-PONT (LE), h. c^{ne} de Crocy.

GRAND-PONT (LE), f. c^{ne} d'Estry.

GRAND-PORET (LE), h. c^{ne} du Reculey.

GRAND-PRÉ (LE), h. c^{ne} de Mittois.

GRAND-ROCHER (LE), h. c^{ne} de Roullours.

GRANDS-CHAMPS (LES), h. c^{ne} de Bures (Vire).

GRANDS-CHAMPS (LES), h. c^{ne} de Danestal.

GRANDS-CHAMPS (LES), h. c^{ne} de Vignats.

GRANDS-CHEMINS (LES), h. c^{ne} de Neuilly.

GRANDS-CHEMINS (LES), h. c^{ne} de Rieux.

GRANDS-JARDINS (LES), h. c^{ne} de Saint-Vaast.

GRANDS-MAISONS (LES), f. c^{ne} de Vacognes.

GRANDS-PARCS (LES), h. c^{ne} des Moutiers-Hubert.

GRAND-VAL, chât. c^{ne} de Saint-Honorine-des-Pertes. — *Granval*, 1217; *Grandis Vallis*, 1260 (cart. de Mondaye).

GRAND-VAL (LE), h. c^{ne} du Tourneur.

GRAND-VILLE (LA), h. c^{ne} de Cristot.

GRAND-VILLE (LA), h. c^{ne} de Saint-André-d'Hébertot.

GRANGE (LA), h. c^{ne} de Landelles. — *Grantia*, 1183 (cart. de la Trinité).

GRANGE (LA), f. c^{ne} de Sainte-Marie-Laumont.

GRANGE (LA), h. c^{ne} de Vassy.

GRANGE-CAIRON (LA), h. c^{ne} de Saint-Mélaine.

GRANGE-CAUCHARD (LA), h. c^{ne} de Saint-Martin-des-Besaces.

GRANGE-DE-DÎME (LA), m^{on} isolée, c^{ne} de Campeaux.

GRANGE-DE-DÎME (LA), h. c^{ne} de Soûmont.

GRANGES (LES), q. c^{ne} de Bretteville-sur-Laize.

GRANGES (LES), f. c^{ne} de Maisoncelles-sur-Ajon.

GRANGES (LES), h. c^{ne} de Montpinçon.

GRANGES (LES), f. c^{ne} de Sainte-Marie-Laumont.

GRANGES-DES-CHAMPS (LES), f. c^{ne} de Viessoix.

GRANGETTE (LA), f. c^{ne} de Saint-Pierre-Tarentaine.

GRANGUES, c^{on} de Dozulé. — *Granchæ*, 1198 (magni rotuli scacc. p. 58, 2). — *Grengues, Grayngues*, XIIIe s^e (cart. norm. n° 997, p. 256). — *Greyngues*, 1282 (*ibid.* n° 996, p. 256). — *Granges Generenciæ*, XIIIe siècle (cart. de Préaux). — *Grenguez*, XIVe s^e; *Grenchiæ*, XVIe s^e (pouillé de Lisieux, p. 52).

Par. de Notre-Dame, patr. le seigneur du lieu. Dioc. de Lisieux, doy. de Beaumont. Génér. de Rouen, élect. de Pont-l'Évêque, sergent. de Dive.

Fief *Val-d'Or* ou de Grangues dépendant de la baronnie de Roncheville.

GRANVAL, huitième de fief assis à Sainte-Honorine-des-Pertes et relevant du fief du Fresne assis à Russy, 1608 (aveux de la vicomté de Bayeux). Voir GRANDVAL.

'GRANVILLE, f. c^ne de Heuland. — *Grandeville*, 1675 (carte de Petite).

GRAPERIE (LA), h. c^ne de Courtonne-la-Meurdrac. — *Graprie*, xive s^e (titres de la bar. de Tournebu).

GRAPPE-MARE (LA), h. c^ne de Saint-Martin-de-Blagny. — *Grosse-Mare*, 1848 (état-major).

GRARDS (LES), h. c^ne de Fervaques.

GRAS (LES), h. c^ne de Courtonne-la-Meurdrac.

GRASSERIE (LA), h. c^ne de Courtonne-la-Meurdrac.

GRATTE-PANCHE, h. c^ne de Manerbe. — *Gratapantia*, 1147 (ch. du Val-Richer; Neustria Pia, p. 825). — *Gratepanse*, 1703 (d'Anville, dioc. de Lisieux).

GRATTE-PLANCHE, h. c^ne de Saint-Ouen-le-Pin.

GRATTIN (LE), h. c^ne de Saint-Ouen-des-Besaces.

GRAVELLE (LA), h. et f. c^ne de Montigny.

GRAVELLE (LA), c^ne réunie à Montviette en 1832. — *Gravalla*, xive s^e; *Gravella*, xvie s^e (pouillé de Lisieux, p. 46).

Par. de Saint-Pierre, patr. l'abbé de Saint-Pierre-sur-Dive. Dioc. de Lisieux, doy. du Mesnil-Mauger. Génér. d'Alençon, élect. d'Argentan, sergent. de Montpinçon.

GRAVELLES (LES), h. c^ne de Quetteville. — *Gravéle*, 1703 (d'Anville, dioc. de Lisieux).

GRAVENNERIE (LA), h. c^ne de Lassy.

GRAVENT, h. c^ne de Lassy.

GRAVERIE (LA), c^on du Bény-Bocage. — *Gravaria*, 1261 (ch. de Sainte-Étienne de Fontenay, 64). — *Graveria*, xive s^e (livre pelut de Bayeux). — *Notre Dame de la Graverie*, 1640 (aveux d'Harcourt).

Par. de Notre-Dame, patr. l'abbé de Fontenay. Léproserie. Dioc. de Bayeux, doy. de Vire. Génér. de Caen, élect. de Vire, sergent. du Tourneur.

Le fief de *Carville*, à la Graverie, relevait par demi-fief de la baronnie de la Ferrière-Harang, 1460 (temp. de l'évêché de Bayeux); de ce fief relevait celui des *Fondreaux*, assis à Carville; deux membres de fief assis à la Graverie, le fief d'*Anfermet* et le fief *Rouxel*, relevaient du duché d'Harcourt, chacun par quart de chevalier.

GRAVES (LES), h. c^ne de Vendes.

GRAVOISERIE (LA), h. c^ne de Fumichon.

GRAYE, c^on de Ryes. — *Graeium*, 1086 (cart. de la Tri-

nité, f° 21). — *Graia cum capella Sancte Crucis*, 1172 (ch. de la Trinité). — *Gray*, 1183 (*ibid.*). — *Grae*, 1203 (*ibid.* p. 94). — *Graieium*, 1282 (cart. de la Trinité, p. 160). — *Gray*, 1686 (aveux de la vic. de Bayeux).

Par. de Saint-Martin, patr. le prieur de Sainte-Barbe. Dioc. de Bayeux, doy. de Creully. Génér. de Caen, élect. de Bayeux, chef-lieu de sergenterie.

Fief de *Pierrefitte*, relevant par quart de chevalier de la baronnie de Crépon; fief du *Quesney*, s'étendant à Vaux, Ver et Sainte-Croix; quart de fief *Pouchin*, 1684 (aveux de la vic. de Bayeux).

La sergenterie de Graye comprenait Magny, Fontenailles, Longues, Saint-Manvieu, Tracy, Ryes, Arromanches, Fresnay-sur-Mer, Asnelles, Meuvaines, Sainte-Croix, Ver, Graye, Banville, Colomby, Tierceville, Crépon, Villiers-le-Sec, Bazanville, le Manoir, Vienne, Esquay et Sommervieu.

GRAYE, q. c^ne de Sainte-Croix-sur-Mer.

GRÉARDIÈRE (LA), h. c^ne de Saint-Germain-de-Tallevende.

GRÉARDIÈRE (LA), h. c^ne de Saint-Lambert.

GRÉARDIÈRE (LA), h. c^ne de Vaudry.

GRELBINIÈRE (LA), h. c^ne de Lisores.

GRÊLE-CRIÈRE (LA), h. c^ne de Truttemer-le-Grand.

GRELLERIE (LA), h. c^ne d'Aunay-sur-Odon. — *Grêlerie*, 1848 (état-major).

GRELLERIE (LA), h. c^ne de Vassy.

GRÉMESNIL, h. c^ne de Vassy.

GRENNETIÈRE (LA), h. c^ne de Campeaux.

GRENOUILLIÈRE (LA), f. c^ne de Friardel.

GRENTHERIE (LA), h. c^ne des Authieux-sur-Calonne.

GRENTHEVILLE, c^on de Bourguébus. — *Grentivilla*, 1082 (cart. de la Trinité). — *Graintevilla*, 1170 (ch. de Saint-Étienne). — *Grentevilla*, *Grenvilla*, 1198 (magni rotuli, p. 90 et 48). — *Grenteville*, xviiie s^e (Cassini).

Par. de Saint-Remy, patr. l'abbé de Troarn. Dioc. de Bayeux, doy. de Vaucelles. Génér. et élect. de Caen, sergent. d'Argences.

Quart de fief s'étendant à Solliers et à Courseulles.

GRÉSILLÉE (LA), h. c^ne de Saint-Martin-Don. — *Gresellée*, 1847 (stat. post.).

GRÉSILLON (LE), h. c^ne de Bernières-le-Patry.

GRESILLONNIÈRE (LA), h. c^ne de Rully.

GRESLAND, h. c^ne de Cabagnes.

GRESLAND, h. c^ne de Tracy-Bocage.

GRESLAY, h. c^ne d'Englesqueville (Bayeux).

GRÈVE (LA), q. c^on d'Ouistreham.

GRÈVE-DU-MESNIL (LA), b. c^ne de Troarn, 1321 parv, lib. rub. Troarn, p. 18).

Grèves (Les Basses-), h. c^{ne} de Bonneville-sur-Touque.

Grévilly, h. c^{ne} de Tour.

Grieurie (La), vill. c^{ne} de l'Hôtellerie.

Grieurie (La), h. c^{ne} de Marolles.

Grieurie (La), h. c^{ne} de Saint-Hippolyte-de-Canteloup.

Grieux, h. c^{ne} de Launay-sur-Calonne.

Grieux, h. c^{ne} de Saint-Benoît-d'Hébertot.

Grignon, h. c^{ne} de Carville.

Gril (Le), h. c^{ne} du Tronquay.

Grilletet, h. c^{ne} de la Chapelle-Engerbold.

Grillonière (La), h. c^{ne} de Saint-Germain-de-Tallevende.

Grimaudière (La), h. c^{ne} de Longraye. — *La Grimaudiere in territorió de Longarea*, 1288 (ch. de l'abb. de Longues).

Grimbosq, c^{on} de Bretteville-sur-Laize. — *Grimbost*, 1356 (livre pelut de Bayeux). — *Grienbosc*, 1371 (assiette de la vicomté de Caen). — *Sanctus Petrus de Grymbosc*, 1417 (magni rotuli, p. 277). — *Grinbosq*, 1450 (Bibl. nation. recueil d'Harcourt, p. 23). — *Grinbault*, 1675 (carte de Petite). — *Grimbold*, 1682 (carte de Jolliot). — *Grimbaux*, 1694 (carte de Tolin). — *Grimbault*, 1707 (état des revenus du duché d'Harcourt).

Par. de Saint-Pierre, patr. l'abbé de Fontenay. Dioc. de Bayeux, doy. du Cinglais. Génér. et élect. de Caen, sergent. de Bretteville-sur-Laize.

Baronnie faisant partie de la motte dite communément de *Cesny* et de *Grimbosq* (titres de la maison d'Harcourt).

Grimbosq (Forêt de), c^{ne} de Grimbosq.

Grincelle, riv. à laquelle se réunissent deux ruisseaux nés dans la commune du Bény-Bocage.

Grinville, h. c^{ne} de Gonneville.

Grip (Le), h. c^{ne} de Reux.

Grippe (La), h. c^{ne} de Pleines-OEuvres.

Grippeaux (Les), h. c^{ne} de Courson.

Gripperie (La), h. c^{ne} d'Auvillars.

Grippes (Les), h. c^{ne} de Burcy.

Grippesulle (Fosse). Voir Fosses de Soucy.

Grips (Les), h. c^{ne} de Saint-Aubin-de-Lébizay.

Grisard (Bois), c^{ne} de Saint-Gabriel.

Griselière (La), h. et f. c^{ne} de Vassy.

Griserie (La), h. c^{ne} de Genneville.

Griserie (La), h. c^{ne} de Saint-Gatien.

Griserie (La), h. c^{ne} du Theil.

Grisettes (Les), m^{on} isol. c^{ne} de la Chapelle-Engerbold.

Grisy, f. c^{ne} de Brucourt.

Grisy, c^{on} de Morteaux-Coulibœuf, réuni pour le culte à Carel. — *Grisé, Griseium*, 1198 (magni rotuli, p. 2, 2). — *Grizy*, 1848 (Simon).

Par. de Saint-Brice, patr. le seigneur du lieu. Dioc. de Séez, doy. de Saint-Pierre-sur-Dive. Génér. d'Alençon, élect. de Falaise, sergent. de Jumel.

Huitième de fief relevant de la baronnie de Tournebu, ressortissant à la vicomté de Falaise.

Grisy, h. c^{ne} de Saint-Julien-sur-Calonne.

Gritte (La), h. c^{ne} de Saint-Martin-de-Tallevende.

Grivellière (La), h. c^{ne} de la Chapelle-Engerbold.

Grivet, f. et h. c^{on} de Luc.

Grivilly, f. c^{ne} d'Engranville.

Groisilliers (Les), c^{on} de Cambremer, réunis à Rumesnil en 1840. — *Groiseilliers*, 1198 (magni rotuli, p. 30, 2). — *Groisselers*, 1260 (cart. norm. n° 653, p. 132). — *Groiseliers*, 1848 (Simon).

Par. de Notre-Dame, patr. l'abbé de Villedieu. Dioc. de Lisieux, doy. de Beuvron. Génér. de Rouen, élect. de Pont-l'Évêque, sergent. de Beuvron.

Groisilliers (Les), h. c^{ne} de Rumesnil.

Gron, mⁱⁿ, c^{ne} de Neuilly.

Gronde (La), h. c^{ne} d'Esson.

Gronde (La), petit cours d'eau qui naît à Magny, traverse Ryes, Asnelles et Meuvaines, affl. de la Touque, 1297 (enquête).

Grondière (La), h. c^{ne} du Bô.

Grondière (La), h. c^{ne} de Clinchamps (Vire).

Grondière (La), h. c^{ne} de Coulonces.

Grondière (La), h. c^{ne} de Hottot.

Grondière (La), vill. c^{ne} de la Lande-sur-Drôme.

Grondière (La), f. c^{ne} de Monfréville. — *Gondrière*, 1847 (stat. post.).

Grondière (La), h. c^{ne} de Pont-Farcy.

Grondière (La), h. c^{ne} de Presles.

Grondière (La), f. c^{ne} de Roques.

Grondière (La), h. c^{ne} de Sainte-Honorine-de-Ducy.

Grondière (La), h. c^{ne} de Sainte-Marie-Laumont.

Grondière (La), h. c^{ne} de Saint-Martin-des-Besaces.

Grondière (La), h. c^{ne} de la Vacquerie.

Grondière (La), h. c^{ne} de Vaudry.

Grondière (La), f. c^{ne} de Vouilly.

Gros (Le), h. c^{ne} de Russy.

Gros-Bois (Le), vill. c^{ne} d'Ondefontaine.

Grosbouet, h. c^{ne} du Tourneur.

Gros-Chêne (Le), h. c^{ne} d'Ablon.

Gros-Chêne (Le), h. c^{ne} de Friardel.

Gros-de-Fourches (Le), q. c^{ne} de Fourches.

Gros-Dos (Le), h. c^{ne} d'Ablon.

Gros-Orme (Le), h. c^{ne} de Saint-Germain-de-Livet.

Grosselins (Les), h. c^{ne} de Saint-Loup-de-Fribois.

Grosse-Londe (Bois de la), c^{ne} de Cormolain.

Grosserie (La), h. c^{ne} de Truttemer-le-Grand.

Grossetière (La), h. c^{ne} de Sainte-Marie-Laumont.

Grossière (La), h. c^{ne} de Vassy.

GROTTE SAINT-ORTAIRE, excavation d'un rocher à Malloué.

GROUBIÈRE (LA), h. c⁰ᵉ de Prêtreville.

GROULT, h. c⁰ᵉ de Coulonces.

GROUSSY, h. c⁰ᵉ des Loges-Saulces. — *Grussy*, xvᵉ siècle (inventaire des titres de la Trinité, arch. du Calvados).

GRUAUX (LES), h. et f. c⁰ᵉ de Quetteville.

GRUCHET (LE), h. c⁰ᵉ du Mesnil-sur-Blangy.

GRUCHY, h. c⁰ᵉ de Louvières. — *Gruchi*, 1847 (stat. post.).

GRUCHY, h. c⁰ᵉ de Montigny.

GRUCHY, vill. c⁰ᵉ de Rosel. — *Grosseium*, 1161 (ch. de Saint-Étienne de Caen). — *Groceium*, 1176 (titres de l'abb. d'Ardennes). — *Grocie*, 1235 (ch. d'Ardennes, n° 161). — *Grucy*, 1581 (aveux de la vic. de Caen).

GRUCHY, h. et f. c⁰ᵉ de Saon.

GRUES (LES), nom donné à des rochers près de Port-en-Bessin.

GRUES (LES), rochers, c⁰ᵉ de Sainte-Honorine-des-Pertes.

GRURIE (LA), h. c⁰ᵉ de Villers-Canivet.

GRUSSIÈRE (LA), h. c⁰ᵉ de Clécy.

GRYAUME, f. c⁰ᵉ de Mondrainville. — *Grillaume*, 1848 (état-major).

GUAIRIE (LA), h. c⁰ᵉ de Lassy.

GUAY (LE), h. c⁰ᵉ de Cricqueville.

GUAY (LE), h. c⁰ᵉ d'Englesqueville (Bayeux).

GUAY (LE), h. c⁰ᵉ du Gast.

GUAY (LE), f. c⁰ᵉ de Trungy.

GUÉ-BÉRANGER (LE), h. c⁰ᵉ de Bellengreville. — *Vadum Berengerii*, 1145 (lettre de l'abbé Haymon). — *Vé Berangier*, 1155 (Wace). — *Vadum Berengerii versus Troarn*, xivᵉ sᵉ (cart. de Troarn).

GUÉ-BRION (LE), mⁱⁿ, c⁰ᵉ de Fresney-le-Puceux.

GUÉ-DE-BRIEUX (LE), h. c⁰ᵉ des Moutiers-en-Cinglais.

GUÉ-DE-L'ÉPINE (LE), h. c⁰ᵉ de Landelles-et-Coupigny.

GUELINELS (LES), h. c⁰ᵉ du Thuit.

GUELINELS (LES), vill. c⁰ᵉ de Vaubadon. — *Glinels*, 1847 (stat. post.). — *Guélinets*, 1848 (Simon).

GUELINES (LES), h. c⁰ᵉ de Laize-la-Ville.

GUELINIÈRE (LA), h. c⁰ᵉ de Neuville.

GUELLIÈRE (LA), h. c⁰ᵉ de Vassy. — *Gueslière*, 1847 (stat. post.).

GUÉMENTIÈRE (LA), h. c⁰ᵉ de Saint-Aubin-des-Bois.

GUÉMERIE (LA), h. c⁰ᵉ de Brémoy.

GUÉMOUVILLE, h. c⁰ᵉ d'Estry. — *Guénouville*, 1848 (Simon).

GUÉ-PIERREUX (LE), f. c⁰ᵉ de Falaise.

GUÉ-PIERREUX (LE), h. c⁰ᵉ de la Hoguette.

GUÉ-PIERREUX (LE), riv. afll. de gauche de la Dive, prend sa source à la Hoguette, arrose Saint-Pierre-du-Bû, Villy, Fresné-la-Mère, Morteaux-Coulibœuf et Beaumais.

GUÉRANDIÈRE (LA), h. c⁰ᵉ de Firfol.

GUÉRANNERIE (LA), h. c⁰ᵉ d'Aunay.

GUÉRARDIÈRE (LA), h. c⁰ᵉ du Bô.

GUÉRARDIÈRE (LA), vill. c⁰ᵉ de Familly.

GUÉRARDIÈRE (LA), h. c⁰ᵉ de Lassy.

GUÉRARDIÈRE (LA), h. c⁰ᵉ d'Ouilly-le-Basset.

GUÉRARDIÈRE (LA), h. c⁰ᵉ de Rapilly.

GUÉRET (LE), h. c⁰ᵉ de Canchy.

GUÉRET (LE), h. c⁰ᵉ de Thiéville.

GUÉRETS (LES), h. c⁰ᵉ de Saint-Germain-de-Tallevende.

GUÉRINIÈRE (LA), h. c⁰ᵉ d'Aunay.

GUÉRINIÈRE (LA), h. c⁰ᵉ de Campagnolles.

GUÉRINIÈRE (LA), h. c⁰ᵉ de Carville.

GUÉRINIÈRE (LA), h. c⁰ᵉ de Cormelles.

GUÉRINS (LES), q. c⁰ᵉ de Saint-Paul-du-Vernay.

GUERMONDERIE (LA), h. c⁰ᵉ de Saint-Sever. — *Guermondrie*, 1848 (Simon).

GUÉRNESEY (LE), h. c⁰ᵉ de Sainte-Croix-Grand-Tonne.

GUÉRON, c⁰ⁿ de Bayeux. — *Geron*, 1198 (magni rotuli, p. 38, 2). — *Gueron*, 1277 (chap. de Bayeux, 745). — *Guero*, *Guerona*, xivᵉ sᵉ (tax. decim. dioc. Baioc.).

Par. de Saint-Germain, prébende; patr. le chanoine du lieu. Dioc. de Bayeux, doy. des Veys. Génér. de Caen, élect. de Bayeux, sergent. de la banlieue de Bayeux.

GUÉROT (LE), f. c⁰ᵉ de Vaubadon.

GUÉROULT (LE), riv. qui traverse le petit vallon de Valsemé et se réunit à l'Aure supérieure.

GUERRE (LA), h. c⁰ᵉ d'Ablon.

GUERRE (LA), h. c⁰ᵉ de Tracy-Bocage.

GUERRE (LA), h. c⁰ᵉ de Vaucelles.

GUERRES (LES), h. c⁰ᵉ de Cottun.

GUERRES (LES), h. c⁰ᵉ de Leffard.

GUERRIE (LA), h. c⁰ᵉ d'Ablon.

GUERRIER (LE), h. c⁰ᵉ dès Oubeaux.

GUERRIERS (LES), vill. c⁰ᵉ de Marolles.

GUERROT, b. c⁰ᵉ de Bures.

GUERROTERIE (LA), h. c⁰ᵉ de Vaubadon.

GUERTIÈRE (LA), h. c⁰ᵉ de Livarot.

GUERTIÈRE (LA), h. c⁰ᵉ de Saint-Germain-de-Tallevende.

GUERTIÈRE (LA), h. c⁰ᵉ de Saint-Germain-du-Crioult.

GUERTIÈRE (LA), h. c⁰ᵉ de Saint-Sever.

GUERVILLE, f. c⁰ᵉ de Secqueville-en-Bessin.

GUESDON, f. c⁰ᵉ de Beuzeval.

GUESDONS (LES), h. c⁰ᵉ d'Ellon.

GUESDONS (LES), h. c^ne du Mesnil-Patry.

GUESNÉTRIE (LA), h. c^ne de Neuville.

GUESNETS (LES), h. c^ne de Maisoncelles-la-Jourdan.

GUESNETS (LES), h. c^ne du Pin.

GUESNON, q. c^ne d'Estrées-la-Campagne.

GUESTIÈRE (LA), h. c^ne de Campeaux.

GUESTIÈRE (LA), h. c^ne de Courson.

GUÉ-TALVAS (LE), f. c^ne du Mesnil-Caussois.

GUETTERIE (LA), h. c^ne de Moyaux.

GUEUDRIE (LA), h. c^ne de Clinchamps (Vire).

GUÉVRERIE (LA), h. c^ne de Hottot.

GUÉZARDIÈRE (LA), h. c^ne de Saint-Aubin-des-Bois.

GUIBELIÈRE (LA), h. c^ne de Saint-Sever.

GUIBERON, f. c^ne de Vendes.

GUIBRAY, faubourg de Falaise. — *Wibrai, Vibrai*, 1082, 1083 (cart. de la Trinité de Caen, f°s 3 et 12). — *Guybraium, Guibraium*, 1234 (lib. rub. Troarn. p. 112). — *Guybray*, 1585. (papier terrier de Falaise). — *La Guibray*, 1620 (carte de Templier).

Le fief de Guibray, composé du fief du Plaid-de-l'Épée et de la seigneurie noble de Bretcuil, sise à Gubray, fut réuni en 1732 au marquisat de Marguerit.

Par. de Notre-Dame, patr. l'abbesse de la Trinité de Caen.

GUIBRAY (LA), h. c^ne de Landelles.

GUIBRAY (LA), c^ne du Mesnil-Robert.

GUICHARDIÈRE (LA), q. c^ne de Saint-Clément.

GUICHETIÈRE (LA), h. c^ne de Champ-du-Boult. — *Gaichetière*, 1847 (stat. post.).

GUICHONNET (LE), f. c^ne de Vouilly.

GUIEL (LA), riv. affl. de la Carentonne. Cette rivière prend sa source dans le département de l'Orne; elle se perd au-dessous de la commune de Heugon, au hameau des Foyards, comme dans un entonnoir, et reparait plus volumineuse dans la commune de Ternant, pour continuer sa route vers la Carentonne.

GUIGNARDIÈRE (LA), h. c^ne d'Osmanville.

GUIGNE ou GUINE (LA), riv. affl. de gauche de l'Orne, prend naissance à Vacognes, arrose Sainte-Honorine-du-Fay, Évrecy, Avenay, Esquay, Vieux, Amayé-sur-Orne et Bully.

GUILBERDIÈRE (LA), h. c^ne de Castilly.

GUILBERDIÈRE (LA), h. c^ne d'Étouvy. — *Guiberdière*, 1847 (stat. post.).

GUILBERDIÈRE (LA), h. c^ne de Landelles.

GUILBERDIÈRE (LA), h. c^ne de Magny-le-Freule.

GUILBERDIÈRE (LA), h. c^ne de Presles.

GUILBERDIÈRE (LA), h. c^ne de Saint-Manvieu (Vire).

GUILBERDIÈRE (LA), h. c^ne de Saint-Paul-de-Courtonne.

GUILBERDIÈRE (LA), h. c^ne de Sept-Frères.

GUILBERDIÈRES (LES), h. c^ne de Cauville.

GUILBERT, h. c^ne de Beaumesnil.

GUILBERT, h. c^ne de Chouain.

GUILBERT, rue et q. c^ne de Fresney-le-Vieux.

GUILLARDEL, m^in, c^ne du Bény-Bocage.

GUILLARDET, h. c^ne de Carville.

GUILLARDET, h. c^ne de la Graverie.

GUILLARDIÈRE (LA), h. c^ne de Courtonne-la-Ville.

GUILLARDIÈRE (LA), h. c^ne de Notre-Dame-de-Courson.

GUILLARDIÈRES (LES), h. c^ne de Trungy.

GUILLARDS (LES), h. vill. c^ne d'Ammeville.

GUILLAUMINIÈRE (LA), h. c^ne de Saint-Vigor-des-Mézerets.

GUILLAUT, m^in, c^ne de Saint-Germain-d'Ectot.

GUILLEAUX (LES), h. c^ne de Bernesq.

GUILLERIE (LA), h. c^ne de Burcy.

GUILLERVILLE, c^ne réunie à Banneville-la-Campagne en 1828. — *Gislervilla*, 1092 (livre blanc de Troarn). — *Guislervilla*, 1198 (magni rotuli, p. 48, 2). — *Guillervilia*, 1297 (parv. lib. rub. Troarn. f° 11). — *Guillevilla*, 1306 (livre blanc de Troarn, bulle d'Innocent V). — *Guillerville*, 1455 (aveu de Robert de Troarn).

Par. de Saint-Martin, patr. l'abbé de Troarn; léproserie. Dioc. de Bayeux, doy. de Troarn. Génér. et élect. de Caen, sergent. de Troarn.

Huitième de fief dit *le Précaire*; autre fief «qui fut Pigache», assis à Guillerville et relevant de la vicomté de Caen.

GUILLET (LE), h. c^ne du Locheur.

GUILLIÈRE (LA), h. c^ne de Coulonces.

GUILLON (LE), h. c^ne de Clécy. — *Villa quæ dicitur Guillon*, 1086 (cart. de la Trinité, f° 30).

GUILLONNIÈRE (LA), h. c^ne de Saint-Germain-de-Tallevende.

GUILLONNIÈRE (LA), h. c^ne de Saint-Germain-du-Crioult. — *Gilloneria*, 1235 (ch. de Mondaye).

GUILLOTERIE (LA), h. c^ne de Coulvain.

GUILLOTIÈRE (LA), h. c^ne de Saint-Manvieu (Vire).

GUILLOTS (LES), h. c^ne de Bernesq.

GUILLOUTIÈRE (LA), h. c^ne de Truttemer-le-Grand.

GUILMOISIÈRE (LA), h. c^ne de Saint-Germain-de-Tallevende. — *Guilmoitière*, 1848 (Simon).

GUIMENTIÈRE (LA), h. c^ne de Saint-Aubin-des-Bois.

GUINDERIE (LA), f. c^ne de Brémoy.

GUINGUETTE (LA), h. c^ne de Cheux.

GUITONNIÈRE (LA), h. c^ne de Caumont (Bayeux).

GUY (LE), h. c^ne de Touque.

GUYÈRE (LA), territoire de Caen, près de l'Hôtel-Dieu, 1474 (papier terrier de Saint-Étienne de Caen).

Calvados,

18

H

Hable (Le), fief de la baronnie de Saint-Vigor, sis à Cricqueville, 1460 (temp. de l'évêché de Bayeux).

Hache (La), q. c^ne de Bonneville-la-Louvet.

Hacues (Les), nom donné à des pointes de rocher dans les environs de Port-en-Bessin.

Haguais (Le), h. c^ne de Subles.

Haguelons (Les), h. c^ne de Saint-Philbert-des-Champs.

Haicarts (Les), h. c^ne de Familly.

Haidebout (Le), h. c^ne de Sept-Frères.

Haillerie (La), h. c^ne de Truttemer-le-Grand.

Hailleries (Les), h. c^ne de Vassy.

Haimerière (La), h. c^ne de la Croupte.

Haise (La); h. c^ne de Vassy.

Haiserie (La), h. et chât. c^ne de Vaux-sur-Aure.

Haïserie (La), h. c^ne de Vaux-sur-Seulle.

Haisète, petit cours d'eau, affluent de la Dive, 1297 (enquête).

Haize (La), h. c^ne de Campeaux. — Haise, 1848 (Simon).

Haize (La), h. c^ne de Fourneville.

Haizes (Les Grandes et les Petites-), h. c^ne du Bény-Bocage. — Haises, 1848 (Simon).

Halbardière (La), h. c^ne de Tortisambert.

Halboudière (La), c^ne réunie à Familly en 1825. — Parochia Beatæ Mariæ de Halbouderia, 1257 (cart. de Friardel). — Haleboderia, xive s^e (pouillé de Lisieux). — Halboudere, 1694 (carte de Tolin). Par. de Notre-Dame, patr. le seigneur. Dioc. de Lisieux, doy. d'Orbec. Génér. d'Alençon, élect. de Lisieux, sergent. d'Orbec. Tiers de fief relevant de la vicomté d'Orbec.

Halboudière (La Grande et la Petite -), h. c^ne de Cordebugle.

Halbrannière (La), h. c^ne de Sallen. — Halbrennière, 1848 (Simon).

Hallerie (La), h. c^ne de Rully.

Halley, h. c^ne de Barbeville.

Hallex, h. c^ne de Montchamp.

Halotière (La), h. c^ne de Saint-Pierre-Tarentaine.

Halottes (Les), h. c^ne du Mesnil-Simon.

Halouzière (La), h. c^ne de Saint-Germain-de-Talle-vende. — Halousière, 1848 (Simon).

Haltel, m^in, c^ne de Tilly-sur-Seulle. — Molendinum de Halletel apud Tilleium, xiiie s^e (cart. d'Ardennes).

Ham (Le), c^on de Cambremer. — Le Han, 1210 (liv. blanc de Troarn). — Le Ham sur Dives, Sanctus Martinus de Hayno, xive siècle (pouillé de Lisieux,

p. 44). — Sanctus Martinus de Hamo, xvie s^e (ibid.). — Le Han, 1620 (carte de Templier).

Par. de Saint-Martin, patr. l'abbé de Troarn. Dioc. de Lisieux, doy. de Beuvron. Génér. de Rouen, élect. de Pont-l'Évêque, sergent. de Beuvron.

La terre et seigneurie du Ham relevait de la seigneurie du Mesnil-Oger. Le fief au Roi ou fief Boul-lemer, en cette paroisse, mouvait de la vicomté d'Auge, ressortissant à la sergenterie de Dive.

Ham (Le), h. c^ne de Clécy.

Ham (Le), vill. c^ne de Rubercy.

Hamars, c^on d'Évrecy. — Hamarz, 1196 (ch. de l'abb. d'Aunay). — Hamas, 126c (cart. norm. n° 784, p. 218). — Hamarcium, 1277 (ibid. n° 904, p. 180). — Hamard, 1585 (papier terrier de Falaise).

Par. de Notre-Dame, anciennement Saint-Léonard; patr. le seigneur; léproscrie. Dioc. de Bayeux, doy. d'Évrecy. Génér. et élect. de Caen, sergent. de Préaux.

Marquisat érigé en 1679 en faveur de la famille Anzeray. Fief relevant du duché d'Harcourt par un fief de haubert.

Hamars, h. c^ne de Cahagnes.

Hamars (Les), vill. c^ne du Mesnil-Germain.

Hamars, h. c^ne de Sainte-Marguerite-des-Loges.

Hamberrie (La), h. c^ne de Fresné-la-Mère.

Hameau (Le), c^ne de Clinchamps.

Hameau (Le), c^ne de Courson.

Hameau (Le), c^ne d'Écots.

Hameau (Le), c^ne d'Estry.

Hameau (Le), c^ne de Morteaux-Coulibœuf.

Hameau (Le), c^ne de Saint-Manvieu.

Hameau (Le), c^ne de Surrain.

Hameau (Le), c^ne de Vauville.

Hameau (Le), c^ne de Villy.

Hameau (Le), c^ne de Vimont.

Hameau-au-Bœuf (Le), h. c^ne de Pierrefitte.

Hameau-aux-Gens (Le), h. c^ne de Sainte-Marguerite-de-Viette.

Hameau - aux - Gouis (Le), c^ne d'Épinay - sur - Odon. — Goï, 1486 (cart. de la Trinité, p. 30)

Hameau-aux-Lièvres (Le), c^ne de Branville.

Hameau-aux-Romains (Le), c^ne de Beaufour.

Hameau-aux-Ronchins (Le), h. c^ne de Saint-Martin-aux-Chartrains.

Hameau-Cachy (Le), h. c^ne de Noyers.

Hameau-Conus (Le), h. c^ne de Montchamp.

Hameau-de-l'Église (Le), q. c^ne de Banneville-sur-Ajon.

Hameau-de-l'Église (Le), h. c^ne de Blonville.

Hameau-de-l'Église (Le), q. c^ne. de Bourgeauville.

Hameau-de-l'Église (Le), h. c^ne de Lécaude.

Hameau-de-l'Église (Le), h. c^ne de Saint-Pair.

Hameau-du-Roi (Le), f. c^ne de Sallen.

Hameau-Gravent (Le), h. c^ne de Saint-Jean-le-Blanc.

Hameau-Neuf ou Coligny (Le), h. c^ne de Noyers.

Hameau-Pencot (Le), h. c^ne de Saint-Martin-de-la-Lieue.

Hameau-Pourri (Le), c^ne d'Écrammeville.

Hameau-Rôti (Le), h. c^ne de Noyers.

Hameaux (Les), h. c^ne d'Agy.

Hameaux (Les), f. c^ne du Plessis-Grimoult. — *L'Héritage des Hameaux*, 1471 (cart. du Plessis-Grimoult, t. I, p. 14).

Hamel (Le), h. c^ne d'Arganchy.

Hamel (Le Petit-), h. c^ne d'Aunay-sur-Odon.

Hamel (Le), h. c^ne de Bellou.

Hamel (Le), h. c^ne du Bény-Bocage.

Hamel (Le), h. c^ne de Bernières-d'Ailly.

Hamel (Le), q. c^ne de Blangy. — Quart de fief de la baronnie de Roncheville.

Hamel (Le), h. c^ne de Branville.

Hamel (Le), h. c^ne de Brémoy.

Hamel (Le), f. c^ne de Cartigny.

Hamel (Le), h. c^ne de la Chapelle-Engerbold.

Hamel (Le), h. c^ne de Combray.

Hamel (Le), f. c^ne de Condé-sur-Laizon.

Hamel (Le), h. c^ne de Cormolain.

Hamel (Le), h. c^ne de Courson.

Hamel (Le), h. c^ne de Cristot.

Hamel (Le), f. c^ne de Croissanville.

Hamel (Le), h. c^ne du Détroit.

Hamel (Le Bas-), h. c^ne de Donnay.

Hamel (Le), h. c^ne d'Écots.

Hamel (Le), h. c^ne de Feuguerolles-sur-Orne

Hamel (Haut et Bas-), h. c^ne du Gast.

Hamel (Le), h. c^ne de la Lande-Vaumont.

Hamel (Le), h. c^ne de Landelles-et-Coupigny.

Hamel (Le), h. c^ne de Leffard.

Hamel (Le), h. c^ne de Lénault.

Hamel (Le), h. c^ne de Mathieu.

Hamel (Le), h. c^ne du Mesnil-Benoît.

Hamel (Le), h. c^ne du Mesnil-Villement.

Hamel (Le), h. c^ne de Montbertrand.

Hamel (Le), f. c^ne de Montigny.

Hamel (Le), h. c^ne de Morteaux-Coulibœuf

Hamel (Le), h. c^ne de Norrey (Falaise).

Hamel (Le), h. c^ne de Préaux.

Hamel (Le), vill. c^ne de Rots.

Hamel (Le), h. c^ne de Roullours.

Hamel (Le), h. c^ne de Rully.

Hamel (Le), h. c^ne de Saint-Georges-d'Aunay.

Hamel (Le), h. c^ne de Saint-Germain-du-Crioult.

Hamel (Le), h. c^ne de Saint-Jean-le-Blanc.

Hamel (Le), h. c^ne de Saint-Martin-des-Besaces.

Hamel (Le), h. c^ne de Saint-Ouen-des-Besaces.

Hamel (Le), h. c^ne de Soignolles.

Hamel (Le), h. c^ne de Soulangy.

Hamel (Le), h. c^ne de Tôtes.

Hamel (Le), f. c^ne de Tréprel.

Hamel (Le), h. c^ne de Trévières.

Hamel (Le), h. c^ne d'Ussy.

Hamel (Le), h. c^ne de la Vacquerie.

Hamel (Le), h. c^ne de Vaubadon.

Hamel (Le), h. c^ne de Vaudeloges.

Hamel (Le), h. c^ne de Villers-Canivet.

Hamel (Le), h. c^ne de la Villette.

Hamel (Le), h. c^ne de Villy.

Hamel-Accard (Le), h. c^ne de Campandré-Valcongrain.

Hamel-Ancot (Le), h. c^ne de Vassy.

Hamel-au-Aze (Le), h. c^ne d'Arclais.

Hamel-au-Bel (Le), h. c^ne de Maisy.

Hamel-au-Clerc (Le), h. c^ne de Montchauvet.

Hamel-au-Creps (Le), h. c^ne du Tourneur.

Hamel-au-Durand (Le), h. c^ne de Vassy.

Hamel-au-Gaugain (Le), h. c^ne de Fresney-le-Puceux.

Hamel-Auge (Le), h. c^ne de Firfol.

Hamel-Aumont (Le), h. c^ne du Bény-Bocage.

Hamel-au-Roy (Le), h. c^ne du Plessis-Grimoult.

Hamel-au-Roy (Le), h. c^ne de Rully.

Hamel-au-Tellier (Le), h. c^ne de Campeaux.

Hamel-Auvray (Le), h. c^ne de Montchauvet.

Hamel-Auvray (Le), h. c^ne du Plessis-Grimoult.

Hamel-aux-Bas (Le), h. c^ne d'Aunay-sur-Odon.

Hamel-aux-Blancs (Le), h. c^ne de Branville.

Hamel-aux-Clercs (Le), h. c^ne de Montchauvet.

Hamel-aux-Fizades (Le), h. c^ne de Courson.

Hamel-aux-Gabrieux (Le), h. c^ne d'Aunay.

Hamel-aux-Hélènes (Le), h. c^ne d'Aunay.

Hamel-aux-Prêtres (Le), h. c^ne d'Aunay.

Hamel-Bertaux (Le), h. c^ne du Plessis-Grimoult.

Hamel-Besne (Le), h. c^ne de Landelles.

Hamel-Bigot (Le), h. c^ne de Courson.

Hamel-Bisson (Le), h. c^ne de Saint-Jean-le-Blanc. — *Le Besson*; 1234 (lib. rub. Troarn. p. 9).

Hamel-Blangarnon (Le), h. c^ne de Landelles.

Hamel-Bouillet (Le), h. c^ne de Landelles.

Hamel-Briard ou Genvron (Le), vill. c^ne de Périgny.

Hamel-Burel (Le), h. c^ne de Beaumesnil.

Hamel-Caussey (Le), h. c^ne du Mesnil-Robert.

HAMEL-CHANU (LE), h. c^{ne} de Montchamp.

HAMEL-CHOUQUE (LE), h. c^{ne} de Saint-Denis-de-Mailloc.

HAMEL-COLLET (LE), h. c^{ne} de Bernières-le-Patry.

HAMEL-CORNU (LE), h. c^{ne} de Montchamp.

HAMEL-CROSSART (LE), h. c^{ne} de Meulles. — *Le Hameau
Boissard*, XVIIIe s^e (Cassini).

HAMEL-D'ADAM (LE), h. c^{ne} de Maisy.

HAMEL-DE-BAS (LE), h. c^{ne} du Gast.

HAMEL-DE-BURES (LE), h. c^{ne} de Bures (Vire).

HAMEL-D'ENGLESQUEVILLE (LE), h. réuni anciennement
à Ranchy.

HAMELET (LE), h. c^{ne} de Bernesq.

HAMELET (LE), h. c^{ne} de Cauville.

HAMELET (LE), h. c^{ne} de Colleville-sur-Mer.

HAMELET (LE), h. c^{ne} de Cricqueville (Bayeux).

HAMELET (LE), h. c^{ne} de Fresney-le-Puceux.

HAMELET (LE), h. c^{ne} de Lénault.

HAMELET (LE), h. c^{ne} du Mesnil-au-Grain.

HAMELET (LE), h. c^{ne} du Mesnil-Benoît.

HAMELET (LE), h. c^{ne} de Mézidon.

HAMELET (LE), h. c^{ne} de Rully.

HAMELET (LE), h. c^{ne} de Sainte-Marie-Laumont.

HAMELET (LE), h. c^{ne} de Saint-Germain-le-Vasson.

HAMELET (LE), h. c^{ne} de Vassy.

HAMELETS (LES), h. c^{ne} de Bucéels.

HAMEL-FOULON (LE), h. c^{ne} de Landelles.

HAMEL-GANCEL (LE), h. c^{ne} de Sainte-Marie-Laumont.

HAMEL-GOHIER (LE), h. c^{ne} de Beaumesnil.

HAMEL-GOURNAY (LE), h. c^{ne} de Campeaux.

HAMEL-HUET (LE), h. c^{ne} de Clinchamps (Vire).

HAMELIÈRE (LA), h. c^{ne} de Pierres.

HAMELIÈRE (LA), h. c^{ne} de Sept-Frères.

HAMELINIÈRE (LA), h. c^{ne} de Bellou.

HAMELINIÈRE (LA), h. c^{ne} de Montbertrand.

HAMEL-JUHEL (LE), h. c^{ne} de Clinchamps (Vire).

HAMEL-LANON (LE), h. c^{ne} de Clinchamps (Vire).

HAMEL-LE-BASSE (LE), h. c^{ne} de Beaumesnil.

HAMELOT (LE), h. c^{ne} de la Graverie.

HAMELOT (LE), h. c^{ne} de Mézidon.

HAMEL-PAINS (LE), h. c^{ne} du Bény-Bocage.

HAMEL-PIEN (LE), h. c^{ne} de Sept-Frères.

HAMEL-POULAIN (LE), h. c^{ne} de Mesnil-Benoît.

HAMEL-QUÉVILLON (LE), h. c^{ne} du Plessis-Grimoult.

HAMEL-RENARD (LE), h. c^{ne} de Courson.

HAMEL-RENARD (LE), h. c^{ne} de Landelles.

HAMEL-ROGER (LE), h. c^{ne} d'Arclais.

HAMEL-TOURGIS (LE), h. c^{ne} de Montchauvet.

HAMEL-TROCHU (LE), h. c^{ne} de Saint-Aubin-des-Bois.

HAMEL-TROUVERIE (LE), h. c^{ne} de Courson.

HAMEL-VINCENT (LE), h. c^{ne} de Brémoy.

HAMEL-VINCENT (LE), h. c^{ne} de Campeaux.

HAMET (LE), h. c^{ne} de Bonneuil. — *Hametum*, 1234
(lib. rub. Troarn. p. 107).

HAMETIÈRE-MOREL (LA), h. c^{ne} de Landelles.

HAMETIÈRE-QUERNEL (LA), h. c^{ne} de Landelles.

HAMINERIE (LA), vill. c^{ne} de Blay.

HAMINIÈRE (LA), vill. c^{ne} de Montbertrand.

HAMIOTS (LES), h. c^{ne} d'Hermival-les-Vaux.

HAMONNIÈRE (LA), h. c^{ne} d'Auquainville.

HAMONNIÈRE (LA), h. c^{ne} de Clinchamps (Vire).

HANCARDS (LES), h. c^{ne} de Familly.

HANOUTIÈRE (LA), h. c^{ne} de Heurtevent.

HANSEY (LE), vill. c^{ne} de Saint-Philbert-des-Champs.

HANTAIS, mⁱⁿ, c^{ne} de Thiéville.

HAQUETS (LES), f. c^{ne} d'Osmanville.

HARANGÈRE (LA), h. c^{ne} du Mesnil-sur-Blangy.

HARANGUERIE (LA), h. c^{ne} de Cerqueux.

HARANGUERIE (LA), h. c^{ne} de Courtonne-la-Ville.

HARCOUET, h. c^{ne} de Varaville.

HARCOURT, h. c^{ne} de Bonneville-sur-Touque.

HARCOURT, h. c^{ne} de Saint-Martin-aux-Chartrains.

HARCOURT, anciennement THURY, chât. c^{ne} de Thury-
Harcourt.

HARCOURT (BOIS D'), une des divisions de la forêt
d'Alençon.

HARDIÈRE (LA), h. c^{ne} de Notre-Dame-de-Courson.

HARDOINIÈRE (LA), h. c^{ne} de Prêtreville.

HARDOUINIÈRE (LA), h. c^{ne} de Courtonne-la-Meurdrac.

HARDOUIS (LES), h. c^{ne} d'Auquainville.

HARDY, vill. c^{ne} de Cottun.

HARDY, f. c^{ne} de Saint-Martin-des-Entrées.

HARDY, f. c^{ne} de Trungy.

HARDY, h. c^{ne} de Vaubadon.

HARDYS (LES), h. c^{ne} du Breuil.

HAREL, h. c^{ne} de Noron (Bayeux).

HAREL, q. c^{ne} de Préaux.

HARIE (LA), h. c^{ne} de Clécy.

HARILS (LES), h. c^{ne} de Lingèvres. — *Harrils*, 1848
(état-major).

HARIVEL, m^{on}, c^{ne} de Cauville.

HARMONVILLE, h. c^{ne} de Hiéville.

HARMONVILLE, chât. c^{ne} de Saint-Pierre-sur-Dive.

HAROTS (LES), h. c^{ne} du Brévedent.

HABOUDIÈRE (LA), h. c^{ne} de Notre-Dame-de-Courson.

HARPIS, h. c^{ne} de Quetteville.

HARQUERIE (LA), h. c^{ne} de Courtonne-la-Ville.

HART (LE), h. c^{ne} de Subles.

HATAINERIE (LA), h. c^{ne} des Oubeaux. — *Hatennerie*,
1847 (stat. post.).

HATAINERIE (LA), h. c^{ne} de Vouilly.

HATTRAY, h. c^{ne} de Courvaudon.

HATUYÈRE (LA), h. c^{ne} de Pont-Farcy.

HAUBERAYE (LA), f. c^{ne} de Juaye-Mondaye.

Hauberdière (La), h. cⁿᵉ de Saint-Julien-de-Mailloc.
Hauberie (La), h. cⁿᵉ d'Ussy.
Haudette (La), h. et f. cⁿᵉ de Barneville.
Haulle (La), h. cⁿᵉ de Cricqueville (Bayeux).
Haulle (La), h. cⁿᵉ de Douvre.
Haulle (La), h. cⁿᵉ de la Villette.
Haume, bois, cⁿᵉ de Foulognes.
Haumonnière (La), h. cⁿᵉ de Pleines-OEuvres.
Haut-Barbery (Le), h. cⁿᵉ d'Allemagne.
Haut-Bault (Le), h. cⁿᵉ de Trévières.
Haut-Bois (Le), f. cⁿᵉ de la Rocque.
Haut-Bois (Le), h. cⁿᵉ de Touque.
Haut-Bosq (Le), h. cⁿᵉ de Bonnemaison.
Haut-Bout (Le), h. cⁿᵉ de Demouville.
Haut-Champ (Le), h. cⁿᵉ de Saint-Martin-des-Besaces.
Haut-Champ-Roux (Le), h. cⁿᵉ de Saint-Ouen-le-Pin.
Haut-Chénay (Le), h. cⁿᵉ de Montchamp.
Haut-Chêne (Le), h. cⁿᵉ de Lison.
Haut-d'Ambleville (Le), h. cⁿᵉ de Montpinçon.
Haut-d'Anny (Le), h. cⁿᵉ du Locheur.
Haut-de-Bons (Le), h. cⁿᵉ de Bons.
Haut-de-Boulon (Le), h. cⁿᵉ de Boulon.
Haut-de-Bretteville (Le), h. cⁿᵉ de Bretteville-l'Orgueilleuse.
Haut-de-Bretteville (Le), h. cⁿᵉ de Marolles.
Haut-de-Brunville (Le), h. cⁿᵉ de Saint-Loup-Hors.
Haut-de-Coquerel (Le), h. cⁿᵉ d'Angerville.
Haut-de-Connicat (Le), h. cⁿᵉ de Saint-Hymer.
Haut-de-Juvigny (Le), h. cⁿᵉ de Juvigny.
Haut-de-la-Blanchinière (Le), h. cⁿᵉ de Sainte-Marguerite-d'Elle.
Haut-de-la-Bruyère (Le), h. cⁿᵉ de Montchauvet.
Haut-de-la-Butte (Le), h. cⁿᵉ de Venoix.
Haut-de-la-Cressonnière (Le), h. cⁿᵉ d'Ussy.
Haut-de-la-Pie (Le), h. cⁿᵉ de Jurques.
Haut-de-la-Porte (Le), h. cⁿᵉ de Tracy-Bocage.
Haut-de-la-Roche (Le), h. cⁿᵉ de Juaye-Mondaye.
Haut-de-la-Ruelle (Le), h. cⁿᵉ de Clinchamps (Caen).
Haut-d'Ellon (Le), h. cⁿᵉ d'Ellon.
Haut-des-Champs (Le), h. cⁿᵉ de Bretteville-l'Orgueilleuse.
Haut-des-Champs (Le), h. cⁿᵉ de Marolles.
Haut-des-Forges (Le), h. cⁿᵉ de Missy.
Haut-des-Landes-Bossues (Le), h. cⁿᵉ de Sainte-Marguerite-d'Elle.
Haut-des-Parcs (Le), h. cⁿᵉ de Lécaude.
Haut-de-Tracy (Le), h. cⁿᵉ du Bény-Bocage.
Haut-d'Hermilly (Le), h. cⁿᵉ de Maisoncelles-Pelvey.
Haut-du-Bois (Le), h. cⁿᵉ du Brèvedent.
Haut-du-Bois (Le), h. cⁿᵉ d'Orbec.
Haut-du-Bois (Le), h. cⁿᵉ de Reux.
Haut-du-Bourg (Le), h. cⁿᵉ de Clécy.

Haut-du-Bourg (Le), h. cⁿᵉ de Sept-Vents.
Haut-du-Bus (Le), h. cⁿᵉ de Tracy-Bocage.
Haut-du-Champ (Le), h. cⁿᵉ de Versainville.
Haut-du-Champ-Masson (Le), h. cⁿᵉ de Champ-du-Boult.
Haut-du-Mont (Le), h. cⁿᵉ de Cricqueville.
Haut-du-Parc (Le), h. cⁿᵉ de Missy.
Haut-du-Pavé (Le), h. cⁿᵉ de Bretteville-l'Orgueilleuse.
Haut-du-Pavé (Le), h. cⁿᵉ de Cahagnes.
Haut-du-Pavé (Le), h. cⁿᵉ de Saint-Germain-de-Tallevende.
Haut-du-Pavé (Le), h. cⁿᵉ de Villers-Bocage.
Haute-Bruyère (La), h. cⁿᵉ de Blangy.
Haute-Châtellerie (La), h. cⁿᵉ de Saint-Sever.
Haute-Chaussée (La), h. du Mesnil-Germain.
Haute-Chennevière (La), h. cⁿᵉ de Marolles.
Haute-Côte (La), q. cⁿᵉ de la Hoguette.
Haute-Écarde (La), h. cⁿᵉ d'Amfréville.
Haute-Faitière (La), h. cⁿᵉ de Saint-Julien-de-Mailloc.
Haute-Feuille (La), q. cⁿᵉ de Saint-Pierre-des-Ifs.
Haute-Grue, chapelle d'une église de Lisieux. — *Parochia de Hastegru*, 1417 (magni rotuli, p. 279). — *Capella Hautegrue*, xvıᵉ sᵉ (pouillé de Lisieux, p. 57).
   Le fief de la Chapelle-Haute-Grue, relevant de celui de *la Chaquetière*, s'étendait à la Brevière, à Sainte-Foy et à Saint-Germain-de-Montgommery.
Haute-Hubinière (La), h. cⁿᵉ du Mesnil-Benoît.
Haute-Littée (La), h. cⁿᵉ de Litteau.
Haute-Maison (La), q. cⁿᵉ de Lénault. Huitième de fief dépendant de la baronnie du Plessis-Grimoult et appartenant à l'abbaye de Saint-Étienne de Caen, 1460 (temp. de l'évêché de Bayeux).
Haute-Mazure (La), h. cⁿᵉ de Neuville.
Haute-Muraille (La), h. cⁿᵉ de Rubercy.
Haute-Potellerie (La), h. cⁿᵉ de Landelles.
Haute-Robinière (La), h. cⁿᵉ de Clinchamps.
Haute-Roque (La), h. cⁿᵉ de Marolles.
Haute-Rue (La), h. cⁿᵉ de Beuville.
Haute-Rue (La), h. cⁿᵉ de Magny.
Haute-Rue (La), h. cⁿᵉ de Périers.
Hautes-Coutures (Les), h. cⁿᵉ de Saint-Aubin-sur-Algot.
Hautes-Crières (Les), cⁿᵉ du Tourneur.
Hautes-Hayes (Les), h. cⁿᵉ de Saint-Germain-du-Crioult.
Hautes-Landes (Les), h. cⁿᵉ du Molay.
Hautes-Landes (Les), h. cⁿᵉ de Tour. — *Hautes-Londes*, 1847 (stat. post.).
Hautes-Landes (Les), h. cⁿᵉ de Viessoix.
Hautes-Pâtures (Les), h. cⁿᵉ de Cahagnes.
Hautes-Terres (Les), h. cⁿᵉ de Longueville.
Hautes-Vallées (Les), h. cⁿᵉ de Pierres.

Haute-Touserie (La), h. cⁿᵉ de Saint-Denis-de-Mailloc.

Haut-Fau (Le), f. cⁿᵉ de Saint-Martin-des-Besaces.

Haut-Faulq. (Le), h. cⁿᵉ du Brévedent.

Haut-Fay (Le), h. cⁿᵉ de Villy-Bocage.

Haut-Four (Le), h. cⁿᵉ de Saint-Martin-des-Besaces.

Haut-Hameau (Le), h. cⁿᵉ de Rubercy.

Haut-Hamel (Le), h. cⁿᵉ d'Isigny.

Haut-Hamel (Le), h. cⁿᵉ du Plessis-Grimoult.

Haut-Hamel (Le), h. cⁿᵉ de Rapilly.

Haut-Hamel (Le), h. cⁿᵉ de Saint-Martin-des-Besaces.

Haut-Hamel (Le), h. cⁿᵉ de la Vacquerie.

Hautînière (La), h. cⁿᵉ de la Ferrière-Harang.

Haut-Jardin (Le), vill. cⁿᵉ de Bures.

Haut-Jardin (Le), h. cⁿᵉ de Saint-Jacques.

Haut-Mesnil (Le), h. cⁿᵉ de la Cambe.

Haut-Mesnil (Le), h. cⁿᵉ de Cauvicourt.

Haut-Mesnil (Le), h. cⁿᵉ de Saint-André-en-Gouffern.

Haut-Moisson (Le), h. cⁿᵉ de Saint-Martin-des-Besaces.

Haut-Moncel (Le), h. cⁿᵉ d'Isigny.

Haut-Pagny (Le), h. cⁿᵉ de Saint-Pierre-Azif.

Hauts-Buissons (Les), h. cⁿᵉ de Troarn. — *Alti Dumi*, 1234 (lib. rub. Troarn.).

Hauts-Champs (Les), f. et chât. cⁿᵉ de Cartigny-l'Épinay.

Hauts-Champs (Les), vill. cⁿᵉ de Périgny.

Hauts-Champs-Périers (Les), h. cⁿᵉ de Champ-du-Boult.

Hauts-Chevaliers (Les), h. cⁿᵉ de Bonneville-la-Louvet.

Hauts-Foins (Les), vill. et f. cⁿᵉ de Blay.

Hauts-Foins (Les), h. cⁿᵉ de Saint-Martin-des-Besaces.

Hauts-Périers (Les), h. cⁿᵉ de Chênedollé.

Hauts-Prés (Les), h. cⁿᵉ de Donnay.

Hauts-Vents (Les), h. cⁿᵉ d'Audrieu.

Hauts-Vents (Les), h. cⁿᵉ de Brémoy.

Hauts-Vents (Les), h. cⁿᵉ de Castilly.

Hauts-Vents (Les), h. cⁿᵉ de Chênedollé.

Hauts-Vents (Les), h. cⁿᵉ de Clécy.

Hauts-Vents (Les), h. cⁿᵉ de Cormolain.

Hauts-Vents (Les), h. cⁿᵉ de Courson.

Hauts-Vents (Les), h. cⁿᵉ de Cristot.

Hauts-Vents (Les), h. cⁿᵉ de Donnay.

Hauts-Vents (Les), h. cⁿᵉ de la Ferrière-Duval.

Hauts-Vents (Les), h. cⁿᵉ de Fontenay-le-Pesnel.

Hauts-Vents (Les), h. cⁿᵉ de Grainville-sur-Odon.

Hauts-Vents (Les), vill. cⁿᵉ de la Lande-sur-Drôme.

Hauts-Vents (Les), h. cⁿᵉ de Livry.

Hauts-Vents (Les Grands et les Petits-), h. cⁿᵉ de Maisoncelles-Pelvey.

Hauts-Vents (Les), f. cⁿᵉ du Molay.

Hauts-Vents (Les), h. cⁿᵉ de Mondrainville.

Hauts-Vents (Les), h. cⁿᵉ de Montbertrand.

Hauts-Vents (Les), h. cⁿᵉ de Montchauvet.

Hauts-Vents (Les), h. cⁿᵉ de Neuville.

Hauts-Vents (Les), h. cⁿᵉ de Noyers.

Hauts-Vents (Les), h. cⁿᵉ de Nonant.

Hauts-Vents (Les), h. cⁿᵉ d'Ondefontaine.

Hauts-Vents (Les), h. cⁿᵉ des Oubeaux.

Hauts-Vents (Les), h. cⁿᵉ d'Ouilly-le-Tesson.

Hauts-Vents (Les), h. cⁿᵉ de Pierres.

Hauts-Vents (Les), h. cⁿᵉ du Plessis-Grimoult.

Hauts-Vents (Les), h. cⁿᵉ de Prêtreville.

Hauts-Vents (Les), h. cⁿᵉ de Roullours.

Hauts-Vents (Les), h. cⁿᵉ de Russy.

Hauts-Vents (Les), h. cⁿᵉ de Saint-Agnan-de-Cramesnil.

Hauts-Vents (Les), h. cⁿᵉ de Saint-Aignan-le-Malherbe.

Hauts-Vents (Les), h. cⁿᵉ de Saint-Aubin-de-Lébizay.

Hauts-Vents (Les), h. cⁿᵉ de Sainte-Honorine-du-Fay.

Hauts-Vents (Les), h. cⁿᵉ de Saint-Jean-le-Blanc.

Hauts-Vents (Les), h. cⁿᵉ de Sainte-Marie-Laumont.

Hauts-Vents (Les), h. cⁿᵉ de Sainte-Marie-outre-l'Eau.

Hauts-Vents (Les), h. cⁿᵉ de Saint-Paul-de-Courtonne.

Hauts-Vents (Les), h. cⁿᵉ de Saint-Sever.

Hauts-Vents (Les), h. cⁿᵉ de Sully.

Hauts-Vents (Les), f. cⁿᵉ de Torteval.

Hauts-Vents (Les), h. cⁿᵉ de Tournay.

Hauts-Vents (Les), h. cⁿᵉ du Tourneur.

Hauts-Vents (Les), h. cⁿᵉ d'Ussy.

Hauts-Vents (Les), h. cⁿᵉ de Vassy.

Hauts-Vents (Les), h. cⁿᵉ de Vaux-sur-Seulle.

Hauts-Vents (Les), h. cⁿᵉ de Villers-Bocage.

Hauts-Vents-des-Noes (Les), h. cⁿᵉ de Cossesseville.

Haut-Vent (Le), h. cⁿᵉ de Fervaques.

Haut-Vent (Le), h. cⁿᵉ de Juaye-Mondaye.

Haut-Vent (Le), h. cⁿᵉ de Pierrefitte.

Haut-Verger (Le), q. cⁿᵉ des Authieux-sur-Calonne.

Haut-Vignot (Le), h. cⁿᵉ de Castilly.

Haut-Village (Le), h. cⁿᵉ d'Étouvy.

Haut-Village (Le), h. cⁿᵉ de Maisoncelles-la-Jourdan.

Haut-Villais (Le), h. cⁿᵉ de la Vacquerie.

Hauvagère (La), f. cⁿᵉ de Moyaux.

Hauvainerie (La), h. cⁿᵉ de Fervaques.

Hauvetterie (La), h. cⁿᵉ du Tronquay.

Hauzey (Le), h. cⁿᵉ de Saint-Philbert-des-Champs.

Havands (Les), h. cⁿᵉ de Longraye.

Haveterie (La), h. cⁿᵉ de Pierres.

Havetières (Les), h. cⁿᵉ de Pierres.

Havetot (Le), h. cⁿᵉ d'Amayé-sur-Seulle.

Havetot (Le), h. cⁿᵉ d'Anctoville.

Havre (Le), h. cⁿᵉ de Banneville.

Havron (Le), h. cⁿᵉ de Fontenay.

Haycaille (La), h. cⁿᵉ de la Bigne.

Haye (La), vill. cⁿᵉ d'Annebecq.

Haye (La), h. c°ᵉ de Bernières.

Haye (La), f. c°ᵉ de Chênedollé.

Haye (La), h. c°ᵉ de Juaye-Mondaye. — *Haia, Haya,* 1198 (magni rotuli, p. 36, 2). — *Haia d'Aguinoll,* 1224 (ch. de l'abb. de Mondaye). — La Haye relevait de la baronnie de Saint-Vigor, 1503 (aveux de la vic. de Bayeux).

Haye (La), h. c°ᵉ du Désert.

Haye (La), h. c°ᵉ de Formigny.

Haye (La), h. c°ᵉ de Lingèvres.

Haye (La), h. c°ᵉ de Merville.

Haye (La), h. c°ᵉ de Saint-Agnan-le-Malherbe.

Haye (Bois de la), h. c°ᵉ de Saint-Germain-de-Tallevende.

Haye (La), h. c°ᵉ de Saint-Germain-du-Crioult.

Haye (La), h. c°ᵉ de Saint-Lambert.

Haye (La), h. c°ᵉ de Sainte-Marie-du-Mont.

Haye (La), m°, c°ᵉ de Saint-Ouen-des-Besaces.

Haye (La), h. c°ᵉ de Saint-Sever.

Haye (La), f. c°ᵉ de Trungy.

Haye (La), h. c°ᵉ de la Vacquerie.

Haye-Alix (La), f. c°ᵉ de Saint-Germain-du-Crioult.

Haye-aux-Loups (La), f. c°ᵉ de Norrey (Falaise).

Haye-de-Bas (La), h. c°ᵉ de Marolles.

Haye-de-Boundière (La), h. c°ᵉ de Sainte-Marie-Laumont.

Haye-de-Buis (La), h. c°ᵉ d'Asnières. — *Buis,* 1847 (stat. post.).

Haye-de-Buis (La), h. c°ᵉ de Saint-Eugène.

Haye-d'Écots (La), f. c°ᵉ d'Écots.

Haye-de-la-Caille (La), h. c°ᵉ de la Bigne.

Haye-du-Val (La), h. c°ᵉ de Carville.

Haye-Gancel (La), h. c°ᵉ de Sainte-Marie-Laumont.

Haye-Martel (La), h. c°ᵉ de Saint-Charles-de-Percy.

Haye-Ménière (La), h. c°ᵉ de la Croupte.

Haye-Millon (La), delle de la baronnie de Rots, 1666 (papier terrier de Rots).

Haye-Pagot (La), h. c°ᵉ de Cormolain.

Haye-Percée (La), h. c°ᵉ de Tournebu.

Haye-Picquenot (La), c°ᵉ réunie à Baynes en 1821. — *Feodum de Pichenot,* 1198 (magni rotuli, p. 71). — *Feodum de Pikenot,* 1203 (ibid. p. 83). — *Ecclesia Sancti Petri de Haya,* xivᵉ sᵉ (livre pelut de Bayeux).

Par. de Saint-Pierre, prébende; patr. le chanoine du lieu. Dioc. de Bayeux, doy. de Couvains. Génér. de Caen, élect. de Bayeux, sergent. de Cerisy.

Fief s'étendant à Tournières, Saint-Malo-de-Bayeux et Blangy par tiers de fief de haubert relevant de la baronnie de Saint-Vigor-le-Grand, 1620 (fiefs de l'év. de Bayeux).

Hayère (La), h. c°ᵉ de la Lande-Vaumont.

Hayerie (La), h. c°ᵉ du Gast.

Hayerie-de-Bas-et-de-Haut (La), h. c°ᵉ de Landelles.

Hayes (Le Bois des), c°ᵉ de Coquainvilliers.

Hayes (Les), h. c°ᵉ de Grand-Mesnil.

Hayes (Les), h. c°ᵉ de Montchauvet.

Hayes (Les), h. et f. c°ᵉ de Placy.

Hayes (Les), h. c°ᵉ de Proussy.

Hayes (Les), h. c°ᵉ de Saint-Agnan-le-Malherbe.

Hayes (Les Basses-), c°ᵉ de Saint-Germain-du-Crioult.

Hayes (Les), h. c°ᵉ de Vassy.

Hayes-Tigard (Les), h. c°ᵉ de Saint-Pierre-du-Fresne.

Haye-Tondue (La), h. c°ᵉ de Drubec.

Hayserie (La), h. c°ᵉ de Vaux-sur-Seulle.

Hazard (Le), h. c°ᵉ de Mézidon.

Hazets (Les), h. c°ᵉ de Beaumais.

Heaume (Le), h. c°ᵉ de Ranville.

Héberderie (La), h. c°ᵉ de Courtonne-la-Meurdrac.

Héberderie (La), h. c°ᵉ de la Lande-sur-Drôme.

Héberdière (La), h. c°ᵉ de Cahagnolles.

Héberdière (La), f. c°ᵉ de Castillon.

Héberdière (La), h. c°ᵉ de Livry.

Héberdières (Les), h. c°ᵉ de Campeaux.

Hébertot, chât. et m°, c°ᵉ de Saint-André-d'Hébertot. — *Hebertot,* 1195 (magni rotuli, p. 44). — *Heberti Humus,* 1250 (parv. lib. rub. Troarn. p. 9). Voir Saint-André-d'Hébertot.

Hec (Le), h. c°ᵉ des Loges. — *Capella de Hec,* 1148 (ch. de Sainte-Barbe, 7).

Hecquet (Le), h. c°ᵉ de Saint-Jean-le-Blanc.

Hecquetière (La), h. c°ᵉ de Lassy.

Hecquetière (La), h. c°ᵉ du Mesnil-sur-Blangy.

Hecquetière (La), h. c°ᵉ de Montchauvet.

Hectot (Le Bas et le Haut d'), h. c°ᵉ d'Épinay-sur-Odon.

Hélains (Les), f. c°ᵉ de Fourneville.

Helbert (Le), h. c°ᵉ de Juaye-Mondaye. — *Helbat,* 1847 (stat. post.)

Hellain, m°, c°ᵉ de Bonneville-la-Louvet.

Hellerie (La), f. c°ᵉ de Beaufour.

Helleries (Les), h. c°ᵉ de Bernesq.

Hellouinière (La), h. c°ᵉ du Theil.

Hélouin, q. c°ᵉ de Cresseveuille.

Hélouin, q. c°ᵉ de Saint-Pierre-des-Ifs.

Hénault, q. c°ᵉ du Breuil.

Hennequeville, c°ᵉ réunie à Trouville en 1847. — *Hennequevilla,* xivᵉ sᵉ (pouillé de Lisieux, p. 38). — *Henqueville,* 1710 (cart. de de Fer).

Par. de Saint-Michel, patr. l'abbé de Fécamp. Dioc. de Bayeux, exemption de l'abb. de Fécamp, doy. de Touque. Gén. de Rouen, élect. de Pont-l'Évêque, sergent. de Touque.

Prieuré de Saint-Martin: *prioratus Sancti Martini in Usto, super Touquam, in parrochia de Dam-*

bolio seu Hennequevilla, xvi° s° (pouillé de Lisieux, p. 38).

Hennetière (La), h. c^ne de Maisoncelles-la-Jourdan.

Hennière (La), h. c^ne du Gast.

Hennière (La), h. c^ne de Lassy.

Henniotenie (La), h. c^ne de Truttemer-le-Grand.

Hénny (Le), h. c^ne de Saint-Gilles-de-Livet.

Heraudière (La), h. et f. c^ne de Montchamp.

Herbage (L'), h. c^ne de Neuville.

Herbage (L'), h. c^ne de Sept-Vents.

Herbage-aux-Vaches (L'), h. c^ne de Tôtes.

Herbage-Cingal (L'), h. c^ne de Moulines.

Herbage-de-la-Haye (L'), h. c^ne de Baynes.

Herbage-de-l'Église (L'), h. c^ne des Authieux-sur-Calonne.

Herbage-de-l'Église (L'), h. c^ne de Lison.

Herbage-des-Planches (L'), h. c^ne de Hottot (Pont-l'Évêque).

Herbage-du-Colombier (L'), f. c^ne de Bourgeauville.

Herbage-du-Prologé (L'), h. c^ne de Longraye.

Herbages (Les), f. c^ne de la Folletière-Abenon.

Herbages (Les), h. c^ne de Nonant.

Herbage-Samoin (L'), m^on isolée, c^ne de Courcy.

Herbages-du-Gué (Les), h. c^ne de Magny-le-Freule.

Herbalière (La), h. c^ne de Vassy.

Herbellière (La), h. c^ne de Neuville.

Herbellière (La Grande et la Petite-), h. c^ne de Saint-Martin-Don.

Herbellière (La), h. c^ne de Vaudry.

Herbigny, h. c^ne de Vicques. — *Herbigneium*, v. 1250 (magni rotuli, p. 186).

Hercouel, h. c^ne de Varaville.

Héricourt (Le), h. c^ne du Mesnil-Simon.

Hérils (Les), c^ne réunie à Maisons en 1830.

    Par. de Saint-Ouen, patr. le sous-chantre de Bayeux. Génér. de Caen, élect. de Bayeux, sergent. de Tour. L'église a été démolie.

Hérissière (La), f. c^ne de Neuilly. — *Hérisserie*, 1847 (stat. post.).

Hérisson (Le), h. c^ne de Champ-du-Boult.

Hérilot, c^ne réunie à Cléville en 1833. — *Heldestot*, xii° s° (ch. de l'abb. de Troarn).

Hérilot, c^ne réunie à Saint-Ouen-du-Mesnil-Oger en 1833.

    Par. de Notre-Dame, patr. le seigneur du lieu. Dioc. de Bayeux, doy. de Troarn. Génér. et élect. de Caen, sergent. du Verrier.

Herlière (La), h. c^ne de Landelles. — *Herlyère*, 1848 (Simon).

Hermannière (La), h. c^ne de Saon.

Hermanville, c^ne de Douvre. — *Hermanvilla*, 1138 (cart. d'Ardennes).

Par. de Saint-Pierre et Saint-Paul, patr. le seigneur. Dioc. de Bayeux, doy. de Douvre. Génér. et élect. de Caen, sergent. d'Ouistreham.

    Plein fief de haubert relevant de l'évêché de Bayeux à cause de la baronnie de Douvre, 1460 (temp. de l'évêché de Bayeux); érigé en marquisat en 1652 en faveur de Hercule Vauquelin, seigneur des Yveteaux, avec incorporation des fiefs et seigneuries de Magny, Orbois, Esquay, Beaufour. Boutemont et Aunay (chambre des comptes de Rouen). Le fief d'Esnetheville, *feodum de Esnethevilla*, avait son fief assis à Hermanville, xi° s° (enquête, p. 428).

Hermanville, f. c^ne de Marolles.

Hermerel (L'), f. c^ne de Géfosse.

Hermilly, h. c^ne de Maisoncelles-Pelvey. — *Hermilleium*, 1155 (ch. de l'abb. d'Aunay).

Hermitage (L'), h. c^ne d'Engranville. — *Ermitage*, 1848 (état-major).

Hermitage (L'), h. c^ne de Formigny.

Hermitage (L'), h. c^ne de Guéron. — *Sainte Trinité de l'Hermitage*, 1610 (ch. d'Ardennes).

Hermitage (L'), h. c^ne de Maisoncelles-la-Jourdan.

Hermitage (L'), h. c^ne de Saint-Sever.

Hermival-les-Vaux, c^ne de Lisieux (1re section). — *Hermevilla*, 1180 (cart. d'Ardennes, n° 2). — *Hermovilla*, 1273 (ibid. p. 295). — *Hermieval*, 1320 (fiefs de la vic. d'Orbec). — *Hermevallis*, xiv° s° (pouillé de Lisieux, p. 24). — En 1825, la commune de Vaux fut réunie à celle d'Hermival, d'où le nom d'Hermival-les-Vaux.

    Par. de Saint-Germain, deux cures; patr. le seigneur du lieu. Dioc. de Lisieux, doy. de Moyaux. Génér. d'Alençon, élect. de Lisieux, sergent. de Moyaux.

Hermonville, h. c^ne de Hiéville.

Hernerie (L'), h. c^ne du Tourneur.

Hernetot, c^ne réunie à Saint-Ouen-du-Mesnil-Oger en 1833. — *Ernetot, Ernottot*, 1210 (livre blanc de Troarn). — *Ernoltot*, 1269 (cart. norm. n° 767, p. 173). — *Arnetot*, 1723 (d'Anville).

    Par. de Saint-Laurent, patr. le seigneur du lieu. Dioc. de Bayeux, doy. de Troarn. Génér. et élect. de Caen, sergent. du Verrier.

Hérolles, h. c^ne de Montchamp.

Héronnerie (La), q. c^ne des Oubeaux.

Héronnière (La), h. c^ne de Jurques. — *La Haironnière*, 1198 (magni rotuli, p. 24).

Hénos (Les), h. c^ne du Brévedent.

Héroudière (La), h. c^ne de Montbertrand.

Héroudière (La), h. c^ne de Notre-Dame-de-Courson.

Héroudière (La), f. c^ne de la Villette.

Héroussard, chât. c^ne de Saint-Jouin.

Héroussards (Les), f. c^{ne} de Branville.

Hérouville ou Hérouville-Saint-Clair, c^{on} de Caen (est). — *Herufivilla, Heruslfivilla, Herouvilla, Heruffivilla,* 1080 (cart. de la Trinité). — *Herolvilla,* 1108 (*ibid.*). — *Herovilla,* 1190 (ch. de Saint-Étienne de Caen). — *Hetrufivilla,* 1172 (cart. de la Trinité, p. 112). — *Sanctus Clarus de Herouvilla,* xive s^e (livre pelut de Bayeux).

Par. de Saint-Clair, aujourd'hui Saint-Pierre; patr. le seigneur du lieu. Dioc. de Bayeux, doy. de Douvre. Génér. et élect. de Caen, sergent. de la banlieue de Caen.

La seigneurie d'Hérouville, Bléville et Biéville, siège de cinq fiefs de haubert, releva d'abord de la baronnie de Crépon, puis de la vicomté de Caen. Elle appartenait en 1681 à Jean-Baptiste Colbert. Le huitième de fief de Lébizay était assis à Hérouville.

Hérouville, h. et f. c^{ne} de Litteau. — *Herouvilla,* 1248 (ch. d'Aunay). Le quart de fief d'Hérouville, assis à Litteaux, s'étendait à la Bazoque, Montfiquet et aux environs, 1613 (aveux de la vic. de Vire).

Hérouvillette, c^{on} de Troarn. — *Heroldi villula, Herulfi villula, Herouvillette,* 1128 (ch. de Troarn). — *Esrouvillette,* 1650 (carte de Tassin).

Par. de Notre-Dame, patr. l'abbé d'Aunay. Dioc. de Bayeux, doy. de Troarn. Génér. et élect. de Caen, sergent. de Varaville.

Fief dit d'*Hérouvillette-en-Comté,* relevant par huitième de fief de la vicomté de Caen. Sur le territoire d'Hérouvillette se trouvaient le fief *Dademan,* le fief de *Rauville* (*Radulfi villa*), comprenant le fief *Moriton,* dont les terres étaient en grande partie au *Maréquet,* avec extension sur Hérouvillette. Le fief de *Rauville* avait été donné en 1231 à l'abbaye d'Aunay, lors de sa fondation.

Herquerie (La), h. c^{ne} de Courtonne-la-Ville.

Herrie (La), h. c^{ne} de Saint-Philbert-des-Champs.

Herrien (Le), h. c^{ne} de Cernay.

Hersendière (La), h. c^{ne} de Clinchamps (Vire).

Hersendière (La), h. c^{ne} de la Graverie.

Hersendière (La), h. c^{ne} de Saint-Manvieu (Vire).

Hersendière (La), h. c^{ne} de Sainte-Marie-Laumont.

Herserie (La), h. c^{ne} de Saint-Remy.

Hersière (La), mⁱⁿ isolée, c^{ne} de Jurques.

Hersonnière (La), h. c^{ne} de Landelles.

Hertenie (La), h. c^{ne} de Saint-Benoît-d'Hébertot.

Hertière (La), h. c^{ne} de Landelles-et-Coupigny.

Hertière (La), h. c^{ne} de Lassy.

Herval, q. c^{ne} de Saint-Martin-aux-Chartrains.

Hervannerie (La), h. c^{ne} de Fervaques.

Hervère (La), h. c^{ne} de Champ-du-Boult.

Hervère-au-Mauduit (La), h. c^{ne} de Saint-Manvieu (Vire).

Hervieu, vill. c^{ne} d'Audrieu.

Hervieu, h. c^{ne} de Fontaine-Étoupefour.

Hervieu, h. c^{ne} du Pré-d'Auge.

Hervieu, h. c^{ne} de Saint-Jean-des-Essartiers.

Hessards (Les), h. c^{ne} d'Hermival-les-Vaux.

Heudière (La), f. c^{ne} de Cardonville.

Heudois, q. c^{ne} de Tournay.

Heudreville, f. c^{ne} d'Auvillars. — *Heldrevilla,* 1189 (pouillé de Lisieux, p. 26, note 3). — *Heuderilla,* 1264 (ch. de Friardel). — *Heudrevilla,* xive s^e (pouillé de Lisieux, p. 26, note).

Heudrie (La), h. c^{ne} de Tournières. — *Heuderie,* 1848 (état-major).

Heudry, f. c^{ne} de Trouville.

Heugnie (La), h. c^{ne} du Pin.

Heugues (Les), h. c^{ne} d'Écajeul.

Heuland, c^{on} de Dozulé, réuni pour le culte à Branville. — *Hoilant,* 1198 (magni rotuli, p. 29). — *Le Houland,* 1235 (lib. rub. Troarn. n° 154). — *Houlantum,* xive s^e (pouillé de Lisieux, p. 52). — *Heullant,* xvie s^e (*ibid.*). — *Huland,* 1682 (carte de Jalliot). — *Hulan,* 1667 (carte de Levasseur). — *Heulant,* 1703 (d'Anville, dioc. de Lisieux).

Par. de Notre-Dame, patr. le seigneur du lieu. Dioc. de Lisieux, doy. de Beaumont. Génér. de Rouen, élect. de Pont-l'Évêque, sergent. de Dive.

Heuland-Silly, quart de fief de la baronnie de Roncheville.

Heulier, q. c^{ne} de Cossesseville.

Heulles (Les), q. c^{ne} de Monts.

Heurière (La), h. c^{ne} de Lassy. — *Hourières,* 1847 (stat. post.).

Heurtaudière (La), h. c^{ne} de Campagnolles.

Heurtaudière (La), h. c^{ne} de Coulonces.

Heurtaudière (La), h. c^{ne} de la Ferrière-Harang.

Heurtevent, c^{on} de Livarot. — *Heurtevent,* 1134 (ch. de Saint-Pierre-sur-Dive). — *Hurtevent,* 1204 (magni rotuli, p. 123, 2).

Par. de Saint-Jacques, patr. le seigneur du lieu. Dioc. de Lisieux, doy. du Mesnil-Mauger. Génér. d'Alençon, élect. d'Argentan, sergent. de Montpinçon.

Fief du *Coudray,* fief de *Poix,* s'étendant au Mesnil-Baclay, à Écots, Saint-Martin-de-Fresnay et Montviette.

Heurtière (La), h. c^{ne} de Montchauvet.

Heutière (La), h. c^{ne} de Meulles.

Heutrie (La), h. c^{ne} de Saint-Benoît-d'Hébertot.

Heuzé, h. et f. c^{ne} de Saint-Vaast (Caen). — *Heusa,* 1130 (Saint-André-en-Gouffern, p. 215).

Calvados.

Heuzerie (La), h. c^ne de Presles.

Héville, h. et m^in, c^ne d'Ellon. — *Heuvilla*, 1180 (magni rotuli, p. 33, 2). — *Heivilla*, 1200 (ch. de Sainte-Barbe, p. 85).

Heyère (La), h. c^ne de la Lande-Vaumont.

Hiaule (La), f. et m^in, c^ne de Saint-Germain-du-Crioult.

Hiaume (Le Bois d'), c^ne de Sallen.

Hiautre (Le), h. c^ne de Gonneville-sur-Honfleur.

Hiaux (Les), h. c^ne de Saint-Lambert.

Hidon (Le), m^in, c^ne de Saint-Pierre-la-Vieille.

Hièbles (Les), h. c^ne de Guéron.

Hiémois (L') ou Exmois, l'un des *pagi* ou comtés de l'époque franque; il forma l'archidiaconé d'Hiesmes, au diocèse de Bayeux. — *Pagus Oxminsis*, 690 (Pardessus, Diplomata, t. II, p. 209). — *Pagus Oximensis*, 752 (Historiens de France, t. V, p. 697). — *Oxmisus*, 853 (*ibid.* t. VII, p. 616). — *Pagus Oxomensis*, 886 (*ibid.* t. IX, p. 355). — *Oximinum*, 1134 (ch. de l'abb. de Troarn). — *Oximei, Ocesmeis* (Roman du Mont-Saint-Michel). — *Oismeis, Oismeitz, Wismeis*, 1155 (Roman de Rou). — *Oismeis*, v. 1160 (Benoît de Sainte-More, t. I, p. 601). — *Oxmeium, Oumeium, Ommois*, 1277 (ch. de l'abb. de Vignats, n° 108). — *Exmeis*, 1289 (ch. d'Aunay).

Hiéville, c^ne de Saint-Pierre-sur-Dive, réuni pour le culte à cette dernière commune. — *Huivilla*, 1134 (ch. de Saint-Pierre-sur-Dive). — *Hieuvilla*, 1180 (magni rotuli, p. 5, 2). — *Héville* (cart. du moulin de Héville). — *Hyeuville*, 1428 (titres de Saint-Pierre-sur-Dive). — *Hieville*, 1703 (d'Anville, dioc. de Lisieux).

Par. de Saint-Pierre, patr. l'abbé de Saint-Pierre-sur-Dive. Dioc. de Séez, doy. de Saint-Pierre-sur-Dive. Génér. d'Alençon, élect. de Falaise, sergent. de Saint-Pierre-sur-Dive.

Hineux, m^in, c^ne de la Ferrière-Harang.

Hineux, m^in, c^ne de Saint-Denis-Maisoncelles.

Hineux, m^in, c^ne du Tourneur.

Hivet (L'), h. c^ne de Montchauvet.

Hoberie (La), h. c^ne d'Ussy. — On y montre une pierre druidique nommée *Pierre de la Hoberie*.

Hoc (Pointe du), à Saint-Pierre-du-Mont.

Hoderie (La), h. c^ne de Castilly.

Hoderie (La), h. c^ne de Sainte-Marguerite-d'Elle.

Hoderie-à-Saint-Anne (La), h. c^ne de Lison.

Hoger, h. c^ne d'Amfréville.

Hogue (La), h. c^ne de Beuvron. — *Hoga, Houga*, 1234 (lib. rub. Troarn. n°^s 147, 151). — *La Hogue à l'Orme*, 1321 (*ibid.* n° 16).

Hogue (La), h. c^ne de Bourguébus. — *Hoga*, 1077 (ch. de Saint-Étienne de Caen). — *Hogus*, 1172

(*ibid.*). — *Hogua*, 1198 (magni rotuli, p. 472). Huitième de fief sis en cette paroisse.

Hogue (La), h. c^ne de Bures.

Hogue (La), q. c^ne de Cahagnolles.

Hogue (La), h. c^ne d'Isigny.

Hogue (La), h. c^ne de Maisoncelles-Pelvey.

Hogue (La), h. c^ne de Sept-Frères.

Hogue (La), h. c^ne du Tourneur.

Hoguelons (Les), h. c^ne de Saint-Philbert-des-Champs.

Hoguenet, vill. c^ne de Lessard-et-le-Chêne.

Hogues (Les), h. c^ne de la Ferrière-Harang.

Hogues (Les), m^on isolée, c^ne de Fontenay.

Hogues (Les), h. c^ne de Fontenay-le-Pesnel.

Hogues (Les), q. c^ne d'Isigny.

Hogues (Les), h. c^ne de Landelles.

Hogues (Les), f. c^ne de Montpinçon.

Hogues (Les), h. c^ne de Prêtreville.

Hogues (Les), h. c^ne de Saint-Martin-de-Sallen.

Hoguet (Le), h. c^ne d'Osmanville.

Hoguet (Le), h. c^ne de Saint-Germain-de-Tallevende.

Hoguette (La), c^en de Falaise (1re division), accrue de la commune de Vesqueville en 1827. — *Hogueia, Hogeium*, 1177 (ch. de Saint-Étienne de Caen). — *Hoguete*, 1256 (ch. d'Aunay). — *La Hocquette*, 1620 (carte de Leclerc).

Par. de Saint-Barthélemy, patr. l'abbé de Saint-André-en-Gouffern. Dioc. de Séez, doy. de Falaise. Génér. d'Alençon, élect. et sergent. de Falaise.

Hoguette (La), h. c^ne de Brémoy.

Hoguette (La), h. c^ne de Caumont (Bayeux).

Hoguette (La), h. c^ne de Fontenay-le-Marmion.

Hoguette (La), h. c^ne de Hamars.

Hoguette (La), h. c^ne de la Graverie.

Hoguette (La), h. c^ne des Loges.

Hoguette (La), f. c^ne de Montpinçon.

Hoguette (La), h. c^ne de Neuville.

Hoguette (La), éminence, c^ne de Reviers. Sépultures anciennes.

Hoguette (La), h. et f. c^ne de Sept-Vents.

Hoguette de Moult (La), nom d'une colline à Moult.

Hoguettes (Les), h. c^ne de Lassy.

Hoguettes (Les), h. c^ne de Truttemer-le-Grand.

Hollière (La), h. c^ne de Saint-Julien-de-Mailloc.

Hom (Le), h. c^ne de Beuville. — *Homme*, 1848 (état-major).

Hom (Le), h. c^ne de Cahagnes.

Hom (Le), f. c^ne de Croisilles.

Hom (Le), h. et m^in, c^ne de Curcy.

Hom (Le), h. et f. c^ne d'Englesqueville.

Hom (Le), h. c^ne d'Évrecy.

Hom (Le), f. c^ne de Fierville. — *Villa le Houme juxta*

viam regis ad Fierville (cartul. de Notre-Dame de Bonport, p. 178).

Hom (Le Grand et le Petit-), h. c^ne de Merville.

Hom (Le), h. c^ne de Ranville.

Hom (Le), h. c^ne de Sainte-Honorine-du-Fay.

Home (Le), h. c^ne de Villy-Bocage.

Homes (Les), vill. c^ne de la Lande-sur-Drôme.

Homes (Les), cour. c^ne de Saint-Martin-de-Fresnay.

Homey, h. c^ne de Livry; quart de fief relevant du plein fief de Blagny-la-Quèze, 1637 (aveux de la vic. de Bayeux).

Homme (Le), h. c^ne de Barneville.

Homme (Le), h. c^ne de Beaulieu.

Homme (Le), h. et f. c^ue de Boulon.

Homme (Le), h. c^ne de Coulibœuf.

Homme (Le), h. c^ne de Falaise. — *Hulmus de Falesia*, xiiie s^e (ch. de Saint-André-en-Gouffern).

Homme (Le), h. c^ue de la Ferrière-au-Doyen.

Homme (Le), h. c^ne de Lingèvres.

Homme (Le), h. c^ne de Robehomme. — *Hosmus*, 1321 (lib. rub. Troarn. n° 17).

Homme (Le), h. c^ne de Saint-Jean-des-Essartiers.

Homme (Le), h. et m^in, c^ne de Thury-Harcourt.

Homme (Le), h. c^ne de Touffréville. — *Hulmus qui dicitur Ormo*, 1234 (lib. rub. Troarn.).

Homme (Le), h. c^ne de Trévières.

Homme (Le), f. c^ne de Varaville.

Hommerie (L'), h. c^ne de Saint-Germain-du-Crioult.

Hommes (Les), h. c^ne de la Ferrière-Harang.

Hommes (Les), vill. c^ne de Pierres.

Hommes (Les), vill. c^ne de Saint-Ouen-des-Besaces.

Hommes (Les), q. c^ne de Saint-Martin-de-Fresnay.

Hommet (Le), h. c^ne du Bény-Bocage. — *Hommetum*, 1234 (lib. rub. Troarn. n° 127).

Hommet (Le), q. c^ne de Douville.

Hommet (Le), vill. c^ne d'Écrammeville.

Hommet (Le), h. c^ne de Fierville-la-Campagne.

Hommet (Le), f. c^ne de Saint-Martin-de-Fontenay.

Hommetières (Les), h. c^ne de Livry.

Hommetières (Les), h. c^ne de Sept-Vents.

Honfleur, ville ch.-l. de c^ne, arr. de Pont-l'Évêque. — *Honneflo*, 1198 (magni rotuli, p. 32, 2). — *Honflue*, 1246 (ch. de Sainte-Barbe, n° 151). — *Honeflé*, 1260 (ch. de Saint-Étienne de Fontenay). — *Honefloudum*, v. 1260 (cart. norm. n° 657, p. 133). — *Honnêfleu*, 1284 (*ibid.* n° 1028, p. 266). — *Sanctus Leonardus, Sanctus Stephanus de Honnefleuctu, de Honnefluctu*, xive siècle (pouillé de Lisieux, p. 40). — *Honneflieu*, 1419 (rôles de Bréquigny, n° 15, p. 87).

Par. : 1° Notre-Dame ou *Notre-Dame-des-Vases*, patr. l'abbé de Grestain; 2° Sainte-Catherine ou *Sainte-Catherine-des-Bois*, patr. le seigneur de Roncheville; 3° (supprimée) Saint-Étienne ou *Saint-Étienne-des-Prés*, patr. le seigneur de Roncheville; 4° Saint-Léonard, patr. l'évêque de Lisieux, puis l'abbé de Grestain. Chapelle de Saint-Antoine; ancienne léproserie. Saint-Nicolas et Saint-Siméon, hôpital et hôpital général réunis en 1687, gouvernés par des religieuses hospitalières de l'ordre de Saint-Augustin. Chapelle de Notre-Dame-de-Grâce. Congrégation de filles de Notre-Dame, de l'institution du bienheureux Pierre Fourier, pour l'instruction des jeunes filles (mém. de Noël des Hays).

Le doyenné de Honfleur, *decanatus de Honefluctu*, dans l'archidiaconé de Pont-Audemer, comprenait: le Bois-Hellain, Saint-Léger-sur-Bonneville, Saint-Benoît-d'Hébertot, Colleville-sur-Mer, Magneville-la-Rault, Saint-Martin-le-Vieux-sur-Morelle, Genneville, Ableville, Ablon, Équainville, Fiquefleur, Crémanville, Notre-Dame et Saint-Léonard de Honfleur, Saint-Étienne et Sainte-Catherine de Honfleur, Pennedepie, Bonneville-la-Bertrand, Fourneville, le Theil-en-Auge, Gonneville-sur-Honfleur, Équemeauville, Cricquebœuf-sur-Mer, Villerville, Guetteville, la Lande-en-Lieuvin, Tonneluit, le Vieux-Bourg, Bonneville-la-Louvet, Herbigny, Saint-Sauveur-des-Vases, sur le territoire d'Ableville, Saint-Antoine de Honfleur, Notre-Dame à Fourneville, Saint-Jean-de-Gâtines, Saint-Louis-de-Bonnevillette, Notre-Dame-de-Grâce, près de Honfleur, Notre-Dame-des-Tôtes à Bonneville-la-Louvet.

Honfleur, dépendant de l'évêché de Lisieux, de la génér. de Rouen, élect. de Pont-l'Évêque, était le siège d'un bailliage, d'un doyenné, d'une noble et franche sergenterie, plein fief de la vicomté d'Auge. Le fief du *Rozel*, à Honfleur, relevait de Livet, dépendant de la vicomté d'Orbec, 1620 (fiefs de la vic. d'Auge).

Honfret (Le), h. c^ne du Plessis-Grimoult.

Hongre (Le), fief de la baronnie de Torteval, 1778 (rentes de la baronnie).

Hongrie (La), h. et f. c^ne de Castilly.

Honnaville, h. c^ne de Gonneville-sur-Honfleur.

Honneur (L'), h. c^ne d'Écajeul.

Honorey (L'), h. c^ne de Saint-Ouen-des-Besaces.

Hôpital (L'), f. c^ne de Cottun.

Hôpital (L'), h. c^ne de Vassy.

Hôpital (L'), f. c^ne de Vaux-sur-Aure.

Hôtel-au-Brun (L'), h. c^ne de Saint-Martin-des-Besaces.

Hôtel-aux-Chevaliers (L'), h. c^ne des Loges.

Hôtel-Barbot (L'), vill. c^ne de la Ferrière-au-Doyen.

Hôtel-Bazin (L'), h. c^ne de la Ferrière-Harang.

Hôtel-Blanvillain (L'), h. c^ue du Tourneur.

Hôtel-Carrière (L'), f. c^ne de Saint-Jean-des-Essartiers.

Hôtel-Chutot (L'), h. c^ne de Lassy.

Hôtel-de-Paris (L'), h. c^ue de Saint-Ouen-des-Besaces.

Hôtel-Fortuné (L'), h. c^ne de Sainte-Croix-Grand-Tonne.

Hôtel-Fouquet (L'), h. c^ne des Loges.

Hôtel-Hamel (L'), vill. c^me de Montbertrand.

Hôtel-Hébert (L'), h. c^ne de Saint-Martin-des-Besaces.

Hôtel-Huet (L'), h. c^ne de Saint-Martin-de-Sallen.

Hôtel-Huvet (L'), h. c^ne des Loges.

Hôtel-Jacquet (L'), h. c^ne du Tourneur.

Hôtellerie (L'), c^ne de Lisieux (1re section), accrue d'une portion du territoire de Saint-Hippolyte-de-Canteloup en 1841. — *Hospitalaria*, 1195; *l'Ostellerie*, 1225 (ch. de l'hospice de Lisieux, n° 26). — *Sanctus Nicolaus de Hospitalaria, capella leprosaria*, xive s^e (pouillé de Lisieux, p. 24).

Par. de Saint-Nicolas, patr. l'évêque de Lisieux. Dioc. de Lisieux, doy. de Moyaux. Génér. de Rouen, élect. de Pont-l'Évêque, sergent. de Beuvron.

Hôtel-Masson (L'), h. c^ne des Loges.

Hôtel-Moulin (L'), h. c^ne de Saint-Martin-des-Besaces.

Hôtel-Moulin (L'), h. c^ue de Sept-Frères.

Hôtel-Pinel (L'), h. c^ne de la Ferrière-au-Doyen.

Hôtel-Poret (L'), f. c^ne de Sainte-Marie-Laumont.

Hôtel-Saint-Ouen (L'), h. c^ne de Saint-Ouen-des-Besaces.

Hôtel-Séguin (L'), h. c^ne de Saint-Martin-des-Besaces.

Hôtel-Suzard (L'), h. c^ne des Loges.

Hôtel-Vallée (L'), h. c^ue de Carville.

Hôtel-Varin (L'), h. c^ne de Saint-Martin-des-Besaces.

Hôtel-Vivier (L'), h. c^ne de Montbertrand.

Hotot ou Hotot-en-Auge, c^n de Cambremer. — *Huldestot*, 1269 (cart. norm. n° 767, p. 173).

Par. de Saint-Georges, patr. le seigneur du lieu. Dioc. de Lisieux, doy. de Beuvron. Génér. de Rouen, élect. de Pont-l'Évêque, sergent. de Beuvron.

La vicomté héréditaire d'Hotot, avec haute justice, relevait du bailliage de Conches, comté d'Alençon. Dans cette paroisse, le fief d'*Auvillars* relevait de la châtellenie de ce nom. Un autre fief nommé *Héribel* relevait de Bonnebosq, mouvant de la vicomté d'Auge.

Hotterie (La), h. c^ne de Castilly.

Hotto^r-les-Bagues ou Hotto^r-en-Bessin, c^on de Cau-

mont (Bayeux). — *Hotot*, 1080 (ch. de Saint-Étienne). — *Hovetot*, 1172 (ch. de Henri, évêque de Bayeux). — *Heudetot*, xive s^e (liv. pelut de Bayeux). — *Hautot*, 1723 (d'Anville).

Par. de l'Assomption, deux curés; patr. : 1° le roi; 2° le seigneur de Tilly.

Chapelle sous l'invocation de saint Pierre et de saint Nicolas; léproserie; chapelle de Sainte-Marie-Madeleine. Dioc. de Bayeux, doy. de Fontenay-le-Pesnel. Génér. de Caen, élect. de Bayeux, sergent. de Briquessart.

Houblonnière (La), c^ne de Lisieux (2e section). — *Hublonneria*, 1164 (ch. de Friardel). — *Houblomna*, xive s^e; *Houblonneria*, xvie s^e (pouillé de Lisieux, p. 46).

Par. de Notre-Dame, patr. le seigneur du lieu. Dioc. de Lisieux, doy. du Mesnil-Mauger. Génér. de Rouen, élect. de Pont-l'Évêque, sergent. de Saint-Julien-le-Faucon.

La Houblonnière, autrefois *le Chastel*, appartenait aux Templiers; plein fief de la vicomté d'Auge, sergent. de Cambremer; quart de fief du *Lozier*, fief du *Tremblay*, 1620 (fiefs de la vic. d'Auge).

Houblonnière (La), h. c^ne de Mestry.

Houdant, h. c^ne de Saint-Martin-des-Besaces.

Houdengerie (La), h. c^ne de Burcy.

Houdière (La), h. c^ne du Bény-Bocage.

Houellerie (La), h. c^ne de Bernières-le-Patry.

Houguets (Les), h. c^ne de Sainte-Honorine-des-Pertes.

Houitière (La), h. c^ne de Jurques. — *La Houstière*, 1847 (stat. post.).

Houlbecq, h. c^ne de Castillon (Lisieux).

Houlbecq, h. et chât. c^ne d'Écots.

Houlbecq, h. c^ne de Vieux-Pont. — *Holebec*, 1198 (magni rotuli, p. 76, 2).

Houlbey, h. c^ne d'Amayé-sur-Seulle.

Houlbey, h. c^ne de Tracy-Bocage.

Houlet (Le), vill. c^ne de Graye.

Houlette (La), h. c^ne de Cahagnes.

Houlette (La), h. c^ne de Heurtevent.

Houlette (La), h. c^ne de Lénault.

Houlette (La), h. c^ne de Saint-Pierre-du-Fresne.

Houlette-de-Haut (La), h. c^ne du Mesnil-Germain.

Houlettes (Les), h. c^ne de Montbertrand.

Houlettes (Les), vill. c^ne des Moutiers-Hubert.

Houlettes (Les), h. c^ne de Saint-Sever.

Houlettes (Bois des), c^ne du Plessis-Grimoult.

Houlgate, q. c^ne de Beuzeval.

Houlgate, h. c^ne de Biéville (Lisieux). — *Houlegate*, 1848 (Simon).

Houlgate, h. c^ne de Deux-Jumeaux.

Houllages (Les), h. c^ne de Saint-Hymer.

HOULLES (LES), h. c^ne de Monts.

HOULLES (LES), h. et f. c^ne de Roullours.

HOULLES (LES), q. c^ne de Tournebu.

HOULLEY, chât. c^ne d'Ouilly-du-Houlley.

HOULLIÈRE (LA), h. c^ne de Sept-Frères.

HOULME (LE), h. c^ne d'Ammeville.

HOULOTTE (LA), h. c^ne de Nonant.

HOULT (LE), q. c^ne de Surville.

HOUPPELANDE (LA), h. c^ne de Meslay.

HOUPPELAYE (LA), h. c^ne de Garnetot.

HOUSSARDERIE (LA), h. c^ne de Vaubadon.

HOUSSARDIÈRE (LA BASSE et LA HAUTE-), h. c^ne de Coulonces.

HOUSSAYE (LA), h. c^ne d'Ablon. — *Hoxeia*, v. 1260 (cart. de Friardel). Fief relevant de la baronnie de Blangy, s'étendant aux paroisses de Crémanville, Notre-Dame et Saint-Léonard de Honfleur.

HOUSSAYE (LA), h. c^ne des Authieux-sur-Calonne.

HOUSSAYE (LA), h. c^ne de Boissey.

HOUSSAYE (LA), h. et m^in, c^ne de la Chapelle-Engerbold.

HOUSSAYE (LA), h. c^ne de Colombières. — *Houssaie*, 1848 (état-major).

HOUSSAYE (LA), h. c^ne de la Folletière-Abenon.

HOUSSAYE (LA), h. c^ne de Garnetot.

HOUSSAYE (LA), f. c^ne de Glos.

HOUSSAYE (LA), b. c^ne de Heurtevent.

HOUSSAYE (LA), h. c^ne de la Hoguette.

HOUSSAYE (LA), q. c^ne de Manerbe.

HOUSSAYE (LA), m^on, c^ne du Mesnil-sur-Blangy.

HOUSSAYE (LA), h. c^ne de Mestry.

HOUSSAYE (LA), m^in, c^ne de Pennedepie.

HOUSSAYE (LA), h. c^ne du Plessis-Grimoult.

HOUSSAYE (LA), h. c^ne de Rapilly.

HOUSSAYE (LA), h. c^ne de Saint-Hymer.

HOUSSAYE (LA), h. et f. c^ne de Saint-Martin-des-Besaces.

HOUSSAYE (LA), h. c^ne de Saint-Pierre-Tarentaine.

HOUSSE (LA), h. c^ne du Fournet.

HOUSSE-MAGNE (LA), h. c^ne de Pierres.

HOUSSE-MAGNE (LA), h. c^ne de Presles.

HOUSSÈNE (LA), h. c^ne du Gast.

HOUSSERIE (LA), h. c^ne de Rapilly.

HOUSSET (LE), h. c^ne du Plessis-Grimoult. — *Houssaie*, 1848 (état-major).

HOUSTIÈRE (LA), éc. c^ne de Jurques.

HOUTELLES (LES), h. c^ne de Saint-Sever.

HOUTTEVILLE, h. c^ne de Russy.

HOUTTEVILLE, vill. anc. c^ne réunie à Surrain en 1824. — *Hultivilla, Holtivilla, Holtevilla*, 1082 (ch. de Saint-Étienne de Caen). — *Houtevilla*, 1277 (cart. norm. n° 394, p. 211). — *Utinvilla*, 1277 (*ibid.*). — *Housteville*, 1675 (carte de Petite).

Par. de Saint-Michel, patr. le roi. Dioc. de Bayeux, doy. de Trévières. Génér. de Caen, élect. de Bayeux, sergent. de Tour.

HOUX (LE), vill. c^ne de Bures.

HOUX (LE), h. c^ne de Campeaux.

HOUX (LE), vill. c^ne du Désert.

HOUX (LE), f. c^ne de Maisy.

HOUX (LE), h. c^ne du Tourneur.

HOUX (LE), h. c^ne de Truttemer-le-Grand.

HOUX (LES), h. c^ne de Beaulieu.

HUAN (LE), h. c^ne de Saint-Jean-le-Blanc.

HUANNIÈRE (LA), h. c^ne des Loges-Saulces.

HUARDIÈRE (LA), h. c^ne de Burcy.

HUARDIÈRE (LA), h. c^ne de Coulonces.

HUARDIÈRE (LA), h. c^ne de Pontécoulant.

HUARDIÈRE (LA), h. c^ne de Truttemer-le-Grand.

HUARDIÈRE (LA), h. c^ne de Vaudry.

HUBERDIÈRE (LA), h. c^ne de Campeaux.

HUBERDIÈRE (LA), h. c^ne de Jurques.

HUBERDIÈRE (LA), h. et f. c^ne de Landelles.

HUBERDIÈRE (LA), h. c^ne de Pont-Bellanger.

HUBERDIÈRE (LA), h. c^ne de Roullours.

HUBERDIÈRE (LA), h. c^ne de Saint-Germain-de-Tallevende.

HUBERDIÈRE (LA), h. c^ne de Sept-Frères.

HUBERIE (LA), h. c^ne de Sept-Vents.

HUBERT (LES), h. c^ne de Clarbec.

HUBERT, q. c^ne de Tournières.

HUBERT-FOLIE, c^en de Bourguébus, réuni par le culte à cette dernière commune. — *Hubertifolia*, 1077 (ch. de Saint-Étienne de Caen). — *Foubertfolia* 1159 (*ibid.*). — *Fulbertifolia*, 1172 (*ibid.*). — *Fuberlifolia apud Coremlas*, 1230 (*ibid.*). — *Fouberfolie*, 1234 (lib. rub. Troarn. p. 134). — *Foubert Folie*, 1371 (visite des forteresses). — *Fuberfolie*, 1371 (assiette des feux).

Par. de Notre-Dame, patr. l'abbé de Saint-Étienne de Caen. Dioc. de Bayeux, doy. de Vaucelles. Génér. et élect. de Caen, sergent. d'Argences.

Huitième du fief de *Brucourt-Perduccas*, assis à Hubert-Folie et s'étendant à Ifs, Bras, Soliers, Bourguébus, la Hogue et Grenteville, 1640 (aveux de la vic. de Caen); 1678 (aveu de Michel Letellier, abbé de Saint-Étienne de Caen).

HUBERT-FOLIE, bourg, c^ne de Soliers.

HUBERTIÈRE (LA), h. c^ne du Gast.

HUBERTIÈRE (LA), h. c^ne de Sept-Vents.

HUBINIÈRE (LA HAUTE, LA BASSE et LA PETITE-), h. c^ne du Mesnil-Benoît.

HUE, h. c^ne de Dampierre.

HUE, h. c^ne de Grimbosq.

HUE, f. c^ne du Mesnil-Germain.

Hue, h. c^ne des Moutiers-en-Cinglais.

Hue, h. c^ne d'Ouilly-le-Basset.

Hues (Les), vill. c^ne de Saint-Philbert-des-Champs.

Huetières (Les), h. c^ne de Coulonces.

Huets (Les), h. c^ne de Grimbosq.

Huets (Les), h. c^ne de Mutrécy.

Huets (Les), h. c^ne de Saint-Laurent-de-Condel.

Huets (Les), h. c^ne de Saint-Ouen-des-Besaces.

Huguerie (La), f. c^ne du Brèvedent.

Huillerie (L'), h. c^ne de Sainte-Honorine-de-Ducy.

Huit-Acres (Les), h. c^ne de Saint-Ouen-le-Pin.

Hulardière (La), h. c^ne de Livry.

Hulies (Les), m^on isolée, c^ne des Authieux-Papion.

Hulinière-de-Bas (La), h. c^ne de Courson.

Hulinière-de-Haut (La), h. c^ne de Courson.

Hullière (La), h. c^ne de Campagnolles.

Hullière (La), h. c^ne de Saint-Germain-de-Talle-vende.

Hulpinière (La), h. c^ne de Notre-Dame-de-Courson.

Hunaudière (La), h. et f. c^ne de Fourneaux.

Hunelière (La), h. c^ne de Maisoncelles-la-Jourdan.

Hunelière (La), vill. c^ne de Vaudry. — *Hunellière*, 1848 (Simon).

Hunière (La), h. c^ne du Désert.

Hunière (La), h. c^ne de Lécaude.

Hunière (La), h. c^ne du Pin.

Hunière (La), h. c^ne de Potigny.

Hunières (Les), h. c^ne de Fourneville.

Hunoudière (La), h. c^ne de Saint-Martin-de-Mieux.

Huppain, c^ne de Trévières, accru de Neuville et de Villers-sur-Port en 1824. — *Hupain*, XIIIe s^e (ch. de Cerisy). — *Hupin*, 1620 (carte de Templieux).

    Par. de Saint-Pierre, patr. l'abbé de Cerisy. Dioc. de Bayeux, doy. des Veys. Génér. de Caen, élect. de Bayeux, sergent. de Tour.

    Quart de fief relevant de la baronnie ou plein fief de Neuville.

Huppes (Les), h. c^ne de la Ferrière-au-Doyen.

Huquellière (La), h. c^ne de Saint-Germain-de-Mont-gommery.

Huquetière (La), vill. c^ne du Mesnil-sur-Blangy.

Huquette (La), m^on isolée, c^ne de la Chapelle-Haute-Grue.

Hure (La), bois, c^ne de Montbertrand.

Hure (La), h. c^ne du Pin.

Huné, h. c^ne de Dampierre.

Hure-de-Veaux (La), pointe des roches de Ver.

Hurie (La), h. c^ne de Fontenermont.

Hurie (La), h. c^ne de Sallen.

Hurie (La), q. c^ne de la Vacquerie.

Hury (L'), h. c^ne de Maisoncelles-Pelvey. — *L'Urry*, 1847 (stat. post.).

Husserie (La), h. c^ne des Moutiers-en-Cinglais.

Hutereaux (Les), f. c^ne de Colombières.

Hutière (La), vill. c^ne de Campagnolles.

Hutière (La), h. c^ne de Coulonces.

Hutière (La), h. c^ne de Montchauvet.

Hutière (La), h. c^ne de Saint-Germain-de-Tallevende.

Hutray (Le), h. c^ne de Boulon.

Hutray (Le), h. c^ne de Vaux-sur-Aure.

Hutray (Le), h. c^ne de Verson. — *Hutré*, 1847 (stat. post.).

Hutrel (Le), h. c^ne du Bény-Bocage. — On écrit aussi *le Hutray*.

Hutrel (Le), h. c^ne de Campeaux.

Hutrel (Le), h. c^ne de Cristot.

Hutrel (Le), q. c^ne de Martigny.

Hutrel (Le), h. c^ne de Planquery.

Hutrel (Le), h. c^ne du Reculey.

Hutrel (Le), h. c^ne de Saint-André-d'Hébertot.

Hutrel (Le), h. c^ne de Saint-Benoît-d'Hébertot.

Huttes (Les), h. c^ne de Quesnay-Guesnon.

Huttray (Le), h. c^ne de Courvaudon.

Huttrey (Les), h. c^ne de Fontenay-le-Pesnel. — *Le Huttré*, 1847 (stat. post.).

Hy, m^in, c^ne de Pont-Farcy.

Hyenière (La), h. c^ne du Gast.

Hyguière (La), h. c^ne de Jurques. — *Hygudière*, 1847 (stat. post.).

Hymer (L'), riv. affl. de la Touque.

I

Iv (L'), f. c^ne de Notre-Dame-de-Courson.

If (L'), h. c^ne de Vouilly.

Ifs (Les), h. c^ne de Condé-sur-Ifs.

Ifs (Les), h. c^ne de Maizet.

Ifs, c^n de Caen (est). — *Icium*, 1078 (ch. de Saint-Étienne de Caen). — *Iz*, 1170 (*ibid.*). — *Itium*, 1177 (*ibid.*). — *Hys*, 1241 (ch. de Sainte-Barbe, n° 178). — *Ycium*, 1243 (ch. de Fontenay, n° 39). — *Ys*, 1245 (ch. de Saint-Étienne de Fontenay, n° 72). — *Is*, 1371 (visite des forteresses). — *Notre Dame des Champs d'Ifs*, 1554 (aveu du temp. de Saint-Étienne de Caen). — *Idz*, 1653 (carte de Tassin).

    Par. de Saint-André, patr. l'abbé de Saint-

Étienne de Caen. Chapelle de Saint-Léonard; léproserie dépendant de l'abbaye de Saint-Étienne de Caen. Dioc. de Bayeux, doy. de Vaucelles. Génér. et élect. de Caen, sergent. d'Argences.

La terre et seigneurie d'Ifs, s'étendant sur les paroisses de Bras, Hubert-Folie, la Hogue, Étevaux et Bourguébus, relevait de l'abbé de Saint-Étienne de Caen. Ifs et Venoix relevaient par quart de fief du duché d'Harcourt.

Ifs. Voir Saint-Pierre-Azif.

Ifs-sur-Laizon, cne réunie en 1846 à Condé-sur-Laizon qui prend le nom de Condé-sur-Ifs. — Ifs sur Lezon, 1320 (fiefs de la vicomté d'Auge). — Is, Iz sur Laizon, 1586 (papier terrier de Falaise, n° 175).

Par. de Sainte-Anne, patr. le seigneur du lieu. Dioc. de Séez, doy. de Saint-Pierre-sur-Dive. Génér. d'Alençon, élect. de Falaise, sergent. de Jumel.

Le fief de Lescaude, sis en la paroisse, relevait de la vicomté de Vire.

Île (L'), f. cne de Bricqueville.

Île-au-Moulin (L'), h. cne de Vaucelles.

Île-de-Plaisance (L'), h. cne de Graye.

Île-Regnault (L'), ou fief de l'Île, territ. de Caen, compris entre le Grand et le Petit-Odon, anciennement fortifié.

Îles (Les), h. cne de Lénault.

Îles (Les), h. cne de Proussy.

Îles (Les), h. cne de Saint-Germain-du-Crioult.

Îles (Les), h. cne de Saint-Julien-de-Mailloc.

Îles (Les), h. cne de Saint-Martin-de-Fresnay.

Îles de Bernières (Les), nom donné à une partie du rocher du Calvados devant Bernières.

Îles-d'Ouilly (Les), h. cne d'Ouilly-le-Basset.

Impasse-de-l'Abreuvoir (L'), h. cne d'Isigny.

Infernière (L'), h. cne de la Bigne.

Ingers (Les), h. cne de Glos.

Ingouville, h. cne de Moult. — Ingulfivilla, 1082 (cart. de la Trinité, f° 3 v°). — Ygouville, 1172 (lib. rub. Troarn. p. 162).

Ingreville, h. cne de Bricqueville.

Ingny, h. cne de Saint-Vaast (Caen). — Ingeium, 1201 (ch. de l'abb. d'Aunay).

Ingy, h. cne de Monts.

Ingy, f. et min, cne de Villy-Bocage. Fief dépendant de la seigneurie de Villers-Bocage.

Intendance (L'), h. cne d'Éterville.

Irlande (L'), h. cne de Douville, réunie partie à Saint-Pierre-sur-Dive, partie à Escures-sur-Favières.

Isabel, h. cne d'Englesqueville (Pont-l'Évêque).

Isigny, ville ch.-l. de cn, arrond. de Bayeux. — Isignie, 1195 (magni rotuli, p. 84). — Ysigny, 1243 (ch. du Plessis-Grimoult, p. 437). — Isegny, v. 1380 (L. Delisle, classes agricoles, p. 556). — Isegheium, Isigneium, 1476 (cart. du Plessis-Grimoult). — Ésigny, 1723 (d'Anville).

Par. de Saint-Georges, patr. le chapitre de Bayeux; chapelle Sainte-Anne-de-la-Fontaine. Léproserie; chapelles de Sainte-Madeleine, de Saint-Roch. Dioc. de Bayeux, doy. de Couvains. Génér. de Caen, élect. de Bayeux.

Le fief des Fontaines relevait de la baronnie de Neuilly, ainsi que la baronnie de Rupallay avec chapelle de Notre-Dame-de-Bon-Secours, 1460 (av. du temp. de l'év. de Bayeux). Isigny était le siège d'une des huit sergenteries de l'élection de Bayeux; le château d'Isigny, ayant appartenu jadis à l'évêque de Bayeux, est devenu l'hôtel de ville.

La sergenterie d'Isigny (plein fief), nommée le Plein-Fief-du-Bois, s'étendait aux paroisses d'Isigny, Neuilly, Monfréville, les Oubeaux, Vouilly, Saint-Marcouf, Castilly, Mestry, la Folie, Colombières, Bricqueville, Cartigny, Lison, Lépinay et Saint-Laurent-du-Rieu.

Il y avait dans les environs d'Isigny plusieurs chapelles: Sainte-Anne, Sainte-Madeleine et Saint-Roch; deux chapelles domestiques, Notre-Dame-de-Bon-Secours dans la baronnie de Rupallay, et Sainte-Marguerite au château d'Isigny.

Isigny, h. cne de Courson.

Isle (L'), h. cne de Castilly.

Isle (L'), f. cne de Mestry.

Isle-Haupais (L'), h. cne de Fontenermont.

Isles-Bardel (Les), cn de Falaise (2e division). — Is Bardel, 1390 (cart. d'Ardennes). — Ils Bardel, 1454 (cart. de Saint-Étienne). — Ys Bardel, 1554 (aveu du temporel de Saint-Étienne de Caen). — Îles Bardel, 1585 (papier terrier de Falaise). — Zys Bardel, 1710 (carte de de Fer). — Ix, 1716 (carte de de l'Isle).

Par. de Saint-Ouen, patr. l'abbé de Saint-Étienne de Caen. Dioc. de Séez, doy. d'Aubigny. Génér. d'Alençon, élect. de Falaise, sergent. de Thury.

Quart de fief mouvant de la baronnie de Thury. Château, chapelle de Saint-Nicolas-sur-Orne.

Islette (L'), q. cne de Deux-Jumeaux.

Isolé (L'), h. cne du Mesnil-Caussois.

J

JACOBINS (LES), f. c⁰ᵉ de la Houblonnière.
JACOB-MESNIL, h. c⁰ᵉ de Bretteville-sur-Laize.
JAGEOLET (LE), h. c⁰ᵉ de Noron (Falaise).
JAILLON (LE), h. c⁰ᵉ de Brocottes.
JALOUSIE (LA), m⁰ⁿ isolée, c⁰ᵉ de Clécy.
JALOUSIE (LA), m⁰ⁿ, c⁰ᵉ du Mesnil-Villement.
JALOUSIE (LA), h. c⁰ᵉ de Saint-Aignan-de-Cramesnil.
JALOUSIE (LA), h. c⁰ᵉ de Saint-Pierre-Canivet.
JALQUERIOT, h. c⁰ᵉ de Clécy.
JAMERIE (LA), h. c⁰ᵉ de Saint-Germain-de-Tallevende.
JAMERIE (LA), h. c⁰ᵉ de Sallen.
JAMERIE (LA), h. c⁰ᵉ de la Vacquerie.
JAMES (LES), h. c⁰ᵉ de Castillon.
JAMETIÈRE (LA), h. c⁰ᵉ de Pleines-OEuvres.
JANCELIÈRE (LA), h. c⁰ᵉ de Saint-Sever.
JANNERIE (LA), h. c⁰ᵉ du Tourneur.
JANVILLE, c⁰ⁿ de Troarn. — *Johannis villa,* 1129
(cart. de Troarn). — *Johanvilla,* 1234 (*ibid.*). —
—*Jehanville,* 1297 (enquête). — *Joan Villa,* xivᵉ sᵉ
(livre pelut de Bayeux). — *Jahanvilla,* 1313 (ch.
d'Ardennes, n° 375).
     Par. de Notre-Dame, patr. l'abbé de Troarn.
Dioc. de Bayeux, doy. de Beaumont. Génér. et
élect. de Caen, sergent. de Troarn.
JANVRIN, h. c⁰ᵉ de Périgny.
JAPIGNY, h. c⁰ᵉ de Beaumais.
JAPIGNY, h. c⁰ᵉ de Crocy.
JAQUETTE (LA), q. c⁰ᵉ de Littry.
JARDIÈRE (LA), h. c⁰ᵉ de Saint-Sever.
JARDIN (LE), h. c⁰ᵉ de Beaumesnil.
JARDIN (LE), h. c⁰ᵉ de Bures (Vire).
JARDIN (LE), h. c⁰ᵉ de Campagnolles.
JARDIN (LE), h. c⁰ᵉ de Castillon.
JARDIN (LE), f. c⁰ᵉ de Cossesseville.
JARDIN (LE), h. c⁰ᵉ de Courvaudon.
JARDIN (LE), h. c⁰ᵉ de Lénault.
JARDIN (LE), h. c⁰ᵉ des Loges-Saulces.
JARDIN (LE), h. c⁰ᵉ de Noron.
JARDIN (LE), h. c⁰ᵉ de Saint-Denis-de-Méré.
JARDIN (LE), h. c⁰ᵉ de Saint-Lambert.
JARDIN (LE), h. c⁰ᵉ de Sept-Vents.
JARDIN (LE), f. c⁰ᵉ de Subles.
JARDIN-AU-ROY (LE), h. c⁰ᵉ de Rully.
JARDIN-AUX-BOIS (LE), h. c⁰ᵉ de Sept-Vents.
JARDIN-BARBIER (LE), vill. c⁰ᵉ d'Audrieu.
JARDIN-BARBIER (LE), h. c⁰ᵉ de Saint-Manvieu.
JARDIN-BLOCHE (LE), h. c⁰ᵉ de Formentin.

JARDIN-CACHY (LE), f. c⁰ᵉ d'Ellon.
JARDIN-CHÈVRE (LE), h. c⁰ᵉ de Feuguerolles-sur-Orne.
JARDIN-D'OLLENDON (LE), h. c⁰ᵉ d'Esquay.
JARDIN-DU-BOEUF (LE), h. c⁰ᵉ de Cormolain.
JARDIN-DU-PRESSOIR (LE), q. c⁰ᵉ de Subles.
JARDIN-DU-VAL (LE), h. c⁰ᵉ de Hottot (Bayeux).
JARDINET (LE), h. c⁰ᵉ de Biéville.
JARDINET (LE), h. c⁰ᵉ de Coudray.
JARDINETS (LES), h. c⁰ᵉ de Thaon.
JARDIN-GUESDON (LE), h. c⁰ᵉ de Juaye-Mondaye.
JARDIN-JAMET (LE), h. c⁰ᵉ de la Bigne.
JARDIN-LOUIS (LE), h. c⁰ᵉ de Cléville.
JARDIN-MATHAN (LE), h. c⁰ᵉ de Tilly-sur-Seulle.
JARDIN-MITON (LE), h. c⁰ᵉ de Martainville.
JARDIN-PERRIN (LE), h. c⁰ᵉ de Magny-le-Freule.
JARDIN-RENARD (LE), h. c⁰ᵉ de Magny-le-Freule.
JARDINS (LES), h. c⁰ᵉ de Clarbec.
JARDINS (LES), h. c⁰ᵉ de Clécy.
JARDINS (LES), q. c⁰ᵉ de Loucelles.
JARDINS (LES), q. c⁰ᵉ de Saint-Côme-de-Fresné.
JARDINS (LES), h. et f. c⁰ᵉ de Sept-Vents.
JARDINS (LES), q. c⁰ᵉ de Trouville.
JARDINS (LES), h. c⁰ᵉ de Vacognes.
JARDIN-SERGENT (LE), h. c⁰ᵉ de Nonant.
JARDIN-VASSET (LE), h. c⁰ᵉ de Saint-Hymer.
JARDIN-VAUCLUS (LE), h. c⁰ᵉ de Biéville.
JARDIN-VERRIER (LE), h. c⁰ᵉ de Nonant.
JARDIN-VILLARS (LE), h. c⁰ᵉ de Saint-Laurent-de-Con-
del.
JARRIÈRE (LA), h. c⁰ᵉ de Chênedollé.
JATTE-DU-VAL (LA), h. c⁰ᵉ de Jurques.
JATTE-DU-VAL (LA), h. c⁰ᵉ de Saint-Georges-d'Aunay.
JAUNIÈRE (LA), h. c⁰ᵉ d'Argences.
JAUNIÈRE (LA), h. c⁰ᵉ de Moult.
JAUNIÈRE (LA), h. c⁰ᵉ d'Ouville-la-Bien-Tournée.
JAUNIÈRE (LA), h. c⁰ᵉ de Sainte-Marie-aux-Anglais.
JAVOIS (LE), h. c⁰ᵉ de Juaye-Mondaye.
JAYETTERIE (LA), h. c⁰ᵉ de la Folie.
JEAN-MARGOT, h. c⁰ᵉ de Grandcamp.
JEANNETERIE (LA), c⁰ᵉ de Saint-Jean-des-Essartiers.
JEANNIÈRE (LA), h. c⁰ᵉ d'Amayé-sur-Seulle. — *Jau-
nière,* 1848 (état-major).
JEANNIÈRE (LA), f. c⁰ᵉ d'Auquainville.
JEANNIÈRE (LA), h. c⁰ᵉ de Maisoncelles-la-Jourdan.
JEANNIÈRE (LA), h. c⁰ᵉ de Saint-Remy.
JENTIÈRE (LA), h. c⁰ᵉ de Saint-Germain-de-Tallevende.
JÉRUSALEM, h. c⁰ᵉ de Couvert.

JÉRUSALEM, h. c^be de Juaye-Mondaye.

JESNOTIÈRE (LA), h. c^ne du Détroit.

JEUNES (LES), vill. c^ne de la Lande-sur-Drôme.

JOBÉTERIE (LA), h. c^ne de Meulles.

JOISERIE (LA), h. c^ne de Tracy-Bocage.

JOLIET (LE), h. c^ne d'Osmanville.

JONCAL (LE), h. c^ne de Maisy. — *Joncail*, 1848 (Simon).

JONQUET (LE), h. c^ne d'Écajeul.

JONQUET (LE), h. c^ne de Saint-Germain-du-Pert.

JONQUETS (LES), h. c^ne de Campagnolles.

JONQUETS (LES), h. c^ne de Colombières.

JONQUETS (LES), h. c^ne de Parfouru-sur-Odon.

JONQUETS (LES), h. c^ne de Vieux. — *Jonquettes*, 1847 (stat. post.).

JONQUILLES (LES), h. c^ne de Saint-Pierre-Canivet.

JORT, c^n de Morteaux-Coulibœuf. — *Jorra*, 1138 (Orderic Vital, t. V, p. 109). — *Jortz*, 1585 (papier terrier de Falaise). — *Jors*, 1620 (carte de Leclerc).

Par. de Saint-Gervais et Saint-Protais, patr. l'abbé de Saint-Désir de Lisieux. Léproserie. Dioc. de Séez, doy. de Falaise. Génér. d'Alençon, élect. d'Argentan, sergent. de Montpinçon.

Le fief de *Jort* fut incorporé en 1651 au fief de Louvagny pour former un plein fief de haubert, 1658 (ch. des comptes de Rouen).

JOSSERIE (LA), h. c^ne de Maisoncelles-la-Jourdan.

JOUANNELIÈRE (LA), h. c^ne de Saint-Martin-des-Besaces.

JOUANNELIÈRE (LA), h. c^ne de Saint-Ouen-des-Besaces.

JOUANNERIE (LA), h. c^ne de Bonneville-la-Louvet.

JOUARDIÈRE (LA), h. et f. c^ne de Saint-Sever.

JOUBERIE (LA), h. c^ne de Viessoix.

JOUERIE (LA), h. c^ne de Saint-Georges-d'Aunay.

JOUERIE (LA), h. c^ne de Tordouet.

JOUETTE (LA), h. c^ne de Fresney-le-Puceux.

JOURDAIN (LE), f. c^ne de Branville.

JOURDAIN (LE), q. c^ne de Clarbec.

JOURDAIN (LE), h. c^ne de Danestal.

JOURDAN, h. c^ne de Cartigny-Tesson.

JOURDAN, m^in, c^ne de Sainte-Marguerite-d'Elle.

JOURDANNIÈRE (LA), h. c^ne de Landelles.

JOURDANNIÈRE (LA), h. c^ne de Saint-Sever. — *La Jourdannière*, huitième de fief relevant du fief des Sens à Saint-Sever, 1608 (aveux de la vic. de Vire).

JOURDINIÈRE (LA), h. c^ne de Saint-Pierre-Azif.

JOUVINE (LA), riv. affl. du Noireau, prend sa source sur la limite du Calvados et borne ce département sur Truttemer-le-Petit.

JUAYE, c^ne de Balleroy; les communes de Bernières-Bocage et de-Couvert lui ayant été réunies en 1857, il a pris le nom de *Juaye-Mondaye*. — *Mont de Calvados*.

Jua, 1115 (cart. de Mondaye, p. 362). — *Juays*, 1213.(*ibid.*). — *S. Vigor de Jues*, 1215 (*ibid.*). — *Juez*, 1218 (*ibid.*). — *Juetum*, 1220 (*ibid.*). — *Jueiz*, 1238 (Delisle, classes agricoles en Normandie, p. 556). — *Juay*, *Juey* (chap. de l'abb. de Cordillon). — *Jueyum*, 1349 (chap. de Bayeux, 388). — *Jouays*, xive s^e; *Joues*, xvie s^e (pouillé de Lisieux, p. 21). — *Juæ*, *Juées*, 1460 (dénomb. de l'évêché de Bayeux, p. 20 et 21, note 5).

Par. de Saint-Vigor, patr. l'abbé de Mondaye. Dioc. de Lisieux, exemption de Nonant. Génér. de Caen, élect. de Bayeux, sergent. de Briquessart. Léproserie mentionnée en 1213 (ch. de l'abb. de Mondaye). Deux chapelles de l'ordre de Prémontré, dédiées l'une à saint André, l'autre à saint Barthélemy.

Le quart de fief nommé *la Haye d'Aiguillon*, sis à Juaye, dépendait de Saint-Vigor-le-Grand; il s'étendait à Ellon, Bernières, Longraye et Lingèvres, et relevait de la baronnie de Saint-Vigor-de-Bayeux. Une noble tenure, même paroisse, relevait de la baronnie de Saint-Vaast; un autre fief nommé le *fief Basset*, sur la terre dite *des Postels*, était au centre de la paroisse, 1503 (fiefs de la vic. de Bayeux).

JUCOVILLE, vill. c^ne de la Cambe, érigé en marquisat en 1736, en faveur de Jacques de Faouq.

JUCOVILLE, h. c^ne de Grandcamp.

JUDÉE (LA), h. c^ne de Mézidon.

JUERIE (LA), h. c^ne de la Vacquerie.

JUGAN, q. c^ne d'Audrieu.

JUHELLIÈRES (LES), h. c^ne de Clinchamps (Vire).

JUHELLIÈRES (LES), h. c^ne du Mesnil-Benoît. — *Juillières*, 1848 (Simon).

JUIFS (LES), h. c^ne de la Folie.

JUIFS (LES), q. c^ne de Norrey.

JULIE (LA), h. c^ne de la Vacquerie.

JULLIENNES (LES), h. c^ne d'Auvillars.

JULLIÈRE (LA), h. c^ne de Saint-Germain-de-Tallevende.

JUMEAUX (LES), h. c^ne de Verson.

JUMEL, franche sergenterie, de la vicomté de Falaise, 1456 (arch. nat. P. 271, n° 51).

La sergenterie de Jumel s'étendait aux paroisses de Favières, Escures, Plainville, Saint-Sylvain, Soignolles, Pont, Bray-la-Campagne, Grisy, Fierville, Rouvres, le Bû-sur-Rouvres, Ifs-sur-Laizon, Maizières, Vandœuvre, Percy, Mézidon, Vieuxfumé, Vaux-la-Campagne, Magny-la-Campagne, Condé-sur-Laizon, le Breuil, Ernes, Magny-le-Freule, Quatrepuits, Douville, Ouézy, Thiéville, Canon, Cesny-aux-Vignes et Saint-Martin-des-Bois.

JUMELLERIE (LA), h. c^ne de Lison.

JURÉE (LA), h. c^ne de Saint-Georges-d'Aunay.

JURQUES, c^on d'Aunay-sur-Odon. — *Jorkes,* 1250 (magni rotuli, p. 185, n° 2). — *Jorques,* 1271 (ch. de Mondaye). — *Jurquiæ,* xive s^e (livre pelut de Bayeux). — *Jurquez,* 1417 (magni rotuli, p. 278). — *Jourques,* 1460 (dénomb. des fiefs de l'évêché de Bayeux).

Par. de Notre-Dame, patr. le seigneur de Villers. Dioc. de Bayeux, doy. de Villers-Bocage. Génér. et élect. de Caen, sergent. de Villers. Chapelle de Sainte-Anne-de-Quercy.

Fief de chevalerie appelé *la Vallée du Repentir.* Le fief *du Breuil,* à Jurques, relevait de la châtellenie d'Évrecy, 1627. Du fief de Jurques relevaient les fiefs du *Nid de Chien* et de *la Forêt,* en cette commune. Le fief de *Pellevée* ou *Pelvey,* sis à Quiry, s'étendait à Saint-Martin et à Saint-Germain-de-Villers, et le fief du *Coing,* quart de fief, relevaient de la vicomté de Caen, 1657 (aveux de la vic. de Caen, p. 3). Le fief de *la Gondouyère,* à Jurques, relevait de la baronnie de la Ferrière-Harang, 1460 (aveux de l'évêché de Bayeux).

JURQUES, fief, c^me de Vaussieux (ch. des comptes de Rouen, p. 97).

JUSTICE (LA), q. c^me de Bretteville-sur-Dive.

JUSTICE (LA), q. c^me de Monceaux (Lisieux).

JUSTICE (LA PETITE-), h. c^ne de Monceaux (Lisieux).

JUVIGNY, c^on de Tilly-sur-Seulle. — *Juveigneium,* xie s^e (enquête, p. 430). — *Jouvenieum,* 1082 (cart. de la Trinité, p. 22). — *Jovinneium,* 1106 (ibid.). — *Juvinneium,* 1108 (chart. de Saint-Étienne). — *Jovigneium,* 1184 (magni rotuli, p. 102). — *Juvingneium,* 1198 (ibid. p. 21). — *Juvignie,* 1232 (ch. de Mondaye). — *Juvigné,* 1500 (ibid.).

La paroisse de Saint-Clément, réunie aujourd'hui à Saint-Vaast, formait avant 1744 deux cures; patr. le seigneur du lieu. Prieuré hospitalier de Sainte-Apolline. Léproserie.

Le fief de Juvigny était tenu du roi à cause de sa châtellenie d'Évreux. Les fiefs relevant de la baronnie de Juvigny étaient le fief de *la Chapelle* à Maisy, un quart de fief à Tilly et à Maltot, un demi-fief dans la paroisse de Fontaine.

Le marquisat de Malherbe-Juvigny, érigé en 1722, était composé de Juvigny-le-Jeune, de Juvigny-l'Aîné, des fiefs *l'Abbessé, Verneuil,* du fief de la haute justice de Préaux, des fiefs Saint-Vaast, Tesson et Préaux.

JUVONNIÈRE (LA), h. c^ne de Prêtreville.

L

LAGUES (LES), h. et f. c^ne de Rubercy. — *Laigues,* 1848 (état-major).

LAILIERS, h. c^ne de Saint-Paul-de-Courtonne.

LAILLERIE, vill. c^ne de Longvillers.

LAILLERIE, q. c^ne de Trungy.

LAIN, vill. c^me d'Aignerville.

LAISERIE, h. c^ne de Clinchamps (Vire). — *La Lésereia,* 1198 (magni rotuli). — *Laiserie,* fief de la vicomté de Vire, 1453 (arch. nat. aveux, P. 271, n° 103).

LAISONNIÈRE (LA), h. c^ne de la Bigne. — *L'Oisonnière,* 1848 (état-major).

LAISONNIÈRE (LA), h. c^ne de Roullours.

LAISQUE (LA), m^in, c^ne de Saint-Georges-d'Aunay.

LAITIE, h. c^ne de Campeaux. — *Létie,* 1847 (stat. post.).

LAIZANTERIE (LA), h. c^ne de Coulonces.

LAIZE (LA), riv. affl. de l'Orne. — *Leizia,* 1106 (ch. de Saint-Étienne de Caen). — *Leezia,* 1161 (ibid.). — *Leisa,* 1190 (ibid.). — *Lesya,* 1279 (ch. de Barbery, 94). — *Layse,* 1453 (arch. nat. P. 271,

n° 62). — *Aisa,* 1673 (Neustria pia, p. 881). — *Lèze,* 1706 (Huet, origines de Caen).

La Laize prend sa source à Saint-Germain-Langot, traverse ou arrose Ussy, Tournebu, Fontaine-le-Pin, Moulines, Saint-Germain-le-Vasson, le Mesnil-Touffray, Urville, Gouvix, Bretteville-sur-Laize, Fresney-le-Puceux, Laize-la-Ville. Elle se jette dans l'Orne entre Clinchamps et May.

LAIZE, vill. c^ne de Fierville-la-Campagne.

LAIZE, h. c^ne du Pin.

LAIZE-LA-VILLE ou NOTRE-DAME-DE-LAIZE, c^on de Bourguébus. — *Parochia de Lesia,* xive s^e (livre pelut de Bayeux).

Par. de Notre-Dame, prébende; patr. le chanoine du lieu ou le chapitre de Rouen. Dioc. de Rouen. Génér. et élect. de Caen, sergent. de Bretteville-sur-Laize.

LAIZIÈRE (LA), h. c^ne de Landelles.

LAIZON (LE), riv. affl. de la Dive. — *Laison,* 1155 (Wace, roman de Rou). — *Leison,* 1160 (Benoit, p. 49). — *Leson,* 1277 (cartul. norm. n° 900,

p. 214). — *Lesson*, 1716 (carte de de l'Isle). — *L'Aisson*, 1770 (carte de Desnos).

Le Laizon, formé de deux ruisseaux dont l'un naît à Villers-Canivet et l'autre près d'Aubigny, parcourt Soulanges, Saint-Pierre-Canivet, Bons, Potigny, Soûmont-Saint-Quentin, Ernes, Ouilly-le-Tesson, Rouvres, Mézières, Condé-sur-Ifs, Vieuxfumé, Magny-la-Campagne, Canon, Ouézy, Croissanville, Cléville et Méry-Corbon.

LALEU, m^in, c^ne de Conteville.

LALEU, m^in, c^ne de Fontenay-le-Marmion.

LALIGOTE, h. c^ne de Carville.

LALOIE, f. c^ne de Saint-Désir.

LAMBARDERIE (LA), h. c^ne de Longvillers.

LAMBEAUX (LES), h. c^ne de Vassy.

LAMBÉQUIN, f. c^ne de Sept-Frères.

LAMBENDIÈRE (LA), h. c^ne de Campagnolles.

LAMBENDIÈRE (LA), h. c^ne de Maisoncelles-la-Jourdan.

LAMBENDIÈRE (LA), h. c^ne de Meulles.

LAMBENDIÈRE (LA), h. c^ne de Saint-Germain-de-Tallevende.

LAMBENDIÈRE (LA), h. c^ne de Sainte-Marie-Laumont.

LAMBERT et LAMBERVILLE, fief de la baronnie du Bois-d'Elle, sis à Bricqueville, 1475 (temp. de l'évêché de Bayeux).

LAMBERVILLE, h. c^ne de Bonnemaison.

LAMBERVILLE, h. c^ne de Sainte-Marie-outre-l'Eau. — *Lambertivilla*, 1228 (ch. de l'abb. d'Aunay).

LAMBÔNE, h. c^ne de Secqueville-en-Bessin.

LAMERIE (LA), c^ne de Montchamp-le-Grand.

LAMPHIÈRE, h. c^ne de Saint-Pierre-la-Vieille.

LAMONDIÈRE, chât. près de Soulangy.

LAMPRÉAUX (LES), m^on, c^ne de Fontenay.

LAMPRIÈRE, vill. c^ne du Mesnil-sur-Blangy.

LANCARDIÈRE (LA), h. c^ne de Saint-Aubin-des-Bois.

LANCE, f. c^ne de Bréville.

LANCELINIÈRE (LA), h. c^ne du Tourneur.

LANDAIS (LES), h. c^ne des Loges-Saulces.

LANDAIS (LES), h. c^ne de Torteval.

LANDAY (LE), h. c^ne de Champ-du-Boult. Huitième de fief relevant du demi-fief de la Tour, à Campagnolles, 1611 (aveux de la vic. de Vire).

LANDE (LA), h. c^ne d'Aunay.

LANDE (LA), h. c^ne de Beaumesnil.

LANDE (LA), f. c^ne de Beuvillers.

LANDE (LA), h. c^ne de Campagnolles.

LANDE (LA), h. c^ne de Cauville.

LANDE (LA GRANDE et LA PETITE-), h. c^ne de Cerqueux.

LANDE (LA), h. et m^in, c^ne de Clécy.

LANDE (LA), h. c^ne de Clinchamps.

LANDE (LA), h. c^ne de Combray.

LANDE (LA), h. c^ne de Courson.

LANDE (LA), h. c^ne de Dampierre.

LANDE (LA), h. c^ne de Danvou.

LANDE (LA), h. c^ne de Garnetot.

LANDE (LA), h. c^ne de la Graverie.

LANDE (LA), h. c^ne de la Lande-Vaumont.

LANDE (LA), h. c^ne de Lison.

LANDE (LA), vill. c^ne de Mandeville.

LANDE (LA), h. c^ne du Mesnil-au-Grain.

LANDE (LA), h. c^ne de Mestry.

LANDE (LA), h. c^ne de Montchauvet.

LANDE (LA), h. c^ne de Moyaux.

LANDE (LA), h. c^ne de Neuilly.

LANDE (LA), h. c^ne de Neuville.

LANDE (LA), h. c^ne d'Ouilly-du-Houlley.

LANDE (LA), h. c^ne d'Ondefontaine.

LANDE (LA), h. c^ne de Rully.

LANDE (LA), h. c^ne de Saint-Georges-d'Aunay.

LANDE (LA), h. c^ne de Saint-Martin-des-Besaces.

LANDE (LA), h. c^ne de Saint-Ouen-des-Besaces.

LANDE (LA), h. c^ne de Saint-Sever.

LANDE (LA), h. c^ne de Vaudry.

LANDE-BLANCHE (LA), h. c^ne d'Ondefontaine.

LANDE-DE-COULONCES (LA), fief de la châtellenie de Vire.

LANDE-DE-MARTIGNY (LA), fief de la châtellenie de Vire.

LANDE-DURAND (LA), h. c^ne de Courson.

LANDE-DU-ROSEY (LA), h. c^ne de Castilly.

LANDEL (LE), h. c^ne de Géfosse.

LANDELLE (LA), chât. et m^in, c^ne de Clécy.

LANDELLE (LA), h. c^ne de Littry.

LANDELLE (LA), h. c^ne de Monts.

LANDELLE (LA), h. c^ne de Tournières.

LANDELLES (LES), h. c^ne de Noyers.

LANDELLES-ET-COUPIGNY, c^ne du c^on de Saint-Sever, formée de l'union des anciennes communes de Landelles et de Coupigny. — *Landellæ*, 1278 (livre noir de Coutances). — *Lendelles*, 1398 (arch. nat. aveux, P: 271, n° 37).

Ancienne baronnie avec haute justice ayant appartenu au seigneur de Renti, s'étendant à Beaumont, Coupigny, le Mesnil-Caussois, Sept-Frères, Saint-Sever, Tallevende et Saint-Martin-de-Tallevende.

La Baconnière, Saint-Martin-Don, Clinchamps, l'Apenty ou la Pentie, Tronchet, Saint-Maur, Crux, Fief-au-Goupil, le fief *Robert* à Sainte-Marie-Laumont, *l'Oraille, la Chapelle-Asselin*, la Lande-Vaumont, Sainte-Marie-outre-l'Eau, *la Mazurerie* à Sept-Frères et Argouges, près Bayeux, relevaient de la baronnie de Landelles, 1679 (aveux de la vic. de Vire).

Les fiefs du Bény-Bocage et de la forêt Auvray y avaient été réunis avec leurs extensions à Beaulieu, le Reculey, Carville, la Graverie et Vassy.

Par. de Saint-Pierre et Saint-Paul. Dioc. de Coutances, doy. du Val-de-Vire. Génér. de Caen, élect. de Vire, sergent. de Pont-Farcy. Voir COUPIGNY.

LANDEMEURE (LA), h. c⁰ᵉ de Saint-Germain-du-Crioult.

LANDE-PESCHARD (LA), h. c⁰ᵉ de la Graverie.

LANDES, c⁰ⁿ de Villers-Bocage. — *Landœ*, xivᵉ sᵉ (taxat. decim. dioc. Baioc.).

Par. de Notre-Dame, patr. le seigneur du lieu. Dioc. de Bayeux, doy. d'Évrecy. Génér. et élect. de Caen, sergent. d'Évrecy.

Fief ayant appartenu à la famille Levaillant de Léaupartie.

LANDES (LES), h. c⁰ᵉ de Bernières-le-Patry.

LANDES (LES), vill. c⁰ᵉ de Bucéels.

LANDES (LES), h. c⁰ᵉ de Burcy.

LANDES (LES), h. c⁰ᵉ de Cahagnes.

LANDES (LES), h. c⁰ᵉ de Campagnolles.

LANDES (LES), h. c⁰ᵉ de Castilly.

LANDES (LES), h. c⁰ᵉ de Colombières.

LANDES (LES), h. c⁰ᵉ de Coulonces.

LANDES (LES), h. c⁰ᵉ de Courson.

LANDES (LES), h. c⁰ᵉ de Cricqueville.

LANDES (LES), h. c⁰ᵉ de Crouay.

LANDES (LES), h. c⁰ᵉ de Dozulé.

LANDES (LES), h. c⁰ᵉ d'Estry.

LANDES (LES), h. c⁰ᵉ de Fervaques.

LANDES (LES), h. c⁰ᵉ de Foulognes.

LANDES (LES), h. c⁰ᵉ de Hamars.

LANDES (LES), h. et f. c⁰ᵉ de Lingèvres. — *Le Hamel as Landes*, 1332 (cart. de Cordillon).

LANDES (LES), h. c⁰ᵉ de Littry.

LANDES (LES), h. c⁰ᵉ du Mesnil-Auzouf.

LANDES (LES), h. c⁰ᵉ du Mesnil-Robert.

LANDES (LES), h. c⁰ᵉ de Montchamp.

LANDES (LES), h. c⁰ᵉ du Molay.

LANDES (LES), h. c⁰ᵉ d'Orbois.

LANDES (LES), h. c⁰ᵉ d'Ouilly-le-Basset.

LANDES (LES), h. c⁰ᵉ de Parfouru-l'Éclin.

LANDES (LES), h. c⁰ᵉ de Presles.

LANDES (LES), h. c⁰ᵉ de Rapilly.

LANDES (LES), h. c⁰ᵉ de Roullours.

LANDES (LES), h. c⁰ᵉ de Rully.

LANDES (LES), h. c⁰ᵉ de Saint-Aubin-des-Bois.

LANDES (LES), h. c⁰ᵉ de Saint-Denis-de-Méré.

LANDES (LES), h. c⁰ᵉ de Saint-Georges-d'Aunay.

LANDES (LES), h. c⁰ᵉ de Saint-Germain-de-Tallevende.

LANDES (LES), h. c⁰ᵉ de Saint-Germain-d'Ectot.

LANDES (LES), h. c⁰ᵉ de Saint-Manvieu.

LANDES (LES), h. c⁰ᵉ de Saint-Martin-de-Bienfaite.

LANDES (LES), h. c⁰ᵉ de Sept-Frères.

LANDES (LES), h. c⁰ᵉ de Tournay-sur-Odon.

LANDES (LES), h. c⁰ᵉ de Truttemer-le-Grand.

LANDES (LES), h. c⁰ᵉ de Truttemer-le-Petit.

LANDES (LES), h. c⁰ᵉ du Tourneur.

LANDES (LES), h. c⁰ᵉ de Vassy.

LANDES (LES), h. c⁰ᵉ de Vendes.

LANDES (LES HAUTES et BASSES-), h. c⁰ᵉ de Viessoix.

LANDES-AU-GRAIN (LES), h. c⁰ᵉ de Saint-Germain-de-Tallevende.

LANDES-BLANCHES (LES), h. c⁰ᵉ de Saint-Martin-des-Besaces.

LANDES-BOSSUES (LES), h. c⁰ᵉ de Cartigny-l'Épinay.

LANDES-BOSSUES (LES HAUTES et les BASSES-), h. c⁰ᵉ de Sainte-Marguerite-d'Elle.

LANDES-DE-BELLECROIX (LES), h. c⁰ᵉ de Neuilly.

LANDES-DE-CABERT (LES), h. c⁰ᵉ du Molay.

LANDES-DE-CROSVILLE (LES), h. c⁰ᵉ de Torteval.

LANDES-DE-DATHÉE (LES), h. c⁰ᵉ de Saint-Manvieu (Vire).

LANDES-DE-FAINS (LES), h. c⁰ᵉ de Villy-Bocage.

LANDES-DE-FROMENTIN (LES), h. c⁰ᵉ du Désert.

LANDES-DE-MONTBROC (LES), h. c⁰ᵉ de Noyers.

LANDES-DE-MONTBROCQ (LES), h. c⁰ᵉ de Villy-Bocage. — *Landes de Monbroc*, fief de la baronnie de Teshières, 1640 (cart. d'Ardennes).

LANDES-DE-NEUILLY (LES), h. c⁰ᵉ de Neuilly.

LANDES-DE-SAINT-SULPICE (LES), h. c⁰ᵉ de Livry.

LANDES-DE-SIETTE (LES), h. c⁰ᵉ de Littry.

LANDES-DU-TIERS (LES), h. c⁰ᵉ de Torteval.

LANDES-LA-BRUYÈRE (LES PETITES-), h. c⁰ᵉ de Saint-Germain-de-Tallevende.

LANDES-LA-BUTORERIE (LES), h. c⁰ᵉ de Saint-Aubin-des-Bois.

LANDES-LUCAS (LES), vill. c⁰ᵉ de Sept-Vents.

LANDE-SUR-DRÔME (LA), c⁰ⁿ de Caumont.

Par. de Saint-Sauveur, patr. le seigneur du lieu. Chapelle de la Malherbière. Dioc. de Bayeux, doy. de Thorigny. Génér. de Caen, élect. de Saint-Lô, sergent. d'Isigny.

Quart de fief relevant de l'évêque de Bayeux, à cause de la baronnie de Saint-Vaast.

LANDES-ZIOULT (LES), h. c⁰ᵉ de Truttemer-le-Grand.

LANDET (LE), h. c⁰ᵉ de Géfosse.

LANDET (LE), h. c⁰ᵉ de Vendes.

LANDETS (LES), h. c⁰ᵉ de Blangy.

LANDETS (LES), h. c⁰ᵉ du Brévedent.

LANDETS (LES), h. c⁰ᵉ de Villers-Canivet.

LANDETTES (LES), h. c⁰ᵉ de Vassy.

LANDE-VAUMONT (LA), c⁰ⁿ de Vire. — *Lande Vaumon*, 1398 (fouages français, n° 282). — *La Lande de Vaumont*, 1608 (aveux de la vic. de Vire).

Par. de Saint-Pierre, patr. le seigneur du lieu. Dioc. de Coutances, doy. du Val-de-Vire. Génér. de Caen, élect. et sergent. de Vire.

LANDEY (LE), f. cⁿᵉ de Lingèvres.

LANDIGÈRE, h. cⁿᵉ de Crocy.

LANDONNIÈRE (LA), h. cⁿᵉ de Croisilles.

LANDRAIRE, h. cⁿᵉ de Clinchamps (Vire).

LANDRIÈRE, h. cⁿᵉ de Saint-Jean-le-Blanc.

LANFREVILLE, fief de l'évêché de Bayeux, sis à Agy, 1475 (temp. de l'évêché de Bayeux).

LANGANNERIE, bourg, cⁿᵉ de Grainville-la-Campagne.

LANGANNERIE, h. cⁿᵉ de Villy-Bocage.

LANGERIE, h. cⁿᵉ de Manerbe.

LANGERIE, h. cⁿᵉ de Saint-Germain-de-Tallevende.

LANGÉVINIÈRE, h. cⁿᵉ de Clinchamps.

LANGÉVINIÈRE, h. cⁿᵉ de Courson. — On écrit aussi *Lanjuinière*.

LANGLOIS, h. cⁿᵉ de Cahagnolles.

LANGLOIS, h. cⁿᵉ de Saint-Martin-des-Besaces.

LANGLUNIÈRE (LA), h. cⁿᵉ de Saint-Pierre-du-Mont.

LANGOT, h. cⁿᵉ de Vassy.

LANGOTIÈRE, h. cⁿᵉ de Beaumesnil.

LANGRUNE, cⁿ de Douvre. — *Linglonia*, 1162 (bulle pour l'abbaye de Troarn). — *Lingronia*, 1190 (ch. de Saint-Étienne). — *Lingrona*, 1198 (magni rotuli scacc. p. 107). — *Lingruna*, 1234 (lib. rub. Troarn. p. 19). — *Lengronne*, 1241 (ch. de Mondaye). — *Ingronia*, 1246 (évêché et chap. de Bayeux, n° 189). — *Ningronia*, 1278 (cart. norm. n° 992, p. 232). — *Angrunna, Ingrunna*, 1283 (ch. de Saint-Étienne de Fontenay, nᵒˢ 134 et 137). — *Langrunna* 1292 (cart. de Troarn). — *Lengronna*, xivᵉ sᵉ (ch. de l'abb. d'Aunay, p. 266). — *Lingronne*, 1371 (assiette des feux de la vic. de Caen).

Par. de Saint-Martin, patr. l'abbé de Troarn. Prieuré de Tailleville, dédié à saint Martin, dépendant de Troarn. Dioc. de Bayeux, doy. de Douvre. Génér. et élect. de Caen, sergent. de Bernières.

Un huitième de fief s'étendait à Langrune, hameau de Tailleville, Saint-Aubin, la Délivrande et paroisses de Luc, Douvre et environs.

LANNÉLIÈRE, h. cⁿᵉ de Baynes.

LANSARDIÈRE (LA), h. cⁿᵉ de Saint-Aubin-des-Bois.

LANTELAY, h. cⁿᵉ de Montchauvet.

LANTERIE (LA), h. cⁿᵉ d'Arclais.

LANTHEUIL, cⁿ de Creully. — *Lantieul*, 1371 (visite des forteresses). — *Lantolium*, xivᵉ sᵉ (taxat. decim. dioc. Baioc.). — *Lantieux*, 1403 (cart. d'Ardennes). — *Lanthuel, Lantuel*, 1417 (rotuli Normanniæ, sauf-conduit donné par Henri V au sei-

gneur de Creully). — *Lanteuil*, 1640 (cart. d'Ardennes).

Par. de Saint-Silvestre, deux portions depuis longtemps réunies; patr. le seigneur du lieu. Dioc. de Bayeux, doy. de Creully. Génér. et élect. de Caen, sergent. de Creully.

LANTIN, h. cⁿᵉ de Verson.

LANTINIÈRE (LA), h. cⁿᵉ de la Ferrière-Harang.

LANTINIÈRE (LA), h. cⁿᵉ de Livry.

LANTINIÈRE (LA), h. cⁿᵉ du Tourneur.

LARBUTTERIE, h. cⁿᵉ de Pleines-OEuvres.

LARCHERIE, h. cⁿᵉ de la Graverie.

LARCOUDIÈRE, h. cⁿᵉ du Tourneur.

LARGUILLY, h. cⁿᵉ de Donnay.

LARGUILLY, h. cⁿᵉ d'Esson.

LASBILIÈRE, h. cⁿᵉ de Cahagnes.

LASSAY, chât. cⁿᵉ de Saint-Arnoult. — *Lasey*, 1848 (état-major).

LASSERAY, h. cⁿᵉ de Grimbosq.

LASSERIE, h. cⁿᵉ de Saint-Jean-des-Essartiers.

LASSERIE, h. cⁿᵉ de Vassy.

LASSINIÈRE (LA), h. cⁿᵉ de Champ-du-Boult.

LASSON, cⁿ de Creully. — *Lachon*, 1195 (magni rotuli, p. 60). — *Laçon*, 1202 (ch. de la Trinité, 57). — *Lacho*, 1261 (pouillé de Bayeux).

Par. de Saint-Pierre, patr. le seigneur du lieu. Dioc. de Bayeux, doy. de Maltot. Génér. et élect. de Caen, sergent. de Bernières.

Plein fief de haubert s'étendant à Cairon, Secqueville, Rots, Rosel, Bretteville-l'Orgueilleuse, Villons, Buissons, Creully, le Fresne et Thaon. Très beau château de la Renaissance où l'on trouve l'inscription suivante dont le sens est inconnu : *Spero Lacon-Byasses-Perlen.*

LASSU, h. cⁿᵉ de Préaux.

LASSY, cⁿ de Condé-sur-Noireau. — *Laceyum*, xiᵉ sᵉ (enquête). — *Lascy*, 1198 (magni rotuli, p. 109, 2). — *Laceium*, 1219 (ibid. p. 159, 2). — *Lachaium*, 1250 (ch. du Plessis-Grimoult). — *Feodum de Lacie*, v. 1250 (magni rotuli, p. 185, 2). — *Lacye*, xiiiᵉ sᵉ (ch. du Plessis-Grimoult, 1).

Par. de Saint-Remy, patr. le roi, puis le seigneur du lieu et l'évêque de Bayeux. Dioc. de Bayeux, doy. de Vire. Sergent. de Saint-Jean-le-Blanc.

Le quart de fief de chevalier nommé le fief de *Brou*, avec extension à la Roque, relevait de la baronnie du Plessis-Grimoult, ainsi que le quart de fief du *Pont* et une vavassorie noble dont le chef était assis au même lieu et ressortissait à la sergenterie de Saint-Jean-le-Blanc, 1453 (aveux des fiefs de l'évêché de Bayeux). Un quart de fief nommé

Paillart. Les fiefs d'*Escorchebeuf,* de *Saint-Jean-des-Pas,* autre fief dit de *l'Aumône (fieu de l'Omone),* 1476 (dénomb. des titres du Plessis-Grimoult). Fief *Souquet (ibid.).* Fief *Boon,* 1475 (temp. de l'évêché de Bayeux). Franche vavassorie nommée *la Malestrée* (*ibid.*). Fief de *Marchebœuf,* 1610 et 1720 (fiefs de la vic. de Caen).

LASUE, h. c^{ne} de Saint-Martin-de-Fontenay.

LATOUR, chât. c^{ne} de Saint-Pierre-Canivet.

LATRUELLE, h. c^{ne} de Maisoncelles-Pelvey.

LAUBEL (LE), f. c^{ne} de Cricqueville.

LAUBERDIÈRE, h. c^{ne} de Campeaux.

LAUBERTIÈRE, h. c^{ne} de Saint-Manvieu (Vire).

LAUBIDIÈRE, h. c^{ne} de Champ-du-Boult.

LAUBINIÈRE, h. c^{ne} de Coulvain.

LAUGRIE, h. c^{ne} de Maisoncelles-la-Jourdan.

LAULNAY, h. c^{ne} de Lisores.

LAUMONT, h. c^{ne} de Danvou.

LAUMOBIE, h. c^{ne} de Sept-Frères.

LAUNAY, h. c^{ne} d'Ancteville.

LAUNAY, h. c^{ne} d'Aubigny.

LAUNAY, h. et f. c^{ne} d'Auquainville.

LAUNAY, h. c^{ne} de Banville.

LAUNAY, h. c^{ne} de Beaumesnil.

LAUNAY, h. c^{ne} de Bonneuil.

LAUNAY, h. c^{ne} de Castillon.

LAUNAY, h. c^{ne} de Chênedollé.

LAUNAY, h. c^{ne} de Courson.

LAUNAY, h. c^{ne} de la Croupte.

LAUNAY, h. c^{ne} du Désert.

LAUNAY, q. c^{ne} de Fontenay-le-Marmion.

LAUNAY, f^e, c^{ne} de Méry-Corbon.

LAUNAY, h. c^{ne} de Meslay.

LAUNAY, m^{on} isolée, c^{ne} des Moutiers-Hubert.

LAUNAY, h. c^{ne} de Nonant.

LAUNAY, m^{on} isolée, c^{ne} d'Orbec.

LAUNAY (LE GRAND et LE PETIT-), h. c^{ne} d'Ouffières.

LAUNAY, h. c^{ne} de Pontécoulant.

LAUNAY, f^e et h. c^{ne} de Saint-Cyr-du-Ronceray.

LAUNAY, h. c^{ne} de Sainte-Marie-Laumont.

LAUNAY, f^e, c^{ne} de Saint-Martin-de-Bienfaite.

LAUNAY, h. c^{ne} de Saint-Martin-de-Fresnay.

LAUNAY (LE HAUT et LE BAS-), h. c^{ne} de Saint-Ouen-des-Besaces.

LAUNAY, h. c^{ne} de Saint-Paul-de-Courtonne.

LAUNAY, h. c^{ne} de Saint-Pierre-Canivet.

LAUNAY, h. c^{ne} de Trungy. — *Launaie,* 1848 (Simon).

LAUNAY-BRUNE, f. c^{ne} de Banneville.

LAUNAY-D'OUFFIÈRES, h. c^{ne} de Curcy.

LAUNAY-DU-HART, h. c^{ne} de Montigny. — *Du Hare,* 1847 (stat. post.).

LAUNAY-SUR-CALONNE, h. c^{ne} de Blangy. — *Alnetum,* v. 1350 (pouillé de Lisieux, p. 36).

Dioc. de Lisieux, doy. de Touque. Patr. la léproserie de Lisieux et le seigneur de Cléry.

LAUNE, fief de la paroisse de Méry.

LAUNIÈRE, h. c^{ne} de Saint-Aubin-des-Bois.

LAURENCIÈRE (LA), vill. c^{ne} de Saint-Sever.

LAURENT, h. c^{ne} de Branville.

LAURENT, bois, c^{ne} de Coquainvilliers.

LAURENT-HUE, h. c^{ne} de Crépon.

LAURENTS (LES), h. c^{ne} de Lingèvres.

LAURENTS (LES), h. c^{ne} de Sept-Vents.

LAURIERS (LES), h. et chât. c^{ne} de Bernesq.

LAURIERS (LES) f. c^{ne} de Torteval.

LAUTINIÈRE (LA), h. c^{ne} de Bernesq.

LAUTINIÈRE (LA), h. c^{ne} de la Ferrière-Harang.

LAUTINIÈRE (LA), h. c^{ne} de Livry.

LAUTINIÈRE (LA), h. c^{ne} du Tourneur.

LAUTRUI, h. c^{ne} de Sully.

LAUVRAIRE, h. c^{ne} du Bois-Bénâtre.

LAUVRAIRE, h. c^{ne} de Clinchamps (Vire). — *Lauvaire,* 1848 (Simon).

L'AVAL, h. c^{ne} de la Folletière-Abenon.

LAVAL, h. c^{ne} de Littry.

LAVALETTE, h. c^{ne} de Danvou.

LAVALLAY, h. c^{ne} de Gonneville-sur-Merville.

LAVARDE, h. c^{ne} du Tourneur. — *La Varde,* 1234 (lib. rub. Troarn, p. 47).

LA VARDERIE, h. c^{ne} de Longraye.

LAVAUDIE, h. c^{ne} de Clécy.

LAVENAY (LES), q. c^{ne} de Cesny-aux-Vignes.

LAVERGES (LES), h. c^{ne} de Prêtreville.

LAVEURS (LES), m^{in}, c^{ne} de Cormolain.

LAVIGNE, m^{on}, c^{ne} de Périers.

LAVIN (LA), h. c^{ne} de Saint-Martin-Don.

LAYETTE (LA), f^e, c^{ne} de Meslay.

LAZARE, h. c^{ne} de Magny-le-Freule.

LÉAUPARTIE, c^{on} de Cambremer. — *Leaupartie,* 1297 (enquête). — *Aqua Pertica,* xive s^e; *Aqua Partita,* 1350 (pouillé de Lisieux, p. 48). — *Lespartie,* 1730 (temp. de Lisieux). — *L'eau partie,* 1783 (d'Anville, dioc. de Lisieux). On devrait écrire L'EAUPARTIE.

Par. de Saint-Germain, patr. le seigneur du lieu. Dioc. de Lisieux, doy. de Beuvron. Génér. de Rouen, élect. de Pont-l'Évêque, sergent. de Cambremer.

Fief de la vicomté d'Auge, ressortissant à la sergenterie de Cambremer. Demi-fief mouvant de la baronnie de Roncheville. Ancien manoir seigneurial.

L'EAU-PINNELÉE, h. c^{ne} de Lisores.

Lébizay, h. cⁿᵉ de Banneville-sur-Ajon.

Lébizay, vill. cⁿᵉ de Hérouville. — *Lebesium*, v. 1211 (cart. norm. n° 290, p. 35). — *Lesbisé*; 1277 (*ibid.* n° 894, p. 211). — *Esbisetum*, 1280 (ch. de la Trinité, p. 3). — *Lesbiseium*, 1291 (cart. d'Ardennes). — *Lesbizey*, 1324 (ch. de Saint-Étienne de Caen, n° 224). — *Saint Vincent de Lesbizay*, 1610 (cart. d'Ardennes).

Prieuré de Saint-Vincent, fondé par Roger le Mazurier et dépendant de l'abbaye d'Ardennes.

Huitième de fief s'étendant à Épron, Bréville et Putot. — Voir Saint-Aubin-de-Lébizay.

Lécardière (La), h. cⁿᵉ de Saint-Germain-du-Crioult.

Lécaude, cⁿ de Mézidon. — *Calida*, 1139 (ch. de Sainte-Barbe). — *Sancta Maria Calida*, 1350 (pouillé de Lisieux, p. 44). — *La Caude*, 1716 (carte de de l'Isle).

Par. de Notre-Dame; prieuré ayant pour patr. le prieur de Sainte-Barbe-en-Auge. Dioc. de Lisieux, doy. du Mesnil-Mauger. Génér. de Rouen, élect. de Pont-l'Évêque, sergent. de Saint-Julien-le-Faucon.

Lecointe, q. cⁿᵉ de Saint-Martin-de-Fresnay.

Leffard, cⁿ de Falaise (2ᵉ division). — *Lerphast*, (ch. de Villers-Canivet, n° 258). — *Lerfart juxta les Alneiz*, 1302 (*ibid.* n° 275). — *Lerfast*, 1311 (*ibid.* n° 291). — *Lesffart*, 1373 (*ibid.* n° 318). — *Leiffast*, 1425 (*ibid.* n° 356). — *Leffard*, 1667 (*ibid.* n° 368 bis).

Par. de Notre-Dame, patr. l'abbé de Villers-Canivet. Chapelle de Notre-Dame. Dioc. de Séez, doy. d'Aubigny. Génér. d'Alençon, élect. de Falaise, sergent. de Thury.

Bois du Bel, où l'on signale l'emplacement d'un château dont les fossés étaient alimentés par le ruisseau de la Criquerie.

Legallois (Les), h. cⁿᵉ de Lingèvres.

Léguillon, éc. cⁿ de Touque.

Lehéri, h. cⁿᵉ de Lassy.

Lembuche, h. cⁿᵉ de Courson.

Lempérière, h. cⁿᵉ de Cordebugle.

Lénaudière, h. cⁿᵉ de Montchauvet.

Lénault, cⁿ de Condé-sur-Noireau. — *Sancta Maria l'Ernalt*, 1277 (ch. pour le Plessis-Grimoult). — *Sancta Maria Ernauldi*, xivᵉ sᵉ (livre pelut de Bayeux, n° 31). — *Sancta Maria l'Ernault*, 1401 (cart. du Plessis-Grimoult). — *Lesnault*, 1476 (*ibid.*). — *Laisnaut*, 1675 (carte de Petite).

Par. de Notre-Dame, aujourd'hui Saint-Clair; patr. le chanoine des Landes. Chapelle de Notre-Dame. Dioc. de Bayeux, doy. de Vire. Génér. de Caen, élect. de Vire, sergent. de Saint-Jean-le-Blanc.

Le fief et seigneurie de *Lénault* relevait de l'abbaye du Plessis-Grimoult avec extension sur Saint-Pierre-la-Vieille, le Plessis, Saint-Jean-le-Blanc, Saint-Ouen-des-Besaces, Périgny, 1453 (aveux du temp. de l'évêché de Bayeux). Du fief de *Lénault* relevaient le demi-fief de *Cornières*, le demi-fief de chevalier de *Maltot* et le demi-fief de *Villedon*.

Lénault, h. cⁿᵉ du Plessis-Grimoult.

Lendelinière (La), fᵉ, cⁿᵉ de Saint-Martin-Don.

Lengresserie, h. cⁿᵉ de Sept-Vents.

Lentaignère (La), h. cⁿᵉ de Saint-Germain-de-Tallevende.

Léonie (La), h. cⁿᵉ de Feuguerolles-sur-Seulle.

Lépinay, h. cⁿᵉ de Fourneville.

Lépinay, fᵉ, cⁿᵉ de Grangues.

Lépinay, h. cⁿᵉ de Lisores.

Lépinay, h. cⁿᵉ de Trungy.

Lepléchier, q. cⁿᵉ de Lion-sur-Mer.

Lèque (La), h. cⁿᵉ de Saint-Georges-d'Aunay.

Lesantière (La), f. cⁿᵉ de Clécy.

Lescrut, vill. cⁿᵉ de Neuilly.

Léserais (La), h. cⁿᵉ de Courtonne-la-Meurdrac.

Lessard, h. et f. cⁿᵉ de la Villette.

Lessard-et-le-Chêne, cⁿ de Lisieux (2ᵉ section), communes réunies par arrêté du directoire du département du 16 février 1791. — *Lessart en Auge*, 1234 (lib. rub. Troarn. p. 22). — *Essarta Evrardi*, xivᵉ sᵉ (pouillé de Lisieux, p. 46). — *Asserta Evraldi*, xviᵉ sᵉ (*ibid.* p. 75). — *L'Essart*, xviiiᵉ sᵉ (Cassini).

Église de Notre-Dame, patr. le roi et le seigneur du lieu. Aujourd'hui l'église paroissiale de Lessard-et-le-Chêne est sous l'invocation de saint Exupère.

Lechesne-Lessard, fief de la vicomté d'Auge, sergenterie de Cambremer. *La Londe*, *Montfort*, *la Houblonnière*, fiefs à Lessard, relevaient de la baronnie de Cambrémer, 1620 (aveux de la vic. de Caen).

Les fiefs du *Vivier* et de *Saint-Mars* avaient leur chef assis au Chêne.

Létanville, cⁿᵉ réunie à Grandcamp en 1824. — *Lestanvilla*, 1174 (inventaire des titres de la Trinité de Caen). — *Lestainville* (cart. de la Trinité, p. 80). — *Alestanvilla*, 1195 (magni rotuli, p. 44, 2). — *Estanvilla*, 1245 (*ibid.* p. 7). — *Estanville*, 1723 (d'Anville). — *Lestanville*, xviiiᵉ sᵉ (Cassini).

Par. de Saint-Malo, trois portions; patr.: 1° l'abbesse de la Trinité de Caen; 2° l'évêque de Bayeux; 3° le prieur de Saint-Fromont. Dioc. de

Bayeux, doy. de Trévières. Génér. de Caen, élect. de Bayeux, sergent. des Veys.

Les fiefs d'*Escures* (huitième de fief), de *Port* (quart de fief), avaient leur chef assis à Létanville et relevaient de la baronnie de Saint-Vigor-le-Grand, ainsi que celui du *Bosq-Moon*, fief de haubert, 1513 (fiefs de la vic. de Bayeux).

LÉTIE, h. c^ne de Campeaux.

LÉTOQUET, h. c^ne de Livry.

LEUDETS (LES), h. c^ne de Blangy.

LEUDETS (LES), h. c^ne du Brèvedent.

LEUR (LA), h. c^ne de Saint-Sever.

LEUT (LA), h. c^ne de Rully.

LÉVARDIÈRE (LA), h. c^ne de Pierrefitte (Falaise).

LÉVERIE (LA), h. et f. c^ne de Coulonces.

LÉVESQUE, h. c^ne de Hottot (Bayeux).

LEVIE (LA), h. c^ne de Feuguerolles-sur-Seulle. — *Levry*, 1848 (Simon).

LEVOIR, h. c^ne de Landelles.

LÉVRARDIÈRE (LA), h. c^ne de Pierrefitte.

LEVRETTE (LA), h. c^ne de Mosles.

LHERNERI, h. c^ne du Tourneur.

LHONOREY, h. c^ne de Saint-Ouen-des-Besaces.

LHURY, h. c^ne de Maisoncelles-Pelvey.

LIAUTRE, h. c^ne de Gonneville-sur-Honfleur.

LIBERTÉ (LA), m^on, c^ne de Saint-Martin-du-Bû.

LIBERTÉ (LA), q. c^ne de Saint-Pierre-sur-Dive.

LIBOIS, f. c^ne de Couvert.

LICERIE (LA), h. c^ne de Saint-Aubin-des-Bois.

LIÉFONTAINE, h. c^ne de Sept-Frères.

LIERRE (LE), h. c^ne de Pontécoulant.

LIÉTOT, h. c^ne de Bully.

LIÉTOT, h. c^ne de la Caine.

LIÉTOT, h. c^ne de Feuguerolles-sur-Seulle.

LIÉTOT, h. c^ne d'Orbois.

LIÉTOT, h. c^ne de Sermentot.

LIEU-ACCARD (LE), h. c^ne de Danestal.

LIEU-ADORÉ (LE) ou LIEU-À-DORÉ, h. c^ne de Magny-le-Freule.

LIEU-AGNEAUX (LE), h. c^ne de Deux-Jumeaux. — *Aigneaulx*, 1460 (av. du temp. de l'év. de Bayeux).

Le fief ou franche vavassorie faisait partie de la baronnie de Saint-Vigor-le-Petit.

LIEU-AILLY (LE), h. c^ne de Saonnet.

LIEU-ALLAIS (LE), h. c^ne de Clarbec.

LIEU-ALLAIS (LE), h. c^ne de Drubec.

LIEU-ALLAIS (LE), h. c^ne de Grandcamp.

LIEU-ALLEAUME (LE), h. c^ne de Reux.

LIEU-ANGOT (LE), h. c^ne de Beuvron.

LIEU-ANGOT (LE), h. c^ne du Mesnil-Durand. — *Mesnil Angot*, 1008 (dotal. Judith). — *Angot Maisnil*, 1332 (ch. de Barbery, n° 542).

LIEU-ANGOVILLE (LE), h. c^ne de Beaumont.

LIEU-ARGENCE (LE), h. c^ne de Clarbec. Quart de fief relevant de la vicomté d'Auge (rôle des fiefs de la vic. p. 349).

LIEU-ARGOUGES (LE), h. c^ne de Bernesq.

LIEU-ARNOULIN (LE), h. c^ne du Pré-d'Auge.

LIEU-ASSELIN (LE), h. c^ne de Livry.

LIEU-AUBÉE (LE), h. c^ne de Saint-Étienne-la-Thillaye.

LIEU-AU-BERGER (LE), h. c^ne de Dozulé.

LIEU-AUBERT (LE), h. c^ne de Clarbec.

LIEU-AUBIN (LE), h. c^ne de Manerbe.

LIEU-AU-BLANC (LE), h. c^ne de Goustranville.

LIEU-AU-BLOND (LE), h. c^ne de Reux.

LIEU-AU-BON (LE), c^ne de Léaupartie.

LIEU-AU-BON (LE), h. c^ne de Saint-Jean-le-Blanc.

LIEU-AUBRÉE (LE), f. c^ne d'Annebault.

LIEU-AU-CERF (LE), h. c^ne de Reux.

LIEU-AU-CHÊNE (LE), h. c^ne de Drubec.

LIEU-AU-CHEVAL (LE), h. c^ne de Neuilly.

LIEU-AU-CHEVALIER (LE), h. c^ne de Reux.

LIEU-AU-CHIEN (LE), m^on, c^ne du Mesnil-Mauger.

LIEU-AU-COMTE (LE), h. c^ne de Vacognes.

LIEU-AU-COQ (LE), h. c^ne de Pierrefitte.

LIEU-AU-COQ (LE), h. c^ne de Tourgéville.

LIEU-AU-COSTARD (LE), h. c^ne de Saint-Désir.

LIEU-AU-COURTEUIL (LE), h. c^ne de Curcy. — *Courteille*, 1848 (Simon).

LIEU-AU-COUVREUR (LE), h. c^ne de Magny-le-Freule.

LIEU-AU-DUC (LE), h. c^ne de Victot.

LIEU-AU-FÈVRE (LE), h. c^ne de Sainte-Marguerite-des-Loges.

LIEU-AUGER (LE), h. c^ne de Goustranville.

LIEU-AU-GRIS (LE), h. c^ne de Cricquebœuf.

LIEU-AU-LION (LE), h. c^ne de Manerbe.

LIEU-AUMONT (LE), h. c^ne de Reux.

LIEU-AUNAY (LE), h. c^ne d'Auvillars.

LIEU-AU-PLEY (LE), h. c^ne de Cronay.

LIEU-AU-POSTE (LE), h. c^ne de Baynes.

LIEU-AUX-COURTILS (LE), h. c^ne de Saint-André-de-Fontenay.

LIEU-AUX-ÉTANGS (LE), f. c^ne de Léaupartie.

LIEU-AUX-FÈVRES (LE), h. c^ne de Beaumont.

LIEU-AUX-FÈVRES (LE), h. c^ne d'Ondefontaine.

LIEU-AUX-FOUQUES (LE), h. c^ne de Brucourt.

LIEU-BAILLEUL (LE), h. c^ne de Tournières.

LIEU-BALLAN (LE), h. c^ne d'Englesqueville.

LIEU-BALLOT (LE), h. c^ne de Brucourt.

LIEU-BARBET (LE), h. c^ne de Beaumont.

LIEU-BARIL (LE), h. c^ne de Crouay.

LIEU-BARON (LE), f. c^ne de Dozulé.

LIEU-BARREY (LE), h. c^ne de Cormolain.

LIEU-BARRIÈRE (LE), h. c^ne de Saint-Marcouf.

Lieu-Barry (Le), h. c^{ne} de Commes.
Lieu-Basly (Le), h. c^{ne} de Tailleville.
Lieu-Basset (Le), h. c^{ne} d'Auvillars.
Lieu-Bastille (Le), h. c^{ne} de Bissières.
Lieu-Baudin (Le), h. c^{ne} de Crouay.
Lieu-Baudouin (Le), h. c^{ne} du Mesnil-Durand.
Lieu-Bazin (Le), h. c^{ne} de Saint-Hymer.
Lieu-Beaumer (Le), h. c^{ne} d'Écrammeville.
Lieu-Becfort (Le), h. c^{ne} de Tourgéville.
Lieu-Becquay (Le), h. c^{ne} de Saint-Martin-de-la-Lieue.
Lieu-Bée (Le), h. c^{ne} du Mesnil-Eudes.
Lieu-Belaître (Le), h. c^{ne} de Brucourt.
Lieu-Bellemare (Le), h. c^{ne} des Authieux-sur-Calonne.
Lieu-Bellemare (Le), h. c^{ne} de Cricqueville.
Lieu-Bellemare (Le), h. c^{ne} de Cristot.
Lieu-Belletôt (Le), h. c^{ne} de Manneville-la-Pipard.
Lieu-Belleville (Le), h. c^{ne} de Varaville.
Lieu-Belliard (Le), h. c^{ne} de Fontenay.
Lieu-Belliard (Le), h. c^{ne} de Géfosse.
Lieu-Belliard (Le), h. c^{ne} de Neuilly (Isigny).
Lieu-Bénard (Le), h. c^{ne} de Beaumont.
Lieu-Bénard (Le), h. c^{ne} de Clarbec.
Lieu-Bertheau (Le), h. c^{ne} des Authieux-sur-Calonne.
Lieu-Besnard (Le), h. c^{ne} de la Cambe.
Lieu-Béziers (Le), h. c^{ne} de la Vacquerie.
Lieu-Binet (Le), h. c^{ne} de Lisieux.
Lieu-Biré (Le), h. c^{ne} de Clarbec.
Lieu-Biré (Le), h. c^{ne} de Drubec.
Lieu-Bloche (Le), h. c^{ne} de Branville.
Lieu-Blot (Le), h. c^{ne} de Branville.
Lieu-Bocage (Le), h. c^{ne} de Rumesnil.
Lieu-Bonnaire (Le), h. c^{ne} de Saint-Germain-du-Pert.
Lieu-Bonnet (Le), h. c^{ne} des Authieux-sur-Calonne.
Lieu-Bonnet (Le), h. c^{ne} de Cambremer.
Lieu-Bord (Le), h. c^{ne} de Juaye-Mondaye.
Lieu-Bordeaux (Le), h. c^{ne} du Mesnil-Germain.
Lieu-Bordeaux (Le), h. c^{ne} de Saint-Philbert-des-Champs.
Lieu-Bosset (Le), h. c^{ne} de Manerbe.
Lieu-Bouet (Le), h. c^{ne} de Beaumont.
Lieu-Bouet (Le), h. c^{ne} de Courtonne-la-Meurdrac.
Lieu-Bouffard (Le), h. c^{ne} de Manerbe.
Lieu-Bougard (Le), h. c^{ne} de Reux.
Lieu-Bourdeaux (Le), h. c^{ne} d'Asnières.
Lieu-Bourdon (Le), h. c^{ne} de Bernesq.
Lieu-Boutey (Le), h. c^{ne} de Saint-Germain-de-Livet.
Lieu-Bréard (Le), f^e, c^{ne} de Victot-Pontfol.
Lieu-Bretocq (Le), h. c^{ne} de Beaumont.
Lieu-Bretocq (Le), h. c^{ne} de Saint-Étienne-la-Thillaye.
Lieu-Brisset (Le), h. c^{ne} d'Englesqueville.
Lieu-Brûlé (Le), h. c^{ne} d'Amfréville.

Lieu-Brûlé (Le), h. c^{ne} de Cricqueville.
Lieu-Bunel (Le), h. c^{ne} de Fauguernon. — *Bulnellum*, 1234 (lib. rub. Troarn. p. 15).
Lieu-Bunouf (Le), h. c^{ne} de Launay-sur-Calonne.
Lieu-Cadet (Le), f. c^{ne} de Saint-Germain-de-Livet.
Lieu-Caillard (Le), h. c^{ne} de Saint-Martin-de-Fontenay.
Lieu-Calan (Le), h. c^{ne} de la Houblonnière.
Lieu-Cantrel (Le), h. c^{ne} de Cheffreville.
Lieu-Caraboeuf (Le), h. c^{ne} de Guéron.
Lieu-Cardine (Le), h. c^{ne} de Clarbec.
Lieu-Carpentier (Le), h. c^{ne} du Mesnil-Eudes.
Lieu-Carrel (Le), h. c^{ne} de Canchy.
Lieu-Cascadot (Le), h. c^{ne} d'Étreham. — *Cascado*, 1848 (Simon).
Lieu-Catelin (Le), h. c^{ne} d'Auvillars.
Lieu-Catrine (Le), h. c^{ne} de Clarbec.
Lieu-Cauvin (Le), h. c^{ne} de Reux.
Lieu-Chambray (Le), h. c^{ne} d'Auvillars.
Lieu-Champ-du-Four (Le), h. c^{ne} d'Acqueville. — *Campus de Furno*, v. 1250 (ch. de Barbery, n° 169).
Lieu-Chapitrel (Le), q. c^{ne} de Petiville.
Lieu-Charpentier (Le), h. c^{ne} de Reux.
Lieu-Chaumont (Le), h. c^{ne} d'Auquainville. — *Chaumont*, 1198 (magni rotuli, p. 35, 2).
Lieu-Chevel (Le), h. c^{ne} de Neuilly.
Lieu-Chevel (Le), h. c^{ne} de Planquery.
Lieu-Chevret (Le), h. c^{ne} de Baynes.
Lieu-Chipel (Le), h. c^{ne} de Cartigny-l'Épinay.
Lieu-Chopin (Le), h. c^{ne} d'Agy.
Lieu-Chouquet (Le), h. c^{ne} de Fauguernon.
Lieu-Chuquet (Le), h. c^{ne} de Cahagnolles.
Lieu-Classy (Le), h. c^{ne} de Saint-Étienne-la-Thillaye.
Lieu-Colin (Le), h. c^{ne} de Saint-Martin-de-la-Lieue.
Lieu-Collet (Le), h. c^{ne} de Grandouet.
Lieu-Collet (Le), h. c^{ne} de Victot.
Lieu-Colleville (Le), h. c^{ne} de Brucourt.
Lieu-Couffin (Le), h. c^{ne} de Mestry.
Lieu-Courtois (Le), f. c^{ne} d'Écajeul.
Lieu-Courtonne (Le), h. c^{ne} du Mesnil-Germain.
Lieu-Courtonne (Le), h. c^{ne} de Saint-Germain-de-Livet.
Lieu-Couteux (Le), h. c^{ne} de Bricqueville.
Lieu-Couture (Le), h. c^{ne} de Reux.
Lieu-Croisière (Le), h. c^{ne} de Manneville-la-Pipard.
Lieu-Curé (Le), h. c^{ne} de Clarbec.
Lieu-Dacher (Le), f. c^{ne} de Mouteilles.
Lieu-Dagomel (Le), c^{ne} de Cresseveuille.
Lieu-Damécourt (Le), h. c^{ne} de Vouilly.
Lieu-d'Amour (Le), h. c^{ne} de Fontenay.
Lieu-d'Amour (Le), f. c^{ne} de Géfosse.
Lieu-Danne (Le), f. c^{ne} de Victot-Pontfol.
Lieu-Danestal (Le), h. c^{ne} de Deux-Jumeaux.

Lieu-d'Anglade (Le), h. c^ne de Lison.
Lieu-d'Assémont (Le), q. c^ne de Saint-Désir.
Lieu-d'Aubin (Le), h. c^ne de Manerbe.
Lieu-Daudité (Le), h. c^ne d'Ondefontaine.
Lieu-David (Le), h. c^ne d'Orbois.
Lieu-David (Le), h. c^ne de Vouilly.
Lieu-Davière (Le), h. c^ne de Saint-Ouen-le-Pin.
Lieu-de-Bas (Le), h. c^ne de Fauguernon.
Lieu-de-Belcourt. (Le); h. c^ne de Saint-Germain-de-Livet.
Lieu-d'Écajeul (Le), h. c^ne de Saint-Léger-du-Bosq.
Lieu-de-Calonne (Le), h. c^ne de Surville. Fief de Vassy.
Lieu-de-Courval (Le), h. c^ne de Saint-Gilles-de-Livet.
Lieu-de-Garde (Le), h. c^ne de Livry.
Lieu-de-Guerre (Le), h. c^ne de Saint-Martin-de-Blagny.
Lieu-de-la-Belle-Étoilerie (Le), h. c^ne de la Lande-sur-Drôme.
Lieu-de-la-Binette (Le), h. c^ne de Reux.
Lieu-de-la-Bruyère (Le), h. c^ne d'Auvillars.
Lieu-de-la-Chapelle (Le), h. c^ne de Brocottes.
Lieu-de-la-Coudraye (Le), h. c^ne d'Annebault.
Lieu-de-la-Croix (Le), h. c^ne de Saint-Léger-du-Bosq.
Lieu-de-la-Fontaine (Le), h. c^ne d'Isigny.
Lieu-de-la-Fosse (Le), h. c^ne de Beuvron.
Lieu-de-la-France (Le), h. c^ne de Clarbec.
Lieu-de-la-France (Le), h. c^ne de Maltot.
Lieu-de-la-Grande-Couture (Le), h. c^ne de Saint-Désir.
Lieu-de-la-Guerre (Le), f. c^ne de la Chapelle-Hainfray.
Lieu-de-la-Héberderie (Le), h. c^ne de la Lande-sur-Drôme.
Lieu-de-la-Houssaye (Le), h. c^ne de Mestry.
Lieu-de-la-Hurée (Le), h. c^ne de la Vacquerie.
Lieu-de-la-Lachée (Le), h. c^ne de Dozulé.
Lieu-de-la-Landelle (Le), h. c^ne du Mesnil-Villement.
Lieu-de-la-Maison-Neuve (Le), h. c^ne de Martigny.
Lieu-de-la-Mare (Le), h. c^ne de Brocottes.
Lieu-de-la-Pallière (Le), h. c^ne de Cahagnolles.
Lieu-de-la-Perrée (Le), h. c^ne de Clarbec.
Lieu-de-la-Perrée (Le), h. c^ne de Saint-Étienne-la-Thillaye.
Lieu-de-la-Petite-Forêt (Le), h. c^ne de Saint-Jouin.
Lieu-de-la-Piquerie (Le), h. c^ne de la Cambe.
Lieu-de-la-Piquerie (Le), h. c^ne de Saonnet.
Lieu-de-la-Piquotière (Le), h. c^ne de la Cambe.
Lieu-de-la-Piste (Le), h. c^ne de Subles.
Lieu-de-la-Place (Le), h. c^ne de Clarbec.
Lieu-de-la-Place (Le), h. c^ne de Neuilly-le-Malherbe.
Lieu-de-la-Planche (Le), h. c^ne de Canchy.
Lieu-de-la-Planche (Le), h. c^ne de Saonnet.
Lieu-de-la-Posterie (Le), h. c^ne de Colombières.

Lieu-de-la-Prairie (Le), h. c^ne de Norolles.
Lieu-de-la-Rivière (Le), h. c^ne de Baynes.
Lieu-de-la-Rivière (Le), f. c^ne de Saint-Germain-du-Pert.
Lieu-de-la-Rivière (Le), h. c^ne de Tournebu.
Lieu-de-la-Roche (Le), h. c^ne de Villers-sur-Mer.
Lieu-de-la-Rosée (Le), h. c^ne de Falaise. — Rousée, 1234 (lib. rub. Troarn. p. 112).
Lieu-de-la-Ruette (Le), h. c^ne de Reux.
Lieu-de-la-Vache (Le), h. c^ne de Fauguernon.
Lieu-de-la-Vache (Le), h. c^ne de Manneville-la-Pipard.
Lieu-de-la-Vallée (Le), h. c^ne du Brévedent.
Lieu-de-l'École (Le), h. c^ne de Fontenay-le-Pesnel.
Lieu-de-l'Enclave (Le), h. c^ne de Dozulé.
Lieu-de-l'Épinay (Le), h. c^ne de Brocottes.
Lieu-de-Lessard (Le), h. c^ne de Cahagnolles.
Lieu-de-Lessut (Le), h. c^ne du Molay.
Lieu-de-l'Hermitage (Le), h. c^ne de Saint-Martin-des-Besaces.
Lieu-de-l'Île (Le), h. c^ne de Reux.
Lieu-de-l'Isle (Le), h. c^ne de Goustranville.
Lieu-de-l'Isle (Le), h. c^ne de Versainville.
Lieu-de-Lonchamp (Le), h. c^ne de Goustranville. — Longus Campus, 1198 (magni rotuli).
Lieu-de-l'Oraille (Le), f. c^ne de Douville.
Lieu-Denis (Le), h. c^ne de Reux.
Lieu-Denis (Le), h. c^ne de Touque.
Lieu-Denouville (Le), h. c^ne de Grangues.
Lieu-de-Petit-Jean (Le), h. c^ne de Manerbe.
Lieu-de-Pré-le-Houx (Le), h. c^ne de Blonville.
Lieu-de-Ragny (Le), h. c^ne de Tournebu.
Lieu-de-Saint-Loup (Le), m^on, c^ne de Saint-Loup-de-Fribois.
Lieu-de-Salles (Le), h. c^ne de Dozulé.
Lieu-des-Amis (Le), vill. c^ne du Mesnil-Germain.
Lieu-des-Anes (Le), h. c^ne de Cahagnes.
Lieu-des-Anges (Le), q. c^ne de Clarbec.
Lieu-des-Bois (Le), h. c^ne de la Brévière.
Lieu-des-Bois (Le), h. c^ne de Verneuil.
Lieu-des-Bordes (Le), h. c^ne de Saint-Étienne-la-Thillaye.
Lieu-des-Brocs (Le), h. c^ne de Brucourt.
Lieu-des-Champs (Le), h. c^ne de Coupesarte.
Lieu-des-Champs (Le), h. c^ne du Mesnil-Eudes.
Lieu-des-Chevaliers (Le), h. c^ne des Loges.
Lieu-de-Séez (Le), h. c^ne d'Ouilly-le-Vicomte.
Lieu-des-Falaises (Le), h. c^ne de Danville.
Lieu-des-Gilles (Le), h. c^ne de Vouilly.
Lieu-des-Ifs (Le), f. c^ne d'Écajeul.
Lieu-des-Longues-Terres (Le), h. c^ne de Robehomme.

Lieu-des-Noyers (Le), h. cᵉ de Saint-Philbert-des-Champs.

Lieu-des-Pennons (Le), h. cⁿᵉ d'Angerville.

Lieu-des-Petits-Prés (Le), h. cⁿᵉ de Manerbe.

Lieu-des-Planquettes (Le), h. cⁿᵉ de Littry.

Lieu-des-Prés (Le), h. cⁿᵉ de Maizet.

Lieu-des-Regniers (Le), h. cⁿᵉ du Mesnil-Eudes.

Lieu-des-Religieuses (Le), q. cⁿᵉ de Surville.

Lieu-des-Roques (Le), h. cⁿᵉ de Saint-Arnould.

Lieu-des-Rues (Le), h. cⁿᵉ du Mesnil-Mauger.

Lieu-des-Rusées (Le), h. cⁿᵉ de Saint-Martin-de-la-Lieue.

Lieu-des-Tautes (Le), h. cⁿᵉ de Valsemé.

Lieu-des-Terres (Le), h. cⁿᵉ de Danestal.

Lieu-de-sur-les-Prés (Le), h. cⁿᵉ de Cahagnolles.

Lieu-des-Vauts (Le), h. cⁿᵉ du Mesnil-Simon.

Lieu-de-Villers (Le), h. cⁿᵉ de Clarbec.

Lieu-de-Villiers (Le), h. cⁿᵉ de Beuvron.

Lieu-Dézi (Le), f. cⁿᵉ de Douville.

Lieu-Dieu (Le), h. cⁿᵉ de Manerbe.

Lieu-d'Indigné (Le), h. cⁿᵉ de Saint-Pierre-Canivet.

Lieu-Doré (Le), h. cⁿᵉ de Sainte-Marguerite-des-Loges.

Lieu-d'Orville (Le), h. cⁿᵉ du Mesnil-Eudes. — *Aurevilla*, 1216 (cart. norm. n° 246, p. 38). — *Orvilla*, 1217 (Delisle, échiquier de Norm.). — *Ecclesia de Aurrevilla*, 1278 (chap. de Lisieux, n° 5).

Lieu-d'Osmont (Le), h. cⁿᵉ de Saint-Désir.

Lieu-Doublet (Le), h. cⁿᵉ de Barneville.

Lieu-Doublet (Le), h. cⁿᵉ de Beaumont.

Lieu-Drovie (Le), f. cⁿᵉ de Crouay.

Lieu-du-Bas-Jean (Le), h. cⁿᵉ de Montchamp.

Lieu-du-Bisault (Le), h. cⁿᵉ de Sainte-Honorine-du-Fay.

Lieu-du-Bois (Le), h. cⁿᵉ de Marolles.

Lieu-du-Castel (Le), h. cⁿᵉ d'Ellon.

Lieu-du-Castel (Le), h. cⁿᵉ de Goustranville.

Lieu-du-Chemin (Le), h. cⁿᵉ de la Chapelle-Hainfray.

Lieu-Duchesne (Le), h. cⁿᵉ de Drubec.

Lieu-du-Clos (Le), h. cⁿᵉ de Hottot.

Lieu-du-Désert (Le), h. cⁿᵉ de Clécy.

Lieu-du-Doubereau (Le), h. cⁿᵉ de Saon.

Lieu-du-Fresne (Le), h. cⁿᵉ de Lingèvres.

Lieu-du-Garde (Le), éc. cⁿᵉ de Livry.

Lieu-du-Godet (Le), h. cⁿᵉ de Hennequeville.

Lieu-du-Héril (Le), h. cⁿᵉ de Vouilly.

Lieu-du-Manoir (Le), h. cⁿᵉ de Noron.

Lieu-du-Marais (Le), h. cⁿᵉ de Maisy.

Lieu-du-Parc (Le), h. cⁿᵉ de Barneville.

Lieu-du-Pec (Le), h. cⁿᵉ de Reux.

Lieu-du-Perrey (Le), h. cⁿᵉ de Saint-Julien-sur-Calonne.

Lieu-du-Poirier (Le), h. cⁿᵉ du Mesnil-Mauger.

Lieu-du-Pont (Le), h. cⁿᵉ de Branville.

Lieu-du-Pont (Le), h. cⁿᵉ de Saint-Samson.

Lieu-du-Puits (Le), h. cⁿᵉ de Formentin. — *Dupuis*, 1848 (état-major).

Lieu-du-Quarnay (Le), h. cⁿᵉ de Saon.

Lieu-Durand (Le), mⁿ, cⁿᵉ de Bonneville-sur-Touque.

Lieu-Durand (Le), mⁿ, cⁿᵉ de Valsemé.

Lieu-du-Rocher (Le), h. cⁿᵉ de Colombières.

Lieu-du-Roquin (Le), h. cⁿᵉ de Bonneuil.

Lieu-du-Val (Le), h. cⁿᵉ des Authieux-sur-Calonne.

Lieu-du-Val-Aubry (Le), h. cⁿᵉ de Saint-Pierre-des-Ifs.

Lieu-Émery (Le), h. cⁿᵉ de Mestry.

Lieu-Énault (Le), h. et f°, cⁿᵉ du Fournet.

Lieu-Épinay (Le), q. cⁿᵉ de Brocottes. — *Espinei, Espinetum*, 1198 (magni rotuli).

Par. de Saint-Martin ; patr. l'abbé de Cerisy et l'évêque de Bayeux. Dioc. de Bayeux, doy. de Fontenay-le-Pesnel. Génér. et élect. de Caen, sergent. de Villers.

Plein fief de haubert, vicomté d'Auge, sergenterie de Honfleur et Touque.

Lieu-Escaut (Le), h. cⁿᵉ de Neuilly.

Lieu-Eudes (Le), h. cⁿᵉ de Tourgéville.

Lieu-Exmelin (Le), h. cⁿᵉ de la Chapelle-Hainfray.

Lieu-Exmelin (Le), h. cⁿᵉ de Drubec.

Lieu-Fauque (Le), h. cⁿᵉ d'Englesqueville (Bayeux).

Lieu-Fergaud (Le), mⁿ, cⁿᵉ du Mesnil-Simon.

Lieu-Féron (Le), f. cⁿᵉ d'Annebault.

Lieu-Feuil (Le), h. cⁿᵉ de Saint-Étienne-la-Thillaye.

Lieu-Feuillet (Le), h. cⁿᵉ de Colombières.

Lieu-Fleuri (Le), q. cⁿᵉ d'Auvillars.

Lieu-Fleury (Le), h. cⁿᵉ de Bonneville-sur-Touque.

Lieu-Foison (Le), h. cⁿᵉ de Nonant.

Lieu-Folleville (Le), h. cⁿᵉ de Colombières.

Lieu-Fossey (Le), h. cⁿᵉ de Reux.

Lieu-Fouin (Le), h. cⁿᵉ de Castillon.

Lieu-Fouin (Le), h. cⁿᵉ de Saint-Paul-du-Vernay.

Lieu-Fournier (Le), h. cⁿᵉ de Tourgéville.

Lieu-Frémont (Le), h. cⁿᵉ de Saint-Hymer.

Lieu-Fressoy (Le), f. cⁿᵉ de Saint-Aubin-sur-Algot.

Lieu-Galant (Le), h. cⁿᵉ de Jurques.

Lieu-Galant (Le), mⁿ, cⁿᵉ de Saint-Jacques-de-Lisieux.

Lieu-Gallet (Le), h. cⁿᵉ de Beaufour.

Lieu-Galopin (Le), h. cⁿᵉ de Manerbe.

Lieu-Gambade (Le), h. cⁿᵉ de Pierrefitte.

Lieu-Gaugain (Le), h. cⁿᵉ du Breuil.

Lieu-Gaugey (Le), h. cⁿᵉ de Cordebugle.

Lieu-Gavray (Le), h. cⁿᵉ de Sainte-Marie-aux-Anglais.

Lieu-Gémaré (Le), f. cⁿᵉ de Heuland.

Lieu-Genneville (Le), h. cⁿᵉ de Clarbec.

Lieu-Gentil (Le), h. c^ne de Norolles.
Lieu-Gernots (Le), h. c^ne de Saint-Jacques.
Lieu-Gervais (Le), h. c^ne des Moutiers-en-Auge.
Lieu-Gibon (Le), h. c^ne de Fierville.
Lieu-Gilet (Le), h. c^ne de Sully.
Lieu-Girette (Le), h. c^ne de Vouilly.
Lieu-Godard (Le), h. c^ne de Canapville.
Lieu-Gondonnier (Le), h. c^ne d'Annebault.
Lieu-Gondouin (Le), h. c^ne d'Annebault.
Lieu-Gonnel (Le), f. c^ne de Gerrots.
Lieu-Goubault (Le), h. c^ne de Trévières.
Lieu-Goupy (Le), h. c^ne du Mesnil-Germain.
Lieu-Gourdel (Le), h. c^ne d'Écajeul.
Lieu-Gournay (Le), h. c^ne de Longueville.
Lieu-Goville (Le), h. c^ne de Saint-Marcouf.
Lieu-Grainville (Le), h. c^ne de Launay.
Lieu-Gramoisy (Le), h. c^ne de Tourgéville.
Lieu-Grandin (Le), f. c^ne de Goustranville.
Lieu-Grandouet (Le), h. c^ne de Blangy.
Lieu-Grand-Val (Le), h. c^ne de Lisores.
Lieu-Grand-Val (Le), h. c^ne de Saint-Jean-de-Livet.
Lieu-Grasmesnil (Le), h. c^ne de Glos.
Lieu-Grattet (Le), h. c^ne de Touque.
Lieu-Grenel (Le), h. c^ne de Bonneville-sur-Touque.
Lieu-Guérin (Le), h. c^ne d'Asnières.
Lieu-Guérin (Le), h. c^ne d'Isigny.
Lieu-Guérin (Le), h. c^ne de Saint-Gilles-de-Livet.
Lieu-Guéroult (Le), h. c^ne de Livry.
Lieu-Guesnier (Le), h. c^ne de Manneville-la-Pipard.
Lieu-Guichenet (Le), h. c^ne de Vouilly.
Lieu-Guillard (Le), h. c^ne de Fauguernon.
Lieu-Halan (Le), h. c^ne de Barneville.
Lieu-Halley (Le), h. c^ne de Barbeville.
Lieu-Halley (Le), h. c^ne de Touque.
Lieu-Ham (Le), h. c^ne d'Auvillars.
Lieu-Harang (Le), h. c^ne de Hennequeville.
Lieu-Harang (Le), h. c^ne de Trouville.
Lieu-Haras (Le), f. c^ne de Hérouvillette.
Lieu-Hardouin (Le), c^ne de Crouay.
Lieu-Haribel (Le), h. c^ne de Littry.
Lieu-Hatan (Le), h. c^ne de Saint-Gatien.
Lieu-Haut (Le), h. c^ne du Brévedent.
Lieu-Haut (Le), h. c^ne de Cricqueville.
Lieu-Haut (Le), h. c^ne de Saint-Désir-de-Lisieux.
Lieu-Haut (Le), h. c^ne de Saint-Julien-sur-Calonne.
Lieu-Haut (Le), h. c^ne de Trungy.
Lieu-Hauton (Le), h. c^ne de Monceaux.
Lieu-Hauvel (Le), h. c^ne de Saint-Hymer.
Lieu-Hébert (Le), h. c^ne de Cahagnolles.
Lieu-Hébert (Le), h. c^ne de Castillon.
Lieu-Hébert (Le), h. c^ne du Mesnil-sur-Blangy.
Lieu-Hébert (Le), h. c^ne de Saint-Martin-de-la-Lieue.

Lieu-Hérel (Le), h. c^ne de Bures.
Lieu-Héril (Le), h. c^ne de Vouilly.
Lieu-Herman (Le), h. c^ne des Authieux-sur-Calonne.
Lieu-Héron (Le), h. c^ne de Branville.
Lieu-Hocquart (Le), f. c^ne de Beuvron.
Lieu-Hocquetot (Le), h. c^ne d'Auvillars.
Lieu-Houlier (Le), h. c^ne de Cresseveuille.
Lieu-Hubert (Le), h. c^ne de Tournières.
Lieu-Hue (Le), h. c^ne de Tournières.
Lieu-Huet (Le), h. c^ne du Fournet.
Lieu-Huet (Le), h. c^ne de Tournières.
Lieu-Hugue (Le), h. c^ne de Bonneville-sur-Touque.
Lieu-Isabel (Le), h. c^ne de Saint-Arnoult.
Lieu-Jazu (Le), h. c^ne de Dozulé.
Lieu-Jean-le-Petit (Le), éc. c^ne de Lessard-et-le-Chêne.
Lieu-Jourdain (Le), m^on, c^ne de Clarbec.
Lieu-Judas (Le), h. c^ne de Ranchy.
Lieu-Jumel (Le), h. c^ne de Saint-Jean-de-Livet.
Lieu-Jurques (Le), h. c^ne de Trungy.
Lieu-la-Fleur (Le), h. c^ne de Ranchy.
Lieu-la-Gonnelle (Le), h. c^ne d'Auvillars.
Lieu-la-Hatraie (Le), h. c^ne de Cahagnolles. — La Haitrée, 1703 (d'Anville, dioc. de Lisieux).
Lieu-Lair (Le), h. c^ne des Authieux-sur-Calonne.
Lieu-Laivre (Le), h. c^ne de Biéville.
Lieu-la-Jotière (Le), h. c^ne de Cahagnolles.
Lieu-Lambert (Le), f. c^ne de la Chapelle-Hainfray.
Lieu-Lambert (Le), f. c^ne de Cricqueville.
Lieu-Lambert (Le), h. c^ne de la Vacquerie.
Lieu-Landrin (Le), h. c^ne de Courtonne-la-Ville.
Lieu-Langlois (Le), h. c^ne de Bonnebosq.
Lieu-Langlois (Le), h. c^ne de Cahagnolles.
Lieu-Langlois (Le), h. c^ne de Clarbec.
Lieu-Langlois (Le), h. c^ne de Goustranville.
Lieu-Langlois (Le), h. c^ne de Reux.
Lieu-la-Prelle (Le), h. c^ne de Reux.
Lieu-la-Rose (Le), f. c^ne de Biéville.
Lieu-Larossière (Le), h. c^ne de Goustranville.
Lieu-l'Attache (Le), h. c^ne d'Aubigny.
Lieu-Launay (Le), h. c^ne de Cartigny-l'Épinay.
Lieu-Launay (Le), h. c^ne de Clarbec.
Lieu-Launay (Le), h. c^ne de Cormolain.
Lieu-Launay (Le), h. c^ne de la Graverie.
Lieu-Launay (Le), h. c^ne de Léaupartie.
Lieu-Launay (Le), h. c^ne de Livry.
Lieu-Launay (Le), h. c^ne de Manerbe.
Lieu-Launay (Le), h. c^ne des Moutiers-Hubert.
Lieu-Launay (Le), h. c^ne de Saon.
Lieu-Lebel (Le), h. c^ne de Ranchy.
Lieu-le-Hutrel (Le), h. c^ne de Marigny.
Lieu-Lesny (Le), h. c^ne de Brucourt.

Lieu-Liéjard (Le), h. c^ne de Bonneville-sur-Touque.
Lieu-Liéjard (Le), h. c^ne de Courtonne-la-Meurdrac.
Lieu-Lindel (Le), h. c^ne de Villers-sur-Mer.
Lieu-Locqueville (Le), h. c^ne de Grainville.
Lieu-Loir (Le), h. c^ne de Lessard-et-le-Chêne.
Lieu-Louis (Le), h. c^ne du Mesnil-Mauger.
Lieu-Lucas (Le), f. c^ne du Mesnil-Simon.
Lieu-Lucas (Le), h. c^ne de Noron.
Lieu-Lugon (Le), h. c^ne de Goustranville.
Lieu-Mabué (Le), h. c^ne de Longueville.
Lieu-Malas (Le), h. c^ne de Cottun.
Lieu-Malfillastre (Le), h. c^ne de Saint-Ouen-le-Pin.
Lieu-Mancel (Le), h. c^ne de Cambremer.
Lieu-Manniles (Le), h. c^ne de Douville.
Lieu-Manniles (Le), h. c^ne de Grangues.
Lieu-Maréchal (Le), h. c^ne de Drubec.
Lieu-Maréchal (Le), h. c^ne de Goustranville.
Lieu-Maricot (Le), h. c^ne de Surville.
Lieu-Marie (Le), h. c^ne de Grandouet.
Lieu-Mariolle (Le), h. c^ne de Clarbec.
Lieu-Mariolle (Le), h. c^ne de Danestal.
Lieu-Mariolle (Le), h. c^ne du Mesnil-Eudes.
Lieu-Marmion (Le), h. c^ne d'Angerville.
Lieu-Marmion (Le), h. c^ne de Putot.
Lieu-Martel (Le), h. c^ne de Reux.
Lieu-Martin (Le), h. c^ne de Gerrots.
Lieu-Martin (Le), h. c^ne de Sully.
Lieu-Martin (Le), h. c^ne de Valsemé.
Lieu-Massurot (Le), h. c^ne de Dozulé.
Lieu-Maudelonde (Le), h. c^ne de Saint-Julien-sur-Calonne.
Lieu-Mautort (Le), f. c^ne de Saint-Hymer.
Lieu-Mautrey (Le), f. c^ne de Rumesnil.
Lieu-Mautry (Le), h. c^ne de Touque.
Lieu-Mercier (Le), h. c^ne de Vacognes.
Lieu-Merline (Le), h. c^ne de Noron.
Lieu-Meslier (Le), h. c^ne de Lingèvres.
Lieu-Métais (Le), h. c^ne de Cartigny-l'Épinay.
Lieu-Mézeray (Le), h. c^ne de Drubec.
Lieu-Micheau (Le), h. c^ne de Hennequeville.
Lieu-Mignolle (Le), h. c^ne de Saint-Philbert-des-Champs.
Lieu-Mignot (Le), h. c^ne de Cheffreville.
Lieu-Milais (Le), h. c^ne de Norolles.
Lieu-Millet (Le), h. c^ne de Glanville.
Lieu-Milment (Le), h. c^ne d'Hermival-les-Vaux.
Lieu-Miray (Le), h. c^ne de Bretteville-l'Orgueilleuse.
Lieu-Miroux (Le), h. c^ne de Saint-Martin-de-la-Lieue.
Lieu-Mitaine (Le), h. c^ne du Molay.
Lieu-Miton (Le), h. c^ne de Douville.
Lieu-Modin (Le), h. c^ne de Bougy.

Lieu-Moisson (Le), h. c^ne de Manneville-la-Pipard.
Lieu-Mondain (Le), h. c^ne de Clarbec.
Lieu-Mondant (Le), h. c^ne de Caumont.
Lieu-Mondebard (Le), h. c^ne de Saint-Martin-des-Besaces.
Lieu-Monin (Le), f. c^ne de Monceaux.
Lieu-Monlion (Le), h. c^ne du Breuil.
Lieu-Monminet (Le), h. c^ne de la Cambe.
Lieu-Monnier (Le), h. c^ne du Mesnil-Germain.
Lieu-Montfleury (Le), h. c^ne de Saint-Pierre-des-Ifs.
Lieu-Montville (Le), h. c^ne d'Auvillars.
Lieu-Morel (Le), h. c^ne de Beaumont.
Lieu-Morel (Le), h. c^ne de Bernesq.
Lieu-Morel (Le), h. c^ne de Pierrefitte.
Lieu-Morel (Le), h. c^ne de Saint-Hymer.
Lieu-Morin (Le), h. c^ne du Mesnil-Simon.
Lieu-Morin (Le), h. c^ne de Monceaux.
Lieu-Morinville (Le), h. c^ne de Tournières.
Lieu-Mourelle (Le), h. c^ne d'Auvillars.
Lieu-Moussard (Le), h. c^ne de Sainte-Marguerite-de-Ducy.
Lieu-Neuf (Le), f. c^ne de Blangy.
Lieu-Neuville (Le), h. c^ne d'Auquainville.
Lieu-Neuville (Le), vill. c^ne de Saint-Philbert-des-Champs.
Lieu-Noire-Mare (Le), f. c^ne de Saint-Germain-de-Livet.
Lieu-Noirval (Le), h. c^ne de Blangy.
Lieu-Normand (Le), h. c^ne de la Cambe.
Lieu-Nosset (Le), h. c^ne de Saint-Hymer.
Lieu-Ogre (Le), h. c^ne de Canchy.
Lieu-Quanne (Le), h. c^ne de Longueville.
Lieu-Paret (Le), h. c^ne du Molay.
Lieu-Paris (Le), f. c^ne de Manerbe.
Lieu-Paris (Le), h. c^ne du Pré-d'Auge.
Lieu-Pavie (Le), h. c^ne de Vouilly.
Lieu-Paysant (Le), h. c^ne de Saint-Désir.
Lieu-Paysant (Le), h. c^ne de la Vacquerie.
Lieu-Pellerin (Le), h. c^ne de Clarbec.
Lieu-Pellerin (Le), h. c^ne de Lingèvres.
Lieu-Pelloquin (Le), h. c^ne de Bernières-sur-Mer.
Lieu-Pelloquin (Le), h. c^ne de Clarbec.
Lieu-Péloin (Le), h. c^ne de Bonneville-sur-Touque.
Lieu-Péronne (Le), h. c^ne d'Englesqueville.
Lieu-Perrot (Le), h. c^ne de Fervaques.
Lieu-Pétagny (Le), h. c^ne de Saint-Julien-sur-Calonne.
Lieu-Petit (Le), h. c^ne de Prétreville.
Lieu-Petit (Le), h. c^ne de Saint-Désir.
Lieu-Petit (Le), h. c^ne de Saint-Eugène.
Lieu-Petit (Le), h. c^ne de Saint-Michel-de-Livet.
Lieu-Petit (Le), h. c^ne de Saint-Pierre-des-Ifs.
Lieu-Petiville (Le), c^ne de Dozulé.

Lieu-Philippe (Le), f. c^{ne} d'Osmanville.
Lieu-Philippe (Le), h. c^{ne} de Ranchy.
Lieu-Picard (Le), h. c^{ne} de Brocottes.
Lieu-Picard (Le), h. c^{ne} de Clarbec. — *Picard* (vavassorie). Fief du domaine royal, vicomté de Falaise, sergent. des Bruns, tenu par Jacqués Chèvre, en 1586 (papier terrier de Falaise).
Lieu-Picot (Le), h. c^{ne} de Coquainvilliers.
Lieu-Picquenard (Le), h. c^{ne} de Cartigny-Tesson.
Lieu-Picquenard (Le), h. c^{ne} de Sainte-Marguerite-d'Elle.
Lieu-Pierrepont (Le), h. c^{ne} de Saon.
Lieu-Pilate (Le), h. c^{ne} de Saint-Julien-sur-Calonne.
Lieu-Pinet (Le), f. c^{ne} de Villers-Canivet.
Lieu-Pingot (Le), h. c^{ne} de Blangy.
Lieu-Piprey (Le), c^{ne} de Courtonne-la-Ville.
Lieu-Plancher (Le), h. c^{ne} de Saint-Désir.
Lieu-Poirier (Le), h. c^{ne} de Beaumont.
Lieu-Poirier (Le), h. c^{ne} de Hennequeville.
Lieu-Polin (Le), h. c^{ne} du Mesnil-Durand.
Lieu-Porée (Le), h. c^{ne} de Beaumont.
Lieu-Portebosq (Le), h. c^{ne} de Grandouët.
Lieu-Portier (Le), c^{ne} de Tourgéville.
Lieu-Postel (Le), h. c^{ne} de Saint-Martin-dès-Besaces.
Lieu-Poterie (Le), h. c^{ne} du Breuil.
Lieu-Poulain (Le), h. c^{ne} de Nonant.
Lieu-Poussé (Le), h. c^{ne} du Mesnil-Germain.
Lieu-Préaux (Le), h. c^{ne} de Vacognes.
Lieu-Prémagny (Le), h. c^{ne} de Tourgéville.
Lieu-Presles (Le), h. c^{ne} de Saint-Hymer.
Lieu-Prévost (Le), h. c^{ne} d'Auquainville.
Lieu-Prévôterie (Le), h. c^{ne} de Reux.
Lieu-Prieur (Le), h. c^{ne} de Reux.
Lieu-Privé (Le), h. c^{ne} de Courtonne-la-Meurdrac.
Lieu-Quénotte (Le), f. c^{ne} de Saint-Jean-des-Essartiers.
Lieu-Quérel (Le), h. c^{ne} d'Angerville.
Lieu-Quincey (Le), h. c^{ne} de Saint-Pierre-des-Ifs. — *Quincie*, 1198 (magni rotuli; p. 26).
Lieu-Rabault (Le), h. c^{ne} de Coutonne-la-Ville.
Lieu-Ragot (Le), h. c^{ne} de Grandcamp.
Lieu-Raitot (Le), f. c^{ne} du Molay.
Lieu-Renard (Le), h. c^{ne} de Subles.
Lieu-Renault (Le), h. c^{ne} de Cartigny-Tesson.
Lieu-Révolu (Le), h. c^{ne} de Saint-Désir.
Lieurey (Les), h. c^{ne} de Trungy.
Lieu-Ribout (Le), h. c^{ne} de Saint-Eugène.
Lieu-Robert (Le), h. c^{ne} de Hottot.
Lieu-Robey (Le), h. c^{ne} de Saint-Aubin-de-Lébizay.
Lieu-Robillard (Le), h. c^{ne} de Coquainvilliers.
Lieu-Robin (Le), h. c^{ne} du Mesnil-Eudes.
Lieu-Robinet (Le), h. c^{ne} de Hottot.

Lieu-Robinet (Le), h. c^{ne} de Missy.
Lieu-Rocque (Le), h. c^{ne} de Branville.
Lieu-Rocrée (Le), h. c^{ne} de Coquainvilliers.
Lieu-Roni (Le), h. c^{ne} de Hennequeville.
Lieu-Rosey (Le), h. c^{ne} du Mesnil-Durand.
Lieu-Roulier (Le), h. c^{ne} du Mesnil-Simon.
Lieu-Roulier (Le), h. c^{ne} de Monceaux.
Lieu-Roussel (Le), h. c^{ne} de Pont-l'Évêque.
Lieu-Roussel (Le), h. c^{ne} de Reux.
Lieu-Roux (Le), h. c^{ne} de Groisillièrs.
Lieu-Royné (Le), h. c^{ne} de Reux.
Lieury, c^{ne} de Saint-Pierre-sur-Dive. — *Lioreium in pago Lisvino*, XIIIe s^e (cité par d'Anville, dioc. de Lisieux). — *Lyeurreium*, 1277 (ch. de Saint-Jean de Falaise). — *Leureyum*, XIVe siècle (taxat. decim. dioc. Baioc.). — *Lieurré*, 1417 (magni rotuli, p. 245, a). — *Liury*, 1463 (recherche de Montfaut). — *Lieuré; Lieurey*, 1634 (ch. des comptes de Rouen). — *Liurray*, 1667 (carte de Sanson). — *Lieuri*, 1703 (d'Anville, dioc. de Lisieux). — *Lieurrée*, XVIIIe siècle (Cassini).

Par. de Saint-Paterne, patr. l'abbé de Saint-Pierre-sur-Dive. Dioc. de Séez, doy. de Saint-Pierre-sur-Dive. Génér. d'Alençon, élect. de Falaise, sergent. de Saint-Pierre-sur-Dive. Léproserie.

— Fief de la baronnie de Blangy; fief du *Mesnil*, relevant de la baronnie de Courcy, 1634 (ch. des comptes de Rouen).

Lieu-Ryes (Le), h. c^{ne} de Monceaux.
Lieu-Saint-Jean (Le), h. c^{ne} du Breuil.
Lieu-Saint-Jean (Le), h. c^{ne} de Neuilly.
Lieu-Saint-Laurent (Le), h. c^{ne} de Grangues.
Lieu-Saint-Martin (Le), h. c^{ne} de Bretteville-sur-Dive.
Lieu-Saint-Martin (Le), h. c^{ne} de Fontenay-le-Pesnel.
Lieu-Saint-Vigor (Le), h. c^{ne} d'Agy.
Lieu-Sandrine (Le), h. c^{ne} d'Agy.
Lieu-Sanotin (Le), h. c^{ne} de Fierville.
Lieu-Satis (Le), h. c^{ne} de Pierrefitte.
Lieu-Savary (Le), h. c^{ne} de Littry.
Lieu-Scellier (Le), h. c^{ne} de Saint-Germain-de-Livet.
Lieu-Sébastien (Le), h. c^{ne} de Saint-Paul-de-Courtonne.
Lieu-Senet (Le), h. c^{ne} de Saint-Julien-sur-Calonne.
Lieu-Serabd (Le), h. c^{ne} de Balleroy.
Lieu-Servin (Le), h. c^{ne} de Livry.
Lieu-Sevestre (Le), h. c^{ne} du Breuil.
Lieu-Sevestre (Le), h. c^{ne} de Hottot.
Lieu-Sevestre (Le), h. c^{ne} de Saint-Pierre-du-Mont.
Lieu-Sonnet (Le), h. c^{ne} de Cheffreville.

Lieu-Sonnet (Le), h. c^ne de Sainte-Marguerite-des-Loges.

Lieu-Taillis (Le), h. c^ne de la Folletière-Abenon.

Lieu-Taillis (Le), h. c^ne de Saint-Martin-de-la-Lieue.

Lieu-Taquet (Le), h. c^ne du Fournet.

Lieu-Tardif (Le), h. c^ne de Brucourt.

Lieu-Taupin (Le), h. c^ne de Clarbec.

Lieu-Tavernier (Le), h. c^ne de Valsemé.

Lieu-Thanis (Le), h. c^ne de Monceaux.

Lieu-Thillaye (Le), h. c^ne de Beaumont.

Lieu-Tholmer (Le), h. c^ne de Beaumont.

Lieu-Thomas (Le), h. c^ne de Branville.

Lieu-Thomin (Le), h. c^ne de Bonnebosq.

Lieu-Thouret (Le), h. c^ne de Bénerville.

Lieu-Thouroude (Le), h. c^ne de Beuvron.

Lieu-Tillière (Le), h. c^ne de Fauguernon.

Lieu-Tirel (Le), h. c^ne de Reux.

Lieu-Tiron (Le), h. c^ne de Saint-Désir.

Lieu-Torel (Le), h. c^ne d'Auvillars.

Lieu-Toutain (Le), h. c^ne de Bonnebosq.

Lieu-Tragin (Le), h. c^ne de Manneville-la-Pipard.

Lieu-Trelle (Le), h. c^ne de Saint-Hymer.

Lieu-Troismonts (Le), h. c^ne de Meslay.

Lieu-Troquelet (Le), h. c^ne de Coquainvilliers.

Lieu-Turgis (Le), h. c^ne de la Cambe.

Lieu-Vaast (Le), f. c^ne de Tour.

Lieu-Vacis (Le), h. c^ne de Familly.

Lieu-Vaillant (Le), h. c^ne de Blay.

Lieu-Valette (Le), h. c^ne de Coquainvilliers.

Lieu-Val-la-Reine (Le), h. c^ne du Faulq.

Lieu-Vallée (Le), h. c^ne de Prétreville.

Lieu-Valois (Le), h. c^ne de Barneville.

Lieu-Valois (Le), h. c^ne de Vieux-Pont.

Lieu-Vandel (Le), h. c^ne de Colombières.

Lieu-Vaquier (Le), h. c^ne de Goustranville.

Lieu-Varet (Le), h. c^ne de Cricqueville.

Lieu-Vassal (Le), h. c^ne d'Angerville.

Lieu-Vasse (Le), h. c^ne de Clarbec.

Lieu-Vauquelin (Le), h. c^ne d'Auvillars.

Lieu-Vauquelin (Le), h. c^ne de Canchy.

Lieu-Verdure (Le), h. c^ne de Saint-Martin-de-Blagny.

Lieu-Véret (Le), h. c^ne du Bény-Bocage.

Lieu-Véret (Le), h. c^ne de Fontenay-le-Pesnel.

Lieu-Verrier (Le), h. c^ne de Bonneville-la-Louvet.

Lieu-Vertuchon (Le), h. c^ne de Coquainvilliers.

Lieu-Vesnot (Le), h. c^ne de Sainte-Marguerite-d'Elle.

Lieu-Vesque (Le), h. c^ne du Fournet.

Lieu-Vesque (Le), h. c^ne de Glos.

Lieu-Vesque (Le), h. c^ne de Manerbe.

Lieu-Vicomte (Le), h. c^ne de Barneville.

Lieu-Villeneuve (Le), h. c^ne de Donnay.

Lieu-Vilsin (Le), f. c^ne de Saonnet.

Lieuvin, comté ou *pagus* de l'époque franque, dont Lisieux était le chef-lieu. — *Luxoensis* vel *Luxoviensis*, v. 573 (Grégoire de Tours, liv. VI, ch. xxxvi). — *Pagus Lexuinus*, 689 (Tardif, mon. histor. p. 637). — *Pagus Lisvinus*, 802 et 803 (liste des missi dominici). — *Lesvin*, 1014, (ch. de Saint-Pierre-sur-Dive). — *Pagus Lisoiensis*, 1026 (dotal. Judith). — *Pagus Lisiacensis*, 1030 (ch. pour Saint-Étienne-du-Mont). — *Liévien*, 1155 (Wace, rom. de Rou, p. 174). — *Liesvin, Liezvin, Lisvin*, v. 1160 (Benoît de Sainte-More). — *Baillia de Lexovino*, 1198 (magni rotuli, scacc. p. 12). — *Baillia de Lesvino*, 1221 (ch. de l'hospice de Lisieux). — Voir Lisieux.

L'archidiaconé de Lieuvin, au diocèse de Lisieux (*archidiaconatus de Lesvino*), comprenait les doyennés de Moyaux, Cormelles, Bernay et Orbec.

Lieu-Vintras (Le), h. c^ne de Saint-Pair-du-Mont.

Lieu-Vion (Le), h. c^ne de Saint-Gatien.

Lieu-Vitard (Le), h. c^ne de Saint-Martin-des-Besaces.

Lieu-Voisin (Le), h. c^ne de Saint-Pierre-du-Mont.

Lieux-Amiset (Les), h. c^ne du Mesnil-Germain.

Lieux-Petel (Les), h. c^ne de Touque.

Lièvre (Le), h. c^ne de Surrain.

Lièvre (Le), h. c^ne de Touque.

Lièvrerie (La), h. c^ne du Tronquay.

Lièvres (Les), h. c^ne de Branville.

Lignerolles, c^ne de Castillon (Bayeux).

Lignerolles, h. et f. c^ne de Livry.

Lignerolles, h. c^ne de Planquery, fief relevant de la baronnie de Creully, 1711 (fiefs de la vic. de Caen).

Lignerolles, h. c^ne de Trois-Monts.

Ligotte (La), h. c^ne de Campeaux.

Ligotte (La), h. c^ne de Carville.

Lillet, h. c^ne de Saint-Martin-des-Besaces.

Limare (La), h. c^ne de Brouay.

Linceux (Les), h. c^ne d'Agy. — *Linceou*, 1136 (ch. de Saint-Pierre-sur-Dive).

Lingèvres, c^on de Balleroy. — *Linguevre*, v. 1160 (Benoît de Sainte-More). — *Lingerium*, 1177 (ch. de Saint-Étienne). — *Lingievre*, 1198 (magni rotuli, p. 36). — *Linguevria*, 1222 (ch. de l'abb. d'Aunay). — *Lingevreium*, 1238 (abb. de Mondaye). — *Linguebria*, 1260 (ch. de Saint-Étienne, n° 133.) — *Linguebra*, 1268 (ch. de Mondaye). — *Linguevra*, 1283 (ch. de Longues). — *Linguievre*, 1395 (cart. de l'abb. de Cordillon). — *Lingevre*, 1453 (arch. nat. P., 171, n° 97). — *Lyngjèvre*, 1540 (registre des Grands-Jours de Bayeux).

Par. de Saint-Martin, patr. le prieur du Cordillon. Dioc. de Bayeux, doy. de Fontenay-le-Pesnel.

Génér. de Caen, élect. de Bayeux, sergent. de Briquessart.

Quatre fiefs étaient assis en cette paroisse : *la Châtellenie, le Vivier*, 1153 (arch. nat. P. 271, n° 97); *Verrières* et *le Mesnil-Landon*. — Le fief de Lingèvres fut uni au marquisat de Tilly en 1768; un autre fief noble, dit *de Saint-Vaast*, relevant du roi, avait aussi son chef à Lingèvres, XVIII° s° (ch. des comptes de Rouen).

LINOUDEL, h. c°° de Danvou.

LION-CHAPITRES (LE), f°, c°° de Petiville.

LIONDIÈRE (LA), h. c°° de Vaudry.

LION-D'OR (LE), h. c°° de Méry-Corbon.

LION-SUR-MER, c°° de Douvre. — *Lyon*, 1202 (ch. de l'abbaye d'Aunay). — *Apud Leonem super mare*, 1234 (lib. rub. Troarn. p. 93 et 140). — *Lyon*, 1490 (arch. nat. P. 172, n° 202). — *Lyon sur la mer*, 1610 (cartul. d'Ardennes). — *Lyon sur Mer*, XVIII° s° (Cassini).

Par. de Saint-Pierre, patr. l'abbé de Troarn. Dioc. de Bayeux, doy. de Douvre. Génér. et élect. de Caen, sergent. d'Ouistreham. — Prieuré de Saint-Thomas de Lyon appartenant à l'abbaye d'Ardennes, fondé en 1327 et ayant Cresserons pour annexe. — Léproserie.

Plein fief de chevalier, dit *le plein fief de Lion*, s'étendant à Cresserons et à Plumetot; autre fief, dit *le fief Bailly*, 1710, dépendant de la vicomté de Caen; autre fief, dit *fief d'Oystreham*, 1294 (ch. de Bayeux).

LION-VERT (LE), f. c°° de Hottot.

LION-VERT (LE), h. c°° de Longraye.

LION-VERT (LE), h. c°° de Torteval.

LIOT (LE), h. c°° de Saint-Jean-des-Essartiers.

LIOT, m°°, c°° de Touffréville.

LIRONDEY, f. c°° de Crépon.

LIROSE, c°° réunie à Sannerville en 1828. — *Lirrosya, Lieresia*, 1205 (lib. rub. Troarn. n° 126, p. 128). — *Ledrosa*, 1234 (*ibid.* p. 13). — *Ecclesia Sancti Germani de Lierrosa*, 1234 (*ibid.* p. 128). — *Lyerose*, 1234 (ch. de Saint-André-en-Gouffern, n° 698). — *Leirosa*, 1269 (cart. norm. n° 767, p. 173). — *Ecclesia Sancti Germ. de Lierosa* (ch. de Troarn). — *Liroze*, 1371 (assiette de la vic. de Caen).

Par. de Saint-Germain, patr. l'abbé de Troarn. Dioc. de Bayeux, doy. de Troarn. Génér. et élect. de Caen, sergent. de Troarn.

Fief *Malart*, à Lirose, 1234 (lib. rub. Troarn. p. 130).

LIROSE, pont et m°°, c°° de Lisores.

LISIEUX, ville chef-l. d'arr. divisée en deux cantons.

— D'abord connue sous le nom de *Noviomagus*, elle l'échangea au IV° siècle contre celui de *Lexovii*, qui jusqu'alors avait été le nom du peuple gaulois, déjà mentionné par César, dont elle était le chef-lieu. — Νοιομάγος Δεξουβιῶν, II° s° (Ptolémée, liv. II, ch. VII). — *Noviomagus*, III° s° (itinéraire d'Antonin). — *Civitas Lexoviorum*, fin du IV° s° (notitia prov. Galliæ). — *Liseuis, Liseis, Lisieuès*, 1160 (Benoît de Sainte-More). — *Luxoviæ*, 1170 (ch. de Saint Étienne de Caen). — *Lexovium*, 1198 (magni rotuli, p. 16, 2). — *Lexoviæ*, 1230 (cartul. norm. n° 371, p. 98). — *Liziues*, XIII° s° (Ph. Mouskes, vers 15225). — *Luisieux*, 1330 (chap. de Saint-Désir). — *Luysies*, 1393 (ch. des Dominicains de Lisieux, n° 6). — *Luisiez*, 1404 (ch. du prieuré de Beaumont). — *Liseux*, 1419 (rôles de Bréquigny).

Par. de : 1° Saint-Germain, patr. le chanoine du lieu, supprimée; 2° Saint-Pierre, cathédrale; 3° Saint-Désir ou Saint-Désir de Lisieux, sous l'invocation de saint Didier, patr. l'abbé de Saint-Désir; 4° Saint-Jacques, patr. le chanoine du lieu.

Cinq prébendes : 1° de Saint-Jacques; 2° des Loges; 3° de Pesnel; 4° de Fains; 5° du Val-Rohais. — La prébende du *Val-Rohais* (*prebenda de Valle Royaisiæ*), XIV° siècle (pouillé de Lisieux), était sur la paroisse de Saint-Jacques, au village des Grèz. La prébende de *Fains* (*prebenda de Feins*), XIV° s°, *de Fenis*, XVI° siècle (pouillé de Lisieux, p. 19), occupait l'emplacement de l'auberge actuelle du Chien. — Une autre prébende, dite *de Bourgaignoles*, au XIV° siècle, *de Bourguignollez*, au XVI° s°, était sur la paroisse de Saint-Désir de Lisieux (pouillé, p. 119). — Abbaye des Bénédictines du *Pré* ou de *Saint-Désir*, fondée vers 1050.

Le diocèse de Lisieux avait 485 paroisses desservies par 588 curés et 6 abbayes d'hommes.

La ville avait deux séminaires : le grand, dont la direction avait été donnée aux Eudistes par l'évêque Léonor de Matignon, et le petit séminaire, dit *de Notre-Dame*, fondé par le même évêque, et qui était dirigé par des prêtres séculiers.

Il y avait à Lisieux un couvent de religieuses de la Rédemption des Captifs, un monastère d'Ursulines, établi rue du Bouteillier, et une maison des filles de la Providence, un couvent de Dominicains ou Jacobins dans le faubourg de la Chaussée, un couvent de Capucins, un hôpital général appelé l'hôpital des *Renfermés*, et une maison de refuge dans le faubourg d'Orbec. — Ces diverses maisons religieuses furent supprimées en 1790, à l'exception des *Renfermés*.

La ville de Lisieux était entourée d'une enceinte fortifiée, à laquelle ont travaillé successivement ses magistrats et ses évêques. Les murs étaient flanqués de tours au nombre de dix-sept, et l'on pénétrait dans la ville par les portes de *Paris*, d'*Orbec*, démolies en 1808, de *la Chaussée*, détruite en 1797, de *Caen*, détruite en 1798.

L'élection de Lisieux, qui faisait partie de la généralité d'Alençon, comptait 147 paroisses et 17,371 feux, à la fin du xviii° siècle. Elle était divisée en cinq sergenteries: de Lisieux, 8 paroisses; de Folleville, 17 paroisses; de Moyaux, 42 paroisses; d'Orbec, 49 paroisses, et du Sap, 31 paroisses. — La sergenterie de Lisieux se composait des paroisses de Beuviller, Ouilly, Roques, Saint-Désir, Saint-Hippolyte-du-Bout-des-Prés, Saint-Jacques et Saint-Germain-de-Lisieux, et de celle des Vaux.

Lison ou Saint-Georges, c^on d'Isigny. — *Lisun, Lisum, ecclesia de Lisone*, xiv° s° (taxat. decim. dioc. Baioc.).

Par. de Saint-Georges, patr. le chanoine de Cartigny. Dioc. de Bayeux, doy. de Couvains. Génér. de Caen, élect. de Bayeux, sergent. d'Isigny.

Le fief de Saint-Jores, à Lison, relevait de la vicomté de Bayeux par huitième de fief, 1503 (fiefs de la vicomté de Bayeux). — Un autre fief, dit *de la Hoderie* (même commune).

Lisores, c^on de Livarot. — *Lisortium*, v. 1250 (magni rotuli, p. 163, 2). — *Lysores*, 1320 (fiefs de la vicomté d'Orbec). — *Lisoriæ, Luisourez*, xiv° s° (pouillé de Lisieux). — *Lisorre*, 1620 (carte de Templeux). — *Lysore*, 1723 (d'Anville).

Par. de Saint-Vigor, patr. le seigneur du lieu. Dioc. de Lisieux, doy. de Livarot. Génér. d'Alençon, élect. de Lisieux, sergent. d'Orbec.

Les fiefs *au Mercier*, de *la Broche*, de *Gonniers*, de *l'Espinelaye*, de *Respignoles*, de *Morel*, de *Cailloel*, d'*Aumont*, des *Bastons*, *As Périers*, de *Hameste*, des *Durans*, ressortissaient à la vicomté d'Orbec.

Lisserie (La), h. c^ne de Saint-Aubin-des-Bois.

Lisses (Les) ou le Beau-Bout, h. c^ne de Fourches.

Lissot, h. c^ne de Lisores.

Litteau, c^on de Balleroy. — *Littaoulx*, 1604 (aveux de la vicomté de Vire). — *Litaoulx*, 1653 (Tassin).

Par. de Notre-Dame, patr. l'abbé de Cerisy. Dioc. de Bayeux, doy. de Thorigny. Génér. de Caen, élect. de Saint-Lô, sergent. de Thorigny.

Le fief de *Taillebois* relevait du roi par huitième de fief, ainsi que le fief d'*Hérouville* s'étendant à la

Bazoque en cette commune et à Montfiquet; le demi-fief de *la Motte*, assis à Litteau, s'étendait à Montfiquet et à Saint-Germain d'Elle, à Bersigny et à Saint-Quentin, 1613 (aveux de la vicomté de Vire).

Littry, c^on de Balleroy. — *Listreium*, xiv° siècle (pouillé de Bayeux).

Par. de Saint-Germain, patr. l'abbé de Cerisy. Léproserie, chapelle de Sainte-Barbe. Dioc. de Bayeux, doy. des Veys. Génér. de Caen, élect. de Bayeux, sergent. de Cerisy.

Huitième de fief du *Manoir-de-Pierrepont* dit *Caumont*, sis à Littry, s'étendant à Villers-le-Sec, Bazenville, Littry, Rye, Sommervieu, Saint-Gabriel, Broye; il appartenait au xvii° siècle au marquis de Beuvron, 1681 (aveux de la vicomté de Bayeux). C'est dans la paroisse de Littry qu'était assis le fief ou sergenterie noble et héréditaire à garde dans la forêt des Biards, 1694 (aveux de la vicomté de Bayeux).

Livarot, chef.-l. de canton, arrondissement de Lisieux. — *Livarou*, 1137 (ch. de Robert de Thorigny). — *Livarrot*, 1155 (pouillé de Lisieux, p. 54, 4). — *Livarrou*, 1180 (magni rotuli, p. 27). — *Livarroth*, v. 1190 (ch. pour Saint-André-en-Gouffern, n° 18). — *Livarrout*, 1198 (magni rotul. scacc. p. 65, 2). — *Lyvarrout*, 1320 (fiefs de la vicomté d'Orbec). — *Livarroul*, xiv° siècle (ch. de Saint-André-en-Gouffern, n° 779). — *Livaroh*, xiv° siècle (*ibid.* n° 300). — *Lyvarot, Lyverrotum*, xiv° siècle (pouillé de Lisieux, p. 54). — *Liverrot*, 1620 (carte de Le Clerc).

Par. de Saint-Ouen, patr. l'abbé du Bec; chapelle de *la Pipardière*. Dioc. de Lisieux. Génér. d'Alençon, élect. de Lisieux, sergent. d'Orbec. — Monastère de religieuses bénédictines, fondé en 1650 par Léonor de Goyon-Matignon, évêque de Lisieux, et transféré à Vimoutiers en 1686 (Mémoires de Noël Deshays).

Le doyenné de Livarot, *decanatus de Livarroto*, dans l'archidiaconé de Gacé, comprenait : Sainte-Foy-de-Montgommery, Saint-Germain-de-Montgommery, Saint-Basile, Saint-Monne, le Mesnil-Hubert, Bellon, la Brévière, Pont-Allery, Livarot, le Mesnil-Germain, Prêtreville, Lisores, Bellouet, Sainte-Marguerite-des-Loges, Notre-Dame-de-Courson, les Moutiers-Hubert, Cheffreville, Fervaques, la Croupte, Auquainville, la Chapelle, Belleau, Saint-Ouen-le-Houx, Saint-Aubin-sur-Auquainville, Saint-Pierre-de-Courson, la Chapelle-de-la-Feugerie, Saint-Jean-de-Livet, Tonnancourt, la Chapelle-Haute-Grue, les Authieux-en-Auge, le prieuré de Saint-Mathieu à Montgommery.

Baronnie relevant du roi. — Fief d'Ouilly, vavassorie *Méry*, à Livarot, relevant de la vicomté d'Orbec, 1320 (feux de la vicomté d'Orbec). — Manoir de *la Pipardière*, avec chapelle.

Livayes. Voir Notre-Dame-de-Livaye.

Livet. Voir Notre-Dame, Saint-Gilles et Saint-Michel-de-Livet.

Livet, f. c^te de Cartigny-l'Épinay.

Livet, h. c^ne de Landelles.

Livet, h. c^ne de Meulles.

Livet, h. c^ne de Présles.

Livet, h. c^ne de Saint-Germain-le-Vasson. — *Livelum*, 1180 (ch. de l'abb. de Barbery).

Livet, h. c^ne de Saint-Paul-de-Courtonne.

Livetière (La), h. c^ne de Prêtreville.

Livetière (La), h. c^ne de Tourgéville.

Livets (Les), h. c^ne de Vassy.

Livonnière (La), h. c^ne de Champ-du-Boult.

Livraye (La), m^in, b^ne d'Orbec.

Livry, c^on de Caumont, accru de Saint-Martin-le-Vieux en 1829. — *Liberiacum in pago Bajocassino*, 1024 (ch. de Richard II en faveur de Saint-Wandrille). — *Livereyum*, 1190 (ch. d'Ardennes, 98). — *Livreium*, 1277 (cart. de l'abbaye de Mondaye). — *Lyvreium*, 1277 (cart. norm. n° 905, p. 219). — *Livrie*, 1336 (ch. d'Ardennes, 43). — *Livry le Bocage*, 1758 (carte de Le Vasseur).

Par. de Notre-Dame, patr. l'abbé de Saint-Wandrille ; chapelle de Saint-Sulpice dépendant de l'abbaye d'Ardennes, chapelles de Saint-Jean et Sainte-Anne. Dioc. de Bayeux, doy. de Villers-Bocage. Génér. de Caen, élect. de Bayeux, siège de la sergenterie de Briquessart.

La seigneurie de Livry appartenait aux religieux de Saint-Wandrille. Fief à Livry mouvant de la seigneurie de Longraye; autre fief de *Mondon*, relevant de la vicomté de Bayeux; fief de *Gandon*, assis à Livry (*ibid.*); fief de *Hommay*, relevant du fief de Blagny-la-Quèze, 1637 (aveux de la vicomté de Bayeux).

Livry (Le Petit-), h. et f. c^ne de Longraye.

Local (Le), h. c^ne de Saint-Manvieu (Vire).

Locardière (La), h. et f. c^ne de Saint-Germain-du-Crioult.

Locherie (La Grande et la Petite-), h. c^ne de la Graverie.

Locheur (Le), c^on de Villers-Bocage, accru de la commune d'Arry en 1832. — *Locherium*, 1162 (ch. de Philippe, évêque de Bayeux). — *Capella de Locheor*, 1166 (ch. de Henri II, évêque de Bayeux). — *Lochoier*, xive siècle (livre pelut de Bayeux). — *Lochur*, xive s^e (taxat. decim. dioc. Baioc.).

Par. de Saint-Jacques, d'abord chapelle d'Arry, érigée en paroisse en 1162 ; patr. le seigneur. Dioc. de Bayeux, doy. de Fontenay-le-Pesnel. Génér. et élect. de Caen, sergent. de Villers.

Locquerie (La), h. c^ne de Littry.

Locqueville, h. c^ne de Cahagnes.

Locton (Le), h. c^ne de Goustranville.

Lodon, h. c^ne de Saint-Georges-d'Aunay.

Loë (La), h. c^ne du Tronquay.

Loge (La), h. c^ne de Coulonces.

Loge (La), h. c^ne de Lessard.

Loge (La), h. c^ne de Montfiquet.

Loge (La), h. c^ne de Saint-Lambert.

Loge (La), h. c^ne de Saint-Martin-de-Tallevende.

Loge-Cauvette (La), h. c^ne du Mesnil-Auzouf.

Loge-de-la-Forêt-l'Évêque (La), h. c^ne de la Ferrière-Harang.

Loge-Neuve (La), h. c^ne de Lison.

Loges (Les). Voir Sainte-Marguerite-des-Loges.

Loges (Les), c^on d'Aunay. — *Loges*, 1155 (Wace). — *Logiæ*, 1158 (bulle en faveur de Saint-Séver).

Par. de Saint-Martin, patr. le seigneur. Dioc. de Bayeux, doy. de Villers-Bocage. Génér. de Caen, élect. de Saint-Lô, sergent. de Thorigny.

Les fiefs, terre et seigneurie des *Loges* relevaient par quart de fief de chevalier de la baronnie de la Ferrière-Harang, appartenant à l'évêché de Bayeux, avec extension sur Saint-Jean-des-Essartiers, 1460 (av. du temp. de l'év. de Bayeux).

Loges (Les), h. c^ne de Cordebugle.

Loges (Les), m^in, c^ne du Détroit.

Loges (Les), h. c^ne d'Estry.

Loges (Les), h. c^ne de Landelles.

Loges (Les), h. c^ne de Maisoncelles-la-Jourdan.

Loges (Les), h. c^ne d'Ouilly-le-Basset.

Loges (Les), h. c^ne de Pierrepont.

Loges (Les), h. c^ne de Presles.

Loges (Les), h. c^ne de Saint-Germain-de-Tallevende.

Loges (Les), h. c^ne de Saint-Jacques.

Loges-Saulces (Les), c^on de Falaise (2e division). — *Logiæ Salsæ*, xiie s^e (Orderic Vital, t. II, l. III, p. 31). — *Loges Saussay*, 1463 (cartulaire d'Ardennes).

Par. de Saint-Maurice, aujourd'hui Notre-Dame ; patr. l'abbé de Saint-Martin de Séez. Dioc. de Séez, doy. d'Aubigny. Génér. de Caen ; élect. de Falaise, sergent. de Thury.

La vavassorie *Martin-Launay*, aux Loges-Saulces, tenue du roi, 1588 (papier terrier de Falaise). Quart de fief de chevalier assis en la paroisse, s'étendant à Martigny, Pierrepont, Rapilly, tenu de garder la fausse porte de derrière du château de Falaise.

— Baronnie de Thury, 1586 (av. de Nicolas des Buais).

LOGETTES (LES), h. c^{ne} du Mesnil-Eudes.

LOGETTES (LES), h. c^{ne} de Saint-Pierre-du-Bû.

LOGETTES (LES), h. c^{ne} de Vassy.

LOGIÈRE (LA), h. c^{ne} de Livry.

LOGIS (LE), h. c^{ne} de Combray.

LOGIS (LE), h. c^{ne} d'Espins.

LOGIS (LE), h. c^{ne} de Hiéville.

LOGIS (LE), h. c^{ne} de Maisoncelles-la-Jourdan.

LOGIS (LE), h. c^{ne} de Martainville.

LOGIS (LE), f. c^{ne} de Noron.

LOGIS (LE), h. c^{ne} d'Ouilly-le-Basset.

LOGIS (LE), h. c^{ne} de Rouvres.

LOGIS (LE), h. c^{ne} de Villy.

LOGIS-DU-BOIS (LE), h. c^{ne} de Grand-Mesnil.

LOGNES (LES), h. c^{ne} de la Houblonnière.

LOHIÈRE (LA), h. c^{ne} de Saint-Manvieu.

LOIE (LA), h. c^{ne} de Saint-Désir.

LOINEAUX (LES), h. c^{ne} de Saint-Philbert-des-Champs.

LOISELLERIE, h. c^{ne} d'Agy.

LOISELLERIE, h. c^{ne} de Clinchamps.

LOISELLERIE, h. c^{ne} de Fumichon.

LOISELLERIE, mⁱⁿ, c^{ne} de Mont-Bertrand.

LOISELLERIE, h. c^{ne} de Neuilly.

LOISONNERIE, h. c^{ne} de Longvillers.

LOISONNIÈRE (LA), h. c^{ne} de Beaulieu.

LOISONNIÈRE (LA), h. c^{ne} de la Bigne.

LOISONNIÈRE (LA), h. c^{ne} de Roullours.

LOITTERIE (LA), h. c^{ne} de Mosles.

LOMBARDERIE (LA), vill. c^{ne} de Maisoncelles-la-Jourdan.

LOMOND, h. c^{ne} de Saint-Georges-d'Aunay.

LONDAIN (LE), h. c^{ne} de Nonant.

LONDE (LA), h. c^{ne} de la Bazoque.

LONDE (LA), h. c^{ne} de Biéville (Caen).

LONDE (LA), h. c^{ne} de Boulon. — La Londe de Boullon, 1585, relevait de la baronnie de Douvre par quart de fief de chevalier.

LONDE (LA), chât. c^{ne} de Bretteville-sur-Bordel,

LONDE (LA), h. c^{ne} de Cahagnes.

LONDE (LA), h. c^{ne} de Cahagnolles.

LONDE (LA), h. c^{ne} de Canchy.

LONDE (LA), h. c^{ne} de Cléville.

LONDE (LA), h. c^{ne} de Formigny.

LONDE (LA), h. c^{ne} de Longueville.

LONDE (LA), h. c^{ne} de Mézidon. — Londa, 1140 (ch. de Sainte-Barbe, 10). — Londa, 1198 (ch. de Saint-Étienne de Caen).

LONDE (LA), h. c^{ne} de Missy.

LONDE (LA), h. c^{ne} d'Orbois.

LONDE (LA), h. c^{ne} de Robehomme.

LONDE (LA), h. c^{ne} de Saint-Germain-le-Vasson.

LONDE (LA), h. c^{ne} de Saint-Ouen-des-Besaces.

LONDE (LA), f. c^{ne} de Surrain.

LONDE (LA), chât. et mⁱⁿ, c^{ne} de Tessel,

LONDEL (LE), h. c^{ne} de Barbery.

LONDEL (LE), h. c^{ne} de Biéville.

LONDEL (LE), h. c^{ne} du Fresne-Camilly.

LONDEL (LE), f. c^{ne} du Locheur.

LONDEL (LE), h. c^{ne} de Noyers.

LONDEL (LE), h. c^{ne} de Proussy.

LONDEL (LE GRAND et LE PETIT), h. c^{ne} de Saint-Pierre-Tarentaine.

LONDES (LES), f. c^{ne} de Putot.

LONDES (LES), f. c^{ne} de Tour. — Fief de Saint-Vigor, 1460 (av. du temp. de l'év. de Bayeux).

LONDES (LES), h. c^{ne} de Trévières. — Demi-fief s'étendant à Mandeville, Rubercy, Bernesq, 1604 (av. de la vicomté de Vire).

LONDETS (LES), f. c^{ne} de Basseneville.

LONDONNIÈRE (LA), h. c^{ne} de Croisilles.

LONDRE (LA), h. c^{ne} de Cahagnes.

LONEAUX (LES), h. c^{ne} de Saint-Philbert-des-Champs.

LONGAUNAY, f. et mⁱⁿ, c^{ne} d'Épinay-sur-Odon. — Longum Alnetum, XIIIe siècle (Saint-André-en-Gouffern).

LONG-BOIS (LE), f. c^{ne} de Crouay.

LONG-BOIS (LE), h. c^{ne} de Loucelles.

LONG-BOIS (LE), h. c^{ne} de Sully.

LONG-BOYAU (LE), h. c^{ne} de Cuverville. — Lonc Boel, 1180 (magni rotuli, p. 72, 2). — Longus Boellus, Longus Boudellus, 1234 (lib. rub. Troarn. p. 24).

LONG-BUISSON (LE), h. c^{ne} de Neuilly-le-Malherbe.

LONG-CHAMP (LE), h. c^{ne} de Saint-Charles-de-Percy.

LONGCHAMP, fief de chevalier tenu de l'évêque de Bayeux, 1637 (fiefs de l'évêché, p. 434).

LONG-CLOS (LE), h. c^{ne} de Launay-sur-Calonne.

LONGEAU, f. c^{ne} de Blay.

LONGEAU, mⁱⁿ et f. c^{ne} de Crouay. — Longa Aqua, 1198 (magni rotuli, p. 40). — Quart de fief s'étendant aux paroisses environnantes, 1607 (av. de la ville de Vire).

LONGLA, chât. et f. c^{ne} de Sermentot.

LONG-MESNIL (LE), h. c^{ne} de Bonneuil.

LONGOURS, h. c^{ne} de Grimbosq.

LONGPRÉ, h. c^{ne} d'Aubigny, fief érigé en 1736. — Longum Pratum (ch. de Fontenay, p. 193). — Château du XVIe siècle ayant appartenu à la comtesse de Souza.

LONGPRÉ (LE), f. c^{ne} de Cricqueville.

LONGRAYE, c^{ne} de Caumont. — Longareia, 1180 (magni rotuli, p. 17). — Longarea, 1234 (lib. rub. Troarn. p. 118). — Longueraye, 1254 (ch. de

Saint-André-en-Gouffern, n° 834). — *Longueroie*, 1260 (ch. d'Aunay). — *Longa Rea*, 1262 (*ibid.*). — *Longuereie*, 1272 (cart. de Fontenay). — *Longæ Reæ*, 1288 (ch. de Longues, n° 58).

Par. de Saint-Pierre, patr. le seigneur; prieuré de Notre-Dame de *Bérolles*, dépendant de l'abbaye de Longues. Dioc. de Bayeux, doy. de Fontenay-le-Pesnel. Génér. de Caen, élect. de Bayeux, sergent. de Briquessart.

Le fief de Longraye, érigé en baronnie, relevait de la vicomté de Bayeux.

Les fiefs du *Roi*, de *la Flotte* et du *Temple* relevaient de la baronnie de Longraye. Le fief *Bérolles* relevait par quart de fief de la baronnie de Saint-Vigor-le-Grand.

Longres (Les), h. c^ne de Formentin.

Longron, m^in, c^ne de Crouay.

Longs-Champs (Les), h. c^ne de la Bigne. — *Longicampi*, 1229 (Mondaye).

Longs-Champs (Les), h. c^ne de Courson.

Longs-Champs (Les), h. c^ne de la Folie.

Longs-Champs (Les), f. c^ne de Meuvaines.

Longs-Champs (Les), h. c^ne de Sainte-Honorine-du-Fay.

Longs-Champs (Les), h. c^ne de Saint-Pierre-Tarentaine. — *Longicampi*, 1300 (ch. de Saint-André-en-Gouffern, n° 835).

Longue, h. c^ne du Tronquay.

Longue-Cour (La), h. c^ne du Mesnil-Durand.

Longue-Ferrière (La), q. c^ne de Valsemé.

Longue-Fosse (La), h. c^ne de Mandeville.

Longuemare, h. et f. c^ne d'Aimfreville.

Longuemare, chât. et f. c^ne de Blay.

Longueraie, delle de la baronnie de Rots, 1666 (papier terrier de Rots).

Longue-Rue (La), h. c^ne de Fumichon.

Longue-Rue (La), h. c^ne de Littry.

Longue-Rue (La), h. c^ne du Molay.

Longue-Rue (La), h. c^ne du Tronquay.

Longues, c^on de Ryes. — *Abbatia Sancte Marie de Longis*, 1207 (ch. de Longues, n° 1). — *Longes*, 1248 (ch. d'Aunay). — *Longæ*, xive s^e (taxat. decim. dioc. Baioc.). — *Longense monasterium*, 1673 (Neustria pia, p. 3).

Abbaye de Notre-Dame fondée en 1168 par Hugues Wac.

Par. de Saint-Laurent, patr. l'abbé de Longues. Dioc. de Bayeux, doy. de Creully. Génér. de Caen, élect. de Bayeux, sergent. de Graye.

Le fief de *Longues* appartenait à l'abbaye de ce nom, ainsi que le fief de *Guillaume Hue*, 1456 (ch. de Longues, n° 22) et le fief à *l'Archidiacre*, 1456

(*ibid.* n° 6). *Coillart*, vavassorie de l'abbaye, 1456 (aveux de Longues).

Longues-Étoubles (Les), h. c^ne de Saint-Jean-le-Blanc.

Longues-Ferrières (Les), h. c^ne de Valsemé.

Longueval, h. c^ne de Cresseveuille.

Longueval, h. c^ne de Ranville.

Longueville, c^on d'Isigny. — *Longavilla*, 1008 (dotal. Judith). — *Longavilla in Baiocassinis*, xiiie s^e (cartul. norm. p. 367) — *Longa Villa*, 1294 (ch. de Philippe IV pour le Plessis-Grimoult). — *Longevilla*, xive s^e (livre pelut de Bayeux).

Par. de Saint-Manvieu, patr. l'abbé de Cerisy. Dioc. de Bayeux, doy. de Trévières. Génér. de Caen, élect. de Bayeux, sergent. des Veys. — Sixième de fief s'étendant à Écrammeville, Formigny, Asnières et Deux-Jumeaux, relevant de la vicomté de Bayeux, 1614 (av. de la vicomté de Bayeux). Franche vavassorie relevant de la baronnie de Saint-Vigor-le-Grand. — Le membre de fief de *Farcy* relevait de Longueville, 1503 (fiefs de la vicomté de Bayeux).

Longueville, h. c^ne de Formigny.

Longueville, h. c^ne de Ranville.

Longuil, h. c^ne de Saint-Marc-d'Ouilly. — *Longoil*, 1198 (magni rotuli, p. 78).

Longvillers, c^on de Villers-Bocage. — *Lunviller*, 1169 (cartulaire de la Trinité). — *Lonvillers*, 1198 (magni rotuli, p. 20). — *Terra de Lunvilleris*, 1250 (charte d'Aunay). — *Loinvilliers*, 1371 (visite des forteresses). — *Longum villare*, xive s^e (livre pelut de Bayeux).

Par. de Saint-Vigor, patr. le chapitre de Bayeux; chapelle de Notre-Dame appartenant au chapitre de Bayeux. Dioc. de Bayeux, doy. de Villers-Bocage. Génér. et élect. de Caen, sergent. de Villers.

Un des fiefs de Longvillers, fief de chevalier, relevait de la baronnie du Plessis-Grimoult, 1460 (av. du temp. de l'év. de Bayeux). Un autre relevait par demi-fief de la baronnie de Monfréville. — C'est à Longvillers qu'était assis le chef du marquisat de *Mathan*, érigé en 1736, en faveur de Bernardin de Mathan, lieutenant du roi au château de Caen. Le fief de *Mathan* s'étendait sur les paroisses d'Aunay, de Beauquay et du Mesnil-au-Grain; il se composait de *Mathan*, quart de fief; de la châtellenie et ferme de *Semilly*, quart de fief, à Saint-Pierre-de-Semilly; du fief du *Mesnil-Sigard*, quart de fief; de la vavassorie dite *Franche Graverie* (paroisse de Couvains) et du fief *Soulair*, huitième de fief, sis en la paroisse de Saint-Georges-d'Elle.

Lonneaux (Les), q. c^ne de Saint-Philbert-des-Champs.

Lonnière (La Haute et la Basse-), h. c⁰ᵉ de Saint-Manvieu.

Looje (La), h. cⁿᵉ de Leffard.

Lopin, h. cⁿᵉ de Neuville.

Lopin, h. cⁿᵉ de Vaudry.

Loque (La), h. cⁿᵉ de Saint-Georges-d'Aunay.

Loquets (Les), h. cᵐᵉ de Courtonne-la-Meurdrac.

Loqueville, h. cⁿᵉ de Cahagnes. — *Locqueville*, 1847 (Stat. post.).

Loquière (La), f. cᵐᵉ de Montchamp. — *Loquarré*, 1847 (Stat. post.).

Loraille, fief de Clinchamps, 1710 (fiefs de la vicomté de Caen).

Loraille, fief de la Ferrière-Harang, 1460 (av. du temp. de l'év. de Bayeux).

Loraille ou l'Oraille, h. cᵐᵉ de Saint-Ouen-des-Besaces.

Loranger, f. cⁿᵉ de Maisons.

Lordière (La), h. cⁿᵉ de Noyers.

Lorencière (La), h. cⁿᵉ de Saint-Sever.

Lorets (Les), h. cⁿᵉ de Vasouy.

Lorinière (La), h. cⁿᵉ de Mont-Bertrand.

Lorinière (La), h. cⁿᵉ de Vassy.

Lormeau, vill. cⁿᵉ de Falaise.

Lormel, f. cⁿᵉ de Vierville.

Lormerie, h. cⁿᵉ de Pont-l'Évêque.

Lormerie, h. cⁿᵉ de Saint-Hymer.

Lormier, h. cⁿᵉ de Saint-Aubin-de-Lébizay.

Lortial, nom d'une chapelle de Rots, appartenant à l'abbaye de Saint-Étienne. — *Chapelle de l'Ortiel*, 1291 (livre des jurés de Saint-Ouen de Rouen). Voir Rots.

Lortier, h. cⁿᵉ d'Auquainville. — *L'Hortier*, 1847 (Stat. post.).

Losbis (Le), h. cⁿᵉ du Mesnil-Caussois.

Losière (La), h. cⁿᵉ de Cerqueux.

Losière (La), h. cⁿᵉ de Meulles.

Loterie (La), h. cⁿᵉ de Clécy.

Loterot, h. cⁿᵉ de Cahagnes.

Loucelles, cⁿ de Tilly-sur-Seulle. — *Locellæ*, 1170 (ch. de Rotrou). — *Loucellæ*, 1190 (cart. de Saint-Étienne). — *Locelles*, 1193 (ch. d'Aunay). — *Louceulles*, 1365 (fouages français, n° 127). — *Louchéulles*, 1371 (visite des forteresses).

Par. de Notre-Dame et Saint-Vigor, patr. l'abbé de Saint-Étienne de Caen. Dioc. de Bayeux, doy. de Fontenay-le-Pesnel. Génér. et élect. de Caen, sergent. de Cheux.

Loucelles, h. cⁿᵉ d'Anctoville.

Loucelles, h. cⁿᵉ de Littry.

Loucharderie (La), f. cⁿᵉ de Fumichon.

Loucharderie (La), h. cⁿᵉ de Moyaux.

Loudain, h. cⁿᵉ de Nonant.

Loudière (La), h. cⁿᵉ de Crocy.

Loudon, h. et f. cⁿᵉ de Bretteville-sur-Dive.

Louet, chât. cⁿᵉ d'Authie.

Lougla, chât. et f⁵, cⁿᵉ de Sermentot.

Louivière (La), h. cⁿᵉ de Pont-Bellanger.

Lour-Hons, vill. cⁿᵉ de Bayeux.

Loup-Pendu (Le), h. cⁿᵉ d'Écrammeville.

Loup-Pendu (Le), mᵒⁿ, cⁿᵉ de Jurques.

Loup-Pendu (Le), h. cⁿᵉ de Saint-Loup-Hors.

Loup-Pendu (Le), h. cⁿᵉ de Trungy. — *Loupendu*, 1198 (magni rotuli). — *Lupus Suspensus*, 1250 (ch. de Saint-André-en-Gouffern, p. 33).

Loup-Pendu (Le), h. cⁿᵉ de Villers-Bocage.

Loups-Pendus (Les), h. cⁿᵉ de Landelles.

Lourie (La), h. cⁿᵉ de Saint-Martin-de-Blagny.

Louterie (La), f. cⁿᵉ de Coulibœuf.

Louterie (La), h. cⁿᵉ de Vaudry.

Louterie (La), h. cⁿᵉ de Versainville.

Louteries (Les), h. cⁿᵉ du Breuil.

Loutre (Le), h. cⁿᵉ d'Acqueville.

Loutrel, h. cⁿᵉ du Breuil.

Louvagny, cⁿ de Morteaux-Coulibœuf. — *Luvigneium*, 1230 (ch. de Saint-Pierre-sur-Dive). — *Louvignye, Saint Germain de Louvignye*, 1302 (ch. de Saint-Pierre-sur-Dive).

Par. de Saint-Germain, patr. l'abbé de Saint-Pierre-sur-Dive. Ancienne commanderie de l'ordre des Templiers. — Dioc. de Séez, doy. de Falaise. Génér. d'Alençon, élect. d'Argentan, sergent. de Montpinçon.

Plein fief de haubert, relevant du roi à cause de la vicomté d'Argentan, accru en 1651 du fief et terre noble de *Jort*, et érigé en fief de haubert en faveur de François de Beaurepaire et de son fils Henri (chambre des comptes de Rouen).

Louveaux (Les), h. cⁿᵉ du Molay.

Louvelière (La), h. cⁿᵉ de Condé-sur-Noireau.

Louverie (La), h. cⁿᵉ de Saint-Germain-de-Tallevende.

Louverie (La), h. cⁿᵉ de Sainte-Marie-Laumont.

Louverie (La), mᵒⁿ, cⁿᵉ de Saint-Martin-Don.

Louverie (La), h. cⁿᵉ de Condé-sur-Noireau.

Louvetière (La), h. cⁿᵉ de Cordebugle.

Louvetière (La), h. cⁿᵉ de Courtonne-la-Ville.

Louvetière (La), h. cⁿᵉ de Saint-Germain-du-Crioult.

Louvetières (Les), h. cⁿᵉ de Saint-Germain-de-Tallevende.

Louvières, cⁿ de Trévières. — *Louveriæ*, 1195 (magni rotuli, p. 83, 2). — *Lupperiæ*, xivᵉ sᵉ (livre pelut de Bayeux). — *Loupvières,* 1671 (aveux de la vicomté de Bayeux).

Par. de Saint-Nicolas; trois portions; patrons : 1° le seigneur du fief de Vierville; 2° le seigneur de Louvières; 3° le chanoine de semaine.

Chapelle de Saint-Léonard à la présentation du seigneur. Dioc. de Bayeux, doy. de Trévières. Génér. de Caen, élect. de Bayeux, sergent. des Veys. Quart de fief tenu du roi, à *Louvières* et *Vierville; Saint-Laurent* et *Vérets,* 1605 (aveux de la vicomté de Bayeux).

LOUVIÈRES, h. ch. et f. cⁿᵉ de Vaux-sur-Aure. — *Loveriæ,* 1218 (cart. de l'abbaye de Mondaye).

LOUVIERS, f. cⁿᵉ de Magny-le-Freule.

LOUVIGNY, cⁿ de Caen ouest (Louvigny et Athis). — *Lovigneium,* xiiᵉ sᵉ (Orderic Vital, t. II, liv. III, p. 33). — *Lovenium,* 1082 (cart. de la Trinité). — *Luveneium,* 1165 (ch. d'Ardennes, n.2). — *Louvingneium,* 1198 (magni rotuli, p. 25). — *Lovignie super Ousne,* v. 1250 (*ibid.* p. 174). — *Louvegneium,* 1261 (ch. de Fontenay, 78). — *Lovigneyum,* 1278 (ch. de Saint-Étienne de Caen). — *Luivengny,* xivᵉ sᵉ (taxat. decim. dioc. Baioc.). — *Lovingneyum,* 1417 (magni rotuli, p. 278).

Par. de Saint-Vigor, patr. l'abbé de Saint-Évroult. Prieuré d'Athis, dédié à saint Contest, appartenant à l'abbaye d'Ardennes. Dioc. de Bayeux, doy. de Maltot. Génér. élect. et sergent. de Caen.

Baronnie érigée en 1680 en faveur de Roland de Bernières sous le nom de *Bernières-de-Louvigny,* s'étendant à Venoix, Bretteville-sur-Odon, Saint-Germain-la-Blanche-Herbe, dans la prairie de Caen, composée du fief de *Louvigny,* dit Coulibœuf, des fiefs de *Venoix* et du *Maréchal.*

La sergenterie noble de *Louvigny,* quart de fief, s'étendait dans la ville et faubourg de Caen, à Louvigny, Cairon, Maltot, Éterville, Banneville-la-Campagne, Émiéville, Épron, Hérouville, Saint-Contest, Authie, Bretteville-sur-Odon, Venoix, Cormelles et Saint-Germain-la-Blanche-Herbe, 1755 (aveux de la vicomté de Caen, p. 131).

LOUVIGNY, h. cⁿᵉ de Foulognes.

LOUVIGNY, h. cⁿᵉ de Sainte-Honorine-de-Ducy.

LOZEI (LES), h. cⁿᵉ de Sainte-Marguerite-des-Loges.

LOZIÈRE (LA), h. cⁿᵉ de Meulles.

LUBIN, f. cⁿᵉ de Couvert.

LUC, cⁿ de Douvre. — *Lu,* 1077 (ch. de Saint-Étienne). — *Luques,* 1675 (carte de Petite).

Par. de Saint-Quentin, patr. l'abbé de Fécamp. Dioc. de Bayeux, doy. de Douvre. Génér. et élect. de Caen, sergent. d'Ouistreham.

Une partie du hameau de la Délivrande dépendait jadis de Luc; elle a été réunie à la commune de Douvre en 1839. Fiefferme ou vavassorie noble relevant de la vicomté de Caen.

LUCAS, h. cⁿᵉ de Sept-Vents.

LUCASSERIE (LA), h. cⁿᵉ de Lassy. — *Lécasserie,* 1848 (état-major).

LUÇON, h. cⁿᵉ de Notre-Dame-d'Estrées.

LUNETTE (LA), f. cⁿᵉ de Saint-Pierre-du-Bû.

LURY, h. cⁿᵉ de Maisoncelles-Pelvey.

LUTAINE, h. cⁿᵉ de Cabagnes.

LUTAINE, h. et f. cⁿᵉ de Sept-Vents.

LUTOT, h. cⁿᵉ de Sermentot.

LUXEMBOURG (LE), h. cⁿᵉ de Presles.

LUZERNE (LA), quart de fief situé à Trévières, 1623 (aveux de la vicomté de Bayeux).

LYÉE, h. cⁿᵉ de Noron.

LYÉE, manoir et mⁱⁿ, cⁿᵉ de Notre-Dame-de-Courson.

M

MABON, h. cⁿᵉ de Roullours.

MABONS (LES), h. cⁿᵉ du Brèvedent.

MACEL, h. cⁿᵉ de Jort.

MACINOTS (LES), h. cⁿᵉ de Saint-Germain-le-Vasson.

MACLERIE (LA), h. cⁿᵉ de Saint-Sever.

MADATS (LES), h. cⁿᵉ de Longueville.

MADELEINE (LA), h. cⁿᵉ de Clécy.

MADELEINE (LA), h. cⁿᵉ de Cussy.

MADELEINE (LA), f. cⁿᵉ de Friardel.

MADELEINE (LA), carrefour, cⁿᵉ d'Hérouvillette.

MADELEINE (LA), f. et chât. cⁿᵉ d'Isigny.

MADELEINE (LA), h. et chât. cⁿᵉ de Longueville.

MADELEINE (LA), mⁿ isolée, cⁿᵉ de Mondeville.

MADELEINE (LA); q. cⁿᵉ d'Orbec.

MADELEINE (LA), h. cⁿᵉ de Tilly-sur-Seulle.

MADELEINE (LA), h. et f. cⁿᵉ de Vaux-sur-Aure.

MADELEINE (LA), f. cⁿᵉ de Vimont.

MADIÈRES (LES), h. cⁿᵉ du Désert.

MAGAND, f. cⁿᵉ de Saint-Hymer.

MAGNANNERIE (LA), h. cⁿᵉ de la Ferrière-Harang.

MAGNANNERIE (LA), h. cⁿᵉ de Manvieux.

MAGNIANTS (LES), f. cⁿᵉ des Moutiers-Hubert.

MAGNY, cⁿ de Ryes. — *Magneium, Maigneium,* 1134 (livre noir de Bayeux, p. 147). — *Maignie,* 1180 (magni rotuli, p. 57). — *Maingnie*, 1198 (*ibid.* p. 202). — *Manium*, 1222 (ch. d'Aunay). — *Macgneium*, xiv° s° (taxat. decim. dioc. Baioc.). — *Maigny*, 1608 (aveux d'Harcourt).

Par. de Saint-Malo, patr. le chanoine de semaine. Dioc. de Bayeux, doy. de Creully. Génér. de Caen, élect. de Bayeux, sergent. de Graye.

Plein fief de haubert de la bar. de Creully, érigé en 1695 en marquisat avec haute justice, formé des fiefs et seigneuries d'Arromanches, Magny, Ryes, Tracy et Manvieux, en faveur de Nicolas-Joseph de Foucault, intendant de Caen (ch. des comptes de Rouen, t. I, p. 379). Fief de *la Brette*, à Magny, ressortissant à la baronnie de Cambremer. Demi-fief de *la Roque-Corday*, ressortissant à la vicomté de Caen.

MAGNY (LE PETIT-), h. c°° de Magny-la-Campagne.

MAGNY-LA-CAMPAGNE, c°° de Bretteville-sur-Laize, accru de la commune de Vaux-la-Campagne. — *Magneium in Oximensi pago*, xiii° s° (ch. de Saint-Pierre-sur-Dive). — *Maygny*, 1454 (ch. de Cordillon, p. 53).

Par. de Notre-Dame, deux cures réunies en 1705; patr. des deux cures, le seigneur du lieu. Dioc. de Séez, doy. de Saint-Pierre-sur-Dive. Génér. d'Alençon, élect. de Falaise, sergent. de Jumel.

MAGNY-LE-FREULE, c°° de Mézidon. — *Meigneium*, 1277 (cart. norm. n° 999, p. 214). — *Magneium le Freulle*, xiv° s° (livre pelut de Bayeux). — *Maigny le Freule*, 1371 (assiette des feux de la vicomté de Caen). — *Magny le Frusle*, 1778 (dénombrement d'Alençon).

Par. de Saint-Germain, patr. le seigneur. Dioc. de Bayeux, doy. de Vaucelles. Génér. d'Alençon, élect. de Falaise, sergent. de Jumel.

MAHARU (LE), h. c°° de Genneville. Fief de la baronnie de Roncheville, ayant appartenu en partie à l'abbaye de Grestain.

MAHET, h. c°° de Baron.

MAHEUDIÈRE (LA), h. c°° de Saint-Remy.

MAHIAS, f. c°° de Cartigny-Tesson.

MAHIAS, m°° isolée, c°° de Colleville-sur-Mer.

MAHIAS, h. c°° de Sainte-Marguerite-d'Elle.

MAHIÈRE (LA), h. c°° de Saint-Germain-de-Tallevende.

MAHIÈRE (LA), h. c°° de Vassy.

MAHIEU, h. c°° de Saint-Ouen-des-Besaces.

MAHIEUX (LES), h. c°° d'Hermival-les-Vaux.

MAHUDIÈRE (LA), h. c°° de Saint-Germain-de-Tallevende.

MAI (LE), h. c°° de Marolles.

MAIGNERIE (LA), h. c°° de Fervaques.

MAIGNERIE (LA), h. c°° de Mont-Bertrand.

MAIGNERIE (LA), b. c°° du Tourneur.

MAILLARDIÈRE (LA), h. c°° de Carville.

MAILLARDIÈRE (LA), h. c°° de Vacognes.

MAILLÉE (LA), chât. c°° de Saint-Julien-de-Mailloc.

MAILLES (LES), h. c°° de Sallen.

MAILLOC. Voir SAINT-JULIEN, SAINT-DENIS et SAINT-PIERRE-DE-MAILLOC.

MAILLOSSIN (LE), h. c°° de Saint-Germain-du-Crioult.

— *Le Maillot-Saint*, 1848 (Simon).

MAILLOT, f. h. et chât. c°° de Bonneville-la-Louvet.

MAILLOT, h. c°° de Sainte-Croix-Grand-Tonne.

MAILLOUET, h. c°° de Saint-Pierre-Tarentaine.

MAINBOEUF, h. c°° du Bô.

MAINE (LE), h. c°° de Burcy.

MAINE (LE), h. c°° de Roullours.

MAINE (LE), h. c°° de Truttemer-le-Grand.

MAINS, h. c°° de Banneville-sur-Ajon.

MAINTERIE (LA), h. c°° de Pleines-OEuvres.

MAINTERIE (LA), h. c°° de Sainte-Marie-Laumont.

MAISERAIS (LES), f. c°° de Grand-Mesnil.

MAISON (LA), h. c°° de Bayeux.

MAISON (LA), chât. c°° de Beuvron.

MAISON (LA), h. c°° de Douville.

MAISON (LA), h. c°° de la Ferrière-au-Doyen.

MAISON (LA), h. c°° du Mesnil-Mauger.

MAISON (LA), h. c°° de Saint-Julien-sur-Calonne.

MAISON (LA), h. c°° de Saint-Loup-Hors.

MAISON (LA), f. c°° de Saint-Pierre-du-Jonquet.

MAISON-À-BOUQUEREL (LA), h. c°° de Noron.

MAISON-À-BRUNET (LA), h. c°° de Saint-Martin-des-Champs.

MAISON-À-LA-FÉRONNE (LA), f. c°° du Plessis-Grimoult.

MAISON-AU-GARDE (LA), m°° isolée, c°° de Livry.

MAISON-AU-GARDE (LA), m°° isolée, c°° du Plessis-Grimoult.

MAISON-AU-ROYER (LA), m°°, c°° de Saint-Martin-des-Besaces.

MAISON-AU-SEIGNEUR (LA), espèce de caverne taillée dans le rocher, à l'extrémité de la commune de Saint-Jean-le-Blanc.

MAISON-AUX-LIONS (LA), q. c°° de Branville.

MAISON-AUX-TROIS-CHEMINS (LA), f. c°° de Tilly-sur-Seulle.

MAISON-BARET (LA), h. c°° de Jurques.

MAISON-BAUSE (LA), éc. c°° de Sept-Vents.

MAISON-BAZINIER (LA), éc. c°° de Branville.

MAISON-BEDIER (LA), m°°, c°° des Loges-Saulces.

MAISON-BLANCHE (LA), m°°, c°° de Deauville.

MAISON-BLANCHE (LA), éc. c°° d'Esquay.

MAISON-BLANCHE (LA), m°°, c°° de Lassy.

MAISON-BLANCHE (LA), f. c°° de Magny-le-Freule.

MAISON-BLANCHE (LA), f. c°° de Vimont.

MAISON-BLEUE (LA), m°° isolée, c°° de Longraye.

MAISON-BRUCOURT (LA), ch. et f. c^ne de Maizet.

MAISON-BRÛLÉE (LA), éc. c^ne de Saint-Jean-des-Essartiers.

MAISON-BRÛLÉE (LA), h. c^ne de Saint-Vigor-le-Grand. — *Masura Arsa*, 1155 (ch. de l'abb. d'Aunay).

MAISON-CALVÉ (LA), f. c^ne de Saint-Martin-aux-Chartrains.

MAISON-CARABOEUF (LA), f. c^ne de Maisoncelles-sur-Ajon.

MAISON-CAVAL (LA), m^on isolée, c^ne de Saint-Germain-du-Pert.

MAISONCELLE (LA), riv. affl. de la Vire, à gauche, et ayant sa source dans le département de l'Orne, entre dans le Calvados à la Lande-Vaumont, traverse Maisoncelles-la-Jourdan et se réunit à la Vire sur Saint-Germain-de-Tallevende.

MAISONCELLES, h. c^ne de Saint-Charles-de-Percy.

MAISONCELLES-LA-JOURDAN, c^on de Vire. — *Maisoncellæ*, 1158 (ch. de Saint-Sever). — *Masuncellæ*, 1257 (magni rotuli, p. 177). — *Ecclesia Sancti Amandi de Domibus Cellis la Jourdain*, XIIIe s^e (ch. du Plessis-Grimoult). — *Mesuncellæ Jordani*, XIVe s^e (livre pelut de Bayeux).

Par. de Saint-Amand, prieuré-cure; patr. le prieur du Plessis-Grimoult. Dioc. de Bayeux, doy. de Vire. Génér. de Caen, élect. de Vire.

MAISONCELLES-PELVEY, c^on de Villers-Bocage. — *Mesuncellæ juxta Vilers*, 1196 (ch. de l'abbaye d'Aunay, n° 205). — *Maisoncelles Peillevé*, 1200 (*ibid.*). — *Mesuncellæ Peillevey*, 1210 (*ibid.*). — *Maisoncelles Poillevé*, 1365 (fouages français, 120). — *Maisuncelles Pellevey*, 1371 (visite des forteresses). — *Mesoncelles Poillevé*, XIVe s^e (livre pelut de Bayeux). *Maisoncelles Pellevé*, XVIIe s^e (Cassini).

Par. de Saint-Georges, patr. l'abbé d'Aunay. Dioc. de Bayeux, doy. de Villers-Bocage. Génér. et élect. de Caen, sergent. de Villers.

Quart de fief relevant de la baronnie de Saint-Vigor-le-Grand, 1637 (fiefs de l'évêché). Autre demi-fief de *Maisoncelles-Pellevey* et *Cairon*, relevant du fief de *Monfréville* (*ibid.*).

MAISONCELLES-SUR-AJON, c^ne de Villers-Bocage. — *Mesoncelles sur Ajon*, *Messoncelles*, 1247 (ch. de l'abb. d'Aunay). — *Mesoncella supra Ajon*, 1255 (*ibid.*). — *Mazuncellæ super Ajonem*, XIVe s^e (liv. pelut de Bayeux). — *Maysoncelles sur Ajon*, 1460 (dénombrement de Bayeux).

Par. de Notre-Dame et Saint-Sulpice, patr. le seigneur du lieu. Dioc. de Bayeux, doy. d'Évrecy. Génér. et élect. de Caen, sergent. d'Évrecy.

Demi-fief de chevalier relevant de la baronnie de Douvre, appartenant à l'évêque de Bayeux, 1460 (av. du temp. de l'év. de Bayeux).

MAISON-CLAIRET, h. c^ne de la Folie.

MAISON-D'AMOUR, vill. c^ne de Cardonville.

MAISON-DE-BRICQUE (LA), f. c^ne de Neuilly.

MAISON-DE-GODILLON (LA), m^on, c^ne de Croisilles.

MAISON-DE-LA-CORNUE (LA), m^on isolée, c^ne de Noron.

MAISON-DE-LA-FAUCONNERIE (LA), m^on, c^ne de Cabourg.

MAISON-DE-LA-MICHETTERIE (LA), éc. c^ne de Clécy.

MAISON-DE-LA-POINTE (LA), h. c^ne de la Folie.

MAISON-DE-LA-VACQUERIE (LA), f. c^ne de Rubercy.

MAISON-DES-CHAMPS (LA), éc. c^ne de Campandré-Valcongrain.

MAISON-DES-CHAMPS (LA), éc. c^ne de Courson.

MAISON-DES-CHAMPS (LA), h. c^ne d'Espins.

MAISON-DES-CHAMPS (LA), h. c^ne de Nonant. — *Maison Deschamps*, 1847 (Stat. post.).

MAISON-DES-CHAMPS (LA), f. c^ne de Saint-Martin-de-Sallen.

MAISON-DES-DOUAIRES (LA), f. c^ne du Mesnil-Simon.

MAISON-DES-GARDES (LA), éc. c^ne de Touffréville.

MAISON-DES-ÎLES (LA), éc. c^ne de Saint-Loup-Hors.

MAISON-DES-LOMMEAUX (LA), h. c^ne de Fontenay.

MAISON-DES-MEULES (LA), éc. c^ne de Neuilly.

MAISON-DES-OCNAIS (LA), éc. c^ne d'Urville.

MAISON-DES-PETITS-CARREAUX (LA), h. c^ne de Littry.

MAISON-DES-PRÉS (LA), éc. c^ne de Cardonville.

MAISON-DE-VENOIX (LA), chât. c^ne de Bavent.

MAISON-D'ORIVAL (LA), éc. c^ne de Cossesseville.

MAISON-DU-PAS (LA), h. c^ne de Neuilly.

MAISON-DU-PONT-DE-BOISSEY (LA), éc. c^ne de Hiéville.

MAISON-DURAND (LA), h. c^ne d'Espins.

MAISON-DUVAL (LA), h. c^ne de Juaye-Mondaye.

MAISON-FILLÂTRE (LA), éc. c^ne de Bricqueville.

MAISON-GODILLON (LA), f. c^ne de Croisilles.

MAISON-HARIVEL (LA), éc. c^ne de Cauville.

MAISON-HARIVEL (LA), éc. c^ne de Saint-Martin-de-Sallen.

MAISON-LE-BASTARD (LA), éc. c^ne de Croisilles.

MAISON-LE-DAN (LA), éc. c^ne de Préaux.

MAISON-MAHIAS (LA), h. c^ne de Colleville-sur-Mer.

MAISON-MANCEL (LA), éc. c^ne de Trungy.

MAISONNETTE (LA), h. c^ne de Falaise.

MAISONNETTE (LA), h. c^ne de la Hoguette.

MAISONNETTE (LA), éc. c^ne de Rots.

MAISONNETTE (LA), h. c^ne de Saint-Germain-du-Crioult.

MAISONNETTES (LES), h. c^ne de Bons-Tassilly.

MAISONNETTES (LES), h. c^ne de Fresné-la-Mère.

MAISONNETTES (LES), h. c^ne de Littry.

MAISON-NEUVE (LA), m^on isolée, c^ne de Bures (Vire).

MAISON-NEUVE (LA), h. c^ne de Cahagnes.

MAISON-NEUVE (LA), éc. c^ne de Caumont (Bayeux).

MAISON-NEUVE (LA), h. c^ne du Détroit.

MAISON-NEUVE (LA), h. c^ne de la Graverie.

MAISON-NEUVE (LA), h. c^{ne} de Hamars.

MAISON-NEUVE (LA), m^{on}, c^{ne} de Lassy.

MAISON-NEUVE (LA), h. c^{ne} du Mesnil-Auzouf.

MAISON-NEUVE (LA), h. c^{ne} de Montchauvet.

MAISON-NEUVE (LA), q. c^{ne} de Pierrefitte.

MAISON-NEUVE (LA), h. c^{ne} de Pleines-OEuvres.

MAISON-NEUVE (LA), h. c^{ne} de Saint-Jean-des-Essartiers.

MAISON-NEUVE (LA), h. c^{ne} de Saint-Manvieu.

MAISON-NEUVE (LA), h. c^{ne} de Saint-Martin.

MAISON-NEUVE (LA), h. c^{ne} de Saint-Paul-du-Vernay.

MAISON-NEUVE (LA), f. et mⁱⁿ, c^{ne} de Saint-Pierre-la-Vieille.

MAISON-NEUVE (LA), h. c^{ne} de Truttemer-le-Petit.

MAISON-NEUVE (LA), h. c^{ne} de Vassy.

MAISON-NOURRY (LA), m^{on} isolée, c^{ne} d'Esquay.

MAISON-PAULMIER (LA), h. c^{ne} de Trungy. — *Les Paulmiers*, 1848 (état-major).

MAISON-PINSON (LA), éc. c^{ne} de Magny-le-Freule.

MAISON-ROCHAIS (LA), m^{on}, c^{ne} de Cardonville.

MAISON-ROUGE (LA), f. c^{ne} de Beuvron.

MAISON-ROUGE (LA), h. c^{ne} d'Ouilly-le-Vicomte.

MAISON-ROUGE (LA), h. c^{ne} d'Urville.

MAISONS, c^{on} de Trévières, c^{ne} accrue de la c^{ne} de Hérils en 1830. — *Maysons*, 1234 (lib. rub. Troarn. p. 141). — *Mesons*, 1277 (ch. de Bayeux, n° 765). — *Parrochia de Domibus*, 1292 (ch. de l'abb. d'Ardennes, n° 340).

Par. de Saint-Martin, patr. le seigneur du lieu. Deux cures, réunies en 1750. Chapelle de Notre-Dame-de-la-Franche-Chapelle. Dioc. de Bayeux, doy. des Veys. Génér. de Caen, élect. de Bayeux, sergent. de Tour.

Les terre et seigneurie de Maisons, auxquelles on unit les terres et les seigneuries de Sully, Neuville, Huppain, Argouges, Russy, Damigny, furent érigées en 1736 en marquisat en faveur de Gabriel Bazin de Bezons, brigadier mestre de camp du régiment Dauphin (ch. des comptes de Rouen, t. II, p. 120). — Les fiefs de *Mosles* et de *Feugères* relevaient de la seigneurie de Maisons, 1673 (aveux de la vicomté de Bayeux).

MAISONS (LES), h. c^{ne} de Brémoy.

MAISONS (LES), h. c^{ne} de Nonant.

MAISONS-BLANCHES (LES), h. c^{ne} d'Écots.

MAISON-SEULE (LA), f. c^{ne} de Coulonces.

MAISONS-NEUVES (LES), h. c^{ne} d'Ouilly-le-Tesson.

MAISONS-ROUGES (LES), h. c^{ne} de Gouvix.

MAISONS-ROUGES (LES), q. c^{ne} de Saint-Jacques.

MAISONS-RUSSETTES (LES), h. c^{ne} de Bons-Tassilly.

MAISON-TRINGOT (LA), éc. c^{ne} de Morteaux.

MAISON-VILLIERS (LA), éc. c^{ne} de Cabourg.

Calvados.

MAISY, c^{on} d'Isigny. — *Mezy*, v. 1155 (Wace, rom. de Rou). — *Mezie*, v. 1160 (Benoît de Sainte-More, t. III, p. 63). — *Meysi*, 1170 (cart. norm. n° 15, p. 5). — *Maiseïum*, 1184 (magni rotuli, p. 112). — *Meseyum apud Magnam Villam*, 1205 (ch. de Saint-André-en-Gouffern, n° 261). — *Maiseyum*, 1247 (cart. norm. n° 1179, p. 323). — *Maeseïum*, xive s^e (livre pelut de Bayeux). — *Maisi*, 1371 (visite des forteresses). — *Mesye*, 1419 (rôles de Bréquigny, n° 506, p. 85). — *Maysy*, 1653 (carte de Tassin).

Par. de Saint-Germain, patr. le seigneur. Chapelle de Saint-Éloi. Dioc. de Bayeux, doy. de Trévières. Génér. de Caen, élect. de Bayeux, sergent. des Veys.

Seigneurie avec haute justice. Les fiefs, terres et seigneurie de *Maisy* et de *Vimont* furent unis et incorporés en plein fief de haubert, 1560 (aveux de la vicomté de Bayeux). Manoir de *la Tonnellerie* ayant appartenu, dit-on, à Du Guesclin.

MAÎTRE (LE), h. c^{ne} de Longues.

MAÎTRISE (LA), h. c^{ne} de Noron.

MAIZERAY (LE), h. c^{ne} d'Arromanches.

MAIZERAY (LE), h. c^{ne} de Saint-Charles-de-Percy.

MAIZERAY (LE), h. c^{ne} de Sainte-Marie-outre-l'Eau.

MAIZERAY (LE), h. c^{ne} de Saint-Martin-de-Sallen.

MAIZERAY (LE), h. c^{ne} de Saint-Martin-du-Mesnil-Oury.

MAIZERAY (LE), h. c^{ne} de Villy-Bocage.

MAIZET, cⁿ d'Évrecy. — *Maiset*, 1202 (ch. d'Aunay). — *Meset*, 1226 (ibid.). — *Messet*, 1242 (ch. de Fontenay). — *Maseïum*, 1260 (ibid.). — *Mayset*, 1294 (ch. de Philippe IV pour le Plessis-Grimoult). — *Maesetum*, xive s^e (taxat. decim. dioc. Baioc.). — *Mézet*, 1417 (magni rotuli, p. 277). — *Messet*, 1710 (carte de Fer).

Par. de Saint-Vigor, patr. le seigneur du lieu. Chapitre de Sainte-Anne-de-Valency. Dioc. de Bayeux, doy. d'Évrecy. Génér. et élect. de Caen, sergent. de Préaux.

Fiefs *Girard* et *Berville* relevant de la baronnie de Douvre. Quart de fief relevant de l'évêché de Bayeux à cause de la baronnie de Douvre, 1460 (av. du temp. de l'év. de Bayeux).

MAIZIÈRES, c^{on} de Bretteville-sur-Laize. — *Maceriæ*, 1086 (cart. de la Trinité, f° 25). — *Maiseriæ*, 1198 (magni rotuli). — *Mézières*, 1586 (papier terrier de Falaise). — *Messières*, 1620 (carte de Templeux).

Par. de Saint-Pierre, patr. le seigneur. Dioc. de Séez, doy. de Saint-Pierre-sur-Dive. Génér. d'Alençon, élect. de Falaise, sergent. de Jumel.

Fiefs d'*Asnières*, du *Plet* et du *Pré*, de Jean-le-Pré-

23

vost, *Bois-Thibout:* Le grand fief de *Maizières*, ceux de Guibray, des *Traits*, d'*Ussy*, de *Versainville*, furent érigés en 1732 en marquisat, sous le nom de marquisat de *Marguerit*, en faveur de Joseph de Marguerit de Versainville, président honoraire à la cour des aides (ch. des comptes de Rouen, t. III, p. 70).

MAIZIÈRES (LES), h. c^ne de Saint-Martin-des-Besaces.

MALADRÉNIE (LA-), h. c^ne de Caen, doit son nom à l'hôpital de la *Grande-Maladrerie*, fondé en 1161 par Henri II, roi d'Angleterre. Sa chapelle, consacrée à Notre-Dame, était connue sous le nom de *Chapelle de Beaulieu* (voir ce nom). La *Petite Maladrerie*, fondée près de la grande par les religieux de Saint-Étienne, avait pour chapelle l'église du Nombril-Dieu. — Voir NOMBRIL-DIEU (LE).

MALADRERIE (LA), vill. c^ne de Cahagnolles.

MALADRERIE (LA), h. c^ne de Curcy.

MALADRERIE (LA), h. c^ne d'Essön.

MALADRERIE (LA), h. c^ne de Glos.

MALADRERIE (LA), h. c^ne de Mittois.

MALADRERIE (LA), h. c^ne de Thury-Harcourt.

MALADRERIE (LA), h. c^ne de Truttemer-le-Grand.

MALADRERIE (LA), h. c^ne de Venoix.

MALANDÉ (LE), h. c^ne de Saonnet.

MALATOUR, h. c^ne de Crépon.

MALCADETS (LES), h. c^ne d'Agy.

MALEBRÈCHE (LA), h. c^ne de Montfiquet.

MALEHOQUE (LA), h. c^ne de Tour.

MALÉRIE (LA GRANDE et LA PETITE-), h. c^ne de Roullours.

MALERIE (LA), h. c^ne de Truttemer-le-Grond.

MÂLES (LES), h. c^ne de Sallen.

MALET, h. c^ne d'Hermival-les-Vaux.

MALETERRE (LA), h. c^ne de Cormolain.

MALFILLÂTRE, h. c^ne de Saint-Ouen-le-Pin.

MALHARD, h. c^ne de Ranchy.

MALHERBERIE (LA), f. c^ne de Ranchy.

MALHERBERIE (LA), f. c^ne de Saint-Georges-en-Auge.

MALHERBIÈRE (LA), h. c^ne de Carville.

MALHERBIÈRE (LA), h. c^ne de la Ferrière-Harang.

MALHERBIÈRE (LA), h. et m^in, c^ne du Tourneur. — Fief ou vavassorie de *la Malherbière*, sis en la paroisse du Tourneur, 1675 (aveux de la vicomté de Vire).

MALHÉTRAYE (LA), h. c^ne de Lassy. — *Malestrée*, XIIIe s^e (ch. pour le Plessis-Grimoult).

MALICORNE, h. c^ne de Notre-Dame-de-Fresnay.

MALICORNE, h. et f. c^ne de Saint-Désir.

MALIÈRE (LA), h. c^ne des Loges-Saulces.

MALIÈRES (LES), h. c^ne de Neuilly.

MALINIÈRE (LA), h. et f. c^ne de Pierres.

MALIS (LES), h. c^ne de Saint-Pierre-des-Ifs.

MALIS (LES), h. c^ne de Villerville.

MALLETIÈRES (LES), h. c^ne de Culey-le-Patry.

MALLIÈRES (LES), h. c^ne des Oubeaux. — *Malleriæ*, 1234 (lib. rub. Troarn. p. 100).

MALLIÈRES (LES), h. c^ne de Vaux-sur-Aure.

MALLON, h. c^ne de Norolles. — *Maslon*, 1267 (ch. de l'abb. d'Ardennes, n° 265). — Le fief était possédé au XVIIe siècle par la famille La Forge (martologe de Tourgéville).

MALLOUÉ, c^on du Bény-Bocage, réuni pour le culte à Bures. — *Maloe*, fief de la bar. du Plessis-Grimoult, 1660 (av. du temp. de l'év. de Bayeux).

Par. de Notre-Dame, patr. le seigneur. Dioc. de Bayeux, doy. de Villers-Bocage. Génér. de Caen, élect. de Saint-Lô, sergent. de Thorigny.

MALOISELLIÈRE (LA), h. c^ne d'Étouvy.

MALOSSEL (LE), h. c^ne de Manneville-la-Pipard.

MALOUINIÈRE (LA), h. c^ne de Lassy.

MALTIÈRE (LA), h. c^ne de Lisorés.

MALTOT, c^on d'Évrecy. — *Maletot*, 1250 (ch. d'Aunay). — *Maletotum*, XIVe s^e (taxat. decim. dioc. Baioc.). — *Malletot*, 1371 (visite des forteresses). — *Mailletot*, 1667 (carte de Sanson).

Par. de Saint-Pierre, patr. le seigneur du lieu. Dioc. de Bayeux. Génér. et élect. de Caen, sergent. de Préaux.

Fief de *Malherbe*, assis à Maltot, relevant du roi par huitième de fief, 1484 (arch. nat. P. 272, n° 154). — Fief de *la Cour*, érigé en marquisat et composé des fiefs du *Tronquay*, du *Vernay* et du *Parc*, 1704 (ch. des comptes de Rouen, t. II, p. 232).

Le doyenné de Maltot comprenait 33 paroisses : Athis-sur-Orne, Authie ou Autie, Bretteville-l'Orgeilleuse ou l'Argilleuse, Bretteville-sur-Odon, Buissons, Villons, Bally ou Basly, Carpiquet, Coulons, Cully, Éterville, Feuguerolles-sur-Orne, Fontaine-Étoupefour, le Fresne-Camilly, Lasson, Louvigny, Maltot, Martragny, Quesnet ou Quénet, Rosel, Rucqueville, Sainte-Croix-Grand-Tonne, Saint-Germain-la-Blanche-Herbe, Saint-Louet, Saint-Manvieu, Secqueville-en-Bessin, Thaon, Vaussieux, Venoix, Verson, Vieux.

MALVILLES (LES), f. c^ne de Biéville.

MANCEAUX (LES), h. c^ne de Pertheville-Ners.

MANCELLERIE (LA), h. c^ne du Pin.

MANCELLIÈRE (LA), f. e^te de Saint-Germain-du-Crioult.

MANCELLIÈRE (LA), f. c^ne de Saint-Martin-des-Besaces.

MANCELLIÈRE (LA), f. c^ne de la Vacquerie.

MANCELLIÈRES (LES), h. c^ne de Neuville.

MANCHON, h. c^ne de Cahagnolles.

MANCHON, h. c^ne du Mesnil-Mauger.

MANCHONNIÈRE (LA), h. c⁰ᵉ de Saint-Georges-d'Aunay.

MANCHONNIÈRES (LES), h. c⁰ᵉ de Lisores.

MANDEVILLE, c⁰ⁿ de Trévières, anciennement MANNE-VILLE, accru de la commune de Tessy en 1865. — *Sancta Maria de Magna Villa*, v. 1160 (ch. de Sainte-Barbe, n° 35). — *Mandevilla*, 1208 (cart. norm. n° 1095, p. 295). — *Magna villa juxta Baiocas*, xiv° s° (livre pelut de Bayeux).

Par. de Notre-Dame, patr. donné en 1275 au chapitre de Bayeux par Guillaume de Trévières. Dioc. de Bayeux, doy. de Trévières. Génér. de Caen, élect. de Bayeux, sergent. de Cerisy.

Du fief de *Mandeville*, assis à Mandeville et paroisses environnantes; dépendait le fief *Miharenc*, assis à Trévières; vavassorie *Trézel* et vavassorie *Collette-Castillon*, assises à Mandeville, 1680 (aveux de la vicomté de Bayeux).

MANERBE, c⁰ⁿ de Blangy. — *Manerba*, 1204 (magni rotuli, t. II, p. 93). — *Manerbia*, xiv° s° (taxat. decim. dioc. Baioc.). — *Ménerbe*, 1460 (dénomb. de l'év. de Bayeux).

Par. de Saint-Jean-Baptiste, patr. le seigneur. Chapelle de Saint-Jean-du-Buisson, ayant pour patr. le seigneur. Dioc. de Bayeux. Exemption de Cambremer.

Fief dit *l'Honneur de Malherbe*, relevant de la bar. de Cambremer, 1460 (av. du temp. de l'év. de Bayeux). Fief du *Petit-Grandouet* consistant en cinq aînesses. Fiefs de *l'Épée*, d'*Argentelle*, de *la Planche*, de *Mont-Rosty*, de la *Vipardière*, 1620 (fiefs de la bar. de Cambremer).

MANERIE (LA), h. c⁰ᵉ de Courson.

MANGEANTIÈRE (LA), h. c⁰ᵉ de Saint-Germain-de-Tallevende.

MANGEANTS (LES), h. c⁰ᵉ d'Auvillars.

MANGEANTS (LES), h. c⁰ᵉ de Danestal. — *Aux Mangeants*, 1848 (état-major).

MANIE (LA), m⁰ⁿ, c⁰ᵉ de Bernières-le-Patry.

MANIS (LES), h. c⁰ᵉ de la Folletière-Abenon.

MANIS (LES), vill. c⁰ᵉ des Moutiers-Hubert.

MANNERIE (LA), h. c⁰ᵉ de Courtonne-la-Ville.

MANNETOT, f. c⁰ᵉ de Gonneville-sur-Dive.

MANNETOT, h. c⁰ᵉ de Méry-Corbon. — *Manetot*, 1297 (enquête; archives du Calvados). — *Mane Tôt*, 1723 (d'Anville, dioc. de Lisieux, p. 10).

Plein fief de haubert.

MANNETOT, h. c⁰ᵉ de Saint-Martin-de-Bienfaite.

MANNEVILLE, c⁰ᵉ réunie à Banneville-la-Campagne. — *Magnevilla*, 1198 (magni rotuli, p. 34). — *Magnavilla*, 1201 (ch. d'Aunay). — *Mannavilla juxta Vadum Berengarii versus Troarn*, xiii° s° (cart. de Troarn).

Par. de Saint-Frambauld, patr. le seigneur du lieu. Chapelles de Sainte-Catherine et de la Trinité. Dioc. de Bayeux, doy. de Troarn. Génér. et élect. de Caen, sergent. de Troarn.

MANNEVILLE, h. c⁰ᵉ de Lantheuil.

MANNEVILLE-LA-PIPARD, c⁰ⁿ de Blangy. — *Magnevilla*, 1212 (ch. de l'abb. de Vignats). — *Magnavilla Pipardœ*, xiv° s°; *Magnavilla Pipardi*, xvi° s° (pouillé de Lisieux, p. 36). — *Magneville la Pipard*, 1410 (ch. d'Ardennes). — *Maneville la Pipard*, 1723 (d'Anville).

Par. de Saint-Pierre, patr. le seigneur. Dioc. de Lisieux, doy. de Touque. Génér. de Rouen, élect. de Pont-l'Évêque, sergent. de Saint-Julien-sur-Calonne.

Demi-fief de *Hoguet*, mouvant de la vicomté d'Auge. Fief de *Noirval*, ressortissant aux Authieux-sur-Calonne. Fief du *Brévedent*, relevant de la bar. de Vassy, 1620 (fiefs de la vicomté d'Auge).

MANNEVILLETTE, h. c⁰ᵉ d'Aignerville.

MANNIES (LES), h. c⁰ᵉ de Sainte-Marguerite-des-Loges.

MANNONIÈRE (LA), h. c⁰ᵉ de Tilly-sur-Seulle.

MANOIR (LE), c⁰ⁿ de Ryes. — *Manerium*, 1215 (ch. d'Aunay, n° 24).

Par. de Saint-Pierre, patr. l'abbé de Jumièges. Prieuré de *Pierre-Solain*. Ancienne léproserie. — Dioc. de Bayeux, doy. de Creully. Génér. de Caen, élect. de Bayeux, sergent. de Graye.

Fief de *Pierrepont* en la paroisse du Manoir, 1471 (arch. nat. P. 272, n° 214). Quart de fief dit *Saint-Célerin*, s'étendant à Vienne, Littry, Ryes, Sommervieu, Saint-Gabriel, Bazenville et relevant de la baronnie de Creully, acquis par François d'Harcourt en 1631 (papiers d'Harcourt).

MANOIR (LE), h. c⁰ᵉ d'Acqueville.

MANOIR (LE), h. c⁰ᵉ des Authieux-Papion.

MANOIR (LE), h. c⁰ᵉ des Authieux-sur-Calonne.

MANOIR (LE), h. c⁰ᵉ de Barneville.

MANOIR (LE), f. c⁰ᵉ de Bellou.

MANOIR (LE), h. c⁰ᵉ de Bénérville.

MANOIR (LE), h. c⁰ᵉ de Bernières-le-Patry.

MANOIR (LE), h. c⁰ᵉ de Beuvillers.

MANOIR (LE), h. c⁰ᵉ de Beuzeval.

MANOIR (LE), f. c⁰ᵉ de Biéville.

MANOIR (LE), f. c⁰ᵉ de Boissey.

MANOIR (LE), h. c⁰ᵉ de la Cambe.

MANOIR (LE), m⁰ⁿ isolée, c⁰ᵉ de Cernay.

MANOIR (LE), f. et chât. c⁰ᵉ de la Chapelle-Yvon.

MANOIR (LE), f. c⁰ᵉ de Cheffreville.

MANOIR (LE), h. c⁰ᵉ de Clarbec.

MANOIR (LE), h. c⁰ᵉ de Cormolain.

MANOIR (LE), h. c⁰ᵉ de Cossesseville.

23.

MANOIR (LE), h. c^ne de Coudray.

MANOIR (LE), h. c^ne de Coupesarte.

MANOIR (LE), chât. c^ne de Criquebœuf.

MANOIR (LE), f. c^ne de Crocy.

MANOIR (LE), chât. c^ne de Drubec.

MANOIR (LE), f. c^ne d'Englesqueville.

MANOIR (LE), h. c^ne d'Esquay.

MANOIR (LE), h. et f. c^ne d'Estry.

MANOIR (LE), h. c^ne de Familly.

MANOIR (LE), h. c^ne de Fresné-la-Mère.

MANOIR (LE), h. c^ne de Glanville.

MANOIR (LE), f. c^ne de Gonneville-sur-Dive.

MANOIR (LE), q. c^ne de Graye.

MANOIR (LE), h. c^ne de Guéron.

MANOIR (LE), h. c^ne de Hennequeville.

MANOIR (LE), h. c^ne d'Hermival-les-Vaux.

MANOIR (LE), f. c^ne de Heuland.

MANOIR (LE), h. c^ne de Lassy.

MANOIR (LE), h. c^ne de Livry.

MANOIR (LE), f. c^ne des Loges.

MANOIR (LE), h. c^ne de Longraye.

MANOIR (LE), h. c^ne de Longvillers.

MANOIR (LE), f. c^ne de Martainville.

MANOIR (LE), h. c^ne de Mathieu.

MANOIR (LE), h. c^ne du Mesnil-Durand.

MANOIR (LE), h. c^ne du Mesnil-Eudes.

MANOIR (LE), f. c^ne du Mesnil-Germain.

MANOIR (LE), f. c^ne de Montreuil.

MANOIR (LE), h. c^ne de Montviette.

MANOIR (LE), h. c^ne de Notre-Dame-de-Courson.

MANOIR (LE), f. c^ne de Noyers.

MANOIR (LE), h. c^ne d'Ouilly-le-Tesson.

MANOIR (LE), h. c^ne d'Ouilly-le-Vicomte.

MANOIR (LE), h. c^ne de Pertheville-Ners.

MANOIR (LE), f. c^ne de Pont-Bellanger.

MANOIR (LE), h. c^ne du Pré-d'Auge.

MANOIR (LE), m^on, c^ne de Prétreville.

MANOIR (LE), h. c^ne de Saint-Aubin-des-Bois.

MANOIR (LE), h. c^ne de Saint-Georges-d'Aunay.

MANOIR (LE), h. c^ne de Saint-Jean-de-Livet.

MANOIR (LE), h. c^ne de Saint-Julien-sur-Calonne.

MANOIR (LE), h. c^ne de Saint-Manvieu.

MANOIR (LE), f. c^ne de Sainte-Marie-aux-Anglais.

MANOIR (LE), h. c^ne de Saint-Martin-de-Fresnay.

MANOIR (LE), h. c^ne de Saint-Martin-de-la-Lieue.

MANOIR (LE), m^on, c^ne de Saint-Pierre-des-Ifs.

MANOIR (LE), f. c^ne de Saint-Vaast.

MANOIR (LE), h. c^ne de Sept-Vents.

MANOIR (LE), h. c^ne de Soumont.

MANOIR (LE), h. c^ne de Surville.

MANOIR (LE), f. c^ne de Tonnencourt.

MANOIR (LE), f. c^ne de Tordouet.

MANOIR (LE), f. c^ne de Tourville.

MANOIR (LE), f. et h. c^ne de Tracy-Bocage.

MANOIR (LE), chât. c^ne d'Urville.

MANOIR (LE), h. c^ne de Vasouy.

MANOIR (LE), h. et chât. c^ne de Vaudry.

MANOIR (LE), f. c^ne du Vey.

MANOIR (LE), h. et chât. c^ne de Villerville.

MANOIR (LE), f. c^ne de Villers-sur-Mer.

MANOIR-DE-GONNEVILLE (LE), h. c^ne de Saint-Pierre-Azif.

MANOIR-DE-PRÉTOT (LE), h. c^ne de Canapville. — *Pretot*, 1198 (magni rotuli, p. 100).

MANOIR-DE-PRIE (LE), h. c^ne de Coquainvilliers.

MANOIR-DU-BÉCHET (LE), h. c^ne de Saint-Philbert-des-Champs.

MANOIR-DUBOIS (LE), h. c^ne du Mesnil-Durand.

MANOIR-GOSSET (LE), f. c^ne de Saint-Ouen-le-Pin.

MANOIR-SAINT-JULIEN (LE), m^on isolée, c^ne de Saint-Julien-sur-Calonne.

MANOIR-SAINT-MARTIN (LE), h. c^ne de Lécaude.

MANOURY, écart, c^ne de Saint-Arnoult.

MANOUVRIE (LA), h. c^ne de Clinchamps (Vire).

MANSELLERIE (LA), h. c^ne des Authieux-sur-Calonne.

MANSONNIÈRE (LA), h. c^ne de Bellou.

MANSONNIÈRE (LA), h. c^ne de Saint-Pierre-la-Vieille. — *Mansoullière*, 1848 (état-major).

MANTELLIÈRE (LA), f. c^ne des Isles-Bardel.

MANUFACTURE (LA), h. c^ne d'Aunay. — Emplacement de l'ancienne abbaye d'Aunay.

MANUFACTURE (LA), h. c^ne de Champ-du-Boult.

MANUFACTURE (LA), h. c^ne de Honfleur.

MANVIEUX, c^on de Ryes. — *Manveix*, 1223 (ch. de Longues, n° 7). — *Manvex, Manveix apud Baiocas*, 1250 (ibid. n° 34). — *Ecclesia Sancti Remigii de Manviex*, 1257 (ch. de Cordillon, n° 5). — *Manvesi*, 1271 (ibid. n° 13). — *Manvieix*, 1279 (ch. de Bayeux, n° 143). — *Mouvieux*, 1620 (carte de Templeux).

Par. de Saint-Remy, patr. l'abbé du Cordillon. Réunie à Tracy pour le culte. Dioc. de Bayeux, doy. de Creully. Génér. de Caen, élect. et sergent. de Graye.

MANVIEUX, cap situé à l'extrémité des rochers de Tracy-sur-Mer.

MAQUELLERIE (LA), h. c^ne de Saint-Sever. — *Maclerie*, 1847 (Stat. post.).

MARAIS (LE) OU LE MARAIS-SUR-DIVE, c^on de Morteaux-Coulibœuf. — *Marescum*, 1165 (ch. de Troarn). — Cette commune est appelée *le Marais-la-Chapelle*, depuis qu'on y a réuni, en 1823, la commune de la Chapelle-Souquet.

Par. de Saint-Germain, patr. l'abbé de Troarn.

Dioc. de Séez, doy. de Troarn. Génér. d'Alençon, élect. d'Argentan, sergent. de Troarn.

Marais (Le), h. c^ne d'Aubigny.

Marais (Le), h. c^ne de Bellengreville.

Marais (Le), f. c^ne de Bernières-sur-Mer.

Marais (Le), h. c^ne du Breuil.

Marais (Le), f. c^ne de la Cambe.

Marais (Le Grand et le Petit-), h. c^ne de Canchy.

Marais (Le), h. c^ne de Crouay.

Marais (Le), h. c^ne d'Écrammeville.

Marais (Le), h. et f. c^ne d'Étréham. — Maresq, 1847 (Stat. post.).

Marais (Le), h. c^ne de Fourches.

Marais (Le), h. c^ne de Goustranville.

Marais (Le), h. c^ne de Lasson.

Marais (Le), h. c^ne de Lessard-et-le-Chêne.

Marais (Le), h. et f. c^ne de Littry.

Marais (Le), h. c^ne de Merville.

Marais (Le), f. c^ne de Meuvaines.

Marais (Le), m^on et f. c^ne de Missy.

Marais (Le), h. c^ne de Monts.

Marais (Le), h. c^ne de Moyaux.

Marais (Le), h. et f. c^ne de Noron (Falaise).

Marais (Le), h. c^ne de Notre-Dame-de-Courson.

Marais (Le), h. c^ne de Notre-Dame-de-Fresnay.

Marais (Le), f. c^ne d'Ouistreham.

Marais (Le), h. c^ne d'Ouville-la-Bien-Tournée.

Marais (Le), f. c^ne de Percy.

Marais (Le), h. et f. c^ne de Russy.

Marais (Le), h. c^ne de Saint-Martin-aux-Chartrains.

Marais (Le), h. c^ne de Saint-Pierre-de-Mailloc.

Marais (Le), f. c^ne de Tessel-Bretteville.

Marais (Le), m^in, c^ne de Tilly-sur-Seulle.

Marais (Le), h. c^ne de Touque.

Marais (Le), h. c^ne de Tracy-Bocage.

Marais (Le), h. c^ne d'Ussy.

Marais (Le), h. c^ne de Varaville. — Mariscum, 1230 (parv. lib. rub. Troarn.). — Maresc, Maresq, 1234 (ch. de Troarn). — Mariscus abbatis, 1234 (lib. rub. Troarn. p. 10).

Marais (Le), h. et f. c^ne de Vaudeloges.

Marais (Le), h. c^ne de Vimont.

Marais-du-Bourg (Le), h. c^ne de Trévières.

Maraiserie (La), h. c^ne de la Bazoque.

Marais-la-Chapelle (Le). — Voir Marais (Le), c^on de Morteaux Coulibœuf.

Marais-l'Évêque (Le), h. c^ne de Touque.

Marangot (Le), h. c^ne de Colleville-sur-Mer.

Maraudière (La), f. c^ne de Moyaux.

Marcadets (Les), h. c^ne d'Agy.

Marcaillerie (La), f. c^ne de Roques.

Marcauderies (Les), h. c^ne de Beaumont.

Marcé, h. c^ne de Clinchamps (Vire).

Marcé, h. c^ne de Coulonces.

Marcel, vill. c^ne de Bucéels.

Marcelet, vill. c^ne de Saint-Manvieu. — Maresceleth, xie s^e (enquête, p. 430). — Marchelet, 1198 (magni rotuli, p. 20, 2).

Marcelet, vill. c^ne de Tournières.

Marcellière (La), h. c^ne du Gast.

Marchand, lieu, c^ne de Bonnebosq.

Marchanderie (La), h. c^ne de Landelles.

Marchandière (La), h. et f. c^ne de Fourneaux.

Marchandière (La), h. c^ne de Montchauvet.

Marchanville, f. c^ne de Cheux.

Marche (La), h. c^ne de Biéville.

Marche (La), h. c^ne de Torteval.

Marché (Le), h. c^ne de Banville. — Forum, 1138 (cart. d'Ardennes).

Marchebœuf, fief de la paroisse du Gast, 1720 (fiefs de la vicomté de Caen).

Marchebœuf, fief de Lassy, 1720 (fiefs de la vicomté de Caen).

Marchème, huitième de fief sis en la paroisse de Saint-Vigor, érigé en 1631 (ch. des comptes de Rouen).

Marcouf, h. c^ne de Rully.

Marcy, m^in et h. c^ne de Littry.

Mardet, h. c^ne de Saint-Lambert.

Mare (La), h. c^ne d'Auguerny.

Mare (La), h. c^ne d'Anisy.

Mare (La Grande et la Petite-), h. c^ne de Beaumesnil.

Mare (La), h. et f. c^ne de Bonneuil.

Mare (La), h. c^ne du Breuil.

Mare (La), h. c^ne de Brocottes.

Mare (La), f. c^ne de Campagnolles.

Mare (La), q. c^ne de Campigny.

Mare (La), c^ne de Clécy.

Mare (La), q. c^ne de Colomby-sur-Than.

Mare (La), h. c^ne de Cormelles.

Mare (La), h. c^ne de Fontaine-le-Pin.

Mare (La), h. c^ne de la Hoguette.

Mare (La), h. c^ne de Litteau.

Mare (La), f. c^ne de Louvières.

Mare (La), h. c^ne de Maisy.

Mare (La), h. c^ne du Mesnil-Benoît.

Mare (La), h. c^ne du Mesnil-Mauger.

Mare (La), h. et f. c^ne de Neuilly-le-Malherbe.

Mare (La), h. c^ne d'Ouilly-du-Houlley.

Mare (La), h. c^ne de Quétiéville.

Mare (La), h. c^ne de Saint-Jean-des-Essartiers.

Mare (La), vill. c^ne de Saint-Manvieu (Caen). — Hamel de la Mare, 1371 (assiette des feux de la vicomté de Caen). — Mara, xive s^e (tax. decim. dioc. Baioc.).

Mare (La), q. c^{ne} de Sannerville.

Mare (La), h. c^{ne} de Saonnet.

Mare (La), h. c^{ne} de Tourgéville.

Mare (La), f. isolée, c^{ne} de Tournebu.

Mare (La), h. c^{ne} de Vassy.

Mare (La), h. et f. c^{ne} de la Villette.

Mare-Angot (La), h. c^{ne} de Géfosse.

Mare-à-Pouquet (La), h. c^{ne} de Saint-Martin-de-Sallen.

Mare-au-Bourg (La), h. c^{ne} de Carpiquet.

Mare-au-Chêne (La), c^{ne} de Bures.

Mare-au-Cheval (La), h. c^{ne} de Littry.

Mare-au-Court (La), h. c^{ne} de Garnetot.

Mare-au-Moine (La), h. c^{ne} de Tessel-Bretteville.

Mare-au-Pont (La), h. c^{ne} de Saint-Philbert-des-Champs.

Mare-au-Roi (La), h. c^{ne} de Carpiquet.

Mare-au-Roi (La), h. c^{ne} de Sainte-Croix-sur-Mer.

Mare-au-Tas (La), h. c^{ne} de Trévières.

Mare-aux-Chèvres (La), q. c^{ne} de Reux.

Mare-aux-Clercs (La), h. c^{ne} de Bretteville-l'Orgueilleuse.

Mare-aux-Jaux-Gets (La), h. c^{ne} de Gonneville.

Mare-aux-Mions (La), h. c^{ne} de Saint-Côme-de-Fresné.

Mare-aux-Pois (La), h. c^{ne} de Branville. — La Mare-aux-Poids, 1848 (état-major).

Mare-aux-Porcs (La), q. c^{ne} de Trévières.

Mare-Avice (La), q. c^{ne} de Tournières.

Mare-Bouillante (La), h. c^{ne} des Moutiers-Hubert.

Mare-Cadet (La), h. c^{ne} des Authieux-sur-Calonne.

Maréchal (Le), h. c^{ne} de Drubec.

Maréchaux (Les), h. c^{ne} de Livry. — Maréchal, 1848 (Simon).

Maréchaux (Les), h. c^{ne} de Sainte-Honorine-de-Ducy. — Marescalli, 1160 (ch. de Troarn).

Mare-d'Anguerny (La), h. c^{ne} d'Amblie.

Mare-de-Haut (La), h. c^{ne} de Montchauvet.

Mare-des-Taillis (La), h. c^{ne} d'Ouilly-le-Tesson.

Mare-du-Chat (La), h. c^{ne} de Campigny.

Mare-du-Four (La), h. c^{ne} de Saint-Gabriel.

Mare-du-Puits (La), h. c^{ne} du Pin.

Mare-du-Saule (La), h. c^{ne} de Notre-Dame-de-Courson.

Mare-du-Tendeur (La), h. c^{ne} de Saint-Laurent.

Mare-Fontaine (La), vill. c^{ne} de Ver.

Mare-Foubert (La), h. c^{ne} de Douvre.

Mare-Galée (La), h. c^{ne} de Banville.

Mare-Hobey (La), h. c^{ne} de Sept-Vents.

Mare-Honoré (La), h. c^{ne} de Guéron.

Mare-Houlette (La), h. c^{ne} de Littry.

Mare-Houssin (La), vill. c^{ne} de Truttemer-le-Petit.

Mare-Jointe (La), h. c^{ne} de Putot-en-Bessin.

Mare-Jonas (La), h. c^{ne} de la Bazoque.

Marelles (Les), h. c^{ne} de Campagnolles.

Marelles (Les), h. c^{ne} de Fierville-les-Parcs.

Marelles (Les), h. c^{ne} de Sainte-Marie-Laumont.

Marencourt (Le), h. c^{ne} de Garnetot.

Mare-Noury (La), f. c^{ne} du Pin.

Mare-Piré (La), h. c^{ne} de Vaudry.

Mare-Potel (La), h. c^{ne} de Berville.

Mare-Pournie (La), h. c^{ne} de Sommervieu. — Mara Fanchosa, 1231 (ch. de Mondaye).

Maréquet (Le), h. c^{ne} de Hottot.

Maréquet (Le), h. c^{ne} de Moyaux.

Maréquet (Le), h. c^{ne} de Ranville.

Mares (Les Grandes et les Petites-), h. c^{ne} de Beaumesnil.

Mares (Les), h. c^{ne} de Canchy.

Mares (Les), h. c^{ne} de Cartigny-Lépinay.

Mares (Les), h. c^{ne} de la Chapelle-Yvon.

Mares (Les), h. c^{ne} de Coulonces.

Mares (Les), h. c^{ne} de Grouay.

Mares (Les), h. c^{ne} de Dampierre.

Mares (Les), h. c^{ne} d'Estry.

Mares (Les), f. c^{ne} de Montpinçon.

Mares (Les), h. et chât. c^{ne} de Saint-Gabriel.

Mares (Les), h. c^{ne} de Saint-Jean-des-Essartiers.

Mares (Les), q. c^{ne} de Saint-Julien-sur-Calonne. Le fief des Mares, de la baronnie de Roncheville, appartenait à l'abbaye de Préaux.

Mares (Les), h. c^{ne} de Sallen.

Mares (Les), h. c^{ne} de Soûmont-Saint-Quentin.

Mares (Les), h. et f. c^{ne} de Tordouet.

Mare-Saint-Roch (La), h. c^{ne} de Saint-Georges-en-Auge.

Mare-Samson (La), h. c^{ne} de Cambes.

Mare-Sanglière (La), h. c^{ne} de Bonneville-la-Louvet.

Marescots (Les), f. c^{ne} de Montpinçon.

Maresquerie (La), h. c^{ne} de Campigny.

Maresquerie (La), h. c^{ne} de Colombières.

Maresquerie (La), f. c^{ne} de Deux-Jumeaux.

Maresquien (Le), m^{on} isolée, c^{ne} d'Ouistreham. — Maresquel, 1847 (Stat. post.).

Mare-Tautet (La), h. c^{ne} de Saint-Hymer.

Marette (La), h. c^{ne} d'Auquainville.

Marette (La), h. c^{ne} de la Caine.

Marette (La), h. c^{ne} de la Cressonnière.

Marette (La), h. c^{ne} de Norrey.

Marette (La), vill. c^{ne} de Saint-Martin-de-Tallevende.

Marettes (Les), h. c^{ne} de Cléville.

Marettes (Les), f. c^{ne} de Grainville-sur-Odon.

Marettes (Les), h. c^{ne} de Magny.

Marettes (Les), h. c^{ne} de Neuilly-le-Malherbe.

Marettes (Les), h. c^{ne} de Notre-Dame-de-Courson.

MAREUIL, h. c^{ne} de Bernesq.

MARGOTIÈRE (LA), h. c^{ne} de Vassy.

MARGRIÈRE (LA), h. c^{ne} de Sept-Frères.

MARGUERIE (LA), f. c^{ne} de Montpinçon.

MARGUERIES (LES), f. c^{ne} d'Étreham.

MARGUERITE (COUR-), f. c^{ne} de Coquainvilliers.

MARIAUX (LES), vill. c^{ne} du Reculey.

MARICORNE (LA), h. c^{ne} de Bernesq.

MARIE, h. c^{ne} de Parfouru-l'Éclin.

MARIE, vill. c^{ne} du Tourneur.

MARIES (LES), h. c^{ne} de Lessard-et-le-Chêné.

MARIES (LES), h. c^{ne} du Mesnil-Patry.

MARIGAUDERIE (LA), m^{on} isolée, c^{ne} de Noron.

MARIGNIES (LES), h. c^{ne} de Merville.

MARIGNY, c^{on} de Ryes, réuni à Longues en 1861. — *Marinneyum*, 1172 (ch. de l'abb. de Longues, n° 4). — *Marringneium*, 1198 (magni rotuli, p. 34, 2). — *Marigneium, Marrigny*, 1207 (*ibid.* p. 169). — *Marrenneium* (*ibid.*). — *Marigneyum*, xive s^e (taxat. decim. dioc. Baioc.). — *Marigny sur la Mer*, 1762 (carte de Vaugondy).

Demi-fief de Marigny relevant du roi et dont relevait le huitième de fief noble de *Vieux*, sis à Bernières-Bocage. — Demi-fief de haubert relevant de la vicomté de Bayeux, 1743 (ch. des comptes de Rouen, t. III, p. 209).

MARIGNY, h. c^{ne} de Commes.

MARINE (LA), q. c^{ne} d'Arromanches.

MARINE (LA), cour, c^{ne} de Clarbec.

MARINIERS (LES), h. c^{ne} de Merville.

MARINS (LES), h. c^{ne} des Moutiers-Hubert.

MARIOLLE (LA), h. c^{ne} de Clarbec.

MARION, h. c^{ne} de Rully.

MARIONNIÈRE (LA), h. c^{ne} de Truttemer-le-Grand.

MARIONS (LES), f. c^{ne} de Sept-Vents.

MARIQUET (LE), h. c^{ne} d'Hérouvillette.

MARIS (LES), h. c^{ne} de Tordouet.

MARITIÈRE (LA HAUTE- et LA BASSE-), h. c^{ne} du Gast.

MARMION (LE), h. c^{ne} de Vauville.

MARMONNIÈRE (LA), h. c^{ne} de Hottot.

MAROISERIE (LA), h. c^{ne} de la Bazoque.

MAROISIÈRE (LA), h. c^{ne} de Saint-Remy.

MAROLLES, c^{on} de Lisieux (1re section), accru de la commune de Cirfontaines en 1825. — *Matroles*, 1008 (dotal. Judith). — *Maieroles*, 1198 (magni rotuli, p. 15, 2). — *Maierolæ*, 1283 (cart. norm. n° 1018, p. 263). — *Maeroliæ*, xive s^e (pouillé de Lisieux, p. 24). — *Maroliæ*, xvie s^e (*ibid.*).

Par. de Saint-Martin, patr. les Mathurins de Lisieux. Chapelle de Saint-Marc. Dioc. de Lisieux, doy. de Moyaux. Génér. d'Alençon, élect. de Lisieux, sergent. de Moyaux.

MAROLLES, riv. affl. de l'Orbec. Au sortir de la commune du même nom, où elle prend naissance, cette rivière traverse Courtonne-la-Meurdrac et Glos, jusqu'auprès des limites de Saint-Jacques.

MARONNE, h. c^{ne} de Bazenville. — *Marrona*, 1180 (magni rotuli, p. 25). — *Maromme*, 1247 (ch. de Mondaye). — *Marroume*, 1262 (ch. de Bayeux, n° 137). — *Marromma*, 1288 (*ibid.* p. 140).

MARONNES (LES), h. c^{ne} de Meuvaines. — *Maromme*, 1848 (état-major).

MAROTS (LES), h. c^{ne} du Brévedent.

MAROTS (LES), h. c^{ne} de Crocy.

MAROUAIS (LES), f. c^{ne} de Longueville.

MARQUERIE (LA), h. c^{ne} de Campagnolles.

MARQUERIE (LA), h. c^{ne} de Clinchamps (Vire).

MARQUERIE (LA), h. c^{ne} de Courtonne-la-Ville.

MARQUIS (LE), f. c^{ne} d'Étouvy.

MARRE (LA), h. c^{ne} de Neuilly-le-Malherbe.

MARRE (LA), fief sis à Sallen, relevant du plein fief de *Blagny-la-Quaize* ou *la Quièze*, 1637 (aveux de la vicomté de Bayeux).

MARREMONIÈRE (LA), h. c^{ne} de Tilly-sur-Seulle.

MARRERIE (LA), h. c^{ne} d'Annebecq.

MARRERIE (LA), h. c^{ne} de Roullours. — *Mairerie*, 1847 (Stat. post.).

MARSENGLE, h. c^{ne} de Lénault.

MARSENGLE, h. c^{ne} de Saint-Jean-le-Blanc.

MARSENGLE, h. c^{ne} de Saint-Vigor-des-Mézerets.

MARTAINVILLE, c^{on} de Thury-Harcourt. — *Martinvilla*, 1030 (pouillé de Lisieux, p. 41, note 9). — *Martinivilla*, 1195 (ch. de Saint-Taurin d'Évreux). — *Martainvilla, Martainville en Lieuvin*, xive s^e (pouillé de Lisieux, p. 41).

Par. de Saint-Silvain et Saint-Pierre, patr. le seigneur. Dioc. de Bayeux, doy. du Cinglais. Génér. d'Alençon, élect. de Falaise, sergent. de Thury.

Ancienne vavassorie. Fief *Bonnebosc* ressortissant à la baronnie de Tournebu, 1586 (papier terrier de Falaise).

MARTELLÉE (LA), h. c^{ne} de Saint-Marc-d'Ouilly.

MARTELLERIE (LA), h. c^{ne} de Hiéville.

MARTELLERIE (LA), h. c^{ne} de Saint-Germain-de-Tallevende.

MARTELLIÈRE (LA), h. c^{ne} de Saint-Pierre-Tarentaine.

MARTELLIÈRE (LA), h. c^{ne} du Tourneur.

MARTERIES (LES), h. c^{ne} de Saint-André-d'Hébertot.

MARTIGNY, c^{on} de Falaise (2e division). — *Martigneyum*, 1180 (magni rotuli, p. 20). — *Marteignie*, 1204 (*ibid.* p. 98, 2). — *Martineium, Martigneium, Martingneium*, 1293 (ch. de Saint-Étienne de Caen).

Par. de Saint-Martin, patr. l'abbé du Val. Dioc.

de Séez, doy. de Falaise. Génér. d'Alençon, élect. de Falaise, sergent. de Thury.

Les fiefs de *Quinquefougère* ou *Quinefougère, Guignefougères*, et de *Mieux*, sis en cette paroisse, relevaient du marquisat de Thury, ainsi que le fief de *Martigny* ou de *Rouveron*, érigé en huitième de fief de haubert, 1515 (ch. des comptes de Rouen, t. III, p. 39).

MARTIGNY, f. cⁿᵉ de Manerbe.

MARTIGNY, h. cⁿᵉ du Mesnil-Germain.

MARTIGNY, h. cⁿᵉ de Saint-Jean-le-Blanc.

MARTILLY, h. chât. et mⁱⁿ, cⁿᵉ de Saint-Martin-de-Tallevende. — Fief relevant de la baronnie de Coulonces, 1694 (aveux de la vicomté de Vire).

MARTIN, h. cⁿᵉ de Bonneville-sur-Touque.

MARTINBEAU, vill. cⁿᵉ de Curcy. — *Martinbosc*, 1417 (magni rotuli, p. 226). — *Martinbocq*, fief de chevalier, 1484 (arch. nat. P. 272, n° 185). — *Martinbot*, 1675 (carte de Petite).

MARTINERIE (LA), h. cⁿᵉ de la Folie.

MARTINETS (LES), h. cⁿᵉ d'Amayé-sur-Seulle.

MARTINIÈRE (LA), h. cⁿᵉ de Cahagnes.

MARTINIÈRE (LA), h. cⁿᵉ de Caumont (Bayeux).

MARTINIÈRE (LA), h. cⁿᵉ de Cordebugle.

MARTINIÈRE (LA), h. cⁿᵉ d'Estry.

MARTINIÈRE (LA), h. cⁿᵉ d'Évrecy.

MARTINIÈRE (LA), h. cⁿᵉ de la Ferrière-Harang.

MARTINIÈRE (LA), h. cⁿᵉ de Goustranville.

MARTINIÈRE (LA), h. cⁿᵉ de la Lande-Vaumont.

MARTINIÈRE (LA), h. cⁿᵉ de Landelles.

MARTINIÈRE (LA), h. f. et mⁱⁿ, cⁿᵉ de Maisy.

MARTINIÈRE (LA), h. cⁿᵉ de Pont-Bellanger.

MARTINIÈRE (LA), h. cⁿᵉ de Saint-Germain-de-Livet.

MARTINIÈRE (LA), h. cⁿᵉ de Sainte-Honorine-de-Ducy.

MARTINIÈRE (LA), h. cⁿᵉ de Saint-Martin-de-Mailloc.

MARTINIÈRE (LA), h. cⁿᵉ de Saint-Martin-de-Tallevende.

MARTINIÈRE (LA), h. cⁿᵉ de Saint-Vigor-des-Mézerets.

MARTINIÈRE (LA), h. cⁿᵉ de Vaudry.

MARTINIQUE (LA), f. cⁿᵉ de Saint-Gabriel.

MARTIN-LAUNAY, h. cⁿᵉ de Saint-Germain-de-Tallevende.

MARTINS (LES), vill. cⁿᵉ de Grand-Mesnil.

MARTINS (LES), h. cⁿᵉ de la Ferrière-Harang.

MARTINS (LES), h. cⁿᵉ de Trungy.

MARTINVILLE, fief d'*Auvillers*, 1620 (fiefs de la vicomté d'Auge).

MARTINVILLE, h. cⁿᵉ de Lessard-et-le-Chêne. — Fief *Sacqueray*, assis dans la paroisse, 1374 (ch. de l'abb. des Vignats, n° 136).

MARTRAGNY, cⁿ de Creully. — *Martragneium, Martreneyum*, 1227 (ch. de l'abb. de Mondaye). — *Martrigneium, Martrigny*, 1371 (visite des for-

teresses). — *Martrengny*, 1405 (assiette des feux de la vicomté de Caen). — *Martregny*, 1540 (Grands-Jours de Bayeux). — *Martraigny*, 1637 (aveux de la vicomté de Bayeux).

Par. de Notre-Dame, deux cures; patr. l'abbé de Longues et l'abbé de Lessay. Prieuré de Saint-Léger et de Sainte-Madeleine, donné au xiiᵉ siècle à l'abbaye de Saint-Sauveur-le-Vicomte. — Dioc. de Bayeux, doy. de Maltot. Génér. et élect. de Caen, sergent. de Creully.

Le quart de fief de *Martragny* ou fief de *l'Espervier* relevait du plein fief de *Blagny-la-Quieze*, 1637 (aveux de la vicomté de Bayeux).

MARVINDIÈRE (LA), h. cⁿᵉ de Montchamp.

MASLERIE (LA GRANDE et LA PETITE-), h. cⁿᵉ de Roullours.

MASLERIE (LA), h. cⁿᵉ de Truttemer-le-Grand.

MASLIÈRES (LES), vill. cⁿᵉ de Neuilly. — *Les Mâlières*, 1848 (état-major).

MASLIÈRES (LES), h. cⁿᵉ de Tournières.

MASLON, h. cⁿᵉ de Saint-Contest. — *Marlon*, 1179 (ch. de l'abb. d'Ardennes, n° 19). — *Mâlon*, 1848 (état-major).

MASSE (LA), h. cⁿᵉ de Guéron.

MASSE (LA), q. cⁿᵉ de Tournebu.

MASSE-DE-GRODALLE (LA), écart, cⁿᵉ de Fontenailles.

MASSERIE (LA), h. cⁿᵉ de Courson.

MASSIEU, q. cⁿᵉ de Fontenay-le-Pesnel.

MASSONNIÈRE (LA), h. cⁿᵉ de Saint-Denis-de-Méré.

MASSURÉES (LES), h. cⁿᵉ de Fervaques.

MASSURÉES (LES), h. cⁿᵉ de Notre-Dame-de-Courson.

MASURE (LA), h. cⁿᵉ d'Amayé-sur-Seulle.

MASURE (LA), h. cⁿᵉ d'Annebecq.

MASURE (LA), h. cⁿᵉ de Bernières-le-Patry.

MASURE (LA), h. cⁿᵉ de Clinchamps.

MASURE (LA), f. cⁿᵉ de Coulonces.

MASURE (LA), h. cⁿᵉ de Hamars.

MASURE (LA), q. cⁿᵉ de Littry.

MASURE (LA), f. cⁿᵉ de Montchauvet.

MASURE (LA), h. cⁿᵉ de Pleines-OEuvres.

MASURE (LA), h. cⁿᵉ de Saint-Aubin-des-Bois.

MASURE (LA), h. cⁿᵉ du Tourneur.

MASURE-DU-BOURG (LA), h. cⁿᵉ de Saint-Martin-de-Tallevende.

MASURE-GAILLON (LA), h. cⁿᵉ de Neuville.

MASURERIE (LA), h. cⁿᵉ de Livry.

MASURES (LES), h. cⁿᵉ de Cauville.

MASURES (LES), h. cⁿᵉ de Courvaudon.

MASURES (LES), h. cⁿᵉ du Mesnil-Caussois.

MASURES (LES), h. cⁿᵉ du Mesnil-Robert.

MASURES (LES), h. cⁿᵉ du Plessis-Grimoult.

MASURES (LES), h. cⁿᵉ de Saint-Martin-des-Besaces.

Masures (Les), h. c^{ne} de Truttemer-le-Petit.

Masures (Les), h. c^{ne} de Vassy.

Masures-Morel (Les), h. c^{ne} de Saint-Germain-de-Tallevende..

Masurette (La), h. c^{ne} de Landelles-et-Coupigny.

Masurie (La), h. c^{ne} de Clinchamps.

Masurie (La), h. c^{ne} de Landelles-et-Coupigny.

Masurie (La), h. c^{ne} de Neuville.

Masurie (La), h. c^{ne} de Sainte-Marie-outre-l'Eau.

Masurier (Le), h. c^{ne} de Landelles-et-Coupigny.

Masuries (Les), h. c^{ne} de Notre-Dame-de-Courson.

Mathan, vill. c^{ne} de Longvillers. — *Matum*, *Matonum*, 1195 (magni rotuli, p. 53). — *Matonium*, 1198 (*ibid.* p. 24). — *Matonus*, 1229; *Maton*, 1258 (ch. de la Trinité). — *Mathon*, 1290 (ch. de l'abb. d'Ardennes, n° 341).

Le fief de Mathan, qui s'étendait sur Aunay, Beauquay et le Mesnil-au-Grain, 1669 (aveux de la vicomté de Caen), fut érigé, en 1736, pour Bernardin de Mathan, lieutenant au gouvernement de Caen, en un marquisat comprenant les fiefs de *Saint-Pierre-de-Semilly*, *Mesnil-Sigand*, *Saint-André-de-Lépine*, ressortissant à la vicomté de Caen (chambre des comptes de Rouen, t. II, p. 105). Fief *Saint-Ouen* ressortissant à la baronnie de Douvre.

Mathan, f. c^{ne} de Méry-Corbon.

Mathan, f. c^{ne} de Pierrefitte (Falaise).

Mathieu, c^{on} de Douvre. — *Mathonium*, xi° s° (enquête, p. 430). — *Matoen*, 1155 (Wace, rom. de Rou). — *Matonium*, 1195 (magni rotuli, p. 53). — *Mathon*, 1277 (cart. norm. n° 894, p. 211). — *Mathoen*, 1346 (ch. d'Ardennes, n° 456). — *Mathieu*, 1371 (visite des forteresses).

Par. de Notre-Dame, patr. l'évêque de Bayeux. Chapelle de Saint-Jean. Dioc. de Bayeux, doy. de Douvre. Génér. et élect. de Caen, sergent. d'Ouistreham.

La terre et seigneurie de Mathieu relevait de la baronnie de Creully. Les fiefs *Saint-Ouen* et *Balleroy*, assis à Mathieu, et la vavassorie de Mathieu relevaient de la baronnie de Douvre. Le fief *Saint-Aubin-et-Mathieu*, sis à Mathieu, plein fief de haubert, mouvait de la baronnie de Creully et ressortissait à la vicomté de Caen, 1460 (aveu de l'év. de Bayeux).

Mathurins (Les), vill. c^{ne} d'Ouilly-le-Vicomte.

Matouinière (La), h. c^{ne} de Lassy.

Mature (La), h. c^{ne} de Parfouru-l'Éclin.

Maubanguère (La), h. c^{ne} de la Graverie.

Maubardière (La), h. c^{ne} de Bernières-le-Patry.

Maubardière (La), h. c^{ne} du Molay.

Maubaudière (La), h. c^{ne} de la Graverie.

Calvados.

Mauberdière (La), h. c^{ne} de Saint-Martin-de-Blagny.

Maubuisson, h. c^{ne} d'Auquainville.

Maudidin, f. c^{ne} de Montchauvet.

Mauduitière (La), h. c^{ne} de Coulonces.

Maugendre, h. c^{ne} d'Auquainville.

Maugen, h. c^{ne} de Carville.

Maugeraie (La), h. c^{ne} de Sept-Vents.

Maulot (Le), h. c^{ne} de Banville.

Maulot (Le), h. c^{ne} de Carpiquet.

Maulot (Le), f. c^{ne} de Fenguerolles-sur-Seulle.

Mauminot, quart de fief de Vierville, Louvières et Asnières, 1616 (av. de la vicomté de Bayeux).

Mauny, f. c^{ne} de Cricqueville.

Mauny, h. c^{ne} de Roucamp.

Mauny, f. c^{ne} de Saint-Pierre-du-Mont.

Maupas (Le), h. c^{ne} d'Aunay.

Maupas (Le), h. c^{ne} du Molay.

Maupas (Le), h. c^{ne} de Neuville.

Maupas (Le), h. c^{ne} d'Ouilly-le-Vicomte.

Maupas (Le), h. c^{ne} de Saint-Germain-de-Tallevende. — *Ecclesia de Malo Passu*, xiv° s° (taxat. decim. dioc. Baioc.).

Maupas (Le), f. c^{ne} de Sully.

Maupertuis, h. c^{ne} de Longraye.

Deux fiefs assis à Maupertuis, relevant de la bar. de Longraye, appartenaient aux seigneurs d'Argouges.

Maupertuis, chât. et f. c^{ne} de Torteval. — *Sylva de Malopertuso*, 1077 (ch. de Saint-Étienne de Caen). — *Malum Foramen*, 1234 (lib. rub. Troarn. p. 134). — *Silvæ de Malopertusso*, 1273 (cart. norm. n° 826, p. 192). — *Malpertus*, 1554 (av. de l'abb. de Saint-Étienne de Caen).

Maureys (Les), h. c^{ne} de Saint-Philbert-des-Champs.

Mautry, chât. c^{ne} de Montpinçon.

Mauvaise-Eau (La), f. c^{ne} de Saint-Germain-de-Tallevende.

Mauvaisinière (La), h. c^{ne} de Coquainvilliers.

Mauviel, h. c^{ne} d'Amméville.

Mauville, h. c^{ne} d'Anneville.

May, c^{on} de Bourguébus. — *Mayeium*, 1050 (ch. de Fontenay). — *Moe*, 1136 (*ibid.*). — *Maeium*, 1195 (magni rotuli, p. 52, 2). — *Mae super Olnam*, 1227 (ch. d'Ardennes, n° 135). — *Maieum*, 1228 (ch. de Fontenay). — *Meium*, 1253 (*ibid.* p. 110). — *Moeium*, 1273 (*ibid.* n° 133). — *Moie*, 1294 (ch. de Barbery, n° 163). — *Moée*, *Mayeum*, *May sur Orne*, 1371 (visite des forteresses). — *May sur Oulne*, 1416 (ch. de Cordillon). — *Moy*, 1667 (carte de Le Vasseur). — *Maye*, 1682 (carte de Jolliot).

Par. de Notre-Dame, chap. de Saint-Thomas; patr.

l'abbé de Fontenay. Dioc. de Bayeux, doy. de Vaucelles. Génér. et élect. de Caen, sergent. de Bretteville-sur-Laize.

Fief de chevalier tenu de l'évêque de Bayeux, 1637 (fiefs de l'évêché, p. 434).

Une charte de Fontenay de 1227 fait mention de *la Roche-Dormant*, à May.

Mazeline, h. c^{ne} de Saint-Aubin-des-Bois.

Mazière (La), h. c^{ne} de Mont-Bertrand.

Meautry, h. c^{ne} de Montpinçon.

Mécanique (La), h. c^{ne} de Cheffreville.

Mécanique (La), h. c^{ne} du Fontenermont.

Méguiserie (La), h. c^{ne} de Saint-Germain-de-Tallevende.

Mehaye (La), m^{in}, c^{ne} de Grainville-sur-Odon.

Ménédiot, f. c^{ne} de Curcy. Fief de chevalier ayant son chef assis en la paroisse de Curcy-la-Malfillastre et autres lieux, 1485 (arch. nat. P. 272, n° 166).

Meheudière (La), vill. c^{ne} de Saint-Remy.

Meilleraie (La), h. c^{ne} de Cartigny-l'Épinay.

Meley-Sedouet, h. c^{ne} de Planquery.

Mélinerie (La), h. c^{ne} de Sainte-Honorine-de-Ducy.

Mélinière (La), h. c^{ne} du Gast.

Mélinière (La), f. c^{ne} de Landelles.

Mélinière (La), h. c^{ne} de Livarot.

Mélinière (La), h. c^{ne} de Notre-Dame-de-Courson.

Mélinière (La), h. c^{ne} de Saint-Aubin-des-Bois.

Mélinières (Les), h. c^{ne} de Landelles.

Melleville, h. c^{ne} de Longueville.

Melley (Le), h. c^{ne} de Foulognes.

Mellière (La), h. c^{ne} de Cahagnes. — *Melleria*, 1256 (ch. de Saint-Étienne de Fontenay, 92).

Melliers (Les), h. c^{ne} de Littry.

Ménage (Le), h. c^{ne} d'Étouvy.

Ménage (Le), h. c^{ne} de Pont-Farcy.

Ménagerie (La), h. c^{ne} de Saint-Germain-de-Tallevende.

Ménagerie (La), h. c^{ne} de Truttemer-le-Grand.

Ménardière (La), h. c^{ne} de Campeaux.

Ménardière (La), h. c^{ne} de Livry.

Ménardière (La), h. c^{ne} de Montamy.

Ménardière (La), h. c^{ne} de Mont-Bertrand.

Ménauderie (La), h. c^{ne} du Mesnil-Baclay.

Mencellerie (La), h. c^{ne} de Bonneville-la-Louvet.

Menier, h. c^{ne} de Manerbe.

Menjeauterie (La), h. c^{ne} de Saint-Germain-de-Tallevende.

Mennetière (La), h. c^{ne} de Saint-Sever.

Ménorière (La), h. c^{ne} du Gast.

Menuet (Le), h. c^{ne} de Saint-Germain-de-Livet.

Mer (La), q. c^{ne} d'Asnelles.

Mercerie (La), h. c^{ne} de Cernay.

Mercerie (La), f. c^{ne} de Cordebugle.

Mercerie (La), h. c^{ne} de Friardel. — *Merceria*, 1228 (ch. de Saint-Étienne de Fontenay, p. 44).

Mercerie (La), h. c^{ne} du Gast.

Mercerie (La), h. c^{ne} de Maisoncelles-la-Jourdan.

Mercerie (La), h. c^{ne} de Neuville.

Mercerie (La), h. c^{ne} de Viessoix.

Merciers (Les), q. c^{ne} de Fourches.

Merciers (Les), h. c^{ne} de Saint-Pierre-des-Ifs.

Mercourt, h. c^{ne} de Rully.

Mercy, f. c^{ne} de Castilly.

Merianne, h. c^{ne} du Tronquay.

Mérie (La), h. c^{ne} de Montchamp.

Mérie, chât. c^{ne} de Saint-Denis-de-Méré.

Menisier (Le), h. et f. c^{ne} de Beaumont.

Menisier-au-Coq (Le), h. c^{ne} de Firfol.

Merousière (La), h. c^{ne} de Condé-sur-Noireau.

Merrie (La), h. c^{ne} de Bures.

Merrie (La), h. c^{ne} de Roullours.

Merville, c^{on} de Troarn, c^{ne} accrue en 1826 de la c^{ne} du Buisson. — *Matervilla*, 1078 (ch. de la Trinité). — *Matrevilla*, v. 1161 (ch. de Saint-Étienne de Caen). — *Merrevilla*, 1268 (ch. de Fontenay, n° 108). — *Merravilla*, 1278 (ch. de la Trinité). — *Merreville*, 1343 (trésor des chartes, J. 220, n° 7).

Par. de Saint-Germain, dont Gonneville était l'annexe; prébende; patr. le chanoine du lieu. Dioc. de Bayeux, doy. de Troarn. Génér. et élect. de Caen, sergent. de Varaville.

Châtellenie-fief, partagée en 1593 en trois parties, *Vaux*, *l'Isle* et *la Bretonnière*, *Écajeul* ou *les Dunes*, s'étendant à Gonneville, le Buisson, Amfréville.

Mervilly, chât. c^{ne} de la Vespière.

Méry-Corbon, c^{on} de Mézidon. — *Mairreium*, 1165 (ch. de Troarn). — *Mereium*, 1195 (magni rotuli, p. 74). — *Merieium*, 1258 (ch. de Saint-André-en-Gouffern). — *Mérie*, 1297 (enquête). — Cette commune a été formée, en 1836, de la réunion des communes de Méry et de Corbon; une partie de celle de Méry a été jointe alors à Croissanville.

Par. de Saint-Martin, patr. l'abbé du Bec, au droit du prieuré de Bonne-Nouvelle de Rouen. Dioc. de Bayeux, doy. de Troarn. Génér. et élect. de Caen, sergent. d'Argences.

Le fief de *Manfetot*, dont le chef était assis à Méry, relevait de la baronnie de la Motte-Cesny. A la baronnie de Méry appartenaient les fief et seigneurie de *Launay*, le fief *au Français*, le fief de *la Rivière*, le quart de fief de *Gray*, le huitième de fief de *Gaudon*. Le plein fief de *la Chapelle* s'étendait aux Authieux-sur-Corbon, vicomté d'Auge, et à Bessières, vicomté de Caen, 1615 (aveux de la vicomté de Caen).

MÉSANGE (LA), h. c^ne de Touque. — *Mesauge*, 1848 (état-major).

MÉSANGÈRE (LA), h. c^ne de Saint-Germain-du-Crioult.

MÉSANGÈRE (LA), h. c^ne de Saint-Ouen-des-Besaces.

MÉSANNÉE (LE), h. c^ne de Tracy-Bocage. — *Messanée*, 1848 (état-major).

MÉSEDON, f. c^ne de Fontaine-le-Pin.

MESLAIRE (LE), h. c^ne de Moulines.

MESLAY, c^on d'Harcourt. — *Merlay, Meslay*, 1008 (dotal. Judith). — *Merlai*, 1180 (magni rotuli, p. 79). — *Merlaium*, 1207 (*ibid.* p. 174). — *Mellayum*, 1289 (*ibid.*). — *Mellaium, Meslaium*, xive s^e (livre pelut de Bayeux). — *Mellay*, 1371 (visite des forteresses).

Par. de Saint-Célerin, aujourd'hui Saint-Pierre; patr. le seigneur. Dioc. de Bayeux, doy. du Cinglais. Génér. d'Alençon, élect. de Falaise, sergent. de Tournebu.

Meslé, fief mouvant de la baronnie de la Motte-Cesny, uni en 1768 au fief de Donnay pour ne former qu'un seul fief, relevant du duché d'Harcourt.

MESLAY, h. c^ne de Foulognes.

MESLERIE (LA), h. c^ne de Cartigny-l'Épinay. — *Meillerie*, 1847 (Stat. post.).

MESLERIE (LA), h. c^ne de Clinchamps (Vire).

MESLERIE (LA GRANDE et LA PETITE-), h. c^ne de la Lande-Vaumont.

MESLERIE (LA), f. c^ne de Littry.

MESLERIE (LA), h. c^ne de Maisoncelles-la-Jourdan.

MESLET (LE), h. c^ne de Planquery.

MESLIÈBE (LA), f. c^ne de Cingal, ayant appartenu autrefois à l'abbaye de Fontenay.

MESLIÈRE (LA), h. c^ne de Pierrefitte.

MESLIÈRE (LA), h. c^ne de Tréprel. — *Meillière*, 1848 (Simon).

MESLIÈRES (LES), h. c^ne du Gast.

MESLIENS (LES), h. c^ne de Culey-le-Patry.

MESLIENS (LES), h. c^ne de Littry.

MESLIENS (LES), h. c^ne de Lingèvres.

MESLOGIS (LE), h. c^ne de Culey-le-Patry.

MESNERIE (LA), h. c^ne de Mont-Bertrand.

MESNERIE (LA), h. c^ne du Tourneur.

MESNIER, h. c^ne de Saint-Ouen-des-Besaces.

MESNIL (LE), h. c^ne d'Anctoville.

MESNIL (LE), h. et f. c^ne d'Argences.

MESNIL (LE), h. c^ne de Bavent.

MESNIL (LE), h. c^ne de la Bazoque.

MESNIL (LE), h. c^ne de Beaumesnil.

MESNIL (LE), h. c^ne de Benerville.

MESNIL (LE), h. et f. c^ne de Bréville.

MESNIL (LE), h. c^ne de Bricqueville.

MESNIL (LE), h. c^ne de Brocottes.

MESNIL (LE), vill. c^ne de Bucéels.

MESNIL (LE), h. c^ne de Bures.

MESNIL (LE), h. et f. c^ne de Cahagnes. — *Maisnil*, 1218 (charte de l'abbaye d'Aunay).

MESNIL (LE), h. c^ne de la Caine.

MESNIL (LE), h. c^ne de la Cambe.

MESNIL (LE), h. c^ne de Cambremer.

MESNIL (LE), h. c^ne de Campagnolles.

MESNIL (LE), h. c^ne de Campigny.

MESNIL (LE), h. f. et chât. c^ne de Carville.

MESNIL (LE), h. c^ne de Cauvicourt.

MESNIL (LE), h. c^ne de Clarbec.

MESNIL (LE HAUT et LE BAS-), h. c^ne de Condé-sur-Noireau.

MESNIL (LE), h. c^ne de Crocy.

MESNIL (LE), h. c^ne d'Équemauville.

MESNIL (LE), q. c^ne d'Éterville.

MESNIL (LE), f. c^ne de Fourches.

MESNIL (LE), h. et m^in, c^ne de Guéron.

MESNIL (LE), h. c^ne de Janville.

MESNIL (LE), h. c^ne de Lénault.

MESNIL (LE), h. c^ne de Lieury.

MESNIL (LE), h. c^ne de Lingèvres.

MESNIL (LE), h. c^ne de Livry.

MESNIL (LE), h. c^ne du Locheur.

MESNIL (LE), h. c^ne de Louvigny.

MESNIL (LE), h. c^ne de Malloué.

MESNIL (LE), h. c^ne de Marigny.

MESNIL (LE), h. c^ne de Mathieu.

MESNIL (LE), f. c^ne de Meslay.

MESNIL (LE), h. et f. c^ne de Mont-Bertrand.

MESNIL (LE), h. c^ne de Montigny.

MESNIL (LE), f. c^ne de Noyers.

MESNIL (LE), h. c^ne de Pertheville-Ners.

MESNIL (LE), h. c^ne du Pin.

MESNIL (LE), h. c^ne de Planquery.

MESNIL (LE), h. c^ne de Pleines-Œuvres.

MESNIL (LE), h. c^ne de la Pommeraye.

MESNIL (LE), h. c^ne de Préaux (Caen).

MESNIL (LE), m^in et usine, c^ne de Quetteville.

MESNIL (LE), h. et f. c^ne de Ranchy.

MESNIL (LE), h. c^ne du Reculey.

MESNIL (LE), f. c^ne de Russy.

MESNIL (LE), h. c^ne de Saint-Germain-le-Vasson.

MESNIL (LE), h. c^ne de Sainte-Honorine-de-Ducy.

MESNIL (LE), h. c^ne de Sainte-Marguerite-des-Loges.

MESNIL (LE), h. c^ne de Saint-Martin-aux-Chartrains.

MESNIL (LE), c^ne de Saint-Martin-du-Mesnil-Oury.

MESNIL (LE), h. c^ne de Saint-Omer.

Mesnil (Le), h. c⁰ᵉ de Saint-Ouen-des-Besaces.

Mesnil (Le), h. et f. cⁿᵉ de Saon.

Mesnil (Le), h. c⁰ᵉ de Saonnet.

Mesnil (Le), h. cⁿᵉ de Surrain.

Mesnil (Le), h. c⁰ᵉ de Tôtes.

Mesnil (Le), f. cⁿᵉ de Touque.

Mesnil (Le), h. cⁿᵉ de Tournebu.

Mesnil (Le), cⁿᵉ de Tracy-sur-Mer.

Mesnil (Le Grand et le Petit-), h. cⁿᵉ de Troismonts.

Mesnil (Le), h. cⁿᵉ de Vaux-sur-Aure.

Mesnil (Le), h. cⁿᵉ de Vieux-Fumé.

Mesnil-Asselin (Le), h. cⁿᵉ d'Ouilly-le-Vicomte. Chapelle de Saint-Gatien.

Mesnil-Asselin (Le), h. cⁿᵉ de Saint-Désir (Lisieux).

Mesnil-Asselin (Le), h. cⁿᵉ de Saint-Jacques (Lisieux).

Mesnil-au-Grain (Le), cᵒⁿ de Villers-Bocage. — *Maisnil Ougrin*, 1198 (ch. d'Aunay; n° 28). — *Mesnil Ongrin*, 1250 (*ibid.*). — *Mesnil Oulgrain*, 1250 (ch. du Plessis-Grimoult, n° 1066). — *Sanctus Audoenus de Mesnil Ougri*, 1417 (magni rotuli, p. 278). — *Mesnil Hongren*, 1455 (arch. nat. P. 271, n° 209). — *Ménilaugrain*, xviiiᵉ sᵉ (Cassini).

Par. de Saint-Ouen, patr. l'évêque de Bayeux; l'une des quatre par. camérières de l'év. de Bayeux. Dioc. d'Évreux. Génér. et élect. de Caen, sergent. d'Évrecy.

Fief noble dit *le Cleret*, 1455 (av. P. 271, n° 209), auquel étaient unis les fiefs nobles et verges de prévôté de *Malfillastre*, *Mehédiot* et *Fresne*.

Mesnil-au-Moine (Le), écart, cⁿᵉ de Clarbec.

Mesnil-Aumont (Le), h. cⁿᵉ de Barbery, manoir ayant appartenu à l'abbaye de Barbery. — *Maisnillum Hosmondi*, 1250 (ch. de Barbery, n° 315).

Mesnil-Aumont (Le), f. cⁿᵉ de Moulines.

Mesnil-Auzouf (Le), cⁿᵉ d'Aunay. — *Mesnillum Osulfi*, xiᵉ sᵉ (enquête, p. 247). — *Masnil Osulfi*, 1158 (bulle d'Adrien IV pour l'abb. de Saint-Sever). — *Mesnillum Osol*, 1198 (magni rotuli, p. 94). — *Mesnillum Ozouf*, M. *Ozouf*, xivᵉ sᵉ (taxat. decim. dioc. Baioc.). — *Mesnil Ouzouf*, 1628 (ch. des comptes de Rouen, t. III, p. 25). — *Mesnil Ausouls*, 1629 (av. de la vicomté de Vire). — *Mesnil aux Oufs*, 1675 (carte de Petite).

Par. de Saint-Christophe, aujourd'hui Saint-Cyr; patr. l'abbé de Saint-Sever. Chap. de Notre-Dame. Dioc. de Bayeux, doy. de Vire. Génér. de Caen, élect. de Vire, sergent. du Tourneur.

Ancienne baronnie ayant formé en 1628, avec les fiefs de *Crennes*, *Catehoule*, *Monthardron* et *Gueslin*, la baronnie de Crennes.

Mesnil-Auzouf (Le), h. cⁿᵉ de Lion-sur-Mer. — *Feodum Osulfi*, 1215 (ch. de Troarn, n° 6).

Mesnil-Bacley (Le), cᵒⁿ de Livarot. — *Mesnillum Bachelarii*, xiiᵉ sᵉ (pouillé de Lisieux, p. 48, note 3). — *Mesnillum Beclerii*, v. 1250 (cart. de Troarn, n° 66). — *Mesnillum Baccalerrii*, xviᵉ sᵉ (pouillé de Lisieux, p. 48). — *Mesnillum Baccarii*, 1575 (*ibid.* p. 48). — *Mesnil Baclé*, 1723 (d'Anville, dioc. de Lisieux). — *Mesnil Bacqueley*, 1778 (dénombr. d'Alençon).

Par. de Saint-Pierre, patr. l'abbé de Saint-Pierre-sur-Dive. Chapelle du *Val-Boutri*, dépendant de l'abb. de Saint-Pierre-sur-Dive; *capella de Valle Bouteri*, xviᵉ sᵉ (pouillé de Lisieux, p. 48). Dioc. de Lisieux, doy. du Mesnil-Mauger. Génér. d'Alençon, élect. de Falaise, sergent. de Saint-Pierre-sur-Dive.

Les fiefs de *Mont-Audin* et des *Mézerets* étaient assis au Mesnil-Bacley.

Mesnil-Bacon (Le), nom d'un fief relevant de la seigneurie du Fay, à Saint-Germain-de-Tallevende, 1642 (av. de la vicomté de Vire).

Mesnil-Benoît (Le), cⁿᵉ de Saint-Sever. — *Mesnil Benedicti*, 1278 (livre noir de Coutances).

Par. de Notre-Dame, patr. le seigneur. Dioc. de Coutances, doy. du Val-de-Vire. Sergent. de Pont-Farcy.

Mesnil-Besnard (Le), h. cⁿᵉ de Falaise.

Mesnil-Cablanc (Le), h. cⁿᵉ de Fontaine-Étoupefour.

Mesnil-Caussois (Le), cᵒⁿ de Saint-Sever. — *Mesnillum Chauceis*, 1278 (livre noir de Coutances). — *Mesnil Chauceys*, 1373 (livre blanc de Coutances). — *Mesnil Cauxoys*, 1610 (fiefs de la vicomté de Vire). — *Mesnil Cauxais* (*ibid.*). — *Mesnil Cauçois*, 1684 (av. de la vicomté de Vire).

Par. de Saint-Pierre, patr. l'abbé de Saint-Sever. Dioc. de Coutances, doy. de Montbray. Génér. de Caen, élect. de Vire, sergent. de Saint-Sever.

Mesnil-Condelier (Le), chât. cⁿᵉ de Quetteville. Fief mouvant de la baronnie de Blangy.

Mesnil-d'Eau (Le), h. cⁿᵉ de Saint-Germain-du-Crioult. — *Mesnillum Do*, 1198 (magni rotuli, p. 70).

Mesnil-de-Besneville (Le), h. cⁿᵉ de Brémoy.

Mesnil-de-la-Barre (Le), h. cⁿᵉ de Bréville.

Mesnil-de-la-Barre (Le), h. cⁿᵉ de Noyers.

Mesnil-Don (Le), h. cⁿᵉ de Lingèvres. — *Mesnil-Dan*, 1848 (état-major).

Mesnil-Donné (Le), h. cⁿᵉ de Tordouet.

Mesnil-Droit (Le), h. cⁿᵉ de Saint-Germain-du-Pert.

Mesnil-Du (Le), h. cⁿᵉ de Douville.

Mesnil-Du (Le), mᵒⁿ cⁿᵉ de Grangues.

MESNIL-DURAND (LE), c^{on} de Livarot. — *Mesnillum Durand* (magni rotuli, p. 71, 2). — *Mesnillum Durandi*, xive s^e (pouillé de Lisieux, p. 46). — *Mesnil Durant*, 1730 (temporel de Lisieux).

Par. de Saint-André, patr. le seigneur. Dioc. de Lisieux, doy. du Mesnil-Mauger. Génér. d'Alençon, élect. d'Argentan, sergent. d'Auge.

Fief du *Verger*, au Mesnil-Durand.

MESNIL-EUDES (LE), c^{on} de Lisieux (2e section). — *Mansus Odonis*, 1086 (cart. de la Trinité, p. 12). — *Mesnillum Odonis*, 1195 (magni rotuli, p. 87). — *Mesnil Oude*, 1694 (carte de Tolin).

Par. de Notre-Dame, patr. le seigneur. Dioc. de Lisieux, doy. de Livarot. Génér. de Rouen, élect. de Pont-l'Évêque, sergent. de Saint-Julien-le-Faucon.

MESNIL-FLOUX (LE HAUT et LE BAS-), h. c^{ne} de Fourneaux.

MESNIL-FLOUX (LE), vill. c^{ne} de Saint-Martin-du-Bû.

MESNIL-FRÉMENTEL (LE), c^{ne} réunie à Cagny en 1826. — *Le Mesnil de Froit Mantel*, 1371 (visite des forteresses et assiette des feux de la vicomté de Caen).

Par. de Saint-Barthélemy, patr. l'abbé de Fécamp. Dioc. de Bayeux, de l'exemption de l'abbé de Fécamp. Génér. et élect. de Caen, sergent. de Troarn.

MESNIL-GERMAIN (LE), c^{on} de Livarot. — *Mesnillum Germani*, xive s^e (pouillé de Lisieux, p. 54).

Par. de Saint-Germain, aujourd'hui Saint-Jean-Baptiste; deux cures; patr. le seigneur du lieu et l'abbé du Bec. Dioc. de Lisieux, doy. de Livarot. Génér. d'Alençon, élect. de Lisieux, sergent. d'Orbec.

Fief de *Grandval*, mouvant de la seigneurie de Fervaques.

MESNIL-GIRAUD (LE), h. c^{ne} de Donnay. — *Manil Gyrot*, xie s^e (chap. de Lisieux). — *Maisnil Gerout*, 1128 (ch. de Sainte-Barbe, n° 2). — *Mesnil Gerold*, 1137 (ibid. n° 5). — *Mesnil Gerolt*, 1148 (ibid.). — *Mesnil Girout*, v. 1250 (magni rotuli, p. 175).

MESNIL-GODARD (LE), h. c^{ne} de Croisilles.

MESNIL-GRAIN (LE), h. c^{ne} de Donnay.

MESNIL-GUÉRARD (LE), f. c^{ne} de la Hoguette. — *Mesnil Guérart*, 1234 (lib. rub. Troarn.).

MESNIL-GUILLAUME (LE), c^{on} de Lisieux (2e section). — *Mansum Willelmi*, 1198 (magni rotuli, p. 43). — *Mesnil Willelmi*, 1208 (ibid. p. 96). — *Mansus Guillelmi*, xiiie s^e (ch. de Saint-André-en-Gouffern, n° 123). — *Mesnillum Willelmi*, 1250 (ch. de l'hospice de Lisieux, n° 47). — *Mesnillum Guillelmi*, xive s^e (pouillé de Lisieux, p. 34).

Par. de Notre-Dame, patr. le seigneur du lieu. Dioc. de Lisieux, doy. d'Orbec. Génér. d'Alençon, élect. de Lisieux, sergent. de Moyaux.

Fief réuni à la baronnie de Culey-le-Patry, 1649 (ch. des comptes de Rouen, t. III, p. 126).

MESNIL-HENRI (LE), f. c^{ne} de Beaumais.

MESNIL-HERMIER (LE), f. c^{ne} d'Épinay-sur-Odon. — *Mesnillum Hermer*, 1277 (ch. pour Saint-Julien de Falaise). — *Mesnil Hermer*, 1585 (papier terrier de Falaise, p. 171).

MESNIL-HERMILLY (LE), h. c^{ne} des Moutiers-en-Cinglais.

MESNIL-HUBERT (LE), h. c^{ne} de Montamy. — *Maisnillum, Maisnillum Huberti*, 1234 (ch. de l'abb. de Fontenay, p. 129). — *Mesnil Hébert*, 1682 (carte de Jolliot).

Le fief de *Mesnil Hubert* ressortissait à la vicomté de Vire, 1585 (papier terrier de Falaise).

MESNIL-IMBERT (LE), h. c^{ne} de Livarot.

MESNIL-JACQUET (LE), h. et f. c^{ne} de Pierrepont.

MESNIL-LANDON (LE), h. c^{ne} de Lingèvres.

MESNILLET (LE), h. et m^{in}, c^{ne} de Bernières-le-Patry.

MESNIL-LEVREAU (LE), h. c^{ne} de Curcy.

MESNIL-LEVREAU (LE), h. c^{ne} de Livry.

MESNIL-LIEUREY (LE), h. c^{ne} de Lieurey. — *Mesnil Lieuré*, 1723 (d'Anville).

MESNIL-MANISSIER (LE), h. c^{ne} de Saint-Germain-le-Vasson. — *Mesnil Manesq in parrochia Sancti Germini le Vachon*, 1257 (ch. de Barbery, n° 311).

MESNIL-MARTIN (LE), h. c^{ne} de Culey-le-Patry.

MESNIL-MAUGER (LE), c^{on} de Mézidon. — *Mesnillum Malgerii, M. Maugerii*, 1082 (cart. de la Trinité). — *Mansio Malgerii*, 1145 (ch. de Sainte-Barbe-en-Auge). — *Mesnil Malger*, 1148 (ch. de Sainte-Barbe, 7). — *Maisnillum Maugeri*, 1198 (magni rotuli, p. 30, 2). — *Mesnil Maucier*, xive s^e (taxat. decim. dioc. Baioc.).

Par. de Saint-Étienne, deux portions; patr. le chapitre de Lisieux et le prieur de Sainte-Barbe. Dioc. de Lisieux, siège d'un doyenné. Génér. d'Alençon, élect. de Falaise, sergent. de Saint-Pierre-sur-Dive.

Fief du *Coing*, en la paroisse du Mesnil-Mauger (arch. nat. P. 272, n° 231). — Outre ce fief, ceux de *Capomesnil* ou de *Carrouges*, du *Vieux-Manchon* et de *Méheudin* étaient assis au Mesnil-Mauger, 1318 (ch. de Barbery, n° 465). Le huitième de fief de *Grand-Champ*, assis en la même paroisse, mouvait de la vicomté d'Auge, sergent. de Cambremer.

Le doyenné du Mesnil-Mauger, en l'archidiaconé d'Auge (diocèse de Lisieux), comprenait : Saint-Georges-en-Auge, Biéville, Quetteville, Quétiéville, Lessard-en-Auge, Saint-Loup-de-Fribois, Écajeul, Ouville-la-Bien-Tournée, Sainte-Marie-aux-Anglais, Saint-Michel-de-Livet, Vieux-Pont-en-Auge, Boissey-en-Auge, Mittois, Saint-Martin-de-Fresnay, Notre-Dame-de-Fresnay, Garnetot,

Montpinçon-en-Auge, la Gravelle, le Tilleul-en-Auge, Montviette, Sainte-Marguerite-de-Viette, Catillon-en-Auge, Heurtevent, Tortisambert, le Mesnil-Durand, le Chesne-en-Auge, Saint-Julien-le-Faucon (le Foulcon), le Mesnil-Simon, la Boissière-en-Auge, la Houblonnière, Saint-Aubin-sur-Algot, Livaye, Monteille, les Authieux-Papion, Grandchamp, le Mesnil-Mauger, Mézidon, Ammeville, la Motte-en-Auge, Saint-Maclou-en-Auge, Saint-Pierre-des-Ifs-en-Auge, Saint-Martin-des-Noyers, Cerqueux-sur-Vie, Saint-Crespin-sur-Vie, Douxmarais, le Mesnil-Oury, le Mesnil-Bacley, Mirebel, Soquence, Coupesarte, les Moutiers-en-Auge. A ce doyenné appartenaient les prieurés de Fribois, de Lécaude, de Sainte-Barbe-en-Auge.

MESNIL-NOBLE (LE), h. c^ne de Montigny.

MESNIL-OGER (LE). — *Mesnil Ogier*, 1291 (livre des jurés de Saint-Ouen de Rouen). Voir SAINT-OUEN-DU-MESNIL-OGER.

MESNIL-OURY (LE), c^te réunie en 1831 à celle de Saint-Martin-des-Noyers, sous le nom de Saint-Martin-du-Mesnil-Oury. — *Maisnile Urselli*, 1082 (cart. de la Trinité). — *Mesnil Ourry*, xive s^e (taxat. decim. dioc. Baioc.). — *Sainte Trinité du Mesnil Ourri; Mesnillum Orrici*, xvie s^e (pouillé de Lisieux, p. 48). — *Mesnil Ouryl*, 1730 (temp. de Lisieux). — *Menil Oury, dit la Trinité*, xviiie s^e (Cassini).
Par. de la Trinité, patr. le seigneur du lieu. Dioc. de Lisieux, doy. du Mesnil-Mauger. Génér. d'Alençon, élect. de Falaise, sergent. de Saint-Pierre-sur-Dive.

MESNIL-PATRY (LE), c^on de Tilly-sur-Seulle. — *Masnil Patric, Maisnillum Patric*, 1024 (ch. en faveur de Saint-Vandrille, arch. de la Seine-Inférieure). — *Maisnillum Patricii*, 1214 (cart. de Fontenay, n° 6). — *Mesnillum Patric*, 1230 (*ibid.*). — *Mesnillum Patriq*, 1254 (*ibid.* p. 87). — *Mesnil Patric* (*ibid.* p. 121). — *Mesnillum Patriz*, 1278 (*ibid.*). — *Mesnillum Patricii*, xive s^e (taxat. decim. dioc. Baioc.). — *Mesnyl Patry* (fief de), 1484 (arch. nat. P. 272, n° 171).
Par. de Saint-Julien, patr. le seigneur du lieu. Dioc. de Bayeux, doy. de Fontenay-le-Pesnel. Génér. et élect. de Caen, sergent. de Cheux.
Plein fief nommé le *fief Patry*, s'étendant à Cristot, Brouay, Mondrainville et Mouen. Les fiefs de *Vacognes*, de *Cairon* et *Patry*, sis à *Bougy*, et d'*Avenay* à Mondrainville, relevaient de ce plein fief qui prit en 1621 le nom de fief *Cristot-Courson* (ch. des comptes de Rouen).

MESNIL-POISSON (LE), m^on c^ne de Clarbec.

MESNIL-RIANT (LE), chât. c^ne de Falaise.

MESNIL-ROBERT (LE), c^ne de Saint-Sever. — *Mesnil Robert*, 1008 (dotal. Judith). — *Mesnillum Roberti*, 1273 (livre noir de Coutances).
Par. de Saint-Pierre, prieuré-cure; patr. l'abbé de la Luzerne. Dioc. de Coutances, doy. du Val-de-Vire. Génér. de Caen, élect. de Vire, sergent. de Pont-Farcy.
Fief relevant de la vicomté de Caen, 1453 (arch. nat. P. 271, n° 294). Un tiers de fief, appartenant, au xviie s^e, à Louis de Gouvets, 1615 (aveux de la vicomté de Vire).

MESNIL-ROGER (LE), h. c^ne de Saint-Martin-de-Sallen.

MESNILS (LES), vill. c^ne de Beaumesnil.

MESNILS (LES), h. c^ne de la Pommeraye.

MESNILS (LES), chât. c^ne de Sainte-Honorine-du-Fay.

MESNIL-SAINT-GERMAIN (LE), f. c^ne de Touque.

MESNIL-SALE (LE), f. c^ne de Saint-Germain-du-Crioult.

MESNIL-SAULCE (LE), h. c^ne de Fresney-le-Vieux. Château ayant été habité par Choron et sa famille.

MESNIL-SAUVAGE (LE), h. c^ne de Sainte-Marie-outre-l'Eau.

MESNIL-SIMON (LE), h. c^ne de Brucourt.

MESNIL-SIMON (LE), c^on de Lisieux (2e section). — *Mesnil Simont*, 1148 (ch. de Sainte-Barbe, p. 7). — *Mesnillum Symonis*, xive s^e (pouillé de Lisieux, p. 46).
Par. de Notre-Dame, patr. l'abbé du Bec. Chapelle de Saint-Jean et de Saint-Marc. Dioc. de Lisieux, doy. du Mesnil-Mauger. Génér. de Rouen, élect. de Pont-l'Évêque, sergent. de Saint-Julien-le-Faucon.
Fief de *la Maison-des-Douaires*.

MESNIL-SOLEIL (LE), chât. c^ne de Damblainville, situé au pied du mont d'Éraines, sur la rive gauche de l'Ante.

MESNIL-SUR-BLANGY (LE), c^on de Blangy. — *Mesnillum super Blangeium*, xive s^e (pouillé de Lisieux, p. 37).
Par. de Saint-Martin, deux portions; patr. le seigneur du lieu et le chapelain de Moulineaux. Dioc. de Lisieux, doy. de Touque. Génér. de Rouen, élect. de Pont-l'Évêque, sergent. de Saint-Julien-sur-Calonne.
Le plein fief du Mesnil-sur-Blangy relevait de la vicomté d'Auge, sergent. de Saint-Julien-sur-Calonne.

MESNIL-TOUFFRAY (LE), c^ne réunie à Barbery en 1846. — *Mesnillum Touffredi*, 1284 (ch. de l'abb. de Barbery, n° 103). — *Mesnillum Toffredi, M. Toufredi*, xive s^e (taxat. decim. dioc. Baioc.). — *Maisnil Touffrey*, 1307 (Delisle, agric. en Normandie, p. 725). — *Mesnil Toufray*, 1371 (visite des forteresses). — *Mesnil Touffray*, 1454 (arch. nat. P. 271, n° 208). — *Mesnil Toufré*, 1675 (carte de Petite).
Par. de Saint-Martin, patr. le seigneur du lieu.

Dioc. de Bayeux, doy. du Cinglais. Génér. d'Alençon, élect. de Falaise, sergent. de Tournebu.

Fief de *la Longuie* et plus tard de *Thury-Harcourt*. Plein fief de haubert ressortissant à la vicomté de Falaise.

MESNIL-VILLEMENT (LE), c^on de Falaise (2e division). — *Maisnillum Winement*, 1198 (magni rotuli, p. 31, 2). — *Maisnil au Vicomte, parrochia du Mesnil au Vesconte*, 1237 (ch. de l'hospice de Lisieux, n° 43). — *Mesnil Villemant*, 1463 (cart. d'Ardennes). — *Mesnil Vinnemant*, 1477 (aveux d'Harcourt). — *Mesnil Vilment*, 1586 (papier terrier de Falaise, p. 172). — *Ménil Vilment*, 1758 (carte de Vaugondy).

Par. de Saint-Martin, patr. le seigneur du lieu. Dioc. de Séez, doy. d'Aubigny. Génér. de Caen, élect. de Falaise, sergent. de Thury.

Le fief du *Buisson*, assis au Mesnil-Villement, était un membre de la baronnie de Saint-Clair.

MESNOUZIÈRE (LA), h. c^ne de Condé-sur-Noireau.

MESSINE-JEAN, f. c^ne de Villers-Canivet.

MESTRY, c^on d'Isigny. — *Mestrie*, 1291 (ch. de Saint-Étienne de Caen). — *Maestreyum*, XIVe s^e (livre pelut de Bayeux, p. 56). — *Maistry*, 1637 (aveux de la vicomté de Bayeux).

Par. de Notre-Dame, prieuré-cure; patr. l'abbé de Saint-Lô. Dioc. de Bayeux, doy. de Couvains. Génér. de Caen, élect. de Bayeux, sergent. d'Isigny.

Les fiefs de *la Bretonnière* et de *Semilly*, dont le chef était assis à Mestry, relevaient de la baronnie d'Isigny. Ils appartenaient au XVIe siècle à la famille d'Écajeul.

MÉTAIRIE (LA), h. et f. c^ne de Bonnemaison.

MÉTAIRIE (LA), h. c^ne de Campagnolles.

MÉTAIRIE (LA), h. et f. c^ne de Cauville.

MÉTAIRIE (LA), h. c^ne de Curcy.

MÉTAIRIE (LA), f. c^ne de Fourneaux.

MÉTAIRIE (LA), h. c^ne de la Hoguette.

MÉTAIRIE (LA), h. c^ne du Plessis-Grimoult.

MÉTAIRIE (LA), h. c^ne de Saint-Jean-le-Blanc.

MÉTAIRIE (LA), h. c^ne de Sainte-Marie-Laumont.

MEULLE (LA), h. c^ne de la Chapelle-Yvon.

MEULLES, c^on d'Orbec. — *Molœ*, 1195 (ch. de Saint-Taurin d'Évreux). — *Mollæ, Moeles*, XVIe s^e (pouillé de Lisieux, p. 32).

Par. de Saint-Pierre, patr. l'abbé de Saint-Pierre-sur-Dive. Dioc. de Lisieux, doy. d'Orbec. Génér. et élect. d'Alençon, sergent. d'Orbec.

Le fief noble de *Grandouet*, assis à Meulles, fut érigé en 1653. Fiefs *Bellot*, de *la Cristoflière*, des *Calouges, Galaffre, la Broche, Alermingier, Roger-*Duchemin, le Chat, Saffray, Yvelin, Nicolle, Courtois, les Boschers, Charons, Manetot et Duval*, ressortissant à la vicomté d'Orbec, 1320 (fiefs de la vicomté d'Orbec).

MEURDRÉES (LES), h. c^ne de Villers-sur-Mer.

MEUVAINES, c^on de Ryes. — *Mevania*, 1198 (magni rotuli, n° 72, p. 48). — *Mevaine*, 1229 (ch. de Fontenay, n° 4). — *Mevenigna*, 1231 (ibid.). — *Meuveignes*, 1231 (ch. de l'abb. de Longues, n° 35). — *Mevenne*, 1232 (ch. de l'abb. de Mondaye). — *Mevene*, 1269 (cart. norm. n° 784, p. 180). — *Muvana*, 1277 (ibid. n° 902, p. 216). — *Myvana* (ibid.). — *Mauvana*, 1286 (chap. de Bayeux, 134 bis). — *Mevena*, XIVe s^e (taxat. decim. dioc. Baioc.).

Par. de Saint-Manvieu, patr. l'abbé de Saint-Julien de Tours, puis l'évêque de Bayeux en 1740. Dioc. de Bayeux, doy. de Creully. Génér. de Caen, élect. de Bayeux, sergent. de Graye.

Demi-fief relevant de la baronnie de Creully. Fief noble relevant du roi; autre fief relevant de la baronnie de Creully. *Beauchamp*, fief de Meuvaines. *Bellus Campus in Mevana*, 1276 (chap. de Bayeux, n° 138).

MEUVAINES, h. c^ne de Crépon.

MÉZAISE, h. c^ne d'Amfréville.

MÉZERAY (LE), h. c^ne de Grandmesnil.

MÉZERAY (LE), q. c^ne de Grangues.

MÉZERAY (LE), f. c^ne de Montchauvet.

MÉZERAY (LE), f. c^ne de Tréprel.

MÉZERAY (LE), h. et f. c^ne de Villers-sur-Mer.

MÉZERETS (LES), fief sis au Mesnil-Bacley.

MÉZERETS (LES), h. c^ne de Saint-Vigor-des-Mézerets. — *Mezerez*, 1257 (magni rotuli, p. 174). — *Sanctus Vigor de Maiseretis*, 1476 (cart. du Plessis-Grimoult).

Demi-fief de chevalier, s'étendant à Saint-Remy-de-Lassy, Laroque et Vassy, d'où relevaient les fiefs *Canteil* ou *Cantil, Aubœuf* et *Potier*, v. 1610 (av. de la vicomté de Vire).

MÉZIDON, ch.-l. de c^on, arrond. de Lisieux. — *Mansus Odonis*, 1137 (ch. de Sainte-Barbe). — *Mansio Odonis*, 1145 (lettre d'Haymon, abbé de Saint-Pierre-sur-Dive). — *Mezedon*, 1155 (Wace, rom. de Rou, v. 8952). — *Mesodon*, 1198 (magni rotuli, p. 43). — *Mesodon*, XIVe s^e; *Meusedon*, XVIe s^e (pouillé de Lisieux, p. 46). — *Meridon*, 1667 (carte de Le Vasseur).

Par. de Notre-Dame, patr. le prieur de Sainte-Barbe. Dioc. de Lisieux, doy. du Mesnil-Mauger. Génér. d'Alençon, élect. de Falaise, sergent. de Jumel.

Le lieu *Corches*, fief de Mézidon, 1610 (aveux de la vicomté de Vire).

Mezières (Les), h. c^ne de Saint-Martin-des-Besaces.

Miaules (Les), h. c^ne de Clécy.

Michaudière (La), h. c^ne de Sept-Vents.

Michellerie (La), m^on, c^ne de Clécy.

Michellerie (La), h. c^ne de Viessoix.

Michellière (La), h. c^ne de Vassy.

Michelon, h. c^ne du Mesnil-Patry.

Midi, h. c^ne de Soignolles.

Miebord (Le), h. c^ne de Fontaine-Étoupefour.

Mière (La), h. c^ne de la Graverie.

Miette (La), h. et f. c^ne de Noron.

Miette (La), c^ne de Saint-Martin-de-Mieux.

Miette (La), h. c^ne de Saint-Martin-du-Bû.

Miette (La), h. c^ne du Vey.

Mieux. Voir Saint-Vigor-de-Mieux.

Mignonnerie (La), h. c^ne de Presles.

Mignonnière (La), h. c^ne de Pierrefitte.

Mignotière (La), h. c^ne de Saint-Cyr-du-Ronceray.

Migny, h. c^ne de Jurques.

Milaiserie (La), h. c^ne d'Ouilly-le-Vicomte.

Milambert (Le), chât. et m^in, c^ne de Lingèvres.

Milbret, q. c^ne de Crépon.

Mille-Harts, h. c^ne de Roullours.

Mille-Harts (Bois de), c^ne de Thury-Harcourt.

Millements (Les), h. c^ne de Manneville-la-Pipard.

Milletière (La), h. c^ne de Lisores.

Millets (Les), h. c^ne du Brèvedent.

Millière (La), h. c^ne de Cahagnes.

Millière (La), h. c^ne de Pierres.

Millière (La), h. c^ne de Vassy. — *Mihière*, 1848 (état-major).

Millionnerie (La), h. c^ne du Bény-Bocage.

Milly, q. c^ne de Bénouville.

Milly, h. c^ne de Noron. — *Millei, Milleium*, 1082 (cart. de la Trinité, p. 5). — *Merleium*, 1234 (parv. lib. rub. Troarn.). — *Milli*, 1245 (cart. de Troarn, ch. 76). — *Millie*, 1248 (ch. de Barbery, n° 313).

Fief *Bausan*, sis en la paroisse de Milly, 1484 (arch. nat. P. 272, n° 148).

Milousière (La), h. c^ne de Neuville.

Milvaudière (La), f. c^ne de Pierrefitte (Falaise).

Mincerie (La), h. c^ne de Campeaux.

Minerai (Le), h. c^ne de Meulles.

Minerettes (Les), h. c^ne de Cerqueux.

Minerettes (Les), h. c^ne de Meulles.

Mines (Les), vill. c^ne de Littry. — *La Mine*, 1848 (état-major).

Minet, h. c^ne de Colombières.

Minfrerie (La), h. c^ne de Viessoix.

Mingotterie (La), h. c^ne de Grangues.

Minguère (La), h. c^ne de Saint-Germain-du-Crioult.

Minière (La), h. c^ne de la Graverie.

Minière (La), h. et f. c^ne d'Orbec.

Minières (Les), chât. et f. c^ne du Détroit.

Minières (Les), excavations sur le coteau nord de la c^ne de Moulines.

Minières (Les), h. c^ne d'Ondefontaine.

Minières (Les), h. c^ne d'Ouilly-le-Basset.

Miniot, h. c^ne de Cheffreville. — *Mignot*, 1847 (Stat. post.).

Minotière (La), h. c^ne de Clinchamps (Vire).

Minotière (La), h. c^ne de la Graverie.

Minotinière (La), h. c^ne de Champ-du-Boult.

Minotinière (La), h. c^ne de Saint-Cyr-du-Ronceray.

Miocque, éc. c^ne de Touque.

Mirebel, f. c^ne de Croissanville.

Mirebel, c^ne réunie à Quétiéville en 1831. — *Mirebel*, 1148 (ch. de Sainte-Barbe). — *Mirebellum*, xvie s^e (pouillé de Lisieux, p. 48). — *Mirbel*, 1730 (temp. de l'év. de Bayeux).

Par. de Saint-Pierre, patr. le prieur de Sainte-Barbe. Dioc. de Lisieux, doy. du Mesnil-Mauger. Génér. d'Alençon, élect. de Falaise, sergent. de Saint-Pierre-sur-Dive.

Mirerie (La), h. c^ne de Livry.

Mirodière (La), h. c^ne de Sainte-Marie-Laumont.

Mishareng, h. c^ne de Litteau. — *Mi-Hareng*, 1847 (Stat. post.). — *Misharand*, 1848 (Simon).

Missy, c^ne de Villers-Bocage. — *Misseium*, 1190 (ch. de Saint-Étienne de Caen). — *Misseyum*, xive s^e (taxat. decim. dioc. Baioc.). — *Messy*, 1417 (magni rotuli, p. 278). — *Missie*, 1482 (coutumes de l'abbé de la Trinité de Caen). — *Michy*, 1653 (carte de Tassin). — *Messy*, 1723 (d'Anville).

Par. de Saint-Jean-Baptiste, prébende; patr. le chanoine de Missy. Dioc. de Bayeux, doy. de Fontenay-le-Pesnel. Génér. et élect. de Caen, sergent. de Villers.

Tiers de fief, sis à Messy, relevant de la baronnie de Monfréville.

Mitaine, q. c^ne de Saint-Martin-de-Blagny.

Mitouflet, h. c^ne de Vassy.

Mitre-Camps, h. c^ne de Livry. — *Mitre-Caen*, 1848 (état-major).

Mittelets (Les), h. c^ne de la Folletière-Abenon.

Mittois, c^ne de Saint-Pierre-sur-Dive. — *Mitois*, 1180 (pouillé de Lisieux, p. 46, note 4). — *Sanctus Gervasius de Mitoys*, 1281 (ch. de Friardel). — *Mittois*, xive s^e (pouillé de Lisieux, p. 46). — *Mithois*, 1585 (papier terrier de Falaise). — *Mitois*, 1723 (d'Anville, dioc. de Lisieux). — *Mitoye*, 1758 (carte de Vaugondy). — *Mittoys*, xviiie sᵉ (Cassini).

Par. de Saint-Gervais, aujourd'hui Saint-Jean; patr. l'abbé de Saint-Pierre-sur-Dive. Dioc. de Lisieux, doy. du Mesnil-Mauger. Génér. de Caen, élect. de Falaise, sergent. de Saint-Pierre-sur-Dive.

Arrière-fief mouvant de la vicomté de Falaise.

Moc (Le), h. cⁿᵉ de la Ferrière-Duval.

Mocque-Souris (La), h. cⁿᵉ de Saint-Julien-de-Mailloc.

Mogisière (La), h. cⁿᵉ de Cauville.

Moinerie (La), h. cⁿᵉ de Champt-du-Boult.

Moinerie (La), f. cⁿᵉ de Maisoncelles-la-Jourdan.

Moinerie (La), h. cⁿᵉ du Mesnil-Bacley. — *La Monerie* (Soc. des ant. de Norm. t. XXVI).

Moinerie (La), h. cⁿᵉ de Montchauvet.

Moinerie (La), h. cⁿᵉ de Pleines-OEuvres.

Moinerie (La), mⁿ, cⁿᵉ de Presles.

Moinerie (La), f. cⁿᵉ de Roullours.

Moinerie (La), h. cⁿᵉ de Saint-Martin-Don.

Moinerie (La), h. cⁿᵉ de Saint-Vaast.

Moinerie (La), h. cⁿᵉ du Theil.

Moinerie (La), h. cⁿᵉ du Tronquay.

Moinerie (La), h. cⁿᵉ d'Urville.

Moines (Les), f. cⁿᵉ de Clarbec.

Moines (Les), q. cⁿᵉ de Versainville.

Moirie (La), h. cⁿᵉ de Saint-Manvieu (Vire).

Moisonnerie (La), h. cⁿᵉ de Corville.

Moisonnière (La), h. cⁿᵉ de Croisilles.

Moisonnière (La), h. cⁿᵉ de Fervaques.

Moisonnière (La), h. cⁿᵉ de Grand-Mesnil.

Moisonnière (La), h. cⁿᵉ de Lassy.

Moisonnière (La), f. cⁿᵉ de Monts.

Moisonnière (La), h. cⁿᵉ des Moutiers-en-Cinglais.

Moisonnière (La), h. cⁿᵉ de Quilly.

Moisonnière (La), h. cⁿᵉ de Saint-Martin-de-Tallevende.

Moisonnière (La), h. cⁿᵉ de Vassy.

Moisonnière (La), h. cⁿᵉ de Vignats.

Moissons (Les), h. cⁿᵉ de Saint-Martin-des-Besaces.

Molandé, vill. cⁿᵉ de Saonnet. — *Malandé*, 1847 (Stat. post.).

Molandin, h. cⁿᵉ de Planquery.

Molants (Les), h. cⁿᵉ d'Auquainville.

Molay (Le), cⁿ de Balleroy. — *Le Molay Bacon, Molei*, 1155 (Wace). — *Maulay*, 1204 (magni rotuli, p. 112). — *Moletum Baconis*, xivᵉ sᵉ (livre pelut de Bayeux). — *Mollay Bacon*, 1469 (arch. nat. P. 272, n° 46).

Par. de Saint-Nicolas, patr. le seigneur du lieu. Dioc. de Bayeux, doy. des Veys. Génér. de Caen, élect. de Bayeux, sergent. de Cerisy.

Calvados.

Châtellenie et haute justice d'où ressortissaient les paroisses de Saon, du Breuil et de Saonnet.

Le plein fief et châtellenie du Molay se composait des fiefs suivants : le quart et demi-fief de *la Champagne*, sis à Molay, Blagny et Saon; le fief et prévôté de *Saon*, le fief de *Blay* et la seigneurie de *Quetteville*. Du fief du Molay relevaient le demi-fief de *la Quèze*, le quart de fief de *Saonnet*, le huitième de fief de *Grouchy*, le quart et demi-fief de *Formigny*, le huitième de fief de *Bacon*, sis à Audrieu, en la vicomté de Caen, 1628 (aveux de la vicomté de Bayeux, p. 63).

Molières (Les), h. cⁿᵉ de Saint-Germain-de-Tallevende.

Molinière (La), h. cⁿᵉ de Condé-sur-Noireau.

Mollagny, fief de la par. de Saonnet, 1720 (fiefs de la vicomté de Caen).

Mollènes (Les), h. cⁿᵉ de Tortisambert. — *La Moleine*, 1256 (cart. de Friardel). — *Molania*, 1271 (*ibid.*).

Mollets (Les), mⁿ isolée, cⁿᵉ de Vaux-sur-Aure.

Molot (Le), h. cⁿᵉ d'Amblie.

Mombray, h. et mⁿ, cⁿᵉ de Proussy. — *Molbrai*, 1198 (magni rotuli). — *Monbreium, Monbré*, 1231 (cart. norm. n° 1147, p. 311). — *Montbray*, 1461 (arch. nat. P. 272, n° 237). — *Mombray*, 1640 (aveux d'Harcourt).

Plein fief de chevalier s'étendant de Pontécoulant à Proussy et sur le hameau des Îles, quart de fief sis à Montbray, sous le nom de fief de *la Purée.*

Monceau-de-Caillou (Le), h. cⁿᵉ de la Chapelle-Engerbold.

Monceau-de-Marne (Le), h. cⁿᵉ d'Auvillars.

Monceau-Thibout (Le), h. cⁿᵉ de Saint-Martin-Don.

Monceaux, cⁿ de Bayeux. — *Monceals*, 1155 (Wace, Rou). — *Moncelli*, 1198 (magni rotuli, p. 36). — *Monticelli*, 1277 (chap. de Bayeux, n° 745). — *Moncheaulx*, 1377 (*ibid.* n° 102).

Par. de Saint-Nicolas, patr. le seigneur de Guéron; prébende de Tanis; chapelle à Blary. Dioc. de Bayeux, doy. des Veys. Génér. de Caen, élect. de Bayeux.

Monceaux (Les), cⁿ de Lisieux (2ᵉ section). — *Saint Michel de Moncellis*, 1244 (ch. de Sainte-Barbe-en-Auge, n° 376). — *Sanctus Michael des Monceaulx*, xviᵉ sᵉ (pouillé de Lisieux, p. 48). — *Monceaux en Auge*, xviiie sᵉ (Cassini).

Par. de Saint-Michel, patr. le prieur de Sainte-Barbe-en-Auge. Dioc. de Lisieux, doy. du Mesnil-Mauger. Génér. de Rouen, élect. de Pont-l'Évêque, sergent. de Saint-Julien-le-Faucon.

25

Monceaux (Lès), h. c^{ne} de Carville.

Monceaux (Lès), h. c^{ne} de Missy.

Monceaux (Lès), h. c^{ne} de Ners.

Monceaux (Lès), f. c^{ne} de Prétreville.

Monceaux (Lès), h. c^{ne} de Saint-Jean-le-Blanc.

Moncel (Le), h. c^{ne} de Castillon. — *La Moncelle*, 1847 (Stat. post.).

Moncel (Le), h. c^{ne} d'Espins.

Moncel (Le), vill. et f. c^{ne} de Sainte-Foy-de-Montgommery.

Moncel (Le), f. c^{ne} de Vaudeloges.

Moncel (Le), f. c^{ne} de Villers-sur-Mer.

Moncellerie (La), h. c^{ne} des Authieux-sur-Calonne.

Moncoq, h. c^{ne} du Reculey.

Moncy, vill. c^{ne} de Creully. — *Monceium*, 1198 (magni rotuli, p. 70). — *Monceis*, 1244 (ch. de Saint-André-en-Gouffern, n° 138). — *Monchie*, 1260 (ch. de l'abb. d'Ardennes, n° 246). — *Monceyum*, xive s^e (taxat. decim. dioc. Baioc.). — *Moncé*, 1848 (état-major).

Moncy, h. c^{ne} de Montchauvet.

Mondaye, vill. c^{ne} de Juaye-Mondaye. — Abbaye de l'ordre de Prémontré, fondée en 1212 par Jourdain du Hommet, évêque de Lisieux. — *Mons d'Ae*, 1202 (annal. ord. Prem. 11, p. 186). — *Sanctus Martinus de Ae*, 1215 (ch. de l'abb.). — *Sanctus Martinus de Aeio*, 1215 (*ibid.*). — *Ecclesia de Ae*, 1216 (ch. de Gervais, abbé de Prémontré). — *Mondée*, 1242 (cart. de l'abb. t. I, n° 551). — *Conventus Sancti Martini de Monte Dei*, 1277 (cart. norm. n° 902, p. 215). — *Mont d'Aide*, 1320 (tableau des abb. de Normandie). — *Mondaé*, 1332 (cart. de l'abb. de Cordillon). — *Saint Martin de Mont d'Aé*, 1410 (ch. de l'abb. de Mondaye, n° 13). — *Saint Martin de Mondaie*, 1498 (arch. nat. P. 271, n° 148). — *Saint Martin de Mondée*, 1653 (carte de Tassin). — *Montdée*, 1673 (Neustria pia, p. 3). — *Abbaye de Mon Deu*, 1723 (d'Anville, dioc. de Lisieux).

Les propriétés de l'abbaye étaient situées à Juaye, Lingèvres, Ellon, Trungy, Condé, Noron, Guéron, Audrieu, Carcagny, Rucqueville, Livry, Sainte-Croix-sur-Mer.

Monde-Ancien (Le), h. c^{ne} de Saint-Georges-d'Aunay.

Mondeaux (Lès), h. c^{ne} de Cambremer.

Mondehard, h. c^{ne} de Saint-Georges-d'Aunay. — *Monthard*, 1847 (Stat. post.).

Monde-Neuf (Le), h. c^{ne} de Cristot. — *Mont-Neuf*, 1847 (Stat. post.).

Monderie (La), h. c^{ne} de Brémoy.

Monderie (La), h. c^{ne} de Saint-Germain-de-Tallevende.

Mondeville, c^{on} de Caen, c^{ne} accrue du hameau de Clopée

en 1849. — *Amondevilla*, 989 (ch. de Richard Ier en faveur de l'abb. de Fécamp). — *Mundivilla*, 1196 (bulle de Célestin III). — *Mundevilla*, 1218 (ch. de Saint-Étienne de Caen, n° 59). — *Amundeville*, 1371 (assiette des impôts). — *Amundevilla*, 1476 (cart. du Plessis-Grimoult, t. I). — *Hamondeville*, 1674 (inventaire des titres de la Trinité de Caen).

Par. de Notre-Dame, patr. l'abbé de Fécamp. Chapelle de Saint-Denis; léproserie de Sainte-Madeleine. Dioc. de Bayeux; exemption de Fécamp. Génér. élect. et sergent. de Caen. Les religieux de Fécamp étaient seigneurs temporels de Mondeville.

Mondière (La), h. c^{ne} d'Orbec.

Mondrainville, c^{on} de Tilly-sur-Seulle. — *Mondret Villa*, 996 (cart. du Mont-Saint-Michel). — *Maudrevilla*, 1190 (charte de Saint-Étienne de Caen). — *Mondreville*, 1198 (magni rotuli, p. 19). — *Mondreti Villa*, xiiie s^e (statistique monumentale du Calvados, t. Ier). — *Mondreville*, 1365 (fouages français, n° 14). — *Mondrevilla*, 1476 (cart. du Plessis-Grimoult). — *Mondrinville*, 1675 (carte de Petite).

Par. de Saint-Denis, patr. le prieur du Plessis-Grimoult; chapelle de Colleville. Dioc. de Bayeux, doy. de Fontenay-le-Pesnel. Génér. et élect. de Caen, sergent. de Villers.

Le fief du *Marais* (*Maresq*), 1076 (cart. de Saint-Étienne), s'étendait aux paroisses de Mondrainville et de Grainville, relevant de l'abbaye de Saint-Étienne de Caen. Le fief de *Montgautier*, assis à Mondrainville, relevait pour un huitième de fief de la baronnie de Douvre.

Mondrainie (La), h. c^{ne} de Pierres. — *Mondrerie*, 1848 (Simon).

Mondreville, f. c^{ne} d'Évrecy.

Mondrière (La), h. c^{ne} de Neuville.

Monds (Lès), h. c^{ne} de Notre-Dame-de-Courson.

Monfiquet, h. c^{ne} de Cartigny-Tesson.

Monfort, h. c^{ne} de Saint-Martin-de-Sallen.

Monfrairie (La), h. c^{ne} de Saint-Aubin-des-Bois.

Monfrairie (La), h. c^{ne} de Saint-Philbert-des-Champs.

Monfréville, c^{on} d'Isigny. — *Montfreville*, 1636 (av. de la vicomté de Bayeux).

La châtellenie de *Montfréville*, plein fief de haubert ayant basse justice, s'étendait à la Cambe, Isigny, Saint-Laurent, Amanville. Un grand nombre de fiefs relevaient de cette châtellenie, entre autres ceux de *Longraye*, le quart de fief de *Maisoncelles-Pellevey* et *Cairon*, le demi-fief de *Longvillers*, le demi-fief de *Saint-Vigor-de-Mézerets*, le demi-fief de la Cambe, le tiers de fief du *Castelet*, la vavassorie aux *Aubeaux*, *Missy* (tiers de fief), etc. Le fief *Rochery*, paroisse de Saint-Marcouf, relevait de Monfréville, 1680 (aveux de la vicomté de Bayeux).

Monfréville, f. c^ne de Vouilly.

Monlay, bac et m^on, c^ne de Colombelles.

Monlion, h. c^ne de Saint-Germain-de-Tallevende.

Monnée (La), riv. affl. de la Dive.

Monnerie (La), h. c^ne de Beaulieu.

Monnerie (La), h. c^ne de Clinchamps. — *Moignerie*, 1847 (Stat. post.).

Monnerie (La), h. c^ne de Crocy.

Monnerie (La), h. c^ne de Dampierre. — *Mounerie*, 1847 (Stat. post.).

Monnerie (La), h. c^ne de Jurques.

Monnerie (La), h. c^ne de Lassy.

Monnerie (La), h. c^ne de Monceaux.

Monnerie (La), h. c^ne de Saint-Silvain.

Monnerie (La), h. c^ne du Tourneur.

Monnerie (La), h. c^ne d'Urville.

Monniers (Les), h. et f. c^ne d'Épinay-sur-Odon.

Monniers (Les), h. c^ne de Fauguernon.

Monquenon, h. c^ne de Pleines-OEuvres.

Monrabotière (La), h. c^ne de Cormolain.

Monsens, h. c^ne de Cartigny-l'Épinay.

Mont (Le), quart. c^ne d'Amfréville.

Mont (Le), h. c^ne de Bavent.

Mont (Le), h. c^ne de Bernières-le-Patry.

Mont (Le), h. et m^in, c^ne de Commes.

Mont (Le), f. c^ne de Grangues.

Mont (Le), h. c^ne d'Hérouville.

Mont (Le), h. et f. c^ne de Maisoncelles-sur-Ajon.

Mont (Le), h. c^ne de Martragny.

Mont (Le), h. c^ne de Saint-Denis-Maisoncelles.

Mont (Le), h. c^ne de Tôtes.

Montabard ou Montabal, h. c^ne de Villy.

Montabourg, h. c^ne de Saint-Germain-de-Tallevende.

Montagne (La), f. c^ne de Branville.

Montagne (La), h. c^ne de Campeaux.

Montagne (La), h. c^ne de Cricqueville.

Montagne (La), h. c^ne de Saint-Gatien.

Montagne (La), h. c^ne de Saint-Martin-de-Blagny.

Montagne (La), h. c^ne du Tourneur.

Montaigu, bac et m^in, c^ne de Caen. — *Mons acutus*, 1082 (ch. de la Trinité). — *Montagutus*, 1161 (ch. de Saint-Étienne). — *Montagu*, 1216 (ch. de Mondaye). — *Moulin de Crevequeur à Montaigu*, 1314 (mandement du bailli de Caen pour Saint-Étienne). — *Montagu en fleuve d'Olne*, 1324 (ch. de Simon de Trévières pour Saint-Étienne). — *Montagu*, 1418 (aveux du temporel de Saint-Étienne de Caen). — *Moulin de la Crapaudière*, à Mon-

taigu, 1454 (cart. de Saint-Étienne). — *Montégu*, 1725 (aveux de Michel Letellier).

Montaigu, h. c^ne de Commes. — *Monteju*, 1847 (Stat. post.).

Montaigu, h. c^ne d'Écrammeville.

Montaigu, coll. c^ne de Saint-Martin-de-Sallen.

Montaigu, quart de fief sis dans la paroisse du Tourneur, 1633 (aveux de la vicomté de Vire).

Montalivet, h. c^ne de la Hoguette.

Mont-à-Louveaux (Le), h. c^me de Saint-Gatien.

Montamy, c^on du Bény-Bocage. — *Montamis*, *Mons Amicorum*, xive s^o (livre pelut de Bayeux). — *Mons Amicorum*, 1231 (cart. norm. n° 1147, p. 343). — *Montamys*, fief de la vicomté de Vire, 1484 (arch. nat. P. 272, n° 139). — *Montamiset*, 1498 (*ibid*. n° 272).

Par. de Saint-Martin, patr. le seigneur du lieu; léproserie. Dioc. de Bayeux, doy. de Vire. Génér. de Caen, élect. de Vire, sergent. du Tourneur. Comté érigé en 1759, sous la dénomination d'*Arclais-Montamy*. Le fief Montamy s'étendait aux paroisses de Brémoy et du Mesnil-Auzouf.

Mont-Ancien, h. c^ne de Saint-Georges-d'Aunay.

Montandon, h. c^ne de Jort.

Montanglier (Le), h. c^ne de Saint-Martin-Don.

Montargis (Le), h. c^ne de Cambremer. — *Mons Hargis*, xiiie s^o (ch. de Saint-André-en-Gouffern, n° 257). — *Prioratus de Monte Hargiæ*, xive s^o (pouillé de Lisieux, p. 44). — *Mont Argis*, 1730 (d'Anville). — *Montargy*, 1848 (Simon).

Montargis (Le), h. c^ne de Cordebugle.

Mont-Athelin (Le), h. c^ne de la Folie.

Mont-au-Boeuf, bois, c^ne de Sallen. — *Mont-aux-Boeufs*, 1848 (état-major).

Mont-Audin (Le), h. c^ne de Coulibœuf.

Mont-Audin (Le), h. c^ne du Mesnil-Bacley.

Mont-au-François (Le), q. c^ne de Saint-Martin-de-la-Lieue.

Mont-au-Loup (Le), h. c^ne d'Écots.

Montaure, section de hameau, c^ne d'Isigny. Cette section a été réunie en 1862 à celle d'Osmanville.

Montaure, h. c^ne d'Osmanville.

Mont-aux-Moines (Le), h. c^ne de Glanville.

Montaval, h. c^ne de Cambremer.

Montaval, h. c^ne de Saint-Martin-Don.

Montbert, f. c^ne d'Hermival-les-Vaux.

Mont-Bertrand, c^on du Bény-Bocage. — *Montbertron*, *Monsberton*, xive s^o (livre pelut de Bayeux).

Par. de Saint-Martin, patr. le chanoine de Cully. Dioc. de Bayeux, doy. de Villers-Bocage. Génér. de Caen, élect. de Saint-Lô, sergent. de Thorigny.

25.

— Mont-Bertrand dépendait au dernier siècle du comté de Thorigny.

Mont-Beset (Le), h. c^{ne} de Falaise.

Mont-Beslon (Le), h. c^{ne} de Roullours.

Mont-Besnard (Le), h. c^{ne} de Saint-Germain-de-Tallevende.

Mont-Bloche, h. c^{ne} d'Englesqueville (Pont-l'Évêque).

Mont-Bosq, f. et mⁱⁿ, c^{ne} de Saint-Martin-des-Besaces. Fief dont le chef était assis à Villy et relevait de la seigneurie de ce nom.

Mont-Botin, h. et f. c^{ne} de Saint-Léger-du-Bosq.

Mont-Bouin, h. c^{ne} d'Ouilly-le-Tesson. — *Montboen, Mons Boani, Mons Bodini,* 1080 (cart. de la Trinité, f° 20). — *Mons Bodein, vallis de Mont Bonin,* 1086 (*ibid.* f° 223, v°). — *Mons Boan,* 1172 (ch. de la Trinité). — *Monboin, Montboin,* 1585 (papier terrier de Falaise). — *Montboint,* 1848 (Simon).

Plein fief de haubert mouvant du roi.

Mont-Bouy (Le), h. c^{ne} de Gonneville-sur-Honfleur.

Mont-Breaux (Le), h. c^{ne} de Planquery.

Mont-Briaune (Le), h. c^{ne} de Planquery. — *Mont-Bréaume,* 1847 (Stat. post.). — *Mont-Briaume,* 1848 (état-major).

Mont-Brocq, c^{ne} de Missy.

Mont-Brocq (Le), coll. c^{ne} de Noyers. — *Montagne de Montbro,* 1190 (ch. d'Ardennes).

Mont-Brocq (Le), h. c^{ne} de Villers-Bocage. — *Mont-Brog,* 1848 (état-major).

Mont-Brocq-les-Parcs, h. c^{ne} d'Épinay-sur-Odon.

Mont-Broult, h. c^{ne} du Mesnil-sur-Blangy.

Mont-Baûlé (Le), h. c^{ne} de Notre-Dame-de-Fresnay.

Mont-Brun, cour et f. c^{ne} de Quetteville.

Mont-Canisy, h. c^{ne} de Tourgéville-en-Auge. — *Mons Caniseius, Canisie, Kanisie,* 1198 (magni rotuli, p. 5, 2; 61, 2; 756).

Mont-Canu (Le), f. c^{ne} de Dozulé.

Mont-Cassin (Le), q. c^{ne} de Saint-Désir.

Mont-Cauvin, h. c^{ne} d'Étreham. — *Mons Calvinus* v. 1160 (ch. de Barbery, p. 9).

Mont-Cavelan (Le), coll. c^{ne} du Mesnil-Caussois.

Montchamp, c^{on} de Vassy. — *Sanctus Martinus de Moschans,* 1202 (magni rotuli, p. 202). — *Muscamps,* 1234 (parv. lib. rub. Troarn. n° 54). — *Sanctus Martinus de Mollibus Campis,* 1312 (*ibid.*). — *Monchamps,* 1680 (av. de la vicomté de Vire). — *Montchant,* 1758 (carte de Vaugondy).

Par. de Saint-Martin, divisée en deux parties, sous les noms de Montchamp-le-Grand et de Saint-Charles-de-Percy, deux cures; patr. l'abbé de Troarn. Dioc. de Bayeux, doy. de Vire. Génér. de Caen, élect. de Vire, sergent. du Tourneur.

Demi-fief dit *la Loquère,* assis à Montchamp, 1680 (aveux de la vicomté de Vire).

Montchamps, h. c^{ne} de Castillon. — *Moischans,* 1203 (magni rotuli, p. 93, 2). — *Moschans,* 1211 (ch. de Fontenay-le-Pesnel, n° 3). — *Mouscans, Mouschans, Moscans* (*ibid.*). — *Muscampi,* 1269 (cart. norm. n° 767, p. 174). — *Moulchamps,* 1465 (arch. nat. P. 271, n° 61).

Mont-Chaudet, h. c^{ne} de Genneville.

Mont-Chauvet, c^{on} du Bény-Bocage. — *Mons Calvet,* 1050 (Orderic Vital, t. II, l. III, p. 33). — *Ecclesia de Monte Calveti,* 1154 (ch. du Plessis-Grimoult). — *Mons Cauvet,* 1184 (magni rotuli, p. 112). — *Mons Chalvet,* 1198 (*ibid.* p. 94). — *Mont Chaulvet,* 1476 (ch. du Plessis-Grimoult). — *Monchauvet,* 1484 (arch. nat. P. 272, n° 85).

Par. de Saint-Samson, patr. le prieur du Plessis-Grimoult; chapelle de Saint-Mathieu-du-Corps-Nu. Dioc. de Bayeux, doy. de Vire. Génér. de Caen, élect. de Vire, sergent. de Saint-Jean-le-Blanc.

Le plein fief de Montchauvet relevait de la vicomté de Vire, 1634 (aveux de la vic. de Vire). Fief de *Bucelle,* 1720 (fiefs de la vicomté de Caen).

Mont-Chéron (Le), f. c^{ne} de Fourneville. Ancien fief de l'élection de Pont-l'Évêque (martologe de Tourgéville, p. 19).

Mont-Cibot (Le), h. c^{ne} de Bures.

Mont-Colardin, f. c^{ne} de Villers-Bocage.

Mont-Coq, h. c^{ne} de Beaulieu.

Mont-Coq (Le), vill. c^{ne} de Coulonces.

Mont-Criquet (Le), h. c^{ne} d'Ouilly-du-Houlley.

Mont-d'Auget (Le), c^{ne} de Manneville-la-Pipard.

Mont-de-Canchy, h. c^{ne} de Cauchy. — *Mons Cachi in parrochia de Plumetot,* 1224 (ch. de Barbery, p. 254).

Mont-de-Fard (Le), vill. c^{ne} de Saint-Paul-du-Vernay. — *Mondefard,* 1847 (Stat. post.).

Mont-de-Joye (Le), h. c^{ne} de Gerrots.

Mont-de-la-Chaize (Le), h. c^{ne} de Combray.

Mont-de-la-Roche (Le), h. c^{ne} de Cambremer.

Mont-de-la-Vigne (Le), chât. et h. c^{ne} de Monteille.

Mont-de-Magny, h. c^{ne} de Magny-le-Freule.

Mont-de-Méral (Le), h. c^{ne} de Landelles-et-Coupigny.

Mont-Désert (Le), h. c^{ne} d'Esquay-sur-Seulle. — *Mons Desertus,* 1198 (magni rotuli, p. 37). — *Mondésert,* 1246 (cart. de la Trinité, p. 99).

Mont-Désert (Le), h. c^{ne} de Vienne.

Mont-de-Seulle (Le), h. c^{ne} de Villy-Bocage.

Mont-des-Îles (Le), h. c^{ne} de Condé-sur-Noireau.

Mont-des-Vaux, h. c^{ne} d'Hermival-les-Vaux.

Mont-des-Vêpnes (Le), nom d'une colline située dans le voisinage du pont de la Landelle.

Mont-des-Vers (Le), h. c^ne du Mesnil-Villement.

Mont-de-Tassilly (Le), c^ne d'Olendon.

Mont-du-Diu (Le), h. c^ne du Mesnil-Bacley.

Mont-du-Père (Le), montagne, c^ne de Saint-Omer.

Mont-Durand (Le), h. c^ne de Manneville-la-Pipard.

Montée (La), h. c^ne du Locheur.

Monteille, c^ne de Mézidon. — *Montelliæ*, xive s^e (pouillé de Lisieux, p. 46). — *Mouteilliæ*, xvie s^e (*ibid.*). — *Moutilles*, 1620 (carte de Le Clerc). — *Mouteille*, 1723 (d'Anville, dioc. de Lisieux). Fief de la vicomté d'Auge, sergent. de Cambremer.

Par. de Saint-Ouen, patr. le seigneur du lieu. Dioc. de Lisieux, doy. du Mesnil-Mauger. Génér. de Rouen, élect. de Pont-l'Évêque, sergent. de Saint-Julien-le-Faucon.

Monteillerie (La), f. c^ne de Norolles.

Montenay, h. c^ne de Courvaudon.

Mont-en-Val (Le), h. c^ne de Saint-Martin-Don.

Mont-Épinette-de-Montabor, éminence près de Falaise.

Monterie (La), h. c^ne de Sept-Frères.

Monterie (La), h. c^ne de Viessoy.

Mont-Essart, q. c^ne de Pennedepie.

Mont-Fauvel, h. c^ne d'Esquay.

Montfiquet, c^ne de Balleroy. — *Montfichet*, 1155 (Roman de Rou). — *Munfichet*, v. 1160 (Benoît de Sainte-More, p. 595). — *Mons Fichet*, 1180 (magni rotuli, p. 10). — *Mons Fiket*, 1198 (*ibid.* p. 11). — *Montfiket, Montfiquet*, 1418 (rôles de Bréquigny, n° 133, p. 20).

Par. de Saint-Thomas-de-Cantorbéry, patr. le roi, le seigneur du lieu. Dioc. de Bayeux, doy. de Thorigny. Génér. de Caen, élect. de Saint-Lô, sergent. de Briquessart.

Ancienne châtellenie depuis longtemps démembrée. Le demi-fief nommé la baronnie ou châtellenie de Montfiquet s'étendait à la Bazoque, Litteau, Vaubadon, Castillon et Balleroy, 1670 (aveux de la vicomté de Bayeux).

Mont-Fleury, vill. c^ne de Ryes.

Montfort, h. c^ne de Meulles.

Mont-Foubert (Le), h. c^ne de Maisy.

Mont-Fouet (Le), h. c^ne de la Boissière.

Mont-Fourré (Le), h. c^ne de Clécy.

Mont-Fragnon (Le), h. c^ne de Carville.

Mont-Fréard, h. c^ne de Littry. — *Mons Freart*, 1198 (magni rotuli, p. 112). — *Mont-Friard*, 1847 (Stat. post.).

Mont-Freule (Le), h. c^ne de Méry-Corbon.

Mont-Froux (Le), h. c^ne de Bernières-le-Patry.

Mont-Froux (Le), h. c^ne de Rully.

Mont-Gard (Le), h. c^ne de Saint-Paul-du-Vernay. — *Mons Gohart* (magni rotuli, p. 42).

Mont-Gassart (Le), h. c^ne du Mesnil-Eudes.

Mont-Gautier (Le), h. c^ne de Cauville. — *Mont-Gaultier*, 1848 (Simon). Plein fief de la baronnie de Thury.

Mont-Gautier, huitième de fief de la baronnie de Douvre, sis à Mondrainville, 1460 (av. du temp. de l'év. de Bayeux).

Mont-Giron, h. c^ne de l'Hôtellerie. — *Mons Gerron*, 1280 (cart. de Friardel).

Mont-Glaçon (Le), q. c^ne de Montchauvet.

Montgommery, h. c^ne de Saint-Germain-de-Montgommery. — *Mons Goumeril*, 1198 (magni rotuli, p. 13). — *Mons Gomerici*, xiie s^e (ch. de Saint-André-en-Gouffern, n° 46). — *Mons Gumeril*, 1250 (*ibid.* n° 810). — *Mons Gumeri*, 1273 (cart. norm. n° 831, p. 195). — *Mons Gomerii*, 1280 (*ibid.* n° 944, p. 237).

Mont-Grippon (Le), h. c^ne de Pont-l'Évêque.

Mont-Groult (Le), h. c^ne de Montchauvet.

Mont-Habour (Le), h. c^ne de Saint-Germain-de-Tallevende.

Mont-Hamel (Le), h. c^ne d'Hermival-les-Vaux.

Mont-Hamel (Le), h. c^ne de Saint-Georges-d'Aunay.

Mont-Hardron (Le), h. c^ne du Tourneur.

Mont-Hérault (Le), h. c^ne de Marolles.

Mont-Hérault (Le), h. c^ne de Percy. — *Mons Heraut*, v. 1200 (ch. de Sainte-Barbe, n° 86).

Mont-Houre (Le), h. c^ne de la Chapelle-Yvon. — *Mont-Hour*, 1845 (Simon).

Mont-Huchon (Le), f. c^ne de Saint-Hymer.

Mont-Hue (Le), h. c^ne de Proussy.

Montier (Le), h. c^ne d'Amfréville.

Montier (Le), h. c^ne d'Annebecq.

Montier (Le), h. c^ne de Donnay.

Montier (Le), h. c^ne de Neuilly-le-Malherbe.

Montier (Le), h. c^ne de Sept-Frères.

Montifer, h. c^ne de Brémoy. — *Montifort*, 1847 (Stat. post.).

Montigny, c^ne d'Évrecy, c^ne réunie pour le culte à Maisoncelles-sur-Ajon. — *Montigneium*, 1178 (ch. de Saint-Étienne de Caen). — *Montigneyum*, 1257 (magni rotuli, p. 189, 2). — *Montignacum*, 1275 (cart. norm. n° 857, p. 201). — *Sanctus Gerboldus de Montegneyo*, 1407 (magni rotuli, p. 277).

Par. de Saint-Jacques et Saint-Gerbold, patr. le seigneur du lieu. Dioc. de Bayeux, doy. d'Évrecy. Génér. et élect. de Caen, sergent. d'Évrecy.

Montigny, h. c^ne d'Asnières.

Montigny, h. c^ne de Courvaudon.

Montigny, h. c^ne d'Écrammeville.

Montigny, f. c^{ne} d'Évrecy.

Montigny, h. c^{ne} de Tilly-sur-Seulle.

Montils (Les), h. c^{ne} de Saint-Martin-de-Mieux.

Montirly, h. c^{ne} du Tronquay. — *Montirlis*, 1847 (Stat. post.).

Mont-Issenger, h. c^{ne} de Vaudry.

Mont-Joie (La), q. c^{ne} de Périers (Caen).

Mont-Joly (Le), h. et f. c^{ne} d'Équemauville.

Mont-Joly (Le), h. c^{ne} de Soûmont-Saint-Quentin.

Mont-la-Ville, vill. c^{ne} de Parfouru-sur-Odon.

Mont-Lion, c^{ne} de Saint-Désir-de-Lisieux, terre qui bornait la prébende de Bourguignolles (martologe de Tourgéville, p. 17).

Mont-Livet, coll. c^{ne} de Repentigny.

Mont-Main, f. c^{ne} de Fierville-les-Parcs.

Mont-Main, h. c^{ne} du Mesnil-sur-Blangy.

Mont-Martin (Le), nom d'un fief de chevalier tenu de l'évêque de Bayeux. — *Monmartin en Graine*, 1278 (chapitre de Bayeux). — *Montmartin*, 1637 (fiefs de haubert de l'évêché, p. 431).

Mont-Massus, h. c^{ne} du Breuil (Pont-l'Évêque). — *Mont-Massue*, 1847 (Stat. post.).

Mont-Ménard (Le), h. c^{ne} de Saint-Léger-du-Bosq.

Mont-Mirel, f. c^{ne} de la Cambe.

Mont-Mirel, h. c^{ne} de Croisilles.

Mont-Mirel, h. c^{ne} de Guéron.

Mont-Mirel, h. c^{ne} de Livry.

Mont-Mirel, h. c^{ne} de Montpinçon.

Mont-Mirel, h. c^{ne} de Saint-Loup-Hors.

Mont-Mirel, h. c^{ne} de Saint-Manvieu.

Mont-Mort (Le Haut et le Bas-), h. c^{ne} de Saint-Agnan-le-Malherbe.

Montoir (Le), h. c^{ne} de Tessel-Bretteville.

Mont-Pied, ruiss. affl. de la Drôme.

Mont-Pied, h. c^{ne} de Caumont (Bayeux).

Mont-Pied, h. c^{ne} de Jurques.

Mont-Pigeon (Le), q. c^{ne} d'Amblie.

Montpinçon, c^{on} de Saint-Pierre-sur-Dive. — *Foresta de Montpinchon*, xi^e s^e (enquête). — *Mons Pincionis*, 1119 (Orderic Vital, t. IV, l. XII, p. 341). — *Mont Pinchum*, 1140 (ch. du Plessis-Grimoult). — *Mons Pinconis*, 1145 (lettre de Haymon). — *Mons Pinconnis*, 1162 (ch. du Plessis-Grimoult). — *Mons Pinceon*, 1180 (magni rotuli, p. 5). — *Mons Pinzon*, 1198 (ibid. p. 38). — *Mons Pinchon*, 1274 (cart. norm. n° 841, p. 196). — *Mons Pichon*, 1294 (ch. du Plessis-Grimoult). — *Montpinsson*, *Montpisson*, 1585 (papier terrier de Falaise). — *Monpincon*, 1667 (carte de Samson). — *Mont Pison*, xviie s^e (carte de Le Vasseur).

Par. de Sainte-Croix, aujourd'hui Saint-Jean; patr. le roi. Dioc. de Lisieux, doy. du Mesnil-

Mauger. Génér. d'Alençon, élect. d'Argentan, sergent. de Saint-Pierre-sur-Dive.

Le fief d'*Amont* et la vavassorie *Adam Hébert* dépendaient de Montpinçon. Le *Parc d'Orléans*, à Montpinçon, appartenait au roi, à cause de la vicomté de Falaise, et ressortissait à la sergenterie de Saint-Pierre-sur-Dive.

Montpinçon (Le), montagne, c^{ne} du Plessis-Grimoult.

Montpinçon-le-Parc, q. c^{ne} de Montpinçon.

Mont-Pitois (Le), c^{ne} d'Ouilly-le-Basset.

Mont-Play, f. c^{ne} d'Esson.

Mont-Poulain (Le), f. c^{ne} de Touqué.

Mont-Ramey (Le), h. c^{ne} du Mesnil-Benoît.

Mont-Ravane (Le), f. c^{ne} de Rapilly.

Montreuil ou Monstreuil, c^{on} de Cambremer. — *Moustereul*, *Mousterol*, v. 1232 (ch. de Friardel). — *Monasteriolum*, *Monsteriolum*, xive s^e (pouillé de Lisieux, p. 56). — *Montreuil l'Argilier*, xvie s^e (ibid.).

Par. de Notre-Dame, aujourd'hui Saint-Pierre; patr. le seigneur du lieu. Dioc. de Bayeux, exempt. de Cambremer. Génér. de Rouen, élect. de Pont-l'Évêque, sergent. de Cambremer.

Plein fief *Amaury-Monstereul*, mouvant de la vicomté d'Auge, 1462 (aveu de Thomas Boutin, Brussel). Plein fief de Montreuil et moulin, relevant du fief de *la Planche*, baronnie de Cambremer, et s'étendant à Saint-Ouen-le-Pin, 1620 (fiefs de la vicomté d'Auge). Le doyenné de Montreuil appartenait à l'archidiaconé de Gacé.

Montreuil, h. c^{ne} de la Cambe. — *Mosterellum*, 1147 (ch. du Val-Richer, Neustria pia, p. 815).

Mont-Rôti (Le), m^{on}, c^{ne} de la Folie.

Mont-Rôti (Le), h. c^{ne} de l'Hôtellerie.

Mont-Rôti (Le), h. c^{ne} de Parfouru-l'Éclin.

Mont-Rôti, au Pré-d'Auge, fief de la baronnie de Cambremer. — *Mont Rosty*, 1460 (temp. de l'év. de Bayeux).

Mont-Rôti (Le), h. c^{ne} de Saint-Sever.

Monts, c^{on} de Villers-Bocage. — *Montes*, 1201 (abb. d'Aunay, p. 98). — *Mountes*, 1258 (ch. de l'abb. de Barbery, p. 68). — *Mons*, 1365 (fouages français, n° 127). — *Montz*, 1640 (cart. de l'abb. d'Ardennes). — *Monts en Bessin*, xviiie s^e (Cassini).

Par. de Saint-Martin, prébende; patr. le seigneur du lieu. Dioc. de Bayeux, doy. de Fontenay-le-Pesnel. Génér. et élect. de Caen, sergent. de Villers.

Quart de fief, dit le *Fief de Monts*, relevant de la baronnie de Saint-Vaast, à l'évêque de Bayeux, 1637 (fiefs de l'évêché de Bayeux, p. 433).

Monts (Les), h. c^{ne} d'Agy.

Monts (Les), ancien chât. c^{ne} d'Aignerville.

Monts (Les), h. c^{ne} de Bonneville-la-Louvet.

Monts (Les), h. c^{ne} de la Ferrière-Duval.

Monts (Les), h. c^{ne} de Hiéville.

Monts (Les), h. c^{ne} de Notre-Dame-de-Courson.

Monts (Les), h. c^{ne} de Planquery.

Monts (Les), h. c^{ne} de Pont-Farcy.

Monts (Les), h. c^{ne} de Roullours.

Monts (Les), h. c^{ne} de Saint-Charles-de-Percy. — *Montes*, 1222 (ch. d'Aunay).

Monts (Les), h. c^{ne} de Sainte-Honorine-du-Fay.

Monts (Les), h. c^{ne} de Saint-Manvieu (Vire).

Monts (Les), h. c^{ne} de Sainte-Marie-Laumont.

Monts (Lés), h. c^{ne} de Tonnencourt.

Monts (Les), h. c^{ne} de Vaudry.

Monts (Les), h. c^{ne} de la Vespère.

Monts (Les), f. c^{ne} de Vienne.

Monts (Les), chât. c^{ne} de Villers-Bocage.

Mont-Saint-Jean (Le), f. c^{ne} de Saint-Gatien.

Mont-Savarin (Le), h. c^{ne} de Saint-Germain-de-Tallevende.

Monts-Bonnet (Les), h. c^{ne} de Saint-Germain-de-Tallevende.

Monts-Callards (Les), h. c^{ne} du Pin. — *Monts-Catlards*, 1847 (Stat. post.).

Monts-Chevelus (Les), h. c^{ne} de Bonneville-la-Louvet.

Monts-de-Blon (Les), h. c^{ne} de Truttemer-le-Petit.

Monts-de-Crauville (Les), h. c^{ne} de Torteval.

Monts-de-Gonneville (Les), f. c^{ne} de Gonneville-sur-Honfleur.

Monts-d'Éraines (Les), sur les territoires de Damblainville, Versanville, Épaney et Entremonts.

Monts-de-Saint-Martin (Les), q. c^{ne} de Saint-Martin-des-Chartrains.

Monts-Durand (Les), h. c^{ne} de Roullours.

Monts-en-Bessin (Les), h. c^{ne} de Noyers.

Mont-Sens, h. c^{ne} de Cartigny-l'Épinay.

Monts-Forts (Les), h. c^{ne} de Castillon (Lisieux).

Mont-Signy (Le), h. c^{ne} de Cordebugle.

Monts-Mains (Les), h. c^{ne} de Banneville-sur-Ajon.

Mont-Sorel (Le), f. c^{ne} d'Écajeul.

Monts-Riault (Les), h. c^{ne} du Pin.

Monts-Vieille-Veine (Les), h. c^{ne} de Saint-Germain-du-Crioult.

Mont-Valin (Le), h. c^{ne} de Danestal.

Mont-Varat, m^{on} isolée, c^{ne} du Mesnil-au-Grain.

Mont-Varet (Le), q. c^{ne} d'Épron.

Montvieil (Le), h. c^{ne} de Clinchamps (Vire).

Montviette, c^{on} de Saint-Pierre-sur-Dive, c^{ne} accrue de la paroisse de la Gravelle en 1830. — *Mons Vietœ*, xive s^{e}; *Mons Viettœ*, xvie s^{e} (pouillé de Lisieux, p. 56). — *Mont de Viette*, 1778 (dénombr. d'Alençon). — *Monviette*, 1780 (temporel de Lisieux).

Par. de Notre-Dame, patr. le seigneur du lieu. Dioc. de Lisieux, doy. du Mesnil-Mauger. Génér. d'Alençon, élect. de Falaise, sergent. de Saint-Pierre-sur-Dive.

Montys (Les), h. c^{ne} de Campagnolles. — *Monty*, 1848 (Simon).

Montys (Les), h. c^{ne} de Saint-Pierre-du-Bû.

Monville, h. c^{ne} du Reculey.

Morainville, ch. c^{ne} du Mesnil-sur-Blangy, chef-lieu d'une baronnie érigée en 1655.

Morainville, vill. c^{ne} de Tournières.

Moranderie (La), m^{on}, c^{ne} du Mesnil-Mauger.

Morandière (La), h. c^{ne} de Meulles.

Morandière (La), f. c^{ne} de Moyaux.

Morandière (La), m^{on} isolée, c^{ne} de Vacognes.

Morandières (Les), h. c^{ne} de Vassy.

Morbec, h. c^{ne} de Fauguernon.

Morcellière (La), h. c^{ne} de Saint-Germain-de-Tallevende.

Morel, q. c^{ne} de Fierville.

Morel, h. c^{ne} de Saint-Hymer.

Morelle (La), riv. qui se jette dans la baie de Seine; elle prend naissance à la limite de Saint-Benoît-d'Hébertot, canton de Blangy; elle coule entre Quetteville et Genneville, arrose la commune d'Ablon où elle sépare l'Eure et le Calvados, et se rend dans la baie de la Seine, à l'ouest de Fiquefleur. Son chenal, refoulé le long de la côte par un banc de sable, débouche à Honfleur, dans le courant de la Seine qui s'approche de la jetée de ce port.

Morelles (Les), h. c^{ne} de Beuvillers.

Moricbesse (La), h. c^{ne} de Saint-Jean-des-Essartiers.

Moricière (La), h. c^{ne} de la Hoguette.

Morie (La), h. c^{ne} de Lécaude.

Morières, c^{on} de Coulibœuf, c^{ne} réunie pour le culte à Carel. — *Moreriœ*, 1182 (titres de Saint-Pierre-sur-Dive). — *Morerres*, v. 1230 (*ibid.*). — *Moureriœ*, 1261 (*ibid.*). — *Morière*, 1585 (papier terrier de Falaise).

Par. de Notre-Dame, patr. l'abbé de Saint-Pierre-sur-Dive. Dioc. de Séez, doy. de Saint-Pierre-sur-Dive. Génér. d'Alençon, élect. de Falaise, sergent. de Saint-Pierre-sur-Dive.

Fief *au Comte*, appartenant au roi.

Morières, h. c^{ne} d'Ouville-la-Bien-Tournée.

Morieux, h. c^{ne} de Saint-Denis-de-Méré.

Morillons (Les), h. c^{ne} de Crocy.

Morinaie (La), h. et f. c^{ne} de Meulles.

Morinière (La), h. c^{ne} d'Amayé-sur-Seulle.

Morinière (La), f. et h. c^{ne} d'Avenay.

Morinière (La), vill. c^{ne} de Campagnolles.

Morinière (La), f. c^{ne} d'Hermival-les-Vaux.

Morinière (La Grande et la Petite-), h. c⁻ᵉ du Mesnil-Robert.

Morinière (La), f. cⁿᵉ de Montreuil.

Morinière (La), h. cⁿᵉ de Notre-Dame-de-Courson.

Morinière (La), h. cⁿᵉ de Saint-Aubin-des-Bois.

Morinière (La), h. cⁿᵉ de Saint-Germain-de-Tallevende.

Morinière (La), h. cⁿᵉ de Saint-Martin-Don.

Morinière (La), h. et f. cⁿᵉ de Vieux.

Morinières (Les), h. cⁿᵉ de Proussy.

Morins (Les), f. cⁿᵉ d'Hermival-les-Vaux.

Morins (Les), q. cⁿᵉ du Mesnil-Germain.

Morins (Les), h. cⁿᵉ des Moutiers-Hubert.

Morins (Les), mⁱⁿ, cⁿᵉ de Saint-Vaast.

Morlière (La Grande et la Petite-), h. cⁿᵉ de Courson.

Morlière (La), h. cⁿᵉ d'Estry.

Morlière (La), h. cⁿᵉ du Gast.

Morlière (La), h. cⁿᵉ de Maisoncelles-la-Jourdan.

Morlière (La), h. cⁿᵉ de Truttemer-le-Petit.

Morlière (La), h. cⁿᵉ de Vaudry.

Morquet, h. cⁿᵉ d'Ablon.

Morsan, fief de Beuzeval, dépendant de la vicomté d'Auge.

Mortaiserie (La), h. cⁿᵉ du Tourneur. — La Mortéserie, 1848 (Simon).

Morteaux, cⁿ de Falaise, cⁿᵉ accrue en 1857 de Coulibœuf. — Mortua Aqua, 1198 (magni rotuli, p. 43). — Morteaux, 1334 (ch. de Saint-Pierre-sur-Dive).

Par. de Saint-Georges, patr. l'Hôtel-Dieu de Falaise. Dioc. de Séez, doy. de Falaise. Génér. d'Alençon, élect. d'Argentan, sergent. d'Abloville.

Château de Bloqueville, où existait jadis une chapelle de Saint-Jacques et de Sainte-Marguerite.

Morteaux-Coulibœuf, cⁿᵉ ch.-l. de cⁿ, arrond. de Falaise. Voir Coulibœuf.

Morte-Eau (La), h. cⁿᵉ d'Ernes.

Morte-Vie (La), petit ruiss. de la Dive, cⁿᵉ de Méry-Corbon.

Mortreux (Les), h. cⁿᵉ de Carville.

Mosles, cⁿ de Trévières. — Molæ, 1195 (ch. de Saint-Taurin d'Évreux). — Morles, 1215 (ch. de l'abb. de Longues, p. 18). — Mollæ, xivᵉ sᵉ (liv. pelut de Bayeux).

Par. de Saint-Eustache, patr. l'abbé de Cerisy; léproserie. Dioc. de Bayeux, doy. des Veys. Génér. de Caen, élect. de Bayeux, sergent. de Tour.

La seigneurie de Mosles appartenait à l'abbaye de Saint-Sever. Fief de chevalier relevant de la seigneurie de Neuville; autre fief relevant par huitième de fief de l'évêque de Bayeux.

Mossey, bruyère, cⁿᵉ du Mesnil-Mauger.

Moterie (La), h. cⁿᵉ de Lénault.

Motey (Le), h. cⁿᵉ de Saint-Martin-de-Fontenay. — Le Motey, 1234 (lib. rub. Troarn. p. 50). — Le Mottey, 1710 (fiefs de la vicomté de Caen).

Motigny, h. cⁿᵉ de Saint-Jean-le-Blanc.

Motte (La), cⁿᵉ réunie à Saint-Pierre-des-Ifs en 1841. — Mota, xivᵉ sᵉ (pouillé de Lisieux, p. 46). — La Motte en Auge (ibid. p. 47).

Par. de Saint-Michel, patr. le prieur de Sainte-Barbe-en-Auge. Dioc. de Lisieux, doy. du Mesnil-Mauger. Génér. de Rouen, élect. de Pont-l'Évêque, sergent. de Saint-Julien-le-Faucon.

Plein fief de haubert de la vicomté d'Auge ressortissant à la sergenterie de Beaumont.

Motte (La), chât. cⁿᵉ d'Acqueville.

Motte (La), h. cⁿᵉ d'Audrieu.

Motte (La), h. cⁿᵉ d'Auquainville.

Motte (La), f. cⁿᵉ de Bretteville-l'Orgueilleuse.

Motte (La), chât. cⁿᵉ de Burcy.

Motte (La), q. cⁿᵉ de Carpiquet.

Motte (La), h. et f. cⁿᵉ de Cesny-Bois-Halbout. — La Mothe de Chesny, 1371 (visite des forteresses).

Motte (La), h. cⁿᵉ de Culey-le-Patry.

Motte (La), h. cⁿᵉ de Curcy, anciennement fief relevant de la baronnie de Curcy.

Motte (La), h. cⁿᵉ d'Émiéville.

Motte (La), h. et mⁱⁿ, cⁿᵉ d'Espins.

Motte (La), f. cⁿᵉ de Family.

Motte (La), h. cⁿᵉ d'Hermival-les-Vaux.

Motte (La), h. cⁿᵉ de Litteau.

Motte (La Grande et la Petite-), cⁿᵉ du Mesnil-Robert.

Motte (La), h. cⁿᵉ de Meulles.

Motte (La), f. et vivier, cⁿᵉ de Noron (Falaise).

Motte (La), f. cⁿᵉ de Norrey (Falaise).

Motte (La), h. cⁿᵉ de Rully.

Motte (La), f. cⁿᵉ de Saint-Germain-du-Pert.

Motte (La), f. cⁿᵉ de Saint-Martin-de-Blagny.

Motte (La), f. cⁿᵉ de Saint-Martin-de-Tallevende.

Motte (La), h. cⁿᵉ de Saint-Michel-de-Livet.

Motte (La), h. cⁿᵉ de Saint-Paul-de-Courtonne.

Motte (La), bois, f. et mⁱⁿ, cⁿᵉ de Saint-Pierre-des-Ifs.

Motte (La), f. cⁿᵉ de Subles.

Motte (La), h. cⁿᵉ de Torteval.

Motte (La), h. cⁿᵉ de Tôtes.

Motte (La), h. cⁿᵉ de Vassy.

Motte (La), h. cⁿᵉ de Vignats. Emplacement de l'ancien château fort des Montgommery.

Motte (La), f. cⁿᵉ de Villers-sur-Mer.

Motterie (La), h. cⁿᵉ de Lénault.

Mottes (Les), f. c^ne de Montpinçon.

Mottes-d'Anferville (Les), h. c^ne de Crouay.

Mottes-Morin (Les), h. c^ne de Bernières-le-Patry.

Mouche (La), h. c^ne de Saint-Martin-Don. — *Musca*, 1180 (magni rotùli, p. 11). — *Mocha*, 1226 (ch. de l'hospice de Lisieux, p. 31).

Mouche (La), h. c^ne du Tourneur. Fief de la paroisse du Tourneur, 1720 (fiefs de la vicomté de Caen).

Mouchel (Le), h. et f. c^ne de Formigny.

Móue (La), manoir, c^ne de Barbery. Ancien fief désigné sous le nom de *Moé* et de *Mouzet*, par La Roque (hist. de la maison d'Harcourt).

Mouen, c^ne de Tilly-sur-Seulle. — *Mouen justa Ceus* 1172 (ch. de Saint-Étienne de Caen). — *Ecclesia Sancti Machuti de Moam*, 1177 (*ibid.*). — *Mohon, Moon*, 1198 (*ibid.* p. 34). — *Moom*, 1218 (ch. de Saint-Étienne de Caen). — *Moanum*, 1242 (cart. de la Trinité, p. 85). — *Moan*, 1360 (ch. du Plessis-Grimoult). — *Moen*, 1365 (fouages français, p. 14). — *Moennum*, 1589 (patron. de Saint-Étienne de Caen).

　　Par. de Saint-Malo, patr. l'abbé de Saint-Étienne. Dioc. de Bayeux, doy. de Fontenay-le-Pesnel. Génér. et élect. de Caen, sergent. de Villers.

Mouet, h. c^ne de Longueville.

Moueux (Les), h. c^ne d'Arclais.

Moueux (Les), h. c^ne de Montchauvet.

Mougard (Le), q. c^ne de Saint-Paul-du-Vernay.

Mouginerie (La), h. c^ne de Livry.

Mouillage-de-la-Porte (Le), dans les îles de Bernières, c^ne de Bernières-sur-Mer.

Mouille-Savate, h. c^ne de Versainville.

Mouillons (Les), f. c^ne de Missy.

Moulagny, vill. c^ne de Mosles.

Moulin (Le), vill. c^ne de Blay.

Moulin (Le), vill. c^ne de Chouain.

Moulin (Le), vill. c^ne de Colleville-sur-Orne.

Moulin (Le), f. c^ne de Quettiéville.

Moulin (Le), h. c^ne de Roques.

Moulin (Le), f. c^ne de Saint-Martin-de-Fresnay.

Moulin-à-Blé (Le), h. c^ne de Brucourt.

Moulin-à-Blé (Le), c^ne de Saint-Aubin-des-Bois.

Moulin-à-Blé (Le), h. c^ne d'Urville.

Moulin-à-Cuivre (Le) ou Tréfilière, c^ne de Saint-Aubin-des-Bois.

Moulin-à-Huile (Le), c^ne d'Argences.

Moulin-à-Huile (Le), c^ne d'Urville.

Moulin-à-Papier (Le), c^ne du Bû.

Moulin-à-Papier (Le), c^ne de Tilly-sur-Seulle.

Moulin-à-Tan (Le), c^ne de Cahagnolles.

Moulin-à-Tan (Le), c^ne de Saint-Germain-du-Crioult.

Moulin-à-Tan (Le), c^ne de Saint-Pierre-sur-Dive.

Moulin-à-Tostain (Le), m^on isol. c^ne d'Esquay (Caen).

Moulin-au-Bœuf (Le), h. c^ne de Saint-Vigor-des-Monts.

Moulin-au-Lièvre (Le), m^in, c^ne de Lécaude.

Moulin-au-Moine, m^in, c^ne de Lion-sur-Mer. — *Molendinum Monachi*, 1134 (lib. rub. Troarn. n° 142).

Moulin-à-Vent (Le), h. c^ne de la Cambe.

Moulin-à-Vent (Le), h. c^ne de Crocy.

Moulin-à-Vent (Le), h. c^ne de la Hoguette.

Moulin-à-Vent (Le), h. c^ne de Louvières.

Moulin-à-Vent (Le), h. c^ne de Martragny.

Moulin-à-Vent (Le), h. c^ne de Sept-Vents.

Moulin-à-Vent (Le), h. c^ne de Torteval.

Moulin-Bouquart, à Fresney-le-Puceux, 1282 (parv. lib. rub. Troarn. n° 40).

Moulin-Bourg (Le), c^ne d'Ouilly-du-Houlley.

Moulin-Bouvet, m^in, c^ne de Saint-Jean-des-Essartiers.

Moulin-Chicane (Le), usine, c^ne de la Chapelle-Yvon.

Moulin-Cliquet, m^in, c^ne de Cormolain.

Moulin-Cliquet, m^in, c^ne de Sermentot.

Moulin-Colet, m^in, c^ne de Falaise.

Moulin-d'Argence (Le), h. c^ne de Curcy.

Moulin-de-Bas (Le), m^in, c^ne de Caumont-l'Éventé.

Moulin-de-Beaumont (Le), h. c^ne de Boulon.

Moulin-de-Beaumont (Le), f. c^ne de Saint-Pierre-du-Mont.

Moulin-de-Belle-Eau (Le), m^on, c^ne de Notre-Dame-de-Courson.

Moulin-de-Calais (Le), m^in, c^ne de Cordebugle.

Moulin-de-Cheux (Le), m^in, c^ne de Mouen.

Moulin-de-Crabalet (Le), c^ne de Campagnolles.

Moulin-de-Cusne (Le), c^ne de Landelles. — *Cunes*, 1848 (Simon).

Moulin-de-Feuillet (Le), m^on, c^ne du Reculey.

Moulin-de-Fumichon (Le), c^ne d'Ouilly.

Moulin-de-Fief-Noüvel, c^ne de Fresnay-le-Puceux.

Moulin-de-Flais (Le), c^ne de Soûmont.

Moulin-de-la-Chaussée (Le), sur la rivière d'Aure, c^ne d'Argouges. — *Moulin à Voesze*, 1445 (dom. de Troarn, n° 86).

Moulin-de-la-Couronne, m^in, c^ne d'Argences.

Moulin-de-la-Crapaudière, à Caen, démoli en 1430 pour fortifier la ville.

Moulin-de-la-Ferrière, m^in, c^ne de Caumont.

Moulin-de-la-Fontaine, m^in, c^ne de Colleville-sur-Mer.

Moulin-de-la-Fontaine, c^ne de Fontaine-Étoupefour.

Moulin-de-la-Fosse, m^in et f. c^ne de Castilly.

Moulin-de-la-Landelle, c^ne de Saint-Remy.

Moulin-de-la-Mer (Le), m^in, c^ne de Colleville.

Moulin-de-la-Planche, m^in, c^ne du Reculey.

Moulin-de-la-Planche, m^in, c^ne du Tourneur.

Moulin-de-la-Planche, m^in, c^ne de la Vacquerie.

Moulin-de-la-Planque, m^in, c^ne de Sept Vents.

Moulin-de-la-République (Le), m^{on}, c^{ne} de la Bigne.

Moulin-de-la-Rivière, m^{in}, c^{ne} de Cormolain.

Moulin-de-la-Rochette, c^{ne} de Longueville.

Moulin-de-la-Rocque, m^{in}, c^{ne} de Carville.

Moulin-de-la-Roquette, m^{in}, c^{ne} de Sermentot.

Moulin-de-la-Rose, m^{in}, c^{ne} de Saint-Paul-du-Vernay.

Moulin-de-la-Rosée, m^{in}, c^{ne} de Sainte-Honorine-du-Fay.

Moulin-de-la-Seillière (Le), m^{in}, c^{ne} de Cormolain.

Moulin-de-la-Varenne, m^{in}, c^{ne} de Grandcamp. — Varanda, 1273 (ch. d'Ardennes, 33).

Moulin-de-la-Vieite, c^{ne} de Vieuxpont.

Moulin-de-l'If, m^{in}, c^{ne} de Vouilly.

Moulin-de-Moulineaux, c^{ne} de Fontaine-Henry.

Moulin-de-Nonant (Le), h. c^{ne} de Carcagny.

Moulin-de-Patry (Le), c^{ne} de Curcy.

Moulin-de-Pouquet, c^{ne} de Saint-Martin-de-Sallen.

Moulin-de-Quérité (Le), m^{in}, c^{ne} de Courson.

Moulin-de-Rocreux, m^{in}, c^{ne} d'Amayé-sur-Orne.

Moulin-de-Rols (Le), m^{in}, c^{ne} de Mouen.

Moulin-de-Roucamp, m^{in}, c^{ne} du Plessis-Grimoult.

Moulin-de-Saint-Jean, c^{ne} de Falaise.

Moulin-des-Brousses (Le), m^{in}, c^{ne} de Truttemer-le-Grand.

Moulin-des-Essarts (Le), c^{ne} de la Bazoque.

Moulin-des-Laveurs (Le), c^{ne} de Sallen.

Moulin-des-Loges (Le), m^{in}, c^{ne} de Pierrepont.

Moulin-des-Monts, m^{in}, c^{ne} de Saint-Germain-de-Tallevende.

Moulin-des-Planches (Le), m^{in}, c^{ne} de Bernières-le-Patry.

Moulin-des-Prés (Le), c^{ne} de Bavent.

Moulin-des-Prés (Le), m^{in}, c^{ne} de Falaise.

Moulin-des-Prés, f. c^{ne} de Saint-Gatien.

Moulin-des-Sauvages, m^{in}, c^{ne} d'Englesqueville (Bayeux).

Moulin-de-sur-les-Prés, c^{ne} de Coulvain.

Moulin-des-Vallées (Le), m^{in} à blé, c^{ne} de Vassy.

Moulin-de-Touque, c^{ne} de Norolles.

Moulin-de-Touquette, m^{in}, c^{ne} de Touque.

Moulin-de-Tournebu, m^{in}, c^{ne} de Fresney-le-Puceux.

Moulin-de-tous-les-Bois, h. c^{ne} de Pont-Farcy.

Moulin-de-Trompe-Souris (Le), c^{ne} de Malloué.

Moulin-de-Trousbourg, m^{in}, c^{ne} de Gonneville-sur-Honfleur.

Moulin-de-Vieux-Pont, m^{in}, c^{ne} d'Acqueville.

Moulin-d'Olivet, c^{ne} de Saint-Clément.

Moulin-du-Bois, h. c^{ne} de Bernesq.

Moulin-du-Bosq (Le), vill. c^{ne} de Trévières.

Moulin-du-Bourg, m^{in}, c^{ne} d'Hermival.

Moulin-du-Bourg, m^{in}, c^{ne} d'Ouilly-du-Houlley.

Moulin-du-Chevalier, h. c^{ne} de Saint-Germain-de-Tallevende.

Moulin-du-Chapitre (Le), c^{ne} de Vaux-sur-Aure.

Moulin-du-Fay (Le), c^{ne} de Cauville.

Moulin-du-Fay (Le), m^{in}, c^{ne} de Saint-Germain-de-Tallevende.

Moulin-du-Fay (Le), c^{ne} de Saint-Lambert.

Moulin-du-Livet (Le), m^{in}, c^{ne} de Cordebugle.

Moulin-du-Mesnil (Le), m^{in}, c^{ne} de Quetteville.

Moulin-du-Milieu, m^{in}, c^{ne} de Colleville-sur-Mer.

Moulin-du-Pont, m^{in}, c^{ne} de Culey-le-Patry.

Moulin-du-Pont, m^{in}, c^{ne} de Fontenermont.

Moulin-du-Pré, h. c^{ne} de Cartigny-Tesson.

Moulin-du-Pré, usine, c^{ne} de Trois-Monts. — Dupré, 1847 (Stat. post.).

Moulin-du-Temple, h. c^{ne} de Planquery.

Moulin-du-Vey, m^{in}, c^{ne} de Sallen.

Moulin-du-Vieux-Pont, m^{in}, c^{ne} de Grandcamp.

Moulin-du-Viqueux (Le), c^{ne} des Oubeaux.

Moulin-du-Vivier, m^{in}, c^{ne} de Mittois.

Moulineaux (Les), c^{ne} réunie à Fontaine-Henri en 1827. — Molindinelli, v. 1135 (ch. de Saint-Étienne de Caen). — Molineaux, 1250 (charte de l'abb. d'Ardennes, n° 20). — Molinelli, 1277 (cart. norm. n° 874, p. 211).

Par. de Saint-Clair, patr. le seigneur du lieu. Dioc. de Bayeux, doy. de Douvre. Génér. et élect. de Caen, sergent. de Bernières.

Plein fief et demi-fief de chevalier tenu du roi à cause de la vicomté de Caen. La seigneurie de Fontaine-Henri et de Moulineaux appartenait en 1571 à Pierre d'Harcourt.

Moulineaux (Les), fief de la baronnie de Douvre, sis à Bernières, 1460 (temp. de l'év. de Bayeux).

Moulineaux (Les), f. c^{ne} de Cully.

Moulineaux (Les), q. c^{ne} d'Équemauville.

Moulineaux (Les), h. c^{ne} de Lécaude.

Moulines, c^{ne} de Bretteville-sur-Laize. — Molines, 1181 (ch. de l'abbaye de Barbery). — Moulines, 1199 (ch. de Saint-Jean de Falaise, n° 6).

Par. de Saint-Georges, patr. le seigneur du lieu. Dioc. de Bayeux, doy. du Cinglais. Génér. d'Alençon, élect. de Falaise, sergent. de Tournebu.

Fief appartenant en 1789 à M. Harel de Bretteville.

Fief de la baronnie de Tournebu, en la vicomté de Falaise, tenu par Rolland Tessard en 1586.

Moulinet (Le), h. c^{ne} de Bellou.

Moulinet (Le), h. c^{ne} de Fresné-la-Mère.

Moulinet (Le), h. c^{ne} de Sept-Frères.

Moulinets (Les), h. c^{ne} de Feuguerolles-sur-Seulle.

Moulinets (Les), h. c^{ne} de Sermentot. — Les Moulinez, 1398 (ch. de Barbery, n° 554).

Moulin-Fauvel, m^{in}, c^{ne} de Cartigny-Tesson.

Moulin-Fauvel, m^{in}, c^{ne} de Sainte-Marguerite-d'Elle.
Moulin-Feray, m^{in}, c^{ne} de Truttemer-le-Petit.
Moulin-Féron (Le), m^{in}, c^{ne} de Saint-Ouen-des-Besaces.
Moulin-Ferrand, m^{in}, c^{ne} de la Cambe.
Moulin-Ferrand, c^{ne} de Saint-Ouen-des-Besaces.
Moulin-Flaye, c^{ne} de Chouain.
Moulin-Flaye, c^{ne} de Condé-sur-Seulle.
Moulin-Foulain, m^{in}, c^{ne} de Saint-Martin-de-Sallen.
Moulin-Fouleux (Le), c^{ne} de Jort.
Moulin-Fouleux (Le), h. c^{ne} de Saint-Germain-Langot.
Moulin-Fouloin (Le), c^{ne} de Curcy.
Moulin-Fouloin (Le), h. c^{ne} de Saint-Martin-de-Sallen.
Moulin-Foulon, c^{ne} de Bonnebosq.
Moulin-Foulon, f. c^{ne} de Castillon.
Moulin-Foulon (Le), h. c^{ne} de Curcy.
Moulin-Foulon (Le), c^{ne} de Noron.
Moulin-Foulon (Le), c^{ne} de Saint-Jean-de-Livet.
Moulin-Frébouit (Le), c^{ne} de Roullours.
Moulin-Gassard (Le), q. c^{ne} de Saint-Hymer.
Moulin-Gérard, m^{in}, c^{ne} de Maisons.
Moulin-Gruchet, c^{ne} du Mesnil-sur-Blangy.
Moulin-Guernet (Le), usine, c^{ne} de la Chapelle-Yvon.
Moulin-Guillardet, m^{in}, c^{ne} de Bény-Bocage.
Moulin-Hellain, c^{ne} de Bonneville-la-Louvet.
Moulin-Hérel, c^{ne} de Landelles-et-Coupigny.
Moulin-Hubert, m^{in}, c^{ne} de Saint-Gabriel, 1271 (ch. d'Ardennes, n° 279).
Moulin-Hy (Le), usine, c^{ne} de Falaise.
Moulin-Hy (Le), h. c^{ne} de Pont-Farcy.
Moulinière (La), q. c^{ne} de la Brévière.
Moulinière (La), vill. c^{ne} de Clinchamps.
Moulinière (La), h. c^{ne} de Villy-Bocage.
Moulin-l'Abbé (Le), c^{ne} de Bretteville-l'Orgueilleuse.
Moulin-l'Abbé (Le), usine, c^{ne} de Fontenay-le-Marmion.
Moulin-Lalou (Le), usine, c^{ne} de Fontenay-le-Marmion.
Moulin-l'Évêque, h. c^{ne} de Campeaux.
Moulin-Lévêque, m^{in}, c^{ne} de Cartigny-Tesson.
Moulin-l'Évêque, h. c^{ne} de Sainte-Marguerite-d'Elle.
Moulin-l'Évêque, c^{ne} de Sainte-Marie-Laumont.
Moulin-Libose, m^{in}, c^{ne} de Lisores.
Moulin-Livet, h. c^{ne} de Cordebugle.
Moulin-Marmion, m^{in}, c^{ne} de Saint-Pierre-Azif.
Moulin-Michel, c^{ne} de Pont-Bellenger.
Moulin-Mondeau, h. c^{ne} de Livry.
Moulin-Morin, m^{in} et usine, c^{ne} de Barbeville.
Moulin-Neuf (Le), m^{in}, c^{ne} de Carville.
Moulin-Neuf (Le), m^{in}, c^{ne} de Courtonne-la-Ville.
Moulin-Neuf (Le), m^{in}, c^{ne} de Gouvix.
Moulin-Neuf (Le), f. et usine, c^{ne} d'Ouilly-le-Basset.
Moulin-Neuf (Le), m^{in}, c^{ne} du Plessis-Grimoult.

Moulin-Neuf (Le), m^{in}, c^{ne} de Pont-Bellenger.
Moulin-Neuf (Le), c^{ne} de Saint-Georges-d'Aunay.
Moulin-Neuf (Le), h. c^{ne} de Sept-Frères.
Moulin-Neuf (Le), m^{in}, c^{ne} de Vieux.
Moulin-Neuilly (Le), f. c^{ne} de Prétreville.
Moulin-Nonant, m^{in}, c^{ne} de Carcagny.
Moulin-Ouf (Le), m^{in}, c^{ne} de Littry.
Moulin-Panel, c^{ne} de Saint-Martin-des-Besaces.
Moulin-Paris, c^{ne} de Fresney-le-Puceux.
Moulin-Patry, c^{ne} de Curcy.
Moulin-Péqueult, h. c^{ne} d'Ouilly-le-Vicomte.
Moulin-Perreux (Le), m^{in}, c^{ne} de Saint-Germain-de-Tallevende.
Moulin-Pigache, m^{in}, c^{ne} de Falaise.
Moulin-Pignot, c^{ne} de Saint-Martin-de-Blagny.
Moulin-Pinel (Le), h. c^{ne} du Reculey.
Moulin-Pinel, c^{ne} du Tourneur.
Moulin-Polet, c^{ne} de Pierrefitte.
Moulin-Potel, c^{ne} de Tréprel.
Moulin-Potet, m^{en}, c^{ne} de Pierrefitte (Falaise).
Moulin-Poulain, h. c^{ne} de Touque.
Moulin-Raoult, c^{ne} de Saint-Pierre-sur-Dive.
Moulin-Renouard, m^{in}, c^{ne} de Sermentot. — Renoart, 1694 (Tolin).
Moulin-Rouée, m^{in}, c^{ne} de Cahagnes.
Moulins (Les), c^{ne} de Bellou.
Moulins (Les), h. c^{ne} de la Chapelle-Yvon.
Moulins (Les), h. c^{ne} de Colleville-sur-Mer.
Moulins (Les), h. c^{ne} de Crocy.
Moulins (Les), h. c^{ne} de Glos.
Moulins (Les), h. c^{ne} de Jurques.
Moulins (Les), h. c^{ne} de Lécaude.
Moulins (Les), q. c^{ne} de Pierrefitte.
Moulins (Les), vill. c^{ne} de Placy.
Moulins (Les), h. c^{ne} de Presles.
Moulins (Les), q. c^{ne} de Reux.
Moulins (Les), h. c^{ne} de Saint-André-de-Fontenay.
Moulins (Les), vill. c^{ne} de Saint-Laurent-sur-Mer.
Moulins (Les), h. c^{ne} de Soûmont.
Moulins-de-la-Dune (Les), h. c^{ne} de Grandcamp.
Moulins-des-Prés (Les), h. c^{ne} de Genneville.
Moulin-Saint-Laurent, m^{in}, c^{ne} de Deauville.
Moulin-Saint-Martin, m^{in}, c^{ne} de Livry.
Moulins-Neufs (Les), h. c^{ne} de Gouvix.
Moulin-sous-le-Bois (Le), h. c^{ne} de Pont-Farcy.
Moulin-Tapin, h. c^{ne} de Fresney-le-Puceux.
Moulin-Talbaud, h. c^{ne} de Tourville.
Moulin-Tillard, c^{ne} du Theil.
Moulin-Tirel, h. c^{ne} de Cahagnes.
Moulin-Troussel, m^{in}, c^{ne} d'Angerville.
Moulin-Troussel, m^{in}, c^{ne} de Douville.
Moulin-Vain, m^{in}, c^{ne} de Canapville.

Moulin-Viard (Le), c^{ne} de Maizet.

Moult, c^{on} de Bourguébus, sur la Muance. — *Modol*,
1161 (ch. de Saint-Étienne de Caen). — *Modo-
lium, Moolium*, 1169 (*ibid.*). — *Mool*, 1190 (*ibid.*).
— *Mooul*, 1284 (arch. nat. P. 272, n° 26). —
Moul, 1371 (visite des forteresses). — *Moux*,
1454 (aveux de Saint-Étienne de Caen). — *Moulx*,
1678 (*ibid.*). — *Moulle*, 1694 (Tolin). — *Moulle*,
1710 (de Fer). — *Mole*, 1716 (de l'Isle). — *Mol*,
1758 (Vaugondy).

Par. de Saint-Antoine, patr. le seigneur. Dioc. de
Bayeux, doy. de Vaucelles. Génér. et élect. de Caen,
sergent. du Verrier.

Le fief du Mesnil-Touffray était assis à Moult et
relevait par un quart de fief de la vicomté de Caen.

Mouquenon, h. c^{ne} de Pleines-OEuvres.

Moureys (Les), h. c^{ne} du Mesnil-sur-Blangy.

Mouriau (Le), h. c^{ne} du Pin.

Mourier, h. c^{ne} de Fumichon.

Mourrie (La), h. c^{ne} de Saint-Ouen-le-Pin.

Mousans (Les), f. c^{ne} de Cartigny-l'Épinay.

Mousse (La), c^{ne} réunie à Saint-Remy en 1827. — *La
Moce*, v. 1230 (charte de Saint-Étienne de Fontenay, p. 44). — *La Mousse, Mocia*, 1356 (livre
pelut de Bayeux). — *Le Pont de la Mouche*, 1371
(visite des forteresses). — *Mocia*, xive siècle (taxat.
decim. dioc. Baioc.). — *Le Mosse*, 1608 (aveux
d'Harcourt).

Par. de Saint-Martin, patr. l'abbé du Val. Dioc.
de Bayeux, doy. du Cinglais. Génér. d'Alençon,
élect. de Falaise, sergent. de Thury.

Fief de la baronnie de Thury, plus tard duché de
Thury-Harcourt.

Mousse (La), bac, c^{ne} de Culey-le-Patry. —

Mousset (Le), h. c^{ne} de Notre-Dame-de-Courson.

Moustier (Le), fief situé à Vaux-sur-Seulle, s'étendant à Vassy et à Esquay, 1604 (aveux de la vicomté de Bayeux).

Moutais, h. c^{ne} de Viessoix.

Moute (La), h. c^{ne} de Banneville-sur-Ajon.

Mouteilles (Les), h. c^{ne} de Cerqueux.

Mouterie (La), h. c^{ne} de la Lande-Vaumont.

Moutier (Le), h. c^{ne} d'Amfréville.

Moutier (Le), q. c^{ne} d'Anctoville.

Moutier (Le), m^{on} isolée, c^{ne} des Loges-Saulces.

Moutier (Le), h. c^{ne} du Mesnil-Patry.

Moutier (Le), h. c^{ne} d'Orbois.

Moutier (Le), h. c^{ne} de Saint-Étienne-la-Tillaye.

Moutier (Le), h. c^{ne} de la Vacquerie.

Moutiers-en-Auge (Les), c^{on} de Morteaux-Coulibœuf.
    Par. de Saint-Martin, Saint-Gervais et Saint-Pro-
tais; patr. le prieur de Sainte-Barbe et l'abbé de

Saint-Évroult; chapelle *Souquet* ou *Chouquet* à la
nomination de la commanderie de Villedieu. —
Dioc. de Séez, doy. de Troarn. Génér. d'Alençon,
élect. d'Argentan, sergent. de Trun.

Moutiers-en-Cinglais (Les), c^{on} de Bretteville-sur-
Laize. — *Monasteria in Cingalis*, 1356 (livre pelut).

Par. de Notre-Dame. Dioc. de Bayeux, doy. du
Cinglais. Génér. et élect. de Caen, serg. de Croisilles.

Le livre pelut y mentionne deux églises (*monasteria*), l'une dépendant de l'abb. du Val et l'autre
de l'abb. de Lonlay.

Moutiers-Hubert (Les), c^{on} de Livarot. — *Mostiers
Hubert*, 1155 (Wace, Rou). — *Monasteria, Mo-
nasterium Huberti*, xive s^e (pouillé de Lisieux,
p. 56).

Par. de Saint-Martin, deux cures; patr. le seigneur du lieu; aujourd'hui la paroisse est réunie
pour le culte à Notre-Dame-de-Courson. Chap. du
prieuré de Notre-Dame-des-Houllettes, dépendant
de l'abb. de Haubie. — Chapelle de Saint-Clair.
Génér. d'Alençon, élect. de Lisieux, sergent. d'Or-
bec. Prieuré fondé au milieu du xiie s^e par Guillaume Pesnel.

Ancienne baronnie ayant appartenu au xie s^e à la
famille Pesnel.

Mouton (Le), h. c^{ne} de Saint-Sever.

Moutonné (Le), h. c^{ne} d'Ondefontaine. — *Moutonnet*,
1848 (état-major).

Moutonnière (La), h. c^{ne} de Notre-Dame-de-Courson.

Moutonnière (La), h. c^{ne} du Pin.

Moutrie (La), h. c^{ne} de Sept-Frères.

Moyaux, c^{on} de Lisieux. — *Moiax, Moyax*, 1155 (magni rotuli, p. 37 et 60). — *Decanatus de Moyas,
de Moaz*, 1205; *Moead, Moeaux*, 1262 (ch. citées
dans le pouillé de Lisieux, p. 22, note 5). —
Moyad, 1284 (cart. norm. n° 1028, p. 266). —
Moiaus, 1723 (d'Anville).

Par. de Saint-Germain, patr. l'abbé de Bernay.
Dioc. de Bayeux, doy. de Moyaux. Génér. d'Alençon,
élect. de Lisieux, sergent. de Moyaux.

Le doyenné de Moyaux (*decanatus de Moyas*),
dans l'archidiaconé de Lieuvin, se composait des
paroisses de Saint-Aubin-de-Sellen, Fontaine-la-
Louvet, Fontenelles, Saint-Vincent-d'Ouillie, Fu-
michon, le Pin-en-Lieuvin, Bazoques, le Favril,
Bournainville, Saint-Hippolyte-de-Cantelou, Saint-
Pierre-de-Cantelou, Ouillie-la-Ribaude, Saint-Mar-
tin-du-Houlley, la Chapelle-du-Manoir-d'Ouillie,
Hermival, Glos-sous-Lisieux, Firfol, Saint-Léger-
du-Houlley, Marolles, Courtonne-la-Ville, Saint-
Paul-de-Courtonne, Courtonne-la-Meurdrac, la
Chapelle-Saint-Louis-de-Courtonne, Cirfontaine,

Tiberville, le Planquet, Brucourt, Moyaux, Villers-sur-Glos, Cordebugle, Barneville, l'Hôtellerie, les Places, Piencourt, Saint-Léger-de-Glatigny, la Cha-pellé-Harang, Courtonnel et Notre-Dame-de-Livet.

Les fiefs du *Val* et de *Marolles*, du *Pin*, de *Pien-court*, de *Cordebugle*, sis à Moyaux, dépendaient de la vicomté d'Orbec, 1320 (fiefs de la vicomté d'Or-bec). *Bosc-de-Moyaux*, fief tenu du roi, xvii° s° (*ibid.*).

Moyon (Le), f. c^{ne} de Tournebu. — *Moion*, 1082 (cart. de la Trinité). — *Moyou*, 1272 (parv. lib. rub. Troarn. p. 34).

Muance (La), riv. affl. de la Dive, à gauche. — *Meance*, 1155 (Wace). — *Maance*, 1160 (Benoit de Sainte-More).

Le ruisseau qui porte ce nom est formé de la réu-nion de plusieurs sources qui sortent de terre près de l'église de Grainville-la-Campagne, disparaît pour ne se remontrer qu'à 8 kilomètres de distance, à Saint-Sylvain, arrose Saint-Sylvain, Fierville-la-Campagne, Bray-la-Campagne, Billy, Airan, Moult, Argences, Rupierre, Janville, Saint-Pierre-du-Jon-quet, Troarn et Bures.

Mucaillerie (La), h. c^{ne} de Sept-Vents.

Mue (La), riv. affl. de la Seulle. La source de la Mue à Cheux est protégée par des constructions ro-maines. Elle parcourt Saint-Manvieu, Norrey, Rots, Lasson, Cairon, Thaon, Fontaine-Henry, Bény-sur-Mue et Reviers.

Muiettes (Les), fief de Noron, 1303 (ch. de Villers-Canivet, n° 280).

Mulloisière (La), h. c^{ne} de Saint-Remy.

Mulot (Le), h. c^{ne} de Saint-Denis-Maisoncelles.

Mulotière (La), h. c^{ne} de Burcy.

Mulotière (La), h. c^{ne} de Falaise.

Mulotière (La), m^{on} isolée, c^{ne} de Presles.

Mulotière (La), h. c^{ne} de Sainte-Honorine-de-Ducy.

Mulotière (La), h. c^{ne} de Saint-Martin-de-Sallen.

Mulots (Les), h. c^{ne} des Moutiers-en-Auge.

Multières (Les), f. c^{ne} des Oubeaux.

Muraillerie (La), h. c^{ne} de Sept-Vents.

Murie (La), h. c^{ne} de Fontenermont.

Murie (La), h. c^{ne} du Mesnil-Robert.

Murisserie (La), h. et f. c^{ne} de Campagnolles.

Mutellière (La), h. c^{ne} de Saint-Germain-de-Talle-vende.

Mutrécy, c^{on} de Bretteville-sur-Laize. — *Mustrecie*, 1180 (magni rotuli, p. 15). — *Multreceium, Mus-treceium*, 1198 (*ibid.* p. 22). — *Mustrecium*, 1246 (ch. de Barbery, n° 121). — *Mustrecie*, 1307 (L. Delisle, Classes agric. p. 725). — *Mutrecia*, 1356 (livre pelut). — *Mutrecy*, 1371 (visite des forteresses). — *Muterecy*, 1371 (assiette des feux de la vicomté de Caen). — *Mutrecium*, xiv° siècle (taxat. decim. dioc. Baioc.). — *Meutrecy*, 1585 (papier terrier de Falaise). — *Mitrecy*, 1640 (aveux d'Harcourt).

Par. de Sainte-Honorine, patr. le seigneur. Dioc. de Bayeux, doy. du Cinglais. Génér. et élect. de Caen, sergent. de Bretteville-sur-Laize.

Quart de fief mouvant de la baronnie de Thúry, vicomté de Falaise.

Mutrel, delle de Bretteville-l'Orgueilleuse, 1666 (pa-pier terrier de Bretteville).

Mutrey, h. c^{ne} de Trois-Monts.

N

Nanterie (La), h. c^{ne} du Mesnil-Robert.

Nanterie (La), h. c^{ne} de Saint-Germain-de-Talle-vende.

Narbonne, h. c^{ne} de Sept-Frères. Le huitième de fief de Narbonne était assis dans la paroisse de Sept-Frères.

Naudières (Les), h. c^{ne} de Montchauvet.

Naudières (Les), h. c^{ne} de Saint-Germain-de-Talle-vende.

Naudrie (La), h. c^{ne} de Prétreville. — *Naudière*, 1847 (Stat. post.).

Naudries (Les), h. c^{ne} d'Auvillars. — *Nauderies*, 1848 (Simon).

Navarre, h. c^{ne} de Cesny-aux-Vignes.

Navarre, h. c^{ne} de Chicheboville. — *Navare*, xviii° s° (Cassini).

Néel, h. c^{ne} de Cresseveuille.

Néel, h. c^{ne} de Jurques.

Nef-du-Pas (La), bac, c^{ne} de Neuilly.

Nellerie (La), h. c^{ne} de la Bazoque.

Nepey, fief de Falaise, 1586 (papier terrier, p. 171).

Néraudière (La), h. c^{ne} de Montchamp.

Nérie (La), f. c^{ne} de Fumichon.

Ners, c^{ne} réunie en 1858 à Pertheville qui prend le nom de Pertheville-Ners. — *Neræ, Nervi, Ners, Neirs*, 1153, 1270 (ch. de l'abb. de Saint-André-en-Gouffern). — *Ner*, xiv° s° (tax. dec. dioc. Baioc.).

Par. de Saint-Aubin, patr. le chanoine de Séez de

semaine. Dioc. de Séez, doy. de Falaise. Génér. d'Alençon, élect. et sergent. de Falaise.

Fief de Ners appartenant au domaine royal; il était assis à Ners, à Pertheville et à Fourches, 1586 (papier terrier de Falaise).

Nesq, vill. cⁿᵉ de Saon. — *Nesques*, 1848 (état-major).

Neubourg, h. et f. cᵉ de la Ferrière-Harang.

Neubourg, chât. cⁿᵉ de Saint-Marcouf.

Neudries (Les), h. cⁿᵉ de Saint-Manvieu (Vire). — *Les Neuderies*, 1848 (Simon).

Neufbourg (Le), cⁿᵉ de Coulonces.

Neufbourg (Le), h. cⁿᵉ de Honfleur.

Neufbourg (Le), h. cⁿᵉ d'Isigny.

Neufbourg (Le), h. et f. cⁿᵉ de Littry.

Neufmers, h. cⁿᵉ de Lasson.

Neuilly, cⁿ d'Isigny. — *Noilleium*, 1088 (Orderic Vital, *t.* III, l. VII, p. 293). — *Nulleyum*, xıᵉ sᵉ (enquête, p. 426). — *Nuilleium*, 1198 (magni rotuli, p. 21). — *Nuilliacum, Neulleyum*, 1267 (visites d'Eudes Rigaud). — *Nully*, 1371 (visite des forteresses). — *Neuilly l'Évêque*, 1418 (rôles de Bréquigny). — *Nullye*, 1637 (fiefs de l'év. de Bayeux). — *Neufmer*, 1848 (Simon).

Par. de Notre-Dame, patr. le chantre de Bayeux. Dioc. de Bayeux, doy. de Couvains. Génér. de Caen, élect. de Bayeux, sergent. d'Isigny.

Le fief de *Saint-Lambert*, à Neuilly, s'étendait à Isigny, Castilly, Monfréville et aux environs.

Baronnie appartenant à l'évêque de Bayeux, comprenant les fiefs de Fontaines à Isigny, de Lison, de Rupalley, de Vouilly et d'Ouistreham. Elle fut, en 1771, incorporée au fief du Plessis-Grimoult, assis à Isigny, pour ne former qu'un seul fief relevant du roi, en faveur de Henri-François de Bricqueville, marquis de la Luzerne.

Neuilly-le-Malherbe, cⁿ d'Évrecy. — *Nuylly le Malherbe*, 1453 (arch. nat. aveux, P. 271, n° 196). — *Nully le Malherbe*, 1460 (aveux de l'évêché).

Par. de Saint-Martin, patr. le chanoine d'Arry. Dioc. de Bayeux, doy. d'Évrecy. Génér. et élect. de Caen, sergent. d'Évrecy. Cette commune doit son nom à la famille Malherbe à qui appartenait la seigneurie de Neuilly.

Un membre de fief assis à Neuilly relevait par demi-fief de la seigneurie de Saint-Waast.

Neumer, h. cⁿᵉ d'Ouffières. — *Numert*, 1847 (Stat. post.).

Neuve-Maison, h. cⁿᵉ de Beaulieu.

Neuville ou Neuville-sur-Port, cⁿᵉ réunie à Huppain en 1844. — *Neuvilla, Nealvilla, Nevilla*, 1198 (magni rotuli, p. 59). — *Noefvilla*, 1198 (ibid. p. 5). — *Noevilla*, 1202 (rotul. scacc. t. II, p. 53a). — *No-*

vevilla, Novavilla, 1257 (ch. de l'abb. de Mondaye). — *Novilla* (livre blanc de Troarn, ch. de fondation).

Par. de Notre-Dame, patr. l'abbé de Cerisy. Dioc. de Bayeux, doy. des Veys. Génér. de Caen, élect. de Bayeux, sergent. de Tour. Fiefferme tenue du roi.

Le plein fief de *Neuville* s'étendait à Maisons, Huppain, Port, Étreham, Mosles, Tessy, Houtteville, Formigny, Aignerville, Engranville et Cardonville, 1679 (aveux de la vicomté de Bayeux).

Neuville, cⁿ de Vire. — *Novavilla*, 1166 (ch. de Saint-André-en-Gouffern). — *Neauvilla*, 1202 (ch. de l'abb. d'Aunay). — *Neufville*, 1679 (av. de la vicomté de Vire).

Par. de Notre-Dame; léproserie et prieuré de Saint-Nicolas de Neuville; patr. l'abbé de la Couture. Dioc. de Bayeux, doy. de Vire. Génér. de Caen, élect. et sergent. de Vire.

Dans la paroisse de Neuville étaient assis le plein fief de *Tracy*, le fief de *Saint-Vigor-des-Monts*, le fief où la vavassorie de *la Gallonnière*, 1679 (fiefs de la vicomté de Vire-Condé); on y distinguait aussi les manoirs de *la Butte* et de *la Basselière*.

Neuville (La), h. cⁿᵉ d'Esson.

Neuville (La), h. cⁿᵉ de Foulognes.

Neuville (La), f. cⁿᵉ de Huppain.

Neuville (La), chât. et vill. cⁿᵉ de Livarot.

Neuville (La), h. cⁿᵉ de Nonant. — *Novavilla prope Pontem Balere*, 1198 (magni rotuli, p. 34).

Neuville (La), h. cⁿᵉ de Sainte-Honorine-de-Ducy.

Neuvillette, h. cⁿᵉ de Vaudeloges. — *Novillula*, vers 1140 (ch. pour Saint-Pierre-sur-Dive).

Neuvillière (La), h. cⁿᵉ de Campagnolles.

Neuvilliers (Les), h. cⁿᵉ de Vire.

Nicolazière (La), h. cⁿᵉ de Coulonces. — *Nicolasière*, 1848 (Simon).

Nidalos, f. cⁿᵉ de Courvaudon. — *Nis-Dalos*, 1848 (Simon).

Nid-au-Chien (Le), h. cⁿᵉ du Fournet.

Nid-de-Chien (Le), h. cⁿᵉ du Breuil (Pont-l'Évêque).

Nid-de-Chien (Le), h. cⁿᵉ de Formentin.

Nid-de-Chien (Le), mⁿ isolée, cⁿᵉ de Jurques.

Nid-de-Chien (Le), h. cⁿᵉ de Putot-en-Bessin.

Nid-de-Chien (Le), h. cⁿᵉ de Saint-Remy.

Nid-de-Loup (Le), h. cⁿᵉ de Pont-Farcy.

Nid-de-Pie (Le), h. cⁿᵉ d'Aunay.

Nid-de-Pie (Le), h. cⁿᵉ de Coulvain.

Nid-du-Pré (Le), f. cⁿᵉ de Villy-Bocage.

Niellerie (La), vill. cⁿᵉ de Saint-Sever.

Nihault, h. cⁿᵉ de Bayeux. — *Nihals*, 1190 (ch. de Saint-Étienne de Caen). — *Nihauz*, 1278 (cart. norm, n° 932, p. 232).

Nihaut, h. cⁿᵉ de Vaucelles.

NILHOMMIÈRE (LA), q. c⁻ᵉ de Condé-sur-Noireau. —
Millomière, 1847 (Stat. post.).

NILLY, h. cⁿᵉ de Noron (Falaise).

NOBLE-MESNIL (LE), h. cᵐᵉ de Montigny.

NOBLERIE (LA), h. cⁿᵉ de Pleines-OEuvres.

NOBLET, h. cⁿᵉ de Coquainvilliers.

NODRIE (LA), h. cⁿᵉ de Prêtreville.

NOË (LA), h. cⁿᵉ de Beaumais.

NOË (LA), cⁿᵉ de Bellou.

NOË (LA), f. cⁿᵉ de Bonneuil.

NOË (LA), h. cⁿᵉ de Burcy.

NOË (LA), cours d'eau à Caen.

NOË (LA), vill. cⁿᵉ de Campeaux.

NOË (LA), h. cⁿᵉ de Castillon.

NOË (LA GRANDE et LA PETITE-), h. cⁿᵉ de Familly.

NOË (LA), f. cⁿᵉ de Notre-Dame-de-Fresnay.

NOË (LA), h. cⁿᵉ de Pleines-OEuvres.

NOË (LA), h. cⁿᵉ de Saint-Manvieu (Vire).

NOË (LA), h. cⁿᵉ de Tracy-sur-Mer. — L'Anoë, 1848
(état-major).

NOË (LA), h. cⁿᵉ de Vaudry.

NOË-CROULE (LA), mⁿᵉ isolée, cⁿᵉ de Saint-Vigor-des-
Mézerets.

NOË-GAUCHER (LA), h. cⁿᵉ de Courvaudon. — Gauchay,
1847 (état-major).

NOËL (LE), h. cⁿᵉ de Tourville.

NOËS (LES), h. cⁿᵉ de Pont-Farcy.

NOËS-DU-FAY (LES), h. cⁿᵉ du Détroit.

NOILLES (LES), h. cⁿᵉ de Longraye.

NOINCHEVAL (LE), h. cⁿᵉ du Gast.

NOIREAU (LE), riv. affl. de l'Orne, à gauche. — Nigra
Aqua, 1198 (magni rotuli, p. 112). — Néreau,
1667 (carte de Sanson). Il prend sa source au mont
Brimbale, dans le département de l'Orne, d'où sort
aussi la Vire, coule presque en entier dans le département de l'Orne et touche d'abord le Calvados
sur le territoire de Condé-sur-Noireau, où il reçoit
la Druance, puis la Vire au port d'Errambourg; il
sert de limite départementale sur les passages de
Saint-Denis-de-Méré et de Saint-Marc-d'Ouilly, où
il se réunit à l'Orne, à l'amont du pont d'Ouilly,
après un parcours de plus de 30 kilomètres.

NOIREAU, fief de la vicomté de Vire, 1720 (fiefs de la
vicomté de Caen).

NOIRE-MARE (LA), étang qui se forme à des époques
irrégulières dans la commune d'Ernes; c'est ce que
l'on appelle Vitouard.

NOIRE-MARE (LA), chapelle construite au xvɪᵉ sᵉ sur le
bord du chemin de Moult à Fervaques, cⁿᵉ du Mesnil-Germain.

NOIRE-MARE (LA), q. cⁿᵉ de Saint-Ouen-le-Houx.

NOIRE-NUIT (LA), h. cⁿᵉ d'Aunay-sur-Odon.

NOIRES-FOSSES (LES), h. cⁿᵉ de Saint-Ouen-des-Besaces.

NOIRVAL, h. cⁿᵉ de Blangy.

NOIRVAL, f. cⁿᵉ de Manneville-la-Pipard. — Nigra
Vallis, 1195 (magni rotuli, p. 76, 2).

NOLARD (LA), h. et f. cⁿᵉ de Meulles.

NOLENT, h. cⁿᵉ de Firfol.

NOLLIESSES (LES), h. cⁿᵉ de Cordebugle.

NOMBRIL-DIEU (LE), chapelle, h. de la Maladrerie,
à Caen. — Capella infirmorum sanctissime Trini-
tatis de Umbilico Dei, 1082 (charte de Saint-Étienne).
— Ecclesia de Umbilico Dei, in parochia Sancti
Michaelis, xɪvᵉ siècle (taxat. decim.). — Église de
Nombly Dieu, 1471 (limitation des paroisses). —
Église de Noublie Dieu, 1706 (aveux du temp. de
Saint-Étienne de Caen). — Sainte Trinité du Nombril
Dieu, au hameau de la Maladrerie, 1725 (ibid.).
Le patronage appartenait à l'abbaye de Saint-
Étienne.

NOM-GRAND, h. cⁿᵉ de Curcy.

NONANT, cⁿ de Bayeux. — Nonnantum, 1212 (ch. de
Mondaye).—Nonnant, 1257 (magni rotuli, p. 187).
— Nonant, 1653 (carte de Tassin).
L'exemption dite de Nonant, appartenait à l'é-
vêque de Lisieux, comprenait Nonant-sur-Seulle,
Verson (deux portions), la chapelle de Damigny, le
prieuré d'Ellon, le prieuré de Juaye, l'abbaye de
Mondaye. Elle avait la présentation aux églises de
Lasson et de Plumetot.
Par. de Saint-Martin, deux cures; patr. l'évêque de
Lisieux. Dioc. de Lisieux, exempt. de Nonant. Génér.
de Caen, élect. de Bayeux, sergent. de Briquessart.
La baronnie de Nonant s'étendait entre Bayeux
et Caen et comprenait les églises paroissiales de
Nonant, de Verson, de Mouen et de Juaye. Le quart
de fief Damigny, à Nonant, s'étendait à Saint-Ger-
main et à Ellon, 1607 (aveux de la vicomté de
Bayeux).

NOQUES (LES), h. cⁿᵉ de Saint-Martin-de-Sallen.

NORERIE (LA), h. cⁿᵉ de Saint-Manvieu (Vire).

NORMANDIE (LA), h. cⁿᵉ de Saint-André-d'Hébertot.

NORMANDIE (LA), f. cⁿᵉ de Saint-Julien de Mailloc.

NORMANDIÈRE (LA), h. cⁿᵉ de Culey-le-Patry.

NORMANDIÈRE (LA), h. cⁿᵉ de Saint-Germain-de-Tallevende.

NONOLLES, cⁿ de Blangy. — Nogerolæ, 847 (act. ss.
ord. S. Bened. 10 mai, p. 611). — Noeroles, 1198
(magni rotuli, p. 12). — Saint Denis de Noerolles,
1220 (pouillé de Lisieux, p. 38, note 1). — Noe-
roliæ, xɪvᵉ sᵉ; Noreoliæ, xvɪᵉ sᵉ (ibid. p. 38).
Par. de Saint-Denis, patr. le seigneur de Fauguernon, puis le seigneur de Combray; chap. de Notre-
Dame et de Saint-Lubin de Bouttemont. Dioc. de

Lisieux, doy. de Touque. Génér. d'Alençon,. élect. de Lisieux, sergent. de Moyaux.

Le fief *Mallon*, à Norolles, possédé au xvii° s° par la famille Foye (martologe de Tourgéville).

Nonon, c°n de Balleroy. — *Nogrondus*, 1214 (ch. de Mondaye).

Par. de Saint-Germain, patr. l'abbé de Mondaye; chap. de Sainte-Catherine et de Saint-Nicolas de Bur-le-Roi. Dioc. de Bayeux, doy. des Veys. Génér. de Caen, élect. de Bayeux, sergent. de Cerisy.

Noron, huitième de fief, auquel était unie de temps immémorial la vavassorie noble de Bur-le-Roi, d'où dépendait l'office de maître verdier hérédital de la maitrise de Bayeux, supprimée par édit de 1669; 1678 (av. de la vicomté de Bayeux).

Nonon, c°n de Falaise (Nord).—*Noronnium*, 1297 (ch. de Villers-Canivet, n° 293).

Par. de Saint-Cyr et Sainte-Juliette, patr. l'abbé de Saint-Évroult; prieuré dépendant de l'abb. de Saint-Évroult. Dioc. de Séez, doy. d'Aubigny. Génér. d'Alençon, élect. de Falaise, sergent. de Thury.

Nonon, h. et m^in, c^ne de Bernières-le-Patry.

Norrey, c°n de Morteaux-Coulibœuf. — *Nuceretum*, xi° s° (Orderic Vital). — *Nouré*, 1723 (d'Anville, dioc. de Lisieux).

Par. de Sainte-Anne, patr. l'abbé de Saint-Évroult. Dioc. de Séez, doy. de Troarn. Génér. d'Alençon, élect. d'Argentan, sergent. des Bruns.

Nonney, c°n de Tilly-sur-Seulle.— *Norreis*, 1198 (magni rotuli, p. 26, 2).—*Nouray*, 1371 (visite des forteresses).— *Noereyum*, xiv°s° (livre pelut de Bayeux). — *Noiron*, 1610 (carte de Blaeu). — *Norré*, 1620 (carte de Leclerc).

Par. de Sainte-Barbe, patr. l'abbé de Saint-Ouen de Rouen. Dioc. de Bayeux, annexe de Rots. Génér. et élection de Caen, sergent. de Bernières.

Le fief de Norrey relevait de l'abbaye de Saint-Étienne de Caen. *La Croix Boissye*, à Norrey, 1479 (Marchement de Rots, fonds Saint-Étienne).

La chapelle de *Lortial* ou *l'Ortial*, à 1 kilomètre de l'église, avait pour patron l'abbé de Saint-Étienne de Caen.

Notre-Dame, h. c^ne de Baynes.

Notre-Dame, f. c^ne de Coulonces.

Notre-Dame, vill. c^ne de Longvillers.

Notre-Dame (La), h. c^ne de Saint-Martin-de-Tallevende.

Notre-Dame-de-Blagny, c^ne réunie à Baynes en 1831.

Par. de Notre-Dame, patr. le seigneur du lieu; chapelle de Saint-Jean-l'Évangéliste au manoir de la Quèze. Dioc. de Bayeux, doy. de Couvains. Génér. de Caen, élect. de Bayeux, sergent. de Cerisy.

Le fief de *Blagny-la-Quèze* ou la *Quièze*, auquel était uni celui de *Baynes*, s'étendait à Baynes, Tournières, Bernesq, Couvains, Pleines-OEuvres, Saint-Martin-de-Caumont, Sallen, Livry, Fresnay-sur-Mer et Martragny.

Notre-Dame-de-Courson, c°n de Livarot, c^ne accrue de Saint-Pierre-de-Courson en 1831.

Par. de Notre-Dame, patr. le chanoine de Lisieux; chap. de Belleau. Dioc. de Bayeux, doy. de Livarot. Génér. d'Alençon, élect. de Lisieux, sergenterie d'Orbec.

Notre-Dame-de-Bonne-Nouvelle. Voir Esson.

Notre-Dame-de-Fresnay, c°n de Saint-Pierre-sur-Dive. — *Frasneium*, 1118 (ch. de Saint-Pierre-sur-Dive). — *Beata Maria de Fresneio*, 1293 (ch. de Saint-André-en-Gouffern).

Par. de Notre-Dame, patr. l'abbé de Saint-Pierre-sur-Dive. Dioc. de Lisieux, doy. du Mesnil-Mauger. Génér. d'Alençon, élect. d'Argentan, sergent. de Montpinçon.

Notre-Dame-de-Grâce, chapelle près de Honfleur. — *Ecclesia Beatæ Mariæ prope Honefleuctum*, xiv° s°; *prope Honefluctum*, xvi° siècle (pouillé de Lisieux, p. 40).

Notre-Dame-de-Livaye, c°n de Mézidon, c^ne réunie pour le culte à Monteille. — *Ecclesia de Liveya*, xiv° s° (pouillé de Lisieux, p. 46).

Par. de Notre-Dame, patr. le seigneur. Dioc. de Lisieux, doy. du Mesnil-Mauger. Génér. de Rouen, élect. de Pont-l'Évêque, sergent. de Cambremer.

Notre-Dame-de-Livet, c^ne réunie à Saint-Paul-de-Courtonne en 1824. — *Notre Dame de Livaye*, 1730 (temporel de Lisieux). — *Beata Maria de Lyveto*, xvi° s° (pouillé de Lisieux, p. 25).

Par. de Notre-Dame, patr. le seigneur du lieu. Dioc. de Lisieux, doy. de Moyaux. Génér. d'Alençon, élect. de Lisieux, sergent. d'Orbec.

Les fiefs du *Boulley* et de *la Haulle* relevaient de la vicomté d'Auge.

Notre-Dame-de-Pitié, chapelle, c^ne de Trouville.

Notre-Dame-de-Saint-Léonard, à Honfleur, fief relevant de la vicomté d'Auge, 1620 (fiefs de la vic.).

Notre-Dame-d'Estrées ou Estrées-en-Auge, c°n de Cambremer. — *Estrea*, 1198 (magni rotuli, p. 90). — *Strez*, xiv° s°; *ecclesia de Trabibus*, xvi° s° (pouillé de Lisieux, p. 50).

Par. de Notre-Dame, deux portions; patr. le seigneur du lieu et l'abbé de Saint-Pierre-sur-Dive; chap. et lépr. de Saint-Jean-Baptiste, chap. de la Planche. Dioc. de Lisieux, doy. de Beuvron. Génér. de Rouen, élect. de Pont-l'Évêque, sergent. de Cambremer.

Nouette (La), h. c^{ne} de Landelles-et-Coupigny.

Nouettes (Les), h. c^{ne} de Baynes. — *Noetæ*, 1234 (lib. rub. Troarn. p. 96).

Nouillons (Les), f. c^{ne} de Missy.

Nounière (La), h. c^{ne} de Saint-Manvieu (Vire).

Nourichellerie (La), h. c^{ne} du Breuil (Bayeux).

Nouriciers (Les), h. c^{ne} de Viessoix.

Nourrissonnière (La), h. c^{ne} de Saint-Manvieu (Vire).

Noury, h. c^{ne} de Benerville.

Nouveau-Luc (Le), vill. c^{ne} de Luc.

Nouveau-Monde (Le), h. c^{ne} de Cambremer.

Nouveau-Monde (Le), h. c^{ne} de Croissanville.

Nouveau-Monde (Le), h. c^{ne} de Gonneville.

Nouveau-Monde (Le), h. c^{ne} de Manneville-la-Pipard.

Nouveau-Monde (Le), h. c^{ne} de Plumetot.

Nouveau-Monde (Le), h. c^{ne} de Saint-Hymer.

Nouveau-Monde (Le), h. c^{ne} de Saint-Jacques.

Nouveau-Monde (Le), h. c^{ne} de Saint-Martin-aux-Chartrains.

Nouveau-Monde (Le), h. c^{ne} de Saint-Vaast.

Nouveau-Monde (Le), h. c^{ne} de Trouville.

Nouvelle-France (La), vill. c^{ne} de Longvillers.

Nouvellières (Les), h. c^{ne} de Neuville.

Novesse (La), h. c^{ne} de Rully.

Noyaux (Les), h. c^{ne} de Bazenville.

Noyer (Le), h. c^{ne} d'Ablon.

Noyers, c^{on} de Villers-Bocage. — *Noers*, xie s^e (enquête, t. II, p. 427). — *Noereia, Noiers*, 1198 (magni rotuli, p. 113). — *Sancta Maria de Noeriïs*, 1218 (ch. de Vignats, p. 31). — *Noera villam de Noere*, 1230 (ch. de Saint-André-en-Gouffern, n° 248). — *Nugiers*, 1274 (cart. norm. n° 846, p. 197). — *Noeriæ*, 1277 (*ibid.* n° 904, p. 218). — *Nouiers*, 1365 (fouages français, p. 14). — *Noiers*, xive s^e (livre pelut de Bayeux). — *Nouyers*, 1405 (cart. du Plessis-Grimoult). — *Nouyeres*, 1653 (av. de la vicomté de Caen).

Par. de Notre-Dame, prieuré-cure; patr. le prieur du Plessis-Grimoult. Dioc. de Bayeux, doy. de Fontenay-le-Pesnel. Génér. et élect. de Caen, sergent. de Villers.

La baronnie de *Tesnières*, appartenant à l'abbaye d'Ardennes, avait son chef assis à Noyers, ainsi que les fiefs de *Noyers, Anisy, Caligny* et *Clinchamps*. Sur le même territoire se trouvaient les fiefs d'*O*, de *Belle-Étoile*, du *Plessis*, du *Goulet* (quart de fief) et de *Saint-Contest*, relevant de la seigneurie de Tilly, 1653 (av. de la vicomté de Caen).

Le fief de *Villons* relevait de Noyers.

Noyers (Les), m^{on}, c^{ne} de Lisores.

Noyers (Les), h. c^{ne} de Saint-Philbert-des-Champs.

Noyers (Les), h. c^{ne} du Tourneur.

Noyers (Les), f. c^{ne} de Vaubadon.

Nudières (Les), h. c^{ne} de Saint-Germain-de-Tallevende.

Nuisement (Le), f. c^{ne} de Saint-Agnan-le-Malherbe.

Nuisement (Le), h. c^{ne} de Saint-Martin-de-Sallen.

Nument, vill. c^{ne} d'Ouffières.

O

O, f. c^{ne} de Noyers.

Oblinière (L'), f. c^{ne} de Montchamp.

Ocraies (Les), m^{on}, c^{ne} de Cauvicourt.

Ocraies (Les), m^{on}, c^{ne} d'Urville.

Ocnes (Les), h. c^{ne} de Saint-Germain-de-Tallevende.

Odon, riv. affl. de l'Orne, formant deux branches : le Grand-Odon ou Vieil-Odon, donné à l'abbaye de Saint-Étienne de Caen par Guillaume le Conquérant en 1077, et le Petit-Odon. — *Alvum veteris Ulduni*, 1077 (ch. de Saint-Étienne). — *Novus Uldunus*, 1082 (*ibid.*). — *Huldunus*, 1161 (*ibid.*). — *Duos Uldones*, 1190 (*ibid.*). — *Antiquus cursus Oudonis*, 1200 (ch. d'Aunay, n° 15). — *Oldon*, v. 1300 (inventaire des prés d'Aunay). — *Oudom*, 1371 (visite des forteresses). — *Ouldon*, 1474 (limitation des paroisses). — *Le Vieul Ouldon*, xvie s^e (ch. de Saint-Étienne).

L'Odon prend sa source à Ondefontaine; il arrose : la Bigne, Jurques, Saint-Georges-d'Aunay, Longvillers, Épinay-sur-Odon, Parfouru-sur-Odon, le Locheur, Baugy, Missy, Gavrus, Grainville, Baron, Mondrainville, Mouen. Au lieu dit les *Pierres-Ferrées*, à Fontaine-Étoupefour, commence la dérivation artificielle de cette rivière qui eut lieu vers le xe s^e et que l'on nomme le *Petit-Odon;* les deux branches courent ensuite parallèlement. Le Petit-Odon, anciennement nommé le *Bieu de l'Odon*, suit le coteau de la rive gauche sur les communes de Verson, Bretteville-sur-Odon, Venoix et Caen. Le Grand-Odon arrose Éterville, Verson, Louvigny, Bretteville-sur-Odon, Venoix et Caen. Les deux Odons sont recueillis dans cette dernière ville où ils traversent le Bourg-l'Abbé, l'abbaye de Saint-Étienne, le moulin de Gémare, la rue des Teinturiers, et vont se jeter dans l'Orne, aux *Petits-Murs*,

Calvados.

avant le pont Saint-Pierre, lieu où tombe aussi l'ancien canal.

ODON, h. c^ne de Saint-Georges-d'Aunay.

OGER, h. c^ne d'Amfréville. — *Mauger*, 1848 (état-major).

OIGNE, petit ruiss. affl. de la Drôme. — *Oyna*, *Ogna*, xiiie s^e (ch. de Saint-André-en-Gouffern, n° 113).

OISEAUX (LES), h. c^ne de Saint-Marc-d'Ouilly.

OISELLERIE (L'), h. c^ne d'Agy.

OISELLERIE (L'), f. c^ne de Fumichon.

OISELLERIE (L'), h. c^ne de Neuilly.

OISELLIÈRE (L'), vill. c^ne de Clinchamps.

OISELLIÈRE (L'), h. c^ne de Mont-Bertrand.

OISONNIÈRE (L'), h. c^ne du Reculey.

OISONNIÈRE (L'), h. c^ne de Roullours.

OLENDON, c^on de Morteaux-Coulibœuf. — *Olendun*, 1257 (*magni rotuli*, p. 174). — *Olendum*, 1273 (ch. de Saint-André-en-Gouffern, n° 43). — *Olendon*, 1277 (cart. norm. n° 905, p. 219).

Les fiefs *Panthou* et *Sacy* étaient assis à Olendon, 1585 (papier terrier de Falaise).

Par. de Saint-Jean-Baptiste, patr. le seigneur. Dioc. de Séez, doy. de Saint-Pierre-sur-Dive. Génér. d'Alençon, élect. et sergent. de Falaise. Demi-fief de haubert tenu du roi, vicomté de Falaise. Château.

OLIVERIE (L'), h. c^ne de Pont-Bellenger.

OLIVET, h. c^ne de Vieux.

ONCHY, h. c^ne de Longraye.

ONDEFONTAINE, c^on d'Aunay. — *Ondefons*, xie s^e (enquête, p. 130). — *Windefontana*, 1177 (ch. de Saint-Étienne). — *Windefontaine*, 1190 (ibid.). — *Windefons*, 1226 (ibid. n° 83). — *Undefontaine*, v. 1250 (magni rotuli, p. 142, 2). — *Ouldonfontaine*, 1273 (assiette de la ville de Caen). — *Undafons*, xive s^e (livre pelut de Bayeux). — *Undefontaigne*, 1417 (magni rotuli, p. 278). — *Odonfontaine*, 1476 (av. du prieur du Plessis-Grimoult).

Par. de Saint-Germain, patr. le chanoine de Douvre. Dioc. de Bayeux, doy. de Vire. Génér. de Caen, élect. et sergent. de Vire.

ONIÈRE (L'), h. c^ne de Tortisambert.

ORAILLE (L'), h. c^ne d'Estry.

ORAILLE (L'), h. c^ne de la Ferrière-Harang.

ORAILLE (L'), h. c^ne de Fresney-le-Vieux.

ORAILLE (L'), h. c^ne de Saint-Ouen-des-Besaces.

ORAILLES (LES), h. c^ne de Fontaine-le-Pin.

ORAILLES (LES), h. c^ne de Torteval. — *Oralle*, v. 1200 (cart. norm. p. 200).

ORANGE (L'), riv. qui se jette dans la baie de la Seine, au village de Saint-Sauveur (arrondissement de Pont-l'Évêque); son chenal sert de refuge à quelques barques. Cette rivière prend sa source au mont Chéron, commune de Fourneville, touche à Gonneville et Genneville, passe sur Ablon et arrive dans la mer à la Rivière-Saint-Sauveur.

ORANGÈRE (L') ou L'ORANGERIE, h. c^ne de Landelles.

ORBEC, c^on de Lisieux, sur la rive droite de l'Orbiquet qui n'est encore qu'un ruisseau. — *Orbeccus*, 1090 (Orderic Vital, t. III, l. VIII, p. 340). — *Aurea Beccus*, 1198 (magni rotuli, p. 15). — *Orbeccum*, 1200 (ch. de l'hospice de Lisieux, n° 38). — *Auribecus*, 1251 (charte de Friardel). — *Parrochia Beatæ Mariæ de Auribeco in Molania*, 1271 (ibid.). — *Auribeccus*, 1280 (cart. norm. n° 948, p. 239). — *Capella Leprosa apud Auribeccum*, xvie s^e (pouillé de Lisieux, p. 35).

Par. de Notre-Dame, patr. l'abbé du Bec; lépros. de Sainte-Madeleine. Hôtel-Dieu du xvie s^e; petit hôpital établi en 1646 sous l'épiscopat de Mgr Alleaume, et dont la chapelle était dédiée sous le nom de Saint-Remi. Chef-lieu d'un des doyennés de l'archidiaconé de Lieuvin, au diocèse de Lisieux. Génér. d'Alençon, élect. de Lisieux, chef-lieu d'une sergenterie.

La prébende des Chênes, — *prebenda de Quercubus Tyoudi*, xive s^e; *de Quercubus Theruldi*, xvie s^e (pouillé de Lisieux, p. 18), — sur la paroisse de Saint-Jacques, faubourg d'Orbec, avait droit de mortuaire sur les vassaux.

Le fief d'*Averne*, sis à Orbec, 1673 (chambre des comptes de Rouen, t. II, p. 50). Les fiefs de *Beauvais*, de *l'Espervier* et du *Grand-Moulin* furent incorporés au plein fief du Plessis, sis en la paroisse de Saint-Germain-la-Campagne, relevant du roi, 1671 (ch. des comptes de Rouen, t. II, p. 91).

Le doyenné d'Orbec (*decanatus de Auribecco*), dans l'archidiaconé de Lieuvin, comprenait : Saint-Aubin-de-Tanei, la Chapelle-Gautier, Meulles, Chambrais (aujourd'hui Broglie), Capelles-les-Grands, Familly, le Ronceray, la Chapelle-Yvon, Saint-Pierre-de-Tanei (aujourd'hui Saint-Pierre-de-Mailloc), le Sap, le Mesnil-Guillaume, Saint-Marc-de-Fresnes, Saint-Germain-la-Campagne, Saint-Jean-de-Tanei, Saint-Denis-du-Val-d'Orbec (aujourd'hui Saint-Denis-de-Mailloc), Grandcamp, les Ferrières-Saint-Hilaire, Orbec, Cerqueux-la-Campagne, Saint-Sébastien-de-Préaux, Tordouet, Notre-Dame-d'Aunay, Saint-Aubin-de-Bonneval, Saint-Julien-de-Mailloc, Cernay, Bienfaite, la Halboudière, le Benerei, Saint-Vincent-la-Rivière, Abenon, la Vespière, la Cressonnière, Friardel, la chapelle Saint-Jean dans l'église d'Orbec, la chapelle de la léproserie d'Orbec. En 1789, Orbec était le siège d'un bailliage royal composé de 208 communes dont 108 ressortissaient à Orbec, et de 26 justices ressortissant par appel au même siège.

La sergenterie d'Orbec comprenait : Abenon, Avernes, Auquainville, Bellou, Bellouet, le Benerei, Bienfaite, Bosc-Renoult, Canapville, Cernay, Cerqueux, la Chapelle-Yvon, Cheffreville, la Cressonnière, Croisilles, Étrecheville, le Faulq, Fresnes, Jouvaux, Livarot, Lisores, les Loges, le Mesnil-Germain, Meulles, les Moutiers-Hubert, Notre-Dame-de-Courson, Notre-Dame-de-Livet, Notre-Dame-d'Orbec, Orville, Pontalery, Préaux, les Roncerets, Saint-Aubin-sur-Auquainville, Saint-Cyr-d'Escrancourt, Saint-Denis-de-Mailloc, Saint-Georges-du-Pont-Chardon, Saint-Germain-de-la-Campagne, Saint-Marc-du-Fresne, Saint-Martin-de-Mailloc, Saint-Martin-du-Pont-Chardon, Saint-Ouen-le-Hoult, Saint-Pierre-de-Courson, Saint-Paul-de-Courtonne, Saint-Pierre-de-Mailloc, Ticheville, Tonnecourt, Tordouet et la Vespière.

Orbec formait une vicomté qui dépendait du bailliage d'Évreux. Elle se composait des sergenteries d'Orbec (ville et banlieue), Lisieux, Bernay, Moyaux, Folleville, le Sap et Chambrais.

Les hautes justices d'Orbec étaient l'évêché-comté de Lisieux, le doyenné et le chapitre de Lisieux, Auquainville, le Molay, les Frênes, Drucourt, Menneval, Lieury, Gacé, Échaufrey, Fauguernon, les petites prébendes de Lisieux, Chambrais-Broglie, la Goulafrière, Saint-Philbert-des-Champs, Planes.

ORBEC ou ORBIQUET, affl. de la Touque, à droite. — *Aqua de Orbiket*, 1243 (ch. de l'hospice de Lisieux). — *Aqua de Auribecco*, 1250 (*ibid.*). — *Molendinum de Orbiquet*, 1259 (cart. de Friardel, p. 2).

Cette rivière coule du sud-est au nord-ouest et traverse les communes de la Folletière-Abenon, Friardel, Orbec, Saint-Martin-de-Bienfaite, la Chapelle-Yvon, Saint-Pierre, Saint-Julien, Saint-Martin et Saint-Denis-de-Mailloc, le Mesnil-Guillaume, Glos-sous-Lisieux, Beuvillers, Saint-Jacques. Elle se réunit à la Touque dans la ville de Lisieux.

ORBIGNY, chât. cᵉ de Saint-Pierre-la-Vieille.

ORBIGNY, h. cᵈᵉ de Tilly-sur-Seulle. — *Orbigneium*, 1258 (ch. de Mondaye). Fief incorporé en 1768 au marquisat de Tilly.

ORBIQUET, h. cᵈᵉ d'Orbec.

ORBOIS, cᵒⁿ de Caumont. — *Parochia de Aureobosco*, 1285 (ch. de Cordillon). — *Orboys*, 1418 (aveu du temporel).

Par. de Saint-Pierre, patr. l'abbé de Cordillon. Dioc. de Bayeux, doy. de Fontenay-le-Pesnel. Génér. de Caen, élect. de Bayeux, sergent. de Briquessart. Le fief d'Orbois, mouvant de la baronnie de Creully, appartenait à l'abbaye de Saint-Étienne de Caen.

ORETTES (LES), f. cᵈᵉ de Hottot.

ORGERIES (LES), h. cᵈᵉ de Saint-Ouen-le-Houx. — *Orgeriæ*, 1184 (magni rotuli, p. 28).

ORGUICHON, vill. cᵈᵉ de Rocquancourt.

ORIGNY, h. cᵈᵉ du Plessis-Grimoult. — *Urinie*, 1156 (Wace, rom. de Rou). — *Horignie*, 1847 (Stat. post.). Ce lieu avait jadis une chapelle dédiée à saint Célerin, confesseur.

ORILLIÈRE (L'), h. cᵈᵉ de Landelles.

ORIVAL (L'), éc. cᵈᵉ de Vaux-sur-Aure. — *Orival*, 1258 (ch. de Mondaye). — *Orrival*, 1847 (Stat. post.).

ORMEAUX (LES), h. cᵈᵉ de Meulles.

ORME-DE-LA-CAPELETTE (LE), h. cᵈᵉ de Victot-Pontfol.

ORMELAIE (L'), h. cᵈᵉ de Brouay.

ORMELAIE (L'), h. cᵈᵉ de Lessard-et-le-Chêne.

ORMELAIE (L'), h. cᵈᵉ du Mesnil-Durand.

ORMERIE (L'), h. cᵈᵉ de Saint-Hymer.

ORMERIE (L'), q. cᵈᵉ de Thaon.

ORMES (LES), h. cᵈᵉ de Campigny.

ORNE (L'), principale riv. du département du Calvados. — *Olina*, 11ᵉ s° (Ptolémée). — *Olnus*, 1020 (ch. de Richard II pour Saint-Michel; mém. des ant. de Norm. 1841). — *Olna*, 1070 (ch. de Fontenay). — *Olena*, 1077 (ch. de Saint-Étienne de Caen). — *Osgne*, 1155 (Wace, rom. de Rou, p. 166). — *Ougne*, 1160 (Benoît de Sainte-More, t. III, p. 66). — *Ogna*, 1197 (cart. d'Ardennes, p. 195). — *Ouna*, 1227 (ch. d'Ardennes, n° 131). — *Ousne, Lovignie super Ousne*, 1250 (magni rotuli, p. 174). — *Oingne*, 1280 (cart. norm. n° 954, p. 242). — *Oulne*, 1341 (ch. de Fontenay, n° 4) et 1418 (aveu du temp. de Saint-Étienne de Caen). — *Houlne*, 1653 (fiefs de la vicomté de Caen). — *Olne*, 1725 (av. du temp. de Saint-Étienne de Caen).

Cette rivière prend sa source à 6 kilomètres de Séez (Orne), au pied de la butte du Champ-Haut. Elle arrose Séez, Argentan, et entre dans le département du Calvados par les Isles-Bardel; elle passe ensuite au Mesnil-Villement, Ouilly-le-Basset, Saint-Marc-d'Ouilly, Cossesseville, le Bô, Clécy, le Vey, Saint-Remy, Saint-Lambert, Culey-le-Patry, Caumont, Esson, Harcourt, Saint-Martin-de-Sallen, Curcy, Ouffières, les Moutiers-en-Cinglais, Goupillières, Grimbosq, Troismonts, Mutrécy, Sainte-Honorine-du-Fay, Maizet, Clinchamps, Amayé-sur-Orne, Bully, May, Feuguerolles-sur-Orne, Saint-André-de-Fontenay, Maltot, Allemagne,

Louvigny, Caen, Mondeville, Hérouville, Colombelles, Blainville, Ranville, Bénouville, Amfréville, Ouistreham, Sallenelles et Merville. La longueur de son cours dans le Calvados est de 90 à 100 kilomètres.

Orval, h. et f. c⁣ⁿᵉ d'Amayé-sur-Seulle.

Orval, h. c⁣ⁿᵉ de Cahagnes.

Orval, h. c⁣ⁿᵉ de la Chapelle-Engerbold.

Orval, f. c⁣ⁿᵉ de Quesnay-Guesnon. — *Oirival*, 1227 (ch. de Saint-Étienne de Fontenay, p. 40). — *Oyrival*, 1285 (ch. de Cordillon).

Orval, f. et manoir, c⁣ⁿᵉ de Sept-Vents. — *Aurevilla*, 1216 (cart. norm. n° 246, p. 38).

Oselliers (Les), h. c⁣ⁿᵉ de Sainte-Foy-de-Montgommery.

Osiers (Les), m⁣ᵒⁿ isolée, c⁣ᵘᵉ de Saint-Quentin.

Osmanville, c⁣ᵒⁿ d'Isigny. — *Osmanvilla*, 1180 (magni rotuli, p. 19). — *Osmundivilla* (*ibid.* p. 40, c. 2). — *Osmanville sur les Vez*, 1389 (preuves d'Harcourt, t. III, p. 749).

Par. de Saint-Martin, patr. l'abbé de Saint-Amand de Rouen. Dioc. de Bayeux, doy. de Trévières. Génér. de Caen, élect. de Bayeux, sergent. des Veys.

Tiers de fief relevant du roi.

Osmont, f. c⁣ⁿᵉ de Maizières.

Osserets (Les), f. c⁣ᵘᵉ des Loges-Saulces.

Osseville, chât. c⁣ⁿᵉ de Cabourg. — *Osevilla*, 1198 (magni rotuli, p. 69).

Ostun, fief de là baronnie de la Ferrière-Harang.

Oubeaux (Les), c⁣ᵒⁿ d'Isigny.

Par. de Saint-Éloy, puis Sainte-Marie-Madeleine; patr. le chantre de Bayeux. Dioc. de Bayeux, doy. de Couvains. Génér. de Caen, élect. de Bayeux, sergent. des Veys.

La franche vavassorie du *Castellet*, sise en la paroisse des Oubeaux, relevait de la baronnie de Monfréville.

Oublin, h. c⁣ⁿᵉ de Maisoncelles-Pelvey.

Oudon (L'), riv. affl. de la Dive, à droite. Elle prend sa source dans le département de l'Orne, passe à Grandmesnil, Vaudeloges, Ammeville, Tôtes, Notre-Dame et Saint-Martin-de-Fresnay, Écots, Mittois, Hiéville, Vieux-Pont, Bretteville-sur-Dive; touche le canton de Mézidon, à Sainte-Marie-aux-Anglais; rentre sur celui de Saint-Pierre-sur-Dive et se jette dans la Dive, à Ouville-la-Bien-Tournée.

Ouenne, h. c⁣ⁿᵉ de Longueville.

Ouézy, c⁣ᵒⁿ de Bourguébus. — *Ouaissy*, 1667 (carte de Le Vasseur). — *Ouezy sur Laizon*, xviiiᵉ sᵉ (Cassini).

Une partie du territoire de cette commune a été unie en 1860 à Croissanville.

Par. de Saint-Aubin; prieuré-cure dépendant de l'abb. de Jumièges. Dioc. de Séez, doy. de Saint-Pierre-sur-Dive. Génér. d'Alençon, élect. de Falaise, sergent. de Jumel.

Ouf, m⁣ⁱⁿ, c⁣ⁿᵉ de Juaye-Mondaye.

Ouf, m⁣ⁱⁿ, c⁣ⁿᵉ de Littry.

Ouf, m⁣ⁱⁿ, c⁣ⁿᵉ du Tronquay.

Ouffières, c⁣ᵒⁿ d'Évrecy. — *Ouferiæ*, 1096 (cart. de la Trinité). — *Olferes*, *Olfers*, xiᵉ sᵉ (charte de Saint-Vigor). — *Offeriæ*, 1210 (ch. de Barbery, n° 114). — *Ouphières*, 1228 (*ibid.*). — *Ouffiervilla*, 1277 (ch. du Plessis-Grimoult). — *Oufières*, 1387 (arch. nat. P. 271). — *Parochia Sancti Laudi de Oufferiis*, 1417 (magni rotuli, p. 277). — *Ofiere*, 1716 (carte de de l'Isle). — *Ouffiers*, 1745 (du Moulin).

Par. de Saint-Mathieu et Saint-Lô, patr. le prieur de Saint-Vigor. Dioc. de Bayeux, doy. d'Évrecy. Génér. et élect. de Caen, sergent. d'Évrecy.

Le *Bosc d'Aune*, fief assis à Ouffières, s'étendait à Goupillières et relevait de Curcy-la-Malfillastre.

Ouilly, f. c⁣ⁿᵉ de Livarot.

Ouilly-du-Houlley, c⁣ᵒⁿ de Lisieux (1ʳᵉ section). — *Oilleia*, *Oilleya*, 1180 (magni rotuli, p. 14). — *Oilly*, 1198 (*ibid.* p. 174). — *Olleyum*, v. 1215 (carte de Friardel, p. 207). — *Oullæ*, 1620 (carte de Templeux). — *Ouillée*, *Oculata*, 1723 (d'Anville).

Par. de Saint-Léger. Dioc. de Lisieux. Génér. d'Alençon, élect. de Lisieux, sergent. de Moyaux.

Ouilly-la-Ribaude, c⁣ⁿᵉ réunie à Saint-Léger-du-Houlley, qui a pris en 1825 le nom d'Ouilly-du-Houlley. — *Oilleiala Ribaut*, 1214 (magni rotuli, p. 92, 2). — *Sanctus Martinus de Oullaya Ribaldi*, xivᵉ sᵉ; *Ouilleia*, xviᵉ sᵉ (pouillé de Lisieux, p. 24). — *Ouillie le Ribaut*, 1625 (mém. de Tillières, arch. d'Harcourt). — *Ouillie la Ribaude ou le Houle*, 1723 (d'Anville, dioc. de Lisieux).

Ouilly-le-Basset, c⁣ᵒⁿ de Falaise (2ᵉ division), c⁣ⁿᵉ accrue de la c⁣ⁿᵉ de Saint-Christophe en 1826. — *Oilleium*, 1277 (cart. norm. n° 905, p. 219). — *Oillye le Basset*, 1420 (ch. d'Ardennes).

Par. de Saint-Germain et Saint-Ouen, aujourd'hui Saint-Jean; deux cures; patr. le seigneur. Dioc. de Séez, doy. d'Aubigny. Génér. d'Alençon, élect. de Falaise, sergent. de Thury.

Ouilly-le-Tesson, c⁣ᵒⁿ de Bretteville-sur-Laize. — *Oillei*, 1106 (cart. de la Trinité). — *Oillie*, 1155 (Wace, rom. de Rou). — *Oilleium le Tychon*, 1236; *le Teichon*, 1239; *le Thiecon*, 1244 (ch. de Barbery, n°ˢ 35, 36, 40). — *Oylleium le Tyechon*, 1241 (*ibid.* n° 26). — *Oillye le Tyeschon*, *Oglie le Tyechon*, 1319 (mémoires des antiquaires de Norm.

t. XXVI). — *Ouilly*, 1371 (visite des forteresses). — *Oilly le Tesson*, 1399 (*ibid.* n° 41).

Par. de Saint-Aubin, patr. le seigneur. Dioc. de Séez, doy. de Saint-Pierre-sur-Dive. Génér. d'Alençon, élect. de Falaise, sergent. des Bruns.

Plein fief de chevalier s'étendant à Quesnay, Soulengy, Torp, Bray-en-Cinglais, tenu par Jean d'Assy en 1586. Vavassories des *Blondeaux* et de *Tréque*.

OUILLY-LE-VICOMTE, c°n de Lisieux (1re section), c°e accrue de la c°e de Boullemont en 1824. — *Beata Maria de Oilleio*, 1279 (chap. de Lisieux). — *Maisnillum Vicecomitis*, xiv° s° (pouillé de Lisieux, p. 22). — *Ouiller le Vicomte*, 1469 (fiefs de la vicomté d'Orbec). — *Ouillée le Vicomte*, 1667 (carte de Le Vasseur). — *Oullée le Vicomte*, 1694 (carte de Tolin).

Par. de Notre-Dame, patr. le chanoine de la Pluvyère. Dioc. de Lisieux, doy. de Moyaux. Génér. d'Alençon, élect. et sergent. de Lisieux.

Le pouillé de Lisieux mentionne la prébende du Val-aux-Vigneurs, *prebenda de Valle Vineatorum*, qui tirait son nom du fief du Pré-de-la-Mare ou Val-au-Vigneur, à Ouilly-le-Vicomte.

OUINS (LES), h. c°e du Mesnil-Germain.

OUISTREHAM, c°n de Douvre. — *Oistreham*, *Oystreham*, *Hoistreham*, 1086 (cart. de la Trinité, p. 19). — *Oistreham*, 1259 (charte d'Ardennes, n° 231). — *Oistrehannum*, 1260 (cart. de la Trinité, p. 62). — *Ouistrehannum*, 1281 (*ibid.*). — *Oestream*, *Hoistrehan*, v. 1300 (ch. de Sainte-Barbe). — *Ostrehan*, *Ostrehan*, xiv° s° (taxat. dec. dioc. Baioc.). — *Hoystrehan*, 1371 (visite des forteresses). — *Estrehan*, 1620 (carte de Leclère). — *Oyestreham*, xviii° s° (carte de Cassini).

Par. de Saint-Samson, patr. l'abbesse de la Trinité de Caen. Chapelle de Saint-Martin. Dicc. de Bayeux, doy. de Douvre. Génér. et élect. de Caen; siège d'une sergenterie qui embrassait les paroisses de Luc, Biéville, Bénouville, Blainville, Beuville,

Mathieu, Hermanville, Colleville, Lion, Saint-Aubin-d'Arquenay, Cresserons, Douvre, Plumetot et Périers.

Le baronnie d'Ouistreham appartenait à l'abbesse de la Trinité de Caen.

OUISTREHAM, fief de la baronnie de Neuilly, sis à Vouilly, 1460 (av. du temp. de l'év. de Bayeux).

OUISTREHAM-LE-PERNOUX, plein fief de la baronnie de Saint-Vigor, s'étendait à Mosles, Russy, Colleville, Hutteville, Argouges, Bazenville, 1460 (aveu du temp. de l'év. de Bayeux).

OULERIE (L'), h. c°e de Vaudry.

OUNIÈRE (L'), h. c°e de Tortisambert.

OURAILLE (L'), f. c°e de Hottot.

OUNSIE (L'), h. c°e de Courtonne-la-Meurdrac.

OURNVILLE, f. et chât. c°e de Hottot (Bayeux).

OUTRE (L'), h. c°e d'Acqueville.

OUTRELAIZE, h. et chât. c°e de Gouvix.

OUTRE-L'EAU, h. et chât. c°e d'Épinay-sur-Odon.

OUVETOT, h. c°e de Saint-Contest, 1247 (ch. de Barbery, p. 31).

OUVILLE, h. c°e de Firfol.

OUVILLE, h. c°e de Saint-Martin-de-Fresnay.

OUVILLE-LA-BIEN-TOURNÉE, c°n de Saint-Pierre-sur-Dive. — *Olvilla*, 1172 (ch. de Saint-Pierre-sur-Dive). — *Ouvilla*, 1195 (magni rotuli, p. 82). — *Ulvilla*, *Ulvilla*, xii° et xiii° s° (chartes citées dans le pouillé de Lisieux, p. 46, note 3). — *Ouville la Bientournée*, 1493 (ch. de Sainte-Barbe, n° 497).

Par. de Notre-Dame, patr. le prieur de Sainte-Barbe-en-Auge. Dioc. de Lisieux, doy. du Mesnil-Mauger. Génér. de Caen, élect. de Falaise, sergent. de Saint-Pierre-sur-Dive.

Fiefferme du domaine du roi, vicomté de Falaise, 1586 (papier terrier de Falaise).

OZANNE, f. c°e de Coquainvilliers.

OZERAYE (L'), h. c°e de Bracourt.

OZIERS (LES), q. c°e d'Orbec.

P

PAGE (LE), h. c°e de Clécy.

PAGERIE (LA), m°n, c°e d'Orbec.

PAGERIE (LA), h. c°e de Saint-Pierre-des-Ifs.

PAGNY, h. c°e de Tournay-sur-Odon. Fief de la baronnie du Plessis-Grimoult.

PAILLARD (LE), h. c°e de Bellou.

PAILLARDIÈRE (LA), h. c°e de Courson.

PAILLARDIÈRE (LA), f. c°e d'Évrecy.

PAILLARDIÈRE (LA), h. c°e de Landelles-et-Coupigny.

PAILLARDIÈRE (LA), h. c°e de Pont-Bellenger.

PAILLARDIÈRE (LA), h. c°e du Reculey.

PAILLARDIÈRE (LA), h. c°e de Saint-Manvieu.

PAILLARDIÈRE (LA), h. c°e de Truttemer-le-Grand.

PAILLOLE (LA), h. c°e de Brocottes.

PAILLOLE (LA), m°n, c°e du Mesnil-Auzouf.

PAIN (LE), h. c°e de Saint-Martin-des-Besaces.

PAIN-DE-SUCRE (LE), nom donné à un rocher du village de la Serverie, commune de Saint-Remy.

Painière (La), h. c^ne du Tourneur.
Painière (La), h. c^ne de Vassy.
Pains (Les), h. c^ne d'Hermival-les-Vaux.
Paitis (Les), h. c^ne de Vassy.
Pajotière (La), h. c^ne de Saint-Martin-de-Tallevende.
Palais (Le), h. c^ne de Versainville.
Palaiserie (La), f. c^ne de Marolles.
Palis (Les), h. c^ne de Falaise.
Palliget, fief de la baronnie de Vassy d'où relevait le fief *Gourguesson*, 1680 (fiefs de la vicomté de Vire).
Pallière (La), h. c^ne d'Aunay.
Pallière (La), h. c^ne de Cahagnolles.
Pambronnière (La), h. c^ne de Clécy.
Panerie (La), h. c^ne de Saint-Pierre-des-Ifs.
Panier, h. c^ne de Saint-Martin-des-Besaces.
Pannel, h. c^ne de la Ferrière-Harang.
Pannel, h. c^ne de Saint-Denis-Maisoncelles. — *Panniel*, 1847 (Stat. post.).
Pannel, h. c^ne de Saint-Ouen-des-Besaces.
Pannelette (La), h. c^ne de Clécy.
Pannelière (La), h. c^ne de Curcy.
Pannerie (La), h. c^ne de Mestry.
Pannerie (La), h. c^ne de Mont-Bertrand.
Pannière (La), h. c^ne du Tourneur.
Pantinière (La), h. c^ne du Tourneur.
Pantou, bois, c^ne de Saint-Pierre-du-Bû.
Pantourie (La), f. c^ne du Mesnil-Simon.
Pape (Le), h. c^ne de Saint-Pierre-du-Mont.
Papeterie (La), q. c^ne de Bonneville-la-Louvet.
Papeterie (La), h. c^ne de la Cressonnière.
Papillonnière (La), h. c^ne de Neuville.
Paquerie (La), h. c^ne de Landelles-et-Coupigny.
Paquet (Le), h. c^ne d'Ondefontaine.
Paquine (La), riv. affl. de droite de la Touque, prend sa source vers l'ancienne commune de Saint-Hippolyte-de-Canteloup, traverse Ouilly-du-Houlley, Hermival-les-Vaux, Roques et Ouilly-le-Vicomte où elle se réunit à la Touque.
Parablots (Les), h. c^ne de Longraye.
Paragère (La), h. c^ne de Presles.
Parc (Le), f. c^ne de Balleroy.
Parc (Le), h. c^ne de Bernières-le-Patry.
Parc (Le), h. c^ne de Bures (Vire).
Parc (Le), h. c^ne de Campeaux.
Parc (Le), h. c^ne de Castillon.
Parc (Le), h. c^ne de Condé-sur-Seulle.
Parc (Le), h. c^ne de Coulonces.
Parc (Le), h. c^ne de Danvou.
Parc (Le), h. c^ne du Désert.
Parc (Le), f. c^ne de Fourneville.
Parc (Le), f. c^ne de la Hoguette.
Parc (Le), f. c^ne de Livarot.

Parc (Le), f. c^ne de Longraye.
Parc (Le), f. c^ne de Magny.
Parc (Le), f. c^ne du Mesnil-Patry.
Parc (Le), h. c^ne de Montchauvet.
Parc (Le), f. c^ne d'Ouilly-le-Basset.
Parc (Le), m^on isolée, c^ne de Rully.
Parc (Le), h. et f. c^ne de Saint-Denis-Maisoncelles.
Parc (Le), m^on isolée, c^ne de Saint-Germain-Langot.
Parc (Le), h. c^ne de Sainte-Marie-Laumont.
Parc (Le), h. c^ne de Saint-Martin-des-Besaces.
Parc (Le), f. c^ne de Soulangy.
Parc (Le), f. c^ne de Torteval.
Parc (Le), h. c^ne de Tournebu.
Parc (Le), m^on isolée, c^ne du Tourneur.
Parc (Le), f. c^ne de Vaubadon.
Parc (Le), h. c^ne de Viessoix.
Parc (Le), h. c^ne de Villers-Bocage. — *Part*, 1847 (Stat. post.).
Parc (Le), h. c^ne de Villers-sur-Mer.
Parc-au-Bois-Londe (Le), h. c^ne de Fontenay-le-Pesnel.
Parc-au-Sergent (Le), h. c^ne de Saint-Jean-le-Blanc.
Parc-aux-Haras (Le), h. c^ne de Tournay-sur-Odon.
Parc-aux-Prêtres (Le), h. c^ne d'Ondefontaine.
Parc-Berjot (Le), h. c^ne de Quétiéville.
Parc-Billard (Le), h. c^ne de Norrey (Falaise).
Parc-Bouttemont (Le), vill. c^ne d'Ouilly-le-Vicomte.
Parc-de-la-Mare (Le), h. c^ne de Lingèvres.
Parc-de-la-Mare (Le), m^on, c^ne de Parfouru-l'Éclin. — *Pavé-de-la-Mare*, 1847 (Stat. post.).
Parc-de-Normandie (Le), f. c^ne de Bernières-le-Patry.
Parc-de-Pie (Le), h. c^ne de la Graverie.
Parc-des-Beaux (Le), h. c^ne de Cordey.
Parc-des-Vignes (Le), h. c^ne de Grand-Mesnil.
Parc-du-Bouillet (Le), h. c^ne de Martainville.
Parc-du-Four (Le), h. c^ne de Montpinçon.
Parc-du-Fourneau (Le), m^on isolée, c^ne d'Anctoville.
Parc-du-Pont (Le), h. c^ne de Tortisambert.
Parc-Gillard (Le), h. c^ne de Lassy.
Parc-Giray (Le), f. c^ne de Montpinçon.
Parc-Hamel (Le), h. c^ne de Saint-Pierre-Tarentaine.
Parc-Haras (Le), vill. c^ne de Tournières.
Parc-Huet (Le), h. c^ne de la Ferrière-Duval.
Parc-Jumel (Le), h. c^ne de Lassy.
Parc-Mainfrie (Le), h. c^ne de Viessoix.
Parc-Mallouin (Le), h. c^ne d'Estry.
Parc-Moutonnet (Le), h. c^ne du Mesnil-Auzouf.
Parc-Paras (Le), h. c^ne de Jurques.
Parc-Roger (Le), h. c^ne de Sainte-Marguerite-de-Viette.
Parcs (Les), h. c^ne de Clécy, nommé le *Plateau-des-Parcs*, situé à l'embouchure du tunnel des Gouttes.
Parcs (Les), h. et f. c^ne de Coulombs.

Parcs (Les), chât. et f. c^ne d'Épinay-sur-Odon.

Parcs (Les), h. c^ne de Montchamp.

Parcs (Les), h. c^ne d'Ouilly-le-Vicomte.

Parcs (Les), f. c^ne de Saint-Georges-d'Aunay.

Parcs (Les), h. c^ne de Saint-Ouen-des-Besaces.

Parcs-Belleau (Les), h. c^ne de Heurtevent.

Parcs-Fontaines (Les), c^ne réunie à Fierville sous le nom de Fierville-les-Parcs en 1853. — *Esparfon-tanes*, 1195 (magni rotuli, p. 70). — *Esparfon-tenes*, 1320 (fiefs de la vic. d'Orbec). — *Eparfon-taines, Sparsi Fontes, ecclesia de Sparsis Fontibus*, xive s^e (pouillé de Lisieux, p. 38). — *Par Fon-taine*, 1723 (d'Anville, dioc. de Lisieux). — *Par-fontaines*, xviiie s^e (Cassini).

Par. de Saint-Didier, patr. le seigneur. Dioc. de Lisieux, doy. de Touque. Génér. d'Alençon, élect. de Lisieux, sergent. de Moyaux.

Le fief noble ou vavassorie d'Éparfontaines rele-vait de la baronnie de Blangy.

Parc-Villars (Le), h. c^ne de Jurques.

Parenterie (La), h. c^ne de Vassy.

Parerie (La), h. c^ne de Clinchamps (Vire).

Pareur, vill. c^ne de Clinchamps. — *Le Hamel-Pareur*, 1848 (Simon).

Parfouru, m^in, c^ne de Quesnay-Guesnon.

Parfouru-l'Éclin, c^on de Caumont (Bayeux). — *Par-fouru l'Esquelin*, 1309 (chap. de Bayeux, n° 290). — *Parfouru le Clain*, 1675 (carte de Petite) et 1758 (carte de Vaugondy).

Par. de Saint-Martin, aujourd'hui Notre-Dame-du-Mont-Carmel. Patr. le seigneur. Dioc. de Bayeux, doy. de Thorigny. Génér. de Caen, élect. de Bayeux, sergent. de Briquessart.

Parfouru-sur-Odon, c^on de Villers-Bocage. — *Perfunt Ru*, 1198 (magni rotuli, p. 39, 2). — *Profundus Rivus super Odonem*, 1267 (ch. de Mondaye). — *Parfouru sur Oudon*, 1365 (fouages franç. n° 127). — *Parfont Ru*, 1378 (visite des forteresses). — *Parefouru*, 1710 (carte de de Fer).

Par. de Saint-Laurent, patr. l'abbé de Cerisy. Dioc. de Bayeux, doy. de Fontenay-le-Pesnel. Génér. et élect. de Caen, sergent. de Villers.

Quart de fief relevant du roi, franche vavassorie relevant de la baronnie de Saint-Vigor-le-Grand.

Paris (Les), h. c^ne de Noyers.

Paris, h. c^ne de Pont-Farcy.

Parlement (Le), h. c^ne d'Isigny.

Parquet (Le), f. c^ne de Fourches. — *Le Parket*, 1086 (cart. de la Trinité).

Parquet (Le), h. c^ne de Jurques.

Parquet (Le), h. c^ne de Saint-Pierre-du-Fresne.

Parquet (Le), h. c^ne de Trouville.

Parquet (Le), h. c^ne de Vaux-sur-Aure.

Parquetière (La), h. c^ne de la Bigne.

Parquets (Les), h. c^ne de Fourneville.

Pas-de-Rieu (Le), h. c^ne de Sainte-Marguerite-d'Elle.

Pasquerie (La), h. c^ne de Landelles.

Pasquet (Le), h. c^ne d'Ondefontaine. — *Paquet*, 1848 (état-major).

Pasquet (Le), h. c^ne de Tourville.

Passage-de-l'Enganerie, q. c^ne d'Urville.

Passardière (La), h. c^ne de Bonneville-la-Louvet.

Passardière (La), h. c^ne du Reculey.

Passetterie (La), h. c^ne de Moyaux.

Passeux (Le), f. c^ne du Plessis-Grimoult.

Passous (Le), h. c^ne de Saint-Martin-des-Besaces.

Pasteur (Le), fief de la baronnie de Torteval. — *Le Pastour*, 1778 (rentes de la baronnie).

Patardière (La), h. c^ne de Truttemer-le-Grand.

Patinière (La), h. c^ne de Livry.

Patinière (La), h. c^ne de Notre-Dame-de-Courson.

Pâtis (Les), h. c^ne de Méry-Corbon. — *Patys*, 1847 (Stat. post.).

Patisserie (La), h. c^ne de Campigny.

Patisserie (La), h. c^ne de Saint-Pierre-des-Ifs.

Patronnerie (La), h. c^ne de Sept-Vents.

Patry, fief assis à Arry, relevant de la baronnie de Douvre, 1475 (temp. de l'év. de Bayeux).

Patte-d'Oie (La), f. c^ne de Missy.

Pâture (La), h. c^ne de Biéville (Lisieux).

Pâture (La), h. c^ne de Bretteville-sur-Laize.

Pâture (La), h. c^ne de Roucamp.

Pâtures (Les), h. c^ne d'Écots.

Pâtures (Les), h. c^ne de Placy.

Paugeais (Les), h. c^ne de Saint-Martin-de-Sallen. — *Paugès*, 1847 (Stat. post.).

Pauger-Coudray (Le), h. c^ne de Laize-la-Ville.

Pauoy, h. c^ne de Saint-Martin-de-Sallen.

Paulmiers (Les), h. c^ne du Tronquay.

Paulmiers (Les), h. c^ne de Trungy.

Paumerie (La), h. c^ne de Beaumesnil.

Paumerie (La), h. c^ne de Livry.

Paumerie (La), h. c^ne de Saint-André-d'Hébertot.

Paumiers (Les), h. c^ne de Baron.

Paurey, h. c^ne de Tessel. — *Porey*, 1847 (Stat. post.).

Pautiche (La), usine, c^ne de Saint-Marc-d'Ouilly.

Pautier, h. c^ne de Saint-Denis-Maisoncelles.

Pavée (La), h. c^ne de Burcy.

Pavée (La), h. c^ne de Viessoix.

Pavement (Le), h. c^ne de Cordey.

Pavenie (La), h. c^ne de la Roque.

Pavie, h. c^ne d'Audrieu.

Pavie, q. c^ne de Vouilly.

Pavillon (Le), chât. et f. c^ne de Boulon.

PAVILLON (Le), h. c^{ne} de Cartigny-Tesson.
PAVILLON (Le), f. c^{ae} de Clécy.
PAVILLON (Le), h. c^{ne} de Crépon.
PAVILLON (Le), h. c^{ne} de Dampierre.
PAVILLON (Le), f. c^{ne} d'Englesqueville.
PAVILLON (Le), f. c^{ne} de Fauguernon.
PAVILLON (Le), h. c^{ne} de Longraye.
PAVILLON (Le), f. c^{ne} de Mathieu.
PAVILLON (Le), f. c^{ne} d'Ouistreham.
PAVILLON (Le), h. c^{ne} de Ranchy.
PAVILLON (Le), h. c^{ne} de Ryes.
PAVILLON (Le), h. c^{ne} de Saint-Germain-du-Crioult.
PAVILLON (Le), h. c^{ne} de Sainte-Marguerite-d'Elle.
PAVILLON (Le), h. c^{ne} de Vendes.
PAVILLONS (Les), h. c^{ne} de Deux-Jumeaux.
PAYOLLE (La), h. c^{ne} d'Ondefontaine.
PAYSANTIÈRE (La), f. c^{ne} de Saint-Germain-de-Talle-vende.
PÉCHARDIÈRE (La), h. c^{ne} de Saint-Manvieu.
PÊCHERIE (La), h. c^{ne} de Sainte-Marie-Laumont.
PÊCHERIE (La), h. c^{ne} de Saint-Pair. — *Pesquerie du Fort à Saint-Pair*, 1436 (domaine de Troarn, p. 130).
PÊCHERIES (Les), h. c^{ne} des Isles-Bardel.
PÉCHOIN, f. c^{ne} de Saint-Manvieu (Vire). — *Péchain*, 1847 (Stat. post.).
PÉCHONNIÈRE (La), h. c^{ne} de Grainville-sur-Odon.
PÉCOTIÈRE (La), h. c^{ne} du Tourneur.
PECVINIÈRE (La), h. c^{ne} de Cartigny-l'Épinay.
PÉDOUZE, vill. c^{ne} de Moult.
PÉDOUZES (Les), vill. c^{ne} d'Airan.
PEDVINIÈRE (La), h. c^{ne} de Saint-Sever.
PEIGNE (Le), h. c^{ne} d'Épinay-sur-Odon.
PEIGNIÈRE (La), h. c^{ne} de Maisoncelles-la-Jourdan.
PEINIÈRE (La), h. c^{ne} de Vassy. — *Painière*, 1848 (état-major).
PEINTRERIE (La), h. c^{ne} de Canchy.
PELAGNY, q. c^{ne} de Saint-Julien-sur-Calonne.
PELARDERIE (La), h. c^{ne} du Tourneur.
PELAUDERIE (La), f. c^{ne} de Mouen. — *La Plauterie* 1847 (Stat. post.).
PELBOUQUIÈRE (La), h. c^{ne} du Mesnil-Auzouf.
PELBOUQUIÈRE (La), h. c^{ne} du Tourneur.
PELCARDERIE (La), m^{on} isolée, c^{ne} du Tourneur.
PELICHON, fief sis à Tournières, 1396 (ch. de Cordillon, p. 43).
PELLERIE (La), h. c^{ne} de Clécy.
PELLETERIE (La), h. c^{ne} de Coulonces.
PELLETIER, m^{in}, c^{ne} de Luc.
PELLETIER (Le), h. c^{ne} de Saint-Martin-Don.
PELLETIÈRE (La), f. c^{ne} de Saint-Germain-de-Tallevende.
PELLETIERS (Les), h. c^{re} de Dampierre.

PELLEVEY, quart de fief noble, assis à Amayé-sur-Seulle, ayant appartenu aux religieuses de Villers-Bocage. Son chef était au hameau de Quiry, par. de Jurques, 1657 (av. de la vicomté de Caen, p. 3).
PELLEVEY, nom d'un fief assis à Saint-Georges-d'Aunay, nommé aussi fief *Sauquez*, 1344 (ch. du Plessis-Grimoult, n° 1327).
PELLEVILLAIN, fief sis à Écoville, 1234 (lib. rub. Troarn. p. 33). — *Poelevilen*, xiiie s^e (*ibid.* p. 107). — *Pelevilein*, xiiie s^e (*ibid.* p. 100).
PELLINIÈRE (La), h. c^{ne} de Roullours.
PELVERIE (La), h. c^{ne} de Livry.
PELVINIÈRE (La), h. c^{ne} de Champ-du-Boult. — *Pedvinière*, 1847 (Stat. post.).
PÉMAGNIE, nom d'une rue de Caen. — *Pesmenie*, 1293 (ch. de Saint-Étienne de Caen). — *Pest Mesnie*, 1326 (hist. de l'abb. de Saint-Étienne, p. 100).
PENDANT (Le), h. c^{ne} de Mittois.
PENDANTS (Les), h. c^{ne} d'Écajeul.
PEND-LARRON, localité dans la paroisse de Saint-Germain-la-Blanche-Herbe, où se trouvait le fief de ce nom ou *fief du Bourreau* appartenant à l'abbaye de Saint-Étienne de Caen.
PEND-LARRON, nom d'une place de la par. de Saint-Symphorien de Bayeux.
PENDUE (La), h. c^{ne} de Saonnet.
PENNEDEPIE, c^{on} de Honfleur. — *Penapisce, Pennapie*, xive s^e (pouillé de Lisieux, p. 40).
    Par. de Saint-Georges, patr. l'abbé de Saint-Ouen de Rouen. Dioc. de Lisieux, doy. de Honfleur. Génér. de Rouen, élect. de Pont-l'Évêque, sergent. de Touque.
    Deux pleins fiefs de *Blosseville*, mouvant de la bar. de Fauguernon, 1620 (fiefs de la vicomté d'Auge).
PEPIN (Bois du Bas et du Haut-), c^{ne} du Tourneur.
PÉPINIÈRE (La), delle de Bretteville-l'Orgueilleuse, 1666 (papier terrier de Bretteville).
PÉPINIÈRE (La), f. et h. c^{ne} des Isles-Bardel.
PÉPINIÈRE (La), h. c^{ne} de Saint-Denis-de-Méré.
PÉQUIER (Le), h. c^{ne} de Saint-Germain-du-Pert.
PÉRAUDIÈRE-RENARD (La), h. et f. c^{ne} de Courson.
PERCAS (Le), vill. c^{ne} de Tournières.
PERCAVAL, f. c^{ne} de Deux-Jumeaux.
PERCÉE (Pointe et Raz de la), promontoire formé par les falaises près d'Asnières (Bayeux).
PERCEVAL, h. c^{ne} de la Cambe.
PERCEVAL, h. c^{ne} de Saint-Pierre-du-Mont.
PERCHES-D'AIMON (Les), h. c^{ne} de Grandchamp.
PERCONERIE (La), h. c^{ne} de Juaye-Mondaye.
PERCOT, h. c^{ne} de Saint-Martin-de-la-Lieue.
PERCOTTES (Les), h. c^{ne} d'Ammeville.

PERCOVILLE, h. c^ne de Clinchamps (Caen). — *Percou-ville*, 1847 (stat. post.).

PERCY, c^on de Mézidon. — *Perceium*, 1198 (magni rotuli, p. 34). — *Percheyum*, 1247 (cart. norm. n° 1179, p. 323). — *Percheium*, 1262 (ch. de Mondaye).

Par. de Saint-Gervais, patr. le prieur de Sainte-Barbe. Dioc. de Séez, doy. de Saint-Pierre-sur-Dive. Génér. d'Alençon, élect. de Falaise, sergent. de Jumel.

Fief *Verquereul (feodum de Verquereul)*, 1247 (cart. norm. n° 1179, p. 323). — Le fief *Monthe-rault*, assis à Percy, appartenoit à l'abb. de Sainte-Barbe-en-Auge. Il mouvait de la vicomté de Falaise et ressortissait à la sergenterie de Jumel.

PERCY, f. c^ne de Bricqueville.

PERCY (LE), vill. c^ne de Clécy.

PERCY, chât. c^ne de Saint-Charles-de-Percy.

PERDRIELLE (LA), h. c^ne du Pin.

PERDRIÈRE (LA), h. c^ne de Saint-Georges-d'Aunay.

PERDRIÈRE (LA), h. c^te de Sept-Frères.

PERÉ (LE), montagne haute de 272 mètres, près de la Pommeraye.

PÉRÉES (LES), h. c^ne de Bernesq.

PÉRELLE (LA), h. c^nu de Campagnolles.

PÉRELLE (LA), h. c^ne de Dampierre.

PÉRELLE (LA), h. c^ne d'Étouvy.

PÉRELLE (LA), h. c^ne de Fontenermont.

PÉRELLE (LA), c^ne de Livry.

PÉRELLE (LA), h. c^ne de Saint-Hymer.

PÉRELLE-DU-MARAIS (LA), h. c^ne de Meuvaines, 1220 (ch. de Longues, n° 23).

PÉRELLES (LES), m^on isolée, c^ne de la Ferrière-au-Doyen.

PÉRÈNE (LA), h. c^ne de la Lande-Vaumont. — *Péraire*, 1847 (stat. post.).

PÉREYS (LES), h. c^ne de Clécy.

PÉRIEN (LE), h. c^ne de Viessoix.

PÉRIERS, c^on de Douvres. — *Piri*, xive s^e (livre pelut de Bayeux). — *Perrières*, 1848 (Simon).

PÉRIERS, c^on de Dozulé. — *Perier super Divam*, 1219 (ch. de Saint-André-en-Gouffern). — *Piri*, 1282 (cart. norm. n° 996, p. 256). — *Perier*, 1306 (livre blanc de Troarn). — *Periez*, 1683 (carte de la Motte).

Par. de Notre-Dame, patr. l'abbé de Préaux, puis le seigneur; réunie pour le culte à Grangues. Prieuré de *Rouville*, dépendant de l'abb. de Préaux. Dioc. de Lisieux, doy. de Beaumont. Génér. de Rouen, élect. de Pont-l'Évêque, sergent. de Dive.

PÉRIERS (LES), h. c^ne de Burcy.

PÉRIERS (LES), h. c^ne de Chênedollé.

PÉRIERS (LES), h. c^ne de Trungy, fief de la baron. de Tournebu; vicomté de Falaise.

PÉRIGNY, c^on de Condé-sur-Noireau. — *Perigneium*, xie s^e (enquête, p. 429). — *Perignie*, 1398 (fouages françois, n° 253). — *Perigneyum*, xive s^e (taxat. decim. dioc. Baioc.). — *Perrigny*, xviiie s^e (Cassini).

Quart de fief de *Danvou*, relevant de la baronnie de Saint-Vigor-le-Grand.

PÉRIGNY, f. c^ne de Castillon.

PÉRILLION (LE), h. c^ne de Saint-Pierre-Tarentaine.

PERLEMEL, f. c^ne de Sainte-Honorine-du-Fay.

PERLINIÈRE (LA), h. c^ne de Roullours.

PÉRONNE, h. c^ne d'Englesqueville.

PERQUE-LEVÉE (LA), h. c^ne de la Bazoque.

PERQUE-LEVÉE (LA); ruiss. affl. de la Drôme.

PERRAY (LE), chât. c^ne de Saint-Julien-sur-Calonne.

PERNÉ (LE), h. c^ne de Trois-Monts.

PERNÉ-CHÉNON (LE), h. c^ne de Cordebugle.

PERNÉ-DES-MAISONS (LE), h. c^ne de Sainte-Marguerite-des-Loges.

PERNÉE (LA), h. c^ne d'Englesqueville (Bayeux). — *Perey*, 1847 (stat. post.).

PERNÉES (LA), h. c^ne de Genneville.

PERNÉES (LES), f. c^ne de Bernières-Bocage.

PERNÉES (LES), h. c^ne du Breuil (Pont-l'Évêque).

PERNÉES (LES), h. c^ne de Glos.

PERNÉES (LES), h. c^ne d'Ouilly-le-Vicomte.

PERNÉES (LES), f. c^ne de Saint-Jacques.

PERNÉES (LES), h. c^ne de Trois-Monts.

PERNÉ - HÉROULT (LE), h. c^ne de Trévières. — *Perret-Héroult*, 1847 (stat. post.).

PERNELLE (LA), h. c^ne d'Arclais.

PERNELLE (LA), h. c^ne de Brucourt.

PERNELLE (LA), f. c^ne de Cahagnolles.

PERNELLE (LA), h. c^ne de Champ-du-Boult.

PERNELLE (LA), h. c^ne de Pleines-OEuvres.

PERNELLE (LA), h. c^ne de Saint-Ouen-des-Besaces. — *Pesrelle*, 1847 (stat. post.).

PERNELLES (LES), h. c^ne de Cléville. — *Perellæ*, 1234 (lib. rub. Troarn. p. 45). — *Notre-Dame-de-la-Perelle*, 1675 (carte de Petite).

PERNELLES (LES), h. c^ne de Longraye. — *Perrellæ*; 1252 (chap. de Bayeux, 30).

PERNELLES (LES), h. c^ne de Sommerville.

PERNELLES (LES), h. c^ne de Vaudeloges.

PERNÈQUE (LA), h. c^ne de Sully.

PERNERIE (LA), h. c^ne de Saint-Germain-de-Tallevende.

PERNET (LE), h. c^ne de la Brévière.

PERNET (LE), h. c^ne de la Ferrière-Harang.

PERNET (LE), f. c^ne de Neuville.

PERNET (LE), chât. c^ne de Saon. — *Perrey*, 1847 (stat. post.).

Calvados.

PERRETS (LES), h. c^ne des Moutiers-en-Auge.

PERREUX (LE), h. c^ne de Cléville. — *Petrosus*, 1102 (livre blanc de Troarn). — *Le Perros*, 1126 (cart. de Troarn).

PERREUX (LE), q. c^ne de Langrune. — *Lengrona apud viam de Perroux*, v. 1190 (ch. de Saint-André-de-Fontenay).

PERREUX (LE), riv. affl. de la Dive.

PERREY (LE), f. c^ne de Blay.

PERREY (LE), f. c^ne de la Boissière.

PERREY (LE), h. c^ne de Colombières.

PERREY (LE), h. c^ne de Litteau.

PERREY (LE), h. c^ne de Littry.

PERREY (LE), h. c^ne de Morteaux.

PERREY (LE), f. c^ne de Saint-Germain-de-Livet.

PERREY (LE), h. c^ne de Sainte-Marie-Laumont.

PERREY (LE), h. c^ne de Saint-Michel-de-Livet.

PERREYS (LES), h. c^ne de Coquainvilliers.

PERRIER, h. c^ne de Fresney-le-Puceux.

PERRIÈRES, c^on de Morteaux-Coulibœuf. — *Perreriæ*, 1234 (lib. rub. Troarn. n° 20).

Par. de Notre-Dame; prieuré dépendant de l'abbé de Marmoutiers du dioc. de Tours, fondé en 1076. Dioc. de Séez, doy. de Falaise. Génér. d'Alençon, élect. et sergent. de Falaise.

Cette commune doit son nom aux rochers qui abondent dans son territoire.

PERRIERS (LES), h. c^te de Presles.

PERRIGNY, h. c^ne de Planquery. — *Perrigneium, Pirineyum*, XIIIe s^e (bulle pour le Plessis-Grimoult). — *Perrignie* (cart. du Plessis-Grimoult, t. I).

Quart de fief assis à *Périgny*, relevant de la baronnie du Plessis-Grimoult, 1460 (aveu du temporel de l'évéché de Bayeux).

PERRINE (LA), cours d'eau affl. de la Drôme.

PERRIS (LES), h. c^ne de Courtonne-la-Meurdrac.

PERRON (LE), h. c^ne de Cormolain.

PERRON (LE), h. c^ne de Danvou.

PERRON (LE), h. c^ne d'Isigny.

PERRON (LE), h. c^ne de Litteau.

PERRON (LE), h. c^ne de Saint-Manvieu.

PERROQUET (LE), h. c^ne de Sainte-Marguerite-d'Elle.

PERROTIÈRE (LA), h. c^ne de Saint-Julien-de-Mailloc.

PERROTTES (LES), h. c^ne de Noyers.

PERROUX (LE), h. c^ne d'Isigny. — *Pérou*, 1847 (stat. post.).

PERROUZÉ, h. c^ne de Mandeville. — *Peruzé*, 1847 (stat. post.).

PERRUQUE (LA), h. c^ne de Ranchy. — *La Perruque, in territorio de Rencheio*, 1242 (ch. de Bayeux, p. 27).

PERRUQUETTES (LES), m^on isolée, c^ne de Cussy. — *La Perroquette*, 1847 (stat. post.).

PERSONNIÈRE (LA), h. c^ne de Viessoix. — *La Personnerie*, 1848 (Simon).

PERTES (LES), h. c^ne de Saint-Honorine-des-Pertes.

PERTHEVILLE. La commune de Ners lui a été réunie en 1858; elle a pris le nom de PERTHEVILLE-NERS.

PERTHEVILLE-NERS, c^on de Falaise (sud). — *Perduc-Ville*, XIIe s^e (ch. de Saint-Jean de Falaise, n° 30). — *Perdita Villa*, 1267 (*ibid.*). — *Perdeville*, 1270 (*ibid.*). — *Bertheville*, 1653 (carte de Tassin). — Voir NERS.

Par. de Saint-Pierre, patr. l'abbé de Saint-André-en-Gouffern. Dioc. de Séez, doyenné de Falaise. Généralité d'Alençon, élection et sergenterie de Falaise.

PERTHOU, h. c^ne de Truttemer-le-Grand.

PESCHERIE (LA), h. c^ne de Sainte-Marie-Laumont.

PESCUET (LE), f. c^ne du Mesnil-au-Grain.

PESCOTIÈRE (LA), h. c^ne du Tourneur.

PESNEL, fief d'Andrieu, 1484 (arch. nation. P. 272, n° 52).

PESNEL, h. c^ne de Saint-André-de-Fontenay.

PESNEL, prébende de Saint-Jacques de Lisieux. — *Paganellum*, XIVe s^e (pouillé de Lisieux, p. 18).

PESNIÈRE (LA), h. c^ne de Maisoncelles-la-Jourdan.

PESQUER, chât. c^ne de Saint-Loup-de-Fribois.

PESTIL (LE), h. c^ne de Saint-Julien-sur-Calonne.

PESTIL-VERT (LE), vill. c^ne de Ver.

PESTRIÈRE (LA), h. c^ne de Rully.

PETIT (LE), f. c^ne d'Auquainville.

PETIT (LE), h. c^ne de la Ferrière-au-Doyen.

PETIT (LE), h. c^ne de Reux.

PETIT-AUNAY (LE), h. c^ne de Courson.

PETIT-AUNAY (LE), h. c^ne de Pierres.

PETIT-BOIS-AUNAY, h. c^ne de Roucamp.

PETIT-BONNEVILLE (LE), h. c^ne d'Englesqueville (Pont-l'Évêque).

PETIT-BOSQ (LE), bois, c^ne de Littry.

PETIT-BOURG (LE), vill. c^ne de Saint-Germain-de-Tallevende.

PETIT-CABOURG (LE), f. c^ne de Cabourg.

PETIT-CHÂTEAU (LE), f. et m^in, c^ne de Saint-Ouen-le-Houx.

PETIT-CHÊNET (LE), h. c^ne de la Lande-Vaumont.

PETIT-CHÊNET (LE), f. c^ne de Saint-Germain-de-Tallevende.

PETIT-CLERMONT (LE), h. c^ne de Cambremer.

PETIT-CLOS (LE), h. c^ne de Cernay.

PETIT-COSTIL (LE), h. c^ne de Villers-sur-Mer.

PETIT-DÉSERT (LE), h. c^ne de Danestal.

PETITE-CAMPAGNE (LA), f. c^ne de Fourneville.

PETITE-CAUVINIÈRE (LA), h. c^ne de Notre-Dame-de-Courson.

PETITE-COUR (LA), h. c^{ne} du Mesnil-Durand.

PETITE-COUR (LA), f. c^{ne} de Montpinçon.

PETITE-COUR-SAINT-HIPPOLYTE (LA), h. c^{ne} de Saint-Désir.

PETITE-CROIX (LA), h. c^{ne} de Saint-Aubin-Lébisay.

PETITE-FERME (LA), f. c^{ne} de Brémoy.

PETITE-FERME (LA), q. c^{ne} de Percy.

PETITE-FERME-DE-CANCHY (LA), h. c^{ne} de Castillon.

PETITE-FONTAINE (LA), f. c^{ne} d'Isigny.

PETITE-FORÊT (LA), f. c^{ne} de Blangy.

PETITE-FOSSE (LA), f. c^{ne} de Saint-Sever.

PETITE-GRONDIÈRE (LA), h. c^{ne} du Mesnil-Auzouf.

PETITE-JUSTICE (LA), h. c^{ne} de Monceaux.

PETIT-ENFER (LE), h. c^{ne} de Luc.

PETITE-NOE (LA), f. c^{ne} de Familly.

PETITE-PAUMERIE (LA), h. c^{ne} de Beaumesnil.

PETITE-RUE (LA), h. c^{ne} de Manvieux.

PETITES-COUDRAIES (LES), h. c^{ne} de Pontfol.

PETITES-COURS (LES), h. c^{ne} du Mesnil-Durand.

PETITES-LANDES (LES), q. c^{ne} de Neuilly.

PETITES-LANDES (LES), f. c^{ne} de Saint-Germain-de-Tallevende.

PETITES-MAISONS (LES), f. c^{ne} de Parfouru-sur-Odon.

PETITES-PERRELLES (LES), h. c^{ne} d'Écajeul.

PETITES-VALLÉES (LES), vill. c^{ne} de Saint-Manvieu (Caen).

PETITE-VILLETTE (LA), mⁱⁿ, c^{ne} de Saint-Germain-du-Crioult.

PETIT-GRANDOUET (LE), fief assis en la paroisse de Meulles, érigé en plein fief noble, relevant de la vicomté d'Auge, consistant en cinq aînesses, 1653 (chambre des comptes de Rouen).

PETIT-HAMEAU (LE), h. c^{ne} de Lingèvres.

PETIT-HOM (LE), lieu, c^{ne} de Merville.

PETITIÈRE (LA), h. c^{ne} de Bonneville-la-Louvet.

PETITIÈRE (LA), h. c^{ne} de Chênedollé.

PETITIÈRE (LA), h. c^{ne} de Landelles-et-Coupigny.

PETITIÈRE (LA), h. c^{ne} de Maisoncelles-la-Jourdan.

PETITIÈRE (LA), h. c^{ne} de Sept-Frères.

PETIT-LIEU-DE-LA-LOI, q. c^{ne} de Saint-Désir.

PETIT-LIVET (LE); h. c^{ne} de Saint-Paul-de-Courtonne.

PETIT-LIVRY (LE), h. c^{ne} de Longraye.

PETIT-MARAIS (LE), vill. c^{ne} du Désert.

PETIT-MARAIS (LE), h. c^{ne} de Mézidon.

PETIT-MONT (LE), h. c^{ne} de Saint-Martin-de-la-Lieue.

PETIT-MONTCHAMP (LE), aujourd'hui SAINT-CHARLES-DE-PERCY. — Voir ce nom.

PETIT-NOYÉ (LE), h. c^{ne} de Saint-Jacques.

PETIT-PAVÉ (LE), m^{on} isolée, c^{ne} de Saint-Germain-de-Tallevende.

PETIT-PLEIN (LE), h. c^{ne} de Bavent.

PETIT-PLESSEY (LE), vill. c^{ne} de Truttemer-le-Petit.

PETIT-PRÉ (LE), h. c^{ne} du Vey.

PETIT-ROCHER (LE), vill. c^{ne} de Roullours.

PETIT-ROCHER (LE), f. c^{ne} de Saint-Germain-de-Tallevende.

PETITS (LES), h. c^{ne} de Moyaux.

PETIT-SAUSSÉ (LE), h. c^{ne} de Pertheville-Ners.

PETITS-BOIS (LES), h. c^{ne} de Viessoix.

PETITS-CHAMPS (LES), f. c^{ne} de Fourneville.

PETITS-PARCS (LES), f. c^{ne} de Fresney-le-Puceux.

PETITS-PARCS (LES), m^{on} isolée, c^{ne} de Magny.

PETITS-PERRIERS (LES), h. c^{ne} d'Orbec.

PETITS-POMMIERS (LES), f. c^{ne} de Nonant.

PETITS-SAULES (LES), h. c^{ne} de Formigny.

PETIT-TUTREL (LE), h. c^{ne} de Courson.

PETIT-VAAST (LE), h. c^{ne} de Meulles.

PETIT-VAL (LE), h. c^{ne} d'Arclais.

PETIT-VIGNATS (LE), h. c^{ne} de Vignats.

PETIT-VILLAUNAY (LE), f. c^{ne} de Cheffreville.

PETIT-VILLAUNAY (LE), h. c^{ne} du Mesnil-Germain.

PETIT-VIVIER (LE), h. c^{ne} de Chênedollé.

PETIVILLE, c^{on} de Troarn. — *Parva Villa*, 1198 (magni rotuli, p. 69, 2). — *Petievile*, 1264 (cart. de Friardel). — *Petit-Ville*, fief de haubert, 1450 (arch. nat. aveux, P. 271, n° 87).

Par. de Notre-Dame, patr. le seigneur; léproserie. Dioc. de Bayeux, doy. de Troarn. Génér. et élect. de Caen, sergent. de Varaville.

Petiville, quart de fief de chevalier s'étendant à Varaville, Bavent, Bréville, Sallenelles, Amfréville, Bonneville. Fief de *Bréville*, s'étendant à Bonneville; quart de fief d'*Amayé*, s'étendant à Varaville, Bavent et Bréville, 1484 (arch. nation. P. 272, n° 183).

PETIVILLE, f. c^{ne} de Fontenay-le-Pesnel. — *Petitvilla*, 1198 (magni rotuli, p. 55, 2).

PÉTONNERIE (LA), h. c^{ne} de Sept-Vents. — *La Patronerie*, 1847 (stat. post.).

PEULLIER, h. c^{ne} de Saint-Georges-d'Aunay.

PEULLIERS (LES), h. c^{ne} de Saint-Jean-des-Essartiers.

PEULVEY, h. c^{ne} d'Ammeville.

PÉVILLON, h. c^{ne} de Saint-Pierre-Tarentaine.

PEYNIÈRE (LA), h. c^{ne} du Tourneur.

PEYRAUDIÈRE (LA), h. c^{ne} de la Vacquerie. — *Piraudière*, 1847 (stat. post.).

PEYROUSE, m^{on} isolée, c^{ne} de Magny. — *Perrouze*, 1847 (stat. post.).

PÉZENOLLES, h. et f. c^{ne} de Subles. — *Peseroles*, 1198 (magni rotuli, p. 37). — *Péserol*, 1848 (état-major). C'était autrefois un canonicat de la cathédrale de Bayeux, 1773 (Béziers, hist. de Bayeux).

PICANIÈRE (LA), h. c^ne de Deux-Jumeaux. — *Picapière*, 1848 (état-major).

PICARD (LE), h. c^ne de Saint-Marie-Laumont.

PICARD (LE), h. c^ne de Tournières.

PICARDERIE (LA), h. c^ne de Noyers.

PICARDIÈRE (LA), h. c^ne de la Graverie.

PICARDIÈRE (LA), h. c^ne de Monfréville.

PICARDIÈRE (LA), h. c^ne de Saint-Marcouf.

PICAUDIÈRE (LA), h. c^ne de Vassy. — *Pécaudière*, 1848 (état-major).

PICHARDERIE (LA), h. c^ne de la Hoguette.

PICHARDIÈRE (LA), h. c^ne de Saint-Manvieu (Vire).

PICHERIE (LA), h. c^ne de Danvou. — *Pécherie*, 1848 (état-major).

PICHOTIÈRE (LA), h. c^ne de Clinchamps (Vire).

PICOT (LE), h. c^ne de Canapville.

PICOT (LE), h. et f. c^ne de Cussy.

PICOTERIE (LA), h. c^ne de Saint-Martin-de-Mailloc.

PICOTIÈRE (LA), h. c^ne de Cahagnes.

PICOTIÈRE (LA), f. c^ne de Coulonces.

PICOTIÈRE (LA), h. c^ne de Méry-Corbon.

PICOTIÈRE (LA), f. c^ne de Montchauvet.

PICOIS (LES), h. c^ne d'Englesqueville (Pont-l'Évêque).

PICQUENARD, h. c^ne de Saint-Germain-de-Tallevende.

PICQUERIE (LA), h. c^ne de Saonnet.

PIE (LA), m^on isolée, c^ne de Sainte-Marie-aux-Anglais.

PIÈCE-GRAND-CHAMP (LA), h. c^ne de Troarn.

PIED-AU-BOIS (LE), h. c^ne d'Aunay.

PIED-DE-CAILLY (LE), h. c^ne de Saint-Georges-d'Aunay.

PIED-DE-LA-BRUYÈRE (LE), h. c^ne d'Aunay.

PIED-DE-LA-BRUYÈRE (LE), h. c^ne de Montchauvet.

PIED-DU-BOIS (LE), h. c^ne d'Amayé-sur-Orne.

PIED-DU-BOIS (LE), h. c^ne d'Aunay.

PIED-MOUILLÉ (LE), f. c^ne de Noron (Falaise).

PIED-TAILLIS (LE), h. c^ne de Saint-Georges-d'Aunay.

PIÈGE (LE), h. c^ne de Planquery.

PIÈGE (LE), h. c^ne de Tournay-sur-Odon.

PIÈGES (LES), h. c^ne du Mesnil-Germain.

PIERAYS, fief sis à Saint-Jean-le-Blanc, relevant de la baronnie du Plessis-Grimoult, 1460 (temp. de l'évêché de Bayeux).

PIERRE (LA), h. c^ne d'Étreham.

PIERRE (LA), f. c^ne de Mestry.

PIERRE (LA), h. c^ne de Sept-Vents.

PIERRE-AFFILERESSE (LA), h. c^ne de Martainville.

PIERRE-AFFILERESSE (LA), h. c^ne de Saint-Germain-Langot.

PIERRE-ARTUS, h. c^ne de Bazenville.

PIERREFITTE, c^on de Blangy.

Par. de Notre-Dame, patr. le seigneur du lieu. Dioc. de Lisieux, doy. de Beaumont. Génér. de Rouen, élect. et sergent. de Pont-l'Évêque.

Les fiefs de *Bretteville* et de *la Cour-du-Bosc* relevaient de la baronnie de Blangy; fief d'*Asnières*, relevant de Vassy, et fief de *Silly*, relevant de Bonnebosq, 1620 (fiefs de la vicomté d'Auge).

PIERREFITTE, c^on de Falaise (2e division). — *Petra Fica*, 1008 (dotal. Judith). — *Petrafita*, 1180 (magni rotuli, p. 72). — *Pierrefitte*, 1315 (*ibid.* n° 293). — *Petratrita*, 1249 (carl. norm. n° 482, p. 82). — *Petra fixa*, v. 1250 (ch. de Villers-Canivet, n° 56). — *Petra ficta*, 1264, 1280 (*ibid.* n°s 46, 820). — *Pierre-ficte*, 1312 (*ibid.* note 8). — *Perrefrite*, xive s^e (pouillé de Lisieux, p. 52). — *Pierre-ficte en Cinglais*, 1586 (papier terrier de Falaise). — *Piere-ficte*, 1723 (d'Anville, dioc. de Lisieux).

Par. de Saint-Pierre, deux cures; patr. l'abbé du Val, puis le seigneur du lieu; léproserie de Sainte-Madeleine. Diocèse de Bayeux, doy. de Cinglais. Généralité d'Alençon, élect. de Falaise, sergent. de Thury.

Le fief de Pierrefitte, appartenant aux Mathan, relevait de la baronnie de Thury-Harcourt et ressortissait à la vicomté de Falaise.

PIERRE-LAYE (LA), m^in, c^ne de Villy-Bocage. — *Petra Levata*, 1224 (cart. norm. n° 339, p. 51).

PIERRE-MARIE (LA), h. c^ne de la Vacquerie.

PIERREPONT, c^on de Falaise (2e division). — *Petrespons*, 1145 (lettre de l'abbé Haymon). — *Petrapont*, 1190 (ch. de Saint-Étienne de Caen).

Par. de Saint-Julien, patr. l'abbé du Val. Réunie pour le culte à Tréprel. Dioc. de Séez, doy. d'Aubigny. Génér. d'Alençon, élect. de Falaise, sergent. de Thury.

Relevant par sixième de fief du marquisat de Thury (aveux d'Harcourt), deux vavassories ayant leur chef assis à Pierrepont relevaient de la baronnie de Tournebu et ressortissaient à la vicomté de Falaise.

PIERREPONT, c^on réunie à Lantheuil en 1835.

Par. de Saint-Denis, anciennement annexe d'Amblie; patr. le seigneur du lieu. Dioc. de Bayeux, doy. de Creully. Génér. et élect. de Caen, sergent. de Creully.

Fief de Pierrepont (assis ès paroisses du Manoir, de Vienne et de Littry), 1471 (arch. nat. P. 272, n° 214).

PIERRERIE (LA), h. c^ne de Ranchy.

PIERRERIE (LA), f. c^ne de Saint-Pierre-des-Ifs.

PIERRES, c^on de Vassy.

Par. de Saint-Pierre, patr. le seigneur du lieu. Chapelles de Saint-Denis et de Saint-Marcien. Dioc. de Bayeux, doy. de Vire. Génér. de Caen, élect. de

Vire, sergent. de Vassy; seigneurie avec haute justice.

Fief d'*Avilly* en cette paroisse, 1600 (aveu de la vicomté de Vire).

PIERRES-D'AUNAY (LES), h. c^ne du Mesnil-Auzouf.

PIERRES-FERRÉES (LES), h. c^ne de Fontaine-Étoupefour.

PIERRE-SOLAIN, h. et f. anc. léproserie, auj. ferme, c^ne du Manoir. — *Petra Solemnis, Solennis*, xive s^e (livre pelut de Bayeux). — *Petra Solem*, xive s^e (taxat. decim. dioc. Baioc.). — *Pierre-Sellain*, 1540 (Grands jours de Bayeux).

PIERREVILLE, h. c^ne de Tortisambert.

PIGACE (LA), h. c^ne de Lénault.

PIGACHE (LA), h. c^ne de Vaubadon.

PIGACIÈRE (LA), chât. c^ne de Missy.

PIGEONNIÈRE, h. c^ne de la Cressonnière.

PIGERIE (LA), h. c^ne de Clinchamps (Vire).

PIGNERIE (LA), f. c^ne d'Orbois.

PIGNETIÈRE (LA), fief sis à Beuvillers.

PIGNOLE (LA), f. c^ne de Cartigny-Tesson.

PIGNOLE (LA), h. c^ne de Sainte-Marguerite-d'Elle.

PIGNON-VERT (LE), f. c^ne de Truttemer-le-Grand.

PIHANNIÈRE (LA), h. c^ne de Rully.

PILATERIE (LA), h. c^ne d'Écajeul.

PILATTES (LES), h. c^ne de Vassy.

PILET, h. c^ne de Cordebugle. — *Pillet*, 1848 (Simon).

PILIÈRE (LA), h. c^ne de Croisilles.

PILIÈRE (LA), h. c^ne de Sept-Frères.

PILLARDIÈRE (LA), h. c^ne de Courson.

PILLARDIÈRE (LA), li. c^ne de Soignolles.

PILLARDIÈRES (LES), f. c^ne d'Évrecy.

PILLETIÈRE (LA), h. c^ne de Saint-Germain-de-Tallevende.

PILLETIÈRE (LA), vill. c^ne de Sept-Frères.

PILLIÈRE (LA), h. c^ne de Bernières-le-Patry.

PILLIÈRE (LA), h. c^ne de Coulonces.

PILLONNE (LA), h. c^ne de Saint-Désir.

PILLONNERIE (LA), vill. c^ne de Neuilly.

PILLOTERIE (LA), f. c^ne de Fontenay.

PILLOTERIE (LA), h. c^ne de Vassy.

PIN (LE), c^on de Lisieux (1re section). — *Pinus, Pynus, le Pyn, le Pin en Lieuvin*, xive siècle (pouillé de Lisieux, p. 25).

Fief relevant de la vicomté d'Orbec.

Par. de Notre-Dame, patr. le seigneur du lieu. Dioc. de Lisieux, doy. de Moyaux. Génér. d'Alençon, élect. de Lisieux, sergent. de Moyaux. Maladrerie.

PINCHERIE (LA), h. c^ne d'Hermival-les-Vaux.

PINÇON, h. c^ne de Saint-Germain-du-Pert. — *Pinchon*, 1847 (stat. post.).

PINELS (LES), vill. c^ne de Saint-Michel-de-Livet.

PINELS (LES), vill. c^ne de Trungy.

PINS (LES), h. c^ne du Bény-Bocage.

PINSON, vill. c^ne de Neuville.

PINSONNIÈRE (LA), h. c^ne du Gast.

PINSONNIÈRE (LA), h. c^ne de Grainville.

PINSONNIÈRE (LA), h. c^ne de Saint-Germain-de-Tallevende.

PINSONNIÈRE-SONNET (LA), h. c^ne de Saint-Germain-de-Tallevende.

PINTERIE (LA), h. c^ne du Pin, duquel mouvaient les fiefs *Gathemo*, de *Guyenne*, des *Brousses*, sis paroisse de Truttemer, et le fief *Crépon*, sis paroisse de Chanlieu, 1682 (aveux de la vicomté de Vire).

PINTIÈRES (LES), h. c^ne du Mesnil-Germain.

PIONNERIE (LA), vill. c^ne de la Ferrière-au-Doyen.

PIOTIÈRE (LA), h. c^ne de Livry.

PIPARDIÈRE (LA), h. c^ne de Bonneville-la-Louvet.

PIPARDIÈRE (LA), chât. c^ne de Livarot.

PIPARDIÈRE (LA), h. c^ne de Saint-Michel-de-Livet. — Fief relevant de la baronnie de Blangy.

PIPEREY, f. c^ne de Cordebugle.

PIQUENOTIÈRE (LA), h. c^ne de Baynes.

PIQUENOTS, h. c^ne d'Ouilly-le-Vicomte. — *Pikenot*, 1198 (magni rotuli, p. 83). — *Pichenot* (ibid. p. 71).

PIQUERIE (LA), h. c^ne de Pont-Bellenger.

PIQUERIE (LA), h. c^ne de Saon.

PIQUETERIE (LA), f. c^ne de la Cambe. — *Picoterie*, 1847 (stat. post.).

PIQUEUX (LE), f. c^ne des Oubeaux.

PIRIER (LE), h. c^ne de Viessoix.

PISSARDIÈRE (LA), f. c^ne de Saint-Germain-de-Livet.

PISSEAU (LE), h. c^ne de Falaise.

PISSELIÈRE (LA), h. c^ne de Bernières-le-Patry.

PISSONNIÈRE (LE), h. c^ne de Sainte-Marie-outre-l'Eau.

PISSOT (LE), h. c^ne de Fresney-le-Puceux.

PISSOT (LE), f. c^ne de Jurques.

PISSOT (LE), h. c^ne de Saint-Georges-en-Auge. — *Piseau*, 1847 (stat. post.).

PISSOT (LE), h. c^ne de Saint-Martin-des-Besaces.

PISSOT (LE), h. c^ne de Vaudry.

PISSOTTE (LA), h. c^ne d'Arganchy.

PITOT, h. c^ne de Saint-Georges-d'Aunay.

PIVELIÈRE (LA), vill. c^ne de Vaudry.

PIVENTIÈRE (LA), h. c^ne de Saint-Remy.

PLACE (LA), h. c^ne d'Annebault.

PLACE (LA), q. c^ne de Clécy.

PLACE (LA), q. c^ne de Fresney-le-Puceux.

PLACE (LA), h. c^ne de la Pommeraye.

PLACE (LA), h. c^ne de Montigny. — *Platea*, 1201 (ch. de l'abb. d'Aunay).

PLACE (LA), h. c^ne de Neuilly-le-Malherbe.

PLACE (LA), h. et f. c^ne de Préaux (Caen).

Place-au-Puits (La), vill. c^{ne} de Longueville.

Place-d'Annebault (La), h. c^{ne} de la Chapelle-Hainfray.

Place-de-Guerre (La), q. c^{ne} de Saint-Pierre-des-Ifs.

Place-de-l'Abbaye (La), q. c^{ne} de Beaumont.

Place-de-la-Fontaine (La), q. c^{ne} de Port-en-Bessin.

Place-de-la-Fontaine (La), q. c^{ne} de Villerville.

Place-des-Fontaines (La), q. c^{ne} de Saint-Martin-de-Fontenay.

Place-du-Boulois (La), h. c^{ne} de Villerville.

Place-du-Marché (La), q. c^{ne} de Littry.

Place-du-Planitre (La), h. c^{ne} de Reviers.

Place-du-Planitre (La), h. c^{ne} de Thiéville.

Place-du-Tertre (La), q. c^{ne} de Colombelles.

Place du Vieux-Marché, q. à Caen, aujourd'hui place Saint-Sauveur.

Places (Les), h. c^{ne} de la Ferrière-Harang. — *Plateæ*, xvie s^e (pouillé de Lisieux, p. 24).

Places (Les), h. c^{ne} de Goustranville.

Placy, c^{on} de Thury-Harcourt. — *Placeï*, 1008 (dotal. Judith). — *Placeium*, 1257 (charte de Barbery, n° 209). — *Plaxeium*, 1262 (ch. de l'abb. de Fontenay). — *Placeyum, Pleceium*, xive s^e (livre pelut de Bayeux). — *Placit*, 1371 (assiette de la vicomté de Caen). — *Sanctus Martinus de Placeyo*, 1417 (magni rotuli, p. 277).

Par. de Saint-Martin, patr. le seigneur de Thury et l'abbé du Val. Dioc. de Bayeux, doy. de Cinglais. Génér. d'Alençon, élect. de Falaise, sergent. de Tournebu.

Demi-fief mouvant de la baronnie de Thury-Harcourt; fiefs de *Montenay* et demi-fief de *Varennes* dit *de Garancières*.

Placy, vill. c^{ne} de Clécy.

Placy, f. c^{ne} de Moulines.

Plaiderie (La), h. c^{ne} de Mouen.

Plaids (Les), h. c^{ne} d'Ouilly-le-Tesson.

Plain (Le), h. c^{ne} d'Amfréville. — *Plein*, 1848 (état-major).

Plain (Le Grand et le Petit-), h. c^{ne} de Bavent.

Plain (Le), h. c^{ne} de Canteloup.

Plain (Le), h. c^{ne} de Janville.

Plain (Le), h. c^{ne} de Saint-Pair.

Plain-de-Saint-Clair (Le), h. c^{ne} de Goustranville.

Plaine (La), vill. c^{ne} de Campagnolles.

Plaine (La), h. c^{ne} de Courson.

Plaine (La), h. c^{ne} de Landelles.

Plaine de Caen (La), partie du département comprise entre la mer et les riivères d'Orne et de Vire.

Plaine-Potel (La), h. c^{ne} de Courson.

Plaines (Les), h. c^{ne} de Beaulieu.

Plaines (Les), h. c^{ne} de Glos. — *Plagne, Planæ*, 1195 (magni rotuli, p. 61).

Plaines (Les), h. c^{ne} de la Villette.

Plain-Lugan (Le), h. c^{ne} de Goustranville.

Plains (Les), f. c^{ne} de Mouen.

Plainville, vill. c^{ne} réunie à Percy-en-Auge.

Plainville, h. c^{ne} de Pierrefitte.

Plaisance, h. c^{ne} de Bernières-le-Patry.

Plaisance, h. c^{ne} de Chênedollé.

Plaisance, h. c^{ne} de Danvou.

Plaisances, h. c^{ne} de Presles.

Plaise (La), q. c^{ne} de Saon. — *La Plaine*, 1847 (stat. post.).

Planay (Le), h. c^{ne} de Marigny.

Planche (La), h. c^{ne} de Bernières-le-Patry.

Planche (La), h. c^{ne} de Campagnolles.

Planche (La), h. c^{ne} de Cauville.

Planche (La), h. c^{ne} de Chênedollé.

Planche (La), h. c^{ne} de Clinchamps (Vire).

Planche (La), h. c^{ne} de Manneville-la-Pipard.

Planche (La), h. c^{ne} de Montigny.

Planche (La), h. c^{ne} de Neuville.

Planche (La), h. c^{ne} de Nonant.

Planche (La), h. et f. c^{ne} de Pierres.

Planche (La), h. c^{ne} de Saint-Germain-de-Tallevende.

Planche (La), mⁱⁿ, c^{ne} de Sept-Vents.

Planche (La), f. c^{ne} du Theil.

Planche (La), f. c^{ne} de Trungy.

Planche-à-la-Vousse (La), h. c^{ne} de Fresney-le-Puceux.

Planche-au-Prêtre (La), h. c^{ne} de Saint-Denis-de-Mailloc.

Planche-aux-Lairds (La), h. c^{ne} de Livry.

Planche-d'Aunay (La), h. c^{ne} de Vassy.

Planche-de-la-Besace (La), h. c^{ne} du Tourneur.

Planche-de-Pierre (La), q. c^{ne} de Pennedepie.

Planche-des-Douets (La), h. c^{ne} de Manerbe.

Planche-du-Clos (La), f. c^{ne} de Saint-Hymer.

Planche-Marie (La), h. c^{ne} de Saint-Ouen-des-Besaces.

Planche-Pouettre (La), h. c^{ne} de Saint-Hymer.

Planche-Picard (La), h. c^{ne} de Saint-Hymer.

Planches (Les), h. c^{ne} d'Amblie.

Planches (Les), h. c^{ne} de Bernières-le-Patry.

Planches (Les), h. c^{ne} de Culey-le-Patry.

Planches (Les), h. c^{ne} de Fontaine-Étoupefour.

Planches (Les), h. c^{ne} de Litteau.

Planches (Les), h. c^{ne} de Saint-Lambert.

Planches (Les Hautes et les Basses-), h. c^{ne} de Saint-Omer.

Plandivée (La), h. c^{ne} de Fontenay-le-Pesnel.

Planet (Le), h. c^{ne} de Marigny.

Planitre (Le), vill. c^{ne} de Blay.

Planitre (Le), h. c^{ne} de Cormelles.

Planitre (Le), f. c^{ne} de Grainville-sur-Odon.

PLANITRE (LE), h. c^ne de Livry.

PLANITRE (LE), h. c^ne du Molay.

PLANITRE (LE), vill. c^ne de Pleines-Œuvres.

PLANITRE (LE), f. c^ne d'Ussy.

PLANSE (LA), h. et forêt, c^ne de Saint-Gatien.

PLANNY, h. c^ne de la Hoguette.

PLANQUE (LE FLOT DE LA), ruiss. de la Dive (enquête de 1297).

PLANQUERIE (LA), h. c^ne d'Estry. — *Planqueria*, 1248 (ch. d'Ardennes, n° 190).

PLANQUERY, c^on de Balleroy. — *Plancherium*, 1162 (bulle pour le Plessis-Grimoult). — *Plancré*, 1248 (ch. d'Ardennes, n° 190, p. 722). — *Planquerey*, 1290 (censier de Saint-Vigor, n° 152). — *Planqueré*, 1307 (domaine des Templiers de Caen, p. 722). — *Planquery*, 1418 (rôles de Bréquigny, n° 132, p. 20). — *Blanquery*, 1467 (arch. nat. P. 272, n° 227). — *Planquerie*, 1476 (ch. du Plessis-Grimoult). — *Plancri*, 1477 (magni rotuli, p. 279, n° 2). — *Plancry*, 1540 (Grands jours de Bayeux).

Par. de Saint-André, prieuré-cure; patr. le prieur du Plessis-Grimoult. Dioc. de Bayeux, doy. de Thorigny. Génér. de Caen, élect. de Bayeux, sergent. de Briquessart.

Le fief de *Lignerolles* dont le siège était assis à Planquery et le fief *Loisel* relevaient de la vicomté et châtellenie de Bayeux et ressortissaient à la sergenterie de Briquessart.

PLANQUETTE (LA), h. c^ne de Curcy.

PLANQUETTE (LA), h. c^ne de la Ferrière-Harang.

PLANQUETTES (LES), h. c^ne de Littry.

PLANSONNIÈRE (LA), h. c^ne du Mesnil-Benoît.

PLANT (LE), vill. c^ne de Beaumesnil.

PLANT (LE), f. c^ne de Coulonces.

PLANT (LE), f. c^ne de Noron.

PLANT (LE), h. c^ne de Sainte-Marie-Laumont.

PLATE-BOURSE (LA), vill. c^ne de Saint-Sever.

PLATE-VOIE (LA), h. c^ne de Sully.

PLATIÈRE (LA), h. c^ne de la Bazoque.

PLATIÈRE (LA), h. c^ne de la Ferrière-Harang.

PLATRIÈRE (LA), h. c^ne de Litteau. — *La Platière*, 1848 (Simon).

PLAUMANDIÈRE (LA), h. c^ne de Lassy.

PLÈCHE (LA), q. c^ne de Carpiquet.

PLÉCHIER (LA), h. c^ne de Lion-sur-Mer.

PLEIN-CHÊNE (LE GRAND et LE PETIT-), f. c^ne de Saint-Gatien.

PLEINES-ŒUVRES, c^on de Saint-Sever. — *Plana Silva*, XIIe s^e (cart. norm. n° 508, p. 91, note). — *Plana Sylva*, 1182 (ch. de Savigny, arch. de Mortain). — *Plena Sylva*, XIVe s^e (taxat. dec. dioc. Baioc.).

— *Plaines-Œuvres*, 1637 (aveux de la vicomté de Bayeux).

Par. de Saint-Pierre, patr. l'abbé de Savigny. Dioc. de Bayeux, doy. de Thorigny. Général. de Caen, élect. de Saint-Lô, sergent. de Thorigny. — Le nom de cette commune devrait s'écrire PLEINE-SEUVE.

PLEIN-GRUCHET (LE), h. c^ne de Goustranville.

PLESSIÈRE (LA), h. c^ne de Curcy.

PLESSE (LA), f. c^ne de Saint-Germain-de-Montgommery.

PLESSEY (LE), h. c^ne de Truttemer-le-Petit.

PLESSIS (LE), h. c^ne de Courson.

PLESSIS (LE), h. c^ne de Lisores.

PLESSIS (LE), h. c^ne du Mesnil-Mauger.

PLESSIS (LE), h. c^ne de Noron (Falaise).

PLESSIS (LE), m^in, c^ne de Saint-Martin-des-Besaces.

PLESSIS-GRIMOULT (LE), c^on d'Aunay-sur-Odon. — *Plesseium Grimoldi*, 1135 (ch. de Saint-Étienne). — *Plaussicium*, 1154 (ibid.). — *Pleissez*, v. 1160 (Wace, rom. de Rou). — *Plaisseiz*, *Plessais*, v. 1180 (Benoit de Sainte-More). — *Plesseye-Grimold*, 1184 (livre noir de Bayeux). — *Plessicium*, 1190 (ch. de Saint-Étienne). — *Plesseium Grimouldi*, 1277 (cart. norm. n° 904, p. 208). — *Plessicium Grimouldi*, 1294 (charte du Plessis-Grimoult). — *Plesseys-Grimoult*, 1460 (dénomb. de l'évêché de Bayeux). — *Plessays-Grimoul*, 1476 (dénomb. du Plessis-Grimoult). — *Plessis-Grimou*, 1675 (carte de Petite).

Par. de Saint-Étienne, patr. le prieur du Plessis-Grimoult. Chapelles de Sainte-Marie et de Saint-Nicolas; léproserie de Saint-Nicolas appartenant au prieuré du Plessis-Grimoult. Dioc. de Bayeux, doy. de Vire. Génér. de Caen, élect. de Vire, sergent. de Saint-Jean-le-Blanc.

La baronnie du Plessis-Grimoult faisait partie du domaine de l'év. de Bayeux. Elle fut érigée avec haute justice en 1477, par Louis XI. Les fiefs et seigneuries qui relevaient de la baronnie étaient : le fief et seigneurie de Lénault; deux franches sergenteries à Saint-Jean-le-Blanc; le fief de Pontécoulant; le fief *Beauchesne*, *Bella Quercus*, 1474 (ch. du Plessis-Grimoult); le fief *Quesnel* à Saint-Jean-le-Blanc; les fiefs de Courvaudon et de Périgny; trois fiefs à Lassy; les fiefs de *Brou* et du *Pont* à Lassy; le fief *Bigot* à Savenay; une franche vavassorie à Livry; le fief de Saint-Vigor-des-Mézerets, 1460 (tempor. de l'év. de Bayeux); le fief de Longvillers s'étendant à Bonnemaison et relevant du duché d'Harcourt.

Le prieuré de Saint-Étienne du Plessis-Grimoult, prieuré de chanoines réguliers de l'ordre de Saint-

Augustin, avait été fondé en 1071; il fut dédié en 1131, par Richard de Douvre, évêque de Bayeux.

Les religieux du Plessis-Grimoult possédaient, comme bénéfices réguliers gouvernés par eux, les églises de Saint-Étienne du Plessis-Grimoult, de Saint-Jean-le-Blanc, Sainte-Marie d'Yvrande (la Délivrande), Saint-Christophe d'Anfernet, Saint-Michel de Montsecret, Saint-Paterne de Buays, Saint-Martin de Truttemer, Saint-Martin de Roullours, Sainte-Marie de Carville, Saint-Vigor-des-Mézerets, Sainte-Marie de la Cambe, Saint-André de Lingèvres, Saint-Germain d'Elle, Sainte-Marie des Noyers, Saint-Martin de Rosel, Saint-Martin de Colombelles, Saint-Martin de Fontaine-Étoupefour, Saint-Lô de Bretteville-le-Rabel, Sainte-Marie de Feuguerolles, Saint-Martin de Savenay, Saint-Martin du Feugueray, Saint-Amand de Maisoncelles-sur-Ajon.

Les bénéfices séculiers dépendant du même prieuré étaient : les églises de Saint-Pierre de Campandré, Saint-Samson de Montchauvet, Saint-Georges de Chênedollé, Saint-Gerbold de Bernières, Saint-Julien de Périgny, Saint-Samson d'Arclais, Saint-Denis de Mondreville, Sainte-Marie de Bully, Campeaux, Estry, Saint-Pierre de Beauchêne, Saint-Christophe d'Anfernet, Saint-Aubin de Montbray à Proussy, Saint-Quentin des Cardonnets, Sainte-Marie de Cauville, Saint-Paterne de Ger, Saint-Martin de Bonnemaison, Sainte-Honorine-la-Chardonne, Saint Michel de Montsecret.

Ils possédaient des propriétés ou des rentes dans un grand nombre de paroisses, telles que : Arclais, Bussy, Campeaux, Carville, la Cambe, Cauville, Chênedollé, Culey-le-Patry, Crespigny, Curcy-la-Malfillastre, Donnay, Esson, Estry, Lacy, Campandré, la Ferrière, Saint-Lambert, Harang, la Roque, la Vieille, Bayeux, Isigny, la Graverie, Lénault, Montchamp, Montchauvet, les Mézerets, Saint-Martin-de-Tallevende, Ondefontaine, Périgny, Planquery, Roucamp, Saint-Jean-le-Blanc, Saint-Martin-de-Sallen, Saint-Lambert, Souleuvres, etc. (résumé du cartulaire du Plessis-Grimoult, arch. du Calvados, 3 vol. in-fol.).

Plessis-Rots (Le), h. c^ne de Saint-Martin-de-Sallen.

Pleure (La), h. c^ne de Roques.

Pleure (Le Bois de la), c^ne de Roques.

Pley (Le), h. c^ne de Deux-Jumeaux.

Pley (Les), h. c^ne de Quesnay-Guesnon.

Plichons (Les), h. c^ne de Clarbec.

Plichons (Les), forges, c^ne de Formentin.

Plissonnière (La), h. c^ne du Tourneur.

Plomb, fief de Livry, 1710 (fiefs de la vicomté de Caen).

Plouinière (La), h. c^ne de Fervaques.

Plouinière (La), h. c^ne de Notre-Damé-de-Courson.

Plumaudière (La), h. c^ne de Lassy.

Plumaudière (La), h. c^ne de Montchauvet.

Plumetières (Les), h. c^ne de Meulles.

Plumetot, c^on de Douvre. — *Mons de Cachi in parrochia de Plumetot*, 1224 (ch. de l'abbaye de Barbery, 254).

Par. de Saint-Samson, patr. l'évêque de Lisieux. Dioc. de Bayeux, doy. de Douvre. Génér. et élect. de Caen, sergent. d'Ouistreham.

Pluquet, m^in, c^ne d'Acqueville.

Pluyère ou Pluvière (La), nom d'une prébende de l'év. de Lisieux sur la par. d'Ouilly-le-Vicomte. — *Peluveria*, xive s^e; *Peluerya*, xvi s^e (pouillé de Lisieux, p. 18). — Cette prébende consistait en un pré sur Ouilly-le-Vicomte avec le patronage de la paroisse de Roques avec haute, moyenne et basse justice.

Poignant, q. c^ne de Pontfol.

Poildoue, fief de la bar. de Saint-Vigor, sis à Agy, 1475 (temp. de l'év. de Bayeux).

Poily, h. c^ne de Pont-Farcy. — *Poilie*, 1234 (lib. rub. Troarn. p. 47). — *Polleyum*, 1250 (par. lib. rub. p. 28).

Point-du-Jour (Le), h. c^ne de Luc.

Point-du-Jour (Le), h. c^ne de Saint-Germain-de-Tallevende.

Pointe (La), m^on isolée, c^ne de Saint-Germain-du-Crioult.

Pointe de Cabourg (La), promontoire de la côte à Cabourg.

Pointe de la Cahotte (La), promontoire de la côte à Trouville.

Pointe et Raz de la Percée (La), arrond. de Bayeux.

Pointe de Villerville (La), promontoire de la côte à Villerville.

Pointe du Château d'Englesqueville (La), promontoire de la côte à Englesqueville (Bayeux).

Pointe du Hoc ou du Hoc (La), promontoire formant un petit golfe avec les roches de Grand-Camp.

Pointe du Siège (La), promontoire de la côte à Ouistreham.

Pointrel, h. c^ne de Magny-le-Freule.

Poire (La), h. c^ne d'Allemagne.

Poirier (Le), h. c^ne réunie à Frénouville en 1827. — *Villa quæ dicitur Pirus*, 1082 (cart. de la Trinité). — *Ecclesia Sancte Marie de Piro*, 1150 (cart. de Troarn; p. 53). — *Le Pérer*, 1170 (*ibid.* p. 54). — *Pireium*, 1175 (ch. de Saint-André-en-Gouffern, 8).

Par. de Notre-Dame, patr. l'abbé de Troarn,

Dioc. de Bayeux, doy. de Vaucelles. Génér. et élect.
de Caen, sergent. du Verfier.

Poirier (Le), h. c^ne de Fervaques. — *Poirier-Caillot,*
1723 (d'Anville, dioc. de Lisieux).

Poirier (Le), h. c^ne de Fresney-le-Puceux.

Poirier (Le), h. c^ne de la Graverie.

Poirier (Le), h. c^ne de Hamars.

Poirier (Le), h. c^ne de Pleines-OEuvres.

Poirier (Le), h. c^ne de Pont-Bellenger.

Poiriers (Les), h. c^ne de Lénault.

Poiriers (Les), vill. c^ne de Saint-Philbert-des-Champs.

Poiriers (Les), h. c^no de la Villette.

Poisserie (La), h. c^ne du Mesnil-Mauger.

Poissonnerie (La), q. c^ne de Trouville.

Poissonnière (La), h. c^ne de Condé-sur-Noireau.

Poix, h. c^ne de Grandcamp.

Polha (La), h. c^ne du Gast.

Polinerie (La), h. c^ne de Saint-Denis-de-Mailloc.

Polins (Les), h. c^ne de Saint-Pierre-des-Ifs.

Pollins (Les), h. c^ne d'Ouilly-le-Vicomte.

Pollins-Bretons (Les), h. c^ne d'Ouilly-le-Vicomte.

Pollot-à-Gallis, vill. c^ne de Saint-Paul-du-Vernay.

Pomme (La), chât. et f. c^ne du Pin.

Pommeraie (La'), h. c^ne de Saint-Ouen-des-Besaces.

Pommerais (Les), h. c^ne de Prêtreville.

Pommeray (Le), h. c^ne d'Ouilly-du-Houlley. — *Pommerai,* 1848 (Simon).

Pommeray (Le), h. c^ne de Saint-Germain-du-Pert.

Pommeraye (La), c^on de Thury-Harcourt. — *Pomeria,*
1180 (magni rotuli, p. 37, 2). — *Pommereia,*
1198 (*ibid.* p. 31, 2). — *Pommeray,* 1204
(*ibid.* p. 102, 2).

    Par. de Notre-Dame, patr. l'abbé du Val. Chapelle
de Saint-Clair, *Sanctus Clarus de Pommeria,* 1356
(livre pelut de Bayeux), dépendant de la même
abbaye. Réunie pour le culte à Cossesseville. Dioc. de
Bayeux, doy. de Cinglais. Génér. d'Alençon, élect.
de Falaise, sergenterie de Thury. — Château
Ganne.

Pommeraye (La), vill. c^ne de Saint-Désir-de-Lisieux.
— *Pomeria,* xive s^e; *Pommerya,* xvie s^e (pouillé de
Lisieux, p. 22). — *Pommerée* (titres de la baronnie
de Tournebu, antiq. de Norm. t. XXVI).

    Par. de Saint-Laurent, patr. le chanoine de Saint-
Pierre-Azif; ancienne annexe de Saint-Désir-de-Lisieux; prébende avec haute justice appartenant à
l'écolâtre de Lisieux. Dioc. de Lisieux, doy. et banlieue de la ville. Génér. d'Alençon, élect. et sergent.
de Lisieux.

Pommeraye (La), h. c^ne d'Auquainville.

Pommerayes (Les), h. c^ne de Manerbe.

Pommereux (Les), h. c^ne de Jurques.

Pommerey (Le), h. c^ne de Firfol. — *Les Pommerayes,*
1848 (Simon).

Pommiers (Les), h. c^ne de Baron.

Poncel (Le), h. c^ne de Clécy. — *Poncel super chémi-
num Sancti Clementis,* xiiie s^e (cartul. de Saint-
André-en-Gouffern, p. 120).

Poncel (Le), h. c^ne de Courson.

Poncel (Le), h. c^ne de Saint-André-de-Fontenay. —
Poncellus, 1082 (cart. de la Trinité).

Poncel (Le), h. c^ne de Saint-Germain-de-Tallevende.

Ponchain (Le), h. c^ne d'Agy. — *Ponché,* 1848 (Simon).

Ponchet (Le), h. c^ne de Noron (Bayeux). — *Ponché,*
1848 (Simon).

Ponchet (Le), h. c^ne de Saint-Martin-des-Entrées.

Ponière (La), h. c^ne de Cerqueux.

Pont, c^ne réunie à Vendœuvre en 1830. — Quart de
fief en la paroisse de Pont, nommé *le fief du Pont,*
mouvant de la châtellenie ou vicomté de Falaise et
ressortissant à la sergenterie de Jumel; tenu par
Robert Le Héricy en 1586. On trouvait aussi le
fief au Picard dans la même paroisse.

Pont (Le), h. c^ne de Branville.

Pont (Le), h. c^ne de Cahagnes.

Pont (Le), h. c^no de Canchy.

Pont (Le), h. c^ne de Cormolain.

Pont (Le), h. c^ne de Culey-le-Patry.

Pont (Le), h. c^ne de Juvigny.

Pont (Le), fief assis à Lassy, relevant de la baronnie
du Plessis-Grimoult, 1460 (temporel de l'évêché de
Bayeux).

Pont (Le), f. c^ne de Longvillers.

Pont (Le), h. c^ne de Malloué.

Pont (Le), h. c^ne de Noron (Falaise).

Pont (Le), h. c^ne d'Ouistreham.

Pont (Le), h. c^ne de Pleines-OEuvres.

Pont (Le), chât. c^ne de Vendeuvre.

Pont-à-la-Guillette (Le), vill. c^ne de Bucéels.

Pont-à-la-Housse (Le), h. c^ne de Fresney-le-Puceux.

Pont-à-la-Mousse (Le), h. c^ne de Culey-le-Patry.

Pont-à-la-Mousse (Le), h. c^no de Saint-Remy.

Pont-à-l'Écrivain (Le), h. c^ne de Montchamps.

Pontalery, c^ne réunie au Mesnil-Durand en 1826. —
Pont Alerie, 1320 (rôles de la vicomté d'Orbec).
— *Pont Talery,* 1723 (d'Anville, dioc. de Lisieux).
— *Pontallery,* 1848 (Simon).

    Par. de Saint-Vigor, patr. le seigneur. Dioc. de
Lisieux, doy. de Livarot. Génér. d'Alençon, élect. de
Lisieux, sergent. d'Orbec. — Fief *Colombe,* relevant
de la vicomté d'Orbec.

Pont-Allain (Le), m^in, c^ne de Truttemer-le-Grand.

Pontallier (Le), h. c^ne d'Estry. — *Pont-Allière,* 1847
(stat. post.).

Pont-Asselin (Le), h. c^ne de Pontécoulant.

Pont-au-Bigot (Le), h. c^ne de Courtonne-la-Meurdrac.

Pont-au-Lièvre (Le), c^ne de Clinchamps (Vire).

Pont-au-Rat (Le), h. c^ne de Roullours.

Pont-au-Royer (Le), h. c^ne de Saint-Martin-des-Besaces.

Pont-aux-Moulins (Le), nom d'une rivière de Lisieux, 1350 (dominicains de Lisieux, n° 13).

Pont-aux-Pisquets (Le), h.. c^ne d'Hottot.

Pont-aux-Retours (Le), h. c^ne de Maisoncelles-la-Jourdan.

Pont-aux-Retours (Le), h. c^ne de Roullours.

Pont-aux-Royers (Le), h. c^ne de Saint-Martin-des-Besaces.

Pont-Bellenger, c^on de Saint-Sever. — *Pons Berengarii*, 1203 (magni rotuli, p. 93). — *Pons Bellengërü*, 1278 (livre noir de Coutances). — *Pont Bellanger*, xviiie s° (Cassini).

Par. de Saint-Michel, patr. le seigneur du lieu; anciennement dépendant de Saint-Martin-Don. Dioc. de Coutances, doy. de Montbray. Généralité de Caen, élection de Vire, sergenterie de Pont-Farcy.

Pont-Bénard (Le), h. c^ne d'Isigny.

Pont-Bénard (Le), vill. c^ne de Neuilly.

Pont-Bénard (Le), h. c^ne de Vouilly.

Pont-Breton (Le), h. c^ne de Vassy, 1232 (ch. de l'abb. d'Aunay, n° 107).

Pont-Bunel (Le), h. c^ne de Saint-Sever.

Pont-Corbillon (Le), à Troarn. — *Pons Corbeillon*, 1320 (lib. rub. Troarn. n° 79).

Pont-de-Baynes (Le), h. c^ne de Baynes.

Pont-de-Bray (Le), h. c^ne de Glos.

Pont-Couvère (Le), c^ne de Hennequeville.

Pont-de-Catheole (Le), h. c^ne de Saint-Pierre-Tarentaine.

Pont-de-Condé (Le), h. c^ne de Condé-sur-Seulle.

Pont-de-Coucy (Le), h. c^ne de Saint-Charles-de-Percy.

Pont-de-Crouay (Le), c^ne de Crouay.

Pont-de-Danestal (Le), en la paroisse de Saint-Pierre de Caen, 1296 (ch. de la Trinité, n° 325).

Pont-de-Dive (Le), c^ne de Thiéville.

Pont-de-Feuguerolles (Le), h. c^ne de Feuguerolles.

Pont-de-Feuguerolles (Le), h. c^ne de Sermentot.

Pont-de-France (Le), h. c^ne de Brucourt.

Pont-de-Fresney (Le), c^ne de Fresney-le-Puceux.

Pont-de-Glos (Le), c^ne de Glos.

Pont-de-Janville (Le), c^ne de Janville.

Pont-de-Jort (Le), c^ne de Jort.

Pont-de-Juvigny (Le), h. c^ne de Juvigny.

Pont-de-Juvigny (Le), h. c^ne de Tilly-sur-Seulle.

Pont-de-la-Baize (Le), h. c^ne de Cordey.

Pont-de-la-Barre (Le), h. c^ne d'Aignerville.

Pont-de-la-Barre (Le), h. c^ne de Trévières.

Pont-de-la-Cour (Le), f. c^ne de Saint-Charles-de-Percy.

Pont-de-la-Dorette (Le), c^ne du Ham.

Pont-de-la-Dorette (Le), q. c^ne de Hottot.

Pont-de-la-Lande (Le), h. c^ne du Theil.

Pont-de-Landes (Le), h. c^ne de Landes.

Pont-de-la-Ramée (Le), h. c^ne de Janville.

Pont-de-l'Égout (Le), h. c^ne de Troarn. — *Pons du Dégotail*, 1234 (lib. rub. Troarn. n° 79).

Pont-de-Littry (Le), h. c^ne du Mesnil-Bacley.

Pont-de-Livarot (Le), h. c^ne du Mesnil-Bacley.

Pont-Delouey (Le), h. c^ne de Bény-Bocage.

Pont-Delouey (Le), h. c^ne de Saint-Charles-de-Percy.

Pont-de-Paivre (Le), h. c^ne du Reculey.

Pont-de-Piesse (Le), h. c^ne du Plessis-Grimoult.

Pont-de-Saint-Pierre (Le), h. c^ne du Plessis-Grimoult.

Pont-des-Forges (Le), h. c^ne de Saint-Denis-Maisoncelles.

Pont-de-Subles (Le), h. c^ne d'Agy.

Pont-des-Verres (Le), h. c^ne du Mesnil-Villement.

Pont-de-Touchet (Le), h. c^ne de Fresney-le-Puceux.

Pont-de-Tourville (Le), h. c^ne de Tourville.

Pont-de-Vaudry (Le), vill. c^ne de Vaudry.

Pont-de-Villers (Le), h. c^ne de Glos.

Pont-de-Villy (Le), c^ne de Fresné-la-Mère.

Pont-de-Villy (Le), h. c^ne de Villy (Falaise).

Pont-d'Hiaulne (Le), h. c^ne de Guéron.

Pont-d'Hiaulne (Le), h. c^ne de Monceaux.

Pont-Dillaye (Le), h. c^ne de Cahagnolles.

Pont-d'Ouilly, vill. c^ne d'Ouilly-le-Basset.

Pont-d'Ouilly, h. c^ne de Saint-Marc-d'Ouilly. — *Pons de Oilielo*, 1125 (ch. de l'abb. du Val). — *Pont d'Oilli, d'Oillie* (magni rotuli, p. 44). — *Pons d'Oylly*, 1203 (*ibid.*). — *Ecclesia de Ponte Oilei*, 1250 (ch. de Fontenay, n° 169). — *Pons de Oillio*, 1273 (ch. de l'abb. du Val). — *Pons Oillei*, 1277 (ch. de Sainte-Barbe, n° 221). — *Pont d'Ouillie*, 1320 (parv. lib. rub. Troarn. n° 29). — *Pont d'Olly*, 1667 (carte de Samson).

Pont du Chêne (Le), sur la Vie, h. c^ne de Lessard-et-le-Chêne.

Pont-du-Font (Le), c^ne de Troarn, 1310 (chemins et sentiers de Troarn).

Pont-du-Grand-Marais (Le), q. c^ne de Hottot (Pont-l'Évêque).

Pont du Ham (Le), sur la Dive, c^ne du Ham.

Pont-du-Locheur (Le), c^ne du Locheur.

Pont-du-Mesnil (Le), h. c^ne de la Graverie.

Pont-Éclair, h. vavassorie, c^ne de Campagnolles.

Pontécoulant, c^on de Condé-sur-Noireau. — *Pons Es-*

coullandi, xi° s° (enquête, archives de Bayeux).— *Pons Escollent*, 1202 (ch. d'Aunay). — *Pont Escoulant*, 1710 (carte de de Fer)..

Par. de Saint-Michel, patr. le seigneur. Dioc. de Bayeux, doy. de Vire. Génér. de Caen, élect. de Vire, sergent. de Saint-Jean-le-Blanc.

Deux fiefs de chevalier, celui de Pontécoulant et celui de *Pont-Plan*, relevant de la bar. du Plessis-Grimoult, ont été réunis en un fief de haubert en 1613.

Pontécoulant, h. c°° de Proussy.

Pontellière (La), h. c°° de Campagnolles.

Pont-Érembourg, h. c°° de Saint-Denis-de-Méré. — *Pons Erenborc*, 1108 (magni rotuli, p. 102, 2). — *Pont Elembourg*, 1610 (carte de Blaeu).

Ce hameau, nommé par les habitants Pont-Calembourg, appartient à la fois à la commune de Saint-Pierre-du-Regard (Orne) et à celle de Saint-Denis-de-Méré (Calvados).

Pont-Esnault (Le), h. c°° de Montchamp.

Pont-Esnault (Le), h. c°° de Saint-Julien-sur-Calonne.

Pont-Esnault (Le), h. c°° de Surville.

Pont-ès-Véel (Le), h. c°° de Villers-Canivet.

Pont-Farcy, c°° de Saint-Sever. — *Pons Falsi*, 1278 (livre noir de Coutances). — *Pons Farsin*, 1673 (livre blanc de Coutances).

Patr. de Saint-Jean-Baptiste, patr. le seigneur. Dioc. de Coutances, doy. de Montbray. Génér. de Caen, élect. de Vire, sergent. de Pont-Farcy.

Pont-Farcy était le siège d'une sergenterie noble, quart de fief s'étendant à Pont-Farcy, Étouvy, Sainte-Marie-Laumont, Saint-Éloy-Don, Annebecq, Sainte-Marie-outre-l'Eau, Saint-Vigor-des-Monts, Sainte-Marie-des-Monts, Landelle, Beaumesnil, Coupigny, Mesnil-Robert, Mesnil-Benoît, Cahagnolles, Pont-Bellenger, sur la baronnie de Gouvets, à Margray, sur la baronnie de Montbray, à Thorigny, Sainte-Fragnière et Beslon, 1615 (aveux de la vicomté de Vire).

Pont-Féron (Le), h. c°° de Neuville.

Pontfol, c°° réunie en 1858 en partie à Victot, sous le nom de Victot-Pontfol, et en partie aux Authieux-sur-Corbon. — *Ponsfol, Ponsfol*, 1297 (ch. de Sainte-Barbe). — *Ponsfolli, Pons Stulti*, 1291 (ch. citée dans le pouillé de Lisieux, p. 49, note).— *Pontfol*, 1300 (*ibid.* n° 34). — *Puntfol*, xiv° s° (*ibid.*). — *Ponfou*, 1716 (carte de de l'Isle). — *Pontfort*, 1723 (d'Anville, dioc. de Lisieux).

Par. de Saint-Martin, patr. le prieur de Sainte-Barbe. Dioc. de Lisieux, doy. de Beuvron. Génér. de Rouen, élect. de Pont-l'Évêque, sergent. de Cambremer.

Fief de *la Planche*, relevant de la bar. de Cambremer, 1620 (fiefs de la vicomté d'Auge). — Manoir de la Vigagnerie (*ibid.*).

Pont-Foucard (Le), f. c°° de Beaulieu.

Pont-Foucard (Le), h. c°° du Désert.

Pont-Fradel (Le), h. c°° d'Aignerville.

Pont-Gabin (Le), h. c°° d'Englesqueville (Bayeux).

Pont-Galot (Le), h. c°° de la Bazoque.

Pont-Harson (Le), h. c°° de Vassy.

Pont-Hébert (Le), h. c°° de Cormolain.

Pont-Hébert (Le), h. c°° du Mesnil-Germain.

Pont-Huppelin (Le), f. c°° de Coulonces.

Pontieu (Le), f. c°° d'Osmanville.

Pontif (Le), h. c°° de Coquainvilliers.

Pontirie (La), h. c°° de Blay.

Pont-Jacquet (Le), h. c°° de Saint-Martin-des-Besaces.

Pont Jalon (Le), sur l'Odon, c°° de Mouen.

Pont-Jourdain (Le), h. c°° de Saint-Paul-du-Vernay.

Pont-Jourdain (Le), h. c°° de Torteval.

Pont-l'Abbétour (Le), h. c°° du Fresne-Camilly.

Pont-la-Haye (Le), h. c°° d'Annebecq.

Pont-la-Haye (Le), h. c°° de Saint-Sever.

Pont-l'Évêque, chef-lieu d'arrondissement. La commune de Pont-l'Évêque s'est accrue, en 1869, d'une partie du territoire de Launay-sur-Corbon. — *Pons Episcopi*, xii° s° (Orderic Vital, t. II, l. v, p. 309). — *Pont le Vesque*, 1297 (enquête).

Par. de Saint-Michel, patr. le chapitre de Cléry. Dioc. de Lisieux, doy. de Beaumont. Génér. de Rouen. Chef-lieu d'une élection, d'un bailliage et d'une maîtrise des eaux et forêts.

L'élection de Pont-l'Évêque, appartenant à la généralité de Rouen, embrassait les sergenteries d'Aragon, Beaumont, Beuvron, Bonneville, Canapville, Cambremer, Dive, Honfleur, Pont-l'Évêque, Saint-Julien le-Faucon, Saint-Julien-sur-Calonne et -Touque.

Le fief de *la Hunière* et le fief de *Bretheville* relevaient de la vicomté de Pont-l'Évêque. Autre fief nommé le *Hamel-Solier* (martologe de Tourgéville).

En vertu de la loi du 5 février 1790, le district de Pont-l'Évêque fut formé des cantons de Dive, Touque, Bonnebosq, Pont-l'Évêque, Beaumont.

Pont-Martin (Le), f. c°° de Coulonces.

Pont-Morin (Le), h. c°° de Saint-Aubin-des-Bois.

Pont-Mulot (Le), h. c°° de Livry.

Pont-Mulot (Le), h. c°° de Parfouru-l'Éclin.

Pont-Mulot (Le), h. c°° de Torteval.

Pont-Neuf (Le), h. c°° de Heurtevent.

Pont-Noë (Le), h. c°° de Neuilly-le-Malherbe.

Pont-Normand (Le), h. c°° de Cartigny-l'Épinay.

Pont-Normand (Chemin du), q. c^ne de Sainte-Marguerite-d'Elle.

Pont-Olin (Le), h. c^ne de Mittois.

Pont-Pâtu (Le), q. c^ne de Maisons.

Pont-Percé (Le), h. c^ne de Saint-Martin-Don.

Pont-Prieur (Le), h. c^ne de Cahagnes.

Pont-Rats (Le), h. c^ne de Formigny.

Pontrelière (La), fief ou vavassorie noble à Campagnolles, 1697 (av. de la vicomté de Vire).

Pont-Roch (Le), vill. et f. c^ne d'Audrieu.

Pont-Roch (Le), h. c^ne de Barbeville.

Pont-Roger (Le), h. c^ne. de Sainte-Marguerite-de-Viette.

Pont-Romain (Le), h. c^ne de Pont-Farcy.

Pont-Saint-André (Le), h. c^ne de Feuguerolles-sur-Seulle.

Pont-Saint-Roch (Le), h. c^ne de Bucéels. — Pont-Roc, 1848 (état-major).

Pont-Saint-Roch (Le), h. c^ne de Ranchy.

Pont-Saint-Roch (Le) ou le Pont-Roch, h. c^ne de Saint-Loup-Hors.

Ponts-aux-Piquets (Les), h. c^ne de Hottot (Bayeux).

Pont-Senots (Les), h. c^ne de Noron (Bayeux).

Pont-Solliers (Le), h. c^ne de Saint-Germain-du-Crioult.

Pont-Ure (Le), h. c^ne de Neuilly-le-Malherbe.

Pont-Vassel (Le), h. c^ne de Maizet.

Pont-Vineux (Le), h. c^ne de Feuguerolles-sur-Orne.

Porc-Pic (Le), h. c^ne de la Graverie.

Porcs (Les), h. c^ne de Clécy.

Poret, h. c^ne de Saint-Ouen-des-Besaces.

Porquet, h. c^ne de la Lande-Vaumont.

Port, h. c^ne de Bénouville. — Port, 1250 (charte d'Aunay).

Port (Ferme du), h. c^ne d'Isigny.

Port (Le), q. c^ne de Ouistreham.

Portaril (Le), h. c^ne de Banneville-la-Campagne.

Porte (La), m^in, c^ne de Clécy.

Porte (La), h. c^ne de Courson.

Porte (La), h. c^ne de Rully.

Porte (La), m^on, c^ne de la Villette.

Porte-au-Berger (La), q. c^ne de Caen, 1418 (rôles de Bréquigny).

Porte-Audry (La), h. c^ne du Bény-Bocage.

Porte-aux-Lièvres (La), h. c^ne de Saint-Benoît-d'Hébertot.

Porte-Belleval (La), h. c^ne de Marolles.

Porte-de-Cotigny (La), h. c^ne de Saint-Sever.

Porte-des-Bissons (La), h. c^ne du Tourneur.

Porte-du-Bosq (La), h. c^ne de Saint-Vigor-des-Mézerets.

Porte-du-Bosq (La), h. c^ne du Vieux-Bourg.

Porte-du-Parc (La), h. c^ne de Neuilly.

Port-en-Bessin, c^on de Ryes. — Portus Piscatorum, 1096 (ch. de réunion de Saint-Vigor à l'abb. de Saint-Bénigne de Dijon). — Porz, v. 1160 (Benoît de Sainte-More). — Port, Portus, 1198 (magni rotuli, p. 4, 2.).

Par. de Saint-André, patr. le chanoine de Bernières; léproserie. Dioc. de Bayeux, doy. des Veys. Génér. de Caen, élect. de Bayeux, sergent. de Tour.

Trois fiefs étaient assis à Port, ceux de Fontenelle, de Létanville et de Commes (fiefs de haubert de l'év. de Bayeux, p. 432).

Porte-Rouge (La), f. c^ne de Saint-Galien.

Portes (Les), h. c^ne de Cahagnolles.

Portes (Les), f. c^ne de Mouen.

Portes (Les), h. c^ne de Nonant.

Portes (Les), h. c^ne de Saint-Ouen-le-Houx.

Portes-des-Bissons (Les), h. c^ne du Reculey.

Porte-Vautier (La), h. c^ne de Saint-Georges-d'Aunay.

Portière (La), h. c^ne de Chênedollé.

Poste (La), f. c^ne d'Amfréville.

Poste (La), h. c^ne de Barneville.

Poste (La), h. c^ne de la Cambe.

Poste (La), h. c^ne de Maisoncelles-Pelvey.

Poste (La), f. c^ne de Mondrainville.

Poste (La), h. c^ne de Tracy-Bocage.

Postel, f. c^ne de Saint-Hymer.

Postellerie (La Haute et la Basse-), h. c^ne de Landelles-et-Coupigny.

Postil (Le), h. c^ne du Plessis-Grimoult. — Posti, 1847 (stat. post.).

Postry (Le), h. c^ne de Roucamp.

Pôt (Le), fief de Billy, 1234 (lib. rub. Troarn. p. 159).

Pôt (Le), vill. c^ne d'Ussy. — Le Post, fief relevant de la baronnie de Thury, 1586 (aveu d'Olivier de Saint-Germain).

Potager (Le), f. c^ne de Saint-Aubin-d'Arquenay.

Poteau (Le), h. c^ne de Mont-Bertrand.

Potellerie (La), h. c^ne d'Annebecq.

Potellerie (La), h. c^ne d'Englesqueville.

Poterie (La), h. c^ne de Bernesq.

Poterie (La), h. c^ne de la Boissière.

Poterie (La), f. c^ne de Castillon.

Poterie (La), m^on, c^ne de Croisilles.

Poterie (La), f. c^ne de Douvre.

Poterie (La), h. c^ne d'Éterville.

Poterie (La), h. c^ne de Manerbe.

Poterie (La), h. c^ne de Montfiquet.

Poterie (La), h. c^ne du Pré-d'Auge. — La Potterie, fief mouvant de la vicomté d'Auge, ressortissant à la sergenterie de Beaumont. — Poteria, 1234 (lib. rub. Troarn. p. 42).

Poterie (La), h. c^ne de Rubercy.

Poterie (La), h. c^ne de Saint-Germain-de-Tallevende. — *Potéreya*, 1189 (magni rotuli, p. 17). — *Poteria* (*ibid.* p. 29).

Poterie (La), h. c^ne de Saint-Martin-de-Blagny.

Poterie (La); h. c^ne de Saint-Martin-de-la-Lieue.

Poterie (La), h. c^ne de Saint-Martin-de-Tallevende.

Poterie (La), h. c^ne de Saint-Michel-de-Livet.

Poterie (La), h. c^ne de Saint-Philbert-des-Champs.

Poterie (La), h. c^ne de Saonnet.

Poterie (La), h. c^ne de Tourgéville.

Poterie (La), h. c^ne de Vassy.

Potiche (La), h. c^ne de Saint-Marc-d'Ouilly.

Potigny, c^on de Falaise (2e division, nord). — *Postingneium*, 1198 (magni rotuli, p. 42). — *Posteigneyum*, 1278 (ch. de Saint-Étienne de Fontenay, n° 150). — *Postigneium;* xiiie s^e (ch. de Saint-André-en-Gouffern).

Par. de Notre-Dame, patr. le seigneur du lieu. Dioc. de Séez, doy. d'Aubigny. Génér. de Caen, élect. de Falaise, sergent. de Tournebu.

La terre et seigneurie de Potigny relevait jadis du comté de Montgommery et plus tard du roi, à cause de la vicomté de Falaise, en suite de la vente faite en 1721 par le comte de Montgommery.

Potirons (Les), vill. c^ne de Saint-Hymer.

Potterie (La), h. c^ne de Clécy. — *Poteria*, 1198 (magni rotuli, p. 69). — *Poterie*, 1848 (Simon).

Potterie (La), h. c^ne de la Croupte. — *Potrie*, 1848 (Simon).

Potterie (La), h. c^ne de Longraye, 1190 (ch. de Saint-Étienne).

Pottier, fief de la baronnie de Vassy, 1680 (av. de la vicomté de Vire).

Pottiers (Les), h. c^ne de Manerbe.

Pottiers (Les), h. c^ne de Montfiquet.

Pouchin, quart de fief relevant de la paroisse de Graye, 1684 (av. de la vicomté de Bayeux).

Pouchinière (La), h. c^ne de Baynes.

Pouclée, vill. c^ne de Clécy.

Poudray (Le), h. c^ne de Sept-Vents.

Poudres-Coq, h. c^ne de Carcagny.

Poudreux (Le), q. c^ne de la Rivière-Saint-Sauveur.

Poudrière (La), f. c^ne de Bricqueville. — *Les Poudrières*, 1847 (stat. post.).

Pouettres (Les), h. c^ne d'Annebault.

Pougeais (Le), h. c^ne de Saint-Martin-de-Sallen.

Pouilleux (La), h. c^ne de Vignats.

Pouilly, h. c^ne de Truttemer-le-Petit. — *Poleyum*, 1234; *Polleyum*, 1260 (lib. rub. Troarn. p. 8). — *Pollie*, 1250 (*ibid.* p. 10).

Poulardérie (La), h. c^ne de Neuilly.

Poulardière (La), h. c^ne de Bernesq.

Poulardière (La), h. c^ne de Vassy. — *Poullardière*, 1848 (Simon).

Poule (Rue de la), quart. c^ne de Fontenay-le-Pesnel.

Poule, h. c^ne de Saint-Jean-des-Essartiers.

Poulets (Les), h. c^ne de Baron.

Poulettes (Les), vill. c^ne de Mont-Bertrand.

Pouligny, h. c^ne de Saint-Vigor-le-Grand, fief relevant du prieuré.

Poulin, h. c^ne de Monfréville. — *Poulain*, 1848 (état-major).

Poulinière (La), f. c^ne de la Caine.

Poulinière (La), h. c^ne du Tourneur.

Poulinière (La), h. c^ne de Vassy.

Pouliot (Le), h. c^ne de Montamy. — *Les Pouliots*, 1848 (Simon).

Poultiers (Les), h. c^ne de Saint-Jean-des-Essartiers. — *Poulletiers*, 1847 (stat. post.).

Poupart (Fief au), sis à Robehomme, 1234 (lib. rub. Troarn. p. 133 v°).

Pouplière (La), h. c^ne de Bonnemaison.

Pouplin (Le), h. c^ne de Moyaux.

Pouplin (Le), h. c^ne d'Ouilly-du-Houlley.

Pourie (La), f. c^ne de Brouay.

Pourprains (Les), h. c^ne de Lingèvres.

Pourri, h. c^ne d'Écrammeville.

Poussendre, h. c^ue de Tassilly.

Poussiard (Le), h. c^ne de Monceaux (Bayeux).

Poussinière (La), h. c^ne du Désert.

Poussinière (La), h. c^ne de Mont-Bertrand.

Poussinière (La), h. et f. c^ne de Neuville.

Poussins (Les), h. c^ne de Fresney-le-Puceux.

Poussy ou Poussy-en-Auge, c^on de Bourguébus. — *Polci in Algia*, *Pouceium*, 1145 (lettre de Haymon, publiée par M. L. Delisle). — *Polceium*, v. 1161 (ch. de Saint-Étienne de Caen). — *Polceium in Algia*, 1171 (*ibid.*). — *Puceium*, 1198 (magni rotuli, p. 3,·2). — *Pousseium*, 1198 (*ibid.* p. 89, 2). — *Pouceium*, 1230 (livre blanc de Troarn). — *Pouchie*, 1234 (lib. rub. Troarn. p. 163). — *Poucie*, 1294 (ch. de Barbery). — *Pouchy*, 1371 (assiette de la vicomté de Caen).

Par. de Saint-Vaast ou de Sainte-Marguerite, patr. l'abbé de Barbery; léproserie de Sainte-Croix. Dioc. de Bayeux, doy. de Vaucelles. Génér. et élect. de Caen, sergent. d'Argences.

Un quart de fief était assis à Poussy.

Poutallant (Le), h. c^ne de Truttemer-le-Grand.

Poutelière (La), h. c^ne de Bernières-le-Patry. — *Poutellière*, 1848 (Simon).

Poutellière (La), h. et ancien fief, c^ne de Campagnolles.

POUVERIE (LA), h. c^{ne} de Truttemer-le-Grand. — *Pouvrie*, 1848 (Simon).

PRAIRIE (LA), f. c^{ne} d'Engranville.

PRAIRIE (LA), f. c^{ne} de Grandmesnil.

PRAIRIE (LA), m^{on} isolée, c^{ne} de Norrey (Falaise).

PRAIRIE (LA), h. c^{ne} de Putot.

PRAIRIE (LA), f. c^{ne} de Rubercy.

PRAIRIE (LA), h. c^{ne} de Saint-Martin-des-Besaces.

PRAIRIES-FLEURIOT (LES), f. et éc. c^{ne} de Saint-Jacques.

PRAIRIES-GAUDIN (LES), éc. c^{ne} de Saint-Jacques.

PRAIS, chât. et f. c^{ne} de Saint-Pierre-du-Bû.

PRÉ (LE); fief d'Ouilly-le-Vicomte.

PRÉAUX, c^{on} d'Évrecy. — *Pratelli*, 1082 (cart. de la Trinité). — *Pratelli*, 1198 (magni rotuli, p. 19). — *Préaulx*, 1460 (aveu de Louis d'Harcourt).

Par. de Saint-Sever, patr. le seigneur du lieu. Dioc. de Bayeux, doy. d'Évrecy. Génér. et élect. de Caen; siège d'une sergenterie s'étendant à Préaux, Feuguerolles, Avenay, Sainte-Honorine-du-Fay, Ouffières, Saint-Martin-de-Sallen, Vieux, Maltot, May-sur-Orne, Trois-Monts, Curcy-la-Malfillastre, Saint-Benin, Hamars, la Caine, May-sur-Orne, Goupillières, Bully, Fierville.

Plein fief de haubert relevant du duché d'Harcourt. — Seigneurie avec haute justice; autre fief de haubert relevant de la baronnie de Douvre à l'évêque de Bayeux, 1453 (av. de Jean Le Héricy). Un quart de fief sis en la paroisse de Basly 1677 (aveux de la vicomté de Caen).

PRÉAUX, c^{on} d'Orbec. — *Saint-Fabiane et Saint-Sébastien de Préaux*, 1290 (ch. de Friardel). — *Pratelli*, xive siècle (pouillé de Lisieux, p. 37). — *Les Preaulx*, 1435 (dom. de Troarn, 19). — *Preaux* (fief de Saint-Laurent), 1720 (fiefs de la vicomté de Caen).

Par. de Saint-Sébastien, patr. le seigneur du lieu; réunie pour le culte à Meulles. Dioc. de Lisieux, doy. d'Orbec. Génér. d'Alençon, élect. de Lisieux, sergent. d'Orbec.

La sergenterie de Préaux comprenait les paroisses suivantes : la Caine, Vieux, Saint-Germain-de-Sallen, Curcy-la-Malfillastre, Trois-Monts, May, Goupillières, Ouffières, Hamars, Bully, Feuguerolles, Maltot, Maizet, Avenay, Sainte-Honorine-du-Fay.

PRÉAUX (LES), f. c^{ne} de la Brévière.

PRÉAUX (LES), f. c^{ne} de Saint-Vaast.

PRÉAUX, h. c^{ne} de Villy-Bocage.

PRÉ-BARON (LE), h. c^{ne} de Touffréville.

PRÉCAIRE, fief de la paroisse de Guillerville.

PRÉ-COBBEL (LE), h. c^{ne} de Montchamp.

PRÉDANTIÈRE (LA); h. c^{ne} de Sept-Vents.

PRÉ-D'AUGE (LE), c^{on} de Lisieux (2e section). — *Pratum Algiæ*, xive s^e (taxatio decimarum diocesis Baiocensis).

Par. de Saint-Ouen, patr. l'abbé du Val-Richer. Dioc. de Bayeux (exemption de Cambremer). Génér. de Rouen, élect. de Pont-l'Évêque, sergent. de Cambremer.

Fiefs de *l'Épée* et de *Mont-Rosti* mouvant de la vicomté d'Auge (bar. de Cambremer); fief *Tropey* (ainesse). — *La grande et petite Escantonnerie* (*ibid.*). — La terre et seigneurie du Pré-d'Auge fut érigée en comté sous le nom de comté de la Rivière-Pré-d'Auge en faveur de François-Alexandre-Charles de la Rivière, 1736 (ch. des comptes de Rouen, t. III, p. 356).

PRÉ-D'AUGE (LE), affl. de la Touque, à gauche, ruiss. traversant Manerbe et Coquainvilliers.

PRÉ-DE-LA-FIEFFE (LE), h. c^{ne} du Mesnil-Auzouf.

PRÉ-DE-PILES (LE), h. et chât. c^{ne} de Villers-Canivet.

PRÉ-DU-MOULIN (LE), h. c^{ne} de Saint-Martin-de-Fresnay.

PRÉ-GOHIER (LE), h. c^{ne} de Saint-Germain-de-Tallevende.

PRÉ-HABEL (LE), h. c^{ne} de Saint-Martin-de-Fontenay.

PRÉHAYES (LES), h. c^{ne} de Verson.

PRÉ-LE-HOUX, lieu, c^{ne} de Blonville.

PREMIERS-CHÊNES (LES), h. c^{ne} de Saint-Gatien.

PRÉ-NOUVEAU (LE), h. et f. c^{ne} du Bô.

PRÉ-PETIT (LE), h. c^{ne} de Proussy.

PRÉ-ROUSSELIN (LE), h. c^{ne} de Courtonne-la-Meurdrac.

PRÉS (LES), h. c^{ne} de Cahagnes.

PRÉS (LES), h. c^{ne} de Castillon (Lisieux).

PRÉS (LES), h. c^{ne} de Cossesseville.

PRÉS (LES), h. c^{ne} de Courson.

PRÉS (LES), h. c^{ne} de Martigny.

PRÉS (LES), h. c^{ne} d'Orbec.

PRÉS (LES), h. c^{ne} de Placy.

PRÉS (LES), f. et chât. c^{ne} de Ryes.

PRÉS (LES), f. c^{ne} de Truttemer-le-Petit.

PRÉS-BRÉCY (LES), h. c^{ne} de Saint-Gabriel.

PRESBYTÈRE (LE), h. c^{ne} d'Auquainville.

PRESBYTÈRE (LE), h. c^{ne} de Brocottes.

PRESBYTÈRE (LE), m^{on}, c^{ne} de Bures.

PRESBYTÈRE (LE), q. c^{ne} de Campigny.

PRESBYTÈRE (LE), h. c^{ne} de Clinchamps.

PRESBYTÈRE (LE), h. c^{ne} de Cossesseville.

PRESBYTÈRE (LE), h. c^{ne} de Cricqueville.

PRESBYTÈRE (LE), h. c^{ne} d'Écajeul.

PRESBYTÈRE (LE), h. c^{ne} de Feuguerolles-sur-Seulle.

PRESBYTÈRE (LE), h. c^{ne} de Glanville.

PRESBYTÈRE (LE), f. c^{ne} de Gonneville-sur-Dive.

PRESBYTÈRE (LE), h. c^{ne} de la Houblonnière.

PRESBYTÈRE (LE), h. c^{ne} de la Lande-Vaumont.

PRESBYTÈRE (LE), h. c⁰ᵉ de Maisoncelles-la-Jourdan.

PRESBYTÈRE (LE), h. c⁰ᵉ de Manerbe.

PRESBYTÈRE (LE), h. c⁰ᵉ de Manerbe.

PRESBYTÈRE (LE), mᵒⁿ, c⁰ᵉ de Martainville.

PRESBYTÈRE (LE), h. c⁰ᵉ de Meslay.

PRESBYTÈRE (LE), mᵒⁿ, c⁰ᵉ du Mesnil-Benoît.

PRESBYTÈRE (LE), h. c⁰ᵉ du Mesnil-Germain.

PRESBYTÈRE (LE), mᵒⁿ, c⁰ᵉ de Missy.

PRESBYTÈRE (LE), h. c⁰ᵉ de Nonant.

PRESBYTÈRE (LE), h. c⁰ᵉ de Noron.

PRESBYTÈRE (LE), h. c⁰ᵉ de Notre-Dame-de-Fribois.

PRESBYTÈRE (LE), h. c⁰ᵉ d'Osmanville.

PRESBYTÈRE (LE), h. c⁰ᵉ d'Ouilly-le-Vicomte.

PRESBYTÈRE (LE), q. c⁰ᵉ de Parfouru-sur-Odon.

PRESBYTÈRE (LE), h. c⁰ᵉ de Percy.

PRESBYTÈRE (LE), mᵒⁿ isolée, c⁰ᵉ de Périgny.

PRESBYTÈRE (LE), mᵒⁿ, c⁰ᵉ de la Pommeraye.

PRESBYTÈRE (LE), h. c⁰ᵉ de Pont-Bellenger.

PRESBYTÈRE (LE), h. c⁰ᵉ du Reculey.

PRESBYTÈRE (LE), h. c⁰ᵉ de Roullours.

PRESBYTÈRE (LE), h. c⁰ᵉ de Rully.

PRESBYTÈRE (LE), h. c⁰ᵉ de Saint-Hymer.

PRESBYTÈRE (LE), h. c⁰ᵉ de Saint-Martin-de-la-Lieue.

PRESBYTÈRE (LE), h. c⁰ᵉ de Saint-Ouen-des-Besaces.

PRESBYTÈRE (LE), h. c⁰ᵉ de Saint-Pierre-du-Jonquet.

PRESBYTÈRE (LE), mᵒⁿ, c⁰ᵉ de Surville.

PRESBYTÈRE (LE), f. c⁰ᵉ de Tonnencourt.

PRESBYTÈRE (LE), h. c⁰ᵉ du Torquesne.

PRESBYTÈRE (LE), h. c⁰ᵉ de Torteval.

PRESBYTÈRE (LE), h. c⁰ᵉ de Vacognes.

PRESBYTÈRE (LE), q. c⁰ᵉ de Villers-sur-Mer.

PRÉS-CAUVILLE (LES), h. c⁰ᵉ du Plessis-Grimoult.

PRÉS-CLÉVAUX (LES), h. c⁰ᵉ d'Éraines.

PRÉS-D'OISY (LES), h. c⁰ᵉ de Rumesnil.

PRÉS-DU-VAL (LES), f. c⁰ᵉ de Dozulé.

PRÉS-LA-RIVIÈRE (LES), h. c⁰ᵉ des Ifs-sur-Laison.

PRÉS-LE-MONT-PINÇON, h. c⁰ᵉ du Plessis-Grimoult.

PRÉ-SÉMILLY (LE), f. c⁰ᵉ de Périers.

PRESLES, c⁰ⁿ de Vassy. — *Praelliæ*, 1198 (magni rotuli, p. 97, 2). — *Prateriæ*, 1230 (ch. de Troarn). — *Praeriæ*, 1269 (cart. norm. nᵒ 767, p. 174). — *Praesles*, 1613 (aveux de la vicomté de Vire et Condé).

Par. de Notre-Dame, aujourd'hui Saint-Jean-Baptiste; patr. l'abbé de Troarn. Dioc. de Bayeux. Génér. de Caen, élect. de Vire, sergent. du Tourneur.

PRESLES (LES), f. c⁰ᵉ de Cardonville.

PRÈS-LE-VILLAGE, h. c⁰ᵉ de Rosel.

PRÉS-MABON (LES), h. c⁰ᵉ de Neuville.

PRESSOIR (LE), h. c⁰ᵉ de Coulonces.

PRÈS-TONTUIT, h. c⁰ᵉ de Quetteville.

PRÊTRE (LE), h. c⁰ᵉ de Vierville.

PRÊTREVILLE, c⁰ⁿ de Lisieux (2ᵉ section). — *Prestrevilla*, 1256 (cart. norm. nᵒ 556, p. 103). — *Parochia de Prestervilla, alias de Woylleio*, 1293 (pouillé de Lisieux, p. 86). — *Petrivilla*, 1300 (lib. rub. Troarn. p. 168). — *Prestreville*, XIVᵉ siècle; *Presbyteri villa*, XVIᵉ siècle (pouillé de Lisieux, p. 54).

Par. de Saint-Pierre, patr. le seigneur du lieu. Dioc. de Lisieux, doy. de Livarot. Génér. d'Alençon, élect. de Lisieux, sergent. de Moyaux.

Fief de *Prêtreville*, relevant de la vicomté d'Orbec; fief *Chaumey* ou *Chaumy*, 1320. — Fiefs de *Quierville*, du *Coudray* et de *Poix*.

PRÊTREVILLE, f. c⁰ᵉ de Gonneville-sur-Honfleur.

PRÊTREVILLE, mⁱⁿ, c⁰ᵉ de Saint-Germain-de-Livet.

PRÉVALEY, f. c⁰ᵉ de Cricqueville.

PRÉ-VALON, f. c⁰ᵉ de Grandcamp.

PRÉ-VARIN, c⁰ᵉ de Lassy. — *Pré-Varin*, 1477 (cart. du Plessis-Grimoult).

PRÉVOSTIÈRE (LA), h. c⁰ᵉ de Parfouru-l'Éclin. — *Prévôtière*, 1847 (stat. post.).

PRÉVOSTIÈRE (LA), h. c⁰ᵉ de Saint-Georges d'Aunay. — *Prévatière*, 1847 (stat. post.).

PRÉVÔTÉ (LA), h. c⁰ᵉ de la Folletière-Abenon.

PRÉVÔTÉ (LA), h. c⁰ᵉ de Friardel.

PRÉVÔTIÈRE (LA), h. c⁰ᵉ de la Brévière.

PRÉVÔTIÈRE (LA), h. c⁰ᵉ de Meulles.

PRÉVÔTIÈRE (LA), h. c⁰ᵉ de Saint-Aubin-des-Bois.

PRÉVÔTIÈRE (LA), h. c⁰ᵉ de Saint-Germain-de-Tallevende.

PRÉVÔTIÈRE (LA), h. c⁰ᵉ de Saint-Lambert. — *Prévotière*, 1847 (stat. post.).

PRÉVÔTIÈRE (LA), h. c⁰ᵉ de Sept-Frères.

PRÉVÔTS (LES), vavassorie à Ranville, 1487 (aveux de l'abb. d'Aunay).

PRIAUX (LES), h. c⁰ᵉ de Saint-Vaast (Caen).

PRIEURÉ (LE), h. c⁰ᵉ de Bavent.

PRIEURÉ (LE), h. c⁰ᵉ de Bonneville-la-Louvet.

PRIEURÉ (LE), f. c⁰ᵉ de Cagny.

PRIEURÉ (LE), mᵒⁿ, c⁰ᵉ de Cottun.

PRIEURÉ (LE), h. et f. c⁰ᵉ de Culey-le-Patry.

PRIEURÉ (LE), h. et f. c⁰ᵉ de Maisoncelles-la-Jourdan.

PRIEURÉ (LE), h. c⁰ᵉ du Mesnil-Bacley.

PRIEURÉ (LE), mᵒⁿ et usine, c⁰ᵉ de Saint-Pierre-des-Ifs.

PRIEURÉ (LE), f. c⁰ᵉ de la Vespière.

PRIEURÉ-DE-SAINT-LAURENT (LE), f. c⁰ᵉ de Sept-Vents.

PRINCERIE (LA), f. c⁰ᵉ d'Hermival-les-Vaux.

PRISON (LA), h. c⁰ᵉ de Sully.

PROCÈS (LE), h. c⁰ᵉ de Landelles.

PROMENANT, h. c⁰ᵉ de la Bazoque.

PROMENOIR (LE), f. c^ne de Saint-Germain-de-Talle-vende.

PROTHÉIS, h. c^ne de Coulonces. — *Prothie*, 1848 (Simon).

PROUSSY, c^on de Condé-sur-Noireau. — *Proceium*, 1180 (cart. du Plessis-Grimoult). — *Prouceyum, Prou-cye*, 1289 (*ibid.* n° 912). — *Proucy* (aveux d'Harcourt). — *Proucie*, 1476 (cart. du Plessis-Grimoult).

Par. de Notre-Dame, patr. l'abbé de Villers-Canivet. Chapelle de Saint-Aubin Mombray dépendant du prieuré du Plessis-Grimoult. Dioc. de Bayeux, doy. de Condé-sur-Noireau. Génér. de Caen, élect. de Vire, sergent. de Condé.

La terre de Proussy relevait du marquisat de Thury. Le *hameau des Iles*, dans la paroisse de Proussy, relevait de la seigneurie de Mombray et ressortissait à la sergenterie de Saint-Jean-le-Blanc. Le fief de *la Purée* relevait également de Mombray.

PROUX (LE), butte, c^ne du Mesnil-sur-Blangy.

PROVENCE (LA), petit ruiss. qui prend sa source à Crépon, traverse Ver et se jette à la mer à peu de distance d'un monticule auprès duquel se trouvait la chapelle Saint-Gerbold.

PROVERIE (LA), h. c^ne d'Ablon.

PRUNERAIES (LES), h. c^ne de Saint-Ouen-le-Pin.

PUANT (LE), h. et f. c^ne d'Acqueville, fief relevant de la baronnie de Tournebu et ressortissant à la vicomté de Falaise.

PUCELLES (LES), delle du territoire de Caen, 1474 (papier terrier de l'abb. de Saint-Étienne).

PUITS (LE), h. c^ne de Bonnemaison.

PUITS (LE), vill. c^ne de Campigny.

PUITS (LE), h. c^ne de Chouain.

PUITS (LE), h. c^ne d'Étreham.

PUITS (LE), h. c^ne de Sommervieu. — *Villa quæ dicitur Puteus*, 1080 (cart. de la Trinité).

PUITS-D'HÉRODE (LE), h. c^ne de Saint-Côme-de-Fresné.

PUITS-DOUESNEL ou PUITS-DE-L'ÉGLISE (LE), h. c^ne de Carpiquet. — *Puteus*, 1080 (cartulaire de la Trinité). — *Le Puech*, 1183 (*ibid.*).

PUITS-DU-ROI (LE), h. c^ne de Putot (Caen).

PUITS-GROS (LE), h. c^ne de Putot (Caen).

PUITS-POMMIER (LE), h. c^ne de Nonant.

PUNATE (LA), f. c^ne d'Ammeville.

PUNELÉ (LE), h. c^ne des Moutiers-en-Auge.

PURGERIE (LA), h. c^on d'Ondefontaine.

PUTOT, c^on de Dozulé. — *Capella de Putot*, 1190 (ch. de Saint-Étienne). — *Putot-en-Auge*, 1344 (pouillé de Lisieux, p. 49).

Par. de Saint-Pierre, deux cures; patr. le roi, le seigneur du lieu. Dioc. de Lisieux, doy. de Beuvron. Génér. de Rouen, élect. de Pont-l'Évêque, sergent. de Beuvron.

Fief de *l'Arc*, en cette paroisse, mouvant de la vicomté d'Auge (aveu de Jacques d'Harcourt, (Brussel). *Aon*, demi-fief de chevalier, dont le chef, assis à Putot, s'étendait aux paroisses de Goustranville et Dozulé. Fief du *Paon* ou *Mauvoisin*, relevant de la seigneurie de Beuvron. Fiefs de *Quesnay* et de *Livet*, relevant de Bonnebosq; fief au *Valois* ou fief *Bardou*, à Putot, 1620 (fiefs de la vicomté d'Auge).

PUTOT, c^on de Tilly-sur-Seulle, c^ne annexée à Bretteville-l'Orgueilleuse. — *Puto*, 1667 (carte de Le Vasseur).

Par. de la Nativité de Notre-Dame, patr. l'abbé de Saint-Étienne. Chapelle de Saint-Hilaire. Léproserie. Dioc. de Bayeux, doy. de Maltot. Généralité et élection de Caen, sergenterie de Cheux.

Le fief de *Putot* s'étendait à Bretteville-l'Orgueilleuse; huitième de fief nommé *Cœur-de-Blé*, relevant de la vicomté de Caen.

Q

QUAI (LE), h. c^ne de Bonneville.

QUAI (LE), h. c^ne de Pierrefitte.

QUAI-LES-CHAMPS (LE), f. c^ne de Saint-Arnoult.

QUAINDRY, vill. c^ne de Clécy.

QUAIRON, h. c^ne de Vendes.

QUAIS (LES), f. c^ne des Authieux-sur-Calonne.

QUAIZE (LA), h. c^ne de Bretteville-sur-Dive.

QUARANTAINE (LA), h. c^ne de Honfleur.

QUARANTAINES (LES), nom d'un plateau près de Clécy.

QUART (LE), h. c^ne de Boulon.

QUARTERONS (LES), h. c^ne de la Graverie.

QUARTIER-AUX-ANGLAIS (LE), h. c^ne de Lisores.

QUARTIER-DE-BEUVRON (LE), h. c^ne de Putot.

QUARTIER-DE-LA-CROIX-HAUVEL (LE), f. c^ne de Bonneville-la-Louvet.

QUARTIER-DE-L'ÉGLISE (LE), h. c^ne de Bourgeauville.

QUARTIER-DE-L'ÉGLISE (LE), h. c^ne de Cresseveuille.

QUARTIER-DE-L'ÉGLISE (LE), h. c^ne de Glanville.

QUARTIER-DU-BOIS (LE), h. c^ne de Saint-Paul-du-Vernay.

QUARTRÉE (LA), h. c^ne de Saint-Pierre-la-Vieille.

QUATRE-CHEMINÉES (LES), h. c^ne de Canchy.

QUATRE-FRÈRES (LES), h. c^ne de Vignats.

QUATRE-NATIONS (LES), h. c^ne de Colleville-sur-Mer.

QUATRE-NATIONS (LES), h. c^ne de Longraye.

QUATRE-NATIONS (LES), h. c^ne de Pennedepie.

QUATRE-NATIONS (LES), h. c^ne de Sommervieu.

QUATRE-NATIONS (LES), h. c^ne de Sully.

QUATRE-ORMES (LES), h. c^ne de Feuguerolles-sur-Orne.

QUATRE-PUITS, c^ne réunie à Vieux-Fumé en 1831. — *Quatuor Putei*, 1082 (cart. de la Trinité). — *Quatre Piz*, 1371 (visite des forteresses). — *Quatrepuits*, 1586 (papier terrier de Falaise, p. 175).

Par. de Saint-Pair, patr. l'abbé de Saint-Pierre-sur-Dive. Dioc. de Bayeux, doy. de Vaucelles. Génér. d'Alençon, élect. de Falaise, sergent. de Jumel.

QUATRE-ROUTES (LES), q. c^ne d'Annebault.

QUATRE-SONNETTES (LES), f. c^ne de Saint-Jacques.

QUATRE-VENTS (LES), h. c^ne d'Épaney.

QUATRE-VENTS (LES), h. c^ne de Prêtreville.

QUATRE-VENTS (LES), h. c^ne de Valsemé.

QUAYE (LA), h. c^ne d'Ondefontaine.

QUEDEVILLIÈRE (LA), h. c^ne de la Bigne.

QUEILLIÈRE (LA), h. c^ne de Roullours.

QUÉMAIS (LES), h. c^ne de Rapilly.

QUÉMIN (LE), h. c^ne d'Ouilly-le-Basset.

QUÉNAY (LE), f. c^ne de Tessy.

QUÉNAY (LE), chât. c^ne de Vanville.

QUÉNIVETIÈRE (LA), h. c^ne de Cormolain.

QUÉNOT (LE), h. c^ne de Lessard-et-le-Chêne.

QUENTINIÈRE (LA), h. c^ne de Saint-Julien-de-Mailloc.

QUÉRAIE (LA), h. c^ne de Courtonne-la-Meurdrac.

QUÉRANTILLIÈRE (LA), h. c^ne de Landelles-et-Coupigny.

QUÉREL, h. c^ne d'Angerville.

QUÉRINIÈRE (LA), h. c^ne de Carville. — *Guérinière*, 1487 (stat. post.).

QUÉRITET, m^in et h. c^ne de Courson.

QUERRIÈRE (LA), h. c^ne de Longues.

QUERRIÈRE (LA), h. c^ne de Neuilly.

QUERRIÈRE (LA), h. c^ne de Putot (Caen).

QUERRIÈRE (LA), h. c^ne de Saint-Martin-Don.

QUERRIÈRES (LES), h. c^ne d'Argences.

QUERTEL (LE), h. c^ne de Saint-Sever. — *Querlet*, 1848 (Simon).

QUÉRUE, h. c^ne de Sainte-Marguerite-de-Viette.

QUÉRULLIÈRE (LA), h. et f. c^ne de Landelles.

QUÉRULLIÈRE (LA), h. c^ne de Sainte-Marie-outre-l'Eau. — *Querillière*, 1848 (Simon).

QUERVILLE ou QUIERVILLE, c^ne réunie en 1840 à Biéville (Lisieux). — *Kierreville*, 1150 (ch. de Sainte-Barbe, n° 16). — *Kievrevilla, Chevrevilla, Ketevilla*, XIIIe siècle (pouillé de Lisieux, p. 46). — Calvados.

Capraevilla, XIVe siècle (*ibid.*). — *Quierville*, 1484 (arch. nat. P. 272, n° 132).

Par. de Saint-Pierre, patr. le seigneur; prieuré dépendant de Sainte-Marguerite-du-Mont. Dioc. de Lisieux, doy. du Mesnil-Mauger. Génér. d'Alençon, élect. de Falaise, sergent. de Saint-Pierre-sur-Dive.

Le fief de *Vaux*, assis à Querville, mouvait du prieuré de Sainte-Barbe-en-Auge. Il était, en 1538, revendiqué par la baronnie d'Annebecq.

QUÉNY, h. c^ne de Coulvain. — *Kereium*, 1191 (charte de l'abb. d'Aunay). — *Kireium*, 1201 (*ibid.*).

QUÉNY (LE), h. et f. c^ne de Vaubadon. — *Quiéry*, 1847 (stat. post.).

QUESNAY, c^ne réunie à Estrées-la-Campagne en 1831. — *Casnetum*, 1082 (ch. de Saint-Étienne). — *Caisneium*, 1220 (charte de Troarn). — *Quesnetum*, 1225 (ch. de Saint-Étienne). — *Kaisneium*, 1238 (charte de l'abbaye de Mondaye). — *Quesnai*, 1277 (cart. norm. n° 904, p. 218). — *Caesnayum*, 1480 (épitaphe dans la cathédrale de Séez). — *Quesné*, 1454 (aveu du temporel de Saint-Étienne). — *Quénai*, 1723 (d'Anville, dioc. de Lisieux).

Par. de Notre-Dame, patr. l'abbé de Troarn. Dioc. de Séez, doy. de Saint-Pierre-sur-Dive. Génér. d'Alençon, élect. de Falaise, sergent. des Bruns.

Fief ou vavassorie de *la Brière*, en la vicomté de Falaise, ressortissant à la sergenterie des Bruns.

QUESNAY (LE), h. c^ne de Berville.

QUESNAY (LE), h. c^ne de Brucourt.

QUESNAY (LE), h. c^ne de Cahagnes.

QUESNAY (LE), h. c^ne d'Estry.

QUESNAY (LE), m^in, c^ne de Glanville.

QUESNAY (LE), vill. c^ne de Hamars.

QUESNAY (LE), h. c^ne de Livarot.

QUESNAY (LE), h. c^ne du Mesnil-Auzouf.

QUESNAY (LE), h. c^ne de Montchauvet.

QUESNAY (LE), h. c^ne de Saint-Jean-le-Blanc.

QUESNAY (LE), h. c^ne de Sainte-Marie-Laumont.

QUESNAY (LE), h. c^ne de Vaux-sur-Aure.

QUESNAY, fief assis à Putot, Goustranville, Arganchy, relevant de Bonnebosq; — 1620 (fiefs de la vicomté d'Auge).

QUESNAY-GUESNON, c^ne de Caumont (Bayeux). — *Casnetum*, 1077 (charte de Saint-Étienne de Caen). — *Caisnetum*, 1172 (*ibid.*). — *Kesneium*, 1198 (magni rotuli, p. 100). — *Quesnei*, v. 1250 (*ibid.* p. 174). — *Quesneium*, 1250 (charte de Barbery, n° 170). — *Quesnetum*, 1277 (chap. de Bayeux, n° 745). — *Quesnetum Gernon*, 1277 (cart. norm. n° 902, p. 216). — *Quernet*, 1285 (ch. d'Ardennes, 324). — *Quernetum Gueronis*, XIVe siècle (livre pelut de Bayeux). — *Cainet, Caynet,* 1625 (aveux de la vicomté de Caen-).

Par. de Notre-Dame, patr. le seigneur du lieu. Dioc. de Bayeux, doy. de Thorigny. Génér. de Caen, élect. de Bayeux, sergent. de Briquessart.

Huitième de fief s'étendant à Hottot et Saint-Germain-d'Eclot. Autre tiers de fief s'étendant à Torteval, ayant trois verges de prévôté à Méry, Rouville et Cully. Autre fief assis aux paroisses de Graye et de Sainte-Croix, relevant de la baronnie de Crépon, 1684 (aveux de la vicomté de Bayeux).

Quesne (Le), h. cⁿᵉ de Maizières.

Quesne (Le), f. cⁿᵉ de Secqueville-en-Bessin.

Quesnés (La), h. cⁿᵃ de Cambes.

Quesnée (La), h. cⁿᵉ d'Estry. — *Quesneella,* 1250 (charte de l'abbaye d'Aunay). — *Quesnay,* 1848 (Simon).

Quesnée (La), h. cⁿᵉ du Molay.

Quesnée (La), h. cⁿᵉ de Saint-Jean-le-Blanc.

Quesnée (La), h. cⁿᵉ de Tôtes.

Quesnélière (La), h. cⁿᵉ de Vassy. — *Quainnelière,* 1847 (stat. post.). — *Quennelière,* 1848 (état-major).

Quesnets (Les), h. cⁿᵉ de Maisoncelles-la-Jourdan.

Quesney (Le), h. cⁿᵉ de Baynes.

Quesney (Le), h. cⁿᵉ de Fauguernon.

Quesney (Le), h. cⁿᵉ de Saint-Jacques.

Quesnot (Le), h. cⁿᵉ de Condé-sur-Seulle.

Quesnot (Le), f. cⁿᵉ de Lessard-et-le-Chêne.

Quesnot (Le), h. cⁿᵉ de Missy.

Quesnot (Le), h. cⁿᵉ de Trois-Monts.

Quesnots (Les), h. cⁿᵉ de Baynes.

Quesnots (Les), h. cⁿᵉ de Brémoy.

Quétiéville, cⁿ de Mézidon. — *Chetivilla,* 1137 (charte de Sainte-Barbe, 9). — *Ketelvilla, Keteuvilla,* 1203 (magni rotuli, p. 91, 2). — *Quetevilla* 1277 (cartul. norm. n° 900, p. 214). — *Sanctus Martinus de Quetienvilla,* xviᵉ sᵉ (pouillé de Bayeux). — *Quiethieuville,* 1585 (papier terrier de Falaise). — *Quiéteville,* 1586 (ibid.).

Par. de Saint-Martin, aujourd'hui Saint-Pierre. Dioc. de Lisieux, doy. du Mesnil-Mauger. Dioc. d'Alençon, élect. de Falaise, sergent. de Saint-Pierre-sur-Dive.

Quétissant (Le), h. cⁿᵉ de Littry.

Quettérie (La), h. cᵇᵉ de Saint-Sever.

Quetteville, cⁿ de Honfleur. — *Ketevilla,* 1198 (magni rotuli, p. 14). — *Catevilla, Cathevilla,* 1234 (parv. lib. rub. Troarn. p. 78). — *Quatevilla,* 1312 (ibid.). — *Quetuvilla,* xivᵉ siècle; *Quetevilla,* xviᵉ siècle (pouillé de Lisieux, p. 40).

Par. de Saint-Laurent, patr. l'abbé du Bec. Dioc.

de Bayeux, doy. d'Honfleur. Génér. de Rouen, sergent. du Mesnil. Fief de la baronnie de Roncheville.

Quetteville, h. cⁿᵉ de Saonnet.

Queudeville, h. cⁿᵉ de Noyers.

Queue-à-l'Oiseau (La), h. cⁿᵉ de Danvou. — *Queue-l'Oiseau,* 1847 (stat. post.).

Queue-de-Devée (La), carrière et forge, cⁿᵉ de Reux.

Queue-de-la-Place (La), f. cⁿᵉ de Saint-Martin-des-Besaces.

Queue-de-Renard (La), h. cⁿᵉ de Croisilles.

Queue-de-Renard (La), h. cⁿᵉ d'Épaney.

Queue-de-Renard (La), h. cⁿᵉ de Tracy-Bocage.

Queue-de-Renard (La), h. cⁿᵉ de Villers-Bocage.

Queue-de-Vache (La), q. cⁿᵉ de Lion-sur-Mer.

Queue-du-Loup (La), h. cⁿᵉ de Tracy-Bocage.

Quevé (Le), h. cⁿᵉ d'Écrammeville.

Quevée (La), h. cⁿᵉ de Clarbec. — *Queue-de-Vée,* 1723 (d'Anville, dioc. de Lisieux).

Quevennerie (La), h. cⁿᵉ de Foulognes. — *Quevenréie,* 1847 (stat. post.).

Quévenue, h. cⁿᵉ de Burcy.

Quéville, h. chât. et f. cⁿᵉ de Prêtreville.

Quévillon, h. cⁿᵉ d'Ondefontaine.

Quévilly, h. cⁿᵉ du Plessis-Grimoult. — *Quevillie,* 1160 (Benoît de Sainte-More). — *Kevilleium,* 1198 (magni rotuli, p. 22, 2).

Quévrue, h. cⁿᵉ de Baynes.

Quévrue, h. cⁿᵉ de Boissey.

Quévrue, bois et f. cⁿᵉ de Mittois.

Quévrue, h. cⁿᵉ de Saint-Georges-d'Aunay. — *Queverus,* 1847 (stat. post.).

Quévrue, q. cⁿᵉ de Sainte-Marguerite-de-Viette.

Quèze (La), h. cⁿᵉ du Tourneur. — *Quièze,* 1848 (état-major).

Quézerie (La), h. cⁿᵉ de Bernières-le-Patry.

Quicuot (La), nom d'une partie des roches de Lion-sur-Mer, servant de passage sur la mer.

Quièze (La), h. cⁿᵉ de Saint-Martin-de-Blagny. — *La Quèze,* 1460 (dénomb. de l'év. de Bayeux). — Château indiqué sur la carte de Cassini.

Quillière (La), h. cⁿᵉ de Roullours.

Quilly, cⁿᵉ réunie en 1856 à Bretteville-sur-Laize. — *Cuilly,* 1082 (ch. de la Trinité). — *Ecclesia de Quilleio,* 1181 (ch. de Barbery). — *Cully,* 1371 (assiette de la vicomté de Caen).

Par. de Notre-Dame, patr. l'abbé de Barbery. Dioc. de Bayeux, doy. de Vaucelles. Génér. et élect. de Caen, sergent. de Bretteville-l'Orgueilleuse.

Un demi-fief de chevalier, nommé le *fief de Cailloué,* autrefois *Clérambault,* relevant de la baronnie de la Motte-Cesny, vicomté de Falaise, s'étendait à Bretteville-sur-Laize, Cintheaux, Fresney-le-Puceux, 1586 (papier terrier de Falaise).

QUILLY, h. c^{ne} de la Graverie.

QUIMELIÈRE (LA), h. c^{ne} de Vassy.

QUINCAMPOIX (LA), h. c^{ne} de Surville. — *Moulin de Quicampoix*, relevant de la vicomté d'Auge, sergent. de Saint-Julien-sur-Calonne.

QUINCONCE (LE), h. c^{ne} de Saint-Martin-de-la-Lieue.

QUINQUEFOUGÈRE, h. c^{ne} de Martigny. — Fief relevant du dom. de Falaise, 1632 (ch. des comptes de Rouen, t. III, p. 39). — *Guinefougère*, 1847 (stat. post.).

QUINQUENGROGNE, vill. c^{ne} de Saint-Laurent-sur-Mer. — *Tienquengronne*, 1847 (stat. post.).

QUINTAINE (LA), h. c^{ne} de Caumont-l'Éventé.

QUINTAINE (LA), h. c^{ne} de Saint-Martin-des-Besaces.

QUIRY, h. c^{ne} de Jurques, fief d'Amayé-sur-Seulle, 1657 (aveux de la vicomté de Caen, p. 3).

QUITONNIÈRE (LA), h. c^{ne} de Caumont.

R

RABASSIÈRE (LA), h. c^{ne} de Saint-Germain-de-Montgommery.

RABEL, fief «jouxte la Chapelle Saint-Simon», sis à Colleville-sur-Mer, xive siècle (ch. d'Aunay, n° 374).

RABELLIÈRE (LA), h. c^{ne} de Montchamp.

RABELS (LES), vill. c^{ne} de Saint-André-d'Hébertot.

RABILLET (LE), q. c^{ne} des Loges-Saulces.

RABODANGES, b. c^{ne} de Cussy.

RABOTIÈRE (LA), h. c^{ne} de Martainville.

RABOTS (LES), h. c^{ne} de Beuvillers.

RABOTTIÈRE (LA), h. c^{ne} de la Chapelle-Yvon.

RABUCO, h. c^{ne} de Vieux-Fumé.

RABUT, c^{ne} réunie à Coudray qui prend le nom de COUDRAY-RABUT. — *Rabu*, xiiie s^e (cartul. de Saint-Sever). — *Rabucum*, xive s^e; *Rabutum*, xvie s^e (pouillé de Lisieux, p. 36).

Le fief *l'Arrabu*, que Brussel mentionne comme dépendant de Touque, doit être le même que le fief *Rabut* (Le Prévost, pouillé de Lisieux, p. 36, note 6).

Par. de Saint-Germain, patr. le seigneur du lieu. Dioc. de Lisieux, doy. de Touque. Génér. de Rouen, élect. de Pont-l'Évêque, sergent. d'Aragon.

RACAILLE (LA), f. c^{ne} de Trévières.

RACÉ, f. c^{ne} de Cernay.

RACUIN, h. c^{ne} de Castilly. — *Racheium*, 1263 (ch. de l'abbaye de Mondaye).

RACHINEY (LE), h. c^{ne} de Cartigny-Tesson. — *Racinée*, 1195 (magni rotuli, p. 69).

RACHINEY, h. c^{ne} de Sainte-Marguerite-d'Elle. — *Rachinel*, 1848 (état-major).

RACINET (LE), mⁱⁿ, c^{ne} de Saint-Martin-des-Besaces. — *Racinei, Racineium*, 1198 (magni rotuli, p. 5).

RADE (LE), h. c^{ne} de Grand-Mesnil.

RADIER (LE), h. c^{ne} de Hottot (Pont-l'Évêque).

RADOULT, h. c^{ne} du Mesnil-Eudes.

RAGNY, h. c^{ne} de Tournay-sur-Odon. — Fief relevant de la seigneurie de Mondrainville.

RAGOT, q. c^{ne} de Grandcamp.

RAGOTERIE (LA), h. c^{ne} de la Houblonnière.

RAIDE-QUEUE (LA), h. c^{ne} de Saint-Ouen-des-Besaces.

RAILLERIES (LES), h. c^{ne} de Grand-Mesnil.

RAIMBAUDERIE (LA), h. c^{ne} de Lingèvres.

RAINETIÈRE (LA), h. c^{ne} du Tourneur.

RAINIÈRE (LA), f. c^{ne} de Coulonces.

RAINIÈRE (LA), h. c^{ne} de Saint-Julien-le-Faucon.

RAINIERS (LES), h. c^{ne} du Mesnil-Eudes.

RAIOLES, nom du fief à Sacy, 1230 (ch. de Saint-André-en-Gouffern, n° 215).

RAIRIE (LA), h. c^{ne} de Clinchamps (Vire).

RAIRIE (LA), h. c^{ne} de Sainte-Marie-Laumont.

RAIRIE (LA), h. c^{ne} de Sainte-Marie-outre-l'Eau.

RAIRIE (LA), h. c^{ne} de Saint-Martin-Don.

RAIRIE (LA), h. c^{ne} de Vaudry.

RAISIN, h. c^{ne} de Coulonces.

RAITON, h. c^{ne} de Saint-Germain-du-Pert.

RAITOT, q. c^{ne} du Molay.

RAMACHARD, h. c^{ne} de Saint-Martin-des-Besaces.

RAMBOUILLET (LES), h. c^{ne} de Brémoy.

RAMÉE (LA), h. c^{ne} de Janville. — *Rameta, Rametha, Ramata*, 1234 (livre blanc et livre rouge de Troarn). — *La Ramée*, 1280 (lib. rub. Troarn. p. 75). — Fief de la Ramée, 1503 (fiefs de la vicomté de Bayeux).

RAMÉE (LA), vill. c^{ne} de Trévières.

RANCHY, c^{ne} de Bayeux. — *Rencheium*, 1242 (chapitre de Bayeux, p. 27). — *Renchy*, 1389 (fouages français, n° 80). — *Renchie*, 1484 (arch. nat. P. 272, n° 160).

Par. de Notre-Dame, patr. le chanoine de Bretteville. Dioc. de Bayeux, doy. des Veys. Génér. de Caen, élect. de Bayeux, sergent. de Cerisy.

RANÇONNIÈRE (LA), h. c^{ne} de Crépon. — *Rauconnière*, 1848 (état-major).

RANÇONNIÈRE (LA), f. c^{ne} de Fourneaux.

30.

Rançonnière (La), h. c^{ne} de Saint-Gatien.

Plein fief assis à Saint-Gatien, mouvant de la vicomté d'Auge, sergent. de Honfleur.

Rangées (Les), h. c^{ne} de Saint-Jean-le-Blanc.

Ranglais (Les), h. c^{ne} de Lisores.

Rannerie (La), h. c^{ne} de Goupillières.

Ransue, h. c^{ne} de Quetteville.

Ranville, c^{on} de Troarn. — *Ranvilla*, 1082 (ch. de la Trinité). — *Ramville*, 1667 (carte de Le Vasseur). — *Romville*, 1710 (carte de de Fer).

Par. de Saint-Léonard, patr. l'abbesse de Préaux. Léproserie. Dioc. de Bayeux, doy. de Troarn. Génér. de Caen, sergent. de Varaville.

Les fiefs de *Ranville* (un quart de fief) et de *Begot* (un huitième de fief) relevaient de la vicomté de Caen. Le fief de *Ranville* avait pour arrière-fiefs le fief *Anquetil* et le fief *au Cornu* ou *Saint-Sever*, 1481 (av. de l'abb. d'Aunay); il relevait directement du roi à cause du duché de Longueville, 1716 (ch. des comptes de Rouen, t. II, p. 17).

Ranville, h. et f. c^{ne} de Deux-Jumeaux.

Rapillière (La), q. c^{ne} de Saint-Remy.

Rapilly, c^{on} de Falaise (nord). — *Rapilleum, Rapilleyum*, 1125 (ch. de Gosselin de la Pommeraye pour l'abb. du Val).

Par. de Saint-Quentin, patr. l'abbé du Val. Dioc. de Séez, doy. d'Aubigny. Génér. d'Alençon, élect. de Falaise, sergent. de Thury. Fief relevant de la seigneurie de Rouvrou.

Rassé (Le), h. c^{ne} de Beaumesnil.

Rassé (Le), m^{on} isolée, c^{ne} de Cernay. — *Rassey*, 1847 (stat. post.).

Rasserie (La), h. c^{ne} du Mesnil-Benoît.

Rasset (Le), f. c^{te} de Préaux.

Rat (Le), h. c^{ne} de Trungy.

Ratais (Le), h. c^{ne} de Familly.

Râtel, m^{in}, c^{ne} du Mesnil-au-Grain.

Râtel, h. c^{ne} du Plessis-Grimoult.

Ratelets (Le Banc des), écueil à l'embouchure de la Seine.

Ratellière (La), h c^{ne} de Coulonces.

Raterie (La), h. c^{ne} de Cahagnes.

Raterie (La), h. c^{ne} de Moyaux.

Raterie (La), h. c^{ne} du Pin.

Raterie (La), h. c^{ne} de Saint-Denis-Maisoncelles.

Ratier (Le Banc du), écueil à l'embouchure de la Seine.

Ratin (Forêt), c^{ne} de Saint-Jacques.

Raudet (Le), f. c^{ne} de Parfouru-sur-Odon. — *La Raude*, 1847 (stat. post.).

Raulet, h. c^{ne} de Caumont-l'Éventé.

Rauliers (Les), h. c^{ne} de Lisores.

Rault, h. c^{ne} de Saint-Ouen-des-Besaces. — *Raux*, 1848 (Simon).

Raumesnil, h. c^{ne} du Bény-Bocage.

Rauray, h. c^{ne} de Tessel.

Rautière (La), h. c^{ne} de Landelles.

Raux (Les), h. c^{ne} de Lisores.

Ravent, h. c^{ne} de Torteval.

Raville, m^{in}, c^{ne} de Saint-Georges-d'Aunay. — *Ravilla*, 1203 (magni rotuli, p. 86).

Ravine (Banc de la), dans la baie du Vey.

Réautey (La), m^{on}, c^{ne} de Fervaques.

Rebetterie (La), h. c^{ne} de la Lande-sur-Drôme.

Rebinière (La), h. c^{ne} de Clinchamps (Vire).

Rebourserie (La), vill. c^{ne} de Brémoy.

Rebourserie (La), h. c^{ne} de Coulonces.

Rebourserie (La), vill. c^{ne} d'Écrammeville.

Rebourserie (La), h. c^{ne} de Saint-Germain-du-Crioult. — *Reborserie*, 1847 (stat. post.).

Rébutière (La), h. c^{ne} de Saint-André-d'Hébertot.

Récard (Le), q. c^{ne} de Cagny.

Récarderie (La), h. c^{ne} de Saint-Martin-des-Besaces.

Récaudière (La), h. c^{ne} du Tourneur.

Réchard, h. c^{ne} d'Agy.

Recouvry (Le), h. c^{ne} d'Esquay.

Recouvry (Le), h. c^{ne} de Saint-Vigor-le-Grand. — Fief appartenant au séminaire de Bayeux.

Recquerie (La), h. c^{ne} du Mesnil-sur-Blangy.

Récreux (La), h. c^{ne} de Berville.

Recclé (Le), h. c^{ne} de Saint-Martin-des-Besaces.

Recules (Les), éc. c^{ne} de Maisoncelles-sur-Ajon. — *Reculs*, 1847 (stat. post.).

Reculey (Le), c^{on} du Bény-Bocage. — *Reculeium*, 1210 (livre blanc de Troarn). — *Reculey*, 1327 (ibid.). — *Reculeyum*, xive s^e (taxat. decim. dioc. Baioc.). — *Recullé*, 1499 (arch. nat. P. 271, n° 298).

Par. de Saint-Ouen, patr. l'abbé de Troarn. Dioc. de Bayeux, doy. de Vire. Génér. de Caen, élect. de Vire, sergent. du Tourneur.

Sixième de fief ayant droit de patronage et de présentation en l'église dudit lieu d'où dépendait le huitième de fief ou fiefferme de *Vaux-Martin*, 1681 (av. de la vicomté de Vire). — *Le Mesnil-Tichard*, fief du Plessis-Grimoult.

Recussonnière (La), h. c^{ne} de Cahagnes.

Recussonnière (La), h. c^{ne} de Saint-Jean-des-Essartiers.

Redettière (La), h. c^{ne} de Saint-Germain-de-Tallevende.

Redoute (La), f. c^{ne} de Saint-Germain-de-Livet.

Redoute (La), h. c^{ne} de Ouistreham.

Redoute (La), f. cne de Saint-Martin-de-Tallevende.

Redoute de Merville (La), promontoire de la côte à Merville.

Redoutière (La), h. cne de Sᵗᵉ-Foy-de-Montgommery.

Redoutière (La), h. et f. cne de Sept-Vents. — Redentière, 1847 (stat. post.).

Reférenderie (La), h. cne de Tilly-sur-Seulle. — Réfenderie, 1847 (stat. post.).

Régie (La), f. cne de Curcy.

Régime (Le), f. cne de Fontenay-le-Pesnel.

Reié (Esseau de la), 1297 (enquête sur les chaussées de Troarn).

Reimbert, h. cne de Marigny.

Reineville, h. cne de Lassy.

Reinière (La), h. cne de Landelles.

Reinière (La), h. cne de Saint-Sever.

Reintrière (La), h. cne du Tourneur. — Rentrière, 1848 (état-major).

Reiset, q. cne d'Arromanches.

Remandière (La), h. cne du Mesnil-Auzouf.

Remangerie (La), h. cne de Meulles.

Reménière (La), f. cne de Saint-Germain-de-Livet.

Reméneries (Les), h. cne de Saint-Germain-de-Tallevende.

Remondière (La), h. cne du Mesnil-Auzouf.

Remondière (La), h. cne de Montchauvet.

Remonnerie (La), h. cne de Saint-Martin-de-Sallen.

Renard (Le), h. cne de Landelles-et-Coupigny.

Renarderie (La), h. cne de Clinchamps (Vire).

Renardière (La), h. cne de Lessard.

Renardière (La), f. cne de Saint-Germain-Langot.

Renaud, h. cne de Manerbe.

Renaudière (La), h. cne de Campagnolles.

Renaudière (La), h. cne de Carville.

Renaudière (La), h. cne de Clinchamps (Vire).

Renaudière (La), h. et f. cne de Coulonces.

Renaudière (La), h. cne de Danvou.

Renaudière (La), f. cne du Mesnil-Villement.

Renaudière (La), h. cne d'Ouézy.

Renaudière (La), vill. cne de Quesnay-Guesnon.

Renaudière (La), h. et chât. cne de Saint-Germain-de-Tallevende. — Demi-fief de chevalier, 1642 (av. de la vicomté de Vire).

Renaudière (La), h. cne de Saint-Manvieu (Vire).

Renaudière (La), h. cne de Sainte-Marie-Laumont.

Renaudière (La), h. cne de Truttemer-le-Grand.

Renaulerie (La), h. cne de Littry.

Renault (Les), h. cne de Montpinçon.

René (La), h. cne d'Ouilly-du-Houlley.

Resémesnil, cne réunie à Cauvicourt en 1829. — Reisnier Maisnil, Reignerii Mesnillum, 1129 (livre blanc de Troarn). — Raneriomesnil, 1154 (ch. du

Plessis-Grimoult). — Reinesmesnil, 1174 (ch. de Saint-André-en-Gouffern, 65). — Reinerii Mesnillum, Rainerii Mansiolum, Renieri Manillum, 1230 (ch. de l'abb. de Troarn). — Renemenillum, Resnemenillum, Renerii Manillum, Reinieri Villa, Raygneri Mansiolum, 1234 (lib. rub. Troarn.). — Ranerii Mansiolum, 1269 (cart. norm. n° 267, p. 274). — Renati Mesnillum, xiv° s° (livre pelut de Bayeux). — Remmesnil, 1455 (ch. de Troarn).

Par. de Saint-Pierre, patr. l'abbé de Troarn, le seigneur du lieu. Dioc. de Bayeux, doy. de Vaucelles. Génér. et élect. de Caen, sergent. de Saint-Sylvain.

Rénière (La), h. cne de Roucamps. — Raignère, 1847 (stat. post.). — Reinière, 1848 (état-major).

Rennerie (La), h. cne de Clinchamps.

Renoudière (La), h. cne de Saint-Cyr-du-Ronceray.

Renoulière (La), h. cne du Gast.

Repas (Le), h. cne du Bény-Bocage.

Repas (Le), h. cne de Carville.

Repas (Le), h. cne de Livry.

Repentigny, con de Cambremer, cne réunie pour le culte à Auvillars. — Repentigneyum, 1274 (cartul. norm. n° 848, p. 198, note). — Repentigni, xiv° s° (pouillé de Lisieux, p. 50).

Par. de Saint-Martin, patr. l'abbé de Belle-Étoile. Dioc. de Lisieux, doy. de Beuvron. Génér. de Rouen, élect. et sergent. de Pont-l'Évêque.

Plein fief de la vicomté d'Auge, ressortissant à la sergenterie de Pont-l'Évêque. Huitième de fief, relevant de Bonnebosq; fief de la Pierre, relevant de la seigneurie d'Auvillars, 1620 (fiefs de la vicomté d'Auge).

Repenti (Le), h. cne de Coulvain. — Le Repentir, 1277 (ch. d'Aunay, n° 275). — La vallée de Repenty, fief sis à Saint-Georges et à Jurques, ressortissant à l'abbaye d'Aunay, uni à la seigneurie de Moges, 1627 (ch. des comptes de Rouen, t. III, p. 12).

Repinville, mon, cne de Coquainvilliers.

Repos (Le), f. et h. cne d'Aubigny.

Reposoir (Le), h. cne de Trois-Monts.

République (La), min, cne de la Bigne.

Rênie (La), h. cne de Sept-Frères.

Resnière (La), h. cne de Curcy.

Resnusse (La), h. cne de Saint-Denis-de-Méré.

Restoudière (La), f. et min, cne de Bernières-le-Patry.

Retailles (Les), h. et f. cne de Cottun.

Retout (Le), h. cne d'Ouilly-le-Tesson.

Rette (La), h. cne de Banneville-sur-Ajon. — Rête, 1848 (état-major).

Rette (La), h. cne de Saint-Agnan-le-Malherbe.

Reuglée (La), h. c^ne de la Cambe.

Reulennière (La), h. c^ne de St-Germain-de-Tallevende.

Reumesnières (Les), h. c^ne de Saint-Germain-de-Tallevende.

Reux, c^on de Pont-l'Évêque. — *Rotæ*, 1309; *Richard de Rotis* (charte citée par M. Le Prévost, pouillé de Lisieux, p. 5o). — *Ecclesia de Rotis*, xive s^e (*ibid.* p. 5o).

Par. de Saint-Étienne, patr. le seigneur du lieu. Dioc. de Lisieux, doy. de Beaumont. Génér. de Rouen, élect. et sergent. de Pont-l'Évêque.

Quart de fief de la sergenterie de Honfleur, 1620 (fiefs de la vicomté d'Auge).

Revaudière (La), h. c^ne de Saint-Germain-du-Crioult.

Revaudière (La), h. c^ne de Saint-Ouen-des-Besaces.

Réveillon, c^ne réunie à Vaudeloges en 1833. — *Revillon*, 1277 (cart. norm. n° 905, p. 219).

Par. de Saint-Leu, patr. l'abbé du Bec. Dioc. de Séez, doy. de Falaise. Génér. d'Alençon, sergent. de Montpinçon.

Révenière (La), h. c^ne de Landelles.

Reverderie (La), h. c^ue de Beuvillers.

Reviers, c^on de Creully. — *Radaverum*, 1077 (ch. de Saint-Étienne). — *Reverium*, 1135 (*ibid.*). — *Reviers*, 1160 (*ibid.*). — *Revers*, 1196 (ch. de l'abb. d'Aunay). — *Reverii*, 1198 (magni rotuli, p. 37, 2). — *Riverii*, 1253 (ch. de l'abb. de Longues, p. 57).

Par. de Saint-Vigor (chapelle de Sainte-Christine), patr. le roi, puis l'abbé de Montebourg. Génér. et élect. de Caen, sergent. de Creully. Les fiefs dits *de Reviers* (demi-fief), *Langevin, la Méaufle* (chacun un huitième de fief), *Chambron* (huitième de fief), avaient leur chef assis à Reviers.

Réville, h. c^ne de Saint-Pierre-du-Mont.

Revillon, nom d'une église, c^ne de Tôtes. — *Revillun*, v. 1130 (ch. de Saint-Pierre-sur-Dive).

Rey (Le), f. c^ne de Castilly.

Rhône (Le), h. c^ne de Vendes.

Riault (Le), h. c^ne du Pin.

Riault (Le), h. c^ne de Prêtreville.

Riaute (La), h. c^ne d'Écots.

Riaux (Les), h. c^ne de Landelles.

Ricardière (La), fief sis dans la paroisse de Saint-Germain-de-Tallevende, 1662 (av. de la vicomté de Vire).

Richard-Osmont, m^in et m^on, c^ne de Longvillers. — *Aumont*, 1847 (stat. post.).

Richaudière (La), h. c^ne du Gast.

Richelieu, h. c^ne de Saint-Sever.

Richer, h. c^ne de Basseneville.

Richers (Les), h. c^ue de Missy.

Richetière (La), h. c^ne de la Graverie.

Richomme, h. c^ne de Saint-Ouen-des-Besaces.

Ricquerie (La), h. c^ne du Mesnil-sur-Blangy.

Ridillerie (La), h. c^ne de Maisy.

Ries (Les), h. c^ue d'Anctoville (Bayeux).

Rieu, f. c^ue de Baynes.

Rieu, riv. affl. de l'Elle, passant par les c^nes de Baynes, Sainte-Marguerite-d'Elle, Cartigny-l'Épinay, Lisores.

Rieurey (La), h. c^ne de la Vespière.

Rifaudière (La), h. c^ne de Bernières-le-Patry.

Rifaudière (La), h. c^ne de la Chapelle-Yvon.

Rifaudière (La), h. c^ne de Clinchamps (Vire).

Rigaudière (La), f. c^ue de Colombières.

Rigaudière (La), h. et f. c^ne de Landelles.

Rigogne (La), h. c^ne de Lisores.

Rigoussière (La), h. c^ne de Saint-Sever.

Rigneville, h. c^ne de Gonneville-sur-Dive.

Rigolette (La), m^on, c^ne de Langrune.

Rille-Gâte (La), h. c^ne de Bonneville-la-Louvet.

Rillerie (La), h. c^ne de Presles.

Rimbert, h. c^ne de Martigny.

Rimbourg, h. c^ue de Tracy-Bocage.

Rinodière (La), h. c^ne du Mesnil-Robert.

Rioquets (Les), h. c^ne de Roullours.

Rioterie (La), h. c^ne de Maisoncelles-la-Jourdan.

Rioult (Le), m^on isolée, c^ne de Prêtreville.

Riquetière (La), h. c^ne de Bougy.

Riquetterie (La), f. c^ne de Fumichon.

Riquetterie (La), h. c^ne d'Ouilly-du-Houlley.

Riqueville, f. c^ne de Gonneville-sur-Dive.

Risle (La), rivière. — *Fluvius Lirizinus*, 649 (Le Prévost, anciennes divisions de Normandie, p. 16). — *Rizela*, 1123; *Risela*, 1133 (Orderic Vital). — *Risla*, 1198 (magni rotuli, p. 77, 2). — *Rille*, 1283 (cartul. norm. n° 1003, p. 259). — *Risella*, 1736 (Neustria pia, p. 505).

La Risle prend sa source à *la Fontaine-Enragée*, au sein des bois de Saint-Wandrille (Orne). Vers son confluent avec la Carentonne, sa rive gauche appartient au département du Calvados; elle reçoit, de ce côté, le ruisseau d'*Autou, la Vérone* qui prend sa source à la Poterie, *le Bec, la Corbie* et le ruisseau de *Foullebec*.

Ritachère (La), h. c^ne de Bavent.

Ritière (La), h. c^ne de Roullours.

Ritière (La), h. c^ne de Viessoix.

Ritours (Les), h. c^ne de Champ-du-Boult.

Ritours (Les), h. c^ne de Saint-Manvieu (Vire).

Ritte (La), h. c^ne de Saint-Agnan-le-Malherbe.

Rivages (Les), h. c^ne de Saint-Sever.

RIVALES (LES), f. c⁰ᵉ de Préaux.

RIVAUDIÈRE (LA), h. cⁿᵉ de Montchauvet.

RIVÉ (LA HAUTE et LA BASSE-), q. cⁿᵉ de Bernières-sur-Mer.

RIVES (LES), h. cⁿᵉ de Saint-Martin-des-Besaces.

RIVIÈRE (LA), h. cⁿᵉ de Baynes. — *Riveria*, 1198 (magni rotuli, p. 72).

RIVIÈRE (LA), h. cⁿᵉ de Bauquay.

RIVIÈRE (LA), h. cⁿᵉ du Bény-Bocage.

RIVIÈRE (LA), cⁿᵉ de la Bigne.

RIVIÈRE (LA), h. cⁿᵉ de Brémoy.

RIVIÈRE (LA), h. cⁿᵉ de Bures.

RIVIÈRE (LA), cⁿᵉ de Cahagnes.

RIVIÈRE (LA), h. cⁿᵉ de Carcagny.

RIVIÈRE (LA), h. cⁿᵉ de Chênedollé.

RIVIÈRE (LA), f. cⁿᵉ d'Ellon.

RIVIÈRE (LA), h. cⁿᵉ de Foulognes.

RIVIÈRE (LA), h. et f. cⁿᵉ de Géfosse.

RIVIÈRE (LA), h. et f. cⁿᵉ de Hottot.

RIVIÈRE (LA), cⁿᵉ de Littry.

RIVIÈRE (LA), h. cⁿᵉ de Longueville.

RIVIÈRE (LA), h. et f. cⁿᵉ de Martigny.

RIVIÈRE (LA), h. cⁿᵉ d'Ondefontaine.

RIVIÈRE (LA), h. cⁿᵉ d'Orbois.

RIVIÈRE (LA), h. cⁿᵉ de Perrières.

RIVIÈRE (LA), h. cⁿᵉ de Petiville.

RIVIÈRE (LA), h. et f. cⁿᵉ de Planquery.

RIVIÈRE (LA), h. cⁿᵉ du Plessis-Grimoult.

RIVIÈRE (LA), h. cⁿᵉ de Préaux (Caen). — *Riparia* (cart. de Friardel, p. 49). — *Rivaria*, 1251 (*ibid.*). — *Riveria*, 1280 (ch. de Mondaye).

RIVIÈRE (LA), cⁿᵉ de Presles.

RIVIÈRE (LA), h. cⁿᵉ de Prêtreville.

RIVIÈRE (LA GRANDE et LA PETITE-), h. cⁿᵉ de Rully.

RIVIÈRE (LA), h. cⁿᵉ de Saint-Clément.

RIVIÈRE (LA), h. et f. cⁿᵉ de Saint-Germain-d'Ectot.

RIVIÈRE (LA), h. cⁿᵉ de Saint-Germain-du-Pert.

RIVIÈRE (LA), f. cⁿᵉ de Saint-Louet-sur-Seulle.

RIVIÈRE (LA), h. cⁿᵉ de Saint-Manvieu (Vire).

RIVIÈRE (LA), h. et chât. cⁿᵉ de Saint-Martin-de-Fresnay.

RIVIÈRE (LA), h. cⁿᵉ de Saint-Paul-du-Vernay.

RIVIÈRE (LA), h. cⁿᵉ de Saint-Pierre-du-Fresne.

RIVIÈRE (LA), h. cⁿᵉ de Saint-Vigor-le-Grand.

RIVIÈRE (LA), h. et f. cⁿᵉ de Sept-Vents.

RIVIÈRE (LA), f. cⁿᵉ de Tournebu.

RIVIÈRE (LA), h. cⁿᵉ de Vassy.

RIVIÈRE (LA), h. cⁿᵉ de Ver.

RIVIÈRES (LES), h. cⁿᵉ de Champ-du-Boult.

RIVIÈRES (LES), h. cⁿᵉ de Hottot.

RIVIÈRES (LES), h. et f. cⁿᵉ des Oubeaux.

RIVIÈRE-SAINT-SAUVEUR (LA), cⁿ d'Honfleur, ancienne-ment Saint-Léonard-du-Hameau-de-la-Rivière. — *Riparia, Ripparia, Ripperia*, 1198 (magni rotuli, p. 118, 173). — *Riveria* (*ibid.* p. 10). — *Riparia super Rislam*, 1270 (cart. norm. n° 1220, p. 338). Par. de Saint-Sauveur, patr. l'abbé de Grestain. Chapelle dépendant de la paroisse d'Ablevillo, sous le nom de *Saint-Sauveur-des-Vases, Capella Sancti Salvatoris de Vasiis*, xivᵉ sᵉ (pouillé de Lisieux, p. 40). — Dioc. de Lisieux, doy. de Honfleur. Génér. de Caen, élect. de Pont-l'Évêque, sergent. de Honfleur.

RIVOLLES (LES), h. cⁿᵉ de Préaux (Lisieux).

ROBEHOMME, cⁿ de Troarn. — *Raimberti Hulmus*, 1083 (ch. de Roger de Montgommery pour Saint-Étienne de Caen, n° 3). — *Ramberti Hulmus*, 1149 (livre blanc de Troarn). — *Robbehomme*, 1190 (lib. rub. Troarn. n° 169). — *Reimbertihome*, 1190 (*ibid.*). — *Raimberthome*, 1190 (charte de Saint-Étienne de Caen). — *Villam et insulam quæ dicitur Reimberhome*, 1210 (cartul. de Troarn. n° 305). — *Reimbehumus*, 1230 (lib. rub. Troarn. fᵒ 11). — *Reubehome*, 1231 (*ibid.* p. 11). — *Raimbehome*, 1297 (enquête sur les chaussées). — *Ribehomme*, 1371 (assiette de la vicomté de Caen). — *Robeaune*, 1675 (carte de Petite). — *Robehomme*, 1694 (carte de Nolin).

Par. de Notre-Dame, patr. l'abbé de Troarn. Dioc. de Bayeux, doy. de Troarn. Génér. et élect. de Caen, sergent. de Varaville.

Salines données par Roger de Montgommery à l'abb. de Troarn.

ROBEHOMME (CHAUSSÉE DE), q. cⁿᵉ de Bavent.

ROBELLIÈRE (LA), h. cⁿᵉ de Bontemps.

ROBERDIÈRE (LA), h. cⁿᵉ de Coulonces.

ROBERGERIE (LA), h. cⁿᵉ de Fontenermont.

ROBERIE (LA), h. cⁿᵉ de Fontenermont.

ROBERT-MESNIL, h. cⁿᵉ de Cintheaux. — *Robert-Mesnil*, 1008 (dotal. Judith).

ROBIGÈRE (LA), h. cⁿᵉ de Saint-Denis-Maisoncelles.

ROBILLARD, chât. et f. cⁿᵉ de Lieurey.

ROBIN (LE), h. cⁿᵉ de Saint-Georges-d'Aunay.

ROBIN (LE), h. cⁿᵉ de Saint-Sever.

ROBINAUDERIE (LA), h. cⁿᵉ de Baynes.

ROBINERIE (LA), h. cⁿᵉ de Vaudry.

ROBINIÈRE (LA HAUTE et LA BASSE-), h. cⁿᵉ de Clinchamps.

ROBINIÈRE (LA), h. cⁿᵉ de Neuville.

ROBINIÈRES (LES), h. cⁿᵉ de Saint-Germain-de-Tallevende.

ROC (LE), h. cⁿᵉ de Feuguerolles-sur-Orne.

ROC (LE), h. et mⁱⁿ, cⁿᵉ de Sainte-Marie-Laumont.

Roch (Le), lieu, c^ne de Tournières. — *Rocha, Molendinum de Rocha*, 1250 (ch. de Fontenay, 170).

Roche (La), h. c^ne de Crouay. — *Roches*, 1848 (état-major).

Roche (La), h. c^ne de Falaise.

Roche (La), h. c^ne de Juaye-Mondaye. — *Molendinum de Roca*, 1234 (charte de l'abb. de Mondaye).

Roche (La), f. c^ne d'Olendon.

Roche (La), h. c^ne de Perrières.

Roche (La), h. c^ne de Pertheville.

Roche (La), h. c^ne de la Pommeraye. — *Roque*, 1847 (stat. post.).

Roche (La), h. c^ne de Saint-Martin-de-Mieux.

Roche (La), vill. c^ne de Saint-Martin-du-Bû.

Roche (La), m^on, c^ne de Tessel.

Roche (La), h. c^ne de Tréprel.

Roche (La), m^in, c^ne de Vignats.

Roche-à-Busnel (La), h. c^ne de Saint-Martin-de-Sallen.

Roche-Aiguë (La), h. c^ne de Roullours.

Roche aux Corbeaux (La), nom d'un rocher du village de la Serverie, c^ne de Saint-Remy.

Roche-Bougy (La), h. et m^in, c^ne d'Amayé-sur-Orne.

Roche-Chauvinière (La), h. c^ne de Bernières-le-Patry.

Roche-Endormie (La), localité, c^ne de Fontenay. — *Rupes Dormiens*, 1240 (ch. de l'abb. de Fontenay, 163).

Rochefort, f. c^ne de Fresné-la-Mère.

Rochefort, h. c^ne de la Hoguette.

Rochelet (Le), h. c^ne du Gast.

Rochelle (La Grande et La Petite-), h. et chât. c^ne de Bernières-le-Patry.

Rochelle (La) ou le Bout-aux-Merciers, h. c^ne de Fourches.

Rochelle (La), h. c^ne de Littry. — *Rochella*, 1228 (ch. de Mondaye).

Rochelle (La), h. c^ne d'Ouilly-du-Houlley.

Rochelle (La), h. c^ne de Saint-Hymer.

Rochelles (Les), h. c^ne de Saint-Germain-de-Tallevende.

Roche-Martin (La), h. c^ne de Fresney-le-Puceux.

Roche-Mestier (La), h. c^ne de Roullours.

Roche-Pendante (La), q. c^ne de Saint-Remy.

Roche-Poret (La), h. c^ne de Saint-Ouen-des-Besaces.

Rocher (Le), f. et chât. c^ne d'Étouvy.

Rocher (Le), h. c^ne de la Hoguette.

Rocher (Le), h. c^ne de Maisoncelles-la-Jourdan.

Rocher (Le Grand et le Petit-), h. c^ne de Roullours.

Rocher (Le), c^ne de Saint-Aubin-des-Bois.

Rocher (Le), h. c^ne de Saint-Georges-d'Aunay.

Rocher (Le Petit-), h. c^ne de Saint-Germain-de-Tallevende. — Un huitième de fief de la vicomté de Vire, 1642 (aveux de la vicomté).

Rocher (Le), h. c^ne de Saint-Marcouf. — Fief de la baronnie de Neuilly, 1475 (av. du temp. de Bayeux).

Rocher-Barbot (Le), h. c^ne de Saint-Germain-de-Tallevende.

Rocher-Beaumont (Le), h. c^ne de Saint-Manvieu (Vire).

Rocher-Bidois (Le), h. c^ne de Saint-Manvieu.

Rocher-Brisson (Le), h. c^ne de Saint-Germain-de-Tallevende.

Rocher-Germain (Le), nom donné au plateau du Calvados, devant le chenal de la Seulle.

Rocherie (La), h. c^ne de Truttemer-le-Grand.

Rocher-Mélier (Le), h. c^ne de Roullours.

Rocher-Pihan (Le), h. c^ne de Saint-Germain-de-Tallevende.

Rocher-Roussin (Le), h. c^ne de Saint-Germain-de-Tallevende.

Rochers (Les), h. c^ne de Saint-Martin-de-Tallevende. — Fief de la vicomté d'Auge, 1649 (fiefs de la vicomté).

Rochers (Les), f. c^ne de Vaubadon.

Rochers des Greumiers (Les), entre Trouville et Villerville.

Rochers du Calvados (Les), nom particulier que prend le rocher du Calvados, vers Arromanches.

Rocher-Villedieu (Le), h. c^ne de Clinchamps.

Rocher-Villedieu (Le), h. c^ne de Saint-Manvieu (Vire).

Rocuery, fief de la paroisse de Saint-Marcouf, vicomté de Bayeux, relevant du plein fief de Monfréville, 1680 (aveu de la vicomté de Bayeux).

Roches (Les), h. c^ne d'Ifs.

Roches (Les), h. c^ne de Mondeville.

Roches de Campeaux (Les), colline, c^ne de Campeaux.

Roches de Lion (Les), nom particulier que prend le plateau du Calvados devant Lion-sur-Mer.

Roches de Maisy-en-Mer (Les), c^ne de Maisy.

Roche-Taillis (La), h. c^ne de Clécy.

Rochetière (La), h. c^ne de Presles.

Rochette (La), h. c^ne de Boulon.

Roc-Poret (Le), h. c^ne de Saint-Jean-des-Essartiers. Annexe de Saint-Aignan-de-Cramesnil jusqu'en 1700.

Rocquancourt, c^on de Bourguébus. — *Rokencort*, 1217 (ch. de Barbery, n° 65). — *Roquencort*, 1262 (ch. de Fontenay, n° 100). — *Rocancourt*, XVIIIe s^e (carte de Cassini).

Par. de Saint-Martin, patr. le Saint-Sépulcre de Caen. Dioc. de Bayeux, doy. de Vaucelles. Génér. et élect. de Caen, sergent. de Bretteville-sur-Laize.

Rocquancourt, h. c^ne de Fontenay-le-Marmion.

Rocque (La), c^on de Vassy. — *Rocca, Rocqua, Ecclesia Sancti Stephani de Rupe*, 1234 (lib. rub.

Troarn. p. 15). — *Ruppis*, 1269 (cart. norm. n° 767, p. 175). — *Rocques*, xviii° s° (Cassini).

, Par. de Saint-Étienne et Sainte-Anne, aujourd'hui Saint-Étienne; patr. le roi et l'évêque de Bayeux. Dioc. de Bayeux, doy. de Vire. Génér. de Caen, élect. de Vire, sergent. de Saint-Jean-le-Blanc.

Rocque (La), m°⁰ isolée, c⁰° d'Amayé-sur-Orne.

Rocque (La), h. c⁰° de Cormolain.

Rocque (La), h. c⁰° de la Graverie.

Rocque (La), f. c⁰° de Lisores.

Rocque (La), h. c⁰° de Montpinçon.

Rocque (La), h. c⁰° de Saint-Denis-Maisoncelles. — *Les Roques*, 1847 (stat. post.).

Rocque-au-Val-du-Moulin (La), h. et m⁰, c⁰° de Sainte-Marie-Laumont.

Rocquelines (Les), h. c⁰° de Monceaux (Bayeux).

Rocqueret (Le), nom d'une usine près de Condé-sur-Noireau.

Rocquereuil, m⁰, c⁰° d'Amayé-sur-Orne.

Rocquerie (La), h. c⁰° de Genneville.

Rocques (Les), h. c⁰° du Bény-Bocage.

Rocquier (Le), f. c⁰° de Tournay-sur-Odon. — *Roquet*, 1847 (stat. post.).

Rocray (Le), h. c⁰° de Saint-Manvieu (Vire).

Rocray (Le), f. et m⁰, c⁰° de Saint-Marc-d'Ouilly. — *Rokerei*, 1108 (magni rotuli, p. 17, 2).

Rocreuil, h. c⁰° d'Éterville. — *Roquerol*, 1240 (cartulaire de Fontenay). — *Rocquereuil*, fief de Verson, 1720 (fiefs de la vicomté de Caen).

Rocreux (Le), h. c⁰° de Presles.

Rocs (Les), h. c⁰° de la Cressonnière. — *Les Roques*, 1847 (stat. post.).

Rocs (Les), h. c⁰° de Prêtreville.

Rogeardière (La), h. c⁰° de Saint-Germain-de-Tallevende.

Roger (Le), h. c⁰° d'Arclais.

Roger (Le), h. c⁰° de la Chapelle-Engerbold.

Rogerie (La), h. c⁰° de la Lande-Vaumont.

Rogerie (La), h. c⁰° du Mesnil-Benoît.

Rogerie (La), h. c⁰° du Mesnil-Germain.

Rogerie (La), h. c⁰° du Molay.

Rogerie (La), h. c⁰° de Saint-Martin-de-Blagny.

Rogers (Les), h. c⁰°·de Montfiquet.

Rogers (Les), h. c⁰° du Tronquay.

Rognoterie (La), h. c⁰° de Sainte-Honorine-de-Ducy.

Roguerie (La), h. c⁰° d'Ondefontaine.

Roguerie (La), éc. c⁰° de Roucamps.

Rohaie (La), h. c⁰° du Bény-Bocage.

Rohardière (La), h. c⁰° de Campagnolles.

Rohu (Le), h. c⁰° de Saint-Denis-de-Méré.

Roi (Le), h. c⁰° de Foulognes.

Rois (Les), vill. c⁰° de Prêtreville.

Rois (Les), h. c⁰° de Saint-Jean-de-Livet.

Roises (Les), h. c⁰° de Formentin.

Romains (Les), h. c⁰° de Beaufour.

Rome, f. c⁰° de la Boissière.

Rome, f. c⁰° du Pré-d'Auge.

Romesnil, h. et f. c⁰° du Bény-Bocage. — *Romesnillum*, 1257 (magni rotuli, p. 183, 2).

Romesnil, chât. et f. c⁰° de Castillon (Bayeux).

Romilly, f. c⁰° de Saint-Germain-du-Pert.

Romilly, f. c⁰° de Souvières.

Romilly, h. et f. c⁰° de Vassy.

Romy, m⁰, c⁰° de Genneville.

Ronceray (Le), h. c⁰° de Vaudry. — Voir Saint-Cyr-du-Ronceray.

Ronceux, m⁰, c⁰° d'Ondefontaine.

Roncheville, c⁰° réunie à Saint-Martin-aux-Chartrains en 1828. — *Runtiavilla*, 1014 (ch. de Richard II en faveur de la cathédrale de Chartres). — *Roncevilla*, 1203 (magni rotuli, p. 91). — *Ronchevilla*, xiv° s° (pouillé de Lisieux, p. 52).

Par. de Saint-Nicolas, patr. le seigneur du lieu. Dioc. de Lisieux,·doy. de Beaumont. Génér. de Rouen, élect. de Pont-l'Évêque, sergent. de Beaumont.

Ancienne baronnie réunie à la vicomté d'Auge et possédée jusqu'à la Révolution par la maison d'Orléans, la première baronnie de la Normandie, suivant le *Gallia christiana* (t. XI, instrum. p. 316). Elle se composait des fiefs de *Pelhast*, du *Prieur*, des *Doissins*, du *Val*, du *Danois*, des *Vereaux*, de *Launay*, du *Hamel*, des *Genitays*, d'*Auber*, du *Moulin*, de *Guguer*, des *Maresqs*, des *Veudons*, de la *Baissonnière*, d'*Enoult* (deux demi-fiefs), de *Limagnon* (deux demi-fiefs), du *Picard*, du *Fay* (un demi-fief), de *Valsemé*, du *Mesnil-aux-Crottes* (à Clarbec), du *Mesnil-Tison* (ibid.), du fief d'*Argence*, 1638 (supplément aux fiefs tenus du roi dans la vallée d'Auge).

Roncheville, h. c⁰° de Bavent. — *Ronceivilla*, xiv° s° (livre pelut de Bayeux).

Rond-Buisson (Le), h. c⁰° du Gast.

Rond-Buisson (Le), h. c⁰° de Monts.

Rond-Champ (Le), fief sis c⁰° du Tourneur. — *Ronchamp*, 1642 (av. de la vicomté de Vire).

Ronde (La), f. c⁰° de Colombières.

Rondefontaine, h. c⁰° d'Ouffières. — *Rotundus Fons*, 1198 (magni rotuli, p. 20, 2).

Ronde-Fougère (La), h. c⁰° de Jurques. — *Rotunda Feulgera*, 1144 (livre noir de Bayeux, p. 457).

Rondel (Le), h. c⁰° d'Hermival-les-Vaux.

Rondellerie (La), h. c⁰° de Littry.

RONDELLIÈRE (LA), h. c^{ne} de Saint-Germain-de-Tallevende.

ROND-LIEU (LE), h. c^{ne} du Bény-Bocage.

ROND-POMMIER (LE), h. c^{ne} de Saint-Martin-de-Sallen.

ROQUAIS (LES), h. c^{ne} de Carville. — *Roquets*, 1847
(stat. post.).

ROQUE (LA), h. c^{ne} de Bernières-le-Patry.

ROQUE (LA), h. c^{ne} de Clinchamps (Vire).

ROQUE (LA), f. c^{ne} de Feuguerolles-sur-Orne.

ROQUE (LA), h. c^{ne} de Hamars.

ROQUE (LA), h. c^{ne} de Jurques. — *Roqua*, xiv° s° (livre
pelut de Bayeux).

ROQUE (LA), q. c^{ne} de Marolles.

ROQUE (LA), f. et mⁱⁿ, c^{ne} du Mesnil-Simon.

ROQUE (LA), h. c^{ne} du Reculey. — *Rocca*, 1210 (lib.
rub. Troarn.). — *Róca*, 1230 (*ibid.*). — *Laroque-
le-Reculey*, 1455 (aveu de Robert de Troarn).

ROQUE (LA), h. c^{ne} de Roullours.

ROQUE (LA), h. et mⁱⁿ, c^{ne} de Sainte-Marie-outre-
l'Eau.

ROQUE (LA), h. c^{ne} de Torteval.

ROQUE (LA), mⁱⁿ, c^{ne} de Ver.

ROQUE-BAIGNARD (LA), c^{ne} de Cambremer. — *Rocha*,
1172 (ch. de Sainte-Barbe). — *Roka*, 1246;
Roqua, xiv° s°; *Roqua Baignardi*, xvi° s° (pouillé
de Lisieux, p. 50). — *Roque Bayard*, 1723
(d'Anville, dioc. de Lisieux).

Par. de Saint-Martin, patr. l'évêque de Lisieux.
Léproserie. Dioc. de Lisieux, doy. de Beuvron.
Génér. de Rouen, élect. de Pont-l'Évêque, sergent.
de Cambremer. — *La Roque Baynard*, fief relevant
du fief de *Bourgeauville*, 1620 (av. de la vicomté
d'Auge).

ROQUELLE (LA), q. c^{ne} de Sainte-Marguerite-de-Viette.

ROQUELLES (LES), h. c^{ne} de Saint-Germain-de-Tallevende.

ROQUERAY (LE), vill. c^{ne} de Saint-Denis-de-Mailloc.
— *Roqueret* (mémoires des antiq. de Normandie,
t. XXVI). — *Rocroy*, 1847 (stat. post.).

ROQUERET (LE), f. c^{ne} d'Ussy.

ROQUERIE (LA), h. c^{ne} de Courtonne-la-Meurdrac.

ROQUERIE (LA), h. c^{ne} d'Ondefontaine.

ROQUERIE (LA), h. c^{ne} de Tessel-Bretteville.

ROQUES, c^{on} de Lisieux (1re section). — *Roquæ*, xiv° s°;
Roquiæ, xvi° s° (pouillé de Lisieux, p. 18). — *Les
Rocques* (*ibid.* p. 23).

Par. de Saint-Ouen, patr. le chanoine de la
Pluyère. Dioc. de Lisieux, doy. de la ville et
banlieue. Génér. d'Alençon, élect. et sergent. de
Lisieux.

ROQUET (LE), h. c^{ne} de Friardel.

ROQUET (LE), h. c^{ne} de Montchamp.

ROQUET (LE), h. c^{ne} de Neuville.

ROQUET (LE), m^{on}, c^{ne} d'Orbec.

ROQUET (LE), h. et f. c^{ne} de Saint-Charles-de-Percy.

ROQUET (LE), h. c^{ne} de Saint-Ouen-des-Besaces.

ROQUET (LE), f. c^{ne} de Tournay.

ROQUET-BIDOIS (LE), h. c^{ne} de Saint-Manvieu (Vire).

ROQUETIÈRE (LA), h. c^{ne} de Saint-Vigor-des-Mézerets.
— *Roctière*, 1848 (état-major).

ROQUETS (LES), h. c^{ne} de Familly.

ROQUETS (LES), h. c^{ne} de Rumesnil.

ROQUETTE (LA), h. c^{ne} de Bernières-le-Patry.

ROQUETTE (LA), h. c^{ne} de Boulon.

ROQUETTE (LA), h. c^{ne} de Burcy.

ROQUETTE (LA), h. c^{ne} de Culey-le-Patry.

ROQUETTE (LA), delle de la bar. de Rots, 1660 (papier terr. de Rots).

ROQUETTE (LA), h. c^{ne} de Thury-Harcourt.

ROQUETTES (LES), h. c^{ne} de Montchauvet.

ROQUETTES (LES), h. c^{ne} de Noron (Bayeux).

ROQUETTES (LES), h. c^{ne} de Meuvaines.

ROQUETTES (LES), vill. c^{ne} de Noron.

ROQUETTES (LES), h. fief de la baronnie de Torteval,
1778 (rentes de la baronnie).

ROQUETTES-BETZÉE (LES), h. c^{ne} de Saint-Jean-des-
Essartiers.

ROQUIERS (LES), h. c^{ne} de Formigny.

ROQUILLES (LES), h. c^{ne} de Vaubadon.

ROQUIS (LE), h. c^{ne} des Loges-Saulces.

ROQUIS (LE), h. c^{ne} d'Olendon.

RORBY (LE), h. c^{ne} de Tessel-Bretteville.

RÔRIE (LA), h. c^{ne} de Clinchamps.

RÔRIE (LA), h. c^{ne} de Sept-Frères.

ROSE (LA), h. c^{ne} de Cardonville.

ROSE (LA), vill. c^{ne} de Saint-Paul-du-Vernay.

ROSÉE (LA), mⁱⁿ, c^{ne} de Sainte-Honorine-du-Fay.

ROSEL, c^{on} de Creully. — *Rozel*, 1083 (ch. de Saint-
Étienne). — *Rossel*, 1238 (ch. de Mondaye). —
Ecclesia Sancti Martini de Rosello, 1300 (cartul.
du Plessis-Grimoult, t. I, p. 2). — *Roussellum*,
1234 (lib. rub. Troarn. 129).

Par. de Saint-Martin, prieuré-cure; patr. le
prieur du Plessis-Grimoult. Chapelle de Saint-Martin, Sainte-Anne-de-Grouchy; ancienne église de
Saint-Pierre, très anciennement détruite. — Dioc.
de Bayeux, doy. de Creully. Génér. et élect. de Caen,
sergent. de Creully.

Le fief de *Bourguefer*, quart de fief tenu des
doyens et des chanoines du Saint-Sépulcre de
Caen, était assis à Rosel.

ROSEL (LE), q. c^{ne} de Cairon.

ROSEL (LE), h. c^{ne} de Fontaine-Étoupefour.

ROSEL (LE), h. et f. c^{ne} de Fontenermont.

Rosel (Le), h. c^ne de Missy.

Rosel (Le), h. c^ne de Montchamp.

Roselinée (La), vill. c^ne de Saint-Denis-de-Mailloc.

Roserie (La), h. c^ne de Saint-Georges-d'Aunay.

Rosière (La), cours d'eau affl. de la Drôme.

Rosière (La), h. c^ne de Bricqueville.

Rosière (La), h. c^ne de Cambremer.

Rosière (La), h. c^ne de Caumont.

Rosière (La), h. c^ne de Cordebugle.

Rosière (La), h. c^ne de Courtonne-la-Meurdrac.

Rosière (La), f. c^ne d'Isigny.

Rosière (La), h. c^ne de Manerbe.

Rosière (La), h. et f. c^ne de Neuilly.

Rosière (La), h. c^ne de Notre-Dame-de-Fresnay.

Rosière (La), h. c^ne de Sainte-Marguerite-des-Loges.

Rosière (La), h. c^ne de Tracy-sur-Mer.

Rosiers (Les), h. c^ne de Saint-Denis-de-Méré.

Rosnay (Le), f. c^ne de Trungy. — Demi-fief de chevalier mouvant de la baronnie de Courcy, vicomté de Falaise, tenu par Antoine de Ronnay, 1586 (papier terrier de Falaise).

Rosserie (La), h. c^ne du Mesnil-Benoît.

Rosserie (La), h. c^ne de Saint-Georges-d'Aunay.

Rossignol (Butte), c^ne de Blangy.

Rossignol (Le), h. c^ne de Putot-en-Bessin.

Rothais, h. c^ne de Coulonces.

Rotours (Les), h. c^ne de Lison. — Rotors, 1229 (ch. de Fontenay, n° 641). — Les Rotors, 1238 (ch. de Saint-André-en-Gouffern, n° 778). — Les Rotours, 1586 (papier terrier de Falaise).

Franche et noble vavassorie du domaine royal, vicomté de Falaise, 1586 (papier terrier de Falaise).

Rotours (Les), h. c^ne d'Ouilly-le-Tesson.

Rots, c^on de Tilly-sur-Seulle. — Ros, 1020 (anciennes divisions de la Normandie, p. 38). — Roth, 1159 (ch. de Saint-Étienne). — Rox, xive s^e (livre pelut de Bayeux). — Roz, xive s^e (taxat. decim. dioc. Baioc.). — Roos, 1479 (marchement du territoire de Rots). — Rost, 1790 (déclar. à l'Assemblée nationale).

Par. de Saint-Ouen, patr. l'abbé de Saint-Étienne de Caen. Dioc. de Bayeux, doy. de Maltot. Génér. et élect. de Caen, sergent. de Bernières.

La chapelle de Sainte-Marie-de-Lortial, dans le fief Siméon (fief Semyon), 1554 (aveu du temporel de Saint-Étienne), devint une baronnie. Le demi-fief de chevalier, nommé fief Siméon ou le fief aux Pucelles, relevant de cette baronnie, avait anciennement pour annexe l'église de Norrey. Fiefs du Maresq, Marol, Perrier, et vavassorie Mazeuré.

Rots (Les), h. c^ne de Saint-Gatien.

Roucamp, c^on d'Aunay. — Rouchamp, xie s^e (enquête, arch. de Bayeux). — Rufus Campus, 1170 (ch. du Plessis-Grimoult). — Roscamp, 1198 (magni rotuli, p. 69, 2). — Ruffus Campus, 1294 (ch. du Plessis-Grimoult). — Sanctus Laurentius de Rouquampo, 1417 (magni rotuli, p. 277). — Rouxcamp, 1476 (ch. du Plessis-Grimoult). — Roncamp, 1675 (carte de Petite). — Romcamp, 1758 (carte de Vaugondy).

Par. de Saint-Laurent, patr. le chevalier de Catillon. Dioc. de Bayeux, doy. de Vire. Génér. de Caen, élect. de Vire, sergent. de Saint-Jean-le-Blanc.

Roucamp, h. et f. c^ne de la Ferrière-Harang.

Roucamp, h. et m^in, c^ne du Tourneur.

Roucamp, riv. affl. de la Souleuvre. Née à Jurques, elle parcourt ou arrose Brémoy, Saint-Martin-des-Besaces, Saint-Denis-Maisoncelles, la Ferrière-Harang et le Tourneur.

Roucheux (Les), delle de Bretteville-l'Orgueilleuse, 1666 (papier terrier de la baronnie).

Roue (La), q. c^ne de Lion-sur-Mer.

Rouelle (La), h. c^ne de Bonnemaison. — Rotella, 1086 (cart. de la Trinité).

Rouelle (La), bois à Curcy.

Rouelle-des-Landes (La), h. c^ne de Saint-Martin-de-Tallevende.

Rouge-Bec (Le), m^on isolée, c^ne de Crouay.

Rouge-Coudrey (Le), f. c^ne de Bonneuil.

Rouge-Crotte (La), h. c^ne de Saint-Cyr-du-Ronceray.

Rouge-Douet (Le), h. c^ne de Campandré-Valcongrain. — Rouge-Duit, 1848 (état-major).

Rouge-Douit (Le), h. c^ne du Plessis-Grimoult.

Rouge-Fosse (La), f. c^ne d'Englesqueville (Bayeux).

Rougemont, h. c^ne de Falaise. — Rogemont, 1323 (ch. de Saint-Étienne-de-Fontenay, n° 182.

Rouges-Fontaines (Les), h. c^ne du Tourneur.

Rouges-Fossés (Les), h. c^ne de Surrain.

Rouges-Terres (Les), h. c^ne de Grandcamp.

Rouges-Terres (Les), h. c^ne de Grand-Mesnil. — Altæ Rubeæ terræ, 1234 (lib. rub. Troarn. p. 127).

Rouges-Terres (Les), h. c^ne de Norrey (Falaise).

Rouges-Terres (Les), h. c^ne de Surrain.

Rougetière (La), h. c^ne de Condé-sur-Noireau.

Rougetterie (La), f. c^ne de Mosles.

Rouge-Val (Le), h. c^ne de Montfréville.

Rouil (Le), h. c^ne de Sainte-Marguerite-des-Loges.

Rouillardière (La), h. c^ne de Lassy.

Rouillère (La), f. c^ne de Crocy.

Rouillères (Les), h. c^ne de Montchamp.

Rouillerie (La), h. c^ne de Champ-du-Boult.

Rouillerie (La), h. c^ne de Saint-André-d'Hébertot.

31.

Rouillerie (La), h. c^ne du Tourneur. — *Le Rouillery*, 1847 (stat. post.).

Rouillés (Le), h. c^ne du Breuil.

Rouilly, h. c^ne du Breuil, réunie à Mézidon.

Rouitoir (Le), h. c^ne de Cheux.

Roulage (Le), h. c^ne de Longueville.

Roulandière (La), h. c^ne du Mesnil-Durand.

Roulandière (La), vill. c^ne de Mont-Bertrand.

Roulet (Le), h. c^ne de Saint-Ouen-des-Besaces.

Roullard, bois, c^ne du Mesnil-Mauger.

Roullères, f. c^ne de Lisores.

Roullet (Le), h. c^ne de Montchauvet.

Roullière (La), h. c^ne de Baron.

Roullière (La), h. c^ne de Curcy.

Roullière (La), h. c^ne de Hamars.

Roullis (Le), h. c^ne d'Épaney.

Roulloubs, c^on de Vire. — *Rollos*, 1154 (ch. du Plessis-Grimoult). — *Roulos*, 1203 (*ibid.* p. 13). — *Rolors*, 1229 (ch. de Saint-André-en-Gouffern, n° 641). — *Rollo*, 1234 (lib. rub. Troarn. p. 16). — *Roullos*, 1277 (cartul. norm. n° 904, p. 218). — *Rouloux*, *Rouxloux*, 1476 (ch. du Plessis-Grimoult). — *Roulloux*, 1484 (arch. nat. P. 272, n° 178). — Quart de fief s'étendant à Chênedollé, Viessoix et Truttemer, 1681 (av. de la vicomté de Vire).

Par. de Saint-Martin, patr. le prieur du Plessis-Grimoult. Dioc. de Bayeux. Génér. de Caen, élect. de Vire, sergent. de Saint-Jean-le-Blanc.

Prieuré fondé vers la fin du xiie s^e, par Richard de Roullours.

Roumelière (La), h. c^ne du Theil.

Roupillière (La), h. c^ne de Saint-Germain-de-Livet.

Rourie (La), h. c^ne de Clinchamps.

Rourie (La), h. c^ne de Montamy.

Rouscoudre, h. c^ne de Bonneuil.

Rouseville, h. c^ne de Saint-Pierre-la-Vieille.

Roussaudière (La), h. c^ne de Mont-Bertrand.

Roussel (Le), f. c^ne de Coulonces.

Rousselins (Les), h. c^ne de Saint-Paul-du-Vernay.

Roussellerie (La), h. c^ne de Livry.

Roussellière (La), h. c^ne de Bernières-le-Patry.

Roussellière (La), h. c^ne de Neuville.

Roussellière (La), h. c^ne de Sainte-Marie-Laumont.

Roussellière (La), h. c^ne du Theil.

Rousserie (La), f. c^ne de Lessard-et-le-Chêne.

Roussière (La), h. c^ne de Saint-Germain-de-Montgommery.

Roussigny, h. c^ne de Sallen.

Roussin (Le), h. c^ne de Chênedollé.

Route (La), q. c^ne de Gerrots.

Route (La), vill. c^ne du Mesnil-Guillaume.

Route (La), h. c^ne de Saint-Martin-de-Mailloc.

Route (La), h. c^ne de Saint-Pierre-Canivet.

Route (La), h. c^ne de Saint-Pierre-du-Fresne.

Route-de-Beaumont (La), h. c^ne de Reux.

Route-de-Cambremer (La), q. c^ne de Dozulé.

Route-de-Condé (La), h. c^ne de Nonant.

Route-de-Saint-Fromond (La), q. c^ne de Littry.

Route-de-Varaville (La), h. c^ne de Périers.

Route-d'Ouistreham (La), h. c^ne d'Épron.

Route-d'Ouistreham (La), h. c^ne de Lion-sur-Mer.

Route-du-Mesnil-Do (La), q. c^ne de Dozulé.

Route-Neuve (La), q. c^ne de Versainville.

Routis (Les), h. c^ne de la Folletière.

Routoir (Le), h. c^ne de Saint-Manvieu.

Rouvel, h. f. et bois, c^ne de Vassy.

Rouville, prieuré de Périers-en-Auge. — *Rouvilla*, xive s^e (pouillé de Lisieux, p. 44). — *Sanctus Petrus de Rothovilla*, *de Rodovilla* (*ibid.* note 11).

Rouvray (Le), m^in, c^ne de Bellou.

Rouvray, h. et m^in, c^ne de Coulonces. — *Rovrei*, *Rovreium*, 1198 (magni rotuli, p. 66, 2). — *Roverei*, 1228 (ch. de Saint-Étienne). — *Rovreium*, 1239 (ch. d'Aunay).

Rouvray (Le), f. c^ne du Mesnil-Durand.

Rouvres, c^on de Bretteville-sur-Laize. — *Rovres*, 1086 (cartul. de la Trinité). — *Rouvres*, 1172 (*ibid.*).

Par. de Notre-Dame, deux cures réunies en 1660. Patr. 1° le seigneur du lieu; 2° les Jésuites. Dioc. de Séez, doy. de Saint-Pierre-sur-Dive. Génér. d'Alençon, élect. de Falaise, sergent. de Jumel.

Fiefferme du domaine royal, en la vicomté de Falaise; sergenterie de Jumel, comprenant les vavassories de *la Croix*, des *Poiriers*, des *Tirons* et d'*Audierne*.

Une demi-vavassorie appelée le fief d'*Aisy*, 1586 (papier terrier de la vicomté de Falaise).

Rouvrou, chât. c^ne de Bretteville-sur-Laize. — *Rouverou*, 1608 (aveux d'Harcourt).

Roux (Les), h. c^ne de la Folletière-Abenon.

Roux (Les), h. c^ne de Lisores.

Roux (Les), q. c^ne de Saint-Paul-du-Vernay.

Rouxevilles (Les), h. c^ne de Cahagnolles.

Rouy (Le), f. c^ne du Mesnil-Bacley.

Routers (Les), h. c^ne de Presles.

Roy (Le), fief de Burcy, 1720 (fiefs de la vicomté de Caen).

Roy (Le), h. c^ne de Foulognes.

Roy (Le), h. c^ne du Mesnil-Guillaume.

Roy (Le), h. c^ne du Plessis-Grimoult.

Royal-Pré, c^ne de Cricqueville, prieuré fondé en 1255 dans la paroisse d'Angoville, réunie aujourd'hui à Cricqueville, appelé dans l'acte de fondation *prioratus Sancti Michaelis de Bastebort* (cartul. normand, n° 529, p. 94), parce qu'il était construit sur un monticule appelé *Bastebourg*, près de Dozulé. — *Regale Pratum*, 1257 (cartul. normand, n° 586, p. 109). — *Réaupré*, 1579 (*ibid.* p. 53, note 7).

Royenne (La), h. c^ne de Courvaudon.

Ruaud (La), h. c^ne de Parfouru-sur-Odon.

Ruaudière (La), h. c^ne de Champ-du-Boult.

Ruaudière (La), h. et chât. c^ne de la Graverie.

Ruaudière (La), h. c^ne de Neuville.

Ruaudière (La), h. c^ne de Saint-Germain-de-Tallevende. — Quart de fief de la vicomté de Vire, 1642 (fiefs de la vicomté de Vire).

Ruaudière (La), h. c^ne de Saint-Germain-du-Crioult. — *Revaudière*, 1848 (état-major).

Ruaudière (La), h. c^ne de Saint-Jean-le-Blanc.

Ruaux (Les), h. c^ne de Montamy.

Rubercy, c^on de Trévières. — *Rebercil*, 1168 (ch. de l'abb. de Longues). — *Rubersil*, 1454 (arch. nat. P. 271, n° 155). — *Ribercil*, 1456 (ch. de Longues).

Par. de Notre-Dame, patr. l'abbé de Longues ou le seigneur de Trévières. Dioc. de Bayeux, doy. des Veys. Génér. de Caen, élect. de Bayeux sergent. de Cerisy.

Fiefferme unie au comté de Trévières en 1678. Fief de *la Poterie-du-Mollay*, sis à Rubercy, 1456 (ch. de l'abb. de Longues).

Le fief de *Rubercy*, la fiefferme de *Mondeville* et autres domaines réunis formèrent une seule châtellenie relevant du roi, 1678 (ch. des comptes de Rouen, p. 405).

Rubercy, f. et m^in, c^ne de Maisons. — *Rubercey*, 1848 (état-major).

Rubercy, h. et f. c^ne de Saint-Agnan-le-Malherbe. — *Rubercy*, 1267 (cartul. de Mondaye). — *Ruberci*, 1848 (état-major).

Rubercy, f. c^ne de Tour.

Rucqueville, c^on de Creully, c^ue réunie pour le culte à Martragny. — *Ruschivilla*, 1082 (ch. de Saint-Étienne). — *Ruschavilla*, 1082 (ch. de la Trinité). — *Rucheville*, 1172 (ant. cartul. ecclesiæ Baioc. p. 441). — *Ruscavilla*, 1190 (ch. de Saint-Étienne). — *Ruskevilla*, 1204 (ch. d'Aunay). — *Rusquevilla* (ch. de Bayeux, n° 745). — *Rusquevilla*, 1371 (assiette de la vicomté de Caen). — *Rouxeville*, 1460 (av. du temporel de l'évêché de Bayeux). — *Ruquevilla*, 1674 (titres de l'abbaye de la Trinité). — *Rugville*, 1716 (carte de de Lisle).

Par. de Saint-Pierre, patr. le seigneur. Dioc. de

Bayeux, doy. de Maltot. Génér. et élect. de Caen, sergent. de Creully.

Terre et seigneurie de la baronnie de Saint-Vigor-le-Grand; fief appartenant à l'abbaye de Saint-Étienne de Caen, dont relevait le quart de fief du *Buisson*. Fiefs de *Lambert* et *Lamberville*, relevant de la ferme *Harang*, 1475 (temp.^s de l'év. de Bayeux).

Rue (La), h. c^ne d'Amfréville.

Rue (La), h. c^ne de Bavent.

Rue (La), h. c^ne de Beaumais.

Rue (La), h. c^ne de Cernay.

Rue (La), h. c^ne de Clécy.

Rue (La), h. c^ne de Dampierre.

Rue (La), h. c^ne d'Épaney.

Rue (La), h. c^ne de la Ferrière-au-Doyen.

Rue (La), h. c^ne de Fontenay-le-Pesnel.

Rue (La), h. c^ne des Loges-Saulces.

Rue (La), h. c^ne de Méry-Corbon.

Rue (La), h. c^ne de Pont-Bellenger.

Rue (La), h. c^ne de Roques.

Rue (La), h. c^ne de Rots.

Rue (La), h. c^ne de Saint-Denis-de-Méré.

Rue (La), h. c^ne de Saint-Germain-Langot.

Rue (La), h. c^ne de Saint-Martin-aux-Chartrains.

Rue (La), h. c^ne de Sully.

Rue (La), h. c^ne du Tronquay.

Rue (La), h. c^ne de Vassy.

Rue-à-la-Route (La), h. c^ne de Villons-les-Buissons.

Rue-au-Blanc (La), h. c^ne de Moyaux.

Rue-aux-Daims (La), c^ne de Cesny-Bois-Halbout.

Rue-aux-Fèvres (La), h. c^ne de Saint-Pierre-du-Mont.

Rue-aux-Moines (La), f. c^ne de Canapville.

Rue-aux-Renards (La), q. c^ne d'Auvillars.

Rue-aux-Vaches (La), h. c^ne de Frénouville.

Rue-aux-Vaches (La), h. c^ne de Saint-Paul-du-Vernay.

Rue-Bailly (La), h. c^ne de Saint-Remy.

Rue-Beauchamp (La), h. c^ne de Surville.

Rue-Benoît (La), h. c^ne d'Anisy.

Rue-Berthe (La), h. c^ne de Maizières.

Rue-Binet (La), h. c^ne d'Éterville.

Rue-Cavée (La), h. c^ne de Coulibœuf.

Rue-d'Antais (La), h. c^ne de Thiéville.

Rue-d'Avre (La), h. c^ne d'Olendon.

Rue-d'Avre (La), h. c^ne de Vignats.

Rue-de-Balleroy (La), h. c^ne de Tilly-sur-Seulle.

Rue-de-Banville (La), lieu, c^ne de Sainte-Croix-sur-Mer.

Rue-de-Baril (La), h. c^ne d'Épaney.

Rue-de-Bayeux (La), h. c^ne d'Arromanches.

Rue-de-Bayeux (La), vill. c^ne de Creully.

Rue-de-Bayeux (La), h. c^ne de Trévières.

Rue-de-Bernières (La), vill. c^ne de Courseulles.

Rue-de-Bigard (La), h. c^ne de Thaon.

Rue-de-Bray (La), h. c^{ne} de Bretteville-l'Orgueilleuse.
Rue-de-Bray (La), q. c^{ne} de Bretteville-l'Orgueilleuse.
Rue-de-Caen (La), q. c^{ne} d'Annebault.
Rue-de-Coursannes (La), h. c^{ne} d'Anguerny.
Rue-de-Derrière (La), q. c^{ne} de Villons-les-Buissons.
Rue-de-Dieuzy (La), h. c^{ne} de Saint-Julien-sur-Calonne.
Rue-de-l'Abbaye (La), h. c^{ne} de Troarn.
Rue-de-l'Abbesse (La), h. c^{ne} de Verson.
Rue-de-l'Abreuvoir (La), h. c^{ne} d'Isigny.
Rue-de-la-Cachette (La), h. c^{ne} de Sainte-Croix-sur-Mer.
Rue-de-la-Campagne (La), h. c^{ne} d'Arromanches.
Rue-de-la-Croix (La), h. c^{ne} de Port-en-Bessin.
Rue-de-la-Crotte-aux-Prés (La), h. c^{ne} de Vaux-sur-Seulle.
Rue-de-la-Digue (La), h. c^{ne} de Vaux-sur-Aure.
Rue-de-la-Foire (La), h. c^{ne} de Saint-Laurent-de-Condel.
Rue-de-la-Fontaine (La), h. c^{ne} de Villerville.
Rue-de-la-Fontaine-Saint-Martin (La), h. c^{ne} de Saint-Laurent-de-Condel.
Rue-de-la-Mare (La), q. c^{ne} de Blonville.
Rue-de-la-Mer (La), h. c^{ne} de Saint-Aubin-sur-Mer.
Rue-de-la-Mer (La), h. c^{ne} de Villers-sur-Mer.
Rue-de-la-Picotière (La), q. c^{ne} de Méry-Corbon.
Rue-de-la-Poterie (La), q. c^{ne} de Longraye.
Rue-de-la-Vache (La), h. c^{ne} de l'Hôtellerie.
Rue-de-la-Venelle (La), vill. c^{ne} de Ver.
Rue-de-la-Ville (La), h. c^{ne} de Longues.
Rue-d'Enfer (La), q. c^{ne} de Surville.
Rue-d'Enfer (La), h. c^{ne} de Tilly-sur-Seulle.
Rue-de-l'Eau (La), h. c^{ne} de Blonville.
Rue-de-l'Église (La), h. c^{ne} de Loucelles.
Rue-de-Longues (La), éc. c^{ne} de Longues.
Rue-de-Mathan (La), f. c^{ne} d'Urville.
Rue-de-Rimbault (La), vill. c^{ne} de Loucelles.
Rue-de-Secqueville (La), q. c^{ne} de Bretteville-l'Orgueilleuse.
Rue-des-Barres (La), h. c^{ne} du Molay.
Rue-des-Champs (La), h. c^{ne} de Montfiquet.
Rue-des-Dames (La), h. c^{ne} d'Isigny.
Rue-des-Magasins (La), h. c^{ne} de Dive.
Rue-des-Patriotes (La), h. c^{ne} de Saint-Pierre-sur-Dive.
Rue-des-Portes (La), q. c^{ne} de Cheux, 1540 (ch. de Saint-Étienne).
Rue-des-Saules (La), h. c^{ne} du Reculey.
Rue-des-Tanneurs (La), h. c^{ne} d'Ouilly-le-Vicomte.
Rue-des-Trois-Sabots (La), h. c^{ne} de Saint-Pierre-sur-Dive.
Rue-de-Tainville (La), h. c^{ne} du Molay.
Rue-de-Vire (La), h. c^{ne} de Saint-Martin-des-Besaces.
Rue-de-Vire (La), q. c^{ne} de Villers-Bocage.
Rue-Dieuzy (La), h. c^{ne} des Authieux-sur-Calonne.
Rue-d'Isigny (La), c^{ne} de Trévières.

Rue-d'Orbec (La), h. c^{ne} de Livarot.
Rue-du-Baroquin (La), q. c^{ne} de Saint-Martin-de-Fontenay.
Rue-du-Bas-de-Crouay (La), vill. c^{ne} de Crouay.
Rue-du-Bief (La), q. c^{ne} de Creully.
Rue-du-Boscq (La), c^{ne} de Saint-Pierre-sur-Dive.
Rue-du-Bout-Carry (La), h. c^{ne} de Basly.
Rue-du-Bout-des-Camets (La), h. c^{ne} de Martragny.
Rue-du-Carrefour (La), h. c^{ne} d'Arromanches.
Rue-du-Cul-de-Sac (La), h. c^{ne} de Combes.
Rue-du-Four (La), vill. c^{ne} de Bucéels.
Rue-du-Four (La), vill. c^{ne} de Meslay.
Rue-du-Four-à-Ban (La), q. c^{ne} de Saint-Pierre-sur-Dive.
Rue-du-Hoult (La), h. c^{ne} de Surville.
Rue-du-Moulin (La), h. c^{ne} de Maizières.
Rue-du-Moulin (La), h. c^{ne} de Saint-Julien-le-Faucon.
Rue-du-Moutier (La), q. c^{ne} d'Ancteville.
Rue-du-Nord (La), h. c^{ne} de Port-en-Bessin.
Rue-du-Pont (La), h. c^{ne} de Banville.
Rue-du-Pont-d'Iaulne (La), h. c^{ne} de Guéron.
Rue-du-Puits (La), h. c^{ne} de Dive.
Rue-du-Rang (La), h. c^{ne} de Saint-Laurent-sur-Mer.
Rue-du-Reiset (La), h. c^{ne} d'Arromanches.
Rue-du-Val (La), h. c^{ne} de Saint-Laurent-sur-Mer.
Rue-du-Val (La), q. c^{ne} de Saint-Laurent-sur-Mer.
Rue-du-Vieux-Moulin (La), h. c^{ne} du Molay.
Ruée (La), vill. c^{ne} de Longvillers.
Rue-Ferrée (La), h. c^{ne} de Saint-Aubin-d'Arquenay.
Rue-Fridourg (La), q. c^{ne} de Grainville-sur-Odon.
Rue-Froide (La), h. c^{ne} d'Acqueville.
Rue-Froide (La), h. c^{ne} de Pierrefitte.
Rue-Haute (La), h. c^{ne} de Janville.
Ruel (Le), vill. c^{ne} d'Airan.
Ruel (Le), h. c^{ne} de Cormolain. — *Reuel*, 1245 (ch. de Mondaye).
Ruelle (La), h. c^{ne} de Beaufour.
Ruelle (La), h. c^{ne} de Saint-Manvieu (Vire).
Ruelle (La), h. c^{ne} de Saint-Martin-de-Fresnay.
Ruelle (La), h. c^{ne} de Saint-Samson.
Ruelle (La), f. et m^{on}, c^{ne} de Tréprel.
Ruelle-du-Centre (La), h. c^{ne} de Port-en-Bessin.
Ruelle-des-Landes (La), h. c^{ne} de Saint-Germain-de-Tallevende.
Ruellerie (La), h. c^{ne} de Cahagnolles.
Ruelle-Saint-Vannier (La), c^{ne} de Fourneville.
Rue-Longuemare (La), h. c^{ne} d'Amfréville.
Rue-Lucas (La), h. c^{ne} de l'Hôtellerie.
Rue-Moulière (La), h. c^{ne} de Barneville.
Rue-Neuve (La), c^{ne} de Versainville.
Rue-Pisseuse (La), h. c^{ne} de Blangy.
Rue-Postel (La), h. c^{ne} de Barneville.
Rue-Rochamp (La), h. c^{ne} de Surville.

Rues (Les), h. c^ne de Boulon.

Rues (Les), h. c^ne de Notre-Dame-de-Courson.

Ruet (Le), h. c^ne du Plessis-Grimoult.

Rue-Talbot (La), h. c^ne de Basly.

Ruette (La), f. c^ne de Cauvicourt. — Rueta, 1280 (ch. de Barbery, 145).

Ruette (La), vill. c^ne de Crépon.

Ruette (La), h. c^ne de Léaupartie.

Ruette (La), h. c^ne de Percy.

Ruette (La), h. c^ne de Saint-Martin-de-Fresnay.

Ruette (La), h. c^ne de Saint-Martin-de-Tallevende.

Ruettes (Les), h. c^ne de Saint-Germain-de-Tallevende.

Rue-Vilaine (La), h. c^ne de Saint-Sylvain.

Ruffardière (La), h. c^ne de Coulonces. — Reffardière, 1610 (cart. d'Ardennes). — Fief de Saint-Laurent-de-Cramesnil.

Ruffardière (La), h. c^ne de Saint-Manvieu (Vire).

Ruisseau (Le), h. c^ne d'Arromanches.

Ruisseau (Le), h. c^ne de Cesny-Bois-Halbout. — Ruissellum, 1271 (ch. de Friardel).

Ruisseau-aux-Amants (Le), h. c^ne de Sermentot.

Ruisseau-aux-Viandères (Le), q. c^ne de Bricqueville.

Ruisseau-Saint-Martin (Le), q. c^ne de Marolles.

Ruisseaux (Les), h. c^ne de Cottun.

Ruisseaux (Les), h. c^ne de Nonant.

Rully, c^on de Vassy. — Roulleyum, Rulleium, xvie s^e (livre pelut de Bayeux). — Reully, 1419 (rôles de Bréquigny, n° 541, p. 90).

Par. de Saint-Martin, patr. le seigneur du lieu. Dioc. de Bayeux, doy. de Vire. Génér. de Caen, élect. de Vire.

Rumesnil, c^on de Cambremer. — Roesmenillum, xive s^e (pouillé de Lisieux, p. 48). — Roumesnillum, xvie s^e (ibid.).

Par. de Saint-Pierre, patr. l'abbé du Val-Richer. Dioc. de Lisieux, doy. de Beuvron. Génér. de Rouen, élect. de Pont-l'Évêque, sergent. de Beuvron.

Rumesnil (Chemin de), h. c^ne de Saint-Gilles-de-Livet.

Rupalley, h. et f. c^ne d'Isigny. — Rupalaium, 1184 (magni rotuli, p. 111, 2). — Ruppaleium, 1419 (rôles de Bréquigny, n° 561, p. 90).

Ruppalley, fief de la baronnie de Neuilly, 1475 (av. du temp. de l'év. de Bayeux).

Rupierre, c^ne réunie à Saint-Pierre-du-Jonquet en 1855.

— Ruperiæ, 1190 (ch. de Saint-Étienne). — Rupetra, 1195 (livre blanc de Troarn). — Ruparia, 1293 (chap. de Saint-André-en-Gouffern). — Ruppierre, 1312 (ch. de Villers-Canivet, n° 292). — Rue-Pierre, 1382 (ch. de Saint-Pierre-Canivet, p. 383). — Ruppière, 1435 (domaine de Troarn). — Rupeire, 1653 (carte de Tassin).

Par. de Notre Dame, deux cures; patr. le prieur des Deux-Amants et le seigneur du lieu. Dioc. de Bayeux, doy. de Troarn. Génér. et élect. de Caen, sergent. du Verrier.

Rupierre, fief de haubert, tenu du roi à cause de la vicomté de Falaise, 1655 (ch. des comptes de Rouen, t. III, p. 166). Autre fief relevant de la baronnie de Creully.

Rupierre, chât. c^ne de Biéville.

Ruquet (Le), ruiss. c^ne de Saint-Laurent-sur-Mer.

Russy, c^on de Trévières, c^ne accrue en 1824 de la c^ne d'Argouges-sur-Mosles. — Russeium, 1184 (magni rotuli, p. 112). — Russie, Ruissie, 1290 (censier de Saint-Vigor, n° 144). — Rousseyum, xive s^e (taxat. decim. dioc. Baioc.).

Par. de Notre-Dame, depuis Saint-Éloi; patr. le chanoine d'Ussy. Dioc. de Bayeux, doy. des Veys. Génér. de Caen, élect. de Bayeux, sergent. de Tour.

Le fief du Fresne, terre et seigneurie de la vicomté de Bayeux, avait son chef assis à Russy. Le fief de Sainte-Honorine relevait de Russy. Le fief du Fresne, à Russy et Mosles, relevait du fief Hamon et s'étendait à Mosles, Argouges-sous-Mosles et Houtteville. Le fief Percy, sis à Russy, relevait de la baronnie de Neuville, 1605 (av. de la vicomté de Bayeux).

Ruyen, h. c^ne de Quétiéville.

Ryes, chef-lieu de canton, arr. de Bayeux. — Ris, 1082 (ch. de la Trinité). — Rie, 1155 (Wace, roman de Rou). — Ria, 1168; Rie, 1198 (magni rotuli, p. 39). — Rya, 1203 (ibid. p. 18). — Rye, 1250 (ibid. p. 114).

Par. de Saint-Martin, patr. l'abb. de Longues et l'abbé de Fontenay. Dioc. de Bayeux, doy. de Creully. Génér. et élect. de Caen, sergent. de Graye.

Fief de Ryes et Littry, relevant du marquisat de Magny. Fief de la Ferrière à Ryes, mouvant du roi. Manoir du Pavillon, aujourd'hui fermé.

S

Sabeauderie (La), h. c^ne de la Hoguette.

Sables (Les), h. c^ne de Crouay.

Sables (Les), h. c^ne d'Ouistreham.

Sablière (La), h. c^ne de Saint-Martin-de-la-Lieue.

Sablon (Le), h. c^ne des Authieux-sur-Calonne.

Sablonnière (La), h. c^ne de Carville. — Sabloneria, Sa-

blonneria, Sablonnaria, 1198 (magni rotuli scacc. c. 27, 2).

SABLONNIÈRE (LA), h. c^ne de Castilly.

SABLONNIÈRE (LA), h. c^ne du Molay.

SABLONNIÈRE (LA), vill. c^ne de Saint-Marcouf.

SABLONS (LES), h. c^ne de Bayeux.

SABLONS (LES), h. c^ne de Bonneville-sur-Touque.

SABLONS (LES), h. c^ne de la Hoguette.

SABLONS (LES) ou FAUBOURG SAINT-LOUIS, h. c^ne de Saint-Germain-de-Tallevende.

SABLONS (LES), h. c^ne de Tournay.

SAC (LE), f. c^ne de Soulangy.

SAFFRIE (LA), h. c^ne du Bény-Bocage.

SAFFRIE (LA), h. c^ne de Montchamp.

SAFRIÈRE (LA), h. c^ne de Pont-Bellenger.

SAGE (LE), h. c^ne de Barbeville.

SAGÈRE (LA), h. c^ne de Pleines-OEuvres.

SAGERIE (LA), h. c^ne de Saint-Aubin-des-Bois.

SAGY, h. c^ne de Tilly-sur-Seulle.

SAINFOIN (LE), h. c^ne d'Auquainville.

SAINFOIN (LE), h. c^ne de Lécaude.

SAINFOIN (LE), h. c^ne du Mesnil-Villement.

SAINTE-ADÉLAÏDE, h. c^ne de Livarot.

SAINT-ADRIEN, h. c^ne de Falaise.

SAINT-AGNAN-LE-MALHERBE, c^on de Villers-Bocage. — *Sancti Aniani villa,* 1082 (cartul. de la Trinité). — *Sanctus Agnianus,* 1234 (lib. rub. Troarn. p. 156). — *Saint-Aignan-le-Malherbe,* 1371 (assiette des feux de la vicomté de Caen). — *Sanctus Anianus de Malaherba,* xive s^e (livre pelut de Bayeux). — *Sanctus Anianus de Malherbe,* 1417 (magni rotuli, p. 277).

Fief relevant du duché d'Harcourt.

Patr. le seigneur du lieu. Dioc. de Bayeux, doy. d'Évrecy. Génér. et élect. de Caen, sergent. d'Évrecy.

SAINT-AIGNAN-DE-CRAMESNIL, c^on de Bourguébus. — *Crassum Mesnillum, Crassum Maisnillum,* xive s^e (livre pelut de Bayeux). — *Crasmesnil,* 1248 (ch. de l'abbaye d'Aunay). — *Sanctus Anianus de Crasso Mesnillo,* 1417 (magni rotuli, p. 276).

Patr. le seigneur du lieu; anciennement deux cures, dont la deuxième avait pour patron le Saint-Sépulcre de Caen. Dioc. de Bayeux, doy. de Vaucelles. Génér. et élect. de Caen, sergent. de Bretteville-sur-Laize.

Le fief de *Saint-Aignan,* relevant du roi à cause de la vicomté de Falaise, fut accru, en 1672, des fiefs de *Bretteville,* du *Comte* et du *Royal,* et réuni en un seul fief de haubert sous le nom de *la Fresnaye.* Le fief de *Cramesnil* relevait par quart de fief de la baronnie de Douvre. Marquisat érigé en 1765.

SAINT-AMATOR, c^ne supprimée en 1829 et réunie à Ar-

ganchy. — *Ecclesia Sancti Amadoris,* 1356 (livre pelut, p. 50).

Patr. le seigneur du lieu. Dioc. de Bayeux, doy. des Veys. Génér. de Caen, élect. de Bayeux, sergent. de Briquessart.

SAINT-ANDRÉ (FORÊT DE), c^ne de la Hoguette.

SAINT-ANDRÉ, h. c^ne de Juaye-Mondaye.

SAINT-ANDRÉ-DE-FONTENAY, c^on de Bourguébus, c^ne accrue de la c^ne d'Étavaux en 1827. — *Molendinum de Fontaneto,* 1217 (ch. de Fontenay). — *Sanctus Andreas de Fonteneto,* 1243 (*ibid.*). — *Saint Andrieu de Fontenay,* 1317 (*ibid.*). — *Saint André de Fontenoi,* 1394 (*ibid.* n° 336).

Patr. l'abbé de Fontenay. Dioc. de Bayeux, doy. de Vaucelles. Génér. et élect. de Caen, sergent. de Bretteville-sur-Laize.

Saint-André et Saint-Martin-de-Fontenay ne formaient autrefois qu'une seule commune; on l'appelait *Fontenay-le-Tesson, Fontenay-l'Abbaye.*

Demi-fief et autre quart de fief mouvant de la baronnie de la Motte-Cesny, ressortissant à la vicomté de Falaise. Fief du *Château,* tenu en 1579 par Jean de Grospais, et franche vavassorie, ressortissant à la vicomté de Falaise; fiefferme de *Fontenay-l'Abbaye,* 1463 (arch. nat. P. 272, n° 18).

— Voir SAINT-MARTIN-DE-FONTENAY.

SAINT-ANDRÉ-EN-GOUFFERN, h. c^ne de la Hoguette. — *Dedicatio Sancte Marie et Sancti Andreæ de Gofferno,* 1143 (inscription trouvée dans les ruines de l'abbaye). — *Gouffernum,* 1143 (*ibid.*). — *Gofer, Goufer,* 1198 (magni rotuli, p. 41). — *Sanctus Andreas de Bosco,* 1205 (ch. de Saint-André-en-Gouffern, 370). — *Abbatia Sancti Andree de Guffer,* 1207 (magni rotuli, p. 204). — *Guolfer,* 1247 (ch. de Saint-André-en-Gouffern). — *Saint-André-de-Guofer,* 1250 (*ibid.* 826). — *Sanctus Andreas de Goufer,* 1266 (ch. de l'abb. de Barbery, 321-507). — *Golfer,* 1269 (cart. norm. n° 767, p. 173). — *Sanctus Andreas de Gouffern,* 1301 (ch. de l'abb. n° 816).

Abbaye de religieux de Cîteaux, fondée par Guillaume Talvas, comte d'Alençon; elle était comprise dans le diocèse de Séez.

Le Buschet, fief de Saint-André-en-Gouffern, xive siècle (ch. de l'abb. n° 63).

SAINT-ANDRÉ-D'HÉBERTOT, c^on de Blangy.

Prieuré-cure; patr. l'abbé de Joyenval, au dioc. de Chartres. Léproserie. Dioc. de Lisieux, doy. de Touque. Génér. de Rouen, élect. de Pont-l'Évêque, sergent. de Saint-Julien-sur-Calonne.

Hectot, châtellenie mouvant de la baronnie de Blangy, avait son chef assis en la paroisse de Saint-

André-d'Hébertot. — Demi-fief de haubert, relev. de la Rocque-Baynard (fief de la vicomté d'Auge). Huitième de fief *Guieuredonet*, mouvant de la vicomté d'Auge.

SAINTE-ANNE, h. c^{ne} d'Isigny.

SAINTE-ANNE-D'ENTREMONTS, c^{ne} réunie à Ailly en 1831. — *Sancta Anna*, 1286 (ch. de Robert de Courcy pour l'abb. de Marmoutiers).

SAINT-ARNOULT, c^{on} de Pont-l'Évêque, c^{ne} réunie pour le culte à Tourgéville. — *Sanctus Arnulfus*, 1220 (ch. de l'hospice de Lisieux, n° 21). — *Sanctus Arnulfus super Touquam*, xvie s^e (pouillé de Lisieux, n° 5o). — *Saint-Arnoul-sur-Touque*, xviie s^e (*ibid.* p. 51). — *Saint Arnou sur Touque*, 1723 (d'Anville, dioc. de Lisieux).

Le prieuré de Saint-Arnoult avait pour patron l'abbé de Cluny. Dioc. de Lisieux, doy. de Beaumont. Génér. de Rouen, élect. de Pont-l'Évêque, sergent. de Beaumont.

Plein fief, 1486 (av. de Jacques de Bailleul, Brussel). Fiefs de *Villerville*, relevant de la baronnie de Touque; de *Genneville*, de *la Brière* et de *Houllebrocq*, dépendant de la vicomté d'Auge, 1620 (av. de la vicomté).

SAINT-AUBIN, h. c^{ne} de la Hoguette.

SAINT-AUBIN, h. c^{ne} de Sermentot.

SAINT-AUBIN, h. c^{ne} de Vaudeloges.

SAINT-AUBIN-D'ARQUENAY, c^{on} de Douvre. — *Sanctus Albinus de Arqueneio*, 1265 (cartul. de la Trinité, f° 158).

Patr. l'abbesse de la Trinité de Caen. Dioc. de Bayeux, doy. de Douvre. Génér. et élect. de Caen, sergent. d'Ouistreham.

SAINT-AUBIN-DE-FONTENAY-LE-PESNEL. — Voir FONTENAY-LE-PESNEL.

SAINT-AUBIN-DES-BOIS, c^{on} de Saint-Sever.

Patr. le seigneur du lieu. Dioc. de Coutances, doy. de Montbray. Génér. de Caen, élect. de Vire, sergent. de Saint-Sever.

Le fief de *Saint-Albin* relevait de la baronnie de Coulonces.

SAINT-AUBIN-LÉBISAY, c^{on} de Cambremer. — *Sanctus Albinus, Sanctus Albinus Lesbisey*, xive s^e (pouillé de Lisieux, p. 48). — *Saint Aubin le Bizé*, 1761 (état de la généralité de Rouen, chartrier d'Harcourt). — *Saint Aubin le Bizet*, xviie s^e (carte manuscrite, à la Bibl. nation. n° 77).

Patr. le seigneur du lieu. Dioc. de Lisieux, doy. de Beuvron. Génér. de Rouen, élect. de Pont-l'Évêque, sergent. de Beuvron.

SAINT-AUBIN-SUR-ALGOT, c^{on} de Mézidon. — *Sanctus Albinus super Alegot*, 1260 (ch. de Saint-Pierre-Calvados.

sur-Dive, titres). — *Sanctus Albinus super Algot*, xive s^e; *super Algo*, xvie s^e (pouillé de Lisieux, p. 46).

Patr. l'abbé de Saint-Pierre-sur-Dive. Dioc. de Lisieux, doy. du Mesnil-Mauger. Génér. de Rouen, élect. de Pont-l'Évêque, sergent. de Saint-Julien-le-Faucon.

Fief *Fumichon*, à Saint-Aubin, relevant de Cambremer.

SAINT-AUBIN-SUR-AUQUAINVILLE, c^{ne} réunie en 1831 à Auquainville. — *Sanctus Albinus super Auquainvillam*, xive s^e (pouillé de Lisieux, p. 56).

Patr. le seigneur du lieu. Dioc. de Lisieux, doy. du Mesnil-Mauger. Génér. d'Alençon, élect. de Lisieux, sergent. d'Orbec.

SAINT-AUBIN-SUR-MER, c^{on} de Douvre. — Ce village, dépendant jadis de Langrune, a été érigé en commune en 1851.

Génér. et élect. de Caen, sergent. de Bernières. L'église de Saint-Aubin-sur-Mer n'est pas mentionnée dans les pouillés du diocèse de Bayeux.

SAINTE-BARBE, h. c^{ne} de Littry.

SAINTE-BARBE, h. c^{ne} d'Écajeul; il doit son origine au chapitre de Sainte-Barbe ou Saint-Martin d'Écajeul, qui, fondé en 1060, devint en 1128 prieuré régulier de l'ordre de Saint-Augustin. — *Ecclesia Sancti Martini et Sancte Barbare de Escajoleto*, 1138 (ch. de Sainte-Barbe). — *Sancta Barbara de Eschajolet*, v. 1160 (*ibid.*). — *Conventus Sancte Barbare*, 1277 (cartul. normand, p. 213). — *Prioratus Sancte Barbare in Algia*, xive s^e (pouillé de Lisieux, p. 46). — *Sainte-Barbe-en-Aulge*, 1540 (reg. des Grands jours de Bayeux).

Le prieuré de Sainte-Barbe avait le patronage des églises de Saint-André de Cottun, de Sainte-Marie de Gouvix, de Sainte-Marie du Tertre, de Saint-Gervais des Sablons, de Sainte-Marie de Bonnevillette, de Doux-Marais, de Saint-Martin de Bonnevillette, du Mont-Fouqueron, du Mesnil-Mauger, de Sainte-Croix-sur-Mer; le droit de présentation aux églises de Manneville, de Saint-Nicolas des Bois, au prieuré de Saint-Aubin des Bois, aux églises de Sainte-Marie d'Ouville-Saint-Martin, de Saint-Pierre de la Lande, de Bonneville, de Pontfol-la-Louvet, de Sainte-Marie de la Boissière, de Sainte-Marie de Lécaude, de Sainte-Marie de Fribois.

SAINT-BARTHÉLEMY, h. c^{ne} de Juaye-Mondaye.

SAINT-BAZILE, c^{ne} qui prit le nom des *Autels-Saint-Bazile*, lorsque la commune des Autels lui a été réunie en 1831.

SAINT-BAZILE, h. c^{ne} de Chouain. — *Saint-Basille-sur-*

32

Monne, *ecclesia Sancti Basilii*, xiv°;s° (pouillé de Lisieux, p. 55).

Patr. le seigneur du lieu. Dioc. de Lisieux, doy. de Livarot. Génér. d'Alençon, élect. d'Argentan, sergent. de Montpinçon.

Saint-Bazile, h. c^ne de Lingèvres.

Sainte-Bazile, h. c^ne de Juaye-Mondaye. — *Sancta Basilia*, 1258 (cartul. de Mondaye). — *Sainte-Bazire*, 1848 (état-major).

Saint-Benin ou Saint-Bénigne, c^ne réunie en 1858 à Thury-Harcourt. — *Sanctus Benignus*, 1235 (ch. de Barbery, 245). — *Sancti Begnini villa*, 1258 (*ibid.*). — *Saint Bonin*, 1371 (visite des forteresses). — *Saint Begnin, Saint Bening*, 1405 (assiette de la vicomté de Caen). — *Saint Begnin au val d'Orne*, 1640 (aveux d'Harcourt).

Patr. l'abbé de Barbery. Dioc. de Bayeux, doy. d'Évrecy. Génér. et élect. de Caen, sergent. de Préaux. Fief du duché de Thury-Harcourt.

Saint-Benin, h. et f. c^ne de Saint-Martin-de-Sallen.

Saint-Benoît-d'Hébertot, c^ne de Blangy, c^ne accrue de la commune de Tonneteuit en 1827. — *Ecclesia Sancti Benedicti de Hebertot*, xiv° siècle (pouillé de Lisieux, p. 38).

Patr. le duc d'Orléans. Dioc. de Lisieux, doy. de Honfleur. Génér. de Rouen, élect. de Pont-l'Évêque, sergent. de Saint-Julien-sur-Calonne.

Demi-fief de *Trianon*, 1620 (fiefs de la vicomté d'Auge).

Saint-Blaise, h. c^ne des Moutiers-en-Auge. — *Sanctus Blasius de Ulmo*, 1234 (lib. rub. Troarn. p. 12).

Saint-Blaise, h. c^ne de Saint-Sever.

Saint-Charles-de-Percy, c^ne du canton de Vassy, accrue d'une partie de la paroisse de Montchamp.

Patr. l'abbé de Troarn. Dioc. de Bayeux, doy. de Vire. Génér. de Caen, élect. de Vire, sergent. du Tourneur.

Saint-Christophe, h. et f. c^ne de Firfol.

Saint-Christophe, h. c^ne de Pierrefitte (Falaise).

Saint-Christophe-d'Anfernet, c^ne réunie en 1826 à Ouilly-le-Basset. — *Saint Christophe d'Enfernet*, v. 1270 (ch. du Plessis-Grimoult, 782). — *Sanctus Christophorus de Inferneto* ou *de Anferneto*, xiii° s° (aveux d'Harcourt). — *Sanctus Christophorus*, 1356 (livre pelut de Bayeux). — *Saint Cristofle*, 1585 (papier terrier de Falaise). — *Saint Cristophle*, 1586 (*ibid.* p. 172).

Patr. le seigneur du lieu. Dioc. de Bayeux, doy. de Cinglais. Génér. d'Alençon, élect. de Falaise, sergent. de Thury.

Saint-Clair, chapelle, c^ne de Banneville-sur-Ajon.

Saint-Clair, h. c^ne du Bô.

Saint-Clair, h. c^ne de Goustranville.

Saint-Clair, fief d'Hermanville.

Saint-Clair, h. c^ne de la Hoguette.

Saint-Clair, h. c^ne des Moutiers-Hubert.

Saint-Clair, h. c^ne de Pierrefitte (Falaise).

Saint-Clair, h. et f. c^ne de Saint-Désir; ancienne léproserie. — *Leprosaria Sancti Clari, maladrerie de Saint-Clair*, xvi° s° (pouillé de Lisieux, p. 22).

Saint-Clair, h. c^ne de Saint-Germain-de-Tallevende.

Saint-Clair, h. et f. c^ne de Saint-Omer.

Saint-Clair, h. c^ne de Saint-Pierre-du-Bû.

Saint-Clair-de-Basseneville, c^ne réunie à Goustranville en 1827. — *Sanctus Clarus in Algia*, 1207 (cartul. normand, n° 1091, p. 283); — 1234 (parv. lib. rub. n° 47). — *Saint Clair en Auge* ou *Saint Cler*, 1297 (enquête). — *Basneville-Saint-Clair*, 1320 (rôles de la vicomté d'Auge). — *Sanctus Clarus in Algia, Saint Clair en Auge*, 1350 (pouillé de Lisieux, p. 48).

Patr. l'abbé du Bec. Dioc. de Lisieux, doy. de Beuvron. Génér. de Rouen, élect. de Pont-l'Évêque, sergent. de Dive.

Saint-Clair de Barneville, fief de la vicomté d'Auge, ressortissant à la sergenterie de Dive, bénéfice de la trésorerie de Lisieux. Huitième de fief de *Bouron*, fiefs de *Coqueville*, *Boisférout* et *Hermanville*, 1620 (fiefs de la vicomté d'Auge).

Saint-Clair-de-la-Pommeraye, fief assis à Saint-Omer, appartenant à l'abbaye du Val.

Saint-Clément, c^ne d'Isigny, c^ne réunie à Osmanville en 1862. — *Sanctus Clemens*, 1145 (Haymon de Saint-Pierre-sur-Dive). — *Sanctus Clemens super Vada*, xiv° s° (livre pelut de Bayeux).

Patr. le prieur du Plessis-Grimoult. Dioc. de Bayeux, doy. de Trévières. Génér. de Caen, élect. de Bayeux, sergent. des Veys.

Saint-Cloud ou Saint-Cloud-sur-Touque, c^ne réunie en 1827 à Saint-Étienne-la-Thillaye. — *Sanctus Clotus*, xiv° s°; *Sanctus Clodoaldus*, xvi° s° (pouillé de Lisieux, p. 52).

Patr. le prieur de Beaumont-en-Auge. Dioc. de Lisieux, doy. de Caumont. Génér. de Rouen, élect. de Pont-l'Évêque, sergent. de Beaumont.

Fief de *Saint-Clou*, 1620 (fiefs de la vicomté d'Auge). Deux fiefs de chevalier, assis à Saint-Cloud, relevaient de la baronnie de Fauguernon (*ibid.*).

Saint-Cloud, h. c^ne de Dive.

Saint-Côme-de-Fresné ou Fresné-sur-Mer, c^m de Ryes, c^ne nommée par les marins *le Blanc-Moutier*.

Par. de Saint-Côme et Saint-Damien, patr. l'abbé de Saint-Julien de Tours, puis l'évêque de Bayeux.

Dioc. de Bayeux, doy. de Creully. Génér. de Caen, élect. de Bayeux, sergent. de Graye.

Plein fief de haubert, relevant de la baronnie de Creully.

Saint-Contest, c^{on} de Caen (est). — *Sanctus Contestus*, 1169 (ch. de Saint-Étienne). — *Sanctus Contestus de Asteia*, 1198 (cartul. d'Ardennes). — *Parochia de Ouvetot de Saint Contest*, 1247 (ch. de Barbery, n° 31). — *Saint Contez*, 1723 (d'Anville).

Prieuré-cure; patr. l'abbé d'Ardennes. Léproserie; chapelle de Saint-Pierre de Buron. Dioc. de Bayeux, doy. de Maltot. Génér. élect. et sergent. de Caen.

Demi-fief de chevalier relevant de la baronnie de Douvre, appartenant à l'évêché de Bayeux.

Saint-Crespin ou **Saint-Crespin-sur-Vie**, c^{on} de Mézidon; cette commune, réunie pour le culte à Lécaude, a été accrue en 1826 de la c^{ne} de Cerqueux. — *Sanctus Crispinus*, xvi° s° (pouillé de Lisieux, p. 48).

Patr. l'abb. de Grestain, puis le seigneur du lieu. Dioc. de Lisieux, doy. du Mesnil-Mauger. Génér. de Rouen, élect. de Pont-l'Évêque, sergent. de Saint-Julien-le-Faucon.

Sainte-Croix-Grand'Tonne, c^{on} de Tilly-sur-Seulle. — *Sancta Crux de Grentone*, 1077 (cartul. de l'abb. de Mondaye). — *Sancta Crux de Grantonne*, xi° s° (enquête, p. 429). — *Sancta Crux de Granthone*, 1138 (cart. d'Ardennes). — *Sancta Crux super Grentone*, 1246 (ch. d'Ardennes, n°528). — *Sancta Crux de Grentonne*, 1277 (cartul. normand, n° 902, p. 216). — *Sancta Crux de Grantone*, 1420 (*ibid.*). — *Sainte Croix Grandthonne*, 1665 (ch. de Cordillon, n° 5). — *Sainte Croix Grande Tonne*, 1675 (carte de Petite). — *Sainte Croix Grandthomme*, 1710 (fiefs de la vicomté de Caen, p. 2). — *Sainte Croix Grandhomme*, 1732 (ch. de Cordillon).

Sainte-Croix-Grand'Tonne formait anciennement deux cures. Prieuré-cure. Patr. l'abbé de Longues et l'abbé de Cordillon. Dioc. de Bayeux, doy. de Maltot. Génér. et élect. de Caen, sergent. de Creully.

Le fief de *Sainte-Croix*, plein fief de haubert, s'étendait aux paroisses de Sainte-Croix, Martragny, Secqueville, Bretteville-l'Orgueilleuse, Coulomb, Lasson, Montdésert, Putot et Loucelles. Il relevait de la vicomté de Caen. Autre fief sis à Sainte-Croix et mouvant de la baronnie de Thury. *Rilly*, arrière-fief, relevant de Sainte-Croix. Vavassorie dite *de la Beissinesse*, tenue de l'évêque de Bayeux, 1637 (fiefs de l'évêché, p. 434).

Sainte-Croix-sur-Mer, c^{on} de Ryes. — *Sancta Crux supra mare*, 1231 (cartul. de l'abb. de Mondaye); — 1277 (cartul. normand, n° 902, p. 216).

Patr. le prieur de Sainte-Barbe. Dioc. de Bayeux, doy. de Creully. Génér. de Caen, élect. de Bayeux, sergent. de Graye.

Le fief de *Sainte-Croix* relevait du fief de *Graye*.

Saint-Cyr de Friardel, prieuré de chanoines réguliers de Saint-Augustin, fondé vers 1220. — *Beatus Ciricus de Friardel*, 1231 (cartul. de Friardel). — *Sanctus Martinus de Friardello, ecclesia Sancti Cirici de Vallibus apud Friardel*, 1240 (ibid.). — *Saint Cire de Friardel*, 1281 (ibid.). — *Saint Cyre de Friardel*, 1290 (ibid.). — *Prioratus de Friardello*, xiv° s° (pouillé de Lisieux, p. 34).

Ce prieuré dépendait de Saint-Pierre-sur-Dive. Il avait le patronage des églises de Saint-Martin de Friardel, *Sanctus Martinus de Friardello*, xvi° s° (pouillé de Lisieux, p. 34), et de Saint-Pierre.

Saint-Cyr-du-Ronceray, c^{on} d'Orbec. — *Roncerium*, 1086 (cartul. de la Trinité, f° 2). — *Ronceretum*, 1223 (ch. de Fontenay, n° 1261). — *Le Roncheray*, 1237 (lib. rubeus Troarn.). — *Roncerum*, 1239 (ibid.). — *Roncherum*, 1247 (ch. de Fontenay). — *Le Roncerei, Roncheryum*, xiv° s° (pouillé de Lisieux, p. 34). — *Saint Cyr de Roncerez*, 1730 (temporel de Lisieux). — *Saint Cyr de Roncerés*, 1758 (carte de Vaugondy).

Patr. le seigneur du lieu. Dioc. de Lisieux, doy. d'Orbec. Génér. d'Alençon, élect. de Lisieux, sergent. d'Orbec.

Saint-Denis-de-Mailloc, anciennement **Saint-Denis-du-Val-d'Orbec**, c^{ne} réunie pour le culte à Saint-Julien-de-Mailloc, c^{ne} du canton d'Orbec. — *Sanctus Dionysius de Mailloc, de Mailloco, de Maillot*, xiv° s° (pouillé de Lisieux, p. 34). — *Sanctus Dionisius de Valle Auribec*, xvi° siècle (ibid.). — *Saint Denis du Val d'Orbec*, 1680 (ibid. p. 35). — Voir **Mailloc**.

Patr. le seigneur du lieu. Dioc. de Lisieux, doy. d'Orbec. Génér. d'Alençon, élect. de Lisieux, sergent. d'Orbec. — Fief de *la Masselinaye*, appart. au chapitre de Lisieux.

Saint-Denis-de-Maisons, fief du Tourneur, 1710 (fiefs de la vicomté de Caen).

Saint-Denis-de-Méné, c^{on} de Thury-Harcourt.

Patr. le seigneur du lieu. Église de Saint-Martin du Vieux-Méré ou des Champs, à la nomination des religieux de Beaulieu, près Rouen, réunie à Saint-Denis en 1709; maladrerie de Saint-Lazare à la nomination du seigneur de Condé-sur-Noireau.

Chapelle de Saint-Nicolas. Dioc. de Bayeux, doy. de Condé-sur-Noireau. Génér. de Caen, élect. de Vire, sergent. de Condé.

SAINT-DENIS-MAISONCELLES, c^{on} du Bény-Bocage. — *Sanctus Dionysius de Mezoncellis*, xive s^e (taxat. decim. dioc. Baioc.).

Patr. l'abbé de Saint-Sever. Dioc. de Bayeux, doy. de Vire. Génér. de Caen, élect. de Vire, sergent. du Tourneur.

SAINT-DÉSIR, c^{on} de Lisieux (2e section). — *Saint Dydier de Lisiex*, 1326 (ch. de Notre-Dame de Saint-Désir, n° 13). — *Sanctus Desiderius*, xive s^e (pouillé de Lisieux, p. 22).

Patr. l'abbesse de Notre-Dame de Saint-Désir. L'abbaye de religieuses de Notre-Dame de Saint-Désir, ordre de Saint-Benoît, fondée primitivement à Saint-Pierre-sur-Dive par Lesceline, femme de Guillaume, comte d'Eu, fut transférée en 1050 par la fondatrice au faubourg de Saint-Désir de Lisieux.

SAINTERIE (LA), h. c^{ne} du Gast.

SAINT-ÉTIENNE, h. c^{ne} de Vaudry.

SAINT-ÉTIENNE DE CAEN OU ABBAYE AUX HOMMES, de l'ordre de Saint-Benoît. — *Regalis abbatia Sancti Stephani Cadomensis*, fondée en 1066 par Guillaume le Conquérant, occupée aujourd'hui par le lycée. — *Saint-Estiene*, v. 1150 (Wace, roman de Rou, v. 201). — *Saint Estiemble*, 1291 (ch. de l'abb. de Saint-Étienne).

L'abbaye avait haute justice s'étendant à Saint-Nicolas de Caen, Allemagne, la Folie, Cheux, Ifs, Norrey et Bras. Elle possédait au diocèse de Bayeux le patronage des églises et des chapelles suivantes : Église Saint-Nicolas de Caen; les chapelles de Saint-Michel et de Saint-Jacques de Brucourt, de Saint-Michel de Vaucelles; églises de Saint-Martin d'Allemagne, de Saint-André d'Ifs et chapelle de Bras; chapelle de la maladrerie du Nombril-Dieu; église de Saint-Germain de Bretteville-l'Orgueilleuse avec la chapelle de Saint-Germain de Putot; églises de Saint-Samson d'Aunay, de Sainte-Marie de Torteval, de Saint-Pierre de Foulogne, de Saint-Vigor de Cheux; chapelles de Saint-Martin de Cheux, de Notre-Dame de Lortial, de Notre-Dame et de Saint-Laurent de Sept-Vents; Notre-Dame de Hubert-Folie, Saint-Martin de Garcelles, Notre-Dame du Buisson; chapelles de Saint-Ouen de Villers, de Saint-Michel de Cabourg, de Notre-Dame de Biéville, de Saint-Sulpice de Secqueville, de Notre-Dame de Loucelles, de Saint-Germain de Bucéels, de Saint-Maclou de Mouen, les quatre chapelles de Notre-Dame d'Halbout. — L'abbaye avait de plus

le patronage d'églises et de chapelles appartenant aux diocèses d'Avranches, de Séez et de Coutances.

Les propriétés de l'abbaye provenant des dons faits par les rois d'Angleterre, ducs de Normandie, et les seigneurs normands étaient :

1° Dans la vicomté de Caen : le Bourg-l'Abbé, les moulins de Saint-Ouen de Villers, de la Crapaudière ou de Venoix, le fief de *Brucouri* dans la paroisse de Saint-Ouen; les moulins de Montaigu, des vavassories et tènements dans la paroisse de Saint-Germain-de-la-Blanche-Herbe et le hameau de Franqueville; Luc-sur-Mer, la ville et seigneurie de Cheux, s'étendant aux paroisses de Mouen, Mondrainville, etc.; la ville et seigneurie de Rots, Norrey et Bretteville-l'Orgueilleuse; la terre et seigneurie de Rucqueville, le fief *l'Abbé* en la paroisse de Cully, le fief *Brucourt-Perducas* dans la paroisse de Hubert-Folie, les villages d'Allemagne et d'Ifs, les villages de Moult, Billy et Vaumeraye, le fief de *Cabourg*.

2° Dans la vicomté de Bayeux : les villes et paroisses de Torteval et de Foulogne, le prieuré de Saint-Laurent de Sept-Vents, le fief noble de *Trungy*.

3° Dans la vicomté de Falaise : la paroisse de Saint-Aubert, Saint-Philbert-sur-Orne, la terre et seigneurie des Isles-Bardel, le fief *Loquart* en la paroisse de Bretteville sur-Laize.

4° Dans la vicomté d'Auge : la ville et seigneurie de Saint-Sauveur-sur-Dive, s'étendant à Caumont-sur-Dive, Périers, Beuzeval et Villers; le fief de *Saint-Pierre-Azif*.

Elle avait en outre d'importantes possessions dans le bailliage d'Alençon, les vicomtés de Caudebec, de Carentan et d'Avranches (aveu du temporel fait au roi en 1678 par Charles-Maurice Le Tellier, abbé commendataire de l'abbaye).

SAINT-ÉTIENNE DE FONTENAY, abbaye de l'ordre de Saint-Benoît, fondée à Fontenay-le-Tesson, aujourd'hui Saint-André-de-Fontenay. — *Fontenetum l'Abei*, 1250 (ch. de Saint-Étienne de Fontenay). — *Saint-Estiéble de Fontenay*, 1307 (ibid.).

Elle avait le patronage de Saint-André et de Saint-Martin de Fontenay, Boulon, May, Clécy, Saint-Lambert, Saint-Sauveur de la Villette, Saint-Médard, Cahon, Saint-Jean de Rouvière, Saint-Vaast, Secqueville, Crocy, Notre-Dame de Rouvrou, Cesny-en-Cinglais, Culey et Saint-Georges. Ses principales possessions étaient à Acqueville, Mesnil-Patry, Cramesnil, Verrières, Grenteville, Fierville, (moulins), Bully, Éterville, Étavaux, Cambes, Thury, Airan (vignes), Cingal, Feuguerolles, Allemagne, Cretot. — Voir FONTENAY.

SAINT-ÉTIENNE-DE-VIEUX, église de Caen. — *Sanctus Stephanus Vetus*, 1083 (ch. de la Trinité). — *Saint Estienne le Viel*, 1350 (ch. de l'abbaye d'Ardennes, n° 400). — *Saint-Étienne le Viés*, 1365 (fouages français, p. 14).—*Saint-Estienne le Vieul*, 1474 (limitation des paroisses, fonds de Saint-Étienne).

SAINT-ÉTIENNE-LA-TILLAYE, c^{on} de Pont-l'Évêque, c^{ne} accrue de Saint-Cloud en 1827. — *Tilia, Tillia, 1282* (cartul. norm. n° 998, p. 257). — *Sanctus Stephanus de Tilleya*, xive s^e (pouillé de Lisieux, p. 50). — *Sanctus Stephanus de Tillaya*, xive s^e (livre pelut de Bayeux).

Patr. les religieux de Beaumont. Dioc. de Lisieux, doy. de Beaumont. Génér. de Rouen, élect. de Pont-l'Évêque, sergent. de Beaumont.

SAINT-FLEX, h. c^{ne} de Fontenay.

SAINTE-FOY-DE-MONTGOMMERY, c^{on} de Livarot. — *Sancta Fides de Monte Gomerico*, 1244 (ch. de Saint-André-en-Gouffern, n° 775). — *Prioratus de Gouferno apud parochiam Sancta Fidei de Monte Gomerico*, xiv^es^e (pouillé de Lisieux, p. 54). — L'abbé de Saint-André-en-Gouffern portait le titre de baron de Montgommery.

Patr. le seigneur d'Harcourt : *Dominus de Haricuria*, xive s^e (pouillé de Lisieux, p. 55). — Prieuré de Saint-Mathieu. Dioc. de Lisieux, doy. de Livarot. Génér. d'Alençon, élect. d'Argentan, sergent. de Troarn.

SAINT-GABRIEL, c^{on} de Creully, c^{ne} accrue de la c^{ne} de Fresné-le-Crotteur. — *Saint-Gabriel*, 1371 (assiette de la vicomté de Caen).

Par. de Saint-Thomas de Cantorbéry, patr. le seigneur. Prieuré de Saint-Gabriel, fondé vers 1066 et réuni plus tard à celui de Saint-Vigor-le-Grand; chapelle de Saint - Louis; léproserie. Dioc. de Bayeux, doy. de Creully. Génér. et élect. de Caen, sergent. de Creully.

Haute justice s'étendant à Saint-Gabriel, Pierrepont, Fresné-le-Crotteur, Luc, Amblie, Langrune et une partie de Saint-Aubin.

SAINT-GATIEN, c^{on} de Honfleur. — *Sanctus Gatiánus, Sanctus Gacianus, Sanctus Ursinus*, xive s^e (pouillé de Lisieux, p. 38). — *Saint-Gatian*, 1620 (fiefs de la vicomté d'Auge). — *Saint-Gatien-des-Bois*, xviiie s^e (Cassini).

Patr. le seigneur de Cléry. Chapelle de Saint-Philibert. Dioc. de Lisieux, doy. de Touque. Génér. de Rouen, élect. de Pont-l'Évêque, sergent. de Honfleur. — Deux fiefs : *Mont-Saint-Jean*, situé à

Saint-Gatien, et *Banneville*, 1706 (ch. des comptes de Rouen, t. II, p. 238).

SAINT-GEORGES, h. c^{ne} d'Ouilly-le-Basset.

SAINT-GEORGES, h. c^{ne} de Vouilly.

SAINT-GEORGES-D'AUNAY, c^{on} d'Aunay. — *Saint-Joire*, 1361 (ch. d'Aunay). — *Saint-Joire près Aunay*, 1365 (fouages français, p. 127). — *Saint-Jore jouxte Aunoy*, 1371 (assiette des feux de la vicomté de Caen). — *Saint-Jores jouxte Aunoy*, 1371 (visite des forteresses). — *Saint-Georges-d'Aulnay*, 1476 (ch. du Plessis-Grimoult). — *Saint-Georges-lès-Aulnay*, 1577 (aveux de la vicomté de Caen, p. 23).

Deux cures; patr. le seigneur du lieu et le chapitre de Bayeux. Chapelles de Sauques, de Notre-Dame de Saint-Cellerin et de Courcelles. Dioc. de Bayeux, doy. de Villers-Bocage. Génér. et élect. de Caen, sergent. de Villers-Bocage.

Baronnie fief de haubert relevant directement du roi, dont relevaient les fiefs *Champin* ou de *Saint-Georges*, de *Buron*, de *Rondefougère*, d'Ardennes, de *Sauques* ou *Pellevey*, du *Breuil*, de *Mosges*, réunis en 1725 en marquisat sous le nom de *Mosges-Buron* (ch. des comptes de Rouen). La haute justice de la baronnie s'étendait à Saint-Georges, Tracy, Lignerolles, Jurques, Amayé-sur-Seulle, la Bigne et Épaney.

Un demi-fief de haubert, nommé *le fief de Benouville*, assis à Saint-Georges-d'Aunay, relevait de Fontaine-Henri et Moulineaux.

SAINT-GEORGES-EN-AUGE, c^{on} de Saint-Pierre-sur-Dive, c^{ne} accrue de la c^{ne} du Tilleul en 1831.

Patr. l'abbé de Saint-Pierre-sur-Dive. Dioc. de Lisieux, doy. du Mesnil-Mauger. Génér. d'Alençon, élect. et sergent. de Falaise.

SAINT-GERBOLD, h. c^{ne} d'Englesqueville (Bayeux). — *Saint-Gerbo*, 1620 (carte de Templieux). — *Gerbault*, 1848 (Simon).

SAINT-GERMAIN, h. c^{ne} d'Amayé-sur-Seulle.

SAINT-GERMAIN, f. c^{ne} d'Écrammeville.

SAINT-GERMAIN, chât. c^{ne} de Marolles.

SAINT-GERMAIN, f. c^{ne} de Putot.

SAINT-GERMAIN-D'ECTOR, c^{on} de Caumont (Bayeux). — *Sanctus Germanus d'Heketot*, 1195 (magni rotuli, p. 87). — *S. G. d'Esquetot*, 1260 (ch. de l'abbaye d'Aunay).

Patr. le seigneur; prieuré fondé au xive s^e, dépendant de l'abb. de Cerisy. Dioc. de Bayeux, doy. de Villers-Bocage. Génér. de Caen, élect. de Bayeux, sergent. de Briquessart. Le fief principal dont dépendait le patronage de l'église s'appelait *Hectot*. Fiefs de *Méry* et de *Rouville*.

Saint-Germain-de-la-Blanche-Herbe, c^on de Caen (ouest). — *Sanctus Germanus de Blanca Herba*, 1165 (ch. d'Ardennes); — *de Blancha Herba*, 1232 (*ibid.* n° 147); — *de Alba Herba*, 1267 (*ibid.*); — *de Blanqua Herba*, 1300 (*ibid.*). — *Saint-Germain de la Blanche-Herbe*, 1371 (visite des forteresses).

Prieuré-cure dépendant de l'abb. d'Ardennes; maladrerie de Notre-Dame-de-Beaulieu, aujourd'hui maison centrale de détention. Dioc. de Bayeux, doy. de Trévières. Génér. élect. et sergent. de Caen.

Fief *Thiou*, dépendant de l'abb. d'Ardennes, 1646 (ch. des comptes de Rouen, t. III, p. 113).

Saint-Germain-de-la-Lieue, c^ne réunie à Saint-Martin-des-Entrées en 1818. — *Sanctus Germanus de Leuca, Sanctus Germanus de Leuga*, 1235 (ch. de l'abbaye de Mondaye). — *Sanctus Germanus de la Leu*, 1417 (magni rotuli, p. 279). — *Saint-Germain-de-la-Lue*, 1460 (dénomb. de l'év. de Bayeux). — *Saint-Germain-la-Lieüe*, xviiie s° (Cassini).

Prébende; patr. le chanoine du lieu. Chapelle de Saint-Jacques-de-Bussy, chapelle du *Recouvry*. Dioc. de Bayeux, doy. de Creully. Génér. de Caen, élect. et sergent. de Bayeux.

Fief entier relevant de la baronnie de Saint-Vigor-le-Grand.

Saint-Germain-de-Livet, anciennement Livet-Baudouin et Livet-Tournebu, c^on de Lisieux (2e section). — *Sanctus Germanus de Liveto*, 1206 (ch. d'Ardennes, 310 *bis*). — *Livetum le Baudouin*, xive s° (revenus des chanoines de Lisieux).

Patr. le chanoine de Saint-Pierre-Azif. Dioc. de Lisieux, doy. de la ville et banlieue. Génér. de Rouen, élect. de Pont-l'Évêque, sergent. de Saint-Julien-le-Faucon. Quatre fiefs : de *Belleau*, de *Coutant*, du *Coudray* et du *Boulay*.

Saint-Germain-d'Elle, prieuré du Plessis-Grimoult, 1540 (registre des Grands jours de Bayeux).

Saint-Germain-de-Montgommery, c^on de Livarot. — *Sanctus Germanus de Monte Gomeri*, 1262 (ch. de l'abb. de Saint-André-en-Gouffern). — *Sanctus Germanus de Monte Gommerici*, xive s° (pouillé de Lisieux, p. 54). — *Saint-Germain de Mont Gomeri*, 1723 (d'Anville, dioc. de Lisieux).

Patr. l'abbesse d'Almenesches : *Abbatissa de Almenechiis*, xvie siècle (pouillé de Lisieux, p. 55). Diocèse de Lisieux, doyenné de Livarot. Généralité d'Alençon, élection d'Argentan, sergenterie de Trun.

Fiefs de *l'Abbesse*, de *la Tour* et de *Champeaux*.

Saint-Germain-des-Entrées, c^ne réunie à Saint-Germain-du-Crioult en 1818. — *Sanctus Germanus dè Introitibus*, 1240 (ch. de Mondaye).

Saint-Germain-de-Tallevende ou Tallevende-le-Grand, c^on de Vire. — *Talavinda*, v. 825 (polypt. d'Irminon). — *Saint-Germain-de-Tarvénde*, 1450 (arch. nat. P. 271, n° 85).

Patr. l'abbé de Saint-Sever. Chapelle de la *Ruaudière*. Dioc. de Coutances, doy. du Val-de-Vire. Génér. de Caen, élect. de Vire, sergent. de la banlieue de Vire.

Seigneurie dont relevaient les fiefs de *la Ruaudière*, du *Rocher*, du *Fay*, de *Montégu*, du *Mesnil-Bacu*, de *Crépon*, de *la Pinsonnière*, de *la Tessonnerie* et de *Laizerie* ou *Loserie*, mouvant de la vicomté de Caen. Fief du *Fay*, à Saint-Germain-de-Tallevende, 1669 (aveux de la vicomté de Vire).

Saint-Germain-de-Villers, h. c^ne de Villers, paroisse supprimée.

Saint-Germain-du-Crioult, c^on de Condé-sur-Noireau. — *Crioil*, 1198 (magni rotuli, p. 51, 2). — *Criol*, 1198 (*ibid.* p. 55, c. 2). — *Sanctus Germanus de Criolo*, xive s° (livre pelut de Bayeux). — *Saint-Germain-de-Criout*, 1381 (extraits des registres des tabellions de Caen). — *Le Crioult*, 1667 (carte de Sanson). — *Saint-Germain-du-Criou*, 1675 (carte de Petite). — *Saint-Germain-du-Crioust*, 1758 (carte de Vaugondy).

Deux cures; patr. le seigneur de Sainte-Honorine et le seigneur de Gouvix. Chapelles du Mesnil-Sales et de Notre-Dame de Gouvix. Dioc. de Bayeux, doy. de Vire. Genér. de Caen, élect. de Vire, sergent. de Vassy.

Saint-Germain-du-Pert, c^on d'Isigny.

Patr. le chapitre de Bayeux. Chapelle de Saint-Lubin. Dioc. de Bayeux, doy. de Trévières. Génér. de Caen, élect. de Bayeux, sergent. des Veys.

Fief de chevalier relevant de la baronnie de Saint-Vigor, s'étendant à Saint-Clément-sur-le-Vey. Le fief *Moon*, assis à Saint-Germain, relevait, par sixième de fief, de la vicomté de Bayeux.

Saint-Germain-Langot, c^on de Falaise (2e division). — *Mesnil-Angot*, 1008 (dotal. Judith). — *Sanctus Germanus Angot*, 1294 (ch. de Barbery, 163). — *Sanctus Germanus l'Anguot*, 1331 (ch. de Villers-Canivet). — *Saint-Germain-Languot*, 1371 (visite des forteresses).

Patr. l'abbé de Villers-Canivet. Chapelle de *Tuepot*, dédiée à saint Octave. Dioc. de Bayeux, doy. d'Orbec. Génér. d'Alençon, élect. de Falaise, sergent. de Thury.

Fief de *Pontaulnay*, 1431 (arch. nat. P. 171, n° 220). Fief de haubert de *Tuepot*, sis à Saint-

Germain-Langot, mouvant du roi, incorporé en 1750 au marquisat d'Oillamson. La seigneurie de Saint-Germain-Langot a été érigée en marquisat en 1759, sous le nom de *marquisat d'Oillamson*, composé des fiefs de *Caligny, Montilly*, la Bazoque, au bailliage de Vire, de la seigneurie des Loges-Saulces, de Saint-Germain-Langot, de la ferme du Mesnil, mouvante de Fontenay-le-Marmion.

SAINT-GERMAIN-LE-VASSON, c^on de Bretteville-sur-Laize. — *Sanctus Germanus le Wachon*, 1228 (ch. de Barbery, p. 259). — *Sanctus Germanus le Vacum*, v. 1250 (magni rotuli, p. 174). — *Sanctus Germanus Vachon*, xive s^e (taxat. decim. dioc. Baioc.).

Patr. le seigneur du lieu. Chapelle de Livet-sur-Laize. Dioc. de Bayeux, doy. de Cinglais. Génér. de Caen, élect. de Falaise, sergent. de Tournebu.

Fief du *Mesnil Manissier* ou *Mesnil Manesq*, *in parrochia Sancta Germani le Vachon*, 1257 (ch. de Barbery, p. 311). — Les fiefs de *Saint-Remy* et de *Fontaine-le-Rouge* ou de *Fontaines-les-Rouges*, relevant par quart de fief du marquisat de Thury, étaient assis à Saint-Germain-le-Vasson.

SAINT-GILLES, h. c^ne d'Argences. — *Saint-Gire*, 1238 (parvus liber rub. Troarn.). — *Burgus Sancti Egidii*, 1234 (*ibid.* p. 47). — *Sanctus Egidius de Troarno* (livre blanc de Troarn).

SAINT-GILLES-DE-LIVET, c^ne réunie à Rumesnil en 1840. — *Sanctus Egidius de Liveto*, xive s^e (pouillé de Lisieux, p. 50).

Patr. l'abbé du Val-Richer. Dioc. de Lisieux, doy. de Beuvron. Génér. de Rouen, élect. de Pont-l'Évêque, sergent. de Cambremer.

Fief de la vicomté d'Auge, ressortissant à la sergenterie de Cambremer.

SAINT-GORGON, vill. c^ne de Saint-Paul-du-Vernay.

SAINT-GRATIEN, h. et f. c^ne d'Ouilly-le-Vicomte. — Ancienne chapelle.

SAINT-HILAIRE, f. c^ne de Grainville-la-Campagne.

SAINT-HIPPOLYTE (LA PETITE-COUR DE), h. c^ne de Saint-Désir.

SAINT-HIPPOLYTE, chât. et m^in, c^ne de Saint-Martin-de-la-Lieue.

SAINT-HIPPOLYTE-DE-CANTELOUP, c^ne supprimée et réunie à Fumichon, Marolles et l'Hôtellerie en 1841 et 1846. — *Saint-Ypolite-de Canteloup*, 1320 (fiefs de la vicomté d'Orbec). — *Sanctus Ipolytus de Cantulupi* (pouillé de Lisieux, p. 24). — *Saint Ypolite de Cantelou*, 1395 (fouages français, n° 303). — *Saint-Hippolyte* ou *Saint-Roch de Cante-Loup*, 1723 (d'Anville, dioc. de Lisieux). — *Saint-Hipolite de Cantelou*, xviiie s^e (Cassini).

Patr. le seigneur du lieu. Dioc. de Lisieux, doy. de la ville et banlieue. Génér. d'Alençon, élect. de Lisieux, sergent. de Moyaux.

SAINT-HIPPOLYTE-DES-PRÉS, c^ne réunie à Saint-Martin-de-la-Lieue en 1834. — *Saint-Hipolite-du-Bout-des-Prés, Sanctus Ypolitus in Prato*, 1260 (ch. de Saint-André-en-Gouffern, 49).

Patr. l'évêque de Lisieux. Doy. de la ville et banlieue. Génér. d'Alençon, élect. et sergent. de Lisieux.

SAINTE-HONORINE, h. c^ne d'Hérouville. — *Sancta Honorina*, 1250 (ch. de Troarn).

SAINTE-HONORINE, h. c^ne de Saint-Martin-de-Tallevende.

SAINTE-HONORINE, h. c^ne de Surville.

SAINTE-HONORINE-DE-DUCY, c^ne de Caumont (Bayeux). — *Sainte-Honorine-de-Dussy*, 1371 (visite des forteresses). — *Sancta Honorina de Ducry*, 1417 (magni rotuli, p. 277, 2). — *Sainte-Honorine-de-Duxy*, 1461 (arch. nat. P. 272, n° 213). — *Sainte-Norine*, 1620 (carte de Templieux).

Patr. le seigneur du lieu. Chapelle de *la Vignaye*, dédiée à saint Julien. Dioc. de Bayeux, doy. de Thorigny. Génér. de Caen, élect. de Bayeux.

Le fief du *Mesnil-Robert* relevait par quart de fief de la vicomté de Bayeux. Le fief ou vavassorie noble de *Fayel* réuni, en 1770, au marquisat de Campigny.

SAINTE-HONORINE-DES-PERTES, c^on de Trévières. — *Sancta Honorina de Pertis*, xive s^e (taxat. decim. dioc. Baioc.).

Patr. l'évêque de Bayeux. Chapelle de Saint-Simon, l'une des paroisses camérières de l'évêque de Bayeux. Dioc. de Bayeux, doy. des Veys. Génér. de Caen, élect. de Bayeux, sergent. de Tour.

Pertes et Colleville formaient un fief nommé le *fief de la fiefferme*, et s'étendant à Pertes, Colleville, Sainte-Honorine et Houtteville, 1684 (aveux de la vicomté de Bayeux). Le fief ou verge de *Bléville* relevait de la seigneurie de Neuville; fief *Sesame*, paroisse de Sainte-Honorine-des-Pertes, 1484 (arch. nat. P. 272, n° 138).

SAINTE-HONORINE-DU-FAY, c^on d'Évrecy. — *Sancta Honorina de Fayaco*, xive s^e (livre pelut de Bayeux). — *Sainte-Honorine-du-Fest*, 1675 (carte de Petite).

Prébende; patr. le chanoine du lieu. Dioc. de Bayeux, doy. d'Évrecy. Génér. et élect. de Caen, sergent. de Préaux.

SAINT-HYMER, c^on de Pont-l'Évêque. — *Sanctus Ymerus*, 1198 (magni rotuli, p. 31). — *Sanctus Ymerius*, 1271 (cartul. norm. n° 810, p. 188).

— *Saint-Esmer*, 1371 (assiette de la vicomté de Caen). — *Saint-Ysmer*, 1579 (*ibid.*). — *Saint-Imer*, 1723 (d'Anville, dioc. de Lisieux). — *Saint-Ymer*, 1764 (ch. des comptes de Rouen).

Patr, l'abbé du Bec. Dioc. de Lisieux, doy. de Beaumont. Génér. de Rouen, élect. et sergent. de Pont-l'Évêque.

Le prieuré de Saint-Hymer, fondé par Hugues de Montfort après la conquête d'Angleterre, dépendait de l'abbaye du Bec. Le prieur était seigneur de la paroisse.

Le fief de *Saint-Hymer*, des *Jouvenaux* ou des *Jouveaux*, dont le chef était assis à Blangy et au Faulq, relevait de la baronnie de Blangy. Le fief *Gonord*, érigé en 1766 (ch. des comptes de Rouen, t. III), les fiefs de *Millars*, *Gassart*, *la Fontaine-Esmangard*, de la même paroisse, relevaient de Bonnebosq. Les fiefs de *Gonort* et d'*Ymer-Allain* furent érigés en un seul fief de haubert, en 1746, sous le nom de *Gonort*.

SAINT-JACQUES, c^ne du c^on de Lisieux (2e section). — Voir LISIEUX.

SAINT-JACQUES, h. c^ne de Saint-Vigor-le-Grand.

SAINT-JACQUES-DE-BOIS-HALBOUT. — Voir BOIS-HALBOUT.

SAINT-JAMES, f. c^ne de Prêtreville.

SAINT-JAMES-DE-BEUVRON, fief de la vicomté d'Auge, dont mouvait le fief de *Bois-Guillaume* (aveu de Gilles Roussel, Brussel).

SAINT-JEAN, h. c^ne de Corbon.

SAINT-JEAN, m^in, c^ne de Falaise.

SAINT-JEAN, f. c^ce de la Folie.

SAINT-JEAN, h. c^ne de Formigny.

SAINT-JEAN, q. c^ne de Notre-Dame-des-Entrées.

SAINT-JEAN, h. c^ne de Saint-Martin-de-Fresnay.

SAINT-JEAN DE BRIQUESSART, nom d'une paroisse depuis longtemps réunie à Livry.

Patr. le seigneur. Dioc. de Bayeux. Génér. de Caen, élect. de Bayeux, siège d'une sergenterie. Ancienne baronnie. — Voir BRIQUESSART.

SAINT-JEAN DE FALAISE, hôpital servi par des chanoines Augustins, fondé en 1127, sur le territoire de Guibray; par un bourgeois de Falaise. — *Hospitalis domus Falesiæ.*

SAINT-JEAN-DE-LIVET, c^on de Lisieux (2e section). — *Sanctus Johannes de Liveto* (cartul. norm. n° 1018, p. 263).

Patr. le chapitre de Lisieux. Dioc. de Lisieux, doy. de Livarot. Génér. d'Alençon, élect. de Lisieux, sergent. de Moyaux.

SAINT-JEAN-DES-ESSANTIERS, c^on d'Aunay.

Prébende; patr. le chanoine du lieu qui en était le seigneur. Dioc. de Bayeux, doy. de Villers-Bocage. Génér. de Caen, élect. de Saint-Lô, sergent. de Thorigny.

Franche vavassorie mouvante de la baronnie de la Ferrière-Harang. — Fief de *la Bourdinière*, relevant par huitième de fief de la vicomté de Bayeux. Fief de *Beauval*, vavassorie relevant du chanoine de Saint-Germain.

SAINT-JEAN-DES-GÂTINES, chapelle du doyenné de Honfleur. — *Capella Sancti Johannis de Gasquières*, XVIe s^e (pouillé de Lisieux, p. 40).

SAINT-JEAN-LE-BLANC, c^on de Condé-sur-Noireau. — *Sanctus Johannes Albus*, XIe s^e (enquête, p. 410). — *Sanctus Johannes Blancus*, 1154 (ch. du Plessis-Grimoult). — *Saint-Johan-le-Blanc*, 1476 (*ibid.*). — *Saint-Jean-le-Blancq*, 1667 (carte de Sanson).

Prébende annexée en 1153 au prieuré du Plessis-Grimoult par Philippe de Harcourt, et dont la nomination appartenait au roi. Elle avait été fondée par Eudes, évêque de Bayeux, qui la dota des biens confisqués en 1047 sur Grimoult du Plessis.

Patr. le prieur du Plessis-Grimoult. Dioc. de Bayeux, doy. de Vire. Génér. de Caen, élect. de Vire.

La sergenterie «noble et héréditale» du *Pled de l'Épée*, de Saint-Jean-le-Blanc, huitième de fief de chevalier, comprenait Danvou, la Ferrière-Duval, Lassy, la Roque, le Plessis-Grimoult, Lénault, Roucamps, Campandré, Montchauvet, Arclais, Périgny, Pontécoulant, les Maizerets, la Chapelle-Engerbold, Ondefontaine, Saint-Lambert, Cauville et Culley. Le fief *Quesnel* et deux franches vavassories nommées les vavassories d'*Estures* et des *Perrays* relevaient de Saint-Jean-le-Blanc, 1460 (temporel de l'év. de Bayeux) et 1608 (av. de la vicomté de Vire).

SAINT-JEAN-LE-PETIT, h. c^ne de Lessard-et-le-Chêne.

SAINT-JOSEPH, f. c^ne de Bernières-le-Patry.

SAINT-JOSEPH, m^in sur l'Arve, c^ne de Lingèvres.

SAINT-JOUIN, c^on de Dozulé. — *Saint-Jouin-en-Auge*, *Sanctus Jovinus*, *Sanctus Jouvinus*, XIVe s^e (pouillé de Lisieux, p. 50). — *Saint-Jouing*, 1514 (aveux de Jean d'Harcourt). — *Saint-Jouen*, 1780 (temporel de Lisieux).

Patr. le prieur de Longueville. Léproserie de Sainte-Marguerite. Dioc. de Lisieux, doy. de Beuvron. Génér. de Rouen, élect. de Pont-l'Évêque, sergent. de Beuvron.

Fief relevant d'Auvillars, fief d'*Asseville* relevant de l'abbaye du Bec-Hellouin, fief *Héroussard* relevant de la vicomté d'Auge, 1620 (fiefs de la vicomté d'Auge).

SAINT-JULIEN, f. h. c^{ne} de Boissey.

SAINT-JULIEN, fief de la paroisse de Soliers, 1620 (fiefs de la vicomté de Caen).

SAINT-JULIEN, h. c^{ne} de Vaucelles.

SAINT-JULIEN-DE-MAILLOC, c^{on} d'Orbec. — *Sanctus Julianus de Maillot*, xive s^e; *de Mailloco*, xvie s^e (pouillé de Lisieux, p. 34 et 35).

Patr. le seigneur du lieu. Chapelle de Notre-Dame de Mailloc. Dioc. de Lisieux, doy. d'Orbec. Génér. d'Alençon, élect. de Lisieux, sergent. d'Orbec.

Marquisat de Mailloc, érigé en 1693.

SAINT-JULIEN-LE-FAUCON, c^{on} de Mézidon. — *Saint-Julien-le-Fouquon*, 1238 (ch. de Vignats, 85). — *Sanctus Julianus de Foucon*, xive s^e; *de Foulcon*, xvie s^e (pouillé de Lisieux, p. 46). — *Sanctus Julianus de Falcone*, 1571 (*ibid.* p. 47). — *Saint-Julien-le-Foucon*, 1585 (papier terrier de Falaise). — *Saint-Julien-le-Foulçon*, 1667 (carte de Le Vasseur).

Le patron de l'église était, au xive s^e, Foulques *de Merula*, seigneur du lieu. Dioc. de Lisieux, doy. du Mesnil-Mauger. Génér. d'Alençon, élect. de Falaise, siège d'une sergenterie. Ancienne baronnie; fief mouvant de la vicomté d'Auge; sergent. de Cambremer.

SAINT-JULIEN-SUR-CALONNE, c^{on} de Blangy, c^{ne} accrue d'une portion du territoire de Launay-sur-Calonne en 1860. — *Sanctus Julianus*, 1014 (ch. de Richard II en faveur de la cathédrale de Chartres). — *Sanctus Julianus super Calumpnam*; xive s^e; *super Calonnam*, xvie s^e (pouillé de Lisieux, p. 36).

Patr. le prévôt de l'église de Chartres. Dioc. de Lisieux, doy. de Touque. Génér. de Rouen, élect. de Pont-l'Évêque, siège d'une sergenterie.

Fief de *Vassy*, relevant de la vicomté d'Auge, 1620 (fiefs de la vicomté). Fief des *Authieux-sur-Calonne* (*ibid.*).

SAINT-LAMBERT, c^{on} de Thury-Harcourt. — *Sanctus Lambertus super Olnam*, 1228 (ch. de Saint-Étienne de Fontenay, 87). — *Sanctus Lambertus*, 1258 (*ibid.* n° 97). — *Saint-Lambert-sur-Orne*, 1640 (aveux d'Harcourt).

Patr. l'abbé de Fontenay. Dioc. de Bayeux, doy. de Vire. Génér. de Caen, élect. de Vire, sergent. de Saint-Jean-le-Blanc.

Plein fief de haubert, mouvant de la baronnie de Thury, vicomté de Falaise. Le quart de fief de *Montfort* relevait de Saint-Lambert.

SAINT-LAMBERT, h. c^{ne} d'Amayé-sur-Orne.

SAINT-LAMBERT, h. c^{ne} de Neuilly. — Fief de la vicomté de Bayeux, 1484 (arch. nat. P. 272, n° 163).

SAINT-LAURENT, h. et f. c^{ne} de Bavent.

SAINT-LAURENT, bois, c^{ne} de Coquainvilliers.

SAINT-LAURENT, h. c^{ne} d'Escoville.

SAINT-LAURENT, h. et f. c^{ne} de Falaise.

SAINT-LAURENT, h. c^{ne} d'Hermival-les-Vaux.

SAINT-LAURENT, h. c^{ne} de Mutrécy.

SAINT-LAURENT, h. et f. c^{ne} de Saint-Étienne-la-Thillaye.

SAINT-LAURENT, h. et mⁱⁿ, c^{ne} de Sept-Vents.

SAINT-LAURENT-DE-CONDEL ou SAINT-LAURENT-DES-MOUTIERS. — *Condellum, Sanctus Laurencius de Condello*, 1230 (ch. de l'abb. de Fontenay). — *Sanctus Laurentius de Condello*, xive s^e (taxat. decim. dioc. Baioc.). — *Saint-Laurent de Condéel*, xive s^e (cartul. de l'abb. de Fontenay). — *Saint-Laurent de Condelles*, 1855 (statistique du Calvados).

Patr. l'évêque de Bayeux. Dioc. de Bayeux. Doy. de Cinglais. Génér. et élect. de Caen, sergent. de Bretteville-sur-Laize.

Le fief *Préval*, érigé à Saint-Laurent en 1609, était tenu du roi à cause de la baronnie du Thuit, vicomté de Saint-Sylvain (chambre des comptes de Rouen, t. III, p. 85).

SAINT-LAURENT-DE-CORDILLON, abbaye. Voir CORDILLON.

SAINT-LAURENT-DU-MONT, c^{on} de Mézidon, c^{ne} réunie pour le culte à Saint-Pair-du-Mont. — *Sanctus Laurentius de Montibus*, 1375 (ch. du prieuré de Sainte-Barbe). — *Saint-Laurens de Moon*, 1460 (dénomb. de l'év. de Bayeux).

Patr. le seigneur du lieu. Exemption de Cambremer. Dioc. de Bayeux. Génér. de Rouen, élect. de Pont-l'Évêque, sergent. de Cambremer.

Fief relevant par demi-fief de haubert de la baronnie de Cambremer, et dont relevaient le quart de fief de *Gassé* et le huitième de fief *Guerin*, 1620 (fiefs de la vicomté d'Auge).

SAINT-LAURENT-DU-RIEU, c^{ne} réunie à Baynes en 1831. Dioc. de Bayeux, doy. de Couvains. Génér. de Caen, élect. de Bayeux, sergent. de Cerisy.

SAINT-LAURENT-SUR-MER, c^{on} de Trévières. — *Sanctus Laurencius super mare*, 1277 (chap. de Bayeux, 745). — *Saint-Lorens-sur-la-Mer*, 1475 (aveux de l'évêque de Bayeux).

Patr. l'abbé de Cerisy. Dioc. de Bayeux, doy. de Trévières. Génér. de Caen, élect. de Bayeux, sergent. de Tour.

L'évêque de Bayeux était seigneur tréfoncier de Saint-Laurent-sur-Mer.

SAINT-LÉGER, h. c^{ne} de Carville.

SAINT-LÉGER, h. c^{ne} de la Hoguette.

SAINT-LÉGER, h. c^{ne} de Martragny.

SAINT-LÉGER, h. c^{ne} d'Ouilly-du-Houlley. — *Saint-Ligier-de-Oillye*, 1320 (feux de la vicomté d'Orbec); 1398 (fouages français, n° 304). — *Sanctus Leodegarius de Ouilleia*, xiv° s° (pouillé de Lisieux, p. 24).

Prieuré ayant pour patron l'abbé de Saint-Omer-du-Bois.

Saint-Léger-de-Vieux-Pont, h. c°° de Carcagny.

Saint-Léger-du-Bosq, c°° de Dozulé. — *Sanctus Leodegarius de Bosco*, xiv° s° (pouillé de Lisieux, p. 48).

Patr. le seigneur du lieu. Prieuré de Mont-Botin appartenant à l'abbaye de Long-Port. Dioc. de Lisieux, doy. de Beuvron. Génér. de Rouen, élect. de Pont-l'Évêque, sergent. de Beuvron.

Fief de *Notre-Dame-de-Saint-Léonard*, relevant de Honfleur, vicomté d'Auge. Fiefs *Tréhan*, du *Plessis-Esmangard* ou *Silly*, relevant de Dozulé, vicomté d'Auge, 1620 (fiefs de la vicomté). — Manoir de Silly.

Saint-Léger-du-Houley, c°° de Lisieux; en 1825, lors de l'union de la c°° d'Ouilly-la-Ribaude, elle prit le nom d'Ouilly-du-Houley. *Sanctus Leodogarius de Ouilleia*, xiv° s° (pouillé de Lisieux, p. 14). — *Saint-Léger-d'Ouilli*, 1723 (d'Anville, dioc. de Lisieux).

Prieuré; patr. l'évêque de Blois. Dioc. de Lisieux, doy. de Moyaux. Génér. d'Alençon, élect. de Lisieux, sergent. de Moyaux.

Le fief de *Saint-Léger-d'Ouilly* relevait de la vicomté d'Orbec, 1320 (fiefs de la vicomté).

Saint-Léonard ou hameau de la Rivière, c°° de Honfleur. — Une ordonnance de 1831, modifiant le territoire de cette commune, lui a donné le nom de la Rivière-Saint-Sauveur.

Saint-Louet, h. c°° de Vaucelles.

Saint-Louet-près-Authie, c°° réunie à Authie en 1832. — *Sanctus Laudulus, Sanctus Laudus*, 1226 (ch. de Saint-Étienne de Caen, 82 *bis*). — *Sanctus Loet*, 1230 (*ibid.* 87 *bis*). — *Saint Loet jouxte Autie*, 1324 (ch. de Simon de Trévières).— *Saint-Loet*, 1365 (fouages français, n° 127).

Par. de Saint-Loup, patr. l'abbé de Saint-Ouen de Rouen. Dioc. de Bayeux, doy. de Maltot. Génér. et élect. de Caen, sergent. de Bernières.

Le fief de *Brévilly*, sis à Saint-Louet, relevait de la vicomté de Bayeux par huitième de fief, 1674 (aveux de la vicomté).

Saint-Louet-sur-Seulle, c°° de Villers-Bocage. — *Saint Loet*, 1365 (fouages français, p. 14). — *Sanctus Laudulus supra Seullam*, xiv° s° (livre pelut de Bayeux). — *Saint-Loet-de-Seulle*, 1371 (visite des forteresses); 1378 (ch. de Cordillon, p. 35).

D'abord succursale de Feuguerolles, puis érigée en paroisse en 1325. Dioc. de Bayeux, doy. de Villers-Bocage. Génér. et élect. de Caen, sergent. de Villers.

Les fiefs de *Saint-Louet* et de *Feuguerolles* relevaient par quart de fief de la baronnie de Crépon. On comptait dans la paroisse de Saint-Louet les fiefs de *Basanville*, 1454; de *Heurtbroc* ou *Heuzebroc*, 1450; de *Breuilly*, 1453 (arch. nat. P. 271, n°° 185, 208, 202); 1674 (av. de la vicomté de Bayeux).

Saint-Louis (Le), quart. c°° de Bonneville-la-Louvet.

Saint-Loup-Canivet, c°° réunie à Soulangy en 1828. Patr. le seigneur du lieu. Dioc. de Séez, doy. d'Aubigny. Génér. d'Alençon, élect. de Falaise, sergent. de Thury.

Saint-Loup-de-Fribois, c°° de Mézidon. — *Saint-Loup-de-Fribois*, 1210 (ch. de Sainte-Barbe, n° 118). — *Sanctus Luppus*, 1277 (cartul. norm. n° 900, p. 215). — *Canonici in ecclesia Sancte Marie de Friebois*, 1285 (ch. citée dans le pouillé de Lisieux, p. 45, note 10). — *Sanctus Lupus de Fribois*, xiv° s°; *prioratus de Fribosco*, xvi° s° (pouillé de Lisieux, n° 48). — *Saint-Loup-de-Frébois*, 1586 (papier terrier de Falaise).

Patr. le roi. Prieuré fondé en 1210 par Pierre de Tilly. Dioc. de Lisieux, doy. du Mesnil-Mauger. Génér. de Rouen, élect. de Pont-l'Évêque, sergent. de Saint-Julien-le-Faucon.

Saint-Loup-Hors, c°° de Bayeux. — *Saint-Loup*, 1230 (ch. de l'abbaye de Mondaye). — *Maisnillum de Sancto Lupo, de Saint-Leu*, 1290 (censier de Saint-Vigor, n° 93). — *Saint-Lou*, xiii° s° (*ibid.* n° 95).

Patr. le doyen de Bayeux. Dioc. de Bayeux, doy. de la Chrétienté de Bayeux. Génér. de Caen, élect. de Bayeux, sergent. de la banlieue de Bayeux.

Le fief ou fiefferme de *Brunville*, huitième de fief, relevant de la vicomté de Caen. Le fief de *Baussy* fut réuni en 1770 au marquisat de Campigny.

Saint-Maclou ou Saint-Maclou-en-Auge, c°° réunie en 1836 à Doux-Marais, sous le nom de Sainte-Marie-aux-Anglais. — *Saint-Maclou*, 1280 (ch. de Bayeux). — *Saint-Maslou*, 1288; *Sanctus Machutus Baiocensis*, 1289 (*ibid.*). — *Sanctus Machutus in Algia*, xvi° siècle (pouillé de Lisieux, p. 48).

Patr. le seigneur du lieu. Dioc. de Lisieux, doy. du Mesnil-Mauger. Génér. d'Alençon, élect. de Falaise, sergent. de Saint-Pierre-sur-Dive.

Saint-Manvieu, c°° de Saint-Sever. — *Sanctus Mandoveus*, 1198 (magni rotuli, p. 38, 2). — *Saint*

Manveix, 1200 (ch. de l'abb. de Longues). — *Sanctus Manveius,* 1278 (livre noir de Coutances). — *Saint-Manveu,* 1312 (ch. de Saint-Étienne de Caen, n° 230). — *Sanctus Manveyus* (livre blanc de Coutances).

Par. de Saint-Pierre, patr. le seigneur. Dioç. de Coutances, doy. du Val-de-Vire. Génér. de Caen, élect. de Vire, sergent. de Saint-Sever.

SAINT-MANVIEU, c⁰ⁿ de Tilly-sur-Seulle: — *Sanctus Manveus,* v. 480 (acta Sanctorum, 28 mai, t. VI, p. 767). — *Sancti Manvei villa,* xiv° s° (livre pelut de Bayeux).

Le patronage de l'église avait été donné à l'abb. de Cordillon en 1271. Un fief assis à Saint-Manvieu relevait de la seigneurie de Saint-Vaast. Autre fief noble réuni au marquisat de Magny. Fief du *Moutier,* réuni en 1771 au fief du *Fay,* à Saint-Germain-de-Tallevende.

SAINT-MARC-D'OUILLY, c⁰ⁿ de Thury-Harcourt. — *Sanctus Marcus de Ouilleyo,* 1619 (ch. de Saint-Étienne de Fontenay). — *Saint-Médard-d'Quillie,* 1682 (carte de Jolliot).

Par. de Saint-Médard, patr. l'abbé de Fontenay. Chapelle de Saint-Roch, chapelle de Saint-Gilles au Pont-d'Ouilly. Dioc. de Bayeux, doy. de Condé-sur-Noireau. Génér. de Caen, élect. de Vire, sergent. de Saint-Jean-le-Blanc.

Le huitième de fief d'*Arclais,* sis à Saint-Marc-d'Ouilly, relevait du marquisat de Thury.

SAINT-MARCOUF, c⁰ⁿ d'Isigny. — *Sanctus Marculphus, Saint-Marcouf-du-Rochyé,* 1460 (dénomb. de l'év. de Bayeux).

Patr. le chanoine de Cartigny. Dioc. de Bayeux, doy. de Couvains. Génér. de Caen, élect. de Bayeux, sergent. d'Isigny.

Fief du *Rocher,* relevant de la baronnie de Neuilly-l'Évêque, 1475 (av. du temp. de l'év. de Bayeux). — Cette paroisse portait le nom de *Fief de la Pommeraye.*

SAINTE-MARGUERITE, h. c⁰°'de Cartigny-Tesson.

SAINTE-MARGUERITE-DE-DUCY. — Voir DUCY-SAINTE-MARGUERITE.

SAINTE-MARGUERITE-D'ELLE, c⁰ⁿ d'Isigny, ancienne paroisse de Cartigny-Tesson.

Par. de Saint-Martin, puis Sainte-Marguerite; patr. le seigneur du lieu. Dioc. de Bayeux, doy. de Couvains. Génér. de Caen, élect. de Bayeux, sergent. d'Isigny. — Voir ELLE.

SAINTE-MARGUERITE-DES-LOGES, c⁰ⁿ de Livarot. — *Sancta Margarita de Logiis,* xiv° s° (pouillé de Lisieux, p. 56).

Patr. le chapitre de Lisieux. Dioc. de Lisieux,

doy. de Livarot. Génér. d'Alençon, élect. de Lisieux, sergent. d'Orbec.

Fiefs de *Bellerine* et de *la Vallée,* 1620 (fiefs de la vicomté d'Auge).

SAINTE-MARGUERITE-DE-VIETTE, c⁰ⁿ de Saint-Pierre-sur-Dive. — *Vieta* (charte de Notre-Dame de Saint-Pierre-sur-Dive). — *Ecclesia Sancte Margarite de Vieta,* xiv° s° (pouillé de Lisieux, p. 46).

Patr. l'abbé de Saint-Pierre-sur-Dive. Dioc. de Lisieux, doy. du Mesnil-Mauger. Génér. d'Alençon, élect. de Falaise, sergent. de Saint-Pierre-sur-Dive.

Le fief de *Sainte-Marguerite-de-Viette,* avec ses extensions à Saint-Martin-des-Noyers, Saint-Michel-de-Livet, Saint-Georges, Montviette et Hiéville, fut, en 1780, détaché du fief de *l'Honneur d'Écajeul* dont il relevait, et uni au fief de *Saint-Martin-de-la-Barillière,* sis à Saint-Martin-des-Noyers, en faveur de Pierre-André Jourdain, seigneur de la Barillière.

SAINTE-MARIE, h. c⁰ⁿ de Montfiquet.

SAINTE-MARIE-AUX-ANGLAIS, c⁰ⁿ de Mézidon, c⁰° réunie pour le culte aux Authieux-Papion en 1836 avec les c⁰°° de Doux-Marais et de Saint-Cloud. — *Sancta Maria ad Anglicos,* 1277 (ch. de Sainte-Barbe, n° 221). — *Ecclesia B. M. ad Anglicos,* xiv° s° (pouillé de Lisieux, p. 46).

Patr. le prieur de Sainte-Barbe-en-Auge. Dioc. de Lisieux, doy. du Mesnil-Mauger. Génér. d'Alençon, élect. de Falaise, sergent. de Saint-Pierre-sur-Dive.

SAINTE-MARIE-DU-PORT, église de la paroisse d'Ouistreham. — *Portus Sanctæ Mariæ,* 1145 (lettre d'Haymon).

SAINTE-MARIE-LAUMONT, c⁰ⁿ du Bény-Bocage, autrefois *Aumontville.* — *Beata Maria Losmont,* 1278 (livre noir de Coutances). — *Sainte-Marie l'Osmont,* 1392 (fouages français, n° 139). — *Sainte-Marie-Laumont,* 1665 (état du dioc. de Coutances).

Par. de Notre-Dame, patr. le seigneur. Chapelles de Saint-André et de Saint-Barthélemy. Dioc. de Coutances, doy. du Val-de-Vire. Sergent. de Pont-Farcy.

Fief *Beaumont,* s'étendant à Landelles, Montbray et Beaumesnil (arch. nat. P. 272, n° 237). — Fief *Saint-Sever,* relevant de la vicomté de Vire, 1638 (ch. des comptes de Rouen).

Le plein fief de *Sainte-Marie-Laumont,* dit *Cháteaubriant,* s'étendait aux paroisses de Carville, Saint-Pierre-Tarentaine, Saint-Denis-Maisoncelles et du Tourneur. De ce fief relevaient le fief de Bernières, sis dans la même paroisse et s'étendant à Courson, Mesnil-Caussois, Pont-Bellenger,

Banneville-sur-Ajon; le quart de fief de *Bois-Thour-vende;* le huitième de fief de *Tiregrey,* sis à Sainte-Marie-Laumont, et le domaine de ·*Saintolain*, à Carville, 1610 (aveux de la vicomté de Vire, p. 46).

SAINTE-MARIE-OUTRE-L'EAU, c°⁰ de Saint-Sever. — *Sancta Maria ultra aquam,* 1278 (livre noir de Coutances).

Par. de Notre-Dame, patr. le seigneur du lieu. Dioc. de Coutances, doy. de Montbray. Génér. de Caen, élect. de Vire, sergent. de Pont-Farcy.

SAINT-MARTIN, h. et f. c°ᵉ d'Acqueville.

SAINT-MARTIN, h. c°ᵉ de Bretteville-sur-Laize.

SAINT-MARTIN, h. c°ᵉ de la Ferrière-au-Doyen.

SAINT-MARTIN, h. c°ᵉ de Genneville.

SAINT-MARTIN, h. c°ᵉ de Livry.

·SAINT-MARTIN, h. c°ᵉ des Moutiers-en-Auge.

SAINT-MARTIN, h. c°ᵉ de Saint-Gatien.

SAINT-MARTIN, f. c°ᵉ de Tessy.·

SAINT-MARTIN, h. c°ᵉ de Vieux.

SAINT-MARTIN, h. c°ᵉ de Villers-Bocage.

SAINT-MARTIN-AUX-CHARTRAINS, h. c°ᵉ de Saint-Sylvain.

SAINT-MARTIN-AUX-CHARTRAINS, c°⁰ de Pont-l'Évêque, -c°ᵉ accrue de la commune de Roncheville en 1830. — *Sanctus Martinus ad Carnotenses,* xiv° siècle; *de Carnotensibus,* xvi° siècle (pouillé de Lisieux, p. 37).

Patr. le prévôt de l'église de Chartres. Dioc. de Lisieux, doy. de Touque. Génér. de Rouen, élect. de Pont-l'Évêque, sergent. d'Aragon.

Fief de *Touleville,* 1628 (fiefs de la vicomté d'Auge).

SAINT-MARTIN-DE-BIENFAITE, c°⁰ d'Orbec. — *Bene-fatta,* 1300 (charte d'Édouard II en faveur de Sainte-Barbe). — *Bienfête,* 1360 (baronnie de la vicomté d'Orbec).

Par. de Saint-Martin, patr. le roi. Dioc. de Lisieux. Génér. d'Alençon, élect. de Lisieux, sergent. d'Orbec.

SAINT-MARTIN-DE-BLAGNY; c°⁰ de Balleroy. — *Sanctus Martinus de Blagneio, Blaigny,* 1460 (dénomb. du dioc. de Bayeux).

Patr. l'abbé de Longues. Dioc. de Bayeux, doy. de Couvains. Génér. de Caen, élect. de Bayeux, sergent. de Cerisy.

Franche vavassorie *Hamon,* relevant de l'évêché de Bayeux. Le fief *Castel* relevait de l'évêché de Bayeux. Le fief de *la Motte de Blagny* relevait de la baronnie de Saint-Vigor-le-Grand. Le fief de *la Tourgisière* et le fief *Acollant* en relevaient pareillement. Le fief de *Blagny-la-Quièze,* accru du fief de *Baynes,* assis en la paroisse de Saint-Martin-de-Blagny, s'étendait à Baynes, Tournières,

Notre-Dame-de-Blagny, Bernesq, Mestry, Couvains, Pleines-OEuvres, Saint-Martin-de-Caumont, Sallen, Livry, Fresnay-sur-la-Mer et Martragny, 1637 (aveux de la vicomté de Bayeux).

SAINT-MARTIN-DE-CONDÉ, h. c°ᵉ de Condé-sur-Noireau.

SAINT-MARTIN-DE-FONTENAY, c°⁰ de Bourguébus. — *Sanctus Martinus de Fontaneto,* xiv° s° (livre pelut de Bayeux). — *Saint-Martin de Fontenoy,* 1324 (chap. de Saint-Étienne de Fontenay, 206).

Patr. l'abbé de Fontenay. Chapelle de Saint-Jacques de Verrières; annexe, chapelle de Sainte-Marguerite de Trotteval. Dioc. de Bayeux, doy. de Vaucelles. Génér. et élect. de Caen, sergent. de Bretteville-sur-Laize.

Huitième de fief mouvant de la vicomté de Falaise, ressortissant à la sergenterie de Bretteville, s'étendant à May et Boulon, tenu par Guillaume Fortin en 1586.

SAINT-MARTIN-DE-FONTENAY-LE-PESNEL. — Voir FONTE-NAY-LE-PESNEL.

SAINT-MARTIN-DE-FRESNAY, c°⁰ de Saint-Pierre-sur-Dive. — *Sanctus Martinus de Fraxino,* xiv° s°; *de Fresneio,* xvi° s° (pouillé de Lisieux, p. 47). — *Saint-Martin de Frêne,* 1723 (d'Anville, dioc. de Lisieux). — *Saint-Martin de Frenai,* xviii° s° (Cassini).

Patr. le seigneur du lieu. Dioc. de Lisieux, doy. du Mesnil-Mauger. Génér. d'Alençon, élect. d'Argentan, sergent. de Montpinçon.

SAINT-MARTIN-DE-LA-FONTAINE. — Voir THUIT.

SAINT-MARTIN-DE-LA-LIEUE, c°⁰ de Lisieux (2° section), c°ᵉ accrue de Saint-Hippolyte-des-Prés en 1834. — *Sanctus Martinus de Leuca,* xiv° s° (pouillé de Lisieux, p. 22).

Patr. le roi. Dioc. de Lisieux, doy. de la ville et banlieue. Génér. d'Alençon, élect. de Lisieux, sergent. de Moyaux.

SAINT-MARTIN-DE-MAILLOC, c°⁰ d'Orbec, autrefois *Saint-Martin-du-Val-d'Orbec.* — *Ecclesia Sancti Martini Veteris,* xiv° s° (pouillé de Lisieux, p. 22). — *Sanctus Martinus de Valle Auribecci,* xvi° siècle (*ibid.* p. 22).

Patr. le seigneur du lieu. Dioc. de Lisieux, doy. d'Orbec. Génér. d'Alençon, élect. de Lisieux, sergent. d'Orbec.

SAINT-MARTIN-DE-MIEUX, c°ᵉ formée en 1858 de Saint-Vigor-de-Mieux et de Saint-Martin-du-But, 2° c°⁰ de Falaise. — *Sanctus Martinus de Modiis.*

Dioc. de Séez. Génér. d'Alençon, élect. de Falaise, sergent. des Bruns.

SAINT-MARTIN-DE-SALLEN, c°⁰ d'Évrecy. — *Villa quæ dicitur Salam,* 1082; *Salan, Salen,* 1086 (cartul. de la Trinité, f. 19). — *Sanctus Martinus de Sallan*, 1285 (ch. de Saint-Étienne de Caen, 176). — *Saint-Martin de Saallon*, v. 1295 (ch. du Plessis-Grimoult). — *Saint-Martin de Sallon*, 1371 (visite des forteresses). — *Saint-Martin de Saollam*, 1476 (cartul. du Plessis-Grimoult). — *Saint-Martin de Salam*, 1585 (papier terrier de Falaise).

Deux cures; patr. le duc d'Harcourt et l'abbé de Fontenay. Dioc. de Bayeux, doy. d'Évrecy. Génér. et élect. de Caen, sergent. de Préaux.

La terre de Saint-Martin-de-Sallen relevait du duché d'Harcourt. *Saint-Martin-de-Surville*, fief de *Surville*, relevait des Authieux-sur-Calonne, 1620 (fiefs de la vicomté d'Auge).

Saint-Martin-des-Besaces, cⁿ du Bény-Bocage, aussi appelé LES GRANDES-BESACES. — *Bisacia*, 1144 (livre noir de Bayeux, p. 437). — *Sanctus Martinus de Besachia*, 1198 (magni rotuli, p. 24). — *Sanctus Martinus de Bisachia*, xivᵉ sᵉ (taxat. decim. dioc. Baioc.). — *Saint-Martin des Besaces*, 1375 (rôles du chap. de Bayeux). — *La Besaiche*, 1460 (temp. de l'év. de Bayeux). — *Bisacia seu Bisachia*, 1460 (dénomb. de l'év. de Bayeux). — *Saint Martin de la Besace*, xviiiᵉ sᵉ (Cassini).

Patr. l'écolâtre de l'église de Bayeux. Prieuré de Saint-Jacques de l'Hermitage, dépendant de l'abbaye d'Ardennes. Dioc. de Bayeux, doy. de Villers-Bocage. Génér. de Caen, élect. de Saint-Lô, sergent. de Thorigny.

La franche vavassorie de *Brimbois* relevait de la baronnie de la Ferrière-Harang, 1475 (aveux de l'év. de Bayeux). — Le fief de *Montbosc*, s'étendant à Neuilly, relevait par quart de fief de la baronnie des Biards. Franche vavassorie appelée *la Vavassorie de la Connétablie.*

Saint-Martin-des-Bois, cⁿᵉ réunie en 1825 à Saint-Sylvain. — *Saint-Martin du Bosc en la baillie de Falaise*, 1291 (L. Delisle, classes agricoles, p. 701).

Patr. l'abbé de Saint-Ouen de Rouen. Dioc. de Bayeux, doy. de Vaucelles. Génér. d'Alençon, élect. de Falaise, sergent. de Breteuil.

Saint-Martin-des-Champs, h. cⁿᵉ de Saint-Denis-de-Méré.

Saint-Martin-des-Entrées, cⁿ de Bayeux. — *Sanctus Martinus de Introitibus*, xivᵉ sᵉ (livre pelut de Bayeux).

Prébende; patr. le chanoine de Saint-Martin. Dioc. de Bayeux, doy. de Creully. Génér. de Caen, élect. de Bayeux, sergent. de la banlieue de Bayeux.

Saint-Martin-des-Noyers, h. cⁿᵉ de Saint-Martin-du-

Mesnil-Oury. — *Sanctus Martinus de Nucibus*, xviᵉ sᵉ (pouillé de Lisieux).

Saint-Martin-de-Tallevende ou Tallevende-le-Petit, cⁿ de Vire.

Patr. l'abbé de Saint-Sever. Dioc. de Coutances, doy. du Val-de-Vire. Génér. de Caen, élect. de Vire, sergent. de la banlieue de Vire. Fiefs du *Fay*, de *l'Oiserie* et du *Rocher*, dans la paroisse de Tallevende, 1649 (aveux de la vicomté de Vire). — Fief de *Sens*, sis dans la même paroisse, 1667 (*ibid.*). — *La Pinsonnière*, huitième de fief dans la même paroisse, 1682.

Saint-Martin-Don, cⁿ du Bény-Bocage. — *Saint-Martin-Do*, 1417 (magni rotuli, p. 278).

Par. de Saint-Martin, prieuré; patr. le seigneur du lieu. Dioc. de Coutances, doy. du Val-de-Vire. Génér. de Caen, élect. de Vire, sergent. de Pont-Farcy.

Saint-Martin-du-Bû, cⁿᵉ accrue de Saint-Vigor-de-Mieux en 1858, sous le nom de Saint-Martin-de-Mieux. — *Saint-Martin du But, Sanctus Martinus de Bu*, 1277 (charte de Saint-Jean de Falaise). — *Saint-Martin de Bú*, 1277 (cart. norm. nᵒ 905, p. 219). — *Saint-Martin du Bú*, 1371 (visite des forteresses).

Patr. l'abbé de Saint-Jean de Falaise. Dioc. de Séez, doy. d'Aubigny. Génér. d'Alençon, élect. de Falaise, sergent. des Bruns.

Saint-Martin-du-Mesnil-Oury, cⁿ de Livarot, cⁿᵉ formée en 1831 de la réunion de Saint-Martin-des-Noyers et du Mesnil-Oury; elle est unie pour le culte à Saint-Michel-de-Livet. Le *Pont au Breton*, sur la Vie, sépare le Mesnil-Oury du Mesnil-Durand. Église de la Trinité du Mesnil-Oury.

Saint-Martin-le-Vieux, cⁿᵉ réunie à Livry en 1829. — *Sanctus Martinus Vetus*, 1277 (cartul. norman. p. 206). — *Saint-Martin-le-Viel*, 1359 (fouages français, nᵒ 82). — *Sanctus Martinus Veter*, xviᵉ sᵉ (pouillé de Lisieux, p. 38).

Patr. le seigneur du lieu. Dioc. de Bayeux, doy. de Thorigny. Génér. de Caen, élect. de Bayeux, sergent. de Briquessart.

Fief relevant de la seigneurie de Trévières; fief du *Rocher*, relevant de Saint-Martin-de-Tallevende, 1642 (aveux de la vicomté de Vire); demi-fief dit *la Petite Pinsonnière*, relevant de la vicomté de Vire, 1682 (aveux de la vicomté).

Saint-Martin-Melaine, cⁿ de Pont-l'Évêque. — *Sanctus Melagnœus, Sanctus Melagneus, Sanctus Melanius, Sainte Meleingue*, xivᵉ sᵉ (pouillé de Lisieux, p. 36). — *Saint-Meilleur*, 1610 (carte de Blaeu). — *Sainte Melaigne*, 1620 (rôles de la vicomté d'Auge). — *Saint-*

Mélagne, 1723 (d'Anville, dioc. de Lisieux). — *Sainte Melaine*, xviiiᵉ sᵉ (Cassini).

Patr. le seigneur du lieu. Léproserie. Dioc. de Lisieux, doy. de Touque. Génér. de Rouen, élect. de Pont-l'Évêque, sergent. de Beaumont.

SAINT-MICHEL-DE-LIVET, cⁿ de Livarot. — *Sanctus Michael de Bosco*, 1234 (lib. ruh. Troarn. p. 11). — *Ecclesia Sancti Michaelis de Lyveto*, xivᵉ sᵉ (pouillé de Lisieux, p. 46).

Patr. l'abbé de Saint-Pierre-sur-Dive. Dioc. de Lisieux, doy. du Mesnil-Mauger. Génér. d'Alençon, élect. de Falaise, sergent. de Saint-Pierre-sur-Dive.

Fiefs de *Barclay*, relevant de la vicomté d'Auge, 1620; fief *Carel*, assis en partie sur Saint-Michel-de-Livet et sur le Mesnil-Bacley.

SAINT-MICHEL-DE-VAUCELLES. — Voir VAUCELLES, faubourg de Caen.

SAINT-NICOLAS, f. cⁿᵉ de Fontenay-le-Pesnel.

SAINT-NICOLAS, h. cⁿᵉ de Neuville.

SAINT-NICOLAS, h. ancienne cⁿᵉ réunie à Vignats, cⁿ de Coulibœuf.

Patr. l'abbé de Vignats. Dioc. de Séez, doy. de Falaise. Génér. d'Alençon, élect. et sergent. de Falaise.

SAINT-NICOLAS-DE-LA-CHESNAYE, cⁿᵉ de Saint-Vigor-le-Grand, abbaye de l'ordre de Saint-Augustin. — *Sanctus Nicolaus juxta Bajocas*, xivᵉ sᵉ (pouillé de Bayeux).

Ancienne léproserie relevant de la baronnie de Saint-Vigor, desservie par des chanoines réguliers de Saint-Augustin.

SAINT-NICOLLE, h. cⁿᵉ d'Ablon.

SAINT-OBLIN, h. cⁿᵉ de Carville. — *Saint-Olain*, fief assis dans la paroisse de Carville, relevant de Sainte-Marie-Laumont, 1610 (aveux de la vicomté de Vire).

SAINT-OMER, cⁿ de Thury-Harcourt. — *Sanctus Audomarus*, 1008 (dotal. Judith). — *Sanctus Osmerius*, 1356 (livre pelut de Bayeux). — *Saint-Osmer*, 1371 (assiette des feux de la vic. de Caen).

Par. de Saint-Omer; prieuré-cure; patr. l'abbé du Val. Chapelle de Saint-Clair de la Pommeraye, dépendant de l'abbaye du Val. Dioc. de Bayeux, doy. de Cinglais. Génér. d'Alençon, élect. de Falaise, sergent. de Thury.

La baronnie de Saint-Clair, dont le chef était assis à Saint-Omer, relevait du duché de Thury-Harcourt, et ses membres étaient Pierrefitte, Bonneuil et Placy; elle s'étendait à Combray, Donnay, Angoville, Cossesseville et la Pommeraye.

SAINT-OUEN-DES-BESACES ou SAINT-OUEN-DE-LA-BESACE

ou LES PETITES-BESACES, cⁿ du Bény-Bocage. — *Bisacia*, 1172 (charte de Saint-Étienne de Caen). — *Consuetudinem plaustrorum quæ de Bisacia ad Cadomum venalia ligna ferunt, Sanctus Audoenus de Bizachia*, xivᵉ sᵉ (livre pelut de Bayeux, p. 27). — *Saint-Ouen de la Besaiche*, 1460 (dénombr. de l'évêché de Bayeux).

Patr. l'écolâtre de l'église de Bayeux. Dioc. de Bayeux, doy. de Villers-Bocage. Génér. de Caen, élect. de Saint-Lô, sergent. de Thorigny.

Le fief de *la Connétablie*, assis à Saint-Ouen et à Saint-Martin-des-Besaces, relevait de la baronnie de la Ferrière-Harang, 1475 (tempor. de l'év. de Bayeux). — Forêt de la Besace, nommée aussi *la Forêt-l'Évêque*, d'où, au xiiᵉ sᵉ, on tirait du bois à brûler pour l'approvisionnement de Caen.

SAINT-OUEN-DES-FAUBOURGS ou SAINT-OUEN-DU-CHÂTEAU-DE-BAYEUX. — *Sanctus Audoenus Bajocensis*, xivᵉ siècle (livre pelut de Bayeux). — *Saint-Ouen*, paroisse de Bayeux, 1377 (chap. de Bayeux, rôle 202).

SAINT-OUEN-DE-VILLERS, paroisse du Bourg-l'Abbé à Caen. — *Ecclesia Sancti Audoeni de Villaribus*, 1082 (ch. de Saint-Étienne). — *Ecclesia Sancti Audoeni de Viliers*, 1090 (*ibid.*). — *Sanctus Audoenus de Cadomo*, 1417 (magni rotuli, p. 276, c. 2). — *Moulin de Vauculet* ou *Vauculey*, *à Saint-Ouen-de-Villers*, 1479 (ch. de Saint-Étienne).

SAINT-OUEN-DU-MESNIL-OGER, cⁿ de Troarn. — *Mesnil Oger, Mesnillum Ougerii*, 1201 (chap. de l'abbaye d'Aunay). — *Sanctus Audoenus de Maisnillo Ogerii, du Mesnil Ogier*, 1317 (chap. de Saint-Étienne de Fontenay, 336). — *Sanctus Audoenus de Mesnillo Ogeri*, 1417 (magni rotuli, p. 277).

Patr. le seigneur du lieu. Dioc. de Bayeux, doy. de Troarn. Génér. et élect. de Caen, sergent. de Breteuil.

La terre et seigneurie du *Ham* ou *Han* relevait de la seigneurie du Mesnil-Oger.

SAINT-OUEN-LE-HOUX ou LE-HOULT, cⁿ de Livarot. — *Parochia Sancti Audoeni Lohout*, xiiiᵉ sᵉ (ch. de Friardel, 240). — *Saint-Ouen-le-Lohout*, 1320 (rôles d'Orbec). — *Sanctus Audoenus le Lohoux*, xivᵉ sᵉ; *Sanctus Audoenus le Hoult*, xviᵉ sᵉ (pouillé de Lisieux, p. 57).

Patr. le roi. Dioc. de Lisieux, doy. de Livarot. Génér. d'Alençon, élect. de Lisieux, sergent. d'Orbec.

Fiefs des *Moutiers*, des *Augueurs*, de la *Potée* et de *la Vallée*, relevant de la vicomté d'Orbec.

SAINT-OUEN-LE-PIN, cⁿ de Cambremer. — *Saint-Ouen le Paingt, Saint-Ouen les Pains*, 1310 (rôles de la vicomté d'Auge). — *Saint-Ouen le*

Pains, Saint-Ouen le Peint, 1723 (d'Anville, dioc. de Lisieux). — *Saint-Ouen le Paint*, 1770 (registre des rentes seigneuriales de la vicomté d'Auge).

Par. de Saint-Ouen, patr. l'abbé du Val-Richer. Personnat de la Madeleine, chapelle de Saint-Jean-Baptiste. Dioc. de Bayeux, exemption de Cambremer. Génér. de Rouen, élect. de Pont-l'Évêque, sergent. de Cambremer.

Fief de *Saint-Ouen les Pains*, appart. au Val-Richer, 1620 (fiefs de la vicomté d'Auge).

SAINT-PAIR, c^on de Troarn.— *Ecclesia Sancti Paterni*, 1162 (ch. de Troarn). — *Saint-Paer*, 1310 (chemins et sentiers de Troarn). — *Saint-Père*, 1345 (lib. rub. Troarn. p. 169). — *Saint-Paer*, 1371 (assiette de la vicomté de Caen).

Par. de Saint-Paterne, patr. l'abbé de Troarn. Dioc. de Bayeux, doy. de Troarn. Génér. et élect. de Caen, sergent. de Troarn.

Fief de *Bréville, feodum de Brevilla apud Sanctum Paternum*, 1365 (parv. lib. rub. Troarn.). — Fief du *Bucquet*, 1440 (dom. de Troarn, n° 139). — *Delle du Lion*, 1444 (ibid. p. 112). — *Delle de la Nouette* (ibid.).

SAINT-PAIR-DU-MONT, c^on de Mézidon.

Par. de Saint-Paterne, patr. le seigneur. Dioc. de Bayeux, exemption de Cambremer. Génér. de Rouen, élect. de Pont-l'Évêque, sergent. de Cambremer.

SAINT-PAUL, h. c^ne de Cricqueville.

SAINT-PAUL-DE-COURTONNE, c^on d'Orbec, c^ne accrue de Notre-Dame-de-Livet en 1824. — *Saint-Paul de Courtone*, 1723 (d'Anville, dioc. de Lisieux).

Patr. le seigneur du lieu. Chapelle de Sainte-Claire-des-Bois. Ancienne léproserie. Dioc. de Lisieux, doy. de Moyaux. Génér. d'Alençon, élect. de Lisieux, sergent. d'Orbec.

SAINT-PAUL-DU-VERNAY, c^on de Balleroy. — *Verneium*, 1198 (magni rotuli, p. 37, 2).

Paroisse érigée en 1696; prieuré de Saint-Blaise, du Mesnil-Hamel ou Saint-Gourgon, dépendant de l'abbaye de Saint-Étienne de Caen. Diocèse de Bayeux, doy. de Thorigny. Génér. de Caen, élect. de Bayeux, sergent. de Briquessart.

SAINT-PÈRE (LE), h. c^ne de Vaudry.

SAINT-PHILBERT, h. c^ne de Saint-Gatien.

SAINT-PHILBERT-DES-CHAMPS, c^on de Blangy. — *Sanctus Philbertus*, 1197 (cart. d'Ardennes, p. 195). — *Sanctus Philbertus de Campis*, xiv° s°; *Sanctus Philbertus de Campis*, xvi° s° (pouillé de Lisieux, p. 38). — *Saint-Filleber*, 1667 (carte de Le Vasseur).

Patr. le seigneur du lieu. Chapelle de Saint-Jean et Saint-Marc-du-Faulquet. Dioc. de Lisieux, doy.

de Touque. Génér. d'Alençon, élect. de Lisieux, sergent. de Moyaux.

Fiefs des *Forges* et du *Béchet*, possédés au xvi° s° par la famille Le Mire, et fief d'*Angerville*, relevant de la baronnie de Fauguernon.

SAINT-PIERRE, h. c^ne de Bretteville-sur-Odon.

SAINT-PIERRE, f. c^ne de Mestry.

SAINT-PIERRE, f. c^ne de Saint-Pierre-Canivet.

SAINT-PIERRE, h. c^ne de Tilly-sur-Seulle.

SAINT-PIERRE-AZIF, c^on de Dozulé. — *Sanctus Petrus ad I*, v. 1161 (ch. de Saint-Étienne de Caen). — *Saint-Pierre de Hys*, 1221 (ch. de Sainte-Barbe, n° 124). — *Saint-Pierre-Aziz*, 1392 (aveu de l'abbé de Saint-Étienne de Caen). — *Saint-Pierre-Asifs*, 1554 (temp. de Saint-Étienne de Caen). — *Saint-Pierre-Azif*, 1620 (fiefs de la vicomté d'Auge). — *Saint-Pierre-Azils*, 1665 (archives d'Harcourt). — *Saint-Pierre d'Azis*, 1678 (aveu de l'abbé de Saint-Étienne de Caen). — *Saint-Pierre aux Id*, 1694 (carte de Tolin). — *Saint-Pierre-d'Asie*, 1725 (aveu du temp. de Saint-Étienne de Caen).

Patr. le chanoine du lieu. Dioc. de Lisieux, doy. de Beaumont. Génér. de Rouen, élect. de Pont-l'Évêque, sergent. de Beaumont.

Fief et prébende, donnant au possesseur haute justice sur la Pommeraye. A Saint-Pierre-Azif appartenait le fief de *Tanay*, indiqué par Cassini.

SAINT-PIERRE-CANIVET, c^on de Falaise (2° division).

Patr. le seigneur du lieu. Dioc. de Séez, doy. d'Aubigny. Génér. d'Alençon, élect. de Falaise, sergent. de Thury.

Fief du *Mesnil-Bernard*, 1738 (ch. des comptes de Rouen).

Château de la Tour, château de Longpré. Fiefs de *Breteuil*, du *Cornet* et d'*Alleu*, 1738 (ch. des comptes de Rouen). Le fief *Canivet*, dont le chef était assis à Saint-Pierre-au-Gras, s'étendait aux paroisses de Saint-Pierre, Saint-Loup, Aubigny, Soulangy, Pierrepont, et relevait de la baronnie de Thury, 1586 (papier terrier de Falaise).

SAINT-PIERRE-D'AUNAY, h. c^ne du Mesnil-Auzouf.

SAINT-PIERRE-DE-CANTELOUP, c^ne réunie à Saint-Hippolyte-de-Canteloup en 1825. — *Saint-Pierre de Cantelou*, 1398 (fiefs de la vicomté d'Orbec); 1398 (fouages français, n° 382). — *Saint-Père de Cantelou*, 1723 (carte de d'Anville).

Patr. le seigneur de Fumichon. Dioc. de Lisieux, doy. de Moyaux. Génér. d'Alençon, élect. de Lisieux, sergent. de Moyaux.

SAINT-PIERRE-DE-COURSON, c^ne réunie à Notre-Dame-de-Courson en 1831.

Patr. le roi. Dioc. de Lisieux, doy. de Livarot. Génér. d'Alençon, élect. de Lisieux, sergent. d'Orbec.

SAINT-PIERRE-DE-MAILLOC, c^on d'Orbec. — *Sanctus Petrus de Colle*, autrefois *Saint-Pierre-du-Tertre*, xive s^e (pouillé de Lisieux, p. 34).

Patr. le seigneur du lieu (au xive siècle *Henricus de Maillot*). Diocèse de Lisieux, doyenné d'Orbec. Génér. d'Alençon, élection de Lisieux, sergenterie d'Orbec.

La baronnie de Mailloc fut érigée en marquisat en 1693, en faveur de Gabriel-René de Mailloc.

SAINT-PIERRE-DES-IFS, c^on de Lisieux (2e section), c^ne accrue en 1841 de la c^ne de Lamotte. — *Sanctus Petrus de Iz*, *de Hys*, 1221; *Sanctus Petrus de Yz*, 1236 (ch. de Sainte-Barbe, n° 456); — *de Aquosis*, *de Ys*, 1258 (*ibid.* n° 178). — *Saint-Pierre des Ifs en Lieuvin*, xiiie s^e (pouillé du dioc. de Lisieux, p. 498). — *Sanctus Petrus ad Id* (*ibid.*).— *Mesnillum Gueroldi in parrochia Sancti Petri de Is*, xiiie s^e (*ibid.* note). — *Sanctus Petrus de Acquosis*, xive s^e (*ibid.*) — *Saint-Pierre des Ays*, 1694 (carte de Nolin).

Patr. le prieur de Sainte-Barbe-en-Auge. Dioc. de Lisieux, doy. du Mesnil-Mauger. Génér. de Rouen, élect. de Pont-l'Évêque, sergent. de Saint-Julien-le-Faucon.

SAINT-PIERRE-DU-Bû, c^on de Falaise (2e division). — *Sanctus Petrus du Bu*, 1199 (ch. de Saint-Jean de Falaise, n° 6). — *Saint-Pierre du But*, 1580 (papier terrier de Falaise, p. 171). — *Saint-Pierre du Buc*, 1682 (carte de Jolliot). — *Saint-Pierre du Buc*, 1716 (carte de de l'Isle).

Patr. l'abbé de Saint-Jean de Falaise. Dioc. de Séez, doy. d'Aubigny. Génér. d'Alençon, élect. et sergent. de Falaise.

SAINT-PIERRE-DU-FRESNE, c^on d'Aunay-sur-Odon. — *Saint-Pierre jouxte Aulnay*, 1371 (assiette de la vicomté de Caen).

Patr. le seigneur du lieu. Dioc. de Bayeux, doy. de Villers-Bocage. Génér. de Caen, élect. de Saint-Lô, sergent. de Thorigny.

SAINT-PIERRE-DU-JONQUET, c^on de Troarn. — *Saint-Pierre-du-Joncquet, du Jonquay, du Jonqué*, 1297 (enquête). — *Saint-Pierre de Jonqué*, 1710 (carte de de Fer).

Deux cures réunies; patr. 1° le prieur des Deux-Amants; 2° le seigneur du lieu; chapelle. Dioc. de Bayeux, doy. de Villers-Bocage. Génér. de Caen, élect. de Saint-Lô, sergent. de Thorigny.

SAINT-PIERRE-DU-MONT, c^on d'Isigny, c^ne réunie pour le culte à Cricqueville. — *Sanctus Petrus de Monte*,

1261 (ch. de l'abb. de Mondaye). — *Saint-Pierre en Mont*, 1296 (censier de Saint-Vigor, n° 125).

Patr. le seigneur du lieu. Dioc. de Bayeux, doy. de Trévières. Génér. de Caen, élect. de Bayeux, sergent. des Veys.

Le fief de *Caenchy* (*Canchy*), dont le chef était assis à Saint-Pierre-du-Mont, relevait de la baronnie de Colombières.

SAINT-PIERRE-LA-VIEILLE, c^on de Condé-sur-Noireau. — *Sanctus Petrus de Vetula*, xie s^e (enquête arch. de Bayeux, p. 430). — *Saint-Pierre-la-Vieille*, 1377 (ch. de Bayeux, rôle 102). — *Saint-Pierre-la-Vieulle*, 1476 (cartul. du Plessis-Grimoult, t. I, p. 12).

Prébende; patr. le chanoine du lieu. Dioc. de Bayeux, doy. de Vire. Génér. de Caen, élect. de Vire, sergent. de Saint-Jean-le-Blanc.

SAINT-PIERRE-OURSIN, c^ne réunie à Vimont en 1826. Elle avait été érigée en paroisse en 1752, après le dessèchement du marais des Terriers.

Patr. le seigneur du lieu. Dioc. de Bayeux, doy. de Troarn. Génér. et élect. de Caen, sergent. de Troarn.

SAINT-PIERRE-SUR-DIVE, chef-l. de c^on, arrond. de Lisieux, c^ne accrue de la paroisse de Carel en 1845. — *Sanctus Petrus supra Divam* (ch. de Henri Ier pour l'abb. de ce nom). — *Saint-Pierre-sus-Dyve*, 1329 (actes norm. de la ch. des comptes, 3). — *Saint-Pierre-soubz-Dyve*, 1450 (arch. nat. P. 2, n° 245). — *Saint-Pierre-sur-Dyve*, 1458 (*ibid.* P. 271, n° 297).

Patr. les religieux de Saint-Pierre-sur-Dive. Dioc. de Bayeux, siège d'un doyenné. Génér. d'Alençon, élect. de Falaise, siège d'une sergenterie.

L'abbaye bénédictine de Saint-Pierre-sur-Dive, *cœnobium Divense* (Orderic Vital, t. III, p. 365), fief fondé en 1046 par Lesceline. — Érection du fief noble de *la Meilleraye* en 1662 (ch. des comptes de Rouen). Manoir dit *Cour Leleu*. Château d'Hermouville, 1618.

Le doyenné de Saint-Pierre-sur-Dive comprenait: Berville, Bretteville-sur-Dive, le Breuil, Canon, Condé-sur-Laizon, Donville, Écots-en-Auge, Ernes, Escures, Estrées-la-Campagne, Favières, Grandmesnil, Grisy, Hiéville, Ifs-sur-Loison, Lieurey, Maizières, Morières, Olendon, Ouézy, Ouilly-le-Tesson, Rouvres, Sassy, Soignolles, Thiéville, Vaux-la-Campagne, Vandœuvre et Vieux-Fumé.

La sergenterie de Saint-Pierre-sur-Dive s'étendait aux paroisses de Morières, Écajeul, Courcy, Mirebecq, Bretteville-sur-Dive, Sainte-Marie-aux-Anglois, Grandcamp, Doux-Marais, Vicques, Tôtes, le Tilleul, Saint-Julien-le-Faucon, les Authieux-Papion, Ouville-la-Bien-Tournée, Quétiéville, Berville, le Mesnil-Oury, Livry, le Mesnil-Bacley, Ammeville, Mittois, Boissey, Querville, Conpesarte; Vieux-Pont, Castillon, le Mesnil-Mauger, Soquence, Saint-Maclou, Saint-Martin-des-Noyers, Livet, Sainte-Marguerite-de-Viette, Saint-Jouin, Saint-Loup-de-Fribois, Hiéville, Montviette.

SAINT-PIERRE-TARENTAINE, c^on du Bény-Bocage. — *Sanctus Petrus de Tarenteigne*, 1203 (magni rotuli, p. 93). — *Tarentaygneium*, xive s^e (livre pelut de Bayeux). — *Saint-Pierre Tharentaigne*, 1675 (aveux de la vicomté de Vire et carte de Petite).

Patr. l'abbé de Saint-Évroult. Dioc. de Bayeux, doy. de Vire. Génér. de Caen, élect. de Vire, sergent. du Tourneur.

Fief du *Beau-Poisson*; fief de *Cathévale*, même paroisse, 1415 (arch. nat. P. 272, n° 242). — Ancienne baronnie de Crennes, érigée de nouveau en 1628.

SAINTE-PIERRERIE (LA), h. c^ne de Ranchy.

SAINTE-PIERRERIE (LA) ou LES GISLOTS, h. c^ne de Sainte-Marguerite-d'Elle.

SAINT-QUENTIN, h. c^ne de Gonneville-sur-Honfleur.

SAINT-QUENTIN, h. c^ne de Surville.

SAINT-QUENTIN-DE-LA-ROCHE (*Sanctus Quintinus de Roca*), c^ne réunie à Tassilly, qui prend le nom de SAINT-QUENTIN-TASSILLY. Une partie de la commune de Saint-Quentin-Tassilly a été réunie en 1854 à Soûmont qui a pris le nom de SOÛMONT-SAINT-QUENTIN.

Patr. le seigneur du lieu. Dioc. de Séez, doy. d'Aubigny. Génér. d'Alençon, élect. de Falaise, sergent. de Tournebu. — Rocher sur lequel M. Fouquet-Dulomboy a élevé le tombeau de sa femme, l'actrice Marie Joly. Ce rocher, désigné anciennement sous le nom de *Brèche-au-Diable*, est aujourd'hui connu des touristes sous le nom de *Mont-Joly*.

Le fief de *Saint-Quentin*, mouvant de la seigneurie d'Ussy, fut, en 1735, réuni au marquisat de Soûmont (chambre des comptes de Rouen, t. II, p. 98).

SAINT-QUENTIN-TASSILLY, c^ne partagée en deux sections, dont l'une (Saint-Quentin) est réunie à Soûmont, sous le nom de SOÛMONT-SAINT-QUENTIN, l'autre (Tassilly) est réunie à Bons, qui prend le nom de BONS-TASSILLY.

Saint-Remy, fief de la paroisse de Formigny, 1720 (fiefs de la vicomté de Caen).

SAINT-REMY, c^ne de Thury-Harcourt, c^ne accrue de la c^ne de la Mousse en 1827. — *Sanctus Remigius*, 1070 (ch. de l'abb. de Fontenay). — *Saint-Remy-sur-Calvados.*

Oulne, 1413 (ch. du Plessis-Grimoult, n° 938). — *Saint-Remy-sur-Orne*, xviiie siècle (Cassini).

Patr. le seigneur du lieu. Dioc. de Bayeux, doy. de Cinglais. Génér. d'Alençon, élect. de Falaise, sergent. de Thury.

Fief de la baronnie de Thury. Plein fief de haubert, relevant du marquisat de Thury. Il s'étendait à Fontaine-les-Rouges, Grainville et Cingal, et était assis à Saint-Germain-le-Vasson. Le fief de *la Malherbière*, assis à Saint-Remy, relevait de la même seigneurie.

SAINT-RICHER, chapelle existant à Basseneville, fréquentée par les pèlerins. — Indiquée sur la carte de Cassini.

SAINT-ROCH, h. c^ne d'Isigny.

SAINT-ROCH, h. c^ne de Saint-Jacques-de-Lisieux.

SAINT-ROCH, chapelle, c^ne de Saint-Marc-d'Ouilly.

SAINT-ROMUALD, hermitage de la forêt de Saint-Sever.

SAINT-SAMSON, c^ne de Dozulé. — *Sanctus Sanson*, 1230; *Sanctus Sanso*, 1234 (lib. rub. Troarn. p. 11). — *Sanctus Sanso in Algia*, 1279 (ch. de l'abb. de Troarn). — *Saint Sansson*, 1371 (assiette de la vicomté de Caen). — *Sanctus Sanxson*, xive s^e (lib. rub. Troarni. p. 169). — *Saint-Sanxon*, 1579 (pouillé de Lisieux, p. 49, note 3).

Patr. l'abbé de Troarn. Léproserie de la Madeleine-du-Sauls. Dioc. de Lisieux, doy. de Beuvron. Génér. de Rouen, élect. et sergent. de Pont-l'Évêque.

Fief de *Gassart* (Cassini).

SAINT-SAUVEUR, h. c^ne de Manerbe.

SAINT-SAUVEUR-DES-VASES, chapelle sur le territoire d'Ableville. — *Capella Sancti Salvatoris de Vasiis*, xive s^e (pouillé de Lisieux, p. 85).

SAINT-SEVER, ch.-l. de c^ne, arrond. de Vire. — *Sanctus Severus*, 1278 (livre noir de Coutances).

Abbaye de Bénédictins fondée vers 558 par saint Sever, évêque d'Avranches; elle fut restaurée en 1030 par Hugues de Chester.

Par. de Notre-Dame, patr. l'abbé de Saint-Sever. Chapelles de Notre-Dame de l'Hermitage, de la Renaudière. Dioc. de Coutances, doy. du Val-de-Vire. Génér. de Vire, siège d'une sergenterie.

La sergenterie noble et héréditale de Saint-Sever, huitième de fief, comprenait : Saint-Sever, Champ-du-Boult, Saint-Pierre-du-Tronchet ou du Tronquay, Saint-Maur-des-Bois, Sainte-Cécile, Clinchamps, Bois-Benâtre, la Chapelle-Asselin, Saint-Manvieu, le Gast, Courson, Sept-Frères, Saint-Aubin, Fontenermont, le Mesnil-Caussois, Villedieu, 1612 (aveux de la vicomté de Vire).

Dans la forêt de Saint-Sever, emplacement d'un

34

ancien château du xi° s°; les habitants l'appellent le *château de Corbecenus.*

Fief des *Sens,* sis ès paroisses de Saint-Sever et de Saint-Martin-de-Tallevende, 1667 (aveux de la vicomté de Vire).

SAINT-SEVER, f. et h. c°° de Grandcamp.

SAINT-SÉVER, chât. c°° de Vierville.

SAINT-SILLY, f. et h. c°° de Croisilles.

SAINT-SULPICE. Nom d'une paroisse réunie à Saint-Vigor-le-Grand en 1856. — *Saint-Supleis, Saint-Soupleiz,* 1290 (censier de Saint-Vigor, n° 26). — *Saint-Soupprie,* 1293 (chap. de Bayeux, n° 234). — *Saint-Supplis,* 1453 (arch. nat. P. 271, n° 123). — *Saint-Suplé,* 1716 (cart. de de l'Islé). — *Saint-Suplix,* 1720 (fiefs de la vicomté de Caen, p. 10).

Patr. le prieur de Saint-Vigor-le-Grand. Dioc. de Bayeux, doy. de Creully. Génér. de Caen, élect. et sergent. de Bayeux.

SAINT-SYLVAIN, c°° de Bretteville-sur-Laize, c°° accrue de Saint-Martin-des-Bois en 1825. — *Sanctus Sylvinus,* 860 (ch. de Charles le Chauve). — *Sanctus Selvinus,* 1275, (cartul. normand, n° 857, p. 200). — *Saint-Servin,* 1371 (visite des forteresses). — *Saint-Silvyn,* 1608 (aveux d'Harcourt).

Dioc. de Bayeux, doy. de Vaucelles. Génér. et élect. de Caen, siège d'une sergenterie qui comprenait Saint-Sylvain, Fierville-la-Campagne et Renémesnil.

Saint-Sylvain dépendait de la seigneurie du Thuit, réunie en 1543 à la baronnie ou vicomté de Saint-Sylvain qui prit le nom de Saint-Sylvain-et-le-Thuit, supprimée en 1747.

SAINT-SYMPHORIEN, f. c°° de Cussy.

SAINTE-TRINITÉ (LA) ou ABBAYE-AUX-DAMES, abbaye-de Caen, *monasterium Sanctissimæ Trinitatis Cadomensis,* fondée en 1066 par Guillaume le Conquérant et sa femme Mathilde. La haute justice de l'abbaye s'étendait à Saint-Gilles de Caen, Carpiquet, Ouistreham, Saint-Aubin-d'Arquenay et Merville.

SAINT-VAAST, c°° de Tilly-sur-Seulle. — *Sanctus Vedastus, Ecclesia Sancti Vedasti,* 1230 (cart. de l'abb. de Fontenay). — *Saint-Vaestz,* 1653 (aveux de la vicomté de Caen). — *Saint-Vuast,* 1653 (cart. de Tassin). — *Saint-Vat,* 1716 (cart. de de l'Isle).

Patr. le seigneur du lieu. Chapelles de Saint-Ravend, de Saint-Rasiphe et de Saint-More. Dioc. de Bayeux, doy. de Fontenay-le-Pesnel. Génér. et élect. de Caen, sergent. de Villers.

Le fief de *Saint-Vaast* et d'*Ondefontaine* relevait de l'évêché de Bayeux, à cause de la baronnie de Saint-Vigor. Un arrière-fief, assis à Épinay, relevait de Saint-Vaast. La seigneurie de Saint-Vaast fut réunie au marquisat de Juvigny. De cette seigneurie relevaient les fiefs d'*Épinay, Cully, Cagny, Boulon, Bernesq, Juaye, Formigny, Engranville, Neuilly-le-Malherbe, la Lande-sur-Drôme, le Fresne, Villy,* etc. 1453 (aveu de Zénon de Castillon).

SAINT-VAAST ou SAINT-VAAST-EN-AUGE, c°° de Dozulé, c°° réunie pour le culte à Villers-sur-Mer. — *Sanctus Wedastus,* 1198 (magni rotuli, p. 54, 2). — *Sanctus Vedastus de Algia,* v. 1350 (pouillé de Lisieux, p. 52).

Patr. l'évêque de Lisieux, puis le seigneur du lieu. Dioc. de Lisieux, doy. de Beaumont. Génér. de Rouen, élect. de Pont-l'Évêque, sergent. de Beaumont.

SAINT-VIGOR, h. c°° d'Amayé-sur-Seulle.

SAINT-VIGOR, h. c°° de Crèvecœur.

SAINT-VIGOR, h. c°° d'Espins.

SAINT-VIGOR, f. c°° de Saint-Martin-de-Mieux.

SAINT-VIGOR, f. c°° de Saint-Martin-de-Fresnay.

SAINT-VIGOR-DE-MIEUX, c°° réunie à Saint-Martin-du-Bû, qui prend le nom de SAINT-MARTIN-DE-MIEUX (1858). — *Sanctus Vigor de Muyes,* 1250 (magni rotuli, p. 174). — *Sanctus Vigor de Modiis,* 1273 (bulle pour l'abb. du Val). — *Muiæ,* 1277 (cartul. norm. n° 905, p. 219).

Par. de Saint-Vigor, patr. l'abbé du Val. Dioc. de Séez, doy. d'Aubigny. Génér. d'Alençon, élect. de Falaise, sergent. des Bruns. Un huitième de fief sis à Saint-Vigor et dépendant de la seigneurie de Mieux prit en 1631 le nom de fief de *Morchène,* accru plus tard d'autres fiefs (chambre des comptes de Rouen).

SAINT-VIGOR-DES-MÉZERETS, c°° de Condé-sur-Noireau. — *Sanctus Vigor de Maseriis,* 1154 (bulle pour le Plessis-Grimoult); — *de Maiseriis,* (ch. de Philippe, év. de Bayeux). — *Messeriz,* 1215 (ch. de Saint-André-en-Gouffern). — *Sanctus Vigor de Maiseretis,* xiv° s° (livre pelut de Bayeux).

Prieuré-cure; patr. le prieur du Plessis-Grimoult; chapelle de Saint-Hubert, chapelle de Saint-Laurent-des-Prés. Léproserie. Dioc. de Bayeux, doy. de Vire. Génér. de Caen, élect. de Vire, sergent. de Saint-Jean-le-Blanc.

Le fief de *Saint-Vigor-des-Mézerets* relevait de la baronnie du Plessis-Grimoult et ressortissait à la sergenterie de Saint-Jean-le-Blanc. Le demi-fief de Saint-Vigor-des-Mézerets relevait de la baronnie de Montfréville. — La vavassorie des *Fourneaux,* en la même paroisse, relevait de la baronnie de Tournebu et ressortissait à la vicomté de Falaise; la vavassorie de *la Couturière*, tenue par Mathieu More en 1586, ressortissait à la même vicomté (papier terrier de la vicomté de Falaise, 1586). — La terre de Saint-Vigor-des-Mézerets, franche vavassorie, relevait de la baronnie du Plessis-Grimoult, 1460 (aveux du temp. de l'év. de Bayeux).

Saint-Vigor-le-Grand, c^on de Bayeux. — *Sanctus Vigor juxta Baiocas*, 1277 (cartul. norm. n° 902, p. 216). — Prieuré. *Prioratus sancti Vigoris prope Bajocas*, xive s^e (livre pelut de Bayeux).

Patr. le prieur de Saint-Vigor-le-Grand. Dioc. de Bayeux, doyenné de Creully. Génér. de Caen, élect. de Bayeux, sergent. de la banlieue de Bayeux.

La baronnie de Saint-Vigor était une des sept baronnies relevant de l'évêché de Bayeux. Parmi les fiefs relevant de cette baronnie, on distinguait *la Cour d'Isigny*, le fief *Sainte-Marie*, nom tiré de celui d'une chapelle appelée Sainte-Marie-l'Égyciane (l'Égyptienne), la maison de *la Bleste* ou *Blaitre*, la léproserie de Saint-Nicolas-de-la-Chesnaye, le fief *Sainte-Croix*, près le Pont-Trubert, les fiefs de *la Couronne*, *Pouligny*, le *Petit-Magny*, *Saint-Sulpice* (*Saint-Suplix*), réuni à *Saint-Vigor*.

Le prieuré de Saint-Gabriel a été réuni à la fin du xviie siècle à celui de Saint-Vigor-le-Grand; il relevait autrefois de l'abbaye de Fécamp.

Saint-Wandrille. — Voir Cheux.

Saint-Ymer. — Voir Saint-Hymer.

Salandière (La), h. c^ne du Mesnil-Auzouf.

Salerie (La), h. c^ne de Clinchamps (Vire).

Salernes (Les), h. c^ne de Cordebugle.

Saleste, vill. c^ne de Blay.

Salette (La), h. c^ne de Roullours.

Salière (La), h. c^ne de Pont-Farcy.

Salière (La), h. c^ne de Roullours.

Saline-Auzouf, sur la Divette. — *Salina-Osouf*, 1234 (lib. rub. Troarn. p. 125). — *Saline-Blanche*, sur la Divette, 1234 (*ibid.*).

Salle (La), h. c^ne de Fontenermont.

Salle-à-Bois (La), f. c^ne de Campigny.

Sallen, c^on de Caumont. — *Salam*, 1082 (cart. de la Trinité). — *Salan*, *Salen*, 1083 (*ibid.*); *Sallon*, xive s^e (liv. pelut de Bayeux).—*Salan*, 1653 (carte de Tassin).

Par. de Saint-Mathieu, patr. l'abbesse de la Trinité de Caen. Dioc. de Bayeux, doy. de Thorigny. Génér. de Caen, élect. de Saint-Lô, sergent. de Thorigny.

Fief de *Boussigny*, relevant du roi par un quart de fief de chevalier. Fief de *la Mare*, relevant de la seigneurie de la Quèze.

Sallen, f. c^ne de Trungy.

Sallenelles, c^on de Troarn. — *Salinella*, 1169 (cart. de Saint-Étienne). — *Salinelæ* (livre blanc de Troarn). — *Salinellæ*, 1198 (magni rotuli scacc. p. 34, 2). — *Salnelles*, 1460 (aveu de l'évêque de Bayeux). — *Salenelle*, 1723 (d'Anville).

Par. de Saint-Germain, patr. le roi. Chapelle de Saint-Ouen, dont le patronage appartenait à l'abbaye de Saint-Étienne de Caen. Dioc. de Bayeux, doy. de Troarn. Génér. et élect. de Caen, sergent. de Varaville.

Le plein fief d'*Espreville*, sis en la paroisse, relevait de Beaufour et Beuvron.

Sallenelles, fief de la baronnie de Saint-Vigor, sis à Asnières, 1475 (temp. de l'évêque de Bayeux); autre fief du même nom, à Isigny, relevant de la même baronnie.

Sallerie (La), h. c^ne de Bernières-le-Patry.

Sallerie (La), h. c^ne de Clinchamps.

Sallerie (La), h. c^ne d'Hermival-les-Vaux.

Salles (Les), vill. c^ne de Cahagnolles.

Salles (Les), h. c^ne de Fontaine-Étoupefour.

Sallière (La), h. c^ne de Coulonces.

Sallière (La), h. c^ne de Pont-Farcy.

Salvétrie (La), h. c^ne de Fervaques.

Saminière (La), h. c^ne du Mesnil-Bacley.

Samson, f. c^ne de Cricqueville.

Samsonnerie (La), h. c^ne de Landelles.

Sandrie (La), h. c^ne d'Isigny.

Sannegon, h. c^ne de Gonneville.

Sannerville, c^on de Troarn, c^ne accrue de la c^ne de Lisores en 1828. — *Saunervilla*, 1169 (ch. de l'abb. de Troarn). — *Salnervilla*, 1230 (*ibid.*). — *Sarmervilla*, 1234 (lib. rub. Troarn. f° 11). — *Salneriivilla*, 1269 (cartul. norm. n° 767, p. 173). — *Sannervilla*, 1297 (parv. lib. rub. Troarn. p. 13). — *Saulnerville*, 1653 (carte de Tassin).

Par. de Notre-Dame, patr. l'abbé de Troarn. Chapelle et prieuré de Folletot sous le titre de Saint-Remy, de l'exemption de Fécamp. Dioc. de Bayeux, doy. de Troarn. Génér. et élect. de Caen, sergent. de Troarn.

Sansonnière (La), h. c^ne de Maisoncelles-la-Jourdan.

Sansonnière (La), h. c^ne de Saint-Germain-de-Tallevende.

Sansonnière (La), h. c^ne de Saint-Germain-du-Crioult.

Saon, c^on de Trévières. — *Ecclesia de Saone*, 1252 (ch. de l'abb. de Longues, 46).

Prieuré-cure sous l'invocation de saint Aubin, patr. le commandeur de Blangy. Dioc. de Bayeux, doy. des Veys. Génér. de Caen, élect. de Bayeux, sergent. de Cerisy.

Le fief de *Grouchy* ou *Groucy*, à Saon, relevait par huitième de fief de la vicomté de Bayeux.

Vavassorie du *moulin Bacon*, s'étendant à Saon, Saonnet, Blangy, Tournières et Formigny, relevant de la vicomté de Bayeux.

Saonnet, c^{on} de Trévières. — *Saunnet*, 1250 (cart. de la Trinité, p. 82). — *Sahonetum, Saonetum*, 1284 (cartul. norm. n° 1036, p. 269). — *Saint-Germain-de-Sounet*, 1290 (censier de Saint-Vigor, n° 149). — *Saonet*, 1454 (arch. nat. P. 271, n° 155). — *Sannet*, 1675 (carte de Petite).

Par. de Saint-Germain, patr. l'abbé de Cerisy. Dioc. de Bayeux, doy. des Veys. Génér. de Caen, élect. de Bayeux, sergent. de Cerisy.

Fief *Valladon* à Saonnet, relevant du roi à cause de *Rubercy*, fief tenu du baron du Hommet. Vavassorie de *Moulagny*, relevant du fief de *Saonnet*; fief de *Longues*, assis à Saonnet et Rubercy, relevant par huitième de fief de chevalier de la vicomté de Bayeux.

Sapin (Le), h. c^{ne} de Bretteville-sur-Dive.
Sapin (Le), h. c^{ne} de Bretteville-sur-Laize.
Sapin (Le), h. c^{ne} de Hiéville.
Sapin (Le), h. c^{ne} de Saint-Germain-de-Tallevende.
Sapins (Les), h. c^{ne} du Bény-Bocage.
Sapins (Les), f. c^{ne} de Vaux-sur-Aure.
Sarrazin, h. c^{ne} de Saint-Martin-de-Sallen.
Sassy, c^{on} de Morteaux-Coulibœuf. — *Sacie*, 1155 (Wace). — *Saceium*, v. 1230 (ch. de Saint-André-en-Gouffern, n° 215). — *Sacy*, 1586; *Saci*, 1716 (carte de de l'Isle).

Par. de Saint-Gervais, patr. le seigneur. Dioc. de Séez, doy. de Saint-Pierre-sur-Dive. Génér. de Caen, élect. et sergent. de Falaise.

Le fief du *Chastel* ou de *Sacy*, mouvant du domaine royal, vicomté de Falaise, s'étendait par quart de fief à Olendon et autres paroisses, tenu par Charles Connantry, 1586 (papier terrier de Falaise).

Les fiefs de *Boon* et du *Pont*, à Sassy, relevaient de la baronnie du Plessis-Grimoult.

Saubénard ou Soubénard, h. c^{ne} de Blay.
Saucé (Le), f. c^{ne} de Maisoncelles-la-Jourdan.
Saudouvre, f. c^{ne} de Longueville.
Saule (Le), h. c^{ne} de Préaux.
Saule (Le), h. c^{ne} de Saint-Martin-Don.
Saule-le-Breuil, h. c^{ne} du Torquesne.
Saules (Les), h. c^{ne} de la Roque.
Saullets (Les), h. c^{ne} du Mesnil-Patry.
Sauloterie (La), h. c^{on} de Maisoncelles-la-Jourdan.
Saulques, c^{ne} de Saint-Georges-d'Aunay.
Sault-Bénard (Le), h. et f. c^{ne} du Breuil.

Saumonière, h. c^{ne} de Viessoix.
Saunerie (La), h. c^{ne} de Coulonces.
Saunerie (La), h. c^{ne} de Lénault.
Saunerie (La), h. c^{ne} de Martainville.
Saunier, vill. c^{ne} du Mesnil-sur-Blangy.
Sauques, h. c^{ne} de Saint-Georges-d'Aunay. — *Sauquez*, 1471 (cart. du Plessis-Grimoult).

Siège de la haute justice du marquisat de Mosges-Buron, relevant du bailliage et présidial de Caen.

Sauques, f. c^{ne} de Saint-Georges-d'Aunay.
Saussay, membre de fief assis à Argouges-sur-Mosles, relevant de la baronnie de Neuville.
Saussay (Le), fief de la paroisse de Bellou, 1675 (fiefs de la vicomté de Vire).
Saussay (Le), fief de Giberville. — *Salceium*, 1258 (ch. de Saint-André-en-Gouffern).
Saussay (Le), h. c^{ne} de Lisores.
Saussay (Le), h. c^{ne} du Plessis-Grimoult.
Saussay (Le), h. c^{ne} de Saint-Pierre-du-Fresne.
Saussaye (La), h. c^{ne} de Cerqueux. — *La Sauchaie*, 1297 (parv. lib. rub. Troarn. p. 11).
Saussaye (La), h. c^{ne} du Détroit.
Saussaye (La), h. c^{ne} de Friardel. — *Sacceia*, 1277 (ch. de Friardel).
Saussaye (La), f. c^{ne} de Mosles.
Saussaye (La), h. c^{ne} de Rapilly.
Saussaye (La), h. c^{ne} de Truttemer-le-Petit.
Saussé (Le), h. c^{ne} de Maisoncelles-la-Jourdan.
Saussé (Le), h. c^{ne} de Pertheville-Ners.
Saussée (La), h. c^{ne} de Sainte-Marie-Laumont.
Saussey (Le), riv. affl. de la Touque, à droite. — *Rivulus Salix*, 1225 (ch. de Saint-Étienne de Fontenay). Prend sa source dans la commune de Moyaux, arrose le Pin, le Brèvedent, Blangy, le Mesnil-sur-Blangy, Fierville et Manneville-la-Pipard.
Saussey (Le), h. c^{ne} de Cahagnes.
Saussey (Le), h. c^{ne} d'Épinay-sur-Odon. — *Sauceium, Sanctus Martinus de Saucées*, 1257 (ch. de Sainte-Barbe, p. 282).
Saussey (Le), h. c^{ne} de Saint-Pierre-du-Fresne.
Sauterie (La), h. c^{ne} de Beaumesnil.
Sauvagère (La), h. c^{ne} de Cossesseville.
Sauvagère (La), h. c^{ne} de Saint-Lambert.
Sauvagerie (La), h. c^{ne} d'Auvillars.
Sauvagerie (La), h. c^{ne} de Courtonne-la-Meurdrac.
Sauvagerie (La), h. c^{ne} de Vassy.
Sauvages (Les), h. c^{ne} d'Englesqueville.
Sauvegarde (La), h. c^{ne} du Bô.
Sauvegarde (La), h. c^{ne} de Jurques.
Savarière (La), h. c^{ne} du Mesnil-Benoît.

SAVABIN (LE MONT-), c^ne de Saint-Germain-de-Talle-vende.

SAVENAY, h. et f. c^ce de Courvaudon. — *Savenneyum*, 1294 (ch. du Plessis-Grimoult). — *Saveney*, 1476 (cart. du Plessis-Grimoult).

C'est en cette paroisse qu'était assis le quart de fief de *Courvaudon*, relevant de la baronnie du Plessis-Grimoult, ainsi que le fief *au Bigot* et le fief *Bonnemaison*.

SAVENAY, h. c^ne de Saint-Agnan-le-Malherbe.

SAVIGNES (LES), h. c^ne du Mesnil-Patry.

SAVIGNY, f. c^ne de la Cambe.

SAVIGNY, h. c^ne de Cardonville.

SCALERIE (LA), h. c^ne de la Vacquerie.

SCELLERIE (LA), h. c^ne de Saint-Georges-d'Aunay.

SÉBIRE, f. et h. c^ce de Clécy.

SEC (MONT-DE-), h. c^ne de Coulonces.

SECQUEVILLE-EN-BESSIN, c^ne de Creully. — *Siccavillâ*, 1077 (ch. de Saint-Étienne de Caen). — *Seche-ville-en-Baessin*, 1155 (Wace, roman de Rou). — *Secqueville*, 1217 (ch. de Mondaye). — *Sequevila*, 1267, 1270 (ch. de l'abb. d'Ardennes, 264). — *Sequeville-en-Beessin*, 1290 (censier de Saint-Vi-gor, n° 147). — *Siccavilla in Bessino*, 1456 (rôles des revenus de Saint-Étienne de Caen). — *Es-queville en Bessin*, 1484 (arch. nation. P. 272, n° 170). — *Siqueville*, 1790 (déclaration du tem-porel).

Par. de Saint-Sulpice, patr. l'abbé de Saint-Étienne de Caen. Dioc. de Bayeux, doy. de Maltot. Génér. et élect. de Caen, sergent. de Creully.

Fief relevant de l'abbaye de Saint-Étienne de Caen. Le fief de *Secqueville* se composait d'un tiers-de fief situé à Maltot, un tiers de fief à Corbon, un quart de fief à Épinay-sur-Odon, nommé le fief *Mesnil*, un quart de fief à Cuverville, un sixième de fief nommé le fief d'*Asseville*, en la vicomté de Falaise, la vavassorie de Billy ou fief *Champion*.

SECQUEVILLE-LA-CAMPAGNE, c^ne nommée GARCELLES-SEC-QUEVILLE, depuis sa réunion à Garcelles en 1818. — *Siccavilla in Campania, Siccavilla in Oximensi pago* (chartes citées par l'abbé de la Rue). — *Segville-la-Campagne*, 1675 (carte de Petite).

Par. de Saint-Gerbold, patr. le seigneur du lieu. Dioc. de Bayeux, doy. de Vaucelles. Génér. et élect. de Caen, sergent. du Verrier.

SÉDOUET, h. c^ne de Foulognes.

SÉDOUET, h. c^ne de Planquery.

SÉGNIN, c^ne de Saint-Martin-des-Besaces.

SEIGNERIE (LA), h. c^ne d'Asnières.

SEIGNERIE (LA), h. c^ne de Longueville.

SEIGNEURS (LES), h. c^ne de Quetteville.

SEIGNIÈRE (LA), h. c^ne de Campandré-Valçongrain. — *Seinière*, 1848 (Simon).

SEIMIÈRE (LA), h. c^ne du Plessis-Grimoult.

SEINE (LA). Ce fleuve baigne à son embouchure une partie du Calvados. — *Sequana, Secana*, xiv° s° (charte de Sainte-Barbe).

La Seine ne peut être comptée parmi les ri-vières du département. Au point où elle baigne son territoire, ses eaux, déjà confondues avec les flots de la mer, occupent une même baie, et ses bords sont considérés comme rivages maritimes. Un arrêté préfectoral, en date du 31 août 1852, leur attri-bue ce caractère.

SEINES (LES), h. c^ne de Prêtreville.

SELLERIE (LA), h. c^ne de Notre-Dame-de-Courson.

SÉMILLY, h. c^ne de Cussy. — *Simillei*, 1082 (cart. de la Trinité). — *Semilli*, 1180; *Symilleium*, 1198 (magni rotuli, p. 35). — *Similleium*, 1199 (ch. d'Aunay). — *Similleium*, 1253 (ch. de la Trinité, n° 147). — *Semilleium*, 1298 (magni rotuli, p. 21).

Le bois du parc de Sémilly, fief de la vicomté de Bayeux, 1392 (aveu de Jean Varrel, cité par Brus-sel). — *Semilly*, fief des paroisses de Cussy et de Vaucelles, 1720 (fiefs de la vicomté de Caen).

SÉMILLY, h. c^ne de Mestry.

SÉMILLY, h. c^ne de Saint-Aubin-Lébisay.

SÉMILLY, fief de la paroisse de Vaucelles. — Voir VAUCELLES.

SENAUDIÈRE (LA), c^ne de Bernières-Bocage.

SENAUDIÈRE (LA), h. c^ne de Longraye.

SENÉE (LA), h. c^ne de Saint-Germain-Langot.

SENEVIÈRE, f. c^ne de Noyers. — *Sennevières*, 1202 (ch. de l'abb. d'Ardennes, 107).

SENINNE (LA), riv. qui se réunit à la Sienne. — Née à Sept-Frères, elle arrose Courson et se réunit à la Sienne au sortir de Saint-Aubin-des-Bois.

SENODIÈRE (LA), h. c^ne de Juaye-Mondaye.

SENODIÈRE (LA), h. c^ne de Lingèvres.

SENS (LE), fief de Clinchamps, 1720 (fiefs de la vi-comté de Caen).

SENS (LES), huitième de fief de Saint-Sever et de Saint-Martin-de-Tallevende, dont dépendait le fief de *la Jourdannière*, 1667 (aveux de la vicomté de Vire).

SENTE (LA), h. c^ne de Versainville.

SENTE-DE-BAVENT (LA), h. c^ne de Touffréville, 1447 (dom. de Troarn, 83).

SEPT-FRÈRES, c^ne de Saint-Sever.

Par. de Saint-Martin, patr. le seigneur du lieu. Dioc. de Coutances, doy. de Montbray. Génér. de Caen, élect. de Vire, sergent. de Saint-Sever.

Huitième de fief de *Narbonne*, 1656 (aveux de la vicomté de Vire).

Sept-Vents, c^on de Caumont (Bayeux). — *Sepvans*, 1170; *Sedvannum*, 1172 (ch. de Saint-Étienne de Caen). — *Sedvans*, 1177 (*ibid.*). — *Septem vanni*, xive s^e (taxat. decim. dioc. Baioc.). — *Sepvans*, 1498 (arch. nat. P. 271, n° 254). — *Septvans*, 1726 (ch. de Saint-Étienne).

Par. de Notre-Dame, patr. l'abbé de Saint-Étienne de Caen. Léproserie de Sainte-Radegonde, chapelle de Sainte-Anne de Fierville. Dioc. de Bayeux, doy. de Villers-Bocage. Génér. de Caen, élect. de Saint-Lô, sergent. de Thorigny.

Le fief et prieuré de Saint-Laurent, sur la route de Sept-Vents aux Loges, relevait de l'abbaye de Saint-Étienne de Caen; le fief d'*Orval*, aujourd'hui ferme, relevait par quart de fief de la seigneurie de Sept-Vents. La seigneurie de Sept-Vents relevait du roi par trois quarts de fief de haubert.

Sept-Vents (Vieux-), h. c^ne de Sept-Vents.

Sept-Verges (Les), h. c^ne de Bernières-le-Patry. — *Septem Virgæ*, 1260 (ch. de l'abb. de Saint-André-en-Gouffern). — *Les Sept Verges*, 1266 (ch. de Fontenay-le-Pesnel, n°.13).

Séraudière (La), h. c^ne du Mesnil-Auzouf.

Serencerie (La), h. c^ne de Saint-Manvieu.

Sergenterie (La), h. c^ne de Pennedepie.

Sermanne (La), h. c^ne de Saint-Martin-des-Besaces.

Sermentot, c^on de Caumont.

Par. de Saint-Aubin, patr. le seigneur du lieu. Dioc. de Bayeux, doy. de Villers-Bocage. Génér. de Caen, élect. de Bayeux, sergent. de Briquessart.

Deux fiefs assis en cette paroisse, *Sermentot* et *Beltot*, relevaient de la sergenterie de Bayeux et ressortissaient à la vicomté de Briquessart. Un quart de fief relevait de la baronnie de Crépon, 1684 (aveux de la vicomté de Bayeux).

Serverie (La), vill. c^ne de Landelles.

Serverie (La), vill. c^ne de Saint-Remy, où se voient des blocs de rochers abrupts dont l'un porte le nom de *Pain de Sucre* ou de *Roche aux Corbeaux*.

Servinière (La), h. c^ne de Clinchamps (Vire).

Seuillès, h. c^ne de Ranchy.

Seules (Les), h. c^ne de la Rocque.

Seuline (La), riv. affl. de la Seulle, à droite. — Naît à Saint-Georges-d'Aunay et baigné Maisoncelles-Pelvey, Villers-Bocage, Saint-Louet et Villy-Bocage, lieu de son confluent. — *Seulline*, 1675 (carte de Petite).

Seulle (La), riv. qui se jette dans la mer. — *Seulla*, *Sola*, 1180 (magni rotuli, p. 188, 2). — *Seille*,

1667 (carte de Sanson). — *Seule*, 1675 (carte de Petite).

La Seulle, qui traverse les arrondissements de Vire, de Caen et de Bayeux, prend sa source au pied des buttes ou bruyères de Jurques, arrose Saint-Pierre-du-Fresne, Coulvain, Cahagnes, Amayé-sur-Seulle, Anctoville, Saint-Louet-sur-Seulle, Feuguerolles-sur-Seulle, Villy-Bocage, Sermentot, Saint-Vaast, Hottot-les-Bagues, Juvigny, Bucéels, Tilly-sur-Seulle, Chouain, Audrieu, Condé-sur-Seulle, Sainte-Marguerite-de-Ducy, Nonant, Carcagny, Vaux-sur-Seulle, Esquay-sur-Seulle, Cheux, Saint-Gabriel, Tierceville, Villiers-le-Sec, Creully, Colombiers-sur-Seulle et Reviers. Cette rivière se jette dans la mer entre Graye et Courseulles.

Ses principaux affluents sont la Mue, ayant elle-même pour affluents le Vey et le Chiromme, la Thue et la Seuline, le Calichon, le Candon ou Cliquet, le Cosel, le Bordel, le Pont-Taloup, le Chouain, le Nonant, la Vienne.

Seulles (Les), q. c^ne de Ranchy.

Seurrey, h. c^ne de Saint-Martin-de-Blagny.

Severie (La), h. c^ne de Coulonces.

Sevrais (La), h. c^ne de la Vespière.

Sibotière (La), h. c^ne de la Ferrière-Harang.

Sicarderie (La), h. c^ne de Tournières.

Sicot, vill. c^ne de Presles. — *Siquot*, 1848 (Simon).

Sienne (La), riv. née vers la forêt de Saint-Sever. — Arrose Saint-Sever, le Gast, Fontenermont, Saint-Aubin-des-Bois, et passe ensuite dans le département de la Manche.

Siette (La), riv. affl. de la Tortonne. — Arrose Vaubadon, Lisores, Molay et Saon.

Siette (La), f. c^ne du Molay.

Sieurerie (La), h. c^ne de Préaux (Lisieux).

Sieurmoux, h. c^ne de Montchamp.

Sieurmoux, h. c^ne de Saint-Charles-de-Percy.

Siglerie (La), h. c^ne de Manerbe.

Signard, f. c^ne de Ryes.

Signy (Le Mont-), c^ne de Cordebugle.

Sillon-Crilloux, vill. c^ne de Nonant.

Silly, f. c^ne de Croisilles.

Silly, f. c^ne de Dozulé, érigé en marquisat (martologe de Tourgéville). — *Silleium, ecclesia Sancti Leonardi de Silleio*, v. 1130 (ch. de Saint-Pierre-sur-Dive).

Siméonnière (La), h. c^ne de Sainte-Marguerite-d'Elle.

Simonnière (La), h. c^ne de Cartigny-Tesson.

Simonnière (La), h. c^ne de Culey-le-Patry.

Sinardière (La), h. c^ne de Saint-Germain-du-Crioult.

Sirieux (Le), ruiss. affl. de gauche de la Touque. — Il naît à la Motte et traverse Lisieux,

SIROUETTIÈRE (LA), h. .c^{ne} de Condé-sur-Noireau.

SNEILLOTS (LES), h. c^{ne} de Sainte-Marguerite-d'Elle.

SODIE (LA), h. c^{ne} de Brocottes.

SOIGNOLLES, c^{on} de Bretteville-sur-Laize. — *Choo-gnoles*, v̄. 1140 (ch. de Villers-Canivet, n° 5). — *Chooignoles*, v. 1250 (*ibid.* n° 32). — *Céognoles*, v. 1250 (magni rotuli, p. 184, 2). — *Ceognoliæ*, 1286; *Cheognoliæ*, 1284 (*ibid.* n° 255). — *Choignolles*, 1371 (visite des forteresses). — *Soygnolles*, *Soynolles*, 1586 (papier terrier de Falaise, p. 75).

Par. de Saint-Denis, patr. le seigneur du lieu. Dioc. de Séez, doy. de Saint-Pierre-sur-Dive. Génér. d'Alençon, élect. de Falaise, sergent. de Jumel.

Fiefferme du domaine du roi en la vicomté de Falaise, sergenterie de Jumel, dont dépendaient la vavassorie appelée le fief *Jean*, le fief *au Marchand*, le fief *au Comte*, le fief *Donneault*, les vavassories *Maheut*, *Guernin*, *Sainte-Marie*, *Hoynard*, *Benin* et *Poitay*, 1586 (papier terrier de la vicomté de Falaise).

SOISSONS, h. c^{ne} de Cricqueville (Bayeux).

SOLENCE (LA), ruiss. affl. de la Drôme.

SOLIERS, c^{on} de Bourguébus. — *Solarii*, 1083 (ch. de Saint-Étienne de Caen). — *Soleriæ*, 1198 (magni rotuli scacc. p. 21, 2 et 49). — *Salliers*, 1234 (lib. rub. Troarn. p. 134). — *Soulliers*, 1571 (Brussel).

Par. de Saint-Vigor, puis Saint-Martin; patr. le chapitre du Saint-Sépulcre de Caen. Chapelle de Notre-Dame-des-Tours, fondée en 1431; prieuré de Saint-Germain de Criquetot, appartenant au prieuré des Deux-Amants. Dioc. de Bayeux, doy. de Vaucelles. Génér. et élect. de Caen, sergent. d'Argences.

Siège d'une baronnie s'étendant à Frénouville, Grentheville, Bourguébus, Hubert-Folie, Monville, Mondeville, Sannerville, Guillerville, Ifs et Bras, Poussy, Villers-Canivet, Condé-sur-Laizon, Bons, Lessard, Poirier et Bellengreville. Elle fut, en 1776, démembrée de la vicomté de Caen, en faveur de Colbert, marquis de Chabannais, pour relever directement du roi.

SOLIERS, h. c^{ne} de Saint-Germain-du-Crioult.

SOLIERS, h. c^{ne} de Tourgéville.

SOLITUDE (LA), h. c^{ne} de Marolles.

SOLLERIE (LA), h. c^{ne} du Tourneur.

SOMMERVIEU, c^{on} de Ryes. — *Summerveium*, 1218; *Sommerium*, 1234 (lib. rub. Troarn. p. 122). — *Sommerveium in Comba*, 1241 (ch. de Mondaye). — *Summerveyum*, 1247 (cartul. norm. n° 1179, p. 323). — *Sommeium*, 1264 (ch. d'Ardennes,

p. 33). — *Summerveum*, 1277 (ch. de l'abb. de Mondaye et ch. de Bayeux). — *Sommerveu*, 1290 (censier de Saint-Vigor, n° 36). — *Sommerveyum*, XIVe s^e (taxat. decim.). — *Saint-Mervieu*, 1371 (visite des forteresses). — *Sommarvieu*, 1377 (ch. de Bayeux, rôle 102). — *Sommervieulx*, 1653 (carte de Tassin).

Par. de Saint-Pierre, deux portions : 1° celle du sous-chantre, 2° celle de l'évêque de Bayeux, réunies plus tard sous le patronage de l'évêque seul. Dioc. de Bayeux, doy. de Creully. Génér. de Caen, élect. de Bayeux, sergent. de Graye.

L'évêque de Bayeux était seigneur tréfoncier de Sommervieu, fief noble de chevalier, relevant de Saint-Vigor-le-Grand.

SONARDIÈRE (LA), h. c^{ne} de Rully.

SOQUENCE, c^{ne} réunie en 1831 à Écajeul. — *Solquantia*, 1070; *Solcantia*, 1137; *Sarchantia*, XIIe s^e; *Sauquancia*, 1221; *Sarchanie*, 1227; *Saucancia*, 1259 (ch. citées dans le pouillé de Lisieux, p. 48, note 4). — *Savoante*, 1277 (cartul. norman. p. 214). — *Savoenta*, 1277 (ch. de Sainte-Barbe). — *Sanaquiancia*, *Soquance*, 1286 (ch. citées dans le pouillé de Lisieux, p. 48, note 4). — *Socquence*, 1730 (temp. de Lisieux).

Par. de Saint-Michel, patr. le prieur de Sainte-Barbe-en-Auge. Dioc. de Lisieux, doy. du Mesnil-Mauger. Génér. d'Alençon, élect. de Falaise, sergent. de Saint-Pierre-sur-Dive.

Terre et seigneurie de plein fief de haubert, 1484 (arch. nat. P. 272, n° 210), tenue par Jean de Chaumont en 1586 (papier terrier de Falaise).

SORRIÈRE (LA), h. c^{ne} de Saint-Germain-de-Tallevende.

SORRIÈRE-DU-MOULIN-PERRET (LA), h. c^{ne} de Neuville.

SORTEVAL, f. c^{ne} de Sainte-Honorine-des-Pertes.

SOT-COIN (LE), h. c^{ne} de Maisoncelles-la-Jourdan.

SOUBRESSIN, h. c^{ne} du Tourneur.

SOUCHET (LE), h. c^{ne} du Gast.

SOUCHET (LE), h. c^{ne} de Saint-Sever.

SOUCIÈRE (LA), h. c^{ne} de Pont-Farcy.

SOUCY (LE), h. et f. c^{ne} de Maisons. — Voir FOSSES DE SOUCY.

SOUDARDIÈRE (LA), h. c^{ne} de Prêtreville.

SOUILLARDE (LA), nom d'une coupe de la forêt du Cinglais.

SOULANGY, c^{on} de Falaise (nord), c^{ne} accrue de la c^{ne} de Saint-Loup-Canivet en 1828. — *Solengi*, *villa quæ vocatur Solengiacus*, 1050 (ch. de Robert de Grentemésnil pour Saint-Évroult, Gallia christiana, t. XI, p. 206). — *Solengius*, 1050 (ch. de Saint-Évroult). — *Soulengi*, *Solengueium*, 1198 (magni rotuli, p. 22). — *Solengi*, 1371 (visite des forteresses). — *Solangy*, 1694 (carte de Tolin).

Par. de Notre-Dame, patr. l'abbé de Saint-Évroult. Dioc. de Séez, doy. d'Aubigny. Génér. d'Alençon, élect. de Falaise, sergent. des Bruns.

Baronnie tenue à cour et usage par les religieux de Saint-Évroult, vicomté de Falaise. — Le demi-fief de *Sansiney*, assis à Soulangy, relevait de la baronnie de Thury.

SOULEUVRE (LA), riv. affl. de la Vire, à droite, grossie de la rivière de Roucamps. — *Salabria, Salopera, Soleueria*, v. 1160 (ch. du Plessis-Grimoult).

Cette rivière prend sa source à Estry, arrose Montchamp, Saint-Pierre-Tarentaine, le Tourneur et Campeaux.

SOULEUVRE, h. et f. c^{ne} de la Ferrière-Harang. — *Solopera, Solobria*, 1150 (antiq. cartul. eccl.). — *Suleuvre*, 1160 (bulle pour le Plessis-Grimoult). — *Soulouvre*, xive s^e (livre pelut de Bayeux). — *Souliuvre*, xive s^e (taxat. decim. dioc. Baioc.).

SOUMARGÉ, h. c^{ne} de Saint-Jean-le-Blanc. Voir SAINT-OUEN-LE-PIN. — *Sommargié*, 1476, terre appartenant à l'abbaye du Plessis-Grimoult. — *Soumeiges*, 1848 (Simon).

SOÛMONT, c^{ne} accrue d'une partie de la c^{ne}. de Saint-Quentin-Tassilly, ayant pris le nom de Soûmont-Saint-Quentin en 1854. — *Sub Montibus*, 1180 (magni rotuli, p. 14). — *Sousmonts*, 1250 (ch. de Villers-Canivet). — *Parochia de Submontibus*, 1277 (ch. de Saint-Jean de Falaise). — *Soubzmons*, 1446 (lib. rub. Troarn. p. 139). — *Soubz-les-Monts*, 1585 (papier terrier de Falaise). — *Soubmont, Soubsmonts, Soubzmont*, 1674 (aveux de la vicomté de Caen).

SOÛMONT-SAINT-QUENTIN, c^{on} de Falaise (nord).

Par. de Saint-Quentin, patr. l'abbé de Villers-Canivet. Dioc. de Seez, doy. d'Aubigny. Génér. de Caen, élect. de Falaise, sergent. de Tournebu.

Les fiefs de *Soûmont*, d'*Ussy*, de *Saint-Quentin*, de *la Roche*, de *Bons*, de *Poligny*, de *Brucourt*, de *Perriers*, formèrent un marquisat érigé en 1737 en faveur de Michel-Étienne Turgot, prévôt des marchands, président au parlement de Paris.

Ce marquisat, relevant du roi, s'étendait à Soûmont; Ussy, Poligny, Bons, Saint-Quentin, la Roche, Brucourt, Perriers, Dive, Varaville, la Chapelle, Quilly, le Ham, Grangues, Goustranville, Villers, Gonneville-sur-Dive, Fontaine-le-Pin, Estrées, Lessard et Olendon.

SOURCE (LA), f. c^{ne} de la Cressonnière.

SOURCE (LA), h. c^{ne} de Lassy.

SOURCE (LA), h. c^{ne} de Louvagny.

SOURCES (LES), h. c^{ne} de Roullours.

SOURCIÈRE (LA), h. c^{ne} de Pont-Farcy.

SOURDEVAL, h. c^{ne} de Burcy.

SOURDEVAL, h. c^{ne} de Noyers. — *Sourdavallis*, 1294 (ch. du Plessis-Grimoult).

SOURDEVAL, h. c^{ne} de Sainte-Marie-Laumont.

SOURDEVAL, h. c^{ne} du Vey. — *Sordeval*, 1198 (magni rotuli, p. 24).

SOURDEVALS (LES), h. c^{ne} de Saint-Martin-Don.

SOUS-LA-BRUYÈRE, h. c^{ne} du Vey.

SOUS-LA-BUTTE, h. c^{ne} de Sept-Vents.

SOUS-LE-BOIS, h. c^{ne} de Roullours.

SOUS-LE-BOIS, h. c^{ne} de Saint-Jean-le-Blanc.

SOUS-LE-CHAMP-ROSSIGNOL, h. c^{ne} de Beuvron.

SOUS-LE-MONT, h. c^{ne} du Bény-Bocage.

SOUS-LE-MONT, h. c^{ne} de Brémoy.

SOUS-LE-MONT, h. c^{ne} de la Chapelle-Engerbold.

SOUS-LE-MONT, h. c^{ne} de Saint-Martin-de-Sallen.

SOUS-LE-MONT, h. c^{ne} de Saint-Pierre-la-Vieille.

SOUS-LE-MONT, h. c^{ne} du Vey.

SOUS-LE-MONT-ESSART, h. c^{ne} de Saint-Gatien.

SOUS-LE-PONT-L'ÉVÊQUE, h. c^{ne} de Bonneville.

SOUS-LES-BOIS, h. c^{ne} de Coquainvilliers.

SOUS-LES-BOIS, mⁱⁿ, c^{ne} de Pont-Farcy.

SOUS-LES-GRANDS-PLANTS, h. c^{ne} de Longraye.

SOUS-LE-VAS, h. c^{ne} de Cheffreville.

SOUSSAYE (LA), h. c^{ne} du Détroit.

SOUVERAINE (LA), h. c^{ne} de Montchamp.

SOYÈRE (LA), h. c^{ne} de Saint-Manvieu (Vire).

SOYERS (LES), h. c^{ne} de Combray.

SUBLES, c^{on} de Bayeux. — *Subla*, 1108 (ch. de Saint-Étienne de Caen). — *Subles*, 1233 (ch. de Mondaye). — *Sublet*, 1667 (carte de Sanson).

Par. de Saint-Martin, prébende; patr. le chanoine du lieu. Dioc. de Bayeux, doy. des Veys. Génér. de Caen, élect. de Bayeux, sergent. de Briquessart.

SUBRAY, h. c^{ne} du Tourneur. — *Subray*, 1848 (Simon).

SUCCESSION (LA), f. c^{ne} de Littry.

SUFFLEUR, h. c^{ne} du Pré-d'Auge.

SUHARD, h. c^{ne} de Maisy.

SUHARDERIE (LA), f. c^{ne} de Bonnemaison.

SUHARDIÈRE (LA), vill. c^{ne} de Colombiers.

SUHARDIÈRE (LA), h. c^{ne} de Livry.

SUHARDIÈRE (LA), h. c^{ne} de Prêtreville.

SUHARE, f. c^{ne} de Cricqueville.

SUJET, h. c^{ne} de Sainte-Marie-Laumont.

SULLY, c^{on} de Bayeux. — *Silleium*, 1180 (magni rotuli, p. 30). — *Sulleium, Sulleyum*, xive s^e (livre pelut de Bayeux). — *Sullie*, 1392 (fouages français, n° 137).

Par. de Notre-Dame, patr. le chanoine de Cussy.

Dioc. de Bayeux, doy. des Veys. Génér. de Caen, élect. de Bayeux, sergent. de la banlieue de Bayeux.

Le fief *Bricqueville*, à Sully, relevait par quart de fief de la baronnie de Magny.

SULLY, h. c^ne de Vaucelles.

SULPICE, h. c^ne de Livry.

SULPICE, h. c^ne de la Vacquerie.

SURET (LE), f. c^ne de Cotton.

SURET (LE), h. c^ne de Jurques.

SURET (LE), h. c^ne de Saint-Georges-d'Aunay.

SUR-LA-BRUYÈRE, h. c^ne du Plessis-Grimoult.

SUR-LA-RIVIÈRE, h. c^ne de Canon.

SUR-LA-RUE-DE-L'ENFER, h. c^ne de Barneville.

SUR-LA-RUE-DES-PORTES, h. c^ne de Cheux.

SUR-LE-HAUT-DE-RAYONVET, h. c^ne de Longraye.

SUR-LE-MONT, h. c^ne d'Arclais.

SUR-LE-MONT, h. c^ne de Guernon.

SUR-LE-MONT, h. c^ne d'Ondefontaine.

SUR-LE-MONT, h. c^ne de Roucamps.

SUR-LE-MONT, h. c^ne de Tournay-sur-Odon.

SUR-LE-PAVÉ, h. c^ne de Venoix.

SUR-LE-RUISSEAU, h. c^ne du Tronquay.

SUR-LES-MONTS, h. c^ne de Moulines.

SUR-LES-MURAILLES, h. c^ne de Banville.

SUR-LES-PRÉS, h. c^ne de Perrières.

SUR-LES-ROCHES, h. c^ne de Perrières.

SUR-LES-RUISSEAUX, h. c^ne de Nonant.

SUR-L'ÉTANG, h. c^ne de Meslay.

SUR-LE-VAL, m^on isolée, c^ne d'Amayé-sur-Orne.

SUROSNE, h. c^ne de Clécy.

SURRAIN, c^on de Trévières. — *Surrehain*, XIe s^e (enquête, p. 427). — *Surreheim*, 1225 (ch. de l'abb. de Longues, 7). — *Surrehan*, 1257 (magni rotuli, p. 185). — *Susrehain*, 1278 (ch. de Bayeux, 133). — *Surayn*, 1417 (magni rotuli, p. 217). — *Suren*, 1620, (carte de Templieux). — *Suran*, 1653 (carte de Tassin).

Par. de Saint-Martin, patr. le doyen de Bayeux. Dioc. de Bayeux, doy. de Trévières. Génér. de Caen, élect. de Bayeux, sergent. de Tour.

SUR-TOUQUE, h. c^ne de Saint-Cyr-du-Ronceray.

SURVILLE, c^on de Pont-l'Évêque. — *Surevilla*, 1180 (magni rotuli, p. 44, 2). — *Surevilla*, 1200 (ch. de l'hospice de Lisieux, 9). — *Survilla*, XVIe s^e (pouillé de Lisieux, p. 18). — *Surville-sur-Calonne*, XVIe s^e (*ibid.* p. 9). — *Sugerville*, 1620 (carte de Templieux).

Par. de Saint-Martin, patr. le seigneur du lieu. Dioc. de Lisieux, doy. de Touque. Génér. de Rouen, élect. de Pont-l'Évêque, sergent. de Saint-Julien-sur-Calonne.

Fief *Lépinay-Surville*, de la vicomté d'Auge, et fief *Montfort*, mouvant de la vicomté d'Auge et ressortissant à la sergenterie de Saint-Julien-sur-Calonne.

SUR-VIRE, h. c^ne de Neuville.

SUR-VIRE, h. c^ne de Sainte-Marie-Laumont.

SUSHOMME, h. c^ne de Varaville.

SUZANNES (LES), h. c^ne de Saint-Hymer.

SUZANNIÈRE (LA), h. c^ne de Caumont (Bayeux).

T

TABOURIE (LA), h. c^ne de Courson.

TABOURIE (LA), h. c^ne de Landelles.

TAILLANVILLE, h. c^ne de Clarbec.

TAILLE (LA), h. c^ne de Beaufour.

TAILLE (LA), h. c^ne de Saint-Jouin.

TAILLE (LA), c^ne de Vaudeloges.

TAILLEBOSQ, m^in, c^ne d'Audrieu. — *Molendinum de Taillebois*, 1225 (ch. de l'abb. de Mondaye), — *Tailleboys*, 1485 (arch. nat. P. 272, n° 66).

TAILLEBOSQ, m^in, c^ne de Tourville.

TAILLEBOURG, m^in, c^ne de Mondrainville.

TAILLEPER, h. c^ne du Mesnil-Germain.

TAILLEFIED, h. c^ne de Bricqueville.

TAILLE-RAIMBAUDERIE (LA), h. c^ne de Lingèvres.

TAILLERIE (LA), h. c^ne de Vassy. — *Taillière*, 1848 (Simon).

TAILLEVILLE, c^on de Douvre. — *Tailliavilla*, 1068; *Manerium de Taillivilla*, 1230 (ch. de l'abb. de Calvados.

Troarn, f° 51 v°). — *Taillevilla*, 1234 (lib. rub. Troarn. 11).

Par. de Saint-Martin, ancien prieuré compris dans le territoire de Langrune et dépendant de l'abbaye de Troarn; cette commune est réunie à Langrune pour le culte. Dioc. de Bayeux, doy. de Douvre. Génér. et élec. de Caen, sergent. de Bernières.

TAILLIS (LE), h. c^ne de Bellou.

TAILLIS (LE), f. c^ne de Saint-Martin-de-Blagny.

TAINIÈRES (LES), h. c^ne du Gast.

TAINVILLE, f. c^ne de Littry.

TALBOTIÈRE (LA), h. c^ne de Carville.

TALLEVENDE-LE-GRAND, c^ne qui, en 1856, a repris son ancien nom de Saint-Germain-de-Tallevende. — *Talevenda*, 1203 (magni rotuli, p. 93). — Voir SAINT-MARTIN et SAINT-GERMAIN-DE-TALLEVENDE.

TALLEVENDE-LE-PETIT, c^ne qui, en 1856, a repris son ancien nom de Saint-Martin-de-Tallevende.

TALLEVENDERIE (LA), h. c^ne de Sept-Frères.

TALVASSIÈRE (LA), h. c^ne de Burcy.

TALVAST, h. c^ne de Cartigny-l'Épinay.

TALVAST, h. c^ne d'Écrammeville.

TANDONNIÈRE (LA), h. c^ne de la Pommeraye.

TANNERIE (LA), h. c^ne de Courson.

TANNERIE (LA), h. c^ne de Pierrefitte.

TANNERIE (LA), h. c^ne de Prêtreville.

TANNERIE (LA), h. c^ne de Roullours.

TANNERIE (LA), h. c^ne de Saint-Marc-d'Ouilly.

TANNERIE (LA), h. c^ne de Saint-Martin-Don.

TANNERIE (LA), h. c^ne de Saint-Pierre-Azif.

TANNERIE-SAINT-PIERRE (LA), h. c^ne de Vimont.

TANNEY (LE), h. c^ne du Mesnil-Durand. — *Talnai, Taneium, Tanie*, 1198 (magni rotuli, p. 24, 2). — *Tanus*, 1252 (chap. de Bayeux, n° 30).

TANNIÈRE (LA), h. c^ne de Saint-Germain-de-Tallevende.

TANQUILLERIE (LA), h. c^ne de Montchauvet.

TANT (LE), h. c^ne de Cricqueville.

TAON. — Voir THAON.

TAQUETTERIE (LA), h. c^ne de Courson.

TAQUETTERIE (LA), h. c^ne de Saint-Georges-en-Auge.

TARDINET (LE), f. c^ne de la Vespière.

TARDIVERIE (LA), h. c^ne du Tourneur.

TARENTAINE. — Voir SAINT-PIERRE-TARENTAINE.

TARIÈRE (LA), h. c^ne de Clinchamps (Vire).

TARRABIÈRE (LA), b. c^ne de Courtonne-la-Meurdrac.

TASSE (LA), h. c^ne de Fervaques.

TASSES (LES), h. c^ne de la Villette.

TASSILLY, c^ne qui, accrue de Saint-Quentin-de-la-Roche, a pris le nom de SAINT-QUENTIN-TASSILLY; supprimée en 1833, elle a été réunie à Bons et à Soûmont (voir ces mots). — *Taxillei*, 1080 (cartul. de la Trinité). — *Taissilia, Taxillum*, 1171 (*ibid.*) — *Tassilie*, 1195 (magni rotuli, p. 82, 2). — *Tassileium*, 1254 (cartul. de la Trinité, p. 151). — *Tassilie, Tassileyum*, 1293 (ch. de l'abb. de Saint-André-en-Gouffern).

   Par. de Saint-Quentin, patr. l'abbesse de la Trinité de Caen. Dioc. de Séez, doy. d'Aubigny. Génér. d'Alençon, élect. de Falaise, sergent. de Tournebu.

TASSU, h. c^ne de Préaux (Caen).

TAUDIÈRE (LA), h. c^ne de Saint-Manvieu.

TAUPEPOULT, h. c^ne de Clécy.

TAUPETIÈRE (LA), h. c^ne de Clinchamps.

TAUTAINERIE (LA), h. c^ne de Montchauvet.

TAUTAINERIE (LA), h. c^ne de Sainte-Honorine-de-Ducy.

TAUTIGNÈRE (LA), h. c^ne de Cernay.

TAVANNES, f. c^ne de Saint-Agnan-le-Malherbe.

TAVEAU ou TAVIAU, f. c^ne de Genneville.

TAVERNIERS (LES), h. c^ne de Coquainvilliers.

TEINTURERIE (LA), m^in, c^ne de Viessoix.

TEINTURIÈRE (LA), h. c^ne des Loges.

TEINTURIÈRE (LA), h. c^ne de Saint-Jean-des-Essartiers.

TELLERIE (LA), h. c^ne de Saint-Martin-de-Tallevende. — *La Teillerie*, 1848 (Simon).

TELLERIE (LA), h. c^ne du Theil.

TELLIERS (LES), h. c^ne de Campeaux.

TELLIERS (LES), h. c^ne d'Ondefontaine.

TEMPLE (LE), h. c^ne de Cahagnes.

TEMPLERIE (LA), h. c^ne de Courson.

TEMPLERIE (LA), h. c^ne de Viessoix.

TENDONNIÈRE (LA), h. c^ne de Cossesseville.

TENDRES (LES), h. c^ne de Tordouet.

TENNEY ou TANAY, indiqué par Cassini, fief de Saint-Pierre-Azif.

TERLIÈRE (LA), h. c^ne de Bellou.

TERRE-DE-L'ISLE (LA), h. c^ne de Bricqueville.

TERRERIE (LA), h. c^ne de Fierville-les-Parcs.

TERRERIE (LA), h. c^ne du Tourneur.

TERRES (LES), f. c^ne de la Cambe.

TERRES-ET-MAILLOTS, nom d'un fief de la paroisse de la Cambe; — 1720 (fiefs de la vicomté de Caen).

TERRES-ROUGES (LES), h. c^ne de Fresné-la-Mère.

TERRIER (LE), h. c^ne de Courson.

TERRIER (LE), h. c^ne de Saint-Ouen-des-Besaces.

TERRIÈRE (LA), h. c^ne de Bures (Vire).

TERRIERS (LES), h. c^ne de Landelles-et-Coupigny.

TERRIERS (LES), h. c^ne des Parcs-Fontaines.

TERRIERS (LES), h. c^ne de Roucamps.

TERROIR (LE), h. c^ne de Saint-Ouen-des-Besaces.

TERTRE (LE), f. c^ne des Autels-Saint-Bazile.

TERTRE (LE), h. c^ne de Garnetot.

TERTRE (LE), h. c^ne de la Lande-Vaumont.

TERTRE (LE), h. c^ne de Maltot.

TERTRE (LE), h. c^ne de Saint-Martin-de-Fontenay.

TERTRE (LE), h. c^ne de Saint-Martin-du-Bû.

TERTRE (LE), h. c^ne de Saint-Vigor-de-Mieux.

TESNIÈRE (LA), h. c^ne du Gast.

TESNIÈRES (LES), h. c^ne de Crouay. — *Taigneriæ*, 1179 (cart. d'Ardennes, p. 2). — *Thaisneriæ*, 1200 (*ibid.* p. 97). — *Taisnieres*, 1246 (*ibid.* p. 187). — *Parrochia de Montibus supra Taisnieres*, 1246 (*ibid.* p. 187). — *Tesneriæ*, 1250 (*ibid.* p. 78).

TESNIÈRES, f. c^ne de Noyers. — *Tesnieres*, fief de la baronnie de Noyers, 1420 (cart. d'Ardennes).

TESSEL, c^ne accrue de la c^ne de Bretteville-sur-Bordel en 1834; a pris, en 1835, le nom de TESSEL-BRETTEVILLE. — *Tessellum*, 1108 (ch. de Saint-Étienne). — *Taissel*, 1172, 1235 (*ibid.*). — *Tecel*, 1710 (fiefs de la vicomté de Caen, p. 2).

   Par. de Saint-Germain, patr. le seigneur du lieu.

Dioc. de Bayeux, doy. de Fontenay-le-Pesnel. Génér. et élect. de Caen, sergent. de Villers.

TESSEL-BRETTEVILLE, c^{on} de Tilly-sur-Seulle.

Le fief de *Tessel*, relevant de l'abbaye de Saint-Étienne de Caen, avait son chef assis à Grainville, dépendant de la baronnie de Rots. Le fief *Roray* était assis à Tessel.

TESSIÈNES (LES), h. c^{ne} de Crouay.

TESSON (LE), mⁱⁿ, c^{on} de Bretteville-sur-Laize.

TESSON (LE), h. c^{ne} de Burcy.

TESSONNIÈRE (LA), h. c^{ne} de Saint-Germain-de-Tallevende.

TESSY, c^{ne} réunie à Mandeville en 1856; c'est *Tessy-le-Gras* en opposition à *Tessy-le-Maigre* (dioc. de Coutances). — *Tassie*, 1155 (Wace). — *Taisseium*, 1180 (magni rotuli, p. 13). — *Tessium*, 1277 (cart. norm. n° 902, p. 216). — *Taysseium*, 1277 (*ibid.* p. 215). — *Tessy-en-Bessin*, 1682 (cart. de Jolliot).

Par. de Saint-Martin, patr. l'abbé de Cerisy. Dioc. de Bayeux, doy. des Veys. Génér. de Caen, élect. de Bayeux, sergent. de Cerisy.

Fief du *Quesnoy*, assis en la paroisse de Tessy, relevant du roi. Vavassories de *Moutteville* et des *Londes*, relevant de la seigneurie de Rubercy; autre huitième de fief relevant de la baronnie de Saint-Vigor, s'étendant à Manneville.

TESTU (LE), h. c^{ne} de Caumont.

TÉTIÈRE (LA), h. c^{ne} de Lassy.

TEUR-CAPELLE (LA), h. c^{ne} d'Émiéville.

TEURTEVILLE, h. c^{ne} de Mandeville.

TEURTRE (LE), h. c^{ne} de Sept-Vents.

THAN, h. c^{ne} de Saint-Gatien.

THAON, c^{on} de Creully. — *Taun*, 1147 (bulle d'Eugène III, aux archives de Mortain). — *Taon*, 1182 (ch. de Henri, év. de Bayeux). — *Thaum*, 1198 (ch. de l'abb. d'Ardennes, p. 11). — *Tahon*, 1198 (magni rotuli, p. 342). — *Than*, 1235 (abb. de Vignats, n° 65). — *Thane*, 1277 (cart. norm. n° 894, p. 211). — *Than*, xive s^e (taxat. archid. dioc. Baioc.). — *Tam*, 1371 (visite des forteresses et assiette de la vicomté de Caen). — *Taon*, 1637 (fiefs de l'év. de Bayeux, p. 433). — *Tan*, 1716 (cart. de de l'Isle). — *Than*, xviiie s^e (Cassini).

Par. de Saint-Pierre, patr. le doyen de Bayeux. Chapelles de Saint-Jean-du-Château, de Saint-Étienne-de-Barbières. Génér. et élect. de Caen, sergent. de Bernières. Léproserie.

Le fief de *Bombainville*, dont le chef était assis à Thaon, relevait de la baronnie de Tilly par huitième de fief de chevalier.

THEIL (LE), c^{on} de Honfleur. — *Teilleyum, Tilia,*

Saint-Pierre-du-Theil, le Theil-en-Auge, Sanctus Petrus de Tillia, xive s^t (pouillé de Lisieux, p. 40).

Par. de Saint-Pierre, patr. le chapitre de Cléry. Dioc. de Lisieux, doy. de Honfleur. Génér. de Rouen, élect. de Pont-l'Évêque, sergent. de Honfleur.

Huitième de fief relevant de Bonnebosq. Fief de *Sainte-Marie-du-Theil*, relevant de la vicomté d'Auge, 1620 (fiefs de la vicomté).

THEIL (LE), c^{on} de Vassy. — *Til*, 1008 (dotalitium Judith). — *Tillia, Parochia Sancti Martini de Teyll*, v. 1250 (magni rotuli, p. 177). — *Le Teil*, 1619 (av. de la vicomté de Vire).

Par. de Saint-Martin. Le patronage passe du prieuré de Sainte-Barbe aux Jésuites de Caen; mais vers la fin de l'ancien régime, l'évêque de Bayeux (au droit du prieuré et des Jésuites) et le seigneur de la Bigne nommaient alternativement à la cure. Dioc. de Bayeux, doy. de Vire. Génér. de Caen, élect. de Vire, sergent. du Tourneur. *Le Theil*, quart de fief, dans la paroisse de Saint-Martin-du-Theil, 1619 (av. de la vicomté de Vire).

THEIL (LE), h. c^{ne} de Cahagnolles.

THEIL (LE), h. c^{ne} de Cormolain.

THEIL (LE), h. c^{ne} de Donnay.

THEIL (LE), h. c^{ne} de Saint-Denis-de-Méré.

THIBAUDIÈRE (LA), h. c^{ne} de Campagnolles.

THIBOUDIÈRE (LA), h. c^{ne} de Clinchamps (Vire).

THIBOUDIÈRE (LA), h. c^{ne} de Lécaude.

THIBOUDIÈRE (LA), h. c^{ne} de Vaudry.

THIBOULIARDIÈRE (LA), h. c^{ne} de Clinchamps.

THIBOUTERIE (LA), h. c^{ne} de la Boissière.

THIEMESNIL, h. c^{ne} de Croisilles. — *Tiemaisnil*, 1198 (magni rotuli, p. 20). — *Mesnil Tiher*, 1210 (ch. de Saint-André-en-Gouffern, p. 462). — *Tiemaisnil*, 1219; *Thiesmesnil*, 1227 (ch. de Barbery, n° 49). — *Tiesmesnagium*, 1227 (*ibid.* n° 255). — *Thiegmesnil*, 1228 (*ibid.* n° 56). — *Tismaisnil*, 1237 et 1238 (*ibid.*). — *Tysmasnil*, 1246 (*ibid.*). — *Fraisnum apud Timaisnil*, v. 1250 (*ibid.* n° 326).

THIEULAIN, h. c^{ne} de Sainte-Marie-aux-Anglais.

THIÉVILLE, c^{ne} de Douville, ancienne commune réunie partie à Saint-Pierre-sur-Dive, partie à Exmes-sur-Favières. — *Teuvilla* (ch. de Saint-Pierre-sur-Dive). — *Teignesvilla*, 1250 (ch. de Barbery). — *Thieuville*, 1585 (papier terrier de Falaise).

Par. de Saint-Martin, aujourd'hui Sainte-Anne; patr. le seigneur du lieu. Dioc. de Séez, doy. de Saint-Pierre-sur-Dive. Génér. d'Alençon, élect. de Falaise, sergent. de Jumel.

Les fiefs du *Couvray* et de *Saint-Denis*, sis en cette paroisse, furent réunis en 1764 au marquisat d'Assy (ch. des comptes de Rouen, t. III, p. 319).

THILLATRIÈRE (LA), f. c⁰ᵉ de Préaux.

THILLAYE (LA), h. c⁰ᵉ de Clarbec.

THIOUF, nom d'un fief de la paroisse d'Ardennes, dont le chef était assis à Saint-Germain-de-la-Blanche-Herbe; — 1121 (cartul. d'Ardennes). — *Thiou,* 1647 (ch. des comptes de Rouen).

THIRONNIÈRE (LA), h. c⁰ᵉ de Saint-André-d'Hébertot.

THIRONS (LES), h. c⁰ᵉ de Saint-Philbert-des-Champs.

THIVELLIÈRES (LES), h. c⁰ᵉ de Courson.

THOLMER (LE), h. c⁰ᵉ de Clarbec.

THOMAS (LES), vill. c⁰ᵉ de Clécy.

THOMAS (LES), h. c⁰ᵉ du Mesnil-Durand.

THOMAS (LES), vill. c⁰ᵉ du Mesnil-Germain.

THOMMOTERIE (LA), h. c⁰ᵉ de Viessoix.

THOREL, h. c⁰ᵉ de Clarbec.

THOREL, f. c⁰ᵉ de Firfol.

THORINIÈRE (LA), h. c⁰ᵉ de Sainte-Marie-outre-l'Eau.

THOROUDIÈRE (LA), h. c⁰ᵉ de Campagnolles.

THUE (LA), riv. affl. de la Seulle, à droite; sa source est à Brouay. Elle parcourt Loucelles, Sainte-Croix-Grand'Tonne, Secqueville-en-Bessin, Ailly, Lantheuil et Amblie, où elle est recueillie par la Seulle.

THUILE (LA), delle de la baronnie de Rots; — 1666 (papier terrier de Rots).

THUILERIE (LA). — Voir TUILERIE.

THUIT (LE), h. c⁰ᵉ de Boulon. — *Le Tuit,* 1257 (magni rotuli, p. 172). — *Terra et dominium de Tuit,* 1417 (*ibid.* p. 252, 2).

Siège d'une baronnie démembrée de la baronnie de Thury.

La juridiction de la vicomté de Thuit était commune à celle de Saint-Sylvain. En 1534, le siège en fut transféré à Saint-Sylvain, puis transporté à la justice seigneuriale de Bretteville-sur-Laize. Elle fut supprimée en 1747.

THURY-HARCOURT, anciennement THURY, ch.-l. de c⁰ⁿ, arrond. de Falaise, accru, en 1856, de la paroisse de Saint-Benin. — *Torei,* 1008 (dotal. Judith). — *Turium,* v. 1150 (ch. de Villers-Canivet). — *Turie,* 1155 (Wace, roman de Rou). — *Tuirie,* 1198 (magni rotuli, p. 19). — *Thorium, Tureium,* 1209 (ch. de Saint-Étienne de Fontenay). — *Tuierie,* 1230 (ch. de Barbery, n° 263). — *Torreium,* 1230 (ch. de Fontenay). — *Turiacum,* 1233 (ch. d'Aunay). — *Thureium,* 1247 (ch. de Barbery, n° 125). — *Tuyreium,* 1278 (ch. de Saint-Étienne de Fontenay, n° 150). — *Tureyum,* xiv° s° (livre pelut de Bayeux). — *Turye,* 1417 (magni rotuli, p. 219). — *Tury,* 1620 (cart. de Templieux).

Par. de Saint-Sauveur, patr. l'abbé de Fontenay. Dioc. de Bayeux, doy. de Cinglais. Léproserie de Sainte-Marie, dite chapelle de Notre-Dame de Thury. Génér. d'Alençon, élect. de Falaise.

Thury était le siège d'une sergenterie de la vicomté de Falaise, s'étendant aux paroisses de Thury, Esson, Caumont-sur-Orne, la Mousse, Combray, Donnay, Saint-Remy, le Vey, Cossesseville, la Pommeraye, Pierrefitte, Bonneuil, Saint-Germain-Langot, Martainville, Angoville, Aubigny, Saint-Pierre-Canivet, Saint-Leu, Villers-Canivet, Assy, Lessard, Noron, Martigny, Pierrepont, le Détroit, les Loges-Saulces, le Mesnil-Vingt, les Isles-Bardel, Saint-Philbert, le Mesnil-Villement, Ouilly-le-Basset et Rapilly (papier terrier de la vicomté de Falaise).

Baronnie ayant appartenu aux familles de Tournebu, de Crespin et aux Montmorency; érigée en marquisat en 1578, en faveur de Pierre de Montmorency-Fosseux. En 1700, le marquisat de Thury, appartenant à la maison d'Harcourt, fut érigé en duché sous le nom de Thury-Harcourt, et, en 1709, en duché-pairie en faveur de Henri d'Harcourt, maréchal de France.

Les fiefs de *Sainte-Croix,* de *Ducy,* du *Port,* relevaient de la baronnie de Thury, 1585 (papier terrier de Falaise). — Voir HARCOURT.

TIERCERIE (LA), h. c⁰ᵉ de Clinchamps (Vire).

TIERCEVILLE, c⁰ⁿ de Ryes. — *Tigiervilla,* 1180 (magni rotuli, p. 23). — *Villa Tyerri,* 1227 (ch. de l'abbaye de Mondaye). — *Tergevilla supra Croilie,* 1250 (*ibid.*). — *Tertia villa,* xiv° s° (livre pelut de Bayeux). — *Tiergeville,* 1336 (chap. de Bayeux, n° 370). — *Tierchevilla,* 1417 (magni rotuli, p. 216, 2).

Par. de Saint-Martin, patr. l'abbé de Grestain. Dioc. de Bayeux, doy. de Creully. Génér. de Caen, élect. de Bayeux, sergent. de Graye.

Fief noble, relevant du roi. Le fief de *Grestain,* assis à Tierceville, relevait par huitième de fief de la vicomté de Bayeux.

TIESSELIN (LE), h. c⁰ᵉ de Maisoncelles-la-Jourdan.

TIGERIE (LA), h. c⁰ᵉ de Saint-Germain-de-Tallevende.

TIHANDIÈRE (LA), h. c⁰ᵉ du Bény-Bocage.

TIHANDIÈRE (LA), h. c⁰ᵉ de la Lande-Vaumont.

TILLAUX (LES), h. c⁰ᵉ de Landelles.

TILLAYE (LA), h. c⁰ᵉ de la Folletière-Abenon. — *Tilleya, Tilleia,* 1245 (ch. de Barbery, 226). — *Sanctus Vincentus de Tilléyo,* 1250 (cart. de Saint-Étienne). — *Saint-Vincent-la-Tillaie,* xiv° s° (pouillé de Lisieux). — *Tilliay,* 1371 (assiette de la vicomté de Caen). — *Tellayùm,* xiv° s° (taxat. decim. dioc. Baioc.). — *Tillay, Tilley,* 1463 (cart. d'Ardennes).

TILLEUL (LE), c⁰ᵉ réunie à Saint-Georges-en-Auge en

1831. — *Teillol*, 1198 (magni rotuli, p. 95).
— *Telliolum*, xiiᵉ sᵉ (Orderic Vital, t. III, p. 280).
— *Tillol*, 1204 (magni rotuli, p. 103, 2). — *Tilloul* (*ibid.* p. 133, 2). — *Tilliolum, Tilleul, Thilleul* xivᵉ sᵉ (pouillé de Lisieux). — *Teilleul*, 1450 (arch. nat. P. 271, n° 138). — *Theillœil*, 1730 (temporel de Lisieux, p. 46).

Par. de Saint-Aubin, patr. le seigneur du lieu. Dioc. de Lisieux, doy. du Mesnil-Mauger. Génér. d'Alençon, élect. de Falaise, sergent. de Saint-Pierre-sur-Dive.

Le Tilleul-en-Auge, quart de fief, mouvant de la vicomté de Falaise, sergent. des Bruns.

TILLY-LA-CAMPAGNE ou TILLY-LE-CHAPEAU-ROUGE, cⁿ de Bourguébus — *Tilleium*, 1198 (magni rotuli, p. 21, 2). — *Tilia*, 1222 (ch. d'Aunay). — *Telleium*, 1265 (ch. de Saint-Étienne de Fontenay, 112). — *Tylie*, xiiiᵉ sᵉ (livre blanc de Troan, ch. 70). — *Tailly*, 1371 (visite des forteresses). — *Teillay*, 1371 (assiette des feux de la vicomté de Caen). — *Tilly*, fief de la baronnie de Torteval, 1778 (rentes de la baronnie).

Par. de Saint-Denis, patr. le roi. Dioc. de Bayeux, doy. de Vaucelles. Génér. et élect. de Caen, sergent. d'Argences.

Rességantise de 50 acres, appartenant au prieur de Villiers; fief et sieurie des *Carreaux*, s'étendant à Ifs, Allemagne, Bras et Gonneville.

TILLY-SUR-SEULLE, cⁿᵉ ch.-l. de cⁿ, arrond. de Caen, anciennement TILLY-VERROLLES et TILLY-D'ONCEAU. — *Tilleium, Tillie*, 1198 (magni rotuli, p. 111, 2). — *Tilleium*, 1212 (ch. en faveur de Saint-Étienne de Caen). — *Tilie*, xvᵉ sᵉ.

Par. de Saint-Pierre, patr. le seigneur du lieu. Chapelle de Notre-Dame-du-Val à la nomination du seigneur, érigée en paroisse en 1774; chapelle de Saint-François, dans la chapelle de Notre-Dame. Dioc. de Bayeux, doy. de Fontenay-le-Pesnel. Génér. et élect. de Caen, sergent. de Cheux.

Le fief d'*Auvrechier* ou d'*Orcher*, de *Vérolles* ou *Bérolles*, ayant son chef assis en la paroisse de Saint-Pierre de Tilly, relevait de la vicomté de Caen et ressortissait à la sergenterie d'Évrecy. Il s'étendait aux paroisses de Tilly, Juvigny, Hotot, Maupertuis, Longraye et Bernières-Bocage. — Les autres fiefs relevant de la terre et châtellenie de Tilly-sur-Seulle étaient Couperon, Orbigny, Grestain, Boussigny; les trois premiers avaient leur chef assis à Tilly, le dernier à Fontenay-le-Pesnel. En 1766, ils furent érigés en marquisat sous le nom de *Tilly-d'Orceau*, en faveur de M. Jean d'Orceau de Fontette, intendant de la généralité de Caen. En 1768,

les fiefs et châtellenie de *Lingèvres* et *Bucéels* avec le titre de fondateur de l'abbaye de Cordillon et droits de haute justice, huitième de fief, et le fief du *Vivier*, relevant du roi par quart de fief de haubert, furent incorporés à ce marquisat.

TIMONVILLE, f. cⁿᵉ de Basseneville.

TINARD, h. cⁿᵉ de Courcy.

TIQUES (LES), h. cⁿᵉ de Cordebugle.

TIQUES (LES), h. cⁿᵉ de Courtonne-la-Meurdrac.

TIRANDIÈRE (LA), h. et f. cⁿᵉ de Vassy.

TINARDS (LES), vavassorie assise au Maréquet, 1481 (aveux de l'abb. d'Aunay).

TIRELIÈRE (LA), h. cⁿᵉ de Beaumesnil.

TIRELIÈRE (LA), h. cⁿᵉ de Vassy.

TIREGRAY, h. cⁿᵉ de Sainte-Marie-Laumont. — *Tiregrey*, demi-fief sis en cette paroisse, 1610 (aveux de la vicomté de Vire).

TISONS (LES), h. cⁿᵉ de la Ferrière-Harang.

TISSONNERIE (LA), h. cⁿᵉ de la Ferrière-Harang.

TITARDIÈRE (LA), h. cⁿᵉ de la Lande-Vaumont.

TITELIÈRE (LA), h. cⁿᵉ du Désert.

TITRE (LE), h. cⁿᵉ de Littry.

TITRE (LE), h. cⁿᵉ de Quesnay-Guesnon.

TITRE (LE), h. cⁿᵉ du Tronquay.

TIVELLIÈRES (LES), h. cⁿᵉ de Courson.

TIVOLI, h. cⁿᵉ de Balleroy.

TOCQUE (LA), h. cⁿᵉ d'Ondefontaine.

TOCQUEMONT, h. cⁿᵉ de Tournières.

TOISERIE (LA), h. cⁿᵉ de Tracy-Bocage.

TOLAINERIE (LA), h. cⁿᵉ du Bény-Bocage.

TOLINIÈRE (LA), h. cⁿᵉ de Cordebugle.

TOLLEVILLE, h. cⁿᵉ de Bonneville-sur-Touque.

TOLLEVILLE, h. cⁿᵉ de Gonneville-sur-Dive.

TOMBEAUX (LES), h. cⁿᵉ de Montigny.

TOMBELAINE, h. cⁿᵉ de Maisoncelles-la-Jourdan.

TOMBETTES-SUR-URSIN (LES), nom d'une excavation dans la cⁿᵉ de Bernières.

TOMPINIÈRE (LA), h. cⁿᵉ du Plessis-Grimoult.

TONNELLE (LA), f. cⁿᵉ de Sannerville.

TONNELLERIE (LA), f. cⁿᵉ d'Isigny.

TONNELLERIE (LA), h. cⁿᵉ de Maisy.

TONNENCOURT, cⁿ de Livarot, cⁿᵉ réunie pour le culte à Cheffreville. — *Tornecort*, 1184 (magni rotuli, dans le pouillé de Lisieux, p. 57, note 3). — *Thonnencourt*, 1579 et 1683 (*ibid.* p. 57, note). — *Tonancourt*, 1723 (d'Anville, dioc. de Lisieux).

Par. de Saint-Pierre, patr. le seigneur du lieu. Dioc. de Lisieux, doy. de Livarot. Génér. d'Alençon, élect. de Lisieux, sergent. d'Orbec.

Fiefs de *Tonnencourt*, de *Lyée* et de *la Rue*.

TONTUIT, cⁿᵉ réunie à Saint-Benoît-d'Hébertot en 1827. — *Tornetuit*, xiiiᵉ siècle (magni rotuli, p. 186). —

Tonnetuyt, xvi⁰ s⁰ (pouillé de Lisieux, p. 40). —
Tonnantuyt, 1571 (*ibid.* p. 41, note). — *Tonnetuit*,
1620 (fiefs de la vicomté d'Auge). — *Le Tontuit*,
1683 (pouillé de Lisieux, p. 41, note). — *Tonnethuy*, 1694 (cart. de Nolin).

Par. de Saint-Éloi, patr. le seigneur du lieu. Dioc.
de Lisieux, doy. de Honfleur. Génér. de Rouen,
élect. de Pont-Audemer, sergent. du Mesnil.

Un quart de fief de Tonnetuit, dont le chef était
assis à Fiquefleur, relevait de la baronnie de Roncheville.

Torcherie (LA), h. c⁰⁰ de Vassy.

Torchy, h. c⁰⁰ de la Ferrière-au-Doyen. — *Torchie*,
1180 (magni rotuli, p. 49, 2). — *Torcheium*,
1198 (*ibid.* p. 47, 2).

Tordouet, c⁰⁰ d'Orbec. — *Tordoit*, 1320 (rôles de la
vicomté d'Orbec). — *Tortus Ductus*, xiv⁰ s⁰ (pouillé
de Lisieux, p. 39).

Par. de Saint-Michel, patr. le seigneur du lieu.
Dioc. de Lisieux, doy. d'Orbec. Génér. d'Alençon,
élect. de Lisieux, sergent. d'Orbec.

Demi-fief de la vicomté d'Orbec.

Toreries (Les), f. c⁰⁰ de Sermentot.

Torlière (LA), h. c⁰⁰ de Bellou.

Torlière (LA), h. c⁰⁰ de Notre-Dame-de-Courson.

Torpinière (LA), h. c⁰⁰ de Roucamps.

Torps, c⁰⁰ réunie à Villers-Canivet en 1828. — *Torp*,
1234 (lib. rub. Troarn. 160). — *Torpus*, 1236
(livre blanc de Troarn, ch. 5). — *Torpes*, 1257
(magni rotuli, p. 190, 2). — *Le Torps-en-Lieuvin*,
xiv⁰ s⁰ (pouillé de Lisieux, p. 40). — *Le Tort*,
1770 (carte de Desnos).

Par. de Notre-Dame, patr. l'abbé de Villers-Canivet.
Dioc. de Séez, doy. d'Aubigny. Génér. d'Alençon,
élect. de Falaise, sergent. des Bruns.

Deux tiers de fief, un demi-fief de chevalier.

Torps (Le), vill. c⁰⁰ de Billy.

Torquesne (Le), c⁰⁰ de Blangy — *Torta Quercus*,
1198 (magni rotuli, p. 30). — *Tort Quesne*, 1271
(cartul. norm. n° 810, p. 188). — *Tort Quéne*,
1703 (d'Anville, dioc. de Lisieux).

Par. de Notre-Dame, patr. le seigneur du lieu.
Dioc. de Lisieux, doy. de Beaumont. Génér. de
Rouen, élect. et sergent. de Pont-l'Évêque.

Plein fief mouvant de la vicomté d'Auge et ressortissant à la sergenterie de Pont-l'Évêque (inventaire du domaine d'Auge).

Torrelière (LA), h. c⁰⁰ de Notre-Dame-de-Courson.

Torteval, c⁰⁰ de Caumont. — *Torta Vallis*, 1077
(ch. de Saint-Étienne de Caen). — *Tourtavallis*,
xiv⁰ s⁰ (livre pelut de Bayeux).

Par. de l'Assomption de Notre-Dame, patr. l'abbé

de Saint-Étienne de Caen. Dioc. de Bayeux, doy.
de Villers-Bocage. Génér. de Caen, élect. de Bayeux,
sergent. de Briquessart.

Prieuré appartenant à l'abbaye de Saint-Étienne
de Caen, qui possédait aussi les bois de Maupertuis
et du Quesnay. Siège d'une baronnie, fief de haubert, s'étendant à Foulognes et à une partie d'A-
mayé, donnée à l'abbaye de Saint-Étienne de Caen
par Guillaume le Conquérant.

Les fiefs de la baronnie de Torteval portaient
les noms suivants : *Bardel*, *Baudin*, *le Pastour*, *le
Bec-de-Fer*, *les Biards*, *le Bosq*, *Louvigny*, *la Cacoue
ou Quaquée*, *la Couade*, *le Fief-au-Comte*, *la Cavalerie*, *Follenfant*, *le Hongre*, *Jourdain*, *les Roquelles*,
Tilly, *la Vermandière*, 1778 (journal des rentes
dues à la baronnie de Torteval).

Tortillon (Le), riv. affl. de la Druance, s'y réunit
à Saint-Vigor-des-Mézerets.

Tortils (Les), h. c⁰⁰ de Cussy.

Tortisambert, c⁰⁰ de Livarot. — *Tortum Ysamberti*,
xvi⁰ s⁰ (pouillé de Lisieux, p. 46). — *Tort Isam-
berti*, 1571 (*ibid.* note 5). — *Torti Lambert*, 1716
(de l'Isle). — *Tort Isambert*, 1723 (d'Anville,
dioc. de Lisieux). — *Sainte-Trinité-du-Tortisam-
bert*, 1730 (déclaration du temporel de Lisieux).

Par. de Sainte-Trinité, patr. le roi. Dioc. de
Lisieux, doy. du Mesnil-Mauger. Génér. d'Alençon,
élect. d'Argentan, sergent. de Montpinçon.

Fiefs du *Coudray*, du *Buisson* et de *Buttenval*.

Tortonne (LA), riv. affl. de l'Aure inférieure, grossie
de la Siette. — Naît au Tronquay et parcourt Campigny, Balleroy, Crouay, Blay, le Breuil, Saon,
Saonnet, Rubercy et Trévières.

Tortrou (Le), h. c⁰⁰ de Lison.

Tosnerie (LA), h. c⁰⁰ de Saint-Sever.

Tostain, bois, c⁰⁰ de Sainte-Marie-outre-l'Eau.

Tostinière (LA), h. c⁰⁰ de Campagnolles.

Totannerie (LA), h. c⁰⁰ du Bény-Bocage.

Tôtes, c⁰⁰ de Saint-Pierre-sur-Dive. — *Tostæ*, 1219
(ch. de Vignats, 33). — *Tôtes*, 1277 (cart.
norm. n° 905, p. 219).

Par. de Sainte-Marguerite, patr. le chanoine de
Séez de semaine. Dioc. de Séez, doy. de Falaise.
Génér. d'Alençon, élect. de Falaise, sergent. de
Saint-Pierre-sur-Dive.

Tôtes (Les), h. et chapelle, c⁰⁰ de Bonneville-la-Louvet.

Totinnière (LA), h. c⁰⁰ de Truttemer-le-Grand.

Touchet, h. et m⁰ⁿ, c⁰⁰ de Fresnay-le-Puceux. —
Touschet, 1453 (arch. nat. P, 271, n° 93).

Touffrand (Le), h. c⁰⁰ de Courtonne-la-Meurdrac,
réuni pour le culte à Sannerville.

TOUFFRÉVILLE, c⁰ⁿ de Troarn. — *Toffrevilla*, 1210
(livre blanc de Troarn).—*Toffredivilla*,*Turfredivilla*,
1230 (*ibid.*). — *Torfrevilla*, 1234 (lib. rub. Troarn.
103). — *Tiouffreville*, 1371 (assiette de la vicomté
de Caen).

Par. de Saint-Pierre, patr. l'abbé de Troarn.
Génér. et élect. de Caen, sergent. de Troarn.

Fief de haubert, érigé en 1763, sous le nom de
fief de la Vigne (chambre des comptes de Rouen,
t. II, p. 53).

TOUPINIÈRE (LA), h. cⁿᵉ du Plessis-Grimoult.

TOUPINIÈRE (LA), h. cⁿᵉ de Roucamps.

TOUPINIÈRE (LA), h. cⁿᵉ de Saint-Jacques.

TOUQUE (LA), riv. qui se jette dans la mer. — *Fluvius Tolca*, 1014 (ch. citée dans le pouillé de Lisieux, p. 37). — *Toucqua*, 1063 (*ibid.*). — *Tholca*,
1150 (ch. du Plessis-Grimoult, 58). — *Tocha*,
1172 (ch. de Saint-Désir de Lisieux). — *Touca*,
1180 (magni rotuli, p. 30). — *Touka*, 1198 (*ibid.*
p. 33). — *Tosqua*, 1210 (cartul. norm. n° 209,
p. 32). — *Touqua*, 1250 (ch. de l'évêché de
Bayeux, 81).

La Touque prend sa source dans le département de
l'Orne, passe par le bourg de Gacé dont elle porte
le nom en arrivant à Lisieux jusqu'à son confl. avec
la rivière d'Orbec. Elle entre dans le département du
Calvados au sud des Moutiers-Hubert; elle traverse,
dans l'arrondissement de Lisieux, Notre-Dame-de-
Courson, Tonnencourt, Cheffreville, Fervaques,
Auquainville, Prêtreville, Saint-Germain et Saint-
Jean-de-Livet, Saint-Martin-de-la-Lieue, Saint-
Jacques-de-Lisieux, Saint-Désir, Ouilly-le-Vicomte;
dans l'arrondissement de Pont-l'Évêque, Coquain-
villiers, Norolles, le Breuil, les Parcs-Fontaines,
Fierville, Manneville-la-Pipard, Pierrefitte, Saint-
Julien et Launay-sur-Calonne, Pont-l'Évêque, Saint-
Melaine, Rieux-le-Coudray, Roncheville, Canapville,
Saint-Étienne-la-Thillaye, Bonneville-sur-Touque,
Saint-Arnoult, Touque, Deauville et Trouville, où
elle se jette dans la mer.

Les affluents de la Touque sont : le Douet de
Cirieux, l'Orbiquet, la Calonne, la rivière de Valsemé, l'Hymer, la Paguine, la Chaussée, la petite
rivière d'Ouilly.

TOUQUE, c⁰ⁿ de Pont-l'Évêque, cⁿᵉ accrue de la cⁿᵉ de Daubœuf en 1827. — *Ecclesia de Toucqua*, 1063 (pouillé
de Lisieux, note 3). — *Tolca*, 1087 (chr. de Robert de Thorigny). — *Tolcha*, xIIᵉ sᵉ (Orderic Vital,
ad annum 1138, t. V. liv. vIII, p. 117). — *Touke*,
1155 (Wace, rom. de Rou). — *Toulca*, 1198 (magni rotuli, p. 322). — *Touqua*, xIVᵉ sᵉ (pouillé de
Lisieux, p. 37). — *Touques*, 1320 (rôles de la

vic. d'Auge). — *Touque*, 1325 (ch. de l'év. de
Lisieux). — *Toucq*, 1421 (rôles de Bréquigny).

Par. de Saint-Pierre et Saint-Thomas, patr.
l'évêque de Lisieux. Dioc. de Lisieux, siège d'un
doyenné. Génér. de Rouen, élect. de Pont-l'Évêque,
sergent. d'Aragon. L'église de Saint-Pierre a été
supprimée.

Baronnie appartenant à l'évêque de Lisieux,
d'où relevait le fief de *Villerville*, à Saint-Arnoult.
Les fiefs de *Meautrix*, de *Feurigny*, le demi-fief de
Lespinay, paroisse de Saint-Pierre de Touque, relevaient de la vicomté d'Auge, 1620 (fiefs de la vicomté). — Château fort avec chapelle.

TOUQUE (DOYENNÉ DE), *Decanatus de Touqua*.

Le doyenné de Touque, dans l'archidiaconé de
Pont-Audemer, comprenait Saint-Julien-sur-Calonne, Tourville-la-Forêt, Touque, Bonneville-sur-
Touque, Rabut, Trouville, Launay-sur-Calonne,
Manneville-la-Pipard, Saint-Melaine-sur-Touque,
le Mesnil-sur-Blangy, Blangy-le-Château, le Brèvedent, Saint-Pierre-des-Authieux, Saint-Philbert-
des-Champs, Fauguernon, Norolles, Écorcheville, le Breuil-sur-Touque, Éparfontaines, le
Breuil-la-Chapelle, Saint-Martin-des-Bois, Daubœuf,
Saint-André-d'Hébertot, le Faulq, Fierville, Hennequeville, la léproserie de Saint-Marc, le prieuré
de Saint-Martin.

TOUQUE (FORÊT DE), c⁰ⁿ de Touque, s'étendant sur
plusieurs communes du c⁰ⁿ de Pont-l'Évêque, depuis Cricquebœuf jusqu'à Saint-Benoît-d'Hébertot.
— *Foresta Bona*, xVIᵉ sᵉ (pouillé de Lisieux).

La noble sergenterie volante et traversière de
la forêt de Touque relevait de la vicomté d'Auge,
ainsi que les sergenteries de Chammelonde, Hérier,
Prend-Tout et Dieppedale, 1620 (fiefs de la vic.
d'Auge).

TOUR, c⁰ⁿ de Trévières. — *Tor, Tur*, 1089 (ch. de Saint-
Vigor-le-Grand). — *Tornum*, 1128 (ch. du prieuré
de Sainte-Barbe). — *Turris*, 1195 (magni rotuli).
— *Tor*, 1277 (cartul. norm. n° 902, p. 216). —
Dominium de Toure juxta Baieux, 1418 (rôles de
Bréquigny, ant. de Norm. p. 124). — *Le Tour*,
1667 (Sanson).

Par. de Saint-Pierre, l'une des quatre paroisses
camérières de l'évêché, chapelle de Sainte-Anne; patr.
le prieur du Plessis-Grimoult. Léproserie. Génér.
de Caen, élect. de Bayeux, chef-lieu de sergenterie.

La sergenterie de Tour comprenait : Saint-Laurent-sur-la-Mer, Sainte-Honorine-des-Pertes, Mosles,
Marigny, Estreham, Maisons, Commes, Héril,
Argouges-sur-Mosles, Engranville, Formigny, Surrain, Russy, Colleville, Huppain, Villiers-sur-Port,

Neuville, Argouges-sous-Bayeux, Houtteville, Tour, Port-en-Bessin.

Fief de haubert relevant de la vicomté de Bayeux, 1637 (fiefs de l'évêché, p. 432). Les fiefs d'*Estreham*, huitième de fief du *Pont-de-Formigny*, de *Brunville*, quart de fief, relevaient de la vicomté de Bayeux. Les fiefs *Hastain*, huitième de fief, ou *Colleville*, le fief de *la Verge*; quart de fief, le demi-fief de *Grevilly*, la fiefferme des *Maisons*, avaient leur chef assis à Tour; le fief *au Chamberlang* relevait de la baronnie de Saint-Vaast et Ondefontaine, à l'évêque de Bayeux.

Tour (La), m^{in}, c^{ne} de Verson.

Tour (La), h. et f. c^{ne} de Saint-Germain-de-Tallevende.

Tour (La), chât. c^{ne} de Saint-Pierre-Canivet.

Touraille (La), h. c^{ue} de Curcy.

Touraille (La), f. c^{ne} de Rubercy.

Tourailles (Les), h. c^{ue} de Feuguerolles-sur-Seulle.

Tourailles (Les), h. c^{ne} de Saint-Eugène.

Tourailles (Les), h. c^{ne} de Saint-Germain-de-Montgommery.

Tourailles (Les), f. c^{ne} de Trévières.

Tour-d'Aune (La), nom d'un plateau près de Clécy.

Tour-de-Ville (La), h. c^{ue} de Saint-Aubin-d'Arquenay.

Tour-d'Hiver (La), h. c^{ne} de Lingèvres.

Tour-du-Coq (La), h. c^{ne} de Glos.

Tourelle (La), f. c^{ne} d'Acqueville.

Tourelle (La), h. c^{ne} de Carpiquet.

Tourettes (Les), f. c^{ne} de Lisieux.

Tourgéville, c^{on} de Pont-l'Évêque. — *Torgisvilla*, 1185 (magni rotuli, p. 87). — *Sanctus Petrus de Torgeville*, 1195; *Torgevilla, Torgievilla*, 1215 (ch. de l'abb. de Longues, 10). — *Tourgievilla*, xive s^t. — *Tourgiville-en-Auge*, 1452, fief du *Mont-Canisy* (texte cité par M. L. Delisle, classes agricoles en Normandie, p. 161). — *Turgivilla*, xvie s^e (pouillé de Lisieux, p. 50).

Par. de Saint-Pierre, patr. le seigneur du lieu. Dioc. de Lisieux, doy. de Beaumont. Génér. de Rouen, élect. de Pont-l'Évêque, sergent. de Beaumont.

Fiefs du *Bois-Gouet*, relevant du fief de *Bénouville-Mont-Canisy*; fief du *Val*, en la paroisse de Tourgéville, mouvant de la vicomté d'Auge et ressortissant à la sergenterie de Beaumont; huitième de fief, dit *Beaumouchet*; fief de *la Poterie*, quart de fief de *Glatigny*, 1620 (fiefs de la vicomté d'Auge).

Tourgis, fief de la paroisse de Saint-Vigor-des-Monts, 1613 (aveux de la vicomté de Vire).

Tour-Marcou (La), f. c^{ne} de Cardonville.

Tourmeauville, h. c^{ne} de Baron. — *Tourmauville*, 1848 (état-major).

Tournay, c^{on} de Villers-Bocage. — *Turnaium*, 1257 (magni rotuli, p. 173, 2). — *Villa de Tornaio*, 1277 (cartul. norm. n° 904, p. 218). — *Tornaium*, xive s^e (livre pelut de Bayeux). — *Tournay*, 1640 (cart. d'Ardennes).

Par. de Saint-Pierre, patr. le roi, puis le seigneur du lieu. Chapelle de Sainte-Barbe au manoir de Bagny. Dioc. de Bayeux, doy. de Fontenay-le-Pesnel. Génér. et élect. de Caen, sergent. de Villers.

Trois fiefs avaient leur chef assis en cette paroisse : *Bagny* ou *Paigny*, vulgairement appelé le *fief Régnault*, relevant du seigneur de Mondrainville; *Tournay*, mouvant du roi, et *Villodon*, divisé en deux portions, dont l'une relevait de la seigneurie de Saint-Pierre-la-Vieille et l'autre de Villodon. Autre fief de *Baasly*, 1453 (arch. nat. P, 271, n° 212).

Tour-Molière (La), h. c^{ne} de Saint-Philbert-des-Champs.

Tourne-Bride, h. c^{ne} de Croisilles.

Tourne-Bride, h. c^{ne} de Torteval.

Tourne-Bride, h. c^{ne} de Vaudry.

Tournebu, c^{on} de Thury-Harcourt. — *Tournebu*, 1083 (ch. de Saint-Étienne de Caen). — *Tornebutum*, 1125 (ch. pour l'abb. du Val, n° 1). — *Tornebu, Turnebu*, 1198 (magni rotuli, p. 34). — *Tornesbu*, 1209 (*ibid.* p. 92, 2). — *Tornebu-en-Cinglais*, 1250 (ch. de l'abb. de Fontenay, 174). — *Turnebutum*, 1253 (ch. de Barbery, 316). — *Tourneboutum*, 1273 (ch. de l'abb. du Val). — *Tornebusc, Tornebuc*, 1307 (mobilier du temple de Voismer; L. Delisle, classes agricoles en Normandie, p. 161, 175). — *Tornebuc*, 1321 (parv. lib. rub. 21). — *Touronebu*, 1356 (livre pelut de Bayeux).

Par. de Saint-Hilaire, prieuré-cure; patr. l'abbé du Val. Dioc. de Bayeux, doy. de Cinglais. Génér. d'Alençon, élect. de Falaise, siège d'une sergenterie.

La sergenterie de Tournebu comprenait les paroisses de Tournebu, Acqueville, Meslay, Cesny, Placy, Espins, Fresnay-le-Vieux, Barbery, Cingal, le Mesnil-Touffray, Fontaine-Halbout, Bons-Tassilly, Soûmont (Soubzmonts), Saint-Quentin, Bretteville-le-Rabet, Estrées, Grainville, Urville, Brayen-Cinglais, Saint-Germain-le-Vasson.

Baronnie ressortissant à la vicomté de Falaise. Les fiefs de *la Planque* et de *Fouqueville*, de *Fontaine-Halbout*, des *Moulines* et du *Bô* relevaient de cette baronnie. Les fiefs de *la Rivière*, des *Trois-Minettes* et la vavassorie du *Bonnois*, les vavassories du *Val*, de *Vertu*, du *Sénéchal*, du *Timonnier*, du *Bérault*, du *Mesnil*, des *Landes*, du *Bordage*, de *Saint-Germain-Langot* et de *Picquenot* dépendaient aussi de la baronnie de Tournebu.

TOURNÉE (LA), h. c^ne de Rully.

TOURNÉE-AUX-BOCAINS (LA), h. c^ne de Landes.

TOURNERESSE (FOSSE). — Voir FOSSES DE SOUCY.

TOURNERIE (LA), h. c^ne de Landelles-et-Coupigny.

TOURNEUR (LE), c^on du Bény-Bocage. — *Tourneor*, 1155 (Wace, rom. de Rou). — *Sanctus Martinus de Torneor*, 1198 (magni rotuli, p. 94, 2). — *Tournour* (titres de la baronnie de Tournebu, ant. de Norm. t. XXVI). — *Le Tournoir*, 1420 (cart. d'Ardennes).

Par. de Saint-Martin, patr. l'abbé de Saint-Sever. Chapelle de la Malherbière. Dioc. de Bayeux, doy. de Vire. Génér. de Caen, élect. de Vire.

Siège d'une sergenterie dépendant de la haute justice de Vassy, 1408 (arch. nat. P. 271, n° 286). Cette sergenterie comprenait les vingt-deux paroisses suivantes : le Tourneur, Brémoy, Carville, le Mesnil-Auzouf, Montamy, Bény, le Reculey, Beaulieu, le Désert, Montchamp, Estry, le Theil, Presles, la Graverie, Burcy, Saint-Denis-Maisoncelles, Saint-Pierre-Tarentaine, Chênedollé, Viessoix, Truttemer, Saint-Sauveur et Saint-Martin-de-Chaulieu.

Fief *Montagu*, en la paroisse du Tourneur, 1454 (arch. nat. P. 271, n° 155). — Fief de *Romchamp* (*Roucamp*), 1642 (av. de la vic. de Vire). — Fief du *But* ou des *Fontaines*, s'étendant aux paroisses de Brémoy et de Saint-Pierre-Tarentaine, 1675 (av. de la vic. de Vire). — Fief de *la Malherbière*, 1675 (*ibid.*). — Fiefs de *Vaumartin* et de *la Goderie*, possédés autrefois par la famille Toustain de Billy.

TOURNEUR (LE), h. c^ne de la Chapelle-Haute-Grue.

TOURNEURS (LES), vill. c^ne de Sainte-Foy-de-Montgommery.

TOURNEZ (LA), h. c^ne de Rully.

TOURNIÈRE (LA), h. c^ne de Saint-Martin-des-Besaces.

TOURNIÈRES, c^on de Balleroy. — *Tourneriœ*, XIe s^e (enq. arch. de Bayeux). — *Tornieres*, 1155 (Wace, rom. de Rou). — *Torneriœ*, 1247 (ch. de l'abb. de Longues, 42). — *Tornerium*, XIIIe s^e (ch. de Saint-André-en-Gouffern, 63).

Par. de Saint-Martin, patr. l'abbé de Cerisy et le seigneur de la Haye-Piquenot. Dioc. de Bayeux, doy. de Couvains. Génér. de Caen, élect. de Bayeux, sergent. de Cerisy.

Le fief de *Buret*, assis à Tournières et Bayeux, relevait de la seigneurie de Couvains. La franche vavassorie de Tournières relevait de la baronnie de Calvados.

Saint-Vigor-le-Grand. — Fief des *Londes*, en la paroisse, 1453 (arch. nat. P. 271, n° 96) et 1475 (fiefs de la vic. de Caen).

Fief *Pelichon*, 1396 (ch. de l'abb. de Longues, 43).

TOURNIÈRES (LES), h. c^ne de Montchauvet.

TOURNIOLE (LA), h. c^ne d'Argences.

TOURNIQUET (LE), h. c^ne de Marolles.

TOURTELLIÈRE, h. c^ne de Courson.

TOURVILLE, c^on d'Évrecy. — *Torvilla*, 1180 (magni rotuli, p. 21). — *Torvavilla*, 1198 (*ibid.* p. 101).

Par. de Sainte-Trinité, patr. le chanoine de Goupillières. Dioc. de Bayeux, doy. de Fontenay-le-Pesnel. Génér. et élect. de Caen, sergent. de Villers.

TOURVILLE, c^on de Pont-l'Évêque. — *Torvilla* (ch. de Friardel, ch. 168). — *Tourevilla*, XIVe s^e; *Tourvilla*, XVIe s^e; *Tourville-la-Forêt* (pouillé de Lisieux, p. 36 et 37).

Par. de Notre-Dame, patr. le seigneur du lieu. Dioc. de Lisieux, doy. de Touque. Génér. de Rouen, élect. de Pont-l'Évêque, sergent. d'Aragon.

TOURVILLE, h. c^ne de Saint-Martin-aux-Chartrains.

TOUSTAINS (LES), h. c^ne du Breuil.

TOUTAIN, h. c^ne du Torquesne.

TOUTAINS (LES), h. c^ne de Prêtreville.

TOUTANNERIE (LA), h. c^ne de Montchauvet.

TOUTANNERIE (LA), h. c^ne de Sainte-Honorine-de-Ducy.

TOUTINIÈRE (LA), h. c^ne de Cernay.

TOUVETS (LES), q. c^ne de Saon.

TOUZERIE (LA), h. c^ne de Castillon.

TOUZERIE (LA), h. c^ne de Saint-Denis-de-Mailloc.

TOUZERIE (LA), h. c^ne de Saint-Julien-de-Mailloc.

TOVERIE-ROUSSIN (LA), h. c^ne de Saint-Germain-de-Tallevende.

TRABIÈRE (LA), h. c^ne de Courtonne-la-Meurdrac.

TRABOTIÈRE (LA), h. c^ne du Mesnil-Bacley.

TRACY, h. et m^in, c^ne de Neuville.

Ancienne châtellenie d'où relevaient les fiefs de *Saint-Vigor-des-Monts*, demi-fief; de *Sainte-Marie-des-Monts*, huitième de fief; le fief ou franche vavassorie d'*Espagne*, huitième de fief; le fief *Roussel*, en la paroisse de Sainte-Cécile, quart de fief. Le fief de *la Gallonnière* relevait du roi, 1679 (av. de la vic. de Vire).

TRACY-BOCAGE, c^on de Villers-Bocage. — *Traceium*, 1198 (magni rotuli, p. 3, 2). — *Tracheium*, 1417 (*ibid.* p. 277, 2).

Par. de Saint-Raven et Saint-Rasiphe, patr. le seigneur de Villers. Avant 1756, le patronage appartenait à l'abbé de Cerisy. Dioc. de Bayeux, doy. de Villers-Bocage. Génér. et élect. de Caen, sergent. de Villers.

Quart de fief de *Tracy-en-Bocage*, relevant de la baronnie de Crépon, 1684 (aveux de la vicomté de Bayeux).

Tracy-sur-Mer, cᵉⁿ de Ryes. — *Traceum*, xiiᵉ sᵉ (Orderic Vital, t. II, liv. iv, p. 355). — *Tracie*, 1155 (Wace, rom. de Rou). — *Tracheium*, 1255 (ch. de l'abb. de Mondaye). — *Trachey*, 1290 (censier de Saint-Vigor, n° 146). — *Traissy*, 1453 (arch. nat. P. 271, n° 193).

Feuguerolles, fief de la paroisse de Tracy, 1720 (fiefs de la vicomté de Caen).

La baronnie de Tracy a été possédée par la famille Le Marchand jusqu'au xviiiᵉ siècle.

Traginière (La), h. cᵉ de Fauguernon.

Traginière (La), h. cⁿᵉ de Firfol.

Traginière (La), h. cⁿᵉ d'Ouilly-du-Houlley.

Tragins (Les), vill. cⁿᵉ de Saint-Philbert-des-Champs.

Traiñecourt, h. cᵇᵉ de Cormelles.

Trainerie (La), h. cⁿᵉ de Sainte-Marie-Laumont.

Trainerie (La), h. cⁿᵉ de Vaudry.

Trait-Guillet (Le), h. cⁿᵉ du Locheur.

Tranchefont, h. cⁿᵉ de Cahagnolles.

Tranquillerie (La), h. cⁿᵉ de Montchauvet.

Traspie, h. cⁿᵉ de Croisilles.

Travers (Le), h. cⁿᵉ de Coulonces.

Travers (Le), h. cⁿᵉ de Saint-Jouin.

Travesq, h. cⁿᵉ d'Englesqueville (Bayeux).

Trébaudière (La), h. cⁿᵉ de Lessard.

Trébuchet, ancien mⁱⁿ. — *Molendinum de Trebuchet*, 1234 (livre blanc de Troarn, charte de fondation).

Trébuetées (Les), h. cⁿᵉ de Grainville-sur-Odon.

Trébussonnière (La), h. cᵇᵉ de Maisoncelles-la-Jourdan.

Tréhardière (La), h. cⁿᵉ d'Orbec.

Treize-Vieilles, h. et f. cⁿᵉ de Saint-Jean-le-Blanc.

Trellerie (La), h. cⁿᵉ de Vassy.

Tremblay (Le), h. et f. cⁿᵉ de Barbery.

Tremblay (Le), h. cⁿᵉ de Saint-Pierre-la-Vieille. — *Parochia beatæ Mariæ de Capella apud Tremblcium*, 1266 (ch. de Friardel). — *Le Tremblay*, 1270 (ch. de Barbery, 318). — *Le Tremblai*, 1278 (ch. de Saint-Étienne de Fontenay, 150).

Tremblé, quart de fief de haubert du domaine royal, vicomté de Falaise, 1498 (arch. nat. P. 271, n° 283). Il s'étendait aux paroisses de Courteilles, Chancerie et Pont-Écrépin. Il était, en 1586, tenu par Thomas d'Alençon.

Tremblaye (La), h. cⁿᵉ de Notre-Dame-de-Livaye.

Tremblaye (La), h. cᵇᵉ de Saint-Eugène.

Trennerie (La), h. cⁿᵉ de Sainte-Marie-Laumont.

Trépignerie (La), h. cⁿᵉ de Montfiquet.

Tréprel, cᵒⁿ de Falaise (nord). — *Feodum de Trepe-rello*, 1310 (ch. de Villers-Canivet). — *Treperel*, 1356 (livre pelut de Bayeux). — *Tréperel*, 1848 (Simon).

Par. de Saint-Aubin, patr. le seigneur du lieu. Dioc. de Bayeux, doy. de Cinglais. Génér. d'Alençon, élect. de Falaise, sergent. de Thury.

Demi-fief de la baronnie de Tournebu, vicomté de Falaise.

Tresnay, mⁱⁿ, cⁿᵉ de Cauville.

Tresnon, h. cᵇᵉ des Moutiers-en-Auge.

Trévières, ch.-l. de cᵒⁿ, arrond. de Bayeux, cⁿᵉ accrue du hameau de la Barre en 1858. — *Treveriæ*, 1198 (magni rotuli, p. 34). — *Triviers*, 1653 (carte de Tassin).

Par. de Saint-Agnan, patr. l'abbé de Montebourg, puis, par échange, en 1681, le seigneur du lieu. Chapelle de la Ramée, dédiée à saint Vezin. — Dioc. de Bayeux, siège d'un doyenné. Génér. de Caen, élect. de Bayeux, sergent. de Cerisy.

Le fief de *la Luzerne*, assis à Trévières, érigé en comté en 1693, avec haute justice, en faveur de Claude-François Pellot (fiefs de la vicomté de Bayeux, p. 406), les fiefs de *la Ramée*, demi-fief tenu du roi, et de *Bavent*, le demi-fief des *Londes*, dont les chefs étaient assis à Trévières, s'étendaient à Formigny, Baynes, Rubercy, Rucqueville et Bernesq. Le doyenné de Trévières comprenait trente-cinq paroisses : Aignerville, Asnières, la Cambe, Canchy, Cardonville, Chef-de-Pont, Colleville, Cricqueville, les Deux-Jumeaux, Écrammeville, Englesqueville, Engranville, Fontenay-sur-le-Vay, Formigny, Géfosse, Grandcamp, Houtteville, Létanville, Lieusaint, Longueville, Louvières, Maisy, Mandeville, Neuville, Osmanville, Clément-sur-le-Vey, Saint-Germain-du-Pert, Saint-Laurent-sur-Mer, Sainte-Mère-Église, Saint-Pierre-du-Mont, Surrain, Trévières, Véret, Vierville-sur-la-Mer. Parmi ces paroisses, cinq étaient enclavées dans le diocèse de Coutances, savoir : Chef-de-Pont, Lieusaint, Neuville, Ourville-en-Cotentin et Sainte-Mère-Église. Elles étaient désignées sous le nom d'*Exemption de Sainte-Mère-Église*.

Trévières, mⁱⁿ, nommé le Beau-Moulin, construit en 1684.

Trévignes, h. cⁿᵉ de Cambremer.

Trianon, h. cⁿᵉ de Longvillers.

Trianon, f. cⁿᵉ de Quetteville.

Trianon, h. cⁿᵉ de Saint-Benoît-d'Hébertot.

Triboudière (La), h. cⁿᵉ de Montchamp.

Tribouillardère (La), h. cᵇᵉ de Clinchamps (Vire).

Trichandière (La), f. cⁿᵉ d'Orbec.

Trie (La), h. cⁿᵉ de Surville.

Trigalle (La), h. c^ne de Champ-du-Boult.

Trigalle (La), h. c^ne de Mézidon.

Trigalle (La), h. c^ne de Montvielle.

Trigalle (La), h. c^ne de Moult.

Trigalle (La), h. c^ne de Saint-Georges-en-Auge.

Trilliers, h. c^ne de Hamars.

Tringale (La), h. c^ne de Cahagnes.

Tringale (La), h. c^ne de Clinchamps (Vire).

Tringalle (La), h. c^ne de Cartigny-Tesson.

Tringalle (La), h. c^ne de Caumont (Bayeux).

Tringalle (La), h. c^ne de Mandeville.

Tringalle (La), h. c^ne de Sommervieu.

Tringalles (Les), h. c^ne de la Folie.

Trinité (La), h. c^ne de Saint-Martin-du-Mesnil-Oury.

Triquet, h. et f. c^ne de Neuilly.

Triquetière (La), h. c^ne de la Ferrière-Harang.

Trivée (La), h. c^ne des Moutiers-en-Cinglais.

Troarn, c^ne ch.-l. de c^on, arrond. de Caen. — *Throat, Troardum*, 1051 (livre blanc de Troarn, ch. de fondation). — *Trowarnum*, v. 1150 (ch. de l'abb. n° 20). — *Troart*, 1180 (magni rotuli scacc. p. 9). — *Troarnum*, 1215, 1380 (parv. lib. rub. Troarn.). — *Trouarnum*, 1297 (enquête). — *Trouart*, 1371 (visite des forteresses). — *Trouar, Trouard*, 1455 (aveu de Robert, abbé de Troarn).

Par. de l'Exaltation de la Sainte-Croix, prieuré-cure; patr. l'abbé de Troarn. Hospice, maladrerie de Saint-Léonard. Chapelle de Saint-Gilles dépendant de l'abbaye de Troarn. Dioc. de Bayeux, siège d'un doyenné. Génér. et élect. de Caen, siège d'une sergenterie.

Baronnie avec haute justice appartenant à l'abbaye de Saint-Martin de Troarn.

Le doyenné de Troarn comprenait les quarante-trois paroisses d'Amfreville, Banneville, Bavent, Biéville, le Buisson, Bures, Cabourg, Cagny, Canteloup, Cléville, Colombelles, Cuverville, Demouville, Écoville, Ernetot, Giberville, Guillerville, Héritot, Hérouvillette, Jeanville, Saint-Pierre-du-Jonquay, Lirose, Manneville, Merville, Méry-Corbon, le Mesnil-Frémentel, le Mesnil-Oger, Mondeville, Petiville, Ranville, Robehomme, Rupière, Saint-Jean-d'Argences, Saint-Pierre ou Paterne, Saint-Patrice-d'Argences, Saint-Pierre-Oursin, Sallenelles, Sannerville, Touffréville, Troarn, Varaville et Vimont.

La sergenterie de Troarn, vicomté de Caen, s'étendait à Troarn, Jeanville, Saint-Pair, Guillerville, Émiéville, Manneville, Saint-Samson, Cagny, Banneville-la-Campagne, Sannerville, Touffréville, Ranville, Basseneville, Écoville, Lirose, Guiberville, Demouville, le Mesnil-Frémentel, 1371 (assiette des feux de la vicomté de Caen).

Une église collégiale de douze chanoines, fondée à Troarn, en 1022, par Roger de Montgommery, vicomte d'Hiesmes, fut donnée par le duc Richard II à l'abbaye de Fécamp. Le fils de Roger de Montgommery construisit, en 1059, au même lieu, l'abbaye de Saint-Martin de Troarn, de laquelle dépendaient, en 1234, les paroisses d'Annebault, Bures, Bréville, Billy, Campagnolles, Caniepie, Crocy, Cuverville, Dive, Barneville, Beny-sur-Mer, Cléville, Fort, Falaise, Franqueville, le Hom, la Hogue, Sainte-Honorine, Janville, Langrune, Lirose, Lion-sur-Mer, Marais, Maisons, Milly, Montchamp, Saint-Pair, le Poirier, Presles, Plumetot, Robehomme, Ranville, le Maresquet, Saint-Samson, Truttemer, Varaville (en partie). L'abbaye possédait des domaines considérables, plus de cinquante-quatre bénéfices. Ses revenus, au siècle dernier, évalués à 100,000 livres, étaient situés dans les localités suivantes : Troarn, Bures-sur-Dive, Touffréville, Sannerville, Saint-Pair, Janville, Carville, Lirose, Ranville, Hotot, Hernetot, Bassenèville, Crèvecœur, Trun, Crocy, Croisilles-sur-Mer, Renémesnil, Montchamp, Étouvy, Gillerville, etc.

Trochet (Le), h. c^ne de la Hoguette.

Trochu, h. c^ne de Saint-Aubin-des-Bois.

Trois-Cheminées (Les), f. c^ne de Sermentot.

Trois-Coins (Les), h. c^ne de Bavent.

Trois-Cornières (Les), h. c^ne de Cottun.

Trois-Cours (Les), f. c^ne des Moutiers-en-Cinglais.

Trois-Croissants (Les), h. c^ne d'Orbec.

Trois-Croix (Les), h. c^ne du Bény-Bocage.

Trois-Croix (Les), h. c^ne de Carville.

Trois-Croix (Les), h. c^ne de Carville.

Trois-Fontaines (Les), h. c^ne de Saint-Martin-des-Besaces.

Trois-Heuzés (Les), h. c^ne de Saint-Martin-de-Sallen.

Trois-Maisons (Les), h. c^ne du Bény-Bocage.

Trois-Mares (Les), h. c^ne de Sommervieu.

Trois-Maries (Les), h. c^ne de Saint-Martin-de-Sallen. — *Tres Mariæ*, 1234 (lib. rub. Troarn. p. 41 v°).

Trois-Minettes (Les), h. c^ne de Saint-Germain-Langot.

Trois-Monts, c^on d'Évrecy. — *Tresmontes*, 1277 (ch. du Plessis-Grimoult). — *Troismons*, 1371 (visite des forteresses).

Par. de Notre-Dame, patr. le roi et le seigneur du lieu. Dioc. de Bayeux, doy. d'Évrecy. Génér. et élect. de Caen, sergent. de Préaux.

Seigneurie et haute justice, quart de fief de chevalier, dont étaient tenus les fiefs de *la Cour*, huitième de fief, de *Champrefus* et de *la Couturière*, relevant de la baronnie de Douvre, 1637 (fiefs de l'évéché de Bayeux, p. 434).

Trois-Mouteaux (Les), h. c^ne de Trois-Monts.

Trois-Nantiers (Les), h. et chât. c^ne de Landelles-et-Coupigny.

Trois-Rois (Les), h. c^ne de Saint-Laurent-du-Mont.

Trois-Verges (Les), h. c^ne de la Lande-Vaumont.

Tromperie (La), h. c^ne de Brémoy.

Trompe-Souris, h. c^ne de Coulonces.

Trompe-Souris, h. c^ne de Montamy.

Tronquay (Le), c^on de Balleroy. — *Troncheium, Truncheium*, 1252 (ch. de l'abbaye de Mondaye). — *Saint-Pierre-du-Tronché*, 1612 (fiefs de la vicomté de Vire). — *Saint-Pierre-du-Tronchet*, 1720 (fiefs nobles de la vicomté de Caen).

Fiefs du *Tronquay*, du *Vernay* et de *Port*, relevant du roi par deux fiefs de haubert érigés en 1657 et s'étendant à Agy, Coupigny, Crouay, Littry, Vaubadon, Juaye, Arganchy, Noron, Saint-Amator, Subles, Trungy, Cahagnolles, Castillon.

Tronquay (Le), f. c^ne de Baynes.

Une partie des bois du Tronquay en fut désunie, en 1777, pour reformer le fief *Luthumière*, en faveur de Charles Le Tellier de Vaubadon.

Tronquay (Le), vill. c^ne de Saint-Marcouf.

Tronquay (Bois de), c^ne du Tronquay. — *Trancheium (Foresta)*, 1180 (magni rotuli, p. 1). — *Foresta de Trunkeio*, 1198 (ibid. p. 111). — *Buisson du Troncay*, 1387 (arch. nat. P. 271, n° 24). — *Forêt* ou *Buisson du Tronquoy*, 1484 (ibid. P. 272, n° 160).

Les bois du Tronquay et du Vernay furent donnés, en 1657, par Louis XIV à Jean de Choisy, seigneur de Balleroy, en échange d'une maison utile pour le dessin de la place du château du Louvre (ch. des comptes de Rouen, t. II, p. 232).

Tronquet (Le), h. c^ne de la Ferrière-Duval.

Tronquet (Le), h. c^ne d'Orbec.

Tronquet (Le), h. c^ne de Saint-Pierre-la-Vieille.

Trotets (Les), h. c^ne de la Brévière.

Trotte-Poux, h. c^ne de Fontaine-Étoupefour.

Trotteval, f. c^ne de Saint-Martin-de-Fontenay.

Trou-d'Enfer (Le), h. c^ne de Pierrepont.

Troudière (La), h. c^ne de Campagnolles.

Trouiller, h. c^ne de Vignats.

Trouillerie (La), f. c^ne de Cartigny-Tesson.

Trouillerie (La), h. c^ne de Vignats.

Trouplin, h. c^ne de Saint-Hymer.

Trourie (La), f. c^ne de Sainte-Marguerite-d'Elle.

Trousseauville, c^ne réunie à Dive en 1826. — *Trousseauvilla*, 1190 (ch. de Saint-Étienne). — *Trusseauvilla*, 1230 (livre blanc de Troarn). — *Trosseauville*, 1241 (ch. de Saint-Étienne de Fontenay, 8). — *Trosselvilla*, 1250 (ibid. 174). —

Trousseauvilla, xvie siècle (pouillé de Lisieux, p. 52).

Par. de Saint-Martin, patr. le seigneur du lieu. Dioc. de Lisieux, doy. de Beaumont. Génér. de Rouen, élect. de Pont-l'Évêque, sergenterie de Dive.

Huitième de fief relevant de Corbon, 1620 (fiefs de la vicomté d'Auge).

Trousseauville, h. c^ne de Saint-André-d'Hébertot.

Troussely, h. c^ne de Trois-Monts.

Trousserie (La), h. c^ne de la Vacquerie.

Trouverie (La), h. c^ne de Landelles.

Trouverie (La), h. c^ne du Mesnil-Robert.

Trouverie (La), h. c^ne de Pleines-Œuvres.

Trouville, c^on de Pont-l'Évêque, c^ne accrue en 1826 de Hennequeville, petit port de mer. — *Trovilla*, 1311 (sentence rendue contre les paroissiens de Sainte-Croix de Troarn). — *Trouville-la-Forêt*, *Tourovilla*, xive s^e; *Tourvilla*, xvie s^e (pouillé de Lisieux, p. 36).

Par. de Saint-Jean-Baptiste, patr. le chap. de Cléry. Dioc. de Lisieux, doy. de Touque. Génér. de Rouen, élect. de Pont-l'Évêque, sergent. de Touque.

Trouville-Fastouville, demi-fief de la vicomté d'Auge, sergenterie de Honfleur et de Touque. Fiefs d'*Hérouville* et de *Mailloc*, quart de fief, relevant aussi de la vicomté d'Auge, 1620 (fiefs de la vicomté).

Trouvy, h. c^ne de Courson.

Truelle (La), h. c^ne de Maisoncelles-Pelvey.

Trufaudière (La), h. c^ne de Culey-le-Patry.

Trujère (La), h. c^ne de Pont-Farcy.

Truxcy, c^on de Balleroy. — *Trungeium*, 1218 (ch. d'Ardennes). — *Trungeyum* (ibid. p. 323, n° 1179). — *Trungeium*, 1279 (ch. de l'abbaye de Mondaye, 5). — *Trangy*, 1653 (carte de Tassin).

Par. de Saint-Vigor, prieuré-cure; patr. l'abbé de Mondaye. Dioc. de Bayeux, doy. de Thorigny. Génér. de Caen, élect. de Bayeux, sergent. de Briquessart.

Trungy, fief noble de la vicomté de Bayeux, relevant de l'abbaye de Saint-Étienne de Caen. Le fief de *Ducy*, assis à Trungy, relevait de la seigneurie de Villy; le fief de *la Sonde*, à Trungy, fut, en 1770, réuni au marquisat de Campigny.

Truttemer (Le Petit-), c^ne de Vire, détaché de Truttemer-le-Grand.

Par. de Saint-Martin, patr. le prieuré-cure de Truttemer-le-Grand. Dioc. de Bayeux, doy. de Vire. Génér. de Caen, élect. de Mortain, sergent. de Tinchebray.

TRUTTEMER-LE-GRAND, c⁰ⁿ de Vire. — *Trutemare, Troitemare*, 1137 (livre blanc de Troarn). — *Tructemer*, 1154 ; *Turtemare*, 1162 (bulle pour le Plessis-Grimoult). — *Trutimerum*, v. 1170 (ch. du Plessis-Grimoult). — *Turtuimare*, xii° s° (*ibid.*). — *Troitemer*, 1203 (magni rotuli, p. 94, 2). — *Troittemer*, 1269 (cart. norm. n° 767, p. 171). — *Troutemer*, 1610 (aveux de la vicomté de Vire). — *Legrang-Trutemer*, 1675 (carte de Petite). — *Trudemer*, 1758 (carte de Vaugondy).

Par. de Saint-Martin, prieuré-cure; patr. le prieuré du Plessis-Grimoult. Dioc. de Bayeux, doy. de Vire. Génér. de Caen, élect. de Vire, sergent. de la banlieue de Vire.

Le fief *Lestang*, le moulin de *Broussel*, le fief du *Bosc*, le fief d'*Enfernet* avec une extension considérable et le fief *Pertois* avaient leur chef assis à Truttemer-le-Grand.

TUAUDIÈRE (LA), h. cⁿᵉ de Culey-le-Patry.

TUAUDIÈRE (LA), h. cⁿᵉ du Gast.

TUAUDIÈRE (LA), h. cⁿᵉ de Saint-Jean-le-Blanc.

TUAUDIÈRE-AU-FRANC (LA), h. cⁿᵉ de Saint-Manvieu (Vire).

TUILE (LA), h. cⁿᵉ de Donnay.

TUILE (LA), h. cⁿᵉ de Saint-Lambert.

TUILERIE (LA), h. cⁿᵉ d'Ammeville.

TUILERIE (LA), h. cⁿᵉ des Authieux-Papion.

TUILERIE (LA), h. cⁿᵉ de Barbery.

TUILERIE (LA), h. cⁿᵉ de Baron.

TUILERIE (LA), h. cⁿᵉ de Boulon.

TUILERIE (LA), h. cⁿᵉ de Courtonne-la-Ville.

TUILERIE (LA), h. cⁿᵉ de Friardel.

TUILERIE (LA), h. cⁿᵉ de Grand-Mesnil.

TUILERIE (LA), h. cⁿᵉ de la Hoguette.

TUILERIE (LA), h. cⁿᵉ de Livarot.

TUILERIE (LA), h. cⁿᵉ de Manerbe.

TUILERIE (LA), h. cⁿᵉ des Moutiers-en-Auge.

TUILERIE (LA), h. cⁿᵉ de Mittois.

TUILERIE (LA), h. cⁿᵉ de Quétiéville.

TUILERIE (LA), h. cⁿᵉ de Rapilly.

TUILERIE (LA), h. cⁿᵉ de Saint-Julien-le-Faucon.

TUILERIE (LA), h. cⁿᵉ de Saint-Pierre-Canivet.

TUILERIE (LA), h. cⁿᵉ de Tortisambert.

TUILERIE (LA), h. cⁿᵉ de Troarn.

TUILERIE (LA), h. cⁿᵉ du Tronquay.

TUILERIE-À-L'ÉGLISE (LA), h. cⁿᵉ de Mittois.

TUILERIE-DE-PARIS (LA), h. cⁿᵉ de Saint-Martin-de-la-Lieue.

TUILERIES (LES), h. cⁿᵉ de Barbery.

TUILERIES (LES), h. cⁿᵉ de Cheffreville.

TUILERIES (LES), h. cⁿᵉ du Mesnil-Guillaume.

TUILERIES (LES), h. cⁿᵉ de Saint-Jean-de-Livet.

TUIT (LE), f. cⁿᵉ d'Audrieu.

TULLIÈRE (LA), h. cⁿᵉ du Gast.

TULON, f. cⁿᵉ de Moyaux.

TULON, h. cⁿᵉ de Saint-Hymer.

TUNIQUE (LA), h. cⁿᵉ de Saint-Martin-des-Besaces.

TUPOT, f. cⁿᵉ de Saint-Germain-Langot. — *Tuepot, Tueport*, 1181 (ch. de Barbery). — *Molendinum de novo factum de Tuepoth*, 1255 (*ibid.* 306).

Église aujourd'hui détruite, ayant appartenu à l'abbaye de Barbery. Fief de haubert cédé par l'église de Barbery au marquis d'Olendon, 1750 (chambre des comptes de Rouen, t. III, p. 99).

TURCAMP (LE), h. cⁿᵉ de Cottun.

TURLU, h. cⁿᵉ du Tronquay.

TUTREL (LE GRAND et LE PETIT-), h. cⁿᵉ de Fontenermont.

U

ULÉES (LES), h. cⁿᵉ de Vaubadon.

ULIS (LES), f. cⁿᵉ de Coquainvilliers.

URSULINES (LES), h. cⁿᵉ de Livarot.

URVILLE, c⁰ⁿ de Bretteville-sur-Laize. — *Urtulum*, 1008 (ch. de Saint-Pierre-sur-Dive). — *Urvillum*, 1108 (*ibid.*). — *Eurvilla*, 1248 (ch. de Sainte-Barbe, 160). — *Hurville*, 1371 (visite des forteresses). — *Urivilla*, xiv° s° (taxatio decimarum diocesis Baiocensis). — *Eurville*, 1417 (magni rotuli, p. 279).

Par. de Saint-Vigor, puis en 1604 de Notre-Dame; patr. le seigneur du lieu. Chapelle de Saint-Vigor d'Urville. Dioc. de Bayeux, doy. de Cinglais. Génér.

de Caen, élect. de Falaise, sergenterie de Tournebu.

Le fief d'*Urville*, mouvant du roi, passa, en 1684, de la famille de Lelongny dans celle des Harcourt-Beuvron. Léproserie avec une chapelle sous le titre de Sainte-Madeleine-de-la-Bruyère (*Sancta Magdalena Brucreta*); elle fut démolie vers 1131 et transférée dans la nouvelle église d'Urville sous le nom de Sainte-Madeleine-de-la-Brillette.

USSY, c⁰ⁿ de Falaise (nord). — *Uxeium*, xii° s° (Orderic Vital, 1083, t. III, l. vii, p. 197). — *Uxeium*, 1180 (magni rotuli, 8). — *Useium*, 1287 (ch. de Villers-Canivet).

Par. de Saint-Martin, patr. le seigneur du lieu. Dioc. de Séez, doy. d'Aubigny. Génér. de Caen, élect. de Falaise, sergent. de Thury.

Le fief d'*Ussy*, de la baronnie de Thury, s'étendant à Saint-Marc, Aubigny et Bray, et dont dépendait un quart de fief nommé *la Bonneville*, était, en 1586, tenu par demoiselle Jeanne de la Planche. Il fut réuni, en 1735, au marquisat de Soûmont, ainsi que les fiefs dits *de la Vieille-Salle, de Mitoyen* et *du Past*, le tout mouvant de la vicomté de Falaise (chambre des comptes de Rouen, t. II, p. 98).

V

VAAST (LE), f. c^ne de Maisons.

VAAST (LE GRAND et LE PETIT-), h. c^ne de Meulles.

VAAST (LE), h. c^ne de Mondeville.

VACHERIE (LA), h. c^ne de Courtonne-la-Ville.

VACHERIE (LA), h. c^ne de Glanville.

VACHERIE (LA), f. c^ne de Montpinçon.

VACHES-NOIRES (LES), roches plates en mer, entre Villers et Beuzeval, s'étendant à environ 7 kilomètres.

VACHONS (LES), h. c^ne de Quetteville.

VACOGNES, c^on d'Évrecy. — *Vasconia*, xive s^e (livre pelut de Bayeux). — *Vascoigne*, 1371 (visite des forteresses et assiette des feux). — *Vascogne*, 1675 (carte de Petite).

Par. de Saint-Martin, patr. le seigneur du lieu. Chapelle de Saint-Adrien-au-Château. Dioc. de Bayeux, doy. d'Évrecy. Génér. et élect. de Caen, sergent. d'Évrecy.

VACQUELIÈRE (LA), h. c^ne de Courvaudon.

VACQUERIE (LA), c^on de Caumont.

Par. de Saint-Sulpice, deux cures; patr. l'abbé d'Aunay. Diocèse de Bayeux, doyenné de Thorigny. Généralité de Caen, élection de Saint-Lô, sergenterie de Thorigny.

La seigneurie de la Vacquerie appartenait, au xiie s^e, à la famille de Malherbe-Neuilly.

VACQUERIE (LA), h. c^ne de Trévières. — *La Wakerie*, 1198 (magni rotuli, p. 69). — *Vaquerie*, 1208 (ch. de Mondaye). — *Vaccaria*, 1277 (ibid.). — *Vacaria*, 1277 (cartul. norm. n° 902, p. 216). — *Vaquières*, 1653 (carte de Tassin).

VACQUERIE (LA), ruiss. affl. de la Drôme.

VACQUEVILLE, h. c^ne de Vierville.

VACREUIL (LE), h. c^ne de Cahagnolles.

VAGES (LES), h. c^ne de Clinchamps (Vire).

VAGES (LES), h. c^ne de Malloué.

VAGLIÈRE (LA), h. c^ne de Courvaudon.

VAL (LE), vill. c^ne d'Aignerville.

VAL (LE GRAND et LE PETIT-), h. c^ne d'Arclais.

VAL (LE), h. c^ne d'Audrieu.

VAL (LE), h. c^ne de Bavent.

VAL (LE), h. c^ne de Beaulieu.

VAL (LE), h. c^ne du Bény-Bocage.

VAL (LE), h. c^ne de Bonneville-sur-Touque.

VAL (LE), f. c^ne de la Caine.

VAL (LE), h. c^ne de Campeaux.

VAL (LE), h. c^ne de Cernay.

VAL (LE), h. c^ne de Combray.

VAL (LE), h. c^ne de Cormolain.

VAL (LE), h. c^ne de Courvaudon.

VAL (LE), h. c^ne de Culey-le-Patry.

VAL (LE), h. c^ne de Curcy.

VAL (LE), h. c^ne d'Ellon.

VAL (LE), h. c^ne d'Espins.

VAL (LE), h. c^ne d'Estrées-la-Campagne.

VAL (LE), h. c^ne de la Folletière-Abenon.

VAL (LE), h. c^ne de Fontenay-le-Marmion.

VAL (LE), vill. et f. c^ne de Formigny.

VAL (LA), h. et f. c^ne de Fourneaux.

VAL (LE), h. c^ne de Genneville.

VAL (LE), h. c^ne de Goustranville.

VAL (LE), h. c^ne de Hamars.

VAL (LE), h. c^ne de Hottot (Bayeux).

VAL (LE), h. c^ne de la Houblonnière.

VAL (LE), h. c^ne de Jurques.

VAL (LE), h. c^ne de la Lande-Vaumont.

VAL (LE), h. c^ne de Longraye.

VAL (LE), c^ne de Martainville.

VAL (LE), h. c^ne de Mondeville.

VAL (LE), h. c^ne de Montpinçon.

VAL (LE), c^ne de Moyaux.

VAL (LE), h. c^ne de Notre-Dame-de-Fresnay.

VAL (LE), h. c^ne de Pontécoulant.

VAL (LE), h. c^ne de Pont-Farcy.

VAL (LE), h. c^ne de Rapilly.

VAL (LE), c^ne de la Rocque.

VAL (LE), h. c^ne de Roullours.

VAL (LE), h. c^ne de Saint-Aubin-des-Bois.

VAL (LE), h. c^ne de Saint-Crespin.

VAL (LE), h. c^ne de Saint-Denis-de-Méré.

VAL (LE), q. c^ne de Saint-Laurent-sur-Mer.

VAL (LE), h. c^ne de Saint-Martin-des-Besaces.

VAL (LE), h. c^ne de Saint-Martin-du-Bû.

Val (Le), ruines de l'abbaye de Sainte-Marie-du-Val, cⁿᵉ de Saint-Omer. — *Monasterium de Vals*, 1182 (cartulaire de la Trinité, f° 4 v°).

L'abbaye de Sainte-Marie-du-Val ou Notre-Dame-du-Val, de chanoines réguliers de l'ordre de Saint-Augustin, existait dès 1125, époque à laquelle Richard II, évêque de Bayeux, confirma une donation qui lui était faite par Gosselin de la Pommeraye, son fondateur probablement.

Elle occupait une portion du territoire de la paroisse de Saint-Omer, aux confins du Cinglais, vers le sud. Les religieux avaient l'administration de la léproserie du Bois-Halbout, fondée en 1165 par Robert Tesson Fitz-Erneis. Selon le livre pelut, l'abbaye possédait, dans le doyenné de Cinglais, le patronage des églises paroissiales de Tournebu, Placy, Bonneuil, Angoville, Cossesseville, le Bô, Saint-Clair-de-la-Pommeraye, la Mousse, Saint-Omer, le prieuré de Moutiers, Cingal, Acqueville, et, dans d'autres parties du diocèse, les églises de Saint-Pierre-d'Hérouville, Landigon, Ronfeugeray, Sainte-Honorine-la-Chardonne, le prieuré de Cahagnes, le prieuré de Saint-Martin-de-la-Carneille dans le département de l'Orne.

Elle possédait la baronnie de Saint-Clair, à Saint-Omer; au Pont-d'Ouilly, le moulin de Saint-Gilles; le fief du *Bosc*, dans la vicomté de Saint-Sylvain; le fief de *Montigny*, en la vicomté de Falaise; du *Val*, à Clécy; de Sainte-Honorine-la-Guillaume, du *Détroit*, dans la vicomté de Caen; de *Saint-Germain* et du *Vastel*, cédés plus tard par l'abbaye au seigneur de Saint-Germain-Langot.

Val (Le), h. cⁿᵉ de Saint-Philbert-des-Champs.

Val (Le), h. cⁿᵉ de Saint-Pierre-de-Mailloc.

Val (Le), h. cⁿᵉ de Saint-Sever.

Val (Le), h. cⁿᵉ de Sept-Frères.

Val (Le), h. cⁿᵉ de Tournebu.

Val (Le Grand et le Petit-), h. cⁿᵉ du Tourneur.

Val (Le), h. cⁿᵉ de Trois-Monts.

Val (Le), f. cⁿᵉ de la Vacquerie.

Val (Le), h. cⁿᵉ de Vassy.

Val (Le), h. cⁿᵉ de Viessoix.

Val (Le), f. cⁿᵉ de Villers-sur-Mer.

Val (Le), h. cⁿᵉ de Villy.

Valais (Le), h. cⁿᵉ de Viessoix.

Valaiserie (La), h. cⁿᵉ de Notre-Dame-de-Fresnay.

Valaiserie (La), h. cⁿᵉ de Saint-Germain-de-Tallevende.

Val-Andrieu (Le), h. cⁿᵉ de Saint-Julien-de-Mailloc.

Val-Angot (Le), h. cⁿᵉ de Presles.

Val-Aubert (Le), h. cⁿᵉ d'Ouilly-le-Basset.

Val-au-Boisne (Le), h. cⁿᵉ du Mesnil-Villement. — *Vallis de Boane*, 1240 (ch. de Fontenay).

Val-Aubry (Le), lieu, cⁿᵉ de Saint-Pierre-des-Ifs.

Val-au-Loup (Le), h. cⁿᵉ de Danestal. — *Val-ès-Loups*, 1723 (d'Anville, dioc. de Lisieux).

Val-au-Vigneur (Le), nom d'une prébende à Ouilly-le-Vicomte. — *Vallis Vigneatorum*, xivᵉ sᵉ; *Vallis Vineatorum*, xviᵉ siècle (pouillé de Lisieux, p. 18 et 19).

Val-Auvray (Le), h. cⁿᵉ de Truttemer-le-Petit.

Val-Bonnet (Le), h. cⁿᵉ de Fourneaux.

Val-Bourdon (Le), h. cⁿᵉ de Croisilles.

Val-Boutry (Le), h. cⁿᵉ du Mesnil-Bacley. — *Capella de Valle Bouteri*, xviᵉ sᵉ (pouillé de Lisieux, p. 48).

Val-Boutry (Le), h. cⁿᵉ de Montviette.

Val-Buquet (Le), h. cⁿᵉ de Falaise.

Val-Cluquet (Le), h. cⁿᵉ de Saint-Gatien.

Val-Colin (Le), h. cⁿᵉ de Clarbec.

Valcongrain, cⁿᵉ réunie en 1835 à Campandré, qui prend le nom de Campandré-Valcongrain. — *Ecclesia de Colgrino*, 1096 (union du prieuré de Saint-Vigor à l'abb. de Saint-Benigne de Dijon). — *Valcongré*, 1198 (magni rotuli, p. 16). — *Valcongrin*, 1290 (censier de Saint-Vigor, n° 155). — *Vallis Ongrini*, xvᵉ sᵉ (taxat. decim. dioc. Baioc.). — *Valcongry*, 1405 (assiette de la vicomté de Caen). — *Vaucongrain*, 1484 (arch. nat. P. 272, n° 56). — *Valcougrin*, 1682 (carte de Jolliot).

Par. de Saint-Jean-Baptiste, patr. le prieur de Saint-Vigor de Bayeux. Dioc. de Bayeux, doy. d'Évrecy. Génér. et élect. de Caen, sergent. d'Évrecy. Quart de fief mouvant de la vicomté de Caen.

Val-Corbec (Le), h. cⁿᵉ d'Ouilly-le-Basset.

Val-Corbel (Le), h. cⁿᵉ du Détroit.

Val-Dan-Hue (Le), h. cⁿᵉ de Saint-Martin-Don.

Val-d'Ante (Le), h. cⁿᵉ de Bonneuil. — *Vallis de Anta*, 1197 (ch. de Saint-André-en-Gouffern, n° 1050).

Val-d'Ante (Le), h. cⁿᵉ de Falaise.

Val-d'Aure (Le), h. cⁿᵉ de Livry. — *Vallis de Aura*, 1163 (chap. de Bayeux, 88).

Val-de-Curcy (Le), h. cⁿᵉ de Hamars.

Val-de-Formigny (Le), vill. cⁿᵉ de Formigny.

Val-de-Laize (Le), h. cⁿᵉ de Clinchamps (Caen).

Val-de-Laize (Le), h. cⁿᵉ de May.

Val-de-la-Rue (Le), h. cⁿᵉ de Mondeville.

Val-de-Putot (Le), delle de la baronnie de Bretteville-l'Orgueilleuse, 1066 (papier terrier de Bretteville).

Val-des-Mares (Le), h. cⁿᵉ de Campeaux.

Val-des-Moulins (Le), h. cⁿᵉ de Sainte-Honorine-des-Pertes. — *Vallis Molendini, Vallis Molendinorum*, 1278 (ch. de Saint-Étienne de Fontenay, n° 152).

— *Val-des-Molins*, 1321 (ch. de Saint-Étienne de Fontenay).

Val-de-Vire (Le), h. c^ne de Pont-Farcy. — *Vallis de Vira*, 1180 (magni rotuli, p. 2); — 1195 (*ibid.* p. 38).

Val-d'Orne (Le), q. c^ne de Bonnebosq.

Val-d'Orne (Le Grand et le Petit-), c^ne de Saint-Bénin, réunie à Thury-Harcourt. — *Vallis Ounæ*, 1240 (ch. de Saint-Étienne de Fontenay, 30). — *Val d'Oulne*, v. 1250 (*ibid.* n° 102). — Fief de *Thury-Harcourt.*

Val-Durand (Le), h. c^ne de Beuvillers.

Val-Énault (Le), h. c^ne de Trois-Monts.

Valency, h. c^né de Maizet. — *Valencium*, 1230 (cart. de l'abbaye de Fontenay).

Val-Entrainard (Le), h. c^ne de Saint-Denis-de-Méré.

Val-Entrainard (Le), h. c^ne de Saint-Lambert.

Val-ès-Dunes (Le), h. c^ne de Vimont. — *Walesdune, Walesdunes*, 1046 (ch. de Robert de Thorigny). — *Valedunes, Valesdunes, Valedune-en-Oismeitz*, 1155 (Wace, chron. asc. v. 156). — *Valesdunes, Vaudunes*, v. 1160 (Benoît de Sainte-More).

Valésière (La), h. c^ne de Vassy.

Valet (Le), h. c^ne de Maizet.

Valetain (Le), h. c^ne de Brémoy.

Valette (La), h. c^ne de la Ferrière-Duval.

Valette (La), h. c^ne de Graye.

Valette (La), h. c^ne d'Hermival-les-Vaux.

Valette (La), h. c^ne de Manerbe.

Valette (La), h. c^ne de Montchauvet.

Valette (La), h. c^ne d'Ouilly-le-Basset.

Valette (La), f^e, c^ne de Préaux.

Valette (La), h. c^ne de Roques.

Valette (La), h. et f^e, c^ne de Saint-Denis-Maisoncelles.

Valette (La), h. c^ue de Saint-Georges-d'Aunay. — *Valeta*, 1208 (ch. d'Aunay). — *La Valete*, 1211 (*ibid.*).

Valette (La), h. c^ne de Sainte-Marie-Laumont.

Valette (La), h. c^ne de Saint-Pierre-Tarentaine.

Valette (La), h. c^ne du Tourneur.

Valettes (Les), h. c^ne de Campeaux.

Valettes (Les), h. c^ne de Coulonces.

Valettes (Les), h. c^ne de Croisilles.

Valettes (Les), h. c^ne de Maisoncelles-sur-Ajon.

Valettes (Les), f^e, c^ne d'Ondefontaine.

Val-Fleuri (Le), h. c^ne de Vendes.

Val-Fouque (Le), f^e, c^ne de la Caine.

Val-Fournet (Le), h. c^ne de la Villette.

Val-Geoffroy (Le), c^ne de Campeaux.

Val-Gérard (Le), par. de Saint-Martin de Friardel, 1254 (ch. de Friardel).

Valgonde (Le), q. c^ne de Hamars.

Valgosse (La), h. c^ne de Curcy.

Val-Guenier (Le), h. c^ne du Brévedent.

Val-Guérard (Le), h. c^ne de Friardel. — *Vallis Guerardi*, 1264 (cart. de Friardel, ch. 40). — *Vai-Grare*, 1723 (d'Anville, dioc. de Lisieux).

Val-Harel (Le), h. c^ne de Hamars.

Val-Hébert (Le), manoir, c^ne de Maizières, chât. avec une chapelle de Saint-Louis.

Val-Hébert (Le), h. et f^e, c^ne d'Ouilly-du-Houlley.

Val-Henry (Le), h. c^ne de Tortisambert.

Val-Herbourg (Le), h. c^ne de Livarot.

Val-Hérissier (Le), h. c^ne de la Chapelle-Engerbold.

Val-Hermon (Le), h. c^ne de Pleines-OEuvres.

Val-Hue (Le), h. c^ne de la Chapelle-Engerbold.

Val-Hutte (Le), f^e, c^ne de Meslay.

Val-Ingout (Le), h. c^ne de Heurtevent.

Val-Joie (Le), h. c^ne de Sainte-Honorine-du-Fay.

Val-Joie (Le), vill. c^ne de Vacognes.

Val-Joli (Le), f^e, c^ne d'Amayé-sur-Orne.

Val-la-Hère (Le), h. c^ne de Tréprel.

Vallaire, h. c^ne du Tourneur.

Vallambras, vill. c^ne de Saint-Martin-de-Mieux.

Val-Lamer (Le), h. c^ne de Sainte-Marie-Laumont.

Vallard (Le), h. c^ne de Saint-Pierre-Tarentaine.

Vallard (Le), h. c^ne du Tourneur.

Val-la-Reine (Le), q. c^ne de Vasouy.

Val-la-Rue (Le), h. c^ne de Mandeville.

Val-Laurent (Le), h. c^ne de la Folletière-Abenon.

Vallée (La), h. c^ne d'Amayé-sur-Seulle.

Vallée (La), h. et m^in, c^ne d'Avenay.

Vallée (La), h. c^ne de Banneville.

Vallée (La), h. c^ne de Beuzeval.

Vallée (La), f^e, c^ne de Biéville (Caen).

Vallée (La), f^e, c^ne de Blainville.

Vallée (La), vill. c^ne de Blangy.

Vallée (La), f^e, c^ne de Bougy.

Vallée (La), h. et f^e, c^ne de Bourgeauville.

Vallée (La), h. c^ne du Brévedent.

Vallée (La), h. c^ne de la Cambe.

Vallée (La), h. c^ne de Carpiquet.

Vallée (La), h. c^ne de Cauville.

Vallée (La), h. c^ne de Cesny-Bois-Halbout.

Vallée (La), h. c^bs de Cheux.

Vallée (La), h. c^ne de Clécy.

Vallée (La), h. c^ne de Clinchamps (Vire).

Vallée (La), c^ne de Coquainvilliers.

Vallée (La), h. c^ne de Crocy.

Vallée (La), h. c^ne de Croisilles.

Vallée (La), h. c^ne de la Croupte.

Vallée (La), h. c^ne de Cully.

Vallée (La), vill. c^ne d'Englesqueville (Bayeux).

Vallée (La), h. c^{ne} d'Éraines.

Vallée (La), h. c^{ne} de Falaise.

Vallée (La), h. c^{ne} de la Ferrière-Harang.

Vallée (La), h. c^{ne} de Fierville-la-Campagne.

Vallée (La), h. c^{ne} de la Folie.

Vallée (La), h. c^{ne} de la Folletière-Abenon.

Vallée (La), h. c^{ne} de Fontaine-le-Pin.

Vallée (La), h. c^{ne} de Fourches.

Vallée (La), h. c^{ne} de Fresney-le-Puceux.

Vallée (La), h. c^{ne} de Friardel.

Vallée (La), h. c^{ne} de la Graverie.

Vallée (La), h. c^{ne} de Hamars.

Vallée (La), f. c^{ne} d'Isigny.

Vallée (La), h. c^{ne} de Landelles-et-Coupigny.

Vallée (La), h. c^{ne} de Litteau.

Vallée (La), f^e, c^{ne} de Littry.

Vallée (La), f^e, c^{ne} de Maizet.

Vallée (La), h. c^{ne} de Mandeville.

Vallée (La), f^e, c^{ne} de Marolles.

Vallée (La), f^e, c^{ne} de Martainville.

Vallée (La), h. c^{ne} de Meslay.

Vallée (La), h. c^{ne} du Mesnil-Caussois.

Vallée (La), h. c^{ne} du Mesnil-Eudes.

Vallée (La), h. c^{ne} de Mestry.

Vallée (La), h. c^{ne} du Molay.

Vallée (La Forge-), h. c^{ne} de Monceaux.

Vallée (La), c^{ne} de Mondeville.

Vallée (La), h. et f^e, c^{ne} de Montamy.

Vallée (La), c^{ne} de Montfiquet.

Vallée (La), h. c^{ne} de Montreuil.

Vallée (La), c^{ne} de Monts.

Vallée (La), f^e, c^{ne} de Moyaux.

Vallée (La), h. c^{ne} de Mutrécy.

Vallée (La), h. c^{ne} des Oubeaux.

Vallée (La), h. c^{ne} de Pierrefitte (Falaise).

Vallée (La) ou Croix-du-Quesmot, h. c^{ne} de Pierrefitte (Pont-l'Évêque).

Vallée (La), f^e, c^{ne} de Pierrepont.

Vallée (La), h. c^{ne} de Pierres.

Vallée (La), f^e, c^{ne} de la Pommeraye.

Vallée (La), h. c^{ne} de Pont-Bellenger.

Vallée (La), h. c^{ne} de la Roque-Baignard.

Vallée (La), h. c^{ne} de Saint-Georges-d'Aunay.

Vallée (La), h. c^{ne} de Sainte-Honorine-des-Pertes.

Vallée (La), h. c^{ne} de Saint-Laurent-de-Condel.

Vallée (La), h. c^{ne} de Saint-Manvieu (Caen).

Vallée (La Grande et la Petite-), h. c^{ne} de Sainte-Marguerite-des-Loges.

Vallée (La), h. c^{ne} de Sainte-Marie-Laumont.

Vallée (La), h. c^{ne} de Sainte-Marie-outre-l'Eau.

Vallée (La), h. c^{ne} de Saint-Pierre-sur-Dive.

Vallée (La), h. c^{ne} de Saint-Remy.

Calvados.

Vallée (La), h. et f^e, c^{ne} de Sept-Vents.

Vallée (La), h. c^{ne} de Sermentot.

Vallée (La), h. c^{ne} de Thaon.

Vallée (La), h. c^{ne} de Tournay-sur-Odon.

Vallée (La), h. c^{ne} du Tourneur.

Vallée (La), h. c^{ne} de Trois-Monts.

Vallée (La), h. c^{ne} de Truttemer-le-Grand.

Vallée (La), f^e, c^{ne} de Vaubadon.

Vallée (La), mⁱⁿ et f^e, c^{ne} de Versainville.

Vallée-aux-Autels (La), h. c^{ne} d'Annebault.

Vallée-aux-Tanneurs (La), h. c^{ne} d'Auvillars.

Vallée-aux-Tantets (La), h. c^{ne} d'Annebault.

Vallée-Barre (La), h. c^{ne} de Beuvillers.

Vallée-Bellière (La), h. c^{ne} de Notre-Dame-de-Courson.

Vallée-Bœuf (La), h. c^{ne} de Leffard.

Vallée-Coquet (La), h. c^{ne} de Cambes.

Vallée-d'Ableville (La), h. c^{ne} d'Ablon.

Vallée-Dailly (La), h. c^{ne} de Saint-Remy.

Vallée-de-Canchy (La), h. c^{ne} de Castillon.

Vallée-de-Clairville (La), h. c^{ne} de Quetteville.

Vallée-de-Coupe-Gorge (La), h. c^{ne} de Saint-Aubin-sur-Algot.

Vallée-de-Crémanville (La), h. c^{ne} d'Ablon.

Vallée-de-la-Croix (La), à Caen, mentionnée dans une charte de l'abb. d'Ardennes, n° 24.

Vallée-des-Bouchards (La), h. c^{ne} du Brèvedent.

Vallée-de-Surville (La), h. c^{ne} du Bény-Bocage.

Vallée-de-Surville (La), h. c^{ne} de Carville.

Vallée-d'Igny (La), h. c^{ne} de Sermentot.

Vallée-d'Oigne (La), h. c^{ne} de Castillon (Bayeux).

Vallée-du-Désert (La), h. c^{ne} d'Ouville-la-Bien-Tournée.

Vallée-Fontaine (La), q. c^{ne} de Bonneville-la-Louvet.

Vallée-Gabelle (La), h. c^{ne} de Presles.

Vallée-Gâtel (La), h. c^{ne} de Carville.

Vallée-Houdan (La), h. c^{ne} de Firfol.

Vallée-Normand (La), h. c^{ne} de Cartigny-l'Épinay.

Vallée-Normand (La), h. c^{ne} du Tourneur.

Vallée-Poudray (La), h. c^{ne} de Sept-Vents.

Vallée-Roussel (La), h. c^{ne} de Danestal.

Vallées (Les), h. c^{ne} d'Annebecq.

Vallées (Les), f^e, c^{ne} de Barneville.

Vallées (Les), h. c^{ne} de Bellou.

Vallées (Les), h. c^{ne} de Bernières-le-Patry.

Vallées (Les), h. c^{ne} de Cahagnolles.

Vallées (Les), h. c^{ne} de Coquainvilliers.

Vallées (Les), f. c^{ne} de la Cressonnière.

Vallées (Les), h. c^{ne} de Garnetot.

Vallées (Les), h. c^{ne} des Isles-Bardel.

Vallées (Les), h. c^{ne} de Landelles.

Vallées (Les), f. c^{ne} de Livarot.

Vallées (Les), h. c^ne du Mesnil-Caussois.

Vallées (Les), h. c^ne du Reculey.

Vallées (Les), h. c^ne de la Roque.

Vallées (Les), h. c^ne de Roullours.

Vallées (Les), h. c^ne de Rully.

Vallées (Les), h. c^ne de Saint-Manvieu (Vire).

Vallées (Les), c^ne de Saint-Martin-de-Tallevende.

Vallées (Les), h. c^ne de Valsemé.

Vallée-Viquet (La), h. c^ne de Mouen.

Vallerie (La), h. c^ne de Bernières-le-Patry.

Vallerie (La), h. c^ne de Cormolain. — Valeria, 1218 (ch. de l'abbaye de Mondaye).

Vallerie (La), h. c^ne de Fumichon.

Vallerie (La), h. c^ne de Préaux.

Val-le-Roi (Le), h. c^ne d'Ouffières.

Val-Lesiau (Le), h. c^ne de Barneville.

Vallet (Le), h. c^ne de Clécy.

Vallet (Le), h. c^ne de Sainte-Marie-Laumont.

Vallet (Le), h. c^ne de Saint-Sever.

Valletable (Le), h. c^ne de Courtonne-la-Meurdrac.

Vallets (Les), h. c^ne de Roullours.

Vallette (La), h. c^ne d'Ouilly-le-Basset.

Vallettes (Les), h. c^ne de Campeaux.

Vallettes (Les), h. c^ne de Coulonces.

Vallettes (Les), h. c^ne d'Ondefontaine.

Vallezière (La), h. c^ne de Bonneuil.

Vallier (Le), h. c^ne de Sainte-Marguerite-des-Loges.

Vallière (La), h. c^ne d'Ellon.

Val-Linger (Le), h. c^ne de Cerqueux.

Val-Lohaire (Le), h. c^ne de Pierrefitte. — Vallis Logaria, 1195 (magni rotuli, p. 82, 2).

Val-Lohaire (Le), vill. c^ne de Tréprel.

Vallolière (La), h. c^ne de Pierrefitte (Falaise).

Vallon (Le), h. et f. c^ne de Castillon (Bayeux).

Vallon (Le), h. c^ne de Fresney-le-Puceux.

Vallon (Le), vill. c^ne de Noron.

Vallot (Le), h. c^ne de Friardel.

Vallots (Les), h. et f. c^ne de Livarot.

Vallots (Les), h. c^ne de Saint-Philbert-des-Champs.

Vallou, h. c^ne de Noron (Falaise).

Val-Maheut (Le), h. c^ne de Saint-André-d'Hébertot.

Val-Martin (Le), h. c^ne de Landelles-et-Coupigny.

Val-Martin (Le), fief de la paroisse du Tourneur. — Voir Vaumartin.

Val-Mauger (Le), h. c^ne d'Épaney.

Valmeray, c^ne réunie à Airan en 1828. — Valmeretum, 1077 (ch. de Saint-Étienne de Caen). — Saint-Bricun de Valmerei, v. 1155 (Wace, roman de Rou). — Gaumerei, Valmerei, v. 1160 (Benoît de Sainte-More, t. III). — Sanctus Bricius de Valmereto, 1172 (ch. de Henri, év. de Bayeux). — Vaumereyum, 1234 (libr. rub. Troarn. p. 161). — Vau-

merétum, 1243 (ch. de la Trinité, n° 117). — Sanctus Andreas de Vaumereto, xive s^e (taxat. decim. dioc. Baioc.). — Saint-Brice de Vaumeray, 1371 (assiette des feux de la vicomté de Caen). — Waumeretum, 1273 (cart. norm. p. 192). — Vaumeré, 1667 (cart. de Le Vasseur).

Par. de Saint-Brice et Saint-Mathieu, patr. l'abbé de Fontenay. Dioc. de Bayeux, doy. de Vaucelles. Génér. et élect. de Caen, sergent. d'Argences.

Val-Mérienne (Le), h. c^ne de Périgny.

Val-Mérienne (Le), sur la rivière de Crême, vill. c^ne de Pierrefitte.

Val-Mérienne (Le), h. c^ne de Saint-Pierre-la-Vieille.

Val-Mesnil (Le), h. c^ne des Autels-Saint-Basile.

Val-Mesnil (Le), h. c^ne de Tourville.

Val-Miesse (Le), h. c^ne de Cheffreville.

Val-Mingot (Le), h. c^ne de Fresney-le-Puceux.

Valmont, f. c^ne d'Englesqueville (Bayeux).

Valmont, h. c^ne de Vaubadon.

Valney, h. c^ne de Maizet.

Val-Ozanne (Le), h. c^ne de Saint-Denis-de-Méré.

Val-Péchard (Le), h. c^ne de Saint-Denis-de-Méré.

Val-Poret (Le), h. c^ne d'Argences.

Val-Raffray (Le), h. c^ne de Saint-Lambert.

Val-Raquet (Le), h. c^ne des Moutiers-Hubert.

Val-Ratier (Le), h. c^ne de Meulles.

Val-Rhimbert (Le), h. c^ne d'Orbec.

Val-Ribout (Le), h. c^ne de Saint-Eugène.

Val-Richard (Le), h. c^ne de Carville.

Val-Richer (Le), bois et m^in, c^ne de Manerbe.

Val-Richer (Le), ch. m^in et f. c^ne de Saint-Ouen-le-Pin. — Vallis Richerii, 1195 (magni rotuli, p. 39).

Abbaye de l'ordre de Cîteaux. Vers l'an 1146, Robert Tesson, fils d'Erneis, avait donné à saint Bernard l'église de Souleuvre (Solopera, Solabria, Soleuvria), près de Vire, pour y bâtir un monastère de l'ordre de Cîteaux. Ce pays ayant paru peu convenable pour y établir commodément un monastère, l'évêque de Bayeux, Philippe de Harcourt, donna à Thomas, premier abbé de Souleuvre, le lieu nommé le Val-Richer, dans l'exemption de Cambremer, à deux lieues de Lisieux, et reçut Souleuvre en échange. L'abbaye du Val-Richer fut consacrée en 1220, par Robert d'Ableiges, évêque de Bayeux.

Val-Rivière (Le), h. c^ne de Bonneville-la-Louvet.

Val-Roger (Le), h. c^ne de la Chapelle-Engerbold.

Val-Roger (Le), h. c^ne de Courson.

Val-Roy (Le), h. c^ne d'Ouffières.

Val-Rozaire (Le), vill. c^ne de Périgny.

Valsemé, c^ne de Cambremer. — Vallis Seminata, 1350 (pouillé de Lisieux). — Vaussemey, 1514 (aveu de Jean de Harcourt). — Val Semé, 1703 (d'Anville, dioc. de Lisieux). — *Valsemey,* 1737 (titres de la baronnie de Blangy). — *Val Semey,* 1758 (carte de Vaugondy). — *Val-Semey,* 1761 (état de la généralité de Rouen).

Le fief Valsemé mouvait de la baronnie de Roncheville.

Par. de Saint-Gabriel, patr. le seigneur du lieu. Dioc. de Lisieux, doy. de Beaumont. Génér. de Rouen, élect. et sergent. de Pont-l'Évêque.

VAL-SAINT-MARTIN (LE), au territoire de Troarn, 1310 (chemins et sentiers de Troarn).

VALSERIE (LA), h. c^ne de Fresney.

VALSEBY (LE), h. c^ne de la Croupte.

VALSEBY (LE), f. c^ne de Moyaux.

VALSERY (LE), h. c^ne de Notre-Dame-de-Courson.

VALTIER (LE), h. c^ne de Family.

VALTRIE-MALYS (LA), h. c^ne de Saint-Ouen-le-Pin.

VALTRU (LE), h. c^ne de Grainville-sur-Odon.

VAL-VACELLE (LE), h. c^ne de Saint-Martin-des-Besaces.

VAL-VÉRON (LE), vill. c^ne de Tournières.

VAMORNET (LE), h. c^ne de Rully.

VANDONNIÈRE (LA), h. c^ne de Moyaux.

VANDONNIÈRE (LA), h. c^ne de Sept-Frères.

VANNERIE (LA), h. c^ne de Coulonces.

VANNERIE (LA), h. c^ne de Courson.

VANNETIÈRE (LA), h. c^ne de Family.

VANNETIÈRE (LA), h. c^ne de Saint-Martin-de-Sallen.

VANNIER (LE), h. c^ne de Beaulieu.

VANNIÈRE (LA), h. c^ne de Beaulieu.

VANNIERS (LES), h. c^ne de Saint-Jouin.

VANOIS, f. c^ne de Vaudeloges.

VANULE (LA), h. c^ne de Saint-Martin-de-Sallen.

VAQUETIÈRE (LA), h. c^ne de Courvaudon.

VAQUEVILLE, h. c^ne de Vierville.

VARABLIÈRE (LA), h. c^ne de Brémoy.

VARAMBERT, h. c^ne de Brécy.

VARANNES (LES), h. c^ne de Bourgeauville.

VARANQUERIE (LA), h. c^ne de Bonnemaison.

VARAVILLE, c^ne de Troarn. — *Waravilla,* xiiie siècle (cart. de Troarn). — *Waravilla,* 1155 (Wace, Rou, v. 2881). — *Wareville, Wareville,* 1160 (Benoît de Sainte-More). — *Varrevilla,* 1190 (ch. d'Aûnay, n° 12). — *Varavilla,* 1230 (ch. de fondation de l'abb. de Troarn). — *Varauville,* 1758 (Vaugondy).

Par. de Saint-Germain, patr. l'abbé de Troarn. Chapelle de Saint-Jean-l'Évangéliste, léproserie fondée en 1220. Dioc. de Bayeux, doy. de Troarn. Génér. et élect. de Caen, siège d'une sergenterie.

Le fief *Saint-Clément,* sis à Varaville, dépendait du marquisat des Yveteaux; fiefs de *Boutelain* et *Margerie,* de Beaufort et Beuvron.

La sergenterie noble de Varaville, divisée en deux branches nobles et héréditaires, chacune d'un quart de fief, s'étendait à Varaville, Rouville, Hérouvillette, Bures, Petiville, Robehomme, Cabourg, Gonneville, Merville, le Buisson, le Breuil, Sallenelles, Amfréville, Bréville et Bavent.

Le fief assis en cette paroisse, relevant du domaine d'Auge, appartenait, en 1681, au représentant du baron de l'Aulne. Érigé en baronnie, il s'étendait aux paroisses comprises dans la sergenterie de Varaville. Le fief *Saint-Clément,* à Varaville, accru des fiefs des Yveteaux, de Briouze, de Saint-Hilaire, des Authieux, du Sac, de la Fresnaye, fut érigé en marquisat, sous le nom des *Yveteaux,* en faveur du sieur de Corrèle, conseiller honoraire au Parlement de Paris, qui avait épousé Madeleine de Vauquelin, seigneur et patron des Yveteaux, 1704 (ch. des comptes de Rouen, t. II, p. 279).

VARDERIE (LA), h. c^ne de Longraye.

VARDIÈRE (LA), h. c^ne de Marolles.

VARDIÈRE (LA), h. c^ne de Saint-Lambert.

VARENDE (LA), h. c^ne de Clécy.

VARENDE (LA), h. c^ne de Saint-Lambert.

VARENDE (LA), h. c^ne de Saint-Vigor-des-Mézerets.

VARENNE (LA), h. c^ne de Bellou.

VARENNE (LA), h. et m^in, c^ne du Mesnil-Simon.

VARIN, vill. et h. c^ne de Saint-Martin-des-Besaces.

VARIN, h. c^ne de Saint-Martin-Don.

VARINIÈRE (LA), h. c^ne de Cauville.

VARINIÈRE (LA), h. et f. c^ne d'Estry.

VARINIÈRE (LA), h. c^ne de Montamy.

VARINIÈRE (LA), h. c^ne de Mont-Bertrand.

VARINIÈRE (LA), h. c^ne de Notre-Dame-de-Fresnay.

VARINIÈRE (LA), h. c^ne de Rully.

VARINIÈRE (LA), h. c^ne de Saint-Jean-le-Blanc.

VARINIÈRE (LA), h. et f. c^ne de Saint-Martin-des-Besaces.

VARINIÈRE (LA), h. c^ne de Saint-Pierre-Tarentaine.

VARINIÈRE (LA), h. c^ne de Sept-Frères.

VARINIÈRE (LA), h. c^ne de Tortisambert.

VARINIÈRE (LA), h. c^ne du Tourneur.

VAROCQ, h. c^ne de Grandcamp.

VARREVILLE, f. c^ne de Neuilly. — *Varvilla,* 1294 (ch. de Barbery, n° 163).

VARY (LA GOULETTE DE), près de Port-en-Bessin.

VAS (LE), h. c^ne de la Lande-Vaumont.

VAS (LE), h. c^ne de Longvillers.

VAS (LES), h. c^ne de Cahagnes.

VASERIE (LA), f. c^ne d'Avenay.

VASERIE (LA), h. c^ne de Monceaux.

VASNIER (LE), h. c^ne du Bény-Bocage.

VASOUY, c^ne de Honfleur, c^ne réunie pour le culte à

Penñedepie. — *Vazouy*, 1320 (rôles de la vicomté d'Auge). — *Vasoicum*, xvi° s° (pouillé de Lisieux).

Par. de Saint-Germain, patr. le seigneur du lieu. Dioc. de Lisieux, doy. de Honfleur. Génér. de Rouen, élect. de Pont-l'Évêque, sergent. de Honfleur.

Plein fief de la vicomté d'Auge, 1620 (fiefs de la vicomté).

VASSEL (LE), h. c° du Plessis-Grimoult.

VASSERIE (LA), h. c° de Cambremer.

VASSON. — Voir SAINT-GERMAIN-LE-VASSON.

VASSOURIE (LA), h. c° de Saint-Aubin-des-Bois.

VASSY, c° chef-lieu de c°, arrond. de Vire. — *Vadcium*, 1107 (livre blanc de Troarn). — *Vaacie*, 1155 (Wace, rom. de Rou). — *Vaceium*, 1187 (cartul. d'Ardennes, n° 193). — *Vaaceium*, 1195 (magni rotuli, p. 59). — *Waacé, Vaacé*, 1224 (ch. d'Aunay, n° 88). — *Vaacie*, 1241 (ch. de Barbery, n° 119). — *Vaceium*, 1242 (cart. de la Trinité, f° 86). — *Vaucheyum*, 1267 (cart. norm. n° 1179, p. 323). — *Vasseium*, 1277 (*ibid.* n° 902, p. 216). — *Vasceyum*, xiv° s° (livre pelut de Bayeux). — *Vaassy*, 1416 (arch. nat. P. 271, 231).

Par. de Notre-Dame, Saint-Martin et Saint-André, aujourd'hui Notre-Dame; patr. des trois cures le seigneur du lieu. Dioc. de Bayeux, doy. de Vire. Génér. de Caen, élect. de Vire, siège d'une sergenterie.

La sergenterie noble et héréditaire de Vassy, quart de fief, s'étendait à Vassy, Saint-Germain-du-Crioult, la Rocque, le Theil, Moncy, Saint-Pierre-d'Entremont, Saint-Georges-des-Groseliers, les Boscs, Flers, la Selle, Saint-Clair-de-Halouze, la Chapelle-Biche, la Chapelle-au-Moine, Fresnes, Montsecret, Claire-Fougère, Landissac et la Fresnaye, 1680 (aveux de la vicomté de Vire).

Ancienne baronnie avec haute justice. La baronnie se composait des fiefs du domaine et manoir de *Vassy*, de *la Verge-de-Moncy*, des fiefs de *Millières*, d'*Ailly*, d'*Olliquet*, de *la Chuze*, du *Mesnil-Osmont* et de *la Bourgeoisie-de-Vassy*. Le fief *Pottier*, relevant de la même baronnie, appartenait au xvii° s° à la famille de Clinchamps, 1680 (aveux de la vicomté de Vire). Fief *Cagny*, ayant appartenu à la famille de Rozel; fief de *la Cottardière*, 1680 (aveux de la vicomté de Vire).

La haute justice de Vassy, supprimée en 1630, s'étendait aux paroisses de Vassy, Moncy, la Villette, Campandré, Roucamps, Claire-Fougère, Montchauvet, Arclais, le Theil (en partie), Saint-Martin-de-Chaulieu, Saint-Sauveur-de-Chaulieu, Presles, Roullours, le Tourneur, Champ-du-Boult, Saint-Pierre-Tarentaine, le Mesnil-Ouzouf, Gatémo,

Brémoy, Estry, Chênedollé, le Désert et Truttemer.

La commanderie de Courval, de l'ordre de Saint-Jean de Jérusalem, annexée à celle de Baugy, était sur le territoire de Vassy et s'étendait à Rully, Bernières, Chênedollé et Beaumesnil.

VASTINE (LA), h. c° de Firfol.

VASTINE (LA), h. c° de Fumichon.

VASTINES (LES), h. c° de la Chapelle-Yvon.

VASTINIÈRE (LA), h. c° de Notre-Dame-de-Courson.

VATELIÈRE (LA), h. c° de Brémoy.

VATIER, m°, c° de Cordebugle.

VATIERS (LES), h. c° du Pré-d'Auge.

VATINES (LES), h. c° de Saint-Cyr-du-Ronceray.

VATINETS (LES), h. c° de Mathieu.

VATON, faubourg de Falaise.

VATOUBLEBIE (LA), h. c° de Landelles-et-Coupigny.

VATTERIE (LA), h. c° de Préaux.

VAUBADON, c° de Balleroy. — *Valbadon*, 1180 (magni rotuli, p. 55). — *Villebaudon*, 1225 (ch. de Mondaye). — *Vallis Badonis*, 1259 (cartul. norm. n° 639, p. 122). — *Valbadon*, 1377, fief de chevalier (rôles du chap. de Bayeux, 102). — *Vallis badonis*, xiv° s° (livre pelut de Bayeux). — *Val-Badon*, 1710 (carte de Fer).

Par. de Saint-Germain, patr. le doy. de Bayeux. Dioc. de Bayeux, doy. de Thorigny. Génér. de Caen, élect. de Bayeux, sergent. de Briquessart.

Plein fief de haubert, relevant du grand doyen de Bayeux, à cause de la baronnie de Ferrières.

Fief noble de *Quiry*, assis à Vaubadon, relevant de la vicomté de Bayeux, 1712 (ch. des comptes de Rouen, t. II, p. 175). — *Pelichoir*, fief de Vaubadon, 1396 (ch. du Cordillon, 43).

VAUBADON ou VALBADON, fief de la paroisse de Saint-Martin-de-Blagny, relevant du plein fief de *Blagny-la-Quièze*, 1637 (av. de la vicomté de Bayeux).

VAUBERT (LE), h. c° de Saint-Germain-du-Crioult.

VAUBOUISSIÈRE (LA), h. c° de Montchamp.

VAUBOURDON (LE), h. c° de Croisilles.

VAUCANU (LE), h. c° de Saint-Germain-de-Montgommery.

VAUCÉ, h. c° de Maizières.

VAUCELLES, c° de Bayeux. — *Vacellæ*, 1066 (cart. de la Trinité). — *Waucellæ*, 1198 (magni rotuli, p. 59, 2). — *Vauscellæ*, 1277 (chap. de Bayeux, 745). — *Vaucellæ*, 1277 (ch. de Saint-Étienne de Caen, n° 24). — *Vaucheulles*, 1371 (visite des forteresses).

Par. de Saint-Cyr et Saint-Calixte, prébende; patr. le seigneur du lieu. Chapelles de Sainte-Madeleine et de Saint-Manvieu. Sergent. de la banlieue de Bayeux.

Quart de fief, 1453 (archives nationales, P. 171, n° 100).

VAUCELLES, faubourg de Caen. — *Valcellæ*, 1082 (cartul. de la Trinité). — *Ecclesia Sancti Michaelis de Vacellis*, 1177 (ch. de Saint-Étienne). — *Valceolæ*, 1190 (*ibid.*). — *Valcelles*, 1271 (ch. de Saint-Étienne de Fontenay, 99). — *Vaucheulles*, 1283 (ch. de l'abb. de Troarn, n° 245). — *Vauselle-le-Vasson*, 1371 (visite des forteresses).

C'est dans le faubourg de Vaucelles que se trouvait la chapelle de Sainte-Paix, siège d'une haute justice appartenant à l'abbaye de Fécamp.

Vaucelles, un des doyennés de l'archidiaconé d'Exmes, dont il occupait la partie moyenne, entre les doyennés de Troarn et de Cinglais. Il comprenait quarante-trois paroisses : Airan, Allemagne, Bellengreville, Béneauville, Billy, Bissières, Bourguébus, Bray-la-Campagne, Bretteville-lè-Rabet, Cauvicourt, Cesny-aux-Vignes, Chicheboville, Cinq-Autels, Cinteaux, Conteville, Cormelles-le-Royal, Croissanville, Estaveaux, Fierville - la - Campagne, Fontenay-le-Marmion, Frénouville, Garcelles, Grentheville, Hubert-Folie, Ifs ou Ice, Magny-le-Freule, May ou Moy, Moult, le Poirier, Poussy, Saint-Vaast, Quatre-Puits, Quilly, Renémesnil, Rocquancourt, Saint-Aignan-de-Cramesnil, Saint-André-de-Fontenay, Saint-Martin-des-Bois, Saint-Martin-de-Fontenay, Saint-Silvain, Secqueville-la-Campagne, Soliers, Villy-la-Campagne, Valmeray ou Vaumeray.

VAUCELLES, f. cⁿᵉ de Saint-Martin-de-Sallen.

VAUCERY (LE), h. cⁿᵉ de Saint-Germain-de-Montgommery.

VAUCORNET (LE), h. cⁿᵉ de Rully.

VAUCRENON, h. cⁿᵉ de Litteau.

VAUCULEY, mⁱⁿ, cⁿᵉ de Rots.

VAUCULEY ou VAUCULET, mⁱⁿ, à Saint-Ouen-de-Villers, paroisse du Bourg-l'Abbé, à Caen, 1479 (ch. de l'abb. de Saint-Étienne).

VAUDELOGES, c⁰ⁿ de Saint-Pierre-sur-Dive. — *Gualdelogie*, xiiᵉ s⁰ (Orderic Vital, t. II, liv. v, p. 435). — *Vallis de Logiis*, v. 1250 (ch. de Barbery, 317). — *Vallis de Loges*, 1417 (magni rotuli, p. 279). — *Vau-de-Loges*, 1703 (d'Anville, dioc. de Lisieux).

VAUDINET (LE), c⁰ᵉ d'Annebecq.

VAUDONNE, f. cⁿᵉ d'Isigny.

VAUDONNIÈRE (LA), h. c⁰ᵉ de Sept-Frères.

VAUDORÉ, fief assis à Bonnebosq.

VAUDRIE (LA), h. cⁿᵉ de Roullours.

VAUDRY, c⁰ⁿ de Vire. — *Val Dairi*, 1155 (Wace, rom. de Rou). — *Valderium*, *Val Dairie*, 1198 (magni rotuli, p. 28). — *Vallis Darii*, xivᵉ s⁰ (livre pelut

de Bayeux). — *Vaudrey*, 1684 (av. de la vicomté de Vire).

Par. de Saint-Martin, patr. le seigneur. Dioc. de Bayeux, doy. de Vire. Génér. de Caen, élect. de Vire, sergent. de la banlieue.

Fief de la baronnie de Coulonces.

VAUFOUQUE (LE), h. cⁿᵉ de la Caine.

VAUGOUDE (LE), h. cⁿᵉ de la Hoguette.

VAUGOUDE (LE), h. cⁿᵉ des Isles-Bardel.

VAUGROULT (LE), h. cⁿᵉ de Trois-Monts.

VAUGUEUX (LE), territoire de Caen. — *Vallis Guæ*, 1086 (cartul. de la Trinité, f° 34). — *Valguee*, 1252 (ch. de l'abb. d'Ardennes, n° 24). — *Vaugeux*, 1848 (Simon).

VAUJUS (LE), vill. cⁿᵉ du Bô.

VAULAVILLE, h. cⁿᵉ de Tour.

VAULLEGEARD, h. cⁿᵉ de Coulonces.

VAULTIER (LE), h. cⁿᵉ de Saint-Germain-de-Tallevende.

VAUMARTIN, h. cⁿᵉ du Tourneur.

Huitième de fief sis aux paroisses du Tourneur et de Brémoy (aveux de la vicomté de Vire).

VAUMICEL, chât. cⁿᵉ de Vierville.

VAUMOUSSE, h. cⁿᵉ de Pierres.

VAUMOUSSE, h. cⁿᵉ du Theil.

VAUNIOL, h. cⁿᵉ de Vierville.

VAUNOISE, f. cⁿᵉ de Trois-Monts. — *Vaumoise*, 1848 (Simon).

VAUPAIS, h. cⁿᵉ de Saint-Germain-du-Crioult.

VAUPETITON (LE), h. cⁿᵉ de Bellou.

VAUSSIEUX, chât. cⁿᵉ d'Esquay.

VAUSSIEUX, anciennement VAUSSY, cⁿᵉ réunie à Vaux-sur-Seulle en 1827. — *Vauxeium*, xiiᵉ s⁰ (ch. de l'abb. d'Ardennes, n° 46). — *Vausseium*, 1204 (ch. d'Aunay, n° 64). — *Wauseium*, 1248 (*ibid.*). — *Wauceium*, 1258 (*ibid.*). — *Vauxi-sur-Seulle*, 1371 (assiette des feux de la vicomté de Caen). — *Vausier*, 1667 (carte de Sanson).

Par. de Saint-Philippe, patr. l'abbé de Lessay. Dioc. de Bayeux, doy. de Maltot. Génér. et élect. de Caen, sergent. de Creully.

Fief de *Jurques*, assis à Vaussieux, relevant de la vicomté de Caen.

VAUSSIEUX (CAMP DE), nom donné à la plaine comprise entre Saint-Gabriel et Martragny, en souvenir du corps d'armée réuni, en 1778, sous les ordres du maréchal de Broglie, par ordre de Louis XVI.

VAUSSOIX (LE), h. cⁿᵉ de Clinchamps (Vire).

VAUTELIÈRE (LA), h. c⁰ᵉ de Saint-Pierre-Tarentaine.

VAUTERIE (LA), h. cⁿᵉ de la Bigne.

VAUTERIE (LA), f. et h. cⁿᵉ de Brémoy.

VAUTERIE (LA), h. cⁿᵉ de Clécy.

VAUTERIE (LA), h. cⁿᵉ de Hamars.

VAUTERIE (LA), f. c^{ne} de Hottot.

VAUTERIE (LA), h. c^{ne} de Livry.

VAUTERIE (LA), h. c^{ne} de Maisoncelles-la-Jourdàn.

VAUTERIE (LA), h. c^{ne} de Pierres.

VAUTERIE (LA), h. c^{ne} de Roullours.

VAUTERIE (LA), h. c^{ne} de Saint-Manvieu.

VAUTERIE (LA), h. c^{ne} de Sainte-Marie-outre-l'Eau.

VAUTERIE (LA), h. c^{ne} du Tourneur.

VAUTIER (LA), f. c^{ne} de Sallen.

VAUTIREL, h. c^{ne} de Sept-Vents.

VAUTIREL, h. c^{ne} de Vassy.

VAUVARIN, h. c^{ne} de Saint-Marc-d'Ouilly.

VAUVERDIÈRE (LA), h. c^{ne} de Champ-du-Boult.

VAUVERS (LES), h. c^{ne} de Basseneville.

VAUVILLE, c^{on} de Pont-l'Évêque. — *Wauvilla*, 1198 (magni rotuli, p. 51); — 1229 (ch. de l'abb. de Mondaye). — *Vauvilla, Vauville-la-Haute*, XIVe s^e (pouillé de Lisieux, p. 51 et 52). — *Veauville*, 1761 (état de la généralité de Rouen, chartrier d'Harcourt).

Par. de Saint-Martin, patr. le chapitre de Cléry; prieuré de Saint-Hermel, dédié à saint Michel, fondé en 1610. Dioc. de Lisieux, doy. de Beaumont. Génér. de Rouen, élect. de Pont-l'Évêque, sergent. de Beaumont.

La seigneurie ou fief de *Vauville* ressortissait pour une partie à la vicomté d'Auge et pour une autre au bailliage de Saint-Sylvain. Le fief de *Quesnay-Espec*, dont le fief était assis à Vauville, dépendait de la baronnie de Roncheville. Ancien château fort, nommé *château de Vauville* ou *du Quesnay*.

VAUVILLE, h. c^{ne} de Sept-Vents.

VAUVRECY, h. c^{ne} de Cahagnes.

VAUVRECY, h. c^{ne} de Saint-Jean-des-Essartiers.

VAUX (LES), c^{ne} réunie à Hermival, qui prend le nom d'HERMIVAL-LES-VAUX. — *Valles*, 1082 (ch. de la Trinité). — *Les Vaux*, près Lisieux, 1681. Le fief de *Vivefoy*, en la paroisse des Vaux, relevait de la baronnie de Blagny. — Voir HERMIVAL.

VAUX (LES), h. c^{ne} d'Amayé-sur-Orne.

VAUX (LES), h. c^{ne} des Authieux-sur-Calonne.

VAUX (LES), h. c^{ne} de Baynes.

VAUX (LES), h. c^{ne} de Bernières-le-Patry.

VAUX (LES), h. c^{ne} de Bonneville-la-Louvet.

VAUX (LES), h. c^{ne} de Campagnolles.

VAUX (LES), h. c^{ne} de Cartigny-l'Épinay.

VAUX (LES), h. c^{ne} de Combray.

VAUX (LES), h. c^{ne} de Condé-sur-Noireau.

VAUX (LES), h. c^{ne} de Courson.

VAUX (LES), h. c^{ne} d'Épinay-sur Odon.

VAUX (LES), h. mⁱⁿ et f. c^{ne} de Falaise.

VAUX (LES), h. et chât. c^{nt} de Graye.

VAUX (LES), h. c^{ne} de la Hoguette.

VAUX (LES), mⁱⁿ, c^{ne} de Magny-la-Campagne.

VAUX (LES), mⁱⁿ, c^{ne} de Pierrefitte (Falaise).

VAUX (LES), h. c^{ne} de Presles.

VAUX (LES), h. c^{ne} de Saint-Denis-de-Méré.

VAUX (LES), h. c^{ne} de Saint-Germain-de-Tallevende.

VAUX (LES), h. c^{ne} de Sainte-Marie-Laumont.

VAUX (LES), mⁱⁿ, c^{ne} de Tréprel.

VAUX (LES), h. c^{ne} de Vaubadon.

VAUX (LES), h. c^{ne} de Vaudeloges.

VAUXBERT (LE), c^{ne} de Saint-Germain-du-Crioult.

VAUX-BOURDON (LES), h. c^{ne} de Clécy.

VAUX-DE-SOULEUVRE (LES), h. c^{ne} du Mesnil-Auzouf. — *Vaux-soubz-OEuvre*, 1620 (carte de Le Clère). — *Vaux-de-Souleurs*, 1675 (carte de Petite).

VAUX-GILLE (LE), h. c^{ne} de Glos.

VAUX-GUILBERT (LES), h. c^{ne} de Sallen.

VAUX-LA-CAMPAGNE ou VAUX-SUR-LAIZON, c^{ne} réunie à Magny-la-Campagne en 1811. — *Vals, Vallis in Campagna, Vallis in Oximio* (ch. de l'abb. de Sainte-Barbe). — *Vaux-la-Champagne*, 1586 (papier terrier de Falaise, p. 175).

Par. de Notre-Dame, patr. l'abbé de Sainte-Barbe-en-Auge. Dioc. de Séez, doy. de Saint-Pierre-sur-Dive. Génér. d'Alençon, élect. de Falaise, sergent. de Jumel.

VAUX-MARTIN (LES), fief relevant du Reculey, 1681 (fiefs de la vicomté de Vire).

VAUX-PANNIER (LE), h. c^{ne} de Coulonces.

VAUX-PITON (LES), h. c^{ne} de Bellou.

VAUX-ROGER (LES), h. c^{ne} de Courson.

VAUX-SUR-AURE, c^{on} de Ryes, c^{ne} accrue de la c^{ne} d'Argouges en 1829. — *Villa quæ dicitur Vallis super Oram*, 1158 (bulle pour Saint-Sever). — *Valles super Horam*, 1229 (ch. de l'abb. de Mondaye). — *Vaux-sur-Aure*, 1236 (chap. de Bayeux, 23). — *Vaux-sur-Ore*, 1242-1422 (cartul. de l'abb. de Cordillon). — *Valles super Auram*, 1277 (abb. de Mondaye). — *Vaus super Auream*, 1278 (cartul. norm. n° 932, p. 132). — *Vaulx-sur-Ore*, 1377 (chap. de Bayeux, 102). — *Vaulx-sur-Oyre*, 1418 (rôles de Bréquigny, p. 14, n° 101). — *Vaux-sur-Roure*, 1667 (carte de Le Vasseur).

Par. de Saint-Aubin, patr. l'abb. de Longues. Chapelle de Fumichon ou de Notre-Dame-des-Faveurs, dépendant de l'abbaye de Longues; chapelle de Saint-Eustache de Glatigny, dans le manoir de Coujon. Dioc. de Bayeux, doy. de Creully. Génér. de Caen, élect. de Bayeux, sergent. de la banlieue de Bayeux.

Manoir de *Coujon,* appelé aussi *fief de Bretteville;* fief de *la Ferrière,* relevant du roi; quart de fief relevant de la seigneurie de Mondrainville; quart de fief du *Moustier,* s'étendant à Vaussy, Esquay; fief de *Vaux-Saint-Clair;* quart de fief de *Vaux; Meautis,* huitième de fief, assis à Vaux-sur-Aure, relevant de la seigneurie d'Argouges; autre fief de chevalier à Vaux-sur-Aure, relevant de la baronnie de Creully.

VAUX-SUR-SEULLE, c^on de Creully, c^ne accrue de la c^ne de Vaussieux en 1827. — *Valles super Seullam,* xie s^e (enquête, p. 429). — *Vax, Vaxum super Seullam,* 1137 (ch. de Mondaye). — *Vaus super Seullam,* 1252 (ch. de la Trinité, 70). — *Vaus-sur-Seulles,* 1277 (ch. de Sainte-Barbe, n° 221). — *Walles supra Seullam,* xive s^e (taxat. decim. dioc. Baioc.). — *Vaux-sur-Seulles,* 1371 (visite des forteresses).

Par. de Saint-Pierre, patr. l'abbesse de la Trinité de Caen. Dioc. de Bayeux, doy. de Creully. Génér. et élect. de Caen, sergent. de Creully.

VAVASSEURS (LES), h. c^ne de Cerqueux.

VAVASSORIE (LA), h. c^ne de Montamy.

VAVAUDE (LA), h. c^ne de Maizet.

VAVENNES (LES), h. c^ne de Boulon.

VEAU-DE-L'ORNE (LE), f. c^ne de Sainte-Honorine-du-Fay.

VEAU-D'HUIT (LE), b. c^ne d'Annebecq.

VEAU-D'OR (LE), h. c^ne de Glanville.

VÉCHY, vill. c^ne de Trungy. — Huitième de fief sis à Trungy et à Sainte-Honorine-de-Ducy, 1681 (av. de la vicomté de Caen), appartenant alors au sieur de Maltrain. Le fief de Ducy en relevait pour un huitième de fief.

VELERAY, vill. c^ne d'Ouffières.

VELIÈRE (LA), h. c^ne de Burcy.

VELLOTERIE (LA), h. c^ne de Vignats.

VENDERIE (LA), h. c^ne de Chênedollé.

VENDES, c^on de Tilly-sur-Seulle. — *Venneus,* 1151 (ch. de l'abb. d'Aunay, 1). — *Venna,* 1200 (*ibid.*). — *Parrochia de Vennis,* 1201 (ch. de l'abb. de Fontenay, 98). — *Vennes,* 1277 (cartul. norm. n° 904, p. 218). — *Venna, Venda, Vandes,* 1640 (ch. d'Ardennes).

Par. de Saint-Martin, prébende; patr. les chanoines d'Arry et de Vendes. Dioc. de Bayeux, doy. de Fontenay-le-Pesnel. Génér. et élect. de Caen, sergent. de Villers.

Une franche vavassorie à Vendes relevait de la baronnie de Monfréville. Fief de *Vendes* appartenant à l'abbaye d'Aunay. Fiefs de *Cully* s'étendant à Juvigny et à Cairon, ayant leur chef assis à Vendes.

VENDŒUVRE, c^on de Morteaux-Couliboeuf, c^ne accrue de la c^ne de Pont. — *Vendevre,* 1195 (magni rotuli, p. 41). — *Vendevre,* 1234 (lib. rub. Troarn. p. 42). — *Vandœuvre,* 1460 (dénomb. de l'év. de Bayeux). — *Vendœuvres,* 1585 (papier terrier de Falaise).

Par. de Saint-André, patr. le seigneur du lieu. Dioc. de Séez, doy. de Saint-Pierre-sur-Dive. Génér. d'Alençon, élect. de Falaise, sergent. de Jumel.

Fief de haubert relevant de la baronnie de Cambremer, appartenant à l'évêché de Bayeux; fiefferme appartenant au roi, à cause de la vicomté de Falaise, 1586. Deux aînesses: l'une, nommée *l'Aînesse-Hardouin,* l'autre, *la Vavassorie-à-l'Amoureux; Ouilly-le-Tesson,* fiefferme appartenant au roi en 1586. Un fief de haubert nommé *Grantemesnil,* mouvant de la vicomté de Falaise et ressortissant à la sergenterie de Saint-Pierre-sur-Dive, tenu par René de Beauveau, 1586 (papier terrier de Falaise).

VENDÔME, h. c^ne d'Isigny.

VENELLE (LA), h. c^ne de Frénouville.

VENELLE-DE-BAVENT (LA), h. c^ne de Touffréville, 1446 (domaine de Troarn, 81).

VENELLE-PITOU (LA), h. c^ne de Soûmont-Saint-Quentin.

VENGEONNIÈRE (LA), h. c^ne de Maisoncelles-la-Jourdan.

VENGONS (LES), h. c^ne de Quesnay-Guesnon. — *Venjons,* 1259 (cartul. norm. p. 175).

VENOIX, c^on de Caen (ouest). — *Venuntium,* 1077 (ch. de Saint-Étienne). — *Venoix,* 1257 (magni rotuli, p. 176). — *Venuz, Venoz,* 1262; *Venoyx,* 1474 (lim. des paroisses, ch. de Saint-Étienne).

Par. de Saint-Gerbold, patr. l'Hôtel-Dieu de Caen. Dioc. de Bayeux, doy. de Maltot. Génér. élect. et sergent. de Caen.

Quart de fief, dit *le fief de Montenay,* s'étendant à Saint-Germain-la-Blanche-Herbe, Cussy, Franqueville, Saint-Ouen, Saint-Nicolas, la Maladrerie, la Folie et le faubourg Saint-Julien de Caen, 1647 (ch. des comptes de Rouen). — Le fief *au Maréchal,* 1476 (arch. nat. P. 272, n° 20).

VENOIX, h. c^ne de Bavent.

VESONNIÈRE (LA), h. c^ne de Moyaux.

VENOUILLERIE (LA), h. c^ne de Littry.

VENTE (LA), h. c^ne de la Ferrière-Harang.

VENTE (LA), vill. c^ne de Mont-Bertrand.

VENTE-HEUCHÈRE (LA), f. c^ne de Neuilly.

VENTE-LUCAS (LA), q. c^ne de Saint-Paul-du-Vernay.

VENTES (LES), h. c^ne de Manerbe.

VENTES (LES), h. c^ne de Saint-Martin-du-Mesnil-Oury.

VENTES (LES), h. c^ne de Torteval.

Vᴇʀ, cᵒⁿ-de Ryes. — *Ver, Verum, Vernum,* 1066 (ch. de la Trinité). — *Veirs,* 1156 (av. de Troarn).

Par. de Saint-Martin, patr. le chapitre de Bayeux. Chapelle de Saint-Gerbold, sur la rive gauche de la rivière de Provence. Dioc. de Bayeux, doy. de Creully. Génér. de Caen, élect. de Bayeux, sergent. de Gray.

Quart de fief de haubert auquel fut incorporé le fief de *Valençay* en 1654 (av. de la vic. de Bayeux).

Vᴇʀᴀʟʟɪᴇʀ, h. cⁿᵉ de Juaye-Mondaye.

Vᴇʀᴀɴᴇʀɪᴇ (Lᴀ), h. cᴰᵉ de Pleines-OEuvres.

Vᴇ́ʀᴀɴɢᴜᴇʀɪᴇ (Lᴀ), h. cⁿᵉ de Bonnemaison.

Vᴇʀʙᴏᴜꜱᴇ (Lᴀ), h. cⁿᵉ de Hiéville.

Vᴇʀᴄʀᴇᴜɪʟ, h. mⁱⁿ et chât. cⁿᵉ de Cahagnolles. — *Verquerou,* 1229 (ch. de Mondaye).

Vᴇʀᴅᴇʀɪᴇ (Lᴀ), f. cⁿᵉ d'Évrecy.

Vᴇʀᴅᴇʀɪᴇ (Lᴀ), h. cⁿᵉ de Saint-Jacques.

Vᴇʀᴅᴇʀɪᴇ (Lᴀ), h. cⁿᵉ de Tordouet.

Vᴇʀᴅᴜɴ, f. cⁿᵉ de Crépon.

Vᴇʀᴅᴜɴ, chât. et f. cⁿᵉ d'Évrecy.

Vᴇ́ʀᴇᴛ, cⁿᵉ réunie à Formigny en 1823.

Par. de Saint-Pierre, patr. le roi. L'église a été démolie il y a quelques années.

Vᴇ́ʀᴇᴛ (Lᴇ), petit cours d'eau qui se jette directement à la mer entre Aignerville et Grandcamp, après avoir parcouru Formigny, Véret, Louvières, Asnières, Englesqueville.

Vᴇʀɢᴇ́ᴇ (Lᴀ), h. cⁿᵉ des Loges-Saulces.

Vᴇʀɢᴇ́ᴇꜱ (Lᴇꜱ), h. cⁿᵉ de Cahagnes.

Vᴇʀɢᴇʀ (Lᴇ Hᴀᴜᴛ et ʟᴇ Bᴀꜱ-), h. cⁿᵉ des Authieux-sur-Calonne.

Vᴇʀɢᴇʀ (Lᴇ), vill. et f. cⁿᵉ de Fervaques.

Vᴇʀɢᴇʀ (Lᴇ), h. cⁿᵉ du Mesnil-Durand.

Vᴇʀɢᴇʀɪᴇ (Lᴀ), h. cⁿᵉ de Cambremer.

Vᴇʀɢᴇʀꜱ (Lᴇꜱ), h. cⁿᵉ d'Aunay.

Vᴇʀɢᴇʀꜱ (Lᴇꜱ), h. cⁿᵉ de Malloué.

Vᴇʀɢɴᴇʀɪᴇ (Lᴀ), h. cⁿᵉ de Beaumesnil. — *Vaignerie,* 1847 (stat. post.).

Vᴇʀɢᴜᴇꜱ (Lᴇꜱ), fief de la baronnie de Saint-Vigor, 1475 (av. du temp. de Bayeux).

Vᴇʀɢᴜɢɪᴇ̀ʀᴇ (Lᴀ), h. cⁿᵉ de Vaubadon.

Vᴇʀᴍᴏɴᴅɪᴇ̀ʀᴇ (Lᴀ), h. cⁿᵉ de Landelles-et-Coupigny.

Vᴇʀᴍᴏɴᴅɪᴇ̀ʀᴇ (Lᴀ), h. cⁿᵉ de Saint-Sever. — Fief de la baronnie de Torteval, 1778 (rentes de la baronnie).

Vᴇʀɴᴀʏ (Lᴇ). — Voir Sᴀɪɴᴛ-Pᴀᴜʟ-ᴅᴜ-Vᴇʀɴᴀʏ.

Vᴇʀɴᴀʏ (Lᴇ), f. cⁿᵉ de Monts.

Vᴇʀɴᴀʏ (Bᴏɪꜱ ᴅᴜ), en la maîtrise particulière des eaux et forêts de la vicomté de Bayeux, donnés par le roi, en 1657, à titre de fief de haubert, avec le fief du Tronquay, à Jean de Choisy, seigneur de Balleroy, en échange d'une maison sise rue des Poulies,

à Paris, utile pour le dessin de la place du château du Louvre (ch. des comptes de Rouen, t. I, p. 228).
— *Forêt de Vernet,* 1172 (eccles. cart. ant. Baioc.). — *Foresta de Vernaio,* 1180 (magni rotuli, p. 2). — *Nemus de Verneio,* 1267 (chap. de Bayeux). — *Foresta de Verneyo,* 1270 (ch. de Mondaye).

Vᴇʀɴɪꜱꜱᴇʀɪᴇ (Lᴀ), h. cⁿᵉ de Pleines-OEuvres.

Vᴇʀɴɪꜱꜱᴇʀɪᴇ (Lᴀ), h. cⁿᵉ de Saonnet.

Vᴇʀɴᴀɪʟʟᴇʀ (Lᴇ), h. cᴰᵉ de Bernières-Bocage.

Vᴇʀɴᴇʀɪᴇ (Lᴀ), h. cⁿᵉ de la Ferrière-Harang.

Vᴇʀɴᴇʀɪᴇ (Lᴀ), h. cⁿᵉ de Saint-Vigor-des-Mézerets.

Vᴇʀɴᴇʀɪᴇꜱ (Lᴇꜱ), h. cⁿᵉ de Bricqueville.

Vᴇʀɴᴇᴛ, h. cⁿᵉ de Cussy.

Vᴇʀʀɪᴇɴ (Lᴇ), h. cⁿᵉ de Cernay.

Vᴇʀʀɪᴇ̀ʀᴇ, h. cⁿᵉ de Lingèvres. — *Verreria,* 1217 (ch. de l'abbaye de Mondaye).

Il fut érigé en fief en 1738, en faveur de J.-François du Hamel, seigneur de Verrière.

Vᴇʀʀɪᴇ̀ʀᴇꜱ, h. cⁿᵉ de Saint-Martin-de-Fontenay. — *Verreriæ,* 1200 (ch. de l'abb. d'Aunay). — *Verrariæ,* 1224 (ch. de l'abbaye de Fontenay, 28). — *Verriers,* 1260 (*ibid.*). — *Verrières,* 1271 (*ibid.* n° 120). — *Verrieræ versus Torteval,* 1223 (*ibid.*).

Église Saint-Jacques, succursale de Saint-Martin-de-Fontenay. Franche vavassorie relevant de la baronnie de la Motte-Cesny, vicomté de Falaise.

Vᴇʀʀɪɴɪᴇʀ (Lᴇ), mⁱⁿ, cⁿᵉ d'Argences.

Vᴇʀʀᴏʟʟᴇꜱ, h. cⁿᵉ de Tilly-sur-Seulle. — *Veerollæ,* 1106 (ch. d'Eudes, abbé de Saint-Étienne de Caen). — *Vederolæ,* 1134 (*ibid.*). — *Verrollæ,* 1217; *Verroliæ,* 1231 (ch. de l'abb. de Longues). — Voir Tɪʟʟʏ-ꜱᴜʀ-Sᴇᴜʟʟᴇ, autrefois Tɪʟʟʏ-Vᴇ́ʀᴏʟʟᴇꜱ.

Vᴇʀʀᴏɴ, h. cⁿᵉ de Pontfol.

Vᴇʀꜱᴀɪʟʟᴇꜱ, h. cⁿᵉ de Firfol.

Vᴇʀꜱᴀɪʟʟᴇꜱ, h. cⁿᵉ de Saint-Germain-de-Tallevende.

Vᴇʀꜱᴀɪʟʟᴇꜱ, h. cⁿᵉ de Saint-Julien-le-Faucon.

Vᴇʀꜱᴀɪɴᴠɪʟʟᴇ, cⁿ de Falaise (sud). — *Verchinvilla,* 1198 (magni rotuli scacc. p. 36). — *Vercinvilla,* 1263 (ch. de Saint-André-en-Gouffern).

Par. de Saint-Pierre, patr. le chanoine du lieu; prébende. Dioc. de Séez, doy. de Falaise. Génér. d'Alençon, élect. et sergent. de Falaise.

Ancienne baronnie mouvante des vicomtés de Falaise et de Saint-Silvain, tenue par Jean de Versainville en 1586 (papier terrier de Falaise). En 1731, Versainville fut érigé en marquisat, composé du grand fief de *Maizières* et de ses annexes (comptes de Rouen).

Fief *Panthou* ou *Pend-Larron;* quart de fief assis à Versainville, mouvant du marquisat de Thury. Un autre quart de fief, assis à Sassy, s'étendant à Olendon. Les fiefs *Coulibœuf, Javost, Couvrigny, Mor-*

teaux Fourches, relevaient de la baronnie de Versainville, 1585 (papier terrier de Falaise).

VERSAN, h. c^ne de Bonnebosq.

VERSENT (LE), h. c^ne de la Chapelle-Haute-Grue.

VERSON, c^on d'Évrecy. — *Versum*, 935 (ch. de Richard Ier pour le Mont-Saint-Michel). — *Territorium de Versone*, 1271 (cart. du Mont-Saint-Michel, n° 281).

Par. de Saint-Germain, anciennement Saint-Martin, deux cures; patr. le chanoine de Verson. Dioc. de Lisieux, exemption de Nonant. Génér. et élect. de Caen, sergent. de Villers.

Le fief de *Rocquereul* ou vavassorie de *Roques*, huitième de fief, était assis à Verson.

VERT-BUISSON (LE), h. c^ne de Cartigny-l'Épinay.

VERT-BUISSON (LE), h. c^ne de Fourneville.

VERT-BUISSON (LE), h. c^ne de Saint-Martin-de-Sallen.

VERT-BUISSON (LE), h. c^ne de Trois-Monts.

VERTEIGNÈRE (LA), f. c^ne de Cléville. — *Vertenniere*, 1848 (Simon).

VERT-GALANT (LE), f. c^ne du Breuil (Pont-l'Évêque).

VERT-VAL (LE), h. c^ne de Pennedepie.

VESBIRE (LE), petit ruiss. qui grossit la Soleure, un des affl. de la Drôme.

VÉSINIÈRE (LA), h. c^ne d'Annebecq.

VESLIÈRE (LA), h. c^ne de Burcy.

VESLIÈRE (LA), h. c^ne de Presles.

VESPIÈRE (LA), c^on d'Orbec. — *Wasperia*, 1195 (magni rotuli Normannie, p. 70). — *Wesperia*, 1210 (ch. de l'hospice de Lisieux). — *La Guespère*, 1237 (pouillé de Lisieux, p. 34, note 6). — *Parochia Sancti Audoeni de Guesperia*, 1259 (ch. de Friardel). — *Vesperia, la Vépière* (pouillé de Lisieux), réunie pour le culte à Orbec. — *La Vesperie*, 1694 (carte de Tolin).

Par. de Saint-Ouen, patr. le seigneur du lieu et le chapitre de Lisieux. Chapelle de Saint-Christophe. Dioc. de Lisieux, doy. d'Orbec. Génér. d'Alençon, élect. de Lisieux, sergent. d'Orbec. Fief du *Plesseiz* (rôles de la vicomté d'Orbec).

VESQUE (LE), h. c^ne de Hottot.

VESQUE (LE), h. c^ne de Norolles.

VESQUERIE (LA), h. c^ne de Manerbe.

VESQUERIE (LA), h. c^ne de Saint-Désir.

VESQUERIE (LA), h. c^ne de Sept-Frères.

VESQUEVILLE, c^ne réunie à la Hoguette en 1827. — *Episcopivilla*, 1269 (ch. de l'abbé de Saint-André-en-Gouffern, n° 974). — *Vesquevilla*, 1277 (ch. de Saint-Jean de Falaise). — *Evesqueville, Veschevilla*, XIIIe siècle (ch. de Saint-André-en-Gouffern).

Par. de Saint-Martin, patr. l'abb. de Saint-André-Calvados.

en-Gouffern. Dioc. de Séez, doy. de Falaise. Génér. d'Alençon, élect. et sergent. de Falaise.

VESQUEVILLE, h. c^ne de Villy.

VEY (LE), c^on de Thury-Harcourt. — *Vé-sur-Orne* ou *Vey-sur-Orne, Vadum*, 1201 (ch. de l'abb. de Jumièges).

Par. de Saint-Laurent, patr. le seigneur du lieu. Dioc. de Bayeux, doy. de Cinglais. Génér. d'Alençon, élect. de Falaise, sergent. de Thury.

Le fief du Vey relevait de la baronnie de Thury (aveu de Christophe de Vey). — 1586 (papier terrier de Falaise).

VEY (LE), h. c^ne de Cahagnolles.

VEY (LE), h. c^ne de Cairon.

VEY (LE), bac, c^ne de Clécy.

VEY (LE GRAND et LE PETIT-), h. c^ne de Cully.

VEY (LE), h. c^ne d'Isigny.

VEY (LE), h. c^ne de la Hoguette.

VEY (LE), h. c^ne de Landelles.

VEY (LE), h. c^ne de Maisoncelles-la-Jourdan.

VEY (LE), h. c^ne de Roullours.

VEY (LE), m^in, c^ne de Sallen.

VEY (LE), h. c^ne de Villy (Falaise).

VEY-BAUDOUIN (LE), h. c^ne de Saint-Paul-du-Vernay.

VEY-DE-CROC (LE), h. c^ne de Trungy.

VEY-D'IFS (LE), h. c^ne de Condé-sur-Ifs. — *Les Veez*, 1453 (arch. nat. P. 271, n° 94). — *Les Vez*, 1710 (fiefs de la vicomté de Caen).

VEYS (LES), baie formée par les embouchures de la Taute, de la Vire et de l'Aure. On y distingue la pointe de la Madeleine, la passe de Carentan, le banc Féraillon, le banc de la Rouelle, la passe au Certain, le bec de Groin et la pointe de Brévent.

VEYS ou VÉS (LES), archidiaconé du diocèse de Bayeux. — *Archidiaconatus de Citra Vada* (livre pelut). Il était formé des doyennés de Campigny, de Couvains, de Thorigny, de Trévières et de l'exemption de Cambremer, dans le diocèse de Lisieux.

C'était aussi le nom d'une des huit sergenteries de l'élection de Bayeux, laquelle comprenait : le bourg et les hameaux d'Isigny, Vouilly, les Oubeaux, Neuilly, Bricqueville, Colombières, la Folie, Saint-Marcou, Mestry, Monfréville, Castilly, Cartigny, Lison, Épinay, Saint-Laurent-du-Rieu.

VIARD, h. c^ne de Maizet.

VIARDIÈRE (LA), h. c^ne d'Espins.

VIARDIÈRE (LA), h. c^ne de la Ferrière-Harang.

VIC, h. c^ne de Saint-Jean-des-Essartiers.

VICALET, q. c^ne de Campigny.

VICALET, groupe de maisons, c^ne de Crouay.

VICERIE (LA), h. c^ne de Rully.

Vicfleur, h. c^{ne} du Theil.

Vicomté (La), f. c^{ne} de Fontenay-le-Marmion.

Vicomté (La), h. c^{ne} de Saint-Pierre-sur-Dive.

Vicomtière (La), h. c^{ne} de Champ-du-Boult.

Vicoquière (La), h. c^{ne} de Campeaux.

Vicques, c^{on} de Morteaux-Coulibœuf.

Par. de Saint-Germain, patr. le seigneur du lieu. Chapelles de Saint-Roch (indiquée sur la carte de Cassini) et de Sainte-Marie dans le château de Vicques. Dioc. de Séez, doy. de Falaise. Génér. de Caen, élect. de Falaise, sergent. de Saint-Pierre-sur-Dive.

Vicquette (La), h. c^{ne} de Vicques.

Victot-Pontfol, c^{on} de Cambremer; cette commune se nommait Victot avant qu'on y joignît les communes des Authieux-sur-Corbon et de Pontfol en 1858. — *Wigetot* (ch. de Henri II en faveur de Sainte-Barbe, citée dans le pouillé de Lisieux, p. 48, note 6). — *Viquetot*, 1297 (enquête sur les chaussées de Troarn). — *Vicquetot*, 1465 (preuves de la maison d'Harcourt, t. III, p. 773).

Par. de Saint-Denis, patr. le seigneur du lieu. Dioc. de Lisieux. Génér. de Rouen, élect. de Pont-l'Évêque, sergent. de Beuvron.

Fief de haubert, mouvant de la vicomté d'Auge, ressortissant à la sergenterie de Beuvron, faisant partie de la baronnie de Beaufour et de Beuvron; autre fief mouvant par sixième de fief de la baronnie de Cambremer, à l'évêché de Bayeux; fief d'*Herbigny*, relevant de Dozulé.

Videcoq (Le), h. c^{ne} de Baynes.

Videfleur, h. c^{ne} du Theil.

Vidray, vill. c^{ne} de Sallen.

Vie (La), riv. affl. de la Dive, à droite. — *Fluvius Vicia*, 1269 (ch. de Saint-Pierre-sur-Dive). — *Wia, Vycia*, 1460 (ibid.). — *La Vye*, 1667 (carte de Samson).

La Vie prend sa source dans le département de l'Orne, près de Vimoutiers; baigne dans le Calvados Saint-Germain-de-Montgommery, Lisores, Sainte-Foy-de-Montgommery, la Brévière, la Chapelle-Haute-Grue, Heurtevent, le Mesnil-Bacley, Livarot, Saint-Michel-de-Livet, Saint-Martin-du-Mesnil-Oury, le Mesnil-Durand; touche à Lessard-et-le-Chêne et au Mesnil-Simon; passe à Coupesarte, Saint-Julien-le-Faucon, Grandchamp, les Authieux-Papion, Sainte-Marie-aux-Anglais, Saint-Crespin, le Mesnil-Mauger, Cerqueux, Quierville, Saint-Loup-de-Fribois. Elle passe ensuite à Corbon, arrondissement de Pont-l'Évêque, à Biéville, arrondissement de Lisieux, et s'y jette dans la Dive. Elle reçoit sur sa rive gauche la Viette, l'Algot venant de Saint-Ouen-le-Pin et neuf ruisseaux.

Vieil-Hameau (Le), h. c^{ne} de Meulles.

Vieil-Hommey (Le), h. c^{ne} de Livry.

Vieille (La), f. c^{ne} d'Englesqueville.

Vieille (La), f. c^{ne} d'Ouilly-le-Basset (Bayeux).

Vieille-Abbaye (La), h. c^{ne} de Barbery.

Vieille-Auberge (La), h. c^{ne} de Cintheaux.

Vieille-Cour (La), h. c^{ne} de Bonneville-la-Louvet.

Vieille-Cour (La), h. c^{ne} de Champ-du-Boult.

Vieille-Engannerie (La), h. c^{ne} de Grainville-Langannerie.

Vieille-Forge (La), h. c^{ne} de la Hoguette.

Vieille-Picherie (La), h. c^{ne} de Saint-Martin-aux-Chartrains.

Vieille-Place (La), h. c^{ne} de la Cambe.

Vieille-Place (La), h. c^{ne} de Saint-Martin-aux-Chartrains.

Vieille-Route-de-Paris (La), h. c^{ne} de Saint-Jacques-de-Lisieux.

Vieille-Rue (La), h. c^{ne} de Vignats.

Vieilles (Les), h. c^{ne} de la Chapelle-Engerbold.

Vieilles-Cours (Les), h. c^{ne} de Sainte-Marguerite-des-Loges.

Vieille-Ville (La), h. c^{ne} de Saint-Germain-du-Crioult.

Vieillot, h. c^{ne} de Coquainvilliers.

Vielloterie (La), h. c^{ne} de Vignats.

Viels (Les), h. c^{ne} de Clarbec.

Viels (Les), h. c^{ne} de Lingèvres.

Vienne, c^{on} de Ryes. — *Viana*, 1198 (magni rotuli, p. 37).

Par. de Saint-Pierre, patr. l'abbé de Préaux. Dioc. de Bayeux, doy. de Creully. Génér. de Caen, élect. de Bayeux, sergent. de Gray.

Fief *Prépont*, en la paroisse de Vienne, 1453 (arch. nat. P. 271, n° 90); huitième de fief dit *du Mesnil*, s'étendant à Vienne et à Saint-Vigor; quart de fief et deux moitiés de fief mouvant de la baronnie de Creully. Le manoir de Vienne tenu par huitième de fief de la baronnie de Courcy, 1649 (aveux de la vicomté de Bayeux). Le fief de Vienne a été réuni au marquisat de Magny.

Vienne, h. c^{ne} de Truttemer-le-Grand.

Vierdres (Les), h. c^{ne} de Léaupartie.

Vierge (La), h. c^{ne} de Neuville.

Vierville, c^{on} de Trévières. — *Wiarevilla*, 1158 (bulle pour Saint-Sever). — *Viarvilla*, 1264 (magni rotuli, p. 206). — *Viervilla*, xive s^e (taxat. decim. dioc. Baioc.). — *Viarville*, 1637 (fiefs de l'év. de Bayeux, p. 433).

Cette commune est aussi appelée Vierville-sur-Mer et Vierville-en-Bessin.

Par. de Saint-André, patr. le seigneur du lieu.

Dioc. de Bayeux, doy. de Trévières. Génér. de Caen, élect. de Bayeux, sergent. des Veys.

Fief d'*Aubigny*, en cette paroisse, 1386 (av. de Guillaume de Vierville, Brussel). Fief d'*Aubigny* assis à Vierville et à Saint-Laurent-sur-Mer, 1607 (aveux de la vicomté de Bayeux); quart de fief de *Mauminot*, assis à Vierville, relevant de la baronnie de Saint-Vigor-le-Grand; *Louvières* et *Asnières*.

VIERVILLE, petit fief d'Aignerville. — 1607 (aveux de la vicomté de Bayeux).

VIESSOIX, c^on de Vassy. — *Viessouix*, 1675 (carte de Petite). — *Vieusoy*, 1681 (aveux de la vicomté de Vire).

Par. de Saint-André, patr. le seigneur du lieu. Dioc. de Bayeux, doy. de Vire. Génér. de Caen, élect. de Vire, sergent. du Tourneur.

Patrie de Michel Le Tellier, confesseur de Louis XIV, né le 16 octobre 1643.

Le fief de Viessoix relevait de la baronnie de Coulonces.

VIESSOIX, cours d'eau affl. de l'Allière, arrose Viessoix et Burcy.

VIESSON, ruiss. à Berrolles, c^ne de Longraye.

VIETTE (LA), riv. affl. de la Vie, à gauche. — *Vieta*, 1260 (ch. de Saint-Pierre-sur-Dive). — *Viaite*, 1404 (*ibid.*). — Elle prend sa source à Montpinçon, baigne Montviette, Sainte-Marguerite-de-Viette, Boissey, Vieux-Pont, les Authieux-Papion, Sainte-Marie-aux-Anglais et le Mesnil-Mauger.

VIEUVILLE (LA), h. c^ne de Saint-Germain-du-Crioult. — *Vetusvilla*, 1195 (magni rotuli, p. 48, 11).

VIEUVILLE (LA), h. c^ne de Truttemer-le-Petit.

VIEUX, c^on d'Évrecy. — *Arigenus*, IIe s^e (Ptolémée, cl. II, c. 7). — *Argenus*, IVe s^e (table de Peutinger). — *Veiocæ*, 1180 (magni rotuli, p. 22). — *Vediocæ*, v. 1190 (ch. de l'abb. de Fontenay, 9). — *Vadiocæ, Veiocæ*, 1198 (magni rotuli, p. 212). — *Ecclesia de Vedois*, 1213 (*ibid.*). — *Veex*, 1239 (*ibid.* p. 205). — *Veiocæ apud Lesblai*, 1254 (*ibid.*). — *Vieus*, 1294 (ch. du Plessis-Grimoult, n° 80). — *Vielz*, 1484 (arch. nat. P. 272, n° 112). — *Vieulx*, 1608 (aveux d'Harcourt).

Vieux était à l'époque romaine la capitale des *Viducasses*.

Par. de Notre-Dame, patr. l'abbé de Fontenay. Chapelles de Saint-Martin, de Saint-Jean-l'Évangéliste, de Saint-Germain, de Sainte-Marie. Dioc. de Bayeux, doy. de Maltot. Génér. de Caen, sergent. de Préaux.

VIEUX (CHÂTEAU et COUR DE), c^ne de Bonneville-sur-Touque.

VIEUX (LE), h. c^ne de Champ-du-Boult.

VIEUX-BOIS (LE), h. c^ne du Molay.

VIEUX-BOURG (LE), h. c^ne de Blangy. — *Vetus Vicus* 1275 (magni rotuli, p. 172, 2). — *Vetus Burgus*, XVIe s^e (pouillé de Lisieux, p. 40).

Par. de Notre-Dame, patr. le duc d'Orléans. Dioc. de Lisieux, doy. de Honfleur. Génér. de Rouen, élect. de Pont-l'Évêque, sergent. de Saint-Julien-sur-Calonne.

VIEUX-BOURG (LE), h. c^ne de Sept-Vents.

VIEUX-CAIRON (LE), h. c^ne de Cairon.

VIEUX-CAMPIGNY (LE), f. c^ne de Balleroy.

VIEUX-CHÂTEAU (LE), h. c^ne d'Audrieu.

VIEUX-CHÂTEAU (LE), h. c^ne d'Aunay.

VIEUX-CHÂTEAU (LE), h. c^ne de Merville.

VIEUX-CHÂTEAU (LE), h. c^ne d'Orbec.

VIEUX-CHÂTEAU (LE), q. c^ne de Saint-Germain-du-Pert.

VIEUX-CHÂTEAU (LE), h. c^ne de Saint-Sever.

VIEUX-CHÂTEAU-DE-BURON (LE), nom donné à un espace occupé par un bouquet de hêtres, appelé *la Broche d'Ondefontaine*.

VIEUX-CHEMIN (LE), h. c^ne de Saint-Jouin.

VIEUX-CONCHE (LE), h. c^ne de Victot.

VIEUX-DOUET (LE), h. c^ne de Proussy.

VIEUX-DOUET (LE), h. c^ne de Saint-Martin-des-Besacés.

VIEUX-FOSSÉS (LES), h. c^ne de Campagnolles.

VIEUX-FUMÉ, c^on de Bretteville-sur-Laize, c^ne accrue en 1831 de la c^ne de Quatre-Puits. — *Vadum Fumatum*, 1277 (ch. de Sainte-Barbe, n° 221).

Par. de Saint-Germain, patr. l'abbé de Troarn. Léproserie. Dioc. de Séez, doy. de Saint-Pierre-sur-Dive. Génér. d'Alençon, élect. de Falaise, sergent. de Jumel.

VIEUX-GRIMBOSQ (LE), h. c^ne de Grimbosq.

VIEUX-LOUVRE (LE), h. c^ne de Saint-Martin-des-Besaces.

VIEUX-LUC (LE), vill. c^ne de Luc.

VIEUX-MANOIR (LE), h. c^ne de Saint-Denis-de-Mailloc.

VIEUX-MÉNAGE (LE), h. c^ne de la Cambe.

VIEUX-MÉNARD (LE), h. c^ne de Sainte-Marie-Laumont.

VIEUX-MOULIN (LE), h. c^ne de Formentin.

VIEUX-PONT ou VIEUX-PONT-EN-AUGE, c^ne de Saint-Pierre-sur-Dive. — *Viez-Pont*, 1155 (Wace, rom. de Rou). — *Vetus Pons*, 1180 (magni rotuli, p. 7, 2). — *Viepont*, 1579 (*ibid.* p. 47, 3). — *Vielpont*, 1730 (temp. de Lisieux).

Par. de Saint-Aubin, deux cures; patr. l'abbé de Saint-Désir de Lisieux et l'abbé de Saint-Pierre-sur-Dive. Dioc. de Lisieux, doy. du Mesnil-Mauger. Génér. d'Alençon, élect. de Falaise, sergent. de Saint-Pierre-sur-Dive.

Ancienne baronnie mouvante de la vicomté de

Falaise, tenue par Jean de Vieux-Pont en 1586 (papier terrier de Falaise); quart de fief noble dit *de la Cornelière*, relevant du roi, sis à Vieux-Pont, dépendant du marquisat d'Oillamson. Membre de fief, appelé *la Roullière*, mouvant de la vicomté de Falaise (*ibid.*).

VIEUX-PONT (LE), h. c^{ne} de Carcagny.

VIEUX-PONT (LE), h. c^{ne} de Mondeville.

VIEUX-PONT (LE), h. c^{ne} de Nonant.

VIEUX-PONT (LE), vill. c^{ne} de Surrain.

VIEUX-PONT (LE), h. c^{ne} de Tessy.

VIEUX-PONT (LE), h. c^{ne} de Vaux-sur-Seulle.

VIEUX-PRESBYTÈRE (LE), vill. c^{ne} de Cricqueville.

VIEUX-PRESBYTÈRE (LE), q. c^{ne} du Molay.

VIEUX-ROMILLY (LE), h. c^{ne} de Saint-Germain-du-Pert. — *Rumilleium*, 1155 (ch. de fond. de l'abb. d'Aunay).

VIEUX-RUTH (LE), h. c^{ne} de Clinchamps (Vire).

VIEUX-SAINT-MARTIN (LE), h. c^{ne} de Livry.

VIÉ-VILLE (LA), h. c^{ne} de Mandeville.

VIÉ-VILLE (LA), h. c^{ne} du Tourneur.

VIGAN, h. c^{ne} de Notre-Dame-de-Fresnay.

VIGANNERIE ou VIGAGNERIE (LA), h. c^{ne} de Pontfol. — Manoir et fief.

VIGEON (LE), h. c^{ne} de la Bigne.

VIGNATS, c^{on} de Morteaux-Coulibœuf. — *Vinacum*, 1090 (Orderic Vital, liv. VIII, p. 691). — *Vinaz*, 1155 (Wace, rom. de Rou). — *Vinatium*, 1165 (ch. de Troarn). — *Vinaz*, 1209 (*ibid.*). — *Vinaicum, Sancta Maria de Veteri Vinacio*, 1257 (ch. de l'abb. de Vignats, n° 81.)

Par. de Notre-Dame, patr. l'abbé de Vignats. Dioc. de Séez, doy. de Falaise. Génér. d'Alençon, élect. et sergent. de Falaise.

Prieuré de Sainte-Marguerite de Vignats, fondé vers 1130 par Guillaume Talvas, érigé en abbaye en 1625; château, siège de la baronnie des comtes de Montgommery. Fief *Belléme*, aujourd'hui *Lieu-de-la-Motte*; deux autres fiefs, nommés *le Fief* et *le Crosnier*.

VIGNAYE (LA), h. c^{ne} de Ducy. — Ancien fief.

VIGNE (LA), h. c^{ne} de Campagnolles.

VIGNE (LA), h. c^{ne} de Culey-le-Patry.

VIGNE (LA), h. c^{ne} de Fervaques.

VIGNE (LA), h. c^{ne} de Grangues.

VIGNE (LA), h. c^{ne} de Notre-Dame-d'Estrées.

VIGNÉ (LE), h. c^{ne} de Saint-Manvieu (Vire).

VIGNÉE (LA), h. c^{ne} de Sainte-Honorine-de-Ducy. — Ancien fief.

VIGNERIE (LA), h. c^{ne} de Notre-Dame-de-Courson.

VIGNES (LES), h. c^{ne} de Clinchamps (Vire).

VIGNES (LES), h. c^{ne} de Grand-Mesnil.

VIGNES (LES), h. c^{ne} de Livry.

VIGNES (LES), h. c^{ne} de Montpinçon.

VIGNES (LES), h. c^{ne} de Montvielte.

VIGNES (LES), h. c^{ne} d'Ouézy.

VIGNET (LE), h. c^{ne} de Colleville.

VIGNET (LE), h. c^{ne} de Formigny.

VIGNET (LE), f. c^{ne} de Grandcamp.

VIGNET (LE), h. c^{ne} de Saint-Manvieu.

VIGNET (LE), h. c^{ne} de Surrain.

VIGNETS (LES), h. c^{ne} de la Cambe.

VIGNETS (LES), h. c^{ne} de Formigny.

VIGNETTE (LA), h. c^{ne} de Tour.

VIGNETTES (LES), h. c^{ne} de Cartigny-Tesson.

VIGNETTES (LES), h. c^{ne} d'Hermival-les-Vaux.

VIGNETTES (LES), h. c^{ne} de Sept-Vents.

VIGNEUSE (LA), h. c^{ne} de Saint-Ymer.

VIGNEY (LE), h. c^{ne} de Colleville-sur-Mer.

VIGNONNERIE (LA), h. c^{ne} de Jurques.

VIGNONNIÈRE (LA), h. c^{ne} de Culey-le-Patry.

VIGNONNIÈRE (LA), h. c^{ne} de Pierrefitte.

VIGNONNIÈRE (LA), h. c^{ne} de Roullours.

VIGNONNIÈRE (LA), petit ruiss. affl. de l'Orne.

VIGNOT (LE HAUT-), h. et f. c^{ne} de Castilly.

VIGNOT (LE), h. c^{ne} de Planquery.

VIGON, f. c^{ne} de Saint-Martin-de-Fresnay.

VIGUERIE (LA), h. c^{ne} de Notre-Dame-de-Courson.

VILAINERIE (LA), h. c^{ne} de Moyaux.

VILAMBERT, h. c^{ne} de Saint-Gatien.

VILAYE (LA GRANDE et LA PETITE-), h. c^{ne} de Friardel.

VILLA-DE-LA-PLAGE (LA), m^{on}, c^{ne} de Villers-sur-Mer.

VILLAGE (LE GRAND et LE PETIT-), h. c^{ne} d'Asnelles.

VILLAGE (LE), h. c^{ne} de la Boissière.

VILLAGE (LE), q. c^{ne} de Brouay.

VILLAGE (LE), h. c^{ne} de Jurques.

VILLAGE (LE), h. c^{ne} de Léaupartie.

VILLAGE (LE), h. c^{ne} de Montvielte.

VILLAGE (LE), f. c^{ne} de Ranchy.

VILLAGE (LE), h. c^{ne} de Saint-Vigor-le-Grand.

VILLAGE-AU-CORNU (LE), h. c^{ne} de Lassy.

VILLAGE-AUX-BOTTENTUITS (LE), h. c^{ne} de Saint-André-d'Hébertot.

VILLAGE-AUX-DUBOIS (LE), h. c^{ne} de Saint-Julien-sur-Calonne.

VILLAGE-AUX-DURAND (LE), h. c^{ne} de Saint-Julien-sur-Calonne.

VILLAGE-AUX-GALANTS (LE), h. c^{ne} du Mesnil-Germain.

VILLAGE-AUX-RABELS (LE), h. c^{ne} de St-André-d'Hébertot.

VILLAGE-AUX-VASES (LE), h. c^{ne} de Saonnet.

VILLAGE-AUX-VIEUX (LE), h. c^{ne} de Castilly.

VILLAGE-DE-LA-MER (LE), h. c^{ne} de Basseneville.

VILLAGE-DE-LA-MER (LE), h. c^{ne} de Sainte-Marie-Laumont.

VILLAGE-DE-L'ÉGLISE (LE), h. c^ne de Basseneville.

VILLAGE-DE-L'ÉGLISE (LE), h. c^ne de Genneville.

VILLAGE-DE-L'ÉGLISE (LE), h. c^ne de Saint-Gatien.

VILLAGE-DU-MARAIS (LE GRAND et le PETIT-), h. c^nes de Meuvaines.

VILLAGE-FREMENT (LE), h. c^ne de Courson.

VILLAGE-GOUBAUD (LE), h. c^ne de Genneville.

VILLAGE-NOYER (LE), h. c^ne d'Ablon.

VILLAINES (LES), h. c^ne de Saint-Benoît-d'Hébertot.

VILLAINNIÈRE (LA), h. c^ne du Mesnil-Auzouf.

VILLAINS (LES), vill. c^ne de Baron.

VILLAIS (LE HAUT et LE BAS-), h. c^ne de la Vacquerie.

VILLANDERIE (LA), h. c^ne de la Folie.

VILLAUNAY, h. et f^e, c^ne d'Auquainville.

VILLAUNE (LA), h. c^ne de Courson.

VILLAYE (LA GRANDE et LA PETITE-), h. c^ne de Friardel.

VILLE (QUARTIER DE LA), h. c^ne de Campigny.

VILLE (LA), h. c^ne d'Espins.

VILLE (LA), h. c^ne d'Étreham.

VILLE (LA), h. c^ne de Longues.

VILLE (LA), h. c^ne de Maisoncelles-Pelvey.

VILLE (LA), h. c^ne de Placy.

VILLE (LA), h. c^ne de Saint-Manvieu.

VILLE-DE-GENNES (LA), h. c^ne de Saint-Martin-de-Blagny. — *Vallée de Gênes*, 1848 (état-major).

VILLEMER (LE), h. c^ne de Saint-Germain-de-Tallevende.

VILLENEUVE (LA), h. c^ne de Beaumesnil.

VILLENEUVE (LA), h. c^ne de Burcy.

VILLENEUVE (LA), h. c^ne de Caumont (Bayeux).

VILLENEUVE (LA), h. c^ne de Clécy.

VILLENEUVE (LA), h. c^ne de Clinchamps (Vire).

VILLENEUVE (LA), h. c^ne de Courtonne-la-Ville.

VILLENEUVE (LA), h. c^ne d'Esquay-sur-Seulle.

VILLENEUVE (LA), f. c^ne de Hottot.

VILLENEUVE (LA), h. c^ne de Landelles.

VILLENEUVE (LA), h. c^ne du Mesnil-Auzouf.

VILLENEUVE (LA), h. c^ne de Notre-Dame-de-Livet.

VILLENEUVE (LA), h. c^ne d'Ouézy.

VILLENEUVE (LA), h. c^ne de la Rocque.

VILLENEUVE (LA), h. c^ne de Rots.

VILLERAY, chât. et f^e, c^ne des Moutiers-en-Cinglais.

VILLERS, territoire de Caen, formant autrefois la paroisse Saint-Ouen (Saint-Ouen de Villers). — *Villarium*, 1077 (ch. de Saint-Étienne). — *Ecclesia sanctis Audoeni de Villarüs*, 1083 (*ibid.*). — *Vilers*, 1090; — *territorium Villarense*, 1190 (*ibid.*).

VILLERS, h. c^ne de Donnay.

VILLERS, h. c^ne de Glos.

VILLERS, h. c^ne de Maisoncelles-Pelvey.

VILLERS-BOCAGE, c^ne chef-lieu de canton, arrond. de Caen. — *Villiers en Boscaige*, 1365 (fouages fran-

çais, p. 14). — Fief Saint-Martin de *Villers en Boscage*, 1484 (arch. nat. P. 272, n° 130). — *Villiers-en-Bosquage*, 1411 (*ibid.* P. 277, n° 244). — *Villiers en Boscage*, 1418 (rôles de Bréquigny, n° 818, p. 142). — *Villers au Boscage*, 1710 (carte de de Fer).

Par. de Saint-Martin, patr. l'abbé d'Aunay. Chapelles de Saint-Jacques et Saint-Romphaire. Dioc. de Bayeux. Génér. et élection de Caen. Siège d'un doyenné et d'une sergenterie.

Le prieuré et l'Hôtel-Dieu qui subsiste encore et a conservé une grande partie de ses terres ont été fondés par Jeanne de Bacon, châtelaine de l'Isle, en 1366. L'hospice fut d'abord administré par des religieux. Le 26 juin 1643, Mgr d'Angennes y établit un monastère de religieuses bénédictines.

La sergenterie de Villers-Bocage s'étendait à Villers-Bocage, Tessel, Noyers, Coulvain, Jurques, le Locheur, Mondrainville, Coisnières, Mouen, Grainville, Tourville, Amayé-sur-Seulle, Tournay, Maisoncelles, Épinay-sur-Odon, Verson, Tracy, Vendes, Monts, Parfouru, Cahaignes, Saint-Pierre-sous-Aunay, Billy, Missy, les Louvellières, Bretteville-sur-Bordel, Saint-Louet, Saint-Georges-d'Aunay.

Le doyenné de Villers-Bocage comprenait trente et une paroisses : Amayé-sur-Seulle, Anctoville, jadis Coisnières (*ecclesia de Coisneriis*), la Bigne, Cahagnes, Campeaux, Coulvain, Dampierre, la Ferrière-au-Doyen, la Ferrière-Harang, Feuguerolles-sur-Seulle, le Fresne, Jurques, Livry (la plus grande partie des dîmes de cette paroisse appartenait à l'abbaye de Saint-Wandrille), les Loges, Longvillers, Maisoncelles-Pelvey, Malloué, Mont-Bertrand, Saint-Georges près Aunay, Saint-Germain-d'Ectot, Saint-Jean-des-Essartiers, Saint-Louet-sur-Seulle, Saint-Martin-des-Besaces, Saint-Martin-de-Villers, Saint-Ouen-des-Besaces, Sept-Vents, Sermentot, Torteval (de l'exemption de Saint-Étienne de Caen), Tracy-Bocage et Villy.

La seigneurie de Villers-Bocage relevait de l'évêché de Bayeux.

Le fief assis à Villers, plein fief de chevalier, s'étendait aux paroisses de Maisoncelles-Pelvey, de Neuilly-le-Malherbe et de Savenay; quart de fief assis à Maisoncelles, relevant de la seigneurie de Villers.

VILLERS-CANIVET, c^on de Falaise (nord). — *Sancta Maria de Vileriis le Keniveth*, 1184 (ch. de Villers-Canivet, 254). — *Vileriæ, Vilers*, 1198 (magni rotuli, p. 10). — *Villers l'Abbéie*, 1303 (ch. de l'abbaye). — *Villares le Quænivet*, 1303 (*ibid.*

281). — *Villers Canivetum*, 1326 (*ibid.* 302). — *Villers de Quennyvet*, 1365 (*ibid.*). — *Villiers de Quenivet*, 1391 (*ibid.* 347). — *Villers le Canyvet*, 1584 (*ibid.*). — *Villiers Canivet*, 1675 (carte de Petite).

Par. de Saint-Vigor, aujourd'hui Saint-Jacques; patr. l'abbesse de Villers-Canivet, primitivement l'abbé de Saint-Évroult. Léproserie. Dioc. de Séez, doy. de Villers-Bocage. Génér. d'Alençon, élect. de Falaise, sergent. de Thury.

L'abbaye de Villers-Canivet, fondée pour des religieuses de Cîteaux par Roger de Montbray, fut qualifiée plus tard d'abbaye royale. — *Moniales de Kenivet, Villers Kenivet*, 1195 (magni rotuli, p. 40, 2).

VILLERS-SUR-GLOS, c^{ne} réunie à Glos en 1825. — *Villaria, Vilers in Algia*, 1190 (cart. de Saint-Étienne). — *Villaria*, xive s^e; *Villula*, xvie s^e (pouillé de Lisieux, p. 24).

Prébende de Notre-Dame de Villers avec haute, moyenne et basse justice sur les paroisses de Glos et de Villers; patr. l'évêque de Lisieux. Dioc. de Lisieux, doy. de Moyaux. Génér. d'Alençon, élect. de Lisieux, sergent. de Moyaux.

La seigneurie de Villers, dont le chef était assis en cette paroisse, mouvait du domaine d'Auge, ressortissant à la vicomté de Falaise. Un autre fief assis à Villers, nommé le *fief de la Motte*, relevait du domaine d'Auge. De Villers-sur-Glos relevaient les fiefs de *la Quèze*, de *Grosmesnil*, du *Boulley*, de *la Blanche-Porte*.

VILLERS-SUR-MER, c^{ne} de Dozulé. — *Villaria supra Mare*, 1282 (cart. norm. n° 996, p. 256). — *Sanctus Martinus de Villaribus*, 1320 (lib. rub. Troarn. p. 166). — *Villare supra Mare*, xive s^e (*ibid.*).

Par. de Saint-Martin, deux cures; patr. les Mathurins de Saint-Jacques, le seigneur du lieu. Dioc. de Lisieux, doy. de Beaumont. Génér. de Rouen, élect. de Pont-l'Évêque, sergent. de Beaumont.

Fief de *Saint-Martin*, relevant de la sergenterie de Honfleur.

VILLERVILLE, c^{on} de Pont-l'Évêque. — *Willer-villa*, 1195 (magni rotuli, p. 78). — *Villervilla* (ch. de 1287 citée dans le pouillé de Lisieux). — *Villers-Ville*, 1703 (d'Anville, dioc. de Lisieux).

Par. de Notre-Dame, patr. le seigneur du lieu. Dioc. de Lisieux, doy. de Honfleur. Génér. de Rouen, élect. de Pont-l'Évêque, sergent. de Touque.

Quart de fief mouvant de la vicomté d'Auge, d'où relevaient le fief de *Gisé*, assis en la paroisse de Villerville, et en chef à Saint-Pierre-soubz-Dive, 1450 (arch. nat. P. 272, n° 145), le fief de *Giverville*,

à Saint-Arnoult, 1620 (fiefs de la vicomté d'Auge), et le fief *Gilly*, 1620 (*ibid.*).

VILLETTE (LA), c^{on} de Thury-Harcourt. — *Vileta*, 1198 (magni rotuli, p. 43, 2).

Par. de Saint-Sauveur et Sainte-Trinité, aujourd'hui la Transfiguration; patr. l'abbé de Saint-Vincent du Mans et l'abbé de Fontenay. Dioc. de Bayeux, doy. de Vire. Génér. de Caen, élect. de Vire, sergent. de Saint-Jean-le-Blanc.

VILLETTE (LA), f. c^{ne} de Meslay.

VILLETTES (LES), h. c^{ne} de Roucamps.

VILLIÈRE (LA), h. c^{ne} d'Arclais.

VILLIÈRE (LA), h. c^{ne} de Carville.

VILLIÈRE (LA), h. c^{ne} de Coulonces.

VILLIÈRE (LA), h. c^{ne} de Lassy.

VILLIÈRE (LA), h. c^{ne} de Presles.

VILLIERS, h. c^{ne} du Manoir.

VILLIERS-LE-SEC, c^{on} de Ryes. — *Villare Siccum*, xive s^e (livre pelut de Bayeux). — *Villiers le Sèq*, 1371 (visite des forteresses).

Par. de Saint-Laurent, patr. l'abbé de Fécamp. Dioc. de Bayeux, doy. de Creully. Génér. de Caen, élect. de Bayeux, sergent. de Graye. Châtellenie, fief de haubert relevant du roi; autre fief relevant de la baronnie de Creully par quart de fief de chevalier.

VILLIERS-SUR-PORT, c^{ne} réunie à Huppain en 1824. — *Villiers sur Port*, 1371 (visite des forteresses).

Par. de Saint-Nicolas, patr. le seigneur du lieu. Dioc. de Bayeux, doy. des Veys. Génér. de Caen, élect. de Bayeux, sergent. de Tour.

VILLODON, h. c^{ne} de Tournay-sur-Odon. — Huitième de fief de chevalier dépendant de la baronnie du Plessis-Grimoult, dont relevait le grand fief *Renault* dit *Castel*. Il se divisait en deux parties, relevant de Saint-Pierre-la-Vieille.

VILLONIÈRE (LA GRANDE et LA PETITE-), h. c^{ne} de Presles.

VILLONNIÈRE (LA), h. c^{ne} de Roullours.

VILLONS, h. c^{ne} d'Anisy.

VILLONS-LES-BUISSONS, c^{on} de Creully. — *Villons prope dumos, Willum, Willon*, 1086 (cartul. de la Trinité, f° 20). — *Wilones, Willones*, 1241 (*ibid.* 110). — *Willon*, 1305 (ch. de l'abb. d'Ardennes, n° 379). — *Buissons les Villons*, xviiie siècle (Cassini).

Par. de Saint-Pierre, patr. le duc de Normandie. Dioc. de Bayeux, doy. de Creully. Génér. et élect. de Caen, sergent. de Bernières. Elle est réunie pour le culte partie à Cairon et partie à Cambes. Léproserie.

VILLORIE (LA), h. c^{ne} de Courson.

VILLY, c^{on} de Falaise. — *Villeium*, 1190 (ch. de Saint-

Étienne). — *Willeium*, 1198 (magni rotuli scacc. p. 44). — *Villie*, 1227 (ch. de l'abb. d'Ardennes, 132). — *Veilleyum, Sanctus Martinus de Veilleyo*, 1268 (ch. de Saint-André-en-Gouffern, n° 348). — *Veilleium*, 1277 (cartul. norm. n° 905, p. 219). — *Villeyum*, xv° siècle (taxat. decim.). — *Villye*, 1453 (arch. nat. P. 271, n° 193).

Par. de Saint-Martin, puis Saint-Lubin, aujourd'hui Notre-Dame; patr. l'abbé de Saint-André-en-Gouffern. Dioc. de Séez, doy. de Falaise. Génér. d'Alençon, élect. et sergent. de Falaise.

Villy formait avec Vesqueville et, Damblainville une baronnie qui s'étendait aux paroisses d'Olendon, Épaney et Sassy, relevant de la vicomté de Falaise. *Ingy*, quart de fief assis à Villy, s'étendait à Sermentot, 1585 (papier terrier de Falaise). Fief de *Beauvais* à Villy, 1392 (ch. de Saint-Jean de Falaise, n° 235).

VILLY, h. c^ne de Deux-Jumeaux.

VILLY-BOCAGE, c^on de Villers-Bocage. — *Villeium*, 1204 (ch. de l'abb. d'Aunay). — *Villie*, 1365 (fouages français, 127).

Par. de Saint-Hilaire; patr. 1° le seigneur de Vauville; 2° le seigneur de Villy; 3° le roi. Les deux premières portions de cette cure avaient été réunies en 1747. Dioc. de Bayeux, doy. de Villers-Bocage. Génér. et élect. de Caen, sergent. de Villers.

Les fiefs de *Villy* et *Vauville* avaient leur chef assis à Villy, ainsi que ceux de *Montbosc*, de *Focq* et d'*Ingy*. Ils relevaient de l'évêque de Bayeux, à cause de la baronnie de Saint-Vigor-le-Grand, 1475 (av. du temp. de l'év. de Bayeux). Château à l'ouest duquel est le hameau appelé *Pierrelée*, nom tiré de la «Pierre levée» qui se trouve dans le vallon.

VIMONDELLIÈRE (LA), h. c^ne de Saint-Martin-de-Tallevende.

VIMONDERIE (LA), vill. c^ne de Feuguerolles-sur-Seulle.

VIMONDIÈRE (LA), h. c^ne d'Estry.

VIMONT, c^on de Troarn. — *Wimont, Wilmundus, Vuilmont*, xiii° siècle (livre blanc de Troarn). — *Vemons*, 1234 (lib. rub. Troarn. f° 25). — *Wimundus*, 1269 (cartul. norm. p. 174). — *Vymont*, 1455 (aveu de Robert de Troarn).

Par. de Notre-Dame, patr. le seigneur du lieu. Dioc. de Bayeux, doy. de Troarn. Génér. et élect. de Caen, sergent. du Verrier.

Fief de *Vimont* et *Maisy*, relevant du roi à cause de la baronnie de Saint-Sylvain, érigée en 1667.

VIMOUTIERS (DOYENNÉ DE).

Ce doyenné, qui faisait partie de l'archidiaconé de Gacé, au diocèse de Lisieux, avait son siège à

Vimoutiers (Orne). Il se composait des paroisses du Mesnil-Hubert, de la Fresnaye-Fayel, Aubri-le-Pantou, Roiville, Saint-Pierre-de-la-Rivière, Neuville-sur-Touque, Samesle, Ticheville, la Croupte, le Bosc-Regnault, Pont-Chardon, Avernes, Saint-Gourgon, Vimoutiers, le Renouard, les Champeaux-en-Auge, Camembert, Guergesale, Saint-Cyr-d'Estrancourt, Orville, Pont-de-Vie, Canappeville Saint-Aubin, les Astelles, Sainte-Croix-du-Mesnil-Goufry, la chapelle du Bosc-Regnault, la chapelle de Saint-Agapit et de Saint-Valentin à Canappeville. Les prieurés de Ticheville, de la Croupte et des Astelles en dépendaient également.

VINENDIÈRE (LA), h. c^ne de Truttemer-le-Grand.

VINCENT, h. c^ne de Campeaux.

VINCENTS (LES), h. c^ne de Brémoy.

VINCENTS (LES), h. c^ne de Rully.

VINGT-DAIMS (LES), h. c^ne de Banneville-sur-Ajon. — *Windine, Windingis, Windic*, 1232 (chartes de l'abb. d'Aunay).

VION, h. c^ne de Banneville. — *Wion*, 1250 (ch. de Barbery, 22).

VIONNIÈRE (LA), h. c^ne de la Vacquerie.

VIPARDERIE (LA), h. et f. c^ne de Manerbe.

VIQUEUX (LE), h. c^ne de Castilly.

VIQUEUX (LE), q. c^ne des Oubeaux.

VIRAINE (LA), h. c^ne de Saint-Germain-de-Tallevende.

VIRAINE (LA), f. c^ne de Saint-Sever.

VIRE, ville ch.-l. de c^on et d'arrond. capitale du Bocage. — *Vira*, 1082 (cartul. de la Trinité). — *Castrum Viriæ*, 1210 (cartul. normand, n° 209, p. 32). — *Viriæ Castrum*, 1230 (cartul. de Troarn). — *Vile, chastel de Vile* (livre blanc de Troarn). — *Vyre*, 1371 (visite des forteresses).

Par. de Notre-Dame, dédiée en 1272; patr. l'abbé de Troarn. Sainte-Anne, autrefois simple chapelle, dépendant du doyenné du Val-de-Vire, faisait partie du diocèse de Coutances; patr. le roi; église de Saint-Thomas, regardée comme la plus ancienne succursale de Notre-Dame; chapelle de Saint-Maur, dite *chapelle aux Payens*, avec titre de prieuré; chapelle de Saint-Roch, prieuré de Saint-Nicolas. Dioc. de Bayeux; siège d'un doyenné, d'une élection et d'une sergenterie.

Les fiefs du *Buc* et du *Theil* relevaient de la vicomté de Vire, 1608 (ch. des comptes de Rouen).

Les établissements religieux de Vire sont : l'hôpital général, desservi par les sœurs de Saint-Louis. Cet hôpital avait été établi en 1683 par Louis XIV dans l'ancien couvent des Ursulines. La nouvelle église fut achevée en 1713.

L'Hôtel-Dieu, qui existait déjà au xii° siècle, était

administré par un prieuré de Sainte-Anne, dépendant de l'évêché de Coutances. Plus tard, il fut gouverné par des dames chanoinesses régulières de Saint-Augustin qui en prirent possession l'an 1661. La fondation de ce couvent date de 1491; elle est due à Thomas de Bordeaux et à sa femme Jeanne de Bège.

Les Capucins s'établirent à Vire en 1623, sur un terrain donné par Jean Halbout, conseiller assesseur au bailliage de Vire.

Les Ursulines de la congrégation de Paris, sorties de la maison de Falaise, furent établies à Vire en 1631. Elles doivent leur fondation à Claude du Rozel, abbé commendataire de Saint-Sever, et à demoiselle Avoye, sa sœur.

La sergenterie noble et héréditaire de la ville et banlieue de Vire, quart de fief, comprenait Notre-Dame de Vire, Saint-Germain-de-Tallevende, Saint-Martin-de-Tallevende, Coulonces, Neuville, Vaudry, Roullours, la Lande-Vaumont, 1608 (av. de la vicomté de Vire).

Trois portes donnaient anciennement accès à la ville. Elles étaient munies de herses et de ponts-levis; d'épaisses murailles étaient défendues aux angles par de grosses tours à mâchicoulis.

Le doyenné de Vire comprenait les cinquante-trois paroisses suivantes : Arclais (Saint-Samson), Beaulieu, le Bény, Bernières-le-Patry, Brémoy, Burcy, Campandré, Carville, Cauville, la Chapelle-Engerbold, Chênedollé, Clécy, Culey-le-Patry, Danvou, le Désert, Estry, la Ferrière, la Graverie, Lacy, Lesnault, Maisoncelles-la-Jourdan, Maisoncelles-Saint-Denys, le Mesnil-Ozouf, Moncy, Montamy, Montchamp, Montchauvet, Neuville, Ondefontaine, Périgny, Pierres, le Plessis-Grimoult, Pontécoulant, Presles, le Reculey, la Rocque, Roucamps, Roullours, Rully, Saint-Germain-du-Crioult, Saint-Jean-le-Blanc, Saint-Lambert, Saint-Vigor-des-Mézerets, Tarentaine, le Teil, le Tourneur, Truttemer, Vassy, Vaudry, la Vieille, Viessoix, la Villette et Vire.

La vicomté de Vire, ressortissant au bailliage de Caen, se composait de 7 sergenteries : Vire, ayant 5 paroisses; le Tourneur, 22; Vassy, 19; Saint-Jean-le-Blanc, 25; Pont-Farcy, 21; Saint-Sever, 16; Condé-sur-Noireau, 15.

Par suite de l'organisation départementale du 5 février 1790, Vire, chef-lieu de district, comprenait les cantons de la Ferrière-au-Doyen, Aunay, Danvou, Condé-sur-Noireau, Vassy, Vire, Saint-Sever, Pont-Farcy, le Bény-Bocage.

VIRE (LA), riv. appartenant aux deux départements du Calvados et de la Manche. — *Viria, Vallis fluvii qui Viria dicitur,* vi° siècle (act. Sanct. t. I, p. 188, vita sancti Severi episcopi Abrincensis). — *Wire,* 1198 (magni rotuli, p. 272). — *Viria,* 1277 (cartul. norm. n°. 904, p. 218).

La Vire naît au pied de la butte de Brimballe, c° de Saint-Sauveur-de-Chaulieu (Manche), arrive dans le Calvados par Truttemer-le-Petit; elle arrose Truttemer-le-Grand, Maisoncelles-la-Jourdan, Roullours, Saint-Germain-de-Tallevende, Vire, Saint-Martin-de-Tallevende, Neuville, Coulonces, la Graverie, Étouvy, Sainte-Marie-Laumont, Carville, Campeaux, Saint-Martin-Don, Malloué, Pont-Bellenger, Bures, Pleines-OEuvres, Sainte-Marie-outre-l'Eau et Pont-Farcy. Elle rentre ensuite dans le département de la Manche près d'Isigny, va se jeter par une large embouchure dans la Manche, où elle forme avec l'Aure un grand golfe appelé *la Baie des Veys*. Elle est navigable jusqu'à Pont-Farcy. Ses affluents sont la Virène et l'Allière, grossies du Viessoix : l'une à gauche, ayant pour affluents les rivières de Roucamps, de Maisoncelles et de la Brévogne; l'autre, à droite, près de Vire, recevant la Dathée, la Souleuvre, qui s'y joint près de Campeaux; l'Elle, qui s'y réunit au point où elle devient limite entre les départements du Calvados et de la Manche; l'Aure inférieure, qui y verse ses eaux au-dessous d'Isigny après avoir reçu elle-même celles de la Tortonne et celles de l'Esques, près de Canchy.

VIRÈNE (LA), riv. affl. de la Vire, à gauche. — *Vironus* (Masson, de fluminibus Galliæ; — act. Sanct. t. I, p. 188).

Née dans le département de l'Orne à Saint-Martin-de-Chaulieu, elle baigne sur le Calvados Saint-Germain et Saint-Martin-de-Tallevende; là, elle se réunit à la Vire.

VIRY, h. c° de Cottun.

VISSIÈRE (LA), h. c° de Saint-Sever.

VITAINIÈRE (LA), h. c° de Roullours.

VITARDERIE (LA), h. c° de Saint-Ouen-des-Besaces.

VITARDIÈRE (LA), h. c° de Livry.

VITET, h. c° de Manerbe.

VITETS (LES), h. c° de Tourville.

VITOIRES ou VITOUARDS, fontaines ou ruisseaux intermittents, existant sur plusieurs points du département à Mathieu, Ernes, etc.

VITONNIÈRE (LA), h. c° de Presles.

VITRÉ, h. c° de Crocy.

VITRESEUL, h. c° de Crocy. — *Manoir de Vitreçol,* 1160 (cartul. de Troarn). — *Vitrecheul in parrochia de Croceio,* 1251 (ch. de Saint-André-en-

Gouffern, n° 826). — *Vitrechel*, 1286 (*ibid.* n° 717).

Vives-Terres (Les), h. c⁰ᵉ de Cartigny-l'Épinay.

Vives-Terres (Les), f. c⁰ᵉ de Saint-Denis-de-Mailloc.

Vivien, f. c⁰ᵉ de Maisoncelles-sur-Ajon.

Vivier (Le), h. c⁰ᵉ de Bonneville-la-Louvet.

Vivier (Le), h. c⁰ᵉ du Breuil.

Vivier (Le), h. c⁰ᵉ de Campeaux.

Vivier (Le), h. c⁰ᵉ de Castillon (Bayeux). — Fief réuni en 1768 au marquisat de Tilly.

Vivier (Le), h. c⁰ᵉ de Clarbec.

Vivier (Le), f. c⁰ᵉ de Crouay.

Vivier (Le), h. c⁰ᵉ de la Hoguette.

Vivier (Le), h. c⁰ᵉ de Mouen.

Vivier (Le), h. c⁰ᵉ de Noron (Falaise).

Vivier (Le), f. c⁰ᵉ de Saint-Gatien.

Vivier (Le), h. c⁰ᵉ de Saint-Julien-de-Mailloc.

Vivier (Le), h. c⁰ᵉ de Sainte-Marie-outre-l'Eau.

Vivier (Le), m⁰, c⁰ᵉ de Thaon.

Vivier (Le), h. c⁰ᵉ de Vassy.

Vivier-Piret (Le), h. c⁰ᵉ de Saint-Manvieu (Vire).

Viviers (Les), h. c⁰ᵉ de Gonneville-sur-Merville.

Vloquier (Le), h. c⁰ᵉ de Bauquay.

Vloquier (Le), h. c⁰ᵉ du Mesnil-au-Grain.

Vogny, h. c⁰ᵉ de Saint-Marc-d'Ouilly. — *Voigny*, huitième de fief, dont le chef était assis à Saint-Marc-d'Ouilly et relevait de Thury-Harcourt.

Voie-au-Roi (La), h. c⁰ᵉ de Longues.

Voie-aux-Moines (La), delle de la baronnie de Rots, 1666 (papier terrier de Rots).

Voie-Contière (La), h. c⁰ᵉ de Cormolain.

Voie-d'Osier (La), h. c⁰ᵉ de Touque.

Voie-Fourche (La), h. c⁰ᵉ de Ver.

Voirie (La), h. c⁰ᵉ de la Hoguette.

Voisinière (La), h. c⁰ᵉ de Clinchamps (Vire).

Voislemer ou Voismer, ancienne commanderie des Templiers établie au xiiiᵉ siècle à Bretteville-le-Rabet et supprimée en 1307. — *Vallis Vimerii*, *Vaymer*, 1307 (mobilier de la maison du Temple). — *Commanderie de Voimoy*, 1675 (carte de Petite).

Voit (Le), h. c⁰ᵉ de Landelles.

Vomicel, f. c⁰ᵉ de Fierville. — Ancien manoir.

Vorcent (Le), h. c⁰ᵉ de la Chapelle-Haute-Grue.

Vory (Le), h. c⁰ᵉ de Montchauvet.

Vosges (Les), h. c⁰ᵉ de Malloué.

Vouacres (Les), h. c⁰ᵉ de Saint-Pierre-de-Mailloc.

Voudrie (La), h. c⁰ᵉ de Chênedollé.

Vouillet, h. c⁰ᵉ de Saint-Martin-de-Sallen.

Vouilly, c⁰ⁿ d'Isigny. — *Vouillye*, 1637 (fief de haubert de l'évêché de Bayeux).

Par. de Notre-Dame, patr. le chapitre de Bayeux. Dioc. de Bayeux, doy. de Couvains. Génér. de Caen, élect. de Bayeux, sergent. d'Isigny.

Les fiefs *Vouilly* et *Haut-Manoir* relevaient chacun par tiers de fief de haubert de la baronnie de Creully; autre fief assis à Vouilly, relevant de la baronnie de Neuilly-l'Évêque; un troisième fief, nommé le *fief d'Oistreham*, relevait de la même baronnie, 1475 (temporel de l'év. de Bayeux). — Du fief de *Vouilly* relevaient ceux de *Béatrix*, de *Prétreville*, de *Hamecourt*, d'*Ifs* et de *la Bazonnière*. — Château de la deuxième moitié du xviiiᵉ siècle.

Y

Yvets (Les), h. c⁰ᵉ de Pleines-OEuvres.

Yvie (L') ou Ruisseau de Valsemé, affl. de la Touque, prenant sa source à Valsemé et traversant les territoires des communes de Saint-Hymer et de Pont-l'Évêque.

Yvonnière (L'), h. c⁰ᵉ de la Vacquerie.

Z

Zinguets (Les), h. c⁰ᵉ de Beaumont (Pont-l'Évêque).

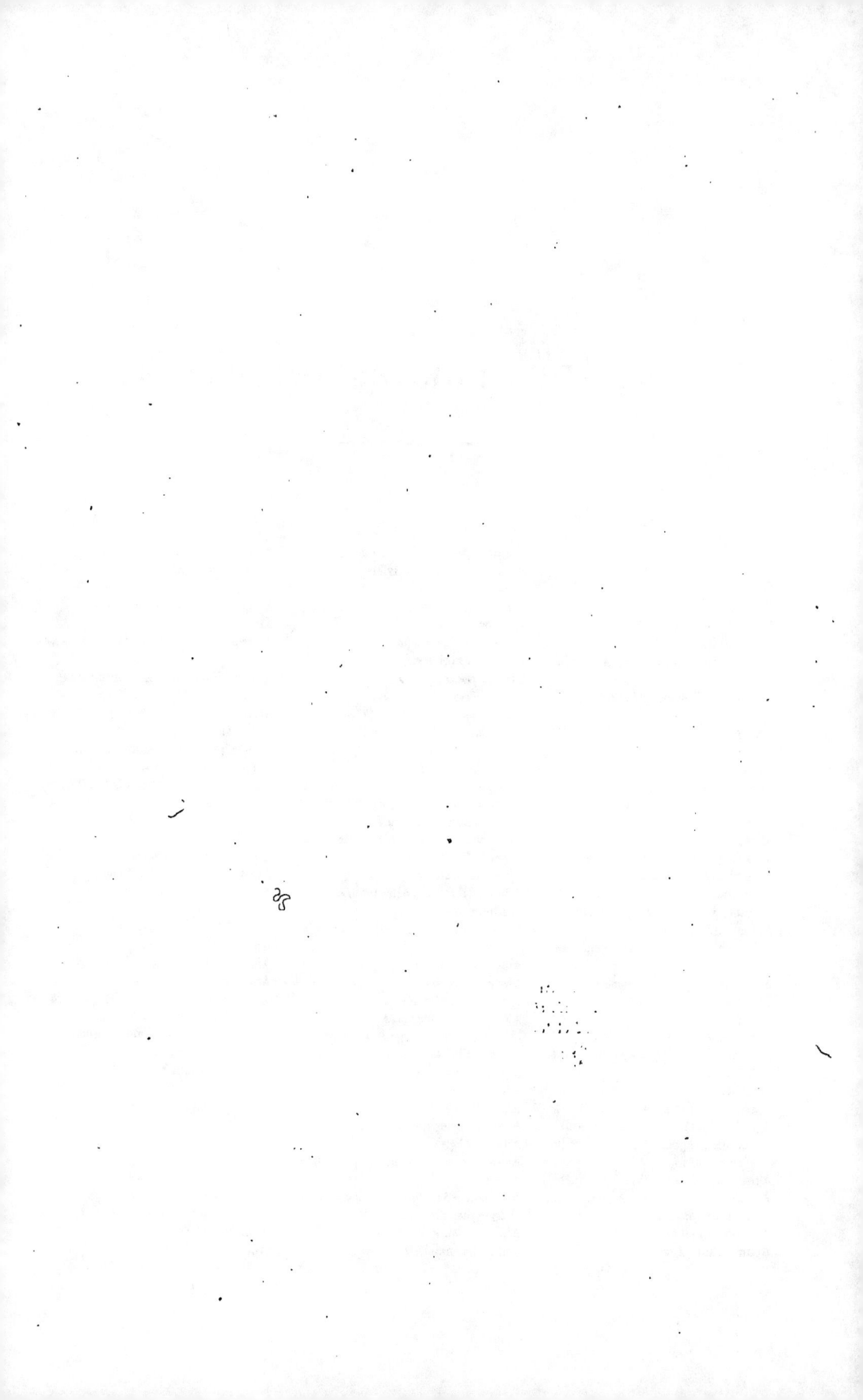

TABLE DES FORMES ANCIENNES.

A

Aagy. *Agy.*
Aasnelles. *Asnelles.*
Aatic. *Athis.*
Abbatis Villa, Abbevilla, Abbeville. *Ableville.*
Abbaye aux Dames. *Abbaye de Sainte-Trinité de Caen.*
Abbaye aux Hommes. *Abbaye de Saint-Étienne de Caen.*
Abelon. *Ablon.*
Abelon, Aberno, Abernon, Abesnon, Abnon, Arbernon, Aubenon. *Abenon.*
Abeneauville. *Beneauville.*
Abonevilla. *Bonneville-sur-Touque.*
Acanvilla. *Auquainville.*
Acart. *Accard.*
Aceium, Acie, Acy. *Assy.*
Acemont. *Assemont.*
Achenivilla, Achenvilla. *Auquainville.*
Achevilla, Acquevilla. *Acqueville.*
Aclotum. *Aclou.*
Adjon. *Ajon.*
Adnebec. *Annebecq.*
Aé (Sanctus Martinus de). *Abbaye de Mondaye.*
Ageium, Agie. *Agy.*
Agernaium, Agerni. *Anguerny.*
Agneaux (Les), Agni. *Les Aigneaux.*
Agnervilla, Agnerville, Agnierville. *Aignerville.*
Agranvilla. *Engranville.*
Aguernaium, Aguerné, Aguerneium, Aguerny. *Anguerny.*
Aguilon. *Aiguillon.*
Agum, Agun. *Agon.*

Aigniaus, Aiguax. *Les Aigneaux.*
Aiguillon. *Éguillon* (rivière).
Aines. *Ernes.*
Airam, Airain. *Airan.*
Airènes. *Éraines.*
Airouville. *Hérouville.*
Aisa. *Laize* (rivière).
Aisson. *Laizon* (rivière).
Aisson. *Esson.*
Aizy. *Aisy.*
Akavilla, Akevilla. *Acqueville.*
Ala, Ale. *Elle* (rivière).
Albavilla. *Ableville.*
Albeignei, Albenhi, Albigneium, Albigneyum, Albigny, Albineium, Albingneium. *Aubigny.*
Albericus le Pantouf, Alberi Vicus. *Aubri-le-Pantou.*
Albodeer. *Halbout.*
Albrai, Albraium, Albreium, Alebrai, Allebraium. *Albray.*
Alchenivilla, Alchenvilla. *Auquainville.*
Aldenec. *Annebecq.*
Aldrèium. *Audrieu.*
Alegot. *Algot* (rivière).
Alemainia, Alemania, Alemaigne, Alemangna, Alemaygne. *Allemagne.*
Alestanvilla. *Létanville.*
Algeia, Algia, Algiensis pagus. *Le pays d'Auge.*
Algo. *Algot* (rivière).
Alleium, Alleyum, Alliacum. *Ailly.*
Alligni. *Aligny.*
Almaicum super Olnam. *Amayé-sur-Orne.*
Almaigne, Almagna, Almangna. *Allemagne.*
Almenechiæ. *Almenêches.*
Almovilla. *Ammeville.*

Alnei, Alneium, Alnetum, Alney. *Aunay-sur-Odon.*
Alneta. *Les Aunayes.*
Alnetum. *Launay-sur-Calonne.*
Alnou. *Aunou.*
Altaria in pago Oximensi. *Les Authieux.*
Altaria Papionis. *Les Authieux-Papion.*
Altaria Putei, les Authieux du Puits. *Les Authieux-sur-Calonne.*
Altaria quæ sunt in Alge, les Authieux en Auge. *Les Autels.*
Altaria super Corbonem. *Les Authieux-sur-Corbon.*
Alteium, Alteyum. *Authie.*
Alti Dumi. *Les Hauts-Buissons.*
Altum villare. *Auvillars.*
Altus Campus. *Champ-Haut.*
Amaicum Sancti Vigoris. *Amayé-sur-Seulle.*
Amaié. *Amayé-sur-Orne.*
Amauvilla. *Osmonville.*
Amay sur Seulle. *Amayé-sur-Seulle.*
Amberville sur Mer. *Auberville.*
Amblainvilla, Amblainville, Amblanivilla. *Damblainville.*
Amblia, Amblida, Amblye. *Amblie.*
Ameville, Ammevilla. *Ammeville.*
Amfernet, Ampfernet. *Anfernet.*
Amfreivilla. *Amfréville.*
Amigny. *Damigny.*
Amondevilla. *Mondeville.*
Andrieu. *Audrieu.*
Andura. *Aure* (rivière).
Anèaux (Les). *Les Aigneaux.*
Anebet. *Annebecq.*
Aneelles, Anelles. *Asnelles.*
Aneriæ. *Asnières.*
Anevilla. *Anneville.*

Basocha, Basoche, Basochia, Basoqua. *La Bazoque.*
Bastebor. *Bastebourg* (prieuré).
Bateria. *La Baterie.*
Batvent, Batventum. *Bavant.*
Bauché, Baucheyum. *Bauquay.*
Bauderie (La). *La Baudellerie.*
Baugé, Baugeium, Baugie. *Baugy.*
Bauguée, Baukeium. *Bauquay.*
Baulx. *Les Baux.*
Baumont: *Beaumont.*
Bavan, Bavant, Baventum. *Bavent.*
Bazochiæ, la Bazoche. *La Bazoque.*
Beata Maria ad Anglicos. *Sainte-Marie-aux-Anglais.*
Beata Maria Ægyptiaca. *L'Égyptienne* (prieuré).
Beata Maria de Blangeio. *Blangy.*
Beata Maria de Fresneio. *Notre-Dame-de-Fresnay.*
Beata Maria de Hamello. *Le Hamel.*
Beata Maria de Liveto. *Notre-Dame-de-Livet.*
Beata Maria de Logiis. *Les Loges.*
Beata Maria de Spinis. *Notre-Dame-d'Épines.*
Beata Maria Losmont. *Sainte-Marie-Laumont.*
Beatus Ciricus de Friardel. *Saint-Cyr-de-Friardel.*
Beaufou. *Beaufour.*
Beaumaner. *Beaumanoir.*
Beaumee, Beaumey, Beaumoys. *Beaumais.*
Beauménil. *Beaumesnil.*
Becqueti Capella. *La Chapelle-Becquet.*
Becsin, Becsinum, Bcessin, Beessinois, Beiesin. *Le Bessin.*
Beignes. *Bagnes.*
Beisinesse (La). *La Beisinière.*
Beleveir, Belveir, Belver, Belloveir. *Beauvoir.*
Belfo, Belfou, Bellofagus, Bellefaie, Beaufeu, Beaufou. *Beaufour.*
Bella aqua. *Belleau.*
Bellamare. *Bellemare.*
Bella Mansio, Bellus Mansus. *Beaumais.*
Bellangreville. *Bellengreville.*
Bella Stella. *Belle-Étoile.*
Bello. *Bellou.*
Bellouetum. *Bellouet.*
Bellum Maisnillum, Bellum Mesnillum. *Beaumesnil.*
Bellum Messum. *Beaumais.*
Bellum Videre. *Beauvoir.*
Bellus Locus. *Beaulieu.*

Bellus Mesus. *Beaumais.*
Bellus Mons. *Beaumont.*
Belmee, Belmeis, Belmesium, Belmesum. *Beaumais.*
Belzaize, Belzèse. *Belzeise.*
Beneauville la Campagne. *Beneauville.*
Benecq. *Bernesq.*
Benefacta, Benefatta. *Bienfaite.*
Beneium, Beneyum, Benie. *Bény-Bocage.*
Beneium, le Bény. *Bény-sur-Mer.*
Benereium, Benereyum, le Bonneré. *Le Bennerey.*
Benervilla. *Bénerville.*
Benestre. *Bénâtre.*
Benivilla. *Beneauville.*
Bennavilla. *Berneville-la-Bertran.*
Benneré (Le). *Le Bonneray.*
Benneville. *Basseneville.*
Bonneville sur Ajon, sur Adjon. *Banneville-sur-Ajon.*
Benuvilla. *Benouville.*
Bercotes. *Brocottes.*
Berengarii Villa, Berengeri Villa, Berenger Villa, Berengreville. *Bellengreville.*
Berleria, Berlière. *Bellière.*
Berloet, Berlouet. *Bellouet.*
Berlou. *Bellou.*
Berneré, Berneriæ, Berneria in Boscaga, Bernières en Boscage. *Bernières-Boscage.*
Bernereium, Bennerey. *Le Bennerey.*
Berneriæ le Patry, Bernière. *Bernières-le-Patry.*
Berneriæ supra Mare, Bernières du Havre. *Bernières-sur-Mer.*
Berrolæ, Berroles. *Berrolles.*
Bertevilla super Bordellum. *Bretteville-sur-Bordel.*
Berteville Rabet. *Bretteville-le-Rabet.*
Bertonvilla, Bertouvilla. *Bertouville.*
Bervilla, Berville sur Mer. *Berville.*
Besnardière (La). *La Bénardière.*
Beufville. *Beuville.*
Beuron. *Beuvron.*
Beuseval, Beusevallis, Beuzval. *Beuzeval.*
Beusevilla, Beuseville en Liévin. *Beuville.*
Beuvillare, Beuvilliers, Beveller. *Beuvillers.*
Beveron, Bevron. *Beuvron.*
Bevredan, Bevredens, Bievreden. *Le Brévedent.*
Bevreria. *La Bréviaire.*
Bienfèle. *Bienfaite.*

Bieaumont, Beaumont en Auge. *Beaumont.*
Biesvilla, Bieuvilla, Bieuville. *Biéville-en-Auge.*
Bihude (La). *La Bijude.*
Bilietum, Bille, Billei, Billieum, Billie, Billietum, Bylle. *Billy.*
Bingna. *La Bigne.*
Binou. *Bisnou.*
Bisacia, Bisachia. *Les Besaces.*
Bisé (Le). *Lébizay.*
Bisseriæ, Bisserres, Bichières. *Bissières.*
Bladum. *Blay.*
Blaigneum, Blaineyum. *Blagny.*
Blainvilla sur Orne, Blainville sur Houlne, Blanville. *Blainville.*
Blangeium, Blangeyum, Blangie, Blangy en Auge, Blengeium. *Blangy.*
Blasgney, Blasny. *Blagny.*
Blé, Bled, Bleer, Bler, Blet. *Bley.*
Bledvilla, Bléville sur Orne. *Blainville.*
Blondivilla, Blonvilla, Blundivilla. *Blonville.*
Bloquevilla, Bloucquevilla. *Blocqueville.*
Boauvilla, Boevilla, Boicvilla. *Beuville.*
Bodvilla. *Beuville.*
Bodiocasses. *Bessin* (Habitants du).
Boefvillers. *Beuvillers.*
Bocleia, la Boesle. *La Boële* (rivière).
Boeneyium. *Boisnei.*
Boessé, Boesseium, Boessey. *Boissey.*
Boessoye (La). *La Boissée.*
Boessin. *Le Bessin.*
Boevilla, Boiavilla, Boicvilla, Boiervilla. *Biéville.*
Bogeium, Bougeyum, Bougey. *Bougy.*
Bois de Ale. *Bois-d'Elle.*
Boisel. *Boissel.*
Boisneriæ. *Boisnières.*
Boissaye. *La Boissée.*
Boissei, Boisseium. *Boissey.*
Boisseria. *La Boissière.*
Bolgeium, Bolgy. *Bougy.*
Bolgrevilla. *Bourgeauville.*
Bolon, Bolun, Boullon. *Boulon.*
Bona Domus. *Bonnemaison.*
Bona Vallis. *Bonneval.*
Bonavilla in Lisvino, Bonavilla super Touquam, Bonavilla super Tocham, super Tosquam. *Bonneville-sur-Touque.*
Bonavilla, Bonavilla Louveti, Bonnavilleta, Bonavillulla. *Bonneville-la-Louvet.*
Boubanville. *Bombanville.*

Bonefacta. *Bienfaite.*

Boneuil, Boneil, Bonœuil, Boniellum, Bonneul, Bonnieul, Bonnyeul. *Bonneuil.*

Bonneboes, Bonnebors, Bonnebos, Bonnebosc, Bonneboz. *Bonnebosq.*

Boquet. *Le Bosquet.*

Boquetterie (La). *La Bosquetterie.*

Borbeillon, Borbillon. *Bourbillon.*

Bordeaus, Bordelli. *Les Bordeaux.*

Borgelvilla, Borgualvilla, Borgueauville, Borguelvilla. *Bourgeauville.*

Borgesbu, Borguesbu, Borguebutum, Bourguesbu. *Bourguébus.*

Bos, Boos. *Le Bô.*

Bosa Vallis. *Beuzeval.*

Bosc Autru, Boscotru. *Bos-Cautru.*

Boschervilla. *Bocherville.*

Boscus Albot, Boscus Halbot. *Le Bois-Halbout.*

Boscus Roberti. *Bosc-Robert.*

Boscus Rogerii. *Bois-Roger.*

Boscus Yvonis. *Bois-Yvon.*

Boseval, Bosevallis, Bosseval. *Beuzeval.*

Bosneuil. *Bonneuil.*

Bosnière. *La Bonière.*

Bosq Brunet. *Le Bosc-Brunet.*

Bosq Rogier. *Bois-Roger.*

Boscium. *Boissey.*

Bosvilla. *Beuville.*

Boteillis. *Les Bouteillis.*

Botemont. *Bouttemont.*

Bou. *Le Bô.*

Bouessière (La). *La Boissière.*

Bougeium, Bougie. *Bougy.*

Bouketot. *Bouquetot.*

Boulley, Boullé, Boulleyum. *Bouley.*

Bourgeauvilla, Bourgueauvilla. *Bourgeauville.*

Bourguaignoles, Bourguanoliæ. *Bourguignoles.*

Bourguignonière (La). *La Bourguillonière.*

Bourg l'Abbesse (Le). *Le Vaugueux.*

Bourg le Roi. *Bur-le-Roi.*

Bousseriæ. *Les Boussières.*

Boussigny. *Boursigny.*

Bouxeium, Boissey en Auge. *Boissey.*

Boxedella. *Bucéels.*

Boy d'Elle. *Bois-d'Elle.*

Boz Yvo. *Le Bois-Yvon.*

Bracherie (La). *La Broiserie.*

Brachevilla. *Bracqueville.*

Brachia, Brachium, Brachts, Bracium, Braz. *Bras.*

Brai, Braium, Brayum in Cingalis,

Bray en Chinguelois, Bray en Chingueloys, Bray in Cingalis. *Bray-en-Cinglais.*

Braibou. *Brébeuf.*

Braieum, Bray en la Campagne. *Bray-la-Campagne.*

Braiiæ. *Les Brays.*

Braioles. *Bréoles.*

Brandavilla, Brandivilla, Branvilla. *Branville.*

Braquevilla. *Bracqueville.*

Breceium, Brecheium, Brechie, Brechy, Brecie, Brecye, Bressy. *Brécy.*

Breil (Le). *Le Breuil.*

Bremoest, Bremost. *Brémoy.*

Brendac. *Bérendac* (ancien pont).

Breolvilla. *Boulleville.*

Brequeville. *Bricqueville.*

Breseville sur Laize. *Bretteville-sur-Laize.*

Bresteville la Rabelle, Bretuinvilla la Rabel, Bretavilla dicta la Rabella, Bretheville l'Arrabel. *Bretteville-la-Rabet.*

Bretet, Bretheil. *Bretel.*

Bretevilla Orguillosa, Bretéville l'Argileuse, Breteville l'Orguelose, Bretaville l'Orguillouse. *Bretteville-l'Orguelleuse.*

Bretevilla Sancti Michaelis, Bretevilla desuper Oudon, Brethevilla super Ouldon, Bretteville sur Ouldon. *Bretteville-la-Pavée* ou *Bretteville-sur-Odon.*

Bretevilla super Bordel, Bretheville sur Bourdon, Brethevilla super Bordellum. *Bretteville-sur-Bordel.*

Bretevilla, Brethevilla super Leisam, super Leziam. *Bretteville-sur-Laize.*

Brevilla. *Bréville.*

Brevon. *Beuvron.*

Bricavilla, Brikevilla, Briquevilla, Briqueville. *Bricqueville.*

Brichessart. *Briquessard.*

Bricotes. *Brocottes.*

Briecuria. *Brucourt.*

Brikessart. *Briquessard.*

Briosa. *Brieux.*

Briqsart, Briquesart. *Briquessard.*

Briscotes. *Brocotes.*

Britavilla la Rabel. *Bretteville-le-Rabet.*

Britavilla Orgoillosa, Orguillosa, Orgullosa, Brithivilla Superba. *Bretteville-l'Orgueilleuse.*

Britavilla, Britevilla super Lesyam. *Bretteville-sur-Laize.*

Britevilla super Odonem. *Bretteville-sur-Odon.*

Briveria. *La Bréviaire.*

Brocotes, Brocotez, Brocottez. *Brocottes.*

Broay, Broé, Broei, Broeium, Broeyum, Broie in Magno Campo, Brouais, Broué. *Brouay.*

Broglie. *Le Breuil.*

Broil super Tolcam, Broilium, Brolium. *Le Breuil-sur-Touque.*

Brolium juxta Petrarias, Broul. *Le Breuil.*

Brucort, Bruecort, Bruiecort, Brucourte, Brucuria, Bruecuria, Bruncort, Bruuncourt. *Brucourt.*

Bruel, Brueil sur Touque, Bruieil sur Touque, Bruil, Bruilléium. *Le Breuil-sur-Touque.*

Bruercia, Brueria, Bruieria. *La Bruyère.*

Buccex, Buccez, Buccel, Bucellum. *Bucéels.*

Buchannerie (La). *La Buhannerie.*

Buenebosc. *Bonnebosq.*

Buesval. *Beuzeval.*

Buevilers. *Beuvillers.*

Buevilla, Buievilla, Buivilla, Buyvilla. *Biéville-en-Auge.*

Buhauts (Les). *Les Buhots.*

Buigne, Buignes. *La Bigne.*

Buis, Bruix. *Les Brus.*

Buisnou. *Bisnou.*

Buisseium. *Boissey.*

Buissedellum, Buisséel, Buissel, Buissellum. *Bucéels.*

Buisson les Villons. *Villons-les-Buissons.*

Buissun. *Le Buisson.*

Buivilla. *Biéville.*

Bulleium, Bulleyum, Bullie. *Bully.*

Bullivilla. *Biéville.*

Bunaudière (La). *La Bunodière.*

Bunesboz, Buonesbosc. *Bonnebosq.*

Buovillers. *Beuvillers.*

Bur, Burum. *Bur-le-Roi.*

Bur super Divam, Buræ. *Bures.*

Burcé, Burceium, Burceyum. *Burcy.*

Burgeelvilla, Burgevilla. *Bourgeauville.*

Burgesbu, Burguesbu. *Bourguébus.*

Burguevilla. *Bourgueville.*

Burgus Cadomi, Burgus Sancti Stephani. *Le Bourg-l'Abbé.*

Burgus Dominæ Abbatissæ. *Le Bourg-l'Abbesse.*

Burleium, Burly. *Bully.*

Burnevilla. *Bournainville.*

Burnoldi Villa, Bunolfivilla, Burno-

villa, Burnoville, Burnonville. *Bénouville.*
Burum. *Bures.*
Busc, Bust, But sur Rouvres. *Bû-sur-Rouvres.*
Buschedellum, Busseel. *Bucéels.*
Bussere, Bussières. *La Bocssière.*
Bute (La). *La Butte.*
Buxedella, Buxedellum, Buxel. *Bucéels.*
Buxeium. *Bissy-Lamberville.*
Buxeria. *La Boissière.*
Buysson. *Le Buisson.*
Buyvilla. *Beuville.*
Byards (Les). *Les Biards* (forêt).
Bysson (Le). *Le Buisson.*

C

Caable. *Le Cable.*
Caam, Caem. *Caen.*
Cabbourg, Cabore, Cahoure, Cabourt. *Cabourg.*
Caceium, Cacheium. *Cachy.*
Cacekenvilla, Cachekenvilla, Cachekienvilla, Cachekinvilla. *Cachekienville.*
Cachekeinviller. *Coquainvilliers.*
Cadamus, Cadomus, Cadon, Cadum, Cadumus. *Caen.*
Cadbore, Cadburg, Cadburgus. *Cabourg.*
Caencheium, Caenchy. *Canchy.*
Caesnayum. *Quesnay.*
Caeu, Cabeu. *Cheux.*
Cagneium, Cagnie. *Cagny.*
Cahadon, Cabaon. *Cahon.*
Cahaignes, Caheignes, Cahengnes, Cahengiæ. *Cahagnes.*
Cahaignolæ, Cabaindolæ, Cahanole, Cahengnole, Cahengnolles. *Cahagnolles.*
Cahorches. *Caorches.*
Caillouay, Caillouey. *Calloué.*
Caineia, la Caisne. *La Caine.*
Caineium, Caigneium, Caigneyum, Cagnie, Caignye. *Cagny.*
Caisneium. *Quesnoy.*
Caisnetum. *Cainct.*
Calfur, Calidus Furnus. *Chauffour.*
Calida, la Caude. *Lécaude.*
Calida Cotta, Calida Tunica. *Caudecotte.*
Calida Musca. *Caudemuche.*
Calidus Locus. *Chaulieu.*
Calidus Vicus. *Cauderue.*
Caligneium. *Caligny.*
Callix, Calliz. *Calix.*

Calloei, Callouey. *Calloué.*
Calmont. *Caumont.*
Calonna, Calorna, Calumnia, Calumpna. *Calonne* (rivière).
Calpcium, Caluiz, Caluz. *Calix.*
Calvavilla. *Cauville.*
Calvicuria, Calvincourt. *Cauvicourt.*
Calvus Mons super Divam. *Caumont-sur-Dive.*
Camba. *La Cambe.*
Cambæ, Cambe, Cambi, Cambie. *Cambes.*
Cambremerum, Cambrimarum in pago Lexovino. *Cambremer.*
Camilleium. *Camilly.*
Campagnolæ, Campeingnoles. *Campagnolles.*
Camp Andrieu. *Campandré.*
Campaux, Compelli. *Campeaux.*
Campigné, Campigneium, Campigneyum, Campingneium. *Campigny.*
Campignolæ, Campiniolæ. *Campagnolles.*
Campols. *Les Champeaux.*
Campus Andree, Campus Andryeus. *Campandré.*
Campus Ballini. *Le Champ-Balain.*
Campus Bataliæ. *Le Champ-de-Bataille.*
Campus Belli, Campus Beloy. *Champ-du-Boult.*
Campus Flori, Campus Floridus. *Champ-Fleuri.*
Campus Houdouf super caminum Baiocensem. *Le Champ-Houdouf.*
Campus Morel. *Le Champ-Morel.*
Canapevilla, Canappevilla, Canapvilla. *Canapville.*
Cancesserie (La). *La Causserie.*
Candun, Canhadun. *Candon.*
Cangueium. *Cagny.*
Canon aux Vignes, Canum. *Canon* (Mézidon).
Canon les Bonnes Gens. *Canon* (Caen).
Cantapia, Cantepia. *Cantepie.*
Cantelen, Cantelo, Cantelou, Cantelupus, Canthelou. *Canteloup.*
Càon. *Caen.*
Capella Enguerbot, Capella Gerboldi. *La Chapelle-Engerbold.*
Capella Hainfroy, Capella Haynfridi, Capella Herfredi. *La Chapelle-Hainfray.*
Capella Hastegru. *La Chapelle-Haute-Grue.*
Capella Infrei. *La Chapelle-Hainfray.*
Capella Sanctissimæ Trinitatis de Umbilico Dei. *La Chapelle-du-Nombril-Dieu.*

Capella Yvonis. *La Chapelle-Yvon.*
Capon Maisnil. *Capomesnil.*
Caprævilla, Caprevilla. *Quierville.*
Caprevilla. *Cheffreville.*
Caput Vici. *Chef-de-Rue.*
Caput Villæ. *Chef-de-Ville.*
Caravilla. *Carville.*
Carcanet. *Carcaney.*
Carchenneium, Carkeingneium, Carquogny, Carquengneium, Carqueneyum, Carquigny. *Carcagny.*
Cardonvilla, Cardunvilla. *Cardonville.*
Carello. *Le Carel.*
Carère (La). *La Carrière.*
Carpiceth, Carpichet, Carpichetum, Carpiket, Carpiketum. *Carpiquet.*
Carrieræ. *Les Carrières.*
Carthigneium. *Cartigny.*
Carum. *Cairon.*
Carvilla. *Carville.*
Casneium, Casnetum. *Quesnay.*
Casteillon, Casteilum, Castellio, Castellon, Castilo, Càtillon en Auge. *Castillon-en-Auge.*
Casteilly, Castilleium, Castillye. *Castilly.*
Castellarium. *Le Castellier.*
Castelluli. *Les Castelots.*
Castrum Viræ, Castrum Viriæ. *Vire.*
Catebola, Catehula, Catehoule, Catheoule. *Rue de Geole* (Caen).
Caterie. *La Coterie.*
Catevilla, Cathevilla. *Quetteville.*
Cathburgus. *Cabourg.*
Catheim, Cathem, Cathim. *Caen.*
Cathena. *La Caine.*
Cauceia. *La Chaussée.*
Caucesseville, Cauchesevilla, Cauchoiseville, Causceville, Causseville. *Cossesseville.*
Caugie. *Caugy.*
Cauquainvilla, Cauquainvillare, Cauquenvillers, Cauquienvilliers. *Coquainvilliers.*
Cauvaincort, Cauvencort, Cauvicort, Cauvricourt. *Cauvicourt.*
Cauvilla, Cava Villa. *Cauville.*
Cavenolæ, Cavignolæ. *Cahagnolles.*
Cavignie, Cavingneium. *Cauvigny.*
Cayron. *Cairon.*
Ceognoles, Ceognoliæ. *Soignolles.*
Cernai, Cerneium. *Cernay.*
Cerquigny. *Serquigny.*
Cesny-en-Cingueleis. *Cesny-Bois-Halbout.*
Ceus, Ceusium, Ceux. *Cheux.*
Chaablum, Chaablum juxta Glos. *Le Cable.*

Chaaignes. *Cahagnes.*
Chaam, Chaem, Cham. *Caen.*
Chacheium. *Cachy.*
Chaeus. *Cheux.*
Chahaines, Chahengnes. *Cahagnes.*
Chamberleng. *Chambellan.*
Champ du Bonc, Champ du Boul, Champ du Boust, Champ du Bout. *Champ-du-Boult.*
Champeigny. *Campigny.*
Champs Corcières (Les). *La Courcière.*
Chanon. *Canon.*
Chantelou. *Cantoloup.*
Chantepie. *Cantepie.*
Chapelle d'Échaufour. *Saint-Germain-d'Échaufour.*
Chapelle Engerbaut. *La Chapelle Engerbold.*
Chapelle Hautegru. *La Chapelle-Hautegrue.*
Chapelle Infrey. *La Chapelle-Hainfray.*
Chapelle Montgenouil. *La Chapelle-Montgenou.*
Chanceia. *La Chaussée.*
Chaudcotte. *Caudecotte.*
Chaukainviller. *Coquainvilliers.*
Chauleu. *Chaulieu.*
Chaumesnil, Chautmesnil. *Échaumesnil.*
Chauvincourt. *Cauvicourt.*
Cheffrevilla. *Cheffreville.*
Cheingueleiz. *Cinglais.*
Chemilleium. *Camilly.*
Chemin le Roi. *Chemin-du-Roi.*
Cheong. *Chouain.*
Chesnedolé, Chesnedoley. *Chênedollé.*
Chesne Sec in parrochia de Rollors. *Le Chêne-Sec.*
Chesnevilla. *Quierville.*
Chesny en Chinguelaiz. *Cesny-Bois-Halbout.*
Chesny es Vuignez. *Cesny-aux-Vignes.*
Chetivilla. *Quétiéville.*
Cheulx, Cheus, Cheusium. *Cheux.*
Chevrevilla. *Quierville.*
Chiconicula, Chiconiculæ. *Soignolles.*
Chiconium. *Chouain.*
Chief de Ville. *Chef-de-Ville.*
Chieffreivilla, Chieffreville. *Cheffreville.*
Chievrechié. *Couvrechef.*
Chiévreville. *Querville.*
Chinchebovilla, Chinchibovilla. *Chicheboville.*
Chingual. *Cingal.*
Chingueleiz. *Cinglais.*
Chitel. *Chistel.*

Choin, Chouaing, Chouig, Chouing. *Chouain.*
Choinales, Chooignoles, Choognoles. *Soignolles.*
Chonnault. *Chonnaux.*
Choquerium. *Chouquier.*
Chymceboville. *Chicheboville.*
Ciconium. *Chouain.*
Cidernaium, Ciderneium, Cierney. *Cesny-Bois-Halbout.*
Cierneium. *Cesny-aux-Vignes.*
Cinceboldivilla, Cinceboville. *Chicheboville.*
Cingalensis pagus, Cingeleis, Cinglois, Cinguelais, Cingueleis, Cingueleiz. *Le Cinglais.*
Cingallum, Cingalt. *Cingal.*
Cirofons. *Cirfontaines.*
Cirreni. *Cesny-aux-Vignes.*
Clamesnil. *Closmesnil.*
Clarum Folium. *Saint-Germain-de-Claire-Feuille.*
Clarus Beccus. *Clarbec.*
Clarus Mons. *Clermont.*
Clausulum. *Le Closet.*
Clavilla, Clevilla, Clivilla. *Cléville.*
Clecé, Cleceium, Clecium. *Clécy.*
Clégny. *Clény.*
Clerbec. *Clarbec.*
Cler Tison. *Clair-Tison.*
Clesseyum, Clessy. *Clécy.*
Clevilla, Clivilla, Cliville. *Cléville.*
Clincampus, Clincamp, Clinchaen, Clinchamps.
Cloay. *Clouay.*
Closais (Les). *Les Closets.*
Clouay. *Crouay.*
Coaisel (Le). *Le Coisel.*
Coarde (La). *La Courde.*
Cocquainvilliers. *Coquainvilliers.*
Cocunneria. *La Cochonnière.*
Cocunvilla. *Coconville.*
Coesel. *Coisel.*
Coesneriæ. *Coisnières.*
Cofinia in parrochia du Cueleio. *Coeffin.*
Coignières, Coisneriæ. *Coisnières.*
Coillibœuf. *Coulibœuf.*
Coing (Le). *Le Coin.*
Cointerie (La). *La Cointerie-Halin.*
Coisellum. *Coisel.*
Cokerel. *Coquerel.*
Colavilla, Coleville, Colivilla, Collevilla. *Colleville-sur-Mer.*
Colgrinum. *Valcongrain.*
Coliberdière (La). *La Coliberderie.*
Collemer, Colomerum. *Coulmer.*
Collevain. *Coulvain.*

Collumbeium, Columbeium, Columbeyum. *Colomby-sur-Than.*
Collumberriæ, Columbariæ, Colunbers, Coulombières. *Colombiers.*
Colomb, Colomp, Columb. *Coulombs.*
Coltura. *La Couture.*
Columbellæ. *Colombelles.*
Coluncæ, Colunces, Coluncciæ. *Coulonces.*
Combrai, Combraium, Combré, Combreium, Combreyum. *Combray.*
Comitis Villa. *Conteville.*
Condacensis vicus. *Condé-sur-Noireau.*
Condeel sur Laize, Condeellum. *Condel.*
Condeium supra Leison, Condey. *Condé-sur-Laizon,* aujourd'hui *Condé-sur-Ifs.*
Condeium, Condet, Condetum, Condey sur Noireau. *Condé-sur-Noireau.*
Condeium super Seullam, Condetum, Condey sur Seulle. *Condé-sur-Seulle.*
Condetum supra Rislam. *Condé-sur-Risle.*
Conion, Conium. *Conjon.*
Contevilla. *Conteville.*
Coopertum. *Couvert.*
Copigneium, Coupignie. *Coupigny.*
Coquainvillier, Coquinviller. *Coquainvilliers.*
Corba Sarta, Corbe Sarte. *Coupesarte.*
Corba ultra Olnam. *La Courbe.*
Corbaudon. *Courvaudon.*
Corblaie. *Corblaie.*
Corbun, Salins Corbuns. *Corbon.*
Corceium, Corcie, Corcy, Corcye. *Courcy.*
Corcella, Corcellæ, Corcelles. *Courcelles.*
Corceulle. *Courseulles.*
Corcho, Corçon. *Courson.*
Cordaium, Cordai, Cordei. *Cordey.*
Cordeillum, Cordeillun, Cordellon. *Cordillon.*
Corilisium. *Croisilles.*
Corlandon, Courlandon. *Colandon.*
Corlevain. *Coulvain.*
Corleboe, Corliboe, Corliboef, Corlibeuf. *Coulibœuf.*
Cormeiles, Cormelæ, Cormellæ apud Cadomum, Cormeliæ juxta Cadonum, Cormelles le Royal. *Cormelles.*
Cormelanus, Cormolein, Cormollein. *Cormolain.*
Cornières (Les). *Les Corneries.*
Cornika, les Cornies. *Cornical.*

D

Calvados.

Esquemeauvilla. *Équemeauville.*
Esquié. *Esquay.*
Esrouvilette. *Hérouvillette.*
Essart, Essarta, Esserta Evraldi, l'Essart. *Lessard.*
Essarteriæ. *Saint-Jean-des-Essartiers.*
Estavaux, Estaveaux, Estavelli. *Étavaux.*
Esterpiniacum. *Étrepagny.*
Estivaux. *Étaveaux.*
Estopefoer, Estopefor, Estoupefoer. *Étoupefour.*
Estoveium, Estouveium, Estovi, Estovy. *Étouvy.*
Estrais, Estraits, Estreæ in Oximino, Estreez la Campagne, Estreis. *Estrées-la-Campagne.*
Estré, Estreium, Estrie, Estrye. *Estry.*
Estreham le Perroux, Estrebennum. *Évreham.*
Estrepigniacum, Estrepengni. *Étrepagny.*
Ethnes. *Ernes.*
Etregy. *Étergy.*
Etrehan, Etrehan le Perreux, E. le Perroux. *Étreham.*
Etreium. *Estry.*
Euran. *Airan.*
Eurtevent. *Heurtevent.*
Eurvilla, Eurville. *Urville.*
Evesqueville. *Vesqueville.*
Everceium, Everchiacum, Evrecei, Evreceium, Evrecheyam, Evrechie, Evrechy. *Évrecy.*
Exmeis. *Hiémois.*
Exmoisine (Rue). *Rue Saint-Jean* (à Caen).

F

Fagernon, Faguellon, Faguernon. *Fauguernon.*
Fagus. *Le Fay.*
Fagus pendens. *Foupendant.*
Falcum. *Le Faulq.*
Faleise, Falèse, Falesia, Fallaize, Fallesia, Falleys, Fallizia, Falloise, Falloyse. *Falaise.*
Familleium, Famillie, Famillye. *Familly.*
Farmière (La). *La Fermière.*
Farvaque. *Fervaques.*
Fastovilla, Fastouvilla. *Fatouville.*
Faucterie (La). *La Fauchetterie.*
Faucum, le Fault, le Faux. *Le Faulq.*
Faulxguernon. *Fauguernon.*
Faupendu. *Foupendant.*

Favanchiæ, Favarchiæ. *Fervaques.*
Faverellum. *Le Favril.*
Faverollæ, Favrol. *Faverolles.*
Feins, Feni. *Fains.*
Felgeriæ. *Feugères.*
Felgerole, Felgerolles. *Feugerolles.*
Feodum Osulfi. *Le Mesnil-Auzouf.*
Ferevilla, Feureville. *Fierville.*
Feritas. *Le Ferté.*
Fernouville. *Frénouville.*
Ferrant. *Ferrand.*
Ferraria. *La Ferrière-Saint-Hilaire.*
Ferraria, Ferraria Vetus, la Petite Ferrière. *La Ferrière-au-Doyen.*
Ferraria de Valle, Ferreria Vallis. *La Ferrière-Duval.*
Ferraria Harrenc, Ferraria Hareng, la Grande Ferrière. *La Ferrière-Harang.*
Fertrès (Le). *Les Fertrais.*
Fervachiæ, Fervaches, Fervidæ Aquæ. *Fervaques.*
Feugeriæ. *Feugères.*
Feugret, Feugueray. *Le Feugray.*
Feugrolles. *Feugerolles.*
Fierevilla, Fiervilla, Fierrevilla. *Fierville.*
Fierfol, Firfol, Firfolium. *Firfol.*
Filcherolæ, Filkerolæ. *Feugerolles.*
Filgeriæ juxta Nulleyum. *Feugères.*
Fines. *Fains.*
Firvilla. *Fierville.*
Flageium, Flagie. *Flagy.*
Flagny. *Flavigny.*
Flagria. *La Flaguère.*
Fluereium. *Fleurière.*
Folbarbes. *Folles-Barbes.*
Foleataria, Foletaria, Foleter. *La Folletière.*
Foletot, Follet. *Folletot.*
Folia. *La Folie.*
Follevilla. *Folleville.*
Folmuceou, Folmuchon, Folmuçon, Fomuçon. *Fumichon.*
Folone, Folonia, Follonia, Fouloigne, Foullongne. *Foulognes.*
Folpendant. *Foupendant.*
Fondrel. *Les Fondreaux.*
Fongré. *Le Feugray.*
Fontaine Estoupefour. *Fontaine-Étoupefour.*
Fontaine Harcourt, dite Fontaine le Henry, Fontaines le Henry. *La Fontaine-Henri.*
Fontaine le Rouge. *Fontaines-les-Rouges.*
Fontaines de la Champagne. *Les Fontaines-Géfosse.*

Fontaines du Bouillon. *Les Fontaines-Crépon.*
Fontaines-Ernoult. *Fontenermont.*
Fontana Estoupefour. *Fontaine-Étoupefour.*
Fontanellæ, les Fonteneilles. *Les Fontenelles.*
Fontanes Ernoult. *Fontenermont.*
Fontanetum, Fontenetum, Fontenay sur le Vey. *Fontenay-d'Isigny.*
Fontanetum le Marmion. *Fontenay-le-Marmion.*
Fontanetum Paganelli, Fontenay Paenel, Fontenetum le Paienel, Fonteney le Paennel, le Paynel, Fontes le Paenel. *Fontenay-le-Pesnel.*
Fonteine le Pin. *Fontaine-le-Pin.*
Fontenellæ, Fonteneilles. *Fontenailles.*
Fontenellæ, Fontinellæ in halmello de Alneto. *Les Fontenelles.*
Fontes Halebout, Fontes Halleboue, Fontes le Halibout. *La Fontaine-Halbout.*
Fontes le Pin, Fonteine le Pin, Fontes Lespin. *Fontaine-le-Pin.*
Fonteurnemont. *Fontenermont.*
Forcæ, Forchæ, Forches. *Fourches.*
Forguetière (La). *La Forgetière.*
Formantin, Formentinum. *Formentin.*
Formengneium, Formigncium, Formingnicium, Fourmaignie, Fourmigny. *Formigny.*
Formevilla. *Fourneville.*
Formichon. *Fumichon.*
Forna, Fornæ, Forneau, Forneaux, Fornelli, Forniaux. *Fourneaux.*
Fornet, Fournetum. *Fournet.*
Fornovilla, Fournovilla, Fournonville. *Fourneville.*
Forqua, Forquæ. *Fourches.*
Forum. *Le Marché.*
Fossa Radulphi. *La Fosse-Radoult.*
Fossa Sutoris. *La Fosse-le-Sueur.*
Fossa Viel. *Vieux-Fossé.*
Foubertfolia, Foubert Folie. *Hubert-Folie.*
Foucon, Foulcon. *Saint-Julien-le-Faucon.*
Foucquerolles, Fougerolles, Fouguerolles. *Feuguerolles.*
Foulbeccus, Foullebeccus. *Foulbec.*
Foumichon, Foumiçon, Fourmichon. *Fumichon.*
Fourneaux. *Fourneaulx.*
Fourmentinum. *Formentin.*
Fournetum. *Le Fournet.*
Fouteleia. *La Foutelée.*

Frafolium. *Firfol.*

Francavillla, Frankevilla. *Franque-ville.*

Francrie (La). *La Franquerie.*

Frasneium, Frasnetum Vetus. *Fresney-le-Vieux.*

Fraxineium. *Fresné-la-Mère.*

Fraxineta. *Les Fresnées.*

Fraxinetum super Leisam. *Fresney-le-Pucceux.*

Fraxinetum super Mare. *Fresné-sur-Mer.*

Fraxini. *Les Fresnes.*

Fraxinivilla. *Frénouville.*

Fraxinus. *Le Fresne.*

Frèderue. *Froiderue.*

Fredouy. *Fredouit.*

Freivilla, Frevilla. *Fréville.*

Fresnée (La). *La Fresnaye.*

Fresneia. *La Frénée.*

Fresneium Matris, Fresneium la Mère, Beata Maria de Fresneio. *Fresné-la-Mère.*

Fresneium le Bufart, Fresnay le Bufort, Fresné le Buffart. *Fresnay (Falaise).*

Fresnay le Croteux. *Fresné-le-Crotteur.*

Fresnay le Crotous, Fresney le Crottous, Fresney le Crotoux. *Fresné-le-Crotteur.*

Fresnay le Vieil, Fraisnay le Vieul, Fresneium, Fresnetum Vetus. *Fresney-le-Vieux.*

Fresné le Pusseux, Fresnei le Pucheux, Fresneium le Puceus, Fresnetum supra Leisam, Fresnetum trans Cingalensem silvam, Fresney le Pucheux, Fresney le Pucels, Fresnetum le Puceuls. *Fresney-le-Puceux.*

Fresnetum le Crotous. *Fresné-le-Crotteur.*

Fresnetum supra Mare. *Fresné-sur-Mer.*

Fresnosa. *Fréneuse-sur-la-Risle.*

Friadellum. *Friardel.*

Friboys, Friebois. *Fribois.*

Frigida via, Frigidus Vicus, Frigida via. *Rue Froiderue* (à Caen).

Froctière (La), la Fronctière. *La Frouctière.*

Fuberfolie, Fuberti Folia, Fulberti Folia. *Hubert-Folie.*

Fuguerole. *Fugrol.*

Fuguerolles. *Feuguerolles.*

Fulchæ. *Fourches.*

Fulco. *Saint-Julien-le-Faucon.*

Fumechon, Fumuchon. *Fumichon.*

Furnelli. *Fourneaux.*

Furnet. *Fournet.*

Furnivilla, Furnovilla. *Fourneville.*

G

Gabaregium in Bagasino. *Gavray.*

Gaceium, Gaceyum. *Gacé.*

Gaichetière (La). *La Guichetière.*

Gaimara. *Gémare* (rue de Caen).

Gallay. *Les Gallis.*

Galemance, Galemancia. *Galmanche.*

Galesté. *Le Galetay.*

Galestre (La). *La Galétre.*

Galette (La). *Galetet.*

Galletées (Les). *Les Galletay.*

Garavilla. *Varaville.*

Garçonnerie (La). *La Garçonnière.*

Garenvilla. *Grainville-la-Campagne.*

Garsala, Garsale, Garsalla, Garsallæ, Garsallia. *Garcelles.*

Gasconnière (La). *La Gasoignière.*

Gassarp. *Gassart.*

Gastiney (Le). *Le Gatinet.*

Gastum. *Le Gast.*

Gate Blé. *Gateblêd.*

Gatebeule, Gatehoule. *Rue de Geole* (à Caen).

Gaules (Les). *La Gaule.*

Gaumerey. *Valmeray.*

Gavreium, Gavreyum, Gavri, Gavriz, Gavruz. *Gavrus.*

Gayros. *Gerrots.*

Gomara, Gemmara, Gesmarre. *Gémare.*

Genderniè (La). *La Gendrerie.*

Genesteium, le Genestay. *Le Genestais.*

Genevreya, Genevria. *La Genevraie.*

Gennovilla. *Gonneville.*

Gerenges, Gerengia. *Grangues.*

Germondivilla. *Mondeville.*

Gernelot. *Garnetot.*

Géron. *Guéron.*

Geros, Gerros. *Gerrots.*

Gesborvilla. *Giberville.*

Gesnevilla. *Genneville.*

Gèterie (La). *La Gesterie.*

Giéfosse, Gieufosse, Givofossa. *Géfosse.*

Gilleberville. *Giberville.*

Gillervilla, Gislerville. *Guillerville.*

Gilloneria. *La Guillonnière.*

Ginnervilla. *Gonneville.*

Gisbervilla. *Giberville.*

Glainvilla, Glainville, Glanivilla, Glanvilla, Glavilla. *Glanville.*

Glatigneium, Glatignie. *Glatigny.*

Glaupinière (La). *La Glopinière.*

Glinels (Les). *Les Guelinels.*

Glocium, Glocyum, Glotium, Gloz, Glos sur Lisieux. *Glos.*

Gofer, Gofernum, Goffer, Goffers en Forêt. *Gouffern.*

Goherrie (La). *La Gohererie.*

Goï, Goïs, Goïz. *Gouvix.*

Goisbertivilla, Goisbervilla. *Giberville.*

Golafreria, la Golafrière. *La Goulafrière.*

Golet, Goletum. *Le Goulet.*

Gondrière. *La Grondière.*

Gonevilla. *Gonneville-sur-Honfleur.*

Gonnevilla, Gonnolvilla, Gonnouvilla. *Gonneville.*

Gonneville de Laleau. *Gonneville-sur-Merville.*

Gopilleriæ, Gopillières. *Goupillières.*

Gorgot. *Gorger.*

Gornaium. *Gournay.*

Gosné. *Gaũnay.*

Gostranvilla, Gotranvilla, Gotranville. *Goustranville.*

Goufer (Forêt de). *Gouffern.*

Gouitière (La). *La Gouetière.*

Goulafreria, Gsulafreria. *La Goulafrière.*

Goupigny. *Coupigny.*

Goupilleriæ. *Goupillières.*

Goutranvilla, Goutranville. *Goustranville.*

Gouvi, Gouviz, Govis, Govix, Goviz. *Gouvix.*

Grae, Graeium, Grai, Graieium, Gray. *Graye.*

Graintevilla. *Grentheville.*

Grainvilla. *Grainville-sur-Odon.*

Granches, Granges, Grayngues. *Grangues.*

Grandcam, Grandcamp, Grandis Campus. *Grand-Champ.*

Grand Doit, Grand Doits, Grand Douit, Grand Douyt, Grandis Ductus. *Grandouet.*

Grandes Besaces (Les). *Saint-Martin-de-la-Besace.*

Grand Homme (Le). *Le Grand-Hom.*

Grandis Vallis, Granval. *Grand-Val.*

Granivilla. *Grainville.*

Grantemesnil. *Grand-Mesnil.*

Grantevilla. *Grentheville.*

Graperie (La). *La Graprie.*

Gras Mesnil. *Crasmesnil.*

Gratapantia, Gratepense. *Gratte-Panche.*

Gravella. *La Gravelle.*
Gravaria, Graveria, Notre Dame de la Graverie. *La Graverie.*
Gray, Gree. *Graye.*
Grenchiæ, Grengues, Grenguez, Greyngues. *Grangues.*
Grentemesnil, Grentemaisnillum, Grentemesnillum. *Grand-Mesnil.*
Grentevilla, Grenteville, Grentivilla, Grenvilla. *Grentheville.*
Grentonis Masum. *Grand-Mesnil.*
Grienbosc, Grimbault, Grimbaux, Grimboscus. *Grimbosc.*
Grillaume. *Gryaume.*
Grimbost, Grymbosc. *Grimbosq.*
Grisé, Griscium, Grizy. *Grisy.*
Grisellée (La). *La Grésillée.*
Grocei, Groceium, Grosseium, Gruchy, Gruey, Grussy. *Grouchy.*
Groiscilliers, Groiselliers, Groisselers, Groyselliers. *Les Groisilliers.*
Gualerie (La). *La Galerie.*
Guanescrot. *Vanocrot.*
Guarenvilla in Oximensi pago, Guarinvilla. *Grainville-la-Campagne.*
Guaspieri. *La Vespière.*
Guastum, Guastum Machabe. *Le Gast.*
Guavrus. *Gavrus.*
Gubervilla. *Giberville.*
Guéfosse. *Géfosse.*
Guelinels (Les). *Les Guelinels.*
Guemara super Oudon. *Gémare.*
Guenouville. *Guémouville.*
Guero, Guerona. *Guéron.*
Guerost. *Gerrots.*
Guertot, Guernetot. *Garnetot.*
Gueslière (La). *La Guellière.*
Guespieria, la Guespère. *La Vespière.*
Guetteville. *Quetteville.*
Gufer, Gufernum. *Gouffern.*
Guiardivilla. *Giverville.*
Guibervilla, Guiberville, Guyberville. *Giberville.*
Guiefosse, Guieufosse. *Géfosse.*
Guignevilla, Guinevilla, Guinequevilla. *Genneville.*
Guinefougère. *Quingnefougère.*
Guiofosse, Guiolfosse, Guioldfosse, Guivofossa, Guivaufossa. *Géfosse.*
Guletum. *Le Goulet.*
Gunnavilla. *Gonneville-sur-Dive.*
Guymarc. *Gémare.*
Guynevilla. *Genneville.*
Guyroz. *Gerrots.*
Gynevilla. *Genneville.*

H

Hablovilla. *Ableville.*
Haia, Haya. *La Haye.*
Halboderia, Halbouderia, Haleboderia, Halebouderia, Halbodère. *La Halboudière.*
Halebo, Halebout, Halbot, Halesbot, Hallebet. *Halbout.*
Halebost de Fontibus. *La Fontaine-Halbout.*
Hallebrennière (La). *La Halbrannière.*
Halletel. *Haltel.*
Halnetum. *Aunay.*
Hamarcium, Hamard, Hamarz, Hamas. *Hamars.*
Hamellum. *Le Hamel.*
Hametum. *Le Hamet.*
Hamondevilla. *Mondeville.*
Hamus, le Han, Haynum, le Ham sur Dive. *Le Ham.*
Honelvilla. *Anneville.*
Haram. *Airan.*
Harcort, Harcurs, Harcurt, Harecuria, Harecurtis, Harecourt, Haricuria, Harulfi Cortis. *Harcourt.*
Harenæ. *Éraines.*
Harrenium. *Arry.*
Harrils (Les). *Les Harils.*
Hastegru. *Hautegrue.*
Hattenerie (La). *Hatainerie.*
Hautes Londes. *Hautes-Landes.*
Hautot. *Hottot-en-Bessin.*
Haya, Haya d'Aguillon. *La Haye.*
Haya Piquenot, Feodum de Pichenot, de Pikenot. *La Haye-Picquenot.*
Haye du Buits (La). *La Haye-de-Buis.*
Heberti Humus. *Hébertot.*
Hecquemauvilla, Hecquemeauville. *Équemeauville.*
Heidram. *Airan.*
Heirulfi Villa. *Hérouville.*
Heivilla. *Héville.*
Helbar (Le). *Le Helbert.*
Heldestot. *Héritot.*
Heldrevilla. *Heudreville.*
Hennequevilla, Henqueville. *Hennequevillo.*
Herbigneium. *Herbigny.*
Herecort. *Héricourt.*
Hérisserie (La). *La Hérissière.*
Herlyère (La). *La Herlière.*
Hermanvilla. *Hermanville.*
Hermeval, Hermevallis, Hermevilla, Hermieval, Hermovilla. *Hermival-les-Vaux.*

Hermilleium. *Hermilly.*
Hernes. *Ernes.*
Heroldi Villula, Herulfi Villula. *Hérouvillette.*
Herolwilla, Herovilla, Herouvilla, Herulfivilla, Herulvilla. *Hérouville-Saint-Clair.*
Hesperon. *Épron.*
Hétréc (La). *La Haitraie.*
Heuderie (La). *La Heudrie.*
Heudctot. *Hottot-en-Bessin.*
Heudrevilla. *Heudreville-en-Lieuvin.*
Heugmanville. *Équemeauville.*
Heugo. *Heugon.*
Heullant, Heulland Tilly. *Heuland.*
Heusa. *Heuzé.*
Heuvilla. *Heuville.*
Hicuvilla. *Héville.*
Hispania. *Épaney.*
Hocquette (La). *La Hoguette.*
Hoga, Hogua. *La Hogue.*
Hogeium, Hogucia, la Hoguète. *La Hoguette.*
Hoilant. *Heuland.*
Hoistreham, Hoistrehan. *Ouistreham.*
Holebec. *Houlbec.*
Holne. *L'Orne.*
Holteville, Holtivilla. *Houtteville.*
Hombloneria. *La Houblonnière.*
Homme (Le), Hommetum. *Le Hom.*
Honeflé, Honefleu, Honefleudum, Houfleu, Honnefleu, Honnefluctus, Honneflieu. *Honfleur.*
Honnebaucum, Honnebault. *Annebault.*
Horignic. *Origny.*
Hosmus. *Le Hom.*
Hospitalària. *L'Hôtellerie.*
Houblomna, Houblonneria. *La Houblonnière.*
Houga. *La Hogue.*
Houland, Houlantum. *Heuland.*
Houlegate. *Houlgate.*
Houluc. *L'Orne.*
Houme. *Le Hom.*
Hourières. *La Hourière.*
Houseia, Housseia. *La Houssaye.*
Housteville. *Houtteville.*
Houstière (La). *La Huitière.*
Hovetot, Hottot les Bagues. *Hottot-en-Bessin.*
Hoxcia. *La Houssaye.*
Hoistreham. *Ouistreham.*
Huberti Folia. *Hubertfolie.*
Hublonneria. *La Houblonnière.*
Hucsmeis. *L'Hiémois.*
Huivilla. *Héville.*
Hulan, Huland. *Heuland.*

Huldestot. *Hottot-en-Auge.*
Huldunus. *Oudon* (rivière).
Hulmus. *Le Hom.*
Hultivilla. *Houtteville.*
Humetum. *Le Hommet.*
Hunellière (La). *La Hunelière.*
Hupain, Hupin. *Huppain.*
Hurtevent. *Heurtevent.*
Hurvilla. *Urville.*
Huterel. *Hutrel.*
Hys. *Ifs.*

I

Icium, Icius. *Ifs.*
Ils Bardel. *Les Isles-Bardel.*
Infernet, Infernetum. *Enfernet.*
Ingeium. *Ingy.*
Ingronia. *Langrune.*
Ingulfivilla. *Ingouville.*
Is Bardel. *Les Isles-Bardel.*
Is, Iz. *Ifs-sur-Laizon.*
Isegneium, Isegny, Isigneium, Isignie. *Isigny.*
Itium. *Ifs.*
Ivranda. *La Délivrande.*

J

Jahanvilla, Jehanville. *Janville.*
Jeufosse. *Géfosse.*
Joanvilla, Johannis Villa. *Janville.*
Joncail (Le). *Le Joncal.*
Jonkeiz, les Jonquettes. *Les Jonquets.*
Joquetterie (La). *La Joctorie.*
Jordannerie (La). *La Jourdannière.*
Jorkes, Jorques, Jourques. *Jurques.*
Jouays, Jouès, Jua, Juæ, Juay, Juées, Juey, Jueys, Jueyum. *Juaye-Mondaye.*
Jouvelli, Jouveaus. *Les Jouveaux.*
Joveigneium, Jovenneium, Jovinneium. *Juvigny.*
Juillières (Les). *Les Juhellières.*
Jurquæ, Jurquez. *Jurques.*
Juvigné, Juvigneium, Juvignie, Juvingneium. *Juvigny.*

K

Kadunum. *Caen.*
Kaalnoles, Kaanoles, Kahaignolæ, Kahaignoles. *Cahagnolles.*
Kahaignæ, Kahaines. *Cahagnes.*
Kaigneium. *Cagny.*
Kaillie, Kalleium. *Cailly.*
Kailloet. *Caillouet.*
Kaisneium. *Quesnay.*

Kaisnetum. *Cainet.*
Kamilleium. *Camilly.*
Kanapevilla, Kanapvilla. *Canapville.*
Kani. *Cagny.*
Kanon. *Canon.*
Karkaingneium. *Carcagny.*
Karo, Karon, Karum. *Caron.*
Karpiket, Karpiquet. *Carpiquet.*
Karquegnie, Karqueignie, Karquingnie. *Carcagny.*
Karevilla, Karvilla. *Carville.*
Kaukevilère, Kauqueinviller. *Coquainvilliers.*
Kenapvilla. *Canapville.*
Kenivet. *Canivet.*
Kep de Ville. *Chef-de-Ville.*
Kereium. *Quéry.*
Kerkevilla. *Cricqueville-en-Auge.*
Ketelvilla, Keteuvilla, Kietevilla. *Quétiéville.*
Keevrecki. *Couvrechef.*
Kevrol. *Chevreuil.*
Kierreville, Kievrevilla. *Quierville.*
Kireium. *Quéry.*
Kuerkevilla. *Cricqueville-en-Auge.*

L

Laceum, Laceyum, Lacie, Lacye. *Lassy.*
Lachon, Laçon. *Lasson.*
Laigues (Les). *Les Lagues.*
Laison, Leson. *Le Laizon* (rivière).
Lamberti Villà, Lambervilla. *Lamberville.*
Landa. *La Lande-en-Lieuvin.*
Landæ. *Les Landes.*
Landellæ. *Landelles.*
Lande-Vaumon. *La Lande-Vaumont.*
Langrumne. *Langrune.*
Lanteul, Lanthuel, Lanticol, Lantieux, Lantiex, Lantolium, Lantueil, Lantuel. *Lantheuil.*
Lascheria. *La Lecquerie.*
Lascy. *Lassy.*
Lascy. *Lassay.*
Launay du Mare. *Launay-du-Hart.*
Layze. *La Laize* (rivière).
L'Eau-Partie. *Léaupartie.*
Lebesium. *Lébizay.*
Le Bisé. *Lébizay.*
Lecasserie (La). *La Lucasserie.*
Ledrosa. *Lirose.*
Leesia, Leisa, Leizia. *Laize* (rivière).
Leffartum. *Leffard.*
Lenche, Lenke (Monts de). *Les monts de l'Ancre.*
Lendelles. *Landelles.*

Lengronia, Lengronna. *Langrune.*
Lernault. *Lénault.*
Lesbisé, Lesbizay, Lesbizey. *Lébizay.*
Lesdrosa. *Lirose.*
Leserera. *La Laiserie.*
Lesia. *Laize-la-Ville.*
Lesnault. *Lénault.*
Leson, Lesson. *Le Laizon.*
Lespinette. *L'Épinette.*
Lestainville, Lestanvilla. *Létanville.*
Lesvin, Lesvinum, Levinum. *Le Lieuvin.*
Lesya. *La Laize* (rivière).
Leureium. *Lieury.*
Lexoviæ, Lexoviorum civitas. *Lisieux.*
Lexovinus pagus. *Le Lieuvin.*
Lèze. *La Laize* (rivière).
L'Hortier. *Lortier.*
Liberiacum, Liberium in pago Bajocassino. *Livry.*
Lieresia, Lierosa, Lierrosa. *Lirose.*
Liesvin, Liezvin, Lisvin, Lisvinus pagus. *Le Lieuvin.*
Lieurey, Lieureyum, Lieurrée, Lieurreyum, Liury. *Lieury.*
Ligneriæ, les Lignères. *Les Ligneries.*
Lingebria, Lingerium, Lingevrium, Lingièvre, Linguebra, Linguevra, Linguèvre, Linguevria, Linguevrium, Linguièvre. *Lingèvres.*
Linglonia, Lingrona, Lingronia, Lingronne, Lingruna. *Langrune.*
Lioreium. *Lieury.*
Lirizonus fluvius. *La Risle.*
Lirosa, Lirrosa, Lyrose. *Lirose.*
Liseis, Liseuis, Liseux, Lisieus, Lisieues, Liziues. *Lisieux.*
Liso, Lison, Lisum. *Lison.*
Lislreium. *Littry.*
Litaoulx, Litteaux. *Litteau.*
Livaroh, Livaron, Livarroth, Livarrou, Livarroul, Livarrout. *Livarot.*
Livereium, Livreyum, Livrée. *Livry.*
Livetum. *Livet.*
Livetum le Baudouin. *Saint-Germain-de-Livet.*
Liveya. *Livaie.*
Livreium. *Livry.*
Lizores. *Lisores.*
Locellæ, Locelles. *Loucelles.*
Locheor, Locherium, Lochoier, Lochur. *Le Locheur.*
Locqueville. *Loqueville.*
Logiæ. *Les Loges.*
Logiæ Salsæ, les Loges Saussay. *Les Loges-Saulcee.*
Lonc Boel (Le). *Le Long-Boyau.*
Londa. *La Londe.*

Matrolles. *Marolles.*

Maulay. *Le Molay.*

Maviez. *Manvieu.*

May sur Oulne, Moye, Mayeium. *May.*

Mayé sur Seulle. *Amayé-sur-Seulle.*

Maysi. *Maizy.*

Mazuncellæ super Ajonem. *Maisoncelles-sur-Ajon.*

Méance. *Muance* (rivière).

Meisherenc. *Misharenc.*

Mellaium, Mellay, Mellayum, Merleium, Merlay. *Mellay.*

Menerbe. *Manerbe.*

Ménil. *Mesnil.*

Menrevilla, Mervevilla, Merreville. *Merville.*

Merceria. *La Mercerie.*

Meridon. *Mézidon.*

Merlieis. *Les Mesliers.*

Merravilla, Merrevilla, Merreville. *Merville.*

Mesedon, Meusedon, Meusadon. *Mézidon.*

Mesnil Ausouls, Mesnil aux Oufs. *Le Mesnil-Auzouf.*

Mesnil Dan. *Le Mesnil-Don.*

Mesnil de Freit Mantel. *Le Mesnil-Frementel.*

Mesnil Gerold, Mesnil Gerolt, Mesnil Girout. *Le Mesnil-Giraud.*

Mesnil Hermay, Mesnillum Hermer. *Le Mesnil-Hermier.*

Mesnil Hongrin. *Le Mesnil-au-Grain.*

Mesnil Licuré. *Le Mesnil-Licurcy.*

Mesnillum Baccalerii, Baccarii, Bachelarii, Baclé, Baclerii, Bacqueley. *Le Mesnil-Bacley.*

Mesnillum Benedicti. *Le Mesnil-Benoît.*

Mesnillum Cauçois, Cauxais, Cauxoys, Chauceis, Chauceys. *Le Mesnil-Caussois.*

Mesnillum Do. *Le Mesnil-d'Eau.*

Mesnillum Durandi, Mesnil Durant. *Le Mesnil-Durand.*

Mesnillum Germani. *Le Mesnil-Germain.*

Mesnillum Guillelmi, Mesnillum Willelmi. *Le Mesnil-Guillaume.*

Mesnillum Malgorii, Maugerii, Mesnil Malger, Mesnil Maucier. *Le Mesnil-Mauger.*

Mesnillum Orrici. *Le Mesnil-Oury.*

Mesnillum Patric, Patricii, Patrie, Patriz. *Le Mesnil-Patry.*

Mesnillum Roberti. *Le-Mesnil-Robert.*

Mesnillum Simonis, Mesnil Simont,

Mesnillum Symonis. *Le Mesnil-Simon.*

Mesnillum super Blangeium. *Le Mesnil-sur-Blangy.*

Mesnillum Toffredi, Toufray, Touffray, Toufredi, Mesnil Toufré. *Le Mesnil-Touffrey.*

Mesnillum Willelmi. *Le Mesnil-Guillaume.*

Mesnillum Villemant, Mesnillum Vinement, Mesnillum Winement. *Le Mesnil-Villement.*

Mesnil Manesq. *Le Mesnil-Manissier.*

Mesnil Ogier. *Le Mesnil-Oger.*

Mesnil Ongrin, Mesnil Ougrin, Mesnil Oulgrain. *Le Mesnil-au-Grain.*

Mesnil Ourri, Ourry, Oury, Ouryl. *Le Mesnil-Oury.*

Mesnil Toufré. *Le Mesnil-Touffray.*

Mesnil Patry. *Le Mesnil-Patry.*

Mesodon. *Mézidon.*

Mesoncellæ supra Ajon, Messoncelles sur Ajon. *Maisoncelles-sur-Ajon.*

Mesons. *Maisons.*

Messières. *Mézières.*

Messy. *Missy.*

Mestrie. *Mestry.*

Mesuncellæ Jordani. *Maisoncelles-la-Jourdan.*

Mesuncellæ Peillevé, Pellevey, Poil Levé. *Maisoncelles-Pelvey.*

Meusedon. *Mézidon.*

Mevaine, Mevania, Mevana, Mévoignes, Mevenæ, Mevenne. *Meuvaines.*

Mèzerez (Les). *Les Mézerets.*

Mèzet. *Maizet.*

Mézie, Mézy, Meyzy. *Maisy.*

Mezières. *Maisières.*

Michy. *Missy.*

Mignot. *Miniot.*

Mi Hareng. *Misharcng.*

Mihière (La), Milleria. *La Millière.*

Mineriæ. *Les Minières.*

Mirebellum, Mirbel. *Mirebel.*

Misharand. *Misharong.*

Misseium, Misseyum, Missie. *Missy.*

Mithois, Mitois, Mitoye, Mitoys, Mittoys. *Mittois.*

Mitre Caen. *Mitre-Camps.*

Mitrecy. *Mutrecy.*

Mivaine, Mivania. *Meuvaines.*

Moam Moan, Moanum. *Mouen.*

Moas, Moaz, Moead, Moeaux. *Moyaux.*

Moce, Mocha, Mocia. *La Mousse.*

Mocia. *La Mouse.*

Modol, Modolium. *Moult.*

Moe. *La Moué.*

Moe, Moee, Mocium, Moiaium, Moie, Moy, Moyeum. *May.*

Moeles. *Meulles.*

Moen, Moennum. *Mouen.*

Moenai, Moennaium. *Monnay.*

Mohon. *Mouen.*

Moias, Moiaux. *Moyaux.*

Moiou. *Le Moyon.*

Moischans. *Montchamps.*

Mol, Mole. *Moult.*

Molæ, Mollæ. *Meulles.*

Molæ, Mollæ. *Mosles.*

Molbray. *Mombray.*

Molei, Moletum Baconis, le Muley. *Le Molay.*

Molendinelli, les Molineaux, Molinelli, les Moulinets. *Les Moulineaux.*

Molendinum Monachi. *Le Moulin-au-Moine.*

Molines. *Moulines.*

Molins (Les). *Les Moulins.*

Mollay Bacon (Le). *Le Molay.*

Molles Campi. *Montchamp.*

Monasteria, Monasterium Huberti. *Les Moutiers-Hubert.*

Monasteria, Monasterium in Cinglais. *Les Moutiers-en-Cinglais.*

Monasteriolum. *Montreuil.*

Monasterium Sanctissimæ Trinitatis Cadomensis. *L'abbaye de Sainte-Trinité, l'abbaye aux Dames.*

Monasterium Sancti Stephani Cadomensis. *L'abbaye de Saint-Étienne, l'abbaye aux Hommes.*

Monboin. *Mont-Bouin.*

Monbray, Monbré, Monbreium. *Mombray.*

Moncé, Moncei, Monceis, Monceium, Monceyum, Monchie. *Moncy.*

Monceals, Monceaulx. *Les Monceaux.*

Moncelle (La). *Moncel.*

Moncelli, Monchelli. *Les Monceaux.*

Mondoe, Mondeu. *Mondaye.*

Mondesert. *Le Mont-Désert.*

Mondrerie (La). *La Mondrairie.*

Mondrevilla, Mondret Villa, Mondreti Villa, Mondrinville. *Mondrainville.*

Moumartin en Graine. *Montmartin.*

Mons Acutus. *Montaigu.*

Mons Amicorum. *Montamy.*

Mons Berton. *Mont-Bertrand.*

Mons Boan, Mons Boani, Mons Bodini, Mont Bodein. *Mont-Bouin.*

Mons Cachy. *Mont-de-Canchy.*

Mons Calvet, Mons Calveti, Mons Chaivet. *Mont-Chauvet.*

Mons Calvinus. *Mont-Chauvin.*

Mons Caniseius, Mons Canisie. *Mont-Canisy.*

Mons d'Aé, Mons Dei. *Mondaye.*

Mons Desertus. *Mont-Désert.*

Mons Fichet, Mons Fiket. *Mont-Fiquet.*

Mons Fortis. *Montfort.*

Mons Fréart. *Mont-Fréard.*

Mons Gohart. *Montgard.*

Mons Gomericus, Mons Gomerii, Mons Goumeril, Mons Gumeri, Mons Gumeril. *Montgommery.*

Mons Hargia, Mons Hargis. *Montargis.*

Mons Heraut. *Mont-Hérault.*

Mons Kanisie. *Mont-Canisy.*

Mons Pinchon, Mons Pinchonis, Mons Pincion, Mons Pincionis, Mons Pinconis, Mons Pinzon. *Montpinçon.*

Mons Vietæ, Mons Viettæ. *Montviette.*

Montagu, Montagutus. *Montaigu.*

Mont Argis, Mont Argy. *Montargis.*

Montamis, Montamys. *Montamy.*

Mont aux Bœufs. *Mont-au-Bœuf.*

Mont Bertron. *Mont-Bertrand.*

Mont Boin, Mont Boint. *Mont-Bouin.*

Montbray. *Mombray.*

Mont Bréaume. *Mont-Briaume.*

Mont Bro, Mont Brog. *Mont-Brocq.*

Montchant. *Montchamp.*

Mont d'Aïe, Mont d'Aïde, Mont Dée. *Mondaye.*

Mont de Viette. *Montviette.*

Montéju. *Montaigu.*

Monteliæ. *Monteille.*

Montes, Monts en Bessin, Montz. *Monts.*

Mont Fiket. *Mont-Fiquet.*

Mont Fréville. *Monfréville.*

Mont Friard. *Mont-Fréard.*

Monthard. *Mondehard.*

Mont Hour. *Mont-Houre.*

Monticelli. *Monceaux.*

Montifort. *Montifer.*

Montignaium, Montgneium, Montigneyum. *Montigny.*

Mont Massue. *Mont-Massus.*

Mont-Neuf (Le). *Le Monde-Neuf.*

Mont Pinchon, Mont Pinchum, Mont Pinsson, Mont Pison, Mont Pisson. *Montpinçon.*

Montreuil l'Argilier. *Montreuil.*

Monty. *Les Montis.*

Monviette. *Montviette.*

Mool, Mooul, Moul, Mould, Moulx, Moux. *Moult.*

Moom, Moon. *Mouen.*

Mora. *La Mouche.*

Moreriæ, Morerres. *Morières.*

Morles. *Mosles.*

Mortua Aqua. *Morteaux-Couliboeuf.*

Moscans, Moschans. *Montchamps.*

Mossa. *La Mousse.*

Mosterellum. *Montreuil.*

Mota. *La Motte.*

Mouche (La). *La Mousse.*

Moulchamps, Mouscans, Mouschans. *Montchamps.*

Moulinez (Les). *Les Moulinets.*

Mounerie (La). *La Monnerie.*

Mountes. *Monts.*

Moureriæ. *Morières.*

Moustereul, Mousterol. *Montreuil.*

Mouteille, Moutellæ, Moutelliæ, Moutelles. *Mouteille.*

Moutonnet (Le). *Le Moutonné.*

Mouvieux. *Manvieu.*

Mouvilla. *Demouville.*

Mouzet. *La Moue.*

Moyad, Moyas, Moyaz. *Moyaux.*

Mundevilla, Mundivilla. *Mondeville.*

Musca. *La Mouche.*

Mustreceium, Mustrecie, Muterecy, Mutrecieium, Mutrecia. *Mutrecy.*

Myvana. *Meuvaines.*

N

Nealvilla, Neauvilla, Neufville, Nevilla. *Neuville.*

Neirs, Neræ, Nervi. *Nere.*

Néreau (Le). *Le Noireau* (rivière).

Nesques. *Nesq.*

Nigra Aqua. *Le Noireau* (rivière).

Nigra Vallis. *Noirval.*

Nihauz, Niholz. *Nihault.*

Nis Dalos. *Nidalos.*

Noa. *La Noe-Poulain.*

Noelleium. *Neuilly.*

Noer Ménart (Le). *Le Noyer-Ménard.*

Noereium. *Norrey.*

Noeriæ, Noers, Noiers, Nouiers, Nouyers, Nouyères. *Noyers.*

Noërolæ, Nogerollæ, Noierolæ. *Norolles.*

Noefvilla, Noevilla. *Neuville.*

Nogrondus. *Noron.*

Nombly Dieu. *Le Nombril-Dieu* (chapelle).

Nonantum, Nonnant, Nonnantum. *Nonant.*

Noreolæ. *Norolles.*

Noronnium. *Noron.*

Norré, Norreium, Norrois, Nourry. *Norrey.*

Notre Dame de Dellyvrande. *La Délivrande.*

Notre Dame de la Porelle. *Les Porelles.*

Notre Dame du Breil. *Le Breuil.*

Noublie Dieu. *Le Nombril-Dieu.*

Nouiers. *Noyers.*

Novavilla. *Neuville.*

Novillula. *Neuvillette.*

Noviomagus. *Lisieux.*

Nuceretum. *Norrey.*

Nugiers. *Noyers.*

Nuilliacum, Nuillieium, Nuilly, Nulleyum, Nully, Nullye. *Neuilly.*

Nully le Malherbe. *Neuilly-le-Malherbe.*

Nux Maignardi. *Le Noyer-Ménard.*

O

Oculata. *Ouilly-du-Houlley.*

Odomariscus, Odonis Mariscus. *Doux-Marais.*

Odonfontaine, Odonisfons. *Ondefontaine.*

Oestreham. *Ouistreham.*

Offeria. *Ouffières.*

Ogna. *L'Oigne* (ruisseau).

Ogna. *L'Orne.*

Ognabac, Ognebac. *Annebault.*

Oillæ, Oillei, Oilleium le Tichon, le Tyschon. *Ouilly-le-Tesson.*

Oilleia la Ribaut. *Ouilly-la-Ribaude.*

Oillie le Basset. *Ouilly-le-Basset.*

Oingne (L'). *L'Oigne.*

Oirval. *Orval.*

Oismeis, Oismeitz, Oismeiz. *L'Hiémois.*

Oiestream, Oistreham. *Ouistreham.*

Oistreham, Oitreham. *Étreham.*

Oldon. *L'Oudon* (rivière).

Olena, Olina, Olna, Olne, Olnus, Oune. *L'Orne.*

Olendum, Olendun. *Olendon.*

Olferes, Olfers. *Ouffières.*

Olleium. *Ouilly-du-Houlley.*

Olleya. *Ouilly-le-Vicomte.*

Olnebac, Olnebanc, Olnebanch, Olnebauch. *Annebault.*

Olnula. *La Petite-Orne.*

Olvilla. *Ouville-la-Bien-Tournée.*

Ommois. *L'Hiémois.*

Omosne (L'). *L'Aumône.*

Ondefons. *Ondefontaine.*

Onfierivilla, Onfreville. *Amfréville.*

Onnebancum, Onnebaucum, Onnebault, Onnebaut. *Annebault.*

Ora. *L'Aure* (rivière).

Orbeccus. *Orbec.*

Orbignieum. *Orbigny.*

Calvados.

Orbiket. *L'Orbiquet* (rivière).
Orboys. *Orbois.*
Orele (L'). *La Dorette* (rivière).
Orguil. *Le Chemin-d'Orgueil.*
Ortial. *Lortial* (chapelle).
Orvilla. *Orville.*
Osbernivilla, Osbertivilla, Osbervilla,
  Auberville sur la Mer. *Auberville.*
Osevilla. *Osseville.*
Osmonvilla, Osmonville sur les Vez,
  Osmundi Villa. *Osmanville.*
Ostellerie (L'). *L'Hôtellerie.*
Ostieux Papion (Les). *Les Authieux-
  Papion.*
Ostreham. *Ouistreham.*
Osuley. *Dozulé.*
Ouaissy, Ouezy sur Laizon. *Ouésy.*
Oudom, Oudon, Ouldon. *L'Odon* (ri-
  vière).
Oufferie, Oufflers, Oufflerville, Ou-
  phières. *Oufflères.*
Ougne. *L'Orne.*
Ouilleia, Ouillie le Ribaut. *Ouilly-la-
  Ribaude.*
Ouistrehannum. *Ouistreham.*
Ouldonfontaine. *Ondefontaine.*
Oullaya Ribaldi. *Ouilly-la-Ribaude.*
Oullei, Oullie. *Ouilly-du-Houlley.*
Oullei le Vicomte. *Ouilly-le-Vicomte.*
Ouna, Oulne, Ousne. *L'Orne.*
Ounebaus. *Annebault.*
Ouvette (L'). *La Douvette* (rivière).
Ouvilla. *Ouville-la-Bien-Tournée.*
Oximensis pagus, Oximinum. *L'Hié-
  mois.*
Oximensis vicus. *La rue Saint-Jean* (à
  Caen).
Oyestreham. *Ouistreham.*
Oyna. *L'Ogne* (ruisseau).
Oyrival. *Orval.*
Oystreham le Proux, Oytreham. *Étre-
  ham.*

P

Paganellum. *Pesnel.*
Parefouru. *Parfouru.*
Parfontaine, Parfontaines. *Les Parcs-
  Fontaines.*
Parfont Ru, Profondus Rivus super
  Odonem. *Parfouru-sur-Odon.*
Parfouru le Clain, Parfouru Lesque-
  lin. *Parfouru-l'Éclin.*
Parket (Le). *Le Parquet.*
Parva Corona. *Le Petit-Couronne.*
Parva Villa. *Petitville.*
Paugès (Les). *Les Paugeais.*
Pécaudière (La). *La Picaudière.*

Pêcherie (La). *La Picherie.*
Pedeneuria, Peencort. *Piencourt.*
Pelata Villa, Pelea Villa, Peleeville,
  Pelevilla. *Plainville.*
Pelueria, Peluerya. *La Pluyère.*
Penna Pisce, Penna Picæ. *Pennedepie.*
Peraire (La). *La Perère.*
Perceium, Percheium, Perchy, Percy
  en Auge. *Percy.*
Percouville. *Percoville.*
Perdeville, Perdita Villa, Perdue
  Ville. *Pertheville.*
Perellæ. *Les Pérelles.*
Perer (Le). *Le Poirier.*
Perier, Periers en Auge, Perier super
  Divam, Periez. *Périers.*
Perigneium, Perigneyum, Perignie,
  Perrigny. *Perigny.*
Perrefrite. *Pierrefitte.*
Perreiz. *Les Perrées.*
Perreriæ. *Perrières.*
Perret Heroult (Le). *Le Perré-Héroult.*
Perreus, Perroux. *Le Perreux.*
Perrey (Le). *Le Perret.*
Perroquette (La). *Les Perroquettes.*
Perrouse. *Peyrouse.*
Personnerie (La). *La Personnière.*
Pertæ. *Les Pertes.*
Peserol, Peseroles. *Pézerolles.*
Pes in curia. *Piencourt.*
Pesmanie, Pestmenie. *Pémagnie* (rue).
Pesmontis. *Pomont.*
Petecville, Petitvilla, Petitville. *Peti-
  ville.*
Petræ. *Pierres.*
Petrafica, Petraficta, Petrafita, Petra-
  fixa, Pierrefitte en Cinglais. *Pierre-
  fitte.*
Petra Levata. *Pierre-Levée.*
Petrapont, Petrespont, Pierepont.
  Pierrepont.
Petrariæ. *Perrières.*
Petra Solem, Petra Solemnis, Petra
  Solennis. *Pierre-Solain.*
Potràtrita. *Pierrefitte.*
Petrosus. *Le Perréux.*
Phalesia. *Falaise.*
Piconière (La). *La Picanière.*
Piencort. *Piencourt.*
Piereficte, Pierre Ficte, Pierre Frite.
  Pierrefitte.
Pierrelée. *Pierrelaye.*
Pierre Sellain. *Pierre-Solain.*
Pikenot. *Picquenot.*
Pini, les Pins. *Espins.*
Pinus, le Pin en Lieuvin, le Pyn. *Le
  Pin.*
Piraudière (La). *La Peyraudière.*

Pireium, Pirus. *Le Poirier.*
Piri. *Périers.*
Pirigneyum. *Perrigny.*
Pirus Villa. *La Poire.*
Piscau. *Le Pissot.*
Placci, Placceium, Placceyum, Placit,
  Plaxeium. *Placy.*
Plaches (Les). *Les Places.*
Plagnæ, Planæ. *Les Plaines.*
Plaines Œuvres, Plana Silva, Plena
  Sylva. *Pleines-Œuvres.*
Plainvilla. *Plainville.*
Plaisseiz (Le). *Le Plessis.*
Planchæ. *Les Planches.*
Plancherium, Plancré, Plancri, Plan-
  cry. *Planquery.*
Planqueium. *Le Planquai.*
Planqueré, Planquerey, Planquerie,
  Planquerium. *Planquery.*
Planqueta. *La Planquette.*
Platea. *La Place.*
Plateæ. *Les Places.*
Plauterie (La). *La Polauderie.*
Plaxeium, Pleccium, Pleceyum. *Placy.*
Plessais, Plaisseis, Plaissez, Plesseys,
  Plessie Grimout, Plessye Grimold.
  Le Plessis-Grimoult.
Poelvilin. *Pellevillain.*
Poirier Coïlbot (Le). *Le Poirier.*
Poleeium, Poleeium in Algia, Polci,
  Polcy. *Poussy.*
Poleium, Polleyum, Pollie. *Pouilly.*
Polleyum. *Poily.*
Pomeria. *La Pommeraye.*
Pommerai (Le). *Le Pommeray.*
Pommeray, Pommeréo, Pommeria. *La
  Pommeraye.*
Poncel super Cheminum Sancti Cle-
  mentis, Poncellus. *Le Poncel.*
Ponché. *Le Ponchain.*
Ponfol. *Pontfol.*
Pons Bellengerii, Pons Berengarii.
  Pont-Bellanger.
Pons Carduni. *Pontchardon.*
Pons Corbeilon. *Pont-Corbillon.*
Pons du Degotail. *Pont-de-l'Égout.*
Pons Episcopi. *Pont-l'Évêque.*
Pons Escollant, Pons Escoulandi. *Pon-
  técoulant.*
Pons Falsi, Pons Farcin. *Pont-Farcy.*
Ponsfol, Pons Foli, Pons Folli, Pons
  Stulti. *Pontfol.*
Pons Vitæ, Pons Viettæ. *Pont-de-Vie.*
Pont Allory. *Pontalery.*
Pont Calembourg. *Pont-Érembourg.*
Pont Cardon. *Pontchardon.*
Pont Elembourg, Pont Erembore.
  Pont-Érembourg.

Pont Escoulant. *Pontécoulant.*
Pont Fort. *Pontfol.*
Pont le Vesque. *Pont-l'Évêque.*
Pont Roc. *Pont-Saint-Roch.*
Pont Tallery. *Pontalery.*
Porey. *Paurey.*
Portus Bajocassinus. *Port-en-Bessin.*
Portus Divæ. *Dive.*
Portus Piscatorum, Porz. *Port-en-Bessin.*
Post (Le). *Le Pôt.*
Posti (Le). *Le Postil.*
Postigneium, Postingneium, Potingny. *Potigny.*
Potereya, Poteria. *La Poterie.*
Potrie (La). *La Potterie.*
Poucei, Pouceium, Pouchy, Poucie. *Poussy.*
Poulain. *Poulin.*
Poullardière (La). *La Poulardière.*
Pracles, Praelliæ, Praeriæ, Prateriæ. *Presles.*
Prataria Cadomensis. *La Prairie de Caen.*
Pratelli, Préaulx. *Préaux.*
Pratum Algiæ, Augiæ. *Le Pré d'Auge.*
Presbyteri Villa, Prestervilla, Prestrevilla, Prestreville, Petrivilla. *Prétreville.*
Proceium, Proceyum, Proucie, Proncy, Proucye. *Proussy.*
Prothie. *Protheis.*
Puceium, Pusseium. *Poussy.*
Punsfol. *Pontfol.*
Puteus, le Puech. *Le Puits-Douesnel.*
Puto. *Putot.*
Putot en Auge. *Putot.*
Pyn (Le). *Le Pin-en-Lieuvin.*

Q

Quaam. *Caen.*
Quaceium. *Cachy.*
Quahaines. *Cahagnes.*
Quaine (La). *La Caine.*
Quainnelière (La). *Quesnelière.*
Qualloe. *Calloué.*
Quambe (La). *La Cambe.*
Quanevières (Les). *Les Cannevières.*
Quarnètes. *Carnètes.*
Quarquengneum, Quarquenneium. *Carcagny.*
Quarreria. *La Carrière.*
Quartrée (La). *La Cartrée.*
Quarvilla. *Carville.*
Quatovilla. *Quetteville.*
Quatre Piz, Quatuor Putei. *Quatre-Puits.*

Quauqucinvillers, Quauquenvillers. *Coquainvilliers.*
Queminum Domini Regis. *Le Chemin-du-Roi.*
Quenapeville. *Canapville.*
Quéné. *Quesnay.*
Quenivetum. *Canivet.*
Quercus Dolata. *Chénedollé.*
Quercus Therouldi, Quercus Tyoudi. *Les Chênes.*
Quercus Varini. *Saint-Laurent-des-Grez.*
Quérillière (La). *La Quérullière.*
Querlet. *Quertel.*
Querné. *Quesnay.*
Quernet. *Cainet.*
Quernetum Gueronis. *Quesnay-Guesnon.*
Quéron. *Cairon.*
Quesnai, Quesñé, Quesneium. *Quesnay-Guesnon.*
Quesnedoley. *Chénedollé.*
Quesneella. *La Quesnée.*
Quesnet. *Cainet.*
Quesnetum. *La Chenaye.*
Quesnetum Gernon, Quesnetum Guesnon. *Quesnay-Guesnon.*
Quetovilla, Quetievilla. *Quetteville.*
Queue de Vée (Là). *La Quevée.*
Queuvanrie. *La Quevennerie.*
Queuvrechié. *Couvrechef.*
Queverus. *Quévrue.*
Quevillie. *Quevilly.*
Quincampoix. *Quincampoix.*
Quiervilla, Quierville. *Querville.*
Quiervilla. *Quierville.*
Quiéry. *Quéry.*
Quillaium, Quilleium, Quilly. *Cully.*
Quincei. *Quincey.*
Quinque Altaria. *Cinq-Autels.*
Quoquerelle. *Coquerel.*
Quoquonneria. *La Cochonnière.*

R

Rabu, Rabucum, Rabutum. *Rabut.*
Racheium. *Rachin.*
Racinée. *Le Racinet.*
Racinei, Racineium. *Le Racinet.*
Radaverium, Radaverus. *Reviers.*
Radulfivilla, Rauvilla. *Rouville.*
Raimberti Holmus, Raimberthome. *Robehomme.*
Rainière (La). *La Rénière.*
Ramata, Rameta, Rametta. *La Ramée.*
Ramville, Ranvilla. *Ranville.*
Ranerii Mansiolum, Raneriomesnil. *Renémesnil.*

Rapilleium, Rapilleyum. *Rapilly.*
Rassey. *Rassé.*
Rati. *Reux.*
Rauconnière (La). *La Ranconnière.*
Raude (La). *Le Raudet.*
Raux. *Rault.*
Ravilla. *Raville.*
Réaupré. *Royal-Pré.*
Rebereil. *Rubercy.*
Recuchon. *La Recussonnière.*
Reculeium, Reculeyum. *Le Reculey.*
Rédentière (La). *La Redoutière.*
Reffardière (La). *La Ruffardière.*
Regale Pratum. *Royal-Pré.*
Regnoart, Reynouard. *Le Renouard.*
Reignerii Mesnillum, Reinesmesnil, Renati Mesnillum, Renerii Mansiolum, Renerii Villa, Remmesnil. *Renémesnil.*
Rencheium, Renchie, Renchy. *Ranchy.*
Repentir (Le). *Le Repenty.*
Reuel. *Ruel.*
Reveriæ, Reverium, Revers. *Reviers.*
Revillum. *Revillon.*
Ria, Rie, Ris. *Ryes.*
Ribehomme. *Robehomme.*
Ribereil. *Rubercy.*
Riparia, Ripparia. *La Rivière.*
Risella, Risla, Rizla. *La Risle (rivière).*
Rivaria, Riveria. *La Rivière.*
Robeaume. *Robehomme.*
Roca, Rocca, Rocha. *La Roche.*
Rocancourt. *Rocquancourt.*
Rochelle. *La Rochelle.*
Rocqua. *La Roque.*
Rocroy. *Le Roqueret.*
Roctière (La). *La Roquetière.*
Rodovilla. *Roixville.*
Roevilla, Roievilla. *Roiville.*
Roismesnillum. *Rumesnil.*
Roivilla. *Réville.*
Roka. *La Roche-Baignard.*
Rokenkort. *Rocquancourt.*
Rokeroi. *Le Roqueray.*
Rollo, Rollos, Rolors. *Roullours.*
Romcamp. *Roucamp.*
Rommesnil. *Renémesnil.*
Romville. *Ranville.*
Ronceivilla, Roncevilla, Ronchevilla. *Roncheville.*
Roncerctum, le Roncerez, Roncerium, Roncerum, Roncherium, Ronchereyum. *Saint-Cyr-du-Ronceray.*
Roqua Baignardi, la Roque Bayard. *La Roque-Baignard.*
Roqua Nonanti. *La Roche-Nonant.*

Saint Martin du But. *Saint-Martin-du-Bû.*

Saint Martin le Vieil. *Saint-Martin-le-Vieux.*

Saint Martin le Vieux. *Saint-Martin-du-Tilleul.*

Saint Médard d'Ouillie. *Saint-Marc-d'Ouilly.*

Saint Melaigne, Saint Melagne, Saint Meleingne, Saint Meilleur. *Saint-Melaine.*

Saint Mervieu. *Sommervieu.*

Saint Meuf les Authieux. *Les Authieux-sur-Calonne.*

Saint Michel de Clermont. *Clermont.*

Saint Nicolas juxta Baiocas. *Saint-Nicolas-de-la-Chesnaye.*

Saint Oen. *Saint-Ouen-des-Faubourgs.*

Saint Osmer. *Saint-Omer.*

Saint Ouen de la Besaiche. *Saint-Ouen-des-Besaces.*

Saint Ouen le Lohout. *Saint-Ouen-le-Houx.*

Saint Ouen le Paingt, les Pains, le Peint. *Saint-Ouen-le-Pin.*

Saint Paer, Saint Père. *Saint-Pair.*

Saint Pierre as Ifs, Asifs, Asilz, aux Id, d'Asic. *Saint-Pierre-Azif.*

Saint Pierre de Cantelou. *Saint-Pierre-de-Canteloup.*

Saint Pierre des Ifs en Lieuvin, des Is, des Ays. *Saint-Pierre-des-Ifs.*

Saint Pierre du Buc, du But. *Saint-Pierre-du-Bû.*

Saint Pierre du Jonquet, du Jonqué. *Saint-Pierre-du-Jonquet.*

Saint Pierre du Tertre. *Saint-Pierre-de-Mailloc.*

Saint Pierre jouxte Aulnay. *Saint-Pierre-du-Fresne.*

Saint Pierre la Vieulle. *Saint-Pierre-la-Vieille.*

Saint Pierre le Fresne. *Saint-Pierre-du-Fresne.*

Saint Pierre sur Dyve. *Saint-Pierre-sur-Dive.*

Saint Pierre Tharentaigne. *Saint-Pierre-Tarentaine.*

Saint Remy sur Olne, sur Oulne. *Saint-Remy.*

Saint Sanson, Saint Sanxon. *Saint-Samson.*

Saint Servin. *Saint-Sylvain.*

Saint Soupleis, Saint Soupleiz, Saint Soupprie, Saint Suplé, Saint Suplix. *Saint-Sulpice.*

Saint Vaestz, Saint Vat, Saint Vuast. *Saint-Vaast.*

Saint Vigor de Muyes. *Saint-Vigor-de-Mieux.*

Saint Ypolite de Cantelou. *Saint-Hippolyte-de-Canteloup.*

Saint Ysmer. *Saint-Hymer.*

Sainte Bazire. *Sainte-Bazile.*

Sainte Croix Grande Tonne. *Sainte-Croix-Grand'Tonne.*

Sainte Honorine do Dussy, de Duxy. *Sainte-Honorine-de-Ducy.*

Sainte Honorine du Fest. *Sainte-Honorine-du-Fay.*

Sainte Marie l'Aumont, l'Osmont. *Sainte-Marie-Laumont.*

Sainte Paix de la Fontaine. *Sainte-Paix.*

Salabria. *La Souleuvre* (rivière).

Salam, Salan, Salen, Sallon. *Sallen.*

Salcantia, Salchantia. *Soquence.*

Salceium. *Saussay.*

Salina Ozouf, la Saline Blanche. *La Saline-Auzouf.*

Salinella, Salinellæ, Salnelles. *Sallenelles.*

Salix rivulæ. *Le Saussay* (ruisseau).

Salnerii Villa, Salnervilla. *Sannerville.*

Salquantia, Sanaquantia. *Soquence.*

Sancta Anna de Groccio. *Sainte-Anne-de-Grouchy.*

Sancta Barbara de Escajoleto, de Escajolet. *Sainte-Barbe ou Saint-Martin-d'Écajeul.*

Sancta Basilia; Sancta Bazilia. *Sainte-Bazile.*

Sancta Crux de Grantone, de Granthone, de Grentonne, super Grentonne. *Sainte-Croix-Grand'Tonne.*

Sancta Crux supra Mare. *Sainte-Croix-sur-Mer.*

Sancta Fides de Monte Gomerico. *Sainte-Foy-de-Montgommery.*

Sancta Honorina de Duceio, de Ducey, de Duxey. *Sainte-Honorine-de-Ducy.*

Sancta Honorina de Fayaco. *Sainte-Honorine-du-Fay.*

Sancta Honorina de Pertis. *Sainte-Honorine-des-Pertes.*

Sanctelli, Santelli. *Cintheaux.*

Sancta Margarita de Logiis. *Sainte-Marguerite-des-Loges.*

Sancta Margarita de Victa. *Sainte-Marguerite-de-Viette.*

Sancta Maria ad Anglicos. *Sainte-Marie-aux-Anglais.*

Sancta Maria Celle. *Le Désert.*

Sancta Maria Benefacta. *Sainte-Marie-de-Bienfaite.*

Sancta Maria Ernauldi, Sancta Maria l'Ernalt, Sancta Maria l'Ernault. *Lénault.*

Sancta Maria ultra Aquam. *Sainte-Marie-outre-l'Eau.*

Sanctelli. *Cintheaux.*

Sancti Aniani Villa. *Saint-Aignan-le-Malherbe.*

Sanctus Aegidius de Liveto. *Saint-Gilles-de-Livet.*

Sanctus Agnanus de Malaherba. *Saint-Agnan-le-Malherbe.*

Sanctus Albinus. *Saint-Aubin-des-Bois.*

Sanctus Albinus de Arqueneio. *Saint-Aubin-d'Arquenay.*

Sanctus Albinus Lesbisey. *Saint-Aubin-de-Lébizay.*

Sanctus Albinus super Alegot, super Algo, super Algot. *Saint-Aubin-sur-Algot.*

Sanctus Albinus super Aquainvillam. *Saint-Aubin-sur-Auquainville.*

Sanctus Albinus super Mare. *Saint-Aubin-sur-Mer.*

Sanctus Amador. *Saint-Amator.*

Sanctus Andreas de Fontaneto, de Fonteneto, de Fontenoy. *Saint-André-de-Fontenay.*

Sanctus Andreas de Gofferno, de Gofer, de Golfer, de Goufer, de Guffer. *Saint-André-en-Gouffern.*

Sanctus Anianus de Crasso Mesnillo. *Saint-Aignan-de-Cramesnil.*

Sanctus Anianus de Malaherba, Sancti Aniani Villa, Saint Aignen le Malherbe. *Saint-Aignan-le-Malherbe.*

Sanctus Arnulfus super Touquam. *Saint-Arnoult.*

Sanctus Audòenus Bajocensis. *Saint-Ouen-des-Faubourgs.*

Sanctus Audoenus de Bisachia, de Bisacia. *Saint-Ouen-des-Besaces.*

Sanctus Audoenus de Cadomo. *Saint-Ouen-de-Villers.*

Sanctus Audoenus de Mesnillo Ogerii, Ongerii. *Saint-Ouen-du-Mesnil-Oger.*

Sanctus Audoenus de Vilers, de Vilariis. *Saint-Ouen-de-Villers.*

Sanctus Audoenus le Hoult, le Lohout, le Lohoux. *Saint-Ouen-le-Houx.*

Sanctus Audomarus. *Saint-Omer.*

Sanctus Benedictus de Hebertot. *Saint-Benoît-d'Hébertot.*

Sanctus Benignus, Sancti Benigni Villa. *Saint-Bénin.*

Sanctus Blasius de Ulmo. *Saint-Blaise.*

Sanctus Bricius de Valmereto. *Valmeray.*

Sanctus Ciricus de Friardel. *Saint-Cyr-de-Friardel.*

Sanctus Clarus in Algia. *Saint-Clair-de-Bassencville.*

Sanctus Clemens super Vada. *Saint-Clément.*

Sanctus Clodoaldus, Sanctus Clotus. *Saint-Cloud.*

Sanctus Contestus de Asteia. *Saint-Contest.*

Sanctus Crispinus. *Saint-Crespin.*

Sanctus Desiderius. *Saint-Désir.*

Sanctus Dionysius de Mailloco, de Maillot, de Valle Auribecci. *Saint-Denis-de-Mailloc.*

Sanctus Dionysius de Mezoncellis. *Saint-Denis-Maisoncelles.*

Sanctus Egidius. *Saint-Gilles.*

Sanctus Gatianus. *Saint-Gatien.*

Sanctus Georgius de Alneto. *Saint-Georges-d'Aunay.*

Sanctus Georgius de Altaribus. *Les Autels.*

Sanctus Georgius in castro Cadomi. *Saint-Georges-le-Château.*

Sanctus Germanus de Alba Herba, de Blanca Herba, de Blancha Herba, de Blanqua Herba. *Saint-Germain-la-Blanche-Herbe.*

Sanctus Germanus de Campagna. *Saint-Germain-la-Campagne.*

Sanctus Germanus de Crioil, de Criol, de Criolo. *Saint-Germain-du-Crioult.*

Sanctus Germanus de Introitibus. *Saint-Germain-des-Entrées.*

Sanctus Germanus de Leuca, de Leuga, de la Leu, de la Lue. *Saint-Germain-de-la-Lieue.*

Sanctus Germanus de Liveto. *Saint-Germain-de-Livet.*

Sanctus Germanus de Monte Gomeri, de Monte Gomerici. *Saint-Germain-de-Montgommery.*

Sanctus Germanus de Perto. *Saint-Germain-du-Pert.*

Sanctus Germanus de Talvenda. *Saint-Germain-de-Tallevende.*

Sanctus Germanus de Villaribus. *Saint-Germain-de-Villers.*

Sanctus Germanus Langot, Languo*. *Saint-Germain-Langot.*

Sanctus Germanus le Vaccom, le Vachon, le Vacum, le Wachon. *Saint-Germain-le-Vasson.*

Sanctus Gervasius de Asneriis. *Saint-Gervais-d'Asnières.*

Sanctus Ipolitus de Cantulupi. *Saint-Hippolyte-de-Canteloup.*

Sanctus Johannes Albus, Sanctus Johannes Blancus. *Saint-Jean-le-Blanc.*

Sanctus Johannes de Gasquières. *Saint-Jean-des-Gâtines.*

Sanctus Johannes de Liveto. *Saint-Jean-de-Livet.*

Sanctus Jouvinus, Sanctus Jovinus. *Saint-Jouin-en-Auge.*

Sanctus Julianus de Falcone, Sanctus Julianus de Foucon. *Saint-Julien-le-Faucon.*

Sanctus Julianus de Mailloco, de Maillot. *Saint-Julien-de-Mailloc.*

Sanctus Julianus super Calonnam, super Calumpnam. *Saint-Julien-sur-Calonne.*

Sanctus Lambertus super Olnam. *Saint-Lambert.*

Sanctus Laudulus, Sanctus Laudus supra Seullam. *Saint-Louet-sur-Seulle.*

Sanctus Laurentius de Condello. *Saint-Laurent-de-Condel.*

Sanctus Laurentius de Dumo. *Saint-Laurent-du-Buisson.*

Sanctus Laurentius de Gressibus. *Saint-Laurent-des-Grès.*

Sanctus Laurentius de Montibus. *Saint-Laurent-du-Mont.*

Sanctus Laurentius super Marc. *Saint-Laurent-sur-Mer.*

Sanctus Leodegarius de Bordello. *Saint-Léger-du-Bordel.*

Sanctus Leodegarius de Bosco. *Saint-Léger-du-Bosq.*

Sanctus Leodegarius de Ouilleia. *Saint-Léger-du-Houlley.*

Sanctus Leonardus de Silleio. *Silly.*

Sanctus Luppus de Fribosco. *Saint-Loup-de-Fribois.*

Sanctus Lupus de Saint Leu. *Saint-Loup-Hors.*

Sanctus Machutus Baiocensis, Sanctus Machutus in Algia. *Saint-Maclou-en-Auge.*

Sanctus Mandoveus, Sanctus Manveius, Sanctus Manveyus, Sanctus Manvieus, Sancti Manvæi Villa, Sanctus Remigius de Manvieux. *Saint-Manvieu.*

Sanctus Marculfus. *Saint-Marcouf.*

Sanctus Marcus de Ouilleya. *Saint-Marc-d'Ouilly.*

Sanctus Martinus ad Carnotenses. *Saint-Martin-aux-Chartrains.*

Sanctus Martinus Auribecci. *Saint-Martin-de-Mailloc.*

Sanctus Martinus de Ae, de Aeio. *Mondaye.*

Sanctus Martinus de Bisachia, de Bisacia. *Saint-Martin-des-Besaces.*

Sanctus Martinus de Blagneio. *Saint-Martin-de-Blagny.*

Sanctus Martinus de Bosco. *Saint-Martin-des-Bois.*

Sanctus Martinus de Bu. *Saint-Martin-du-Bû.*

Sanctus Martinus de Fontanelo. *Saint-Martin-de-Fontenay.*

Sanctus Martinus de Fraxino. *Saint-Martin-de-Fresnay.*

Sanctus Martinus de Introitibus. *Saint-Martin-des-Entrées.*

Sanctus Martinus de Leuca. *Saint-Martin-de-la-Lieue.*

Sanctus Martinus de Modiis. *Saint-Martin-de-Mieux.*

Sanctus Martinus de Mollibus Campis. *Montchamp.*

Sanctus Martinus de Monte Dei. *Mondaye.*

Sanctus Martinus de Salam, de Sallan, Saollam. *Saint-Martin-de-Sallen.*

Sanctus Martinus de Valle Auribecci. *Saint-Martin-de-Mailloc.*

Sanctus Martinus Vetus. *Saint-Martin-du-Tilloul.*

Sanctus Melagneus. *Saint-Mélaine.*

Sanctus Michael de Bosco, de Liveto. *Saint-Michel-de-Livet.*

Sanctus Nicolaus juxta Baiocas. *Saint-Nicolas.*

Sanctus Osmerus. *Saint-Omer.*

Sanctus Paternus de Esnes. *Saint-Pair-d'Ernes.*

Sanctus Paulus de Verneio. *Saint-Paul-du-Vernay.*

Sanctus Petrus ad Id, ad Ivos. *Saint-Pierre-Azif.*

Sanctus Petrus de Aquosis, de Hys, de Is, de Iz, de Ys. *Saint-Pierre-des-Ifs.*

Sanctus Petrus de Castro. *Saint-Pierre-du-Châtel.*

Sanctus Petrus de Monte. *Saint-Pierre-du-Mont.*

Sanctus Petrus de Riparia. *Saint-Pierre-de-la-Rivière.*

Sanctus Petrus de Vetula. *Saint-Pierre-la-Vieille.*

Sanctus Petrus super Divam. *Saint-Pierre-sur-Dive.*

Sanctus Philibertus de Campis. *Saint-Philbert-des-Champs.*

Sanctus Quintinus de Roca. *Saint-Quentin-de-la-Roche.*

Sanctus Remigius. *Saint-Remy.*

Sanctus Salvator de Dive. *Dive.*

Sanctus Salvator de Vasiis. *Saint-Sauveur-des-Vases.*

Sanctus Sanso, Sanxon, Sanxson. *Saint-Samson.*

Sanctus Selvinus, Sanctus Sylvinus. *Saint-Sylvain.*

Sanctus Severus. *Saint-Sever.*

Sanctus Simphorianus. *Saint-Simphorien.*

Sanctus Stephanus Cadomensis, Sancti Stephani regalis Abbatia. *Saint-Étienne de Caen* (abbaye).

Sanctus Stephanus de Tilia, de Tillaya, de Tilleya. *Saint-Étienne-la-Tillaye.*

Sanctus Stephanus Vetus. *Saint-Étienne-le-Vieux.*

Sanctus Sulpicius. *Saint-Sulpice.*

Sanctus Ursinus. *Saint - Ursin - des - Bois.*

Sanctus Ursinus. *Saint-Gatien.*

Sanctus Ursinus de Hesperone. *Saint-Ursin-d'Épron.*

Sanctus Vedastus, Sanctus Wedastus. *Saint-Vaast.*

Sanctus Vigor de Maiseretis, de Maiseriis, de Messeriz. *Saint-Vigor-des-Mézerets.*

Sanctus Vigor de Modiis, de Muiis, de Muyes. *Saint-Vigor-de-Mieux.*

Sanctus Vigor Magnus, Sanctus Vigor prope Bajocas. *Saint-Vigor-le-Grand.*

Sanctus Ymerius, Sanctus Ymerus. *Saint-Hymer.*

Sanctus Ypolitus in Prato. *Saint-Hippolyte-des-Prés.*

Sannet, Sahonetum, Saonetum. *Saonnet.*

Sarchantiæ, Sarquantia, Sarcantia. *Soquence.*

Sarcofagi, Sarcophagi. *Cerqueux.*

Sarqueilum, Sarqueillum, Sarqueix, Sarqueux, Sarqueuz. *Cerqueux.*

Sarteaux. *Les Essarteaux.*

Saucancia, Saucantia, Sauquantia. *Soquence.*

Sauceia. *La Saussaye.*

Saucetum. *Le Saussey.*

Saunervilla. *Sannerville.*

Saunnet. *Saonnet.*

Savency, Savenncium. *Savenay.*

Scagiola, Scaiolum, Scajoliolum. *Écajeul.*

Scamelvilla. *Équemeauville.*

Scani. *Eschans.*

Sceus. *Cheux.*

Scintheaux. *Cintheaux.*

Scorceville. *Écorcheville.*

Scotvilla. *Escoville.*

Secana, Sequana. *La Seine* (fleuve).

Secheville en Bcessin. *Secqueville-en-Bessin.*

Sedvannum, Sedvans. *Sept-Vents.*

Sefrevilla. *Cheffreville.*

Segville la Campagne. *Secqueville-la-Campagne.*

Scille (La), la Seule. *La Seulle* (rivière).

Semilli, Semillium. *Semilly.*

Senaudière (La). *La Senodière.*

Septem Vanni, Sepvans, Septvans. *Sept-Vents.*

Septem Virgæ. *Les Sept-Verges.*

Sequevilla. *Secqueville-en-Bessin.*

Sernayum, Serneium. *Cernay.*

Serqueux. *Cerqueux.*

Serquineyum. *Serquigny.*

Sculla. *La Seulle* (rivière).

Sculline. *La Seuline.*

Siccavilla in Bessino. *Secqueville-en-Bessin.*

Siccavilla in Campagua, Siccavilla in Oximensi pago juxta Valdunas. *Secqueville-la-Campagne.*

Sicqueville en Bcessiñ. *Secqueville-en-Bessin.*

Sicquot, Siquot. *Sicot.*

Siefreville, Siffredi Villa, Sigefredi Villa in Oismeis. *Cheffreville.*

Silleium. *Silly.*

Sinteaux. *Cintheaux.*

Sirofons. *Cirfontaines.*

Socquence. *Soquence.*

Sola. *La Seulle* (rivière).

Solabria. *La Souleuvre* (rivière).

Solariæ. *Soliers.*

Solcantia, Solchantia. *Soquence.*

Solengi, Solengiacus, Solengius, Solengneium. *Soulangy.*

Soleriæ, Solliers, Soulliers. *Soliers.*

Solenvria, Solopera. *La Souleuvre.*

Solquantia, Soquance, Soquentia. *Soquence.*

Sommargie. *Soumargé.*

Sommerveu, Sommerveum, Sommerveium in Comba. *Sommervieu.*

Sordeval. *Sourdeval.*

Soubmont, Soubzmons, Soubz les Monts. *Soûmont.*

Souchaie (La). *La Saussaye.*

Soulengy. *Soulangy.*

Soumeiges. *Soumargé.*

Souquantia. *Soquence.*

Sourdavallis. *Sourdeval.*

Soygnolles, Soynolles. *Soignolles.*

Spancium. *Épancy.*

Sparsi Fontes. *Les Parcs-Fontaines.*

Spina. *L'Épine.*

Spincta. *L'Épinette.*

Spinetum super Odon, Spyne super Oudon. *Épinay-sur-Odon.*

Spinetum Taxonis. *Épinay-Tesson.*

Starvilla. *Éterville.*

Stauriacum. *Estry.*

Stavelli. *Étavaux.*

Sterpiniacus, Stirpiniacus, Strepeneium. *Étrepagny.*

Stimauville. *Estimeauville.*

Stoupefour. *Étoupefour.*

Stoviacum, Slovicum. *Étouvy.*

Stratæ in Algia, Strez. *Notre-Dame-d'Estrées ou Estrées-en-Auge.*

Stratæ in Oximo. *Estrées-la-Campagne.*

Stupafurnum. *Fontaine-Étoupefour.*

Subla, Suble, Sublet. *Subles.*

Sub Montibus. *Soûmont.*

Sugerville. *Surville.*

Sulleium, Sulleyum, Sullic. *Sully.*

Summeium, Summerium, Summerveium, Summerveum. *Sommervieu.*

Suran, Surayn, Suren, Surreham, Surehaim, Susrehain. *Surrain.*

Surevilla, Survilla, Surville sur Calonne. *Surville.*

Symilleium. *Semilly.*

Syrefontène. *Cirfontaines.*

T

Taigneriæ, Taisneriæ, Taisnières. *Les Tesnières.*

Taillebois, Tailleboys. *Taillebosq.*

Taillevilla, Tailliavilla, Taillivilla. *Tailleville.*

Taillière (La). *La Taillerie.*

Tain, Tan, Taon, Taun. *Thaon.*

Taisseium, Tassie, Taysseium, Taissie. *Tessy.*

Taissel. *Tessel.*

Taissilia, Taissilic. *Tassilly.*

Talavenda, Talevenda. *Tallevende.*

Tallevende le Grand. *Saint-Germain-de-Tallevende.*

Talney, Taneium, Tanie, Tanus. *Tanney.*

Tarentana, Tarenteigne, Tarentone. *Tarentaine.*

Tassamentum, Tassement. *Saint-Jean-du-Tassément.*

Tassileium, Tassileyum, Taxilleium, Taxillum. *Tassilly.*

Tecel. *Tessel.*

Tegiertivilla. *Ticheville.*

Teignesvilla. *Thiéville.*

Teilleium. *Le Theil.*

Teiley, Telleium. *Tilly.*

Teillerie (La). *La Teillerie.*

Teilliol, Telliolum. *Le Tilleul.*

Telloneium. *Talonnay.*

Tenneium. *Tanney.*

Tergevilla supra Croilie, Tertia Villa. *Tierceville.*

Tesneriæ. *Tesnières.*

Tesseium, Tessy le Gros, Tessy les Argouges. *Tessel.*

Tessellum. *Tessel.*

Teuvilla. *Thiéville.*

Than, Thane, Thaun. *Thaon.*

Thasilly. *Tassilly.*

Theillœil. *Le Tilleul.*

Thibervilla, Tibervilla. *Tiberville.*

Thiecheville, Thiegeville, Thiescheville. *Ticheville.*

Thiemesnil, Thiesmaisnil. *Thimesnil.*

Thieuville. *Thiéville.*

Thilleul. *Notre-Dame-du-Tilleul.*

Thinollent. *Le Theil-Nollent.*

Tholca. *La Touque* (rivière).

Thonnancourt. *Tonnencourt.*

Thorium, Thureium. *Thury.*

Tienquengronne. *Quiquengrogne.*

Tierchevilla. *Tierceville.*

Tignolent. *Le Theil-Nollent.*

Tilia, Tillia. *Le Theil.*

Tillia, Tilleyum, Tillie. *Tilly-la-Campagne* ou *Tilly-le-Chapeau-Rouge.*

Tillaie, Tillay, Tilleia, Tilley, Tilleyum, Tilliay. *La Tillaye.*

Tilliol, Tilliolum, Tilloul. *Le Tilleul.*

Tiouffréville. *Touffréville.*

Tiregray. *Tirgray.*

Tismaisnil, Tesmaisnil. *Thiémesnil.*

Tocha. *La Touque* (rivière).

Toffredi Villa, Toffrevilla. *Touffréville.*

Tolca. *La Touque.*

Tolqueta. *La Touquette* (ruisseau).

Tonancourt, Thonencourt. *Tonnencourt.*

Tonnantuit, Tennentuyt, Tonnethuy, Tonnetuit. *Tontuit.*

Tor, Tornum, Toure. *Taur.*

Torcheium, Torchie. *Torchy.*

Tordoit. *Tordouet.*

Torei, Toreium. *Thury.*

Torfrevilla. *Touffréville.*

Torgevilla, Torgisvilla, Tourgievilla, Torgivilla. *Tourgéville.*

Tornaium. *Tournay.*

Tornebu, Tornebuc, Tornebus, Tornebutum, Tornesbu, Tournebutum. *Tournebu.*

Tornecort, Tornencort. *Tonnencourt.*

Torneor, Tourneor, Tournoir, Tournour. *Le Tourneur.*

Tornetuit. *Tontuit.*

Torouville. *Tourville.*

Torp, Torpes, Torpus, le Tors. *Torps.*

Torta Quercus, Tort Quesne, Tortquène. *Le Torquesne.*

Torta Vallis, Tourta Vallis. *Torteval.*

Tortilambert, Tort Isambert, Tortum Ysamberti. *Tortisambert.*

Tortus ductus. *Tordouet.*

Tosca. *La Touque.*

Tostæ. *Tôtes.*

Tosquete (La). *La Touquette.*

Touca, Toucq, Toucqua, Touka, Touke, Toulca, Touqua, Touques. *La Touque.*

Touffrevilla. *Touffréville.*

Tourevilla, Tourville la Forêt. *Tourville.*

Tournaium. *Tournay.*

Tourneriæ. *Tournières.*

Tournetuit. *Tontuit.*

Tourneur, Tourneor, Tournoir. *Le Tourneur.*

Tourvilla, Torouvilla. *Tourville.*

Toustainvilla. *Toustainville.*

Trabes, Tractus, les Traits. *Estrées-en-Auge.*

Traceium, Tracheium. *Tracy-Bocage.*

Tracheium, Trachy. *Tracy.*

Tracheium, Tracie. *Tracy-sur-Mer.*

Tregevilla. *Ticheville.*

Treguevilla. *Triqueville.*

Trembleium. *Tremblay.*

Tres Montes, Trois Mons. *Trois-Monts.*

Treveriæ. *Trévières.*

Troarcium, Troarnum, Troart, Trouarnum, Trouart. *Troarn.*

Troitemer. *Truttemer.*

Trousseauvilla. *Trousseauville.*

Trouvilla, Trouville la Forêt, Trouville sur la Mer. *Trouville.*

Trucheia, Truncheium, Trunchia. *Le Tronquay.*

Trungeia, Trungeium. *Trungy.*

Trutemer, Turtur Maris. *Truttemer.*

Tuepot. *Tupot.*

Tuireium, Tuirie, Tuyreium. *Thury.*

Tuit (Le). *Le Thuit.*

Tur, Turris. *Tour.*

Tureium, Tureyum, Turiacum, Turium, Tury, Turye. *Thury.*

Turfredi Villa. *Touffréville.*

Turgivilla. *Tourgéville.*

Turnaium. *Tournay.*

Turnebu, Turnebutum. *Tournebu.*

Tybervilla. *Tiberville.*

Tygevilla, Tygervilla. *Ticheville.*

Tylie. *Tilly.*

Tylleium. *Notre-Dame-du-Tilleul.*

Tysmasnil. *Thiemesnil.*

U

Uldo, Uldon, Ulduuus (Novus et Vetus). *Odon.*

Ulvilla, Ulwilla. *Ouville-la-Bien-Tournée.*

Umbilicum Dei. *Le Nombril-Dieu* (chapelle).

Undafons, Undefons, Undefontaine. *Ondefontaine.*

Unfarvilla. *Amfréville.*

Urignie. *Origny.*

Urivilla, Urtulum, Urvilla, Urvillum. *Urville.*

Utinvilla. *Houtteville.*

V

Vaacé, Vaaceium, Vaacie, Vaceium. *Vassy.*

Vacaria, Vaccaria. *La Vacquerie.*

Vaceium. *Gacé.*

Vacellæ. *Vaucelles.*

Vada. *Les Veys.*

Vadeslogez. *Vaudeloges.*

Vadiocæ. *Vieux.*

Vadum. *Le Vey.*

Vadum Berangier, Vadum Berengerii, Vadum Berengerii versus Troarnum. *Le Gué-Béranger.*

Vadum Fumatum. *Vieux-Fumé.*

Vakerie (La). *La Vacquerie.*

Valbadon. *Vaubadon.*

Valcongré, Valcongrin, Valcongry. *Valcongrain.*

Valderium, Valderyum. *Vaudry.*

Val des Moulins (Le). *Le Val-de-Vire.*

Val d'Oulne, le Val d'Ounc. *Le Val-d'Orne.*

Valedunes, Valedunes en Oismeitz. *Val-ès-Dunes.*

Valencium. *Valency.*

Valeneium. *Valenay.*

Valeria. *La Valerie.*

Valeta. *La Vallée.*

Valgrare. *Le Val-Guérard.*

Valguée. *Le Vaugueux.*

Vallée de Gênes (La). *La Ville-de-Gênes.*

Valles, Vals. *Les Vaux.*

Vallis Badonis. *Vaubadon.*

Vallis Bouteri. *Le Val-Boutry.*

Vallis Darii. *Le Vaudry.*

Vallis de Anta. *Le Val-d'Ante.*

Vallis de Aura. *Le Val-d'Aure.*

Vallis de Boane. *Le Val-au-Boisne.*

Vallis de Logiis. *Vaudeloges.*

Vallis de Vira. *Le Val-de-Vire.*

Vallis Gué. *Le Vaugueux.*

Vallis Guerardi. *Le Val-Guérard.*

Vallis in Campania, Vallis in Oximio. *Vaux-la-Campagne.*

Vallis Legaria. *Le Val-Lohaire.*

Vallis Molendini, Vallis Molendinorum. *Le Val-de-Vire.*

Vallis Ongrini. *Valcongrain.*

Vallis Ounæ. *Le Val-d'Orne.*

Vallis Seminata. *Valsemé.*

Vallis super Auram, super Horam, super Oram. *Vaux-sur-Aure.*

Vallis Vigneatorum, Vineatorum. *Le Val-au-Vigneur.*

Valmerée, Valmerei, Valmeretum, Valmercy, Valmerie. *Valmeray.*

Vandes. *Vendes.*

Vaquerie, Vaquière. *La Vacquerie.*

Varanda. *La Varenne.*

Varavilla, Varauvilla, Varrevilla. *Varaville.*

Varvilla. *Varreville.*

Vascoigne, Vascogne, Vasconia. *Vacognes.*

Vasoicum. *Vasouy.*

Vauccium. *Vaussieux.*

Vaucellæ, Vaucheulles, Vauscellæ. *Vaucelles.*

Vaucongrain. *Valcongrain.*

Vaudrey. *Vaudry.*

Vaudunes. *Val-ès-Dunes.*

Vaugeux. *Vaujus.*

Vaulx sur Oyre. *Vaux-sur-Aure.*

Vaumeray, Vaumereium, Vaumeretum, Vaumereyum. *Valmeray.*

Vaus sur Ore. *Vaux-sur-Aure.*

Calvados.

Vausseium, Vaussy, Vauxy, Vauxi sur Seulle. *Vaussieux.*

Vaussemey. *Valsemé.*

Vauvilla, Vauville la Haute. *Vauville.*

Vaux de Souleurs, Vaux soubz OEuvre. *Vaux-de-Souleuvre.*

Vaux la Champagne. *Vaux-la-Campagne.*

Vaux sur Ore, sur Roure. *Vaux-sur-Aure.*

Vax, Vaxum super Scullam. *Vaux-sur-Seulle.*

Vé (Le). *Le Vey.*

Vé Beranger. *Gué-Bérenger.*

Vederollæ, Veerollæ. *Verrolles.*

Vediocæ, Veex. *Vieux.*

Veez, les Vez. *Les Veys.*

Veiocæ. *Vieux.*

Venda, Venna, Vennei, Vennes, Venneux. *Vendes.*

Vendeure, Vendevre. *Vendœuvre.*

Venoz, Venoyx, Venuntium, Venuz. *Venoix.*

Veocæ. *Vieux.*

Vépendant. *Foupendant.*

Vépière (La). *La Vespière.*

Verchinvilla, Vercinvilla. *Versainville.*

Vernaium, Vernetum, Vernet, Verneyum. *Vernay.*

Vernum, Verum. *Ver.*

Verquerou. *Vercreuil.*

Verrariæ, Verreriæ, Verriers. *Verrières.*

Verrollæ, Verrolliæ. *Verrolles.*

Versum. *Verson.*

Vert Buisson (Le). *Le Vert-Bisson.*

Vertennière (La). *La Verteignère.*

Veschevilla, Vesquevilla. *Vesqueville.*

Vesperia. *La Vespière.*

Veteres Areæ. *Viessoix.*

Vetula. *La Vicille.*

Vetus Burgus, Vetus Vicus. *Le Vieux-Bourg.*

Vetus Pons. *Vieux-Pont.*

Vey sur Orne. *Le Vey.*

Viana. *Vienne.*

Viarvilla, Viervilla. *Varville.*

Vibroi. *Guibray.*

Vicia. *La Vie (rivière).*

Vicquetot. *Victot-Pontfol.*

Viducasses, Viducassium civitas. *Vieux.*

Vieite, Vieta. *La Viette (rivière).*

Vielpont, Viépont, Viez Pont. *Vieux-Pont.*

Viels. *Vieux.*

Viervilla, Vierville en Bessin, Vierville sur Mer. *Vierville.*

Viessouix, Vieusoy. *Viessoix.*

Vieulx, Vieus. *Vieux.*

Vileriæ le Kenivet, Villiers l'Abbaie. *Villers-Canivet.*

Vileta. *La Villette.*

Villare, Villaria, Villarium supra Mare. *Villers-sur-Mer.*

Villare le Quenivet. *Villers-Canivet.*

Villare Siccum, Villiers le Seq. *Villiers-le-Sec.*

Villaria in Algia. *Villers-sur-Glos.*

Villaria in Boscagio, Villiers en Bocage. *Villers-Bocage.*

Villarii. *Auvillars.*

Villaris Siccus, Villiers le Seq. *Villiers-le-Sec.*

Villaris Villa. *Villerville.*

Villa Thyerri. *Tierceville.*

Ville Baudon. *Val-Badon.*

Villeium, Villeyum, Villie. *Villy.*

Villers Canivetum. *Villers-Canivet.*

Villervilla, Villers Ville. *Villerville.*

Villiers, Villiers en Boscage, Villiers en Bosquage. *Villers-Bocage.*

Villons prope Dumos. *Villons-les-Buissons.*

Villula. *La Villette.*

Villula. *Villers-sur-Glos.*

Vimerium. *Voismer (commanderie).*

Vimonasterium, Vimmonasterium. *Vimoustiers.*

Vimond, Vimondi Villa, Vuilmont, Vymont. *Vimont.*

Vinacum, Vinaicum, Vinatium, Vinaz. *Vignats.*

Vipera, Vippera. *La Vespière.*

Viquetot. *Victot-Pontfol.*

Vira, Viria. *Vire (rivière).*

Vira, Viria. *Vire (ville).*

Virenna, Vironus. *La Virène (rivière).*

Vitrecheul, Vitreçol. *Vitreseul.*

Voigny. *Vogny.*

Voimoy. *Voismer.*

Vouillcium, Vouillye. *Vouilly.*

Vrechy, Vreci. *Évrecy.*

Vuilmont. *Vimont.*

W

Waaceium, Waacium, Wacyum. *Wassy.*

Wacce, Waci. *Gacé.*

Waimara. *Gémare.*

Walesdunc, Walesdunes. *Val-ès-Dunes.*

Walles super Seullam. *Vaux-sur-Seulle.*

Wanescrot. *Wannecrot.*
Warevilla, Waraville, Warevile. *Va-raville.*
Wasperia, Wesperia. *La Vespière.*
Wauceium, Wauseium. *Vaussieux.*
Waucellæ. *Vaucelles.*
Wauvilla. *Vauville.*
Wavray. *Gavray.*
Wendefontaine. *Ondefontaine.*
Wiarevilla. *Vierville.*
Wibray. *Guibray.*

Wigetot. *Victot-Pontfol.*
Willeium. *Villy.*
Willermivilla, Willervilla. *Villerville.*
Willon, Willones, Willum, Wilones. *Villons-les-Buissons.*
Wilmondus, Wimundus. *Vimont.*
Windcfons. *Ondefontaine.*
Windengis, Windie, Windine. *Vingt-Daims.*
Wismeis, Wieismeis. *L'Hiémois.*
Wya, Wycia, Wye. *La Vie* (rivière).

Y

Ycium, Ys. *Ifs.*
Ygouville. *Ingouville.*
Ys Bardel (Les). *Les Isles-Bardel.*
Yvranda. *La Délivrande.*

Z

Zys Bardel (Les). *Les Isles-Bardel.*

www.ingramcontent.com/pod-product-compliance
Lightning Source LLC
Chambersburg PA
CBHW061112220326
41599CB00024B/4007

* 9 7 8 2 0 1 2 5 3 8 9 4 8 *